새 출제 기준에 따른 핵심 내용 총정리 / 과년도 출제문제 철저 분석

용접 산업기사
필기

용접기술시험연구회 엮음

일진사

머리말

preface

　야금학적 접합방법인 용접(welding)은 다양한 용접법의 발달로 철 및 비철금속의 접합에 없어서는 안 되는 중요한 분야로서 조선, 석유화학, 원자력발전, 항공기, 공작기계, 건축, 자동차 등 모든 산업에서 필요로 하는 각종 구조물 제작에 응용되고 있다.

　산업현장에서는 날로 발전하는 첨단기술에 발맞추어 나갈 수 있는 양질의 용접기술자를 많이 필요로 하고 있는 실정이다. 따라서 이 책은 용접산업기사 자격증을 취득하고자 하는 수험생을 위하여 한국산업인력공단에서 제정한 출제기준에 따라 출제경향을 면밀히 분석하여 다음과 같이 엮었다.

첫째, 본문 내용은 중요한 개념을 간단 명료하게 체계화하여 누구나 쉽게 이해할 수 있도록 일목요연하게 정리하였다.

둘째, 내용의 이해도를 높이기 위해서 많은 그림을 함께 실었으며, 본문과 더불어 짜임새 있는 구성으로 엮었다.

셋째, 각 장마다 적중률이 높은 문제만을 엄선하여 예상문제로 실었으며, 난해한 문제는 초보자도 쉽게 이해할 수 있도록 상세한 해설을 첨가시켜 수험자 스스로 완전히 터득할 수 있도록 함으로써 그동안 출간된 어느 문제집과도 비교할 수 없도록 과학적이고, 체계적으로 정리하였다.

넷째, 최근에 시행된 과년도 출제문제를 자세한 해설과 함께 수록하여 줌으로써 출제 경향을 파악하는 데 도움이 되도록 하였다.

　이 책을 이용하여 공부한 많은 용접기술자가 국가기술자격증을 취득하여 우리나라 용접기술 발전에 많은 도움이 되기를 기원하며, 내용 중 뜻하지 않은 오류나 부족한 점이 있으면 독자 여러분의 조언과 충고를 통하여 수정·보완해 나갈 것을 약속드린다.

　끝으로 이 한 권의 책이 나오기까지 여러모로 도움을 주신 모든 분께 고마움을 표하며, 특히 이 책을 출간하는 데 아낌없는 노력을 쏟아주신 도서출판 **일진사** 직원 여러분께 깊은 감사를 드린다.

저자 씀

용접산업기사 출제기준 (필기)

시험과목	출제문제수	출제기준 주요항목	출제기준 세부항목
용접야금 및 용접설비제도	20	1. 용접부의 야금학적 특징	(1) 용접야금 기초 ① 금속결정구조 ② 화합물의 반응 ③ 평형상태도 ④ 금속조직의 종류 (2) 용접부의 야금학적 특징 ① 가스의 용해 ② 탈산, 탈황 및 탈인반응 ③ 고온균열의 발생원인과 방지 ④ 용접부 조직과 특징 ⑤ 저온균열의 발생원인과 방지 ⑥ 철강 및 비철재료의 열처리 ⑦ 용접부의 열영향 및 기계적 성질
		2. 용접재료 선택 및 전후처리	(1) 용접재료 선택 ① 용접재료의 분류와 표시 ② 용가제의 성분과 기능 ③ 슬래그의 생성반응 ④ 용접재료의 관리 (2) 용접 전후처리 ① 예열 ② 후열처리 ③ 응력풀림처리
		3. 용접설비제도	(1) 제도 통칙 ① 제도의 개요 ② 문자와 선 ③ 도면의 분류 및 도면관리 (2) 제도의 기본 ① 평면도법 ② 투상법 ③ 도형의 표시 및 치수 기입 방법 ④ 기계재료의 표시법 및 스케치 ⑤ CAD 기초 (3) 용접제도 ① 용접기호 기재 방법 ② 용접기호 판독 방법 ③ 용접부의 시험 기호 ④ 용접 구조물의 도면 해독 ⑤ 판금, 제관의 용접도면 해독
용접구조설계	20	1. 용접설계 및 시공	(1) 용접설계 ① 용접 이음부의 종류 ② 용접 이음부의 강도계산 ③ 용접 구조물의 설계 (2) 용접시공 및 결함 ① 용접시공, 경비 및 용착량 계산 ② 용접준비 ③ 본 용접 및 후처리 ④ 용접온도분포, 잔류응력, 변형, 결함 및 그 방지 대책
		2. 용접성 시험	(1) 용접성 시험 ① 비파괴 시험 및 검사 ② 파괴 시험 및 검사
용접일반 및 안전관리	20	1. 용접, 피복 아크 용접 및 가스 용접의 개요 및 원리	(1) 용접의 개요 및 원리 ① 용접의 개요 및 원리 ② 용접의 분류 및 용도 (2) 피복 아크 용접 및 가스 용접 ① 피복 아크 용접 설비 및 기구 ② 피복 아크 용접법 ③ 가스 용접 설비 및 기구 ④ 가스 용접법 ⑤ 절단 및 가공
		2. 기타 용접, 용접의 자동화	(1) 기타 용접 및 용접의 자동화 ① 기타 용접 ② 압접 ③ 납땜 ④ 용접의 자동화 및 로봇용접
		3. 안전관리	(1) 용접 안전관리 ① 아크, 가스 및 기타 용접의 안전장치 ② 화재, 폭발, 전기, 전격사고의 원인 및 그 방지 대책 ③ 용접에 의한 장해 원인과 그 방지 대책

차 례

제1편 용접 야금

제1장 용접 야금 기초

1. 금속의 결정 구조와 내부 결함 ············ 13
   - 1-1 금속의 결정 구조 ················ 13
   - 1-2 내부 결함 ···················· 15
2. 금속의 상변화와 평형 상태도 ············ 16
   - 2-1 2성분계 상태도 ················ 17
   - 2-2 고용체 ······················ 17
   - 2-3 금속 조직 ···················· 18
3. 금속의 강화 기구 ···················· 19
   - 3-1 합금 원소의 고용에 의한 강화 ······ 19
   - 3-2 가공에 의한 강화 ················ 20
   - 3-3 열처리에 의한 강화 ·············· 21
   - 3-4 조합 강화 ···················· 22
   - ◉ 예상문제 ······················· 23

제2장 액상 및 응고 야금

1. 아크 용접의 용융 과정에서의 화학 야금 반응 ···················· 29
2. 아크 용접에서의 슬래그 금속 반응 ······ 29
3. 용접 금속 중의 가스 성분 ·············· 31
4. 용접 금속의 응고 과정과 조직 ·········· 37
5. 용접 금속의 결함 ···················· 41
6. 취 화 ···························· 43
   - ◉ 예상문제 ······················· 46

제3장 고상 야금

1. 항온 변태도, 연속 냉각 변태도의 활용 ·· 50
2. 용접 열영향 ························ 51
   - 2-1 용접에 의한 온도 변화 ············ 52
   - 2-2 열영향부의 조직 ················ 53
   - 2-3 열영향부의 기계적 성질 ·········· 54
3. 열영향부에 생기는 결함 ·············· 55
4. 금속 조직과 그 특징 ·················· 57
   - 4-1 평형 상태도 상의 조직 ············ 57
   - 4-2 열처리에 의한 조직 ·············· 59
5. 예열 및 후열 ························ 59
6. 용접성 ···························· 63
   - ◉ 예상문제 ······················· 64

제2편 용접 설비 제도

제1장 제도의 개요

1. 제도 통칙 및 제도 용구 ················ 75
   - 1-1 제도 통칙 ···················· 75
   - 1-2 도면의 종류와 크기 ·············· 76
   - 1-3 제도기의 종류 ·················· 79
   - ◉ 예상문제 ······················· 81
2. 선과 문자 ·························· 84
   - 2-1 선 ·························· 84
   - 2-2 문 자 ························ 86
   - ◉ 예상문제 ······················· 87

제2장 투상도 및 단면도법

1. 투상법 ···························· 90
   - 1-1 투상법의 종류 ·················· 90
   - 1-2 투상각 ······················ 91
   - 1-3 투상도 그리기 ·················· 93
2. 단면도법 ·························· 97
   - 2-1 단면 표시와 종류 ················ 97

2-2 생략 도면과 특수 모양의 도시법 ·· 101
● 예상문제 ···································· 103

제3장 치수 기입과 기계 재료의 표시

1. 치수 기입법 ······································· 110
   1-1 치수 기입의 원칙 ························ 110
   1-2 치수 수치의 표시 방법 ················ 110
   1-3 치수 기입 방법 ·························· 111
   1-4 여러 가지 치수의 기입 ················ 114
   1-5 치수의 배치 ······························· 119
   1-6 치수 기입상의 유의점 ················· 121
   ● 예상문제 ···································· 123

2. 재료 표시법 ······································· 126
   2-1 재료 기호 및 표시 방법 ··············· 126
   2-2 재료 기호의 적용 예 ··················· 128
   ● 예상문제 ···································· 128

제4장 스케치도와 제작도 작성

1. 스케치의 개요 ···································· 131
   1-1 스케치의 원칙과 용구 ················· 131
   1-2 스케치 방법과 적성 순서 ············ 132
   ● 예상문제 ···································· 133

2. 제작도 ··· 135
   2-1 제작도, 표제란 및 부품란 ············ 135
   2-2 원도, 트레이스, 복사도 ··············· 136
   2-3 도면의 관리 ······························· 137
   ● 예상문제 ···································· 138

제5장 CAD 기초

1. 컴퓨터의 구성 ···································· 139
   1-1 컴퓨터의 개요 ···························· 139
   1-2 마이크로 CAD 시스템 ················ 141
   1-3 CAD 하드웨어 ·························· 144
   1-4 소프트웨어 ································ 145
   1-5 데이터 저장장치 ························ 146
   ● 예상문제 ···································· 147

2. CAD 시스템의 입·출력장치 ················ 151
   2-1 CAD 시스템의 입력장치 ············· 151
   2-2 CAD 시스템의 출력장치 ············· 152
   ● 예상문제 ···································· 158

3. CAD 시스템에 의한 도형처리 ············· 163
   3-1 CAD 시스템의 좌표계 ················ 163
   3-2 도형의 작성 ······························· 164
   3-3 도형의 편집 ······························· 165
   3-4 형상 모델링 ······························· 166
   ● 예상문제 ···································· 167

제6장 용접 제도

1. 판금·제관 도면의 해독 ······················ 171
   1-1 기본도법 ··································· 171
   1-2 정투상 ······································ 173
   1-3 전개법 ······································ 174
   1-4 두꺼운 판의 판뜨기 작업 ············ 179

2. 철골 구조물 기호 및 도면의 해독 ······ 180
   2-1 구조물의 개요 ···························· 180
   2-2 철골 구조물 제도법 ···················· 181
   2-3 강재의 단면 형상과 명칭·규격
       표시 방법 ·································· 181

3. 용접기호 (KS B 0052) ························ 183
   ● 예상문제 ···································· 189

제3편 용접 구조 설계

제1장 용접 구조물의 특징

1. 용접 구조의 장·단점 ························· 197
   ● 예상문제 ···································· 198

제2장 용접 이음부의 강도

1. 용접 이음 ·· 200
   1-1 대표적 용접 이음 ······················· 200

1-2　맞대기 용접 이음 …………… 202
　1-3　필릿 용접 이음 ……………… 204
　1-4　용접 홈 설계의 요점과 이음의 선택 · 207
2. 용접 이음부의 강도 설계 ………… 208
　2-1　용접 이음의 정적 강도 …… 208
　2-2　용접 이음부의 강도 계산 … 212
◉ 예상문제 …………………………… 218

제 3 장　용접 열유동 및 변형

1. 용접에 의한 온도 분포 …………… 236
　1-1　이음 모양과 열의 특성 …… 236
　1-2　용접 열사이클 ……………… 237
　1-3　냉각 속도 …………………… 237
　1-4　용접 방법 …………………… 238
　1-5　용접 입열과 예열 온도 …… 238
　1-6　모재의 온도 확산율 ………… 239
　1-7　판의 두께와 이음 형상 …… 239
　1-8　용접부의 천이 온도 분포 … 240
2. 용접 잔류 응력 …………………… 241
　2-1　잔류 응력의 발생 기구 …… 241
　2-2　잔류 응력의 영향 …………… 243
　2-3　잔류 응력의 측정법 ………… 245
　2-4　잔류 응력의 경감과 완화 … 246
3. 용접 변형 및 그 방지 대책 ……… 251
　3-1　용접 변형 …………………… 251
　3-2　가로 방향 수축 ……………… 252
　3-3　세로 방향 수축 ……………… 255
　3-4　회전 변형 …………………… 255
　3-5　굽힘 변형 …………………… 255
　3-6　좌굴 변형 …………………… 257
　3-7　비틀림 변형 ………………… 257
　3-8　구조물에서의 변형 …………… 257
　3-9　용접 변형의 방지 대책 …… 258
　3-10　용착법과 용접 순서의 결정 … 259
◉ 예상문제 …………………………… 261

제 4 장　용접 시공

1. 용접 시공 계획, 준비 및 작업 …… 277

　1-1　용접 시공 계획 ……………… 277
　1-2　용접 준비 및 작업 ………… 281
2. 용접 결함과 그 방지 대책 ………… 285
3. 용접 균열과 방지 대책 …………… 291
　3-1　용접 균열의 종류 …………… 291
　3-2　용접 금속의 편석 …………… 295
4. 용접 지그 …………………………… 295
　4-1　용접 지그 …………………… 295
　4-2　용접용 포지셔너 …………… 297
　4-3　터닝 롤러 …………………… 297
　4-4　용접 머니퓰레이터 ………… 298
5. 용접 경비 및 용착량 계산 ……… 298
　5-1　용접 경비 …………………… 298
　5-2　용착량 계산 ………………… 302
◉ 예상문제 …………………………… 304

제 5 장　용접 시험 및 검사

1. 비파괴 검사 ………………………… 324
　1-1　외관 검사 ; VT ……………… 324
　1-2　누수 검사 ; LT ……………… 324
　1-3　침투 검사 ; PT ……………… 324
　1-4　초음파 검사 ; UT …………… 325
　1-5　방사선 투과 검사 ; RT …… 328
　1-6　γ선 투과 검사 ……………… 331
　1-7　자기 검사 ; MT ……………… 332
　1-8　자분 검사 …………………… 333
　1-9　와류 검사 ; ET ……………… 333
　1-10　음향 검사 ; AET …………… 333
2. 용접부 비파괴 시험 기호 ………… 333
　2-1　기호 ………………………… 334
　2-2　기재 방법 …………………… 334
　2-3　기재의 구체 보기 …………… 336
3. 파괴 검사 …………………………… 337
　3-1　용접성 시험 ………………… 337
　3-2　용접부의 야금학적 시험 …… 342
　3-3　용접부의 화학적 시험 ……… 342
　3-4　용접부의 기계적 시험 ……… 343
◉ 예상문제 …………………………… 347

제4편 용접 일반 및 안전 관리

제1장 피복 전기 용접 및 가스 용접

1. 피복 아크 용접의 원리 및 용도 ········ 357
   - 1-1 원리 ································· 357
   - 1-2 용접 회로 ························· 357
   - 1-3 아크의 성질 ······················ 358
   - 1-4 피복 아크 용접봉 ··············· 359
2. 피복 아크 용접용 설비 및 기구 ······ 363
   - 2-1 용접 기기 ························· 363
   - 2-2 직류 용접기와 교류 용접기의 비교 ·· 364
   - 2-3 각종 교류 아크 용접기 ······· 364
   - 2-4 교류 아크 용접기의 규격 ···· 365
   - 2-5 직류 아크 용접기 ··············· 365
   - 2-6 용접기의 사용률 ················ 366
   - 2-7 교류 용접기의 역률과 효율 ··· 366
   - 2-8 용접기에 필요한 전원 특성 ··· 366
   - 2-9 피복 아크 용접용 기구 ······· 368
   - 2-10 용접봉 건조로 ·················· 370
3. 아크 용접봉 ································· 370
   - 3-1 아크 용접봉의 기초 ············ 370
   - 3-2 용접 조건 ·························· 372
   - 3-3 용접 작업 ·························· 374
4. 가스 용접의 원리 및 용도 ············· 377
   - 4-1 원리 ································· 377
   - 4-2 장점과 단점 ······················· 377
   - 4-3 연료 가스 ·························· 377
   - 4-4 산소 ································· 379
   - 4-5 용접 재료 ·························· 379
5. 가스 용접용 설비 및 기구 ············· 381
   - 5-1 산소 용기 ·························· 381
   - 5-2 용해 아세틸렌 용기 ············ 382
   - 5-3 매니폴드 ··························· 383
   - 5-4 토치 ································· 383
   - 5-5 보호구 및 공구 ·················· 384
6. 가스 용접법 ································· 384
   - 6-1 산소 아세틸렌 불꽃 ············ 384
   - 6-2 역류, 인화 및 역화 ············· 386
   - 6-3 전진법과 후진법 ················· 387
7. 가스 절단 장치 및 절단법 ············· 387
   - 7-1 가스 절단의 기초 ··············· 388
   - 7-2 가스 절단 방법 ·················· 389
   - 7-3 산소-LP 가스 절단 ············ 390
   - 7-4 특수 가스 절단 및 가스 가공 ······ 391
8. 아크 절단 ···································· 392
   - ● 예상문제 ································· 395

제2장 기타 용접 및 용접의 자동화

1. 서브머지드 아크 용접 ··················· 417
   - 1-1 용접의 기초 ······················· 417
   - 1-2 용접 장치 및 재료 ·············· 418
   - 1-3 용접 기법 ·························· 422
2. 불활성 가스 텅스텐 아크 용접 ········ 423
   - 2-1 용접의 기초 ······················· 423
   - 2-2 용접 장치 및 재료 ·············· 424
3. 불활성 가스 금속 아크 용접 ·········· 429
   - 3-1 용접의 기초 ······················· 429
   - 3-2 용접 장치 및 재료 ·············· 430
   - 3-3 용접 기법 ·························· 432
4. 플럭스 코어드 아크 용접 ·············· 435
   - 4-1 용접의 기초 ······················· 435
   - 4-2 용접봉 ······························· 436
5. 플라스마 아크 용접 ······················ 437
   - 5-1 용접의 기초 ······················· 437
6. 전자빔 용접 ································· 439
   - 6-1 용접의 기초 ······················· 439
7. 일렉트로 슬래그 용접 ··················· 440
   - 7-1 용접의 기초 ······················· 440
8. 일렉트로 가스 용접 ······················ 441
   - 8-1 용접의 기초 ······················· 441
9. 테르밋 용접 ································· 442

9-1 용접의 기초 ·············· 442
10. 원자 수소 용접 ·············· 442
   10-1 용접의 기초 ·············· 442
11. 저항 용접 ·············· 443
   11-1 용접의 기초 ·············· 443
   11-2 각 용접의 특징 ·············· 445
12. 경납땜 ·············· 448
13. 연납땜 ·············· 450
14. 스터드 아크 용접 ·············· 452
15. 고상 용접 ·············· 452
16. 용접의 기계화 및 자동화 ·············· 454
   16-1 용접 방법의 선택 ·············· 454
   16-2 자동 용접에 필요한 기구 ·············· 454
   ◉ 예상문제 ·············· 456

제3장 안전 관리

1. 아크 용접, 가스 용접 및
   기타 용접의 안전 수칙 ·············· 467
   1-1 아크 용접의 안전 ·············· 467
   1-2 가스 용접 및 절단의 안전 ·············· 469
   1-3 한정된 공간에서의 용접 작업 ······ 471
2. 전기의 위험성과 그 대책 ·············· 471
   2-1 전기적 쇼크 ·············· 471
   2-2 용접 작업 중 주의 사항 ·············· 472
   ◉ 예상문제 ·············· 473

부록 과년도 출제 문제

- 2008년도 시행 문제 ·············· 479
- 2009년도 시행 문제 ·············· 506
- 2010년도 시행 문제 ·············· 536
- 2011년도 시행 문제 ·············· 564
- 2012년도 시행 문제 ·············· 592
- 2013년도 시행 문제 ·············· 618
- 2014년도 시행 문제 ·············· 636
- 2015년도 시행 문제 ·············· 655
- 2016년도 시행 문제 ·············· 683

제1편

용접 야금

제1장 용접 야금 기초
제2장 액상 및 응고 야금
제3장 고상 야금

제1장 용접 야금 기초

1. 금속의 결정 구조와 내부 결함

용접(welding)은 아크나 가스(gas) 기타 열원의 상이에도 불구하고, 여러 가지의 야금 현상이 수반되기 때문에 우리가 알고 있는 종래의 야금 지식이 많이 활용된다. 즉, 용융 응고하여 용접 금속(weld metal)을 만드는 과정은 용해·정련·주조 과정이다.

또 용접 금속에 인접한 모재(base metal)는 용접 열 때문에 급열·급랭의 열처리를 받고, 동시에 팽창과 수축에 따른 소성 변형을 받는다. 따라서 용접부의 성능이나 결함의 상태, 원인 등을 조사하기 위해서는 각종 재료 시험이나 물리 시험이 실시되며, 이들에 대해서는 물리 야금에 대한 지식도 활용된다. 단, 용접에서는 이러한 현상들이 매우 단시간에 일어나는 특수한 것이기 때문에 특히 용접 야금(welding metallurgy)이라 부르고, 일반적인 야금과 구분하고 있다.

1-1 금속의 결정 구조

(1) 면각 일정의 법칙
① 금속의 결정 구조는 입자가 일정하고 규칙적으로 배열된 결정질(crystal line)이다. 따라서 방위성(orientation)과 대칭성(symmetry)이 존재한다.
② 동일 물질인 경우 "결정면간의 각도는 항상 일정하다(1669. Steno)."는 법칙의 발표로 결정학의 기초가 되었다.

(2) 결정계(crystal system)
① 결정의 대칭성은 점(point), 선(line), 면(plane)으로 구분된다.
② 대칭의 특성으로 자연에 존재하는 광물질(minerals)은 32정족, 14결정격자, 7결정계로 분류될 수 있다.
③ 결정내 원자가 만드는 가장 간단한 격자를 단위 격자(unit lattice, unit cell)라 하고, 단위 격자의 한 변 길이를 격자 정수(lattice constant)라 한다.

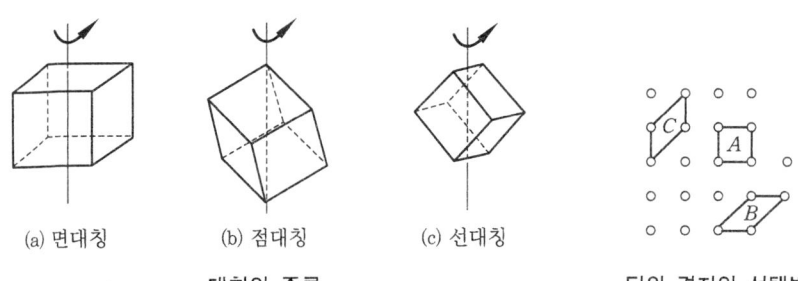

(a) 면대칭   (b) 점대칭   (c) 선대칭

대칭의 종류   단위 격자의 선택법

결정계와 Bravias 격자

결정계	축장	축각	대칭성	Bravias 격자
입방정계(cubic system)	$a=b=c$	$\alpha=\beta=\gamma=90°$	4회 대칭축-3	단순, 체심, 면심
정방정계(tetragonal system)	$a=b\neq c$	$\alpha=\beta=\gamma=90°$	4회 대칭축-1	단순, 체심
사방정계(orthorhombic system)	$a\neq b\neq c$	$\alpha=\beta=\gamma=90°$	2회 대칭축-3	단순, 체심, 저심, 면심
※ 삼방정계(trigonal system)	$a=b=c$	$\alpha=\beta=\gamma\neq 90°$	3회 대칭축-1	단순
육방정계(hexagonal system)	$a=b\neq c$	$\alpha=\beta=90°$ $\gamma=120°$	6회 대칭축-1	단순
단사정계(monoclinic system)	$a\neq b\neq c$	$\alpha=\gamma=90°$ $\beta\neq 90°$	2회 대칭축-1	단순, 저심
삼사정계(triclinic system)	$a\neq b\neq c$	$\alpha\neq\beta\neq\gamma\neq 90°$	-	단순

㈜ 능면체정계(rhombohedral system)라고도 한다.

(3) 밀러 지수 (miller's index)

① 각 결정은 면을 이루는 축간에 일정비를 갖고 있다.
② 결정 구조를 생각할 때 개개의 원자 위치를 나타내는 것보다 원자로 구성되어 있는 면이나 원자 배열의 방향을 상대적으로 나타냄으로써 소성 변형, 즉 슬립의 면이나 방향 해석에 유용하다.
③ 밀러 지수는 결정면(crystal plane)과 결정 방향(crystal direction)을 나타내는데 유용하다.

(4) 다결정체(poly crystals)

① 금속 표면을 연마하여 화학적으로 부식(etching)하면, 금속면은 그 반사 정도가 다른 몇 개의 영역으로 구분되는 것을 육안으로 관찰할 수 있다.
② 이 사실은 금속이 무엇인가 주기적으로 규칙적인 일정한 구조를 가진다는 것이다.
③ 금속은 이러한 단결정(single crystal)이 집합된 다결정체임을 알 수 있다.

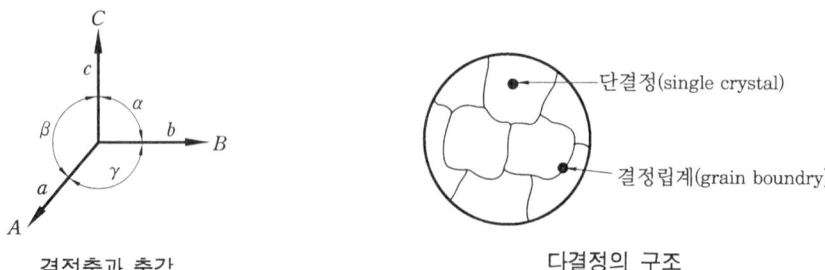

결정축과 축각   다결정의 구조

(5) Bragg의 X선 회절 법칙

금속이 결정체라고 하는, 즉 3차원적으로 규칙적이고 일정하게 배열된 원자로 형성되어 있다는 직접적인 증거는 X선에 의한 회절 현상으로 알 수 있다.

(6) 금속의 결정 구조

① 단순입방격자 (Simple Cubic lattice)
② 면심입방격자 (Face Centered Cubic lattice, FCC)
③ 체심입방격자 (Body Centered Cubic lattice, BCC)
④ 저심입방격자 (Base Centered Cubic lattice)
⑤ 조밀육방격자 (Hexagonal Closed Packed lattice, HCP)

이 중 가장 실제적이고 중요한 것은 FCC, BCC, HCP이다.

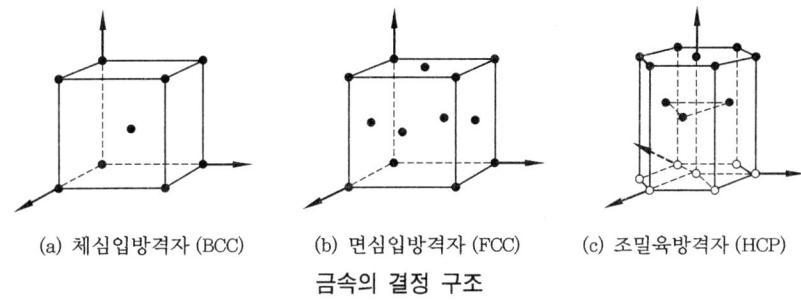

(a) 체심입방격자 (BCC)   (b) 면심입방격자 (FCC)   (c) 조밀육방격자 (HCP)

금속의 결정 구조

결정 구조의 특징 비교

결정 구조	단위 격자 소속 원자수	배 위 수	근접 원자간 거리	충 진 율
BCC	2	8	$\frac{\sqrt{3}}{2}a$	68
FCC	4	12	$\frac{3}{\sqrt{2}}a$	74
HCP	2	12	$a\sqrt{\frac{a^2}{3}+\frac{c^2}{4}}$	74

1-2 내부 결함

(1) 격자 결함 (lattice defect)

① 앞에서 말한 것은 이상적인 결정 구조에 대한 것이다. 일반적인 금속은 용융 상태에서 고체 상태로 변할 때 완벽하고, 이상적인 결정 구조를 갖지 못한다.
② 필연적으로 결함이 있는 공간 격자 (space lattice)를 만들게 되고, 불규칙성이 존재하여 격자 결함이 생긴다.

격자 결함의 종류

차 원	결함 종류	구체적인 예
0	점격자 결함 (point defect)	원자공공 (vacancy) 격자간 원자 (interstitial atom)
1	선격자 결함 (line defect)	전위 (dislocation)

2	면격자 결함 (plane defect)	적층 결함 (stacking fault) 쌍정 결함 (twin boundry) 결정 경계 (grain boundry)
3	체적(부피) 결함 (bulk defect)	공공 (void) 균열 (cracking) 개재물 (inclusion)

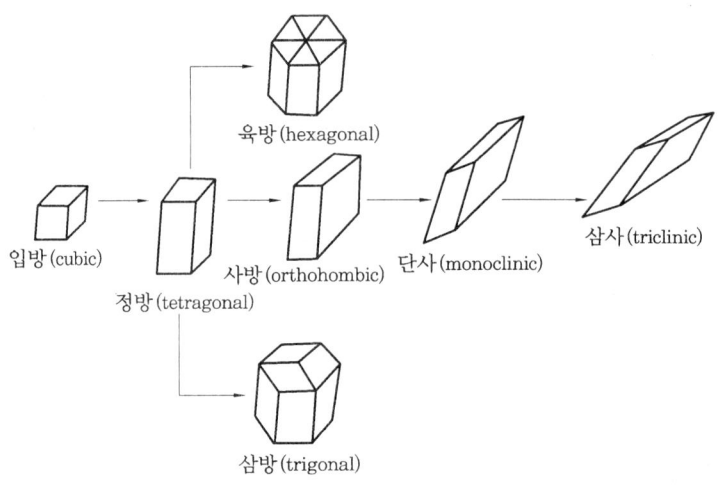

7결정계 (crystal system)

2. 금속의 상변화와 평형 상태도

평형 상태도 (equilibrium diagram)는 평형 상태를 기본으로 액상, 고상 등 각 상이 온도에 따라 변화하는 모양을 나타낸 것으로, 야금학의 기초로서 매우 중요하다. 특히 용접 야금을 다루는데 있어서는 용접 현상이 비평형(non-equilibrium)으로 일어나기 때문에, 이 현상을 해명하기 위해서는 평형 상태도를 필히 이해하여야 한다.

물질의 집합 상태에는 기상, 액상, 고상이 있다. 대부분의 금속은 고체 상태에서 변태 (transformation)를 일으켜 다른 상 (相)으로 변화한다. 따라서 변태하는 온도 또는 점의 상하에서는 결정의 구조와 성질이 틀리다.

고체 상태의 합금 (alloy)에 나타나는 상의 종류는 순금속, 고용체(solidsolution) 및 금속간 화합물 (inter-metallic compound)의 세 가지가 있다.

상의 조성을 나타내는 물질을 성분 (component)이라 하는데, 순금속에서의 성분은 그 금속 자신이다. 합금의 경우에는 일반적으로 그 합금을 구성하는 금속 원소를 성분이라 해도 된다. 단, 특수한 경우에는 금속간 화합물을 1개의 성분으로 보는 것도 있다. 성분의 수가 1, 2, 3, ……인 물질계를 1성분계, 2성분계, 3성분계, ……, 다성분계라 한다.

성분의 수와 상의 수 관계는 상률 (phase rule)로 정해진다. 이때 상률은 열역학의 일반적인 법칙으로 중요하며, 또 실제의 평형 상태도 작성은 열분석(thermal analysis) 등으로 한다.

2-1 2성분계 상태도

2성분계 평형 상태도는 그림과 같이 횡축에 조성, 종축에 온도로 되어 있다.

조성을 나타내는 방법은 횡축의 좌단을 순수한 A 금속, 우단을 순수한 B 금속으로 하며, 좌에서 우로 향하여 B 금속의 양 (중량 %, weight percentage [wt (%)] 또는 원자 (%), atomic percentage [at (%)])으로 한다.

즉, 상태도에서 온도 T일 때 두 개의 상 α(또는 금속 A)와 β(또는 금속 B)가 평형으로 있을 경우, 그 두 상의 혼합물인 조성 x 합금의 α 상 (A)과 β 상 (B)의 양비는 다음 식과 같다.

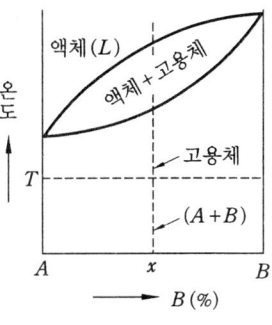

전율 고용형 상태도

$$\frac{\alpha \text{상}(A) \text{의 양}}{\beta \text{상}(B) \text{의 양}} = \frac{\overline{x\beta}}{\overline{x\alpha}} \text{ 또는 } \frac{\overline{xB}}{\overline{xA}}$$

이 식의 관계를 저울 법칙(lever relation)이라 하고, 상태도를 이해하는데 매우 중요한 것이다. 기본적인 2성분계의 평형 상태도를 정리하면 다음과 같다.

(1) 용융 상태에서 2성분이 어느 정도 용해하고 있는가
  ① 액체 상태에서 완전히 용해되는 경우
  ② 액체 상태에서 일부분 용해되는 경우
  ③ 액체 상태에서 전혀 용해되지 않는 경우

(2) 고체 상태에서 2성분이 어느 정도 용해하고 있는가
  ① 고체 상태에서 완전히 용해되는 경우
  ② 고체 상태에서 일부분 용해되는 경우
  ③ 고체 상태에서 전혀 용해되지 않는 경우

2-2 고용체

합금과 같이 이종 원자가 첨가되어 고용체가 만들어질 때, 이 첨가 원자 (용질 원자, solute)와 모체 원자간의 원자 반지름 유사성 여하에 따라 모체 결정 격자 속에 들어가는 용질 원자의 위치가 다르게 된다.

예를 들면 Fe에 소량의 Ni을 가할 경우 Fe의 원자 반지름은 1.23Å, Ni은 1.22Å으로 거의 같은 값이므로 Ni이 Fe 원자 자리에 들어가는 것은 그림의 (b), (c)와 같이 그다지 어렵지 않다. 이와 같이 모체 원자가 치환되는 것을 치환형 고용체(substitutional solid solution)라 한다.

이것에 비하여 탄소 (C)나 질소 (N) 등과 같이 원자 반지름이 작은 원자는 Fe 원자와 치환되지 않고, 그림 (a)와 같이 Fe 원자가 배열하고 있는 틈 사이에 들어간다. 이것을 침입형 고용체(interstitial solid solution)라 한다.

어느 경우에도 용질 원자의 분포는 불규칙하나 통계적으로 균일할 뿐이다. 침입형 고용체는 용질 원자가 모체 원자에 비해서 아주 작은 것, 즉 H, C, N, O, B 등이 금속에 첨가될 때 생긴다.

이 경우 C나 N과 같이 원자 반지름이 비교적 큰 원자가 침입하면 모체 금속의 원자 배열에 변형이 생겨서 경화 현상을 나타낸다. 그러나 수소와 같이 원자 반지름이 작은 것은 이런 작용이 적다. 또 수소 원자는 모체 금속의 격자 중을 비교적 자유로이 이동할 수 있기 때문에 확산도 활발하다.

보통 금속끼리의 고용체는 모두 치환형이며, 용질 원자 및 모체 원자의 원자 반지름 차가 15% 이내일 때 용이하게 고용체를 만든다. 그러나 이 경우에도 원자 반지름에 차가 있을수록 결정 격자의 변형은 크다.

일반적으로 고용체의 격자 정수는 용질 원자의 농도와 직선적인 관계가 있다. 용질 원자가 모체 원자보다 클 경우에 격자 정수는 크게 되고, 반대로 용질 원자가 작을 경우에는 작게 된다. 이것을 Vegard 법칙이라 한다. 따라서 격자 정수를 측정하면 화학 분석을 하지 않아도 합금의 농도를 알 수 있다.

침입형, 치환형 어느 고체에서도 그 결정 구조는 모체 금속과 같다. 이러한 고용체를 1차 고용체(primary solid solution)라 한다.

성분 금속의 어느 것과도 다른 결정 구조를 가진 고용체가 될 수도 있는데, 이러한 것을 중간 고용체(intermediate solid solution)라 부른다.

성분의 금속 원자가 서로 화학적 흡인력에 의해서 거의 화학식으로 표시될 수 있는 성분 비율로 화합물을 만드는 것이 있다.

이것을 금속간 화합물(inter metallic compound)이라 한다. 보통 금속간 화합물은 그 존재 조성 범위가 비교적 좁고 금속적 성질도 결핍되어 있다.

이것에 비하여 중간 고용체는 넓은 조성 범위로 존재하고, 그 성질도 금속에 유사하여 성분 원자가 불규칙 배열을 하고 있는 것 같은 구조를 가진다. 그러나 실제는 이 양자의 구별은 어렵고, 물리적 성질로도 어느 것이라고 말할 수 없는 경우가 많다.

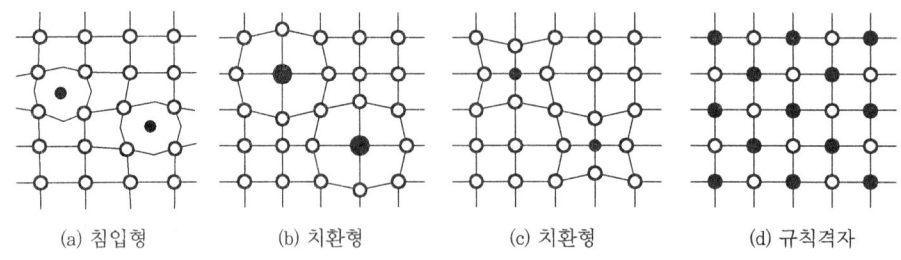

(a) 침입형   (b) 치환형   (c) 치환형   (d) 규칙격자

각종 고용체

2-3 금속 조직

금속은 일반적으로 많은 결정립이 모여 있는 것이므로, 조직의 관찰이 가능하다. 조직의 관찰은 결정 구조와 함께 금속의 성질과 밀접한 관계가 있기 때문에 금속 재료의 시험 연구에 매우 중요하다.

금속 조직에는 2종류가 있는데 소배율의 확대경으로 식별할 수 있는 Macro 조직(육안 조직)과 현미경으로 식별할 수 있는 Micro 조직(현미경 조직)이 그것이다. 이 경우 광학 현미경에 의한 것을 Photo-Microstructure라 하는데, 일반적으로 50~2000배의 배율로 관찰된다.

이 이상의 배율로 조직을 조사하는 데는 전자 현미경을 쓴다. 이 경우의 조직을 전자 현미경 조직(electro-microstructure)이라 하고, 보통은 Replica Method에 의한다. 그러나 최근에는 수 천 Å(<4000Å) 두께의 박막 시료에 전자선을 직접 투과시켜 관찰하는 투과 전자 현미경(transmission electron-microstructure)이 있다.

이것으로 전위나 공공(空孔) 결정 중의 격자 결함과 초현미경 조직을 관찰할 수 있고, 현재는 금속 조직 연구에 불가결한 것이 되고 있다.

3. 금속의 강화 기구

3-1 합금 원소의 고용에 의한 강화

(1) **격자 변형의 효과**
① 용질 원자에 의한 격자 변형으로 동일 원자로 구성된 격자면보다 전위를 움직이는데 보다 많은 에너지가 필요하다.
② 강화는 주로 용질 원자의 용해도와 모체 금속 원자의 원자 크기 차에 의존된다.
③ 어느 한도 이상의 강화는 바랄 수 없지만, 온도에 따른 효과의 불안정성은 없다.

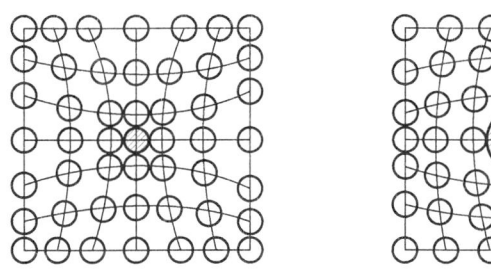
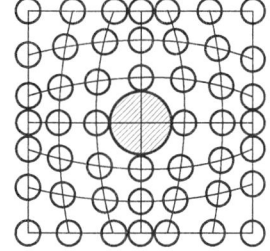

고용에 의한 격자 변형의 모형도

(2) **코트렐(Cottrell)의 효과**
① 인상 전위 중심 밑의 격자는 팽창해 있기 때문에 이 상태의 전위는 불안정하여 쉽게 움직인다. 또 이 부분은 팽창되어 있어 용질 원자의 침입이 쉽고, 이곳의 전위는 안정하게 되어 강하게 고착된다.
② 상온에서 가장 큰 강화가 기대되나, 용질 원자에 의해 고착되는 전위 영역이 좁다. 따라서 원자의 열 진동에 의한 온도 의존성이 크다.

(3) **화학적 상호 작용의 효과**
① 전위의 분해로 생기는 적층 결함 때문에 모체 결정 구조와는 다른 결정 구조를 갖게 된다. 따라서 양자의 화학적 성질도 달라지고, 용도 변화에 따른 편석이 생겨 전위의 고착이 일어나서 강화된다.
② 코트렐의 분위기에 의한 적층 결함보다 범위가 넓고 온도가 조금 상승해도, 전위가 빠져 나오기 어렵기 때문에 온도가 높게 되어도 항복 강도는 그다지 급격히 감소되지 않는다.

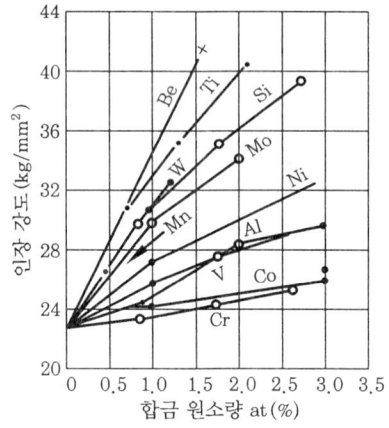

α-Fe의 인장 강도에 미치는 고용 원소의 영향

(4) 전기화학적 효과

슬립면을 경계로 해서 압축 영역과 팽창 영역이 존재하면, 전자의 이동이 일어나서 전위의 상·하에 정부의 전하를 가지는 부분이 생긴다.

Z개의 가전자를 가지는 용질 원자가 고용하면 이것은 ⊕ 이온으로 되고 양자간에는 전기적 상호 작용이 일어나며, 그 결과 인상 전위의 주위에 용질 원자의 분위기가 형성되어 고착 작용이 생겨서 강화된다.

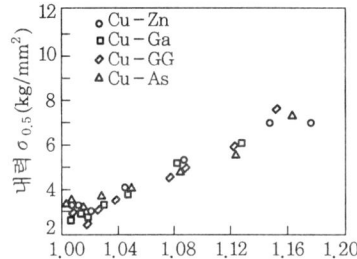

전기화학적 효과에 의한 합금 경화의 일례(Cu 합금)

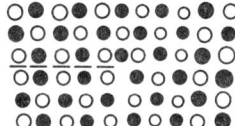

규칙 격자에 의한 강화 기구 설명도

(5) 규칙 격자의 효과

① 동종 원자의 결합 에너지보다 이종 원자끼리의 결합 에너지가 크고 안정하다. 따라서 전위가 규칙 격자 중을 통과하는 데에는 그만큼 큰 에너지를 필요로 하기 때문에 합금은 강화된다.

② 합금의 온도가 상승해도 규칙성이 존재하는 온도까지는 그 효과가 남아 있고, 고온에서의 강화 기구로서 전술의 화학 작용에 의한 강화 기구와 함께 중요하다.

3-2 가공에 의한 강화

(1) 전위 밀도의 증가에 의한 강화

① 강화 기구 : 가공에 의하여 전위 밀도가 현저히 증가하므로 금속이 강화된다. 즉, 금속을 변형시키는데 필요한 응력의 실험식에서 N이 커질수록 σ가 커짐을 알 수 있다.

$$\sigma = a \cdot \mu \cdot \overline{b} \cdot \sqrt{N}$$

여기서, a : 상수, μ : 강성률, $\overline{b}$: 전위의 burgers vector, N : 전위 밀도

　② 특징 : 가공도가 클수록 전위 밀도는 증가하나 저온에서 쉽게 재결정되어 연화하는 문제가 있다.

(2) 결정립의 미세화에 의한 강화
　① 강화 기구 : 결정립은 미세할수록 강하며, 이것은 가공에 의한 간접적인 강화로 볼 수 있다. 그 강화의 이유는 다음과 같다.
　　㈎ 결정립계는 전위와 공격자의 집합 조직이며, 전위 운동의 장애물에 효과가 있다.
　　㈏ 다결정체에서 각 결정립이 슬립되기 쉬운 방향은 각기 다르다.
　② 특징 : 일반적으로 결정립과 강도 사이에는 결정립의 평균 지름을 D로 하면, 강도는 $1/\sqrt{D}$에 비례한다. 가공하면 결정립이 미세화되므로, 가공에 의한 간접 강화 효과를 가진다.

(3) 섬유 구조 조직에 의한 강화
　① 강화 기구 : 결정립의 방향을 가공에 의하여 제어할 수가 있다. 따라서 힘이 걸리는 축 방향으로 변형이 어려운 결정의 방향이 되도록 가공한다.
　② 특징 : 변형되기 어려운 방향으로 결정을 배열한다.

3-3 열처리에 의한 강화

(1) 과잉 공격자에 의한 강화
　① 강화 기구 : 격자 결함의 성질에서 공격자의 수는 온도가 올라갈수록 지수 함수적으로 급격히 증가한다. 이와 같이 된 상태의 금속을 고온에서 급랭하면 다수의 공격자는 결정 표면이나 입계 또는 전위가 있는 데까지 피해서 소실되지만, 그 일부는 결정 내에 남게 된다. 그 결과 상온에서는 평형 상태보다 과잉의 기공이 존재하게 된다.

　　이 동결된 과잉 기공은 비교적 움직이기 쉬우므로, 원자의 확산을 돕거나 불순물 원자에 잡히거나 또는 전위와 상호 작용하여 응집 또는 파괴되어 2차적인 격자 결함이 생기고 금속의 물리적·기계적 성질에 영향을 주게 된다.
　② 특징 : 공격자가 2차적인 결함을 만들지 않아도 전위 운동에 대한 저항이 될 수 있는 것은 운동하는 전위가 분산되어 있는 기공을 통과할 때 전위선의 교차가 생기고, 이것이 다수 모이면 큰 교차 계단이 생겨 큰 저항이 된다.

　　점 결함을 다수 함유한 결함형 고용체를 형성하는 여러 금속간 화합물 고용체에서도 볼 수 있다. 변태점이 없는 순금속에서도 급랭에 의한 경화 현상이 일어나는 이유를 바로 이 과잉 공격자에 의한 것으로 설명할 수 있다.

(2) 결정립의 미세화에 의한 강화
　① 강화 기구 : 강의 경우 변태점을 이용하는 열처리에 의해, 또 변태점이 없는 경우는 가공 후 적당히 가열해서 재결정시킴으로써 결정립을 미세화한다.
　② 특징 : 열처리는 결정립을 미세화시키는 것이 대단히 곤란하므로, 그다지 큰 효과는 기대할 수 없다.

3-4 조합 강화

(1) 마텐자이트 (martensite)에 의한 강화

① 강화 기구 : 마텐자이트 변태는 C 원자를 고용한 Fe 고용체가 면심입방체로부터 체심입방체로 변태하는 것을 급랭으로 저지시킨 무확산 변태이다. 따라서 결정 격자만 변하는 격자 변태이다.

변태할 때에는 변형이 최소화되도록 강 내부에 슬립이나 쌍정이 생겨서 변태에 따르는 큰 변형을 해소하면서 변태가 진행된다. 즉, 다수의 전위나 쌍정의 발생으로 이 격자 변태가 진행된다. 따라서 아주 높은 전위 밀도 ($10^{11} \sim 10^{12}/cm^2$)를 갖게 된다.

일반적으로 결정 구조의 변화에 따라 용질 원자의 고용 한계가 불연속적으로 크게 변한다. 이때 강의 경우에 가장 심한 예이다.

② 특징 : 강의 마텐자이트는 고전위 밀도와 탄소의 과포화, 시효에 의한 분위기 형성의 세 가지 인자가 중첩해서 경화가 일어난다.

(2) 오스포밍(ausforming)에 의한 강화

① 강화 기구 : 강을 A_3점 이상의 온도로 가열해서 오스테나이트 조직으로 하고, 이것을 강의 재결정 온도 이하 M_3점 이상의 온도 범위인 준안정 오스테나이트 영역으로 급랭한 후, 그 온도에서 소성 가공을 하면 연이어 담금 (quenching)하는 강화 방법이다.

가열되면서 가공할 때 증식된 전위가 고용 원자에 의해서 강하게 고착되어 일종의 특수 탄화물이 매우 미세하고 균일하게 석출된다. 냉간 가공만으로는 전위는 교차 슬립을 일으켜서 서로 결합하여 소멸되어 버리기 때문에 전위 밀도를 올리는데 한계가 있으나, 이 경우에는 석출된 미세 탄화물이 전위 이동에 대한 방해물로 작용되기 때문에 전위 밀도를 현저히 높일 수 있어 강화된다.

② 특징 : 마텐자이트 강화와 가공에 의한 강화의 조합이다. 오스테나이트 상태에서 성형 가공 (forming)하는 것으로 강도가 현저히 향상하고, 신율이나 deep drawing성은 거의 저하하지 않으며, 풀림에 의한 연화 저항이 큰 것이 특징이다.

(3) 시효 경화에 의한 강화

① 강화 기구 : Al-Cu 합금과 같은 금속을 급랭하면 제2상이 석출할 여유도 없이 냉각되기 때문에, 과포화 상태의 준안정한 단일상이 얻어진다. 이 처리를 용체화 처리라 한다. 물론 이 상태는 열역학적으로 안정한 상태는 아니기 때문에, 오랜 시간 경과 후 또는 저온에서 가열하면 안정 상태로 이행하고자 하는 성질이 있다. 이 처리를 시효 (aging)라 하고, 이를 이용하여 합금은 강화된다.

② 특징 : 시효 경화를 시키기 위해서는 미리 어떤 온도까지 가열하게 되므로, 그 시효 온도까지 가열하여도 재료의 강도는 저하하지 않는다는 특징이 있다.

모체의 결정 격자 일부에 용질 원자가 단순히 편석된 G.P 대는 전위를 절대로 통과시키지 않을 정도로 견고한 장애물은 아니나, 전체에 고루 분포되어 있어 응력 집중을 일으키는 일이 없다. 따라서 G.P 대에 의한 경화는 강도는 높아지고, 점성 강도는 저하되지 않는 특징이 있다.

예상문제

문제 1. 온도가 상승하면 원자(atom)의 거동은 어떻게 되는가?
㉮ 원자의 운동 속도와 거리 모두 증가한다.
㉯ 원자에서 보다 많은 전자가 떨어져 나온다.
㉰ 원자의 모양은 입방체에서 원형으로 바뀐다.
㉱ 원자의 운동 속도와 거리 모두 감소한다.

문제 2. 금속의 일반적인 특징이 아닌 것은?
㉮ 상온에서 고체 상태이고 비중이 크다.
㉯ 전기 및 열의 전도도가 우수하다.
㉰ 금속은 고체 상태에서 결정 격자를 가지고 있다.
㉱ 단결정면에서는 소성 가공이 어렵다.
[해설] ① 금속은 고체 상태에서 원자들이 규칙적으로 바르게 배열되어 있다.
② 자유 전자가 있기 때문에 전기 전도도와 열전도도가 좋다.
③ 결정면에서 슬립이 용이하므로 가공성이 좋다.
④ 금속 특유의 광택을 갖는다.
⑤ Na, K, Li을 제외하고는 일반적으로 비중이 크다.
⑥ 상온에서 대부분이 고체 상태를 갖는다 (Hg 제외).

문제 3. 다음 중 준금속(metalloid)인 것은?
㉮ Bi   ㉯ Si   ㉰ Ti   ㉱ Li
[해설] 준금속(아금속 또는 반금속이라고도 함)에는 B, Si, Ge, As, Te, Po 등이 있으며, 이는 조건에 따라 금속적인 성질과 비금속적인 성질을 나타내는, 즉 금속과 비금속의 중간적 성질을 갖는 원소이다. 자연계에 존재하는 92종의 원소 중 금속 원소는 68종, 준금속 원소는 7종, 비금속 원소는 17종으로 알려져 있다.

문제 4. 다음 중 금속 결합(metallic bond)의 요인은?
㉮ Positive ion과 Negative ion
㉯ Covalent bond force
㉰ Vander Waals Forcg
㉱ Free Electron
[해설] • 금속 결합: 원자들이 서로 근접하면 최외각 전자 궤도가 서로 중복되므로 가전자는 특정 원자의 주위에만 한정되지 않고, 결정 전체에 걸쳐서 공통적으로 운동하는 영역이 생겨 이른바 전자운(electron cloud)이 형성된다. 가전자를 상실한 ⊕ 이온은 ⊖ 전하의 전자운 간에 작용하는 인력에 의하여 결합된다. 금속 결합의 특징은 자유 전자에 있다.

문제 5. 철(Fe)이 비자성을 나타내는 온도는?
㉮ 723℃   ㉯ 768℃
㉰ 910℃   ㉱ 230℃
[해설] Curie Point

문제 6. 다음 중 변태(transformation)와 동소 변태(allotropic transformation)를 간략히 설명한 것으로 맞지 않는 것은?
㉮ 변태란 공간 격자에 변화를 생기게 하는 현상이다.
㉯ 동소체란 동일 화학 물질이면서, 서로 다른 상을 가지고 있다.
㉰ Fe의 동소 변태점은 910℃이다 ($\gamma \rightleftarrows \delta$).
㉱ 동소 변태란 한 상에서 다른 상으로 변하는 것을 말한다.
[해설] 물질이 온도의 상승이나 하강으로 결정의 공간 격자에 변화를 생기게 하는 현상을 변태라 하고, 이 온도를 변태점이라 한다.
다이아몬드나 흑연은 같은 화학 물질인 탄소로 구성되어 있으나, 서로 다른 상을 가지고 있다.

[해답] 1. ㉮   2. ㉱   3. ㉯   4. ㉱   5. ㉯   6. ㉰

이와 같이 동일 화학 물질이면서 서로 다른 상을 가지는 것을 동소체라 부르고, 한 동소체의 상에서 다른 동소체의 상으로 변화하는 것을 동소 변태라 하며, 이 온도를 동소 변태점이라 한다.

예를 들면, 다음과 같다.

Fe	$\alpha \rightleftarrows \gamma$	910℃
	$\gamma \rightleftarrows \delta$	1401℃
Co	$\alpha \rightleftarrows \beta$	460℃
Ca	$\alpha \rightleftarrows \beta$	450℃

문제 7. 고상에서의 금속 확산이란?
㉮ 산화로 모서리가 뭉개지는 현상이다.
㉯ 원자가 한 곳에서 다른 곳으로 이동하는 현상이다.
㉰ 금속이 화학적으로 용해되는 현상이다.
㉱ 금속의 전기 전도도가 상승되는 현상이다.

문제 8. 확산율을 결정짓는 주요 인자는 무엇인가?
㉮ 금속과 반응할 수 있는 화학 물질의 존재
㉯ 금속의 온도
㉰ 자장의 강도
㉱ 금속의 밀도

문제 9. α 철의 결정 구조는?
㉮ FCC ㉯ BCC
㉰ HCP ㉱ 저심입방격자

[해설] ① FCC(면심입방격자) : Au, Ag, Ni, Cu, Al, Pt, Pb, Pd, Ca, Ir, Rh, Sr, β-Co, γ-Fe, α-Brass
② BCC(체심입방격자) : Cr, W, Mo, V, Ta, Ba, Li, K, Rb, Nb, Na, α-Fe, δ-Fe, β-Ti, β-Zr
③ HCP(조밀육방격자) : Mg, Zn, Cd, Be, α-Co, α-Ti, α-Zr
대부분의 금속은 위 ①, ②, ③ 격자의 어느 하나에 속한다.

문제 10. 그림의 빗금친 면의 밀러(miller) 지수는?

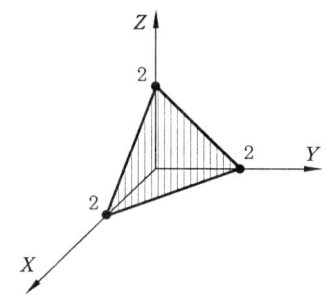

㉮ (001) ㉯ (010)
㉰ (011) ㉱ (111)

[해설] 어떤 면을 자르는 x, y, z축의 절편을 역수로 취한 후 최소 정수비로 나타낸다. 즉,

구 분	x	y	z
절 편	2	2	2
역 수	$\frac{1}{2}$	$\frac{1}{2}$	$\frac{1}{2}$
최 소 정수비	1	1	1

문제 11. 그림에 표시한 면의 밀러(miller) 지수는?

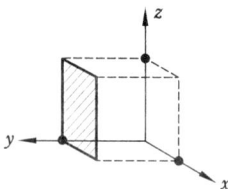

㉮ (010) ㉯ (011)
㉰ (101) ㉱ (111)

[해설]

구 분	x	y	z
절 편	∞	1	∞
역 수	$\frac{1}{\infty}$	$\frac{1}{1}$	$\frac{1}{\infty}$
최 소 정수비	0	1	0

문제 12. 그림의 화살표 방향을 옳게 표시한 것은?

[해답] 7. ㉯ 8. ㉯ 9. ㉯ 10. ㉱ 11. ㉮ 12. ㉰

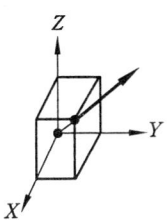

가 (100)   나 (110)
다 (111)   라 (010)

[해설] 방향의 표시는 좌표를 나타내어 최소 정수비를 취한다.

문제 13. 다음 중 체심입방격자의 원자 충진율은?
가 54%   나 68%
다 74%   라 78%

문제 14. X-ray로 결정 구조를 측정할 수 있는 방법은?
가 Gibb's 법   나 Bragg's 법
다 Tamman 법   라 Thomson 법

[해설] X-ray 회전법으로 면간 거리, 격자 정수, 결정 격자형, 단위포 내의 원자 위치 등을 알 수 있다.
Bragg's Law : $n\lambda = 2d\sin\theta$
여기서, λ : 파장, d : 면간 거리
θ : 입사각, n : 정수

문제 15. 다음 격자 결합(latticg defect) 중 점결함이 아닌 것은?
가 Vacancy
나 Dislocation
다 Substitutional Atom
라 Interstitial Atom

문제 16. 다음 중 점결함이라고 할 수 있는 것은?
가 Shottky 결함   나 Dislocation
다 Stacking Fault   라 Jog

[해설] ① Vacancy를 처음 생각한 사람은 Shottky이며, Shottky 결함이라고도 한다.
② 전위(dislocation) : 인상(edge) 전위 : 나선(screw) 전위, 혼합(mixed) 전위

문제 17. Burger's Vector의 방향과 수직 관계에 있는 전위는?
가 Mixed Dislocation
나 Edgg Dislocation
다 Screw Dislocation
라 Partial Dislocation

[해설] ① Burger's Vector의 방향과 수직 : Edge Dislocation
② Burger's Vector의 방향과 평형 : Screw Dislocation

문제 18. 다음 금속 결함 중 면결함에 속하는 것은?
가 dislocation   나 twin
다 cracking   라 vacancy

문제 19. 여분의 원자반면이 격자 중에 들어가 있는 전위(dislocation)를 무엇이라 하는가?
가 혼합 전위(mixed dislocation)
나 코트렐 전위
다 인상 전위(edgg dislocation)
라 나선 전위(screw dislocation)

문제 20. 다음 그림은 전위의 생성을 나타낸 것이다. 혼합 전위의 생성을 나타낸 것은 어느 것인가?

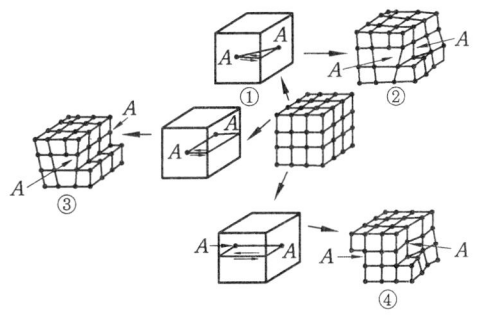

가 ①   나 ②   다 ③   라 ④

[해설] ② 혼합 전위, ③ 인상 전위, ④ 나선 전위

문제 21. 다음 중 체심입방격자가 아닌 것은 어느 것인가?

[해답] 13. 나   14. 나   15. 다   16. 가   17. 나   18. 나   19. 다   20. 나   21. 다

㉮ Cr　　㉯ Mo　　㉰ Al　　㉱ Ta

문제 22. 다음 중 금속의 결정 구조와 관계없는 것은?
㉮ 조밀육방격자　㉯ 면심입방격자
㉰ 체심입방격자　㉱ 단심입방격자

문제 23. 원자 구조로 볼 때 모든 금속의 비슷한 점을 설명한 것 중 틀린 것은?
㉮ 모든 금속은 전자(electron)를 가지고 있다.
㉯ 모든 금속은 양자(proton)를 가지고 있다.
㉰ 모든 금속은 입자들이 같은 형태로 정렬되어 있다.
㉱ 모든 금속은 중성자(neutron)를 가지고 있다.
[해설] 모든 금속이 전자(electron), 양자(proton) 및 중성자(neutron)를 가지고 있는 것은 비슷한 점이고, 이들 입자들이 금속마다 각기 다른 형태로 정렬되어 있기 때문에 성질과 구조가 다른 것이다.
　원자의 크기는 원자간의 물리적 관계를 결정하고, 전자수와 전자각의 특성은 화학적인 관계를 결정한다.

문제 24. 다음 사항은 금속간 화합물의 특징을 나열한 것이다. 틀린 것은?
㉮ 단위 격자 내에 원자수가 많고, 그 구조가 복잡하다.
㉯ 경도가 매우 높고, 취약하다.
㉰ 성분 금속과 다른 결정 구조를 갖는다.
㉱ 금속간 화합물의 존재 조성 범위는 비교적 넓다.
[해설] 금속간 화합물의 존재 조성 범위는 비교적 좁고 금속적 성질도 결핍되어 있으며, 대부분이 일정 화학 성분 비율로 화합물을 만든다.

문제 25. 다음 중 고용체를 만드는 합금은 어느 것인가?

㉮ Pb-Sb　　　㉯ Pb-Ag
㉰ Ag-Au　　　㉱ Sb-Ag
[해설] ① 공정을 만드는 것 : Pb-Sb, Pb-Ag
② 고용체를 만드는 것
　・Fe-C, Fe-N (침입형)
　・Ag-Au, Cu-Zn (치환형)
　・Cu_3Au, Fe_3Al (규칙 격자)
③ 금속간 화합물을 만드는 것 : $CuZn_4$, Cu_2Al

문제 26. 다음 중 상(相)의 설명으로 옳은 것은?
㉮ 물리적으로 균일한 것의 집합이며, 또한 물리적으로 구분되는 것
㉯ 화학적으로 균일한 것의 집합이며, 또한 화학적으로 구분되는 것
㉰ 기체, 액체, 고체의 단상만이 상태도에 존재
㉱ 동일한 원소종으로만 된 것이 하나의 상이다.

문제 27. 다음 설명 중 틀린 것은?
㉮ 상의 조성을 나타내는 물질을 성분(component)이라 한다.
㉯ 순금속에서의 성분은 그 금속 자신이다.
㉰ 상률이란 물질이 여러 가지 상으로 될 때, 그들 상 사이의 평형 관계를 나타내는 법칙이다.
㉱ 성분의 수와 상의 수 관계는 평형 상태도로 정해진다.

문제 28. 다음 중 계의 평형에 대한 설명으로 틀린 것은?
㉮ 평형이란 일반적으로 전체의 퍼텐셜 에너지(potential energy)가 극대로 되는 상태이다.
㉯ 역학계의 평형에서는 전체 계의 위치에너지가 극소로 되는 것이다.
㉰ 열역학적 평형, 열적 평형, 화학적 평형이 동시에 일어날 때 계에서의 완전한 평형이 얻어지며, 자유 에너지(freg energy)

[해답] 22. ㉱　23. ㉰　24. ㉱　25. ㉰　26. ㉮　27. ㉱　28. ㉮

는 가장 낮게 된다.
- 라 계의 내부에서 상에 따라 P.T가 다르다고 하면, 필연적으로 열 혹은 물질의 이동을 일으켜 평형이 깨지게 된다.

[해설] 평형이란 일반적으로 전체의 퍼텐셜 에너지가 극소로 되는 것을 말한다.

문제 29. 물질계 및 상(phase)을 설명한 것 중 틀린 것은?
- 가 전체가 거시적으로 균질일 때를 균일계(homogeneous system)라 한다.
- 나 전체가 몇 개의 다른 종류의 상태가 공존할 때를 불균일계(hetrogeneous system)라 한다.
- 다 상(phase)이란 타부분과 명확히 구분되고, 자체는 균일한 계의 부분이다.
- 라 물질계의 상태계는 온도, 압력에만 관계된다.

[해설] 한 물질 또는 몇 개 물질의 집합이 외부와 관계없이 독립적으로 한 상태를 이룰 때 그 것을 물질계(system)라 한다.
  물질계의 상태계는 온도, 압력 및 계를 구성하는 물질 성분의 종류(원자, 분자가 아닌 화학종)와 그 양비(조성)에 따른다.

문제 30. 순금속 융점에서의 자유도는?
- 가 0
- 나 1
- 다 2
- 라 3

[해설] $F = n + 2 - P$
  여기서, n : 성분 수, P : 상의 수
  응고계 : $F = n + 1 - P$

문제 31. 물의 3중점(triplg point)에서의 자유도는?
- 가 0
- 나 1
- 다 2
- 라 3

[해설] 3중점에서의 얼음(ice), 물(water), 수증기(vapor), 즉 기체, 액체, 고체가 공존한다. 따라서,
  성분 수…1, 상의 수…3
  ∴ $F = 1 - 3 + 2 = 0$

문제 32. 다음은 Gibb's의 상률(phasg rule)을 설명한 것이다. 틀린 것은?
- 가 응축계의 상률은 $F = C - P + 1$이다.
- 나 순금속일 경우 상률에 적용되는 성분 수는 항상 1이다.
- 다 금속의 상태도에서 자유도의 수는 가변수이다.
- 라 Gibb's 상률은 2원소에만 적용할 수 있다.

문제 33. 응축계의 상률 $F = 3 - P$는 다음 중 어느 계에 적용되는가?
- 가 1원소
- 나 2원소
- 다 3원소
- 라 4원소

[해설] ① 1원소 : $F = 1 - P + 1 = 2 - P$
  ② 2원소 : $F = 2 - P + 1 = 3 - P$
  ③ 3원소 : $F = 3 - P + 1 = 4 - P$

문제 34. 다음 그림과 같이 k 조성 합금이 온도 $T[℃]$에서 M 조성의 상과 N 조성의 상이 서로 공존할 때 M, N상의 양적비는 어떻게 되는가?

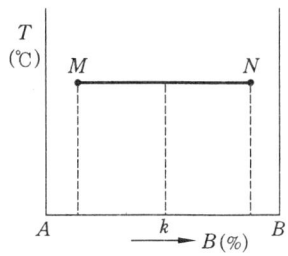

- 가 $M : N = \overline{kN} : \overline{kM}$
- 나 $M : N = \overline{kM} : \overline{kN}$
- 다 $M : N = \overline{MN} : \overline{kN}$
- 라 $M : N = \overline{kN} : \overline{MN}$

[해설] 문제에서 M상의 중량 : N상의 중량 = $\overline{kN} : \overline{kM}$의 관계가 성립된다. 이 관계는 다음과 같은 저울 관계(lever relation 또는 lever rule)에서 평형을 이루기 위한 조건, 즉 $Ml_1 = Nl_2$와 같다.

해답 29. 라 30. 가 31. 가 32. 라 33. 나 34. 가

∴ M상의 중량(%) = $\dfrac{\overline{kN}}{\overline{MN}} \times 100$

N상의 중량(%) = $\dfrac{\overline{kM}}{\overline{MN}} \times 100$

(또는 100 − M상의 중량(%))

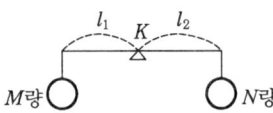

문제 35. 그림과 같은 상태도에서 X 합금의 조성을 냉각하였을 때, 상온 조직으로 가장 타당한 것은?

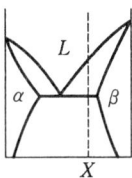

㉮ $A + B$
㉯ 초정 B + 공정 $(A + B)$
㉰ 초정 β + 공정 $(\alpha + \beta)$
㉱ 초정 β + 공정 $(A + B)$

문제 36. 다음 그림은 상태도의 일부분을 그린 것이다. 공석 변화(eutectoid)는 어느 것인가? (단, L은 액체(liquid), S는 고체(solid)를 나타낸다.)

㉮ $\dfrac{L}{S_1 + S_2}$ ㉯ $\dfrac{S_1}{S_2 + S_3}$

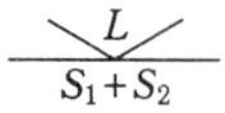

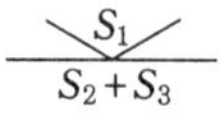

㉰ $\dfrac{L + S_1}{S_2}$ ㉱ $\dfrac{S_1 + S_2}{S_3}$

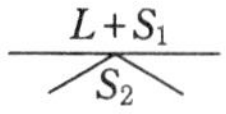

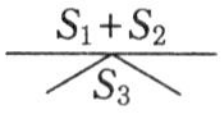

해설 ㉮ 공정 변화(eutectic)
㉯ 공석 변화(eutectoid)
㉰ 포정 변화(peritectic)
㉱ 포석 변화(peritectoid)

문제 37. 편정 변화(monotectic)의 일반식은 어느 것인가?

㉮ $L \rightleftarrows \alpha + \beta$ ㉯ $\beta \rightleftarrows \alpha + \gamma$
㉰ $L_1 \rightleftarrows L_2 + \alpha$ ㉱ $L + \alpha \rightleftarrows \beta$

해설 ㉮ 공정 변화   ㉯ 공석 변화
㉰ 편정 변화   ㉱ 포정 변화

해답 35. ㉰   36. ㉯   37. ㉰

제2장 액상 및 응고 야금

1. 아크 용접의 용융 과정에서의 화학 야금 반응

아크의 열원에 의하여 용가 금속(filler metal) 및 모재(base metal)의 일부가 용접된다. 보통 용융 금속을 대기로부터 보호하여 양호한 용접 금속을 얻기 위해서 Flux 또는 불활성가스 또는 탄산가스 등이 쓰이고 있다.

따라서 용접 과정에서는 Flux 등으로부터 생성된 용융 슬래그(molten slag)와 용융 금속 간에 여러 가지 화학 반응이 일어난다. 이들의 화학 반응은 용접 금속의 화학 조성을 좌우하여 용접 금속의 기계적 성질이나 내균열성이 중대한 영향을 미친다.

단, 용접의 경우에는 반응 시간이 매우 짧기 때문에(수 초~수십 초), 일반적인 철강 제련 등에서의 화학 반응은 충분히 진행되지 않아 소위 의평형(pseudo equilibrium)으로 생각되고 있지만, 실제로는 다음과 같다.

① 반응 온도가 매우 높다(약 2000℃).
② 용융 슬래그의 활성이 크다.
③ 아크 힘에 의한 용융지(molten pool)의 교반이 심하다.

이런 이유 때문에 상당한 속도로 반응이 진행된다는 것이 알려져 있어, 평형론적 입장에서 화학 열역학적으로 처리되고 있다.

2. 아크 용접에서의 슬래그 금속 반응

다음 표는 피복 아크 용접봉의 피복 중에 함유되어 있는 성분의 예이다. 이러한 여러 성분이 슬래그 금속 반응에 기여한다고 생각하면 복잡하기 때문에 대기 중의 O_2와 주요 원소들 간의 주된 반응에 대해서 알아보자.

피복제의 화학 성분치 (단위 : %)

성 분 \ 봉의 종류	D 4301	D 4311	D 4313	D 4316	D 4320
SiO_2	24.88	9.69	19.14	4.09	33.08
TiO_2	11.45	10.80	42.90	—	—
Al_2O_3	3.40	1.57	4.50	3.64	3.64
Ca_2CO_3	5.91		3.94	49.30	—

Flux	CaF₂	—		—	17.95	—
	CaO		—	1.03		0.23
	Fe₂O₃	9.02		0.77	1.77	24.57
	FeO	10.96	0.64	0.47	—	0.30
	MgO	2.36	1.38	3.61	0.10	3.01
	Mn	11.64	5.15	9.21	1.55	12.29
	Fe	2.80	6.14	1.67	16.17	2.23
	C	0.24	1.11	0.77	0.06	1.03
	Si	0.09	0.52	0.14	4.67	0.19
	K₂O	1.90	0.10	2.38	0.76	1.19
	유기물		19.00	6.20	—	2.19
	H₂O		3.91	1.09	0.41	1.33
	물유리	잔	잔	잔	잔	잔

(1) FeO의 슬래그 금속간의 평형

① 반응식

$$(FeO) \rightleftarrows [Fe] + [O]$$

여기서, [ ] : 용강, ( ) : 슬래그 중의 함유

② 평형 상수

$$K_0 = [O] / [FeO]$$

여기서, K : 슬래그의 성질에 의존

(2) 용융 슬래그의 염기도

① 용융 슬래그의 산 또는 염기로서의 세기는 용접시의 화학 반응에 중요하다.

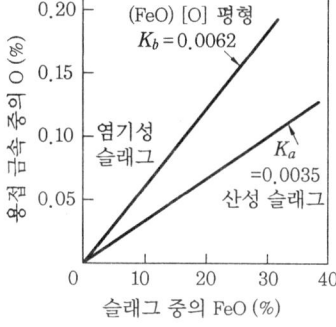

용접 금속과 슬래그 간의 O_2 분해(1750℃)

각종 슬래그의 화학 조성 및 염기도

슬래그의 종류		슬래그의 조성 (중량 %)										염기도
		SiO₂	TiO₂	Al₂O₃	FeO	MnO	CaO	MgO	Na₂O	K₂O	CaF₂	(Br)
용접 슬래그	일미나이트계 A	29.2	14.0	1.1	15.6	2.5	8.7	1.3	1.4	1.1	—	−0.1
	일미나이트계 B	29.0	21.2	4.3	14.1	20.3	5.7	1.9	1.8	2.2	—	−0.8
	티탄계	23.4	37.7	10.0	6.9	11.7	3.7	0.5	2.2	2.9	—	−2.0
	라임티탄계	25.1	30.2	3.5	9.5	13.7	8.8	5.2	1.7	2.3	—	−0.9
	셀룰로오스계	34.7	17.5	5.5	11.9	14.4	2.1	5.8	3.8	4.3	—	−1.3
	산화철계	40.4	1.3	4.5	22.7	19.3	1.3	4.6	1.8	1.5	—	−0.7
	저수소계	24.1	7.0	1.5	4.0	3.5	35.8	—	0.8	0.8	20.3	0.9
제철 슬래그	고로	32	—	15	0.3	2.5	45	3	—	—	—	1.2
	염기성 평로	13	—	4	15.5	15	43	6	—	—	—	3.5
	산성 평로	60	—	4	11.0	12	10		—	—	—	−2.5

② 염기도 (basicity) : P

$$P = \frac{\Sigma \text{염기성 성분}(\%)}{\Sigma \text{산성 성분}(\%)}$$

③ 철강 제련에서 사용하는 염기도 B_L (전기 화학적 수법 가미)을 용접에서도 이용한다.

$$B_L = \Sigma \, biNi$$

여기서, bi : 각 성분의 고유 정수, Ni : 각 성분의 몰분율

④ 용접 슬래그의 실험에 의한 염기도 표시

$$P = \frac{CaO(\%) + MgO(\%) + MnO(\%) + FeO(\%)}{SiO_2(\%) + Al_2O_3(\%) + TiO_2(\%)}$$

3. 용접 금속 중의 가스 성분

용접 금속의 큰 특징 중 하나는 다음 표와 같이 소위 가스 성분인 산소, 질소, 수소가 보통의 강재에 비해서 상당히 높다는 것이다.

용접 금속에서의 이들 가스 영향은 매우 크기 때문에 가스의 거동과 용접 금속의 성질, 특히 결함에 미치는 영향을 아는 것은 매우 중요하다.

각종 용접 금속 및 강재의 가스 성분의 예

종 류	C (%)	O (%)	N (%)	H (cc/100 g)
나봉	0.03	0.210	0.140	0.3
고셀룰로오스계	0.07	0.060	0.008	43
티타니아 염기성계	0.08	0.070	0.011	33
티타니아계	0.08	0.065	0.011	44
유기물 티타니아계	0.08	0.065	0.013	50
저수소계	0.06	0.028	0.011	6
고산화철계	0.07	0.105	0.012	37
일루미나이트계	0.08	0.095	0.012	45
산화성계	0.05	0.120	0.018	25
탄산가스 반자동 (복합 심선)	0.08	0.060	0.007	4
서브머지드 아크 (산성계)	0.10	0.079	0.007	─
서브머지드 아크 (염기성계)	0.12	0.028	0.006	─
킬드강	0.20	0.010	0.004	0.5
림드강	0.21	0.020	0.003	0.2

(1) 용접 금속과 산소

① 용강 중 O_2 흡수는 다음과 같이 표시한다.

$$K = \frac{P_{co}}{[C][O]} \quad \text{또는} \quad \frac{[O]}{[FeO]}$$

② CO 가스 분압과 C 농도로 결정되며, C 농도가 증가하면 O_2는 급격히 감소한다.

③ 1600℃의 용철에서는 0.3 % 정도의 O_2를 용해하고 있으나, 응고에 따라 용해도는 급격히 저하되고 실온에서는 0.01 % 이하가 된다. 여기서 여분의 O_2는 여러 가지 이상 소위 비금속 개재물(산화물)을 형성한다. 또 일부는 C와 반응해서 CO 가스를 형성하며, 기공의 원인이 된다.

④ 용접 금속 중의 산화물은 Mn이나 Si 등의 탈산 작용에 의해 생성된 산화물인 MnO나 SiO_2가 주이며, 철의 산화물(FeO)은 이들 양의 1/10 정도이다.

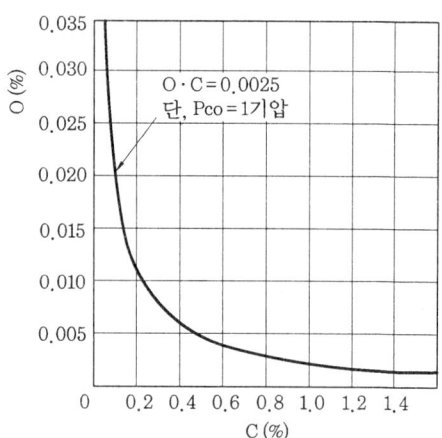

용강 중의 C와 O_2의 평형

⑤ 피복 아크 용접에서는 용접 금속 중의 O_2량은 용접봉 피복제 계통에 따라 다르고, 저수소계가 가장 낮다.

⑥ 아크 용접시 O_2의 근원은 공기 중의 산소 이외 피복제 중의 산화물 및 용접봉이나 모재에 부착되어 있는 수분이다.

⑦ 산소는 수소와 달리 원자 반지름이 크므로 결정 격자내를 자유로이 확산할 수 없다. 그러므로 용융 금속이 응고될 때 과포화로 된 산소는 수소와 같이 고체 내를 확산하여 외부로 빠져나가려 하지 않고 산화물로, 개재물로서 존재한다.

(2) 용접 금속과 질소

① N_2 용해량은 Sieverts의 법칙에 따른다. 즉, $[N] = K_N \sqrt{P_{N2}}$ 이다.

② $[N]\% = 0.0400\sqrt{P_{N2}}$ (1600℃)

여기서, P_{N2} : 질소 가스의 분압

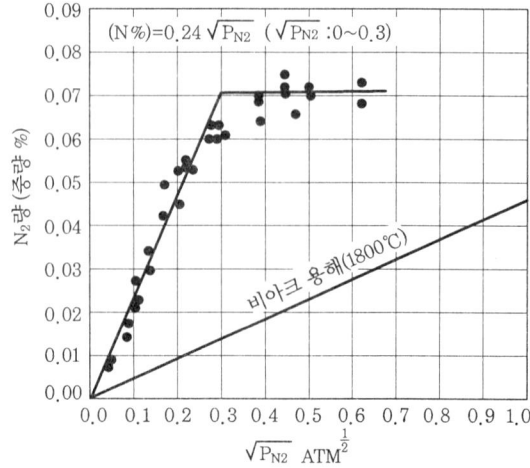

아크 용접에서의 용접 N량과 $\sqrt{P_{N2}}$ 의 관계 ($\sqrt{P_{N2}} > 0.30$이면 일정함을 알 수 있다.)

③ 아크 용접시 용융 금속의 N_2 용해량은 제강시보다 매우 크다.

④ 과잉 N_2는 침상의 질화물로 석출하지만, 급랭하면 철의 결정 격자에 과포화 고용되어 마텐자이트 조직을 형성하므로 용접 금속의 성질에 각종 영향을 미친다.

⑤ 아크 용접시 N_2의 대부분은 공기에서 침입된 것이며, 용접봉 피복제 이외에 아크 길이와 용접 전류 등에 따라서 변한다.

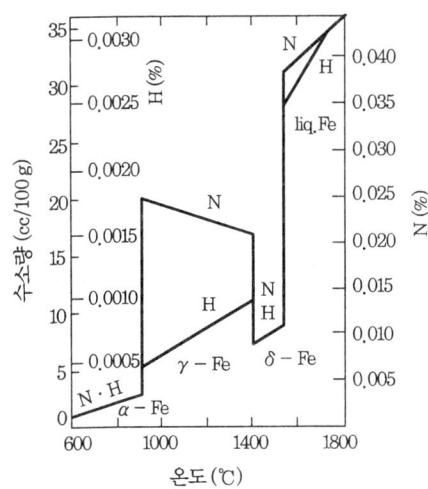
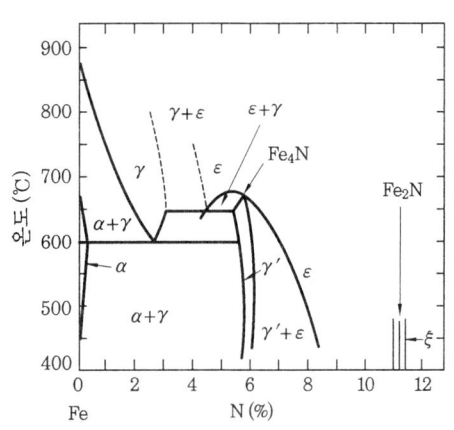

철에 대한 질소 및 수소의 용해도 (1기압 H_2 또는 N_2)   Fe-N계 평형 상태도

(3) 용접 금속과 수소

① H_2의 용해도는 Sieverts의 법칙에 따른다.

즉, $H(\%) = K_H \sqrt{P_{H_2}}$ 이다 (단, $K_H = 275 \times 10^8 T - 175.5 \times 10^{-5}$).

② 용해도 이상의 H_2의 존재
  (가) 분자상으로 입계 등에 존재한다.
  (나) 모자이크 구조 내에 분자 또는 원자상으로 존재한다.
  (다) 철격자 내에 원자 또는 이온으로 존재한다.

③ 용강 중에 용입되는 H_2량은 용강 또는 슬래그 중에 함유되어 있는 FeO량에 지배된다.

$$Fe + H_2O = FeO + H_2$$

④ 아크 용접시 H_2는 용접봉 피복 등의 수분이 아크열로 분해되어 기체로 공급되는 것이 많다. 용접 피복 중 이들의 유효한 수소원을 퍼텐셜 수소(potential hydrogen)라 하고, 용접 금속 중의 수소 농도는 실질적으로 퍼텐셜 수소 H_P에 비례한다.

$$M = \alpha H_P$$

여기서, α : 상수

⑤ 수소는 O_2나 N_2와 달리 원자가 작기 때문에 격자 내에 자유로이 확산하는 특징이 있다.

⑥ 과포화수소가 많으면 용접 후 시간 경과와 함께 외부로 빠져나간다. 이때 가열하여 온

도를 올리면 확산이 점점 증가된다.
⑦ 상온에서 용이하게 이동하는 수소를 확산성 수소(diffusible hydrogen)라 하고, 온도를 올리지 않으면 이동하지 않는 것을 비확산성 수소(non-diffusible hydrogen)라 한다.
⑧ 저수소계가 용접 금속 중 수소가 가장 적다. 이런 종류의 피복은 γ철 중의 수소 최대 용해량보다 아주 낮은 수소량을 나타내므로, 외부 수분 증가에 따른 악영향을 다른 피복제보다 받기 쉬우므로 취급에 유의해야 한다.
⑨ 용접 금속에 함유된 수소는 기공, 이상 조직, 특히 균열의 원인이 되므로 극소화시켜야 한다.

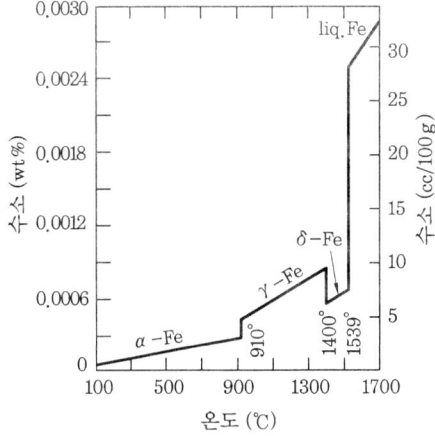

철에 대한 수소의 용해도 (1기압 H_2)

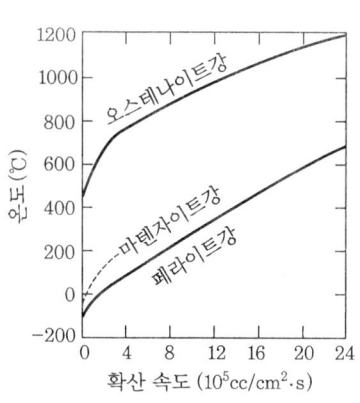

강 중 수소의 확산 속도 (1기압)

(4) 용접에서의 수소원

용접 금속에 침입되는 수소, 즉 용접 분위기 중에서 발생하는 수소의 원으로는 보통 다음과 같은 것이 있다.
① 플럭스 중의 유기물, 즉 셀룰로오스, 전등 등이며 이것들이 연소하면 CO_2와 H_2O로 된다.
② 플럭스 중의 $-OH$ 또는 결정수를 포함한 광물
③ 고착제가 포함한 수분
④ 플럭스에 흡착 또는 흡수된 수분
⑤ 개선면에 부착한 수분 및 유지류
⑥ 대기 중의 수분

(5) 용접 금속의 성질에 미치는 수소의 영향

① 비드 밑 터짐(under-bead cracking) : 용접 비드 바로 아래의 열영향부 (HAZ)에 나타나는 균열이다. 이것은 용접 금속에서 열영향부에 확산된 수소가 그 중요한 원인이며, 비드 밑 부분에 수소가 집중하여 거기서 수소 취성(hydrogen embrittleness)이 생겨서 내부 응력과 상호 작용에 의해 균열이 발생한다.
② 은점(fish eye) : 용접 금속부를 파단하였을 때 그 파단면에 나타나는 물고기 눈모양의 점

이며, 수소가 존재하는 경우에만 생긴다. 수소가 용접 금속 내의 공공 (void)이나 비금속 개재물 주위에 집중하면 여기서 수소 취성화가 생기고, 그 시험편을 파단하면 국부적인 취성화 파면 현상으로 은점이 관찰된다.

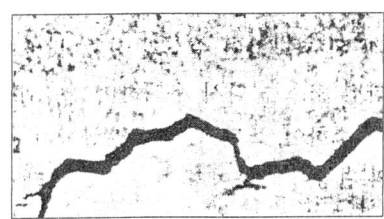
용접부의 비드 밑 터짐

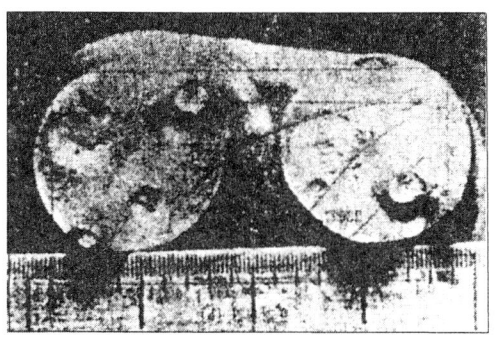
은점의 일례 (×3.3)

③ 수소 취성 : 강은 수소를 포함하면 취성화되며, 취성화의 정도는 수소량과 함께 증가한다.
④ 미세 균열 : 수소를 많이 함유하는 용접 금속 내에 그림과 같은 0.01~0.1 mm 정도 미세 균열이 다수 발생하여 용접 금속의 굽힘 연성을 감소시킨다. 이 미세 균열은 비금속 개재물 주변이나 결정립계의 열간 미소 균열 등에 수소가 집적한 결과 발생하며, 일반적으로 수소량에 비례한다.

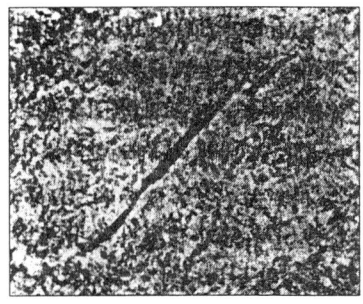
미세 균열 조직의 일례 (×110)

⑤ 선상 조직 : 용접 금속의 파면에 매우 미세한 주상정이 서릿발 모양으로 병립하고 그 사이에 광학 현미경으로 보이는 정도의 비금속 개재물이나 기공을 포함한 조직이 나타나는 경우가 있는데, 이것을 선상 조직이라 하며 수소의 존재가 원인이 된다. 생성 과정은 용융 금속이 냉각 과정에 수소 용해도의 변화로서 확산하여 개재물 주위에 모여서 미세한 기공을 만들고, 주상정 사이에 틀어 박혀진 것이 선상 조직의 생성 원인이다.

(6) 용접 금속의 성질에 미치는 산소 및 질소의 영향
① 석출 경화 (담금질 시효) : 강을 저온에서 뜨임하면 시간의 경과와 동시에 경도가 증가하는 경우가 있는데, 이것은 담금질할 때에 과포화로 고용한 질소나 탄소가 각각 질화물이나 탄화물로 석출하여 경화를 일으키기 때문이다. 이때 산소 자체는 고체의 철에 고용되지 않으나 질소의 확산을 도와서 석출 경화를 조장하는 경우가 있다.

② 변형 시효 (strain aging) : 냉간 가공한 강을 저온으로 뜨임하면 경화, 즉 변형 시효를 일으키는 경우가 있는데 질소가 크게 영향을 미친다. 그림 [변형 시효에 의한 충격치의 저하와 질소량의 관계]는 10 % 상온 가공을 한 후 시효시킨 경우 강을 충격치에 미치는 질소 및 탄소의 영향을 표시한 것이다.

질소의 증가와 함께 충격치의 저하율은 증가하고, 같은 질소량에서는 탄소량의 증가에 따라 저하율은 감소한다. 용접 금속은 급랭되므로 응고 금속의 수축 때문에 상당한 내부 응력이 남아 있으므로 질소, 산소량이 많은 것과 상응하여 용접 금속은 변형 시효를 일으키는 경우가 많다.

③ 청열 취성(blue shortness) : 저탄소강을 저온에서 인장 시험하면 200~300℃의 온도 범위에서 인장 강도는 매우 증가하고 또한 연성의 저하를 나타내는 경우가 있는데, 이러한 현상을 청열 취성이라 한다. 원인은 P(인)이고 산소는 그것을 조장하는 작용이 있으며, 변형 시효와 마찬가지 이유에서 일어난다고 볼 수 있다.

그림 [저탄소강의 기계적 성질과 온도의 관계]는 저탄소강의 인장 성질과 시험 온도 관계의 예를 표시하는데, 용접 금속과 같이 가스 성분을 포함한 것은 현저한 청열 취성을 나타내고 있다.

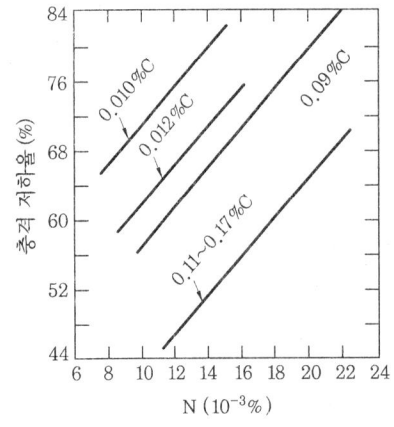

변형 시효에 의한 충격치의 저하와 질소량의 관계

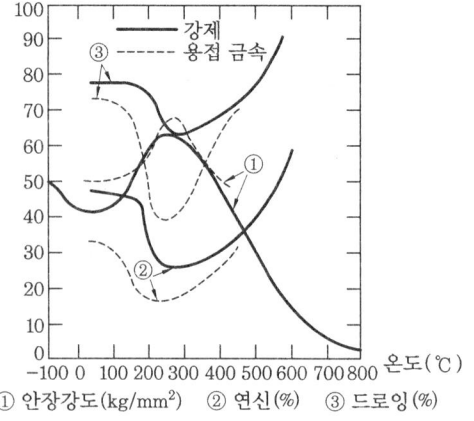

저탄소강의 기계적 성질과 온도의 관계

④ 저온 취성 : 금속의 충격 시험 등에서 시험 온도의 저하와 함께 충격치 등이 급격히 저하하는 온도, 즉 천이 온도가 존재한다. 이와 같이 저온에서 재질의 열화, 즉 취성화를 저온 취성이라 하며, 이러한 성질은 산소나 질소에 의해 현저히 영향을 받는 것으로 알려져 있다. 그러므로 탈산이 불충분한 림드강은 천이 온도가 높고, 킬드강은 림드강에 비하여 낮다.

【참고】
- **천이 온도** : 재료가 연성 파괴에서 취성 파괴로 변화하는 온도역을 말한다. 그러므로 천이 온도가 낮을수록 우수한 재료로 생각할 수 있다.

⑤ 풀림 취성 : 강을 900℃ 전후로 풀림하면 충격치가 매우 저하하는 경우가 있는데, 이러한 현상을 풀림 취성이라 한다. 원인은 결정립(grains) 성장과 결정립계에 석출하는 시멘타

이트에 의한다. 산소와 질소가 많으면 결정립 성장이 쉽고, 탄소가 많으면 시멘타이트 석출이 많으므로 이러한 원소 함유를 적게 해야 한다.
⑥ 적열 취성(hot shortness) : 불순물이 많은 강은 열간 가공 중 900∼1200℃의 온도 범위에서 균열이 생기는 경우가 있는데, 이것을 적열 취성이라 한다. 주원인은 유황(S), 즉 저융점의 FeS의 형성에 의한 것으로 되어 있지만 산소가 존재하면 강에서 FeS의 용해도가 감소하므로 이것 역시 적열 취성의 한 가지 원인이라 볼 수 있다. Mn을 첨가하면 MnS나 MnO를 형성하여, 이것들의 융점은 비교적 높기 때문에 취성화를 방지할 수 있다.

4. 용접 금속의 응고 과정과 조직

(1) 금속의 응고

① 용융 금속이 융점 이하로 냉각되면 핵이 생성 → 성장하며, 성장된 결정립이 타결정립과 접하면 응고가 완료된다.
② 과랭(super cooling)이란 평형 응고 온도 이하에서도 액체 상태가 존재하는 것을 말한다.
③ 핵 생성은 용기의 벽이나 산화 피막 또는 현탁된 불순물 고체상에서 용이하게 생성된다.
④ 결정의 성장 방향은 선택적이며, 수지 상정(dendrite)으로 성장한다.
⑤ 과랭도가 클수록 핵 발생 수도 증가한다.
⑥ 응고 후 결정립의 크기 및 형상은 기계적 성질에 큰 영향을 준다.
⑦ 결정립의 형상은 결정 성장 방향에 따르고, 그 성장은 열류의 반대 방향으로 향하는 경향이 있다.
⑧ 핵 생성 속도 N, 성장 속도 G, 즉 N/G가 클수록 결정립은 적게 된다.
⑨ 벽면에 발생한 핵의 결정은 벽에 직각으로 가늘고 긴 형상이 된다. 이를 주상정 또는 주상 조직이라 한다.
⑩ 용접 금속에서는 본드(bond)부가 주벽에 상당하고, 본드(bond)부의 미용해(모재)의 결정립이 핵이 된다. 용융지 내의 온도 기울기에 따라 중앙부 또는 상부로 향해서 주상정이 발달한다.
⑪ 주상정이 발달하는 과정에 최초로 정출하는 것은 고융점 고순도 조성이고, 최후에 정출하는 주상정의 선단 또는 사이에는 저융점의 불순물 조성이 모이는 것이 보통이다.
⑫ 주상 조직은 용접 금속 조직의 특징이다.

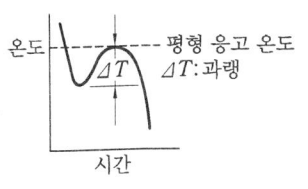
supper cooling

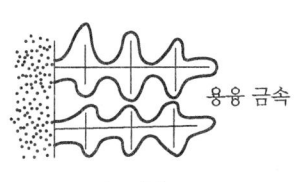
dendrite

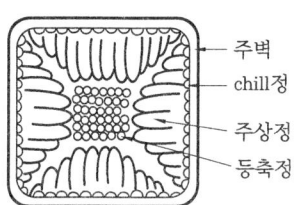
ingot의 macro 조직

(2) 용접에서의 결정핵 생성

① 용접에서의 본드(bond)는 주조시의 주벽에 상당한, 주조의 경우와 다른 것은 용융 금속과 일체인 것이다.
② 본드(bond)에서는 용접열에 의해 모재의 결정립이 조대화되며, 또 그 일부는 용융되는 것도 있지만 응고시에 있어서 미용융 모재의 결정립상에 응고 금속이 동일한 결정축으로 성장하는 것이 보통이다.
③ θ가 일반적으로 적으며, 이 때문에 과랭이 작아도 용이하게 결정의 성장이 일어난다.
④ 이렇게 성장을 시작한 주상정은 모재(base metal)의 결정립 방향과 일치하고 있다. 이러한 결정 성장을 epitaxial growth라 한다.
⑤ 용접부의 조직과 주조 조직의 근본적인 차이점은 epitaxial growth이다.
⑥ 주조에서는 주벽과 용융 금속간의 결정핵 생성역의 급랭층(칠층)이 생기지만, 용접 금속에서는 본드의 미용융 결정립이 핵이 되므로 보통 본드에서의 새로운 핵 생성은 일어나지 않는다.

(3) 조직적 과냉각 (constitutional super-cooling)

① 순금속의 응고는 열적 과냉각(thermal super-cooling)에 지배되고, 합금의 응고는 열적 과냉각 외에 조성적 과냉각이 중요한 역할을 한다.
② 금속이 순수하지 못하면 응고할 때 응고계면에 용질 배출에 따른 농화 또는 흡수에 수반되는 결핍, 즉 편석이 일어나고 이것이 응고계면의 과랭을 저감시킨다.

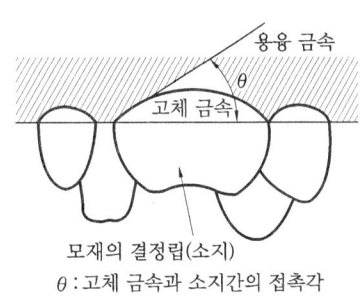

고체 금속과 모재의 결정립 간의 접촉각 (θ)

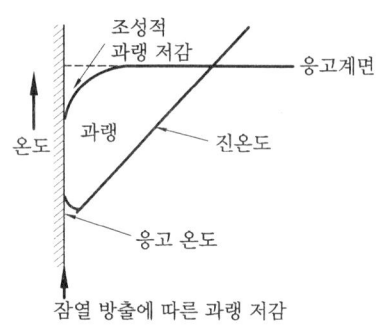

조성적 과랭 저감

(4) 용접 비드 중에서 결정립의 성장 속도

$$R_n = v \cdot \cos\theta = v \cdot \sin\alpha$$

여기서, R_n : 성장 속도, v : 용접 속도, θ : 용융 경계선에 대한 법선과 용접선이 만드는 각도

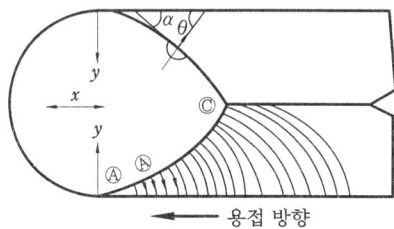

결정립의 성장 속도

① 결정립 성장 속도는 용융 경계 R_A에서 용접 비드 중앙 부근 R_C로 갈수록 증가한다.
② 용접 속도가 클 경우에는 용접 비드 중앙부에 등축정역이 생긴다.
③ 박판 용접시 결정립 성장 속도
  ㈎ 평균 성장 속도는 본드부에서 용접 비드 중심선에 가까울수록 증가하고, 중심 선상에서는 용접 속도와 같게 된다.
  ㈏ 입열량이 일정하면 성장 속도는 용접 속도에 비례한다.
  ㈐ 용접 속도가 일정하면 입열량의 감소에 따라 각 부분의 성장 속도는 균일화 경향을 보인다.
④ 후판 용접 비드 중심부에서의 주상정
  ㈎ 용접 속도가 작을수록, 또 용접 비드의 전두께가 얇을수록 용접 방향으로 굽는다.
  ㈏ 반대로 용접 속도가 클수록, 용접 비드가 두꺼울수록 주상정은 직립하는 경향이 있다.
  ㈐ 온도 확산율이 작은 재료, 가령 γ계 스테인리스강의 경우에도 주상정이 직립하는 경향이 있고, 또 알루미늄과 같이 큰 재료는 수평 방향에 가깝게 된다.

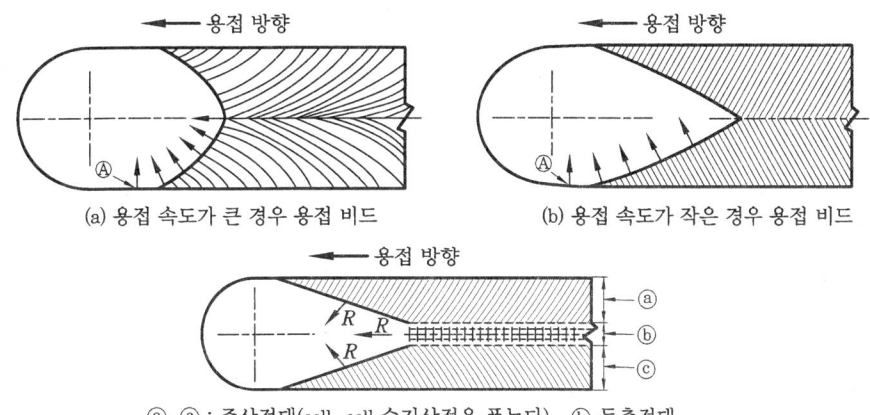

(a) 용접 속도가 큰 경우 용접 비드   (b) 용접 속도가 작은 경우 용접 비드

ⓐ, ⓒ : 주상정대(cell, cell 수지상정을 품는다)   ⓑ 등축정대

주상정대와 등축정대

(5) 합금의 용접 비드 중앙부에서의 등축정 생성 기구
① 생성 기구는 조성적 과랭으로 설명할 수 있다.
② 용접 비드의 성장 속도는 중앙부로 갈수록 크게 된다. 즉, 조성적 과랭의 절대치도 크게 된다. 따라서 당연히 고일액계면의 전방에 새로운 핵이 발생(불균질핵 생성)한다.
③ 이 경향은 용접 속도가 클수록 성장 속도가 크게 되고, 온도 구배의 감소가 현저하므로 등축정이 생기기 쉽다.
④ 합금 주괴(ingot)의 중앙부에 등축정이 형성되는 것과 같은 이유이다.
⑤ 실제 용접에서 등축정이 생성될 조건
  ㈎ 기계적인 진동으로 핵 발생의 범위가 넓어지고, 결정립이 미세화되기 쉽다.
  ㈏ 어떤 종류의 합금 원소 첨가로 미세립 생성이 용이하다.
  ㈐ 스테인리스강 등에서는 가로 균열이 발생하기 쉽다.
  ㈑ 저합금강 등에서는 등축정에 의해 세로 균열의 진전이 저지된다.

㈒ 등축정 내에 미소 균열이 생성되는 것도 있다.
㈓ 등축정의 용접 비드는 방향성이 없기 때문에 균질한 기계적 성질을 나타내는 등의 현상을 볼 수 있다.

(6) 응고 조직에서의 용질 원자 편석과 기공의 생성
① 성장 속도의 변화에 따라 용질(solute) 원자의 분포 변화가 심하다.

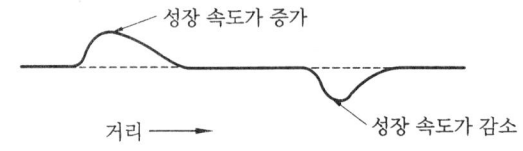

용질 원자의 분포 변화

② 용접 비드에서도 용융지 내의 용접 금속이 각종 원인으로 요동되므로, 응고 계면에서의 성장 속도에도 리플(ripple)이 생긴다.
③ 용접 비드 표면의 파상에서도 볼 수 있다.
④ 용접 비드 표면의 EPMA(Electron Probe Micro Analysis) 결과를 보면, 용접에서의 응고는 연속적이 아니고 단속적으로 일어남을 알 수 있다.
⑤ 편석되기 쉬운 금속을 용접봉으로부터 첨가할 때에는 특히 주의해야 한다.
⑥ 용질 원자의 분포 상태, 즉 편석은 다음과 같다.
　㈎ 철강 중의 Ni, Cr
　㈏ Al 합금 중의 Zn, Mg
　㈐ Ti 합금 중의 Al 등이 특히 심하다.
⑦ 첨가 목적이 용접부의 기계적 성질이나 내식성 등의 화학적 성질 개선을 위해 첨가될 때에는 더욱 주의를 요한다.
⑧ 용접부의 편석은 용접부의 기공 생성에 큰 영향을 준다.
⑨ 기공은 편석층에 따라서 생성되기 쉽다.
⑩ 결정립 성장 속도의 급증으로 기공의 빠짐이 불가능하게 된 것, 수지상정 내부에 포착된 것이다.
⑪ 용접 시공의 입장에서 보면, 용접 비드의 파(ripple)를 적게 할 수 있는 방안을 강구하여야 한다(용접기, 용접법의 개선 또는 용접 중의 진동 효과 활용 등).

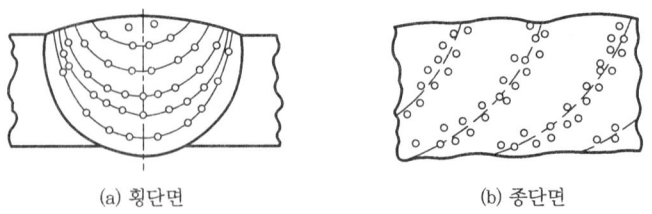

(a) 횡단면　　　　　(b) 종단면

용접 비드에서의 Porosity 생성

(7) 용접 금속의 결정 미세화
① 응고하고 있는 용융 금속에 진동을 주면, 결정이 미세화 된다(진동으로 결정의 미세화가 일어난다는 설).

㈎ 인장 파괴(tensile failure) ㈏ 고액계면간의 슬립이 있다.
② 결정 미세화 방법
㈎ 자기 교반 ㈏ 초음파 진동
㈐ 합금 원소 첨가
③ 용융 금속의 진동 작용
㈎ 결정의 미세화 ㈏ 기공 발생 방지
㈐ 용접 균열 방지 ㈑ 잔류 응력 발생 방지
④ 합금 원소의 조건
㈎ 탄화물, 질화물 등의 고융점을 만든다.
㈏ 융액 중에서 미세한 고상으로 석출한다.
㈐ 융액과의 접촉각이 작아야 좋다.
㈑ Al, Ti, V, Cr 등이 유용한 첨가 원소이다.
⑤ 용접 시공에서의 방법
㈎ 실드 가스 (shield gas)에 질소를 혼입시켜, 예를 들면 Al 합금 등에서 AlN을 생성시켜 미세화시킨다.
㈏ 용접 중에 풍압을 가하거나 응고 직후에 가압하여 용접부의 주조 조직 파괴와 동시에 결정립을 미세화시킨다.

5. 용접 금속의 결함

용접 금속에는 각종 가스가 다량 함유되어 있는 것 등이 원인이 되어, 여러 가지 결함을 수반하고 용접부의 성질을 저하시킨다. 용접부의 결함으로 보통 생각되는 것은 다음 표와 같다. 열영향부에 생기는 균열은 용접 금속보다는 모재에 관계되는 결함이므로 열영향부에서 취급한다.

용접부의 결함

균 열	용접 금속 균열	비드의 균열	① 횡 균열 ② 종 균열 ③ 루트 균열 ④ micro crack (microfissure) ⑤ sulfur crack
		크레이터의 균열	① 선상 균열 ② 종 균열 ③ 횡 균열
	열영향부 균열	① root 균열 ② under bead 균열 ③ toe 균열 ④ micro 균열 ⑤ 입계액화 균열 ⑥ lamellar tear	

균열 이외의 결함	용접 금속 내부의 결함	① 기공 (blowhole) ② 개재물 (inclusion) ③ 슬래그 혼입 ④ 은점 ⑤ 선상 조직
	표면 결함	① overlap ② undercut ③ bead 파형 불량 ④ 표면의 기공

(1) 기 공

① 용강에 침입한 다량의 가스가 응고시 용해도의 급감으로, 기포가 부상되지 못하고 공동을 형성한 것이다.

② 강용접 기공의 원인은 우선 CO 가스를 들 수 있고, N_2 나 H_2 도 다량으로 혼입되면 당연히 기공을 형성한다.

③ Mallet는 H_2 설을 지지하고, Herres는 CO 및 H_2O 가스설을 지지하고 있다.

④ 고S강의 용접시 아크 분위기에서 H_2 와 화합하여 H_2S 가 되고 기공을 형성한다 (저수소계 용접봉을 쓰면 방지할 수 있다).

⑤ 상기의 가스 이외에도 용접 금속의 응고 상황이 매우 중요한 인자가 된다. 층상의 기공 (wormhole)의 대부분은 응고 진행 방향에 발달하고 있다.

⑥ 기공은 강도나 신율의 저하를 가져온다.

(2) 개재물 (inclusion)

① 슬래그 혼입에 의한 것과 가스의 반응으로 생긴 비금속 개재물이 있다.

② 비금속 개재물은 미량이라면 그다지 유해하지 않지만, 슬래그 혼입은 파괴의 원인이 되므로 충분히 유의해야 한다.

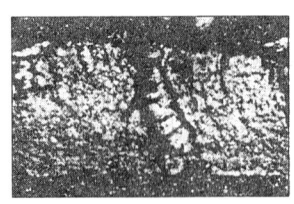
기공 (wormhole)

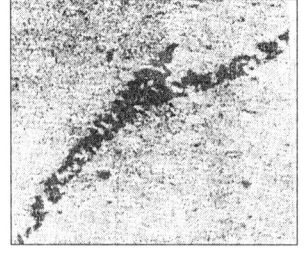
비금속 개재물

(3) 은점(fish eye)

① 용접 금속이 인장 또는 굽힘으로 파단될 때, 그 파면에 나타나는 원형의 결함이다 (중심에는 작은 기공이나 슬래그가 혼입되어 있어 고기의 눈과 같이 보인다).

② 강괴 백점(flake)의 생성 원인과 공통점이 많고, 외력에 의한 소성 변형에 수반하여 확

산성 수소가 기공이나 비금속 개재물의 주위에 집결되어 일어나는 일종의 수소 취화 (hydrogen embrittlement)이다.
③ 기계적 성질, 특히 신율이나 Deep Drawing성을 저하시킨다. 용접 후 장시간 방치하거나 가열하여 수소를 추출하면 은점은 발생되지 않는다.

(4) 선상 조직(상주상 조직 ; ice flower like structure)
① 아크 용접부에 생기는 특이 조직으로, 용접 금속을 파단시켰을 때 그 일부가 상주상 아주 미세한 주상정으로 보이는 것이다.
② 이것은 응고 과정에서 생기는 주상정 간에 SiO_2 등의 개재물이나 기공을 품기 때문에 결정립 간의 결합력이 약해져서 생긴다.
③ 역시 기계적 성질을 저하시킨다.

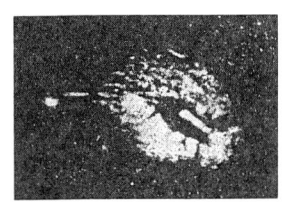

인장시편의 파단에 나타난 은점(fish eye)

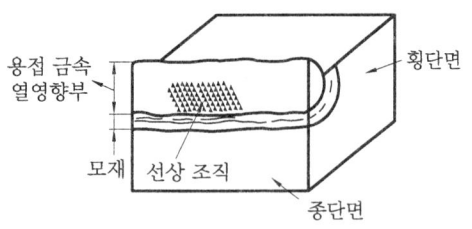

선상 조직

(5) 용접 금속 균열(weld metal cracking)
① 육안으로 볼 수 있는 거시적 균열과 현미경으로 확인할 수 있는 미시적 균열이 있다.
② 응고 온도 범위 또는 그 직하에서 일어나는 고온 균열(hot cracking)과 약 200℃ 이하에서 일어나는 저온 균열(cold cracking)이 있다.
③ 저온 균열은 특히 페라이트 및 오스테나이트강에 나타나고, 오스테나이트계 스테인리스강, 알루미늄, 동합금 등은 고온 균열이 주이다.

6. 취화 (embrittlement)

용접 금속 중에 가스가 침입하거나 기타 가공 또는 열처리에 의해서 용접 금속의 기계적 성질, 특히 연성이나 인성이 저하하는 현상을 취화라 한다. 이들 현상은 수소 취화를 제외하고는 거의 용접 금속 중의 탄소, 산소 및 질소가 단독 또는 화합물로서 작용된다고 생각되고 있다.

(1) 수소 취화
① 수소를 다량 함유하는 용접 금속은 신율과 심교성의 저하가 현저하다.
② 저온 균열이나 은점(fish eye)의 원인이 된다.
③ 수소 취화의 기구는 Zapffe의 수소 압설이나 Troiano의 이론으로 설명되고 있다.

(2) 저온 취성

① 실온 이하의 저온에서 취약한 성질을 나타내는 현상이다.
② O_2나 N_2가 저온 취성에 큰 영향을 미친다.
③ 용접 금속은 보통 O_2나 N_2가 강재보다 많고, 또 주조 조직이 있는 등의 원인으로 일반적으로 노치 취성이 높다.
④ 저수소계 용접봉으로 개선시킬 수 있다.
⑤ 용접 금속의 성분이나 용착 방법 조정으로 개선시킬 수 있다.

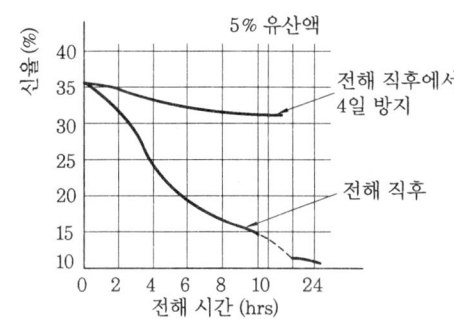

수소 첨가에 의한 신율 감소와 방치에 의한 회복

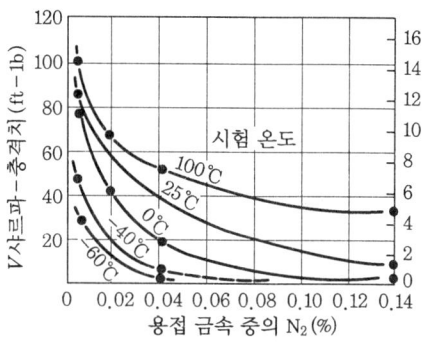

저탄소 용접 금속의 충격치에 미치는 N_2의 영향

(3) 열간 취성

① 강을 가열 중에 인장 시험 등의 변형을 주면, 2단계의 범위에서 취화가 나타난다.
② 1000℃ 부근의 고온에서 일어나는 취화는 적열 취성(red shortness)이라 한다. S, O, Cu 등이 원인이 된다.
③ 150~300℃의 범위에서 일어나는 취화를 청열 취성(blue shortness)이라 한다. 특히 N이 원인이며, 그 외 C, O의 영향도 있다.
④ 용접 금속은 특히 N_2나 O_2가 강재에 비하여 높기 때문에 청열 취성을 일으키기 쉽다.

(4) 뜨임 취성

① 용접 구조물은 용접 후 응력을 제거하기 위하여 변태점 이하에서 풀림(annealing)을 하고 있다. 그러나 어떤 합금 원소를 함유한 용접 금속은 응력 제거 풀림의 후열 처리로 경도가 증가하고, 신율 및 노치 인성이 현저히 저하되는 현상이 있다. 이것을 뜨임 취성이라 한다.
② Mn, Cr, Ni, V을 품고 있는 합금계의 용접 금속에서 많이 발생한다.
③ Ni은 인성을 증가시키지만, 2.5% 이상 첨가되면 뜨임 취성이 현저하여 제한된다.
④ 원인은 입계에 성분 원소의 석출 때문이다.
⑤ 200~400℃에서 일어나는 저온 뜨임 취성과 500~600℃에서 일어나는 고온 뜨임 취성이 있다. 후자는 냉각속도의 의존성이 있고, 급랭으로 방지 가능하다.
⑥ 고강도 합금계의 다층육성 용접 금속에서 앞의 용접층이 뒤층의 용접으로 뜨임 취화를 받는 것도 있다.

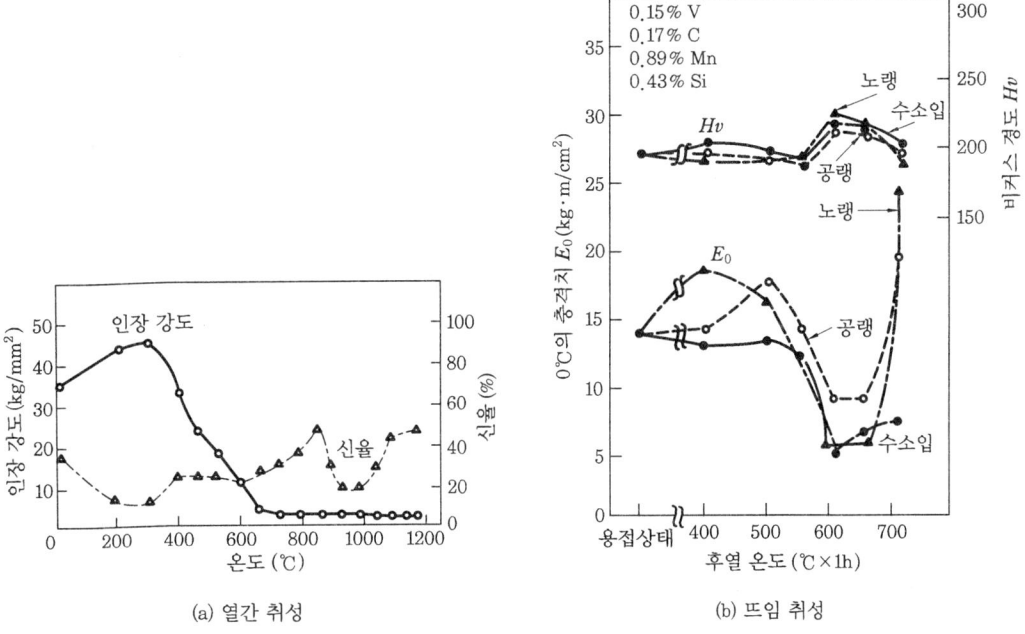

(a) 열간 취성   (b) 뜨임 취성

바나듐계 용접 금속의 후열에 의한 충격치와 경도의 변화

(5) 시효 (aging)

① 실온에서 장시간 방치하거나 저온으로 가열하면, 시간의 경과와 함께 경도가 증가하고 신율 및 충격치가 저하하는 현상이다.

② 강 중의 C, O_2, N_2의 용해도는 저온에서 급격히 감소하기 때문에 약 600℃ 이상에서 급랭하면 이들의 원소가 과포화 상태에서 서서히 석출하는 현상을 일으킨다. 이것이 담금질 시효 (quench aging)이다.

③ 냉간 가공의 슬립으로 전위가 증가한 곳에 O_2나 N_2가 집적되어 전위 이동을 방해한다. 냉간 가공 후 일어나는 시효 현상을 변형 시효 (strain aging)라 한다.

④ 용접 금속에는 보통의 내부 변형이 남아 있어 냉간 가공을 하지 않아도 O_2나 N_2가 많은 경우에는 변형 시효가 생긴다.

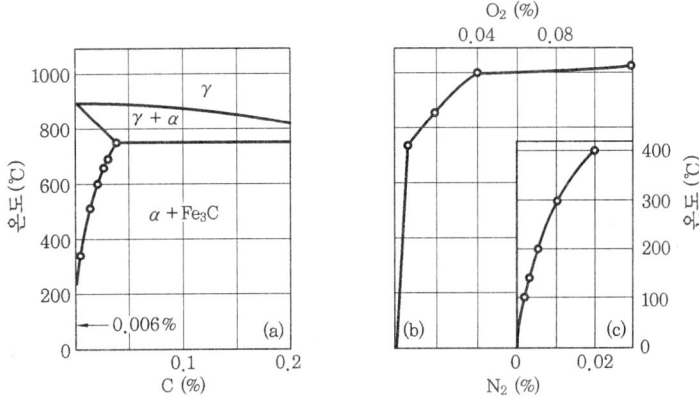

강 중의 C, O_2 및 N_2의 용해도

예상문제

문제 1. 강에서 수소는 탄소와 결합하여 저온에서 메탄을 생성시킬 수 있다. 즉, $C+2H_2=CH_4$의 반응을 한다. 600℃에서 강에 함유된 수소의 분압을 74 atm, 이때의 $K_{CH_4}=1.95$라 할 때, 메탄의 분압은 얼마인가?

㉮ 1070 atm ㉯ 10700 atm
㉰ 107.0 atm ㉱ 10.70 atm

[해설] $K_{CH_4}=\dfrac{P_{CH_4}}{(P_c \cdot P_{H_2}^2)}$ 또는

$K_{CH_4}=\dfrac{P_{CH_4}}{P_{H_2}^2}$

∴ $P_{CH_4}=P_{H_2}^2 \cdot K_{CH_4}$
$=(74)^2 \cdot (1.95)$
$=10700$ atm

문제 2. 400℃에서 강에 N=0.010% 함유되어 있고, 이 때 $K_N=0.00018$이라 하면 질소 분압은 얼마인가?

㉮ 3105 atm ㉯ 3107 atm
㉰ 3100 atm ㉱ 3110 atm

[해설] $P_{N_2}=\left(\dfrac{0.010}{0.00018}\right)^2=3100$ atm

문제 3. 공기는 대략 79%의 N_2와 21%의 O_2로 구성되어 있다. 다음 중 공기를 이상 기체라 가정하고 공기의 평균 분자량을 구하면 얼마인가? (단, N 및 O의 원자량은 각각 14 및 16이다.)

㉮ 25.84 ㉯ 26.84
㉰ 27.84 ㉱ 28.84

[해설] 이상 기체일 때 부피 백분율(volume percent, V/O)은 몰 백분율(mole percent, M/O)과 같다.

∴ 평균 분자량 $=\dfrac{무게}{몰수}$
$=\dfrac{\Sigma(몰분율)(분자량)}{1}$
$=(0.79)(28)+(0.21)(32)$
$=28.84$

문제 4. 부피 0.6 m^3의 용기 내에 30℃, 5 kg의 CO_2 가스가 들어 있다. 이상 기체라고 가정하고, 용기 내의 압력을 구하면 몇 atm인가? (단, C와 O의 원자량은 12 및 16이다.)

㉮ 47.1 atm ㉯ 4.71 atm
㉰ 49.1 atm ㉱ 4.91 atm

[해설] $P=n\dfrac{RT}{V}$

$=\dfrac{\left(\dfrac{5\times 10^3}{44}\right)(0.08205)(273+30)}{0.6\times 10^3}$

$=4.71$ atm

문제 5. 1600℃에서 강에 [H]=0.0015%가 함유되어 있고 $K_H=0.0027$이라 할 때, 수소 분압 P_{H_2}는 얼마인가?

㉮ 0.308 atm ㉯ 0.5 atm
㉰ 5 atm ㉱ 50 atm

[해설] $P_{H_2}=\left(\dfrac{0.0015}{0.0027}\right)^2=0.308$ atm

문제 6. 용융철에 가장 다량으로 용해하는 가스는?

㉮ 수소 ㉯ 산소
㉰ 질소 ㉱ 탄소

문제 7. 일반적으로 용접 금속의 산소는 어떠한가?

[해답] 1. ㉯ 2. ㉰ 3. ㉱ 4. ㉯ 5. ㉮ 6. ㉯ 7. ㉯

㉮ 연신과 충격치를 증가시킨다.
㉯ 연신과 충격치를 감소시킨다.
㉰ 연신과 충격치에는 무관하다.
㉱ 충격치는 증가시키나, 강도와 연신은 저하시킨다.

문제 8. 용접봉에 습기가 있는 상태에서 용접을 했을 경우 가장 많이 생기는 결함은 어느 것인가?
㉮ 기공   ㉯ 크레이터
㉰ 오버랩   ㉱ 언더컷

문제 9. 비가 오는 날 옥외에서 용접을 피하는 가장 큰 이유는?
㉮ 아크가 잘 발생되지 않기 때문이다.
㉯ 용접부가 급랭되기 때문이다.
㉰ 수소의 혼입이 많아지기 때문이다.
㉱ 변형이 많이 발생하기 때문이다.

문제 10. 탄산가스 아크 용접부의 기공 발생 원인 중 거리가 가장 먼 항목은?
㉮ 클리닝(cleaning)이 부족할 때
㉯ 가스 실드(gas shield)가 불량일 때
㉰ 아크의 길이가 짧을 때
㉱ 와이어에서의 탈산제 공급이 부족할 때
[해설] 탄산가스를 보호 가스로 사용할 때에는 보호 가스 중 10~15 %의 탄산가스가 아크 열에 의해 $CO_2 \rightarrow CO+O$ 로 분해되므로, 와이어에 많은 양의 탈산제(Si, Al, Mn)를 첨가해야 한다.

문제 11. 용접 금속의 응고 특징을 설명한 것 중 틀린 것은?
㉮ 용융지(weld pool)는 불순물을 함유한다.
㉯ 상당한 온도 구배를 갖는다.
㉰ 열원이 움직이기 때문에 응고 과정은 매우 동적이다.
㉱ 용융 금속과 모재의 화학 성분은 다르다.
[해설] ㉮, ㉯, ㉰ 이외에
① 희석된다.
② 격심한 교반으로 용융 금속의 혼합이 양호하다.
③ 모재에 비하여 용융 금속의 체적이 매우 작다.

문제 12. 용접 금속의 응고 현상을 설명한 것이다. 틀린 것은?
㉮ 용접에서의 본드(bond)부는 주조에서의 주벽에 상당한다.
㉯ epitaxial growth의 특징을 갖는다.
㉰ 주상정은 모재의 결정립 방향과 같다.
㉱ 본드(bond)에서 결정의 성장이 용이한 것은 과랭(super cooling)이 크기 때문이다.
[해설] 과랭도가 작아서 결정의 성장이 용이하다.

문제 13. Ingot이나 주물에서 용융 금속이 응고할 때, 응고 온도차에 따라 농도 차이를 일으키는 현상을 무엇이라고 하는가?
㉮ 편석   ㉯ 편정
㉰ 포석   ㉱ 공석

문제 14. 금속이 응고할 때, 금속 격자 구조의 초기 모양을 결정짓는 것은 무엇인가?
㉮ 주위의 모양
㉯ 이미 고상화되어 있는 인접 금속의 격자 구조
㉰ 자장
㉱ 응고 온도

문제 15. 응고 속도가 빠른 용접봉(용접 크레이트에서 신속히 응고)의 설명으로 틀린 것은?
㉮ 아래보기 자세 이외의 용접에 적합하다.
㉯ 크레이트 길이는 용접부 너비와 거의 같다.
㉰ 용접부 외관의 크레이트 길이는 용접부 너비보다 넓다.
㉱ 아크를 통해 모재에 용접 금속이 접촉하는 즉시 응고한다.

[해답] 8. ㉮ 9. ㉰ 10. ㉰ 11. ㉱ 12. ㉱ 13. ㉮ 14. ㉯ 15. ㉰

문제 16. 용가재(filler metal)와 모재(base metal)가 서로 액상으로 접촉하여 있을 때, 두 금속이 서로 균일한 성분으로 섞이게 하는 것은 무엇 때문인가?
㉮ 가열된 원자의 속도
㉯ 가열에 의한 대류
㉰ 외력에 의한 교반
㉱ 상기 항목의 모든 것

문제 17. 다음 중 용접 금속에 나타나지 않는 조직은?
㉮ 칠정(chill)
㉯ 수지상정(dendrite)
㉰ 주상정(columnar)
㉱ 등축정(eqiaxied crystal)

문제 18. Micro Fissure(미세 균열)의 설명이 아닌 것은?
㉮ 용접 금속 내부에 발생하며, 외부까지 발생하지 않는 균열이다.
㉯ 용접 금속의 급랭에 의한 취화, 국부적인 응력의 발생과 수소가 주원인이다.
㉰ 셀룰로오스계 용접봉을 쓰면 방지할 수 있다.
㉱ 특수강 또는 내마모 용접봉의 용접 금속이 급랭되었을 때 생기기 쉽다.
[해설] 저수소계 용접봉을 사용한다.

문제 19. 다음 설명 중 맞는 것은?
㉮ 용접의 모재는 용접 금속과 온도차가 크기 때문에 결정 핵의 생성이 용이하다.
㉯ 용접 본드부에서도 강괴의 조직에서 볼 수 있는 chill 정이 나타난다.
㉰ 용접 금속에서는 본드부의 미용융 결정립이 핵이 되므로, 새로운 핵 생성은 일어나지 않는다.
㉱ 용접 금속의 결정립 크기와 용접 속도와는 무관하다.

문제 20. 다음 조직 중 용접 금속의 특징이라 할 수 있는 것은?
㉮ 칠정
㉯ 등축정
㉰ 주상정
㉱ 수지상정

문제 21. 수소(hydrogen)를 함유하고 있는 물질은?
㉮ 수분
㉯ 기름 또는 그리스 (grease)
㉰ 녹 (rust)
㉱ ㉮, ㉯, ㉰항 모두
[해설] 수분, 기름, 그리스 및 녹 등은 모두 수소를 함유하며, 용접물의 취성 원인이 되기도 한다.

문제 22. 스테인리스강, 알루미늄 또는 마그네슘의 산화 피막을 제거하는 방법은?
㉮ 용접 전에 표면을 그라인딩 한다.
㉯ 용접 중에 Flux가 화학적으로 피막을 제거한다.
㉰ 용접 전에 산제한다.
㉱ 쇼트 블라스팅(shot blasting)한다.
[해설] 그라인딩은 일시적인 것으로, 대기 중의 산소와 결합하여 산화 피막을 만든다.

문제 23. 다음 그림과 같이 화살표가 지적하는 용접 결함 명칭 중 틀린 것은?

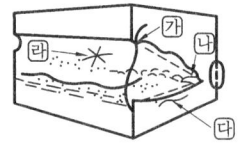

㉮ 토 균열(toe crack)
㉯ 미크로 균열(micro crack)
㉰ 언더 비드 균열(under bead crack)
㉱ 크레이터 균열(crater crack)
[해설] ㉯는 루트 균열(root crack)이다.

문제 24. 언더 비드(under bead) 균열의 가능성을 나타내는 CE(탄소당량) 값은?
㉮ 0.20   ㉯ 0.30

[해답] 16. ㉱ 17. ㉮ 18. ㉰ 19. ㉰ 20. ㉰ 21. ㉱ 22. ㉯ 23. ㉯ 24. ㉰

㉰ 0.40 　　　　㉱ 0.50

[해설] 탄소당량이 0.40 이상이면, 언더 비드 균열이 발생될 수 있다.

문제 25. 선상 조직(ice-flower structure)이란 무엇인가?
㉮ 은점(fish eye)의 일종이다.
㉯ 맞대기 용접 파면에 나타나는 서리 조직으로, 그 원인은 산소이다.
㉰ 필릿 용접 파면에 나타나는 서리 조직으로, 그 원인은 수소이다.
㉱ 기공(porosity)의 별명이다.

문제 26. 다음 은점(fish eye)에 관한 설명 중 틀린 항목은?
㉮ 용접 결함의 일종이다.
㉯ 속이 비고 둘레에 취화부가 있는 원형의 결함이다.
㉰ 수소가 원인이어서 이의 방지는 수소의 침입 방지이다.
㉱ 결함 대책으로는 피닝 방법이 있다.

문제 27. 스테인리스강(18Cr-8Ni)에서 가장 잘 나타나는 용접 결함은?
㉮ 세로 균열(longitudinal crack)
㉯ 언더 비드 균열(under bead cracking)
㉰ 웰드 디케이(weld decay) 또는 예민화(sensitization)
㉱ 루트 균열(root cracking)

[해설] 온도 범위 427~870℃에서 Cr과 탄소가 결합하여 결정립계에 Cr 카바이드로 석출되는 현상을 예민화라 하는데, Cr 석출로 말미암아 시간이 경과함에 따라 그 부위에서 입계 부식이 일어난다.

문제 28. 다음 금속 중 가스 절단이 가장 잘 되는 금속은?
㉮ 탄소강　　㉯ 스테인리스강
㉰ 주철　　　㉱ 비철금속

문제 29. 다음 중 은점(fish eye)의 원인이 되는 원소는?
㉮ 산소　　　㉯ 질소
㉰ 수소　　　㉱ 탄산가스

문제 30. 용접에서 탄소당량이란 무엇을 뜻하는가?
㉮ 강재의 망간과 규소의 비를 나타낸다.
㉯ 주철의 흑연 함유량을 나타낸다.
㉰ 용접성을 나타낸 것으로, 이 값이 클수록 용접이 용이하다.
㉱ 용접성을 나타낸 것으로, 이 값이 클수록 용접이 곤란하다.

[해설] 탄소당량이라는 것은 일종의 경험적 수치이며, 강재의 성분량과 이것이 경화성에 미치는 영향력을 수치로 표현한 것들을 보태어 구한 값이다.
일반적으로 탄소 성분이 높을수록 임계점에서의 냉각속도가 빠르므로 더욱 예열이 필요하며, 저수소계 용접봉을 사용해야 한다.

문제 31. 다음 문장 중 ( ) 안에 알맞은 것은 어느 것인가?

"연강의 인성을 향상시키고 천이 온도를 낮게 하는 데는 ( ) 함량을 적게 하고, ( ) 함량을 늘리는 것이 효과적이다."

㉮ 탄소, 규소　　㉯ 탄소, 망간
㉰ 망간, 인　　　㉱ 망간, 탄소

[해답] 25. ㉰　26. ㉱　27. ㉰　28. ㉮　29. ㉰　30. ㉱　31. ㉯

제3장 고상 야금

1. 항온 변태도, 연속 냉각 변태도의 활용

(1) 항온 변태
① 강을 오스테나이트화시켜 이것을 A_1 변태점 이하 적당한 온도까지 급랭하고, 그 온도에서 일정 시간 유지하여 변태를 진행시키는 것이다.
② 각각의 변태 개시점과 종료점을 그래프상에 그린다. 이것이 항온 변태 곡선(isothermal transformation curve) 또는 TTT 곡선(Time-Temperature-Transformation curve)이다.
③ C 또는 S형을 하고 있어 C 곡선, S 곡선이라고도 한다.

(2) 연속 냉각 변태
① 강을 가열하여 오스테나이트화 하고, 이를 각종의 냉각속도로 냉각하면 오스테나이트는 Pearlite, Sorbite Troostite, Martensite로 변화한다. 이것은 연속 냉각의 결과 얻어지는 것이다.
② CCT 곡선이라고도 한다.

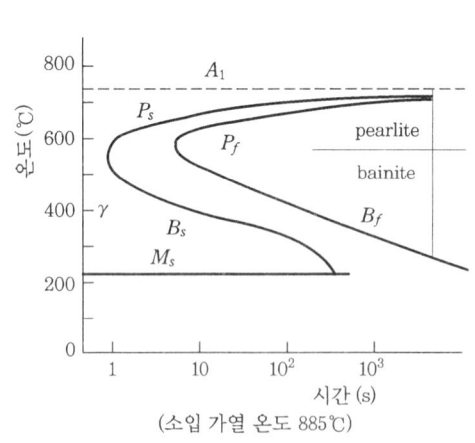

0.89 % 탄소강의 항온 변태 곡선

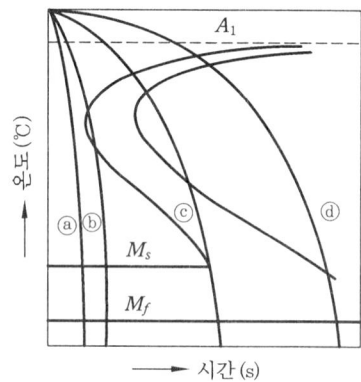

ⓐ 냉각 곡선(水冷) : martensite 조직
ⓑ 냉각 곡선(油冷) : troostite+martensite
ⓒ 냉각 곡선(空冷) : 미세 pearlite(sorbite)
ⓓ 냉각 곡선(後冷) : pearlite

CCT 곡선

(3) 연속 냉각 변태도의 활용
① 어떤 강재에 대한 CCT도가 얻어지면, 이 곡선상에 여러 가지 냉각속도를 줌으로써 용접 열영향부에 생기는 조직을 추정할 수 있다.

② Z 곡선의 좌측에서는 열영향부 조직이 마텐자이트가 된다.
③ Z 곡선과 f 곡선 사이 : 베이나이트+마텐자이트
④ f 곡선과 P 곡선 사이 : 페라이트+베이나이트+마텐자이트
⑤ P 냉각 곡선 우측 : 페라이트+펄라이트+베이나이트+마텐자이트
⑥ M_s는 마텐자이트 변태 개시점, M_f는 마텐자이트 변태 종료점이다.
⑦ f 냉각 곡선이 500℃선과 만나는 냉각시간을 C_f' (페라이트 석출 임계 냉각시간)라 하고, 용접 난이의 측도가 되므로 매우 중요하다.

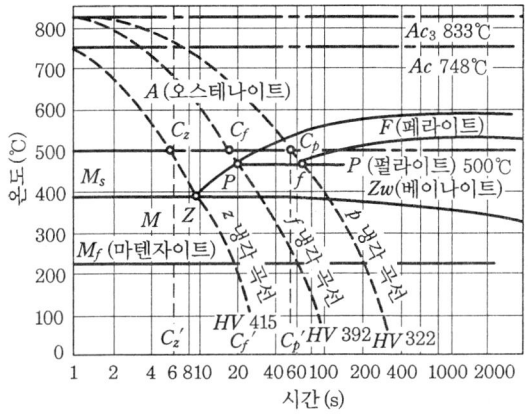

60 kg/mm² 고장력강의 CCT도

2. 용접 열영향

아크 또는 그 이외의 열을 이용해서 용접한 경우, 다음 그림과 같이 용접 금속의 바깥에 열영향부 (Heat Affected Zone ; HAZ)가 생긴다.

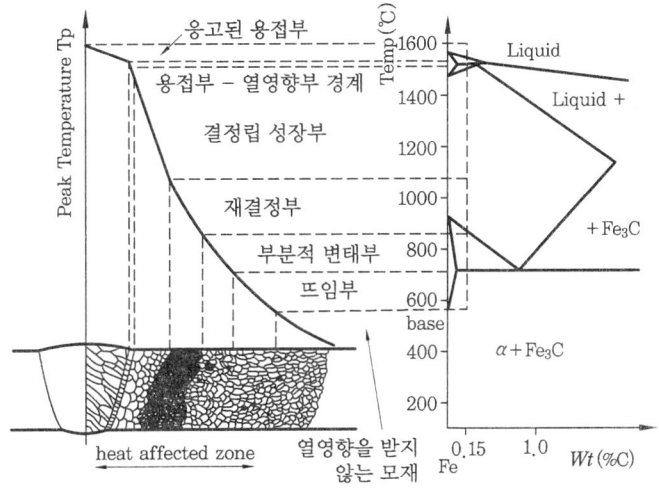

0.15 % 탄소강의 열영향부

열영향부는 용접열에 의해서 모재(base metal)가 이른바 열처리를 받은 것이며, 열영향이 적은 모재 부분을 원질부(unaffected base metal)라 한다. 열영향부는 그림에서 보는 바와 같이 용융점에서부터 광범위한 온도 범위로 가열된 복잡한 부분이다.

비교적 고온 가열 영역은 조직 변화가 커서 모재와 구별하기 쉽고, 특히 중요하다. 또 용접 금속과 열영향부의 경계를 용접 본드(weld bond)라 한다.

2-1 용접에 의한 온도 변화

(1) 용접에 의한 온도 분포

① 아크 용접에서 발생하는 열량 : H

$$H\,[\text{Joule/cm}] = \frac{60\,VI}{v}$$

여기서, V : 아크 전압, I : 아크 전류, v : 용접 속도 [cm/min]

② 아크 용접에서는 이러한 크기의 열원이 순간적으로 제공되고, 또 어떤 속도로 시간과 함께 이동해 가므로 열원을 중심으로 한 온도 구배가 생기면서 시시각각 변한다.

③ 용접 조건이 동일한 경우 후판보다 박판쪽이 열영향부의 폭이 현저히 넓다.

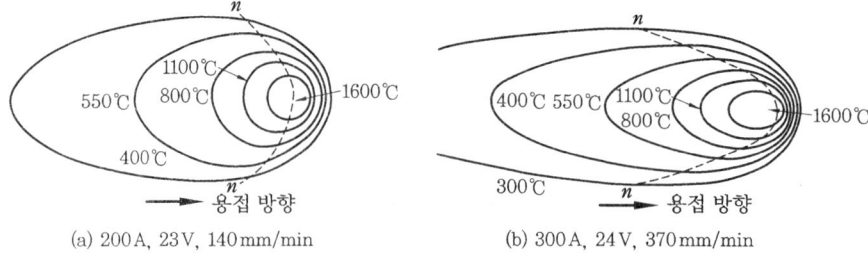

(a) 200 A, 23 V, 140 mm/min   (b) 300 A, 24 V, 370 mm/min

아크(arc) 용접 중 강판의 온도 분포

(2) 열영향부의 열사이클

① 용접 열영향부의 야금학적 변화를 예측하기 위해서 각 점의 온도 이력(thermal cycle)을 정확히 알 필요가 있다.

② 열사이클이 일반적인 열처리와 다른 점
  ㈎ 가열 속도가 매우 크다.   ㈏ 가열 온도가 높다.
  ㈐ 가열 시간이 아주 짧다.

(3) 열영향부의 냉각속도

① 열영향부의 냉각속도(cooling rate)는 용접부의 기계적 성질을 좌우하는 중요한 인자이다 (특히 강(steel)에서는 열영향부가 800℃에서 500℃로 되는 냉각속도가 제일 중요한데, 이 시간을 Δt_{8-5}로 표시하기도 한다).

② 냉각속도를 표시하는 데에는 세 가지의 온도 구배를 취하고 있다.
  ㈎ 700℃ : 오스테나이트 스테인리스강의 열영향
  ㈏ 540℃ : 탄소강이나 저합금강의 변태나 경도

㈐ 300℃ : 저온 균열의 관련성 파악에 유효

③ 용접 입열, 판 두께, 이음 현상, 예냉 또는 예열 온도와 밀접한 관계가 있다.

(4) 열영향부의 냉각시간

① 온도 변화를 정량화하는 데에는 냉각속도와 냉각시간이 있다.

② 보통 800℃에서 500℃까지의 냉각시간을 사용하고 있다.

③ 연속 냉각 변태(CCT)를 취급함에 있어 편리하다. 냉각속도(C, R)에 미치는 영향식은 다음과 같다.

$$CR[℃/s] = 0.35 \left(\frac{T - T_0}{\frac{I}{V}} \right)^{1.36} \times \left(1 + \frac{2}{\pi} \tan^{-1} \frac{t - t_0}{a} \right)^{0.8}$$

여기서, T : 냉각 중의 온도, T_0 : 예열 온도, $\frac{I}{V}$: 용접 입열, a : T에 따른 상수, t : 판 두께

2-2 열영향부의 조직

용접에서 가장 많이 쓰이고 있는 저탄소강(연강)의 아크 용접부의 현미경 조직 변화를 정리한다.

연강의 아크 용접부의 조직 변화

명 칭	가열된 온도 (℃)	요 약
용접 금속	>1500	용융 응고한 부분으로, dendrite(수지상) 조직을 나타낸다.
bond 부	>1450	모재의 일부가 녹고, 일부는 고체 그대로 아주 조립의 widmanstatten 조직이 발달하고 있다.
조립부	1450~1250	과열로 조립화된다. widmanstatten 조직도 나타난다.
혼입부	1250~1100	조립과 미세립의 중간이다.
입상 pearlite 부	900~750	pearlite가 세립상으로 분해된 부분이다 (A_{C1}~A_{C3} 범위로 가열).
취화부	750~200	기계적 성질이 취화하는 것도 있다. 단, 현미경 조직은 변화가 없다.
원질부	200~상온	용접 열영향을 받지 않는 모재 부분이다.

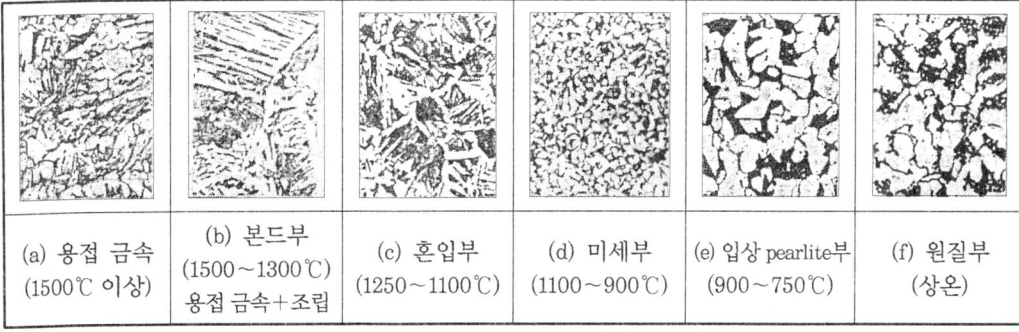

| (a) 용접 금속 (1500℃ 이상) | (b) 본드부 (1500~1300℃) 용접 금속+조립 | (c) 혼입부 (1250~1100℃) | (d) 미세부 (1100~900℃) | (e) 입상 pearlite부 (900~750℃) | (f) 원질부 (상온) |

연강 아크 용접부의 현미경 조직(×100)

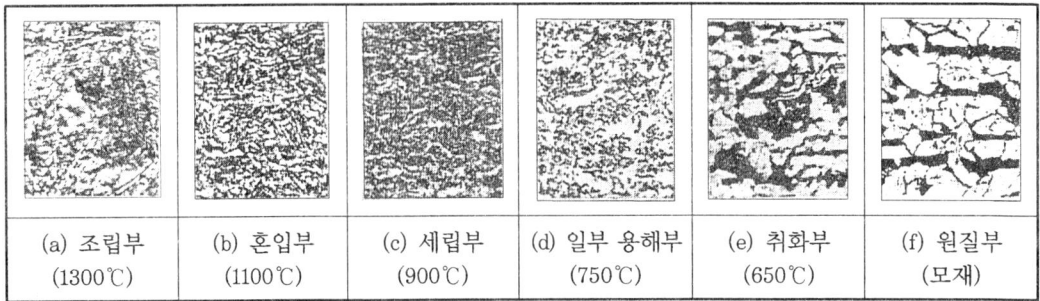

아크 용접 열영향부의 조직(52 kg/mm² 고장력강) (×500)

0.25 % 탄소강의 용접 열영향 조립부의 현미경 조직

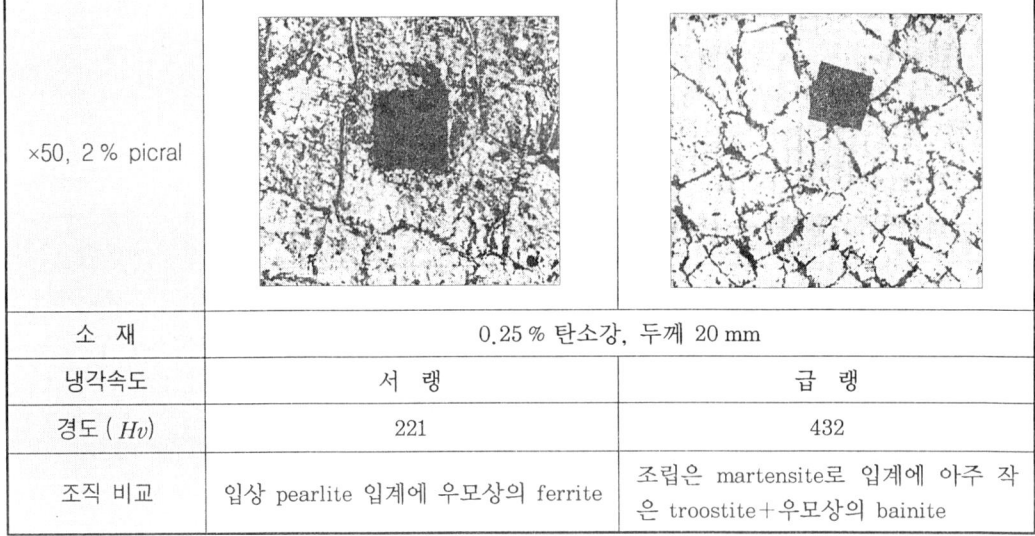

2-3 열영향부의 기계적 성질

(1) 열영향부의 경도

① 일반적으로 본드부에 근접한 조립역의 경도가 가장 높다. 이 값을 최고 경도(maxium hardness ; H_{max})라 하고, 용접 난이의 측도가 된다.

② 최고 경도치는 일반적으로 열사이클 중의 냉각속도와 함께 증가한다.

③ 냉각 조건이 일정하면 강재 성분으로 나타내며, 등가 탄소량 또는 탄소당량(C_{eq})을 쓰면 편리하다.

④ WES식 : $C_{eq}[\%] = C + \frac{1}{6}Mn + \frac{1}{24}Si + \frac{1}{40}Ni + \frac{1}{5}Cr + \frac{1}{4}Mo$

⑤ IIW식 : $C_{eq}[\%] = C + \frac{Mn}{6} + \frac{Cr+Mo+V}{5} + \frac{Ni+Cu}{15}$

⑥ H_{max} (VHN, 10kg) = $(666 \times C_{eq}[\%] + 40) \pm 40$

(2) 열영향부의 기계적 성질

① 열사이클 재현 시험이며, 간접적으로 측정한다.
② 조립역의 신율이나 인성은 현저히 저하된다 (마텐자이트 생성이 원인).
③ 용접 열영향부의 연성에 대한 다음 식도 제안되고 있다.

$$C_{eq}(연성)[\%] = C + \frac{1}{9}Mn + Zero \times Si + \frac{1}{40}Ni + \frac{1}{20}Cr + \frac{1}{3}Mo + \frac{1}{10}V + \left(\frac{1}{30}\right)Cu$$

3. 열영향부에 생기는 결함

(1) 용접 균열의 종류

① under bead 균열 : 용접 금속 밑에 평형
② toe 균열 : 용접 끝의 응력 집중
③ bead 균열
④ lameller tear : 압연 강재의 층상 개재물이 원인이다. S 함유량이 높을수록 심하고, H도 균열 경향을 증가시킨다.
⑤ root 균열 : 마텐자이트나 수소 이외에, root의 노치에 의한 응력 집중도 원인이 된다.
⑥ 조대 결정역의 입계액화에 의한 고온 균열 : 스테인리스강이나 고장력강에 흔히 나타난다.

(2) 저온 균열의 인자

① 강재 성분 : 마텐자이트 생성이 쉬운, 즉 용접 열로 경화되기 쉬운 강재
② 냉각속도 : 냉각속도가 클수록
③ 수소 : 수소 취화의 원인
④ 구속

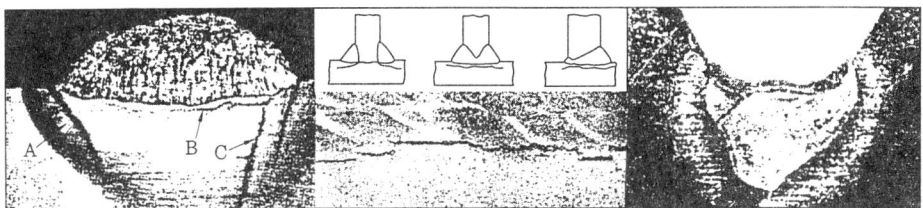

용접 결함의 종류

(3) 수소에 의한 지연 파괴

① 저온 균열은 수소에 의한 지연 파괴(delayed failure)의 일종인 사실이 확인되고 있다.
② 특징은 하중이 가해져 파괴에 이를 때까지 잠복 시간 (incubation time)과 그 이하에서는 전혀 파괴되지 않는다는 한계 응력(critical stress)이 존재하는 것이다.
③ 용접 균열 감수성과 화학 성분의 관계를 알아보기 위한 것이 루트 균열 감수성 지수 P_w이다.

④ 한계 응력 및 잠복 시간은 용접봉의 수분량이나 예열 온도의 영향을 크게 받는다 (저수소계 용접봉의 발달 이유).

⑤ $P_w = P_{cm} + \dfrac{H}{60} + \dfrac{t}{600}$ [%] 로, 이것은 탄소당량+용접 금속 수소량+강판 두께를 계수화한 것이다.

여기서, P_{cm} : 용접 균열 감수성 조성(%), t : 판 두께(mm)

H : 용접봉의 확산성 수소량 (ml/100 g)

$$P_{cm} = C + \dfrac{Si}{30} + \dfrac{Mn}{20} + \dfrac{Cu}{20} + \dfrac{Ni}{60} + \dfrac{Cr}{20} + \dfrac{Mo}{15} + \dfrac{V}{10} + 5B \,[\%]$$

(4) 구속의 영향

① 루트 (root) 균열이나 토 (toe) 균열은 구속의 영향이 매우 크다.
② 일반적으로 강판의 두께가 두꺼울수록, 이음 현상이 복잡할수록 구속은 증가하고 용접부에 큰 구속 응력이 유기된다.
③ 균열 감수성과 구속의 정도를 정량화하기 위한 시험이 RRC 시험이다.
④ 균열 감수성 지수 P_w는 구속도를 고려한 식으로, 다음과 같다.

$$P_w = P_{cm} + \dfrac{H}{60} + \dfrac{K}{40000}$$

여기서, K : 용접 계수의 구속도 (kg/mm·mm)

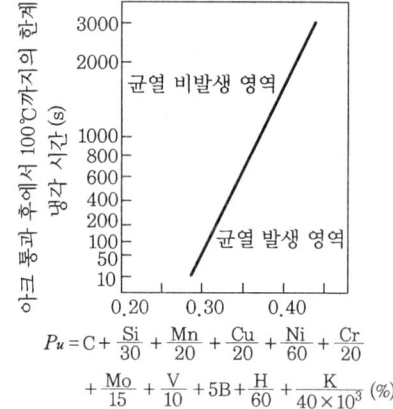

$$P_u = C + \dfrac{Si}{30} + \dfrac{Mn}{20} + \dfrac{Cu}{20} + \dfrac{Ni}{60} + \dfrac{Cr}{20}$$
$$+ \dfrac{Mo}{15} + \dfrac{V}{10} + 5B + \dfrac{H}{60} + \dfrac{K}{40 \times 10^3} \,(\%)$$

균열 감수성 지수 P_w와 한계 냉각속도 (t_c) Cr의 관계

⑤ 강의 성분, 용접 금속의 수소량, 계수의 구속도를 알면 균열 방지를 위한 예열 온도를 다음과 같이 구할 수 있다.

한계 예열 온도 : $T[℃] = 1440 P_w - 392$

(5) 열영향부의 취화

① 용접 본드 (bond)에 근접한 조립역에 제 1 단의 충격치 골짜기가 있고, 세립역에서 일단 높아졌다가 더욱 떨어진 곳에 제 2 단의 충격치 골짜기가 존재한다.
② 취화 영역(embrittled zone)이라 불리어 온 제 2의 취화는 가열 온도가 낮아서 조직 변화가 나타나지 않는데도 불구하고, 이와 같이 취화하는 것은 소입 시효나 변형 시효라고 불리는 C나 N 원자의 석출 현상에 의한 것으로 생각된다.
③ 담금질, 뜨임한 고장력강, 즉 조질강의 경우 취화 영역보다 조립역의 충격치가 현저히 낮은 것은, 조질강

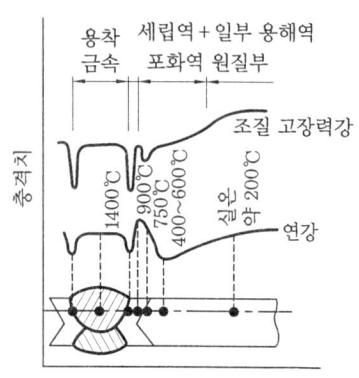

용접부 충격치의 정성적 분포

의 모재가 열처리로 재질은 향상되지만 용접 열로 그 효과가 상실되기 때문이다.
④ 조립역 열영향부의 충격치는 냉각속도가 클수록, 마텐자이트가 증가할수록 높아지는 경향이 있다.

(6) 흑연화 (graphitization)
① 강을 400~700℃에서 장시간 가열시킬 경우, 탄화물이 분해하여 흑연을 생성시켜 취화하는 현상이다.
② 흑연화는 담금질 효과를 받는 부분에 우선적으로 일어나기 때문에, 용접 열영향부는 그 경향이 특히 강하다.
③ 용접 후 A_1 변태점 이상으로 가열하여 풀림하면 방지할 수 있다.
④ 고온 고압용 C-Mo 강관에 잘 나타나며, 열영향부의 저온측 경계에 층상으로 연이어 파괴를 일으킨다.

(7) 내식성의 저하
오스테나이트 스테인리스강에서는 용접 열영향부가 선택적으로 부식을 일으키는 현상이 있다.

4. 금속 조직과 그 특징

주강은 탄소 함유량에 따라 성질이 달라지나, 내부 조직에 의해서도 성질이 바뀐다. 금속 재료 중에서 철강이 가장 많이 사용되고 있는 것은, 조직을 변화시켜 목적하는 기계적 성질을 용이하게 얻을 수 있기 때문이다.

4-1 평형 상태도 상의 조직

(1) 오스테나이트 (austenite)
① γ 고용체이다.
② A_1 변태점 이상에서만 안정한 고온 조직이다.
③ Fe에 Ni, Mo, Cr, Mn 등의 특수 원소가 포함된 합금강에서는 상온에서도 존재한다. 이를 잔류 오스테나이트라 한다.
④ γ 철의 최대 탄소 고용 한도는 2.11 %℃이다.
⑤ 잔류 오스테나이트는 심랭 처리(sub-zero treatment)로 조직을 안정화시킬 수 있다.

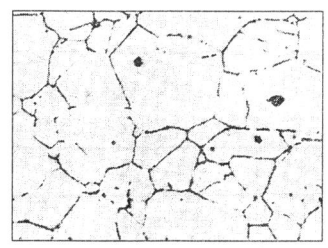

오스테나이트 (×200)

(2) 시멘타이트 (cementite)
① 철탄화물이다 (Fe_3C).
② 금속간 화합물이다 (6.67 %C+Fe).

③ 경도가 매우 높으며 ($\approx H_B 820$), 취약하다.
④ 강자성체이나 210℃ (A_0)에서 자성을 상실한다.
⑤ 고탄소강, 공구강에서는 망목상이며, 이는 충격시 크랙의 원인이 되므로 열처리하여 구상화시킨다.

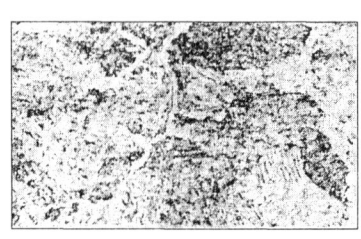

(a) 강상 cementite (×250)

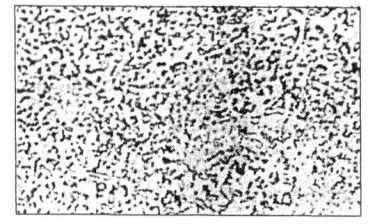

(b) 구상 cementite (×400)
(백색 : cementite, 흑색 : pearlite, 벌집 모양 : ledeburite)

시멘타이트

(3) 페라이트 (ferrite)

① α 고용체이다.
② 강자성체로 연성이 크며, 경도는 $H_B = 900 \sim 100$ 정도이다.
③ 순철에서 쉽게 볼 수 있는 백색 조직으로, 검은선은 입계이다.
④ $H_B = 90$ 정도이다.

(4) 펄라이트 (pearlite)

① 페라이트 (α 고용체)와 시멘타이트의 층상 조직을 나타낸다.
② 0.8%C 강이 A_1 변태점에서 변태한 공석정이다.
③ $H_B = 125 \sim 150$ 정도이다.

(5) 레데부라이트 (ledeburite)

① γ 고용체와 Fe_3C의 공정 조직이다.
② 강도 경도가 낮고, 취약하다.
③ 용융점이 낮다.

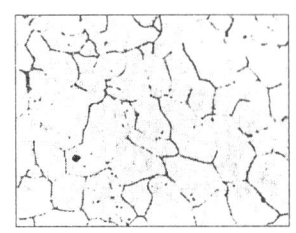

페라이트 (×100)

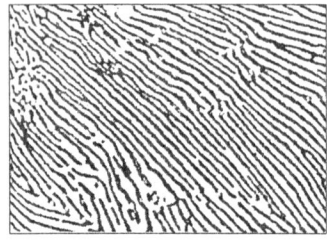

펄라이트 (×800)

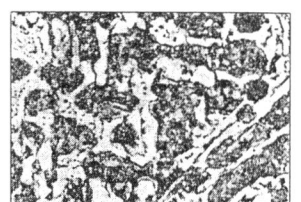

(백색 페라이트지에 거의 구상인 시멘타이트가 산재)

레데부라이트 (×120)

4-2 열처리에 의한 조직

(1) 마텐자이트 (martensite)
① 강의 담금질(quenching) 조직이다.
② 무확산 변태의 조직이다.
③ 체심입방정의 백색 침상 조직이다.
④ 열처리 조직 중에서 가장 단단하고 ($H_B = 720$), 깨지기 쉽다.

(2) 트루스타이트 (troostite)
① 페라이트와 미세 시멘타이트의 혼합 조직이다.
② 마텐자이트보다 경도는 떨어지나 인성이 크다 ($H_B = 400$).
③ 강의 유랭 조직이다.
④ 마텐자이트를 300~400℃로 뜨임한 조직이다.

(3) 소르바이트 (sorbite)
① 페라이트와 미세 시멘타이트의 혼합 조직이다.
② 유랭보다 늦은 냉각속도 (Ar_1 600~650℃)에서 강을 변태한 조직이다.
③ 마텐자이트보다 경도는 떨어지나 인성은 크다 ($H_B = 270$).
④ 마텐자이트를 500~600℃로 뜨임한 조직이다.

(4) 베이나이트 (bainite)
① 페라이트와 시멘타이트의 미립 혼합 조직이다.
② 강을 오스테나이트 상태에서, $Ar'~Ar''$ 변태점 사이에서 항온 유지(austempering)하였을 때 얻어지는 조직이다.
③ Ar' 변태에 가까운 것을 상부 베이나이트 (upper bainite) 조직이라 한다.
④ Ar'' 변태에 가까운 것을 하부 베이나이트 (lower bainite) 조직이라 한다.
⑤ $H_B \approx 340$으로 경도와 인성이 풍부하다.
⑥ 상부 베이나이트는 우모상, 하부 베이나이트는 침상 조직이다.

(5) 오스테나이트 (austenite)
① 평형 상태도 상에서는 고온에서 존재하나 18-8 스테인리스강을 820~880℃ 부근에서 급랭하면 상온에서도 존재한다.
② 점성이 크고 내식성이 높아 불수강의 조직으로 이용된다.
③ $H_B \approx 155$ 정도이다.

5. 예열 및 후열

(1) 예열 및 후열의 의의
용접부는 급격한 열사이클 및 응고 수축을 받기 때문에 모재부의 조직 변화, 열응력, 변형 또는 균열을 일으킬 수 있다.

이 문제로 사용 성능상 지장을 주지 않고, 용접 구조물의 특징을 충분히 발휘하도록 하기 위하여 각종의 열처리가 시행된다.

(2) 예열의 목적

냉각속도(cooling rate, ℃/s)를 작게 하여 다음과 같은 효과를 가져온다.

① 균열의 방지
② 기계적 성질 향상
③ 경화 조직의 석출 방지
④ 변형, 잔류 응력의 저감
⑤ 블로홀(blowhole) 생성 방지

(3) 후열의 목적

예열과 중복되는 항목도 많다.

① 균열의 방지
② 기계적 성질의 향상
③ 화학적 성질의 향상
④ 최적 조직으로 개선
⑤ 변형, 잔류 응력의 완화
⑥ 함유 가스의 배출

(4) 후열 처리의 종류

① 응력 제거(stress relief)
② 완전 풀림(A_3점 이상)
③ 고용화 처리(solution heat treatment)
④ 불림(normalizing)
⑤ 불림 후 뜨임
⑥ 담금질 후 뜨임
⑦ 뜨임(tempering)
⑧ 저온 응력 제거(A_1점 이하)
⑨ 석출 열처리

(5) 예열의 효과

① 예열에 의해 용접부의 온도 분포, 최고 도달 온도 및 냉각속도가 변한다.
② 예열하면 온도 분포가 완만하게 되어 열응력(thermal stress)의 저감으로 변형, 잔류 응력의 발생이 적게 된다.
③ 냉각속도는 예열로 느려지지만, 비교적 저온에서 큰 영향을 준다.
④ 냉각시간이 길 경우 수소의 방출, 경도의 저하, 구속력의 저하로 균열 발생의 한계 응력이 높게 된다.

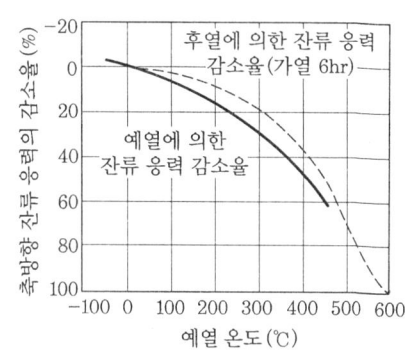

예열 온도와 잔류 응력과의 관계

(6) 후열의 효과

① 저온 균열의 원인이 되는 수소를 방출시킨다. 온도가 높을수록 시간이 길수록 수소 함량은 낮아진다.
② 잔류 응력을 제거한다. 실제 시공에 있어 예열 온도를 높게 할 수 없으므로, 후열에 의한 잔류 응력 제거가 유리하다.

③ 가열 온도 A_3 이상의 완전 풀림 또는 고온 풀림과 A_1 이하의 저온 풀림으로 나뉜다. A_3 이상 가열하면 변형이 심한 경우가 있어 A_1 이하가 바람직하다.

④ 이와 같이 용접 후 열처리는 온도와 시간에 지배되며, 다음 식이 이용되고 있다.

$$P = T(\log t + 20) \times 10^3$$

여기서, P : 지수(템퍼링 지수), T : 온도(K), t : 시간(h)

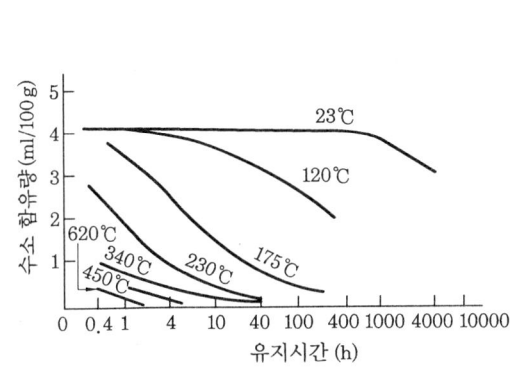

후열에 의한 용착 금속의 수소량 감소

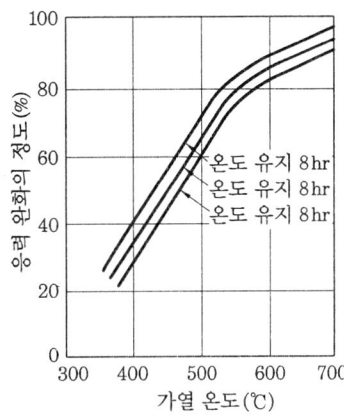

용접 후 열처리에 의한 가열 온도와 응력 완화량과의 관계

(7) SR

① 응력 제거 풀림(stress relief heat treatment)의 약자이다.
② 보통 A_1 변태점 이하의 어떤 온도까지 가능한 한 균일한 온도 분포가 되도록 가열하고, 일정 시간 유지 후 서랭하는 열처리 방법이다.
③ 용접 후 열처리로서, 일반적으로 사용되고 있는 열처리이다.
④ 조질강인 경우 풀림 온도(600~700℃) 이상 가열하면 재료의 특성이 상실되므로, 용접 후 열처리는 강판의 제조열 이력을 고려하여야 한다.

(8) 용접 후 열처리의 목적

① 용접 잔류 응력의 완화와 치수 안정화
② 용접 열영향 경화부의 연화
③ 용접부의 연성, 인성 향상
④ 내응력 방식 균열성의 향상, 회복
⑤ 수소 등의 함유 가스 방출

(9) 재열(reheating) 균열과 취화

용접 후 열처리는 잔류 응력의 완화 등 용접 구조물의 신뢰성을 향상시키는 유효한 방법이지만, 강종에 따라서는 다음의 문제를 유발할 수 있어 주의해야 한다.

① 고장력강 저합금강의 SR 균열
② 저합금강의 SR 취화

③ 모재, 용접부의 강도 저하
④ 이재 이음에서의 탈탄, 침탄
⑤ 탄화물 석출에 의한 내응력 부식성 저하

(10) SR 균열
① 용접 그대로의 상태에서는 확인되지 않지만, 용접 후 열처리 과정에서 용접 toe 부의 용접 열영향부 조립역에 발생하는 결정립계 균열이다.
② SR 균열은 다음 조건이 필수적
   (가) 열영향부 조립역
   (나) 잔류 응력 및 응력 집중
   (다) 2차 경화 원소를 함유한 강
③ SR 균열 감수성 관계식
   (가) $\varDelta G = [\%Cr] + 3.3 [\%Mo] + 8.1 [\%V] - 2$
   $\varDelta G > 0$ 일 때 균열 발생
   (나) $P_{SR} = [\%Cr] + [\%Cu] + 2 [\%Mo] + 10 [\%V] + 7 [\%Nb] + 5 [\%Ti]$
   $-2P_{SR} \geqq 0$ 일 때 균열 발생
④ 고장력강이나 Cr-Mo-V강 등의 구속력이 큰 후판 용접부, 특히 압력 용기의 노즐(nozzle) 이음부에 발생하기 쉽다.

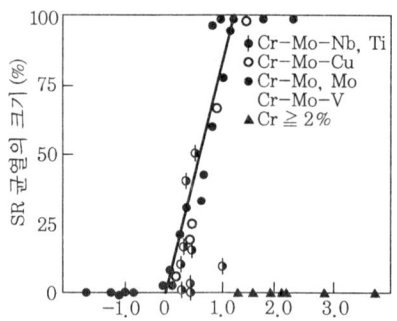

SR 균열 감수성 지수와 SR 균열 크기와의 관계

(11) SR 균열의 방지
① 모재 화학 성분 중 가능한 한 석출 경화 원소를 적게 한다.
② 용접 열영향부 결정립의 조대화를 방지한다. 단, 마텐자이트나 하부 베이나이트 등의 담금질 조직에서는 풀림 과정 중에 시효 변화가 크게 되고 SR 균열이 조장되므로 주의를 요한다.
③ 용접부 표면 덧살, 언더컷(undercut) 등을 제거하거나 버터링 비드(buttering bead)를 두어 열영향부 조립역으로 응력 집중이 안되게 한다.
④ 될 수 있는 한 응력 집중이 적게 설계한다.
⑤ SR 과정 중 열응력이 생기지 않도록 균일 가열한다.

6. 용접성

(1) 용접성의 정의
① 금속의 용접 난이도를 나타내는데, 용접성(weld ability)이란 용어를 쓴다.
② 용접 작업의 난이만이 아니고, 완성된 용접 이음 및 용접 구조물이 목적하는 성질의 발휘 여부를 나타내는 척도가 된다.
③ 접합성(joinability) + 사용 성능(performance)을 의미한다.

(2) 용접성의 분류
① 접합성
   (가) 모재 및 용접 금속의 열적 성질
   (나) 용접 결함
      · 모재의 고온 및 냉간 균열
      · 용접 금속의 고온 및 냉간 균열
      · 용접 금속 내의 기공과 슬래그 혼입
      · 용접 금속의 형상 및 외관 불량
② 사용 성능
   (가) 모재 및 용접부의 기계적 성질
   (나) 모재 및 용접부의 노치 인성
   (다) 용접부의 연성
   (라) 모재 및 용접부의 물리화학적 성질
   (마) 변형과 잔류 응력
③ 용접 구조물이 충분한 사용 성능을 나타내기 위해서는 모재 및 용접부에 강도(strength), 연성(ductility) 및 노치 인성(notch toughness)이 요구된다.
④ 반복 하중을 받는 구조물에서는 피로 강도(fatigue strength), 고온에서 사용하는 재료에는 고온 강도 외에 크리프(creep), 열 충격(thermal shock), 열 피로(thermal fatigue) 등에 대한 저항 응력도 필요하다.

예상문제

문제 1. 다음 중 라멜라티어(lamellar tear)와 가장 관계가 깊은 것은?
㉮ 유화망간계 개재물
㉯ 산화규소계 개재물
㉰ 산화알루미늄계 개재물
㉱ 금속탄화물

문제 2. 다음은 고온 균열(hot cracking)에 관한 설명이다. 틀린 것은?
㉮ 응고점 직하, 300℃ 이상에서 발생한다.
㉯ 주로 입계 균열이다.
㉰ 크레이터부에서 자주 발생한다.
㉱ 주로 수소에 기인한다.
[해설] 수소는 저온 균열(cold crack)의 요인이 된다.

문제 3. 저온 균열을 방지하기 위한 대책이다. 틀린 것은?
㉮ 예열 온도를 될수록 낮게 한다.
㉯ 냉각속도를 될수록 느리게 한다.
㉰ 저수소계 용접봉을 사용한다.
㉱ 용접봉의 건조를 충분히 한다.
[해설] · 저온 균열 : 강재 성분 중 마텐자이트 생성이 쉬운 강재, 냉각속도가 클수록, 수소를 많이 함유하고 그 부위에 구속이 심할 때 발생한다.

문제 4. 탄소강의 연속 냉각 변태 곡선에서 M_s 변태점은 탄소량의 증가에 따라 어떻게 변하는가?
㉮ 낮아진다.
㉯ 높아진다.
㉰ 변화 없다.
㉱ 높아지다가 낮아진다.

문제 5. 철-탄화철계인 공정 조직으로 4.3%C인 공정 성분의 액체가 1130℃에서 응고하여 생기는 조직으로, 세립의 오스테나이트(austenite)와 시멘타이트(cementite)가 혼합한 조직은?
㉮ 펄라이트 (pearlite)
㉯ 트루스타이트 (troostite)
㉰ 레데부라이트 (ledeburite)
㉱ 페라이트 (ferrite)

문제 6. 다음 중 고크롬(Cr) 스테인리스강을 600~800℃에서 장시간 가열하면 페라이트 일부가 변태하여 생기는 상(相)은?
㉮ σ상 (시그마상) ㉯ δ상 (델타상)
㉰ γ상 (감마상)   ㉱ α상 (알파상)

문제 7. 유황은 강에 다음 중 어떤 영향을 미치는가?
㉮ 청열 취성   ㉯ 적열 취성
㉰ 저온 취성   ㉱ 적열 인성
[해설] 불순물이 많은 강은 열간 가공 중 900~1200℃의 온도 범위에서 균열이 생기는 경우가 있는데, 이것을 적열 취성이라 한다.
주원인은 저융점의 FeS의 형성에 의한 것으로 되어 있지만, 산소가 존재하면 강에서 FeS의 용해도가 감소하므로 이것 역시 적열 취성의 한 가지 원인으로 볼 수 있다.

문제 8. 용접 열영향부의 기계적 특성을 좌우하는 가장 중요한 요소는?
㉮ 모재의 화학 성분
㉯ 용접 전류
㉰ 용접 속도
㉱ 용접봉의 종류

문제 9. 다음 강의 조직 중 오스테나이트(aus-

[해답] 1. ㉮ 2. ㉱ 3. ㉮ 4. ㉮ 5. ㉰ 6. ㉰ 7. ㉯ 8. ㉮ 9. ㉯

tenite) 상태에서 가장 냉각속도가 빠를 때 나타나는 조직은?
- ㉮ 펄라이트 (pearlite)
- ㉯ 마텐자이트 (martensite)
- ㉰ 소르바이트 (sorbite)
- ㉱ 트루스타이트 (troostite)

문제 10. 페라이트 (ferrite) 조직은 다음 중 어떤 조직을 갖는가?
- ㉮ 체심입방격자
- ㉯ 면심입방격자
- ㉰ 조밀육방격자
- ㉱ 정방격자

문제 11. 다층 용접시의 예열 온도 및 층간 온도는 초층 용접시에 비하여 어떻게 하는 것이 좋은가?
- ㉮ 높게 해야 한다.
- ㉯ 같게 해야 한다.
- ㉰ 낮게 해야 한다.
- ㉱ 재료에 따라 다르다.

문제 12. 용접 열영향부의 경도가 커질수록 어떤 현상이 가장 크게 나타나는가?
- ㉮ 인성이 향상된다.
- ㉯ 인성이 떨어진다.
- ㉰ 잔류 응력이 작아진다.
- ㉱ 잔류 응력이 커진다.

문제 13. 변형 시효 (strain aging)에 큰 영향을 미치는 것은?
- ㉮ H_2
- ㉯ O_2
- ㉰ CO_2
- ㉱ CH_4

[해설] 냉간 가공 후 일어나는 시효 현상을 변형 시효라 한다. 슬립으로 전위가 증가한 곳에 O_2나 N_2가 집적되어 전위의 이동을 방해한다.
용접 금속에는 보통 상당한 내부 변형이 남아 있기 때문에, 냉간 가공을 하지 않아도 O_2나 N_2가 많은 경우에는 변형 시효가 일어날 수 있다.

문제 14. 다음 중 S의 영향을 가장 크게 받는 것은?
- ㉮ 적열 취성(red shortness)
- ㉯ 청열 취성(blue shortness)
- ㉰ 저온 취성(low temperature brittleness)
- ㉱ 뜨임 취성(temper brittleness)

[해설] ㉮ S, O, Cu ㉯ N, C, O ㉰ N, O ㉱ Mn, Cr, Ni, V

문제 15. 적열 취성(hot shortness)에 대해 설명한 것 중 틀린 것은?
- ㉮ FeS는 철과 공정을 만들어 입계에 망상으로 분포되기 쉽다.
- ㉯ 적열 취성의 원인은 S이므로 S가 0.03 % 이하이어야 한다.
- ㉰ FeS는 융점이 낮아 고온에서 약하고, 가공시 파괴의 원인이 된다.
- ㉱ 유황 (S)을 0.02 % 정도 첨가하면 인장 강도 충격치를 증가시킨다.

[해설] FeS는 철과 공정을 만들어 입계에 망상으로 분포되기 쉬운데, 이러한 상태의 유황은 0.02 % 정도만 있어도 인장 강도와 충격치를 감소시킨다.
또한 FeS는 융점이 낮아 고온에서 약하고, 가공시 파괴의 원인이 된다. 따라서 강은 유황이 0.03 % 이하이어야 한다.

문제 16. 1 % Cr, 1 % Mo, 0.12 % C, 0.8 % Mn을 함유하고 있는 강의 CE(탄소당량) 값은 얼마인가?
- ㉮ 0.40
- ㉯ 0.42
- ㉰ 0.44
- ㉱ 0.46

[해설] $CE = \%C + \dfrac{\%Mn}{4} + \dfrac{\%Ni}{20} + \dfrac{\%Cr}{10} + \dfrac{\%Cu}{40} - \dfrac{\%Mo}{50} - \dfrac{\%V}{10}$
$= 0.12 + 0.2 + 0.10 + 0 - 0.02 - 0 = 0.40$

문제 17. 용접성이 가장 좋은 강은?
- ㉮ 0.20 %C 이하의 강
- ㉯ 0.4 %C 정도의 강

해답 10. ㉮ 11. ㉰ 12. ㉯ 13. ㉯ 14. ㉮ 15. ㉱ 16. ㉮ 17. ㉮

㉰ 납(Pb)의 함량이 높은 쾌삭강
㉱ 0.35 %C 정도의 강
[해설] 0.20 % 이하의 탄소를 함유하는 강이 용접성에 가장 뛰어나다.

[문제] 18. 0.35 %C 탄소강을 오스테나이트화 온도에서 공랭시키면 어떻게 되는가?
㉮ 정방격자의 마텐자이트를 만든다.
㉯ 결정집계를 이동시킨다.
㉰ 펄라이트 입자를 만든다.
㉱ 마텐자이트 입자를 만든다.
[해설] normalizing process로 펄라이트와 페라이트가 생성된다.

[문제] 19. 탄소강의 잔류 응력 제거는 어떻게 하는가?
㉮ 금속을 앞뒤로 굽힌다.
㉯ 드릴 구멍을 낸다.
㉰ 설계된 온도로 금속을 가열한 후 물에 급랭시킨다.
㉱ 설계된 온도로 금속을 가열한 후 일정하게 냉각한다.
[해설] 보통 A_1 변태점 이하의 어떤 온도까지 가능한 한 균일한 온도 분포가 되도록 가열하고, 일정 시간 유지 후 서랭하면 된다.

[문제] 20. 용접의 열영향으로 응력(stress)이 유발되는 이유는?
㉮ 용융 금속은 하중을 감당할 수 없기 때문이다.
㉯ 용접봉이 모재에 힘을 작용시키기 때문이다.
㉰ 금속이 불균일하게 가열 냉각되므로 결정격자가 비틀리기 때문이다.
㉱ 금속이 균일하게 가열 냉각되기 때문이다.

[문제] 21. 다음 그림은 연속 냉각 곡선의 계략도이다. (a)의 냉각 곡선에서 얻어지는 열처리 조직은?

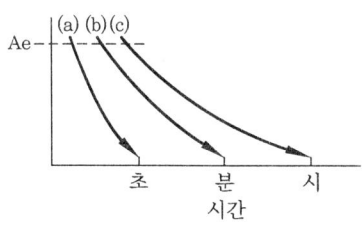

㉮ sorbite   ㉯ troostite
㉰ bainite   ㉱ martensite
[해설] (a) 급랭 : martensite
(b) 급랭과 공랭의 중간 : bainite
(c) 공랭 : ferrite + pearlite

[문제] 22. 다음 그림은 연강 용접부의 V-charpy 충격치의 분포를 나타낸 것이다. 충격치가 골짜기를 이루는 ①, ②는 각각 어느 것인가?

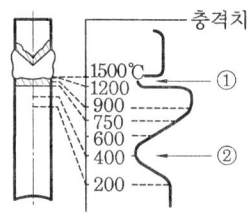

㉮ 조립역, 세립역   ㉯ 조립역, 취화역
㉰ 세립역, 입상역   ㉱ 세립역, 취화역

[문제] 23. 연강 용접시 열영향부(HAZ)에 나타나지 않는 것은?
㉮ 조립역   ㉯ 취화역
㉰ 세립역   ㉱ 입상역

[문제] 24. 다음은 주철의 모재에 연강용의 용접봉을 사용하여 용접할 때 파열이 생기는 원인을 나타낸 것이다. 옳지 않은 것은?
㉮ 연강과 주철의 용융 온도가 다르므로
㉯ 연강과 주철의 냉각속도가 다르므로
㉰ 연강과 주철의 열팽창 계수가 다르므로
㉱ 연강과 주철의 탄소 함유량이 다르므로

[문제] 25. 용접 구조물의 예열 목적 중 틀린 것은?

[해답] 18. ㉰ 19. ㉱ 20. ㉰ 21. ㉱ 22. ㉯ 23. ㉯ 24. ㉮ 25. ㉯

㉮ 냉간 균열을 방지시킨다.
㉯ 열영향부의 경도를 증가시킨다.
㉰ 잔류 응력을 경감시킨다.
㉱ 변형을 줄인다.
[해설] 열영향부의 경도를 낮춘다.

[문제] **26.** 어떤 용접물의 수소에 의한 지연 파괴(delayed failure) 특성을 알아보는데 적합한 시험법은?
㉮ TRC 시험 ㉯ RRC 시험
㉰ RT 시험 ㉱ PT 시험
[해설] ㉮ TRC : Tensile Restraint Cracking test
㉯ RRC : Rigid Restraint Cracking test

[문제] **27.** 다음 설명 중 틀린 것은?
㉮ sulfur crack은 림드강과 같이 S의 편석이 심한 강판을 자동으로 용접할 때 흔히 발생한다.
㉯ 저온 균열은 맞대기나 모서리 용접의 제1층에 root cracking으로 발생하며, 비드 단면 형상의 불균일이나 root 부의 노치에 의한 응력 집중과 저온에서 생긴 수축 응력을 원인으로 볼 수 있다.
㉰ 고온 균열은 주로 용접부의 크레이터에 많이 발생하고, 파면이 착색되어 있기 때문에 저온 균열과 구별하기 쉽다.
㉱ 은점(fish eye)은 일종의 질소 취화 현상이다.

[문제] **28.** 지연 파괴(delayed cracking)의 설명으로 맞는 것은?
㉮ 고온 균열의 일종이다.
㉯ 고장력강보다 연강에서 많이 발생한다.
㉰ 질소에 원인이 있다.
㉱ 확산성 수소에 원인이 있다.
[해설] 저온 균열이라고도 하며, 강의 마텐자이트 변태에 관련되므로 탄소강이나 저합금강에 많이 나타난다.

[문제] **29.** 고온 균열 발생에 미치는 화학 성분의 영향을 설명한 것이다. 틀린 것은?
㉮ C는 높을수록 고온 균열이 억제된다.
㉯ Mn은 높을수록 고온 균열이 억제된다.
㉰ S는 낮을수록 고온 균열이 억제된다.
㉱ P, Si, Ni도 고온 균열에 영향을 미친다.
[해설] 용접부가 고온으로 있을 때 발생한 균열이며, 주로 결정립계에 생기고 또 갈라진 면에 산화가 심하다.
크레이터 균열, γ계 스테인리스강이나 Al 합금 등에 생기는 균열은 대부분 고온 균열이다.

[문제] **30.** 다음 중 고온 균열을 설명한 것으로 틀린 것은?
㉮ 용접 금속 중에 S가 높으면 저융점(988℃)의 공정 Fe-FeS를 만들기 때문에 균열의 원인이 된다.
㉯ 외력에 약한 입계고상이 고온에서 존재하기 때문이다.
㉰ 입계에 세장의 액상 필름이 형성되는 고상선직상의 온도 구역에서 강도와 연성이 부족하여 균열이 발생한다.
㉱ 용접 금속 중 P와 Mn의 함유량이 높으면 고온 균열이 발생한다.

[문제] **31.** 노치 시편의 파면을 관찰한 결과 어둡고 거친 면을 나타내었다. 그 원인은?
㉮ 결정 입자가 거칠다.
㉯ 결정 입자가 미세하다.
㉰ 슬래그의 혼입
㉱ 용입의 불량
[해설] 파면이 반사적이면 거친 입자, 희미한 벨벳(velvet) 모양은 미세한 입자, 어둡고 거친면 슬래그(slag)의 혼입, 어둡고 깨끗하면 용입 불량을 나타낸다.

[문제] **32.** 아크 용접에서 발생하는 열량 H는 다음 중 어느 식으로 나타나는가? (단, V=아크 전압, I=아크 전류, v=용접 속도이다.)

[해답] 26. ㉮ 27. ㉱ 28. ㉱ 29. ㉮ 30. ㉱ 31. ㉰ 32. ㉮

㉮ $H = \dfrac{60 \cdot V \cdot I}{v}$ ㉯ $H = \dfrac{60 \cdot V \cdot I}{I}$

㉰ $H = \dfrac{60 \cdot v \cdot I}{V}$ ㉱ $H = \dfrac{V \cdot v \cdot I}{60}$

문제 33. 일반적인 금속 열처리와는 다른 용접 열사이클의 특징 중 틀린 것은?
㉮ 가열 속도가 매우 빠르다.
㉯ 가열 온도가 높다.
㉰ 가열 시간이 매우 짧다.
㉱ 가열은 반복적으로 행한다.

문제 34. 연강 용착 금속의 V 샤르피 충격치가 높은 순서대로 나열된 것은?

| ① 저수소계 | ② 셀룰로오스계 |
| ③ 산화철계 | ④ 일미나이트계 |

㉮ ①-②-③-④   ㉯ ②-③-①-④
㉰ ③-①-④-②   ㉱ ④-③-②-①

[해설] 연강 용접 금속의 V 샤르피 충격 천이 곡선(용접 상태)

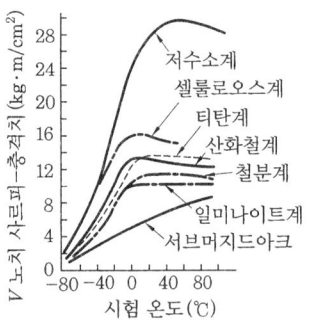

문제 35. 용접 금속 부근의 모재가 실온까지 냉각될 때 변태하지 않는 것은?
㉮ 탄소강
㉯ 합금강
㉰ 마텐자이트계 스테인리스강
㉱ 오스테나이트계 스테인리스강

[해설] 페라이트계 스테인리스강도 변태하지 않는다.

문제 36. 다음 항온 변태도에서 100 % 마텐자이트를 얻기 위한 냉각 곡선은?

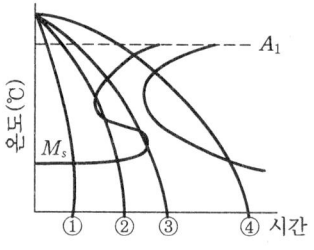

㉮ ①   ㉯ ②   ㉰ ③   ㉱ ④

문제 37. 다음 원자 수소 용접의 적용에 가장 부적당한 것은?
㉮ 고도의 기밀이나 유밀을 필요로 하는 내압 용기의 용접
㉯ 주강이나 청동 주물의 홈을 메울 때의 용접
㉰ 니켈이나 모넬 금속 및 황동과 같은 비철금속의 용접
㉱ 복합 재료나 세라믹 재료의 용접

문제 38. 지름 5~10 mm의 강철 또는 황동제 볼트나 봉을 평판 위에 수직으로 용접하는 용접법은?
㉮ 일렉트로 슬래그 용접
㉯ 테르밋 용접
㉰ 플라스마 용접
㉱ 스터드 용접

문제 39. 다음 중 용접시 열효율과 관계가 없는 항목은?
㉮ 용접봉의 길이   ㉯ 아크의 길이
㉰ 용접 속도   ㉱ 모재의 판 두께

문제 40. 후판 고장력강의 피복 아크 용접에서 토(toe)부에 미세한 용접 균열이 발생되었다. 이 경우의 원인으로 가장 관계가 없는 것은?
㉮ 고온 다습   ㉯ 예열 부족
㉰ 과다 입열   ㉱ 탄소량 과다

해답 33. ㉱   34. ㉮   35. ㉱   36. ㉮   37. ㉱   38. ㉱   39. ㉮   40. ㉮

제 3 장 고상 야금 **69**

문제 41. 다음 그림은 필릿 용접부를 파괴 시험한 결과를 나타낸 것이다. 옳은 것은?

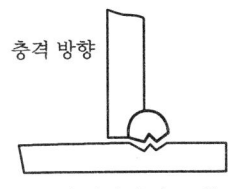

(파괴 시험 후의 모양)

㉮ 예열 온도를 낮출 필요가 있다.
㉯ 예열 온도를 높일 필요가 있다.
㉰ 후열 온도를 낮출 필요가 있다.
㉱ 후열 온도를 높일 필요가 있다.

[해설] 필릿 용접의 single pass를 루트(root) 측으로 쳐서 파괴될 때 용접부가 양 부분에 달라 붙으면 양호하고, 한쪽 면에만 붙으면 예열 온도를 높일 필요가 있다 (문제의 그림 참조).

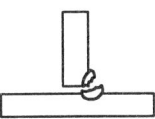

문제 42. 기계적 성질 내균열성이 대단히 우수하여 후판, 중고탄소강용에 적합한 용접봉의 피복제는?

㉮ 일루미나이트계 (E 4301)
㉯ 저수소계 (E 4316)
㉰ 철분저수소계 (E 4326)
㉱ 철분산화철계 (E 4327)

문제 43. 어떤 용접봉의 특성이 다음과 같을 때 옳은 것은?

① 아크 상황 : 스프레이형
② 용입 : 깊다.
③ 슬래그 상황 : 다량으로 커버(cover) 완전
④ 스패트 : 보통
⑤ 비드 외관 : 아름답다.
⑥ 비드 형상 : 편평하다.
⑦ 용도 : 조선, 건축, 교량, 차량 등 모든 연강의 구조물에 사용

㉮ E 4301   ㉯ E 4303
㉰ E 4311   ㉱ E 4313

[해설] · E 4301 : 일루미나이트계

문제 44. 피복제의 기능을 설명한 것 중 틀린 것은?

㉮ 아크 기류(arc stream)의 집중
㉯ 용입 깊이의 조절
㉰ 용접부의 청정화
㉱ 언더컷의 방지

[해설] ㉮, ㉯, ㉰ 외에,
① 용융지(pool)의 냉각 및 응고 속도를 서서히 한다.
② 아크의 안정화
③ 용접봉의 용착 효율을 높인다.
④ 용접 금속에 합금 성분을 첨가한다.

문제 45. 다음 피복제 중에서 유동성을 증가시키지 않는 것은?

㉮ 황혈염 $[K_4Fe(CN)_6]$
㉯ 형석 $(CaF_2,\ flourite)$
㉰ 자철광 (Fe_3O_4), 적철광 (Fe_2O_3)
㉱ 탄산마그네슘 $(MgCO_3)$

문제 46. 용접봉 규격이 E 4316으로 표시되었다면, 43이란 무엇을 의미하는가?

㉮ 용접 자세 분류 번호
㉯ 용접봉 피복제의 종류 분류 번호
㉰ 용착 금속의 최저 인장 강도 (kg/mm^2)
㉱ 용접봉 관리상 필요한 번호

문제 47. 피복 용접봉 E 4316은 다음 중 어느 것인가?

㉮ 일루미나이트계   ㉯ 고산화티탄계
㉰ 저수소계   ㉱ 철분산화철계

문제 48. 다음 중 피복 아크 용접봉을 사용하였을 때 피복제의 작용과 가장 무관한 것은?

㉮ 아크를 안정하게 한다.

해답 41. ㉯ 42. ㉰ 43. ㉮ 44. ㉱ 45. ㉱ 46. ㉰ 47. ㉰ 48. ㉰

㉯ 용착 금속을 보호한다.
㉰ 용착 금속의 탈탄 작용을 일으킨다.
㉱ 용융점이 낮은 적당한 점성의 슬래그(slag)를 만든다.

문제 49. 비드의 형상은 볼록하고, 슬래그의 생성이 적어 배관 공사 등에 많이 쓰이는 용접봉의 피복제는?
㉮ 일루미나이트계 ㉯ 고셀룰로오스계
㉰ 저수소계   ㉱ 철분산화티탄계

문제 50. 용가재 선택에 있어 명심해야 될 사항 중 틀린 것은?
㉮ cost (가격)
㉯ quality (품질)
㉰ weld ability (용접성)
㉱ stress (강도)

문제 51. 용입이 얕고 비드의 외관이 아름다우므로 철도차량, 자동차 혹은 경구조물 등에 많이 쓰이는 용접봉의 피복제는 어느 것인가?
㉮ 라임티탄계   ㉯ 고산화티탄계
㉰ 철분산화티탄계 ㉱ 철분산화철계
[해설] E 4313으로 강도를 요하는 부위에는 사용하지 않는다.

문제 52. 티타늄(titanium) 또는 지르코늄(zirconium)의 용접을 위하여 요구되는 기술은 어느 것인가?
㉮ flux 보호제를 사용한다.
㉯ 완전한 실드가 되도록 한다 (진공 또는 불활성가스).
㉰ 물속에서 용접한다.
㉱ 예열을 충분히 한다.
[해설] 활성 금속이므로 용접 중, 특히 산화에 조심해야 한다.

문제 53. 다음 중 금속 식별 방법으로 틀린 것은?
㉮ 용융 시험   ㉯ 강도 시험
㉰ 자기 시험   ㉱ 밀도 시험
[해설] ㉮, ㉰, ㉱ 이외에 색깔 시험, 화염 시험, 파괴 시험 등이 있다.

문제 54. 주어진 금속을 식별하기 위하여 불꽃 시험(spark test)을 하였다. 다음 중 불꽃의 양이 가장 작고, 불꽃의 길이도 가장 짧은 것은?
㉮ 구조강 (structural steel)
㉯ 스테인리스강 (stainless steel)
㉰ 고탄소강 (high carbon steel)
㉱ 회주철 (gray cast iron)
[해설]

구 분	불꽃량	불꽃 길이(in)
구조강	많다	60
고탄소강	보통	45
회주철	적다	20

문제 55. 어떤 금속이 어떤 외력에 저항하는 능력을 가졌을 때 우리는 특정한 강도를 가졌다고 말한다. 다음 중 틀린 것은?
㉮ 망치(hammer)−충격 강도 (impact strength)
㉯ 잭(jack)−압축 강도 (compression strength)
㉰ 현수교의 케이블−인장 강도 (tensile strength)
㉱ 시계의 태엽(spring)−전단 강도 (shear strength)
[해설] 시계의 태엽은 높은 피로 강도(fatigue strength)가 요구되고, 선박의 발동기 프로페라핀은 높은 전단 강도(shear strength)가 요구된다.

문제 56. 어떤 재료의 인장 시험을 한 결과 인장 강도가 60 kg/mm²이었다. 단면적이 50 mm²인 이 재료로 만들어진 구조물이 지탱할 수 있는 하중은?
㉮ 300 kg   ㉯ 3000 kg

㉰ 120 kg　㉱ 1200 kg

[해설] 하중 = 인장 강도 × 단면적
= 60 kg/mm² × 50 mm²
= 3000 kg

※ 공칭 응력 = 하중 / 설계 단면적(원단면적)

문제 57. 하중 신장 선도(stress strain curve)에서 소성 구역과 탄성 구역의 분기점이 되는 것은?
㉮ 비례 한도(porportional limit)
㉯ 탄성 한도(elastic limit)
㉰ 항복점(yeild point)
㉱ 최대 하중점(point of maximum load)

문제 58. 인장 시험에서 연신율(elongation)을 구하는 식은? (단, l : 늘어난 표점 거리, l_0 : 최초의 표점 거리)

㉮ $\dfrac{l - l_0}{l_0} \times 100\%$　㉯ $\dfrac{l_0}{l - l_0} \times 100\%$

㉰ $\dfrac{l_0 - l}{l} \times 100\%$　㉱ $\dfrac{l}{l_0 - l} \times 100\%$

문제 59. 처음 설계 면적(A_0)을 기준하여 알루미늄 막대의 단면 수축률이 62%이고, 파괴 강도가 28000 psi이다. 파괴되기 직전의 (a) 진응력 σ_{tr}과 (b) 진변형 ε_{tr}을 계산하면 얼마인가?
㉮ (a) 73000 psi, (b) 90%
㉯ (a) 73500 psi, (b) 95%
㉰ (a) 74000 psi, (b) 97%
㉱ (a) 74500 psi, (b) 98%

[해설] (a) 28000 psi = $\dfrac{P}{A_0}$

$P = 28000 A_0$
$A_f = A_0 - 0.62 A_0 = 0.38 A_0$ 이므로,
$\sigma_{tr} = \dfrac{P}{A_f} = \dfrac{28000 A_0}{0.38 A_0} = 74000$ psi

(b) 순간적인 변형(strain)인 $d\varepsilon$은 $\dfrac{dl}{l}$ 과 같으므로,

$\varepsilon_{tr} = \int_{l_0}^{l_f} \dfrac{dl}{l} = l_n \dfrac{l_f}{l_0}$

부피가 일정하다고 가정하면,
$A_f l_f = A_0 \cdot l_0$

$\varepsilon_{tr} = l_n \left(\dfrac{A_0}{A_f} \right) = l_n \left(\dfrac{A_0}{0.38 A_0} \right)$
$= 0.97 = 97\%$

문제 60. 최초의 단면적이 A_0, 인장 파단 후의 단면적이 A_1이라 할 때, 다음 중 단면 수축률(reduction of area)을 나타낸 것은 어느 것인가?

㉮ 단면 수축률 = $\dfrac{A_0 - A_1}{A_1} \times 100\%$

㉯ 단면 수축률 = $\dfrac{A_1 - A_0}{A_1} \times 100\%$

㉰ 단면 수축률 = $\dfrac{A_0 - A_1}{A_0} \times 100\%$

㉱ 단면 수축률 = $\dfrac{A_1 - A_0}{A_0} \times 100\%$

문제 61. 다음 응력 변형 선도(stress strain curve)에서 아연(Zn)은 어느 것인가?

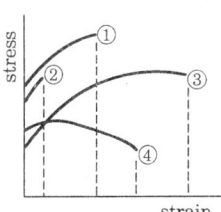

㉮ ①　㉯ ②
㉰ ③　㉱ ④

[해설] ① 황동, ② 주철, ③ 동

문제 62. 크리프 시험(creep test)에 대한 설명 중 맞는 것은?
㉮ 재료의 끝을 고정하고, 일정한 하중으로 잡아당기는 시험이다.

[해답] 57. ㉯　58. ㉮　59. ㉰　60. ㉰　61. ㉱　62. ㉰

㉯ 재료의 경도를 측정하기 위한 시험이다.
㉰ 재료에 어떤 일정한 하중을 가하고 어떤 온도에서 긴 시간 동안 유지하면 시간이 경과함에 따라 스트레인(straine)이 증가한다.
㉱ 재료의 피로 파괴 범위를 알아내기 위한 시험이다.

[해설] 재료에 어떤 일정한 하중을 가하고, 어떤 온도에서 긴 시간 동안 유지하면 시간이 경과함에 따라 스트레인이 증가한다. 이 현상을 크리프(creep)라 한다.
그리고 시험편에 일정한 하중을 가하였을 때, 시간의 경과와 더불어 증대하는 스트레인을 측정하여 각종 재료의 역학적 양을 결정하는 시험이다.

문제 63. 일반적으로 용접성(weld ability) 평가와 관련이 있는 시험법에 해당하지 않는 것은?
㉮ 취성 시험   ㉯ 최고 경도 시험
㉰ 균열 시험   ㉱ 크리프 시험

문제 64. 다음 중 50 kg/mm² 급 고장력 강재의 용접부에 있어서 최고 경도를 나타내는 부위는?
㉮ 용착 금속내
㉯ 용착 금속과 모재의 경계부
㉰ 모재 열영향부내
㉱ 용착 금속과 모재의 경계로부터 5 mm 떨어진 부위

문제 65. 다음 중 피로 파괴의 원인이 아닌 것은?
㉮ 반복 응력   ㉯ 변동 응력
㉰ 정하중   ㉱ 피로 현상

문제 66. 다음 중 굽힘 시험의 목적을 설명한 것은?
㉮ 재료에 굽힘 모멘트(moment)가 걸렸을 때 변형 저항이나 파단 강도를 측정하는 것이다.
㉯ 재료의 인장 강도를 측정하는 시험이다.
㉰ 재료의 압축 강도를 측정한다.
㉱ 재료의 크리프 한계를 측정한다.

문제 67. 압축 시험법을 설명한 식 중 틀린 것은? (단, 최초의 표점 거리(높이)가 L_0, 원단면적이 A_0인 시험편을 P인 압축 하중으로 압축할 때 각각 L, A로 변했다.)

㉮ 압축률 : $\varepsilon = \dfrac{(L-L_0)}{L_0} = \dfrac{(A_0-A)}{A}$

㉯ 단면 증가율 : $\phi = \dfrac{(A-A_0)}{A_0}$

㉰ 진변형 : $\varepsilon_1 = \ln\left(\dfrac{L}{L_0}\right) = \ln\left(\dfrac{A_0}{A}\right)$

㉱ 공칭 응력 : $\sigma = \dfrac{P}{A}$

[해설] · 공칭 응력 : $\sigma = \dfrac{P}{A_0}$
· 진응력 : $\sigma = \dfrac{P}{A}$

문제 68. 다음 중 압축 시험의 주목적으로 틀린 것은?
㉮ 변형 저항을 구하기 위한 시험이다.
㉯ 파괴 강도를 구하기 위한 시험이다.
㉰ 소성 가공성을 구하기 위한 시험이다.
㉱ 단면 수축률을 구하기 위한 시험이다.

[해설] · 압축 시험의 주목적
① 재료에 압축력이 가해질 때의 변형 저항이나 파괴 강도를 구하기 위한 시험이다.
② 연성이 풍부한 금속의 소성 가공이나 주철, 콘크리트와 같은 취성 재료의 압축 파괴 강도의 측정을 위한 시험이다.

제2편

용접 설비 제도

제1장   제도의 개요
제2장   투상도 및 단면도법
제3장   치수 기입과 기계 재료의 표시
제4장   스케치도와 제작도 작성
제5장   CAD 기초
제6장   용접 제도

제1장 제도의 개요

1. 제도 통칙 및 제도 용구

1-1 제도 통칙

(1) 제도의 정의
제도(drawing)라 함은 기계나 구조물의 모양 또는 크기를 일정한 규격에 따라 점, 선, 문자, 숫자, 기호 등을 사용하여 도면을 작성하는 과정을 말한다.

(2) 제도의 목적
제도의 목적은 설계자의 의도를 도면 사용자에게 확실하고 쉽게 전달하는 데 있다. 그러므로 도면에 물체의 모양이나 치수, 재료, 표면 정도 등을 정확하게 표시하여 설계자의 의사가 제작·시공자에게 확실하게 전달되어야 한다.

(3) 제도의 규격
도면에 표현된 내용을 설계자가 직접 설명하지 않더라도 작업자가 정확하게 이해하기 위해서는 일정한 규약에 의하여 도면이 작성되어야 한다. 이러한 규약을 제도 규격이라 한다. 세계의 각국들은 제도 규격을 제정하여 도면을 작성하고 있으며, 점차 국제 규격(I.S.O)으로 통일되어 가고 있다.
다음 [표]는 각국의 표준 규격과 KS의 분류 기호를 표시한 것이다.

각국의 표준 규격

각국 명칭	표준 규격 기호
국제 표준화 기구(International Organization for Standardization)	ISO
한국 산업 규격(Korean Industrial Standards)	KS
영국 규격(British Standards)	BS
독일 규격(Deutsches Institute für Normung)	DIN
미국 규격(American National Standard Industrial)	ANSI
스위스 규격(Schweitzerish Normen-Vereinigung)	SNV
프랑스 규격(Norme Francaise)	NF
일본 공업 규격(Japanese Industrial Standards)	JIS

KS의 분류

기 호	부 문	기 호	부 문	기 호	부 문
KS A	기본(통칙)	KS F	토 건	KS M	화 학
B	기 계	G	일용품	P	의 료
C	전 기	H	식료품	R	수송기계
D	금 속	K	섬 유	V	조 선
E	광 산	L	요 업	W	항 공

※ 1. 제도 통칙 : 1966년 KS A 0005로 제정, 1988. 12. 3 개정
   2. 기계 제도 : 1967년 KS B 0001로 제정 공포, 1987. 12. 26 개정

1-2 도면의 종류와 크기

(1) 도면의 종류

① 도면의 성질에 따른 분류

 (가) 원도(original drawing) : 켄트지나 와트만지 위에 연필로 그린 도면을 말한다. 또한 컴퓨터로 작성된 최초의 도면으로, 트레이스도의 원본이 된다.

 (나) 트레이스도(traced drawing) : 원도 위에 트레이싱 페이퍼나 미농지를 놓고 연필 또는 먹물로 그린 도면이다. 일명 사도(tracing)라고도 한다.

 (다) 복사도(copy drawing) : 트레이스도를 원본으로 하여 복사한 도면으로, 청사진(blue print), 백사진(positive print) 및 전자 복사도 등이 있다.

② 사용 목적 및 내용에 따른 분류

분류 방법	도면의 종류	설 명
사용 목적에 따른 분류	계획도(scheme drawing)	설계자가 제작하고자 하는 물품의 계획을 나타내는 도면
	제작도(manufacture drawing)	요구하는 제품을 만들 때 사용되는 도면
	주문도(drawing for order)	주문서에 첨부되어 주문하는 물품의 모양, 정밀도, 기능도 등의 개요를 주문 받는 사람에게 제시하는 도면
	승인도(approved drawing)	주문자 또는 기타 관계자의 승인을 얻은 도면
	견적도(estimation drawing)	견적서에 첨부되어 주문자에게 제품의 내용과 가격 등을 설명하기 위한 도면
	설명도(explanation drawing)	사용자에게 제품의 구조, 기능, 작동 원리, 취급법 등을 설명하기 위한 도면
	공정도(process drawing)	제조 과정의 공정별 처리 방법, 사용 용구 등을 상세히 나타내는 도면
내용에 따른 분류	전체 조립도(assembly drawing)	물품의 전체 조립 상태를 나타내는 도면으로서 물품의 구조를 알 수 있다.
	부분 조립도(part assembly drawing)	전체 조립 상태를 몇 개의 부분으로 나누어 각 부분마다 자세한 조립 상태를 나타내는 도면
	부품도(part drawing)	부품을 개별적으로 상세하게 그린 도면
	접속도(connection diagram)	전기 기기의 내부, 상호간 접속 상태 및 기능을 나타내는 도면

내용에 따른 분류	배선도(wiring diagram)	전기 기기의 크기와 설치 위치, 전선의 종별, 굵기, 배선의 위치 등을 나타내는 도면
	배관도(piping diagram)	펌프 및 밸브의 위치, 관의 굵기와 길이, 배관의 위치와 설치 방법 등을 나타내는 도면
	기초도(foundation drawing)	콘크리트 기초의 높이, 치수 등과 설치되는 기계나 구조물과의 관계를 나타내는 도면
	설치도(setting diagram)	보일러, 기계 등을 설치할 때 관계되는 사항을 나타내는 도면
	배치도(layout drawing)	건물의 위치나 기계 등의 설치 위치를 나타내는 도면
	장치도(plant layout drawing)	각 장치의 배치와 제조 공정 등의 관계를 나타내는 도면
표현 형식에 따른 분류	외형도(outside drawing)	기계나 구조물의 외형만을 나타내는 도면
	구조선도(skeleton drawing)	기계나 구조물의 골조를 나타내는 도면
	계통도(system diagram)	배관 전기 장치의 결선 등 계통을 나타내는 도면
	곡면선도(lines drawing)	자동차, 항공기, 배의 곡면 부분을 단면 곡선으로 나타내는 도면
	전개도(development drawing)	구조물, 물품 등의 표면을 평면으로 나타내는 도면

(2) 도면의 크기 및 양식

 기계 제도에 사용되는 도면은 기계 제도(KS B 0001) 규격과 도면의 크기 및 양식(KS A 0106)에서 정한 크기를 사용하며, A열 사이즈를 사용한다. 단, 표시할 도형이 길 경우 연장 사이즈를 사용한다. 도면에는 반드시 도면의 윤곽, 표제란 및 중심 마크를 마련해야 한다. 또한, 도면의 크기는 가능한 한 작은 것을 사용해야 한다.

 도면의 크기는 폭과 길이로 나타내는데, 그 비는 $1:\sqrt{2}$가 되며 A0~A4를 사용한다. 도면은 길이 방향을 좌, 우로 놓고 그리는 것이 바른 위치이나, A4 이하의 도면에서는 세로 방향을 좌, 우로 놓고서 사용하여도 좋다. 큰 도면을 접을 때에는 A4의 크기로 접는 것을 원칙으로 하되 도면 우측 하단부에 있는 표제란이 겉으로 나오게 접는 것을 원칙으로 한다.

도면 크기의 종류 및 윤곽의 치수

사이즈 \ 구분	호칭 방법	치수 $a \times b$	c(최소)	d(최소) 철하지 않을 때	d(최소) 철할 때
A열 사이즈	A0	841×1189	20	20	25
	A1	594×841	20	20	25
	A2	420×594	10	10	25
	A3	297×420	10	10	25
	A4	210×297	10	10	25
연장 사이즈	A0×2	1189×1682	20	20	25
	A1×3	841×1783	20	20	25
	A2×3	594×1261	20	20	25
	A2×4	594×1682	20	20	25
	A3×3	420×891	10	10	25
	A3×4	420×1189	10	10	25
	A4×3	297×630	10	10	25
	A4×4	297×841	10	10	25
	A4×5	297×1051	10	10	25

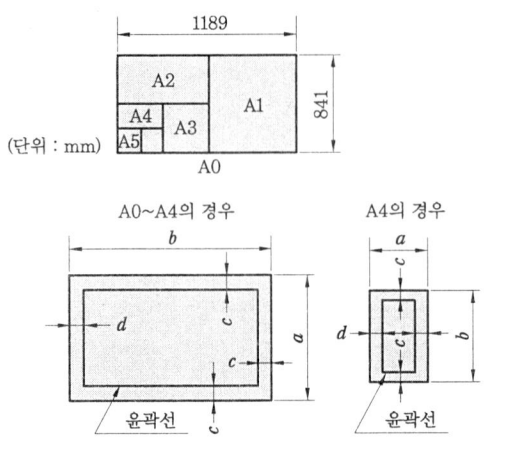
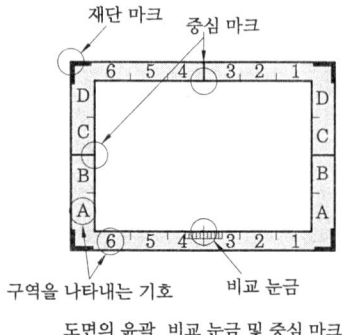

도면의 윤곽, 비교 눈금 및 중심 마크
(KS A 3007 ISO 5457)

a : 짧은 변의 길이, b : 긴변의 길이
c : 제도지의 각변에서 윤곽선까지의 거리(철하지 않을 때)
d : 제도지의 철하는 변에서 윤곽선까지의 거리(철할 때)

※ d의 부분은 도면을 접었을 때, 표제란의 좌측이 되는 쪽에 설치한다.

(3) 윤곽선, 표제란 및 부품란

제작도에서는 윤곽선을 긋고 그 안에 표제란과 부품란을 그려 넣는다.

① **윤곽선** : 도면에 담아 넣는 내용을 기재하는 영역을 명확히 하고, 또 용지의 가장자리에서 생기는 손상으로 기재 사항을 해치지 않도록 그리는 테두리선을 말한다. 선의 굵기는 도면의 크기에 따라 0.5mm 이상의 굵기인 실선으로 윤곽선을 긋는다.

② **표제란** : 도면의 오른쪽 아래에 표제란을 두어 여기에 도면 번호, 도명, 척도, 투상법, 제도한 곳, 도면 작성 연월일, 제도자 이름 등을 기입하도록 한다.

③ **부품란** : 부품란의 위치는 도면의 오른쪽 위의 부분, 또는 도면의 오른쪽 아래일 경우에는 표제란의 위에 위치하며, 품번, 품명, 재질, 수량, 무게, 공정, 비고란 등을 기입한다.

(4) 중심 마크

중심 마크는 윤곽선으로부터 도면의 가장자리에 이르는 굵기 0.5mm의 직선으로 표시한다. 이것은 도면을 마이크로 필름에 촬영, 복사할 때의 편의를 위하여 마련하는 것으로, 도면의 4변 각 중앙에 표시하며, 그 허용차는 ±0.5mm로 한다.

(5) 비교 눈금

노면을 축소 또는 확대했을 경우, 그 정도를 알기 위해 도면의 아래쪽에 10mm 간격의 눈금을 그려 놓은 것이다.

(6) 척 도

척도는 도면에서 그려진 길이와 대상물의 실제 길이와의 비율로 나타낸다. 도면에 그려진 길이와 대상물의 실제 길이가 같은 현척이 가장 보편적으로 사용되고, 실물보다 축소하여 그린 축척, 실물보다 확대하여 그린 배척이 있다.

축척, 현척 및 배척의 값

척도의 종류	란	값
축 척	1	1:2　　　　　　　　　　　　1:5　1:10　1:20　1:50　1:100　1:200
	2	1:$\sqrt{2}$　1:2.5　1:2$\sqrt{2}$　　1:3　　1:4　1:5$\sqrt{2}$　　　1:25　　　　1:250
현 척	-	1:1
배 척	1	2:1　　　5:1　10:1　　20:1　　50:1
	2	$\sqrt{2}$:1　　2.5$\sqrt{2}$:1　　　　　　　　　　　　100:1

※ 1란의 척도를 우선으로 사용한다.

① **척도의 표시 방법** : 척도의 표시법은 다음과 같다.

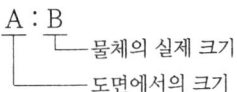

현척의 경우에는 A, B 모두를 1로 나타내고, 축척의 경우에는 A를 1, 배척의 경우에는 B를 1로 나타낸다.

② **척도 기입 방법** : 척도는 표제란에 기입하는 것이 원칙이나, 표제란이 없는 경우에는 도명이나 품번의 가까운 곳에 기입한다. 같은 도면에서 서로 다른 척도를 사용하는 경우에는 각 그림 옆에 사용된 척도를 기입하여야 한다. 또, 그림의 형태가 치수와 비례하지 않을 때에는 치수 밑에 밑줄을 긋거나 '비례가 아님' 또는 NS(Not to Scale) 등의 문자를 기입하여야 한다.

(7) 재단 마크
복사한 도면을 재단하는 경우의 편의를 위해서 원도의 네 구석에 'ㄱ' 자 모양으로 표시해 놓은 것이다.

1-3 제도기의 종류

(1) 제도기
① **컴퍼스**(compass) : 원을 그리는 데 쓰이며, 크기에 따라 대형, 중형, 소형이 있다.
　(가) 특성에 의한 분류
　　㉮ 비례 컴퍼스 : 도형을 확대 또는 축소할 때 사용
　　㉯ 빔 컴퍼스 : 큰 원을 그릴 때 쓰는 특수형
　　㉰ 스프링 컴퍼스 : 반지름이 25mm 이하인 원을 그릴 때 사용
　　㉱ 드롭 컴퍼스 : 반지름이 2~5mm 정도인 아주 작은 원을 그릴 때 사용
　(나) 사용상 주의점
　　㉮ 원을 그릴 때에는 하부에서 시작하여 시계 방향으로 돌려서 그린다.
　　㉯ 컴퍼스의 연필심은 바늘 끝보다 0.5mm 정도 낮게 끼운다.
② **디바이더**(divider) : 선의 등분, 원의 등분 및 치수를 옮길 때 사용한다.
③ **먹줄펜**(drawing pen) : 도면에 잉킹을 할 때 먹물을 묻혀 직선, 곡선을 긋는 데 쓰이며, 일명 오구

(烏口)라고 한다. 최근에는 전용 잉크펜이 있어 먹줄펜의 사용이 거의 사라지고 있다.

(2) 자

① T자 : 수평선을 긋거나 삼각자의 안내자로 사용된다. 몸체 길이는 450, 750, 900, 1200, 1800mm 의 것이 있으며, 그 중 900mm의 것이 가장 널리 쓰이고 있다.

② 삼각자(triangle) : T자와 함께 수직선, 사선 등을 긋는 데 사용되는 제도 용구로서, 45°의 직각 이등변 삼각형인 것과 30° 및 60°의 직각 삼각형 2개가 1쌍으로 되어 있다. 보통 제도에는 300mm 정도의 것을 많이 사용한다.

③ 운형자(french curve) : 컴퍼스로 그리기 어려운 원호나 곡선을 그릴 때 쓰이며, 3개, 6개 또는 12개가 1조로 되어 있다.

④ 스케일(scale, 눈금자) : 단면이 삼각형인 300mm의 것이 가장 널리 쓰이는데, m식의 경우 $\frac{1}{100}$m 의 눈금부터 $\frac{1}{600}$m까지의 눈금으로 나뉘어져 있다.

⑤ 자유곡선자(adjustable curve ruler) : 여러 가지 곡선을 자유롭게 그리는 데 사용되는 용구로, 납과 고무로 만들어져 자유롭게 구부릴 수 있다.

⑥ 형판(templet) : 아크릴이나 얇은 셀룰로이드판에 작은 원, 원호, 화살표 등이 새겨져 있어 정확하고 쉽게 그릴 수 있다.

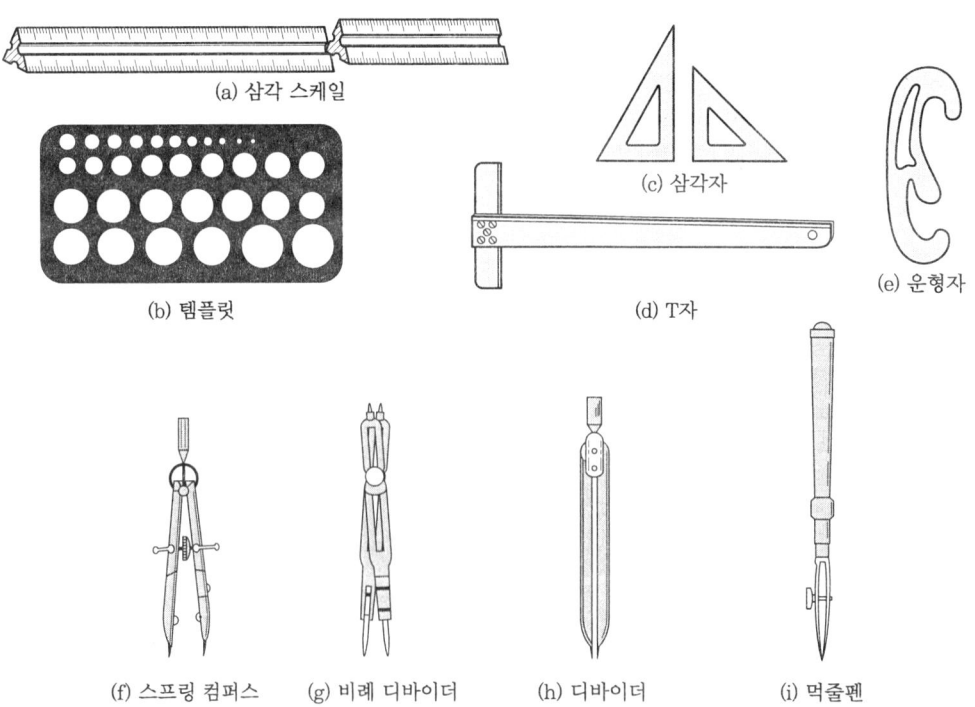

제도 용구

(3) 제도 기계(drafting machine)

T자, 삼각자, 눈금자, 각도기 등의 기능을 겸한 만능 제도기로서 최근에는 거의 이것을 사용하고 있다.

예상문제

1. 다음 제도의 정의에 대한 설명 중 옳은 것은?
   ㉮ 기계를 설계하는 것
   ㉯ 자기만 알 수 있는 문자, 선, 기호 등을 이용하여 제도지 위에 표시하는 그림
   ㉰ 문자, 선, 기호 등을 이용하여 물체의 다듬질 정도, 재료 및 공정 등을 제도지에 작성하는 과정
   ㉱ 입체감을 주어 그린 그림

2. KS 규격의 필요성에 대한 설명은?
   ㉮ 도면을 보고 작업자가 의문이나 오해가 없도록 설계자의 뜻을 확실히 이해 및 전달시키기 위해
   ㉯ 대량 생산에 따른 문제점 때문에
   ㉰ 세계 여러 나라가 정하고 있으므로
   ㉱ KS 규격은 공업 전반에 필요치 않다.

3. KS 규격 중 기계 부분에 해당하는 것은?
   ㉮ KS D   ㉯ KS C
   ㉰ KS B   ㉱ KS A

   [해설] ① KS A : KS 규격에서 기본 사항
   ② KS B : KS 규격에서 기계 부분
   ③ KS C : KS 규격에서 전기 부분
   ④ KS D : KS 규격에서 금속 부분

4. 1947년에 창설된 국제 표준화 기구의 약호는?
   ㉮ ISA   ㉯ ISO
   ㉰ USASI   ㉱ KSA

   [해설] ① ISA : 만국 규격 통일 협회 ② ISO : 국제 표준화 기구 ③ USASI : 미합중국 규격 협회 ④ KSA : KS 규격의 기본 ⑤ BS : 영국 표준 규격 ⑥ JIS : 일본 공업 규격 ⑦ ANSI : 미국 표준 규격 ⑧ DIN : 독일 공업 규격

5. 도면의 종류 중 사용 목적에 따른 분류에 속하지 않는 것은?
   ㉮ 계획도   ㉯ 제작도
   ㉰ 조립도   ㉱ 주문도

   [해설] 용도에 따른 분류에 속하는 도면으로는 계획도, 제작도, 주문도, 승인도, 설명도, 견적도 등이 있다.

6. 내용에 따른 분류 중 조립도를 설명한 것은?
   ㉮ 기계나 구조물의 전체 조립 상태를 기초로 나타낸 도면이다.
   ㉯ 한 공정에서만 사용 목적으로 제작된 도면이다.
   ㉰ 기계나 구조물을 설치하기 위한 기초를 나타낸 도면이다.
   ㉱ 몇 개의 부분으로 나누어서 조립 상태를 표시한 도면이다.

   [해설] ㉯는 공정도, ㉰는 기초도, ㉱는 부분 조립도를 설명한 것이다.

7. 도면을 접을 때의 크기는 어느 정도인가?
   ㉮ A1   ㉯ A2   ㉰ A3   ㉱ A4

8. A3 용지의 테두리 선은 외곽에서 얼마나 떨어지는가?
   ㉮ 20mm   ㉯ 15mm
   ㉰ 10mm   ㉱ 5mm

   [해설] A0~A1의 경우 20mm, A2~A5의 경우 10mm 떨어지게 표시한다.

9. 실물을 축소하여 그리는 것은 무엇인가?
   ㉮ 실척   ㉯ 배척   ㉰ 축척   ㉱ 현척

10. 다음 척도 중 실척(현척)은?
   ㉮ 1/1   ㉯ 5/1   ㉰ 1/5   ㉱ 1/25

11. 다음 척도 중 되도록 사용을 피하는 것이 좋은 것은?
   ㉮ 1/10   ㉯ 1/20   ㉰ 1/25   ㉱ 20/1

   [해설] 되도록 사용을 피하는 것이 좋은 척도는 1/25, 1/250, 1/500이다.

12. 도면에 척도를 표시하는 기호로 "NS"로 나타낸 것은 무엇을 뜻하는가?
   ㉮ 실척(현척)

[해답] 1. ㉰ 2. ㉮ 3. ㉰ 4. ㉯ 5. ㉰ 6. ㉮ 7. ㉱ 8. ㉰ 9. ㉰ 10. ㉮ 11. ㉰ 12. ㉯

㉯ 비례척이 아닌 것을 표시
㉰ 축척
㉱ 배척

13. 제도 용지의 규격 중에서 "297×420"은 다음 중 어느 것에 해당하는가?
㉮ A1 ㉯ A2 ㉰ A3 ㉱ A4

14. 제도 용지가 아닌 것은?
㉮ 켄트지
㉯ 와트만지
㉰ 트레이싱 페이퍼 및 미농지
㉱ 화선지

[해설] 제도 용지 중 켄트지와 와트만지는 원도에 사용되고, 트레이싱 페이퍼 및 미농지는 먹물용 사도로 적당하다.

15. 각국의 공업 규격 중 잘못된 것은?
㉮ 한국 : KS ㉯ 미국 : ANSI
㉰ 일본 : JIS ㉱ 독일 : BS

[해설] 독일 : DIN, 영국 : BS, 스위스 : VSM, 국제 표준 규격 : ISO

16. 요즈음 우리나라에서 많이 쓰이는 제도기는 어느 것인가?
㉮ 영국식과 독일식 ㉯ 독일식과 프랑스식
㉰ 영국식과 프랑스식 ㉱ 독일식과 미국식

[해설] 제도기 형식에는 영국식, 독일식, 프랑스식이 있다.

17. 제도판의 규격에 해당되지 않는 것은?
㉮ 900mm×1200mm
㉯ 600mm×900mm
㉰ 450mm×600mm
㉱ 600mm×750mm

18. 제도기에 속하지 않는 것은?
㉮ 컴퍼스 ㉯ 먹물펜(오구)
㉰ 디바이더 ㉱ 삼각 스케일

19. 제도 용구 중 얇은 판에 작은 원호 등 여러 모양을 놓은 것으로 글자 등을 지우는 데 사용하는 것은?
㉮ 운형자 ㉯ 눈금자
㉰ 자유 곡선자 ㉱ 지우개판

20. 삼각자를 이용하여 나타낼 수 없는 각도는?
㉮ 45° ㉯ 105° ㉰ 85° ㉱ 90°

[해설] 삼각자 2개를 이용하여 얻을 수 있는 각도는 (각도 수치÷15)일 때 나머지가 없이 떨어지는 것은 삼각자를 이용하여 얻을 수 있다.

21. 디바이더(divider)의 사용 용도가 아닌 것은?
㉮ 원을 그림 ㉯ 선의 등분
㉰ 치수를 옮김 ㉱ 원의 등분

22. 컴퍼스 사용 시 바늘끝과 연필심과의 관계에 대한 설명 중 옳은 것은?
㉮ 컴퍼스 바늘끝보다 연필심을 0.5mm~1mm 정도 짧게 한다.
㉯ 연필심보다 바늘끝을 1mm 정도 짧게 한다.
㉰ 바늘과 연필심의 길이는 같게 한다.
㉱ 바늘, 연필심 어느 쪽이 길어도 무방하다.

23. 먹물펜을 가는 방법 중 틀린 것은?
㉮ 날의 안쪽은 갈아서는 안 된다.
㉯ ∞ 모양으로 간다.
㉰ 날끝을 뾰족하게 한다.
㉱ 2개의 펜날을 맞추어 간다.

[해설] 기름 숫돌로 먹물펜을 ∞꼴로 날끝이 둥글게 갈며 날의 안쪽은 갈아서는 안 된다.

24. 제도용 연필을 깎는 법에 대한 설명 중 틀린 것은?
㉮ 심의 길이는 7mm 정도로 한다.
㉯ 나무 부분의 길이는 약 35mm 정도로 한다.
㉰ 문자용은 원추형으로 한다.
㉱ 선긋기용은 납작하게 끌모양으로 깎는다.

[해설] 연필의 나무 부분은 약 20mm 정도 깎는다.

25. 제도판의 설치 시 뒤쪽 수평선에 대하여 몇도 정도 높게 기울어진 것이 이상적인가?
㉮ 3~5° ㉯ 5~10°
㉰ 10~12° ㉱ 12~15°

26. 제도 기계에는 암식(arm type)과 트랙식(track type)이 있다. X-Y 플로터를 이용한 제도기는 어디에 쓰이는가?

해답 13. ㉱ 14. ㉱ 15. ㉱ 16. ㉮ 17. ㉱ 18. ㉱ 19. ㉱ 20. ㉰ 21. ㉮ 22. ㉮ 23. ㉰ 24. ㉯ 25. ㉯ 26. ㉮

㉮ CAD ㉯ CAM ㉰ FMS ㉱ CNC

27. 도면의 분류 중 형태상에 의한 분류가 아닌 것은?
㉮ 원도 ㉯ 외형도
㉰ 복사도 ㉱ 트레이스도

28. A3 제도 용지의 윤곽 치수에서 철할 때의 치수로 알맞은 것은?
㉮ 10mm ㉯ 15mm
㉰ 20mm ㉱ 25mm

29. 트레이스도와 동일한 도면은 어느 것인가?
㉮ 사도 ㉯ 원도
㉰ 복사도 ㉱ 스케치도

[해설] ① 원도 : 제도 용지에 연필이나 잉크로 그린 그림 ② 사도 : 원도 위에 트레이싱 페이퍼를 놓고 잉크로 그린 그림 ③ 복사도 : 원도나 사도를 감광시킨 도면 *청사진 : 사도를 감광시킨 도면으로, 청색 바탕에 선이나 문자가 백색으로 나타나는 도면 *백사진 : 사도를 감광시킨 도면으로 백색 바탕에 선이나 문자가 청색, 흑색으로 나타나는 도면 ④ 스케치도 : 실물을 보고 프리 핸드로 그린 도면

30. 도면에 반드시 있어야 할 사항이 아닌 것은?
㉮ 윤곽선 ㉯ 표제란
㉰ 중심 마크 ㉱ 비교 눈금

[해설] ① 도면에 반드시 마련해야 할 사항 : 윤곽선, 표제란, 중심 마크 ② 도면에 마련하는 것이 바람직한 사항 : 비교 눈금, 구역을 표시하는 구분선이나 기호, 재단 마크

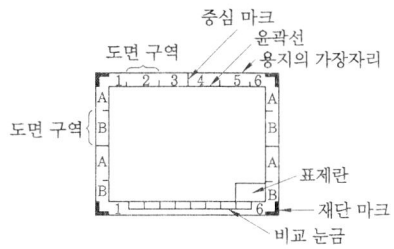

31. 아주 작은 원이나 원호를 그릴 때 사용하며, 반지름이 0.3~3mm의 범위에 사용하는 컴퍼스는?
㉮ 드롭 컴퍼스 ㉯ 빔 컴퍼스
㉰ 스프링 컴퍼스 ㉱ 비례 컴퍼스

32. 도면의 축소, 확대 복사의 취급을 할 때 만드는 것으로 옳은 것은?
㉮ 도면 구역 ㉯ 중심 마크
㉰ 재단 마크 ㉱ 비교 눈금

[해설] ① 중심 마크 : 도면의 마이크로 필름 촬영, 복사 등의 편의를 위하여 마련 ② 비교 눈금 : 도면의 축소 또는 확대 복사 등의 복사 도면을 취급할 때의 편의를 위하여 마련(눈금선의 굵기는 0.5mm) ③ 도면 구역 : 도면 중의 특정 부분의 위치를 지시하는 편의를 위하여 마련 ④ 재단 마크 : 복사한 도면을 재단하는 경우의 편의를 위하여 마련

33. 불규칙한 곡선을 그릴 때 사용하는 것은?
㉮ 컴퍼스 ㉯ 디바이더
㉰ 운형자 ㉱ 레터링 세트

[해설] 레터링 세트(lettering set) : 좋은 글씨를 쓰기 위한 기구

해답 27. ㉯ 28. ㉱ 29. ㉮ 30. ㉱ 31. ㉮ 32. ㉱ 33. ㉰

2. 선과 문자

2-1 선(line)

(1) 선의 종류
선은 모양과 굵기에 따라 다른 기능을 갖게 된다. 따라서 제도에서는 선의 모양과 굵기를 규정하여 사용하고 있다.

① 모양에 따른 선의 종류
- (가) 실선(continuous line) ──────── : 연속적으로 그어진 선
- (나) 파선(dashed line) ---------- : 일정한 길이로 반복되게 그어진 선(선의 길이 3~5mm, 선과 선의 간격 0.5~1mm 정도)
- (다) 1점 쇄선(chain line) ─·─·─ : 길고 짧은 길이로 반복되게 그어진 선(긴 선의 길이 10~30mm, 짧은 선의 길이 1~3mm, 선과 선의 간격 0.5~1mm)
- (라) 2점 쇄선(chain double-dashed line) ─··─··─ : 긴 길이, 짧은 길이 두 개로 반복되게 그어진 선 (긴 선의 길이 10~30mm, 짧은 선의 길이 1~3mm, 선과 선의 간격 0.5~1mm)

② 굵기에 따른 선의 종류
- (가) 가는 선 ──── : 굵기가 0.18~0.5mm인 선
- (나) 굵은 선 ──── : 굵기가 0.35~1mm인 선(가는 선의 2배 정도)
- (다) 아주 굵은 선 ──── : 굵기가 0.7~2mm인 선(가는 선의 4배 정도)

③ 용도에 따른 선의 종류

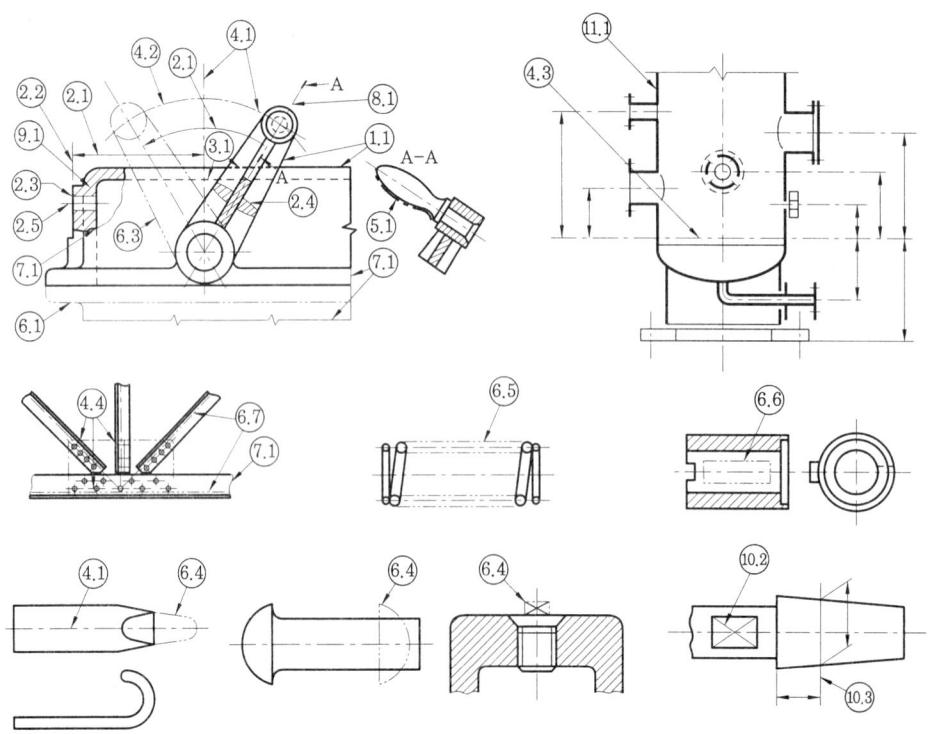

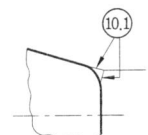 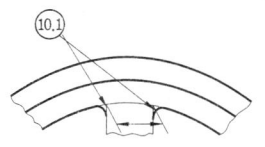 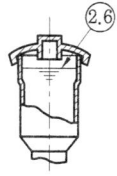 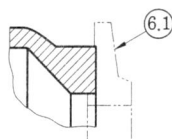 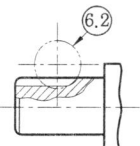

용도에 의한 명칭	선의 종류		선의 용도	그림의 조합번호
외형선	굵은 실선	———	대상물이 보이는 부분의 모양을 표시하는 데 쓰인다.	1.1
치수선	가는 실선		치수를 기입하기 위하여 쓴다.	2.1
치수 보조선			치수를 기입하기 위하여 도형으로부터 끌어내는 데 쓰인다.	2.2
지시선		———	기술·기호 등을 표시하기 위하여 끌어내는 데 쓰인다.	2.3
회전 단면선			도형 내에 그 부분의 끊은 곳을 90° 회전하여 표시하는 데 쓰인다.	2.4
중심선			도형의 중심선(4.1)을 간략하게 표시하는 데 쓰인다.	2.5
수준면선(²)			수면, 유면 등의 위치를 표시하는 데 쓰인다.	2.6
숨은선	가는 파선 또는 굵은 파선	– – – – –	대상물의 보이지 않는 부분의 모양을 표시하는 데 쓰인다.	3.1
중심선	가는 1점 쇄선	–·–·–·–	(1) 도형의 중심을 표시하는 데 쓰인다. (2) 중심이 이동한 중심 궤적을 표시하는 데 쓰인다.	4.1 4.2
기준선			특히 위치 결정의 근거가 된다는 것을 명시할 때 쓰인다.	4.3
피치선			되풀이하는 도형의 피치를 취하는 기준을 표시하는데 쓰인다.	4.4
특수 지정선	굵은 1점 쇄선	—·—·—·	특수한 가공을 하는 부분 등 특별한 요구 사항을 적용할 수 있는 범위를 표시하는 데 사용한다.	5.1
가상선(³)	가는 2점 쇄선	—··—··—	(1) 인접 부분을 참고로 표시하는 데 사용한다. (2) 공구, 지그 등의 위치를 참고로 나타내는 데 사용한다. (3) 가동 부분을 이동 중의 특정한 위치 또는 이동 한계의 위치로 표시하는 데 사용한다. (4) 가공 전 또는 가공 후의 모양을 표시하는 데 사용한다. (5) 되풀이하는 것을 나타내는 데 사용한다. (6) 도시된 단면의 앞쪽에 있는 부분을 표시하는 데 사용한다.	6.1 6.2 6.3 6.4 6.5 6.6
무게 중심선			단면의 무게중심을 연결한 선을 표시하는 데 사용한다.	6.7
파단선	불규칙한 파형의 가는 실선 또는 지그재그선	∿∿	대상물의 일부를 파단한 경계 또는 일부를 떼어낸 경계를 표시하는 데 사용한다.	7.1
절단선	가는 1점 쇄선으로 끝부분 및 방향이 변하는 부분을 굵게 한 것	⌐─┘	단면도를 그리는 경우, 그 절단 위치를 대응하는 그림에 표시하는 데 사용한다.	8.1

	가는 실선으로 규칙적으로 줄을 늘어놓은 것		도형의 한정된 특정 부분을 다른 부분과 구별하는 데 사용한다. 보기를 들면 단면도의 절단된 부분을 나타낸다.	9.1
해 칭				
특수한 용도의 선	가는 실선		(1) 외형선 및 숨은 선의 연장을 표시하는 데 사용한다. (2) 평면이란 것을 나타내는 데 사용한다. (3) 위치를 명시하는 데 사용한다.	10.1 10.2 10.3
	아주 굵은 실선		얇은 부분의 단면을 도시하는 데 사용한다.	11.1

주 (²) ISO 128(Technical drawings-General principles of presentation)에는 규정되어 있지 않다.
(³) 가상선은 투상법 상에서는 도형에 나타나지 않으나, 편의상 필요한 모양을 나타내는 데 사용한다. 또, 기능상·공작상의 이해를 돕기 위하여 도형을 보조적으로 나타내기 위해서도 사용한다.
(⁴) 다른 용도와 혼용할 염려가 없을 때는 끝부분 및 방향이 변하는 부분을 굵게 할 필요는 없다.
※ 가는 선, 굵은 선 및 극히 굵은 선의 굵기의 비율은 1:2:4로 한다.

(2) 선의 굵기
① 선의 굵기의 기준은 0.18mm, 0.25mm, 0.35mm, 0.5mm, 0.7mm 및 1mm로 한다.
② 도면에서 두 종류 이상의 선이 같은 장소에 겹치는 경우에는 다음에 나타낸 순위에 따라 우선되는 종류의 선으로 긋는다.
 (개) 외형선   (내) 숨은선   (대) 절단선
 (라) 중심선   (매) 무게중심선   (배) 치수 보조선

(3) 선 긋는 법
① **수평선** : 왼쪽에서 오른쪽으로 단 한번에 긋는다.
② **수직선** : 아래에서 위로 긋는다.
③ **사선**
 (개) 오른쪽 위로 향한 것 : 아래에서 위쪽으로 긋는다.
 (내) 왼쪽 위로 향한 것 : 위쪽에서 아래로 긋는다.

2-2 문자

도면에 사용하는 글자 및 문장의 쓰는 방법은 다음에 따른다.
① 글자는 명백히 쓰고 글자체는 고딕체로 하여 수직 또는 15° 경사로 씀을 원칙으로 한다.
② 문자의 크기는 문자의 높이로 나타낸다.
③ 한글의 크기는 호칭 2.24mm, 3.15mm, 4.5mm, 6.3mm, 9mm의 5종류로 한다. 단, 특히 필요할 경우에는 다른 치수를 사용하여도 좋으나, KS A 0107에 의거 12.5mm와 18mm의 사용도 가능하다.
 주 호칭 2.24mm의 문자는 어떤 종류의 복사 방식에서는 적합하지 않다. 특히 연필로 그릴 경우는 주의할 것
④ 아라비아 숫자의 크기는 호칭 2.24mm, 3.15mm,

쓰이는 곳에 따른 문자의 높이

구분	쓰이는 곳	높이(mm)
1	공차 치수 문자	2.24~4.5
2	일반 치수 문자	3.15~6.3
3	부품 번호 문자	6.3~12.5
4	도면 번호 문자	9~12.5
5	도면 이름 문자	9~18

4.5mm, 6.3mm, 9mm의 5종으로 한다. 다만, 특히 필요한 경우에는 이에 따르지 않아도 좋다(KS A 0107의 기준). 또 사체는 B형 사체와 J형 사체 중 어느 것을 사용하여도 좋으나 혼용은 불가하다.
⑤ 문장은 왼편에서 가로쓰기를 원칙으로 한다.

B형 사체의 아라비아 숫자 및 영자의 서체

J형 사체의 아라비아 숫자 및 영자의 서체

예상문제

1. 청사진(blue print)에서 도면의 선이나 문자는 어떤 색으로 나타나는가?
㉮ 검정색 ㉯ 적색 ㉰ 흰색 ㉱ 청색

2. 다음 중 문자의 기입용으로 적당한 연필은?
㉮ 6B ㉯ HB 또는 H
㉰ 3~4H ㉱ 9H

3. 원과 원호를 그리는 방법 중 틀린 것은?
㉮ 시계 바늘의 회전 방향으로 돌린다.
㉯ 컴퍼스는 언제나 오른손으로 조작하는 것이 편리하다.
㉰ 출발은 원의 하부에서부터 한다.
㉱ 윗부분부터 시계 바늘 회전 방향으로 돌린다.

4. 제도용 문자의 크기는 무엇으로 나타내는가?
㉮ 글자의 나비 ㉯ 글자의 굵기
㉰ 글자의 높이 ㉱ 글자의 크기

5. 선의 종류에는 3가지가 있다. 이에 속하지 않는 것은?
㉮ 실선 ㉯ 치수선 ㉰ 파선 ㉱ 쇄선

6. 외형선은 무슨 선으로 표시하는가?
㉮ 굵은 실선 ㉯ 가는 실선
㉰ 파선 ㉱ 쇄선

7. 보이지 않는 외형선으로 사용되는 선은?
㉮ 이점 쇄선 ㉯ 파선

해답 1. ㉰ 2. ㉯ 3. ㉱ 4. ㉰ 5. ㉯ 6. ㉮ 7. ㉯

㉰ 굵은 실선　　　㉱ 자유 실선(파단선)

8. 대칭선, 중심선을 나타내는 선은?
　㉮ 가는 실선　　　㉯ 가는 이점 쇄선
　㉰ 가는 일점 쇄선　㉱ 굵은 쇄선
　[해설] 가는 1점 쇄선의 굵기는 0.3mm 이하이며, 기어나 체인의 피치선, 피치원의 표시에 쓰인다.

9. 가는 실선을 사용하지 않는 것은?
　㉮ 치수선　　　　　㉯ 해칭선
　㉰ 회전 단면 외형선　㉱ 은선
　[해설] 은선은 물체가 보이지 않는 부분을 나타내는 선

10. 파단선의 설명 중 틀린 것은?
　㉮ 불규칙한 실선
　㉯ 프리핸드(free hand)로 그린다.
　㉰ 굵기는 외형선과 같다.
　㉱ 선의 굵기는 외형선의 1/2이다.

11. 굵은 실선의 굵기는 어느 것인가?
　㉮ 0.35~1mm　　㉯ 0.2mm 이하
　㉰ 0.6~0.7mm　　㉱ 0.2mm 이상
　[해설] 중심선, 피치선, 치수선, 지시선 등의 굵기는 0.3mm 이하로 한다.

12. 로마 문자 쓰는 법 중 틀린 것은?
　㉮ 75°의 경사 안내선을 긋는다.
　㉯ 가늘게 쓴 다음 굵게 써서 완성한다.
　㉰ 문자의 나비는 소문자인 경우 높이의 1/5로 한다.
　㉱ 문자의 나비는 대문자인 경우 높이의 1/2로 한다.

13. 아라비아 숫자를 쓰는 방법 중 틀린 것은?
　㉮ 나비는 높이의 1/2로 한다.
　㉯ 75°로 경사진 안내선을 긋는다.
　㉰ 나비와 높이는 같다.
　㉱ 분수에 쓸 때는 정수 높이의 2배로 한다.

14. 사도(트레이스도 : traced drawing)를 그릴 때의 순서가 옳은 것은?
　㉮ 큰 원호-작은 원호-직선
　㉯ 작은 원호-직선-큰 원호
　㉰ 작은 원호-큰 원호-직선
　㉱ 직선-큰 원호-작은 원호

15. 표면 처리 부분을 나타내는 선은?
　㉮ 굵은 실선　　　㉯ 가는 실선
　㉰ 굵은 일점 쇄선　㉱ 가는 일점 쇄선

16. 원도를 그리는 순서에 맞게 표시한 것은?
　㉮ 중심선, 외형선, 은선, 가상선, 치수선, 다듬질 기호
　㉯ 중심선, 가상선, 외형선, 은선, 치수선, 다듬질 기호
　㉰ 외형선, 중심선, 은선, 가상선, 치수선, 다듬질 기호
　㉱ 중심선, 은선, 외형선, 가상선, 치수선, 다듬질 기호

17. 기어나 체인의 피치선 등은 어느 것으로 표시하는가?
　㉮ 일점 쇄선　　　㉯ 이점 쇄선
　㉰ 가는 실선　　　㉱ 굵은 일점 쇄선

18. 수평선을 긋는 방법에 대한 설명 중 틀린 것은?
　㉮ 일정한 힘을 주어 두 번 긋는다.
　㉯ 왼쪽에서 오른쪽으로 긋는다.
　㉰ 연필은 수평선과 60° 가량 눕혀서 긋는다.
　㉱ 연필은 앞쪽으로 약간 기울인다.

19. 연필도를 그리는 순서 중 틀린 것은?
　㉮ 중심선과 주요한 윤곽을 그린다.
　㉯ 필요한 세부의 중심선과 부속되는 부분의 윤곽을 그린다.
　㉰ 원호에 연결된 직선을 그린 다음 원호를 그린다.
　㉱ 치수선을 그은 다음에 치수를 기입한다.
　[해설] 원호와 직선이 연결되는 부분은 원호를 먼저 그린 다음 연결되는 직선 부분을 긋는다.

20. 빗금을 긋는 방법 중 맞는 것은?
　㉮ 왼쪽 위로 향한 경사선은 위에서 아래로 긋는다.
　㉯ 오른쪽 위로 향한 경사선은 위에서 아래로 긋는다.

해답　8. ㉰　9. ㉱　10. ㉰　11. ㉮　12. ㉰　13. ㉰　14. ㉰　15. ㉰　16. ㉮　17. ㉮　18. ㉮　19. ㉰　20. ㉮

㉠ 왼쪽을 향하든 오른쪽을 향하든 편리한 대로 긋는다.
㉡ 각도에 따라 편리한 대로 긋는다.

[해설] 오른쪽 위로 향한 경사선은 아래에서 위로 긋는다.

21. 수직선을 긋는 방법에 대한 설명 중 옳은 것은?
㉮ 위에서 아래로 긋는다.
㉯ 두 번에 나누어 긋는다.
㉰ 왼쪽에서 오른쪽으로 긋는다.
㉱ 아래에서 위로 긋는다.

[해설] 빗금선은 왼쪽 위로 향한 경사선은 위에서 아래로 긋는다.

22. 도면에 사용되는 문자가 아닌 것은?
㉮ 한글   ㉯ 로마 글자
㉰ 아라비아숫자   ㉱ 로마 숫자

23. 문자 쓰는 요령이 아닌 것은?
㉮ 분명해야 한다.   ㉯ 고딕체로 쓴다.
㉰ 75° 경사체로 쓴다. ㉱ 쓰기 편리한 대로 쓴다.

24. 한글 쓰는 요령에 대한 설명이다. 틀린 것은?
㉮ 고딕체로 쓴다.
㉯ 나비는 높이의 80~100%로 한다.
㉰ 선과 선의 이음부가 끊기지 않도록 한다.
㉱ 나비는 높이의 1/2로 한다.

25. 선의 길이가 3~5mm, 선과 선의 간격이 0.5~1mm 정도의 모양으로 일정한 길이로 반복되게 그어진 선의 종류는 무엇인가?
㉮ 쇄선   ㉯ 파선   ㉰ 실선   ㉱ 점선

26. 굵기에 따른 선의 종류 중 틀린 설명은?
㉮ 가는 선 : 굵기가 0.18~0.5mm
㉯ 굵은 선 : 굵기가 가는 선의 2배 정도인 선
㉰ 굵은 선 : 굵기가 0.35~1mm인 선
㉱ 아주 굵은 선 : 굵기가 0.7~1mm인 선

27. 다음 선의 모양 중 틀린 것은?

28. 문자의 기원은 어느 것인가?
㉮ 아라비아, 고딕
㉯ 명조, 고딕
㉰ 이탤릭, 라운드리
㉱ 케이브 드로잉, 이집트 상형

29. 한자의 글자 굵기는 글자 높이와 어떤 관계에 있는가?
㉮ $\frac{1}{9}$ ㉯ $\frac{1}{10}$ ㉰ $\frac{1}{12.5}$ ㉱ $\frac{1}{14}$

30. 문자의 가로선과 세로선이 같은 굵기로 된 서체로 글자의 끝부분이 둥근 한글체는?
㉮ 한글 고딕체   ㉯ 한글 그래픽체
㉰ 한글 명조체   ㉱ 세고딕체

31. 다음 중에서 한글자의 서체로 알맞은 것은?
㉮ 표준 서체   ㉯ J형 사체
㉰ B형 입체   ㉱ 활자체

32. 숫자와 영자를 쓰는데 서체와 관계없는 것은?
㉮ J형 사체   ㉯ B형 입체
㉰ B형 사체   ㉱ 활자체

33. 다음 선의 우선 순위가 옳은 것은?
㉮ 외형선-숨은 선-절단선-중심선-무게중심선-치수 보조선
㉯ 외형선-중심선-무게중심선-숨은 선-절단선-치수 보조선
㉰ 외형선-숨은 선-중심선-절단선-무게중심선-치수 보조선
㉱ 외형선-절단선-숨은 선-중심선-무게중심선-치수 보조선

34. 제도실의 조명은 왼쪽 위에서 비추는 것이 좋다. 이때 밝기의 정도는 얼마가 적당한가?
㉮ 150~250lux   ㉯ 200~500lux
㉰ 300~700lux   ㉱ 400~1000lux

35. 제도에서 가는 선, 굵은 선 및 극히 굵은 선의 굵기의 비율은 얼마로 하는가?
㉮ 1:2:4   ㉯ 1:3:4
㉰ 1:3:5   ㉱ 1:3:6

[해답] 21. ㉱ 22. ㉱ 23. ㉱ 24. ㉱ 25. ㉯ 26. ㉱ 27. ㉰ 28. ㉱ 29. ㉯ 30. ㉯ 31. ㉱ 32. ㉱ 33. ㉮ 34. ㉰
35. ㉮

제 2 장 투상도 및 단면도법

1. 투상법

1-1 투상법의 종류

어떤 입체물을 도면으로 나타내려면 그 입체를 어느 방향에서 보고 어떤 면을 그렸는지 명확히 밝혀야 한다. 공간에 있는 입체물의 위치, 크기, 모양 등을 평면 위에 나타내는 것을 투상법이라 한다. 이 때 평면을 투상면이라 하고, 투상면에 투상된 물건의 모양을 투상도(projection)라고 한다. 투상법의 종류는 다음과 같다.

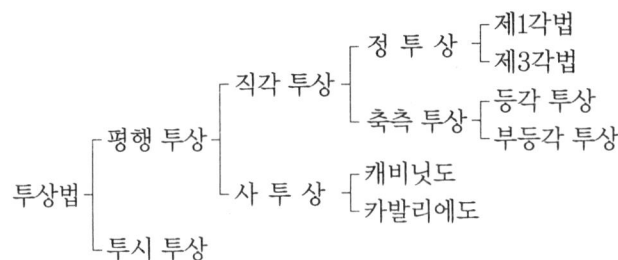

(1) 정투상법

물체를 네모진 유리상자 속에 넣고 바깥쪽에서 들여다보면 물체를 유리판에 투상하여 보고 있는 것과 같다. 이때 투상선이 투상면에 대하여 수직으로 되어 투상하는 것을 정투상법(orthographic projection)이라 한다. 물체를 정면에서 투상하여 그린 그림을 정면도(front view), 위에서 투상하여 그린 그림을 평면도(top view), 옆에서 투상하여 그린 그림을 측면도(side view)라 한다.

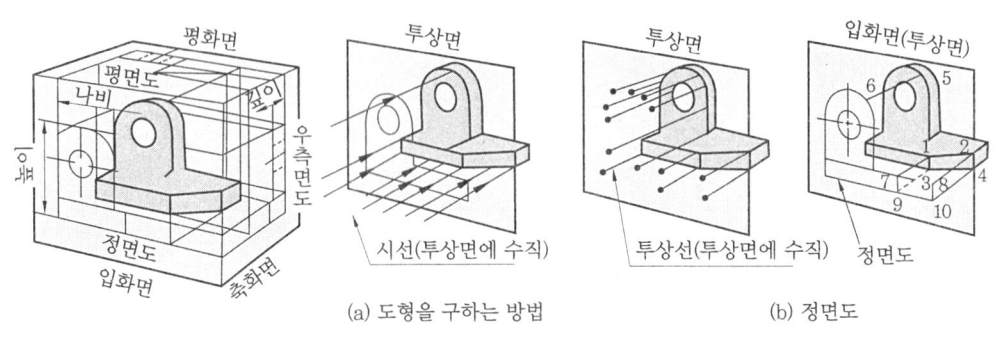

(2) 축측 투상법

정투상도로 나타내면 평행 광선에 의해 투상이 되기 때문에 경우에 따라서는 선이 겹쳐서 이해하기가 어려울 때가 있다. 이를 보완하기 위해 경사진 광선에 의해 투상하는 것을 축측 투상법이라 한다. 축측 투상법의 종류에는 등각 투상도, 부등각 투상도가 있다.

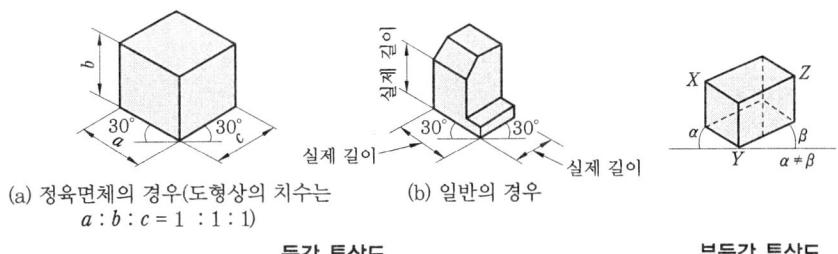

(a) 정육면체의 경우(도형상의 치수는 $a:b:c = 1:1:1$) (b) 일반의 경우

등각 투상도 **부등각 투상도**

(3) 사투상법

정투상도에서 정면도의 크기와 모양은 그대로 사용하고, 평면도와 우측면도를 경사시켜 그리는 투상법을 사투상법이라 한다. 사투상법의 종류에는 카발리에도와 캐비닛도가 있다.

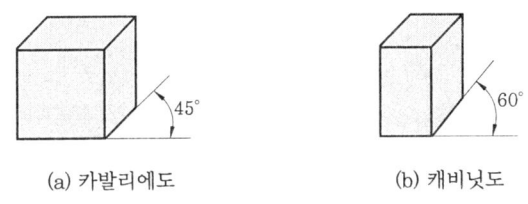

(a) 카발리에도 (b) 캐비닛도

사투상도

(4) 투시도법

시점과 물체의 각 점을 연결하는 방사선에 의하여 그리는 것으로, 원근감이 있어 건축 조감도 등 건축 제도에 널리 쓰인다.

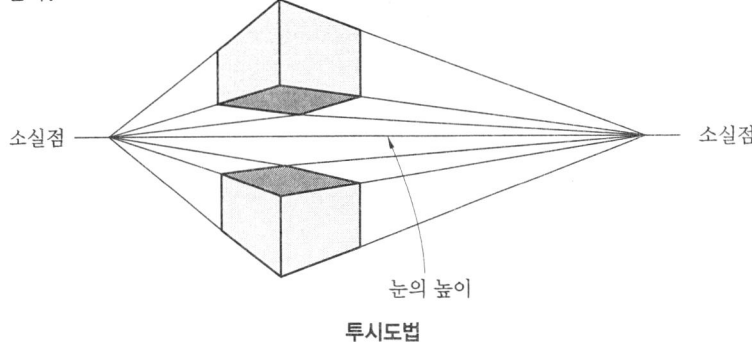

투시도법

1-2 투상각

서로 직교하는 투상면의 공간을 그림과 같이 4등분한 것을 투상각이라 한다. 기계 제도에서는 3각법에 의한 정투상법을 사용함을 원칙으로 한다. 다만, 필요한 경우에는 제1각법에 따를 수도 있다. 그때 투상법의 기호를 표제란 또는 그 근처에 나타낸다.

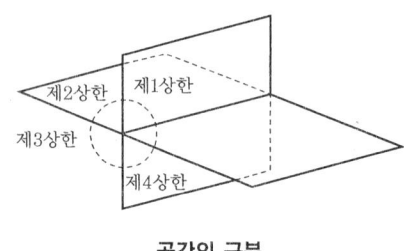

공간의 구분

① **제1각법** : 물체를 제1상한에 놓고 투상하며, 투상면의 앞쪽에 물체를 놓는다. 즉, 순서는 그림과 같이 눈 → 물체 → 화면이다.
② **제3각법** : 물체를 제3상한에 놓고 투상하며, 투상면의 뒤쪽에 물체를 놓는다. 즉, 순서는 그림과 같이 눈 → 화면 → 물체의 순서이다.

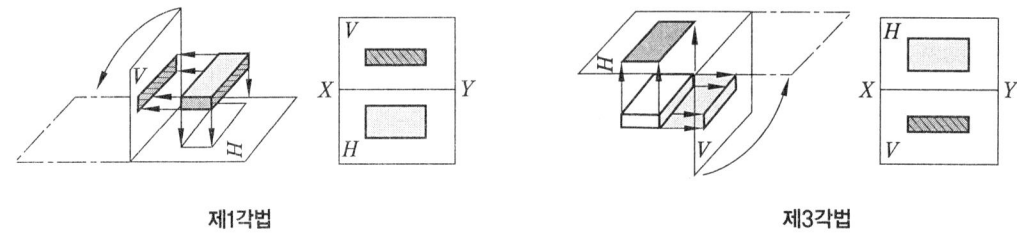

③ **제1각법과 제3각법의 비교와 도면의 기준 배치**

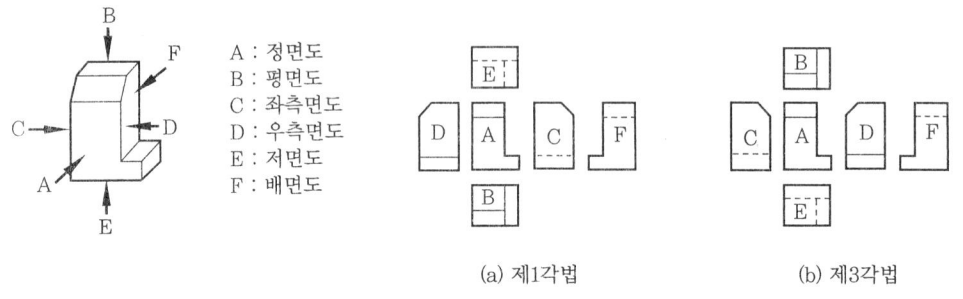

도면의 표준 배치

 [그림]에서와 같이 제1각법에서 평면도는 정면도의 바로 아래에 그리고 측면도는 투상체를 왼쪽에서 보고 오른쪽에 그리므로 비교·대조하기가 불편하지만, 제3각법은 평면도를 정면도 바로 위에 그리고 측면도는 오른쪽에서 본 것을 정면도의 오른쪽에 그리므로 비교·대조하기가 편리하다.
④ **투상각법의 기호** : 제1각법, 제3각법을 특별히 명시해야 할 때에는 표제란 또는 그 근처에 "1각법" 또는 "3각법"이라 기입하고 문자 대신 [그림]과 같은 기호를 사용한다.

투상각법의 기호

1-3 투상도 그리기

(1) 필요 투상도 선정 방법

투상도의 선택은 대상물의 모양을 간단하고 정확하게 나타낼 수 있는 수의 투상도이면 충분하다. 필요한 수 이상의 투상도를 그리는 것은 제도하는 데 시간이 많이 걸릴뿐만 아니라, 도면을 읽는 데에도 도움이 되지 않는다.

① **3면도** : 3개의 투상도로 완전하게 도시할 수 있는 것을 3면도라 하며 정면도, 평면도, 측면도(좌 또는 우)를 선정한다.

② **2면도** : 원통형 또는 평면형인 간단한 물체는 정면도와 평면도, 정면도와 우측면도의 두 개의 도면으로 완전하게 도시할 수 있는 것을 2면도라 한다.

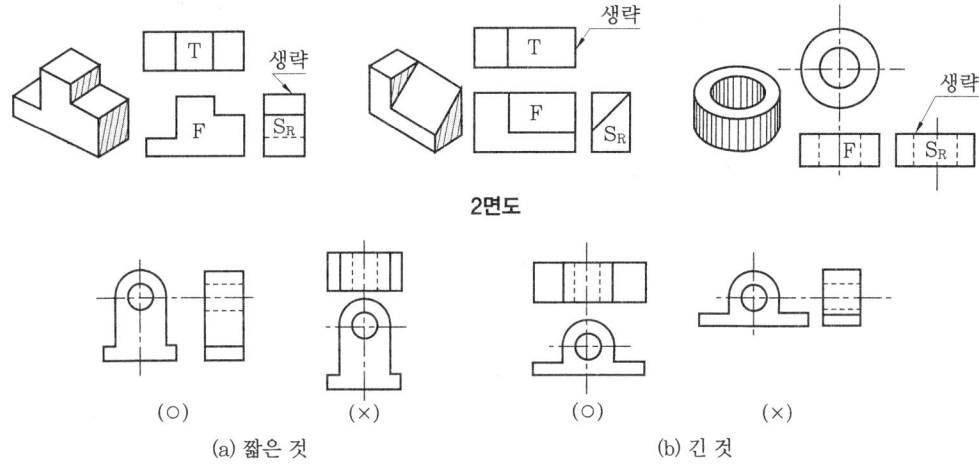

③ **1면도** : 정면도 한 면으로 충분히 도시할 수 있을 때는 1면도로 나타낸다. 원통, 각주, 평판처럼 단면형이 똑같은 형인 간단한 물체는 기호를 기입함에 따라 한 도면만으로 나타낼 수 있다.

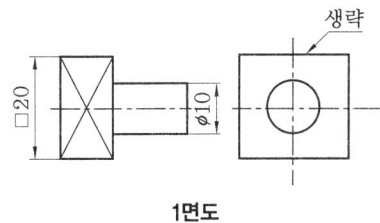

1면도

(2) 투상도의 선택 방법

① 주투상도에는 [그림]과 같이 대상물의 모양 기능을 가장 명확하게 표시하는 면을 그린다. 또한, 대상물을 도시하는 상태는 도면의 목적에 따라 다음 어느 것인가에 따른다.
  ㈎ 조립도와 같이 기능을 표시하는 도면에서는 대상물을 사용하는 상태
  ㈏ 부품도와 같이 가공하기 위한 도면에서는 가공에 있어서 도면을 가장 많이 이용하는 공정에서 대상물을 놓는 상태

(다) 특별한 이유가 없는 경우, 대상물을 가로 길이로 놓은 상태

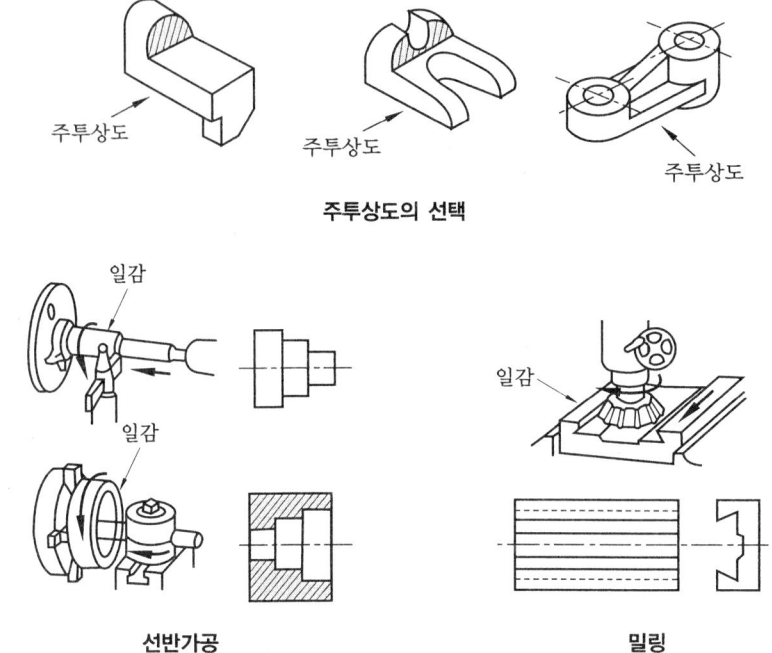

② 주투상도를 보충하는 다른 투상도는 되도록 적게 하고, 주투상도만으로 표시할 수 있는 것에 대하여는 다른 투상도는 그리지 않는다.

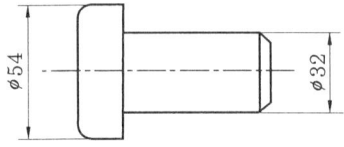

주투상도로만 표시한 보기

③ 서로 관련되는 그림의 배치는 되도록 숨은 선을 쓰지 않도록 한다[그림 (a)]. 다만, 비교·대조하기 불편할 경우에는 예외로 한다[그림 (b)].

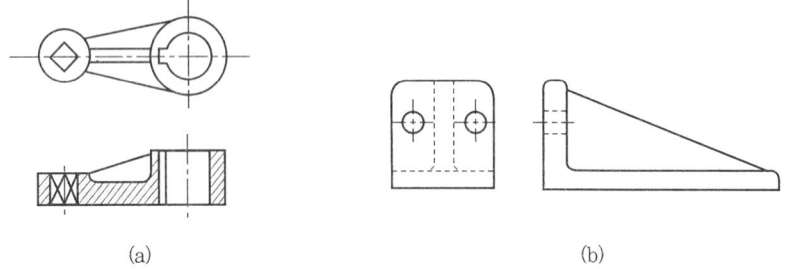

(a)   (b)

(3) 기타 보조적인 투상도

① 보조 투상도 : 경사면부가 있는 물체는 정투상도로 그리면 그 물체의 실형을 나타낼 수가 없으므로

그 경사면과 맞서는 위치에 보조 투상도를 그려 경사면의 실형을 나타낸다. 도면의 관계 등으로 보조 투상도를 경사면에 맞서는 위치에 배치할 수 없는 경우에는 그 뜻을 화살표와 영자의 대문자로 나타낸다. 또한 [그림 (b)]와 같이 구부린 중심선에서 연결하여 투상 관계를 나타내도 좋다. 보조 투상도(필요부분의 투상도 포함)의 배치 관계가 분명하지 않을 경우에는 [그림 (c)]와 같이 표시 글자의 각각에 상대방 위치의 도면 구역의 구분 기호를 써 넣는다.

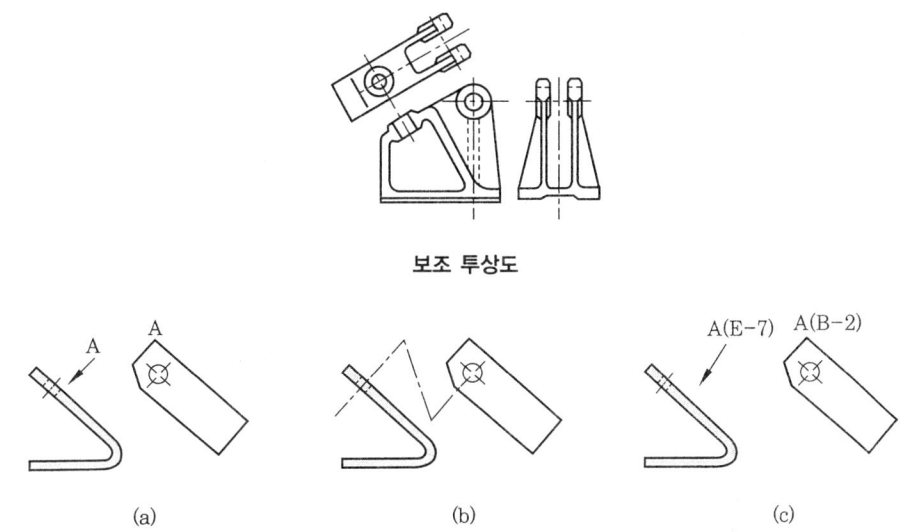

② **회전 투상도** : 투상면이 어느 각도를 가지고 있기 때문에 그 실형을 표시하지 못할 때에는 그 부분을 회전해서 그 실형을 도시할 수 있다. 또한, 잘못 볼 우려가 있을 경우에는 작도에 사용한 선을 남긴다.

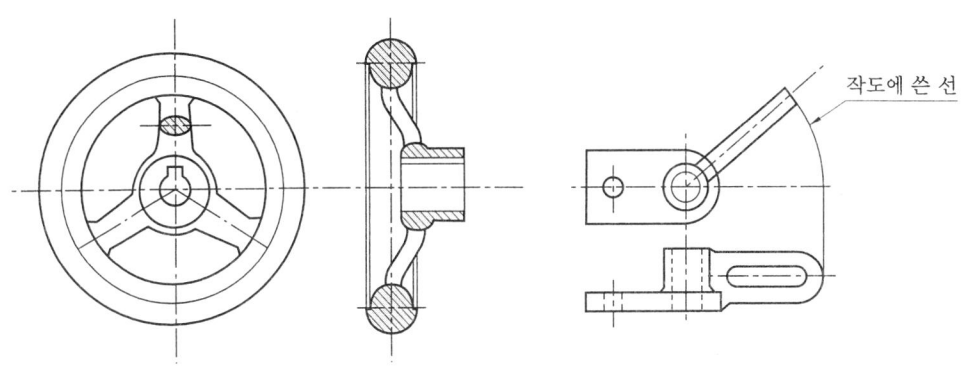

회전 투상도

③ **부분 투상도** : 그림의 일부를 도시하는 것으로 충분한 경우에는 그 필요 부분만을 부분 투상도로써 표시한다. 이 경우에는 생략한 부분과의 경계를 파단선으로 나타낸다. 다만, 명확한 경우에는 파단선을 생략해도 좋다.

④ **국부 투상도** : 대상물의 구멍, 홈 등 한 국부만의 모양을 도시하는 것으로 충분한 경우에는 그 필요 부분을 국부 투상도로써 나타낸다. 투상 관계를 나타내기 위하여 원칙으로 주된 그림에 중심선, 기준선, 치수 보조선 등으로 연결한다.

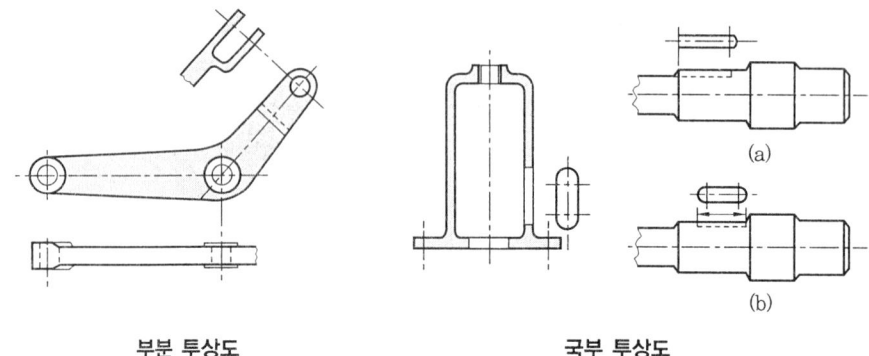

부분 투상도 　　　　　국부 투상도

⑤ **부분 확대도** : 특정 부분의 도형이 작아서 그 부분의 상세한 도시나 치수 기입을 할 수 없을 때에는 그 부분을 가는 실선으로 에워싸고, 영자의 대문자로 표시함과 동시에 그 해당 부분을 다른 장소에 확대하여 그리고, 표시하는 글자 및 척도를 기입한다. 다만, 확대한 그림의 척도를 나타낼 필요가 없는 경우에는 척도 대신 '확대도' 라고 부기하여도 좋다.

⑥ **전개 투상도** : 구부러진 판재를 만들 때는 공작상 불편하므로 실물을 정면도에 그리고 평면도에 전개도를 그린다.

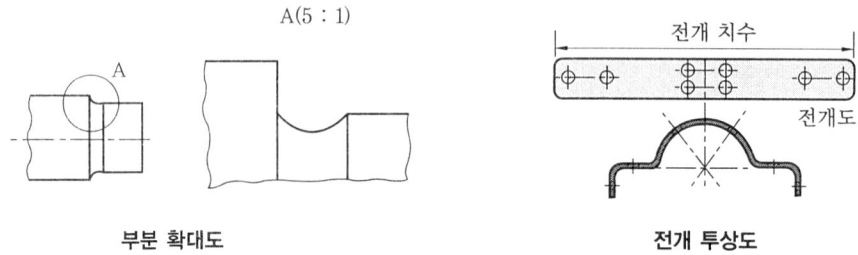

부분 확대도 　　　　　전개 투상도

⑦ **가상선에 의한 도형의 도시** : 이 도형은 상상을 암시하기 위하여 그리는 것으로, 도시된 물품의 인접부, 어느 부품과 연결된 부품, 또는 물품의 운동 범위, 가공 변화 등을 도면상에 표시할 필요가 있을 경우에 가상선을 사용하여 표시한다.

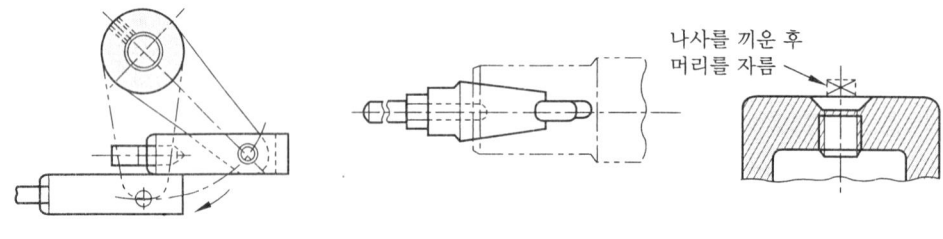

가상도

2. 단면도법

2-1 단면 표시와 종류

(1) 단면 표시
단면도는 물체 내부와 같이 볼 수 없는 것을 도시할 때, 숨은 선으로 표시하면 복잡하므로 이와 같은 부분을 절단하여 내부가 보이도록 하면, 대부분의 숨은 선이 없어지고 필요한 곳이 뚜렷하게 도시된다. 이와 같이 나타낸 도면을 단면도(sectional view)라고 하며 다음 법칙에 따른다.
① 단면도와 다른 도면과의 관계는 정투상법에 따른다.
② 절단면은 기본 중심선을 지나고 투상면에 평행한 면을 선택하되, 같은 직선상에 있지 않아도 된다.
③ 투상도는 전부 또는 일부를 단면으로 도시할 수 있다.
④ 단면에는 절단하지 않은 면과 구별하기 위하여 해칭(hatching)이나 스머징(smudging)을 한다. 또한 단면도에 재료 등을 표시하기 위해 특수한 해칭 또는 스머징을 할 수 있다.
⑤ 단면 뒤에 있는 숨은 선은 물체가 이해되는 범위 내에서 되도록 생략한다.
⑥ 절단면의 위치는 다른 관계도에 절단선으로 나타낸다. 다만, 절단 위치가 명백할 경우에는 생략해도 좋다.

(2) 단면도의 종류
① **온 단면도(full sectional view)** : 물체를 기본 중심선에서 전부 절단해서 도시한 것으로 [그림]과 같다. 이때, 원칙적으로 절단면은 기본 중심선을 지나도록 한다. 또한, 기본 중심선이 아닌 곳에서 물체를 절단하여 필요 부분을 단면으로 도시할 수 있다. 이 경우에는 절단선에 의하여 절단 위치를 나타낸다. 또 단면을 보는 방향을 확실히 하기 위하여 화살표를 한다.

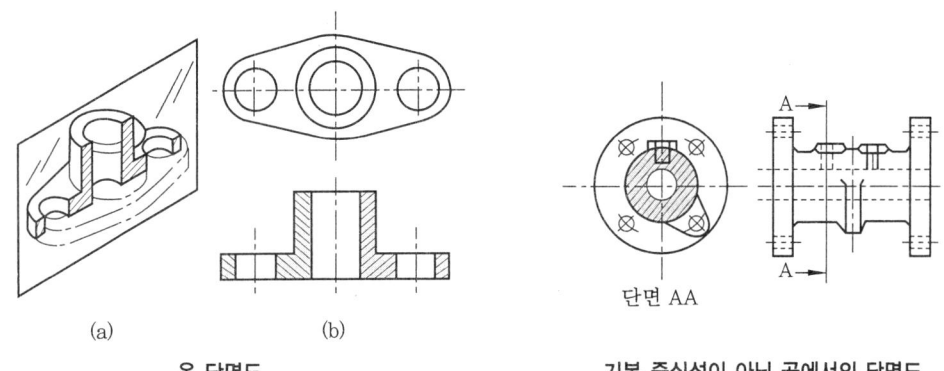

(a)　　　　(b)
온 단면도　　　　기본 중심선이 아닌 곳에서의 단면도

② **한쪽 단면도(half sectional view)** : 기본 중심선에 대칭인 물체의 1/4만 잘라내어 절반은 단면도로, 다른 절반은 외형도로 나타내는 단면법이다. 이 단면도는 물체의 외형과 내부를 동시에 나타낼 수가 있으며, 절단선은 기입하지 않는다.
③ **부분 단면도(local sectional view)** : 외형도에 있어서 필요로 하는 요소의 일부분만을 부분 단면도로 표시할 수 있다. 이 경우 파단선에 의하여 그 경계를 나타낸다.

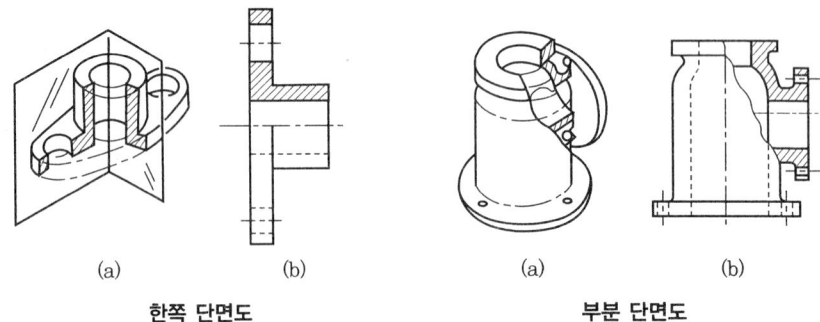

　　　　(a)　　　　(b)　　　　　　　　(a)　　　　(b)
　　　　　한쪽 단면도　　　　　　　　　　부분 단면도

④ **회전 도시 단면도(revolved section)** : 핸들이나 바퀴 등의 암 및 림, 리브, 훅, 축, 구조물의 부재 등의 절단면은 다음에 따라 90° 회전하여 표시한다.
  ㈎ 절단할 곳의 전후를 끊어서 그 사이에 그린다[그림 (a)].
  ㈏ 절단선의 연장선 위에 그린다[그림 (b)].
  ㈐ 도형 내의 절단한 곳에 겹쳐서 가는 실선을 사용하여 그린다[그림 (c)].

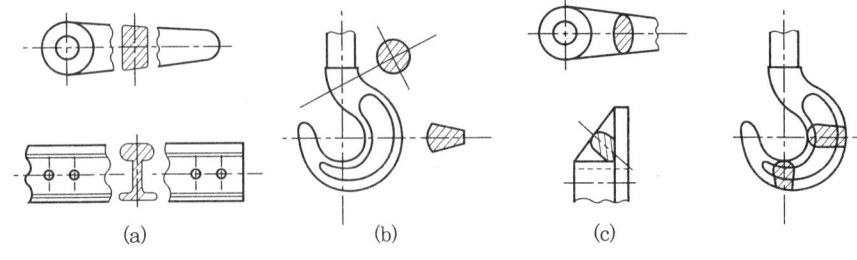

　　　　(a)　　　　　　(b)　　　　　　(c)
　　　　　　　　　회전 단면

⑤ **조합에 의한 단면도**
  ㈎ 계단 단면(offset section) : 2개 이상의 평면을 계단 모양으로 절단한 단면이다. 계단 단면에서 절단선은 가는 1점 쇄선으로 표시하고 양끝과 중요 부분은 굵은 실선으로 나타낸다. 또 단면은 단면도에서 요철(凹凸)이 없는 것으로 가정하여 한 평면상에 나타낸다.

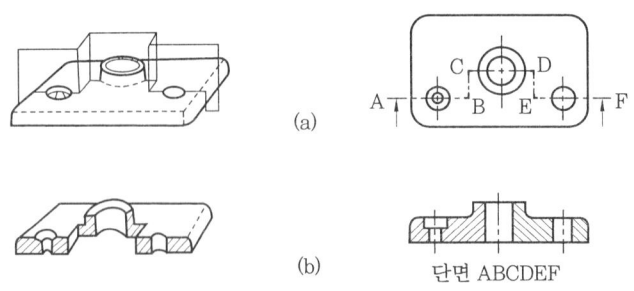

　　　　　　　　　(a)

　　　　　　　　　(b)　　　　　　단면 ABCDEF
　　　　　　　　　　　계단 단면

  이 경우 필요에 따라서 단면을 보는 방향을 나타내는 화살표와 글자 기호를 붙인다.
  ㈏ 구부러진 관의 단면 : 구부러진 관 등의 단면을 표시하는 경우에는 구부러진 중심선에 따라 절단하고 그대로 투상할 수 있다.
  ㈐ 예각 및 직각 단면도 : [그림]은 직각(각 AOA)으로 절단한 직각 단면도로서, AOA선을 수직인 중심선 위치까지 회전시켜야 한다. 이때 절단선의 끝부분에 기호 AOA를 표시한다.

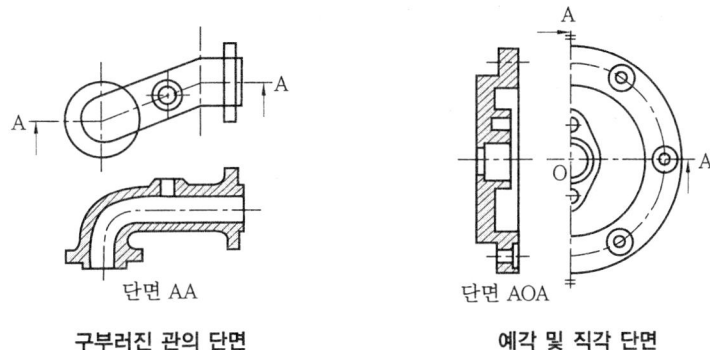

단면 AA	단면 AOA
구부러진 관의 단면	**예각 및 직각 단면**

⑥ **다수의 단면도에 의한 도시**

㈎ 복잡한 모양의 대상물을 표시하는 경우, 필요에 따라 다수의 단면도를 그려도 좋다.

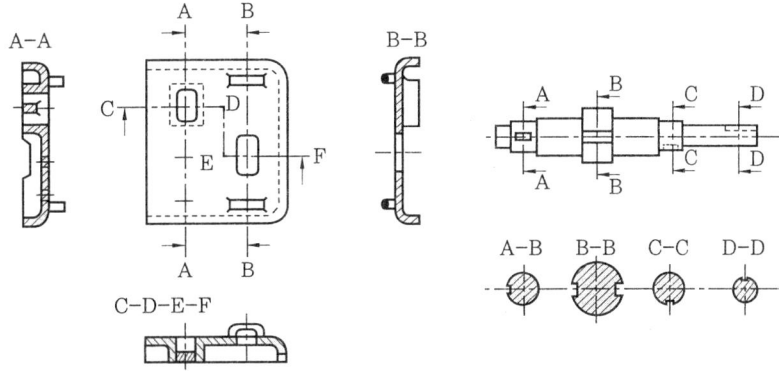

㈏ 일련의 단면도는 치수의 기입과 도면의 이해에 편리하도록 투상의 방향을 맞추어서 그리는 것이 좋다. 이 경우 절단선의 연장선상 또는 주 중심선상에 배치하는 것이 좋다.

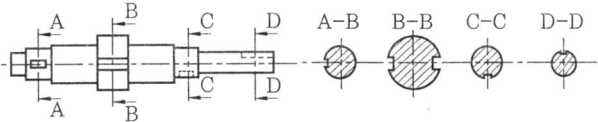

⑦ **얇은 두께 부분의 단면도** : 개스킷, 박판, 형강 등과 같이 절단면이 얇은 경우에는 [그림 (a), (b)]와 같은 절단면을 검게 칠하거나, [그림 (c), (d)]와 같은 실제 치수와 관계없이 1개의 아주 굵은 실선으로 표시한다. 절단면의 뚫린 구멍의 도시는 [그림 (d)]와 같이 나타낸다. 또한, 어떤 경우에도 이들의 단면이 인접되어 있을 경우에는 그것을 표시하는 도형 사이에 0.7mm 이상의 간격을 두어 구별한다.

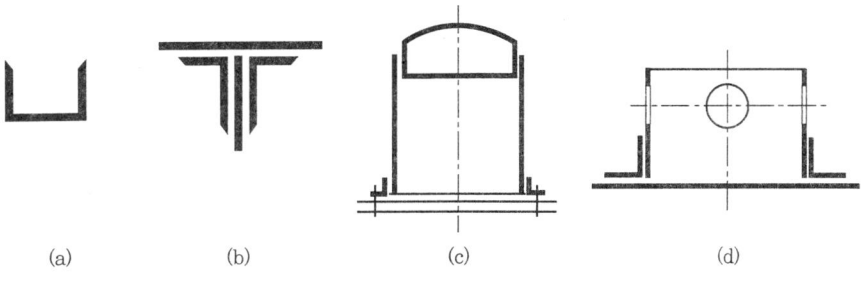

얇은 두께 부분의 단면도

(3) 해칭과 스머징

① 해칭(hatching)이란 단면 부분에 가는 실선으로 빗금선을 긋는 방법이며, 스머징(smudging)이란 단면 주위를 색연필로 엷게 칠하는 방법이다.
② 중심선 또는 주요 외형선에 45° 경사지게 긋는 것이 원칙이나, 부득이한 경우에는 다른 각도(30°, 60°)로 표시한다.
③ 해칭선의 간격은 도면의 크기에 따라 다르나, 보통 2~3mm의 간격으로 하는 것이 좋다.
④ 2개 이상의 부품이 인접할 경우에는 해칭의 방향과 간격을 다르게 하거나 각도를 틀리게 한다.
⑤ 간단한 도면에서 단면을 쉽게 알 수 있는 것은 해칭을 생략할 수 있다.
⑥ 동일 부품의 절단면 해칭은 동일한 모양으로 해칭하여야 한다.
⑦ 해칭 또는 스머징을 하는 부분 안에 문자, 기호 등을 기입하기 위하여 해칭 또는 스머징을 중단한다.

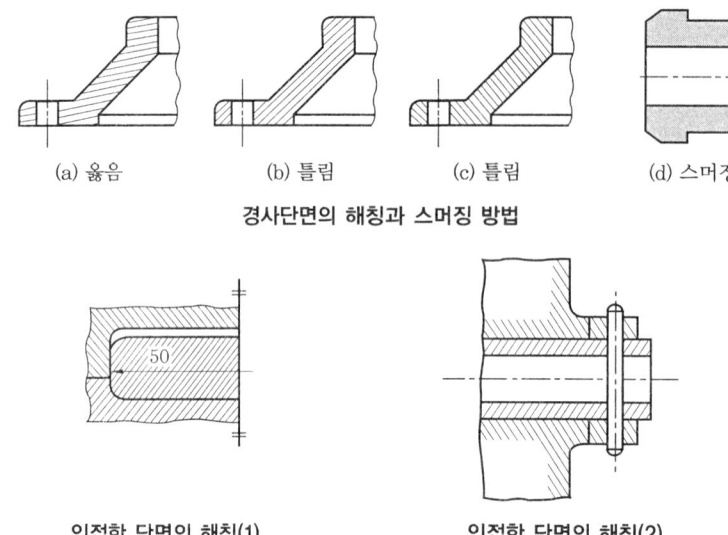

(a) 옳음   (b) 틀림   (c) 틀림   (d) 스머징

경사단면의 해칭과 스머징 방법

인접한 단면의 해칭(1)   **인접한 단면의 해칭(2)**

(4) 절단하지 않은 부품

[그림]과 같이 절단함으로써 이해에 지장이 있는 것([보기] 1) 또는 절단하여도 의미가 없는 것([보기] 2)은 긴쪽 방향으로 절단하여 도시하지 않는다.

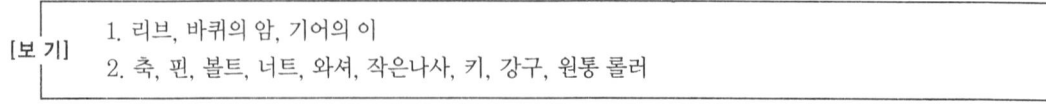

[보 기]
1. 리브, 바퀴의 암, 기어의 이
2. 축, 핀, 볼트, 너트, 와셔, 작은나사, 키, 강구, 원통 롤러

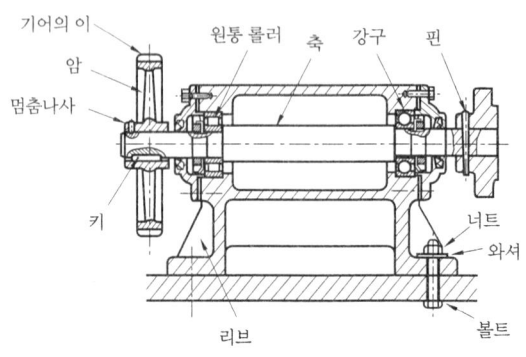

절단하지 않은 부품

2-2 생략 도면과 특수 모양의 도시법

생략 도면이란 도형의 일부를 생략해도 도면을 이해할 수 있는 경우를 말한다.
① **숨은 선의 생략 도시법** : 숨은 선을 생략하여도 도면을 이해할 수 있으면 생략해도 된다.
② **연속된 같은 모양의 생략 도시법** : 같은 종류, 같은 크기의 리벳 구멍, 볼트 구멍, 파이프 구멍 등과 같은 것은 전부 표시하지 않고, 그 양단부 또는 주요 요소만 표시하고, 다른 것은 중심선 또는 중심선의 교차점으로 표시한다.

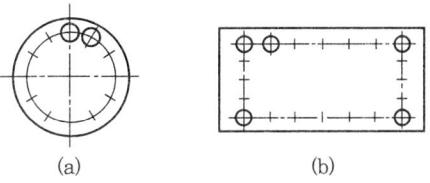

연속된 같은 구멍의 생략 도법

③ **대칭 도형의 생략** : 도형이 대칭인 경우에는 대칭 중심선의 한 쪽을 생략할 수 있다. [그림]과 같이 대칭 중심선의 한 쪽 도형만을 그리고 그 대칭 중심선의 양 끝부분에 짧은 2개의 나란한 가는 선(대칭 도시 기호라 한다.)을 그린다.

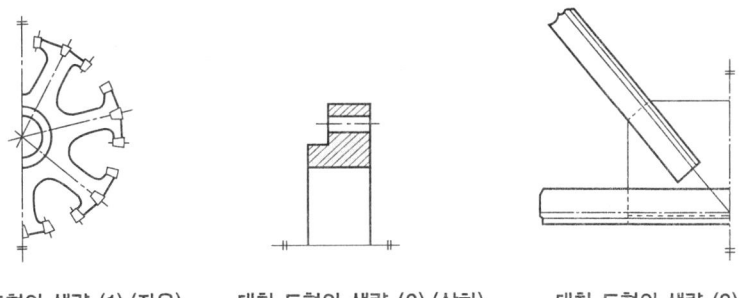

대칭 도형의 생략 (1) (좌우)   대칭 도형의 생략 (2) (상하)   대칭 도형의 생략 (3)

④ **중간 부분의 생략에 의한 도형의 단축** : 동일 단면형의 부분([보기] 1), 같은 모양이 규칙적으로 줄지어 있는 부분([보기] 2), 또는 긴 테이퍼 등의 부분([보기] 3)은 지면을 생략하기 위하여 중간 부분을 잘라내서 그 긴요한 부분만을 가까이 하여 도시할 수가 있다.

> [보 기]
> 1. 축, 막대, 파이프, 형강
> 2. 래크, 공작 기계의 어미 나사, 교량의 난간, 사다리
> 3. 테이퍼축

이 경우, 잘라낸 끝부분은 파단선으로 나타낸다. 또, 긴 테이퍼 부분 또는 기울기 부분을 잘라낸 도시에서는 경사가 완만한 것은 실제의 각도로 도시하지 않아도 좋다.

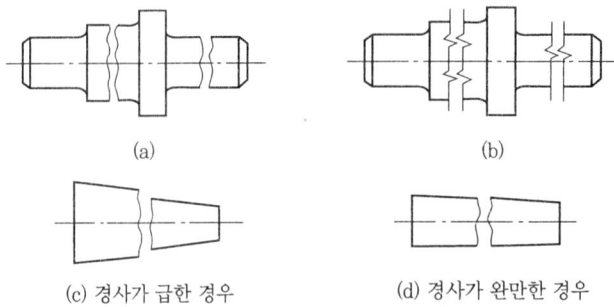

⑤ **2개 면의 교차 부분의 표시** : 교차 부분에 둥글기가 있는 경우, 이 둥글기의 부분을 도형에 표시할 필요가 있을 때에는 그림과 같이 교차선의 위치에 굵은 실선으로 표시한다. 또한 리브 등을 표시하는 선의 끝부분은 [그림 (c)]와 같이 직선 그대로 멈추게 한다. 또 관계있는 둥글기의 반지름이 아주 다를 경우에는 [그림 (d), (e)]와 같이 끝부분을 안쪽 또는 바깥쪽으로 구부려서 멈추게 하여도 좋다.

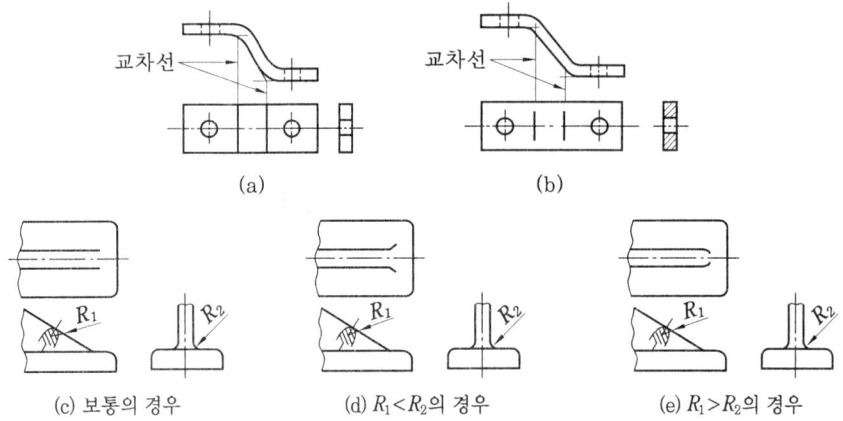

⑥ 일부분에 특정한 모양을 가진 것은 그 부분이 그림의 위쪽에 나타나도록 그리는 것이 좋다. 보기를 들면 키 홈이 있는 보스 구멍, 벽에 구멍 또는 홈이 있는 관이나 실린더, 쪼개짐을 가진 링 등을 도시하는 경우에는 다음의 [그림]에 따르는 것이 좋다.

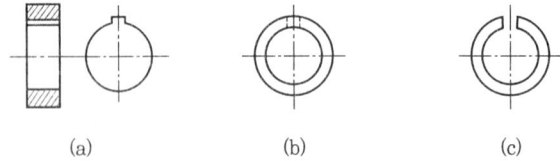

⑦ **평면의 표시** : 도형 내의 특정한 부분이 평면이란 것을 표시할 필요가 있을 경우에는 가는 실선으로 대각선을 기입한다.

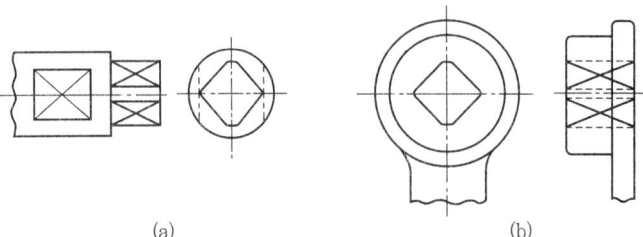

⑧ 무늬 등의 표시 : 널링 가공 부분, 철망, 줄무늬 있는 강판 등은 그 일부분에만 무늬나 모양을 넣어서 도시한다.

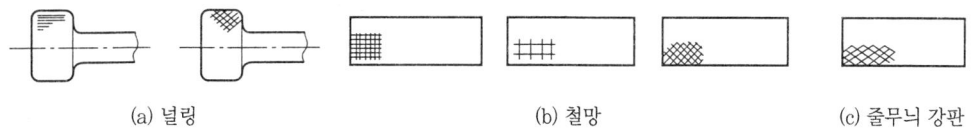

널링, 철망, 줄무늬 강판의 도시법

⑨ 특수한 가공 부분의 표시 : 대상물의 면의 일부를 특수한 가공을 하는 경우에는 그 범위를 외형선에 평행하게 약간 떼어서 굵은 1점 쇄선으로 나타낼 수 있다.

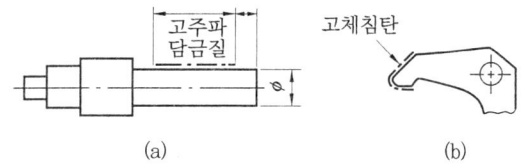

특수 가공 부분의 도시법

⑩ 비금속 재료를 특별히 나타낼 필요가 있을 경우에는 [그림]과 같이 표시하며, 이 경우 부품도에는 별도로 재질을 글자로 기입한다.

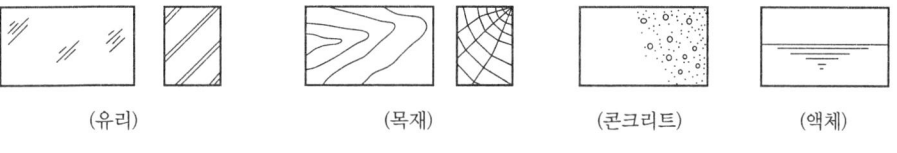

비금속 재료의 단면 표시

예상문제

1. 회화적 투상법에 해당되지 않는 것은?
㉮ 투시도 ㉯ 등각 투상도
㉰ 사투상도 ㉱ 정투상도

2. 투상도법에서 원근감을 갖도록 나타낸 그림을 무엇이라고 하는가?
㉮ 등각 투상도 ㉯ 투시도
㉰ 정투상도 ㉱ 부등각 투상도

3. 건축, 선박 제도에서 주로 사용하는 것은 몇 각법인가?
㉮ 제1각법 ㉯ 제2각법
㉰ 제3각법 ㉱ 제4각법

4. 다음 투상도법 중 기계 제도에서는 어떤 방법을 쓰는가?
㉮ 정투상도 ㉯ 등각 투상도
㉰ 투시도 ㉱ 회화식 투상도

[해설] 투상도법은 정투상 도법과 회화식 투상 도법으로 크게 나눌 수 있으며, 회화식 투상 도법에는 사투상도, 등각 투상도, 부등각 투상도, 투시도 등이 있다.

5. 제1각법과 제3각법 설명 중 틀린 것은?

해답 1. ㉱ 2. ㉯ 3. ㉮ 4. ㉮ 5. ㉯

㉮ 제3각법은 정면도를 기준으로 평면도를 위에 그린다.
㉯ 제1각법은 정면도를 기준으로 평면도를 우측에 그린다.
㉰ 제3각법은 정면도를 기준으로 우측면도를 우측에 그린다.
㉱ 제1각법은 정면도를 기준으로 우측면도를 좌측에 그린다.

6. 제3각법에서 우측면도는 정면도의 어느 쪽에 위치하는가?
㉮ 좌측 ㉯ 우측 ㉰ 상부 ㉱ 하부

7. 다음 그림은 어떤 투상법인가?

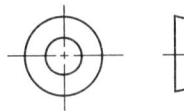

㉮ 제1각법 ㉯ 제2각법
㉰ 제3각법 ㉱ 제4각법

8. 제1각법에 대한 설명으로 적당하지 않은 것은?
㉮ 정면도는 평면도 위에 그린다.
㉯ 눈 → 물체 → 화면의 순서가 된다.
㉰ 좌측면도는 정면도의 좌측에 그린다.
㉱ 눈의 반대쪽에 화면이 나타난다.

9. 우리나라의 한국 산업 규격에서 정투상도법은 어느 것을 사용함을 원칙으로 하는가?
㉮ 제1각법 ㉯ 제2각법
㉰ 제3각법 ㉱ 제4각법

10. 제1각법에 대한 설명 중 옳은 것은 어느 것인가?
㉮ 평면도는 정면도의 밑에 그린다.
㉯ 우측면도의 위쪽에 평면도를 그린다.
㉰ 정면도의 오른쪽에 측면도를 그린다.
㉱ 평면도의 아래쪽에 정면도를 그린다.

11. 제3각법의 이점이 아닌 것은?
㉮ 정면을 기준으로 상하, 좌우에서 본 쪽에 그린다.
㉯ 도면 대조가 편리하다.
㉰ 국부 투상도를 그릴 때는 도면을 보기가 어렵다.
㉱ 실형을 상상하기 쉽다.

[해설] 3각법의 장점은 양 투상면의 비교·대조가 용이하고, 투상면의 중간에 상관된 치수를 나타낼 수 있어 이해하기 쉬우며 보조 투상도를 나타낼 때 1각보다 쉽게 이해할 수 있다는 것이다.

12. 다음 그림을 제1각법으로 투상했을 때, 각 그림과 투상도의 이름이 잘못된 것은?

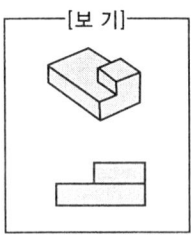

13. 다음 중 투상각 α, β가 같게 투상한 투상법은?
㉮ 등각 투상도 ㉯ 부등각 투상도
㉰ 정투상도 ㉱ 투시도

14. 등각 투상도법에서 쓰이지 않는 각도는?
㉮ 20° ㉯ 30° ㉰ 45° ㉱ 60°

15. 입화면과 평화면을 연장하면 이들 평면은 공간을 4개의 직각으로 구분한다. 이 각을 무슨 각이라고 하는가?
㉮ 투상각 ㉯ 사투각 ㉰ 투영각 ㉱ 지투각

16. 보기와 관계되는 평면도는 어느 것인가?

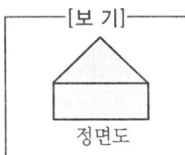

17. 보기와 같은 입체도를 보고 3각법으로 제도한 것 중 맞는 것은?

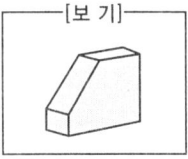

18. 다음은 직선의 투상이다. 직선이 평화면에 수직일 때를 나타낸 투상도는? (삼각법)

해답 6. ㉯ 7. ㉮ 8. ㉰ 9. ㉰ 10. ㉮ 11. ㉰ 12. ㉯ 13. ㉮ 14. ㉮ 15. ㉮ 16. ㉰ 17. ㉯ 18. ㉮

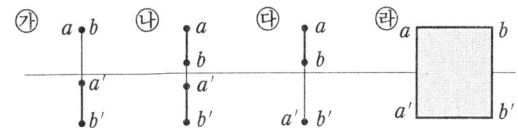

19. 다음 그림 중 ①과 같은 투상도는 어떤 투상도인가?

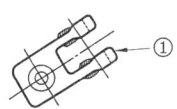

㉮ 측면도 ㉯ 가상도
㉰ 보조 투상도 ㉱ 전개 투상도

20. 다음 중 정투상도의 특징이 아닌 것은?
㉮ 형상이 간단하고 정확하게 나타낼 수 있다.
㉯ 내부 구조를 나타낼 수 있다.
㉰ 물체 전체를 나타낼 수 있다.
㉱ 물체를 실제의 길이로 나타낸다.

21. 보기에 나타낸 정면도에 해당되는 평면도는?

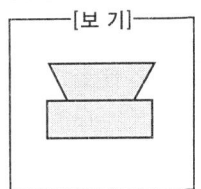
 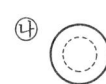

22. 다음 보기의 투상도는 오른쪽의 어느 입체도에 해당하는가? (3각법)

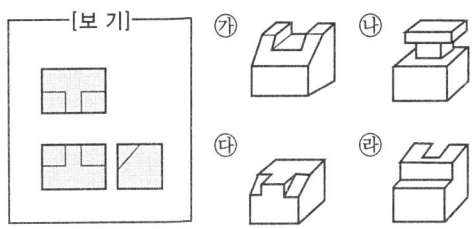

23. 한 개의 원기둥에 그보다 작은 원기둥이나 각 기둥이 교차했을 때, 그 부분을 실제 투상에 의하지 않고 직선으로 나타내는 투상은?
㉮ 상관선의 투상 ㉯ 가상선의 투상
㉰ 보조선의 투상 ㉱ 직접 투상

24. 다음 그림 중 옳게 나타낸 것은?

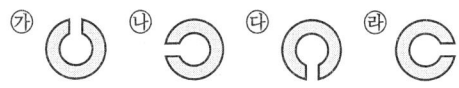

25. 다음 그림에 대한 투상도로서 알맞은 것은?

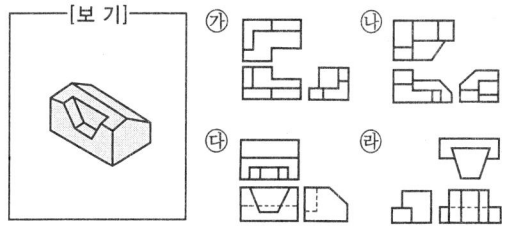

26. 정투상법에서 투상선과 투상면과의 관계는?
㉮ 수직 ㉯ 수평 ㉰ 평행 ㉱ 경사

27. 다음 보기와 같은 투상도는 어느 입체도에 해당하는가? (3각법)

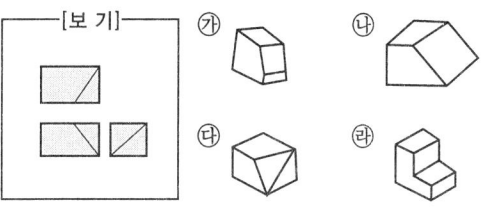

28. 투상도의 선택법 중 잘못된 것은?
㉮ 은선이 적게 나타나도록 한다.
㉯ 정면도를 중심이 되도록 한다.
㉰ 정면도 하나로 나타낼 수도 있다.
㉱ 2면도 이상을 선택해야 한다.

29. 가상선으로 나타낼 수 없는 것은?
㉮ 물품의 밑부분 ㉯ 가공 변형된 부분
㉰ 물품의 인접 부분 ㉱ 물품의 운동 범위

30. 다음 보기와 같은 그림은 어느 것에 속하는가?

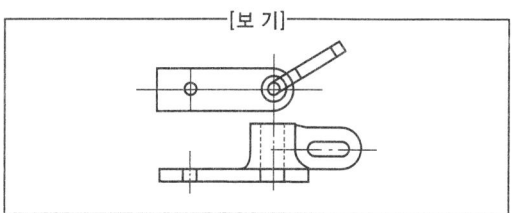

㉮ 보조 투상도 ㉯ 국부 투상도
㉰ 회전 투상도 ㉱ 관용도

해답 19. ㉰ 20. ㉰ 21. ㉯ 22. ㉰ 23. ㉮ 24. ㉮ 25. ㉰ 26. ㉮ 27. ㉰ 28. ㉱ 29. ㉮ 30. ㉰

31. 왼쪽 입체도에서 화살표 방향에서 본 것을 정면으로 할 때 평면도는?(3각법)

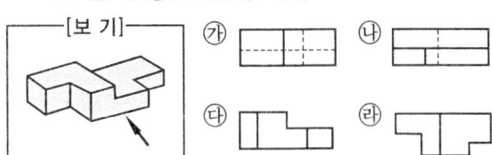

32. 정면도의 정의에 해당되는 것은?
㉮ 물체의 모양을 가장 잘 표시하고 물체의 특징을 잡기 쉬운 면을 그린다.
㉯ 물체의 정면에서 보고 그린 그림으로, 도면의 상부에 위치한다.
㉰ 물체의 각 면 중 가장 그리기 쉬운 면을 그린다.
㉱ 물체의 뒷면을 그린다.

33. 다음 그림 중 A와 같은 투상도를 무엇이라 하는가?

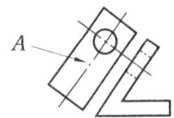

㉮ 보조 투상도   ㉯ 국부 투상도
㉰ 가상도   ㉱ 회전도법

34. 입체의 높이가 나타나지 않는 투상도는?
㉮ 정면도   ㉯ 측면도
㉰ 입면도   ㉱ 평면도

35. 부품의 일부분이 특수한 모양으로 되어 있으면 그 부분의 모양은 정면도만을 그려서 알 수 없을 경우가 있다. 이때 평면도를 다 그릴 필요가 없이 특정 부분의 모양만을 그리는 것은?
㉮ 부투상도   ㉯ 국부 투상도
㉰ 전개 도법   ㉱ 보조 투상도

36. 회전 도시 방법에 대한 설명 중 옳은 것은?
㉮ 경사 부분의 실장을 나타내는 데 좋은 방법이다.
㉯ 그림에 표시한 화살표나 회전을 표시하는 선은 설명을 위한 것이며 실제 제도에서는 그리지 않는다.
㉰ 보스에서 어느 각도만큼 기울어진 암이 붙어 있는 것과 같은 부품을 표시할 때 사용된다.
㉱ 회전하는 물체는 모두 이 방법을 이용한다.

37. 입체의 표면을 한 평면 위에 펼쳐서 그린 그림을 무엇이라고 하는가?
㉮ 입체도   ㉯ 투시도
㉰ 전개도   ㉱ 평면도

38. 기어나 벨트 풀리의 정면도는 어느 것인가?
㉮ 길이 방향으로 단면한 그림
㉯ 축과 직각 방향에서 본 그림
㉰ 어느 곳에서 본 형태이든 적당히 그린 그림
㉱ 축 방향에서 본 그림

39. 다음에서 점이 기선 위에 있을 때를 나타낸 투상도는 어느 것인가?

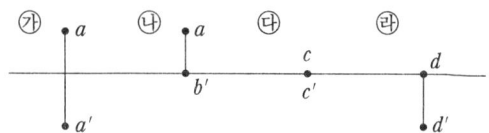

40. 얇은 물체의 단면을 표시하는 법 중 틀린 것은?
㉮ 굵은 실선과 실선 사이에 약간의 틈을 준다.
㉯ 굵은 실선 1개로 표시한다.
㉰ 패킹, 박판 등에 널리 쓰인다.
㉱ 얇은 물체는 단면을 표시할 수 없다.

41. 복각 투상도를 바르게 설명한 것은?
㉮ 도면에서 정면도 옆에 저면도를 나타낸다.
㉯ 도면에서 앞면과 뒷면을 동시에 나타낸다.
㉰ 도면에서 정면도를 2개로 나타낸다.
㉱ 도면에서 평면도를 2개로 나타낸다.

42. 도면에 표시된 투상법을 제3각법으로 표시할 필요가 있을 경우에 알맞은 것은?

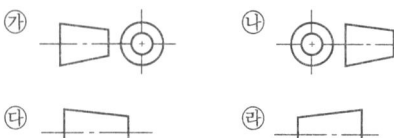

43. 다음 물체를 화살표 방향에서 볼 때 제3각법에

해답 31. ㉱ 32. ㉮ 33. ㉮ 34. ㉱ 35. ㉯ 36. ㉰ 37. ㉰ 38. ㉯ 39. ㉰ 40. ㉱ 41. ㉯ 42. ㉮ 43. ㉰

서 그림 (b), (c)는?

 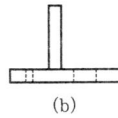 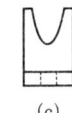

㉮ (b) : 우측면도, (c) : 저면도
㉯ (b) : 좌측면도, (c) : 정면도
㉰ (b) : 우측면도, (c) : 정면도
㉱ (b) : 좌측면도, (c) : 정면도

44. 단면 부분을 표시하는 것은?
㉮ 외형선   ㉯ 점선
㉰ 이점 쇄선   ㉱ 해칭선

[해설] 단면을 표시하는 것을 해칭선이라 하며 가는 실선으로 나타낸다. 해칭선의 굵기는 0.3mm 이하이다.

45. 도면에서 어떤 경우에 해칭(hatching)을 하는가?
㉮ 가상 부분을 표시할 경우
㉯ 절단 단면을 표시할 경우
㉰ 회전 부분을 표시할 경우
㉱ 부품이 겹치는 부분을 표시할 경우

46. 단면은 어느 경우에 표시되는가?
㉮ 물체의 내부를 분명하게 도시할 필요가 있을 경우
㉯ 물체의 내부를 도시할 필요가 없을 경우
㉰ 물체의 외부를 분명하게 도시할 필요가 있을 경우
㉱ 물체의 외부를 도시할 필요가 없을 경우

47. 다음 단면 도시 방법에 대한 설명 중 틀린 것은?
㉮ 단면 부분을 확실하게 표시하기 위하여 보통 해칭(hatching)을 한다.
㉯ 해칭을 하지 않아도 단면이라는 것을 알 수 있을 때는 해칭을 생략한다.
㉰ 단면은 필요로 하는 부분만을 파단하여 표시할 수 있다.
㉱ 상하, 좌우가 대칭인 물체에서 외형 단면을 동시에 나타낼 때는 전체를 단면으로 나타낸다.

48. 다음 설명 중 틀린 것은?
㉮ 단면은 기본 중심선에서 절단한 면으로서 표시하는 것을 원칙으로 한다.
㉯ 단면이 취해진 방향을 표시하는 화살표를 관찰하는 방향으로 표시한다.
㉰ 절단 평면의 기호는 정면도에 그 문자와 기호를 표시한다.
㉱ 절단 단면선의 위치는 그 부호를 편한대로 표시한다.

49. 물체의 일부 또는 단면의 경계를 나타내는 선으로 자를 쓰지 않고 자유로이 긋는 선은?
㉮ 파단선   ㉯ 지시선
㉰ 가상선   ㉱ 절단선

50. 해칭(hatching)을 하는 방법 중 틀린 것은?
㉮ 도면이나 재질을 고려하지 않을 때는 모두 가는 실선으로 한다.
㉯ 중심선 또는 기선에 대하여 45°의 경사로서 등간격(2~3mm)으로 긋는다.
㉰ 해칭을 간편하게 할 때는 외형선(굵은 실선)으로 표시해도 무방하다.
㉱ 2개 이상의 부품이 인접해 있을 때에는 해칭 방향 또는 간격을 다르게 한다.

51. 해칭을 할 때 지켜야 할 사항 중 틀린 것은?
㉮ 비금속 재료의 단면에 있어서 특히 재료를 나타낼 필요가 있을 경우는 단면 표시 방법을 쓴다.
㉯ 해칭선은 해칭 내부에 쓰여진 글자 부분을 피해야 한다.
㉰ 해칭은 가상 부분을 나타낼 때 30°이점 쇄선으로 그린다.
㉱ 해칭을 한 부분에는 되도록 은선의 기입을 피한다.

52. 해칭선의 각도는 다음 중 어느 것을 원칙으로 하는가?
㉮ 수평선에 대하여 45°로 한다.
㉯ 수평선에 대하여 60°로 한다.
㉰ 수평선에 대하여 30°로 긋는다.
㉱ 수직 또는 수평으로 긋는다.

[해설] 해칭선은 원칙적으로 수평선에 대하여 45°등간격(2~3mm)으로 긋는다. 그러나 45°로 넣기가 힘들거

[해답] 44. ㉱ 45. ㉯ 46. ㉮ 47. ㉱ 48. ㉱ 49. ㉮ 50. ㉰ 51. ㉰ 52. ㉮

나 필요할 때는 ㈏, ㈐, ㈑항과 같이 쓰기로 하며, 단면의 주변을 색연필 등으로 엷게 칠하기도 한다.

53. 다음은 온 단면도에 대하여 설명한 것이다. 틀린 것은?

㈎ 물체의 전면을 절단한 것이다.
㈏ 물체의 전면을 단면도로 표시한 것이다.
㈐ 단면선은 30°로 긋는 것을 원칙으로 한다.
㈑ 중심선을 지나는 절단 평면으로 전면을 자르는 것이다.

[해설] 단면선은 해칭선을 말한다.

54. 다음 단면도 중 옳게 도시한 것은?

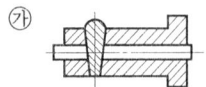 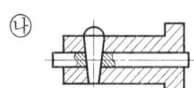
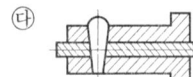 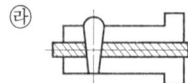

55. 그림과 같은 단면도는 어느 물체의 단면도인가?

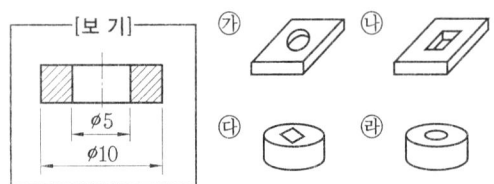

56. 다음 그림과 같은 단면도는 어느 것인가?

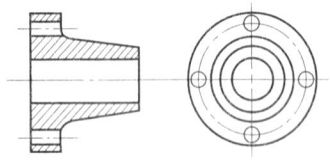

㈎ 온 단면도   ㈏ 부분 단면도
㈐ 한쪽 단면도 ㈑ 계단 단면도

57. 다음 그림 중 해칭의 표시가 바르게 된 것은?

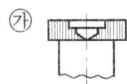 
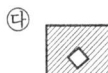 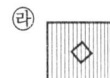

58. 다음 설명 중 한쪽 단면도에 대한 것은?

㈎ 중심선을 경계로 하여 대칭인 물체를 반쪽만 단면으로 표시한 것이다.
㈏ 실물의 1/2을 절단하여 단면으로 나타낸 것이다.
㈐ 도형 전체가 단면으로 표시된 것이다.
㈑ 물체의 필요한 부분만 단면으로 표시한 것이다.

[해설] ㈏, ㈐항은 전 단면도, ㈑항은 부분 단면도에 대한 설명이다. 반단면은 실물의 형상이 대칭으로서 실물의 1/4을 잘라낸 단면으로 나타낼 때의 도형이다.

59. 다음은 어떤 단면도를 나타내고 있는가?

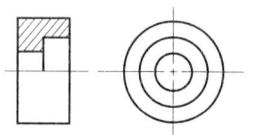

㈎ 온 단면도   ㈏ 한쪽 단면도
㈐ 부분 단면도 ㈑ 계단 단면도

60. 중심선에 수평한 평면으로 절단했을 때 단면이 4각형인 것은?

㈎ 원기둥   ㈏ 원뿔
㈐ 정4면체 ㈑ 4각뿔

61. 다음 중 밑면에 평행하게 절단했을 때 단면이 삼각형이 되는 것은?

㈎ 정사각뿔 ㈏ 정삼각뿔
㈐ 정육면체 ㈑ 원기둥

62. 부분 단면도에 대한 설명 중 틀린 것은?

㈎ 단면의 경계가 애매하게 될 염려가 없을 때 사용한다.
㈏ 일부분의 단면을 필요로 할 때 사용된다.
㈐ 전체를 절단하면 필요한 부분의 외형을 표시할 수 없을 경우에 쓰인다.
㈑ 파단한 곳을 불규칙한 실선의 파단선으로 표시한다.

[해설] 부분 단면 표시는 단면의 경계가 애매하고 단면부가 좁을 때 쓰이며, 단면 경계선은 프리 핸드(자유 실선)로 긋는다.

63. 다음은 단면을 표시한 것이다. 틀린 것은?

[해답] 53. ㈐ 54. ㈏ 55. ㈑ 56. ㈎ 57. ㈏ 58. ㈎ 59. ㈏ 60. ㈎ 61. ㈏ 62. ㈎ 63. ㈑

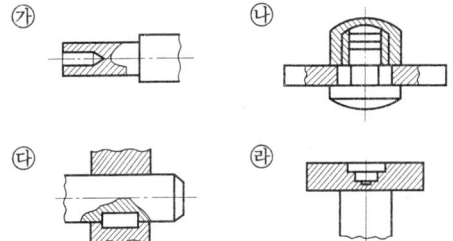

[해설] ㉮, ㉯, ㉰는 부분 단면도이며, ㉱는 단면 도시의 어느 것에도 속하지 않는다.

64. 회전 도시 단면도에 관한 사항 중 틀린 것은?
㉮ 파단선을 써서 가운데를 자르고, 그 사이에 그린다.
㉯ 단면을 표시할 필요의 범위가 좁을 때 쓰인다.
㉰ 파단하지 않고 직접 도형 안에 가상선을 그린다.
㉱ 회전각도는 90° 이다.
[해설] ㉯항은 부분 단면에 관한 설명이다.

65. 그림에서 나타내고 있는 단면의 종류는?

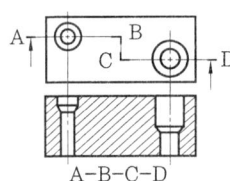

㉮ 온 단면도 ㉯ 계단 단면도
㉰ 한쪽 단면도 ㉱ 부분 단면도

66. 다음 그림 중 공통점이 아닌 것은?

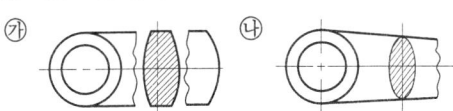

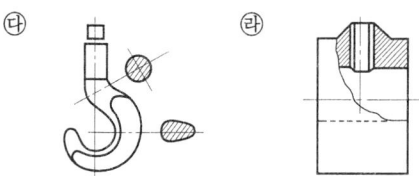

[해설] ㉮, ㉯, ㉰항은 회전 도시 단면도, ㉱항은 부분 단면을 표시하며, ㉮항은 파단선을 써서 가운데에 그려 넣는 경우, ㉯항은 파단하지 않고 직접 도형 안에 그려 넣는 경우, ㉰항은 절단선을 연장하여 그 위에 그려 넣는 경우이다.

67. 다음 중 회전 도시 단면도로 나타내기에 적당한 물체는?
㉮ 회전체 ㉯ 기어
㉰ 바퀴의 암 ㉱ 너트

68. 다음은 단차를 선반으로 가공할 투상도이다. 옳은 것은?

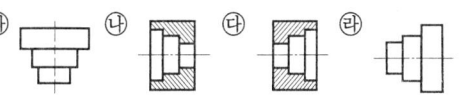

69. 다음 중 두 면이 만나는 부분이 둥근 면으로 될 때의 표시 방법으로 옳은 것은?

70. 패킹, 박판, 형강 등 얇은 물체의 단면 표시 방법으로 맞는 것은?
㉮ 1개의 굵은 실선 ㉯ 1개의 가는 실선
㉰ 은선 ㉱ 파선

해답 64. ㉯ 65. ㉯ 66. ㉱ 67. ㉰ 68. ㉰ 69. ㉱ 70. ㉮

제3장 치수 기입과 기계 재료의 표시

1. 치수 기입법

1-1 치수 기입의 원칙

도면에서 치수 기입은 중요한 것 중의 하나이다. 작도자가 도면에 기입한 치수는 작업자가 가공 완성한 치수이다. 그러므로 정확한 치수를 기입해야 한다.

도면에 치수를 기입하는 경우에는 다음 사항에 유의하여 기입한다.
① 대상물의 기능·제작·조립 등을 고려하여 필요하다고 생각되는 치수를 명료하게 도면에 지시한다.
② 치수는 대상물의 크기, 자세 및 위치를 가장 명확하게 표시하는 데 필요하고 충분한 것을 기입한다.
③ 도면에 나타내는 치수는 특별히 명시하지 않는 한, 그 도면에 도시한 대상물의 다듬질 치수를 표시한다.
④ 치수에는 기능상 필요한 경우 치수의 허용 한계를 기입한다. 다만, 이론적으로 정확한 치수는 제외한다.
⑤ 치수는 되도록 주투상도에 기입한다.
⑥ 치수는 중복 기입을 피한다.
⑦ 치수는 되도록 계산해서 구할 필요가 없도록 기입한다.
⑧ 치수는 필요에 따라 기준으로 하는 점, 선 또는 면을 기준으로 하여 기입한다.
⑨ 관련되는 치수는 되도록 한곳에 모아서 기입한다.
⑩ 치수는 되도록 공정마다 배열을 분리하여 기입한다.
⑪ 치수 중 참고 치수에 대하여는 치수 수치에 괄호를 붙인다.

1-2 치수 수치의 표시 방법

치수 수치의 표시 방법은 다음에 따른다.
① 길이의 치수 수치는 원칙적으로 mm의 단위로 기입하고 단위 기호는 붙이지 않는다.
② 각도의 치수 수치는 일반적으로 도의 단위로 기입하고 필요한 경우에는 분 및 초를 병용할 수 있다. 도, 분, 초를 표시하는 데에는 숫자의 오른쪽 어깨에 각각 °, ′, ″를 기입한다.

[보기]　90°, 22.5°, 6° 21′ 5″ (또는 6° 21′ 05″), 8° 0′ 12″ (또는 8° 00′ 12″), 3′ 21″

또, 각도의 치수 수치를 라디안의 단위로 기입하는 경우에는 그 단위 기호 rad를 기입한다.

[보 기]   0.52rad $\frac{\pi}{3}$rad

③ 치수 수치의 소수점은 아래쪽의 점으로 하고 숫자 사이를 적당히 떼어서 그 중간에 약간 크게 쓴다. 또, 치수 수치의 자릿수가 많은 경우 3자리마다 숫자의 사이를 적당히 띄우고 콤마는 찍지 않는다.

[보 기]   123.25, 12.00, 22 320

1-3 치수 기입 방법

치수 기입에는 [그림]과 같이 치수, 치수선, 치수 보조선, 지시선, 화살표, 치수 숫자 등이 쓰인다.

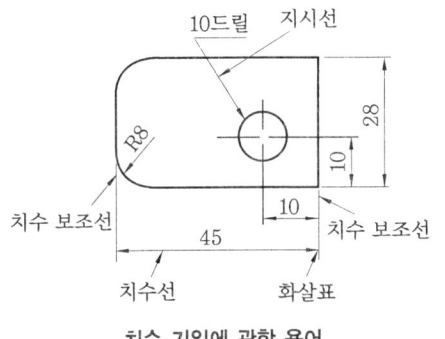

치수 기입에 관한 용어

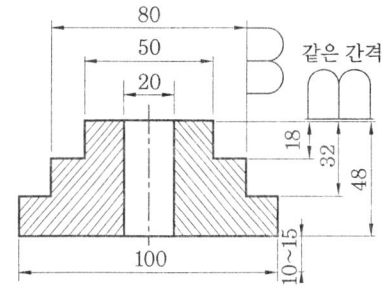

등 간격 기입

① **치수선** : 0.25mm 이하의 가는 실선으로 그어 외형선과 구별하고 양끝에는 끝부분 기호를 붙인다.
  (개) 외형선으로부터 치수선은 약 10~15mm 떼어서 긋고, 계속될 때는 같은 간격으로 긋는다.
  (내) 원호를 나타내는 치수선은 호 쪽에만 화살표를 붙인다.
  (대) 원호의 지름을 나타내는 치수선은 수평선에 대해 45°의 직선으로 한다.
② **화살표** : 치수나 각도를 기입하는 치수선의 끝에 화살표를 붙여 그 한계를 표시한다. 한계를 표시하는 기호에는 그림 [치수선의 양단을 표시하는 방법]이 있으며, 화살표를 그릴 때는 길이와 폭의 비율이 조화를 이루게 한다. 한 도면에서는 될 수 있는 대로 화살표의 크기를 같게 한다.

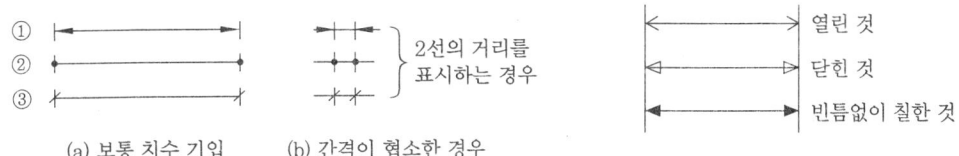

치수선의 양단을 표시하는 방법   화살표

③ **치수 보조선** : 0.2mm 이하의 가는 실선으로 치수선에 직각이 되게 긋고, 치수선의 위치보다 약간 길게 긋는다. 그러나 치수 보조선이 다음 [그림 (b)]와 같이 외형선과 근접하므로 선의 구별이 어려울 때에는 치수선과 적당한 각도(60° 방향)를 가지게 한다. 한 중심선에서 다른 중심선까지의 거리를 나타낼 때에는 다음 [그림 (c)]와 같이 중심선으로 치수 보조선을 대신하며, 치수 보조선이 다른 선과 교차

되어 복잡하게 될 경우, 또는 치수를 도형 안에 기입하는 것이 더 뚜렷할 경우에는 [그림 (d)]와 같이 외형선을 치수 보조선으로 사용할 수 있다.

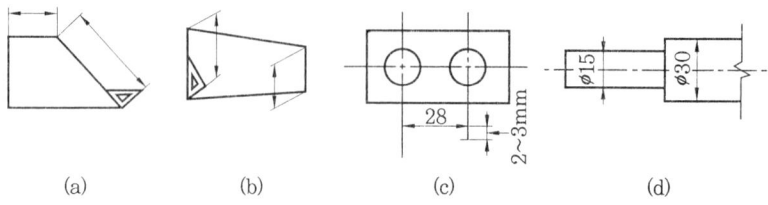

치수 보조선 긋는 방법

④ **지시선** : 구멍의 치수, 가공법 또는 품번 등을 기입하는 데 사용한다. 지시선은 수평선에 60°가 되도록 그으며, 지시되는 쪽에 화살표를 하고, 반대쪽은 수평으로 꺾어 그 위에 지시 사항이나 치수를 기입한다.

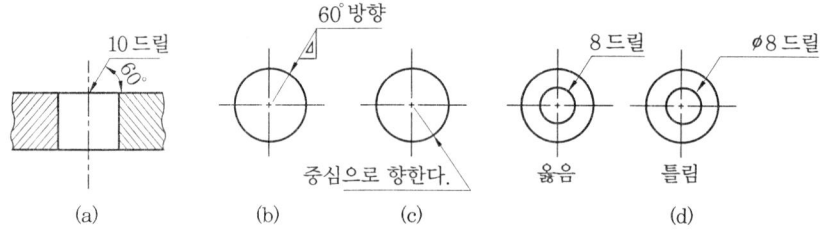

지시선 긋는 방법

⑤ **치수 숫자** : 치수 숫자는 다음과 같은 원칙에 따라 기입한다.

⑺ 치수 숫자의 크기는 도면의 크기와 조화되도록 작은 도면에서 2.24mm, 보통 도면에는 3.5mm, 큰 도면에는 4.5mm의 크기로 쓴다.

⑻ 치수 숫자의 방향은 수평 방향의 치수선에서는 위쪽으로 향하게 하고, 수직 방향의 치수선은 왼쪽으로 향하게 한다 (그림 [치수 숫자의 방향] 참고).

⑼ 경사 방향의 치수 기입도 ⑻항에 준하나 다음 그림 [경사진 치수선의 숫자 방향]과 같이 수직선에서 시계의 반대 방향으로 30° 범위 내에는 가능한 한 치수 기입을 피한다.

⑽ 도형이 치수 비례 대로 그려져 있지 않을 때는 다음 그림 [비례척이 아님의 표시 25 숫자 밑에 밑줄]과 같이 치수 밑에 밑줄을 친다.

치수 숫자의 방향   경사진 치수선의 숫자 방향   비례척이 아님의 표시 25 숫자 밑에 밑줄

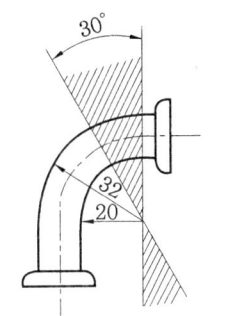

| 치수선 기입을 금하는 구역 | 금지된 구역에 치수 기입이 꼭 필요한 경우 |

⑥ 치수에 사용되는 기호

치수 숫자와 같이 쓰는 기호로는 다음 [표]와 같은 것이 있다.

치수에 사용되는 기호

기 호	설 명	기 호	설 명
ϕ	지름	Sϕ	구면의 지름
R	반지름	SR	구면의 반지름
C	45° 모따기	□	정사각형
P	피치	t	두께

가공 방법의 간략 지시

가공 방법	간략 지시
주조한 대로	코어
프레스 펀칭	펀칭
드릴로 구멍 뚫기	드릴
리머 다듬질	리머

㈎ 치수 숫자와 같은 크기로 치수 숫자 앞에 기입한다.
㈏ 형태를 알 수 있는 것은 기호를 생략할 수 있다.
㈐ 평면을 나타낼 때는 가는 실선으로 대각선을 그어 표시한다.
㈑ 실형을 나타내지 않는 투상도에서 실제의 반지름 또는 전개한 상태의 반지름을 지시할 때는 치수 숫자 앞에 '실 R' '전개 R'의 글자 기호를 기입한다.

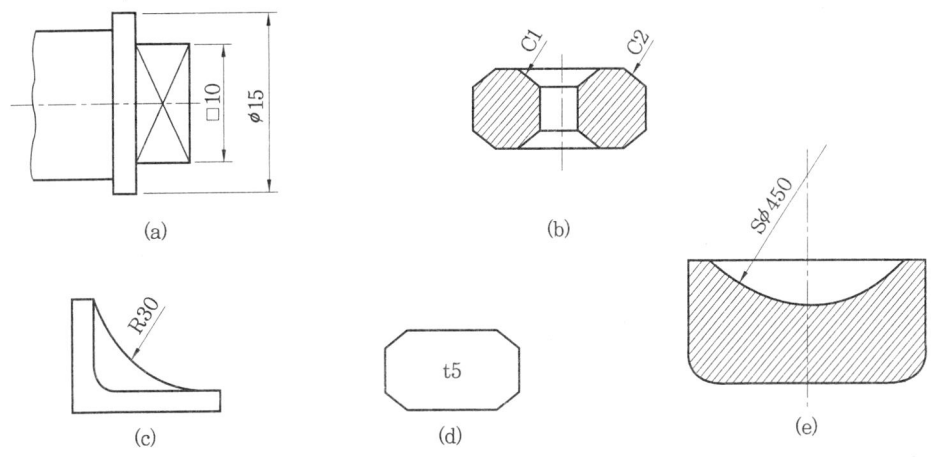

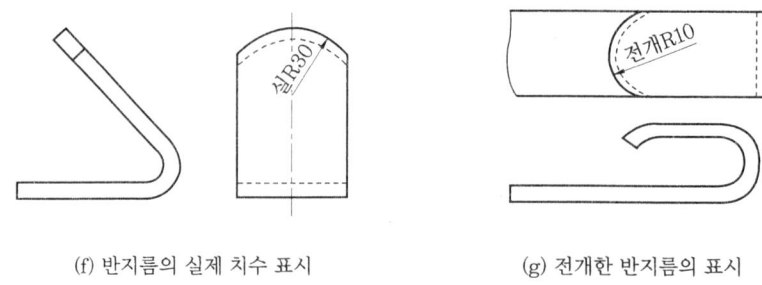

(f) 반지름의 실제 치수 표시   (g) 전개한 반지름의 표시

치수 숫자에 붙는 기호 사용 예

1-4 여러 가지 치수의 기입

① 지름, 반지름의 치수 기입

(가) 지름의 치수 기입

㉮ 지름의 치수를 기입할 때는 치수 수치의 앞에 지름의 기호 φ를 기입하여 표시한다. 그러나 원형의 그림에 지름의 치수를 기입할 때에는 기호 φ는 기입하지 않는다. 단, 원형의 일부가 그려지지 않아 치수선의 끝부분 기호가 한 쪽만 표시될 때에는 반지름의 치수와 혼동되지 않도록 φ를 기입한다.

㉯ 지름이 다른 원통이 연속되어 있고 치수 수치를 기입할 여유가 없을 때에는 [그림]과 같이 한 쪽에 치수선의 연장선과 화살표를 그리고 지름의 기호 φ와 치수 수치를 기입한다.

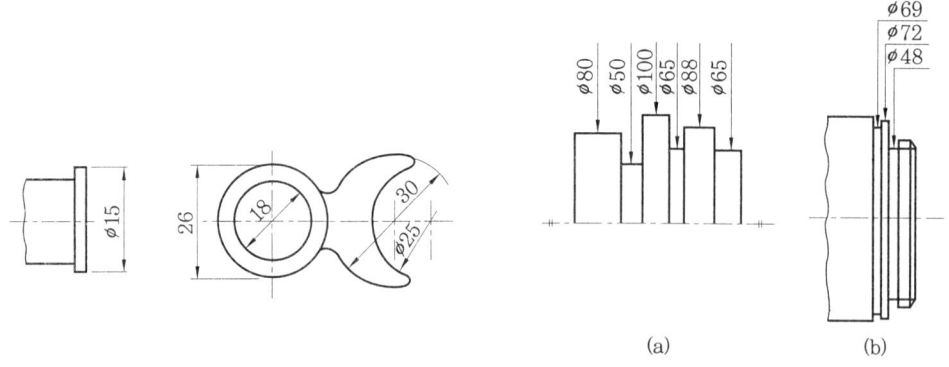

　　지름의 치수 기입　　원형 그림의 지름 치수 기입　　　지름이 다른 연속된 원통의 치수 기입

(나) 반지름의 치수 기입

㉮ 반지름의 치수는 반지름 기호 R을 치수 수치 앞에 기입하여 표시한다. 단, 반지름을 표시하는 치수선을 원호의 중심까지 긋는 경우에는 R을 생략해도 좋다.

㉯ 원호의 반지름을 표시하는 치수선에는 원호 쪽에만 화살표를 붙인다. 또한, 화살표나 치수 수치를 기입할 여유가 없을 때에는 다음 그림 [반지름이 작은 경우]에 따른다.

㉰ 원호의 중심 위치를 표시할 필요가 있을 때에는 +자 또는 검은 둥근점으로 표시한다.

㉱ 원호의 반지름이 클 때에는 중심을 옮겨 다음 [그림]과 같이 치수선을 꺾어 표시해도 좋다. 이때, 화살표가 붙은 치수선은 본래 중심 위치로 향해야 한다.

㉲ 같은 중심을 가진 반지름은 누진 치수 기입법을 사용하여 표시할 수 있다.

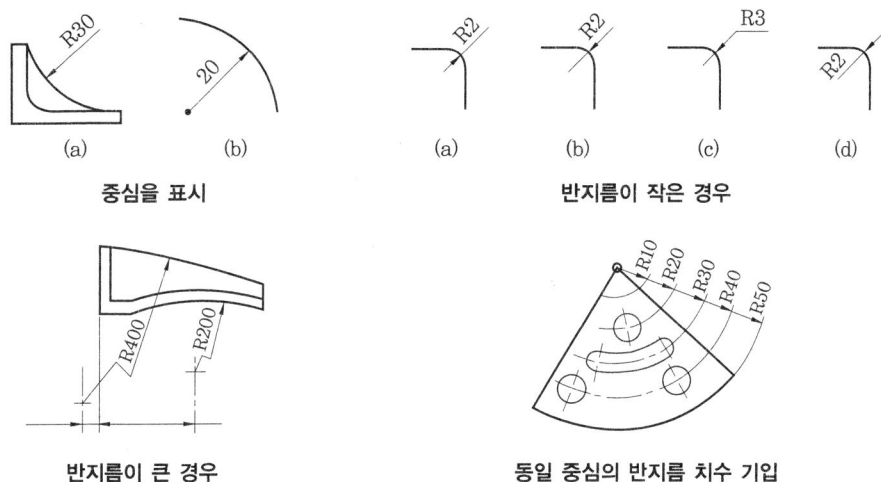

② 구의 지름 또는 반지름의 표시 방법 : 치수 수치 앞에 구의 기호 S∅ 또는 SR를 기입하여 표시한다.

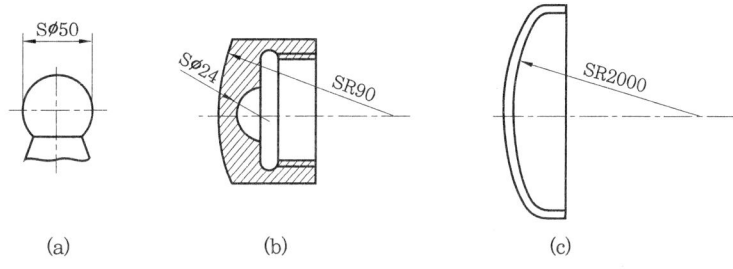

구의 지름 또는 반지름의 표시 방법

③ 현, 원호, 각도의 치수 기입 : 현의 길이는 현에 수직으로 치수 보조선을 긋고 현에 평행한 치수선을 사용하여 표시한다. 원호의 길이는 현과 같은 치수 보조선을 긋고 그 원호와 같은 중심의 원호를 치수선으로 하며, 치수 수치의 위에 원호를 표시하는 기호(⌒)를 붙인다.

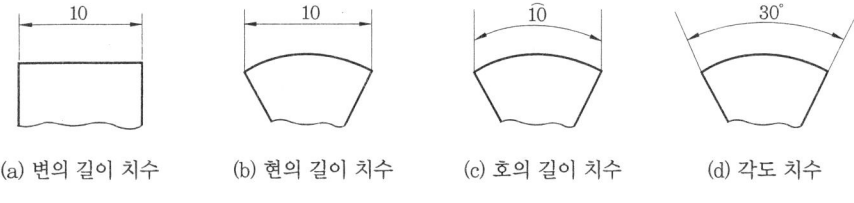

현 원호 각도의 치수 기입

각도를 기입하는 치수선은 그 각을 구성하는 두 변 또는 연장선 사이에 원호를 나타낸다.

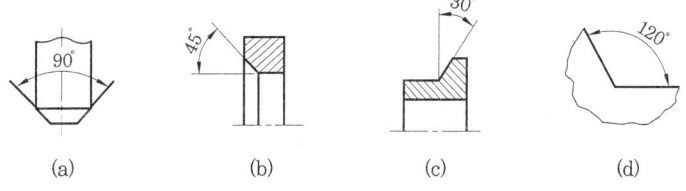

각도의 기입 방법

④ **곡선의 치수 기입 방법** : 곡선 치수는 다음 그림 [곡선의 치수 기입 방법], [좌표에 의한 곡선의 치수 기입 방법]과 같이 원호의 반지름과 중심 위치, 원호의 접선 위치 및 곡선 각 점의 좌표로써 나타낸다.

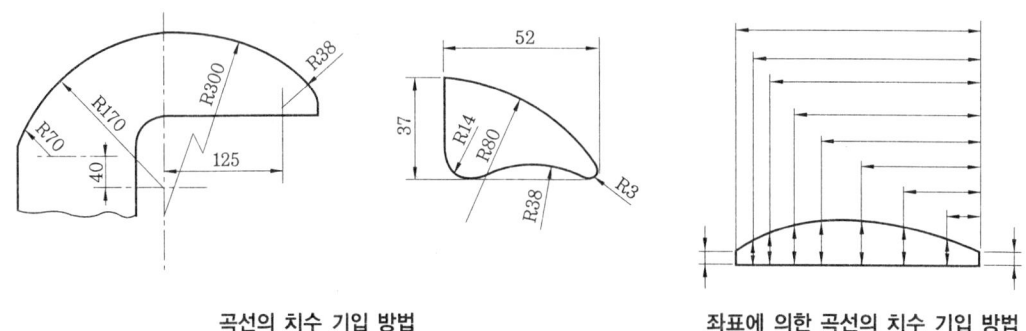

곡선의 치수 기입 방법　　　　　　　좌표에 의한 곡선의 치수 기입 방법

⑤ **테이퍼, 기울기의 기입 방법**

⑴ 테이퍼 : 중심선에 대하여 대칭으로 된 원뿔선의 경사를 테이퍼(taper)라 하며, 치수는 [그림]과 같이 나타낸다.

⑵ 기울기 : 기준면에 대한 경사면의 경사를 기울기(물매 또는 구배, slope)라 하며, 치수는 [그림]과 같이 나타낸다.

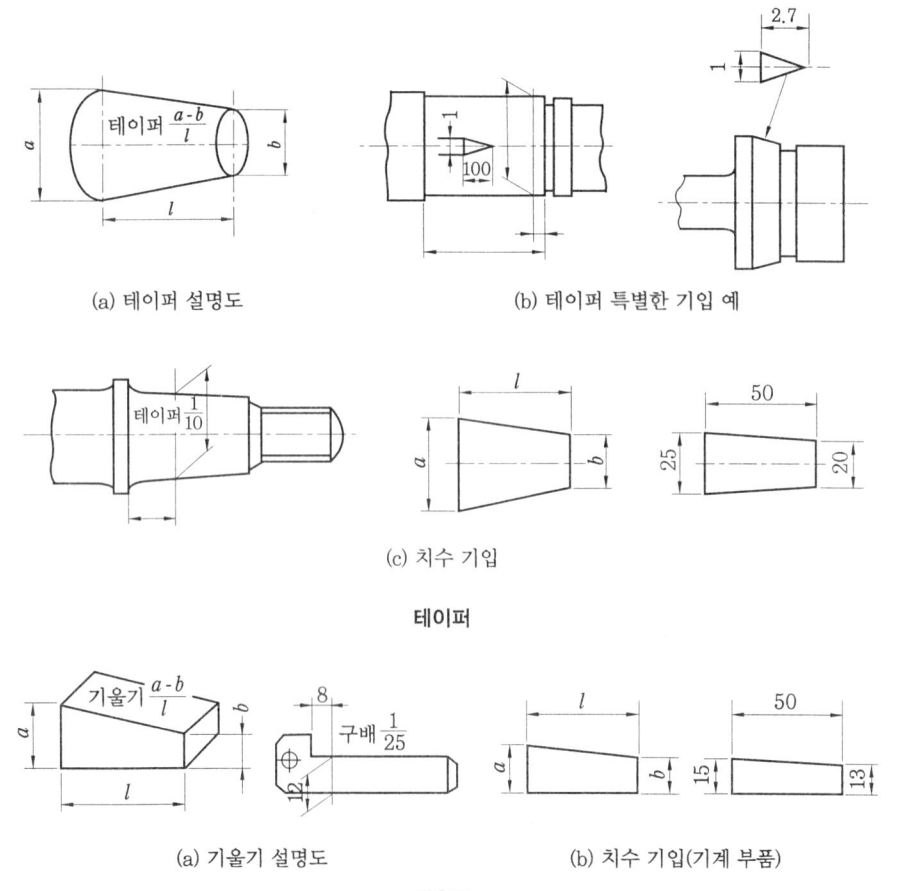

테이퍼

기울기

❻ **구멍의 표시 방법** : 구멍의 표시는 다음에 따른다.
  ㈎ 드릴 구멍, 펀칭 구멍, 코어 구멍 등 구멍의 가공 방법을 표시할 필요가 있을 때에는 치수 수치 뒤에 가공 방법의 용어를 표시한다.

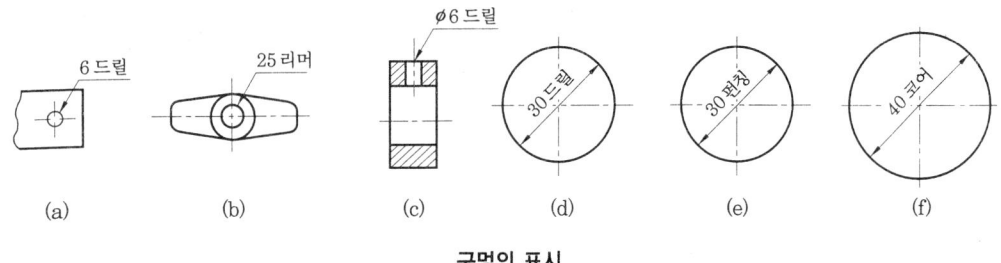

구멍의 표시

  ㈏ 여러 개의 같은 치수의 볼트 구멍, 핀 구멍 등의 치수 표시는 그림 [같은 구멍의 숫자 표시]와 같이 구멍의 수를 나타내는 숫자 다음에 구멍의 치수를 기입한다.
  ㈐ 구멍의 깊이를 지시할 때에는 구멍의 지름을 나타내는 치수 다음에 '깊이'라 쓰고 그 치수를 기입한다[그림 (a)]. 단, 구멍이 관통되었을 때에는 깊이를 기입하지 않는다[그림 (b)]. 구멍 깊이는 다음 [그림 (c)]의 H값이다.

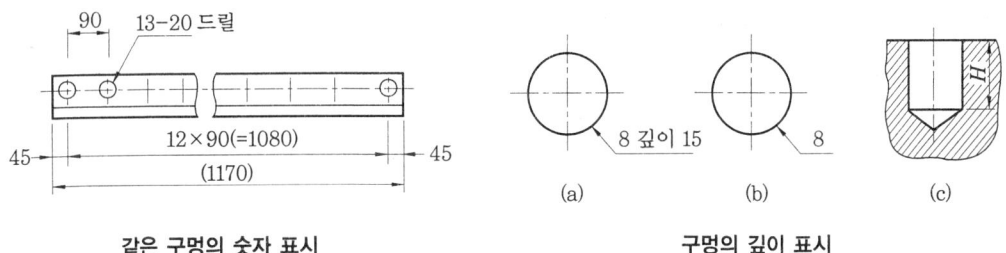

같은 구멍의 숫자 표시 · 구멍의 깊이 표시

  ㈑ 자리파기의 표시 방법은 자리파기의 지름을 나타내는 치수 수치 다음에 '자리파기'라 쓴다. 자리파기를 표시하는 도형은 그리지 않는다.
  ㈒ 경사진 구멍의 깊이는 구멍 중심선상의 깊이로 표시하거나[그림 (c)], 치수선을 이용하여 표시한다[그림 (d)].

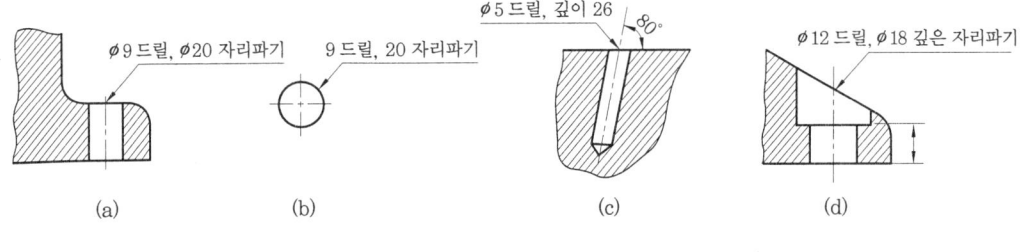

자리파기의 표시 · 경사진 구멍의 깊이 표시

  ㈓ 깊은 자리파기의 표시 방법은 깊은 자리파기의 지름 치수 다음에 '깊은 자리파기'라 쓰고, 그 깊이를 수치로 표시한다.

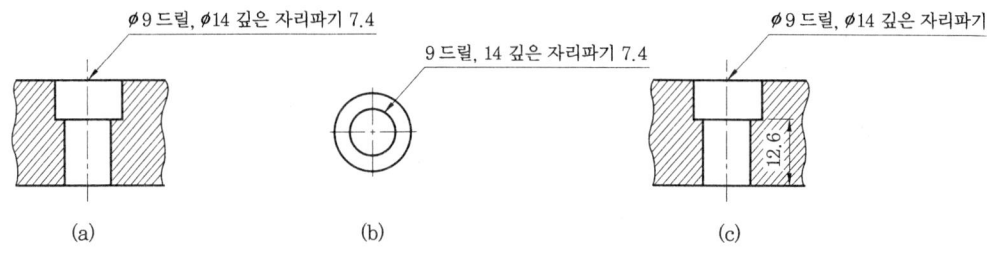

깊은 자리파기의 표시

(사) [그림]과 같은 구멍은 그 구멍의 기능 또는 가공 방법에 따라 어느 한 가지 방법에 의해 치수를 기입한다.

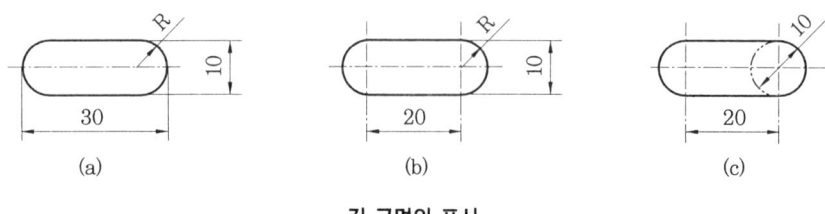

긴 구멍의 표시

⑦ 모따기, 두께, 정사각형의 면의 표시 방법

(가) 모따기의 표시 방법 : 일반적인 모따기는 보통 치수 기입 방법에 따라 표시한다. 45° 모따기의 경우에는 모따기의 치수 수치×45° 또는 모따기의 기호 C를 치수 수치 앞에 기입하여 표시한다.

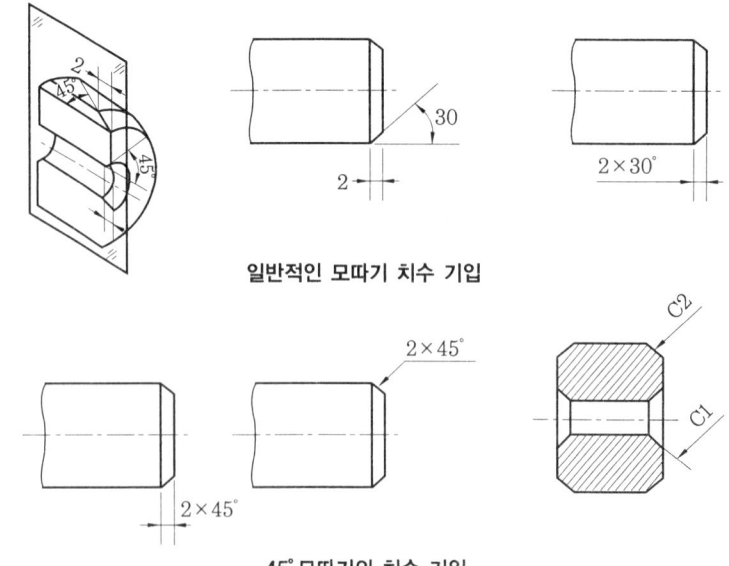

일반적인 모따기 치수 기입

45° 모따기의 치수 기입

(나) 두께의 표시 방법 : 판의 주투상도에 그 두께의 치수를 표시하는 경우에는 그 도면의 부근 또는 그림 안쪽 보기 쉬운 위치의 수치 앞에 기호 t를 기입한다.

(다) 정사각형 변의 표시 방법 : 물체의 단면이 정사각형일 때, 그 모양을 그림으로 그리지 않고 표시할 때에는 치수 수치 앞에 기호 □를 기입한다.

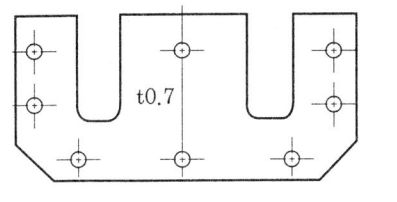
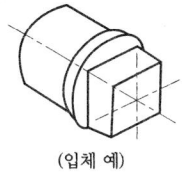
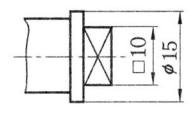

두께의 표시　　　　　　(입체 예)　　　　정사각형 기호 표시 방법

⑧ **좁은 곳에서의 치수 기입 방법** : 부분 확대도를 그려서 기입하든지, 다음 중 어느 한 방법을 사용한다.
 (개) 지시선을 끌어내어 그 위쪽에 치수를 기입하고, 지시선 끝에는 아무것도 붙이지 않는다(그림 [지시선을 사용한 치수 기입] 참고).
 (내) 치수선을 연장하여 그 위쪽 또는 바깥쪽에 기입해도 좋고 치수 보조선의 간격이 좁을 때에는 화살표 대신 검은 둥근점이나 경사선을 사용해도 좋다. (그림 [좁은 곳의 치수 표시]참고)

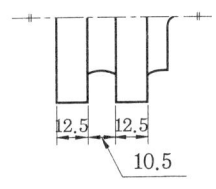
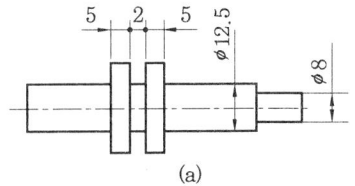
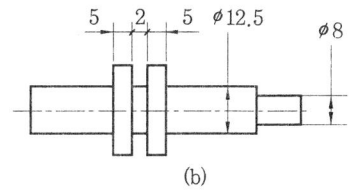

지시선을 사용한 치수 기입　　　　　　좁은 곳의 치수 표시

⑨ **얇은 두께 부분의 표시 방법** : 얇은 두께 부분의 단면을 굵은 선으로 그린 도형에 치수를 기입하는 경우에는 굵은 실선을 따라 짧고 가는 실선을 긋고, 여기에 치수선의 끝부분 기호가 닿게 그린다. 이 경우 수치는 가는 실선을 그려준 쪽까지의 치수를 의미한다.

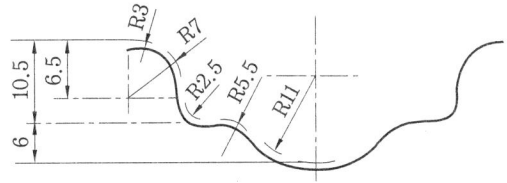

얇은 두께의 치수 표시

1-5 치수의 배치

① **직렬 치수 기입법** : 이 기입법은 직렬로 나란히 연결된 개개의 치수에 주어진 공차가 누적되어도 관계없는 경우에 사용한다.

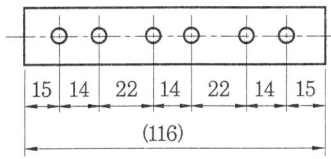

직렬 치수 기입

② **병렬 치수 기입법** : 이 방법에 따라 기입하는 개개의 치수 공차는 다른 치수의 공차에는 영향을 주지

않는다. 이 경우 기준이 되는 치수 보조선의 위치는 기능, 가공 등의 조건을 고려하여 적절히 선택한다.

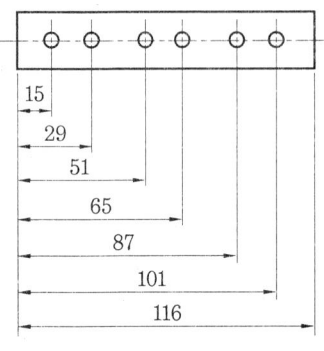
병렬 치수 기입(위치)

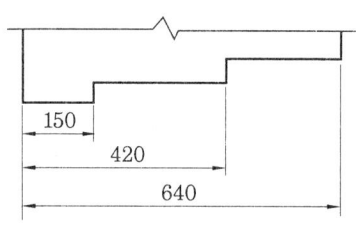
병렬 치수 기입(길이)

③ **누진 치수 기입법** : 치수 공차에 대해서는 병렬 치수 기입법과 같은 의미를 가지면서 한 개의 연속된 치수선으로 간단하게 표시할 수 있다. 이 경우 치수의 기준이 되는 위치는 기호(○)로 표시하고, 치수선의 다른 끝은 화살표를 그린다. 치수 수치는 치수 보조선에 나란히 기입하거나 화살표 가까운 곳의 치수선 위쪽에 쓴다.

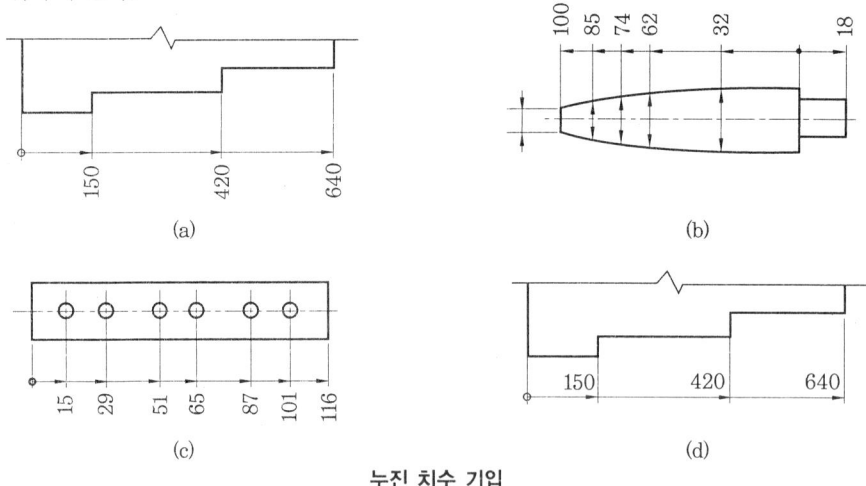
누진 치수 기입

④ **좌표 치수 기입법** : 구멍의 위치나 크기 등의 치수는 좌표를 사용하여 표로 기입하여도 좋다. 이때, 표에 표시한 X, Y 또는 β의 수치는 기준점에서의 수치이다. 기준점은 기능 또는 가공 조건을 고려하여 적절히 선택한다.

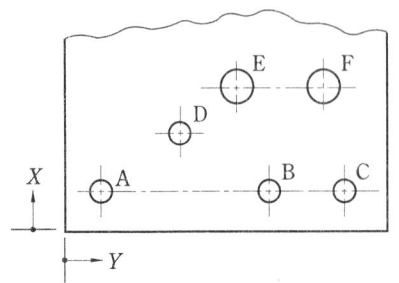

구 분	X	Y	ϕ
A	20	20	13.5
B	140	20	13.5
C	200	20	13.5
D	60	60	13.5
E	100	90	26
F	180	90	26

좌표 치수 기입(위치)

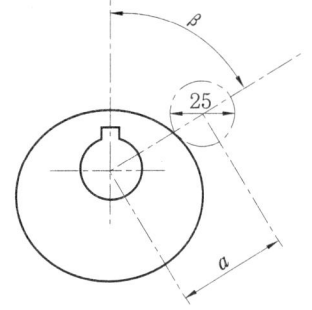

β	0°	20°	40°	60°	80°	100°	120~210°
α	50	52.5	57	63.5	70	74.5	76
β	230°	260°	280°	300°	320°	340°	
α	75	75	65	59.5	55	52	

좌표 치수 기입(각도)

1-6 치수 기입 상의 유의점

치수는 다음 사항에 유의하여 기입한다.
① 치수 숫자는 도면에 그린 선에 의하여 분할되지 않는 위치에 쓰는 것이 좋다.

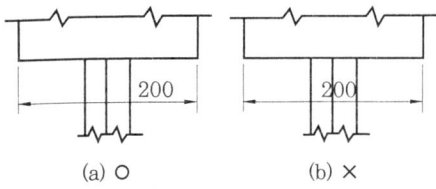
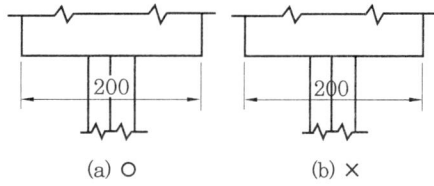

선에 의해 분할되지 않게 기입한다.   선을 일부 중단하고 기입한다.

② 치수 숫자는 선에 겹쳐서 기입하면 안 된다. 다만, 할 수 없는 경우에는 숫자와 겹쳐지는 선의 일부분을 중단하여 치수 수치를 기입한다.
③ 치수가 인접해서 연속될 때에는 되도록 치수선을 일직선이 되게 한다.
④ 치수선이 길어서 그 중앙에 치수 수치를 기입하면 알아보기 어려울 때에는 한 쪽 끝부분 기호 가까이에 기입할 수 있다.

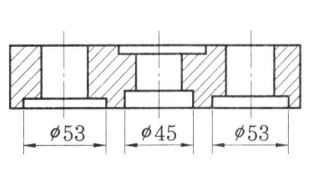
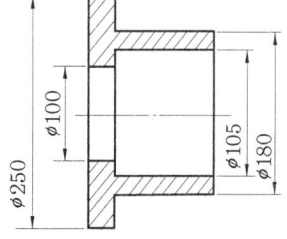

인접한 치수의 기입   긴 치수선의 치수 기입

⑤ 치수 수치 대신 글자 기호를 사용해도 좋다. 이때에는 치수를 별도로 표시한다.

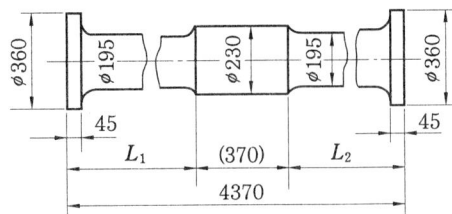

기호 \ 품번	1	2	3
L_1	1915	2500	3110
L_2	2085	1500	885

글자 기호의 사용

⑥ 경사진 두 면의 만나는 부분이 둥글거나 모따기가 되어 있을 때, 두 면이 만나는 위치를 표시할 때에는 외형선으로부터 그은 연장선이 만나는 점을 기준으로 한다.

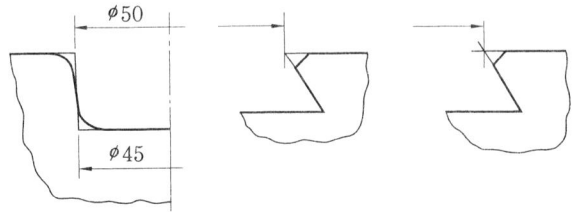

경사면의 치수 기입

⑦ 원호 부분의 치수는 180°까지는 반지름으로 표시하고, 180°를 넘는 경우에는 지름으로 표시한다. 다만, 180° 이내라도 기능상 또는 가공상 특히 필요할 때에는 지름의 치수를 기입한다.

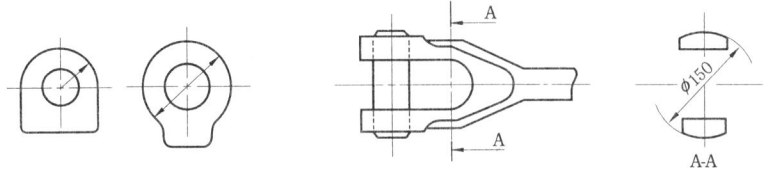

원호 부분의 치수 기입   **특별한 경우의 지름 치수 기입**

⑧ 대칭의 도형에서 중심선의 한 쪽만을 표시한 그림에서는 치수선을 중심선을 넘게 적당히 연장한다. 이때, 연장한 치수선 끝에는 끝부분 기호를 붙이지 않는다. 다만, 오해할 염려가 없을 때에는 치수선이 중심선을 넘지 않아도 좋다.

⑨ 대칭 도형에서 여러 개의 지름 치수를 기입할 때에는 치수선의 길이를 더 짧게 하여 기입할 수 있다.

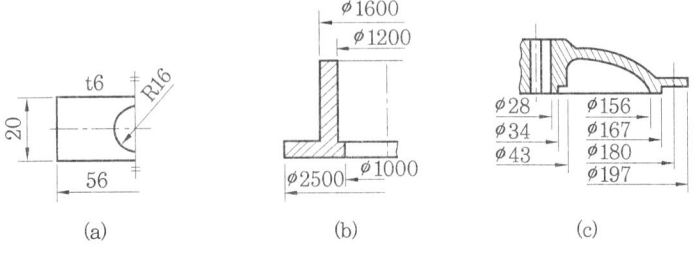

(a)   (b)   (c)

대칭 도형의 치수 기입

예상문제

1. 다음 치수선에 관한 설명 중 틀린 것은?
  ㉮ 부품의 모양을 표시하는 외형선과 평행하게 긋는다.
  ㉯ 0.25mm 이하의 가는 실선을 이용한다.
  ㉰ 외형선으로부터 10~15mm 정도 띄어 긋는다.
  ㉱ 이웃하는 치수선은 되도록 계단식으로 긋는다.

2. 다음 중 도면에 기입되는 치수는?
  ㉮ 원자재 치수   ㉯ 소재 치수
  ㉰ 마무리 치수   ㉱ 최소 허용 공차 치수

3. 치수선에 관한 설명 중 맞는 것은?
  ㉮ 치수를 기입하기 위하여 외형선에 평행하게 그은 선
  ㉯ 치수를 기입하기 위하여 외형선에서 2~3mm 연장하여 그은 선
  ㉰ 치수를 기입하기 위하여 알맞은 각도(60°)로 직선을 그은 선
  ㉱ 중간 실선으로 프리 핸드로 그은 선
  [해설] ㉯항은 치수 보조선, ㉰항은 지시선, ㉱항은 파단선을 설명하고 있다.

4. 치수 기입 시에 필요하지 않은 선은?
  ㉮ 치수선   ㉯ 치수 보조선
  ㉰ 지시선   ㉱ 이점 쇄선

5. 치수 보조선에 대한 설명 중 틀린 것은?
  ㉮ 치수선과 직각으로 긋되 치수선을 2~3mm 정도 넘도록 연장하여 긋는다.
  ㉯ 경사 부분에 긋는 치수 보조선은 치수선에 대하여 60° 정도로 긋는다.
  ㉰ 치수 보조선은 치수선과 마찬가지로 가는 실선(0.25mm 이하)으로 긋는다.
  ㉱ 외형선과 평행으로 긋는다.

6. 다음 중 다른 셋과 선의 굵기가 다른 것은?
  ㉮ 외형선   ㉯ 치수선
  ㉰ 치수 보조선   ㉱ 지시선

7. 다음 그림에서 A는 무슨 선을 표시하는가?
  ㉮ 치수선
  ㉯ 치수 보조선
  ㉰ 지시선
  ㉱ 화살표

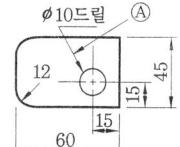

8. 다음 지시선에 대한 설명 중 틀린 것은?
  ㉮ 지시선은 물품의 크기, 구멍의 치수, 가공법을 기입하기 위해 쓰인다.
  ㉯ 지시된 곳과 같은 방향으로 화살표를 수평하게 붙인다.
  ㉰ 지시선은 수평선에 대하여 되도록 60°의 직선 또는 30°, 45°로 긋는다.
  ㉱ 수평선의 위쪽에 치수, 가공법 기타 필요 사항을 기입한다.

9. 치수 기입 상의 주의사항 중 틀린 것은?
  ㉮ 치수를 될 수 있는 대로 정면도에 집중 기입하며, 정면도에 기입이 어려울 경우 평면도나 측면도에 기입한다.
  ㉯ 치수는 될 수 있는 대로 도형의 오른쪽과 위쪽에 기입한다.
  ㉰ 치수는 될 수 있는 대로 일직선상에 기입한다.
  ㉱ 치수는 정면도, 측면도, 평면도에 적당히 기입한다.

10. 치수 기입 상의 주의사항 중 틀린 것은?
  ㉮ 치수는 계산을 하지 않아도 되게끔 기입한다.
  ㉯ 도형의 외형선이나 중심선을 치수선으로 대용해서는 안 된다.
  ㉰ 원형의 그림에서는 치수를 방사상으로 기입해도 좋다.
  ㉱ 서로 관련이 있는 치수는 될 수 있는 대로 한곳에 모아서 기입한다.
  [해설] 치수 기입 시 특별 지시가 없는 한 마무리(완성) 치수로 기입한다.

11. 치수 숫자의 방향과 위치에 대한 설명 중 틀린

해답 1. ㉱ 2. ㉰ 3. ㉮ 4. ㉱ 5. ㉱ 6. ㉮ 7. ㉰ 8. ㉯ 9. ㉱ 10. ㉰ 11. ㉱

것은?
㉮ 치수 숫자의 기입은 치수선 중앙 상부에 표시한다.
㉯ 수평 치수선에 대해서는 숫자의 머리가 위쪽으로 향하도록 표시한다.
㉰ 수직 치수선에 대해서는 숫자의 머리가 왼쪽으로 향하도록 표시한다.
㉱ 치수 보조선 사이가 좁아서 치수 기입이 어렵더라도 반드시 그 부분에 표시해야 한다.

12. 화살표에 대한 설명 중 틀린 것은?
㉮ 화살표는 치수선의 양끝에 붙여서 그 한계(범위)를 명시한다.
㉯ 머리는 까맣게 칠하며, 크기는 폭과 길이의 비율이 같게 한다.
㉰ 화살표의 각도는 90°까지 가능하다.
㉱ 화살표는 프리 핸드로 그리고, 같은 도면에서는 되도록 크기를 같게 한다.

13. 치수선 양끝에 붙이는 화살표의 길이와 폭의 비율은 어느 것이 가장 적당한가?
㉮ 1.5:1 ㉯ 2:1 ㉰ 3:1 ㉱ 5:1

14. 그림 중 치수 기입법이 맞게 된 것은?

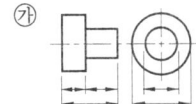 ㉮ 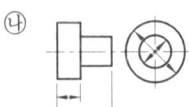 ㉯

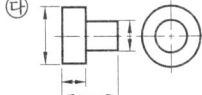 ㉰ 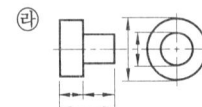 ㉱

15. 다음 그림 중 치수 기입이 옳게 된 것은?

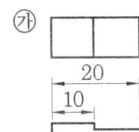 ㉮ 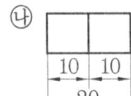 ㉯

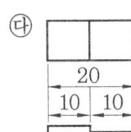 ㉰ 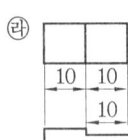 ㉱

16. 다음 그림과 같은 L형강의 기호와 치수 표시법이 맞는 것은? (단, 길이는 L)

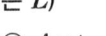

㉮ $A \times t - L$
㉯ $A \times B \times (t_1/t_2) - L$
㉰ $A \times B \times t - L$ ㉱ $A \times B \times t \times L$

17. 다음은 원호의 치수 기입에 대한 것이다. 잘못 표시된 것은?

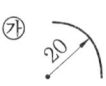 ㉮ 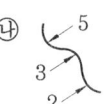 ㉯

 ㉰  ㉱

18. 다음 구멍의 치수 기입에 대한 것 중 잘못 표시된 것은?

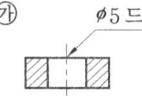 ㉮ 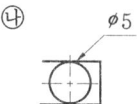 ㉯

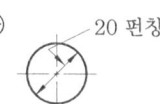 ㉰ 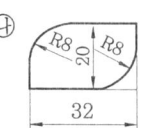 ㉱

19. 다음 중 치수 기입법이 맞는 것은?

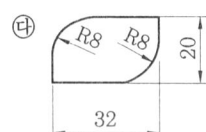 ㉮ 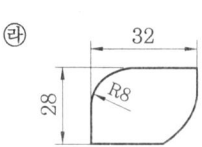 ㉯

㉰ ㉱

20. 다음 그림 중 호의 길이를 표시하는 치수 기입법이 옳게 된 것은?

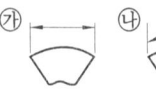 ㉮ ㉯ 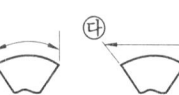 ㉰  ㉱

[해설] ㉮항은 현의 기입법이다.

21. 그림을 보고 설명한 것이 맞는 것은?

해답 12. ㉯ 13. ㉰ 14. ㉮ 15. ㉰ 16. ㉰ 17. ㉯ 18. ㉱ 19. ㉮ 20. ㉯ 21. ㉯

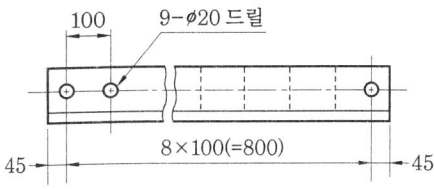

㉮ L형강에 양단 45mm 띄어서 100mm의 피치를 지름 20mm, 깊이 9mm의 구멍을 8개 드릴로 뚫는다.
㉯ L형강의 양단 45mm 띄어서 800mm의 사이에 100mm의 피치로 지름 20mm의 구멍을 9개 드릴로 뚫는다.
㉰ L형강에 양단 45mm 띄어서 좌단은 또다시 100mm 띄어서 8mm의 피치로 800mm의 사이에 지름 20mm, 길이 9mm의 구멍을 100개 드릴로 뚫는다.
㉱ L형강에 양단 45mm 띄어서 8mm의 피치로 지름 20mm, 깊이 9mm 의 구멍을 100개 드릴로 뚫는다.

22. 치수와 같이 사용되는 기호는 치수 숫자의 어디에 기입하는가?
㉮ 치수 숫자 앞   ㉯ 치수 숫자 뒤
㉰ 치수 숫자 위   ㉱ 적당한 곳

23. 다음 기호 중 모따기(chamfering) 기호는 어느 것인가?
㉮ T   ㉯ R   ㉰ C   ㉱ □

[해설] ㉱의 □의 기호는 평면을 나타내는 것으로서 치수 숫자와는 같이 써서는 안 된다. 모따기 기호 C는 각도가 45°일 때 쓰인다.

24. 모따기 기호 표시 중 C3은 무엇을 의미하는가?
㉮ 각의 꼭지점에서 가로, 세로 3mm의 길이를 잡아 빗면을 만든다는 의미
㉯ 삼각형의 높이가 3mm라는 의미
㉰ 삼각형 빗면의 길이가 3mm라는 의미
㉱ 적당히 3mm를 떼어낸다는 의미

25. 다음 그림 중 치수 기입을 바르게 한 것은?

26. 모스 테이퍼(morse taper)의 값은?

㉮ 1/30   ㉯ 1/24
㉰ 3.5″/피트   ㉱ 약 1/20

[해설] 모스 테이퍼 값은 1/20이며, 직경에 따라 No 0, No 1, No 2, No 3, No 4, No 5, No 6, No 7이 있다.

27. 다음 그림에서 테이퍼(taper)의 값은?

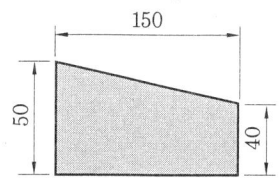

㉮ 1/10   ㉯ 1/15   ㉰ 1/50   ㉱ 1/100

[해설] $T = \dfrac{D-d}{l} = \dfrac{50-40}{150} = \dfrac{10}{150} = \dfrac{1}{15}$

28. 다음 설명 중 구배(기울기)에 관한 사항은 어느 것인가?
㉮ 한쪽만 기울어진 경우를 구배라 한다.
㉯ 양쪽 다 대칭으로 경사를 이루는 경우를 구배라 한다.
㉰ 양쪽 다 비대칭으로 경사를 이루는 경우를 구배라 한다.
㉱ 한쪽만 경사가 지든 양쪽이 경사가 지든 간에 구배라 한다.

29. 테이퍼(taper)에 대한 설명 중 틀린 것은?
㉮ 한쪽만 경사를 이룬 것을 말한다.
㉯ 중심선에 대하여 대칭으로 경사를 이룬 것을 말한다.
㉰ 도형 안에 표시할 때는 중심선 위에 기입한다.
㉱ 테이퍼를 특별히 명시할 필요가 있을 때에는 비율과 향하기 등을 중심선 위에 별도로 표시하거나 빗면에서 인출선을 끌어내어 기입한다.

30. 다음 테이퍼의 기입법 중 틀린 것은?

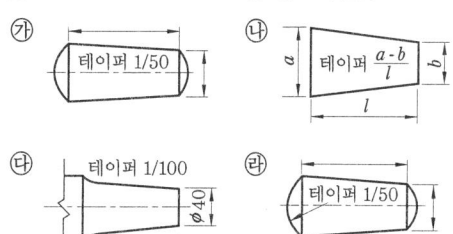

해답 22. ㉮ 23. ㉰ 24. ㉮ 25. ㉯ 26. ㉱ 27. ㉯ 28. ㉮ 29. ㉮ 30. ㉰

2. 재료 표시법

2-1 재료 기호 및 표시 방법

(1) 기계 재료 기호
　도면에서 부품의 금속 재료를 표시할 때 KS D에 정해진 기호를 사용하면 재질, 형상, 강도 등을 간단명료하게 나타낼 수 있다.

(2) 재료 기호의 표시
① 제1위 문자 : 재질을 나타내는 기호이며, 영어 또는 로마자의 머리문자 또는 원소 기호를 표시한다.
② 제2위 문자 : 규격명과 제품명을 표시하는 기호로서 판, 봉, 관, 선, 주조품 등 제품의 형상별 종류 등과 용도를 표시한다.
③ 제3위 문자 : 금속종별의 기호로서 최저 인장 강도 또는 재질 종류 기호를 숫자 다음에 기입한다.
④ 제4위 문자 : 제조법을 표시한다.
⑤ 제5위 문자 : 제품 형상 기호를 표시한다.

제1위 문자 (재질 기호)

기호	재질	비고	기호	재질	비고
Al	알루미늄	aluminium	F	철	ferrum
AlBr	알루미늄 청동	aluminium bronze	MS	연강	mild steel
Br	청동	bronze	NiCu	니켈 구리 합금	nickel-copper alloy
Bs	황동	brass	PB	인 청동	phosphor bronze
Cu	구리 또는 구리합금	copper	S	강	steel
HBs	고강도 황동	high strength brass	SM	기계 구조용강	machine structure steel
HMn	고망간	high manganese	WM	화이트 메탈	white metal

제2위 문자 (규격 또는 제품명)

기호	제품명 또는 규격명	기호	제품명 또는 규격명
B	봉 (bar)	MC	가단 철주품 (malleable iron casting)
BC	청동 주물	NC	니켈 크롬강 (nickel chromium)
BsC	황동 주물	NCM	니켈 크롬 몰리브덴강 (nickel chromium molybdenum)
C	주조품 (casting)	P	판 (plate)
CD	구상 흑연 주철	FS	일반 구조용관
CP	냉간 압연 연강판	PW	피아노선 (piano wire)
Cr	크롬강 (chromium)	S	일반 구조용 압연재
CS	냉간 압연 강대	SW	강선 (steel wire)
DC	다이 캐스팅 (die casting)	T	관 (tube)
F	단조품 (forging)	TB	고탄소 크롬 베어링강
G	고압 가스 용기	TC	탄소 공구강
HP	열간 압연 연강판	TKM	기계 구조용 탄소 강관
HR	열간 압연	THG	고압 가스 용기용 이음매 없는 강관
HS	열간 압연 강대	W	선 (wire)
K	공구강	WR	선재 (wire rod)
KH	고속도 공구강	WS	용접 구조용 압연강

제3위 문자(금속 기호의 말미에 특히 첨가하는 기호)

기 호	기호의 의미	보 기	기 호	기호의 의미	보 기
1	1종	SHP 1	5A	5종 A	SPS 5A
2	2종	SHP 2	34	최저 인장 강도 또는 항복점	WMC 34
A	A종	SWS 41A			SG 26
B	B종	SWS 41R	C	탄소 함량(0.10~0.15%)	SM 12C

제4위 문자(제조법)

구 분	기 호	기호의 의미	구 분	기 호	기호의 의미
조절도 기호	A	어닐링한 상태	열처리 기호	N	노멀라이징
	H	경질		Q	퀜칭, 템퍼링
	1/2H	1/2 경질		SR	시험편에만 노멀라이징
	S	표준 조질		TN	시험편에 용접 후 열처리
표면 마무리 기호	D	무광택 마무리(dull finishing)	기타	CF	원심력 주강판
	B	광택 마무리(bright finishing)		K	킬드강
				CR	제어 압연한 강판
				R	압연한 그대로의 강판

제5위 문자(제품 형상 기호)

기 호	제 품	기 호	제 품	기 호	제 품
P	강판	□	각재	◇	평강
●	둥근강	⑥	6각 강	I	I 형강
◎	파이프	⑧	8각 강	⊏	채널(channel)

(3) 철강 및 비철금속 기계 재료의 기호

KS 분류번호	명 칭	KS 기호	KS 분류번호	명 칭	KS 기호
KS D 3501	열간압연 강판 및 강대	SHP	KS D 3751	탄소 공구강	STC
KS D 3503	일반 구조용 압연강재	SB	KS D 3752	기계 구조용 탄소 강재	SM
KS D 3507	배관용 탄소강판	SPP SPPW	KS D 3753	합금공구강재(주로 절삭, 내충격용)	STS
KS D 3508	아크 용접봉 심선재	SWRW	KS D 3753	합금공구강재(주로 내마멸성 불변형용)	STD
KS D 3509	피아노 선재	PWR	KS D 3753	합금공구강재(주로 열간 가공용)	STF
KS D 3510	경강선	HSW	KS D 4101	탄소 주강품	SC
KS D 3512	냉간 압연 강판 및 강대	SBC	KS D 4102	구조용 합금강 주가유품	HSC
KS D 3515	용접 구조용 압연 강재	SWS	KS D 4104	고망간 주강품	HMnSC
KS D 3517	기계 구조용 탄소강 강관	STM	KS D 4301	회주철품	GC
KS D 3522	고속도 공구 강제	SKH	KS D 4302	구상 흑연 주철품	DC
KS D 3533	고압가스용 철판 및 강대	SG	KS D 4303	흑심 가단 주철품	BMC
KS D 3554	연강 선재	MSWR	KS D 4305	백심 가단 주철품	WMC
KS D 3556	피아노선	PW	KS D 4503	쾌삭 황동봉	MBsBE MBsBD
KS D 3557	리벳용 압연 강재	SBV	KS D 5504	타프피치 동판	TCuS
KS D 3559	경강선재	HSWR	KS D 5507	단조용 황동봉	PBsBE FBsBD
KS D 3560	보일러용 압연 강재	SBB	KS D 5516	인청동봉	PBR
KS D 3566	일반 구조용 탄소 강관	SPS	KS D 5520	고강도 황동봉	HBsRE HBsRD
KS D 3701	스프링강	SPS	KS D 6001	황동 주물	BsC
KS D 3707	크롬-강재	SCr	KS D 6002	청동 주물	BrC
KS D 3708	니켈-크롬 강재	SNC	KS D 6006	알루미늄합금 다이캐스팅	AlDC
KS D 3709	니켈-크롬 몰리브덴 강재	SNCM	KS D 6007	고강도 황동 주물	HBsC
KS D 3710	탄소강 단강품	SF	KS D 6010	인청동 주물	PBC
KS D 3711	크롬-몰리브덴 강재	SCM	KS D 6015	알루미늄 청동주물	AlBrC

2-2 재료 기호의 적용 예

(1) 재료 기호의 보기
다음 [표]는 재료를 기호로 표시하는 것을 보기로 든 것이다.

기 호	첫째 자리	둘째 자리	셋째 자리
SS 55(일반구조용 압연강재)	S(강)	S(일반구조용 압연강재)	55(최저 인장 강도)
SWRS 4(피아노 선재 4종)	S(강)	WRS(피아노 선재)	4(4종)
CuB 1-0(구리봉 1종 연질)	Cu(구리)	B(봉)	1-0(1종 연질)
S 10C(기계구조용 탄소강재 1종)	S(강)	10(탄소함유량 0.10%)	C(화학 성분의 표시)
SWP A(피아노선 A종)	S(강)	WP(피아노선)	A(A종)
BC 1(청동주물 1종)	B(청동)	C(주조품)	1(제 1종)
SF 32(탄소강 단조품)	S(강)	F(단조품)	32(최저 인장 강도)
FC 10(회주철 1종)	F(철)	C(주조품)	10 제1종(인장 강도 10kgf/mm² 이상)

(2) 재료 기호의 단면 표시

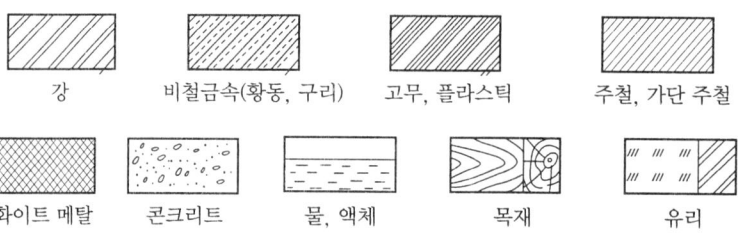

강 비철금속(황동, 구리) 고무, 플라스틱 주철, 가단 주철
화이트 메탈 콘크리트 물, 액체 목재 유리

재료의 단면기호

예상문제

1. 재료의 기호는 3부분을 조합 기호로 하고 있다. 제1부분(첫째 자리)이 나타내는 것은?
㉮ 최저 인장 강도 ㉯ 재질
㉰ 규격 또는 제품명 ㉱ 재료의 종별

[해설] 재료 기호는 제1부분 재질, 제2부분 규격 또는 제품명, 제3부분은 재료의 종별 또는 최저 인장 강도를 표시한다.

2. 재료의 기호 중 SS41에서 41이 나타내는 것은?
㉮ 재질 ㉯ 재료의 종별
㉰ 최저 인장 강도 ㉱ 규격 또는 제품명

3. 다음 기호 중 인청동을 나타낸 것은?
㉮ BC ㉯ PB ㉰ W ㉱ Cu

4. SB41에서 B는 무엇을 나타내는가?
㉮ 강철 ㉯ 봉 또는 보일러
㉰ 주조법 ㉱ 스프링강

해답 1. ㉯ 2. ㉰ 3. ㉯ 4. ㉯

제3장 치수 기입과 기계 재료의 표시   129

5. 다음 기호 중 주철을 표시하는 것은?
㉮ GC   ㉯ SC   ㉰ SS   ㉱ BC

6. S10C에서 10C는 무엇을 나타내는가?
㉮ 최저 인장 강도   ㉯ 재료의 종별
㉰ 탄소 함유량   ㉱ 규격명

7. SPP 38H에서 H는 무엇을 나타내는가?
㉮ 재질   ㉯ 최저 인장 강도
㉰ 연질   ㉱ 경질

8. CuB 1-0에 대한 설명 중 틀린 것은?
㉮ Cu-동   ㉯ B-봉
㉰ 1-1종   ㉱ 0-냉간인발
[해설] CuB 1-0는 동봉 1종 연질로 나타낸다.

9. 가공업에서 굽힘 기호를 나타내고 있는 것은?
㉮ PA   ㉯ PB   ㉰ PD   ㉱ PP

10. 다음에서 합금 공구강은?
㉮ SKS   ㉯ SKH   ㉰ SKT   ㉱ SKO
[해설] 고속도강 : SKH, 공구강 : SK, 합금공구강 : SKS, 일반구조용 압연강 : SS, 특수용도강 : SU, 고탄소강 : SH

11. 열간 압연 강판의 KS 표시는?
㉮ SBH   ㉯ SBC   ㉰ PWR   ㉱ SM

12. 다음 재료 표시 기호에서 제4위 문자는 무엇을 표시하는가?
㉮ 제품 형상 기호   ㉯ 재질
㉰ 제조법을 표시   ㉱ 최저 인장 강도

13. 제품 형상 기호 표시는 제 몇 위의 문자인가?
㉮ 제1위 문자   ㉯ 제2위 문자
㉰ 제3위 문자   ㉱ 제5위 문자

14. 다음 중 재질 기호가 아닌 것은?
㉮ Al   ㉯ Bs   ㉰ Pb   ㉱ TB
[해설] TB는 고탄소 크롬 베어링강으로 규격 또는 제품명에 들어간다.

15. 다음 중 NBs의 재질 기호는?
㉮ 켈밋 합금   ㉯ 네이벌 황동
㉰ 인 청동   ㉱ 황동
[해설] 켈밋 합금 : K, 인청동 : Pb, 황동 : Bs

16. 다음 강(steel)의 재질 기호는?
㉮ HBs   ㉯ C   ㉰ F   ㉱ S
[해설] HBs : 고력황동, C : 주조품, F : 철

17. 다음 중 BF의 제품명은?
㉮ 주조품   ㉯ 단조품   ㉰ 공구강   ㉱ 판
[해설] 주조품 : C, 공구강 : K, 판 : P

18. 열간 압연 연강판의 기호는?
㉮ HSW   ㉯ SHP   ㉰ SPC   ㉱ SWS
[해설] HSW : 경강선, SPC : 냉간 압연 강판, SWS : 용접 구조용 강제 압연

19. 다음 중 고속도강의 기호는?
㉮ NC   ㉯ PG   ㉰ KH   ㉱ V
[해설] NC : 니켈크롬강, PG : 아연도금판, V : 리벳용 압연재

20. 다음 'WM'의 기호는?
㉮ 강선   ㉯ 화이트 메탈
㉰ 스프링강   ㉱ 연강
[해설] 고압 가스 용기

21. 다음 고압 가스 용기의 제품 기호는?
㉮ TM   ㉯ B   ㉰ G   ㉱ TW

22. 다음 금속 기호의 끝에 첨가하는 기호로서 알루미늄 합금 열처리 기호의 설명 중 틀린 것은?
㉮ A : 어닐링한 상태   ㉯ N : 노멀라이징
㉰ Q : 퀜칭   ㉱ K : 경질

23. 다음 SF 34의 기호 설명 중 틀린 것은?
㉮ S : 강   ㉯ F : 단조품
㉰ 34 : 최저 인장 강도 ㉱ 34 : 재료 탄소량

24. 다음 제5위의 문자 제품 형태 기호 중 파이프의 기호는 어느 것인가?
㉮ ◉   ㉯ ◎   ㉰ □   ㉱ △
[해설] ◉ : 둥근강, □ : 각강, △ : 각강

[해답] 5. ㉮ 6. ㉰ 7. ㉱ 8. ㉰ 9. ㉯ 10. ㉮ 11. ㉮ 12. ㉰ 13. ㉱ 14. ㉱ 15. ㉯ 16. ㉱ 17. ㉯ 18. ㉯
19. ㉰ 20. ㉯ 21. ㉯ 22. ㉱ 23. ㉱ 24. ㉯

25. 다음 제5위의 문자 제품 형태 기호 중 'ㄷ'의 기호 설명은 어느 것인가?
㉮ 8각강 ㉯ I형강
㉰ 채널(channel) ㉱ 평강

[해설] 8각강 : ⑧, I형강 : I, 평강 : ▱

26. 다음은 기계 재료의 표시 기호이다. 잘못된 것은?
㉮ SCr – 크롬 강재
㉯ SCM – 스프링 강재
㉰ SNC – 니켈 크롬 강재
㉱ SF – 탄소강 단조품

27. KS 재료 기호 BMC로 표시되는 금속 재료는?
㉮ 흑심 가단 주철   ㉯ 회주철
㉰ 구상 흑연 주철   ㉱ 백심 가단 주철

28. 재질 기호 SKH와 관계 깊은 것은?
㉮ SHS ㉯ SBS ㉰ BSS ㉱ HSR

29. 다음 재료 기호 중 황동 주물의 KS 기호는?
㉮ BsCl   ㉯ PBRI
㉰ BsSl   ㉱ BsC

30. 기계 구조용 탄소강관의 기호는?
㉮ STKM   ㉯ SG
㉰ MSWR   ㉱ SNCM

[해설] SG : 고압 가스 용기용 강관, NSWR : 연강선재, SNCM : 니켈 크롬 몰리브덴강

31. 강인강으로 크랭크축 기어, 축 등에 사용되는 니켈-크롬강의 KS 표시 기호는?
㉮ SCr2   ㉯ SNC 2
㉰ SCM 2 ㉱ SPS 2

32. SM 55C를 설명한 것으로서 옳지 않은 것은?
㉮ SM은 기계 구조용 탄소강을 뜻한다.
㉯ 55는 인장 강도를 뜻한다.
㉰ C는 탄소를 뜻한다.
㉱ S는 강을 뜻한다.

33. 고망간 주강품의 기호는?
㉮ HMnSC   ㉯ GC
㉰ GCD   ㉱ WMC

[해설] GC : 회주철품, GCD : 구상 흑연 주철품, WMC : 백심 가단 주철품

34. 다음 재료 기호 중 탄소 공구강은?
㉮ STC ㉯ SKH ㉰ SPS ㉱ SM

35. 일반 구조용 압연 강재 기호는?
㉮ SS   ㉯ PWR ㉰ SBC ㉱ SWS

36. 다음 합금 공구강의 기호는?
㉮ SM   ㉯ SK   ㉰ SKS ㉱ SNC

[해설] SM : 탄소강, SK : 탄소 공구강, SNC : 니켈 크롬강

37. 다음 중 'STC'의 기호는 무엇을 의미하는가?
㉮ 탄소 공구강   ㉯ 합금 공구강
㉰ 탄소 주강품   ㉱ 스프링강

[해설] 합금 공구강 : STS, 탄소 주강품 : SC, 스프링강 : SPS

38. 백심 가단 주철의 기호는 어느 것인가?
㉮ GC   ㉯ DC   ㉰ WMC ㉱ BMC

[해설] GC : 회주철, DC : 구상 흑연 주철, BMC : 흑심 가단 주철

39. 다음 인청동봉의 기호는 어느 것인가?
㉮ CuS   ㉯ PBR ㉰ BsC ㉱ BrC

[해설] CuS : 동관 A, BsC : 황동 주물, BrC : 청동 주물

해답 25. ㉰ 26. ㉯ 27. ㉮ 28. ㉱ 29. ㉱ 30. ㉮ 31. ㉯ 32. ㉯ 33. ㉮ 34. ㉮ 35. ㉮ 36. ㉰ 37. ㉮ 38. ㉰
39. ㉯

제4장 스케치도와 제작도 작성

1. 스케치의 개요

1-1 스케치의 원칙과 용구

(1) 스케치의 필요성과 원칙
① 현재 사용 중인 기기나 부품과 동일한 모양을 만들 때
② 부품을 교환할 때(마모나 파손 시)
③ 실물을 모델로 하여 개량 기계를 설계할 때의 참고 자료를 그릴 때
④ 보통 3각법에 의한다.
⑤ 3각법으로 곤란한 경우는 사투상도나 투시도를 병용한다.
⑥ 자나 컴퍼스보다는 프리 핸드법에 의하여 그린다.
⑦ 스케치도는 제작도를 만드는 데 기초가 된다.
⑧ 스케치도가 제작도를 겸하는 경우도 있다(급히 기계를 제작하는 경우와 도면을 보존할 필요가 없을 때).

(2) 스케치의 용구

분 류	용구 명칭	비 고
항상 필요한 것	연 필	B, HB, H 정도의 것, 색연필
	용지(방안지, 백지, 모조지)	그림 그리고 본뜬다.
	마분지, 스케치도판	밑받침
	광명단	프린트법에서 사용하는 붉은 칠감
	강철자	길이 300mm, 눈금 0.5mm의 것
	접는자, 캘리퍼스	긴 물건 측정
	외경(내경) 캘리퍼스	외경(내경) 측정
	버니어 캘리퍼스	내경, 외경, 길이, 깊이 등의 정밀 측정
	깊이 게이지	구멍의 깊이, 홈의 정밀 측정
	외경(내경) 마이크로미터	외경(내경) 정밀 측정
	직각자	각도, 평면 정도의 측정
	정 반	각도, 평면 정도의 측정
	기 타	칼, 지우개, 샌드페이퍼, 종이집게, 압침 등

있으면 편리한 것	경도 시험기 표면 거칠기 견본 기타	경도, 재질 판정 표면 거칠기 판정 컴퍼스, 삼각자 등
특수 용구	피치 게이지 치형 게이지 틈새 게이지	나사 피치나 산의 수 측정 치형 측정 부품 사이의 틈새 측정
기　타	꼬리표 납선 또는 동선 기타	부품에 번호 붙임 본뜨기용 비누, 걸레, 기름, 풀 등

1-2 스케치 방법과 작성 순서

(1) 스케치 방법
① **프린트법** : 부품의 표면에 광명단을 칠한 후, 종이를 대고 눌러서 실제 모양을 뜨는 방법이다.
② **모양 뜨기** : 불규칙한 곡선을 가진 물체를 직접 종이에 대고 그리거나, 납선 또는 동선 등을 부품의 윤곽 곡선과 같이 만들어 종이에 옮기는 방법이다.
③ **사진 촬영** : 사진기로 직접 찍어서 도면을 그리는 방법이다.
④ **프리 핸드법** : 손으로 직접 그리는 방법이다.

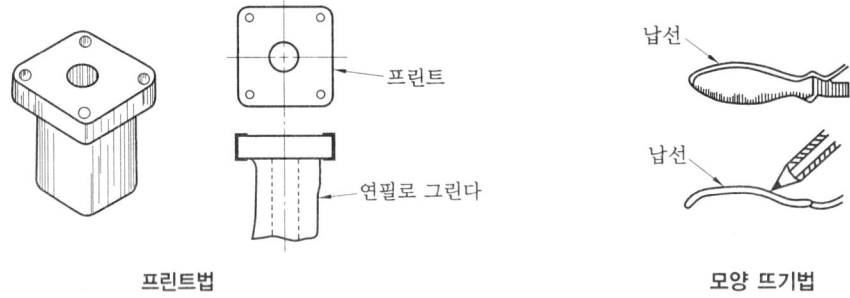

프린트법　　　　　　　　　　　　모양 뜨기법

(2) 스케치의 작성 순서
① 기계를 분해하기 전에 조립도 또는 부분 조립도를 그리고 주요 치수를 기입한다.
② 기계를 분해하여 부품도를 그리고 세부 치수를 기입한다.
③ 분해한 부품에 꼬리표를 붙이고 분해 순서대로 번호를 기입한다.
④ 각 부품도에 가공법, 재질, 개수, 다듬질 기호, 끼워 맞춤 기호 등을 기입한다.
⑤ 완전한가를 검토하여 주요 치수 등의 틀림이나 누락을 살핀다.

(3) 스케치할 때 주의할 점
① 필요한 스케치 용구를 잊지 않도록 한다.
② 스케치도는 간략하고 보기 쉽게 그려야 한다.
③ 정리 번호는 기초가 되는 것부터 기입해야 한다.

④ 표준 부품은 약도와 호칭 방법을 표시해야 한다.
⑤ 조합되는 부품에 대해서는 반드시 양쪽에 맞춤 표시를 해야 한다.
⑥ 대칭형인 것은 생략 화법으로 도시한다.

예상문제

1. 스케치도는 보통 어떤 도법에 의하여 그리는가?
㉮ 회화법   ㉯ 제1각법
㉰ 제3각법   ㉱ 투시도법

2. 스케치의 필요성에 대한 설명 중 관계가 먼 것은?
㉮ 기성품과 같은 기계를 제작할 경우
㉯ 기계를 개조할 필요가 있을 경우
㉰ 기계의 부품이 파손되어 바꿀 경우
㉱ 제작도를 오래 보존할 경우

3. 스케치에 의해 제작도를 완성할 경우의 순서를 나열한 것이다. 맞는 것은?
㉮ 전체 조립도-부품도-부분 조립도
㉯ 부품도-조립도-부분 조립도
㉰ 부분 조립도-부품도-전체 조립도
㉱ 부분 조립도-조립도-부품도

4. 스케치할 때의 주의사항이 아닌 것은?
㉮ 스케치할 물품의 기능을 잘 살펴야 한다.
㉯ 가공법, 재질, 개수, 다듬질 기호 등을 조사한다.
㉰ 표준 부품은 약도와 호칭 방법을 표시해야 한다.
㉱ 간단한 기계라도 분해하기 전에는 조립 도면은 필요 없다.

5. 스케치도 작성 순서에 대한 설명 중 틀린 것은?
㉮ 기계를 분해하기 전에 조립도를 그린다.
㉯ 각 부품도에는 가공법, 재질 등은 기입하지 않는다.
㉰ 완성 후 치수를 재검토한다.
㉱ 부품도를 그려서 세부의 치수를 기입한다.

6. 스케치에 대한 설명으로 틀린 것은?
㉮ 프리 핸드로 그린다.
㉯ 측정한 치수를 기입한다.
㉰ 조립에 필요한 사항을 기입한다.
㉱ 재질, 가공법은 기입하지 않는다.

7. 스케치도 작성 시 알아둘 사항이 아닌 것은?
㉮ 스케치에 필요한 공구
㉯ 능률적인 스케치법
㉰ 물체의 설치법과 가격
㉱ 정확한 치수를 측정하는 법

8. 청사진을 만들 때 필요 없는 것은?
㉮ 연필   ㉯ 감광지
㉰ 원도   ㉱ 암모니아

9. 스케치할 때 치수 측정 용구가 아닌 것은?
㉮ 캘리퍼스   ㉯ 피치 게이지
㉰ 마이크로미터   ㉱ 서피스 게이지

10. 스케치할 때 형을 뜨는 데 사용되는 것은 어느 것인가?
㉮ 광명단 ㉯ 카메라 ㉰ 실   ㉱ 줄자

11. 스케치할 때 원호를 측정할 수 있는 것은 어느 것인가?
㉮ 피치 게이지   ㉯ R 게이지
㉰ 깊이 게이지   ㉱ 마이크로미터

12. 다음 중 스케치할 때 깊이를 측정할 수 없는 용구는 어느 것인가?
㉮ 버니어 캘리퍼스   ㉯ 깊이 게이지
㉰ 자   ㉱ 외경 퍼스

13. 불규칙한 곡선을 스케치하는 데 가장 편리한 것

해답 1. ㉰ 2. ㉱ 3. ㉰ 4. ㉱ 5. ㉯ 6. ㉱ 7. ㉰ 8. ㉮ 9. ㉱ 10. ㉮ 11. ㉯ 12. ㉱ 13. ㉮

은 어느 것인가?
㉮ 납선   ㉯ 철선
㉰ 황동선   ㉱ 화이트 메탈

14. 다음 중 스케치할 때 사용하지 않는 것은?
㉮ 연필   ㉯ 납선
㉰ 광명단   ㉱ 드릴

15. 다음 중 분해, 조립 공구가 아닌 것은?
㉮ 해머   ㉯ 직각자
㉰ 스패너   ㉱ 플라이어

16. 납선이나 동선을 사용하여 스케치하는 방법은 어느 것인가?
㉮ 프리 핸드법   ㉯ 프린트법
㉰ 모양 뜨기   ㉱ 사진 촬영법

17. 다음 중 스케치할 물품을 직접 종이에 대고 그리는 방법은?
㉮ 사진 촬영법   ㉯ 모양 뜨기
㉰ 프린 핸드법   ㉱ 프린트법

18. 다음 중 스케치하는 방법이 아닌 것은?
㉮ 프리 핸드 방법   ㉯ 청사진에 의한 방법
㉰ 모양 뜨기   ㉱ 카메라에 의한 방법

19. 스케치에 의해 제작도를 완성할 때 제일 끝에 그리는 것은?
㉮ 부품 조립도   ㉯ 부품도
㉰ 전체 조립도   ㉱ 배치도

[해설] 스케치로 제작도를 완성할 때는 부분 조립도 → 부품도 → 전체 조립도의 순으로 그린다.

20. 부품 표면에 광명단 또는 스템프 잉크를 칠한 다음 용지에 찍어 실제 형상으로 모양을 뜨는 방법은?
㉮ 프린트법   ㉯ 모양뜨기법
㉰ 프리핸드법   ㉱ 청사진법

21. 다음 중 재질 식별법이 아닌 것은?

㉮ 색깔이나 광택에 의한 법
㉯ 피로 시험에 의한 법
㉰ 불꽃 검사에 의한 법
㉱ 경도 시험에 의한 법

22. 스케치할 때 필요 없는 것은?
㉮ 측정 기구   ㉯ 방안지
㉰ 분해 공구   ㉱ 제도기

[해설] 스케치를 할 때 필요한 것은 분해 기구·측정 기구·방안지·작도 용구·시험지·걸레·광명단 등이다.

23. 기계·기구의 스케치도 작성 시 일반적인 방법이 아닌 것은?
㉮ 제3각법에 의한 정투상도로 그린다.
㉯ 복잡한 것은 사투상도, 등각 투상도, 투시도 등의 방법에 혼용할 수 있다.
㉰ 사진을 첨부할 수도 있다.
㉱ 부분 조립도에서는 치수 기입을 하지 않는다.

24. 스케치도의 작성 시 연필을 잡는 손은 연필 끝에서 얼마 정도를 느슨하게 잡는가?
㉮ 10~20mm   ㉯ 20~30mm
㉰ 30~40mm   ㉱ 40~50mm

25. 프리 핸드법으로 스케치할 때의 방법 중 옳지 않은 것은?
㉮ 직선을 그을 때 연필은 약 50~60° 기울인다.
㉯ 직선이나 원을 그릴 때 연필끝으로 밀면서 그린다.
㉰ 필요에 따라 투시도를 그릴 수 있다.
㉱ 선을 그릴 때 시선은 끝점에 두는 것이 좋다.

26. 입체를 표현할 때 단선 표현법 중 입체 윤곽선은 어느 선을 이용하는가?
㉮ 가는 실선   ㉯ 굵은 실선
㉰ 일점 쇄선   ㉱ 이점 쇄선

27. 다음 중에서 자나 컴퍼스를 쓰지 않고 용지에 직접 그리는 방법은?
㉮ 형뜨기법   ㉯ 직접 측정에 의한 법
㉰ 프린트법   ㉱ 사진 촬영에 의한 법

[해답] 14. ㉱ 15. ㉯ 16. ㉰ 17. ㉯ 18. ㉯ 19. ㉰ 20. ㉮ 21. ㉯ 22. ㉱ 23. ㉱ 24. ㉰ 25. ㉯ 26. ㉯ 27. ㉯

2. 제 작 도

2-1 제작도, 표제란 및 부품란

(1) 제작도의 개요

　제작도에 속하는 것은 부품도, 부분 조립도, 조립도를 통틀어 제작도라 한다. 제작도는 기계를 제작하는데 직접 사용되는 현장 도면으로서 용도 및 관리 방법에 따라 일품일엽식, 다품일엽식이 있다.
① **일품일엽식** : 1장의 도면에 1개의 부품을 그리는 양식이며, 공정 계획, 제작 작업, 원가 계산 등이나 도면 관리상 편리하다.
② **다품일엽식** : 1장의 도면에 2개 이상의 부품을 그리는 양식이며, 부품의 수가 적을 때, 부품을 대조할 때 편리하다.
③ 제작도에는 척도, 표제란, 부품란 등을 기입하여 완성한다.

(2) 제작도 작성의 순서
① 부분의 조립도를 그린다.
② 각 부분의 부품도를 그린다.
③ 조립도를 그린다.
④ 명세표를 만든다.

(3) 표제란
① 표제란에 기입되는 내용
　(가) 도명　(나) 도면번호　(다) 제도소명
　(라) 척도　(마) 투상법　(바) 도면 작성 연월일
　(사) 책임자의 서명란
② **위치** : 도면의 오른쪽 아래에 표제란을 설정한다.
③ 표제란의 크기는 일정하지 않다.

표제란 작성 예

(가) 도　명	링크체인휠	(마) 투상법	3각투상법
(나) 도면번호	1 2 3	(바) 날　짜	2006.5.25
(다) 제도소명	한국기계	(사) 성　명	홍길동
(라) 척　도	링크체인휠		

(4) 부품란
① **품명** : 부품의 명칭을 기입한다.
② **품번** : 도면의 부품 번호를 기입하고 부품란이 표제란 위에 있을 때에는 번호를 아래에서 위로 나열하고, 도면 위쪽에 부품란이 있으면 번호는 위에서 아래로 나열한다.
③ **재질** : 부품의 재료를 기호로 기입한다.
④ **수량** : 도명의 부품 1조분의 수량을 기입한다.
⑤ **중량** : 부품의 무게를 기입한다.
⑥ **공정** : 부품을 가공하는 공정을 공정의 약부호로 기입한다.
⑦ **비고** : 표준 부품 등의 규격 번호, 호칭 방법을 기입한다.

(5) 부품 번호

기계는 다수의 부품으로 조립되어 있는 것이 보통이며, 이들 각 부품은 그 재질, 가공법, 열처리 등이 서로 다르다. 따라서, 각 부품의 제작이나 관리의 편리를 위해서는 각 부품에 번호를 붙인다. 이 번호를 부품 번호(part number) 또는 품번이라 한다. 부품 번호의 기입법은 다음과 같다.

① 부품 번호는 그 부품에서 지시선을 긋고, 그 끝에 원을 그리고 원 안에 숫자를 기입한다.
② 부품 번호의 숫자는 5~8mm 정도의 크기로 쓰고, 숫자를 쓰는 원의 지름은 10~16mm로 하며, 도형의 크기에 따라 알맞게 그 크기를 결정할 수 있으나, 같은 도면에서는 같은 크기로 한다.
③ 지시선은 치수선이나 중심선과 혼동되지 않도록 하기 위하여 수직 방향이나 수평 방향으로 긋는 것을 피한다. 지시선은 숫자를 쓰는 원의 중심을 향하여 긋는다.
④ 많은 부품 번호를 기입할 때에는 보기 쉽도록 배열한다.
⑤ 그 부품을 별도의 제작도로 표시할 때에는, 부품 번호 대신에 그 도면 번호를 기입하여도 된다.

2-2 원도, 트레이스도, 복사도

(1) 원 도

① **원도 그리는 순서** : 원도는 연필로 처음에 그린 도면으로써 물체의 크기, 투상도의 수 및 배치와 표제란, 부품란 테두리선 등을 고려하여 척도와 제도용지의 크기를 결정하며 도형은 대략 다음 순서에 따라 그린다.

㈎ 중심선이나 기준선을 가는 선으로 긋는다.
㈏ 물체의 윤곽선을 흐리게 긋는다.
㈐ 외형선을 긋는다(1개의 투상도마다 완성하지 않고 각 도형을 병행하여 능률적으로 그린다).
㈑ 외형선에 준하여 은선을 긋는다.
㈒ 절단선, 가상선, 파단선 등을 긋는다.
㈓ 불필요한 선을 지우고 도형을 완성한다.
㈔ 필요에 따라 해칭을 한다.

② **치수 기입**

㈎ 치수 보조선, 치수선, 지시선을 긋는다.
㈏ 치수선에 화살표를 그리고 치수를 기입한다.

③ **기호와 그밖의 설명 사항의 기입**

㈎ 다듬질 기호, 끼워 맞춤 기호, 부품 번호 등을 기입한다.
㈏ 설명 사항을 기입한다.
㈐ 표제란, 부품표를 만들고 필요한 사항을 기입한다.
㈑ 도면을 검사한다.

(2) 트레이스도(사도)

복사를 목적으로 원도나 그 밖의 도면 위에 트레이스 용지를 놓고 먹물이나 연필로 그린 도면을 말하며, 트레이스도는 대략 다음 순서로 그린다.

① 중심선을 긋는다.
② 원, 원호를 긋는다.
③ 직선의 굵은 실선을 그은 다음에 은선, 절단선, 가상선이 있으면 긋는다.
④ 치수 보조선, 치수선, 지시선을 긋는다.
⑤ 치수 숫자, 다듬질 기호, 끼워 맞춤 기호 등을 기입한다.

(3) 복사도
① **청사진** : 청색 바탕에 선이나 문자가 희게 나타나는 것이며, 음화 감광지를 사용하여 청사진 기계에서 구워낸다.
② **백사진** : 흰 바탕에 선이나 문자가 자색, 청색, 검정색, 갈색 등으로 나타나며 양화 감광지를 써서 복사기에서 구워낸다. 복사가 비교적 간단하고 추가 기입이나 정정 등이 편리하여 널리 이용된다.
③ **사진** : 트레이스 용지 이외에 켄트지에 그린 도면을 복사할 수 있으며 전자복사법, 마이크로 사진법 등이 있다.

2-3 도면의 관리

(1) 도면의 변경
① 물체의 모양, 치수 또는 가공 방법의 개선 등으로 도면의 일부를 변경하는 일이 있다.
② 도면을 변경할 경우 변경한 곳에 적당한 기호를 붙이고, 변경 전의 모양 및 숫자는 적당하게 보존하여 치수를 알아볼 수 있도록 한다.
③ 변경한 날짜, 이유 등을 기입한다.

(2) 도면의 활용
① 제작도는 부품을 제작하고 조립할 때 사용할 뿐만 아니라 재료의 준비, 공정의 계획, 재료비, 가공 시간, 공임의 견적, 목형, 특수 공구의 준비 등에도 필요하다.
② 주문에 따라 기계를 제작한 후 잘 보관하여 후일에 동일한 기계의 제작, 수리, 개량 등의 작업을 할 때 이용한다.
③ 도면은 언제나 이용하기 쉽도록 정리하여 보관한다.

(3) 도면 번호
① 도면 번호는 일정한 방법에 따라 결정하여 두면 다음과 같은 이점이 있다.
　㈎ 제품의 종류, 모양 등을 분류할 수 있다.
　㈏ 조립도, 부분 조립도, 부품도의 구분 및 도면의 크기 구분도 쉽게 할 수 있다.
　㈐ 목형이나 특수 지그(jig)의 번호도 정리할 수 있다.
② 도면 번호는 표제란에 기입하고 또 도면의 왼쪽 위 구석에 거꾸로 기입하여 두면 도면을 정리할 때 편리하며 표제란이 파손되었을 때 당황하지 않게 된다.

(4) 도면 목록 및 도면 카드
① **도면 목록** : 모든 도면의 작성 날짜, 도면 번호, 도명 등을 기입하여 일람표의 역할을 하게 한다.
② **폐기된 도면** : 도면 목록에 폐기 날짜와 이유를 기입한다.
③ **도면 카드** : 도면마다 표제란 및 부품표와 같은 내용을 기재하는 카드로서 도면을 하나하나 보지 않고 카드로서 내용을 알 수 있게 한다.

(5) 도면의 보관
① 트레이스도는 잘 정리하여 화재, 수해 등에 대비하여 보관고에 보관하고 필요에 따라 복사도를 만들어 사용할 수 있도록 한다.
② 트레이스도는 펼친 그대로나 또는 말아서 보관한다.
③ 복사도를 접어서 보관할 때 접은 치수가 A4로 되게 하고, 표제란이 표면에서 보이도록 접는다.
④ 마이크로 필름으로 촬영하여 보관하면 필요에 따라 신속하게 복사할 수 있으며, 장점은 다음과 같다.
㈎ 트레이스를 모양 그대로 순간적으로 정확하게 기록할 수 있다.
㈏ 보통 직선비 1/15~1/30로 축소할 수 있고 보관 장소를 적게 차지하며, 필요한 도면을 쉽게 찾을 수 있다.
㈐ 복원력이 높고 크기를 자유롭게 할 수 있으며 복사 시간이 짧다.
㈑ 복사할 때 통일된 크기로 할 수 있다.
㈒ 트레이스도와 같은 종이에 비해 보존성이 높다.

예상문제

1. 도면을 접었을 때 겉으로 나오게 되는 것은?
 ㉮ 외형도가 있는 부분
 ㉯ 조립도가 있는 부분
 ㉰ 아무렇게나 해도 무방
 ㉱ 표제란

2. 부품표에 표시하지 않는 것은?
 ㉮ 개수 ㉯ 무게
 ㉰ 품명 ㉱ 척도

3. 도면의 부품 명세표의 품번 순서는? (단, 명세표는 도면 아래의 우단에 있다.)
 ㉮ 아래에서 위로 ㉯ 위에서 아래로
 ㉰ 편리한 대로 ㉱ 우로부터 좌로
 [해설] 명세표가 위의 우단에 있을 경우에는 위에서 아래로 써 내려온다.

4. 부품 번호는 대체로 지름이 얼마인 원에 기입하는가?
 ㉮ 5~10mm ㉯ 10~15mm
 ㉰ 15~20mm ㉱ 20~25mm

5. 스케치하여 얻은 도면을 기본으로 하여 공작도를 제도할 때 필요한 사항이 아닌 것은?
 ㉮ 조립도 ㉯ 부품 번호
 ㉰ 부품도 ㉱ 제품 수량

6. 도면을 정리하는 것 중 관계 없는 것은?
 ㉮ 도면 형식 ㉯ 도면 목록
 ㉰ 도면 번호 ㉱ 도면 카드
 [해설] 도면을 정리하는 데는 도면 목록, 도면 번호, 도면 카드가 있다.

해답 1. ㉱ 2. ㉱ 3. ㉮ 4. ㉯ 5. ㉱ 6. ㉮

제5장 CAD 기초

1. 컴퓨터의 구성

1-1 컴퓨터의 개요

컴퓨터(computer)란 정보를 입력하여 그 정보를 정해진 과정대로 처리하고 그 결과를 제공하는 기기로 우리말로는 보통 전자계산기라 하며, 컴퓨터를 이용하여 정보를 얻어내는 것을 EDPS(electronic data processing system)라 한다.

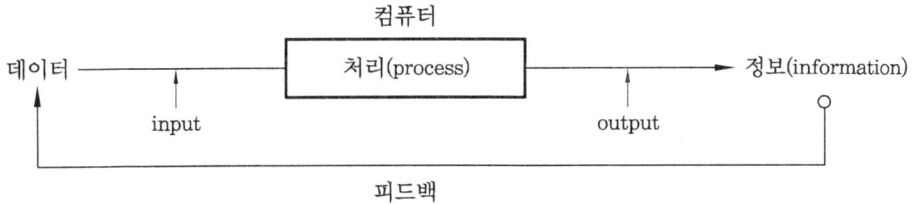

기본 원리

(1) 컴퓨터의 분류

처리능력 및 용량별 분류

분 류	특 징	대표 기종
마이크로컴퓨터 (microcomputer)	개인용 또는 가정용 컴퓨터 단어가 8비트 또는 16비트	Apple IBM PC
미니 컴퓨터 (mini computer)	책상용으로 작은 사무실 또는 대기업의 한 부서용으로 적당 현재 슈퍼 마이크로컴퓨터라고 칭하는 기종	마이크로 VAX MV 4000 MV 8000 시스템
소형 컴퓨터 (small-size computer)	미니 컴퓨터보다 좀더 규모가 큰 시스템으로서 국내에서는 중소기업체와 대학 실습용으로 많이 사용	VAX 11-780 MV 10000 System 36, 38 (IBM) MAPPER 5, 10 (UNIVAC) CYBER 180-810, 830 (CDC)

중형 컴퓨터 (medium-size computer)	주로 대기업체와 일부 대학교에서 사용	IBM 4361 시리즈 CYBER 180-840, 850, 860 UNIVAC 80, 90 시리즈 SYSTEM 11(UNIVAC)
대형 컴퓨터 (large-size computer)	국가기관, 대기업, 대연구소 (KAIST 보유) 등에서 사용	IBM 4381, 3090, 3083, 3084 CYBER 180-990 UNIVAC 1100 시리즈
슈퍼 컴퓨터 (super-size computer)	대부분 선진국에서만 보유, 일기예보, 군사, 원자력, 항공, 우주, 석유 산업 등에서 사용	CRAY 시리즈 CYBER 205

세대별 분류

세대 연대 특징명	제1세대 1950~1958	제2세대 1958~1964	제3세대 1964~1971	제4세대 1971(?)~1980(?)	제5세대 1980(?)~?
하드웨어 특징	진공관 자기 드럼	트랜지스터, 자기 코어, 자기 테이프, 자기 디스크	집적회로 (IC) 모듈별 제작, 입·출력장치 다양	고밀도 집적회로 (LSI) 초고밀도 집적회로 (VLSI)	초고밀도 집적회로 (VLSI) 대규모 집적회로 (GSI)
대표 기종	ENIAC IBM 650 IBM 701 UNIVAC 1	IBM 1401 IBM 1620 IBM 7000 시리즈 CDC 3000 시리즈	IBM 360 시리즈 PDP-11 CDC 6000 시리즈	IBM 370 IBM 3033 CRAY-1 VAX 11	IBM 308 X 시리즈 CRAY 시리즈 CYBER 130 시리즈 IBM 3090
응용 분야	과학계산, 통계, 집계등 기본적인 응용	회계, 생산관리, 판매관리 등 다양한 응용	데이터베이스 통신 등 복합적인 응용	정보 시스템, 로봇, 경영 예측	경영자 중심 응용 전문가 시스템(지식 정보 시스템), 분산처리
대표적 발생 언어	기계어, 어셈블러 등 기계중심 언어	MACRO 어셈블러 FORTRAN, COBOL, ALGOL 등 절차 중심 언어	PL/I, ALGOL 68, BASIC, APL, SN-OBOL 4 등 범용성 언어와 응용 언어	Pascal, C, MO-DULA 등 시스템 프로그래밍 언어	Ada, CHILL 등 범용실시간 언어
개발된 특징들	컴퓨터가 고가이며 부피가 크고 유지보수 비용 과다지출, Neumann형 컴퓨터의 원형완성	심벌릭 언어와 고급 프로그래밍 언어 출현 운영체제 및 번역기(compiler) 출현	미니컴퓨터 출현, 주변장치의 고속화 및 CRT, OMR, NICR 등 개발로 입·출력장치 다양화, 개념의 운영체제	개인용 컴퓨터 소형화, 기억용량의 대형화, 분산처리 시스템	텔레커뮤니케이션 활용, 지식 정보처리 시스템과 고도의 분산 처리 시스템, 자연 언어처리, NonNeumann형 기능의 제안

(2) 디지털과 아날로그 컴퓨터의 비교

구 분	디 지 털	아 날 로 그
입력형식	숫자나 문자	연속적인 물리량
출력형식	숫자나 문자	다이얼 또는 그래프
계산형식	4칙 연산	미·적분 방식

프로그램	유	무
회 로	논리 회로	증폭 회로
정 밀 도	필요한 정도까지	약 0.01%
예	전자계산기	계산자, 계량기

(3) 컴퓨터의 기본 구성

컴퓨터를 구성하는 기본 구성은 하드웨어(hardware)와 소프트웨어(software)로 대별한다. 하드웨어란 시스템을 구성하는 기계장치이고 소프트웨어는 시스템을 효율적으로 운영하기 위한 프로그램과 그 절차에 관한 명령문들로 구성되어 있다.

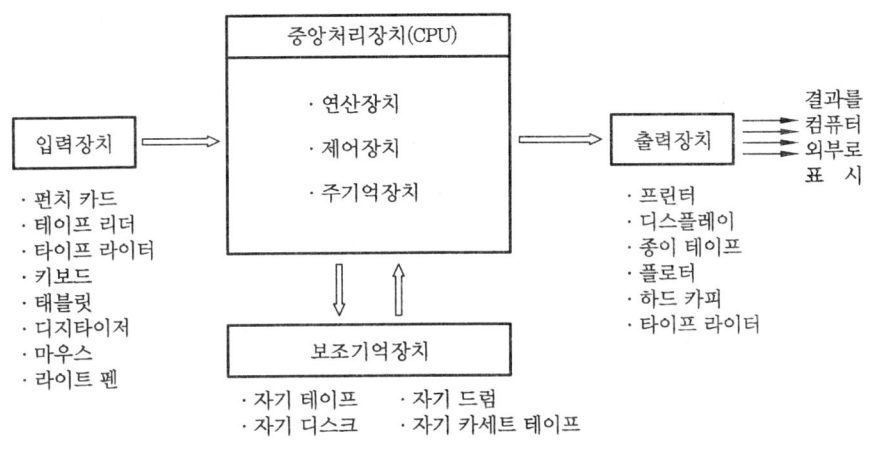

컴퓨터의 기본 구성

1-2 마이크로 CAD 시스템

CAD란 Computer Aided Design의 약어로 컴퓨터를 이용한 설계, 컴퓨터 지원 설계, 컴퓨터에 의한 설계(컴퓨터 설계), 전산 응용 설계 등으로 번역되고 있다. 이것은 컴퓨터의 신속한 계산 능력이나 많은 기억능력, 해석능력을 이용해서 설계 작업을 하거나 제도 작업을 하는 것을 말한다. 초기의 CAD는 컴퓨터 등의 계산능력이 떨어지고, 단순 도면 작성 기능밖에 할 수 없었던 것을 Computer Aided Drafting의 약어로 CAD라 부르기도 하였다. 또 유능한 조수로서의 의미로 Clever Assistant Designer의 약어로 쓰기도 하였다.

(1) 설계 작업의 기본 단계

① 설계자의 이미지를 도면상에 구체화하여 구상을 정리하는 단계 : 기획구상ㆍ기본설계

② 역학적인 계산, 해석 및 시뮬레이션 등을 통하여 설계의 타당성을 상세하게 검토하는 단계 : 상세설계

③ 상세설계의 결과를 토대로 하여 도면 또는 시방서 등에 작성하는 단계 : 제도, 시방서 작성

④ 제조부분에서 이용하는 데이터를 작성하는 단계 : 생산 데이터 작성

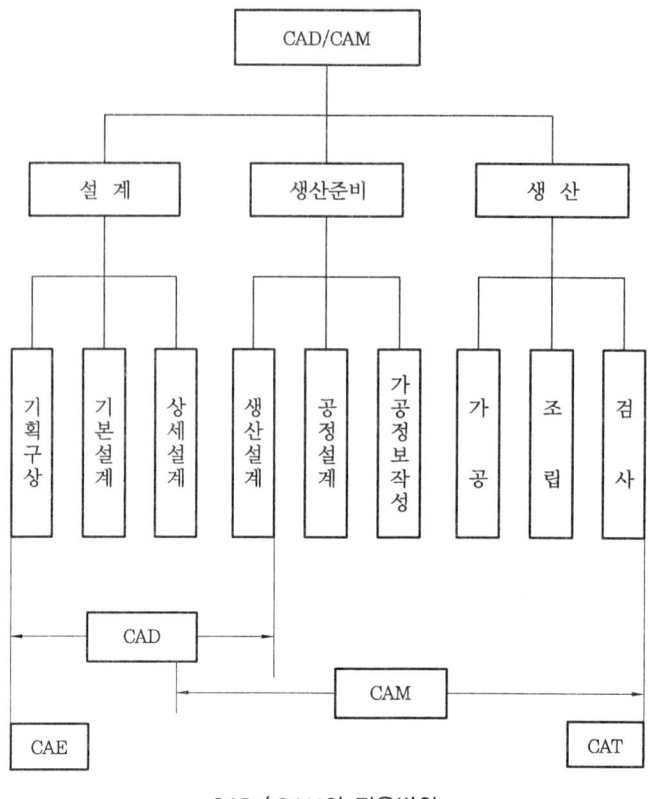

CAD / CAM의 적용범위

(2) 관련 용어 설명

① CAM (computer aided manufacturing) : 생산계획, 제품생산 등 생산에 관련된 일련의 작업을 컴퓨터를 통하여 직·간접으로 제어하는 것

② CAE (computer aided engineering) : 컴퓨터를 통하여 엔지니어링 부분, 즉 기본설계, 상세설계에 대한 해석, 시뮬레이션 등을 하는 것

③ CAP (computer aided planning) : NC 가공에 필요한 정보, 생산 및 검사를 위한 계획 등의 리스트를 작성하는 것

④ CIM (computer integrated manufacturing) : 제품의 사양, 개념 사양의 입력만으로 최종 제품이 완성되는 자동화 시스템의 CAD/CAM/CAE에 관리 업무를 합한 통한 시스템

⑤ CAT (computer aided testing) : 제조공정에 있어서 검사공정의 자동화에 대한 것으로 CAM의 일부분으로 볼 수 있다.

⑥ FMS (flexible manufacturing system) : 생산 시스템을 모듈화하여 처리하는 지능화된 기계군, 기계 공정간을 자동적으로 결합하는 반송 시스템, 그리고 이들 모두를 생산 관리 정보로 결합하는 정보 네트워크 시스템으로 구성되는 공장 자동화 시스템

⑦ FA (factory automation) : 생산 시스템과 로봇, 반송기기, 자동 창고 등을 컴퓨터에 의해 집중 관리하는 공장 전체의 자동화·무인화 등을 이루는 것

(3) CAD의 역사

① 1959년 MIT에서 CAD 프로젝트에서 설계자와 컴퓨터와의 대화, 도형을 통한 대화, 컴퓨터에 의한 시뮬레이션을 제안하면서부터 시작

② 1963년 MIT의 D.T. Ross와 S.A. Coons의 공동 아이디어를 당시 MIT의 학생이었던 I.E. Sutherland가 도형처리를 취급하는 소프트웨어인 SKETCHPAD를 발표. 이것은 대화방식에 의한 도형처리의 시초라 할 수 있으며 컴퓨터 그래픽의 실질적인 시작

③ 1964년 GM(General Motors)사와 IBM의 공동개발에 의해 DAC-I(design augmented by computer)이 발표. 이것은 대화형 도형처리에 의한 자동차의 전면 유리 설계용으로 개발된 것이므로 실용상 CAD의 원형이라 할 수 있다.

④ 1967년 록히드사가 항공기 제조용으로서 CADAM(computer graphics augment design and manufacturing)을 개발·실용시판 CAD 시스템의 효시라 할 수 있는 것으로는 Applicon 사의 AGS, Computer Vision 사의 CADDS 등이다.

⑤ 1973년에는 턴키(turn key) 시스템의 원조라 부르는 ADAM 시스템 발표. 턴키 시스템 제도, NC 자동 프로그래밍용, 치공구 설계용 등 특수 목적에 적합하도록 하드웨어와 소프트웨어가 구성되어 있는 것을 말한다.

⑥ 1980년대에는 DB(database)를 이용하여 설계에서 가공까지 일관된 처리가 가능한 CAD / CAM 시스템이 주된 것이었으며, 3차원 데이터를 취급하는 것이 많아지게 되었다.

⑦ 한국에서는 1970년대에 들어와 미니 컴퓨터를 호스트로 한 단독형에서 턴키 베이스의 CAD / CAM 시스템이 도입되면서부터 급격하게 확산되었다.

(4) CAD 시스템 선정 시 유의사항

시스템을 선정, 도입한다는 것은 대단히 중요하다. 최적의 시스템을 선정하여 도입하게 되면, 그 담당자에게는 전혀 다른 종류의 분야, 수많은 지식과 능력이 요구된다.

시스템을 잘 활용하기 위해서는 대상 제품의 생산공정에 있어서 무엇이 문제가 되는가를 명백하게 알고, 거기에 대해 어떤 효과를 추구하여 도입할 것인가를 명확히 해야 한다.

시스템 선정시 유의사항을 요약하면 다음과 같다.

① 시스템의 이면성
② 시스템의 기능과 효과(도형 처리 기능 등)
③ 전체 기술 시스템에 대한 위치 부여
④ 용이성
⑤ 응답성
⑥ 조작성
⑦ 신뢰성(이상시의 데이터 복원 기능)
⑧ 데이터 베이스 기능
⑨ 확장성
⑩ 생산성과 경제성
⑪ 국내외 공급자의 판매 실적과 지원 능력, 유사업종의 이용 사례
⑫ 가격 및 자금의 융통성

(5) CAD 시스템의 도입효과

시스템의 도입에 따라 각 부문별로 나타나는 적용효과는 각양각색이겠으나 일반적인 공통효과를 요약하면 다음과 같다.

① 품질 향상　　　　② 원가 절감　　　　③ 납기 단축
④ 신뢰성 향상　　　⑤ 표준화　　　　　⑥ 경쟁력 강화

(6) CAD 적용업무

① 개념 설계 : 스케치도, 초기 설계 계산, 요구하는 성능 특성 등
② 기본 설계 : 기기나 부품의 형상 정의, 크기, 해석 계산, 구조 설계, 배치 설계 등
③ 상세 설계 : 조립 설계, 해석, 작도, 상세도, 중량 계산, 배치도 등
④ 생산 설계 : 계획 설계, 치공구 설계, 형 설계, NC 프로그램 설계 등
⑤ 품질 관리 : 자료 집계, 설계 표준화, 성능 특성, 강도해석 등
⑥ 생산 보조 : 부품 교환, 기술 데이터 변경 등

(7) CAD 시스템 도입 시 문제점

① 시스템의 가격이 고가
② 시스템의 효율적인 운용에 대한 불안
③ 소프트웨어 및 하드웨어의 기능·성능에 대한 불안
④ 시스템 도입에 따른 회사에서 정비할 부분이 많이 존재
⑤ 시스템 공급업체로부터 서비스 불안

1-3　CAD 하드웨어

(1) 컴퓨터의 3대 장치

① 입·출력장치
② 중앙처리장치(CPU : central processing unit)
③ 기억장치

(2) 컴퓨터의 5대 기능과 장치

① **입력기능과 입력장치** : 컴퓨터가 외부로부터 필요한 정보를 받아들이는 기능과 장치

② **기억기능과 기억장치** : 처리될 자료나 처리된 중간·최종 결과 및 프로그램을 기억하는 기능과 장치. 컴퓨터 내부의 기억부를 주기억장치(main memory)라 하고, 외부의 기억부를 보조기억장치 또는 외부기억장치라 한다.

③ **연산기능과 연산장치** : 기억된 정보를 토대로 계산, 비교, 판단, 조합하는 등 산술 및 논리 연산으로 실행하는 기능과 장치

④ **출력기능과 출력장치** : 연산 처리한 결과와 기억된 데이터 및 프로그램을 숫자나 문자로 변환시켜 사람이 취급할 수 있는 형태로 외부에 송출하는 기능과 장치

⑤ 제어기능과 제어장치 : 기억된 프로그램을 순서적으로 처리하기 위하여 주기억장치로부터의 명령을 해독·분석하여 필요에 따른 회로를 설정함으로써 각 장치에 제어신호를 보내는 기능과 장치. 크게 해독기와 제어기로 구성하고 있다.

이상의 다섯 장치 중 사람의 두뇌에 해당하는 제어장치, 주기억장치, 연산장치를 보통 한 묶음으로 하여 중앙처리장치 또는 CPU (central processing unit)라 부르며, 입력장치와 출력장치를 총칭하여 입·출력장치라 부른다.

(3) 시스템 본체

컴퓨터 시스템 본체(computer main system)의 구성은 중앙처리장치(central processing unit)와 주기억장치(main memory)로 되어 있다.

① **중앙처리장치(CPU)** : 컴퓨터 시스템에 입력된 자료를 다루는 기능에 따라 계산하는 연산기능, 자료를 제어하는 제어기능, 자료를 처리하는 처리기능으로 구분된다.

기종에 따라서는 크게 80286, 80386, 80486과 펜티엄(Pentium) 등의 이름을 사용한다.

② **주기억장치**
  (개) ROM (read only memory) : 컴퓨터 하드웨어를 관리해 주는 기본 프로그램(BIOS)이 저장되어 있다.
  (내) RAM (random access memory) : 주기억장치의 용량을 말하며, 자료를 기억시키거나 지울 수 있다.

컴퓨터 시스템의 메모리 크기를 나타내는 단위

단 위	바이트 수	설 명
비트 (bit)	0.1	컴퓨터 메모리의 최소단위
바이트 (byte)	8 bit = 1 byte	실질적인 자료 처리는 바이트 수로 한다.
킬로 (kilo-byte)	1,024	2^{10} (1024 byte = 1 kB)
메가 (mega-byte)	1,048,576	2^{20} (1024 kB = 1 MB)
기가 (giga-byte)	1,073,741,824	2^{30} (1024 MB = 1 GB)
테라 (tera-byte)	1,099,511,627,776	2^{40} (1024 GB = 1 TB)

1-4 소프트웨어

(1) CAD 소프트웨어의 종류
① AutoCAD
② ARRIS
③ AES
④ Auto Trol, ARC+, Micro Station, Versa CAD, Pointline CAD

(2) CAD용 소프트웨어의 주요 기본 기능
① 요소 작성기능 　　　　　　　　② 요소 편집기능

③ 요소 변환기능 ④ 도면화 기능
⑤ 디스플레이 제어기능 ⑥ 데이터 관리기능
⑦ 물리적 특성해석 기능 ⑧ 플로팅 기능

1-5 데이터 저장장치

(1) 주기억장치
중앙처리장치와 직접 자료를 교환할 수 있는 장치

(2) 보조기억장치
보조기억장치는 중앙처리장치와 직접 자료를 교환할 수 없고 주기억장치를 통해서만 자료 교환이 가능한 기억장치이다. 보조기억장치에는 자기 테이프, 자기 디스크, 자기드럼, 플로피 디스크, 하드 디스크, 시디롬 디스크를 들 수 있다.

① 자기 테이프(magnetic tape)
  ㈎ 컴퓨터에서 가장 많이 사용되는 입·출력 매체이다.
  ㈏ 처리의 중간 결과가 원장 파일 등을 기록해 놓을 수 있다.
  ㈐ 자기 테이프의 두께는 약 $40\mu m$, 폭은 1/2~3/4인치 정도이다.
  ㈑ 폴리에스테르를 기재로 하여 산화철의 미세분자를 얇게 도포한 것이다.
  ㈒ 자기 테이프의 길이는 1 reel당, 1200, 2400 피트 등이 많이 사용된다.
  ㈓ 7트랙(BCDIC)이나 9트랙(EBCDIC)이 사용된다.
  ㈔ 처리 속도는 4 m/s 정도, 처리방법은 SAM(sequential access method)이다.
  ㈕ 고속 입·출력이 가능하고, 반복 사용이 가능하다.
  ㈖ 기록 밀도(용량)가 크며, 값이 저렴하다.
  ㈗ 단점은 파일 수정 시 전체를 갱신하여야 하며 자기 디스크보다 입·출력이 느리다.

② 자기 디스크(magnetic disk)
  ㈎ 자기 테이프처럼 차례로 처리할 수 있을 뿐만 아니라 필요한 위치를 직접 찾을 수 있다.
  ㈏ 모양은 레코드판과 같고, 원리는 마그네틱 드럼과 같다.
  ㈐ 자기 디스크에는 수천 개의 트랙이 있으며 데이터가 트랙을 따라 입·출력된다.
  ㈑ 대부분 회전속도는 3600 rpm 정도이며 6~11개의 디스크로 묶은 디스크 팩(disk pack)이 한 개의 기억단위로 취급된다.
  ㈒ 처리속도가 빠르며, 기록 밀도가 높고 반복 사용이 가능하다.
  ㈓ 다양한 처리방법으로 사용 가능하고 파일 내의 균일한 시간에 개개의 레코드에 접근할 수 있다.
  ㈔ 단점은 값이 비싸고 취급 시 항상 주의하여야 한다.

  [참고] ① access time : 선택된 트랙의 데이터를 입·출력하는 데 걸리는 시간
         ② seek time : 헤드가 선택된 트랙에 위치하기까지의 시간
         ③ latency or delay time : 해당 트랙에 도착한 이후에 실제 데이터의 위치까지 도달하는 데 걸리는 시간

③ 자기 드럼(magnetic drum)
  ㈎ 알루미늄 합금제의 원통 표면에 자성 재료를 도포한 것이다.

(나) 하나의 트랙 비트를 직렬로 배열해서 기록하는 비트 직렬식과 축방향의 몇 트랙을 사용해 병렬로 배열시켜 기록하는 병렬식이 있다. 또 이를 혼합한 비트 직·병렬식이 있다.
(다) 드럼의 기억장치의 구성은 I/O 정보를 증폭하는 회로, 제어회로, 선택회로, 계수회로, 일치회로로 되어 있다.

④ 플로피 디스크(floppy disk, diskette)
(가) 플로피 디스크는 퍼스널 컴퓨터와 마이크로컴퓨터에서 보조기억장치로 많이 사용되고 있다.
(나) 어드레스와 관계없이 호출시간이 일정하고 랜덤 액세스가 가능한 보조기억장치로서 값이 싸고 누구나 쉽게 이용할 수 있다.
(다) 지름이 8인치인 표준 플로피, 5.25인치인 미니 플로피, 3.5인치인 마이크로 플로피가 있다.
(라) 2 D ($5\frac{1}{4}''$) : double density
  40 (한 면의 트랙수)×9(섹터수)×512(섹터당 기억하는 byte수)×2(양면)
    $=360=2^{10}$ B$=360$ kB
(마) 2 HD($5\frac{1}{4}''$) : double hige density
  80(한 면의 트랙수)×15(섹터수)×512(섹터당 기억하는 byte수)×2(양면)
    $=1200=2^{10}$ B$=1.2$ MB

⑤ 하드 디스크(HDD) : 플로피 디스크보다 기억용량이 크고 처리속도가 빠르다. 진공 처리된 밀폐된 용기 안에 있는 여러 개의 금속원판(platter)들로 구성되어 있다.

⑥ 시디롬 디스크(CD-ROM) : 콤팩트디스크 읽기전용 기억장치로 그 원판을 타이틀(title)이라고 부른다. 밝고 어두운 점들로 이루어진 극히 미세한 무늬를 사용하여 광학적으로 정보를 저장한다. 방대한 양의 정보(최대 640 MB)를 저장할 수 있다.

예상문제

1. 중앙처리장치(CPU : central processing unit)의 구성 요소가 아닌 것은?
㉮ 제어장치   ㉯ 연산논리장치
㉰ 보조기억장치   ㉱ 주기억장치
[해설] 중앙처리장치는 보통 제어장치, 주기억장치, 연산장치로 구성된다.

2. 다음 중 컴퓨터 시스템의 기본 3요소로 옳은 것은?
㉮ process – I/O – control
㉯ input – output – process
㉰ input – output – contol
㉱ control – input – output
[해설] 컴퓨터 시스템의 주요 구성장치는 입력, 처리, 출력장치이다.

3. 보조기억장치에 관한 설명이다. 틀린 것은?
㉮ 자기 드럼은 자료의 입·출력이 빠르고 기억 용량이 큰 장치이나, 실제로 흔히 이용되고 있지는 않다.
㉯ 자기 디스크는 random access도 가능하다.
㉰ 자기 테이프는 처리 속도와 기억 용량면에서 자기 디스크보다 이용가치가 훨씬 높다.
㉱ 자기 테이프는 sequential access 만을 할 수 있다.
[해설] 자기 디스크가 자기 테이프보다 처리 속도 용량면에서 우수하다.

4. 중앙처리장치에서 정보를 기억시키는 것을 무엇

[해답] 1. ㉰ 2. ㉯ 3. ㉰ 4. ㉮

이라 하는가?

㉮ store ㉯ transfer
㉰ fetch ㉱ load

[해설] store : 정보를 데이터 기억장치 안에 일정 기간 보존하고 필요할 때 꺼내 쓸 수 있는 장치

5. 컴퓨터 하드웨어(hardware)의 구성 요소로 맞게 짝지어진 것은 어느 것인가?

㉮ 입·출력장치, 기억장치, 중앙처리장치
㉯ 제어장치, 연산논리장치, 기억장치
㉰ 입력장치, 출력장치, 제어장치
㉱ 기억장치, 입·출력장치, 연산장치

[해설] CAD 시스템의 구성요소
① 하드웨어(hardware)
  ㈎ 입력장치   ㈏ 기억장치
  ㈐ 처리장치   ㈑ 출력장치
② 소프트웨어(software)
  ㈎ 처리 프로그램(program)
  ㈏ 운영체제 프로그램(operating system program)

6. 컴퓨터의 구분(working storage)으로 잘못된 것은 어느 것인가?

㉮ 마이크로컴퓨터 : 512 kB까지
㉯ 대형 컴퓨터 : 64 MB까지
㉰ 슈퍼 미니 컴퓨터 : 16 MB까지
㉱ 미니 컴퓨터 : 2048 kB까지

[해설] 마이크로컴퓨터의 기억용량은 64 kB 까지이다.

7. 컴퓨터의 주기억장치와 CPU의 처리속도 차 때문에 개발된 것은 어느 것인가?

㉮ channel   ㉯ blocking
㉰ interrupt ㉱ cache memory

8. 다음 중 보조기억장치가 아닌 것은?

㉮ 자기 디스크   ㉯ 자기 테이프
㉰ 집적회로   ㉱ 자기 드럼

[해설] 보조기억장치에는 자기 테이프 장치, 자기 디스크 장치, 플로피 디스크 장치, 자기 드럼이 있다.

9. 다음 중 컴퓨터의 발전 과정으로 옳은 것은?

㉮ 진공관 → TR → 집적회로(IC)
㉯ 집적회로(IC) → TR → 진공관
㉰ TR → 집적회로(IC) → 진공관
㉱ 진공관 → 집적회로(IC) → TR

10. 다음 중 정보단위 개념이 작은 것부터 큰 것으로 옳은 것은?

㉮ character - field - record - file
㉯ character - record - file - field
㉰ record - field - file - character
㉱ file - record - field - character

[해설] 정보단위 : character → field → record → file

11. 다음 중 여러 장치를 통제하는 기능을 갖는 장치는?

㉮ I / O unit   ㉯ ALU
㉰ memory unit   ㉱ control unit

[해설] 제어장치(control unit) : 컴퓨터 시스템 전체를 지시, 감독, 조정하는 역할을 말한다.

12. 다음 메모리 중에서 전원이 공급되지 않으면 그 내용을 증발시켜 버리는 메모리를 무엇이라 하는가?

㉮ volatile memory
㉯ destructive memory
㉰ static memory
㉱ dynamic memory

[해설] volatile memory : 휘발성 메모리로 RAM이 있다.

13. 다음 중 보조기억장치의 특징이 아닌 것은?

㉮ 대용량 기억장치이다.
㉯ 대형 프로그램을 기억시킬 수 있다.
㉰ 주기억장치보다 비트당 가격이 싸다.
㉱ 주기억장치보다 정보를 읽는 속도가 빠르다.

[해설] 주기억장치가 보조기억장치보다 정보를 읽는 속도가 빠르다.

14. 다음 중 CPU의 기능이라 할 수 없는 것은?

㉮ 정보의 기억   ㉯ 동작의 제어
㉰ 사용자와의 대화 ㉱ 정보의 연산

[해설] CPU 는 제어장치와 연산장치로 구성되어 있다. 제어장치는 주기억장치에 대한 입·출력 작동을 포함하여 전 컴퓨터에 시스템을 조정, 조절한다. 연산장치는 데이터에 대한 산술과 논리연산을 수행한다.

15. 다음 중 보조기억장치로 사용될 수 없는 것은?

㉮ magnetic disk
㉯ floppy disk
㉰ magnetic character

[해답] 5. ㉮ 6. ㉮ 7. ㉱ 8. ㉰ 9. ㉮ 10. ㉮ 11. ㉱ 12. ㉮ 13. ㉱ 14. ㉰ 15. ㉱

㉣ magnetic core
[해설] 자기 코어는 주기억장치이다.

16. 입·출력장치와 기억장치 사이의 가장 중요한 동작의 차이점은 무엇인가?
㉮ 동작 속도　　㉯ 동작의 자율성
㉰ 정보의 단위　　㉣ 착오 발생률

17. 다음 중 컴퓨터의 통신속도를 나타내는 단위는?
㉮ BPI　　㉯ BPT
㉰ MIPS　　㉣ BPS
[해설] ① BPS (bit per second) : 1초간에 전송하는 비트 수로 통신속도를 나타내는 단위
② MIPS (million instruction per second) : 계산기의 속도표시를 나타내는 단위

18. 컴퓨터의 데이터 처리방식과 거리가 먼 것은 어느 것인가?
㉮ 리얼 타임 처리　　㉯ 배치 처리
㉰ 팩시밀리 처리　　㉣ 온라인 처리

19. 다음 컴퓨터 하드웨어 중 프로그램에 의해 처리된 결과가 저장되어 보관되는 장치는?
㉮ 보조기억장치　　㉯ 입·출력장치
㉰ screen　　㉣ 프린터

20. CPU (중앙처리장치)를 2개 부분으로 나누면 어떻게 되는가?
㉮ 연산장치와 제어장치
㉯ 연산장치와 산술장치
㉰ 기억장치와 제어장치
㉣ 주변장치와 제어장치
[해설] 중앙처리장치는 연산장치와 제어장치로 이루어져 있으며, 중앙처리기능은 기억기능, 전달기능, 연산기능, 제어기능이다.

21. 다음 중 평균 액세스 시간 (access time)이 가장 긴 것은?
㉮ 자기 디스크　　㉯ 자기 드럼
㉰ 자기 테이프　　㉣ 자기 기억장치
[해설] access time : 접근시간 → 기억장치의 동작속도를 나타내는 단위의 하나이다.

22. 자기 테이프의 BPI 란 무엇을 뜻하는가?
㉮ 파일의 크기
㉯ 자료의 기록 밀도
㉰ 자료의 전송 속도
㉣ 레코드 간격
[해설] BPI (bytes per inch) : 테이프 1인치당 저장될 수 있는 문자 혹은 바이트 수를 나타내는 단위로 테이프 밀도를 의미한다.

23. 컴퓨터를 용량에 따라 분류한 것이 아닌 것은?
㉮ 범용 컴퓨터　　㉯ 소형 컴퓨터
㉰ 중형 컴퓨터　　㉣ 대형 컴퓨터

24. 다음은 컴퓨터 바이러스 예방에 대한 설명이다. 틀린 것은?
㉮ 수시 혹은 정기적으로 백업받는다.
㉯ COMMAND.COM의 파일 속성을 읽기 전용으로 만들어 준다.
㉰ 하드 디스크일 경우에는 플로피 디스크로 부팅한다.
㉣ 플로피 디스켓은 쓰기 방지 탭을 붙인다.

25. 디스켓의 쓰기방지 홈 (write protect notch)이 막혀져 있을 때의 설명이다. 틀린 것은?
㉮ 디스크에 저장되어 있는 자료를 지울 수 있다.
㉯ 포맷 명령으로 포맷은 가능하다.
㉰ 새로운 자료의 저장이 허용되지 않는다.
㉣ 디스크에 저장되어 있는 자료를 읽어낼 수 있다.
[해설] 디스켓의 쓰기방지 홈의 용도는 디스크에의 정보기록 가능여부를 지정할 수 있는 홈이다.

26. 컴퓨터의 구성 중 연산장치를 포함하고 있는 것은?
㉮ 중앙처리장치　　㉯ 제어장치
㉰ 출력장치　　㉣ 보조기억장치

27. 컴퓨터의 주변장치들 중에서 기능상 성격이 다른 것은?
㉮ 자기 문자 판독장치
㉯ 자기 드럼 장치
㉰ 자기 테이프 장치
㉣ 자기 디스크 장치

28. 포트란, 코볼 등 컴파일러 언어가 개발된 단계는?
㉮ 제 2 세대　　㉯ 제 3 세대
㉰ 제 4 세대　　㉣ 제 5 세대

29. 다음은 RS232C에 대한 설명이다. 틀린 것은?
㉮ RS232C 는 직렬통신의 대표적인 규격

[해답] 16.㉯ 17.㉣ 18.㉰ 19.㉮ 20.㉮ 21.㉰ 22.㉯ 23.㉮ 24.㉰ 25.㉮ 26.㉮ 27.㉮ 28.㉮ 29.㉰

㈐ RS232C 커넥터, 각 핀의 명칭 및 기능이 정해져 있다.
㈑ RS232C의 최대 전송길이는 1 km이다.
㈒ RS232C는 2개의 송·수신 신호선과 5개의 제어선 그리고 2개의 접지선이 필요하다.

[해설] RS232C는 동일 실내의 통신에 사용하고 RS422와 RS423은 사업소 내 등의 넓은 범위에서 통신하는 경우에 사용하며, 최대 전송길이도 1.5 km 정도가 된다.

30. CAD 작업실은 밝기가 위에서 보았을 때 어느 정도이어야 하는가?
㉮ 500 럭스 이하 ㉯ 200 럭스 이하
㉰ 500 럭스 이상 ㉱ 1000 럭스 이상

[해설] CAD 작업실은 위에서 보아 500 럭스 이하, 옆에서 보아 300 럭스 이하일 것

31. 다음 중 컴퓨터의 기억용량의 표시가 틀린 것은?
㉮ 1 byte = 16 bit
㉯ 1 kilobyte = 2^{10} bit
㉰ 1 megabyte = 2^{20} bit
㉱ 1 gigabyte = 2^{30} bit

[해설] 정보를 나타내는 최소 단위는 1 bit이며, 1 byte = 8 bit

32. 컴퓨터 내부에서 2진수 '0' 또는 '1'의 한 비트를 기억하는 능력을 가진 2진 소자는 어느 것인가?
㉮ 플립플롭   ㉯ 누산기
㉰ 해독기   ㉱ 가산기

[해설] 2진 소자 : 플립플롭

33. CAD 시스템의 최초 탄생은 언제쯤인가?
㉮ 1963 ㉯ 1975 ㉰ 1980 ㉱ 1950

[해설] 대화방식에 의한 도형처리가 가능한 CAD 시스템의 탄생은 1963년이다. 미국 MIT의 D.T Ross와 S.A Coons의 공동 아이디어로 당시 학생이었던 I.E Sutherland가 SKETCHPAD를 발표하였으며 라이트 펜을 사용하였다.

34. 대화용 도형처리의 개념을 도입한 CAD 시스템의 원조라 할 수 있는 것은?
㉮ Auto CAD   ㉯ SKETCHPAD
㉰ CADAM   ㉱ CADD

[해설] 한국에는 1970년대 CAD 시스템이 처음으로 도입되었다(SKETCHPAD).

35. CAD/CAM 시스템에서 분산형의 장점이 아닌 것은 어느 것인가?
㉮ 하나의 분산 시스템 고장이 다른 시스템에 영향을 주지 않는다.
㉯ 초기 투자비용이 비교적 적게 든다.
㉰ S/W나 DB가 독립되어 있어 가볍게 사용할 수 있다.
㉱ 다른 DB를 검사하는 데 시간이 걸리지 않는다.

[해설] 분산형에서는 다른 DB를 검사하는 데 시간이 걸리는 단점이 있다.

36. 데이터를 크기 순으로 재배열하는 작업을 무엇이라 하는가?
㉮ 머지   ㉯ 순서 검사
㉰ 서지   ㉱ 소트

37. 인터럽트(interrupt)에 대한 설명으로 맞는 것은?
㉮ 자기 디스크의 트랙에 문제가 발생한 경우
㉯ 출력을 대기하고 있는 상태
㉰ CPU가 현재 상태를 중단시키고 발생된 상태를 처리하는 것
㉱ CPU가 고장난 상태

[해설] 인터럽트(가로채기) : CPU가 어떤 명령을 수행하다가 요청에 의해 또 다른 명령을 실행하는 것

38. CAD 시스템에서 작성한 기하학적 도형의 크기가 플로터의 최대 출력용지 크기보다 클 때 취할 수 있는 최선의 조치는 어느 것인가?
㉮ 다시 작성한다.
㉯ 할 수 없다.
㉰ 수치를 작게 한다.
㉱ 스케일을 조정한다.

[해설] CAD S/W 상의 플로팅 스케일을 조정하거나 플로터 자체에서 스케일을 조정하면 된다.

39. 다음 중 주기억장치의 정보를 저장하는 단위는?
㉮ byte   ㉯ address
㉰ bit   ㉱ 레지스터

[해설] 주기억장치 : ROM, RAM이 있고 기본 저장 단위는 byte이다.

[해답] 30. ㉮ 31. ㉮ 32. ㉮ 33. ㉮ 34. ㉯ 35. ㉱ 36. ㉱ 37. ㉰ 38. ㉱ 39. ㉮

2. CAD 시스템의 입·출력장치

2-1 CAD 시스템의 입력장치

입력장치는 외부의 데이터를 컴퓨터 내부로 보내주는 역할을 하는 장치로서 데이터의 입력, 커서의 제어, 기능의 선택을 수행하게 된다.

(1) 물리적 입력장치

① 키보드 (keyboard) : 키보드는 영숫자, 특수문자 등의 데이터를 입력하는 알파뉴메릭 키(alphanumeric key) 외에 사용상의 편의를 위하여 특수한 기능을 갖고 있는 기능키(function key)나 워드 프로세서를 위한 키패드(keypad) 등을 따로 갖고 있다.

다른 입력장치와의 차이는 키마다 ASCII 코드에 따른 고유한 값이 정해져 있으며, 데이터의 입력이나 명령어의 입력에 주로 사용된다.

② 태블릿 (tablet) : 태블릿은 주로 좌표 입력, 메뉴의 선택, 커서의 제어 등에 사용되며, 보통 50 cm 이하의 소형의 것을 말한다. 대형의 것은 디지타이저(digitizer)라 부르며, 태블릿과는 구별하고 있으나 기능은 동일하다.

디지타이저는 사용 가능한 액티브 영역(active area)과 해상도(resolution)로 그 성능을 표시한다. 해상도는 단위 길이당 점의 개수로 표현하며 고해상도는 0.001인치의 정확도를 갖는다. 디지타이저는 2차원의 x, y 좌표값 입력에 국한하므로 3차원용으로는 부적당하다.

태블릿의 종류에는 자외식, 메가롤(megroll)식, 자계 위상식, 전자 유도식, 유도 전압식, 전자 수수식, 초음파식 등이 있는데 현재 전자 유도식이 널리 이용되고 있다.

초음파식은 온도, 습도 등의 영향을 받게 되므로 이용도가 낮다. 코드가 없는 형(codeless type)은 전자 수수식으로 펜(pen)/커서(cursor)는 전원을 필요로 하지 않고, 탱크(tank) 회로에서 되돌아오는 전자파의 위상이 각각 다른 복수의 회로를 구성하면 코드가 없는 형을 구성할 수 있다.

③ 마우스 (mouse) : 마우스는 손에 넣을 수 있을 만한 크기로 테이블(table) 위에서 이를 이동시키면 디스플레이 화면 중의 십자 마크(커서)를 이동시켜 그래픽 디스플레이에 표시된 도형이나 스크린상의 메뉴를 일치시켜 버튼을 살짝 누르면 도형 데이터가 인식되거나 명령어가 입력된다. 또 그래픽적인 좌표 입력도 가능하다.

마우스의 구조는 밑면 중앙에 볼(ball)이 있으며, 볼의 회전을 검지하여 로터리 엔코더(rotary encoder)에서 x 방향이나 y 방향의 이동량을 산출하여 화면 중의 십자 마크(커서)를 이동시키게 된다. 이는 기계식과 광학식이 있는데 기계식 마우스가 많이 사용된다.

④ 스캐너 (scanner) : 그림, 사진 등과 같은 자료를 입력받아 DTP, 프레젠테이션, 멀티미디어 제작 등에 이용하는 것으로, 해상도가 떨어지는 저화질 스캐너에서 전문적인 고화질 스캐너 등이 있다.

⑤ 조이스틱 (joy-stick) : 마우스와 같이 화면상의 도형 인식이나 메뉴를 지시하는 데 사용되며, 스틱(stick)을 움직이는 방향에 대응하여 십자 마크(커서)가 화면 중에 이동한다.

조이스틱에는 스틱을 돌리면 도형이 확대 또는 축소되는 것이 있고, 스틱을 움직이는 방향으로 스크롤링 (scrolling) 할 수 있도록 되어 있는 것이 있다.

⑥ **컨트롤 다이얼 (control dial)** : 도형을 확대·축소하거나, 이동·회전하는 경우에 손쉽게 사용할 수 있도록 되어 있다. 각각의 다이얼에 x 방향 이동, y 방향 이동, z 방향 이동, x 축 회전, y 축 회전, z 축 회전, 확대·축소 등의 기능을 갖고 있다.

⑦ **기능키 (function key)** : 10개에서 30개의 버튼이 나란히 배열되어 있으며 각 버튼은 각각의 기능을 갖고 있다. 버튼을 누르면 도형의 작성이나 이동, 복사 등의 명령을 손쉽게 CAD 시스템에 줄 수 있다. 영·숫자, 특수문자의 입력이나 도형의 인식 등은 기능키를 이용할 수 없다.

⑧ **트랙 볼 (track ball)** : 마우스와 같은 기능을 갖고 있으며, 볼을 손으로 회전시키면 그에 대응하여 디스플레이 상의 십자 마크(커서)가 이동하게 된다.

⑨ **라이트 펜 (light pen)** : 라이트 펜은 그래픽 스크린상에서 특정의 위치나 도형을 지정하거나 자유로운 스케치, 그래픽 스크린상의 메뉴를 통한 커맨드(command) 선택이나 데이터 입력 등에 사용되며, 그래픽 스크린상에 접촉한 자리의 빛을 인식하는 장치로 광다이오드나 광트랜지스터 또는 광선 감지기(light sensor)를 사용한다.

라이트 펜은 그래픽 디스플레이어의 종류 중 랜덤 스캔(random scan)형과 래스터 스캔(raster scan)형 등의 리프레시(refresh)형에만 사용할 수 있다.

(2) 논리적 입력장치

① **실렉터 (selector)** : 스크린상의 특정 물체를 지시하는 데 사용하는 장치(예 light pen)
② **로케이터 (locator)** : 좌표를 지정하는 역할을 하는 장치(예 digitizer, joy-stick, stylus/tablet, track ball, mouse)
③ **밸류에이터 (valuator)** : 스크린상에서 물체를 평행 이동 또는 회전시킬 경우, 그 양을 조절하는 등 특정의 파라미터 값을 변화시키는 데 사용하는 장치(예 rotary potentiometer, slide potentiometer)
④ **버튼 (botton)** : 키보드와 조합된 형태로 각 버튼마다 프로그램된 기능에 의해 작동되는 장치 (예 programed function keyboard)

2-2 CAD 시스템의 출력장치

출력장치는 CAD 시스템 내부에 수학적인 데이터로 저장되어 있는 정보를 인간이 쉽게 파악할 수 있도록 나타내는 장치로 다음과 같이 분류한다.

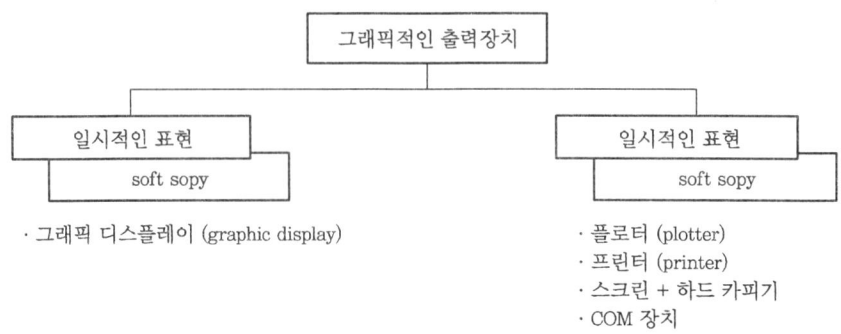

(1) 일시적인 표현 장치(=그래픽 디스플레이)

그래픽 디스플레이는 도형을 고속으로 표시하는 기기로 CRT(음극선관 : cathode ray tube)를 많이 사용하는데, CRT는 인간과 컴퓨터를 연결하는 장치 중에서 사람과 접하는 시간이 가장 많은 장치이다.

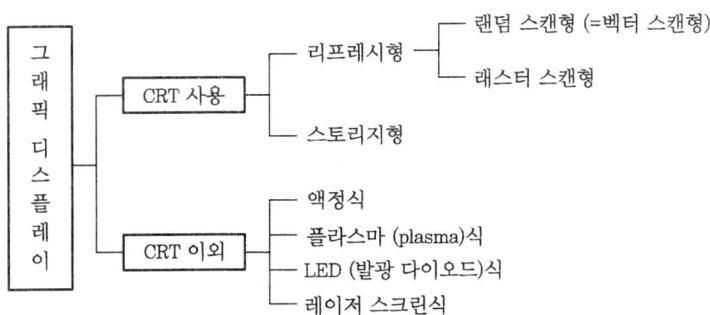

그래픽 디스플레이는 형광 물질의 종류, 픽셀(pixel)의 수, 사용하는 메모리의 양 등에 따라 다양하게 구분하며, 디스플레이 모드에 따라 스토리지 튜브 디스플레이(DVST : direct view storage tube display), 랜덤 스캔 디스플레이(random scan display), 래스터 스캔 디스플레이(raster scan display)의 세 종류로 분류한다.

역사적으로는 랜덤 스캔 디스플레이, 스토리지 튜브 디스플레이, 래스터 스캔 디스플레이 순으로 사용되어 왔다.

① **랜덤 스캔형**(random scan type) : 3종류의 디스플레이 중에서 최초로 개발된 디스플레이로 벡터 스캔(vector scan)형이라고도 부르며, 현재에도 많이 사용되고 있는 기종이다. 그러나 값이 비싸기 때문에 점차 저가격인 래스터 스캔 디스플레이에 밀려나고 있다.

    랜덤 스캔형의 특징을 요약하면 다음과 같다.
- (개) 고정밀도의 화면을 표시할 수 있다.
- (내) 애니메이션(animation)이 가능하다.
- (대) 라이트 펜을 사용할 수 있다.
- (래) 도형의 표시량에 한계가 있다.
- (매) 플리커가 발생하는 경우가 있다(매초 30회 이상의 리프레시가 필요하다).
- (배) 가격이 비싸다.

② **스토리지형**(direct view storage tube type) : 랜덤 스캔형의 비싼 가격에 대항해서, 스토리지형은 1970년대 초 무렵부터 급속도로 보급이 진전되었다. 형상을 표시하면 랜덤 스캔형과는 달리 길면 2~3시간이나 표시가 유지되는 경우가 있다. 즉, 도형의 형상을 CRT 화면상에 저장(storage)할 수가 있다.

    스토리지형의 특징을 요약하면 다음과 같다.
- (개) 표시할 수 있는 도형의 양에 제한이 없다.
- (내) 플리커가 발생하지 않는다.
- (대) 고정밀도이다.
- (래) 저콘트라스트(contrast)이다.
- (매) 디스플레이된 도형의 부분적인 삭제가 어렵다.
- (배) 흑백이다(단색이다).

③ 래스터 스캔형(raster scan type) : 1970년대 후반에 래스터 스캔형이 발표되어 오늘날에는 래스터 스캔형이 주류가 되어가고 있다. 랜덤 스캔 디스플레이와는 차이가 있으며, 또한 전자빔의 주사방법은 텔레비전과 같으며, 도형의 유무에 관계없이 항상 수평방향으로 주사시켜 상을 형성하는 방식이다.

　　래스터 스캔형의 특징을 요약하면 다음과 같다.

㈎ 컬러 표시가 가능하다.
㈏ 표시할 수 있는 도형의 양에 제한이 없다.
㈐ 가격이 저렴하다.
㈑ 플리커 프리이다.
㈒ 고정밀도를 내기가 어렵다.
㈓ 표시 속도가 약간 느리다.

④ 화면표시장치의 특성 비교 : 화면표시장치를 디스플레이 모드에 따라 특성을 비교하면 다음과 같다.

구　분	스토리지형 (DLST type)	랜덤 스캔형 (random scan type)	래스터 스캔형 (laster scan type)
해상도(resolution)	우수	양호	빈약
동태성(dynamic)	불가능	우수	좋음
공간성(area fill)	없음	없음	좋음
편집성(edit)	선택 불가능	가능	가능
강도(intensity)	없음	있음	있음
가격(cost)	싼편	비쌈	적당
색(color)	-	가능	광범위함
화면복사(screen copy)	가능	광범위함	가능
깜박거림(flicker)	없음	문제점	없음
속도(processing velocity)	늦음	매우 빠름	빠름

⑤ 컬러 디스플레이(color display) : 컬러 CRT에는 현재 섀도 마스크 방식, 그리드 편향 방식, 페니트레이션 방식의 3가지가 있다. 컬러 CRT를 사용하면 가정용 텔레비전과 같이 도형을 컬러로 표현할 수 있으며 컬러의 종류는 비디오 메모리와 컬러 고정 테이블에 따라 정해진다.

(2) 영구적인 표현장치

그래픽 디스플레이는 빠른 응답성, 컬러 표시 및 움직이는 화상 표시 등에 큰 위력을 발휘하지만 기록의 보존이라는 용도에는 적합하지 않다.

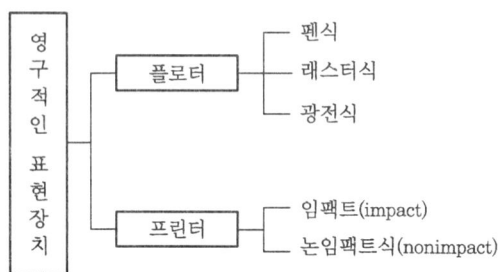

(3) 플로터 (plotter)

① **플랫 베드형 (flat bed type)** : 플랫 베드형은 편평한 테이블(type) 위에 막대(bar)가 있고, 그 막대에 펜 헤드(pen head)가 놓여 있어 막대가 좌우로, 펜 헤드가 막대 위를 전후로 움직이며 펜이 상하로 움직이면서 테이블 위에 놓인 용지 위에 도형을 그리게 된다.

　플랫 베드형의 특징은 다음과 같다.

㈎ 고밀도, 고정도의 작화가 가능하다.
㈏ 작화 중의 모니터가 용이하다.
㈐ 용지의 선정이 비교적 자유롭다.
㈑ 설치 면적이 크다.
㈒ 정비 보수가 까다롭다.
㈓ 가격이 비싸다.
㈔ 용지의 교환이 번거롭다.
㈕ 테이블과 용지의 밀착성이 요구된다.

② **드럼형 (drum type)** : 드럼형 플로터는 원리적으로 플랫 베드형의 베드를 원통(drum)으로 만든 것이다. 원통으로 함으로써 x 방향으로는 작화 길이가 무한대로 되는 동시에 설치 면적이 작게 된다.

　작도 용지는 롤(roll)로 되어 있는 길이가 긴 것을 사용하고, 용지를 드럼에 걸어 진공(vacuum)으로 드럼 양축을 잡아당기고 있다. 드럼형은 길이가 긴 용지를 사용할 수 있으므로 장시간 무인 운전이 가능하다. 플로터로서 제도의 성능을 결정하는 3요소는 작화속도·작화 정밀도·선질이다. 이 3가지 요소의 적절한 조화로서 소정의 성능을 얻어야 한다.

　드럼형 플로터의 특징을 요약하면 다음과 같다.

㈎ 기구가 비교적 간단하다.
㈏ 적은 비용으로 가동한다.
㈐ 설치 면적이 좁다.
㈑ 고속 작화가 가능하다.
㈒ 용지의 길이에 제한이 없다(연속 작화가 가능하다).
㈓ 작화 중의 모니터가 어렵다.
㈔ 고정밀도가 아니다.
㈕ 제조 용지가 한정되어 작화 후에 도면을 1매씩 전단하지 않으면 안 된다.

③ **벨트 베드형 (belt bed type)** : 플랫 베드형과 드럼형과의 융합형으로서, 구조적으로는 설치 면적이 작고, 긴 용지나 규격 용지도 사용할 수 있다는 장점이 있다.

④ **리니어 모터형 (linear motor type)** : 드럼형과 플랫 베드형의 플로터들은 $X-Y$축에 2개로 된 각각의 독립된 회전 모터를 움직여 2차원의 좌표를 설정한 기구를 가지고 있지만, 리니어 모터형은 소오야의 원리에 의한 2축 동시 리니어 모터를 사용하여 1개의 모터에 의하여 2차원의 좌표를 설정하여 작화를 하게 된다.

⑤ **퍼스널 플로터 (personal plotter)** : 지금까지의 플로터는 초고속, 고정밀도 및 대형화에 치우쳐 발전되어 온 경향이 있으나 퍼스널 플로터는 어디서든지 손쉽게 사용할 수 있는 개인 전용 플로터이다.

⑥ **잉크제트식(ink-jet type)** : 그래픽 디스플레이에 나타난 화상을 그대로 받아 도면으로 표현하는 기기이다. 이것은 잉크를 품어내는 노즐(nozzle)을 갖고 있는 헤드(head)가 좌우로 움직여 소정의 위치에서 잉크를 불어내어 도형을 그린다.

⑦ **정전식(electrostatic type)** : 지금까지의 플로터는 펜이 움직여 작도를 했으나, 정전식 플로터는 펜 대신 전극이 8본/mm의 간격으로 1열로 나란하게 구성되어 있는 종이에 음전하를 발생시키고 양전하를 띤 검정색의 토너를 흘려서 도면을 작성한다.

정전식 플로터의 단점은 도형 정보를 래스터 데이터로 변환해야 하는 것이다. 그러나 작도에 요하는 시간은 A1 용지에 30초 정도 소요된다. 현재 보급되고 있는 것은 단색(흑색) 형과 전 컬러(full color)기종이 있으며, 도면 내의 데이터량에 구애받지 않고 단시간에 작도하기 때문에 사용 빈도가 높아지고 있다.

정전식 플로터의 특징은 다음과 같다.
㈎ 작화 속도가 빠르다. 용지의 가로 1열을 동시에 그리기 때문에 거의 용지의 조출 시간이면 그릴 수 있다.
㈏ 펜 플로터용 작화 데이터를 그대로 사용할 수 있다.
㈐ 자동 레이아웃 기능과 용지의 자동 절단 기구에 의하여 용지의 유효 이용과 작화된 도면의 정리를 위한 인력을 생략할 수 있다.
㈑ 고화질이다.
㈒ 저소음이다.
㈓ 토너와 기록용지의 호환성이 작다.
㈔ 벡터 데이터를 래스터 데이터로 변환해 주어야 한다.

⑧ **열전사식** : 열전사 방식은 필름에 도포한 잉크(color의 경우, yellow, cyan, magenta, black)를 발열 저항체로 배열한 서멀 헤드로 녹여 기록지에 전사하는 방식이다. 해상도를 올리기 위해서는 헤드에 가는 발열 저항체를 배열하면 된다. 열전사 방식은 용융열전사 방식과 승화열 전사 방식이 있다. 이는 A3 사이즈 정도까지 가능하다.

⑨ **광전식** : 광전식 플로터는 주로 프린트 패턴 필름(pattern film)을 작성할 때 사용한다. $X-Y$ 플로터보다도 더 높은 정밀도를 요구하므로 볼 스크루(ball screw)의 피치 오차를 보정하기 위한 기기를 설치하고 있다. 또 감광 필름에 소요되는 광량을 항시 검출하여 광량 제어를 하고 있다.

⑩ **레이저 빔식(laser beam type)** : 레이저 빔 방식 플로터는 복사기와 같은 원리로 레이저광을 회전경으로 주사하고 감광 드럼에 비추면 레이저광의 ON/OFF에 의하여 감광 드럼상에 정전기의 잠상이 만들어지는데 여기에 토너를 흡착시켜 현상한다.

레이저 빔 방식의 특징은 다음과 같다.
㈎ 고품질의 도면을 얻을 수 있다.
㈏ 보통의 종이를 사용할 수 있어 사용 중의 가격이 싸다.
㈐ 작화 속도가 빠르다.
㈑ A2 이상의 사이즈를 사용할 수 없다.
㈒ 광학제의 기구가 복잡하다.

⑪ 플로터의 특성 비교 : 각 플로터의 특성을 비교하면 다음과 같다.

내용＼종류	기계식	정전식	레이저식	잉크제트식	열전사식	감열식
치 수	대	대	소	중	소	소
분 해 능	고	고 (16본/mm)	중 (10본/mm)	저	저	저 (8본/mm)
정 도	고	중	중	중	소	소
묘화속도	저	고	고	중	고	고
종 이	보통지	특수지	보통지	보통지	특수·보통지	특수지
가 격	고	중	저	중	저	저
색	여러 가지색	단색	단색	다색	다색	단색
보 존 성	양	양	양	중	양	난
신 뢰 성	난	중	중	난	양	양

(4) 하드 카피 장치 (hard copy unit)

하드 카피 장치는 CRT 화면에 나타난 영상을 그대로 복사하는 기기이다. 컴퓨터를 이용한 설계작업시 신속하게 변하는 중간중간의 결과를 관찰하기에는 편리하나 플로터에 비해 해상도가 나쁘므로 최종 도면의 출력용으로는 적합하지 않으며, 기록 방식으로는 비디오 기록 방식, 감열 기록 방식, 정전 파괴 기록 방식, 레이저 빔 방식이 사용되고 있다.

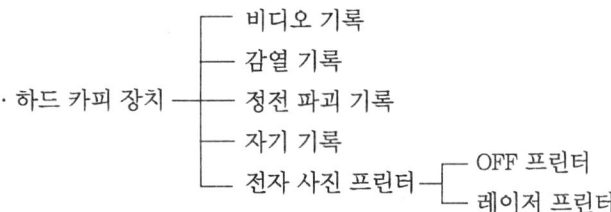

(5) COM (computer output microfilm) 장치

COM 장치는 플로터가 종이 위에 영상을 표현하는 대신 마이크로필름으로 출력하는 기기이다. 따라서 종이처럼 필름에 수정을 할 수가 없으며, 플로터보다 해상도도 뒤떨어진다. 그러나 마이크로필름으로 보관된 내용은 언제든지 확대해서 볼 수 있을 뿐만 아니라 크기가 작아 보관하기 쉬우며 다른 출력장치에 비해 처리 속도가 상당히 빠르다. 이와 같은 COM 장치의 특성으로 자동제도 및 설계분야에서 많이 사용되고 있다.

(6) 프린터 (printer)

▶ 프린터의 종류

프린터를 기구면에서 분류하면 임팩트(impact) 방식과 논임팩트(nonimpact) 방식으로 나눈다.
가장 오래 전부터 사용되고 있는 활자 임팩트 방식으로 라인 프린터와 시리얼 프린터가 각각 용도에 맞게 사용되고 있다. 시리얼 프린터는 활자를 한 자마다 각각 선택하여 인자부의 캐리지와 용지 이송에 의하여 인자하는 위치를 결정하여 인쇄하게 된다.
라인 프린터는 연속적으로 움직이는 활자를 1행분마다 조정한 후에 1행씩 인자하게 된다. 시리얼 프린터는 라인 프린터에 비해서 경량이고 염가이기 때문에 문자와 숫자를 주로 출력하는 경우에 많이 사용하고 있다. 도트 프린터는 도트(dot)의 수에 따라 어느 정도의 그래픽 처리가 가능하고 문자를 도트의 조합으로 표시한다.

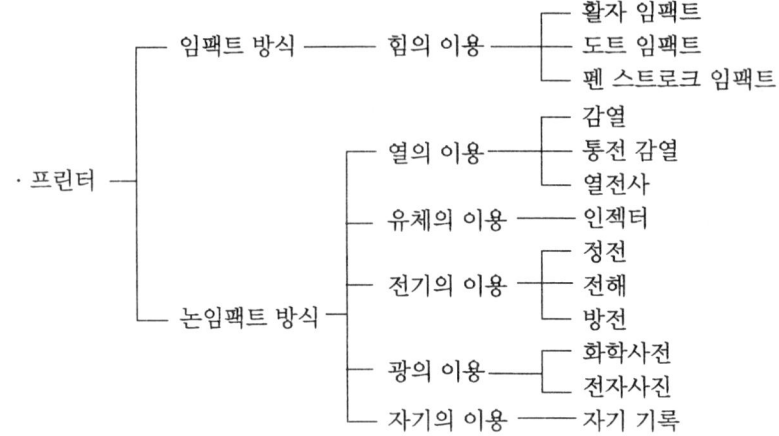

예상문제

1. 다음 중 미국의 표준 코드로 컴퓨터와 주변장치 간의 데이터 입·출력에 주로 사용하는 데이터 표현 방식은?
㉮ DEC   ㉯ ASCII
㉰ EBCDIC   ㉱ DECIMAL
[해설] ASCII 코드는 American Standard Code for Information Interchange 의 약어로 미국 표준 협회에서 제정한 7개의 데이터 비트로 한 문자를 표시하는 코드이다. 3개의 zone 비트와 4개의 digit 비트, 1개의 패리티 비트를 포함하여 8개의 비트로 표기하며, 128가지의 문자 코드를 정한다.

2. 컴퓨터가 기억하는 정보의 최소단위는 무엇인가?
㉮ bit   ㉯ byte
㉰ word   ㉱ character
[해설] 정보의 최소 단위 : bit

3. 데이터 관리를 크게 3가지로 나누어 생각할 때 그 구분에 해당되지 않는 것은?
㉮ 입·출력 데이터 관리
㉯ 원시 데이터 관리
㉰ 중간 데이터 관리
㉱ 보존 데이터 관리
[해설] 데이터 관리 : 입·출력, 중간, 보존 데이터 관리

4. 8개의 비트로 표현 가능한 정보의 최대 가지 수는?
㉮ 256   ㉯ 257   ㉰ 258   ㉱ 512
[해설] $2^8=256$가지, 1비트란 0 또는 1의 정보 하나를 기억할 수 있는 최소 단위

5. 다음 중 플로터를 크게 분류한 것이 아닌 것은?
㉮ 펜식   ㉯ 잉크제트식
㉰ 정전식   ㉱ 플랫 베드식
[해설] 플로터 : 플랫 베드, 잉크제트, 드럼, 벨트, 리니어, 정전식 등

6. 컴퓨터에서 정수를 표기할 때 수의 크기에 제한을 받는 이유는 무엇인가?
㉮ CPU 처리능력
㉯ CPU 내의 레지스터
㉰ 기억 용량
㉱ word의 길이
[해설] 컴퓨터에서 정수를 표기할 때 수의 크기에 제한을 받게 되는 것은 word의 길이 때문이다.

7. CAD 시스템의 입력장치 중 화면에 접촉하여 명령어 선택이나 좌표 입력이 가능한 것은?
㉮ 트랙 볼   ㉯ 라이트 펜
㉰ 태블릿   ㉱ 조이스틱
[해설] 라이트 펜은 화면상에서 직접 특정 위치 지정, 도형 인식 및 자유로운 스케치가 가능하다.

8. 디지타이저는 기존 태블릿의 구분에서 어느 정도의 크기를 태블릿이라 하는가?

[해답] 1. ㉯   2. ㉮   3. ㉯   4. ㉮   5. ㉮   6. ㉱   7. ㉯   8. ㉯

㉮ 25 cm 이하 ㉯ 50 cm 이하
㉰ 75 cm 이하 ㉱ 100 cm 이하
[해설] 디지타이저는 보통 50 cm 이하를 의미한다.

9. 다음 중 평면상 임의의 점을 해독하여 그 좌표를 입력시키는 것으로 대형이며 분해도가 우수한 입력장치는?
㉮ 디지타이저 ㉯ 마우스
㉰ 태블릿 ㉱ 하드 카피
[해설] 디지타이저는 기존 도면이나 도형의 좌표값을 입력하는 데 사용한다.

10. CAD 의 요소 (element)라 할 수 없는 것은?
㉮ 근사선 ㉯ 위치
㉰ 자유곡선 ㉱ 연속선
[해설] CAD 의 요소 : 근사선, 자유곡선, 연속선

11. 그래픽 터미널에서 스토리지형의 장점이 아닌 것은?
㉮ 고정도이다.
㉯ 화면에 플리커가 생기지 않는다.
㉰ 표시할 수 있는 벡터수는 무제한이다.
㉱ 라이트 펜을 사용할 수 있다.
[해설] 랜덤 스캔형 : 라이트 펜을 사용할 수 있다.

12. NC 가공에 필요한 정보, 생산 및 검사를 위한 계획 등의 리스트를 작성하는 것을 무엇이라 하는가?
㉮ CAM ㉯ CAE
㉰ CAP ㉱ CIM
[해설] CAP (computer aided planning)에 대한 설명이다.

13. 다음 중 일시적 출력장치는?
㉮ COM 장치
㉯ 플로터
㉰ 그래픽 디스플레이
㉱ 프린터
[해설] 일시적 출력장치 : CRT, 디스플레이 장치

14. 다음 중 CAD 시스템의 도입효과가 아닌 것은?
㉮ 경쟁력 강화
㉯ 신뢰성 향상
㉰ 생산성 향상과 코스트 절감
㉱ 설계의 정밀성
[해설] CAD 시스템의 도입 효과 : 품질 향상, 설계시 간 단축, 납기 단축, 표준화

15. CAD 시스템의 하드웨어를 선택할 때 중요한 사항이 아닌 것은?
㉮ 응답 시간 ㉯ 정확도
㉰ 데이터 안전 ㉱ 사용 시간

16. 다음 중 고속 프린터로 널리 사용되는 프린터는 어느 것인가?
㉮ 자동 프린터 (automatic printer)
㉯ 레이저 프린터 (laser printer)
㉰ 문자 프린터 (character printer)
㉱ 라인 프린터 (line printer)

17. 다음 중 CAD 시스템을 선정할 때 유의사항이 아닌 것은?
㉮ 응답성 ㉯ 가공성
㉰ 용이성 ㉱ 조작성
[해설] 유의사항 : 용이성, 응답성, 확정성, 경제성, 이면성 등

18. 다음 중 최초로 개발된 플로터 형식(type)은 어느 것인가?
㉮ Drum Type Plotter
㉯ Belt Type Plotter
㉰ Flatbed Type Plotter
㉱ Liner moter Type Plotter
[해설] 플랫 베드형 : 최초로 개발되었고 설치면적이 크며, 가격이 비싸다.

19. 일반적인 CAD 시스템에 대한 설명 중 틀린 것은 어느 것인가?
㉮ 정보는 베이스가 되는 것만을 일원화된 형식으로 가지고 하류에서 철저하게 이용하며 형상에 대한 정보를 가장 밑에 둘 것
㉯ 각종 해석 및 관련 작업을 포함한 시스템일 것
㉰ 상호 의존형의 병행 처리 작업에서 유효하게 정보전달을 하는 구조로 되어 있을 것
㉱ 설계, 제조에 수반하는 각종 정보는 일원화된 형태로 유지할 것

20. CAD 시스템의 하드웨어 중 단위 dpi 를 표시할 수 있는 것은?
㉮ 본체 (CPU) ㉯ 입력장치
㉰ 출력장치 ㉱ 기억장치

[해답] 9. ㉮ 10. ㉯ 11. ㉰ 12. ㉰ 13. ㉰ 14. ㉱ 15. ㉱ 16. ㉱ 17. ㉯ 18. ㉰ 19. ㉮ 20. ㉰

[해설] 출력장치 품질 도트 피치(dpi)로 나타낸다.

21. 다음 중 LAN의 형태가 아닌 것은 어느 것인가?
㉮ 링형 ㉯ 델타형
㉰ 버스형 ㉱ 스타형
[해설] LAN의 형태 : 링형, 버스형, 스타형 등

22. 다음 프린터의 종류 중 non-impact 프린터는 어느 것인가?
㉮ 활자 프린터
㉯ 도트 프린터
㉰ 펜 스트로크 프린터
㉱ 레이저 빔 프린터
[해설] 프린터는 impact 방식과 non-impact 방식으로 구분하고, impact 방식에는 활자 프린터, 도트 프린터, 펜 스트로크 프린터가 있으며 레이저 빔 프린터는 후자에 속한다.

23. 다음 중 플로터에 대한 설명으로 틀린 것은?
㉮ flatbed 형식은 펜과 종이의 움직임으로 선을 그린다.
㉯ drum 형식은 random 방식의 플로터이다.
㉰ 전선식 플로터는 프린트의 기능도 갖추고 있다.
㉱ 정선식 플로터는 일반적으로 펜 플로터보다 속도가 빠르다.
[해설] flatbed형식은 헤드가 x, y축으로 이동하면서 출력하는 방식이다.

24. 수주로부터 설계, 제조, 출하에 이르는 모든 기능과 공정을 컴퓨터로 통합해 최종 제품이 완성되는 자동화 시스템을 무엇이라 하는가?
㉮ CAE ㉯ CAD
㉰ CIM ㉱ CAT
[해설] CIM : CAD / CAM / CAE에 관리업무를 합한 통합 시스템

25. 플로터를 시리얼 포트(serial port)에 연결하여 사용하고 있을 때 전송 속도의 단위는?
㉮ CPS ㉯ BPM
㉰ BPS ㉱ IPS
[해설] ① BPS (bit per second) : 1초간에 전송하는 비트 수로 통신속도를 나타내는 단위
② MIPS (million instruction per second) : 계산기의 속도표시를 나타내는 단위이다.

26. 디스플레이 중 DVST 형식의 특성이 아닌 것은?

㉮ 애니메이션이 불가능하다.
㉯ 도형의 부분 삭제가 가능하다.
㉰ 영상이 깜박임이 없다.
㉱ 라이트 펜의 사용이 불가능하다.
[해설] DVST 형식의 특징
① 표시할 수 있는 도형의 양에 제한이 없다.
② 플리커 프리(flicker free)이다.
③ 고정밀도이다.
④ 저콘트라스트이다.
⑤ 화면 중의 부분 삭제가 곤란하다.
⑥ 흑백이다 (단색이다).

27. 다음은 CAD 시스템에서 그래픽인 입력장치이다. 서로 다른 것은?
㉮ mouse
㉯ tablet-stylus pen
㉰ touch screen, touch pad
㉱ joy-stick

28. 다음 중 병렬 포트에 주로 연결하는 것은?
㉮ PS/2 마우스 ㉯ 프린터
㉰ 키보드 ㉱ 마우스
[해설] 병렬 포트(LPT) 연결은 프린터이다.

29. 그래픽 터미널(graphic terminal)의 해상도와 직접적인 관계가 있는 것은?
㉮ pen plotter ㉯ hard copy unit
㉰ electrostatic ㉱ digitizer

30. 다음 중 CAD 시스템의 출력장치가 아닌 것은?
㉮ 플로터(plotter)
㉯ 프린터(printer)
㉰ 디스플레이(display)
㉱ 조이스틱(joy-stick)
[해설] CAD 시스템의 출력장치는 일시적인 출력과 영구적인 출력으로 구분하며, 디스플레이와 플로터, 프린터, 하드 카피가 있다.

31. 디스플레이가 래스터 스캔 방식이어야 출력이 가능한 출력장치는?
㉮ elector static plotter
㉯ pen plotter
㉰ line printer
㉱ 3D plotter

32. 다음 플로터 중 헤드(head)가 x, y축으로 이동하면서 결과를 출력하게 되는 것이 아닌 것은?

[해답] 21.㉯ 22.㉱ 23.㉮ 24.㉰ 25.㉰ 26.㉯ 27.㉱ 28.㉯ 29.㉰ 30.㉱ 31.㉮ 32.㉰

㉮ belt – bed type plotter
㉯ flat – bed type plotter
㉰ electrostatic plotter
㉱ drum type plotter
[해설] 정전식 플로터는 펜 대신 전극이 종이에 음전하를 발생시키고 양전하를 띤 검정색의 토너(toner)를 흘려서 도면을 작성한다.

33. 다음 중 CRT에 관한 설명으로 틀린 것은?
㉮ 밝고 풍부한 컬러 표시를 할 수 있으며 인텔리전트 기능이 뛰어난 것은 래스터 스캔형이다.
㉯ 스토리지형은 화면이 어둡고 컬러 표시를 할 수 없는 단점이 있다.
㉰ 랜덤 스캔형은 리프레시를 할 수 있는 고화질과 높은 응답성을 가진다.
㉱ 래스터 스캔형은 잔광 기간이 길 때 플리커(flicker)라 불리는 어지러운 현상이 나타난다.

34. 플로터(plotter)가 그림을 그릴 때의 속도 단위는?
㉮ LPM   ㉯ DPS
㉰ CPS   ㉱ IPS
[해설] 플로터 속도 : IPS

35. color CRT 화면 뒤에 사용되는 인(phosphor)의 색상이 아닌 것은?
㉮ blue   ㉯ green
㉰ orange ㉱ white

36. 기본설계 · 상세설계에 대한 해석, 시뮬레이션을 하는 것은?
㉮ CAE   ㉯ CAT
㉰ CAD   ㉱ CIM
[해설] CAE : 기본설계, 상세설계에 대한 해석, 시뮬레이션하는 것

37. CRT 터미널에서 화면에 디스플레이 되는 원리는 전자 빔이 인으로 코팅된 스크린과 부딪치면서 빛을 내게 된다. 이 때 충돌에 사용되는 전자 빔이 방출되는 곳을 무엇이라 하는가?
㉮ grid   ㉯ deflector
㉰ cathode   ㉱ generator

38. 기존에 작성한 도면의 좌표값을 입력하기에 편리한 입력장치는?

㉮ 디지타이저 (digitizer)
㉯ 마우스 (mouse)
㉰ 스타일러스 펜 (stylus pen)
㉱ 조이스틱 (joy – stick)
[해설] 스타일러스 펜 : 태블릿에서 위치를 선택하는 커서

39. 컬러 모니터(color monitor)의 전자층의 개수는 몇 개인가?
㉮ 2개   ㉯ 3개   ㉰ 4개   ㉱ 5개
[해설] R.G.B (3개)

40. CAD 적용업무에서 조립설계, 해석, 작도, 중량 계산 등을 할 때의 설계는?
㉮ 기본설계   ㉯ 상세설계
㉰ 생산설계   ㉱ 개념설계
[해설] 상세설계 : 세무적인 설계

41. 다음 중 프린터의 인자 속도를 나타내는 것은?
㉮ BPS   ㉯ IPS
㉰ CPS   ㉱ BPI
[해설] 프린터의 출력 속도는 CPS (character per second)로 표시한다.

42. 컬러 표시용 CRT의 방식이 아닌 것은?
㉮ 섀도 마스크 (shadow mask) 방식
㉯ 그리드 편향 방식
㉰ 페니트레이션 (penetration) 방식
㉱ 블로킹 (blinking) 방식
[해설] 컬러 표시용 CRT에는 섀도 마스크 방식, 페니트레이션 방식, 그리드 편향 방식이 있다.

43. CAD 시스템의 하드웨어를 선택할 때 중요한 사항이 아닌 것은?
㉮ 응답시간   ㉯ 정확도
㉰ 데이터 안전   ㉱ 사용 시간

44. 다음 장치에서 서로 다르다고 생각되는 것은?
㉮ mouse, dizitizer, keyboard
㉯ 자기 디스크, 자기 테이프
㉰ 프린트, 플로터, 하드 카피기
㉱ 그래픽 터미널, 플로피 디스크, 라이트 펜
[해설] 출력, 저장, 입력장치

45. 다음은 CAD 시스템의 입력장치이다. 서로 잘못 짝지어진 것은?
㉮ CRT – Light Pen

[해답] 33.㉱ 34.㉱ 35.㉮ 36.㉮ 37.㉮ 38.㉮ 39.㉯ 40.㉯ 41.㉰ 42.㉱ 43.㉱ 44.㉱ 45.㉱

㉯ Tablet – Stylus Pen
㉰ Keyboard – Joy – Stick
㉱ Digitizer – Thumwheel
[해설] Thumwheel은 키보드상에 있다.

46. CAD 시스템의 출력장치 중 도면을 작성할 수 없는 것은?
㉮ 하드 카피 (hard copy)
㉯ 플로터 (plotter)
㉰ 프린터 (printer)
㉱ 라이트 펜 (light pen)
[해설] 라이트 펜은 그래픽 스크린상에서 특징 위치나 물체를 지정하고, 자유로운 스케치를 하며 메뉴를 통하여 명령어 데이터를 입력할 때 사용한다.

47. 컬러 모니터에서 전자총 3개 중 red가 빠졌을 때 나타나지 않는 색은?
㉮ magenta ㉯ green
㉰ blue   ㉱ cyan

48. 다음 중 입력장치, 출력장치로 모두 이용되고 있는 것은?
㉮ 마우스
㉯ 플로터
㉰ CRT
㉱ 디지타이저와 스타일러스 펜
[해설] 라인 프린터, 플로터는 출력장치이고 디지타이저와 스타일러스 펜은 입력장치이다.

49. 다음 중 최초로 실용화된 CAD 시스템은?
㉮ CADAM   ㉯ SKETCHPAD
㉰ DAC-1   ㉱ CADRA

50. 깜박거림을 방지하기 위하여 리프레시(refresh)는 1초에 어느 정도가 필요한가?
㉮ 10~30회   ㉯ 30~60회
㉰ 60~90회   ㉱ 90~120회

51. 다음 중 드럼형 플로터의 설명으로 틀린 것은 어느 것인가?
㉮ 고정밀도이다.
㉯ 콤팩트(compact)하게 설치할 수 있다.
㉰ 기구가 비교적 간단하다.
㉱ 작화 중의 모니터가 곤란하다.
[해설] 드럼형 플로터의 특징
① 적은 비용으로 가동이 가능하다.
② 기구가 비교적 간단하다.
③ 콤팩트하게 설치할 수 있다.
④ 용지의 길이에 제한이 없다.
⑤ 작화 중의 모니터가 어렵다.
⑥ 제도용지가 한정되어 있다.

[해답] 46. ㉱   47. ㉮   48. ㉰   49. ㉰   50. ㉰   51. ㉮

3. CAD 시스템에 의한 도형처리

3-1 CAD 시스템의 좌표계

(1) 좌표(coordinate)의 종류 〈AUTO CAD〉

① 절대좌표 : 콤마(,)에 의해 분리된 점의 좌표를 X, Y, Z 형식으로 분리하여 키보드로 입력한다.

② 상대좌표 : 제일 나중에 입력한 좌표로부터의 거리의 좌표를 지정하는 것이 상대좌표라 하는데, 이는 좌표값 앞에 "@"을 첨가함으로써 절대좌표와 구별된다.

③ 상대 극좌표 : 극좌표로 표시할 때는 @ 거리<각도로 표시한다.

④ 직교좌표 : 2차원 XY 좌표에 Z성분을 부여하는 것

⑤ 구좌표 : 극좌표 입력방식을 두 번 쓴 것이다.

⑥ 원기둥좌표 : 극좌표에 높이가 추가된 3D의 변형이다.

(2) 좌표의 표현

① 공간상의 한 점 표현 : n차원 공간상에서의 한 점은 임의의 n차원 벡터로 표현할 수 있다.

  (가) 2차원 좌표계 : $[x \ y]$ 또는 $\begin{bmatrix} x \\ y \end{bmatrix}$, 즉 (1×2) 또는 (2×1)행렬

  (나) 3차원 좌표계 : $[x \ y \ z]$ 또는 $\begin{bmatrix} x \\ y \\ z \end{bmatrix}$, 즉 (1×2) 또는 (2×1)행렬

② x축 방향으로 m, y축 방향으로 n만큼 이동한 표현 : 2차원 좌표계상에서의 한 점 $P(x, y)$를 x축 방향으로 m, y축 방향으로 n만큼 평행 이동시킨 점 $P'(x', y')$는 다음과 같이 표현된다.

$$x' = x + m \qquad y' = y + m$$

이를 벡터로 표현하면,

$$[x' + y'] = [x \ y] + [m \ n]$$

③ x축 방향으로 S_x, y축 방향으로 S_y 비율로 늘인 표현 : 점 $P(x, y)$를 x축 방향으로 S_x, y축 방향으로 S_y 비율로 늘인(scaled or stretched) 점 $P'(x', y')$는 다음과 같다.

$$[x', y'] = \begin{bmatrix} S_x & 0 \\ 0 & S_y \end{bmatrix}$$

여기서, $S_x = +1$, $S_y = -1$이면 x축에 대칭인 변환이고, $S_x = S_y < 0$이면 원점인 변환이다.

④ 원점을 중심으로 회전시킨 표현 : 점 $P(x, y)$를 원점을 중심으로 반시계 방향의 각도 θ만큼 회전시킨 점 $P'(x', y')$는 다음과 같다.

$$[x' \ y'] = [x \ y] \begin{bmatrix} \cos\theta & \sin\theta \\ -\sin\theta & \cos\theta \end{bmatrix}$$

(3) 동차 좌표(HC)에 의한 표현

n차원의 벡터를 $(n+1)$차원의 벡터 형태로 표현한 것이다.

① 2차원 좌표계 : $[X\ Y\ H] = [x\ y\ l]\begin{bmatrix} a & b & p \\ c & d & q \\ m & n & s \end{bmatrix}$

② 3차원 좌표계 : $[X\ Y\ Z\ H] = [x\ y\ z\ l]\begin{bmatrix} a & b & c & p \\ d & e & f & q \\ l & m & n & s \end{bmatrix}$

3-2 도형의 작성

(1) 점(Point)
① Cursor Control 방법에 이용한다.
② 절대, 상대, 극좌표에 의한 키보드 좌표입력
③ 존재하는 요소의 끝점, 중앙점, 중심점
④ 두 요소의 교차점

(2) 선(Line)
① 임의의 두 점으로 표현
② 절대, 상대, 극좌표에 의한 키보드 좌표입력
③ 두 요소의 끝점, 중앙점, 중심점 등을 연결한 선
④ 모따기한 선
⑤ 일정간격에 의한 평행선
⑥ 두 곡선(원)에 접하는 선(접선)

(3) 원 및 원호
① 임의의 3점을 지나는 원호
② 시작점, 중심점, 각도에 의한 원호
③ 시작점, 끝점, 반지름에 의한 원호
④ 시작점, 중심점, 끝점에 의한 원호
⑤ 두 요소의 라운딩 부분

(4) 원추곡선, 타원, 포물선, 쌍곡선
① 5개의 점으로 표시
② 3개의 점과 접점으로 구성

(5) 곡선(Curves)
① 주어진 데이터의 점을 통과하는 스플라인(spline) 곡선
② Bezier 곡선
③ B-spline 곡선

(6) 면 (Surface)
① 두 개의 정의된 커브에 의한 면
② 축을 중심으로 회전시킨 면
③ 4개의 커브에 의한 면
④ 한 개의 커브와 한 개의 진행방향 벡터에 의한 면

3-3 도형의 편집

시스템에 따라 편집기능은 다양하여 반대되는 원호를 찾거나, 점의 좌표를 변위, 삭제, 추가, 삽입을 할 수 있으며 부분적인 선을 연결할 수도 있다. 또 선의 방향을 역으로 바꾸거나 3차원 모델링의 수정 기능 등도 있다. 단면의 해칭을 위해서는 교차되는 선을 끊어(break) 주어야 하며 삭제(delete)는 지정한 요소를 소거하는 기능이다. 이것은 디스플레이된 형상과 동시에 그 요소가 갖고 있는 데이터도 모두 소거되므로 주의하여야 한다.

한번 소거된 도형 데이터의 복원은 불가능하므로 이 명령어를 실행시키기 전에 대상으로 하는 요소를 다시 한번 확인하여 이용하도록 한다. 시스템에 따라 가장 마지막 삭제한 도형 데이터를 복원하여 디스플레이하여 주는 기능이 있는 것도 있다.

기능	입력	결과
2요소의 교점에 트림 (first)		
2요소의 교점에 트림 (both)		
참조 요소와의 교점에 트림 (modal)		
2개의 참조 요소간의 여분 선분 삭제 (double)		
2개의 참조 요소 사이의 삭제 (divide)		
요소의 연장 또는 축소		

트림 (trim)

3-4 형상 모델링

형상 모델링이란 우리들이 실체로 인식하는 물건의 형상을 컴퓨터 속에 구조적인 기술로서 부여하는 것을 말하며, 좁게는 도형 처리 기술, 넓게는 CAD 기술 속에 정착한다는 뜻을 갖고 있다. 이러한 것을 실현하는 구조는 컴퓨터 자체 속에 시스템적으로 구축되는 것이 일반적이며, 모델링 시스템 또는 모델러라고도 한다.

형상 모델링(geometric modeling)은 기하 모델링, 기하학적 도형의 모델링이라고도 하며 다음과 같이 분류한다.

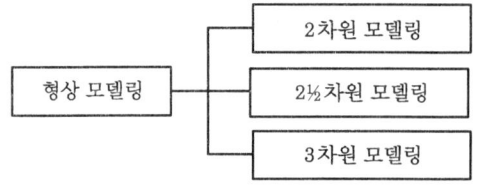

(1) 2차원·2½ 차원 모델링

2차원 모델링은 xy 평면, yz 평면, zx 평면에 물체를 투상시켜 평면 형상을 취급한다. 2½차원 모델링은 평면 형상의 평행 또는 회전에 의하여 3차원 형상으로 모델화한다. 이는 완전한 3차원의 데이터 베이스의 형식을 갖지 않으면서도 2차원에서 얻지 못하는 3차원의 도형 데이터의 정보를 갖게 된다. 2½차원 모델은 회전시켜 보면 3차원 모델과 쉽게 구별할 수 있다.

(2) 3차원 모델링 분류

① **와이어프레임 모델링(wireframe modeling)** : 3차원적인 형상을 면과 면이 만나는 에지(edge)로 나타내는 것이다. 즉, 공간상의 선으로 표현하게 되며, 점과 선으로 구성된다. 와이프레임 모델은 점과 선으로 구성되기 때문에 실체감이 나지 않으며 디스플레이 된 형상을 보는 견지에 따라 서로 다른 해석이 될 수도 있다.

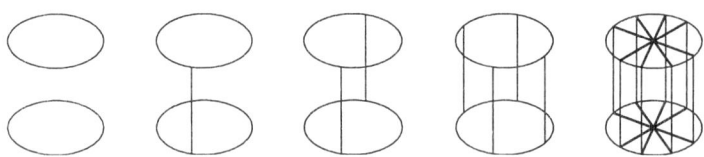

실린더의 와이어프레임 표현의 예

② **서피스 모델링(surface modeling)** : 서피스 모델은 와이어프레임 모델의 선으로 둘러싸인 면을 정의한 것으로 와이어프레임모델에서 나타나는 시각적인 장애는 극복되며, 에지(edge) 대신에 면을 사용하므로 은선 처리가 가능하고, 면의 구분이 가능하므로 가공면을 자동적으로 처리할 수 있어 NC 가공이 가능하다.

서피스 모델의 특징을 요약하면 다음과 같다.
㈎ 은선 제거가 가능하다.
㈏ 단면도를 작성할 수 있다.
㈐ 복잡한 형상 표현이 가능하다.
㈑ 2개 면의 교선을 구할 수 있다.
㈒ NC 가공정보를 얻을 수 있다.

(바) 물리적 성질을 계산하기가 곤란하다.
(사) 유한 요소법(FEM)의 적용을 위한 요소 분할이 어렵다.

③ 솔리드 모델링(solid modeling) : 솔리드 모델은 1973년 부다페스트의 PROLAMAT 국제회의에서 케임브리지 대학의 브레이드(I.C. Braid)가 BUILD를 발표한 후 다수의 대학, 연구소 및 소프트웨어 개발회사에서 참여하기 시작하였다. 솔리드 모델은 가장 고급모델로서 물리적 성질(체적, 무게중심, 관성 모멘트 등)을 제공할 수 있다는 장점이 있다.

솔리드 모델의 특징을 요약하면 다음과 같다.

(가) 은선 제거가 가능하다.
(나) 물리적 성질 등의 계산이 가능하다.
(다) 간섭 체크가 용이하다.
(라) Boolean 연산(합, 차, 곱)을 통하여 복잡한 형상 표현도 가능하다.
(마) 형상을 절단한 단면도 작성이 용이하다.
(바) 컴퓨터의 메모리량이 많아진다.
(사) 데이터의 처리가 많아진다.
(아) 이동·회전 등을 통하여 정확한 형상 파악을 할 수 있다.
(자) FEM을 위한 메시 자동 분할이 가능하다.

예상문제

1. CAD의 도형 작성에 대한 설명이다. 틀린 것은?
㉮ 원호는 세 요소에 접하고 반지름을 입력하여 작성할 수 있다.
㉯ 선(line)은 시작점의 방향 벡터를 입력하여 그릴 수 있다.
㉰ 기준 선분에 대한 평행선은 시작점과 끝점 및 간격을 입력한다.
㉱ 연속선(string)은 직사각형의 dx, dy 입력으로 작성한다.

2. 다음 중 문자(TEXT)의 속성이 아닌 것으로만 나열된 것은?
㉮ 배치, 경사체   ㉯ 높이, 간격
㉰ 문자, 굵기   ㉱ 간격, 방향

3. 임의의 점을 키보드에 입력하고자 할 때 바로 전에 작성한 점을 기준으로 좌표값을 입력하게 되는 것은?
㉮ 절대좌표   ㉯ 증분좌표
㉰ 극좌표   ㉱ 직교좌표

[해설] 극좌표 및 상대좌표

4. 다음 중 CAD 명령의 입력방식이 아닌 것은?
㉮ 전용 키보드 입력방식
㉯ 커서 입력방식
㉰ 태블릿 메뉴 입력방식
㉱ 문자 키 입력방식

5. 임의의 점을 지정할 때 원점을 기준으로 좌표를 지정하는 방법은?
㉮ 절대좌표   ㉯ 증분좌표
㉰ 상대좌표   ㉱ 머신좌표

6. 다음 모델링의 기법 중 완벽한 3차원 형상을 표현하기 위해서는 어떤 기법을 사용하는 것이 적당한가?
㉮ 와이어 프레임 모델(wire frame model)
㉯ 서피스 모델(surface modele)
㉰ 솔리드 모델(solid model)
㉱ 어느 것이나 같다.

[해설] 은선 소거를 하여 3차원 물체를 나타내는 도형의 표현 방식

해답 1. ㉱   2. ㉰   3. ㉰   4. ㉯   5. ㉮   6. ㉰

7. 일반적인 CAD 시스템에서 직선의 작성방법이 아닌 것은?
㉮ 임의의 2점 지정에 의한 방법
㉯ 증분 좌표값 지정에 의한 방법
㉰ 극좌표값 지정에 의한 방법
㉱ 곡면의 교차에 의한 방법

[해설] 직선은 가장 많이 사용되는 도형 요소로서 다음과 같은 작성 방법이 있다.
① 임의의 2점 지정에 의하여 작성하는 방법
② 절대좌표값 입력에 의하여 작성하는 방법
③ 증분좌표값 입력에 의하여 작성하는 방법
④ 1점을 지나는 수평선에 의하여 작성하는 방법
⑤ 1점을 지나는 수직선에 의하여 작성하는 방법
⑥ 간격 지정에 의한 평행선에 의하여 작성하는 방법
⑦ 극좌표값 (반지름, 각도) 지정에 의하여 작성하는 방법
⑧ 2요소의 접선에 의하여 작성하는 방법
⑨ 임의의 2요소의 끝점의 연결선으로 작성하는 방법
⑩ 수평면의 교차선으로 작성하는 방법
⑪ 모따기(chamfer)선으로 작성하는 방법

8. 다음 중 3차원적인 물체의 형상 표현방법이 아닌 것은?
㉮ 공간 격자에 의한 방법
㉯ 프리미티브에 의한 방법
㉰ 공간 회전에 의한 방법
㉱ 경계 표현에 의한 방법

[해설] 3차원 물체의 표현
① 공간 격자에 의한 방법
② 메시 분할에 의한 방법
③ 프리미티브 (primitive)에 의한 방법
④ 반 공간에 의한 방법
⑤ 시브 (sheve)에 의한 방법
⑥ 경계 방법에 의한 방법

9. 와이어프레임 모델의 특징 중 틀린 것은?
㉮ 데이터의 구성이 간단하다.
㉯ 물적 성질의 계산이 용이하다.
㉰ 은선 제거가 불가능하다.
㉱ 처리 속도가 빠르다.

[해설] 와이어프레임 모델의 특징
① 데이터 구성이 간단하다.
② 모델 작성이 쉽다.
③ 처리 속도가 빠르다.
④ 3면 투시도 작성이 용이하다.
⑤ 은선 제거가 불가능하다.
⑥ 단면도 작성이 불가능하다.
⑦ 내부에 관한 정보가 없다.
⑧ 해석용 모델로 사용할 수 없다.
⑨ 간섭 체크가 어렵다.

10. 다음은 솔리드 모델(solid model)의 특징이다. 틀린 것은?
㉮ 두 모델간의 간섭 체크가 용이하다.
㉯ 컴퓨터의 메모리 용량이 많아진다.
㉰ 물리적 성질 등의 계산이 가능하다.
㉱ 이동·회전 등을 통한 정확한 형상 파악이 곤란하다.

[해설] 솔리드 모델의 특성
① 은선 제거가 가능
② 물리적 성질 계산이 가능
③ 간섭 체크가 용이
④ Boolean 연산 (합, 차, 곱)을 통하여 복잡한 형상 표현도 가능
⑤ 단면도 작성이 용이
⑥ 이동·회전 등을 통하여 정확한 형상 파악이 가능
⑦ 데이터의 처리가 많아진다.
⑧ 컴퓨팅의 메모리량이 많아진다.
⑨ FEM을 위한 메시 자동 분할이 가능

11. 그래픽에서 선의 정의 방법으로 알맞은 것은?
㉮ 두 곡선에 대한 접선
㉯ 중심과 반지름으로 표시
㉰ Bezier 곡선
㉱ 두 점을 지나는 선

[해설] Bezier 곡선 : 양끝 점에 도함수를 간접적으로 정의한 곡선

12. 다음 중 설계의 표준화와 관계가 없는 것은?
㉮ 설계 견적법의 표준화
㉯ 데이터 관리의 표준화
㉰ 불량품 처리의 표준화
㉱ 제도의 표준화

13. 도형의 인식 방법으로 사용되지 않는 것은?
㉮ 라인에 크로스 되지 않는 요소
㉯ 윈도를 지정한 외부의 요소
㉰ 라인에 평행되는 요소
㉱ 윈도를 지정한 내부의 요소

14. 다음 중 CAD 시스템에서 이동이나 회전 기능과 복사 이동과 복사 회전 기능의 차이는?
㉮ 오브젝트의 변위

[해답] 7. ㉱ 8. ㉰ 9. ㉯ 10. ㉱ 11. ㉱ 12. ㉰ 13. ㉰ 14. ㉯

㉯ 오브젝트의 위치
㉰ 오브젝트의 수
㉱ 오브젝트의 변환
[해설] CAD 시스템에서 좌표 변환이 될 수 없는 기능은 Redraw 이다.

15. CAD 에서 수치의 입력이 불가능한 것은?
㉮ 간격 ㉯ 각도 ㉰ 원호 ㉱ 지름
[해설] 원호 : 수치 입력이 불가능

16. 다음 중 4면체를 와이어프레임 모델(wireframe model)로 모델링하였을 때 능선(edges)의 개수는?
㉮ 3개 ㉯ 4개 ㉰ 5개 ㉱ 6개

17. CAD 작업에서 반전(reflection)시키고자 할 때 입력 데이터로 허용되지 않는 것은 어느 것인가?
㉮ 면 ㉯ 선 ㉰ 곡면 ㉱ 점

18. 서피스(surface) 모델링에서 곡면을 절단하였을 때 나타나는 요소는?
㉮ 곡선(curve) ㉯ 곡면(surface)
㉰ 점(point) ㉱ 면(plane)
[해설] 서피스 모델링을 Topoiogical operation에 의하여 절단하면 곡선(curve)을 얻는다.

19. 다음은 CAD에 사용되고 있는 명령어들이다. 서로 다르다고 생각하는 것은 어느 것인가?
㉮ TRIM ㉯ BREAK
㉰ RELIMIT ㉱ ARC
[해설] ARC는 CREATION(도형 작성)에 해당되며, TRIM, BREAK, RELIMIT 등은 도형의 편집에 해당된다.

20. 다음은 형상 모델링에 대한 설명이다. 틀린 것은?
㉮ PC급에서 2½차원과 3차원 형상 모델의 구분은 모델을 회전시켜 비교한다.
㉯ EWS급에서 채택하고 있는 형상 모델링은 3차원이다.
㉰ 완벽한 3차원 형상을 표현하기 위해서는 솔리드 모델링을 사용한다.
㉱ 서피스 모델링에서 곡면을 절단하였을 때 나타나는 요소는 곡면이다.

21. 다음 중 위치를 지정하는 방법으로서 가장 부정확한 값을 갖게 되는 것은 어느 것인가?
㉮ endent (선 요소의 끝점 지정)
㉯ intersect (두 요소의 교차점 지정)
㉰ cursor (화면상에 커서로 지정)
㉱ keyin (키보드로 숫자적으로 지정)
[해설] 그래픽 화면상에 커서(cursor)로 직접 지정하게 되면 정확한 위치 지정이 되지 않는다.

22. 다음 중 3차원의 기하학적 형상 모델링이 아닌 것은?
㉮ 서피스 모델링
㉯ 솔리드 모델링
㉰ 와이어프레임 모델링
㉱ 시스템 모델링
[해설] 3차원 기하학적 형상 모델은 와이어프레임 모델링(wireframe modeling), 서피스 모델링(surface modeling), 솔리드 모델링(solid modeling)으로 나눈다.

23. 2차원 CAD에서 최대 변환 매트릭스는 얼마인가?
㉮ 2 * 2 ㉯ 3 * 3
㉰ 4 * 4 ㉱ $n * n$
[해설] 2차원 CAD에서 동차 좌표에서의 일반적인 변환 행렬은 3 * 3이다.

24. 3차원 CAD에서 최대 변환 매트릭스는 얼마인가?
㉮ 2 * 2 ㉯ 3 * 3
㉰ 4 * 4 ㉱ $n * n$
[해설] 3차원 CAD에서 동차 좌표에서의 일반적인 변환 행렬은 4 * 4이다.

25. CAD 시스템에서 속성(attribute)에 속하지 않는 것은?
㉮ 선의 색(red, green, blue 등의 컬러)
㉯ 선의 굵기(thickness)
㉰ 선의 종류(solid line, dash line 등의 선형)
㉱ 선의 형상(closed, open, filled line 등)

26. 원(circle)을 일반적인 CAD 시스템에서 작성하는 방법 중 틀린 것은?
㉮ 2개의 점(지름)의 지정에 의한 원
㉯ 중심점과 반지름의 지정에 의한 원
㉰ 3개의 선 요소에 접하는 원
㉱ 중심점과 두 점(반지름)의 지정에 위한 원
[해설] CAD 시스템에서 원의 작성 방법
 ① 중심점과 반지름을 지정하여 작성하는 방법
 ② 2점을 지정하여(반지름) 작성하는 방법
 ③ 2점을 지정하여(지름) 작성하는 방법
 ④ 3점을 지정하여 작성하는 방법

[해답] 15. ㉰ 16. ㉱ 17. ㉰ 18. ㉮ 19. ㉱ 20. ㉱ 21. ㉰ 22. ㉱ 23. ㉯ 24. ㉰ 25. ㉱ 26. ㉱

⑤ 중심점과 1요소의 접선을 지정하여 작성하는 방법
⑥ 2요소의 접선과 반지름을 지정하여 작성하는 방법
⑦ 3요소의 접선을 지정하여 작성하는 방법
⑧ 1요소의 접선과 1요소의 중심점, 반지름을 지정하여 작성하는 방법

27. CAD에 있어 애플리케이션(application) 소프트웨어에 해당되지 않는 것은 어느 것인가?
㉮ 기하학적 특성 해석을 위한 프로그램(모델화한 도형의 체적, 중심, 모멘트 등 계산)
㉯ 유한 요소법에 의한 해석 프로그램(구조해석 등)
㉰ NC 가공용 프로그램 작성 지원(모델화한 도형을 바탕으로 한 NC 가공 정보)
㉱ 제표 작성 프로그램(생산 관리, 인사 관리, 보고서 작성, 가격 조사 등 제반 사항의 제표 작성)
[해설] application : 응용 → computer 처리의 대상이 되는 업무의 총칭

28. 원통(cylinder)의 와이어프레임 모델 중 틀린 것은?

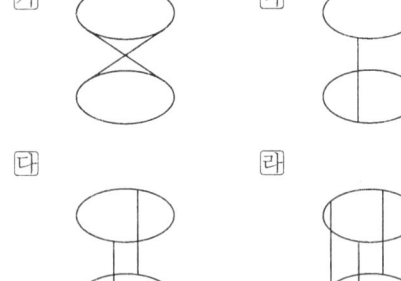

29. 다음 중 모델링에 대한 설명으로 틀린 것은?
㉮ 와이어프레임 모델은 점과 선소 등으로 은선을 지우거나 체적을 구할 수 없다.
㉯ 솔리드 모델은 시스템이 대형이 되며 속이 차 있는 물체로서의 개념이 도입된다.
㉰ 서피스 모델은 곡면을 기본으로 하여 3차원의 이형 가공용의 면 구축이 용이하다.
㉱ 3차원 형상 모델링 중 어느 것이나 기하학적 계산 이외에 구조해석, 시뮬레이션이 가능하다.

30. 다음 그림과 같은 와이어프레임 모델링에서 윤곽선(contour line)은 몇 개인가?

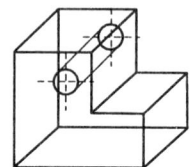

㉮ 18개 ㉯ 20개 ㉰ 22개 ㉱ 24개

31. 3차원적인 물체의 형상 표현 방법이 아닌 것은?
㉮ 경계 표현에 의한 방법
㉯ 프리미티브에 의한 방법
㉰ 시브(sheve)에 의한 방법
㉱ FEM에 의한 방법
[해설] FEM (Finite Element analysis) : 유한 요소법

32. 육면체를 와이어프레임(wireframe)으로 모델링 하였을 때 능선(edges)의 개수는 몇 개인가?
㉮ 4개 ㉯ 6개 ㉰ 12개 ㉱ 10개

[해답] 27. ㉱ 28. ㉮ 29. ㉱ 30. ㉰ 31. ㉱ 32. ㉰

제6장 용접 제도

1. 판금·제관 도면의 해독

1-1 기본도법

일반적으로 용기화법이란 자와 컴퍼스 등의 용구를 사용하여 물체의 모양을 정확하게 종이 위에 그려 나타내는 방법으로 평면도법과 입체도법 두 가지 방법이 있으나 여기서는 판금 및 제관 전개도법과 밀접한 평면도법에 대해 설명하기로 한다.

(1) 직선의 수직 이등분

① 선 끝 A와 B를 중심으로 하여 같은 크기의 반지름으로 원호를 돌려 만나는 점 C와 D를 얻는다.
② C와 D를 직선으로 연결하면 E점에서 수직 이등분이 된다.

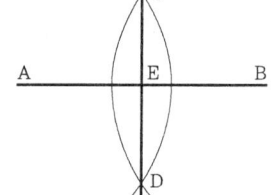

(2) 직선의 n 등분 (5등분)

① 직선 한 끝 A를 중심으로 임의의 각도로 임의의 선 $\overline{AC}$를 긋는다.
② 임의의 선 $\overline{AC}$를 컴퍼스나 자를 사용, 같은 크기로 n(5)개 자른다.
③ 등분점의 끝(5)점과 직선 한 끝 B를 직선으로 연결한다.
④ 임의의 선 각 등분점을 연결선 $\overline{5B}$와 평행선을 그어 직선 $\overline{AB}$와 만나는 점을 얻는다.
⑤ 직선 $\overline{AB}$와 만나는 점 (1´2´3´4´)은 n등분점이 된다.

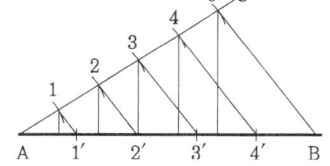

(3) 직선상의 한 점에서 직선에 수선

① 주어진 점 P를 중심으로 임의의 원호를 돌려 직선 $\overline{AB}$와 만나는 점 C와 D를 얻는다.
② C와 D를 중심으로 같은 크기의 원호를 돌려 만나는 점 E를 얻는다.
③ 주어진 점 P와 교점 E를 연결한다.
④ 직선 $\overline{PE}$는 직선 $\overline{AB}$의 수선이 된다.

(4) 각의 이등분

① 꼭짓점 A를 중심으로 임의의 원호를 돌려 만나는 점 D와 E를 얻는다.
② D와 E를 중심으로 같은 크기의 원호를 돌려 만나는 점 F를 얻는다.
③ 꼭짓점 A와 교점 F를 연결한다.
④ 직선 $\overline{AF}$는 ∠CAB의 이등분선이 된다.

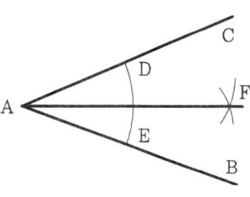

(5) 각의 n 등분 (5등분)

① 각 ABC의 꼭지점 B를 중심으로 임의의 원호를 그려 $\overline{AB}$의 연장선과 만나는 점 D를 얻는다.
② O와 C를 이으면 $\overline{AD}$와 E에서 만난다. E에서 보조선을 그어 직선의 n 등분 그림의 방법을 사용하여 $\overline{AE}$를 5등분한다.
③ $\overline{AE}$의 각 등분점과 O를 이어 다시 원둘레까지 연장하여 만나는 1, 2, 3, 4를 구하여 그들의 만나는 점과 O를 잇는다.

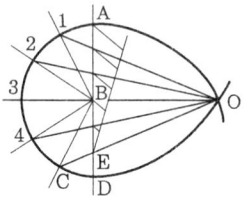

(6) 주어진 세 변을 가지는 삼각형

① 선분 AB를 l의 길이와 같게 그린다.
② 점 A를 중심으로 하여 m의 길이를 원호로 그린다.
③ 점 B를 중심으로 하여 n의 길이로 원호를 그리고 만나는 점을 C라 한다.
④ AC, BC를 연결하여 주어진 조건의 삼각형이 된다.

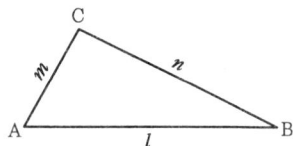

(7) 원에 내접하는 정오각형

① 지름 $\overline{AB}$에 수직선을 그어 원주에 만나는 점 C,D를 얻고 $\overline{OB}$를 수직 이등분한 점 E를 얻는다.
② E를 중심으로 $\overline{ED}$의 길이로 원호를 돌려 수평 $\overline{AB}$상에 만나는 점 F를 얻는다.
③ $\overline{FD}$는 정오각형의 한 변이 된다. 따라서 원주를 $\overline{FD}$의 크기로 등분하여 G, H, I, J를 잡고 각 점을 연결한다.

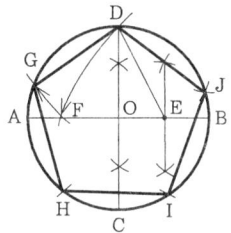

(8) 한 변이 주어진 정 n 각형 (정칠각형)

① 직선 $\overline{AB}$의 한 끝 A를 중심으로 $\overline{AB}$의 원호를 돌린다.
② $\overline{AB}$를 연장하여 원호와 만난 점 C를 얻는다.
③ B와 C를 중심으로 $\overline{BC}$의 원호를 돌리어 만나는 점 O를 얻는다.
④ $\overline{BC}$를 n(7)등분하여 제 2번째 점 5´와 O를 연결하고 원호까지 연장하여 만나는 점 D를 얻는다.
⑤ D를 A와 연결하고 $\overline{AB}$와 $\overline{AD}$를 수직 이등분하고 연장하여 만나는 점 O´를 얻는다.
⑥ O´를 중심으로 B와 A, 그리고 D를 지나는 원을 돌린다.
⑦ 주어진 길이 $\overline{AB}$로 원주를 등분하여 E, F, G, H를 얻는다.
⑧ 원주를 점 D에서 차례로 각 점을 연결한다.

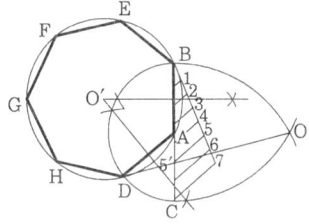

(9) 원주의 길이와 같은 직선

① 원에 수직선 $\overline{AB}$와 수평선 $\overline{CD}$를 긋고 수직선의 한 끝 B를 중심으로 수평 직선 $\overline{CD}$와 평행하게 연장선을 긋고 지름 $\overline{AB}$의 크기로 B에서 3등분하여 E와 F와 G점을 얻는다.
② 원의 중심 O에서 A와 30° 되는 점 H를 원주상에서 얻는다.

③ H점에서 수평선 $\overline{CD}$와 평행선을 그어 수직 OA에 직경선상의 만나는 점 I를 얻는다.
④ G와 I를 연결하면 $\overline{GI}$는 원주의 길이가 된다.

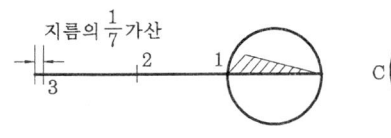 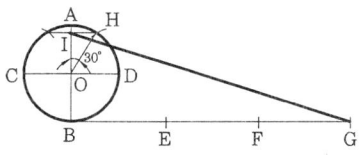

(10) 원과 같은 넓이의 정사각형
① 원에 수직선 $\overline{AB}$와 수평선 $\overline{CD}$를 그어 연장한다.
② B와 D를 중심으로 지름 $\overline{AB}$의 원호를 돌리어 연장선과 만나는 점 E와 F를 얻는다($\overline{OE}$와 $\overline{OF}$는 정사각형의 한 변이 된다).
③ E와 F를 중심으로 $\overline{OE}$의 원호를 그려 만나는 점 G를 얻는다.
④ G와 E, G와 F를 연결하면 정사각형이 된다.

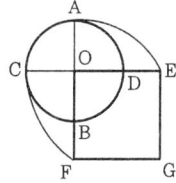

(11) 원의 인벌류트(involute) 곡선
① 원주를 12등분하여 각 등분점에 접선을 긋는다.
② B에서 반원의 길이와 같게 $\overline{BC}$를 잡고 6등분한다.
③ 원주 등분점 1에서 $\overline{B1'}$와 같게 1″점, 2점에서 $\overline{B2'}$와 같게 2″점, 3점에서 $\overline{B3'}$와 같게 3″점, 4점에서 $\overline{B4'}$와 같게 4″점, 5점에서 $\overline{B5'}$와 같게 5″점을 잡는다.

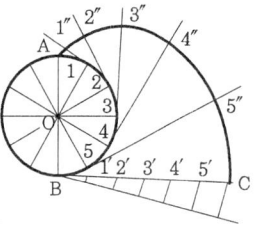

(12) 원의 사이클로이드(cycloid) 곡선
① 원주를 12등분한 후 A점에서 접선을 그어 원주의 길이와 같게 $\overline{AB}$를 얻는다.
② $\overline{AB}$를 12등분하고 각 등분점에서 $\overline{AB}$에 수선을 세워 중심선의 연장선과의 만난 점을 얻는다.

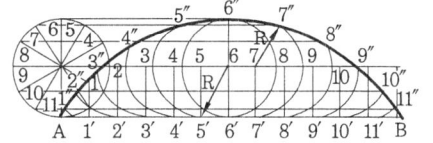

③ 원의 등분점을 $\overline{AB}$와 평행선을 그은 후 중심선의 만난 점을 중심으로 원을 돌리어 등분선의 연장선과 만나는 점 1″, 2″, 3″, …, 12″를 얻는다(같은 번호).
④ 각 점을 원활한 곡선으로 연결한다.

1-2 정투상(투상도의 실제)

(1) 점투상
① 정점이 공간에 있을 때
② 정점이 수평 투상면에 있을 때
③ 정점이 수직 투상면에 있을 때
④ 정점이 기선 위에 있을 때

(2) 직선의 투상
① 정직선이 한 화면에 수직(직선은 실제 길이) [직선 투상 그림의 (a)]
② 정직선이 양 화면에 평행(직선은 실제 길이) [직선 투상 그림의 (b)]

③ 정직선이 한 화면에 평행, 한 화면에는 경사 (경사된 직선 길이는 실제 길이) [직선 투상 그림의 (c)]
④ 정직선이 두 화면에 경사(실직선이 나오지 않음)

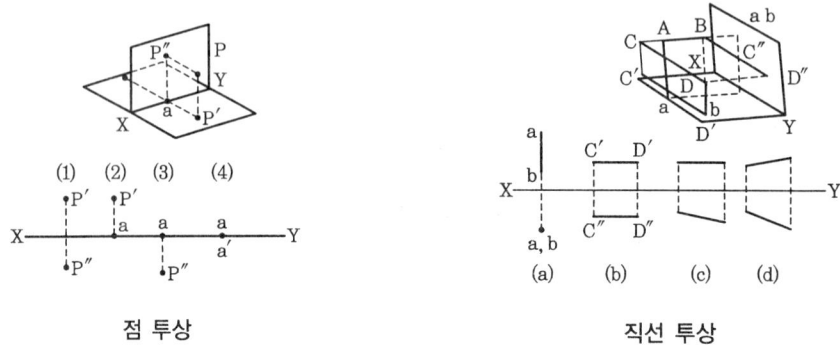

점 투상 　　　　　　　　직선 투상

(3) 직선의 실제 길이 구하기 (AB는 정면도와 평면도 사이에 경사된 직선임)

다음 그림의 (a)에서 직선 a′b′는 직선 AB의 정면도이고 직선 ab는 직선 AB의 평면도이다. 직선 a′b′, 직선 ab는 모두 직선 AB의 실장이 아니다. 실장을 구하는 방법을 그림(b)에 나타낸 것이다.

① 직선 AB의 평면도 ab에서 a를 기점으로 ab를 반지름으로 하여 원호 ab_1을 X-Y에 나란히 한다.
② b_1에서 기선에 수직이 되게 그린 직선 $b_1b_1{'}$ 와 b에서 기선과 나란하게 그린 직선 b′$b_1{'}$ 와의 교점을 $b_1{'}$ 라 한다.
③ a′$b_1{'}$를 이은 선이 실제 길이가 된다.

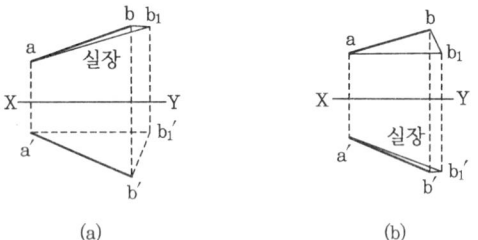

1-3 전개법

(1) 평행선 전개법

능선이나 직선 면소에 직각 방향으로 전개하는 방법이며 능선이나 면소는 실제 길이이며 서로 나란하다.

전개도 $\overline{0″0″}$ 의 길이는 원둘레를 1, 2, 3, …, 12와 같이 12등분한 것을 옮겨 잡아 작도할 수 있으나 실제 길이는 짧다.

따라서 $\pi d = \overline{0″0″}$ 의 식으로 계산하여 길이를 잡은 후 직선의 n 등분하는 법을 이용하여 12등분하면 정확하다. 전개 순서는 다음과 같다.

① 평면도의 원둘레를 12등분(혹은 16등분)하여 중심선과 나란하게 그어 경사면과 만나는 점 0, 1, 2, …, 11을 얻는다.
② 원둘레의 길이를 직선으로 $\overline{AB}$ 선상에 연장한 후 12등분(혹은 16등분)하고 번호를 기입한다.
③ 각 등분점을 중심선에 나란하게 연장선과 수직되게 세운다.
④ 경사면과의 등분점을 중심선에 수직되게 선을 긋고 같은 번호와 만나는 점을 찾는다(예 1″와 1′).
⑤ 만난 점을 원활한 곡선으로 연결한다.

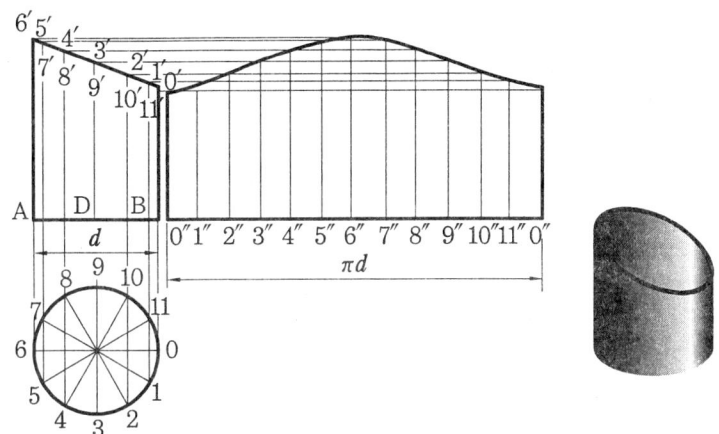

(2) 방사선 전개법

각뿔이나 뿔면은 꼭짓점을 중심으로 방사상으로 전개한다(측면의 이등변 삼각형의 실장은 입면도에, 밑면의 실장은 평면도에 나타난다). 전개 순서는 다음과 같다.
① 꼭짓점을 중심으로 빗변의 길이 $\overline{V0}$ 를 반지름으로 하는 원을 돌린다.
② 원을 평면도의 1/12 (12등분 시)의 길이로 12등분한다.
③ 첫 번째 0점과 마지막 0점(12등분 마지막 점)을 꼭짓점과 연결한다.

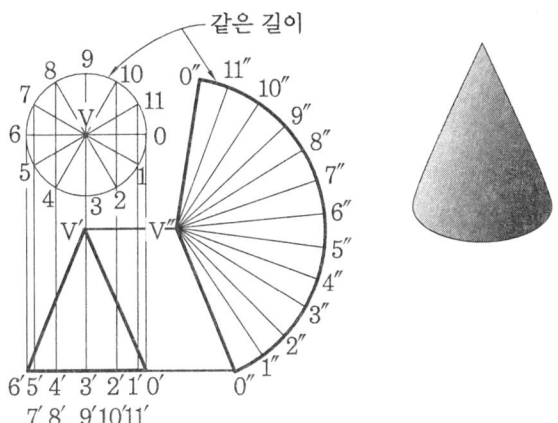

(3) 삼각형 전개법

삼각형법이란 입체의 표면을 몇 개의 삼각형으로 분할하여 전개도를 그리는 방법이다. 원뿔에서 꼭짓점이 지면 외에 나가거나 또는 큰 컴퍼스가 없을 때는 두 원의 등분선을 서로 연결하여 사변형을 만들고 대각선을 그어 두 개의 삼각형으로 이등분하여 작도한다. 전개 순서는 다음과 같다.
① 원뿔 평면 위에 12개의 등분선을 긋는다.
② 이웃한 등분선과 연결된 원호를 사변형이라고 생각하여 대각선을 긋는다(같은 방법으로 12면을 긋는다).
③ 평면도의 등분선의 길이와 대각선의 길이를 높이에 직각으로 대입하여 실장을 얻는다(실장 선도 참조).
④ 등분선의 실장과 대각선의 실장 큰 원호의 1/12의 길이로 삼각형을 작도하고 큰 원호와 만난 점 b″를 중심으로 등분선의 실장을 돌린 후 0″를 중심으로 다시 작은 원호의 1/12의 길이로 돌리어 만나는 점 1″을 얻는다.
⑤ 같은 방법으로 작도한 후 원활한 곡선으로 연결한다.

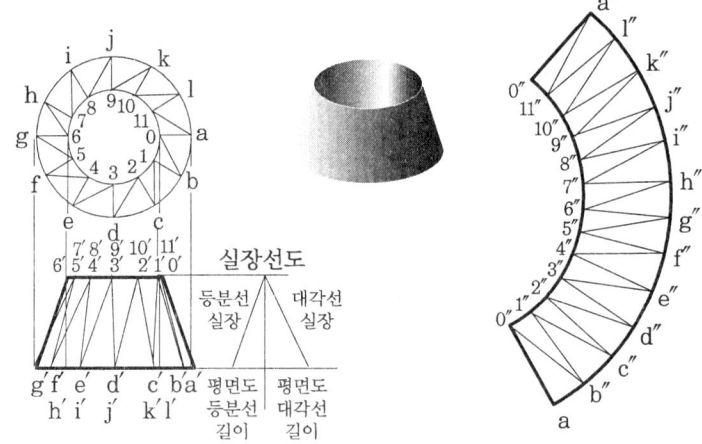

(4) 상관선 그리는 법

두 개의 통이 연결될 때 나타나는 선을 상관선이라고 하며 평행선법, 방사선법, 삼각형법을 이용하여 전개한다.

① **직선 교점법** : 다면체(6각뿔, 6각기둥)선이 직선인 면은 능선이나 등분선이 서로 상대방을 관통하는 점을 구하면 된다. 작도 순서는 다음과 같다.
  ㈎ 측면도의 적은 원기둥의 원호를 12등분하고 중심선과 평행하게 연장하여 원기둥과 만나는 점을 얻는다.
  ㈏ 정면도의 작은 원기둥의 원호를 12등분하고 중심선과 평행하게 연장한다.
  ㈐ 측면도의 교점을 큰 원기둥의 정면도 중심선과 나란하게 긋고 정면도의 같은 번호와 만나는 점을 얻는다 (예 1′를 연장하여 1″를 얻는다).
  ㈑ 각 교점을 원활한 곡선으로 연결한다.

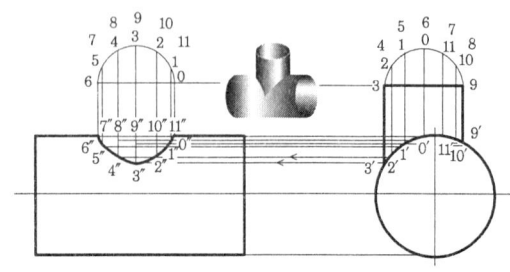

② **공통 절단법** : 곡면일 때는 두 개의 입체를 공통으로 절단하는 보조 절단 평면을 사용하여 양 입체면 위에 동시에 존재하는 점을 구한 후 원활한 곡선으로 연결한다.

작도 순서는 다음과 같다.

㈎ 정면도의 cp를 절단하고 평면도에 원을 돌리어 만나는 점 p.p를 얻는다.

㈏ $\overline{p.\ p}$를 수선으로 연장하여 정면도의 절단면과 만나는 점 p′를 얻는다.

㈐ 같은 방법으로 h와 i점을 얻고 원활한 곡선으로 연결한다.

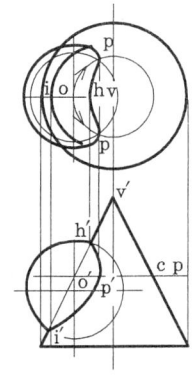

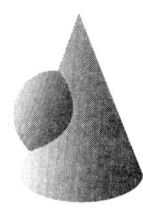

[참고] 절단을 되도록 많이 하여 많은 점을 구하여 연결하면 정확한 곡선을 얻을 수 있다.

(5) 실제 전개도법

① 구멍 뚫린 원기둥

㈎ 정면도의 구멍(작은 원) 반원주를 12등분한다.

㈏ 각 등분점을 $\overline{O_1O_2}$와 평행하게 평면도의 원주까지 연장하여 만나는 점 0′, 1′, 2′, …, 6′를 얻는다.

㈐ $\overline{AB}$와 $\overline{CD}$를 연장하여 $\overline{A''B''}$는 큰 원의 반원주가 되게 하고, 이등분점을 구한 후 수선을 세운다.

㈑ 3″을 이등분선상에 놓고 평면도 원주와 만난 실제 길이 $\overline{3'2'}$, $\overline{2'1'}$, $\overline{1'0'}$를 양쪽으로 번호 순으로 나열하여 0″, 1″, 2″, …, 6″를 얻고 이등분선과 평행선을 긋는다.

㈒ 정면도 작은 원주의 각 등분점을 $\overline{AB}$와 평행하게 연장하여 각 등분점과 만나는 점을 얻는다(같은 번호 0″, 1″, 2″, …, 6″).

㈓ 각 교점을 원활한 곡선으로 연결하면 전개도를 얻을 수 있다.

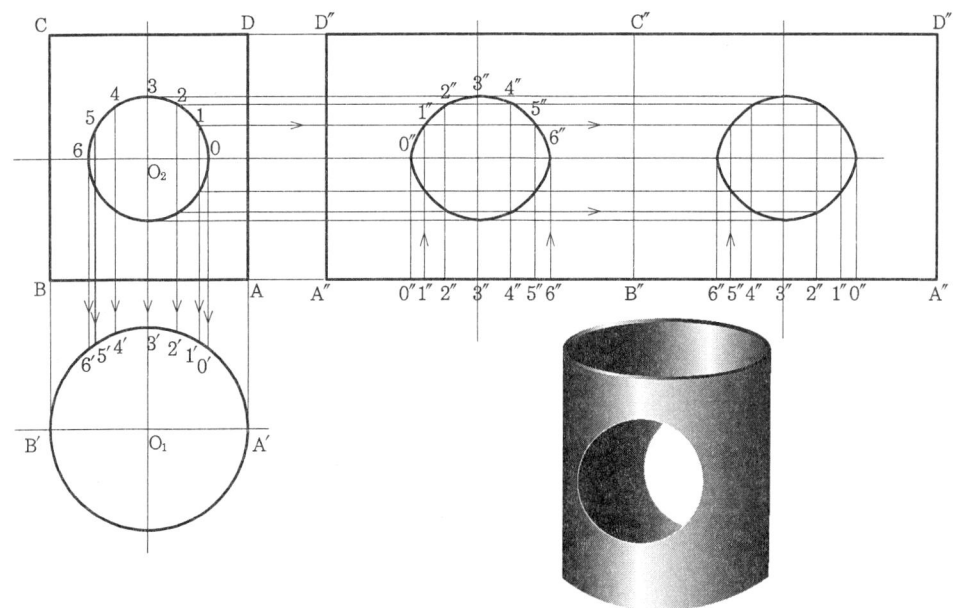

② 사각관 연결부

(가) 정면도의 A, B, E, F 점을 $\overline{AE}$의 직각 방향으로 펼치면 A″, D″는 같은 A선상에, B″, C″는 B선상에, E″, H″는 E선상에, F″, G″는 F선상에 위치하게 된다.

(나) $\overline{A″B″}$와 $\overline{C″D″}$는 AB의 길이이며 $\overline{B″C″}$와 $\overline{D″A″}$는 $\overline{A'D'}$의 길이가 된다.

(다) $\overline{AE}$와 수직되게 각 점을 연장한 후 $\overline{AE}$선과 평행하게 $\overline{A″E″}$를 잡는다.

(라) 각 선을 $\overline{AB}$와 $\overline{A'D'}$의 길이를 이용하여 정면도 $\overline{AB}$는 전개도 A″B″ = C″D″로 평면도의 $\overline{A'D'} = \overline{B″C″} = \overline{D″A″}$선을 등분하여 B″, C″, D″점을 잡는다.

(마) 각 점을 $\overline{AE}$와 평행선을 긋고 교점 E″, F″, G″, H″, E″을 연결한다.

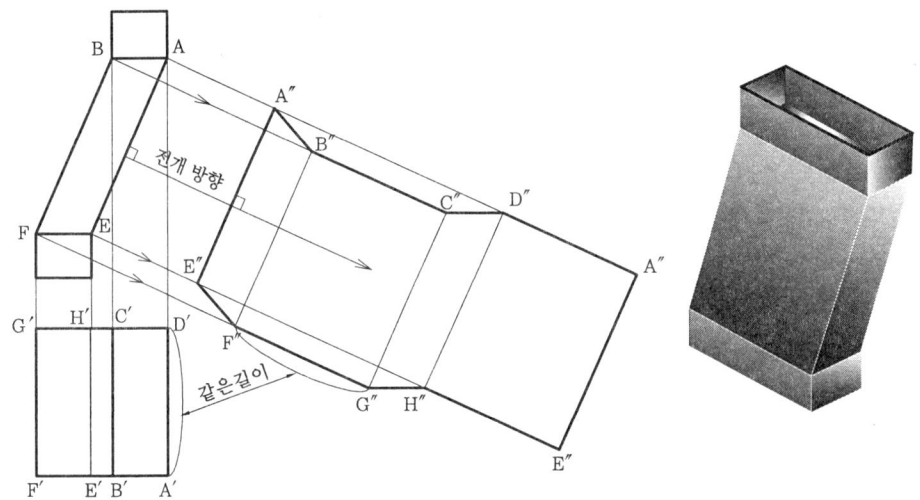

③ 사각기둥과 비스듬히 만나는 원기둥

(가) 평면도의 원호 $\overset{\frown}{EC}$를 6등분하여 등분점 1, 2, …, 5를 얻고 $\overline{BE}$와 평행선을 그어 $\overline{BD}$와의 교점 1′, 2′, …, 5′를 얻는다.

(나) 평면도의 상관선 $\overset{\frown}{GE}$의 각 점을 $\overline{MN}$과 평행선을 그어 입면도의 상관선과 만나는 점을 얻는다.

(다) 전개도는 평행선법에 의해 작도한다.

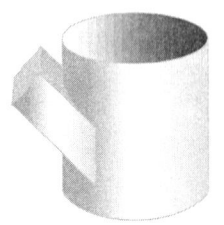

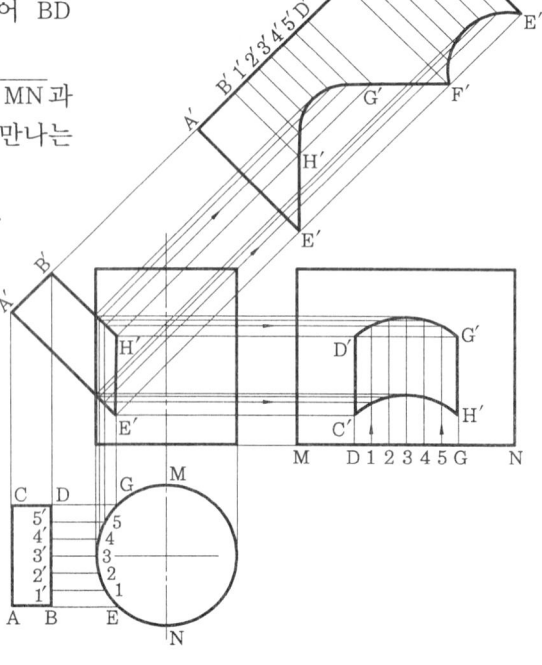

1-4 두꺼운 판의 판뜨기 작업

(1) 굽힘에 요하는 재료 길이 구하기

굽어진 물체 또는 굽어진 부분이 있는 물체의 길이를 구하는 방법을 알아야만 재료의 길이를 구할 수 있다.

재료를 구부릴 때 안쪽은 압축되고 뒤쪽은 인장되나 판의 중심에는 변형이 생기지 않는다. 이 면을 중립면(neutral plane)이라고 한다.

구부림을 크게 하면 바깥쪽에 균열이 생기므로 균열이 생기지 않는 최소 반지름을 최소 구부림 반지름이라고 한다.

다음 그림의 길이 구하기는 아래와 같다.

① 공식
- (가) $L = (바깥지름 - t)\pi$ (바깥지름으로 표시한 경우)
- (나) $L = (안지름 - t)\pi$ (안지름으로 표시한 경우)
- (다) $L = a + b + \dfrac{(2R+t)\pi}{4}$ (90° 굽힘)
- (라) $L = a + b + \dfrac{(2R+t)\pi\theta}{360°}$ (90° 이외의 각 굽힘)

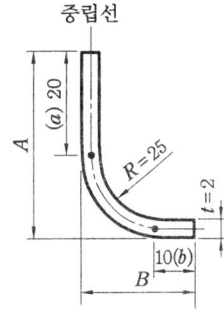

굽힘 재료의 길이 구하기

② 길이 구하는 계산

$$L = a + b + \dfrac{(2R+t)\pi}{4} = 20 + 10 + \dfrac{(2\times 25 + 2)\,3.14}{4} = 30 + \dfrac{52 \times 3.14}{4} = 70.82$$

즉, 길이는 70.82가 된다.

(2) 리벳 이음 원기둥

굴뚝과 같은 원통 모양을 만들 때 판재를 구부리기 전에 이음용 리벳 구멍을 뚫어 놓아야 한다.

안쪽 원통의 원주길이 $L_1 = (D+t)\pi$ 이고 안쪽 원통의 리벳 구멍의 피치 $P_1 = \dfrac{(D+t)\pi}{n}$ 이다.

바깥 원통의 원주길이 $L_2 = (D+3t)\pi$ 이며, 리벳 구멍의 피치 $P_2 = \dfrac{(D+t)\pi}{n}$ 이다.

실례로 작은 원통의 안지름 $D = 200$, 판재의 두께 $t = 3$, 리벳 개수 $n = 12$라고 하면, 다음 식이 성립된다.

작은 원통의 원주 $L_1 = (200+3) \times 3.14 = 637.4$이고,

작은 원통의 리벳 구멍 피치 $P_1 = \dfrac{(200+3) \times 3.14}{12} = 53.1$이다.

큰 원통의 원주 $L_2 = (200 + 3\times 3) \times 3.14 = 656.2$ 이고,

큰 원통의 리벳 구멍 피치 $P_2 = \dfrac{(200 + 3\times 3) \times 3.14}{12} = 54.6$이다.

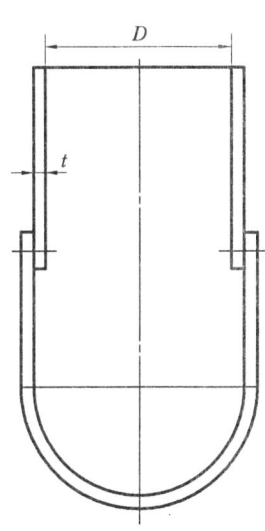

즉, 작은 원통의 원주는 637.4, 피치는 53.1이며, 큰 원통의 원주는 656.2, 피치는 54.6이다.

(3) 원기둥

판두께 t인 강판을 구부려서 안지름 D_1, 바깥지름 D_2의 원통을 만드는 경우 $\pi \times D_1$으로 한 것은 너무 짧고 $\pi \times D_2$로 한 것은 너무 길게 된다.

이것은 두꺼운 판을 구부리면 안쪽은 압축응력이 작용하여 수축하고 바깥쪽은 인장응력으로 인해 늘어가기 때문이다.

따라서 압축응력이나 인장응력을 받지 않고 수축이나 늘어나지 않는 면을 얻어야 한다. 그 면은 판재의 중앙에 있다.

그러므로 중립면의 지름 D_0에 의해서 원주를 계산하면 된다.

즉, 판뜨기의 실제 길이는

$$L = \pi \times D_0 = \frac{\pi}{2} \times (D_1 + D_2) \text{ 또는 } \pi \times (D_1 + t)$$

또는 $\pi \times (D_2 - t)$ 가 된다.

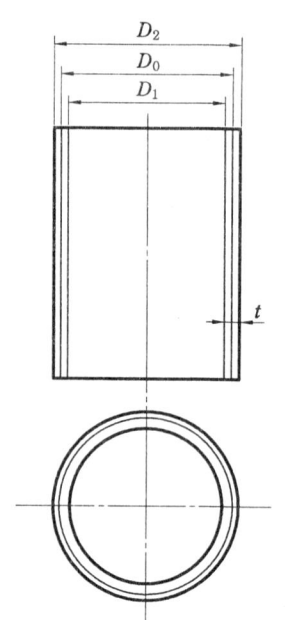

실례로 안지름 100 mm, 두께 2 mm인 원통을 만들 때 원주의 실제 길이는

$$l = (D + t) \times \pi = (100 + 2) \times 3.14 = 320.28$$

즉, 길이 320으로 원주를 잡아 전개도를 그리면 안지름 100ϕ의 원통을 제작할 수 있다.

2. 철골 구조물 기호 및 도면의 해독

2-1 구조물의 개요

교량, 철탑 등 판 또는 봉상의 부재(재료)를 적당히 결합시켜 하중을 바치는 것을 구조물이라 하며 부재가 주로 형강인 것을 골조 구조물, 판재로 구성된 것을 외판 구조물이라 한다.

부재의 연결점(절점 joint)이 상호 운동이 가능한 것을 회전절(hinged joing : 핀, 볼트, 리벳 등으로 결합된 것), 용접이나 구부림 가공 등 운동이 불가능한 것을 고정절(강절)이라 한다.

구조물을 지지하는 지점에는 고정 지점, 회전 지점, 가동 지점이 있으며 모든 절점이 회전절로서 지점이 가동 또는 회전 지점인 골조 구조물을 트러스(truss), 고정물을 포함하거나 고정 지점으로 된 것을 라멘(rahmen)이라 한다.

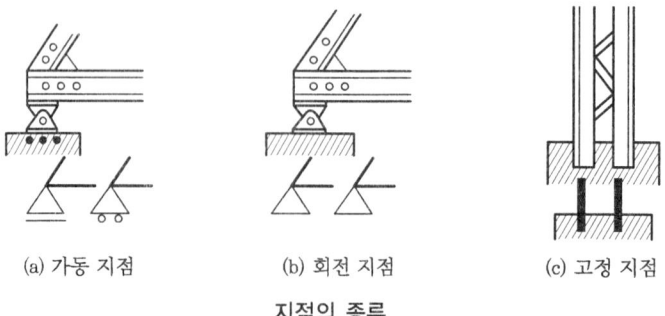

지점의 종류

2-2 철골 구조물 제도법

(1) 철골 구조의 표시법

　도면의 표시 방법은 KS A 0005(제도 통칙), KS F 1501(건축 제도), KS A 0101(수학 기호), KS B 0052(용접 기호)에서 정한 방법으로 한다.

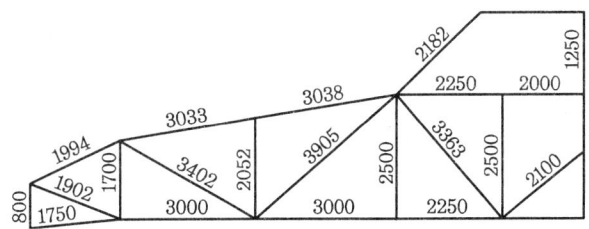

구조물의 치수 기입법

① 도면은 치수 단면형 각 부재의 상대적 위치를 면밀히 표시하고 바닥면, 기둥 중심, 각 부재의 분기에 대하여 치수 표시를 한다.
② 필요에 따라 사용 강재의 종류를 명시한다.
③ 볼트, 고장력 볼트를 사용할 때는 그 품질 구분을 명시한다.
④ 필요에 따라 트러스(truss), 보의 치올림(camber)을 도면에 명기한다.
⑤ 기둥재의 밑판의 접촉면, 기둥 이음매 등은 필요할 때는 마무리의 정도를 도면에 기입 지시한다.

2-3 강재의 단면 형상과 명칭·규격 표시 방법

(1) 구조 재료의 형상, 치수, 규격

번 호	명 칭
KS D 3502	열간 압연 형강의 형상, 치수, 무게 및 그 허용차
KS D 3500	열간 압연 강판 및 강대의 형상, 치수, 무게 및 그 허용차
KS D 3052	열간 압연 평강의 형상, 치수 및 무게와 그 허용차
KS D 3051	열간 압연 봉강 및 코일 봉강의 형상, 치수 및 무게와 그 허용차
KS D 3566	일반 구조용 탄소 강관
KS D 3568	일반 구조용 각형 강관
KS D 3530	일반 구조용 경량 형강
KS D 3602	강제 갑판(steel deck) SDP 1·2·3
KS B 1010	마찰 접합용 고장력 6각 볼트·6각 너트·평와셔의 세트
KS B 1002	6각 볼트
KS B 1012	6각 너트
KS B 1016	기초 볼트
KS B 1102	열간 성형 리벳
KS B 8106	보통 레일
KS B 8101	경 레일
KS F 4512	건축용 턴버클 볼트 S (주걱 볼트), E (아이 볼트), D (양쪽 나사볼트)
KS F 4513	건축용 턴버클 몸체 ST(갈래형), PT(원통형)

(2) 환강, 평강, 강판의 단면 형상과 치수 표시법

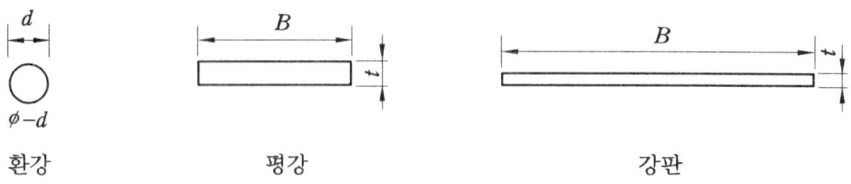

(3) 형강의 단면 형상과 치수 표시법

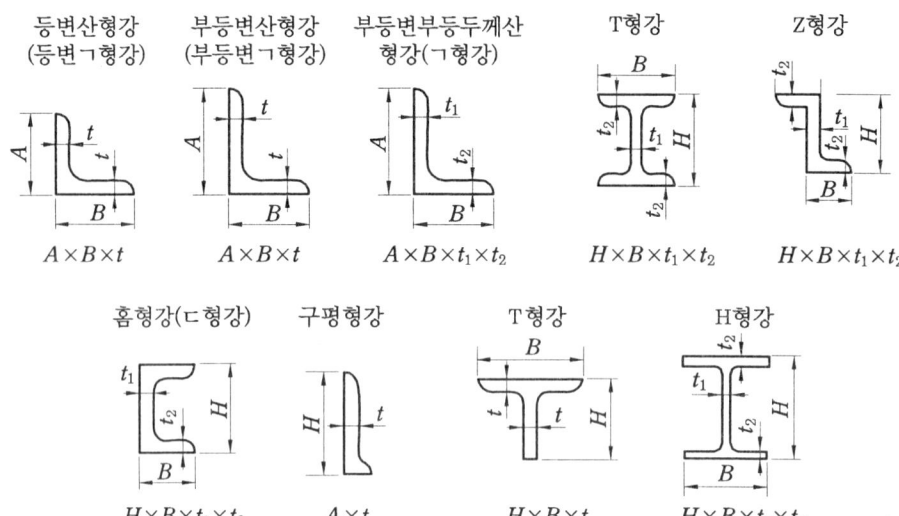

(4) 경량 형강의 단면 형상

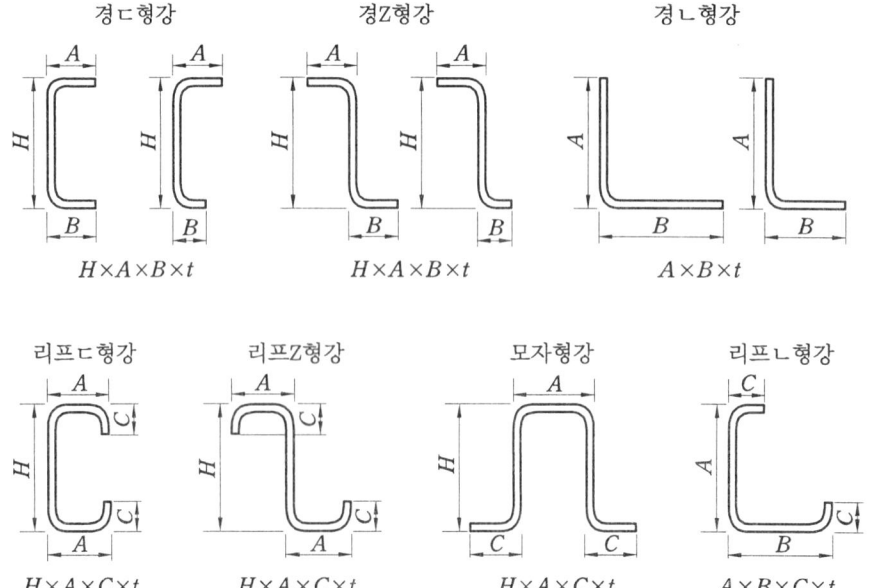

3. 용접기호 (KS B 0052)

기 본 기 호			
번 호	명 칭	그 림	기 호
1	돌출된 모서리를 가진 평판 사이의 맞대기 용접[1] 에지 플랜지형 용접(미국) / 돌출된 모서리는 완전 용해		八
2	평행 (I형) 맞대기 용접		‖
3	V형 맞대기 용접		V
4	일면 개선형 맞대기 용접		V
5	넓은 루트면이 있는 V형 맞대기 용접		Y
6	넓은 루트면이 있는 한 면 개선형 맞대기 용접		Y
7	U형 맞대기 용접 (평행 또는 경사면)		Y
8	J형 맞대기 용접		Y
9	이면 용접		⌣
10	필릿 용접		△
11	플러그 용접 ; 플러그 또는 슬롯 용접		⊓
12	점 용접		○
13	심(seam) 용접		⊖

\multicolumn{4}{c}{기 본 기 호}
번 호	명 칭	그 림	기 호
14	개선 각이 급격한 V형 맞대기 용접		\\/
15	개선 각이 급격한 일면 개선형 맞대기 용접		\\|
16	가장자리(edge) 용접		|||
17	표면 육성		⌒⌒
18	표면(surface) 접합부		=
19	경사 접합부		//
20	겹침 접합부		⊇

1) 돌출된 모서리를 가진 평판 맞대기 용접부(번호 1)에서 완전 용입이 안 되면 용입 깊이가 S인 평행 맞대기 용접부(번호 2)로 표시한다.

\multicolumn{3}{c}{양면 용접부 조합 기호 (보기)}
명 칭	그 림	기 호
양면 V형 맞대기 용접 (X용접)		X
K형 맞대기 용접		K
넓은 루트면이 있는 양면 V형 용접		X
넓은 루트면이 있는 K형 맞대기 용접		K
양면 U형 맞대기 용접		⋎

보조 기호	
용접부 표면 또는 용접부 형상	기 호
평면(동일한 면으로 마감 처리)	—
오목형	⌣
볼록형	⌢
토우를 매끄럽게 함	⌣⌣
영구적인 이면 판재(backing strip) 사용	M
제거 가능한 이면 판재 사용	MR

보조 기호의 적용 보기		
명 칭	그 림	기 호
평면 마감 처리한 V형 맞대기 용접		▽
볼록 양면 V형 용접		8
오목 필릿 용접		◣
이면 용접이 있으며 표면 모두 평면 마감 처리한 V형 맞대기 용접		▽
넓은 루트면이 있고 이면 용접된 V형 맞대기 용접		⍌
평면 마감 처리한 V형 맞대기 용접		▽ [a]
매끄럽게 처리한 필릿 용접		◣
a : ISO 1302에 따른 기호 : 이 기호 대신 주 기호 √ 를 사용할 수 있음.		

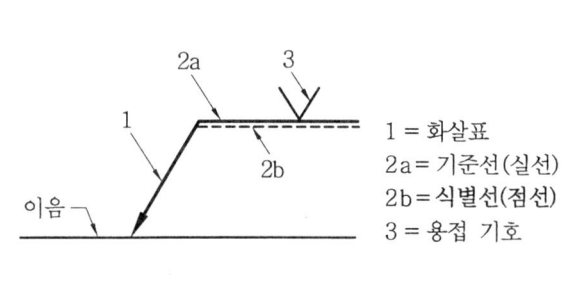

표시 방법

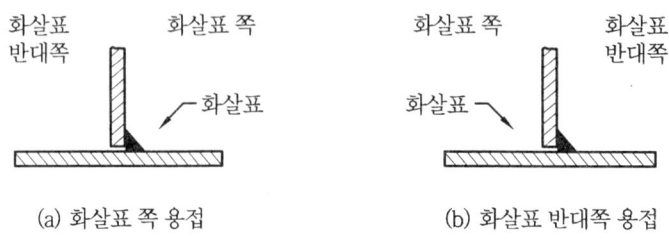

한쪽 면 필릿 용접의 T 접합부

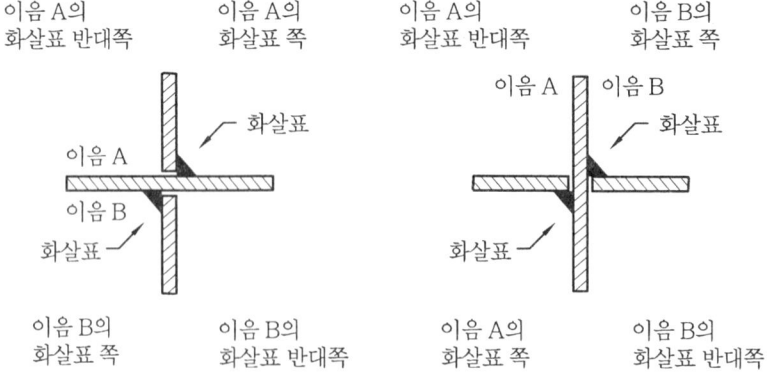

양면 필릿 용접의 십자(+)형 접합부

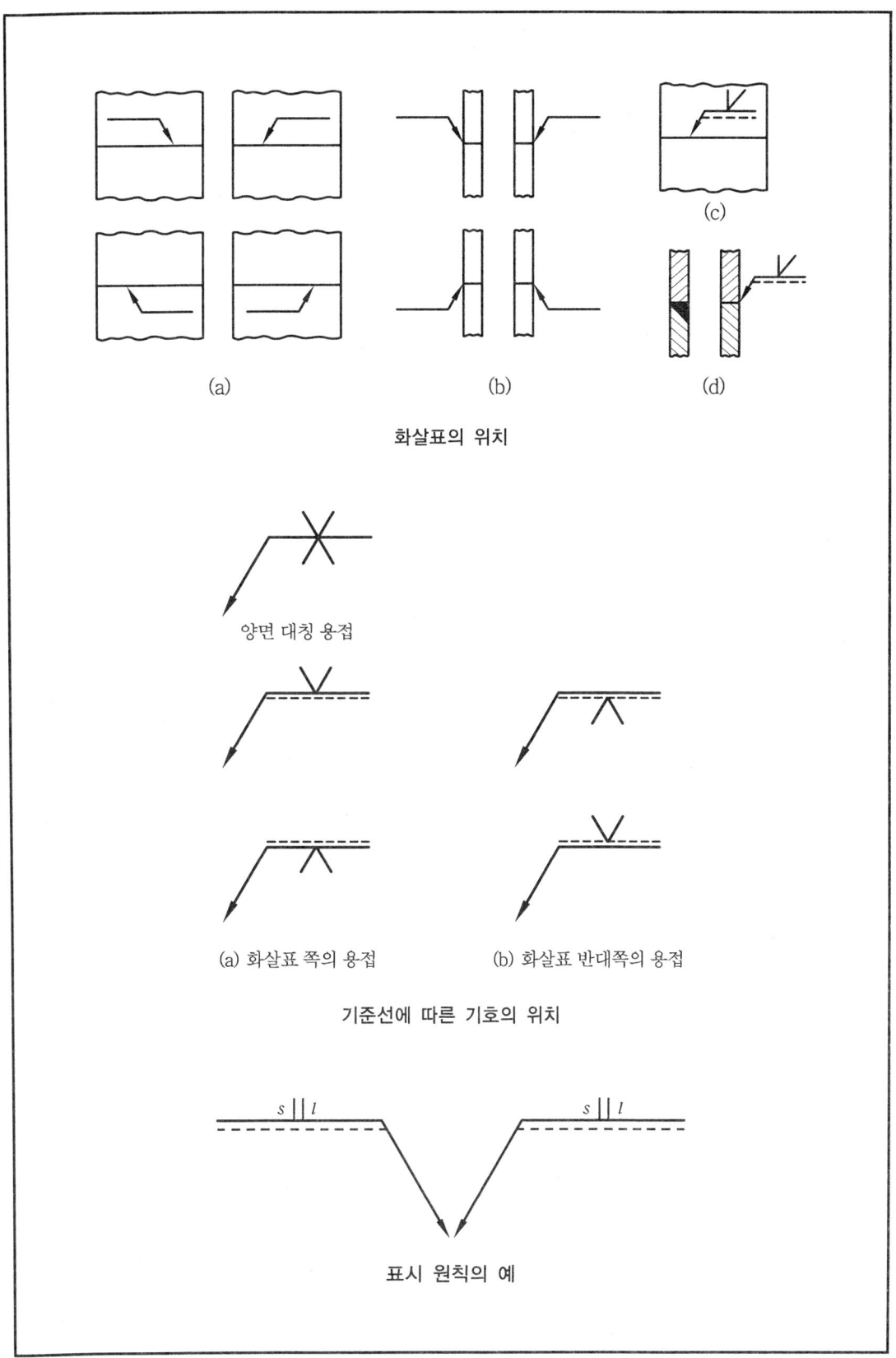

화살표의 위치

(a) 화살표 쪽의 용접   (b) 화살표 반대쪽의 용접

기준선에 따른 기호의 위치

표시 원칙의 예

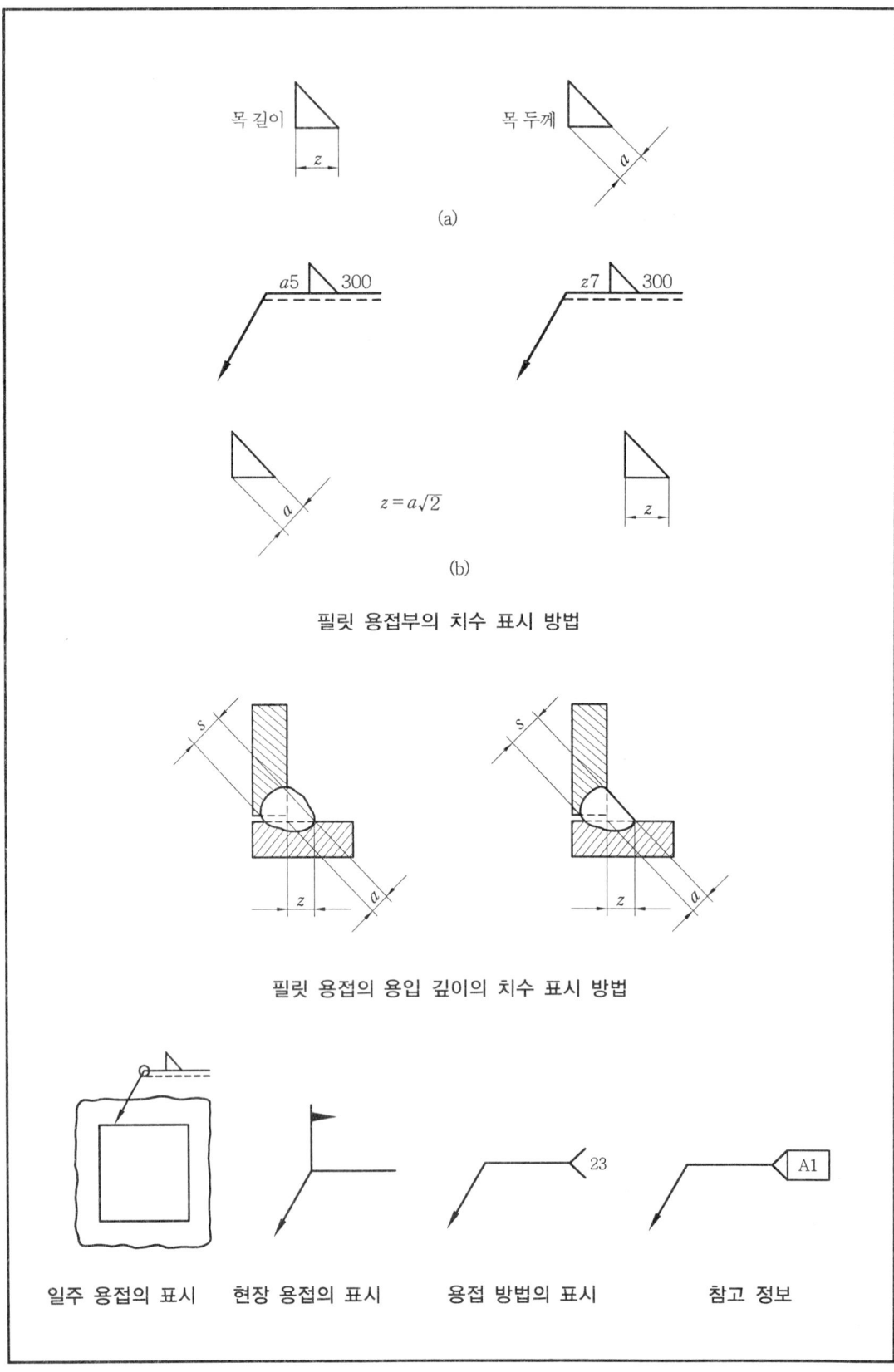

예상문제

1. 다음 중 판금 전개도를 그리는데 가장 중요한 것은?
   - ㉮ 각부의 실제 길이
   - ㉯ 축척도
   - ㉰ 투영도
   - ㉱ 투상도

2. 판금 전개도에서 축도를 1/2로 축소하면 그 실물의 면적은 얼마나 줄어드는가?
   - ㉮ 1/1
   - ㉯ 1/2
   - ㉰ 1/4
   - ㉱ 1/10

3. 전개도를 그리는 방법 중 적당치 않는 것은?
   - ㉮ 평행선을 그려서 전개하는 방법
   - ㉯ 사각형법으로 전개하는 방법
   - ㉰ 방사선을 그려서 전개하는 방법
   - ㉱ 삼각형을 그어서 실제 길이를 구하여 전개하는 방법

4. 판금 조립에서 일반적으로 사용하는 방법 중 옳지 않은 것은?
   - ㉮ 용접에 의한 조립
   - ㉯ 구부려 맞물림에 의한 조립
   - ㉰ 단조에 의한 조립
   - ㉱ 리벳에 의한 조립

5. 판금 전개도를 그리는데 필요치 않은 것은?
   - ㉮ 금긋기 바늘
   - ㉯ 직각자
   - ㉰ 운형자
   - ㉱ 정

6. 다음과 같은 6각 기둥은 어떤 방법으로 전개하는 것이 가장 편리한가?
   - ㉮ 평행선법
   - ㉯ 방사선법
   - ㉰ 삼각형법
   - ㉱ 종합선법

   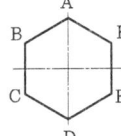
   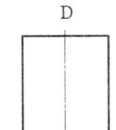

7. 원을 등각 투상도로 투상했을 경우 어떤 모양이 되는가?
   - ㉮ 원
   - ㉯ 마름모꼴
   - ㉰ 타원
   - ㉱ 직사각형

8. 원기둥과 원기둥의 상관선을 간략하게 표시하려면 어떻게 해야 하는가?
   - ㉮ 직선
   - ㉯ 원
   - ㉰ 타원
   - ㉱ 직사각형

9. 보조 투상도는 몇 각법으로 그려야 하는가?
   - ㉮ 제1각법
   - ㉯ 단면도법
   - ㉰ 전개도법
   - ㉱ 제3각법

10. 전개도법에서 원뿔의 전개에 가장 적합한 것은?
    - ㉮ 평행 전개법
    - ㉯ 방사 전개법
    - ㉰ 삼각 전개법
    - ㉱ 정다각형의 연속

11. 다음 그림 중 상관선이 맞지 않는 것은?(단, 지름은 같다.)

    ㉮ 　㉯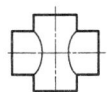
    ㉰ 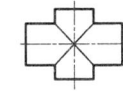　㉱

12. 상관선이란 무엇인가?
    - ㉮ 두 직선이 교차하는 선
    - ㉯ 두 면이 만나는 선
    - ㉰ 두 입체가 만나는 선
    - ㉱ 두 곡선이 만나는 선

13. 상관선은 다음 중 어느 것을 만들 경우에 사용하는가?
    - ㉮ 전개도
    - ㉯ 평면도
    - ㉰ 측면도
    - ㉱ 배면도

14. 정사각기둥의 상관선은 어떻게 나타나는가?
    - ㉮ 곡선
    - ㉯ 원
    - ㉰ 직선
    - ㉱ 원호

15. 원기둥과 원기둥이 만날 때의 상관선은 어떻게 나타나는가?
    - ㉮ 곡선
    - ㉯ 현
    - ㉰ 직선
    - ㉱ 불규칙한 곡선

16. 전개도는 어느 경우에 많이 사용되는가?
    - ㉮ 판금 작업
    - ㉯ 기계 공작 작업
    - ㉰ 구조 작업
    - ㉱ 일반 작업

해답 1. ㉮ 2. ㉰ 3. ㉯ 4. ㉰ 5. ㉱ 6. ㉮ 7. ㉰ 8. ㉮ 9. ㉱ 10. ㉯ 11. ㉰ 12. ㉰ 13. ㉮ 14. ㉰ 15. ㉮ 16. ㉮

17. 1변의 길이 30 mm인 정 8면체의 표면적은?
㉮ 2700 mm² ㉯ 2970 mm²
㉰ 3100 mm² ㉱ 7200 mm²

18. 지름이 40 mm, 높이 60 mm인 원기둥의 표면적은?
㉮ 7536 mm² ㉯ 7640 mm²
㉰ 754 mm²   ㉱ 764 mm²

19. 다음 그림과 같은 관을 전개할 때의 설명이다. 틀린 것은?
㉮ 1 : 1 실척을 그린다.
㉯ 원둘레의 길이를 4등분 한 뒤, 그 사이를 3등분하여 12등분 수직선을 긋는다.
㉰ 전개도의 위치에 수평선을 원둘레의 길이로 그어 끝에 수직선을 긋는다.
㉱ 현도의 위치를 정하여 수직 직교선을 그어 준 뒤, 1사분면의 90°를 2등분한다.
[해설] ㉱의 설명은 이경 45°Y 분기관 제작방식이다.

20. 지름이 5 cm인 원기둥을 전개했을 때의 원둘레의 길이는?
㉮ 1500 mm ㉯ 157 mm
㉰ 150 mm   ㉱ 130 mm

21. 옆 그림에서 경사면의 단면적은?
㉮ 12 cm²
㉯ 16 cm²
㉰ 21 cm²
㉱ 24 cm²

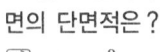

22. 다음 그림은 곧게 자른 원뿔의 옆면의 전개도이다. 맞는 것은 어느 것인가?

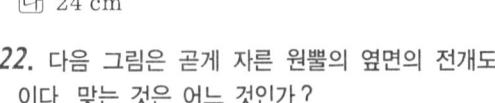

23. 다음 3편 마이터의 중심각이 80°일 때 절단각은 얼마인가?
㉮ 10° ㉯ 25° ㉰ 22° ㉱ 20°

24. 다음 그림과 같이 원뿔을 절단하여 화살표 방향에서 그리려고 한다면, 원뿔 곡선은 어떤 모양으로 도시하여야 하겠는가?
㉮ 원   ㉯ 타원
㉰ 포물선 ㉱ 쌍곡선

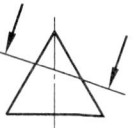

25. 다음 그림과 같은 도면의 기호는?
㉮ 배기 덕트의 단면
㉯ 흡기 덕트의 단면
㉰ 환기 덕트의 단면
㉱ 자동 온도 조절기

[해설] ㉮  ㉰ ㉱

26. 다음 외기 흡입 덕트의 기호는 어느 것인가?

27. 다음 "흡기 덕트 내려감" 기호는?

28. 다음 "원형 덕트 지름"의 표시 기호는?
㉮ DG ㉯ L
㉰ L   ㉱ ∅

[해설] ㉮ 도어 그린, ㉯ 덕트 기밀시험, ㉰ 루버

29. 강관을 사용하여 동심 T(tee) 분기관을 전개법에 의해 제작하려 한다. 가장 적합한 전개방식은?
㉮ 삼각 전개법   ㉯ 평행 전개법
㉰ 방사선 전개법 ㉱ 사다리 전개법

[해설] 판금 및 제관의 전개법에는 ㉮, ㉯, ㉰의 4가지 방법이 있다.

30. (a)와 같은 원뿔의 펼친 그림 (b)에서 θ는?

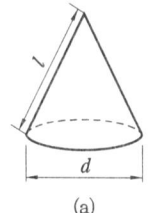 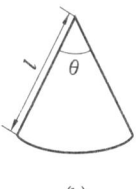
(a) (b)

㉮ $\theta = \dfrac{d}{e} \times 360$ ㉯ $\theta = \dfrac{d}{e} \times 180$

[해답] 17.㉱ 18.㉮ 19.㉱ 20.㉯ 21.㉰ 22.㉯ 23.㉱ 24.㉯ 25.㉯ 26.㉮ 27.㉮ 28.㉱ 29.㉯ 30.㉯

㉰ $\theta = \dfrac{d}{e} \times 270$ ㉱ $\theta = \dfrac{d}{e} \times 90$

㉰ 절단각 $= \dfrac{(편수-1)^2}{중심각}$

㉰ 절단각 $= \dfrac{중심각}{(편수-1)^2}$

㉱ 절단각 $= \dfrac{중심각}{(편수-1)}$

31. 다음 도면은 어떤 방법으로 전개하는 것이 가장 편리한가?
㉮ 평행선법
㉯ 방사선법
㉰ 삼각형법
㉱ 종합선법

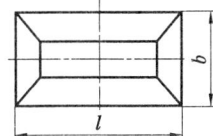

32. 다음과 같은 원추 모양은 어떤 방법으로 전개하는 것이 가장 편리한가?
㉮ 평행선법
㉯ 방사선법
㉰ 삼각형법
㉱ 종합선법

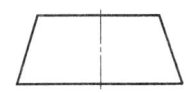

38. 다음 그림은 +형관(크로스판)이다. 다음 설명 중 틀린 것은?
㉮ $\overline{AO}$ 길이는 관의 반지름이다.
㉯ A와 3의 원호를 4등분한 것이 1, 2이다.
㉰ $\overline{AB}$ 길이는 관의 지름이다.
㉱ +형관의 중심선은 D이다.

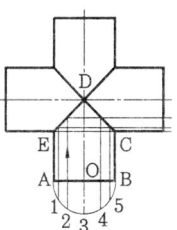

33. 다음은 철골 구조의 표시사항이다. 잘못된 것은?
㉮ 도면은 치수 단면형 각 부재의 상대적 위치를 면밀히 표시하고 바닥면, 기둥 중심, 각 부재의 분기에 대하여 치수 표시를 한다.
㉯ 필요에 따라 강재의 종류를 명시한다.
㉰ 파선은 외형 부분을 표시하는 선으로 경계선 기준선 등에 사용된다.
㉱ 볼트, 고장력 볼트를 사용할 때는 그 품질 구분을 명시한다.

39. 다음은 4편 엘보이다. 점 O에서 n은 몇 도인가?
㉮ 10°
㉯ 15°
㉰ 20
㉱ 25°

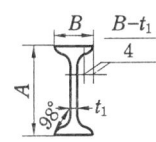

[해설] 절단각 $= \dfrac{중심각}{(편수-1)^2} = \dfrac{90°}{(4-1)^2} = 1.5°$

34. 다음 형강의 표시법은?
㉮ $IA \times B \times t_1 \times 길이$
㉯ $I 길이 \times t_1 \times A \times B$
㉰ $I 길이 \times A \times B \times t_1$
㉱ $IA \times t_1 \times 길이 \times B$

40. 다음 동심 2절 리듀서 전개 방식은?
㉮
㉯
㉰
㉱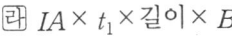

41. 다음 중 평판 또는 형강의 치수기입을 옳게 나타낸 것은?
㉮ 가로×세로×길이 - 두께
㉯ 길이×폭×두께
㉰ 폭×두께 - 길이
㉱ 가로×세로×두께 - 길이

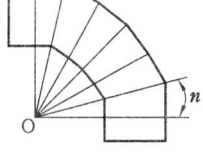

35. 다음 C형강의 모양은 어떤 것인가?
㉮ ㉯ ㉰ ㉱

36. 다음은 철골 구조물의 표시통칙이다. 틀린 것은?
㉮ KS B 0052 ㉯ KS A 0101
㉰ KS F 1501 ㉱ KS J 0525

37. 다음 절단각을 구하는 공식은 어느 것인가?
㉮ 절단각 $= \dfrac{편수}{중심각}$

42. 다음 용접부의 기호에 대한 설명 중 틀린 것은 어느 것인가?
㉮ 용접부의 기호는 기본 기호 및 보조 기호로 한다.
㉯ 기본 기호는 원칙으로 두 부재 사이의 용접부 모양을 표시한다.

[해답] 31. ㉰ 32. ㉯ 33. ㉰ 34. ㉮ 35. ㉯ 36. ㉱ 37. ㉰ 38. ㉯ 39. ㉯ 40. ㉮ 41. ㉯ 42. ㉱

다 보조 기호는 용접부 및 용접부 표면의 형상을 나타낸다.
라 용접부의 기호는 작업자가 편리한 대로 임의로 표시한다.

[해설] 용접부의 기호는 KS B 0052 기준에 따라 표시한다.

43. 양면 플랜지형 맞대기 이음 용접으로 맞는 것은?

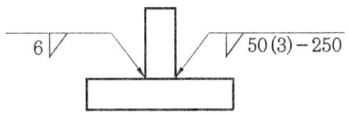

44. 다음 도시의 용접 기호를 설명한 것 중 틀린 것은?

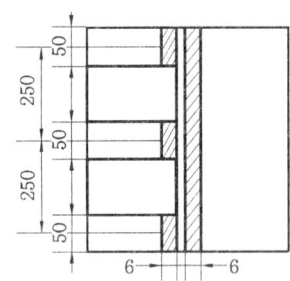

가 한쪽은 연속 용접, 한쪽은 단속 용접을 나타낸다.
나 양쪽 다리 길이는 6 mm이다.
다 단속 용접 길이는 250 mm이다.
라 단속 용접수는 3개소를 나타낸다.

[해설] 250은 용접 피치를 나타내는 것이다.

45. 다음 그림은 용접 실제 모양을 표시한 것이다. 맞게 표시한 것은?

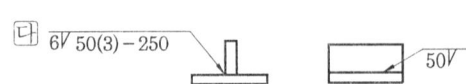

46. 다음 그림은 마찰 용접의 실제 모양을 표시한 것이다. 올바른 기호로 표시한 것은?

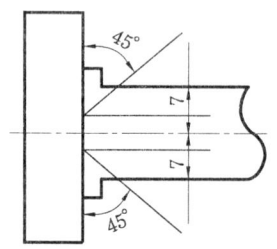

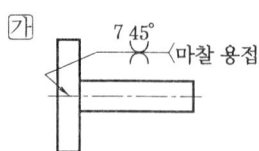

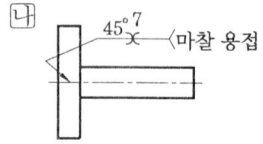

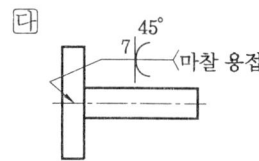

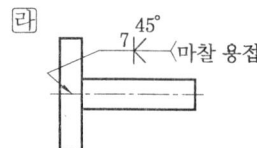

[해설] 45°는 베벨 각도를 나타낸다.

47. 다음 그림과 같이 도면상에 용접부 기호를 표시하였다. 이것을 가장 올바르게 설명한 것은?

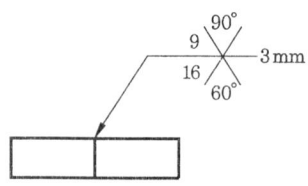

가 X형 용접으로 홈 깊이가 화살표쪽 9 mm, 반대쪽 16 mm, 홈각 화살표쪽 60°, 반대쪽 90°, 루트 간격 3 mm
나 X형 용접으로 홈 깊이가 화살표쪽 9 mm, 반대쪽 16 mm, 홈각 화살표쪽 90°, 반대쪽 60°, 루트 간격 3 mm
다 X형 용접으로 홈 깊이가 화살표쪽 16 mm, 반대쪽 9 mm, 홈각 화살표쪽 60°, 반대쪽

해답 43. 다 44. 다 45. 가 46. 라 47. 다

90°, 루트 간격 3 mm
㉣ X형 용접으로 홈 깊이가 화살표쪽 16 mm, 반대쪽 9 mm, 홈각 화살표쪽 90°, 반대쪽 60°, 루트 간격 3 mm

48. 다음 KS 용접 기호 중 S가 의미하는 것은?

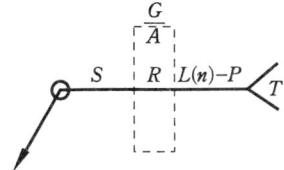

㉮ 용접부의 단면 치수 또는 강도
㉯ 표면 모양 기호
㉰ 용접 종류의 기호
㉱ 루트 간격

[해설] • S : 용접부의 단면 치수 또는 강도
• R : 루트 간격
• A : 그루브 각도
• L : 용접의 용접 길이
• n : 용접의 수
• P : 용접 피치
• T : 특별 지시 사항

49. 다음 그림과 같은 형상을 한 용접부를 용접 기호로 나타낸 것은?

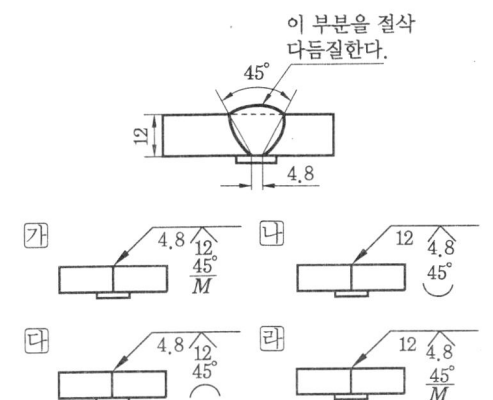

50. 다음 그림을 용접 기호로 나타낸 것 중 옳은 것은?

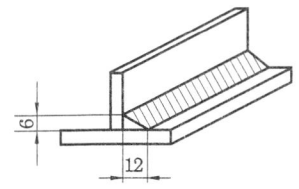

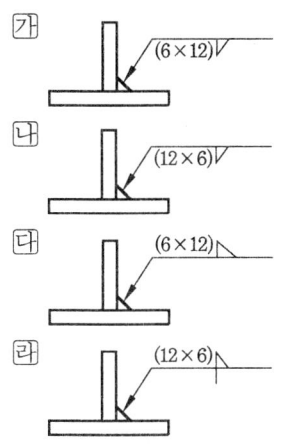

[해설] 부등 다리인 경우에는 작은 다리의 치수를 앞에, 큰다리를 뒤에, 그리고 ( )로 묶는다.

51. 다음 용접 기호를 가장 잘 설명한 것은?

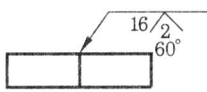

㉮ 홈 깊이 16 mm, 홈 각도 60°, 루트 간격 2 mm의 화살쪽 용접
㉯ 홈 깊이 16 mm, 홈 각도 60°, 루트 면 2 mm의 화살쪽 용접
㉰ 용잎 깊이 16 mm, 루트각 60°이면 가우징 2 mm의 화살 반대쪽 용접
㉱ 비드 간격 16 mm, 루트각 60°, 루트 반지름 2 mm의 화살 반대쪽 용접

52. 다음 도면의 KS 용접 기호를 옳게 설명한 것은 어느 것인가?

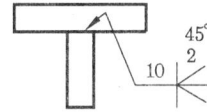

㉮ 필릿 용접으로 홈의 깊이가 10 mm, 루트 반지름 2 mm, 홈의 각도는 45°이다.
㉯ 필릿 용접으로 홈의 각도는 45°, 루트 간격 2 mm이고, 홈의 깊이는 10 mm이다.
㉰ K형 용접으로 홈의 깊이 10 mm, 루트 반지름 2 mm이고, 홈의 각도는 45°이다.
㉱ K형 용접으로 홈의 각도 45°, 루트 간격 2 mm이고, 홈의 깊이는 10 mm이다.

53. 다음 그림에 표시된 용접 기호에 대한 설명으

[해답] 48. ㉮ 49. ㉱ 50. ㉮ 51. ㉮ 52. ㉱ 53. ㉰

로 틀린 것은?

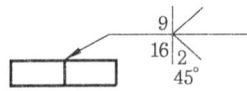

㉮ 화살표쪽 홈 깊이 16 mm
㉯ K형 용접
㉰ 루트 반지름 2 mm
㉱ 홈의 각도 45°
해설 2는 루트 간격을 mm로 나타낸 것이다.

54. 다음 그림의 설명 중 맞는 것은?

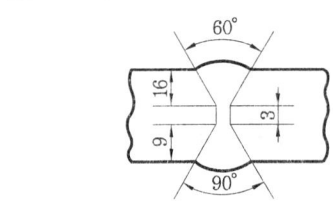

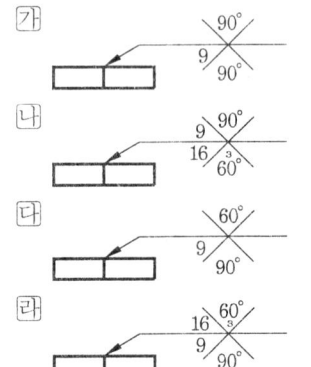

55. 다음 그림의 용접 기호는 무엇을 표시하는가?

㉮ 양면을 필릿 용접하며 凸형
㉯ 양면을 필릿 용접하며 화살표 쪽은 凹형, 반대쪽은 凸형
㉰ 양면을 필릿 용접하며 화살표 쪽은 평면, 반대쪽은 凹형
㉱ 양면을 필릿 용접하며 화살표 쪽은 凹형, 반대쪽은 평면

해설 표면 형상으로,
⌢ : 凸형, ⌣ : 凹형, ── : 평면

56. 용접부의 다듬질 방법 중 끝단부를 매끄럽게 하는 보조 기호로 맞는 것은?

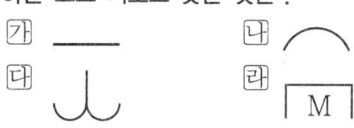

해설 ㉮ ── : 평면
㉯ ⌢ : 凸형
㉱ M : 영구적인 덮개판을 사용

57. 다음 그림에서 용접 부호 기입 시 용접 길이를 표시한 곳은?

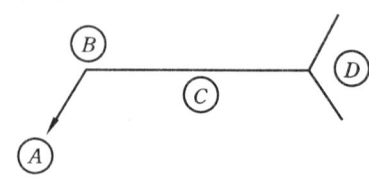

㉮ A 부분 ㉯ B 부분
㉰ C 부분 ㉱ D 부분

58. 용접 기호의 기입법에 대한 설명 중 틀린 것은 어느 것인가?

㉮ 용접 기호와 치수는 설명선을 사용하여 기입한다.
㉯ 용접 방법 및 기타 특별히 지시할 사항이 있을 때에는 꼬리를 그려 그 부분에 기입한다.
㉰ 기호 및 치수는 용접하는 그 쪽이 화살표인 경우 기선의 아래쪽에 기입한다.
㉱ 기호 및 치수는 용접하는 쪽이 화살표 반대인 경우 기선 좌측에 기입한다.

59. 다음 기호 중 심 용접을 나타내는 것은?

해설 ㉯ ○ : 스폿 용접
㉰ ⊓ : 플러그, 슬롯 용접
㉱ △ : 필릿 용접

제3편

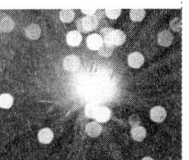

용접 구조 설계

제1장 　용접 구조물의 특징
제2장 　용접 이음부의 강도
제3장 　용접 열유동 및 변형
제4장 　용접 시공
제5장 　용접 시험 및 검사

제1장 용접 구조물의 특징

1. 용접 구조의 장·단점

용접을 채용함에 있어서 용접 구조의 장점과 단점을 잘 아는 것은 대단히 중요하다. 용접 구조에 대한 리벳 구조, 주조품 및 단조품에 대한 장점과 단점을 열거하면 다음과 같다.

(1) 용접의 장점
① 재료가 절약된다.
② 공정의 수가 감소된다.
③ 제품의 성능과 수명이 향상된다.
④ 이음 효율이 높다.

(2) 리벳 이음에 비하여 우수한 점
① 구조가 간단하다.
② 이음 효율이 우수하다 (용접 이음 효율은 100 % 이상 가능).
③ 재료가 절약된다.
④ 공정의 수가 절감된다.
⑤ 제작비가 낮아진다.
⑥ 수밀(water tight), 기밀(air tight), 유밀(oil tight)이 우수하다.

(3) 용접의 단점
① 재질이 변화된다.
② 용접 균열이 발생된다.
③ 품질 검사가 곤란하다.
④ 수축 변형 및 잔류 응력이 발생한다.
⑤ 용접부에 응력 집중이 발생한다.
⑥ 모재의 재질에 대한 영향이 크다.

(4) 용접 구조물이 리벳(rivet) 구조물에 비하여 나쁜 점
① 품질 관리가 곤란하다.
② 응력 집중이 생기기 쉽다.
③ 좌굴 (buckling) 변형이 일어나기 쉽다.
④ 검사법이 간단하지 않다.
⑤ 구조용 강재에서는 저온에서 취성 파괴가 되기 쉽다.

예상문제

문제 1. 다음 중 용접법이 단접에 비하여 뒤떨어지는 것은?
㉮ 가공 공정수가 절감된다.
㉯ 열처리가 자유롭다.
㉰ 복잡한 형상의 제작이 용이하다.
㉱ 제작 비용 증가와 무게가 증가한다.

문제 2. 다음은 용접의 장점에 관한 사항이다. 틀린 것은?
㉮ 설계 시공 및 재료 등에 대하여 충분한 지식이 필요하다.
㉯ 자재가 절약된다.
㉰ 작업공수가 감소된다.
㉱ 제품의 성능과 수명이 향상된다.

문제 3. 다음은 용접의 장점을 나열한 것이다. 틀린 것은?
㉮ 자재 절약으로 중량이 감소한다.
㉯ 리벳 이음에 비하여 맞대기 용접시의 이음 효율은 100%로 잡을 수 있다.
㉰ 이종 재료의 용접이 가능하다.
㉱ 열영향으로 이음부의 재질이 변하지 않는다.
[해설] 용접부에는 용접 열영향으로 인하여 재질이 변한다.

문제 4. 다음 중 기계적 접합법에 비하여 야금적 접합법의 장점이 될 수 없는 것은?
㉮ 제품의 중량 감소
㉯ 자재의 절약
㉰ 기술 습득이 용이
㉱ 기밀, 수밀, 유밀성이 우수
[해설] 용접은 기술의 습득이 어렵다.

문제 5. 다음 중 용접의 단점이 아닌 것은?
㉮ 재질의 변형
㉯ 품질 검사의 곤란
㉰ 응력 집중 현상 발생
㉱ 공정수 감소

문제 6. 용접이 리벳 이음에 비하여 우수한 점이 아닌 것은?
㉮ 공정수가 감소된다.
㉯ 기술이 필요하지 않다.
㉰ 자재가 절약된다.
㉱ 기밀, 수밀이 용이하다.
[해설] 용접은 기술 습득이 필요하다.

문제 7. 다음 설명 중 용접의 장점에 해당되지 않는 것은?
㉮ 재료가 절약된다.
㉯ 이음의 형상을 자유롭게 선택할 수 있다.
㉰ 구조가 간단하다.
㉱ 기밀, 수밀성이 우수하나 유밀성이 저하된다.
[해설] ① 기밀성, 수밀성, 유밀성이 우수하다.
② 주물에 비하여 신뢰도가 높아 100% 이상의 이음 효율을 얻을 수 있으며, 소형 제품의 제작이 능률적이다.
③ 용접 준비, 용접 작업이 비교적 간단하며, 작업의 자동화가 비교적 용이하다.

문제 8. 리벳 이음과 비교한 용접 이음의 일반적인 장점이 아닌 것은?
㉮ 잔류 응력 및 잔류 변형이 없다.
㉯ 강판 두께의 제한이 없다.
㉰ 이음 효율이 높다.
㉱ 작업공수가 적다.

문제 9. 용접 구조 설계의 순서는 다음과 같다. ( ) 안에 알맞은 것은?

[해답] 1. ㉱ 2. ㉮ 3. ㉱ 4. ㉰ 5. ㉱ 6. ㉯ 7. ㉱ 8. ㉮ 9. ㉮

구조 계획 → 이음 방법 → 구조 계산 → 구조 설계 → ( ) → 재료 계산 → 시방서

㉮ 공작도 　　　㉯ 주문도
㉰ 설명도 　　　㉱ 장치도

문제 10. 용접이 리베팅에 비해서 유리하지 못한 것은?
㉮ 응력이 집중되어 좋다.
㉯ 자재가 절약된다.
㉰ 작업공수가 절감된다.
㉱ 기밀성이 좋다.

문제 11. 다음 중 용접의 결점이라고 할 수 없는 것은?
㉮ 품질 검사 곤란
㉯ 응력 집중
㉰ 열 병합에 의한 변질
㉱ 잔류 응력의 증가

문제 12. 용접 설계상 주의 사항으로 알맞지 않은 것은?
㉮ 용접하기에 알맞은 이음 형식을 택해야 한다.
㉯ 용접선은 가급적 짧게 하여야 한다.
㉰ 용접할 부분을 한 곳에 모이게 한다.
㉱ 용접하기 쉬운 자세를 한다.
[해설] 용접할 부분을 한 곳에 모이게 하면 응력 집중이 발생하므로 피해야 한다.

문제 13. 용접을 리벳 이음과 비교해 볼 때 장점이 아닌 것은?
㉮ 이음 구조가 간단하다.
㉯ 두께의 제한을 거의 받지 않는다.
㉰ 소량 생산에는 적합하나 대량 생산에는 적합하지 않다.
㉱ 기밀과 수밀성을 얻을 수 있다.

문제 14. 용접 이음을 리베팅과 비교할 때 그 장점에 해당되지 않는 것은?
㉮ 재료 절약　　　㉯ 기밀 유지
㉰ 높은 이음 효율　㉱ 부식 방지용

해답 10. ㉮　11. ㉰　12. ㉰　13. ㉰　14. ㉱

제 2 장　용접 이음부의 강도

1. 용접 이음

1-1 대표적 용접 이음

용접 구조물의 제작에 사용되는 용접 이음은 맞대기 용접 이음(butt welding) 또는 필릿 용접 이음(fillet welding)으로 구성된다.

이 두 가지 용접에서 여러 형식의 이음(joint)을 할 수 있다. 즉, 금속의 판이나 형재를 사용하여 어떤 제품을 만들기 위해서는 소재를 적당하게 절단하거나 굽힘 가공하여 맞추는 것이 필요하다.

용접에 사용되고 있는 대표적 이음은 다음과 같다.

① 맞대기 이음(butt joint)　　　　② 모서리 이음(corner joint)
③ 변두리 이음(edge joint)　　　　④ 겹치기 이음(lap joint)
⑤ T이음(tee joint)　　　　　　　⑥ 십자 이음(cruciform joint)
⑦ 전면 필릿 이음(front fillet joint)　⑧ 측면 필릿 이음(side fillet joint)
⑨ 양면 덮개판 이음(double strap joint)

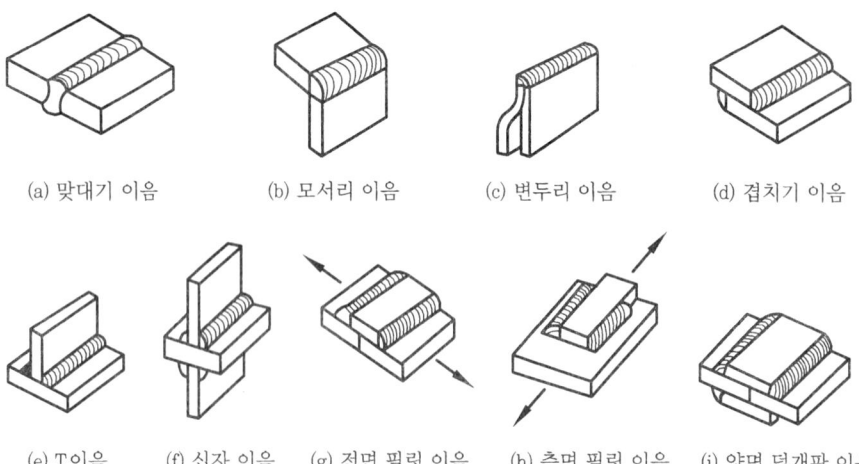

(a) 맞대기 이음　(b) 모서리 이음　(c) 변두리 이음　(d) 겹치기 이음
(e) T이음　(f) 십자 이음　(g) 전면 필릿 이음　(h) 측면 필릿 이음　(i) 양면 덮개판 이음

용접 이음의 종류

용접 구조에서는 용접 이음의 선택 및 설계, 양자 모두가 중요하다. 이것은 구조물이 용접에 의하여 변형 및 수축 응력, 개선의 준비비, 용접 작업비 및 용접봉 사용량에 크게 영향을

미치기 때문이다.

또한 용접부에 굽힘 응력(bending stress)이 발생하지 않게, 용접부가 하중력선에 대칭이 되도록 용접 이음을 선택할 필요가 있다.

일반적으로 겹치기 용접 이음은 가능한 피하고, 맞대기 용접 이음으로 하는 것이 좋다. 만약 겹치기 용접 이음을 할 필요가 있을 경우에는 전면 필릿 이음을 피하고, 윗 그림의 (h)와 같은 측면 필릿 용접 이음으로 하는 것이 좋다.

- 용접(부)의 종류
  - 융접 : 아크 용접, 가스 용접, 테르밋 용접, 일렉트로 슬래그 용접, 전자빔 용접, MIG 용접, TIG 용접
  - 압접 : 저항 용접, 가스 압접, 단접, 냉간 압접, 초음파 용접
  - 납땜 : 경납, 연납

이와 같은 용접(부)은 여러 가지 인자에 의하여 세분화된다.

용접 전후의 용접(부) 형상에 따라서 아크 및 가스 용접 등에서는 다음 그림과 같은 것들이 사용된다.

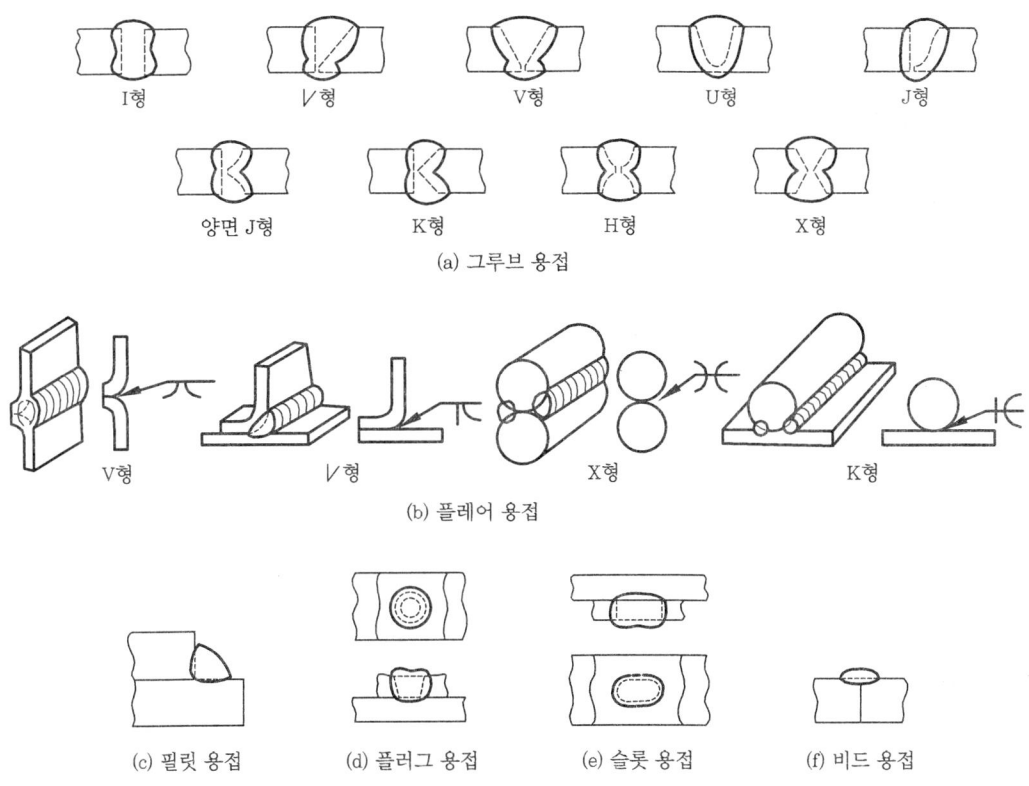

각종 용접 이음의 형상

(1) 맞대기 용접 또는 홈 용접(개선 용접 ; groove welding)

동일 평면에 있는 2개의 부재를 마주 붙여 용접하는 이음이다.

(2) 필릿 용접(fillet weld)

겹쳐 놓은 T형 이음의 필릿 부분을 용접하는 것으로, 필릿 용접 이음과 그루브 용접 이음으로 나뉜다.

(3) 비드 용접(bead weld)

평판상에 용접 비드를 용착하는 것으로, 부재를 접합하는 것보다도 덧쌓기 용접에 많이 이용된다. 일반적으로 작업 조건에 따라 표면의 덧쌓기는 판 두께가 4 mm 이하인 경우에 1 mm 정도, 13 mm 이상에서는 3 mm 정도를 이용한다.

(4) 플러그 용접(plug weld)

접합하려고 하는 한쪽의 부재에 둥근 구멍을 뚫고, 그곳에 용접하여 이음하는 것이다.

(5) 슬롯 용접(slot weld)

접합하기 위하여 겹쳐 놓은 두 부재의 한쪽에 둥근 구멍 대신에 좁고 긴 홈을 만들어 놓고 그곳을 용접하는 이음이다.

(6) 플레어 용접(휨홈 용접 ; flare groove weld)

두 부재 사이의 휨 부분을 용접하는 이음 (플레어 V형, $\vee$형, J형, K형)이다.
또한 저항 용접 이음은 다음과 같이 나뉜다.
① 점 용접(spot weld)
② 프로젝션 용접(projection weld)
③ 심 용접(seam weld)
④ 플래시 용접(flash weld)
⑤ 업셋 용접(upset weld)

1-2 맞대기 용접 이음

(1) 용접부의 명칭

① 개선 또는 홈(groove) : 접합하는 두 부재의 맞대기 단면 사이에 가공하는 것으로, 용입(penetration) 모재의 용착된 부분의 최정점과 용접하려는 원 표면과의 거리이다.
② 용접토(toe of weld) : 모재의 표면과 용접 표면과의 교점이다.
③ 용접의 루트(root of weld) : 용접부의 단면에서 용접의 저면과 부재면과의 교점이다.
④ 용착 금속(deposited metal) : 용접한 후 용융 금속이 응고된 금속이다.
⑤ 덧붙이(reinforcement of weld) : 계산 또는 필릿 용접의 치수 이상으로 표면 위에 용착된 금속이다.
⑥ 이면 비드(root pass bead ; first pass bead) : 개선의 표면에서 용접하여 이면으로 나타난 비드를 말한다.
⑦ 목 두께(throat thickness of weld) : 용착 금속의 단면에서 용접의 루트를 통과하는 최소 두께를 말한다. 이것은 용접부의 응력 계산에서 목 두께로 사용하므로, 일반적으로 표면 덧붙이 및 이면 비드를 포함하지 않는다. 즉, 덧붙이를 계산에 넣으면 응력 단면은 목

두께 단면에서 최대가 되고, 토(toe) 부분에서 최소가 되어 덧붙이를 할 의미가 없게 된다. 또한 표면 덧붙이 및 이면 비드를 그대로 사용하면 토(toe)에 응력 집중이 되어 피로 파괴가 생길 위험이 높게 되므로, 경우에 따라서 모재의 표면까지 평탄하게 가공하는 것이 이상적이다. 그리고 덧붙이 밑 이면 비드를 그대로 사용할 경우에는, 그 높이는 모재의 표면에서 1~2 mm 정도로 하는 것이 적당하다.

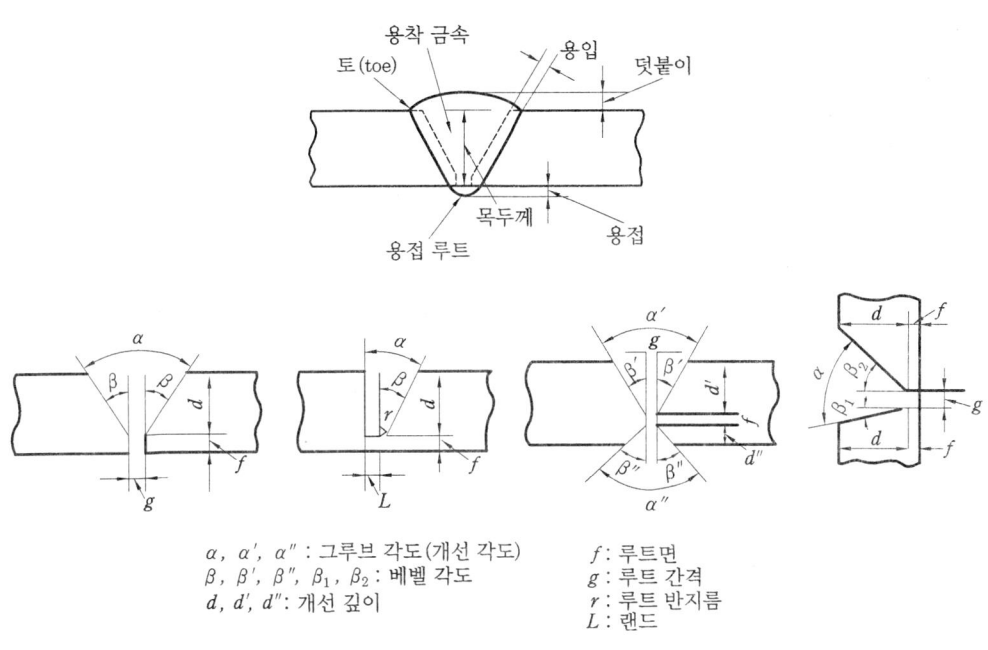

맞대기 용접 이음부의 명칭

⑧ 한 면 용접(one side weld) : 부재의 한쪽에서만 용접하는 것이다.
⑨ 양면 용접(both side weld) : 부재의 양쪽, 즉 앞쪽과 뒤쪽 양측에서 각각 용접하는 것으로 후판을 용접할 때 사용한다.
⑩ 백 용접(back run ; sealing run) : 한 면 용접의 경우 이면측에 나온 이면 비드(root pass bead)의 용접 금속을 가우징(gousing)을 하고 난 후 이면에서 용접하는 것이다.

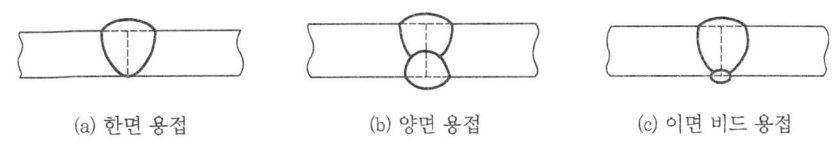

(a) 한면 용접   (b) 양면 용접   (c) 이면 비드 용접

한 면 및 양면 이음

(2) 판 두께가 다른 맞대기 용접 이음

두께가 두꺼운 판의 한 면 또는 양면에 약간의 경사(5 : 1)를 주어, 두께가 얇은 쪽의 판 두께까지 두께를 절감하여 맞대기 용접 이음한다.

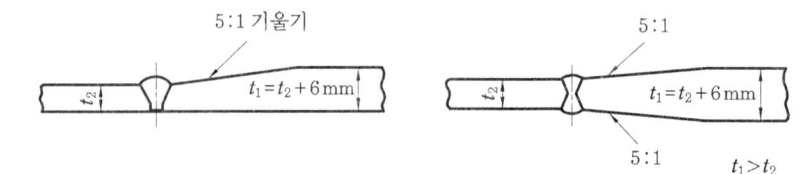

판 두께가 다른 맞대기 이음

(3) 맞대기 용접 이음의 설계상 주의 사항

① H, X 및 양면 J형 개선은 부재의 표면 및 양면에서 용접하는 경우에 이용되는데, 이면측을 용접하기 전에 표면측의 용착 금속 루트를 따내기 하여야 한다. 이 경우 이면의 따내기를 할 때 X형 및 K형 개선은 곤란하지만, H 및 양면 J형 개선에서는 비교적 용이하다.

② 이면 용접을 한 이음은 모든 하중에 적합하며, 그 이음 효율은 90% 정도가 되며, 덧붙이 및 이면 비드, 이면 용접 부분을 모재의 표면까지 깎아내고 평탄하게 다듬질 할 경우 100%까지도 된다. 그러나 한 면 용접 이음의 효율은 75% 정도이다.

③ V, K, J 및 양면 J형 개선은 T 이음, 모서리 이음, 플랜지(flange) 이음 등에서와 같이 부재의 한쪽 면에 개선 가공을 할 수 없는 경우에 사용한다. 왜냐하면, 이와 같은 개선은 루트의 완전 용접을 얻을 수 있을 뿐만 아니라 슬래그 혼입을 피할 수 있기 때문이다.

④ 개선의 형상은 개선 가공비를 고려하여 선택한다. 그러나 중요한 구조물에서는 개선 가공비에 관계없이 이음의 안전성을 고려하여 선택한다.

1-3 필릿 용접 이음

(1) 필릿 용접 이음부의 명칭

필릿 용접부의 형상에는 다음 그림에 표시한 바와 같이 凸형(convex type), 평형, 凹형(concave type)이 있다.

① 다리 길이(leg length) : 필릿의 루트에서 필릿 용접의 토(toe)까지의 거리로, 그림에서 L이다.

② 필릿의 크기(size of fillet weld) : 필릿 용접의 크기를 지정하기 위하여 설계상 이용하는 치수로 h로 나타낸다. 필릿 크기에서 정하는 삼각형은 필릿의 단면 내에 내접하고 있어야 한다.

③ 목 두께(thickness of throat) : 필릿 용접 이음에서의 목 두께는 실제 목 두께(actual throat)와 이론 목 두께(theory throat)가 있는데, 실제 목 두께는 용입을 고려한 용접의 루트(용접 금속의 루트부와 모재 표면의 교점)부터 필릿 용접의 표면까지의 최단 거리를 말한다. 또한 이론 목 두께는 필릿 용접의 가로 단면 내에서 이에 내접하는 이등변 삼각형을 생각하여 약간의 용입을 무시하고, 이음의 루트(두 변의 교점)부터 빗변까지의 거리를 말한다. 용접부의 응력을 계산할 때 사용되며, 유효 목 두께라고도 한다.

④ 필릿 용접의 볼록부 : 凸 형상의 용접에서 필릿 크기로 정하는 삼각형의 저변에서 필릿 용접의 표면까지의 거리, 즉 이론 목 두께와 삼각형의 변에서 볼록 부분의 거리를 말한다. 보통의 용접 구조물에서 허용 볼록부의 모양은 다음 그림에 나타낸 바와 같다. 일반적으로 아래 보기 자세의 용접 단면 형상은 좌우 대칭으로, 여기에 내접하는 삼각형은 직각 이등변 삼각형이 되지 않고 토(toe)에서부터 약간의 오목(凹)형으로 되는 것이 이상적이다.

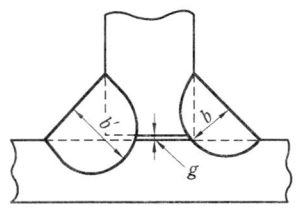

필릿 용접의 용입선

용입선은 보통 용접봉을 사용할 경우에는 거의 직각 이등변 삼각형의 정점을 만든다. 따라서, 필릿의 목 두께는 그림에서 알 수 있는 바와 같이 삼각형의 높이 b에 일치한다. 그러나 용입이 깊은 용접봉을 사용한 경우에는 용입이 깊게 되어, 목 두께도 그림 [필릿 용접부의 명칭]에 나타난 바와 같이 b'의 모양이 되어 b보다도 크게 된다 (즉, $b'=1.36b$로 계산한다). 또한 서브머지드 아크 용접의 경우에는 양측의 필릿 용착 금속이 불용착부가 존재하지 않게 겹치게 되어 맞대기 용접 이음으로 취급할 경우도 있다.

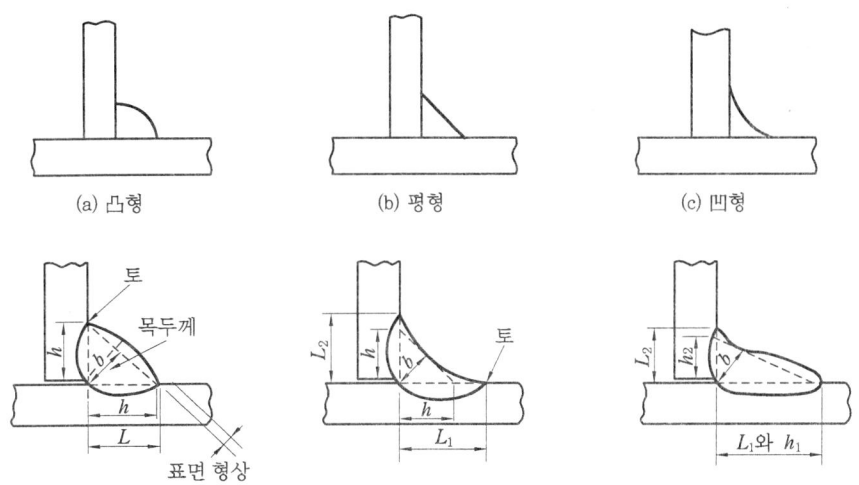

필릿 용접부의 명칭

(2) 단속 필릿 용접 이음

강도상 연속 필릿 용접(continuous fillet weld)을 필요로 하지 않는 경우에는 단속 필릿 용접(intermittient fillet weld)을 이용한다. 단속 용접의 길이 a는 필릿 크기 h의 4배로 하고,

최소 25 mm로 한다. 이 경우 용접의 시작점과 종단부를 포함한다. 또한 용접을 하지 않는 부분의 길이 b는 하중선의 편심 또는 좌굴 현상을 고려하여 최소 판 두께 30배 이하, 최대 300 mm로 한다. 이밖에 다른 경우에는 최소 판 두께의 10배로 한다.

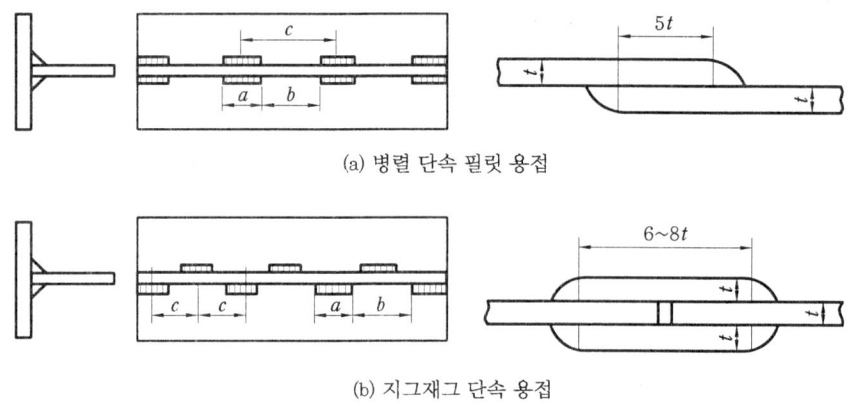

단속 필릿 용접 이음

(3) 겹치기 필릿 용접 이음의 치수

겹치기 필릿 이음은 그림에서와 같이 싱글(single), 더블(double), 저글(joggle)의 세 가지가 있다. 한쪽 겹치기 이음은 가능한 사용하지 않는 것이 좋으며, $a = 30 \sim 45°$가 되도록 하는 것이 좋다. 겹치기가 되는 부분의 길이 b는 구조물의 종류에 따라 다르지만, 일반적으로 다음과 같이 설계할 수 있다.

$$h \leq 12 \text{ mm 에서 } b \geq (2h+10) \sim 4h \text{ [mm]}$$
$$h \leq 16 \text{ mm 에서 } b \leq (2h+15) \sim 4h \text{ [mm]}$$

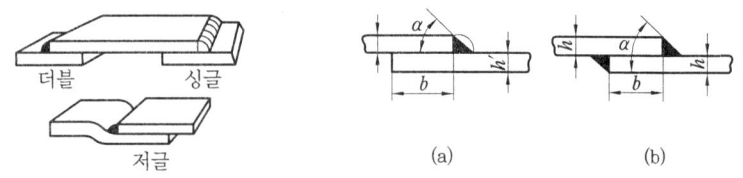

겹치기 필릿 용접 이음

(4) 필릿 용접 이음의 설계상 주의

필릿 용접 이음은 개선 가공이 필요가 없으며, 부재의 조립 정렬도 간단하므로 용접 비용이 적게 드는 이음이다. 그러나 맞대기 용접 이음과 같이 연속성이 부족하므로 고응력 및 동응력을 전달시키고자 하는 곳에는 사용할 수 없다. 그러므로 강도를 중요시하지 않는 곳에 사용된다.

예를 들어 T 이음을 구조로 하는 경우에 다음 그림의 (a)에서와 같이 한쪽 필릿 이음으로 하지 않고, (b)와 같이 양쪽 필릿 용접 이음으로 한다. 그러나 한쪽 필릿 이음밖에 할 수 없는 경우에는 완전 용입을 얻을 수 있게 L형 또는 J형 맞대기 용접 이음으로 하여야 한다. 동하중이 작용하는 곳에는 양쪽 필릿 용접 이음이 가능하여도 맞대기 용접 이음으로 설계하는 것이 좋다.

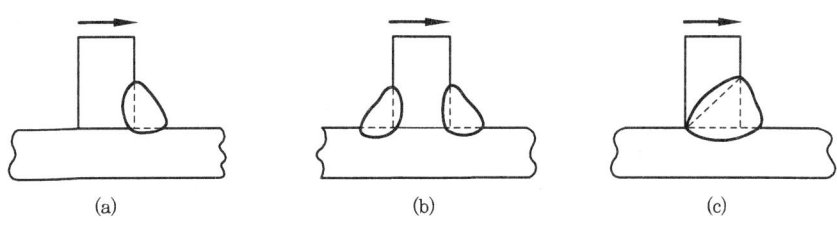

T형 용접 이음

1-4 용접 홈 설계의 요점과 이음의 선택

(1) 용접 홈 설계의 요점

용접 홈 각도(groove angle)와 베벨 각도(bebel angle), 루트 면(root face) 및 루트 간격(root opening) 사이에는 다음과 같은 상관 관계가 있다. 즉, 홈의 각도를 작게 할 때에는 루트 간격을 넓게 해야 하며, 루트 간격이 좁을 때에는 루트 면을 크게 하거나 홈 각도 및 베벨 각도를 크게 한다.

이것은 루트 부근까지 용접봉이 들어가 충분한 운봉을 하여 양 모재를 충분히 용융시켜 융합 불량(lack of fusion) 등의 용접 결함을 방지하기 위함이다.

앞에서 설명한 바와 같이 홈 형상의 치수는 대단히 중요한 것이므로, 설계자는 용접 방법, 용접 자세, 판 두께 및 이음의 종류, 변형 및 수축, 용입 상태, 경제성 및 모재의 성질 등 여러 인자를 고려하여 중판 이상에서는 다음과 같은 요령으로 설계한다.

① 홈의 단면적은 가능한 작게 한다 (즉, 홈 각도 a를 작게 한다).
② 최소 10° 정도는 전후 좌우로 용접봉을 움직일 수 있는 홈 각도가 필요하다.
③ 루트 반지름 r은 가능한 크게 한다 ($r \doteq 0$인 완전한 U자형 홈이 되게 한다).
④ 적당한 루트 간격과 루트 면을 만들어 준다 (루트 간격의 최대치는 사용 용접봉의 지름을 한도로 한다).

(2) 용접 이음의 선택

용접 이음의 선택은 앞에서 논의한 사항들을 잘 이해하고, 다음 사항들을 고려해야 할 필요가 있다.

① 각종 이음의 특성
② 하중의 종류 및 크기
③ 용접 방법, 판 두께, 구조물의 종류, 형상 및 재질
④ 용접 변형 및 용접성
⑤ 이음의 준비 및 실제 용접에 요하는 비용

2. 용접 이음부의 강도 설계

2-1 용접 이음의 정적 강도

실제의 용접 이음 강도는 이음 형식, 크기, 형상 및 등방성, 용접의 상태(용접한 그대로, 풀림, 사용 온도 등), 용접부 표면의 상태, 용접 자세, 용접봉 및 모재의 성질, 용접사의 상태 (condition), 기량 및 신뢰성에 있다고 할 수 있다. 따라서 설계의 강도를 확보하기 위해서는 위에서 언급한 모든 조건을 만족시킬 수 있어야 한다. 그러나 설계에 있어서는 이와 같은 모든 조건에 관계없이 가장 확실한 신뢰성을 얻기 위한 수치를 구하는 것이다. 그렇기 때문에 많은 실험의 결과에서 그의 통계치를 구하는 것이 필요하다.

(1) 전용착 금속의 기계적 성질

항복점은 연강에서는 명백하게 나타나지만, Mn강과 같은 경강에서는 명백하지 못하다. 연강의 전용착 금속에서의 항복점이 나타나는 방향 및 인장 강도와 연신율과의 관계는 그림에 표시한 바와 같은데, Mn강 및 용착강의 항복점은 항상 연강보다 높다. 그리고 항복점/인장 강도의 비는 연강에서는 0.75이지만, 전용착 금속에서는 약간 높은 0.8~0.9 정도가 된다.

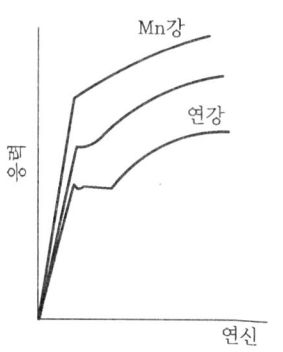

응력-연신율 곡선의 비교

용접 이음의 양부는 일반적으로 용접사의 기량보다도 용접봉의 품질에 좌우되는 것이 많다. 물론 용접봉이 일정하면 기량의 차이도 있다.

또한 용접 금속에 인접하는 모재의 일정 범위는 용점에서 실온에 이르는 용접 열사이클을 받는다. 최고 가열 온도가 A_1 변태점보다 높은 범위는 조직적으로 모재와 식별할 수 있지만, 이보다 낮은 가열 온도에서는 조직에 변화는 없지만 기계적 성질을 취화하기도 하고 연화하기도 하는 부분이 존재하는데, 이 양자를 포함하여 열영향부 (Heat Afected Zone ; HAZ)라 부른다.

열영향부 각 위치에서의 기계적 성질은 그 부분이 용접에 의하여 주어지는 열 및 변형 히스테리시스, 즉 최고 가열 온도, 그 온도에서의 유지 시간, 가열 및 냉각 속도, 냉각 과정에서의 소성 변형 등에 의하여 좌우된다.

일반적으로 강의 용접에서는 용접 입열이 작고 모재의 열 용량이 클수록 냉각 속도가 빠르고, 또한 본드(bond) 부근에 가까울수록 최고 가열 온도가 높게 되어 냉각 속도도 빠르게 되므로 열영향부 급랭 경화가 뚜렷하게 되어 항복점(내력) 및 인장 강도는 상승하고, 연신율 및 단면 수축률은 저하한다. 단, 최고 경도가 높을수록 열영향부는 취약해지기 때문에 최고 경도는 낮을수록 좋다.

또한 담금질 경화성이 없는 오스테나이트계 스테인리스강 등에서는 본드에 가까운 조립부는 오히려 연화되고 있다. 그리고 조질강에서는 A_1 변태점 바로 밑의 가열된 부분에 연화력이 생기므로, 이 부분에서는 강도가 저하한다.

(2) 맞대기 용접 이음의 강도

정상적인 맞대기 용접 이음에서의 연성 강도는 일반적으로 모재의 강도와 동등한 것으로 생각하여도 된다. 구조용강의 용접 이음에서는 용착 금속 및 열영향부의 강도는 모재보다도 높으며, 덧붙이의 토(toe) 등에 생기는 약간의 응력 집중 및 용접부 부근에 생기는 인장 잔류 응력은 연성 강도에는 실질적인 영향을 미치지 않는다 (단, 피로 강도에는 응력 집중이 있으면 특히 큰 영향을 미친다).

연강의 맞대기 용접 이음을 인장 시험했을 경우에는, 그림에서와 같이 용착 금속 부분이 아닌 모재 부분의 열영향부에서 갈라지게 된다. 이것은 현재의 용착 금속의 연강 용접봉이 모재보다 기계적 성질이 약간 높게 만들어지기 때문이다.

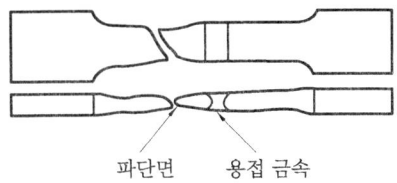

연강 용접 인장 시험편의 파단 상황

파단은 통상 모재 부분에서 파괴되기 때문에, 용접 이음 효율은 다음과 같다.

$$이음\ 효율 = \frac{용접\ 시험편의\ 인장\ 강도}{모재의\ 인장\ 강도} \times 100 = 100\%$$

그러나 용접 전에 냉간 가공된 재료에서는 용접 열영향부가 재결정에 의하여 연화되므로, 이 부분에서 파단이 일어나면 강도가 저하되어 이음 효율이 100%가 되지 않는 것도 있다.

또한 조질 고장력강 용접 이음에 나타나는 연화부는 그 폭이 판 두께에 비하여 충분히 좁으면, 이음으로써 강도 저하가 일어나지 않는 것이 확인되었다.

용접선 방향에 하중을 받는 맞대기 이음의 강도는 연신율이 가장 작은 부분, 예를 들어 열영향 경화부의 연성에 의하여 결정된다. 이와 같은 것은 세로 비드의 굽힘 시험 결과에서도 쉽게 나타난다. 따라서 이음의 연신율은 모재의 연신율에 비하여 떨어진다.

그러나 이음의 강도(항복 응력, 인장 강도)는 각 부분의 응력-변형률 곡선과 각 부분에서 부하 단면적의 비율에 따라 다르지만, 연강과 같은 연성 재료가 이음의 연성 파괴를 일으키는 경우라던가, 광폭 이음에서는 모재 강도와 거의 같으므로 용접 금속의 강도는 이음 강도와 거의 무관계이다.

맞대기 용접 이음의 완전 용입은 정적 강도, 피로 강도 및 충격 강도가 높다. 그러나 불용착부가 존재하는 부분 용입은 불용착부가 노치 효과가 되어 응력선이 조밀하게 되어 응력 집중 현상이 일어나 강도가 떨어지게 된다.

(3) 필릿 용접 이음의 강도

필릿 용접 이음은 일반적으로 기하학적 형상의 급격한 변화가 있기 때문에 맞대기 용접 이음에 비하여 응력의 흐름이 복잡하고, 루트부와 토(toe)부 등에 큰 응력 집중이 생기므로 강도는 맞대기 용접 이음에 비하여 낮다. 또한 용접부의 표면 파형, 언더컷 및 용입 부족(lack of penetration) 등이 맞대기 용접에서와 마찬가지로 용접부의 노치 효과로 나타나 응력이 집중되므로, 정적 강도와 피로 강도 및 충격 강도를 저하시킨다.

필릿 용접 이음의 강도는 보통 목단면적당의 파괴 하중으로 계산한다. 또한 양면 덮개판 필릿 용접 이음은 +자 이음의 강도보다 높게 되는데, 이것은 양면 덮개판을 사용한 필릿 용접 이음이 용접 수축 및 인장 하중에 의하여 굽힘 응력이 덮개판과 주판 사이에 마찰이 생기는 것이 주원인이 된다.

그리고 겹치기 이음에서는 인장력에 의하여 겹침 길이가 짧을수록 용접부에 큰 굽힘이 생기기 때문에 강도가 저하된다.

① 전면 필릿 용접 이음 : 전면 필릿 용접 이음에서의 응력 분포는 광탄성법 등으로 구해지고 있는데, 다음 그림과 표에 광탄성 실험 결과를 나타내었다.

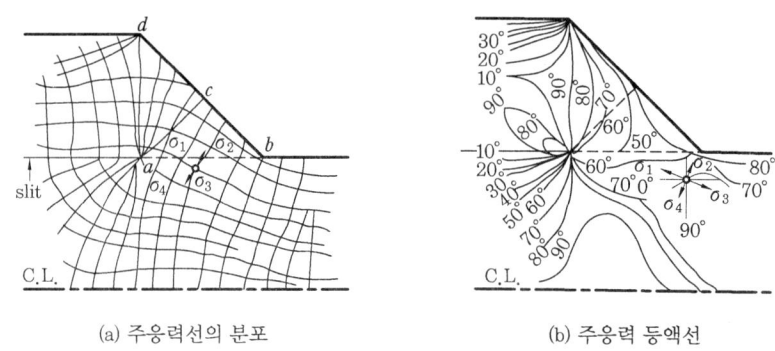

(a) 주응력선의 분포   (b) 주응력 등액선

전면 필릿의 응력 분포 (A.G Solakian)

앞면 필릿의 응력 집중도 (탄성 응력 분포)

필릿의 형상	응력 집중 계수		
	a점 (루트)	b점 (용접 끝)	c점 (비드의 표면 중앙)
표준의 45° 필릿	6.92	4.75	1.27
45° 필릿(루트에서 4 mm의 용입)	6.20	4.68	1.04
b점에서 지름 38 mm의 곡선으로 한 것	6.55	2.24	1.42
30°의 편평한 필릿	6.05	2.12	1.62

이것에 의하면 이음의 루트(a) 및 토(toe ; b)에서의 응력은 상당히 높다. 응력 집중 계수는 이음의 루트에서 6~8, 토(toe)에서 2~6 정도를 나타내고 있다. 상온 인장력에서 파괴는 인장축에 대하여 20~30°에서 일어나며, 필릿의 다리 길이가 증가하면 이음 강도는 감소한다.

일반적으로 필릿 용접 이음에서 필릿의 다리 길이가 증가하면 전면 필릿 이음의 인장 강도는 다음 그림의 (a), (b)와 같이 감소되는데, 다리 길이가 3 mm에서 9 mm로 증가했을 경우 (a)에서와 같이 인장 강도가 12.5 % 정도 낮아진다.

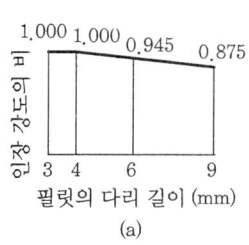 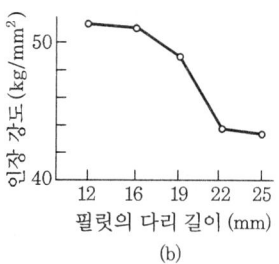

전면 필릿의 인장 강도와 다리 길이

다리 길이가 19 mm 이상으로 길어지면 (b)에서와 같이 인장 강도는 현저히 감소하게 되므로, 전면 필릿 용접 이음할 때 주의하여야 한다.

다음 표는 AISC (American Institute of Steel Construction ; 미국강구조협회)에서 규정한 필릿 용접 이음의 다리 길이 최소값을 나타낸 것이다.

전면 다리 길이의 최소값

두께(mm)	다리 길이의 최소값 (mm)	두께(mm)	다리 길이의 최소값 (mm)
3.2~6	3.2	38~57	9.5
6~13	4.8	57~152	12.7
13~19	6.4	152 이상	19.0
19~38	8.0		

② 측면 필릿 용접 이음 : 측면 필릿 용접 이음은 용접부에 주로 전단 응력을 생기게 한다. 전단 응력의 분포는 최소 응력점을 중심으로 대칭이 되는데, 양단부의 응력은 중심부의 응력보다 높으며, 용접 길이가 길수록 용접부 양단의 최대 전단 응력과 용접선의 중앙부에서의 최소 전단 응력의 비가 크게 된다. 또한 양단부의 최대 전단 응력의 용접선의 길이가 어느 정도 이상으로 증가하여도 거의 감소되지 않는다. 파괴는 측면 필릿 용접 이음의 양단부에서 생기며, 거의 목단면으로 파괴한다. 이때 파괴시의 하중은 용접부에 균일하게 분포하는 것으로 해야 한다.

③ 사면 필릿 용접 이음 (obligue fillet joint) : 사면 필릿 용접 이음의 강도는 전면 필릿 용접 이음과 측면 필릿 용접 이음의 중간적 강도를 나타낸다. 경사 각도, 즉 용접선의 하중 방향과 만드는 각도에 따라서 전면 필릿 용접 이음의 가까운 값을 나타내는 $\alpha=0~30°$ 이고, $\alpha=60~90°$ 에서는 측면 필릿 용접 이음에 가까운 거동을 하고 있다.

④ 병용 필릿 용접 이음 : 전면 필릿 용접 이음과 측면 필릿 용접 이음을 병용한 전측 병용 필릿 용접 이음의 강도는, 양 필릿 용접의 전달하는 하중의 비율이 문제가 된다.

전면 필릿 용접 이음 및 측면 필릿 용접 이음만의 강도 (최대 전달 하중)의 합으로 되지 않는 것이 다음 그림에서와 같이 확인되었다.

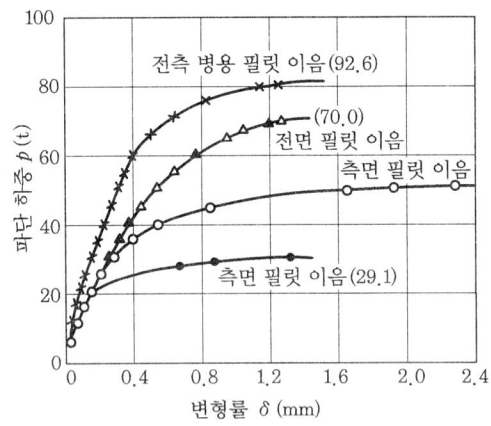

$t=24$ mm	목 두께(mm) 전면	목 두께(mm) 측면	용접 길이(mm) 전면	용접 길이(mm) 측면	파괴 하중 (kN)
전면 필릿 이음	8.8		80		693.14
측면 필릿 이음		5.1		40	285.29
측면 필릿 이음		10.6		40	548.04
전측 병용 필릿 이음	8.8	4.9	80	80	907.84

전측 병용 필릿 용접 이음의 하중 - 변형률 곡선

이것은 전면 필릿 용접 이음이 측면 필릿 용접 이음과 비교할 때 강도가 크며, 또한 강성이 큰데 반하여 측면 필릿 용접 이음은 강도가 작고 파괴까지의 변형량이 크며 하중 분담의 특성이 다르기 때문이다. 그리고 병용 필릿 용접 이음은 측면 필릿 용접 이음보다 응력 집중이 낮다. 특히 전면 필릿 용접 이음에 비하여 측면 필릿 용접 이음의 길이가 긴 경우, 다시 말해 하중 방향에 대하여 가늘고 길이가 긴 병용 필릿 용접 이음으로 하는 것이 좋다.

2-2 용접 이음부의 강도 계산

용접 구조의 계산에 기본이 되는 파괴 이론은 지금까지 여러 가지 방법이 취급되고 있다. 즉, 최대 전단 응력설, 최대 주응력설, 최대 주변형설, 전단 변형 에너지설 등이 이용되어 왔지만, 최근 연강과 같은 연성 재료의 구조에는 상온의 경우 최대 전단 응력설 또는 최대 전단 변형 에너지설이 이용되고 있다. 용접 이음은 단순한 인장 응력이라던가 전단 응력만을 받는 경우가 적고, 조합 응력을 받는 것이 보통이기 때문이다.

용접 이음의 응력을 정확하게 계산하는 것은 일반적으로 곤란하다. 실용적으로는 편의상 목단면에서 평균 응력을 용접부의 응력으로 보고 있다. 필릿 용접 이음에서는 필릿의 측면에 대하여 계산하는 방법도 있다. 현재 이용되고 있는 각종 계산 기준은 용접 이음의 허용 응력을 (정적) 응력의 종류에 관계없이 일정하게 취급하고 있다.

일반적으로 목단면에 대하여 계산한 수직 응력 또는 전단 응력이 허용 응력보다 낮게 되도록 다음 표에서는 대표적인 용접 이음의 종류에 따른 정적 강도를 나타냈는데, 목단면에 작용하는 응력으로서 나타낸 것이다.

각종 용접 이음의 정적 강도 (연강)

용접부의 종류	이음의 종류	정적 강도 (MPa) $\left(\sigma=\dfrac{P}{al}\right)$	용착 금속 인장 강도 (σt)의 비 $\left(\dfrac{\sigma}{\sigma t}\right)$
홈 용접	맞대기	모재와 동일	1.0
전면 필릿 용접	양면 덮개판	392~490	0.9~1.0
전면 필릿 용접	한면 덮개판	294~392	0.7~0.8
전면 필릿 용접	겹치기(양쪽 용접)	343~441	0.8~0.9
전면 필릿 용접	겹치기(한쪽 용접)	294~392	0.7~0.8
전면 필릿 용접	T형	343~392	0.8
측면 필릿 용접	양면 덮개판	294~343	0.7
플러그 용접	원형	245~343	0.5~0.7

맞대기 용접 이음의 가장 높은 강도를 나타내고, 가장 약한 용접 이음의 플러그 용접 이음으로 맞대기 용접 이음의 50~70 % 정도가 된다.

용접 이음의 강도 계산은 일괄적으로 다음과 같은 가정과 정의의 원칙이 이용된다.

[가 정]
① 국부적인 응력 집중을 고려하지 않는다. 즉, 루트부나 토 (toe)의 응력 집중은 고려하지 않으며, 응력은 목단면에 균일하게 작용하는 것으로 본다.
② 파괴는 목단면에서 일어나지 않는 것도 있지만, 강도 계산은 목단면이 작용하는 응력으로 한다 (목단면을 위험 단면(파괴면)으로 고려한다).
③ 잔류 응력은 고려하지 않는다.

[정 의]
① 목 두께 (a) : 목 두께는 이론 목 두께와 실제 목 두께가 있지만, 이음의 강도 계산에는 이론 목 두께를 이용한다. 이하의 목 두께는 이것을 가리킨다. 필릿 용접 이음에서의 목 두께는 필릿의 다리 길이에서 정해지는 이등변 삼각형의 이음부 루트에서 측정한 높이, 그루브 용접 이음에서는 접합하는 부재의 두께, 두께가 다른 경우에는 판 두께가 얇은 쪽이 부재의 두께를 이용한다.
② 용접 유효 길이 (l) : 계획된 치수에서의 단면이 존재하는 용접부의 전길이이다.
③ 목단면적 ($A = al$) : 목단면적은 목 두께 × 용접의 유효 길이로 한다.

목 두께 a의 결정 방법

a	60~90°	91~100°	101~106°	107~113°	114~120°
a/S	0.7	0.65	0.6	0.55	0.5

용접부의 유효 길이는 용접 이음에서 그의 전길이에서 시작 단부와 끝단부의 길이를 뺀 것으로 하는데, 실측에 의하지 않는 것은 전길이에서 이음부의 목 두께만큼 또는 8 mm만큼 뺀 것으로 한다. 그러나 시단부와 끝단부를 완전히 크레이터 처리하였을 때에는 실제의 전길이를 유효 길이로 취급한다.

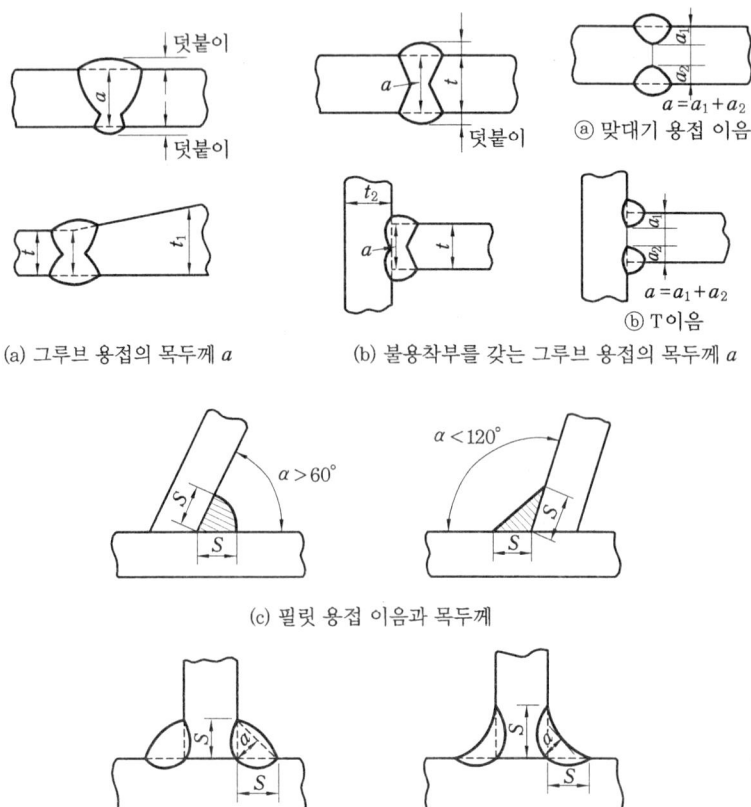

(a) 그루브 용접의 목두께 a (b) 불용착부를 갖는 그루브 용접의 목두께 a

(c) 필릿 용접 이음과 목두께

또한 다음 그림에서와 같이 돌림 용접을 하였을 경우 용접의 유효 길이 l은 부재의 길이 l_1과 l_2라 할 때 그림의 (a)와 (b)에서는 $l=2l_1$이 되고, 그림의 (c)에서는 $l=2(l_1+l_2)$가 된다.

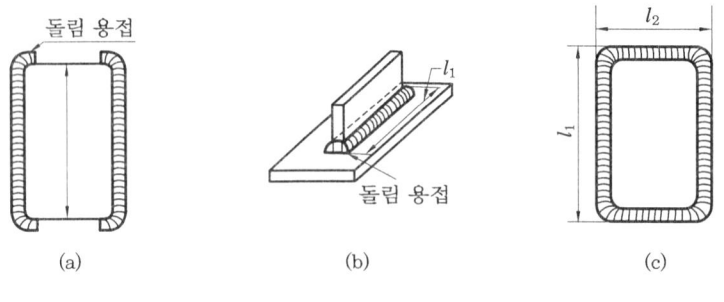

용접선의 유효 길이

다음 그림에서와 같은 플러그 용접의 경우에는 전둘레 용접을 하므로, 그 유효 길이는 목두께 중심선의 전길이로 한다. 즉,

① 원형 용접일 경우

$$l=2\pi\left(\frac{D}{2}-0.25L\right) \quad \cdots\cdots\cdots\cdots\cdots\cdots\cdots\cdots\cdots\cdots ①$$

② 타원형 용접일 경우

$$l' = 2\pi\left(\frac{D}{2} - 0.25L\right) + 2l' \quad \cdots\cdots ②$$

여기서, l' : 타원형의 직선부 길이, L : 용접 비드 폭

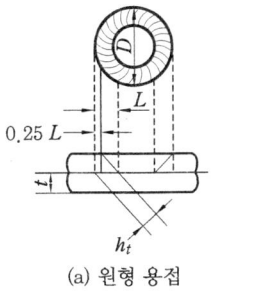
(a) 원형 용접

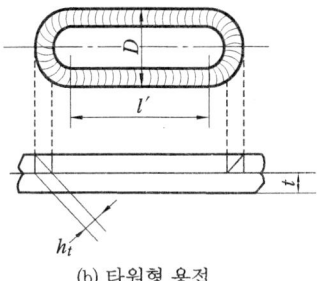
(b) 타원형 용접

플러그 용접

용접 이음의 강도 계산 방법 중 제닝(C.H. Jenning)의 개략식에 의한 대표적인 용접 이음에 대한 목단면의 평균 응력을 계산하면 다음과 같다.

p : 하중 (kN)　　　　　　　　　　h : 모재의 두께 (mm)
a : 목 두께 (mm)　　　　　　　　l : 용접 유효 길이(용접선 길이) (mm)
σ : 용접부의 인장 응력 (kPa)　　　τ : 용접부의 전단 응력 (kPa)
σ_b : 용접부의 굽힘 응력 (kPa)　　M : 굽힘 모멘트 kJ (kN·m)
T : 토크 (kgf·mm)　　　　　　　Z : 단면 계수 (cm³)
L : 하중점의 길이 (mm)　　　　　A : 용접부의 목단면적 (mm²)
f : 다리 길이 (mm)

(1) 맞대기 용접 이음

구조물의 안전성을 확보하려면 인장 강도와 더불어 충분한 연성이 필요하며, 강도상 중요한 곳의 맞대기 용접 이음을 하고자 할 때에는 불용착부가 존재하지 않는 완전한 용접 시공이 요구된다. 또한 덧붙이는 강도 계산에서는 무시한다.

맞대기 용접 이음에서의 응력은 다음과 같다 (표 [제닝의 응력 계산 도표] 참조).

$$\text{인장 응력 } \sigma = \frac{P}{al} = \frac{P}{hl} \ [\text{kPa}] \quad \cdots\cdots ③$$

$$\begin{array}{l} \text{판 두께가 다른 이음 } \sigma = \dfrac{P}{h_2 l} \ (\text{단, } h_1 > h_2 \text{일 때}) \\ \text{부분 용입일 때 } \sigma = \dfrac{P}{(h_1 + h_2)} \end{array}$$

$$\text{전단 응력 } \tau = \frac{P}{al} = \frac{P}{hl} \ [\text{kPa}] \quad \cdots\cdots ④$$

$$\text{굽힘 응력 } \sigma_b = \frac{M}{Z} = \frac{6M}{lh^2} \ [\text{kPa}] \quad \cdots\cdots ⑤$$

여기서 굽힘 응력 σ_b는 용접부에 굽힘 모멘트 M이 걸릴 때에, 목단면 모멘트 축에 평행한 면을 투영하여 그 목단면적 A에 대하여 단면 계수 Z를 계산하여 최대 굽힘 응력 $\sigma_{b\max}$을 구한 것이다.

(2) 필릿 용접 이음

필릿 용접 이음은 겹치기 용접 이음과 T 이음에서 생기는 용접으로, 하중 방향에 따라 전면 필릿 용접 이음과 측면 필릿 용접 이음이 있다. 이론 목 두께는 응력 계산에는 사용하지만, 일반적으로 설계 도면에는 사용하지 않는다.

이론 목 두께(theoretical throat thickness)란 다음 그림에서와 같이 필릿 용접의 가로 단면에 내접하는 이등변 삼각형의 루트(두 변의 교점)부터 빗변까지의 수직 거리를 말한다.

또한 용입을 고려한 용접의 루트(용접 금속의 루트부와 모재 표면의 교점)부터 필릿 용접의 표면까지의 최단 거리를 실제 목 두께(actual throat thickness)라 한다.

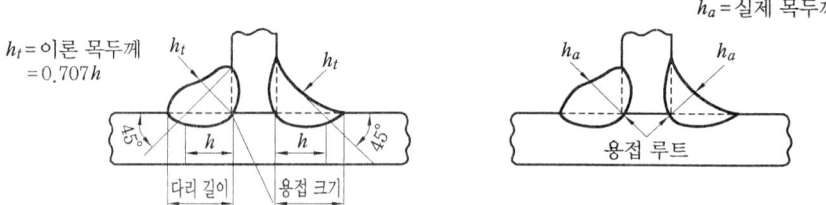

필릿 용접의 치수

이론 목 두께 h_t는 다음과 같다.

$$h_t = h\cos 45° = 0.707 h$$

이때 h_t와 실제 목 두께와의 관계는 필릿 용접 단면에서의 용입을 측정하지 않으면 알 수가 없다. 그러므로 용접 설계에서는 필릿 치수(다리 길이)를 지정하여 용접하므로, 설계의 응력 계산에는 이론 목 두께가 이용된다. 단순한 목 두께라 할 때에는 실제 목 두께를 말하는 것으로, 설계 도면에는 실제 목 두께가 사용된다.

자동 용접(서브머지드 아크 용접)과 같은 용접이 깊은 용접 이음에서는 다음 그림에서와 같은 것이 이용된다. 즉, AISC(American Institude of Steel Construction)에서 제정한 목 두께 산출법으로 다리 길이가 3/8″(약 9.5 mm)보다 작을 경우에는 다리 길이=목 두께로 하지만, 3/8″보다 클 경우에는 $a = 0.707f + 0.11''$(약 2.8 mm)로 크게 잡아 준다(AISC PROVISION 1. 14. 7).

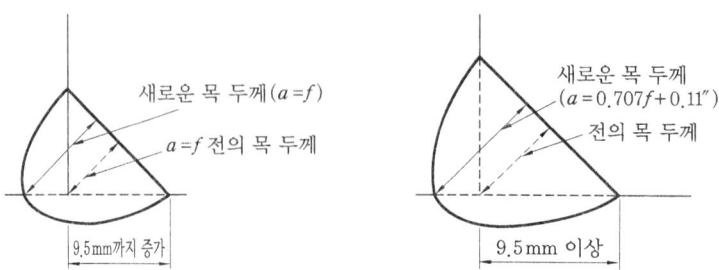

용입이 깊은 용접에서의 목 두께

제 2 장 용접 이음부의 강도

제닝의 응력 계산 도표

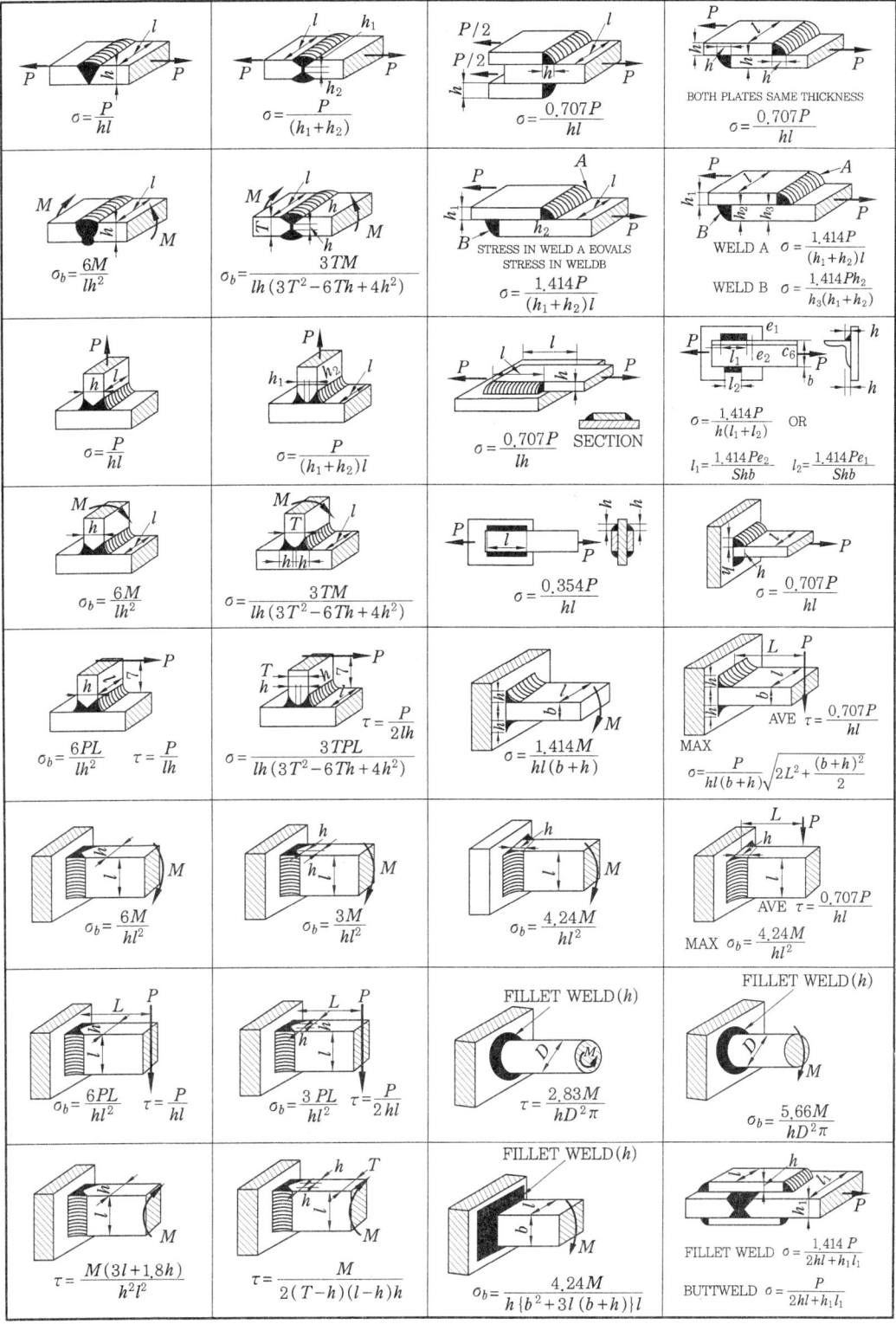

예상문제

문제 1. 다음 여러 종류의 용접 중에서 가장 두꺼운 판에 적용되는 것은?
㉮ I 홈 ㉯ V 홈 ㉰ X 홈 ㉱ U 홈

문제 2. 다음 용접 이음의 기본 형식이 아닌 것은?
㉮ 맞대기 이음 (butt joint)
㉯ 겹치기 이음 (lap joint)
㉰ 변두리 이음 (edge joint)
㉱ 위보기 이음 (over head joint)
[해설] • 용접 이음의 기본 형식 : ① 맞대기 이음, ② 모서리 이음, ③ 변두리 이음, ④ 겹치기 이음, ⑤ T 이음, ⑥ 십자 이음, ⑦ 전면 필릿 이음, ⑧ 측면 필릿 이음, ⑨ 양면 덮개판 이음이 있다.

문제 3. 연강의 용접 이음에서 설계상 이음 강도가 가장 큰 것은?
㉮ 맞대기 이음 ㉯ 전면 필릿 이음
㉰ 측면 필릿 이음 ㉱ 플러그 용접 이음

문제 4. 다음 중 재료(모재)가 가장 절약되는 용접 이음 형식은?
㉮ 맞대기 이음
㉯ 한쪽 덮개판 이음
㉰ 양쪽 덮개판 이음
㉱ 겹치기 이음
[해설] 평면 이음에서는 맞대기 이음이 모재가 가장 적게 든다.

문제 5. 다음 용접 이음 중 플러그(plug) 용접 이음은?
㉮ 같은 평면에 있는 두 부재를 맞대어 용접하는 것
㉯ 평판 위에 비드를 용착시키는 방법
㉰ 겹쳐 놓은 T형 이음의 필릿 부분을 용접하는 것
㉱ 겹친 두 장의 철판 중 한쪽 철판에 둥근 구멍을 뚫고 그 구멍에 판의 표면까지 가득하게 용접하는 것

문제 6. 다음 중 용접 이음의 종류에 속하지 않는 것은?
㉮ 모서리 이음 ㉯ 변두리 이음
㉰ +자형 이음 ㉱ K자형 이음
[해설] K자형 이음은 홈의 형상에 의한 분류이다.

문제 7. 다음 중 용접 이음의 홈 형상에 의한 분류에 속하지 않는 것은?
㉮ T형 ㉯ J형 ㉰ V형 ㉱ H형

문제 8. 표준 홈 개선에서 I형 이음은 대략 판 두께 몇 mm 이하에 사용하는가?
㉮ 2 mm ㉯ 4 mm
㉰ 6 mm ㉱ 8 mm
[해설] I형은 6 mm 이하, V형은 6~20 mm, K형은 12 mm 정도이다.

문제 9. 다음 중 X형 이음에 대한 설명으로 틀린 것은?
㉮ 두꺼운 판에 대해서는 매우 유리하다.
㉯ 밑면 따내기가 쉽다.
㉰ 루트 간격은 넓게, 루트 면은 작게 하는 것이 루트의 용입에 좋다.
㉱ 홈의 형상은 비대칭이 많이 쓰인다.
[해설] X형은 양면 용접이다.

문제 10. 필릿(fillet) 용접의 다리 길이는 판 두께의 몇 % 정도가 적당한가?
㉮ 30 % ㉯ 40 %

[해답] 1. ㉱ 2. ㉱ 3. ㉮ 4. ㉮ 5. ㉱ 6. ㉱ 7. ㉮ 8. ㉰ 9. ㉯ 10. ㉱

㉰ 50 %　　㉱ 70 %

문제 11. 다음 중 용접 설계상 유의할 점이 아닌 것은?
㉮ 용접선을 교차시키지 말 것
㉯ 가능한 한 아래보기로 할 것
㉰ 필릿 용접 등 용접이 용이한 이음을 선택할 것
㉱ 용접기 선택에 유의할 것

문제 12. 다음 중 가장 두꺼운 판에 사용하는 용접 홈은?
㉮ I형　　㉯ V형
㉰ U형　　㉱ H형
[해설] I형은 6 mm 이하이며, V형은 6~20 mm 이고, 그 이상일 때에는 X형, U형, H형이 사용된다. 특히 두꺼운 판에는 H형이 사용된다.

문제 13. 다음은 용접 이음 설계에서 홈의 특징을 설명한 것이다. 틀린 것은?
㉮ I형 홈은 홈 가공이 쉽고, 루트 간격을 좁게 하면 용접 금속의 양도 적어져서 경제적인 면에서 우수하다.
㉯ U형 홈은 홈 가공은 비교적 쉽지만 판의 두께가 두꺼워지면 용접 금속량이 증대한다.
㉰ X형 홈은 양쪽에서의 용접에 의해 완전한 용입을 얻는데 적합하다.
㉱ U형 홈은 두꺼운 판을 양쪽에서의 용접에 의해서 충분한 용입을 얻으려고 할 때 사용한다.
[해설] U형 홈은 중판 이상 두꺼운 판에 이용되나, 한쪽에서의 용접에 의해서 충분한 용입을 얻는다.

문제 14. 다음은 용접봉의 각도에 관한 설명이다. 틀린 것은?
㉮ 용접봉의 각도란 용접봉이 모재와 이루는 각도를 말한다.
㉯ 용접봉의 각도는 진행각과 인도각으로 나눈다.
㉰ 진행각은 용접봉과 용접선이 이루는 각도로서 용접봉과 수직선 사이의 각도로서 표시한다.
㉱ 용접봉의 각도에 따라 용접 품질이 좌우되는 수가 있다.
[해설] • 용접봉의 각도: 진행각 (lead angle)과 작업각 (work angle)으로 나누는데, 작업각은 용접봉과 이음 방향에 나란하게 세워진 수직 평면과의 각도로 표시한다.

문제 15. U자형에서 루트 반지름은 될 수 있는 대로 크게 한다. 그 이유 중 맞는 것은?
㉮ 충분한 용입　　㉯ 개선각도 증대
㉰ 홈 개선의 용이　　㉱ 용착량 최소
[해설] U형에서는 루트 반지름은 될 수 있는 대로 크게 하고 개선각도는 작게 한다. 그 이유는 충분한 용입과 용착량을 줄이는데 있으며, 개선각도는 용접 작업에 지장을 주지 않는 좌우 10°로 한다.

문제 16. H형, U형, X형의 루트 간격 최대치로 옳은 것은?
㉮ 0　　㉯ 모재 두께
㉰ 사용봉의 지름　　㉱ $\dfrac{t}{2}+1$

[해설] $D=\dfrac{t}{2}+1$ 은 가스 용접봉의 사용 가능 지름을 나타낸다.
여기서, D: 가스 용접봉의 지름
t: 모재 두께

문제 17. 용접 이음의 종류 중 모재의 배치에 의한 구분이 아닌 것은?
㉮ 버트 이음 혹은 홈 이음
㉯ 필릿 이음
㉰ 모서리 이음
㉱ 볼록꼴 이음

문제 18. 다음 그림은 어떤 형식의 용접 이음인가?

[해답] 11. ㉰　12. ㉱　13. ㉱　14. ㉯　15. ㉮　16. ㉰　17. ㉱　18. ㉰

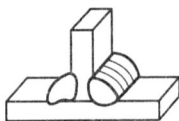

㉮ 저항 용접 이음 ㉯ 맞대기 용접 이음
㉰ 필릿 용접 이음 ㉱ 겹치기 용접 이음

문제 19. 다음 중 각장(leg length)에 관한 설명이 올바르게 된 것은?
㉮ 본 용접을 하기 전에 정한 위치
㉯ 이음의 루트에서 필릿 용접의 끝까지의 거리
㉰ 모재의 좌측에서 우측까지의 거리
㉱ 접착시키기 위한 용접 부분

문제 20. 판 두께의 30 mm 강판을 그림과 같이 용접 홈으로 용접하였을 때 가장 변형이 심하게 일어날 용접 홈은?

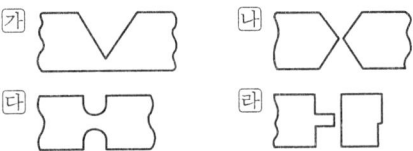

[해설] 한 면 용접 홈은 양면 용접 홈보다 변형이 크게 발생된다.

문제 21. 용접선과 응력의 방향이 대략 직각인 필릿 용접은?
㉮ 전면 필릿 용접 ㉯ 측면 필릿 용접
㉰ 경사 필릿 용접 ㉱ 병용 필릿 용접

문제 22. 용접 접합면에 경사 홈을 만드는 이유는?
㉮ 용접 변형이 적게 일어나도록 하기 위함이다.
㉯ 결합부의 용착 면적을 넓히기 위함이다.
㉰ 용접 금속의 냉각 속도를 빠르게 하기 위함이다.
㉱ 재료의 절약과 무게를 경감하기 위함이다.

[해설] 용착부의 용입을 충분히 하여, 용착 면적이 크면 강도가 증가된다.

문제 23. 용접 이음 준비의 홈 가공이다. 틀린 것은?
㉮ 용입이 허용되는 한 홈 각도를 적게 하고 용착 금속량을 적게 하는 것이 좋다.
㉯ 피복 아크 용접에서는 54~70° 정도가 홈 각도로서 적합하다.
㉰ 용접 균열이라는 관점에서 볼 때 루트 간격은 좁을수록 좋다.
㉱ 대전류를 사용하는 서브머지드 아크 용접에서는 루트 간격을 0.3 mm 이하, 루트 면은 5~10 mm로 한다.

[해설] 서브머지드 아크 용접에서는 루트 간격 0.8 mm 이하, 루트 면 ±1 mm, 홈의 각도 ±5°가 필요하다.

문제 24. 다음 중 판 이상의 맞대기 용접에서 홈(groove) 설계의 요점에 적합하지 않은 것은?
㉮ 홈의 용적을 가능한 한 적게 한다.
㉯ U자형 홈이 좋다.
㉰ 루트의 반지름을 될수록 크게 한다.
㉱ 홈각을 가능한 한 크게 한다.

[해설] 홈 각도를 크게 하면 용착 금속량이 많아져 비경제적이며, 변형도 크게 된다.

문제 25. 용접 설계상 주의해야 할 사항으로 틀린 것은?
㉮ 국부적으로 열이 집중되도록 한다.
㉯ 이음부에서 될 수 있는 한 모멘트가 작용하지 않도록 한다.
㉰ 현저하게 서로 다른 부재끼리 용접하지 않는다.
㉱ 용접 이음의 형식과 응력 집중을 항상 고려해야 한다.

문제 26. 모재가 수평면과 90° 또는 45° 이하의 경사를 가지며 용접선이 수평이 되게 하는 용접 자세는?

해답 19. ㉯ 20. ㉮ 21. ㉮ 22. ㉯ 23. ㉱ 24. ㉱ 25. ㉮ 26. ㉰

㉮ 아래보기 자세(F) ㉯ 수직 자세(V)
㉰ 수평 자세(H) ㉱ 위보기 자세(OH)

문제 27. 가스 용접 시 3.2 mm에서의 이음 형식은?
㉮ I형 ㉯ V형
㉰ X형 ㉱ H형

해설 판 두께 1.6 mm 이하에서는 I형, 판 두께 3.2~6 mm는 V형이 많이 쓰인다.

문제 28. 연강의 용접 이음에서 설계상 이음 강도가 가장 큰 것은?
㉮ 맞대기 이음 ㉯ 전면 필릿 이음
㉰ 측면 필릿 이음 ㉱ 플러그 용접 이음

문제 29. 일반적으로 용접 이음을 설계하는데 정하중을 받는 연강의 안전율은 얼마로 해야 하는가?
㉮ 12 ㉯ 8 ㉰ 5 ㉱ 3

해설 일반적으로 안전율은 다음과 같다.
① 3 …… 정하중
② 5 …… 단진 하중 (반복 하중)
③ 8 …… 교번 하중
④ 12 …… 충격 하중

문제 30. 다음 그림 중 필릿(용접) 겹치기 이음은 어느 것인가?

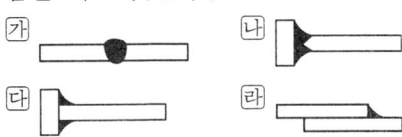

문제 31. 다음 도면의 지시 내용을 설명한 것 중 옳은 것은?

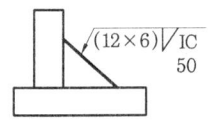

㉮ 용접 길이의 기입이 잘못되었다.
㉯ 다리 길이의 기입이 잘못되었다.
㉰ 다듬질 방법의 기입이 잘못되었다.
㉱ 용접 기호의 위치가 잘못되었다.

해설 올바른 도면은 다음과 같다.

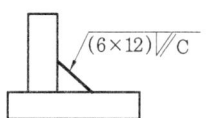

문제 32. 다음 중 받침쇠를 이용해서 T 이음을 하는 경우 KS에 의해 용접 기호가 바르게 표시된 것은? (단, 홈의 각도 45°, 루트 간격 4 mm)

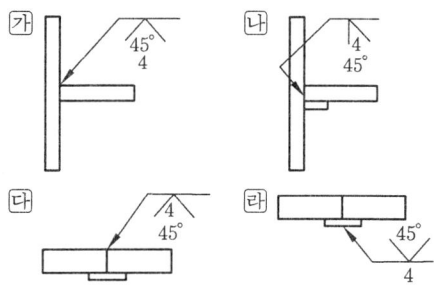

문제 33. 다음과 같이 부등변 필릿 용접부를 연삭 다듬질하여 2 mm만큼 오목하게 할 경우 다음 중 옳은 것은?

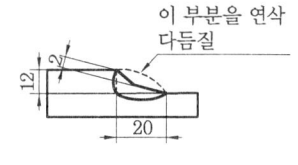

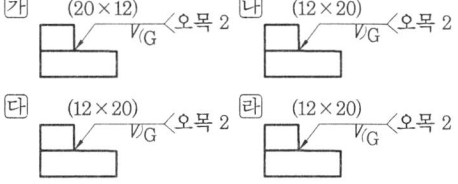

해설 부등변 필릿 용접인 경우에서는 다리 길이가 짧은 쪽을 먼저, 다리 길이가 긴 쪽은 뒤에 나타내고, ( )로 묶는다.

문제 34. 다음 용접 기호에 대한 설명 중 옳은 것은?

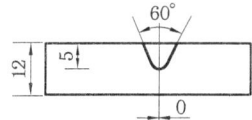

해답 27. ㉯ 28. ㉮ 29. ㉱ 30. ㉱ 31. ㉰ 32. ㉯ 33. ㉱ 34. ㉯

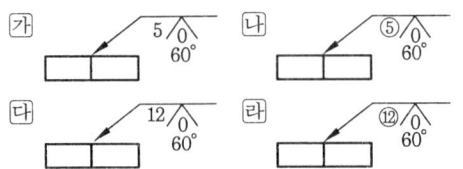

해설 • S : 홈 깊이 S 로서 완전 용입 홈 용접
• ⓢ : 홈 깊이 S 로서 부분 용입 홈 용접일 경우 ○ 속에 숫자를 기입한다.

문제 35. 다음 도면의 맞대기 이음에 대한 KS 용접 기호를 옳게 설명한 것은?

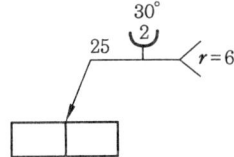

㉮ U형 홈 용접 기호로서 화살표 쪽 홈 깊이 25 mm, 홈 각도 30°, 루트 반지름 6 mm, 루트 간격은 3 mm이다.
㉯ U형 홈 용접 기호로서 화살표 반대쪽 홈 깊이 25 mm, 루트 반지름 6 mm, 홈 각도 30°, 루트 간격 2 mm이다.
㉰ 플레어 V형 홈 용접 기호로서 화살표 반대쪽 홈 깊이 25 mm, 홈 각도 30°, 루트 간격 6 mm, 루트 반지름은 2 mm이다.
㉱ 플레어 V형 홈 용접 기호로서 화살표 쪽 홈 깊이 25 mm, 홈 각도 30°, 루트 간격 2 mm, 루트 반지름은 6 mm이다.

문제 36. 다음 KS 용접 기호를 올바르게 해독한 것은?

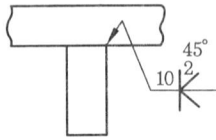

㉮ 홈의 각도는 화살표 반대 방향은 45°이고, 화살표 방향은 어떤 각도이든 좋다.
㉯ 루트 반지름은 10 mm이다.
㉰ 루트 간격은 2 mm이다.
㉱ 화살표 반대 방향의 홈 깊이는 10 mm 이고, 화살 방향은 0 mm이다.

해설 • 45° : 베벨 각도
• 2 : 루트 간격
• 10 : 그루브 깊이

문제 37. 필릿 용접 치수를 결정하는데 사용되는 다음 그림과 같은 단면의 저변축에 대한 단면 2차 모멘트 I' 를 구하는 식으로 옳은 것은?

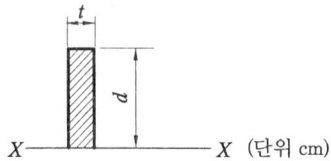

㉮ $I' = \dfrac{dt^3}{3}$ [cm³] ㉯ $I' = \dfrac{d^4}{3}$ [cm³]

㉰ $I' = \dfrac{d^3 t}{6}$ [cm³] ㉱ $I' = \dfrac{d^2 t^2}{3}$ [cm³]

문제 38. 다음 그림에서 이론 목 두께는 얼마인가? (단, 필릿 용접)

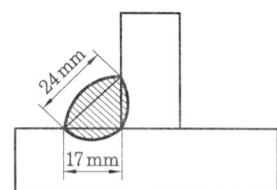

㉮ 약 14.7 mm ㉯ 약 17 mm
㉰ 약 24 mm   ㉱ 약 12 mm

해설 목 두께 h = 다리 길이 × cos 45°
= 17 × 0.707 = 12.02 mm

문제 39. 그림과 같이 두께 12 mm, 폭 100 m 의 강판에 V형 홈을 가진 한쪽 맞대기 용접 이음으로 할 때 이음 효율 $\eta = 0.8$ 로 하면 인장력 P 는 얼마까지 허용할 수 있는가? (단, 판의 최저 인장 강도는 411.6 MPa 이고, 안전율은 4로 한다.)

해답 35. ㉯ 36. ㉰ 37. ㉰ 38. ㉱ 39. ㉱

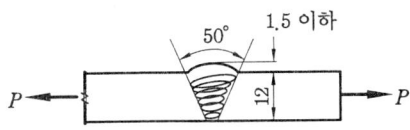

㉮ 98.2 kN   ㉯ 0.988 kN
㉰ 106.6 kN ㉱ 98.8 kN

[해설] ① 판의 허용 응력
$$\sigma_a = \frac{\sigma}{S} = \frac{411.6}{4} = 102.9 \text{ MPa}$$
② 인장력 P 는
$$\sigma_a = \frac{P}{\eta \cdot A}$$
$$\therefore P = \eta \cdot \sigma_a \cdot A$$
$$= 0.8 \times 102.9 \times (0.012 \times 0.1)$$
$$= 0.0988 \text{ MN} = 98.8 \text{ kN}$$

문제 40. 그림과 같이 지름 80 mm인 원형 단면의 외팔보 일단을 전체 둘레 용접하였을 때, 이 외팔보가 9.8 kJ의 비틀림 모멘트에 견딜 수 있는 필릿 용접의 최소 다리 길이 치수는? (단, 허용 전단 응력은 9.8 MPa로 한다.)

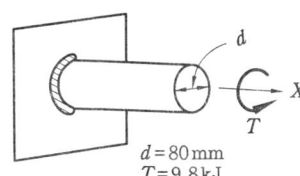

㉮ 60 mm   ㉯ 80 mm
㉰ 140 mm ㉱ 160 mm

[해설] $\tau = \frac{2.83 T}{h d^2 \pi}$
$\therefore h = \frac{2.83 T}{\tau d^2 \pi}$
$= \frac{2.83 \times 9.8}{9.8 \times 10^3 \times 0.08^2 \times \pi} = 0.1408 \text{ m} = 140.8 \text{ mm}$

문제 41. 다음 필릿 용접 이음에서 용접선의 방향과 하중의 방향이 직교한 것을 무슨 이음이라 하는가?
㉮ 전면 필릿 용접 ㉯ 측면 필릿 용접
㉰ 양면 필릿 용접 ㉱ 경사 필릿 용접

문제 42. 두께가 서로 같지 않은 두 부재를 맞대기 용접할 때 알맞은 기울기의 크기는 얼마인가?

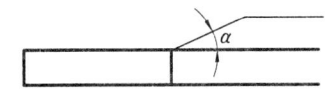

㉮ $\frac{1}{5} \sim \frac{1}{8}$ ㉯ $\frac{1}{10} \sim \frac{1}{20}$
㉰ $\frac{1}{15} \sim \frac{1}{25}$ ㉱ $\frac{1}{20} \sim \frac{1}{30}$

문제 43. 다음 그림과 같은 여러 용접 이음 중 반복 하중에 견디는 능력이 가장 우수한 것은?

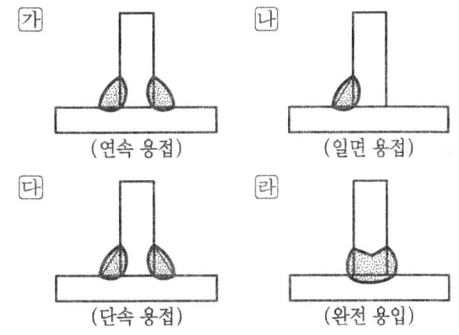

[해설] 반복 하중이 작용하는 곳의 이음에서는 불용착부가 없는 완전 용입의 이음이 좋다.

문제 44. 다음 중 홈이나 필릿 용접의 치수 이상으로 표면에 덧붙인 용착 금속을 무엇이라 하는가?
㉮ 덧땜(reinforcement)
㉯ 덧살올림(build-up)
㉰ 다이 번(die burn)
㉱ 뒷받침(back strip)

[해설] ・덧살 올림 : 다층 비드 용접에서 비드를 쌓는 방법이다.

문제 45. 다음 중 spacer strip은 언제 사용하는 것인가?
㉮ 역극성을 사용할 때
㉯ 서브머지드 용접을 할 때
㉰ 루트 간극이 너무 넓을 때

해답 40. ㉰ 41. ㉮ 42. ㉮ 43. ㉱ 44. ㉮ 45. ㉰

라 용접 전류가 약할 때
해설 spacer strip은 용락을 방지하기 위해 사용된다. 특히 양면 V형 이음에 주로 사용되며, 나중에 뒷면을 가우징(gausing)하여 spacer strip 부분은 파내 버려야 한다.

문제 46. 연강의 용접 이음 강도 중 가장 큰 것은?
  가 맞대기 이음   나 측면 필릿
  다 사면 필릿   라 전면 필릿(겹치기)

문제 47. 플러그 용접에서 전단 강도는 인장 강도의 몇 % 정도면 되는가?
  가 40~50 %   나 60~70 %
  다 80~90 %   라 90~100 %

문제 48. 다음 중 용접 홈이 적을 때 발생하는 현상이 아닌 것은?
  가 용접 강도 저하   나 용접 변형이 적다.
  다 용접이 쉽다.   라 용입 부족
해설 용접부의 홈이 적을 때 열영향부가 적어지나, 용입이 적어져 강도가 저하된다.

문제 49. 기하학적 형상만 고려할 때 다음 그림과 같은 필릿 용접 이음 중 피로 강도가 가장 좋은 것은?

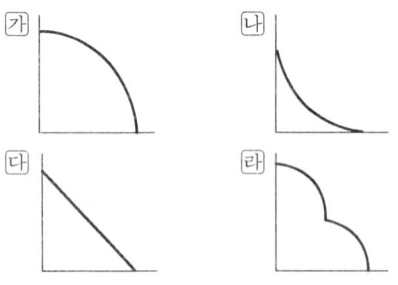

문제 50. 용접 이음에서 내식성과 관계없는 것은?
  가 잔류 응력의 크기 나 변형
  다 잔류 flux의 유무 라 용접 이음의 형상
해설 · 용접 이음시 부식이 생기는 이유
  ① 잔류 응력에 의한 응력 부식
  ② 잔류 flux에 의한 부식

③ 겹치기 이음 등의 이음 형상에 의한 부식 등이 있다.

문제 51. 그림과 같은 맞대기 용접부의 목 두께는 얼마인가?

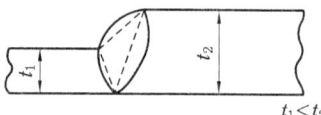

$t_1 < t_2$

  가 t_2 나 t_1
  다 $t_2 - t_1$ 라 $t_2 + t_1$

해설 판 두께가 다른 경우에는 판 두께가 적은 쪽의 판 두께를 목 두께로 하여 강도 계산에 쓰인다.

문제 52. 필릿 용접에서는 용접선의 방향과 주로 전달하는 응력의 방향이 이루는 각도에 따라 3형식으로 분류한다. 속하지 않는 것은?
  가 전면 필릿 용접   나 측면 필릿 용접
  다 양면 필릿 용접   라 경사 필릿 용접

문제 53. 다음 맞대기 용접을 한 것을 그림과 같이 $P = 29.4$ kN의 하중으로 잡아 당겼다면 인장 응력은 몇 MPa인가?

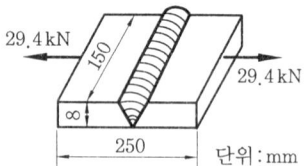

  가 49.98 MPa   나 24.5 MPa
  다 21.56 MPa   라 147 MPa

해설 $\sigma = \dfrac{P}{tl} = \dfrac{29.4}{(0.008 \times 0.15)}$
$= 24500$ kPa $= 24.5$ MPa

문제 54. 다음 중 용접 결함 원인을 조합한 것으로 틀린 것은?
  가 변형 : 홈 각도 과대
  나 기공 : 용접봉의 습기
  다 언더컷 : 고전류 고속도

해답 46. 가 47. 나 48. 다 49. 다 50. 나 51. 나 52. 다 53. 나 54. 라

㉣ 용입 불량 : 홈 각도의 과대
[해설] • 용입 불량의 발생 원인
  ① 용접 전류가 낮을 때
  ② 용접 홈이 좁을 때
  ③ 용접봉의 선택이 잘못 되었을 때
  ④ 용접 속도가 부적당 할 때

[문제] 55. 용접 이음의 피로 강도는 무엇으로 나타나는가?
㉮ 응력의 최대값   ㉯ 인장 강도
㉰ 연신율   ㉱ 최대 하중

[문제] 56. 다음 중 강의 청열 취성 온도 범위로 옳은 것은?
㉮ 150~300℃   ㉯ 250~400℃
㉰ 350~500℃   ㉱ 450~600℃

[문제] 57. 다음 중 청열 취성에 대한 설명으로 틀린 것은?
㉮ 충격치 최소   ㉯ 인장 강도 최대
㉰ 연신율 최소   ㉱ 경도 최소

[문제] 58. 다음 그루브 이음에 대한 설명 중 틀린 것은?
㉮ 루트 간격이 너무 크면 용접부의 성능은 좋겠지만 용착량이 많아지므로 역시 비능률적이고 또 비싸게 된다.
㉯ 베벨각은 작아짐에 따라 루트 간격이 커진다.
㉰ 한면 홈 대신 양면 홈을 채택하면 용착량 및 용접 작업량을 절반으로 줄이게 된다.
㉱ 베벨 또는 간극이 작으면 용접성이 향상된다.
[해설] 베벨 또는 간극이 너무 작으면 루트 밑에 슬래그를 남기게 되므로, 뒷면을 가우징 해야 할 필요가 있다.

[문제] 59. T형 맞대기 용접 이음시 비틀림을 받는 경우 완전 용입에 대하여 용접 이음 매의 단면형이 직사각형일 때, 최대 비틀림 전단 응력 $M_t = \tau_t \cdot W_t$ 에 의해 계산된다. 이 때 비틀림 단면 계수 W_t는 다음 중 어느 식에 해당하는가? (단, α=비틀림 계수, t=두께, l=길이이다.)
㉮ $W_t = \alpha t l^2$ ㉯ $W_t = \alpha^2 t l$
㉰ $W_t = \alpha t^2 l$ ㉱ $W_t = \alpha t^2 l^2$

[문제] 60. 다음은 필릿 용접의 용입에 대한 사항이다. 틀린 것은?
㉮ 용접 또는 용접법에 따라서 깊은 용입을 얻을 수 있다.
㉯ 실제 이음 강도는 이론 목 두께보다도 실제 목 두께로서 결정된다.
㉰ 동일한 각장이라도 깊은 용입이 얻어지는 용접법으로 용접을 하면 강도는 떨어진다.
㉱ 손 용접의 경우에는 용접 조건을 일정하게 유지하기란 어렵고 용입의 깊이도 항상 일정한 것이 얻어진다고 할 수 없고 같지도 않다.
[해설] ① 이론 목 두께 : 필릿 용접부의 횡단면 내에서 이에 내접하는 이등변 삼각형을 생각하여 약간의 용입을 무시하고, 이음의 루트부터 빗면까지의 거리이다.
② 실제 목 두께 : 용입을 고려한 용접의 루트부터 필릿 용접의 표면까지의 최단 거리 또는 맞대기 용접에서는 용접 금속의 단면에서 용접부의 루트를 통하는 최소 두께이다.

[문제] 61. 용접선에 직각인 용착부의 단면 중심을 통과하는 수직인 선을 무엇이라고 하는가?
㉮ weld zone   ㉯ axis of weld
㉰ weld line   ㉱ toe of weld

[문제] 62. 맞대기 용접의 강도 계산 부분은 어디에다 정하는가?
㉮ 다리 길이   ㉯ 목의 두께

[해답] 55. ㉮ 56. ㉮ 57. ㉱ 58. ㉱ 59. ㉰ 60. ㉰ 61. ㉯ 62. ㉯

㉰ 루트 간격　　　㉱ 홈의 깊이
[해설] 강도 계산은 맞대기 용접 이음에서나 필릿 용접 이음에서나 목의 두께를 기준으로 한다.

문제 63. 필릿 용접의 설계 과정에서 첫째 요건은?
㉮ 경제성　　　㉯ 작업의 용이성
㉰ 견고성　　　㉱ 활용성

문제 64. 용접부의 항장력은 그 판의 항장력의 얼마나 되는가?
㉮ $1 \sim \dfrac{1}{2}$　　㉯ $\dfrac{1}{2} \sim \dfrac{1}{3}$
㉰ $\dfrac{1}{3} \sim \dfrac{1}{4}$　　㉱ $\dfrac{1}{4} \sim \dfrac{1}{5}$

문제 65. 다음은 안전율을 구하는 식이다. 틀린 것은?
㉮ $\dfrac{극한 강도}{허용 응력}$　　㉯ $\dfrac{최대 강도}{허용 응력}$
㉰ $\dfrac{파괴점의 응력}{허용 응력}$　　㉱ $\dfrac{항복점}{허용 응력}$

문제 66. 충격이나 교번 하중을 받지 않고 적은 하중을 받는 중요하지 않은 경우에만 허용되는 이음의 형태가 아닌 것은?

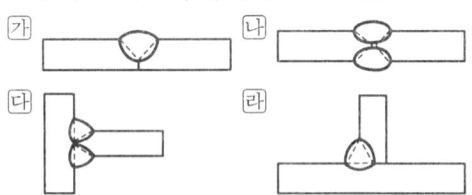

[해설] ㉰는 완전 용입으로, 강도상 중요한 곳에 사용하는 것이 좋다.

문제 67. 필릿 용접의 이음 강도는 목 두께로 결정되는데, 만약 두께가 20 mm인 철판을 필릿 용접할 경우에 목 두께는 얼마로 정해야 하는가? (단, 간편법으로 계산하였을 경우)
㉮ 약 9.8~11 mm　　㉯ 12.8~14 mm
㉰ 약 14.8~16 mm　　㉱ 약 16.8~18 mm
[해설] 간편법일 때 목 두께=0.7×20=14 mm가 되므로, 강도상 필요한 이음은 14 mm 이상이어야 한다.

문제 68. 재료의 성질에 관한 각각의 설명으로 옳지 않은 것은?
㉮ 응력 집중: 연강 재료의 구멍, 노치, 단 때문에 국부적으로 큰 응력이 생기는 현상
㉯ 허용 응력: 재료의 안전성을 고려하여 안전할 것이라고 허용되는 최소의 응력
㉰ 피로 한도: 반복 응력, 반복 횟수 선도에서 응력이 어느 일정값에 도달하면 곡선이 이미 수평이 되어 반복 횟수를 늘려도 파괴되지 않게 되는 한도의 응력
㉱ 사용 응력: 기계나 구조물을 사용할 때 실제로 각 부분에 생기는 응력

문제 69. 용착 금속의 기계적 성질 392 MPa에 안전율이 8이라면 이음의 허용 응력은 몇 MPa인가?
㉮ 49　㉯ 98　㉰ 118　㉱ 147
[해설] • 이음의 허용 응력 (σ_a)

$$\sigma_a = \dfrac{\sigma_{\max}}{S} = \dfrac{392}{8} = 49 \text{ MPa}$$

문제 70. 맞대기 이음에서 14.7 kN의 인장력을 적용시키려고 한다. 판 두께가 6 mm일 때 필요한 용접 길이는? (단, 허용 인장 응력은 68.6 MPa이다.)
㉮ 25.7　㉯ 35.7　㉰ 36.5　㉱ 47.5
[해설] $\sigma = \dfrac{P}{hl}$

$$\therefore l = \dfrac{P}{h \cdot \sigma} = \dfrac{14.7}{0.006 \times 68.6 \times 10^3}$$
$$= 0.0357 \text{ m} = 35.7 \text{ mm}$$

문제 71. T형 이음에서 $P=39.2$ kN, $h=8$ mm로 할 때 필요한 용접 길이는? (단, 허용 인장 응력은 98 MPa이라 한다.)

해답 63. ㉰　64. ㉯　65. ㉮　66. ㉰　67. ㉯　68. ㉯　69. ㉮　70. ㉯　71. ㉮

㉮ 50   ㉯ 40   ㉰ 30   ㉱ 10

해설 $\sigma = \dfrac{P}{hl}$

$\therefore l = \dfrac{P}{h \cdot \sigma} = \dfrac{39.2}{0.008 \times 98 \times 10^3}$
$= 0.05 \text{ m} = 50 \text{ mm}$

문제 72. 인장 압축의 반복 하중 294 kN이 작용하고 폭이 500 mm 2개의 강판을 맞대기 용접할 때, 그 강판의 두께는 얼마인가? (단, 허용 응력 $\sigma_a = 78.43$ MPa 이다.)

㉮ 6 mm   ㉯ 7 mm   ㉰ 7.5 mm   ㉱ 8.5 mm

해설 $\sigma = \dfrac{P}{tl}$

$\therefore t = \dfrac{P}{\sigma \cdot l} = \dfrac{0.294}{78.43 \times 0.5}$
$= 7.5 \times 10^{-3} \text{ m} = 7.5 \text{ mm}$

문제 73. 그림과 같은 필릿 용접부에 대한 다음 설명 중 옳지 않은 것은?

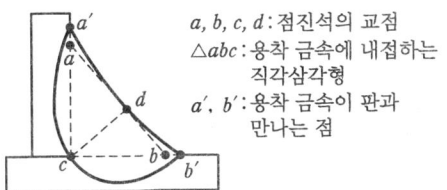

a, b, c, d: 점진석의 교점
△abc: 용착 금속에 내접하는 직각삼각형
a', b': 용착 금속이 판과 만나는 점

㉮ $a'c$는 각장   ㉯ $b'c$는 각장
㉰ cd는 각장   ㉱ cd는 이론 목 두께

해설 · cd: 이론 목 두께

문제 74. 그림과 같이 완전 용입된 평판 맞대기 용접 이음의 굽힘 모멘트 (M_b)=0.93 kJ가 작용하고 있을 때, 최대 굽힘 응력은 약 몇 MPa인가? (단, $l = 200$ mm, $t = 20$ mm로 한다.)

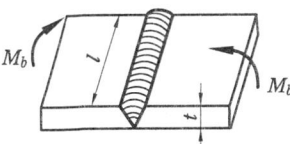

㉮ 58.85   ㉯ 69.75   ㉰ 75.75   ㉱ 85.75

해설 $\sigma_b = \dfrac{6M}{lh^2} = \dfrac{6 \times 0.93}{0.2 \times (0.02)^2}$
$= 69750 \text{ kPa} = 69.75 \text{ MPa}$

문제 75. 그림과 같은 A부의 명칭은?

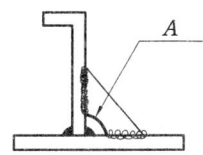

㉮ stiffener   ㉯ seam
㉰ radian   ㉱ scallop

해설 구조물에서 용접선이 만나는 점은 응력 집중을 방지하기 위해서 scallop를 만들어 준다.

문제 76. 다음과 같은 그림이 맞대기 용접된 용착 금속 내부에 있어서 잔류 응력은 다음 중 어느 것인가?

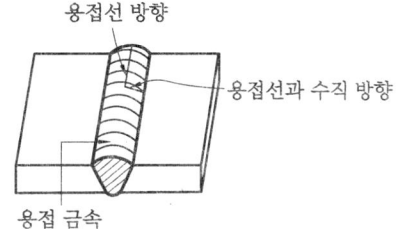

㉮ 용접선 방향의 잔류 응력은 인장 응력이다.
㉯ 용접선 방향의 잔류 응력은 압축 응력이다.
㉰ 용접선과 수직 방향의 잔류 응력은 압축 응력이다.
㉱ 용접선 방향의 잔류 응력은 전단 응력이다.

문제 77. 다음 그림에서 용접봉 각도에 대해서 알맞게 설명한 것은?

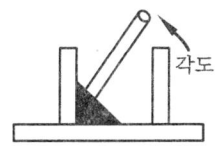

해답 72. ㉰   73. ㉰   74. ㉯   75. ㉱   76. ㉮   77. ㉱

가 각도와는 무관하며 용입에만 신경쓴다.
나 각도는 60°이면서 용접시 장애가 없도록 설계 시공한다.
다 용접봉이 길면 길수록 작업하기에 좋지만 각도는 60° 이상으로 한다.
라 물체가 고정되었을 경우 또는 앞의 판에 너무 장애가 되어 도저히 용접하지 못할 경우 짧은 봉에 홀더를 물려 용접한다.

문제 78. 그림과 같은 겹치기 이음의 필릿 용접을 하려고 한다. 허용 응력을 78.4 MPa라 할 때 유효 길이는?

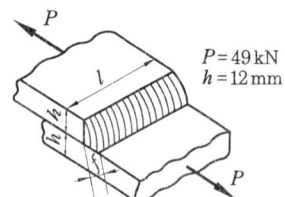

가 26.8 mm 나 26 mm
다 36.8 mm 라 35 mm

해설 $\sigma = \dfrac{0.707P}{hl}$

$\therefore l = \dfrac{0.707P}{h\sigma} = \dfrac{0.707 \times 49}{0.012 \times 78.4 \times 10^3}$
$= 0.0368 \text{ m} = 36.8 \text{ mm}$

문제 79. 용접 이음에서 $L=150$ mm, $t=20$ mm, $l=60$ mm, 굽힘 응력 34.3 MPa라 할 때 견딜 수 있는 하중과 이때의 최대 응력은 얼마인가?

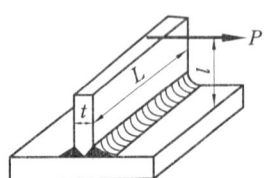

가 $P ≒ 5.72$ kN, $\tau_{max} ≒ 1.91$ MPa
나 $P ≒ 4.82$ kN, $\tau_{max} ≒ 1.91$ MPa
다 $P ≒ 5.72$ kN, $\tau_{max} ≒ 2.95$ MPa
라 $P ≒ 4.82$ kN, $\tau_{max} ≒ 2.95$ MPa

해설 ① $\sigma_b = \dfrac{6Pl}{Lt^2}$

$\therefore P = \dfrac{\sigma_b \cdot L \cdot t^2}{6l} = \dfrac{34.3 \times 0.15 \times (0.02)^2}{6 \times 0.06}$
$= 5.72 \times 10^{-3}$ MN $= 5.72$ kN

② $\tau_{max} = \dfrac{P}{tL} = \dfrac{5.72}{0.02 \times 0.15}$
$= 1906.67$ kPa $= 1.91$ MPa

문제 80. 다음 그림에서 인장 하중 P_1과 P_2는 얼마인가? (단, 허용 응력을 58.8 MPa로 한다.)

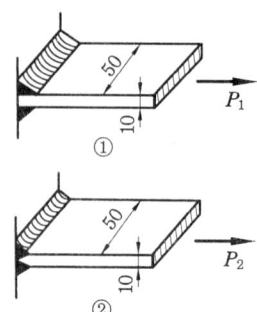

가 $P_1 = 41.60$ kN, $P_2 = 19.6$ kN
나 $P_1 = 4.15$ kN, $P_2 = 19.6$ kN
다 $P_1 = 41.58$ kN, $P_2 = 29.4$ kN
라 $P_1 = 4.16$ kN, $P_2 = 19.6$ kN

해설 ① $\sigma = \dfrac{0.707}{hl} P_1$

$\therefore P_1 = \dfrac{\sigma \cdot h \cdot l}{0.707}$
$= \dfrac{58.8 \times 10^3 \times 0.01 \times 0.05}{0.707} = 41.58$ kN

② $\sigma = \dfrac{P_2}{hl}$

$\therefore P_2 = \sigma \cdot h \cdot l = 58.8 \times 10^3 \times 0.01 \times 0.05$
$= 29.4$ kN

문제 81. 두께 12 mm인 강판을 길이 180 mm, 하중을 78.43 kN을 가하기 위해 맞대기 이음을 하고자 한다. 그 효율이 80 %라면 용접 두께는? (단, 허용 응력은 58.8 MPa로 한다.)
㉮ 9.1 mm ㉯ 9.3 mm
㉰ 10.3 mm ㉱ 10.1 mm

해설 $\sigma = \dfrac{P}{h \cdot l \cdot \eta}$

$\therefore h = \dfrac{P}{\sigma \cdot l \cdot \eta} = \dfrac{78.43 \times 10^{-3}}{58.8 \times 0.18 \times 0.8}$

$= 9.26 \times 10^{-3}\,m = 9.26\,mm$

문제 82. 다음 그림과 같은 용접부에 하중 $P = 49\,kN$이 작용할 때 인장 응력은?

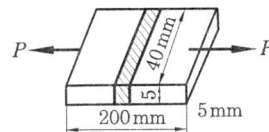

㉮ 196 MPa ㉯ 245 MPa
㉰ 294 MPa ㉱ 343 MPa

해설 $\sigma = \dfrac{P}{tl} = \dfrac{49}{0.005 \times 0.04}$
$= 245000\,kPa = 245\,MPa$

문제 83. 반복 하중을 받는 부재를 맞대기 용접하고자 한다. 다음 이음 형식 중 가장 적합한 것은?

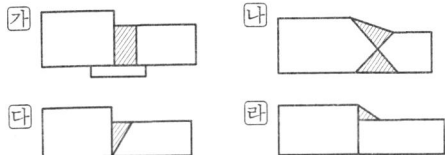

문제 84. 용접 구조물 이음부의 설계 계산에 사용되는 응력은?
㉮ 최대 응력 ㉯ 정적 응력
㉰ 동적 응력 ㉱ 허용 응력

문제 85. 다음 중 단순 굽힘을 받고 있는 맞대기 용접에서 완전 용입 상태로 용접을 할 때에 사용할 수 있는 기본 식으로 옳은 것은? (단, σ는 최대 굽힘 응력, Z는 용접 이음배의 단면 계수, M은 최대 굽힘 모멘트이다.)

㉮ $M = \sigma Z$ ㉯ $M = \dfrac{\sigma}{Z}$
㉰ $M = \dfrac{Z}{2\sigma}$ ㉱ $M = \dfrac{2Z}{\sigma}$

해설 · 최대 굽힘 응력 (σ)
$\sigma = \dfrac{\text{최대 굽힘 모멘트}}{\text{용접부 단면 계수}} = \dfrac{M}{Z}\,[kPa]$

문제 86. 용접 설계 시 주의 사항으로 가장 적합하지 않은 것은?
㉮ 가능한 한 아래보기 용접을 많이 하도록 한다.
㉯ 가능한 한 맞대기 용접을 많이 하도록 한다.
㉰ 이음부가 한 곳에 집중되지 않도록 한다.
㉱ 용입을 적게 하여 단면이 변하지 않도록 한다.

해설 용입이 적으면 충분한 강도가 얻어지지 못한다.

문제 87. 다음 사용 응력과 허용 응력에 관한 사항으로 옳지 않은 것은?
㉮ 기계나 구조물이 그 기능을 발휘하려면 그 부분에 생기는 응력이 사용 재료에 허용되는 일정 한도의 응력을 넘어서야 한다.
㉯ 기계나 구조물에 작용하는 하중이 점차 증가하면 그 부분에 생기는 변형률은 점차 크게 되고 응력이 증가하면서 결국 파괴된다.
㉰ 응력이 항복점을 넘으면 재료가 갑자기 변형률이 증가하여 결국 좋지 못한 점이 많아진다.
㉱ 각 부분에 발생하는 응력이 항복점 이하에서 충격 하중과 반복 하중이 작용하는 경우에는 재료의 파괴에 대한 저항력이 낮아진다.

문제 88. 용접 구조물 설계상의 주의 사항 중 틀린 것은?

해답 82. ㉯ 83. ㉯ 84. ㉱ 85. ㉮ 86. ㉱ 87. ㉮ 88. ㉯

㉮ 용접에 적합한 설계를 할 것
㉯ 용접 길이는 될 수 있는 대로 길게 하고, 용착량도 강도상 최대로 할 것
㉰ 용접하기 쉽도록 설계할 것
㉱ 반복 하중을 받는 이음에서 특히 이음 표면이 평탄하게 되도록 고려할 것

[해설] 위 ㉮, ㉰, ㉱ 외에,
① 용접 이음 형상에는 많은 종류가 있으나 그 특성 등을 잘 알아서 쓸 것
② 용접 이음이 한군데 집중하거나 또는 너무 접근하지 않도록 할 것
③ 결함이 생기기 쉬운 용접은 피할 것
④ 약한 필릿 용접 이음을 피할 것
⑤ 구조상의 notch를 피할 것
등이 있다.

문제 89. 다음 하중의 종류에 따른 안전율 값을 나타낸 것 중 틀린 것은?
㉮ 정하중 : 3   ㉯ 단진 하중 : 7
㉰ 교번 하중 : 8   ㉱ 충격 하중 : 12

[해설] • 단진 하중 : 5

문제 90. 안전율은 다음과 같은 조건으로 적당히 크게 선택하여야 한다. 다음 중 틀린 사항은?
㉮ 균질 및 모양이 불균일하고 강도상 신뢰성이 클 때
㉯ 재질의 부식, 마멸 또는 변질의 위험이 많을 때
㉰ 가늘고 긴 재료에 압축력이 작용하고 버클링(buckling) 파괴의 염려가 있을 때
㉱ 구조가 복잡하고 응력을 계산해서 정확히 구하기 곤란할 때

[해설] 위 ㉯, ㉰, ㉱의 하중의 성질 및 크기가 분명하지 않을 때, 저온의 조건하에서 강도가 저하되고 cleep 변형을 일으킬 때, 구조가 불연속적이고 응력 집중이 있을 때, 커다란 동하중, 충격 하중이 작용할 염려가 있을 때 등이다.

문제 91. 용접 이음의 내식성에 영향을 미치는 요인이 아닌 것은?
㉮ 이음 형상
㉯ 플럭스 (flux)의 제거
㉰ 응력 제거
㉱ 용접 온도

[해설] 겹치기 이음에서는 두 판의 부재 사이에 습기가 스며들어 그곳에서 부식이 촉진되고, 모재에 잔류 플럭스 (flux)는 부식을 촉진할 뿐 아니라 용접물에 페인트를 바르면 떨어지며, 용접 후에 큰 잔류 응력이 존재하면 응력 부식을 일으킬 위험성이 있다.

문제 92. 모재 및 용착 금속의 기계적 성질에 속하지 않는 것은?
㉮ 내력   ㉯ 인장 강도
㉰ 충격치   ㉱ 비중

문제 93. 필릿 용접에서 이음 강도를 간편법으로 계산할 경우 보통 얼마 정도의 목 두께를 가진 것으로 계산하는가?
㉮ 각장×0.9   ㉯ 각장×0.5
㉰ 각장×cos 60°   ㉱ 각장×cos 45°

[해설] • 간편법 : 다리 길이(각장)×cos 45°

문제 94. 필릿 용접의 용접 치수 결정은 목 두께의 크기로 정한다. 다음 그림 중 용착부에 대한 정확한 목 두께 치수 a는 얼마인가?

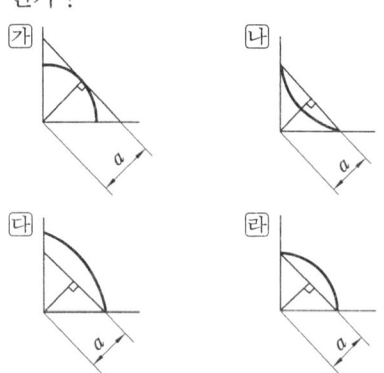

[해설] • 이론 목 두께 (a) : 필릿 용접의 가로 단면에 내접하는 이등변 삼각형의 루트 (두 변의 교점)부터 빗변까지의 수직 거리를 나타낸다.

해답 89. ㉯   90. ㉮   91. ㉱   92. ㉱   93. ㉱   94. ㉱

문제 95. 필릿 용접의 이음 강도를 계산할 때 각장이 10 mm라면 목 두께는 얼마로 계산해야 하는가?
㉮ 약 3 mm ㉯ 약 5 mm
㉰ 약 7 mm ㉱ 약 10 mm

문제 96. 다음 이음 효율을 구하는 식 중에서 가장 적당한 것은?
㉮ 이음 효율 = $\dfrac{\text{용착 금속의 인장 강도}}{\text{모재의 인장 강도}}$
㉯ 이음 효율 = $\dfrac{\text{모재의 인장 강도}}{\text{용착 금속의 인장 강도}}$
㉰ 이음 효율 = $\dfrac{\text{용접 시험편의 인장 강도}}{\text{모재의 인장 강도}}$
㉱ 이음 효율 = $\dfrac{\text{용접 재료의 항복 강도}}{\text{용착 재료의 인장 강도}}$

문제 97. 용접 설계에 있어서 유리한 점이 아닌 것은?
㉮ 산소 절단, 기계 절단 장치가 발달하여 후판이나 환봉을 깨끗이 절단할 수 있다는 것
㉯ 용접 기기 재료가 점점 발달해서 우수한 성질의 용접을 고능률로 하게 되었다는 것
㉰ 프레스(press) 등 성형 장치가 대형화해서 모양이 좋고 깨끗하게 성형할 수 있다는 것
㉱ 용접 보조 장치가 편리하게 고안되었고, 용접 자세를 쉽게 또 용접을 느리게 할 수 밖에 없다.

문제 98. 용접 이음 설계에서 고려할 사항 중 틀린 것은?
㉮ 용접봉이 많이 드는 이음 모양을 선택할 것
㉯ 이음의 베벨 가공을 생략할 수 있도록 할 것
㉰ 홈의 형태가 너무 깊어지는 이음의 모양을 피할 것
㉱ 후판의 경우는 한면 홈보다 양면 홈을 사용해서 용착량을 줄이도록 할 것

문제 99. 다음 중 연강 용접 인장 시험에서 모재의 인장 강도가 3920 MPa, 용접 시험편의 인장 강도가 2744 MPa로 나타났다면 이음 효율은?
㉮ 40 % ㉯ 50 %
㉰ 60 % ㉱ 70 %
해설 · 이음 효율
$= \dfrac{\text{용접 시험편의 인장 강도}}{\text{모재의 인장 강도}} \times 100$
$= \dfrac{2744}{3920} \times 100 = 70\%$

문제 100. 다음 중 피로 강도 향상에 크게 영향을 미치는 요인이 아닌 것은?
㉮ 용접부의 덧붙이 제거
㉯ 응력 제거 annealing
㉰ 연삭
㉱ 탄소량 증가
해설 용입 불량이나 기공 등 용접 결함의 존재는 피로 강도에 매우 나쁜 영향을 미친다. 크레이터나 슬래그 섞임도 용입 불량의 경우와 마찬가지로 피로 강도에 치명적으로 나쁜 영향을 미친다. 피로 강도를 향상시키려면 용접부의 덧붙이 제거, 응력 제거 annealing, 연삭 등이 있다.

문제 101. 수평 필릿 용접시 목의 두께는 각장의 몇 % 정도가 적당한가?
㉮ 50 % ㉯ 60 % ㉰ 70 % ㉱ 80 %
해설 목의 두께(actual throat)는 각장의 약 70 % 정도로 한다.

문제 102. 다음 중 안전율(safety factor)로서 맞게 표시된 것은?
㉮ 안전율 = $\dfrac{\text{허용 응력}}{\text{인장 강도}}$
㉯ 안전율 = $\dfrac{\text{최대 응력}}{\text{인장 강도}}$

해답 95. ㉰ 96. ㉰ 97. ㉱ 98. ㉮ 99. ㉱ 100. ㉱ 101. ㉰ 102. ㉰

㉰ 안전율 = 인장 강도 / 허용 응력

㉱ 안전율 = 이음 효율 / 허용 응력

문제 103. 두께가 서로 같지 않은 두 부재를 맞대기 용접할 때 알맞은 기울기의 크기로 옳은 것은?

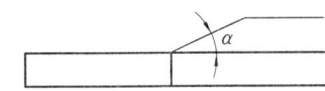

㉮ $\dfrac{1}{5} \sim \dfrac{1}{8}$ ㉯ $\dfrac{1}{10} \sim \dfrac{1}{20}$

㉰ $\dfrac{1}{15} \sim \dfrac{1}{25}$ ㉱ $\dfrac{1}{20} \sim \dfrac{1}{30}$

해설 두께 차가 크면 응력 집중 현상이 생겨 쉽게 파단되므로, $a = 20°$ 정도로 한다.

문제 104. 인장, 압축의 반복 하중 294 kN이 작용하는 폭은 500 mm의 두 장의 강판을 맞대기 용접하려 할 때, 적당한 두 강판의 두께는? (단, 허용 응력 $\sigma_n = 73.53$ MPa로 하며, 용입은 완전하다.)

㉮ 4 mm   ㉯ 8 mm   ㉰ 12 mm   ㉱ 16 mm

해설 $\sigma = \dfrac{P}{tl}$

∴ $t = \dfrac{P}{\sigma \cdot l} = \dfrac{0.294}{73.53 \times 0.5} \fallingdotseq 8 \times 10^{-3}$ m
$= 8$ mm

문제 105. 수직으로 49 kN의 힘이 작용하는 부분에 수평으로 용접을 하고자 할 때 용접부의 형상은 얼마로 하는 것이 가장 적당하고 안전한가? (단, 재료의 허용 인장 응력은 245 MPa이다.)

㉮ 모재 두께 4 mm, 용접선 30 mm
㉯ 모재 두께 5 mm, 용접선 40 mm
㉰ 모재 두께 20 mm, 용접선 20 mm
㉱ 모재 두께 80 mm, 용접선 100 mm

해설 $\sigma = \dfrac{P}{hl}$

$hl = \dfrac{P}{\sigma} = \dfrac{49}{245 \times 10^{-3}} = 2 \times 10^{-4}$ m^2
$= 200$ mm^2

가 되므로 모재 두께 5 mm, 용접선의 길이 40 mm가 적당하다.

문제 106. 그림과 같은 용접에서 형상 계수가 가장 큰 것은?

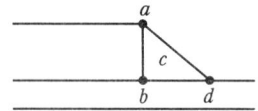

㉮ a 부분   ㉯ b 부분
㉰ c 부분   ㉱ d 부분

해설 그림에서 b점(root) 및 용접 끝 a점에서는 응력 집중이 대단히 크고, 루트부에서 6~7, 용접 끝에서 약 4.7 정도이다. 그러므로 형상 계수는 b점이 가장 크다.

문제 107. 다음 중 형상 계수를 나타내는 식은 어느 것인가?

㉮ $\alpha = \dfrac{\text{최대 응력}}{\text{공칭 응력}}$ ㉯ $\alpha = \dfrac{\text{인장 응력}}{\text{최대 응력}}$

㉰ $\alpha = \dfrac{\text{공칭 응력}}{\text{항복 응력}}$ ㉱ $\alpha = \dfrac{\text{항복 응력}}{\text{탄성 응력}}$

문제 108. 용접시 주의 사항에 대한 설명이다. 틀린 것은?

㉮ 능률이 좋고 결함이 적은 아래보기 용접을 피하도록 한다.
㉯ 현장 용접을 적게 하고 주로 공장에서 용접한다.
㉰ 용접 순서를 생각하면서 용접한다.
㉱ 용착량은 강도상 필요한 만큼 최소한으로 한다.

문제 109. 다음과 같은 그림에서 인장 하중을 받는 폭 100 mm, 두께 12 mm의 강판을 측면 필릿 용접하였다. 필릿 용접의 두께를 12 mm, 용접 길이를 120 mm라 하고, 용접부의 허용 전단 응력을 58.82 MPa라 할 때,

해답 103. ㉮   104. ㉯   105. ㉯   106. ㉯   107. ㉮   108. ㉮   109. ㉮

몇 kN의 인장 하중에 견딜 수 있는가?

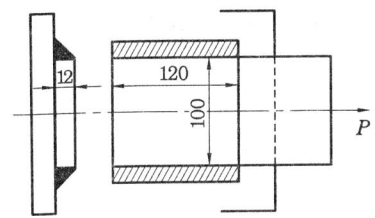

㉮ 119.77 kN   ㉯ 125.56 kN
㉰ 122.76 kN   ㉱ 132.76 kN

[해설] $\tau = \dfrac{P}{2tl}$ 에서,

$t = 12 \times 0.707$ mm, $l = 120$ mm,
$\tau = 58.82$ MPa
$P = 2\tau t l$
$= 2 \times 58.82 \times 10^3 \times 0.707 \times 0.012 \times 0.12$
$= 119.77$ kN

[문제] **110.** T형 이음에서 $P = 58.82$ kN, $h = 8$ mm로 할 때 용접 길이는 다음 중 얼마인가? (단, 용접부 허용 인장 응력은 78.4 MPa이다.)

㉮ 90.8 mm   ㉯ 93.8 mm
㉰ 95.8 mm   ㉱ 97.8 mm

[해설] $\sigma = \dfrac{P}{hl}$

$l = \dfrac{P}{\sigma \cdot h} = \dfrac{58.82}{78.4 \times 10^3 \times 0.008}$
$= 0.0938$ m $= 93.8$ mm

[문제] **111.** 다음 그림에서 강판의 두께를 12 mm로 하고, 최대 34.3 kN의 인장 하중을 작용시킬 때 용접 길이는? (단, 허용 인장 응력은 98 MPa이다.)

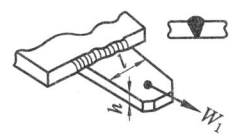

㉮ 20.3 mm   ㉯ 22.5 mm
㉰ 29.2 mm   ㉱ 30.5 mm

[해설] $\sigma = \dfrac{P}{hl}$ 에서,

$h = 12$ mm, $P = 2.5$ t $= 250$ kgf $= 34.3$ kN
$\sigma = 98$ MPa이므로,

$\therefore l = \dfrac{P}{\sigma \cdot h} = \dfrac{34.3}{98 \times 10^3 \times 0.012}$
$= 0.0292$ m $= 29.2$ mm

[문제] **112.** 철구조물에 용접 결함이 존재하면 그곳에 응력 집중이 발생하고 취성 파괴 사고의 원인이 된다. 다음과 같은 평판에 여러 가지 결함이 존재할 때 A 점에 있어서의 응력 집중이 어떤 경우에 제일 큰가?

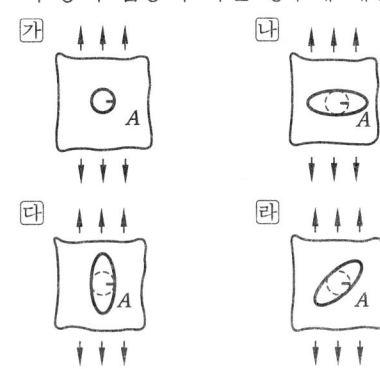

[문제] **113.** 다음 그림에서 작은 브래킷(bracket)이 벽면에 용접되어 있다. 벽면에서 60 mm 떨어진 곳에 $W = 58.8$ kN의 하중이 작용할 때 용접부에 발생하는 응력은?

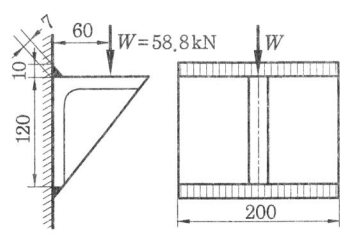

㉮ 29.7 MPa   ㉯ 39.7 MPa
㉰ 40.5 MPa   ㉱ 43.2 MPa

[해설] ① 용접부 금속은 최초에 상·하의 용접부에서 수직 하중을 같게 받는다. 즉,

[해답] 110. ㉯   111. ㉰   112. ㉯   113. ㉮

$W_v = \dfrac{W}{2} = 29.4 \text{ kN}$

② bracket은 굽힘 모멘트 $W \times r$을 받고, 이것에 균형하는 모멘트는 위쪽의 용접부를 잡아당기는 힘과 용접부 상·하 사이의 거리의 곱이다.

즉, 위쪽의 용접부가 받는 수평력은 $W_h \times L = W \times r$이 되므로,

$W_h = \dfrac{W \cdot r}{L} = \dfrac{58.8 \times 60}{120} = 29.4 \text{ kN}$

따라서 위쪽의 용접부는 W_r와 W_h의 합력을 받는다.

$W_R = \sqrt{W_v^2 + W_h^2} = \sqrt{29.4^2 + 29.4^2}$
$= 41.58 \text{ kN}$

$\therefore \sigma = \dfrac{W_e}{hl} = \dfrac{41.58}{0.007 \times 0.2} = 29698 \text{ kPa}$
$= 29.7 \text{ MPa}$

문제 114. 그림과 같이 두께 12 mm의 강판으로 폭 280 mm를 맞대기 용접 X형 홈으로서 완전 용입 용접을 하고, 거기에 247 kN의 하중이 화살표와 같이 작용할 때 용착 금속이 받는 응력은 얼마인가?

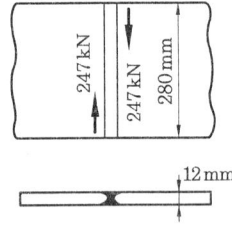

㉮ 73.5 MPa의 전단 응력
㉯ 735 MPa의 전단 응력
㉰ 73.5 MPa의 수직 응력
㉱ 735 MPa의 수직 응력

[해설] $\sigma = \dfrac{P}{A} = \dfrac{247}{0.012 \times 0.28}$
$= 73512 \text{ kPa} = 73.5 \text{ MPa}$

문제 115. 다음 그림에서 $P = 9.8 \text{ kN}$이 작용할 때 전단 응력과 굽힘 응력 및 조합 응력은 얼마인가?

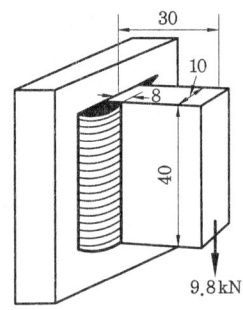

㉮ 2.165 MPa, 9.7 MPa, 73.5 MPa
㉯ 2.165 MPa, 97.387 MPa, 97.6 MPa
㉰ 2.165 MPa, 17.72 MPa, 74.8 MPa
㉱ 12.4 MPa, 7.5 MPa, 43.5 MPa

[해설] ① 전단 응력

$\tau = \dfrac{0.707 P}{hl} = \dfrac{0.707 \times 9.8}{0.008 \times 0.4}$
$= 2165 \text{ kPa} = 2.165 \text{ MPa}$

② 굽힘 응력

$\sigma_b = \dfrac{4.24 PL}{hl^2} = \dfrac{4.24 \times 9.8 \times 0.03}{0.008 \times (0.04)^2}$
$= 97387 \text{ kPa} = 97.387 \text{ MPa}$

③ 조합 응력

$\sigma_{max} = \dfrac{1}{2} \sigma_b + \dfrac{1}{2} \sqrt{\sigma_b^2 + 4\tau^2}$
$= \dfrac{1}{2} \times 97.4$
$+ \dfrac{1}{2} \sqrt{(97.4)^2 + 4 \times (2.165)^2}$
$\fallingdotseq 97.6 \text{ MPa}$

문제 116. 다음 그림과 같이 용접된 이음에 186 kN의 하중이 작용한다. 용착 금속이 받는 응력은 다음 중 어느 것인가?

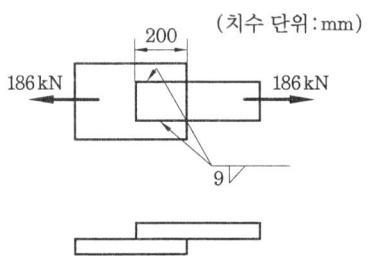

㉮ 73.06 MPa의 수직 응력

[해답] 114. ㉮ 115. ㉯ 116. ㉱

㉯ 730 MPa의 수평 전단 응력
㉰ 365 MPa의 전단 응력
㉱ 73.06 MPa의 전단 응력

[해설] $\tau = \dfrac{0.707}{tl} P$
$= \dfrac{0.707 \times 186}{0.009 \times 0.2}$
$= 73056 \text{ kPa} = 73.06 \text{ MPa}$

[문제] 117. 다음과 같은 필릿 용접 이음부에 하중 P가 적용할 때 용접부에 발생하는 응력의 크기는?

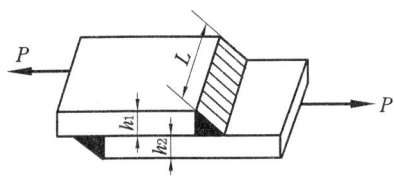

㉮ $\dfrac{\sqrt{2}\,P}{(h_1+h_2)L}$ ㉯ $\dfrac{P}{\sqrt{2}\,(h_1+h_2)L}$

㉰ $\dfrac{2P}{(h_1+h_2)L}$ ㉱ $\dfrac{P}{(h_1+h_2)L}$

[문제] 118. 다음 그림의 필릿 용접부에서 병렬 용접 길이 50 mm, 용접수 3, 피치 150 mm 일 경우 정확한 용접 기호는?

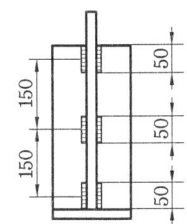

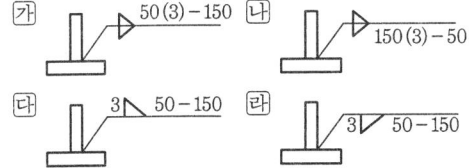

[문제] 119. 다음 그림과 같이 환봉을 용접으로 고정하고, 중앙부에 1000℃로 가열한 후 공기 중에서 냉각시켰다. 이 때, 용접부에 걸리는 힘은?

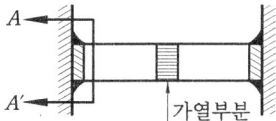 

㉮ 굽힘 모멘트 ㉯ 압축 응력
㉰ 인장 응력   ㉱ 비틀림 모멘트

[해설] 가열되면 팽창이 되므로, 고정단에는 열 응력에 의한 압축력이 걸린다.

[문제] 120. U자형 홈 설계는 다음과 같이 해야 한다. 틀린 것은?

㉮ 홈의 용적을 될수록 작게 한다.
㉯ 루트의 반지름을 될수록 작게 한다.
㉰ 루트 간격과 루트 면을 만들어 준다.
㉱ 각도를 무제한으로 작게 할 수 없다.

[해설] U형 홈의 설계에서는 루트부의 충분한 용입을 위해 루트 반지름을 가능한 크게 한다.

[문제] 121. 용접 이음을 설계할 때 주의 사항으로 적당하지 않은 것은?

㉮ 용접 작업에 지장을 주지 않도록 공간을 남긴다.
㉯ 맞대기 용접은 될 수 있는 대로 피하고 필릿 용접을 하도록 한다.
㉰ 아래보기 용접을 많이 하도록 한다.
㉱ 용접 이음을 1개소로 집중시키고 접근하여 설계하지 않도록 한다.

[해설] 용접 이음의 설계에서는 맞대기 용접 이음을 가능한 많이 하고, 필릿 용접 이음을 가능한 피한다.

제3장 용접 열유동 및 변형

1. 용접에 의한 온도 분포

용접은 고온의 열원(heat sourse)에 의해 금속을 용융시켜 구조물을 접합시키는 방법으로, 용접부 부근의 온도는 대단히 높다. 대부분의 금속은 급랭되면 열영향부(Heat Affected Zone ; HAZ)와 경화하는 경우가 있고, 이음 성능에 나쁜 영향을 주므로 용접을 할 때에는 주의가 필요하다.

1-1 이음 모양과 열의 특성

온도 기울기의 대소는 용접 이음의 모양과 용접하는 금속의 종류에 따라 다르다. 일반적으로 어떤 점에 열을 준 다음 일정한 거리로 떨어져 있는 점이 일정 시간을 경과한 다음 온도가 내려가는 상태, 즉 냉각 속도(cooling rate)는 같은 열량을 주었다 하더라도 열이 확산되는 방향이 많을수록 냉각하는 속도는 빨라진다.

다음 그림과 같은 용접 이음을 생각해 보면 그림 (a)와 같은 경우에는 열이 확산하는 방향이 화살표와 같은 방향으로 하나밖에 없고, 냉각 속도는 비교적 작다. 그림 (b)와 같이 좁은 평판 위에 비드를 놓을 경우 열은 두 방향으로만 확산한다.

이때, 냉각 속도는 그림 (a)의 경우보다 크다. 그림 (c)와 같이 두꺼운 판이 되면 열의 확산하는 방향은 여러 방향이 되고, 냉각 속도(cooling rate)는 매우 커진다.

그림 (d)와 같이 모서리 이음(corner joint)이 되면 열이 확산하는 방향은 두 방향이 되므로, 그림 (b)와 거의 같은 상태가 된다. T형 이음의 필릿 용접 경우에는 그림 (e)와 같이 세 방향으로 열이 달아나므로, 얇은 판의 맞대기 이음 용접의 경우보다 냉각 속도는 훨씬 커진다.

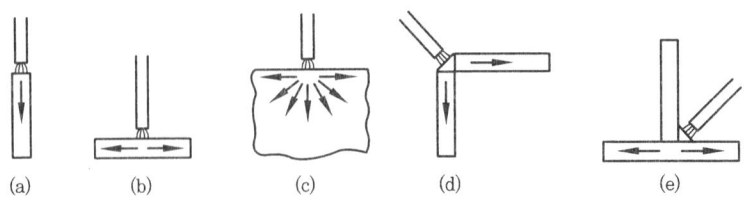

이음 형상과 열의 전도 방향

이와 같이 용접시 냉각 속도의 대소라는 점에서 생각해 볼 때 얇은 판보다는 두꺼운 판, 맞대기 이음보다는 T형 이음 용접의 경우 냉각 속도가 3~4배 정도 크게 되므로 용접에 있어서는 보다 더 깊은 주의를 요한다.

냉각 속도를 완만하게 하고, 또 급랭을 방지하는 방법으로는 예열하는 방법과 큰 열량으로 용접하는 방법 등을 들 수 있다. 일반적으로 열이 전달되기 쉬운 정도를 표시하는데 열 전도율(heat conductivity ; λ)이 사용되고 있다.

몇 가지 금속의 열 전도율을 비교하면 다음 그림과 같다. 용접 입열이 일정할 경우에는 λ가 큰 것일수록 냉각 속도가 크다. 예를 들면 알루미늄이나 구리같은 것은 λ가 연강보다 크므로 냉각 속도도 연강보다 빠르다.

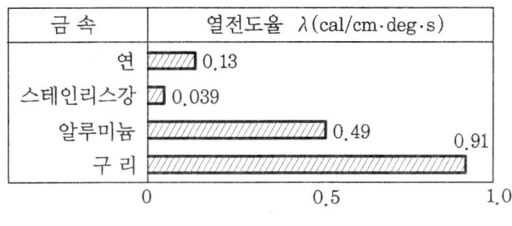

열 전도율 (λ)

1-2 용접 열사이클 (cycle)

용접 중의 가열에 의하여 용접 금속에 접하는 모재의 각 점은 융합선(bond)에서 거리에 따라 여러 가지 온도 변화로 급열 급랭된다. 이 온도 변화를 용접 열사이클(weld thermal cycle)이라 한다. 아크 용접 열영향부의 열사이클(특히 bond부) 탄소강이나 고장력강의 용접성(weld ability) 연구에 중요하다.

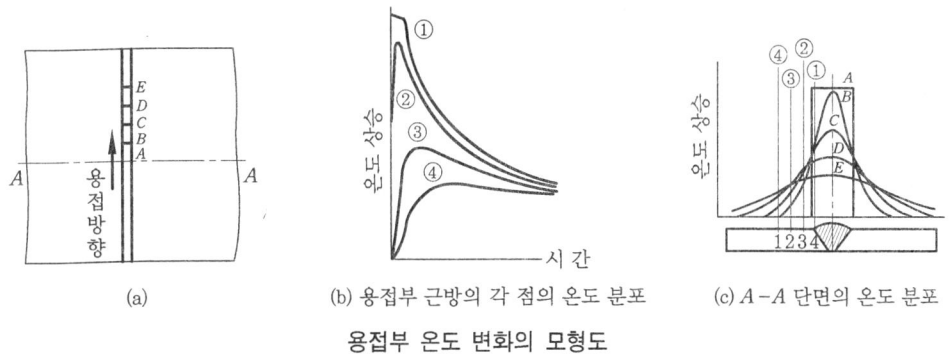

(a)　　　(b) 용접부 근방의 각 점의 온도 분포　　　(c) $A-A$ 단면의 온도 분포

용접부 온도 변화의 모형도

1-3 냉각 속도

용접 열사이클 곡선에서 최고 중요한 것은 냉각 속도(cooling rate)이다. 이것은 강의 열처리에서 담금질 속도에 상당하는 것으로, 용접 열사이클에서의 냉각 속도는 고온일수록 빠르고, 저온에서 냉각 속도는 늦게 된다. 따라서 강의 변태에 관계 있는 대표적인 온도로 예를 들면, 700℃, 540℃ 혹은 300℃에서의 냉각 속도가 잘 이용된다. 특히 540℃에서는 용접 경화, 300℃에서는 용접 열영향부 (HAZ)의 냉간 균열(cold crack)에 관련되어 중요하다.

어느 온도에서 냉각 속도의 수치는 냉각 속도에서 접선을 인용하거나, 냉각 곡선상의 근접된 세 점을 통하는 포물선을 고려하여 계산에 의해 접선의 기울기를 계산하는 방법 등이 있다. 이때 냉각 속도는 용접 방법, 판 두께, 이음 형상, 예열 온도, 입열, 모재의 열 정수, 비드 길이 등에 의하여 변화한다.

1-4 용접 방법

가스 용접은 아크 용접에 비하여 가열은 능률적이지 못하며, 용접 금속 이외의 모재를 넓게 가열하기 때문에 그 가열 냉각의 열사이클은 아크 용접에 비해 훨씬 늦다. 또 스폿 용접이나 심 용접의 저항 용접에서는 용접 중의 열사이클은 특히 빠르다. 판 두께 2 mm 강의 스폿 용접에서는 0.1 s의 단시간 내에 접촉 면이 용융하고, 1 s 정도의 단시간에 냉각된다.

강의 대표적 용접법에 있어서 열영향부가 임계 온도(약 700~800℃) 부근까지 냉각하는 속도는 다음과 같다.

① 가스 용접 : 30~110℃/min (0.5~2℃/s)
② 아크 용접 : 110~5600℃/min (2~100℃/s)
③ 스폿 용접 : 2800~44800℃/min (50~800℃/s)

1-5 용접 입열과 예열 온도

용접 입열(H)은 용접선의 단위 길이에 대한 열량이며, 다음과 같이 표시된다.

$$H = \frac{60\,EI}{V} \text{ [J/cm]}$$

여기서, E : 전압 (V), I : 전류 (A), V : 용접 속도 (cm/min)

예열 온도와 용접 중심선에서 거리와의 관계

용접 입열 (Joules/25.4 mm)	예열 온도 (℃)	용접 중심선에서 가열된 지점까지의 거리		
		1480℃ (액상선)	870℃ (Ac_3)	705℃ (Ac_1)
100000	27	9.4 mm	13.2 mm	9.5 mm
100000	260	9.4 mm	15.2 mm	22.4 mm
50000	27	7.4 mm	9.3 mm	9.4 mm
50000	260	7.4 mm	9.4 mm	10.7 mm

모재의 표면에서 용접 입열이 등온 곡선에 주는 영향은 다음 그림과 같으며, 용접 아크가 용접 중심선에 따라서 오른쪽에서 왼쪽으로 이동함을 나타낸 것이다.

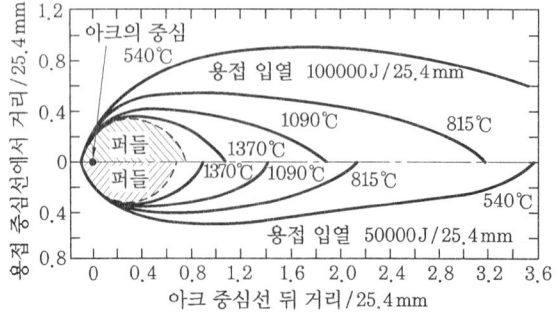

윗부분: 24 V, 28 A, 75 mm/min, 아랫부분: 24 V, 20 A, 150 mm/min

용접 입열과 등온 곡선

앞에서도 언급되었지만 용접 입열이 낮으면 열영향부(Heat Affected Zone ; HAZ)의 폭이 작아진다. 어느 온도, 말하자면 815℃ 이상으로 가열된 금속의 부피도 상당히 적음을 알 수 있다.

이러한 영향은 용접 속도가 30 cm/min보다 큰 경우에는 더욱 심하게 나타나며, 자동 용접에서 흔히 볼 수 있다.

용접 방향에 수직 방향의 온도 기울기(temperature gradient)는 용접 속도가 30 cm/min 이상인 경우 심하게 변하며 지수적으로 증가한다. 또한 일반적으로 용접성이 좋다고 생각되고 있는 연강도 두께 약 25 mm 이상의 두꺼운 판이 되면 급랭하기 때문에, 또 합금 성분을 포함한 강 등은 경화성이 크기 때문에 열영향부가 경화하여 비드 밑 균열(under bead cracking) 등을 일으키기 쉽다.

이러한 경우에는 재질에 따라 50~350℃ 정도로 홈(groove)을 예열하고, 냉각 속도를 느리게 하여 용접할 필요가 있다.

연강이라도 기온이 0℃ 이하로 떨어지면 저온 균열을 일으키기 쉬우므로, 용접 이음의 양쪽 약 100 mm 너비를 약 40~70℃로 예열하는 것이 좋다. 또, 주철과 고급 내열 합금(Ni기 또는 Co기)에서도 용접 균열을 방지하기 위하여 예열을 시켜야 한다.

예열에는 일반적으로 산소-아세틸렌, 산소-프로판 또는 도시가스 등의 토치를 이용하여 가열하며, 용접 제품이 작을 때에는 전기로 또는 가스로 안에 넣어서 예열하는 수도 있다.

예열 온도의 측정에는 표면 온도 측정용 열전쌍(thermocouple)으로 온도를 측정하는 수도 있으나, 측온 초크(chalk)를 이용하여 측정하는 방법이 현장에서는 많이 이용된다.

1-6 모재의 온도 확산율

모재의 열 전도율(thermal conductivity) K의 값이 클수록 용접 열은 모재쪽으로 넓게 빨리 전도되기 쉽다. 이것에 의하여 모재의 온도가 상승하는 양은 온도 확산율(thermal diffusivity) K로 결정한다.

$$K = \frac{K}{C\rho} \ [\mathrm{cm^2/s}]$$

여기서, C : 비열 (cal/g℃), ρ : 밀도 (g/cm³), K : 열 전도율 (cal/cm·s℃)

고온 영역에서의 알루미늄 온도 확산율은 저탄소강의 약 10배 정도 크므로, 그 때문에 온도 변화는 신속하게 일어난다. 또 모재는 넓은 면적에 걸쳐 가열되므로, 용접 후 변형(strain)은 강의 경우보다 수배 정도 크게 된다.

탄소강과 저합금강의 온도 확산율과 융점은 거의 같으므로, 용접 열사이클은 실용상 동일하게 보아도 되지만 스테인리스강, 동합금, 알루미늄 합금 등은 탄소강과 뚜렷하게 다르므로 열사이클을 나타내는 것은 당연하다.

1-7 판의 두께와 이음 형상

판의 두께가 열영향부에서 열사이클에 주는 영향은 다음 그림과 같다.

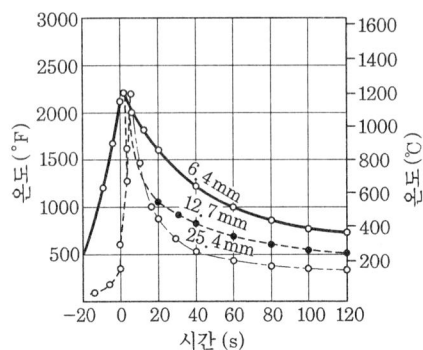

용접 입열 47000J/25.4mm

판 두께가 열사이클에 주는 영향

앞에서도 언급했듯이 같이 판 두께가 두꺼울수록 냉각 속도는 증가하며, 고온에 달하는 시간이 일반적으로 증가한다. 박판과 후판에 있어서 열이 유동하는 형태는 서로 다르며, 그림 [용접 입열과 등온 곡선]과 같은 등온 곡선은 박판인 경우, 모재 표면에서 모재 내부로 대략 수직 아래 방향으로 곡면을 이루어 2차원적 열유동이다.

그러나 후판인 경우에는 등온 곡선은 용접의 종축에 대해서 대략 구면을 형성하여 3차원적으로 변한다. 열영향부 냉각 속도도 이음 형상에 따라서 다르며, 필릿 용접(fillet weld)은 맞대기 용접(butt weld)보다 3~4배 크다는 것이 다음 표에 나타나 있다. 그러나 판 두께가 커짐에 따라 그 차이는 적어진다.

필릿 용접과 맞대기 용접의 냉각 속도

용접 입열 (Joules/25.4 mm)	예열 온도 (℃)	650℃에서 냉각 속도 (℃/s)	
		맞대기 용접	필릿 용접
50000	20	11	44
50000	120	7	34
50000	205	7	20
100000	20	4	10
100000	205	1.7	5

1-8 용접부의 천이 온도 분포

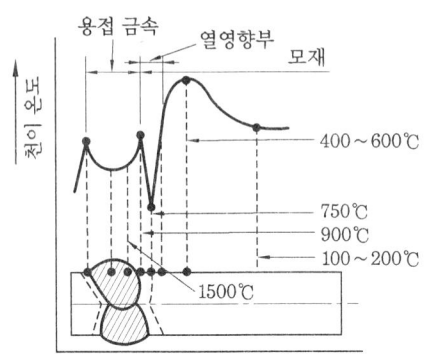

용접 부분의 천이 온도 분포 (정성적)

위의 그림은 철강 용접부의 천이 온도(transiton temperature) 분포의 설명도를 나타낸 것으로, 최고 가열 온도가 400~600℃에 상승한 부분의 천이 온도가 가장 높다. 이 영역은 조직의 변화는 없으나, 기계적 성질이 나쁜 곳이다.

2. 용접 잔류 응력

2-1 잔류 응력의 발생 기구

금속 재료는 가열하면 팽창하여 길이 l의 물체가 온도 변화 ΔT를 받아 늘어나는 양 Δl 선팽창 계수를 a라 할 때, 신장량 Δl은 다음과 같이 구한다.

$$\Delta l = la \cdot \Delta T$$

연강의 선팽창 계수는 실온에서는 $11.9 \times 10^{-6}/℃$이며, 고온에서는 다음 표와 같다.

고온에서 온도 변화에 의한 선팽창 계수의 변화

온도 (℃)	100	200	300	400	500	600	700	800
선팽창 계수 $10^{-6}/℃$	11.9	12.3	13.1	13.7	14.4	14.7	14.9	14.9

다음 그림 [각기 다른 조건하에서 가열 및 냉각될 때의 금속봉의 움직임]에서와 같이 양판이 두꺼운 벽으로 고정된 균일 단면의 봉을 균일하게 가열한 경우를 생각하면 팽창으로 인한 탄성 변형 $\Delta l / l$에 의하여 봉 내부에는 압축의 열 응력(thermal stress) σ_c가 생기며, 열 응력은 훅의 법칙이 적용되어 다음과 같이 된다.

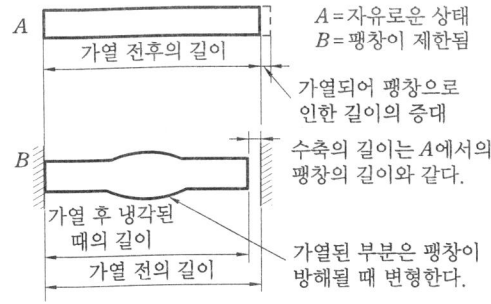

각기 다른 조건하에서 가열 및
냉각될 때의 금속봉의 움직임

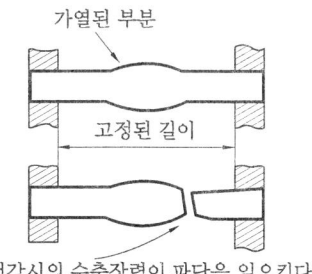

팽창 수축이 구속된 상태하에서
금속봉이 가열 및 냉각될 때의 움직임

열 응력 = 선팽창 계수 × 세로 탄성계수 × 온도 변화량

$$\sigma_c = E \frac{\Delta l}{l} = aE(T_1 - T_2) = aE \cdot \Delta T$$

여기서 E는 세로 탄성계수(Young's modulus)이다. 연강의 고온도에서의 항복점과 영계수는 다음 그림과 같이 고온일수록 저하하고, 항복점은 700℃ 부근에서 0이 되어 버린다. 실온 부근에서는 약 120~150℃의 온도 변화에서 압축 응력이 항복점에 도달하여, 그 이상의

온도차에서는 압축의 소성 변형이 일어나 봉이 부풀어 오른다. 또한 온도가 약 500℃ 이상에서는 비교적 약간의 압축 응력으로도 항복이 일어나며, 다시 700℃ 이상에서는 열 응력이 거의 0이 된다.

이와 반대로 그림 [각기 다른 조건하에서 가열 및 냉각될 때의 금속봉의 움직임]의 연강봉이 700℃ 이상의 고온으로부터 냉각되는 경우에는, 일반적으로 열 응력은 항복점보다 크므로 봉 내부에는 수축 인장 응력이 생긴다. 그 크기는 냉각 도중 임의의 온도에 있어서 항복 응력과 같

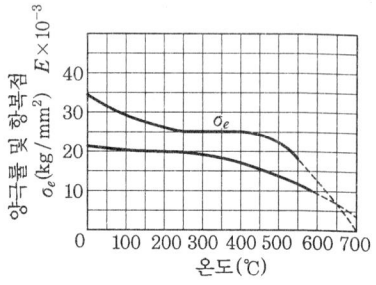

연강의 고온도에서의 **항복점**

고, 실온으로 냉각한 때에는 실온의 항복점과 같은 것으로 생각해도 된다. 용접 이음에서는 물체의 외력이 작용하지 않아도 용접부의 온도 변화에 의하여 응력이 발생하며, 특히 냉각시의 수축 응력이 크므로 완전하게 실온까지 냉각한 경우에는 일정 크기의 응력이 잔류하게 된다.

이 응력을 잔류 응력(residual stress)이라 하며, 이음 형성, 용접 입열, 판 두께, 모재의 크기, 용착 순서, 외적 구속 등의 인자에 크게 영향을 받는다. 특히 외적 구속이 크거나 후판에서는 모재의 변형이 거의 허용되지 않으므로 잔류 응력이 커지며, 이 때문에 용접부가 터지는 경우가 있다 (그림 [팽창 수축이 구속된 상태하에서 금속봉이 가열 및 냉각될 때의 움직임] 참조).

또한 박판에서는 모재가 변형되기 쉬우므로 잔류 응력이 적게 되나, 그 대신 용접 변형(welding distortion)이 크게 되어 실제의 제품상 매우 곤란한 문제가 된다.

맞대기 이음의 경우를 예로 들면, 그림 [잔류 응력과 뒤틀림의 관계]의 (a)와 같이 자유로운 상태에서 용접하면 용접 금속의 수축에 의해 이음에 대한 직각 방향의 수축과 각 변형(angle distortion)이 일어난다.

이것을 (b)와 같이 구속하고 용접하면 변형은 발생하지 않지만, 대신 (a)의 자유로운 수축과 각 변형 대신에 응력(stress)이 잔류하게 된다. 이와 같이 잔류 응력과 변형은 상반되는 관계에 있는 경우가 많으며, 일반적으로 변형을 적게 하려면 잔류 응력이 커지고 반대로 잔류 응력을 적게 하기 위해 자유로운 상태로 하면 변형의 발생이 커진다.

용접에 생기는 잔류 응력의 분포는 그림 [맞대기 이음의 잔류 응력 분포]에서 보는 바와 같이, 용접선 근방에는 상당히 높은 응력이 잔류한다. 잔류 응력의 영향에 관해서는 여러 가지 논의가 있으나, 특히 재료의 인성이 빈약한 경우에는 파단 강도가 심히 저하된다고 알려져 있다. 한편, 변형의 발생은 제품의 정밀도를 저하시키며 그 외관을 망칠 뿐만 아니라 때로는 강도에도 영향을 미치므로, 구조물을 용접할 경우에는 그 사용 목적에 따라 어느 쪽의 방지에 중점을 둘 것인가를 판단해야 한다.

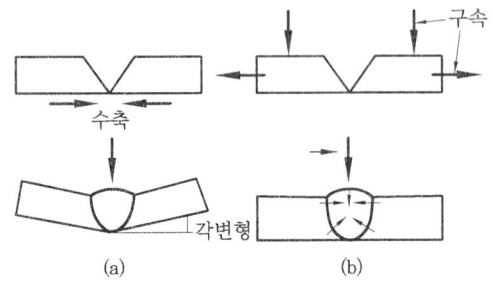

잔류 응력과 뒤틀림의 관계

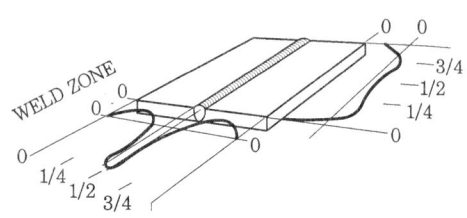

맞대기 이음의 잔류 응력 분포

실제적으로는 용접 구조물에서 문제가 되는 것은 박판에서는 용접 변형(welding distortion)의 발생이고, 후판에서는 잔류 응력(residual stress)이므로 여기에 대한 대책을 강구해야 한다.

[잔류 응력]
① 기계 부품에서는 사용 중에 서서히 해방되어 변형이 생긴다.
② 후판 구조에서는 취성 파괴를 촉진한다.
③ 박판 구조에서는 국부 좌굴을 촉진한다.

2-2 잔류 응력의 영향

용접 이음에서의 잔류 응력은 후판에는 항복점(yield point)에 가까운 큰 값으로 연강에서 $20 \sim 30 \, kgf/mm^2$에 이르는 것도 있다. 그런데 강구조물의 허용 응력은 정하중에 대하여는 $10 \sim 14 \, kgf/mm^2$ 정도이며, 동하중에 대하여는 더욱 적다.

따라서 잔류 응력은 허용 응력보다 훨씬 큰 값이 되므로, 이것이 구조물의 안정성에 미치는 영향이 문제가 된다.

(1) 정적 강도

재료에 연성이 있어 파괴되기까지 얼마간의 소성 변형이 일어나는 경우에는, 항복점에 가까운 잔류 응력이 존재하고 있어도 강도에는 영향이 별로 없는 것으로 생각해도 된다.

(2) 취성 파괴(brittle fracture)

재료가 연성이 부족하여 거의 소성 변형(plasticity deformation)을 하지 않고 파괴되는 경우에는 잔류 응력의 영향이 나타나며, 전단면이 항복하기 전에 파괴가 일어나면 잔류 응력이 클수록 작은 하중에서 파괴되게 된다.

또한 연강은 저온에서 연성이 상실되므로 선박, 교량, 압력 용기, 저장 탱크, 송급관 등이 동계의 저온, 정하중 하에서 갑자기 유리나 도자기와 같이 취성 파괴가 될 수 있다.

영국의 로버트슨 등의 연구에 의하면 취성 파괴가 연강판 중에 전파하는 데에는 다음 그림에서와 같이 온도가 어떤 값, 즉 전파 정지 온도 보다 낮아야 하고, 또한 응력(stress)도 어떤 값, 즉 전파 한계 응력보다 높아야 한다.

이 전파 한계 응력은 수 (kgf/mm^2)의 크기로서 항복점보다 훨씬 낮고, 또한 설계 응력보다도 훨씬 낮은 값이다.

이와 같은 취성 파괴는 일단 이것이 취성 균열을 발생하기 위해서는 항복점 정도의 인장 응력이 노치(notch) 부분에 작용할 필요가 있다는 것이 많은 실험에 의해서 확인되고 있다.

용접 이음에 있어서는 용접부 부근에는 항복점에 가까운 큰 잔류 응력이 존재하므로, 강재의 온도가 전파 저지 온도보다도 낮을 경우에는 외부 하중 또는 열 응력에 의하여 약간의 응력이 용접부 잔류 응력에 가산될 경우에도 취성 파괴를 일으키게 된다. 그러나 강재의 온도가 전파 저지 온도보다 높을 때에는 연성 파괴가 일어난다.

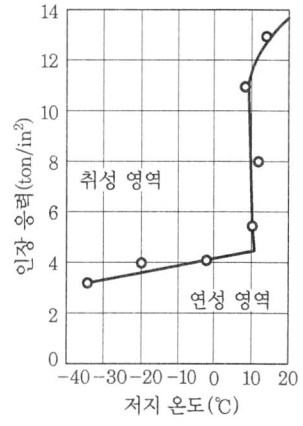

로버트슨 시험에 의한 성파접 잔류 응력과 온도 특성

(3) 피로 강도(fatigue strength)

잔류 응력이 용접 이음의 피로 강도에 영향을 미치는 여부에 대해서는 아직 확실한 결론이 내려져 있지 않은데, 이는 실험이 곤란하기 때문이다. 보통의 소형 피로 시험에서는 잔류 응력이 남지 않으므로, 용접 잔류 응력 피로 실험에는 대형 시험편을 써야 한다.

보통의 연강 용접 이음에서는 항복점에 가까운 정하중을 가하면 잔류 응력이 크게 감소한다. 반복 하중 시험편에 있어서도 마찬가지이다.

예를 들어, 두께 15 mm 연강판의 한쪽에 비드 용접한 시험편을 피로 강도보다 약간 낮은 하중으로 2×10^6 회 반복 하중을 가한 경우, 용접선에 직각인 단면 내의 잔류 응력은 다음 그림에서와 같이 약 절반으로 줄었다.

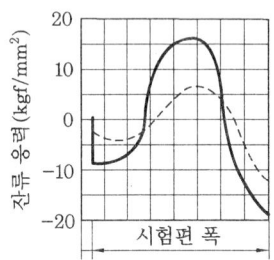

반복 하중에 의한 잔류 응력의 감소

이 예에서는 잔류 응력은 피로 강도에 별로 영향이 없다는 결론이 얻어진다. 그러나 용접부에 균열(crack), 언더컷(undercut), 슬러지 혼입 등과 같이 예리한 노치가 되는 용접 결함이 존재하고 있을 때에는 항복점에 비하여 훨씬 낮은 응력이 작용하여도 피로 파괴(fatigue fracture)가 일어나므로 이러한 적은 하중으로는 잔류 응력이 별로 삭감되지 않게 되어, 결국 잔류 응력의 존재로 인하여 피로 강도가 감소할 가능성이 생기게 된다.

잔류 응력 영향을 시험하는 경우에는 용접 후 처리를 하지 않은 것과 응력 제거 풀림(annealing) 처리를 한 것을 비교하는 경우가 많다. 연강의 용접 이음에서는 응력 제거 풀림에 의하여 피로 강도가 약간 증가하는 것이 보통이다.

응력 제거 처리에 의하여 잔류 응력이 거의 소멸하는 것은 사실이지만, 이와 동시에 용접 열영향부(HAZ)가 연화되어 연성이 증가한다는 야금학적 재질 개선의 효과가 크게 영향을 미치므로 단순히 잔류 응력의 존재가 피로 강도를 감소시키는 것으로 속단해서는 안된다.

(4) 부식(corrosion)

응력이 존재하는 상태에서는 재료의 부식이 촉진되는 경우가 많은데, 이것을 응력 부식(stress corrosion)이라 한다. 용접부의 잔류 응력은 항복점에 가까운 높은 큰 인장 응력이 있으므로, 이것이 응력 부식의 원인이 될 위험성이 크다.

금속 재료에는 현미경적으로 보아 부식을 받기 쉬운 부분이 있으며, 그곳이 침식되면 작은 노치가 된다. 그때 인장 응력이 재료에 가해지고 있으면 이 노치부에 응력이 집중되어 선단에 작은 균열이 생기고, 이 균열의 끝이 다시 선택적으로 부식되어 어느 정도 약해지면 응력 집중이 되어 다시 새로운 균열이 진행된다. 따라서 응력 부식이 생기는 데에는 재질, 부식 매질, 응력의 크기와 보지 시간 및 온도 등이 크게 영향을 미친다.

응력 부식이 생기기 쉬운 재질로는 알루미늄 합금, 마그네슘 합금, 동합금, 오스테나이트계 스테인리스강 및 연강을 들 수 있다. 동, 마그네슘, 아연을 함유하는 알루미늄 합금은 응력 부식을 일으키기 쉽다.

동합금, 특히 α 황동이나 청동은 일반적으로 응력 부식을 받기 쉬우며 잔류 응력이 존재하는 상태에서 고온으로 수개월 이상 방치하면, 거의 소성 변형 없이 취약한 균열이 발생하여 파괴되는 일이 있다. 이것을 시즌 크랙(season crack)이라 한다.

Cu-40% Zn의 황동에서는 특히 시즌 크랙이 생기기 쉽다. 따라서 잔류 응력 제거를 위한 어닐링(annealing)이 필요하다.

연강 및 저합금 고장력 동은 알칼리성 분위기에서 특히 응력 부식이 생기기 쉬우며, 이것을 알칼리 취성 또는 보일러 취성이라 한다. 균열은 주로 입계에 따라 생기며, 균열의 발생은 특히 알칼리성 보일러수가 침입할 때 생기기 쉽다. HCN은 특히 위험하다. 그러나 연강이 해수나 대기 중에서 응력 부식을 일으킨 예는 거의 없다.

스테인리스강의 응력 부식은 중요한 문제로 특히 분위기가 염소산이나 희소산인 경우에 일어나기 쉽다. 비등하는 42% $MgCl_2$액 중에서 18-8Cr-Ni 스테인리스강은 급속한 응력 부식을 일으킨다. 이때는 응력이 14 kgf/mm²에 미달하는 작은 값에서도 응력 부식 균열이 생긴다.

일반적으로 Ni, Cr량이 많아지면 응력 부식이 강해지며, 또한 18-8-Ni계보다 페라이트계의 고 Cr강 (Cr>16%) 응력 부식이 일어나기 힘들고, 응력 부식을 제거하기 위해서는 잔류 응력의 제거가 필요하다.

2-3 잔류 응력의 측정법

(1) 측정법의 분류

잔류 응력의 측정은 용접에 있어서 어려운 문제 중 하나이다. 종래 여러 가지 방법이 시도되고 있으나, 정도 좋고 신뢰성 있는 방법은 극히 적은 현상이다. 최근에는 800℃ 정도의 고온까지 응력을 측정할 수 있는 변형도계가 발달하고 있으므로, 냉각 중의 잔류 응력 발생 상황을 계측할 수 있다.

잔류 응력의 측정법에는 다음과 같은 방법이 있다.

① 정성적 방법 : 부식법, 응력 Varnish법, 자기적 방법

② 정량적 방법
- 응력 이완법
  - 전해방형 : 분할법, 절취법, Trepan법
  - 부분 해방형 : Drilling, 순차절삭법, Slit법, Mathar법, Gunnert법
- X선 회절법

많이 사용되는 방법으로는 응력 이완법에 속하는 저항선 스트레인 게이지(wire strain gauge)가 있다. 이완법은 측정하고자 하는 작은 부분의 주위를 절삭 또는 천공 등의 기계 가공에 의하여 응력을 해방시키고, 그때 발생하는 그 부분의 탄성 변형을 스트레인 게이지 등을 이용하여 측정하는 방법이다.

저항선 스트레인 게이지는 측정하려고 하는 작은 부분의 표면에 스트레인 게이지를 붙인 후, 그 주변을 앞에서 설명한 것과 같이 기계적 방법으로 잘라내면 그 작은 부분의 응력이

해방되면서 압축되었던 것은 늘어나고 인장되었던 것은 압축되게 된다.
따라서 이것에 부착된 스트레인 게이지(극히 가는 특수 금속선)도 늘어났다 줄어들었다 한다. 이때 스트레인 게이지의 전기적 저항이 변하므로, 이 변화는 전압계의 눈금에 나타나게 되어 이것을 읽어서 응력을 알게 되는 것이다. 또 이외에 국제용접학회(IIW)에서 검토하여, 국제적 표준 측정법으로 장려하는 거너트(Gunnest)법이 있다. 이 방법은 극히 작은 면적 내에서 응력 측정을 할 수 있고, 지점 마찰이 극히 적은 기계적 변형도계를 사용함으로써 감도 좋고 안정도가 좋은 것이 특징이다.

X선 회절법이란, 금속 재료는 금속 원자가 공간에 규칙적으로 배열된 결정 격자 구조를 갖고 있다. 이 결정에 파장 (I)의 X선을 비치면 결정 내의 원자면(원자가 배열되고 있는 평면)에서 X선이 반사된다. 이것은 거울면에서 빛이 반사하는 것과 비슷하며, 이때 원자면에 대한 X선의 입사각을 q, 원자면 간격을 d라 하면 다음과 같다.

$$n\lambda = 2d \sin \theta \quad (n = 1, 2, 3 \cdots\cdots)$$

이때 조건을 만족시키는 방향으로 선택적인 반사가 일어난다. 지금 어떤 방향의 반사 (n = 일정)에 대하여 생각할 때 결정에 탄성 응력이 가해지면, 원자간 간격 d가 비교적으로 변화함으로 반사 X선, 방향의 θ가 변화한다.

이 반사 방향의 변화를 측정하면 원자면 간격 d의 변형을 알 수 있고, 이것에 영률 (Young's modulus)을 곱하면 응력을 알 수 있다. 이 변화가 가장 강도 좋게 측정되는 것은 $\theta = 90°$ 부근이므로, 실제의 측정에 있어서는 그림과 같이 뒷면 반사의 X선을 이용한다. 이것이 X선 회절법에 의한 잔류 응력 측정법이다.

X선에 의한 잔류 응력 측정은 시험물을 전연 손상시키지 않고 응력을 측정할 수 있고, 극히 작은 면적(수 mm 이하)의 응력을 측정할 수 있으므로 응력이 장소적으로 급격히 변화하는 경우에는 다른 기계적 또는 전기적인 방법에 비하여 훨씬 뛰어나다.

또한 소성 변형을 받은 경우에도 탄성 변형만을 측정하여 응력을 알 수 있으며, 또한 표면의 얕은 층에 대한 잔류 응력이 측정될 수 있다.

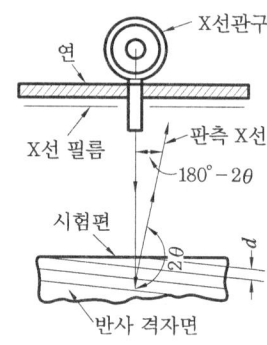

X선 회절법에 의한 잔류 응력 측정

2-4 잔류 응력의 경감과 완화

(1) 용접 시공법에 의한 경감

잔류 응력을 경감시키는데, 용접 시공법에 주의하는 것이 중요한 방법이다. 이를 위해서는 다음과 같은 사항에 주의해야 한다.

① 용착 금속의 양을 될 수 있는대로 적게 할 것
② 적당한 용착법과 용접 순서를 선정할 것
③ 적당한 용접 지그 (positioner 등)를 이용할 것
④ 예열을 이용할 것

용착 금속의 양을 적게 하는 것은, 수축과 변형량을 감소시켜 잔류 응력을 경감시키게 된다. 따라서 이음 형상 용접 조작에 불편하지 않는 범위에서 각도나 루트 간격을 적게 하는 것이 좋으며, 특히 구속 응력을 감소시키는데 유효하다. 용착법도 잔류 응력에 영향을 미친다. 다음 그림은 2개의 원통 구멍 구속 시험편의 잔류 응력과 용접선 중앙의 가로 수축량에 미치는 각종 용착법의 영향을 나타낸 것이다.

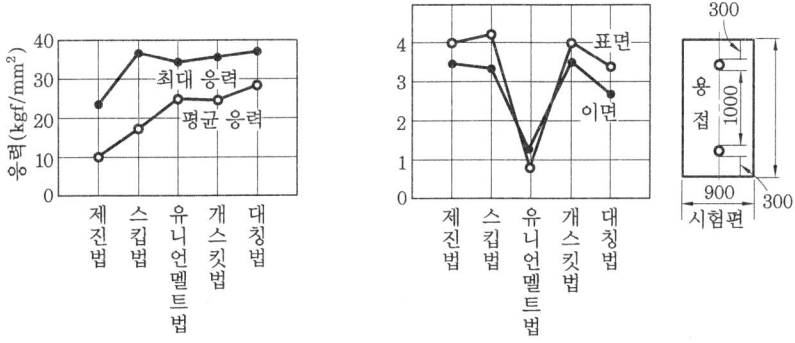

각종 용착법에 의한 용접선 방향 응력의 비교

1층 용접의 경우에는 점진 블록법(progressive block sequence)이나 스킵 블록(skip block sequence)을 쓰면 잔류 응력이 비교적 낮다. 또한 용접선 양측의 표점 거리 60 mm의 가로 수축량 submerged arc welding(union melt arc welding)이 가장 적어 약 1 mm이고, 다른 것은 약 3~4 mm 정도이다. 이 용접 구조물의 부재 용접 순서는 수축 변형에 크게 영향을 받을 뿐만 아니라 잔류 응력 특히 구속 응력에도 큰 영향을 미친다.

(2) 잔류 응력의 완화법

용접 시공법에 주의하여도 잔류 응력을 뚜렷하게 낮게 하는 것은 곤란하다. 따라서 용접으로 인한 잔류 응력을 제거 또는 경감할 필요가 있을 때에는 용접 후 응력 제거 풀림(stress-relief annealing), 저온 응력 제거법, 기계적인 방법, 피닝(peening) 등의 방법을 이용한다.

① 응력 제거 풀림 : 잔류 응력 제거법으로 가장 널리 쓰이는 방법으로, 용접물 전체를 노중에서 가열 또는 국부적으로 가열하여 적당히 높은 온도로 유지한 다음 서랭하는 방법이다. 연강 고온에서의 기계적 성질은 다음 표와 같이 550~650℃ 정도에서 항복점이 뚜렷하게 떨어진다.

연강 고온에서의 기계적 성질(단기간 인장)

온도 (℃)	항복점 (kgf/mm²)	인장 응력 (kgf/mm²)	연신(2″) (%)	교축 (%)
20	27.4	42.1	48	66
150	25.6	47.1	28	60
260	22.5	47.4	29	62
370	18.2	41.8	36	68
480	13.7	28.8	45	76
590	8.8	14.8	57	86
700	4.2	7.4	69	96

또한 연강 이외의 저합금강에도 약 600~650℃에 항복점이 현저하게 저하함으로써, 이 온도 범위에서의 응력 제거 풀림이 실제로 채용되고 있다. 잔류 응력의 완화는 유지 온도가 높을수록, 또한 유지 시간이 길수록 creep가 일어나기 쉬우므로 응력이 완화되기 쉽다.

예를 들어 지름 10 mm의 0.24 % 탄소강봉의 양단을 고정하여 최초로 일정한 인장 응력을 가한 것을 각각 550℃, 650℃ 및 750℃로 유지한 경우에는 다음 그림에서와 같이 유지 시간이 길수록 응력이 급속하게 감소한다.

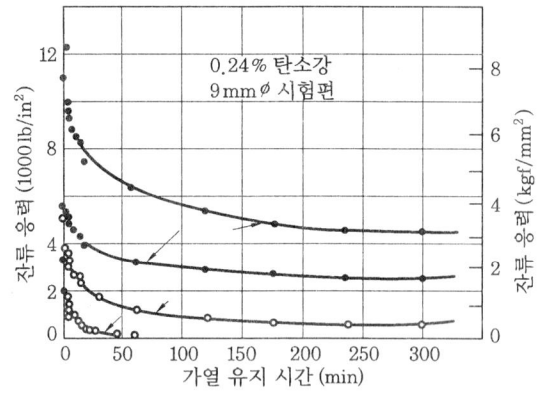

연강환봉의 응력 완화에 미치는 온도와 유지 시간의 영향

최초의 응력이 반감하기까지의 시간은 550℃의 경우에는 약 75분, 650℃에서는 약 12분, 750℃에서는 약 3분이다. 또한 550℃에서는 이 연강의 항복점은 약 12 kgf/mm²이지만, 약 반 크기의 응력을 가한 경우에도 응력이 점점 감소하여 2시간 후에는 절반으로 줄게 된다.

표 [연강 고온에서의 기계적 성질(단기간 인장)]에 의하면 590℃에서의 항복점은 약 9 kgf/mm²이지만, 이것을 약 2시간 590℃로 유지하면 잔류 응력이 약 2 kgf/mm² 정도까지 낮아질 가능성이 있게 된다.

㈎ 효과 : 응력 제거 풀림은 잔류 응력의 제거에 유효할 뿐만 아니라, 다음과 같은 여러 가지 이점이 있다. 특히 열영향부의 연성이 증가하는 야금학적 효과쪽이 잔류 응력의 제거보다 중요한 의미를 갖는 경우가 많다.

- 용접 잔류 응력 제거
- 치수 틀림의 방지
- 응력 부식에 대한 저항력의 증대
- 열영향부의 tempering 연화
- 용착 금속 중의 수소(H) 제거에 의한 연성의 증대
- 충격 저항의 증대
- creep 강도의 향상
- 강도의 증대

잔류 응력을 제거하면 취성 파괴, 피로 강도, 좌굴 강도, 내식성 등이 개선되는 이외에 구조물 치수의 안정화를 실현할 수 있다.

용접 잔류 응력이 존재한 채로 실온에서 장기간 방치한 때의 시효 또는 사용 중의 과부하에 의하여 잔류 응력이 국부적으로 완화됨에 따라 구조물의 치수에 틀림이 생겨 변형한다. 특히 고정도를 요하는 공작 기계, 병기 등의 치수 안정화를 위한 잔류 응력 제거를 할 필요가 있다.

그러나 재료에 따라서는 응력 제거 풀림이 유해할 때가 있다. 예를 들어 18-8 Cr-Ni 스테인리스 스틸에서는 600~650℃의 가열은 탄화물의 입계 석출을 초래하여 내식성을 저하시킬 위험성이 있으며, 또한 가공 경화한 재료의 후열은 재료의 전체적 연화를 초래하여 강도가 저하한다.

더욱이 인장 강도 80 kgf/mm² 이상의 저합금강의 용착 금속은 몰리브덴이나 바나듐을 함유하는 것이 많으나, 이것은 650℃ 정도의 템퍼링을 했을 때 오히려 취약해지며, 특히 인성이 저하되기 쉽다 (tempering ; 포화). 그리고 일반적인 용착강은 응력 제거 풀림에 의하여 연성이 증가하는 대신 강도가 약간 저하할 염려가 있으므로 그 정도를 예상하여 적당한 용접봉을 선정하여야 한다.

다음 그림에서는 탄소강의 용접부에 대한 응력 제거 풀림, 온도, 시간 및 완화 정도를 나타낸 것이다.

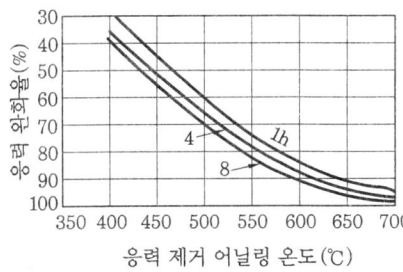 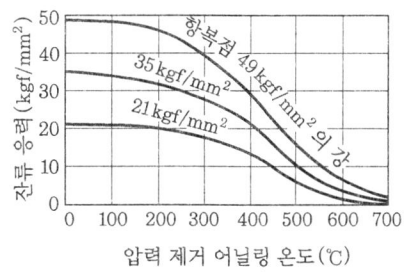

탄소강 용접부의 응력 제거 어닐링 조건 및 완화량

(나) 방법 : 응력 제거 열처리에는 대형 노내에 구조물 전체를 넣는 노내 응력 제거(furnace stress relief), 용접 부분만 국부적으로 가열하는 국부 가열 응력 제거(local stress relief) 방법이 있다.

㉮ 노내 응력 제거(furnace stress relief) : 구조물 전체를 노내에 넣는 것을 원칙으로 하나 부득이 하게 2회 이상 나누어야 할 때에는 피가열 부분의 겹침을 1.5 m 이상으로 하고, 노밖으로 나오는 부분의 온도 구배(기울기 ; temperature gradient)가 재질에 유해하지 않도록 보온하지 않으면 안된다. 피가열물을 노내에 출입시키면 온도는 300℃를 넘어서는 안된다. 또한 300℃ 이상의 온도에서 가열 또는 냉각 속도 R[℃/h]는 다음 식에 의한다.

$$R \leq 200 \times \frac{25}{t} \ [℃/h]$$

여기서, t : 판 두께 [mm]이고, 1″(25.4 mm)에 대하여 200℃/h 보다 늦은 속도로 한다. 단, 피가열부의 각부를 통하여 4.5 m의 범위 내에서는 100℃ 이상의 온도차가 없도록 서열·서랭하여야 하므로 후판에서는 50~150℃/h 정도로 되는 경우가 많다.

㉯ 국부 가열 어닐링(local stress relief) : 매우 긴 또는 대형의 구조물은 노에 들어가

지 않으며, 또한 현장 용접한 대형 구조물은 노내 어닐링을 할 수 없으므로 용접부만 국부 어닐링을 한다. 이것은 용접선의 좌우 양측 각각 250 mm의 영역 또는 판 두께의 12배 이내에 이르는 범위를 가열하고, 각 재료에 대하여 온도와 시간을 유지시킨 후 서랭하는 것이다. 가열, 냉각의 속도는 노내 어닐링의 경우와 동일(두께 25 mm 당 200℃/h 이하)하게 규정되고 있다.

국부 어닐링의 가열 장치로는 전기, 가스, 석탄 및 중유 등 열원은 어느 것이나 좋으나 가열부의 온도 유지 중 또는 가열 냉각 중에는 피가열 각부가 될 수 있는 대로 균일한 온도로 될 수 있는 구조이어야 한다. 전기적으로는 유도 가열이 많이 쓰이며, 특히 압력 용기의 원주 이음에 잘 쓰이는 유도 가열 방식에는 60사이클 교류를 쓰는 일이 많다. 또한 가스 불꽃으로 가열하는 경우에는 다수의 팁을 평행으로 배열한 토치를 일정 속도로 이동시키면서 가열한다. 가스에는 산소 아세틸렌 또는 프로판 가스 불꽃 등이 쓰인다.

② 저온 응력 완화법(low-temperature stress-relief) : 이 방법은 그림 [저온 응력 완화법]과 같이 용접선의 양측을 일정 속도로 이동하는 가스 불꽃에 의하여 폭 약 150 mm에 걸쳐 150~200℃로 가열한 다음, 즉시 수랭함으로써 주로 용접선 방향의 인장 응력을 완화하는 방법이다.

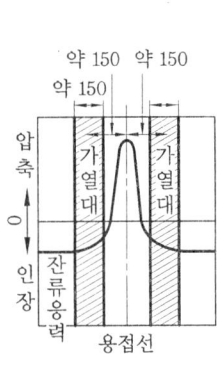

저온 응력 완화법

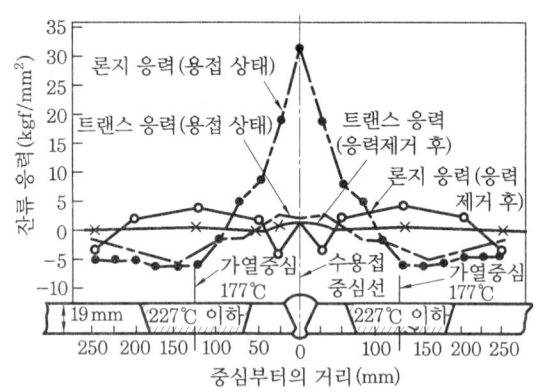

저온 응력 완화법에 의한 응력 제거의 일예

이것은 미국 린데 사에서 연구한 것으로, 린데법이라고도 한다. 그림 [저온 응력 완화법]은 두께 19 mm의 연강판에 대한 응용 예이며, 잔류 응력이 현저하게 감소하고 있는 것을 알 수 있다. 그 이유는 용접선 양측의 압축 응력 부분을 가열하면 용착부에 인장 응력이 생기고, 이것이 잔류 인장 응력과 겹쳐 용착부에 인장 소성 변형이 생기며 이에 의하여 잔류 응력이 완화되기 때문이라고 생각된다.

③ 기계적 응력 완화법(mechanical stress relief) : 이 방법은 잔류 응력이 존재하는 구조물에 어떤 하중을 걸어 용접부를 약간 소성 변형시킨 다음, 하중을 제거하면 잔류 응력이 현저하게 감소하는 현상을 이용하는 방법이다. 그러나 실제 구조물에는 응용이 곤란하다.

④ 피닝(peening) : 용접부를 구면상의 특수 해머(hammer)로 연속적으로 타격하여 표면층에 소성 변형을 주는 조작으로, 용착부의 인장 응력을 완화하는 효과가 있다. 피닝은 잔류

응력의 완화 외에, 용접 변형의 경감이나 용착 금속의 균열 방지 등을 위해서도 가끔 쓰인다. 피닝으로 잔류 응력을 완화시키며, 고온에서 하는 것보다 실온으로 냉각한 다음 하는 것이 효과가 있는 것은 당연하다. 또한 다층 용접에서는 최종 층에 대해서만 하면 충분하다. 잔류 응력 제거의 목적에서 보면, 피닝을 용착 금속 부분뿐만 아니라 그 좌우의 모재 부분에도 어느 정도 (폭 약 50 mm)하는 것이 효과적이다. 그러나 피닝의 효과는 판 표면 근처밖에 미치지 못하므로, 판 두께가 두꺼운 것은 내부 응력이 완화되기 힘들며 또한 용접부를 가공 변화시켜 연성을 해치는 결점이 있다. 연강에서는 피닝에 의하여 인성이 저하되고 또한 변형 시효를 일으켜 취약하게 되므로, 무조건 피닝을 하는 것은 좋지 않다. 그러나 가공 변화한 알루미늄 합금의 아크 용접부는 용접 금속과 인접하는 모재의 좁은 부분이 연화되므로, 이 부분은 피닝하여 강도를 증가시킨 예가 있다. 또한 최종 층을 제외하고 매 층마다 피닝을 하면(피닝 효과는 표면에서 약 3.2 mm 정도) 후판의 용접 변형을 경감시키고 용접 터짐을 방지하는데 유효하다.

3. 용접 변형 및 그 방지 대책

3-1 용접 변형

용접을 하면 가열 중의 팽창 및 냉각 중의 수축에 의하여 용접 후에 수축(contraction)이나 변형(deformation, distortion)이 생긴다. 이것은 제품의 다듬질 정도와 강도를 저하시켜 상품 가치를 손상시킴과 동시에 구조물의 성능에도 나쁜 영향을 주게 된다. 또한 변형의 교정에는 많은 시간과 노력이 요구되므로, 그 발생을 최소한으로 누르는 것이 용접 시공상의 큰 문제가 된다.

용접 변형에 관련되는 요인을 크게 나누면, 용접 열에 관계되는 것과 이음의 외적 구속에 관계되는 요인으로 나누어진다.

용접 열에 관계되는 것에는 용접 전류, 아크 전압, 용접 속도, 용접봉의 종류와 지름, 용접 층수, 이음의 개선 형상과 치수, 용착 순서, 수동 용접 혹은 자동 용접법의 차이, 뒷면 따내기 혹은 뒷면 용접 유무 등에 영향을 주며, 외적 구속에 관계되는 것에는 부재(member) 치수나 이음 주변의 지지 조건, 가접(tack weld)의 크기와 피치, 구속 지그의 적용법, 용접 순서 등에 관계된다.

일반적으로 외적 구속(external restraint)을 크게 하면 수축 변형은 감소한다. 수축 변형을 발생 형태나 생성 원인에 의하여 분류하며 다음과 같다.

① 면내의 수축 변형 ┬ 수축 변형 : 가로 방향 수축, 세로 방향 수축
        └ 회전 변형

② 면외의 디프렉션 변형 ┬ 굽힘 변형 : 가로 방향 굽힘 변형(각 변형), 세로 방향 굽힘 변형
         ├ 좌굴 변형(buckling distortion)
         └ 비틀림 변형(twist distortion)

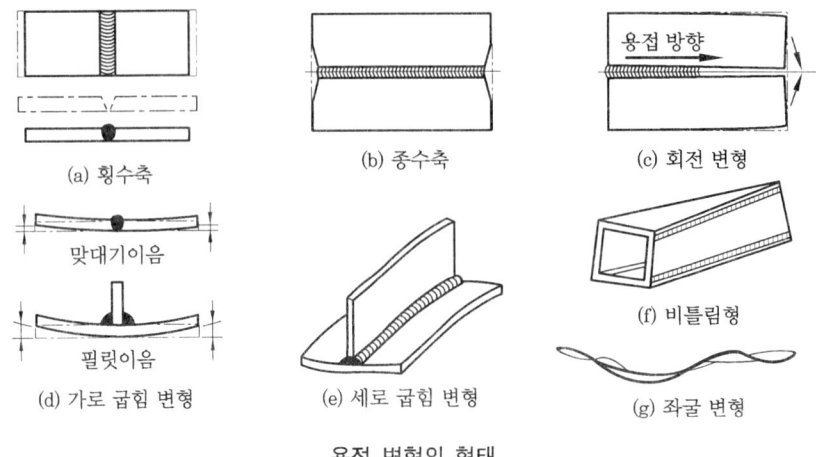

용접 변형의 형태

면내 변형이라고 하는 것은 모재가 평판인 경우, 그 중립면 내에 생기는 각종의 변형을 말한다. 이것에는 가로 방향 수축(횡수축), 세로 방향 수축(종수축)과 회전 변형이 있다. 가로 방향 수축은 용접선과 직각 방향의 수축이고, 세로 방향 수축은 용접선 방향의 수축이다.

또 면외 변형은 모재의 중립면과 직각 방향의 변형으로, 이것에는 가로 굽힘 변형(횡굽힘 변형)과 세로 굽힘 변형(종굽힘 변형) 및 비틀림 변형이 있다. 또한 면외 용접에는 용접부의 세로 방향 수축에 의하여 모재에 압축 응력이 생기므로, 특히 박판의 경우에서는 좌굴(buckling)을 일으켜 복잡한 파도 모양의 변형을 생기게 한다.

3-2 가로 방향 수축 (횡수축 ; transverse shrinkage)

(1) 맞대기 이음의 가로 방향 수축

맞대기 이음에서의 가로 방향 수축에 대해서 많은 연구가 되어, 여러 가지 실험 공식이 발표되고 있다.

용접에서는 박판을 제외하고는 다층 용접이 많이 쓰이는데, 맞대기 용접의 가로 방향 수축량 U[mm]은 그림 [다층 용접에서 가로 수축량의 증가]와 같이 층이 겹쳐져 단위 길이당의 용착 금속량 W[g/cm]가 증가함에 따라 증가하지만 그 증가율은 점차로 감소한다.

이것은 앞서 용착된 금속이 새로 용착되는 금속의 수축을 저지하는 정도가 점차로 강화되기 때문이다.

실험 식으로 표시하면 다음과 같다.

$$U = U_0 + b(\log W - \log W_0) \text{ 또는 } W = W_0\, e^{\frac{(U-U_0)}{b}}$$

여기서, W_0 : 제1층을 용접할 때의 용착량 (g/cm), U_0 : 제1층을 용접할 때의 수축량 (mm)
b : 계수 (수축의 증가 방향을 나타냄)

또한 그림 [맞대기 이음의 횡 수축량에 미치는 외적 구속의 영향]은 가로 방향 수축량에 미치는 구속도 영향을 나타낸 것으로, 구속 이음의 횡 수축량 S_t와 동일 조건에서 구속을 하지 않은 이음(자유 구속)의 횡 수축량 S_f와의 비는 이음 형상, 치수 및 용접 조건에는 관계가 없고 다만 구속 정도만의 함수로 다음과 같은 관계가 성립한다.

$$\frac{S_t}{S_f} = \frac{1}{1+0.0869^{0.87}}$$

여기서, $P=K/M\,(\text{kgf/mm}^2/\text{mm})$, K : 구속도 (kg/mm^2), h : 판 두께 (mm)

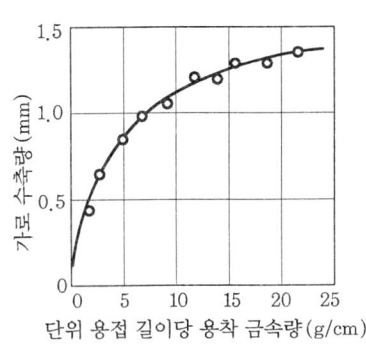

다층 용접에서 가로 수축량의 증가

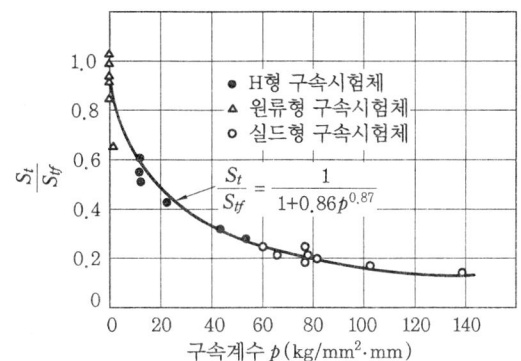

맞대기 이음의 횡 수축량에 미치는 외적 구속의 영향

수축률에 미치는 용접 시공법의 영향은 다음 표와 같다.

수축량에 미치는 용접 시공 조건의 영향

시공 조건	효 과
루트 간격	루트 간격이 클수록 수축이 크다.
홈의 형태	• V형 이음은 X형 이음보다 수축이 크다 (단, 대칭 X형은 오히려 좋지 않음). • 지름이 큰쪽이 수축이 작다.
운 봉 법	위빙을 하는 쪽이 수축이 작다.
구 속 도	구속도가 크면 수축이 작다.
피복제의 종류	별로 크지 않다.
피 닝	피닝을 하면 수축이 감소한다.
밑면 따내기 (플레임 가우징)	밑면 따내기(치핑)에서는 수축이 변화하지 않으며, 재용접을 하면 밑면 따내기 전과 대략 평행으로 증가한다. 플레임 가우징을 하면 열이 가해지므로, 가우징 자체에 의하여도 수축한다. 이후는 평행으로 증가한다.
유니언 벨트 용접	횡수축이 훨씬 적고, 손 용접의 약 1/3 정도이다 (단, 이때는 I형 이음의 경우이며, 용착량도 약 1/3로 되어 있다).

이에 의하면 수축량에 가장 크게 영향을 미치는 것은 루트 간격과 홈 형상으로, 루트 간격이 넓으면 수축은 커지고, X형 홈보다는 V형 홈이 수축이 크다. 이것은 용착 금속량 및 그 폭이 V형 홈쪽이 크게 되기 때문이다.

아크 용접에 있어서 모재에 주어지는 열량 Q와 모재에 용착된 금속의 중량 W와의 비

Q/W을 비용착열이라 한다. 일반적으로 Q/W가 작은 것, 즉 비용착열이 작은 것은 용접 변형(welding distortion)이 작게 된다. 서브머지드 아크 용접의 횡 수축량은 손 용접 수축량의 약 1/3 정도인데, 이것은 서브머지드 아크 용접이 비용착열이 작기 때문이다.

맞대기 이음에서의 손 용접 시공은 다음 그림과 같은 비대칭형 홈으로, 처음부터 지름이 큰 용접봉을 사용하여 용착 단면적을 작게 하는 것이 좋다.

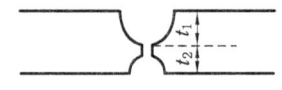

수축량이 적은 홈과 시공 방법

그리고 각종 이음에 대하여 용접 전의 이음 홈의 폭과 수축량과의 관계는 다음 그림과 같으며, 이것을 실험식으로 표시하면 다음과 같다.

$$P_m = 0.179 L$$

여기서, P_m : 횡 수축량 [mm], L : 이음의 평균 폭 [mm]

적용 범위는 V형 이음은 5~30 mm, X형 이음은 16~22 mm이며, 이 식의 오차는 ±14.1%이다.

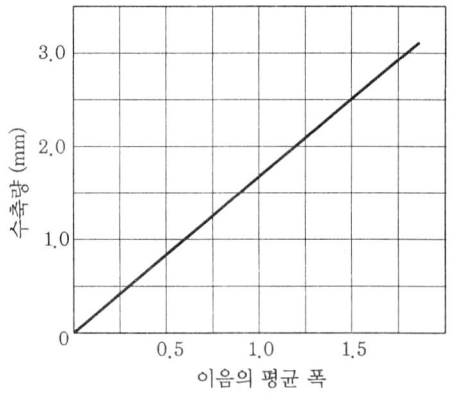

용접 전 이음의 폭과 자유 횡 수축량과의 관계

실험에 의하면, 같은 용접에서는 다음 표와 같이 용접 층수가 많아질수록 수축량에는 별로 영향이 없는 것으로 나타난다.

횡 수축에 미치는 층수의 영향

층 수	7	9	10	12	15
횡 수축 (mm)	3.25	3.66	3.96	4.42	4.62

㈜ 판 두께 : 14.90°V, 저부간폭 : 3 mm, 봉지름 : 4 mm, 용접 전류 : 160~250 V

(2) 필릿 이음의 가로 방향 수축

필릿 이음의 횡 수축량은 맞대기 이음에 비하여 훨씬 적다. 이것은 필릿 용접은 비드 용접과 유사한 현상으로, 용착 금속의 수축은 맞대기 이음처럼 자유롭지 않기 때문이다. 이 경우에도 가로 방향 수축량은 용착 금속량 또는 필릿 사이즈가 클수록 크게 된다.

필릿 이음의 가로 방향 수축에 관한 실험식의 예로 다음과 같은 것이 있다.

① 연속 필릿 용접 : 수축 = $\dfrac{\text{다리 길이}}{\text{판 두께}}$ [mm]

② 단속 필릿 용접 : 수축 = $\dfrac{\text{다리 길이}}{\text{판 두께}} \times \dfrac{\text{용접 길이}}{\text{전 길이}}$ [mm]

③ 겹치기 이음 (양면 필릿) : 수축 = $\dfrac{\text{다리 길이}}{\text{판 두께}} \times 1.5$ [mm]

3-3 세로 방향 수축 (종수축 ; longitudinal strinkage)

세로 방향 수축은 용접 길이의 약 1/1000 정도로, 가로 방향 수축에 비해서 그 양이 적다. 이것은 비드의 수축이 모재에 의하여 억제되기 때문이다.

3-4 회전 변형(rotational distortion)

다음 그림에서와 같이 용접되지 않은 개선 부분이 면내에서 내측 또는 외측으로 회전 이동 하는 변형을 회전 변형이라 한다.

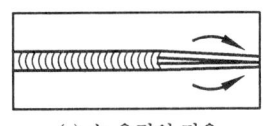
(a) 손 용접의 경우

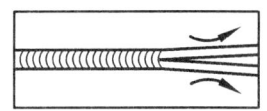
(b) 자동 용접의 경우

자동 용접의 경우와 손 용접의 경우

일반적으로 저속소 입열의 용접에서는 개선이 좁아지며, 고속대 입열의 용접에서는 벌어지는 경향이 있다. 손 용접의 경우에는 개선이 좁아지는 경향이 있으며, 회전 변형은 제1층 용접에서 제일 크게 나타나고 제2층 이상에서부터는 비교적 적게 된다.

일렉트로 슬래그 용접(electro slag welding)의 경우에도 좁아지는데, 특히 start할 때 회전 변형이 일어나기 쉬우므로 주의를 요한다.

서브머지드 아크 용접(submerged arc welding)의 경우에는 반대로 벌어지는 경향이 있다. 회전 변형에는 용접 입열과 함께 가접(tack weld)이나 strong back의 위치 및 크기가 중요하다. 또한 후퇴법, 대칭법, 비석법의 활용도 회전 변형 방지에 상당히 효과가 있다.

3-5 굽힘 변형(bending distortion)

(1) 맞대기 이음의 굽힘 반지름

후판의 용접에서는 용착 금속의 표면과 이면이 대칭으로 되는 일이 거의 없으므로 온도 분포가 비대칭이 되며, 이 때문에 가로 방향 수축이 판의 표면과 이면에서 달라지게 되므로 판이 각 변형(angular distortion)된다.

V형 이음에서는 각 변형이 한 방향에서만 일어나며, X형 이음에서는 이면 용접에서 각 변형화가 반대 방향이므로 어느 정도 상쇄되어 전체적인 각 변화는 적어지게 된다.

(2) 필릿 용접의 각 변형

용접 입열의 영향은 용착 금속량에 미치게 되므로, 예를 들어 비드 용접 각 변형의 경우에는 용접 입열과 판 두께의 비로서 각 변형이 규정된다.

다음 그림은 그의 한 예로, 각 변형 δ의 실험값은 일본 大阪 대학의 渡邊 교수팀의 연구에 의한 실험식이다.

$$\delta = Kx^m e^{-nx}$$

따라서, $x = \dfrac{1}{100} \dfrac{1}{h\sqrt{Vh}}$

여기서, I : 용접 전류
V : 용접 속도
h : 판 두께
m : 2.5
K : 필릿 용접=2.8, 비드 용접=4.3
n : 필릿 용접=6.0, 비드 용접=10.0

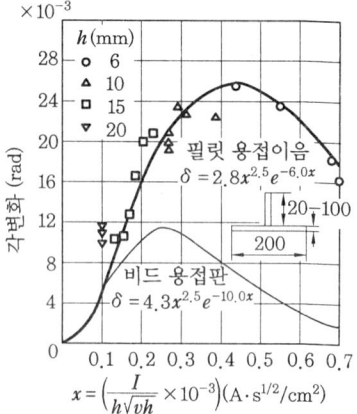

필릿 이음의 각 변형에 미치는 용접 조건의 영향

T형 필릿 용접의 각 변화를 경감시키는 방법으로는, 미리 반대 방향으로 판을 휘어 놓는 방법이 가장 좋다.

예를 들어 자유 이음에서는 다음 그림 (a)와 같이 다각형으로 굽힘되나, 구속이 있으면 (b)와 같이 파도 모양이 생긴다.

(a) 자유 T형 이음(단기변곡)

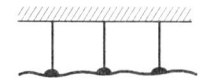
(b) 구속 T형 이음(파형 변형)

구속 이음에 생기는 파형 변형

이것을 방지하기 위해서는 그림 [역변형의 일예]와 같이 미리 역변형을 주어 용접하면 판이 똑바로 된다.

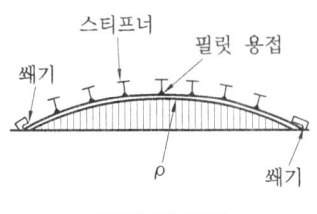

역변형의 일예

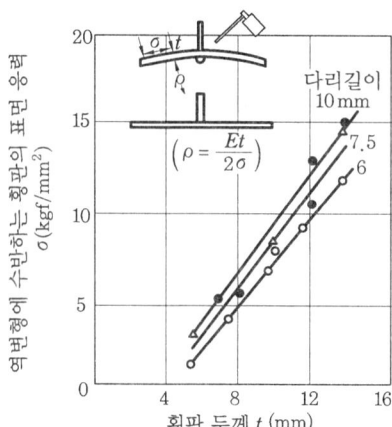

역변형을 주어 각 변형을 해소시키는데 필요한 탄성 굽힘의 표면 응력

예를 들어 가로판(플랜지)의 두께가 t[mm]인 T형 필릿의 다리 길이가 6, 7.5 및 10 mm 인 경우, 사전에 주어야 할 적당한 역변형의 양은 횡판의 표면 응력치가 그림 [역변형을 주어 각 변형을 해소시키는데 필요한 탄성 굽힘의 표면 응력]과 같이 되도록 하면 된다.

$$\rho = \frac{Et}{2\sigma} \text{ [cm]}$$

여기서, ρ : 굽힘 반지름, E : 영계수(Young's modulus), t : 판 두께

여기서 ρ를 구할 수가 있으며, σ는 그림 [역변형을 주어 각 변형을 해소시키는데 필요한 탄성 굽힘의 표면 응력]의 표면 응력 값이다.

3-6 좌굴 변형(backling distortion)

박판의 용접에서는 입열에 비하여 판 자신의 강성(rigidity)이 현저하게 낮으므로, 용접선 방향으로 작용하는 압축 응력에 의한 좌굴 변형이 생기기 쉽다. 이음의 근방을 면외 변형을 구속하거나 용착 순서를 고려하여 열량을 적당하게 분산시키는 것이 변형 방지에 유효하다.

3-7 비틀림 변형(twist distortion)

기둥이나 보(bean)와 같이 가늘고 길이가 긴 구조에서는 재료 고유의 비틀림이나 용접 수축량에 의한 불균형의 비틀림 형식의 변형이 생기기 쉽다.

이와 같은 일단 변형이 생기면 변형 교정이 극히 곤란하므로, 용접 전에 적당한 보강재로 보강을 하여 비틀림 강성의 증가를 막는 대책이 필요하다.

3-8 구조물에서의 변형

실제의 구조물에서 변형은 앞에서 언급한 바와 같은 기본 변형과 수축이 혼합된 복잡한 변형이 생기는데, 그 예는 다음 그림 [각종의 용접 변형]과 [용접 구조물의 변형]과 같다.

박판 및 후판 각각에 대해서 비드 용접, 맞대기 용접, 필릿 용접을 한 경우 변형의 전형적인 양식은 다음 그림과 같다.

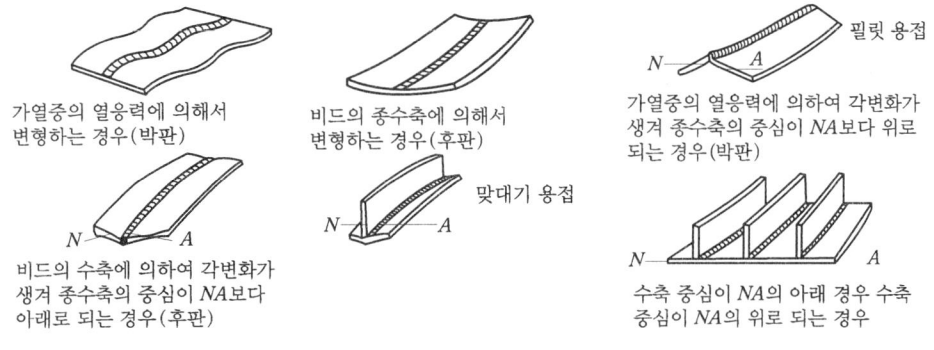

각종의 용접 변형

박판의 고속 용접에서는 고온 때의 열 팽창에 의한 세로 방향 수축 중심은 구단면의 중립축 보다 위에 있으며, 용접한 방향으로 凸하게 되는 각 변형이 생긴다. 다음 그림은 실제 구조물에서 변형의 예를 나타낸 것이다.

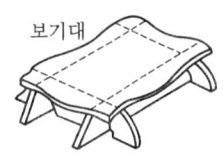 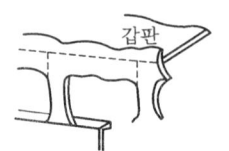 

용접 구조물의 변형

3-9 용접 변형의 방지 대책

용접 변형을 용접 후에 교정하는 데에는 많은 시간과 경비가 필요하므로, 사전에 그 발생을 경감시키는 조치가 필요하다. 일반적으로 면내 변형에 대한 대책은 용이하지만, 면외 변형의 방지는 곤란한 경우가 많다. 구속력을 크게 하고 변형을 저지하는 것이 가장 효과적이지만, 이에 의하여 잔류 응력이 크게 되고 또한 용접 균열이 일어나게 된다.

(1) 용접 물체를 어떤 방법으로 구속하고 용접하는 방법
① 클램프 (clamp), 두꺼운 밑판, 튼튼한 뒷받침, 용접 지그 (welding jig ; positioner, strong back) 등을 이용하여 용접물을 단단하게 고정시킨다.
② 가접(tack weld)을 튼튼하게 한다.
③ 패스 (pass) 중간마다 냉각시킨다.

(2) 각 변형(angular distortion)을 억제하는 방법
① 각을 미리 역변형시켜 준다. ② 가접을 튼튼하게 한다.
③ 피닝(peening)을 한다. ④ 이음의 양면에서 순서를 교대로 용착시킨다.

(3) 용접 요령으로 억제하는 방법
① 이음의 용입을 될수록 적게 설계하고, 맞춤의 이가 잘 맞도록 한다.
② 용착법의 요령을 이용한다 (후진법, 비석법, 띔용접 등).
③ 적당한 방법을 써서 모재를 냉각시켜 준다 (도열법 등을 활용).
④ 용접을 중앙으로부터 시작하여 밖을 향해 진행한다.
⑤ 단면의 중축 (neutral axis) 또는 중심선(center line) 양쪽에 균형 있게, 용접부 단면이 대칭이 되도록 한다.
⑥ 필릿 용접부보다 맞대기 용접부를 먼저 용접한다.
⑦ 필릿 용접에서는 단속 용접(띔용접) 요령을 이용한다.
⑧ 이음의 각 부분이 될수록 오랫동안 최대 자유를 갖도록 용접 순서를 생각해서 한다.
⑨ 용접물을 중간 조립체로 나누어서 용접해 나간다.
⑩ 이음의 크기(size)도 요구되는 강도 이상의 크기가 되지 않도록 설계한다.
⑪ 용접도 설계에 제시된 크기 이상의 용착을 하지 않도록 한다.
⑫ 패스 (pass)의 수가 적을수록 각 변형이 줄어들게 한다.
⑬ 용접 속도 (welding speed)는 빠를수록 유리하다.
⑭ 이음에 들어가는 열 입력은 고르고 일정하게 퍼지도록 한다 (열량을 1개소에 집중시키지 않도록 한다).

(4) 용접 요령 이외에 보다 정확한 용접물을 만들기 위한 유의 사항

① 판 가장자리가 휘어 있을 때에는 이것이 반대쪽으로 휘어지도록 용접한다.
② 판의 치수 오차가 불어나는 것을 피하여 부분적으로 조절해 나간다.
③ 전체적으로 정밀도가 중요시 될 경우 각 부분의 정밀도를 높여 최종 조립(assembly) 때의 오차를 줄이도록 한다.
④ 가장 중요한 조립 용접이 맨 나중에 오도록 용접 순서를 조정한다.
⑤ 용착 금속의 수축률 허용치를 감안해서 용접한다.
⑥ 홈은 V형보다 X형 또는 H형으로 하고, 앞뒤 용착량 비를 적당하게 한다 (6 : 6 또는 7 : 3).
⑦ 수축률 기타 한도를 너무 벗어났을 때에는 기계 가공을 할 수 있도록 여유를 둔다.

3-10 용착법과 용접 순서의 결정

(1) 용착법

본 용접에 있어서의 용착법에는 전진법, 후진법, 교호법, 대칭법, 비석법 등이 있고, 다층 용접에 있어서는 빌드업법, 캐스케이드법, 전진 블록법 등이 있다.

① 전진법 : 전진법은 시작 부분의 수축보다 끝나는 부분의 수축이 더 크며, 잔류 응력도 끝나는 부분쪽이 더 크다. 용접 이음이 짧다든지 변형 및 잔류 응력이 별로 문제가 되지 않을 때 사용한다.
② 후진법(backstep sequence) : 다음 그림에서와 같이 오른쪽 끝에서 화살표 방향으로 용접하여 숫자로 표시하는 순서대로 적당한 길이를 용접하여 왼쪽으로 진행하는 방법이다.
③ 교호법 : 다음 그림에서와 같이 모재의 보다 찬 부분을 선택하여 비드를 놓는 방법으로, 전체 길이에 걸쳐서 비교적 용접 열이 고르게 분포되도록 용접한다.
④ 대칭법 : 다음 그림에서와 같이 비드를 대칭으로 놓음으로써 변형의 발생을 경감하는 방법이며 맞대기 이음, T형 필릿 이음, 파이프와 강판 용접, 축의 덧살올림 용접 등에 사용된다.
⑤ 비석법(skip block sequence) : 다음 그림에서와 같이 용접 비드를 건너 띄어서 놓는 방법으로, 용접선이 길 경우에는 이 방법이 적당하다. 이때 각 비드의 길이는 200 mm 정도가 적당하다. 이 비석법은 잔류 응력이 가장 적게 남는 방법이다.

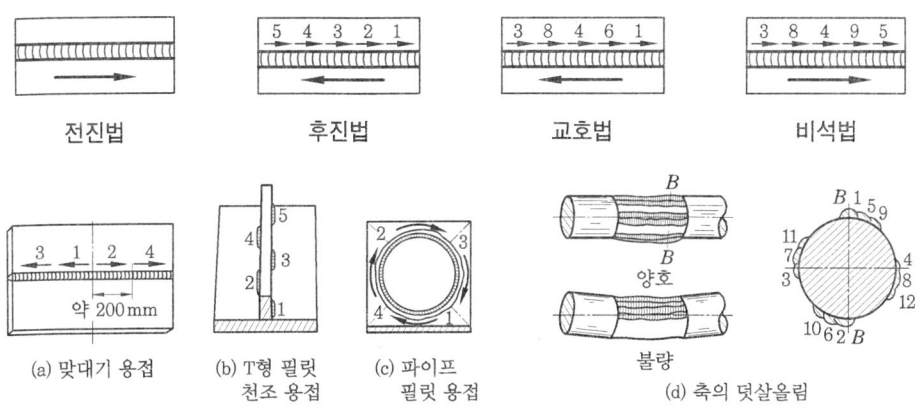

대칭법

⑥ 빌드업법(덧살올림법 ; 덧땜법) : 그림 (a)에서와 같이 두꺼운 판을 용접할 때 층을 쌓아 올리면서 용접하는 방법으로, 후판 용접에 이용된다.

⑦ 캐스케이드법(cascade sequence) : 그림 (b)에서와 같이 후판 다층 용접할 때 비드를 쌓아 올리는 방법으로, 그림의 번호 순으로 비드를 용접하여 쌓아 올리는데 변형과 잔류 응력이 경감된다.

⑧ 전진 블록법(progressive block sequence) : 그림 (c)에서와 같이 후판의 용접에서 비드를 쌓아 올리는 한 가지 방법이다. 이 전진 블록법에서도 한 블록을 용접한 다음 다른 블록으로 옮겨갈 때 전진법, 후퇴법, 비석법 등을 쓸 수 있으며 블록법도 역시 잔류 응력과 변형을 경감시키는데 유효하다.

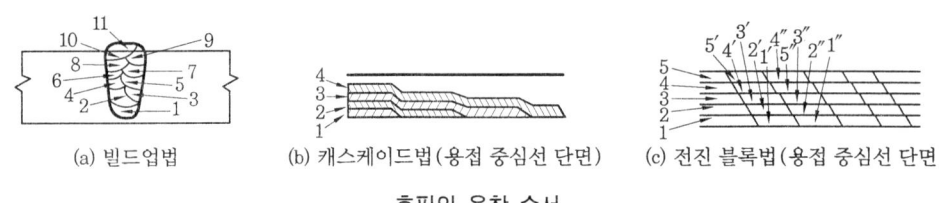

(a) 빌드업법　　(b) 캐스케이드법(용접 중심선 단면)　　(c) 전진 블록법(용접 중심선 단면)

후판의 용착 순서

⑨ 도열법 : 다음 그림에서와 같이 용접부에 동판을 놓거나 뒷면에서 물로 용접부를 냉각시킨다거나, 혹은 용접부 부근에 물로 적신 석면이나 철 등을 놓아 모재에 용접 열이 들어가는 것을 감소시킴으로써 변형을 경감하는 방법이다.

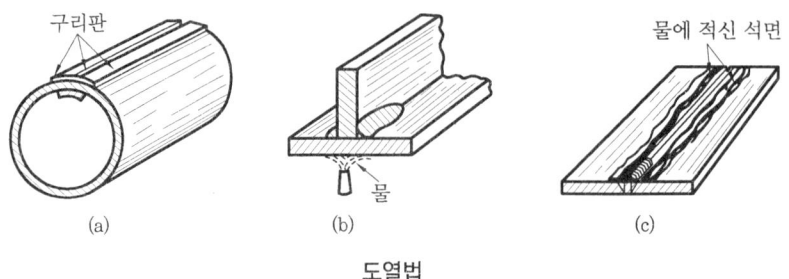

도열법

(2) 용접 순서

이상의 용착 순서에 대한 설명은 하나의 용접선 용접을 어떻게 하면 좋은지에 대한 설명이었으나, 용접물에는 많은 용접선이 있는 것이 보통이다. 이러한 경우에는 다음과 같은 기준에 의하여 용접 순서를 결정하면 좋다.

① 같은 평면 안에 많은 이음이 있을 때에는 수축은 가능한 한 자유단으로 보낸다.
② 물품의 중심에 대하여 항상 대칭으로 용접을 진행시킨다.
③ 수축이 큰 이음을 가능한 한 먼저 용접하고, 수축이 작은 이음을 뒤에 용접한다.
④ 용접물의 중립축을 생각하고, 그 중립축에 대하여 용접으로 인한 수축력 모멘트의 합이 0(zero)이 되도록 한다.

예상문제

문제 1. 용접 변형 교정 방법으로 옳지 않은 것은?
㉮ 형재에 대한 점 수축법
㉯ 가열 후 해머질 하는 법
㉰ 롤러에 거는 방법
㉱ 절단 변형하고 재용접하는 방법
[해설] ① 점 가열법 : 얇은 판에 대한 점 수축법
② 선상 가열법 : 형재에 대한 직선 수축법

문제 2. 다음 중 용접 순서에 관한 설명으로 옳은 것은?
㉮ 용접물 중립축에 대하여 수축력 모멘트의 합이 최대가 되도록 한다.
㉯ 같은 평면 안에 많은 이음이 있을 때에는 수축은 가능한 한 중앙으로 보낸다.
㉰ 물품의 중심에 대하여 항상 대칭으로 용접을 진행시킨다.
㉱ 수축이 작은 이음을 가능한 한 먼저 용접하고, 수축이 큰 이음을 뒤에 용접한다.

문제 3. 다음은 용접시 냉각 속도(cooling rate)에 대한 사항이다. 틀린 것은?
㉮ 냉각 속도는 같은 열량을 주었다 하더라도 열이 확산하는 방향이 많을수록 냉각 속도는 커진다.
㉯ 얇은 판보다 두꺼운 판이 냉각 속도가 크다.
㉰ T형 이음보다는 맞대기 이음이 냉각 속도가 크다.
㉱ 냉각 속도를 완만하게 하고 또 급랭을 방지하는 방법으로는 예열 및 큰 열량으로 용접을 한다.
[해설] • T형 이음 : 열이 3방향으로 전도되므로, 전도 방향이 2방향인 맞대기 이음보다 냉각 속도가 크다.

문제 4. 다음 중 잔류 응력에 영향하는 인자가 아닌 것은?
㉮ 이음 현상   ㉯ 용접 입열
㉰ 판 두께   ㉱ 용접봉의 종류
[해설] • 잔류 응력 : 이음 현상, 용접 입열, 판 두께, 모재의 크기, 용착 순서, 외적 구속 등의 인자에 의하여 영향을 받는다.

문제 5. 다음 중 잔류 응력에 의한 영향이 아닌 것은?
㉮ 연성 파괴   ㉯ 경도 저하
㉰ 취성 파괴   ㉱ 부식

문제 6. 수축률에 영향을 미치는 요인 중 가장 거리가 먼 것은?
㉮ 역변형   ㉯ 이음의 설계
㉰ 예열   ㉱ 피닝
[해설] 수축률에 가장 크게 영향을 미치는 것은 이음의 설계이고, 그 외에 예열과 피닝이 있다.

문제 7. 각 뒤틀림 방지 방법 중 틀린 것은?
㉮ 각을 미리 잡아 준다.
㉯ 가접을 튼튼히 한다.
㉰ 피닝을 한다.
㉱ 이음의 한쪽 용접을 끝내고 반대편을 용접한다.

문제 8. 다음 중 용접 변형을 일으키는 가장 큰 원인은?
㉮ 용접 자세 불량   ㉯ 팽창과 수축
㉰ 빠른 용접 속도   ㉱ 용접 외관 불량

문제 9. 용접부의 변형, 수축 등에 의한 잔류 응력을 제거하기 위한 열처리 방법은?
㉮ 불림   ㉯ 풀림
㉰ 뜨임   ㉱ 담금질

해답 1. ㉮ 2. ㉰ 3. ㉰ 4. ㉱ 5. ㉯ 6. ㉮ 7. ㉱ 8. ㉯ 9. ㉯

[해설] 용접부의 열영향에 의해서 변형과 수축이 생기며, 용접 재료, 내부의 응력이 생겨 균열을 방지하기 위하여 풀림(annealing)을 한다.

[문제] 10. 오버랩(overlap)의 생성 원인으로 틀린 것은?
[가] 용접봉의 운행 속도가 느릴 때
[나] 용접봉의 용융점이 모재의 용융점보다 낮을 때
[다] 용접 전류가 과대할 때
[라] 아크 길이가 너무 길어서 용착 금속의 열 집중이 어려울 때

[문제] 11. 다음은 용접 속도에 대한 사항이다. 틀린 것은?
[가] 용접 속도는 운봉 속도 또는 아크 속도라고도 한다.
[나] 아크 전압과 아크 전류를 일정하게 유지하고, 대단히 느린 속도에서 속도를 점차 증가시켜 나가면 비드의 너비도 증가한다.
[다] 용접 속도는 용접봉의 종류, 전류값, 끝가공, 가공 및 이음의 모양, 모재의 재질, 위빙의 유무 등에 따라서 달라진다.
[라] 용접 속도는 모재에 대한 용접선 방향의 속도를 말한다.
[해설] 용접 속도가 빨라지면 비드의 너비는 좁아진다.

[문제] 12. 용접부 외부에서 주어지는 열량을 무엇이라 하는가?
[가] 역률   [나] 효율
[다] 용접 입열 [라] 전기 저항열
[해설] 용접 입열(weld heat input)이 충분하지 못하면 용융 불량, 용입 불량 등이 된다.

[문제] 13. 용접 모재에 흡수되는 열량은 용접 입열의 얼마 정도가 되는가?
[가] 25~35 %   [나] 45~55 %
[다] 65~75 %   [라] 75~85 %
[해설] 용접 모재에 흡수되는 열량은 수동 용접의 경우 75~85 % 정도이고, 서브머지드 아크 용접에서는 90~100 %이다.

[문제] 14. 용접봉의 용융 속도(melting point)는 무엇으로 나타내는가?
[가] 단위 시간당 소비되는 용접봉의 길이 또는 무게
[나] 단위 시간당 용착된 비드의 길이
[다] 단위 시간당 형성된 용착 금속의 무게
[라] 1분당의 운봉 길이
[해설] 용접봉의 용융 속도는 단위 시간당 소비되는 용접봉의 길이 또는 무게이며, 아크 전류 X 용접봉쪽 전압 강하로 결정된다.

[문제] 15. 다음은 용접부의 피닝에 대한 설명이다. 틀린 것은?
[가] 피닝은 뒤틀림을 억제하나 잔류 응력 제거 능력은 없다.
[나] 피닝을 해줌으로써 용착 금속을 펴 늘려주고 유연성을 더해 준다.
[다] 여러 층의 용접시는 매 층마다 피닝을 해 준다.
[라] 피닝 효력이 미치는 깊이는 약 3.2 mm 정도이다.
[해설] 피닝은 뒤틀림을 억제하고 잔류 응력을 제거하는 중요한 방법이며, 다음 용접시는 매 층마다 피닝을 한다. 그러나 맨 마지막 층은 열 효과를 받지 못할뿐더러 작은 노치 및 표면 경화의 위험이 있으므로, 피닝을 하지 않는 것이 옳다.

[문제] 16. 다음은 용접 잔류 응력의 이음 강도에 미치는 영향에 대한 설명이다. 옳지 않은 것은?
[가] 취성 파괴 등 외력이 높을 때 떨어진다.
[나] 외력이 증가할수록 영향은 감소한다.
[다] 외력이 항복점을 넘을 때 영향은 증가한다.

[해답] 10. [다] 11. [나] 12. [다] 13. [라] 14. [가] 15. [가] 16. [나]

라 반복 하중을 받으면 떨어진다.

문제 17. 용접 이음이 짧다든지 변형 및 잔류 응력이 별로 문제되지 않을 때 사용하기 좋은 용착법은?
㉮ 비석법   ㉯ 전진법
㉰ 후진법   ㉱ 대칭법

문제 18. 용접 순서를 결정하기 위하여 주의해야 할 사항이 아닌 것은?
㉮ 수축은 가능한 한 자유단으로 보낸다.
㉯ 중심에 대하여 항상 대칭으로 용접을 진행시킨다.
㉰ 수축이 작은 이음을 먼저 용접하고, 수축이 큰 이음을 뒤에 용접한다.
㉱ 용접물의 중립축에 대하여 용접에 의한 수축력 모멘트의 합이 0이 되도록 한다.
[해설] 수축이 큰 이음은 가능한 한 먼저 용접하고, 수축이 작은 이음을 뒤에 용접한다.

문제 19. 다음은 용접부의 열유동에 대한 설명이다. 옳지 않은 것은?
㉮ 용접부의 재질 변화를 알기 위하여 최고 도달 온도를 알아야 한다.
㉯ 재질 변화를 알기 위하여 냉각 속도도 알 필요가 있다.
㉰ 용접부의 재질 변화에 예열 온도가 영향을 미친다.
㉱ 용접 입열의 세기는 재질 변화에 영향이 없다.

문제 20. 다음은 용접시 냉각 속도에 관한 사항이다. 틀린 것은?
㉮ 맞대기 이음보다는 T형 이음 용접의 경우가 냉각 속도가 적다.
㉯ 얇은 판보다 두꺼운 판이 냉각 속도가 크다.
㉰ 냉각 속도를 완만하게 하고, 또 급랭을 방지하는 방법으로는 예열을 하는 방법과 큰 열량으로 용접하는 방법이 있다.
㉱ 용접 입열이 일정한 경우 열 전도율이 큰 것일수록 냉각 속도가 크다.
[해설] T형 이음은 열 흐름이 3방향이므로, 맞대기 이음의 두 방향보다 냉각 속도가 크다.

문제 21. 용접시 연강이라도 기온이 0℃ 이하로 떨어지면 저온 균열을 일으키기 쉬우므로 어느 정도 가열하는 것이 좋은가?
㉮ 용접 이음의 양쪽 약 100 mm 너비를 80~100℃ 가열하는 것이 좋다.
㉯ 용접 이음의 양쪽 약 100 mm 너비를 40~70℃ 가열하는 것이 좋다.
㉰ 용접 이음의 양쪽 약 50 mm 너비를 80~100℃ 가열하는 것이 좋다.
㉱ 용접 이음의 양쪽 약 50 mm 너비를 40~70℃ 가열하는 것이 좋다.

문제 22. 다층 용접시의 예열 온도 및 층간 온도는 초층 용접시에 비하여 어떻게 하는 것이 가장 좋은가?
㉮ 높게 해야 한다.
㉯ 같게 해야 한다.
㉰ 낮게 해야 한다.
㉱ 재료에 따라 다르다.

문제 23. 다음 중 용접부의 부식 원인으로 알맞은 것은?
㉮ 용접에 의해 탄소량이 많아지므로
㉯ 모재의 열영향으로 응력이 집중했을 때
㉰ 열을 가했으므로
㉱ 용착 금속의 작용으로
[해설] ・용접부의 부식 원인
① 이음의 현상
② 잔류 응력
③ 잔류 flux 등

문제 24. 다음 중 용접 후 피닝을 하는 목적은 무엇인가?
㉮ 용접 후 변형을 방지하기 위하여

해답 17. ㉯ 18. ㉰ 19. ㉱ 20. ㉮ 21. ㉯ 22. ㉰ 23. ㉯ 24. ㉮

㉯ 도료를 없애기 위하여
㉰ 모재의 재질을 검사하기 위하여
㉱ 응력을 강하게 하고, 변형을 주기 위하여

해설 · 피닝의 목적 : 용접 후 해머로 용접 부위를 가볍게 때려 주는 작업으로, 응력 및 변형을 제거한다.

문제 25. 잔류 응력의 측정법 중 전 해방형에 속하는 것은?
㉮ 트리팬법   ㉯ 슬리트법
㉰ 거너트법   ㉱ 마타르법

문제 26. 다음 잔류 응력 측정법 중 국제적인 표준 측정 방법으로 추천되고 있는 것으로 옳은 것은?
㉮ 마타르법   ㉯ 트리팬법
㉰ 자크스법   ㉱ 거너트법

문제 27. 연강판 두께 30 t 이상인 경우 0℃ 이하에서 용접할 경우 이음의 양 폭을 몇 ℃로 예열하는가?
㉮ 79℃ 이상   ㉯ 40℃ 이하
㉰ 40~70℃   ㉱ 90~150℃

문제 28. 두께적으로 피복 아크 용접에서 용접봉은 가늘고 모재는 두꺼운 경우가 많으므로 모재와 용접봉이 다 같이 알맞게 녹으려면 어떤 상태가 좋은가?
㉮ 모재에 발열량이 더 많은 것이 좋다.
㉯ 용접봉에 발열량이 더 많은 것이 좋다.
㉰ 모재와 용접봉의 발열량이 둘 다 많은 것이 좋다.
㉱ 모재와 용접봉의 발열량이 둘 다 적은 것이 좋다.

문제 29. 용접시 가장 취약한 부분은?
㉮ 용융부   ㉯ 미세부
㉰ 취화부   ㉱ 모재부

해설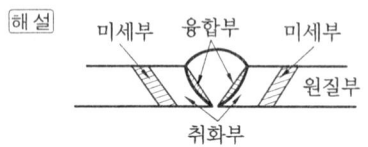

문제 30. 다음은 용접할 때 예열에 대한 설명이다. 옳지 못한 것은?
㉮ 예열 온도는 같은 재료에서는 언제나 같다.
㉯ 예열 온도는 같은 재료라도 경우에 따라 다르다.
㉰ 예열 온도보다는 임계 냉각 속도가 중요하다.
㉱ 예열 온도가 높으면 냉각 속도가 저하된다.

해설 연강은 가열되었다가 임계 온도 범위(871~719℃)를 통과하여 식을 때의 냉각 속도를 느리게 해줌으로써 모재의 열영향부와 용착 금속의 경화를 방지하고 연성을 높여주기 위해 예열한다.

문제 31. 다음 그림은 용착 방법을 표시한 것이다. 스킵법은 어느 것인가?

㉮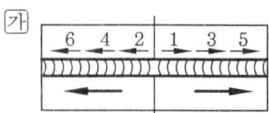

㉯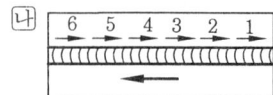

㉰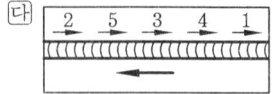

㉱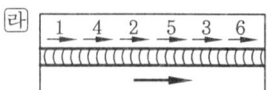

해설 ㉮ : 대칭법   ㉯ : 후퇴법
㉱ : 스킵법(비석법)

문제 32. 다음 중 용접시에 발생한 잔류 응력을 제거하는 방법이 아닌 것은?
㉮ 노내 풀림법
㉯ 직선 수축법

해답 25. ㉮   26. ㉱   27. ㉰   28. ㉮   29. ㉰   30. ㉮   31. ㉱   32. ㉯

㉰ 국부 풀림법
㉱ 기계적 응력 완화법

문제 33. 다음 그림에서 ( )에 들어가야 할 내용으로 맞는 것은?

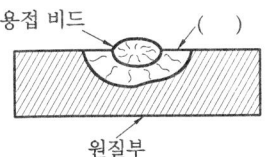

㉮ 원질부 ㉯ 용융지
㉰ 용입부 ㉱ 열영향부

문제 34. 다음 중 잔류 응력을 되도록 작게 할 때 사용되는 용착법은?
㉮ 전진법 ㉯ 후퇴법
㉰ 대칭법 ㉱ 비석법

문제 35. 용접물은 용접 중에 용착 금속의 수축과 열영향부의 국부적 가열 냉각을 받으므로, 용접부에서 발생하는 체적 변화는 구조물의 용접 변형 원인이 된다. 용접 변형을 고려하여 용접 시공 전에 예견 변형 상태로 하는 것은?
㉮ 횡굽힘 변형 ㉯ 종굽힘 변형
㉰ 역변형 ㉱ 회전 변형
[해설] 맞대기 이음에서 역변형은 약 2~3° 정도로 한다.

문제 36. 다음은 용접 후 변형 교정의 방법이다. 틀린 것은?
㉮ 얇은 판에 대한 점 수축법
㉯ 가열 후 해머질 하는 방법
㉰ 두꺼운 판에 대하여는 가열 후 압력을 걸고 수랭하는 방법
㉱ 역변형 후 억압법
[해설] 역변형 후 억압법은 용접 전 변형 방지법이다.

문제 37. 연강에서의 잔류 응력 완화 방법 중 어닐링 온도로 알맞은 것은?
㉮ 400~500℃ ㉯ 550~650℃
㉰ 650~750℃ ㉱ 800~900℃
[해설] • 연강의 풀림 온도 : 625±26℃

문제 38. 응력 제거 어닐링은 잔류 응력의 제거 외에 여러 가지 이점이 있다. 그 중에 속하지 않는 것은?
㉮ 치수 틀림의 방지
㉯ 응력 부식에 대한 저항력의 증대
㉰ 열영향부의 템퍼링 연화
㉱ 충격 저항의 감소
[해설] 충격 저항이 증대하고, 크리프 강도의 향상 석출 경화에 의한 강도의 증대 등이 있다.

문제 39. 다음 용접 변형 경감법 중에서 용접 직후 해머로 비드를 가볍게 두드려서 용접 금속의 변형을 방지하는 방법은?
㉮ 역변형법 ㉯ 억제법
㉰ 비석법 ㉱ 피닝법

문제 40. 다음은 후판과 박판의 잔류 응력과 변형의 관계를 나타낸 것이다. 이 중 맞는 것은?

구분	후판		박판	
	잔류 응력	변형률	잔류 응력	변형률
㉮	크다.	작다.	작다.	크다.
㉯	크다.	작다.	크다.	작다.
㉰	작다.	크다.	작다.	크다.
㉱	작다.	크다.	크다.	작다.

[해설] 후판은 잔류 응력이 큰 대신 변형률이 작고, 박판은 변형률이 큰 대신 잔류 응력이 작다.

문제 41. 탄소의 당량과 관계되는 것은?
㉮ 강재의 망간(Mn) %와 규소(Si) %의 비를 나타낸다.
㉯ 강재의 용접성과 관계가 있으며, 이 값이 클수록 용접이 곤란하다.
㉰ 강재의 용접성을 나타내는 것으로, 이 값이 클수록 용접이 용이하다.
㉱ 주철의 흑연 함유량을 나타낸 것이다.

[해답] 33. ㉯ 34. ㉱ 35. ㉰ 36. ㉱ 37. ㉯ 38. ㉱ 39. ㉱ 40. ㉮ 41. ㉯

문제 42. 변형 방지법 중 억제법에 해당하는 것은?
㉮ 가접 및 구속법 ㉯ 역변형법
㉰ 점열법 ㉱ 수랭법
[해설] • 억제법 : 가접 및 구속법에서 구속 방법으로, C 클램프를 사용하거나 무거운 물건을 올려놓는 방법이 있다.

문제 43. 다음 중 용접부에 생기는 균열을 막는데 필요한 사항이 아닌 것은?
㉮ 구속 지그를 사용한다.
㉯ 예열을 한다.
㉰ 용접 속도를 느리게 한다.
㉱ 루트 간격을 좁게 한다.
[해설] 구속 지그 사용시 내부 응력이 크면 응력 크기에 의한 자유로운 수축 팽창이 되지 않아 파열되기 쉽다. 그러므로 고탄소강 및 고장력강 등은 구속을 적게 해야 한다.

문제 44. 다음 용착법 중 수축이나 잔류 응력이 용접의 시작 부분보다 끝나는 부분이 두드러지게 더 커지는 특징을 갖고 있는 것은?
㉮ 전진법 ㉯ 후진법
㉰ 대칭법 ㉱ 비석법

문제 45. 판 두께가 서로 다른 재료 또는 열용량이 서로 다른 재료를 가스 용접할 경우 용접부의 보호를 위하여 가장 적합한 사항은?
㉮ 두 판의 중간 부분에서 불꽃을 대도록 한다.
㉯ 용접 속도를 느리게 한다.
㉰ 열 용량이 큰쪽의 모재에서 불꽃을 대도록 한다.
㉱ 얇은 판쪽의 모재에서 불꽃을 대도록 한다.

문제 46. 주철의 용접에 관한 사항 중 적합하지 않은 것은?
㉮ 가열 및 후열은 500~550℃가 적당하다.
㉯ 용제는 탄산나트륨 15 %, 붕사 15 %, 탄산수소나트륨 70 %, 알루미늄 가루 소량의 혼합제가 널리 쓰인다.
㉰ 용접에 의한 경화층은 500~650℃ 정도의 가열로 연화시킨다.
㉱ 주물의 아크 용접에는 크롬계 용접봉이 많이 쓰인다.
[해설] 주물의 아크 용접에는 모넬메탈 $\left(\text{Ni}\frac{2}{3},\ \text{Cu}\frac{1}{3}\right)$, 니켈봉, 연강봉 등이 쓰인다.

문제 47. 잔류 응력이 있는 제품에 하중을 주고 용접부에 약간 소성 변형을 시킨 다음, 하중을 제거하는 잔류 응력 제거법은 무엇인가?
㉮ 기계적 응력 완화법
㉯ 저온 응력 완화법
㉰ 피닝법
㉱ 노내 풀림법

문제 48. 용접부를 해머로 두드리는 피닝 작업의 목적은?
㉮ 변형 교정
㉯ 용접부의 인장 응력 완화
㉰ 용접부의 결함 부분 제거
㉱ 불순물의 제거
[해설] 피닝(peening)은 응력 완화뿐만 아니라, 용접 변형의 경감에도 이용한다.

문제 49. 다음 중 열 응력에 관한 사항으로 틀린 것은?
㉮ 열 응력은 온도가 올라갈 때에는 인장 응력, 내려올 때에는 압축 응력으로 된다.
㉯ 열 응력은 훅(Hook)의 법칙으로부터 구한다.
㉰ 온도의 변화에 의하여 생기는 길이의 변화가 방해되면 재료의 길이가 압축되거나 인장될 수 있다.
㉱ 일반적으로 기계와 구조물의 부품은 온

[해답] 42. ㉮ 43. ㉮ 44. ㉮ 45. ㉰ 46. ㉱ 47. ㉮ 48. ㉯ 49. ㉰

도 변화에 따라 신축한다.

문제 50. 용접 비드 부근이 부식되기 쉬운 가장 큰 원인은?
㉮ 용접에 의하여 C 함유량이 많아지기 때문에
㉯ 모재의 열영향으로 담금질 효과가 생기기 때문에
㉰ 잔류 응력이 생기며, 재질이 변화되기 때문에
㉱ 녹은 용착 금속이 잘 흐르기 때문에
[해설] 용접부에 잔류 응력이 존재하면 부식이 되기 쉽다.

문제 51. 쇼트 피닝의 목적으로 옳은 것은?
㉮ 도료 및 기름을 제거
㉯ 용접 후의 표면 처리 방법
㉰ 모재 재질의 검사
㉱ 소성 변형을 주어 잔류 응력 제거

문제 52. 용접물은 용접 중에 용착 금속의 수축과 열영향부의 국부적 가열, 냉각을 받으므로 용접부에서 발생하는 체적 변화는 구조물 용접 변형의 원인이 된다. 다음에서 용접 변형이 아닌 것은?
㉮ 횡수축 ㉯ 종수축
㉰ 회전 변형 ㉱ 역변형
[해설] 역변형은 용접 시공시 변형의 경감시 이용하는 변형 제거 방법이다.

문제 53. 다음 그림과 같은 용접 순서의 용착법을 무엇이라 하는가?

1 → 5 → 2 → 6 → 3 → 7 → 4 → 8

㉮ 전진법 ㉯ 후진법
㉰ 대칭법 ㉱ 비석법

문제 54. 다음은 용접 요령으로 변형을 방지하는 방법이다. 이 중 틀린 것은?
㉮ 이음의 용입을 될수록 적게 하고, 맞춤의 이가 잘 맞도록 할 것
㉯ 후진법, 띔용접 등 용착 순서의 요령을 이용할 것
㉰ 용접을 양쪽 끝에서 시작하여 중앙으로 진행할 것
㉱ 필릿 용접부보다 맞대기 용접부를 먼저 용접할 것
[해설] 용접을 중앙으로부터 시작하여 밖으로 향해 진행하여야 수축이 자유단에 모여 잔류 응력이 적다.

문제 55. 용접 중 각 뒤틀림 방지 요령이다. 틀린 것은?
㉮ 가접을 튼튼히 한다.
㉯ 각을 미리 잡아준다.
㉰ 피닝한다.
㉱ 이음의 한 면에서 순서대로 용착시킨다.

문제 56. 다음 중 용접시에 발생한 잔류 응력을 제거하는 방법이 아닌 것은?
㉮ 노내 풀림법
㉯ 수직선 수축법
㉰ 국부 풀림법
㉱ 기계적 응력 완화법
[해설] • 잔류 응력의 제거 방법
① 기계적 응력 완화법
② 저온 응력 완화법
③ 풀림
④ 피닝

문제 57. 용접 후 처리에서 일반 구조용 압연 강재의 노내 및 국부 풀림의 유지 온도와 시간으로 가장 적당한 것은?
㉮ 유지 온도 : 625±25℃, 유지 시간 : 판 두께 25 mm에 대해 1 h
㉯ 유지 온도 : 725±25℃, 유지 시간 : 판 두께 25 mm에 대해 2 h
㉰ 유지 온도 : 625±25℃, 유지 시간 : 판 두께 25 mm에 대해 2 h
㉱ 유지 온도 : 725±25℃, 유지 시간 : 판 두께 25 mm에 대해 1 h

[해답] 50. ㉰ 51. ㉱ 52. ㉱ 53. ㉱ 54. ㉰ 55. ㉱ 56. ㉯ 57. ㉮

문제 58. 다음 사항 중 용접에 의한 잔류 응력을 가장 적게 받는 것은?
㉮ 정적 강도 ㉯ 취성 파괴
㉰ 피로 강도 ㉱ 좌굴 변형

문제 59. 온도가 낮아질수록 항복점과 인장 강도는 어떠한 관계에 있는가?
㉮ 작아지며 서로 멀어진다.
㉯ 작아지며 서로 접근한다.
㉰ 커지며 서로 접근한다.
㉱ 커지며 서로 멀어진다.

문제 60. 다음 중 용접 시공시 잔류 응력 경감법에 속하는 것은?
㉮ 예열 이용 ㉯ 풀림법
㉰ 피닝 ㉱ 기계적인 방법
[해설] ㉯, ㉰, ㉱는 용접 후 발생한 잔류 응력 제거법이다.

문제 61. 용접 변형 방지를 위한 운봉법이 아닌 것은?
㉮ 후진법 ㉯ 대칭법
㉰ 스킵법 ㉱ 전진법

문제 62. 용접 후 변형이 적은 순서로 맞는 것은?
㉮ H형 → X형 → U형 → V형
㉯ H형 → V형 → U형 → X형
㉰ H형 → U형 → X형 → V형
㉱ V형 → U형 → X형 → H형
[해설] 수축이 적은 것은 양면 용접일 때 가장 적으며, 직선 홈보다는 둥근 홈일 때 적어진다.

문제 63. 다음 중 용접 변형을 막기 위한 방법이 아닌 것은?
㉮ 가는 용접봉을 사용하여 낮은 전류로 용접한다.
㉯ 필요 이상 비드를 쌓지 않는다.
㉰ 열의 집중을 피한다.
㉱ 담금질을 한다.

[해설] 용접 변형을 막기 위해서는 가능한 열의 집중 및 분산을 막으며, 비드의 양이 많아지면 응력의 집중으로 변형 발생이 생긴다.

문제 64. 용접 금속의 균열에서 저온 균열의 루트 크랙은 실험에 의하여 약 몇 ℃ 이하의 저온에서 일어나는가?
㉮ 약 200℃ 이하 ㉯ 약 250℃ 이하
㉰ 약 300℃ 이하 ㉱ 약 350℃ 이하

문제 65. 용접 길이가 짧아서 변형 및 잔류 응력이 그다지 문제가 되지 않을 때 사용하는 용착법은?
㉮ 대칭법 ㉯ 전진법
㉰ 스킵법 ㉱ 후퇴법
[해설] 전진법의 용착법은 다음과 같다.
→

문제 66. 잔류 응력 제거 방법 중 용접선의 양측을 정속으로 이동하는 가스 불꽃에 의하여 너비 약 150 mm에 걸쳐서 150~200℃로 가열한 다음 곧 수랭하는 방법은 어느 것인가?
㉮ 기계적인 응력 완화법
㉯ 저온 응력 완화법
㉰ 국부 풀림법
㉱ 피닝법

문제 67. 용접에 의한 판의 각 변형과 같은 원리에 의하여 가열면 쪽으로 각 변형을 시키는 용접에 의한 변형의 교정법은?
㉮ 선상 가열법
㉯ 저온 응력 제거법
㉰ 면상 가열법
㉱ 피닝(peening)

문제 68. 다음 설명 중에서 용접 변형을 최소로 줄이는 방법에 해당되지 않는 것은?
㉮ 적정한 용접 조건을 택할 것
㉯ 용접 순서를 충분히 고려할 것

[해답] 58. ㉮ 59. ㉰ 60. ㉮ 61. ㉱ 62. ㉮ 63. ㉱ 64. ㉮ 65. ㉯ 66. ㉯ 67. ㉰ 68. ㉱

㉰ 용접용 포지셔너를 이용할 것
㉱ 예열과 후열 처리를 하지 말 것
[해설] 용접 변형을 최소로 줄일 때에는 예열과 후열로 해야 한다.

문제 69. 용접체의 뒤틀림에 대한 다음 설명 중 틀린 것은?
㉮ 이음의 모양은 될 수 있도록 용접부 단면의 대칭이 되도록, 또 될수록 용착이 적도록 설계하는 것이 유리하다.
㉯ 패스의 수가 적을수록 각 뒤틀림이 줄어든다.
㉰ 용접 속도가 빠를수록 불리하다.
㉱ 이음에 들어가는 열 입력은 고르고 일정하게 되도록 하여야 한다.
[해설] ㉮, ㉯, ㉱ 외에 이음의 사이즈도 요구되는 강도 이상의 사이즈가 되지 않도록 설계하여야 하며, 용접도 설계에 제시된 크기 이상의 용착을 하지 않도록 하여야 한다.

문제 70. 기계적으로 뒤틀림을 바로 잡는 방법 중 틀린 것은?
㉮ 미리 휘어 놓거나 각을 바로 잡아준다.
㉯ 튼튼한 지그로 견고하게 고정시키는 용접을 한다.
㉰ 반대쪽에 대칭으로 같은 작용을 일으키도록 용접한다.
㉱ 용접 후 가열하여 바로 잡는다.

문제 71. 원통의 맞대기 이음시 나타난 용접선과 직각 수축 현상을 말한 것이다. 맞는 것은?
㉮ 판 두께가 두꺼우면 수축이 크다.
㉯ 판 두께가 얇으면 얇을수록 좋다.
㉰ 판 두께가 이음과는 원통이므로 상관없다.
㉱ 판 두께가 두꺼우면 얇을 때보다 수축이 적다.

문제 72. 용접 변형 교정에 대한 설명 중 맞지 않는 것은?

㉮ 박판에 대한 점 수축법
㉯ 가열 후 해머질 하는 법
㉰ 롤러에 거는 법
㉱ 가열 후 담금질 경화시켜 변형이 없게 만드는 방법
[해설] • 용접 변형 후 교정법
① 점 가열법(박판에 대한 점 수축법)
② 선상 가열법(형태에 대한 직선 수축법)
③ 가열 후 해머질 하는 법
④ 후판에 대하여 가열 후 압력을 주어 수랭하는 법
⑤ 롤러에 의한 법
⑥ 피닝법
⑦ 절단에 의한 정형과 재용접

문제 73. 수축 변형에 영향을 주는 인자 중 용접 입열에 필요 없는 것은?
㉮ 아크 전류   ㉯ 용접 속도
㉰ 봉지름   ㉱ 구속과 용접 방법

문제 74. 수축량 한도에 미치는 인자가 아닌 것은?
㉮ 이음의 설계   ㉯ 피닝
㉰ 어닐링   ㉱ 예열

문제 75. 다음 설명 중 용접 순서로 맞지 않는 것은?
㉮ 양끝단에서부터 용접해 온다.
㉯ 수축이 큰 쪽을 먼저 용접한다.
㉰ 구조물 중심에 대하여 항시 대칭적으로 용접을 진행한다.
㉱ 항시 중립축을 중심으로 한다.
[해설] 수축 팽창은 한쪽으로부터 되므로, 양 끝단에서부터 용접시는 응력이 중앙으로 오기 때문에 변형이 커진다.

문제 76. 다음 중 변형 방지법이 아닌 것은?
㉮ 역변형법   ㉯ 도열법
㉰ 구속법   ㉱ 점가열 방법
[해설] 점가열 방법은 잔류 응력을 제거하여 변형을 교정하는 방법이고, 도열법은 용접 주

[해답] 69. ㉰ 70. ㉱ 71. ㉱ 72. ㉱ 73. ㉱ 74. ㉰ 75. ㉮ 76. ㉱

위의 냉각 부위를 열 전도부에 냉습도를 대는 방법이다.

문제 77. 다음은 수축량에 미치는 용접 시공 조건의 영향이다. 틀린 것은?
㉮ 루트 간격이 클수록 수축량이 적다.
㉯ 큰 용접봉이 수축이 적다.
㉰ 위빙을 하는 쪽이 수축이 적다.
㉱ 구속이 크면 수축량이 적다.

문제 78. 용접 변형 중 가장 적은 변형은?
㉮ 종수축   ㉯ 횡수축
㉰ 회전 변형 ㉱ 횡굴곡 변형
해설 세로 수축은 가로 수축의 $\frac{1}{100}$ 정도이다.

문제 79. 후퇴법의 순서는 어느 것인가?
㉮ ———→   ㉯ ←5 4 3 2 1
㉰ 2 5 3 4 1 ㉱ ←4 2 5 3
해설 • 비석법
   1 4 2 5 3
   → → →

문제 80. 다음 설명 중 틀린 것은?
㉮ 구속도가 크면 변형이 적고 수축이 작다.
㉯ 비드 층수가 많으면 수축이 작다.
㉰ 루트 간격이 클수록 수축도 크다.
㉱ 지름이 큰 용접봉일수록 수축이 작다.

문제 81. 잔류 응력이 될 수 있는대로 적게 하여야 할 경우에 가장 적합한 용착법은?
㉮ 전진법 ———→
㉯ 후진법 ←4 3 2 1
㉰ 대칭법 ←4 2 1 3→
㉱ 비석법 1 4 2 5 3 → → →

문제 82. 그림과 같은 맞대기 용접판의 비드 수축은 무슨 수축인가?

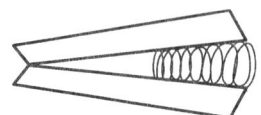

㉮ 축 방향 수축   ㉯ 세로 방향 수축
㉰ 가열부 수축   ㉱ 가로 방향 수축

문제 83. 다음 용접 변형 고정 방법 중 잘못된 것은?
㉮ 얇은 판에 의한 점 수축법
㉯ 절단에 의하여 변형하고 재용접하는 방법
㉰ 가열 후 해머질 하는 방법
㉱ 변형된 부위를 줄질하는 방법

문제 84. 고탄소강의 용접시 예열을 하지 않을 경우 나타나는 효과 중 틀린 것은?
㉮ 단층 용접에서 담금질 조직이 된다.
㉯ 단층 용접에서 경도가 높다.
㉰ 2층 용접에서는 모재의 열영향부가 뜨임 효과를 받는다.
㉱ 2층 용접에서 최고 경도는 매우 저하된다.
해설 2층 용접에서는 모재의 열영향부가 풀림(annealing) 효과를 받는다.

문제 85. 다음 중에서 예열의 필요성으로 틀린 것은?
㉮ 용접부와 인접부의 수축 응력을 감소시키기 위하여 특히 구속된 이음의 경우 꼭 필요하다.
㉯ 모재가 가열되었다가 임계 온도 범위를 통과하여 식을 때의 냉각 속도를 느리게 해 줌으로써 모재의 열영향부와 용착 금속의 경화를 방지하고 연성을 높여주기 위하여 필요하다.
㉰ 약 200℃ 범위를 통과하는 시간을 지연시켜 용착 금속의 수소 성분이 달아날 시간 여유를 주어 비드 균열을 방지하는 데 도움이 되므로 필요하다.
㉱ 모재가 급열·급랭하게 만들어 취성을 부여하고 용접성을 향상시키기 위하여 예열이 필요하다.
해설 예열(preheating)은 모재가 급열·급랭이 되는 것을 방지한다.

해답 77. ㉮ 78. ㉮ 79. ㉯ 80. ㉯ 81. ㉱ 82. ㉱ 83. ㉱ 84. ㉰ 85. ㉱

문제 86. 재료가 연성 파괴에서 취성 파괴로 변화하는 온도 범위를 무엇이라 하는가?
㉮ 임계 온도   ㉯ 층간 온도
㉰ 예열 온도   ㉱ 천이 온도
[해설] 강의 천이 온도는 400~600℃로, 이 온도에서 취화 영역이 된다.

문제 87. 수축 변형의 종류를 열거한 것 중 맞지 않는 것은?
㉮ 종수축   ㉯ 횡수축
㉰ 토수축   ㉱ 회전 변형

문제 88. 다음 중 용접 시공과 수축에 대한 사항 중 틀린 것은?
㉮ V형 홈은 X형 홈보다 수축이 크다.
㉯ 루트 간격이 클수록 수축도 크다.
㉰ 지름이 큰 용접봉일수록 수축이 작다.
㉱ 비드 층수가 많을수록 수축이 크다.
[해설] 다층 용접에서의 수축량은 용착 금속의 양에 따라 증가하지만, 그 증가율은 절감된다.

문제 89. 변형 교정 방법 중 얇은 판에 대한 점 수축법의 시공 조건으로 적합하지 않은 것은?
㉮ 가열 온도 100~200℃
㉯ 가열 시간 약 30초
㉰ 가열점의 지름 20~30 mm
㉱ 가열점의 중심 거리(판 두께 2.3 mm인 경우) 60~80 mm
[해설] 가열 온도는 500~600℃ 정도가 적당하다.

문제 90. 중탄소강과 고탄소강의 용접이 가장 곤란한 원인은?
㉮ 용접 금속과 열영향부의 경화
㉯ 용접 금속과 열영향부의 취화
㉰ 열영향부의 변형 여유를 주기 때문
㉱ 용접 금속 및 열영향부의 균열 방지 원소가 적기 때문

문제 91. 다음 중 철강 용접부의 천이 온도가 가장 높은 영역은?

㉮ 최고 가열 온도가 100~200℃에 상승한 부분
㉯ 최고 가열 온도가 200~300℃에 상승한 부분
㉰ 최고 가열 온도가 400~600℃에 상승한 부분
㉱ 최고 가열 온도가 800~900℃에 상승한 부분

문제 92. 강 용접부의 냉각 속도에 미치는 열영향부 임계 온도 구역은?
㉮ 600℃   ㉯ 700~800℃
㉰ 900℃   ㉱ 1000℃
[해설] 용접 부위는 700~800℃ 구역에서 금속 내부 결정이 급격히 변화되므로, 내부 응력 제거 고온 풀림시 약 600℃ 이상에서 실시한다.

문제 93. 저온 취성을 작게 하는 요인이 아닌 것은?
㉮ 탄소량이 적은 재료를 택한다.
㉯ 니켈(Ni)이 약간 들어 있는 재료를 택한다.
㉰ 저온에서(notch) 취성이 작은 재료를 택한다.
㉱ 탄소량이 많은 강재를 택한다.

문제 94. 알루미늄 용접 후 변형을 잡는 방법 중 가장 적당한 것은?
㉮ 피닝법   ㉯ 억압법
㉰ 수랭법   ㉱ 흡수법

문제 95. 용접에서 생긴 변형을 방지하는 방법이 아닌 것은?
㉮ 역변형법   ㉯ 점열 급랭법
㉰ 흡열법   ㉱ 교정법
[해설] • 역변형법 : 용접하기 전에 미리 용접 후의 변형을 예측하여 반대 방향으로 변형시킨다.

문제 96. 가스 용접에서 변형 방지를 목적으로 하는 조치가 아닌 것은?
㉮ 예열과 후열   ㉯ 가접

[해답] 86. ㉱ 87. ㉰ 88. ㉱ 89. ㉮ 90. ㉮ 91. ㉰ 92. ㉯ 93. ㉱ 94. ㉮ 95. ㉮ 96. ㉱

㉰ 구속을 한다. ㉱ 전진법으로 한다.

문제 97. 국부 풀림법의 가열 장치는? (단, 용접 후 처리에서)
㉮ 아크열   ㉯ 유도 가열
㉰ 마찰열   ㉱ 저항열

문제 98. 다음은 탄소당량에 대한 설명이다. 옳지 못한 것은?
㉮ 탄소당량에 미치는 영향은 탄소가 가장 크다.
㉯ 탄소당량이 높을수록 열영향부는 쉽게 경화된다.
㉰ 탄소당량이 많을수록 용접성이 좋아진다.
㉱ 탄소당량을 낮추는 효과를 갖는 합금 원소도 있다.

[해설] 용접시 탄소 당량이 많아질수록 용접성은 나빠진다.

문제 99. 가열에 의하여 소성 변형을 일으켜 변형을 고정하는 방법이다. 이에 속하지 않는 것은?
㉮ 얇은 판에 대한 점 수축법
㉯ 형재에 대한 직선 수축법
㉰ 가열 후 해머질 하는 법
㉱ 피닝법

문제 100. 다음 중 용접 변형을 가장 적게 하는 법은?
㉮ 가능한 한 대칭으로 용접한다.
㉯ 가능한 한 홈 각도를 크게 한다.
㉰ 층수를 많이 한다.
㉱ 전류를 세게 하여 가능한 한 늦게 용접한다.

문제 101. 잔류 응력 제거 방법으로 용접선의 양측을 가스 불꽃으로 너비 약 150 mm에 걸쳐서 150~200℃로 가열한 다음 곧 수랭하는 방법은?

㉮ 기계적 응력 완화법
㉯ 피닝법
㉰ 저온 응력 완화법
㉱ 타격법

문제 102. 가스 용접봉의 표시는 GA 46, GB 46 등으로 표시하며, 시험의 처리에 따라 SR 또는 NSR로 나타내는데 SR은 용접의 응력 제거 방법인 풀림 처리를 한 것이다. 이때 풀림 온도로 적당한 것은?
㉮ 425±25℃   ㉯ 625±25℃
㉰ 825±25℃   ㉱ 1025±25℃

문제 103. 다음 여러 잔류 응력 측정법 중 시험편을 절단하는 방법은?
㉮ 이완법   ㉯ X선 회절법
㉰ 응력 특성법 ㉱ 균열법

문제 104. 다음 은점(fish eye)에 관한 설명 중 틀린 것은?
㉮ 용접 결함의 일종이다.
㉯ 속이 비고 둘레에 취화부가 있는 원형의 결함이다.
㉰ 수소가 원인이어서 이의 방지는 수소의 침입 방지이다.
㉱ 결함 대책으로는 피닝 방법이 있다.

문제 105. 다음은 용접성에 대한 설명이다. 옳지 못한 것은?
㉮ 모재의 높은 열 전도율은 용접성을 나쁘게 한다.
㉯ 탄소당량이 적을수록 용접성은 나빠진다.
㉰ 합금 원소가 많을수록 용접성은 나빠진다.
㉱ 모재가 후판일수록 용접성은 나빠진다.

[해설] ・용접성 : 일반적으로 재료에 최적의 용접봉과 용접법에 의하여 양호한 성질을 갖는 용접을 할 수 있는 재료의 능력을 나타낸다 라고 정의한다.

해답 97. ㉯ 98. ㉰ 99. ㉱ 100. ㉮ 101. ㉰ 102. ㉯ 103. ㉮ 104. ㉱ 105. ㉯

문제 106. 아크 용접에서 열량 조절은 다음 중 어떤 방법으로 하는가?
㉮ 주춤 (hesitating) ㉯ 휘핑(whipping)
㉰ 위빙(weaving) ㉱ 후열(post-heating)

문제 107. 어떤 한계 내에서의 잔류 응력 제거는 어떻게 하는 것이 적당한가?
㉮ 유지 온도가 높을수록 또 유지 시간이 짧을수록 효과가 크다.
㉯ 유지 온도가 낮을수록 또 유지 시간이 짧을수록 효과가 크다.
㉰ 유지 온도가 높을수록 또 유지 시간이 길수록 효과가 크다.
㉱ 유지 온도가 낮을수록 또 유지 시간이 길수록 효과가 크다.
[해설] 유지 온도가 낮을 경우에는 유지 시간을 길게 해 주어야 한다.

문제 108. 얇은 판에 대한 점 수축법으로 변형 교정할 때의 시공 조건 중 틀린 것은?
㉮ 가열 온도 500~600℃
㉯ 가열 시간 약 60 s
㉰ 가열한 다음 곧 수랭
㉱ 가열점의 지름 20~30 mm

문제 109. 다음 중 용접 잔류 응력 완화법이 아닌 것은?
㉮ 응력 제거 어닐링법
㉯ 저온 응력 완화법
㉰ 기계적인 방법
㉱ 시효 경화에 의한 완화법
[해설] 응력 제거 풀림 처리 방법이 응력 제거 효과가 가장 크나, 처리할 물건이 클 경우 비경제적이다.

문제 110. 스테인리스 용접의 경우 용접 직후 급랭시키는 것이 바람직하다. 그 이유는?
㉮ 고온 크랙(crack)을 예방하기 위하여
㉯ 기공의 확산을 막기 위하여
㉰ 용접 표면에 부착한 피복제를 쉽게 털어내기 위하여
㉱ 임계 부식을 방지하기 위하여

문제 111. 용접부 피로 시험에서 피로 한도는 어느 정도이어야 하는가?
㉮ 2×10^2 회 ㉯ 2×10^3 회
㉰ 2×10^5 회 ㉱ 2×10^6 회

문제 112. 용접 작업에서 변형이 발생하는 이유 중 맞는 것은?
㉮ 용착 금속의 수축과 팽창
㉯ 용착 금속의 용착 불량
㉰ 용착 금속의 경화
㉱ 이음부의 가공 불량
[해설] • 용접 변형 : 용접부의 가열로 인하여 용착 금속의 팽창과 수축이 원인이 된다.

문제 113. 토 (toe) 균열과 관계가 없는 것은?
㉮ 수소
㉯ 저온 균열
㉰ 고속 균열
㉱ 용착 후 수 분 지나서 발생

문제 114. 용접 열영향부의 기계적 특성을 좌우하는 가장 중요한 요소는?
㉮ 모재의 화학 성분 ㉯ 용접 전류
㉰ 용접 속도 ㉱ 용접봉의 종류

문제 115. 용접 열영향부 폭에 대한 설명이다. 옳은 것은?
㉮ 열영향부 폭은 최고 온도 분포를 바꿈으로써 조정할 수 없다.
㉯ 열영향부 폭은 용접 입열의 에너지 밀도가 클수록 넓어진다.
㉰ 열영향부 폭은 용접 입열의 에너지 밀도가 클수록 좁아진다.
㉱ 모든 열영향부는 온도 변화의 영향을 받지 않는다.

문제 116. 용접성이 우수한 보통 연강재의 탄소 함유량은?

[해답] 106. ㉯ 107. ㉰ 108. ㉯ 109. ㉱ 110. ㉱ 111. ㉱ 112. ㉮ 113. ㉮ 114. ㉮
115. ㉰ 116. ㉮

㉮ 0.25 % 이하   ㉯ 0.4~0.45 %
㉰ 0.5~0.55 %   ㉱ 0.6 % 이상
[해설] 탄소 함유량이 증가될수록 용접성은 나빠진다.

[문제] 117. 용접 작업을 할 때 발생한 변형을 교정하는 방법으로 틀린 것은?
㉮ 후판에 대한 점 수축법
㉯ 가열 후 해머질 하는 법
㉰ 롤러에 거는 방법
㉱ 형재에 대한 직선 수축법
[해설] • 점 수축법 : 얇은 판 (박판)의 용접 변형을 교정하는 방법이다.

[문제] 118. 가접은 본 용접을 실시하기 전에 좌·우의 홈 부분을 잠정적으로 고정하기 위한 짧은 용접으로, 본 용접시 다음과 같은 결함을 수반하는데 관계없는 것은?
㉮ 균열   ㉯ 슬래그 잠입
㉰ 기공   ㉱ 용입 불량

[문제] 119. 다음은 변형의 경감에 대하여 설명한 것이다. 모재에 대한 열전도를 막음으로써 변형을 경감하는 방법은?
㉮ 도열법   ㉯ 역변형법
㉰ 후퇴법   ㉱ 억제법

[문제] 120. 다음 중 용착 금속의 수축 변형과 잔류 응력을 감소시키기 위하여 용접선을 짧게 구분하여 용착하는 방법이 아닌 것은?
㉮ 전진법   ㉯ 백스텝법
㉰ 대칭법   ㉱ 스킵법
[해설] • 전진법 : 연속 용접으로 용착시키는 방법이다.

[문제] 121. 모재 열영향부의 인성과 노치 취성 악화의 원인 중 가장 거리가 먼 것은?
㉮ 냉각 속도가 너무 빠를 때
㉯ 이음 설계가 부적당할 때
㉰ 용접봉이 부적당할 때
㉱ 모재로부터 탄소 합금 원소가 과도하게 가해졌을 때

[문제] 122. 다음 중 용접의 잔류 응력 제거 방법이 아닌 것은?
㉮ 노멀라이징법
㉯ 어닐링법
㉰ 저온 응력 제거법
㉱ 피닝법
[해설] 노멀라이징은 열처리법이다.

[문제] 123. 수축 변형의 영향을 미치는 인자가 아닌 것은?
㉮ 다듬질 정도
㉯ 용접 입열
㉰ 판의 예열 온도
㉱ 판 두께와 이음 형상

[문제] 124. 다음 그림과 같이 연강판을 맞대기 용접하였다. 다음 σ_x에 대한 설명 중 옳지 않은 것은? (단, σ_x의 Y축 상의 변화에 있어서)

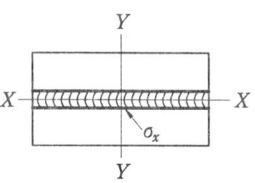

$\sigma_x = X$축 방향의 수직 잔류 응력

㉮ σ_x는 Y축과 X축이 만나는 부분의 용착으로 금속 내에서의 인장이다.
㉯ σ_x는 Y축 상에서 모재 부분에서 압축 응력이 되는 곳도 있다.
㉰ σ_x는 전 Y축 상에서 언제나 인장이다.
㉱ σ_x는 Y축 상에서 인장도 있고 압축도 있다.

[문제] 125. 다음은 응력을 제거하는 방법이다. 선박과 같이 구조물의 용접 잔류 응력 경감에 사용되는 방법은?

㉮ 노내 응력 제거 어닐링
㉯ 저온 응력 완화법
㉰ 기계적 완화법
㉱ 피닝

해설 • 저온 응력 완화법 : 용접선의 양측을 정속도의 가스 불꽃으로 너비 약 150 mm를 150~200℃로 가열한 다음 수랭시킨다.

문제 126. 용접 열영향부의 조직과 기계적 성질에 가장 큰 영향을 주는 3가지 요인에 포함되지 않는 사항은?
㉮ 용접 속도
㉯ 예열, 후열의 유무
㉰ 모재의 화학 조성
㉱ 용접 각도와 방법

문제 127. 언더 비드 균열은 비드 밑에 생기는 균열이다. 다음 중 어떤 강종에서 가장 많이 발생하는가?
㉮ 저합금 고장력강   ㉯ 저합금 저장력강
㉰ 고합금 고장력강   ㉱ 고합금 저장력강

해설 • 언더 비드 균열(under beed crack) : 용접 비드 밑 용접선에 아주 가까이 거의 이와 평행되게 모재 열영향부에 생기는 균열로, 고탄소강이나 저합금 고장력강 등에 많이 발생한다.

문제 128. 다음 중 풀림 열처리의 목적이 아닌 것은?
㉮ 용접에서 연화된 조직의 경화
㉯ 금속 결정 입자의 조절
㉰ 열처리 경화된 재료의 연화
㉱ 가공에서 경화된 재료의 연화

문제 129. 용접 열영향부의 경도가 커질수록 어떤 현상이 가장 크게 나타나는가?
㉮ 인성이 향상된다.
㉯ 인성이 떨어진다.
㉰ 잔류 응력이 작아진다.
㉱ 잔류 응력이 커진다.

문제 130. 다음 중 저온 응력 완화법은?
㉮ 용접선의 좌우 양측을 각각 250 mm의 범위를 625℃에서 1시간 가열하여 수랭하는 방법
㉯ 600℃에서 10℃씩 온도가 내려가게 풀림처리 하는 방법
㉰ 가열 후 압력을 가하여 수랭하는 방법
㉱ 용접선의 양측을 정속으로 이동하는 가스 불꽃에 의하여 너비 약 150 mm에 걸쳐서 150~200℃로 가열한 다음 수랭하는 방법

문제 131. 용접시 냉각 속도에 관한 설명이다. 이 중 틀린 것은?
㉮ 맞대기 이음보다는 T형 이음이 냉각 속도가 크다.
㉯ 얇은 판보다는 두꺼운 판이 냉각 속도가 크다.
㉰ 알루미늄이나 구리는 연강보다 냉각 속도가 느리다.
㉱ 예열을 하면 냉각 속도가 완만하게 된다.

해설 얇은 판보다 두꺼운 판(후판)이 냉각 속도가 크다.

문제 132. 용접 입열 몇 %가 모재에 흡수되어 있는가 하는 비율을 무엇이라 하는가?
㉮ 아크 열 효율   ㉯ 온도 확산율
㉰ 전도율   ㉱ 용착 효율

해설 열 효율은 모재의 판 두께, 이음 형상, 예열 온도, 용접봉의 지름, 용접 속도, 아크 길이, 아크 전류, 피복제의 종류와 두께, 모재와 용접봉의 열 전도율이나 온도 확산율 등에 영향을 받는다.

문제 133. 뒤틀림 방지법 중 용접 요령으로서 억제하는 방법이 아닌 것은?
㉮ 이음의 용입은 될수록 적게 하고, 맞춤의 이가 잘 맞도록 한다.
㉯ 용접은 밖에서부터 시작하여 중앙으로 진행한다.

해답 126. ㉱ 127. ㉮ 128. ㉮ 129. ㉯ 130. ㉱ 131. ㉰ 132. ㉮ 133. ㉯

㉰ 단면의 중축 또는 중심선 양쪽에 균형 있는 용착을 시켜 나간다.
㉱ 필릿 용접부보다 맞대기 용접부를 먼저 용접한다.

문제 134. 다음 중 판의 두께가 25 mm인 탄소강의 노내 풀림법에 대한 설명으로 옳은 것은?
㉮ 450℃에서 10℃씩 온도가 내려가는데 대해서 20분씩 길게 잡으면 된다.
㉯ 500℃에서 10℃씩 온도가 내려가는데 대해서 20분씩 길게 잡으면 된다.
㉰ 600℃에서 10℃씩 온도가 내려가는데 대해서 20분씩 길게 잡으면 된다.
㉱ 700℃에서 10℃씩 온도가 내려가는데 대해서 20분씩 길게 잡으면 된다.

문제 135. 용접에 의한 변형 방지법의 일반적인 원칙이다. 부적당한 것은?
㉮ 될 수 있는 한 용착량을 적게 한다.
㉯ 층수(layer)를 증가시키고, 용접 속도를 늦어지도록 한다.
㉰ 정규의 다리 길이를 엄수한다.
㉱ 가공 정밀도를 향상시킨다.
[해설] 변형을 방지하기 위해서는 다층 용접에서 가능한 층수를 줄이고, 용접 전류는 높이고 용접 속도는 빠르게 한다.

문제 136. 다음 중 용접부에서 발생하는 저온 균열과 직접적인 관계가 없는 것은?
㉮ 열영향부의 경화 현상
㉯ 용접 잔류 응력의 존재
㉰ 용착 금속에 함유된 수소
㉱ 합금의 응고시에 발생하는 편석
[해설] · 저온 균열(cold crack) : 온도 300℃ 이하에서 발생하거나 용접 금속 응고 후 48시간 이내에 발생하는 균열이다.

문제 137. 용접봉에서 피복제의 슬래그 생성 성분이 하는 역할이 아닌 것은?

㉮ 산화·질화 방지
㉯ 탈산 작용
㉰ 급랭 방지
㉱ 균열 전류 유지 작용

문제 138. 다음 중 용접 모재 균열 방지 대책으로 맞지 않는 것은?
㉮ 예열을 한다.
㉯ 후열을 한다.
㉰ 용접봉을 새 것으로 바꾼다.
㉱ 저수소계 용접봉을 사용한다.
[해설] · 균열의 발생 원인
 ① 수소에 의한 균열
 ② 외적인 힘에 의한 균열
 ③ 내적인 힘에 의한 균열
 ④ 변태에 의한 균열
 ⑤ 용착 금속의 화학 성분에 의한 균열
 ⑥ 노치에 의한 균열

문제 139. 다음 중 용접시의 응고 현상 및 그 조직이 주조 작업시와 다른 특이점이 아닌 것은?
㉮ 용융지가 극히 작고 열원의 이동으로 용융과 응고가 상접해서 동시에 계속 일어난다.
㉯ 용융지의 온도가 극히 높으나, 이의 온도 기울기가 적어 대류 등에 의한 극심한 교반 현상이 동반되지 않는다.
㉰ 용융 금속의 응고 속도가 대단히 크다.
㉱ 주형이 모재이므로 용착 금속은 모재와 결정학적으로 일체화되어야 한다.

문제 140. 다음 중 용접 변형의 경감 및 교정 방법에서 용접부에 구리로 된 덮개판을 두든지 뒷면에서 용접부를 수랭 또는 용접부 근처에 물기 있는 석면, 천 등을 두고 모재에 용접 입열을 막아 변형을 방지하는 방법은?
㉮ 롤링법   ㉯ 피닝법
㉰ 도열법   ㉱ 억제법

해답 134. ㉰ 135. ㉯ 136. ㉱ 137. ㉱ 138. ㉰ 139. ㉯ 140. ㉰

제4장 용접 시공

1. 용접 시공 계획, 준비 및 작업

1-1 용접 시공 계획

(1) 작업 공정 설정

일반적으로 용접의 공사량과 설비 능력을 기본으로 하여, 전체의 공정이 결정되고 자세한 용접의 공정 계획이 세워지게 된다.

① 공정표, 산적표를 만든다.
② 공작법을 결정한다.
③ 인원 배치표 및 가공표를 만든다.

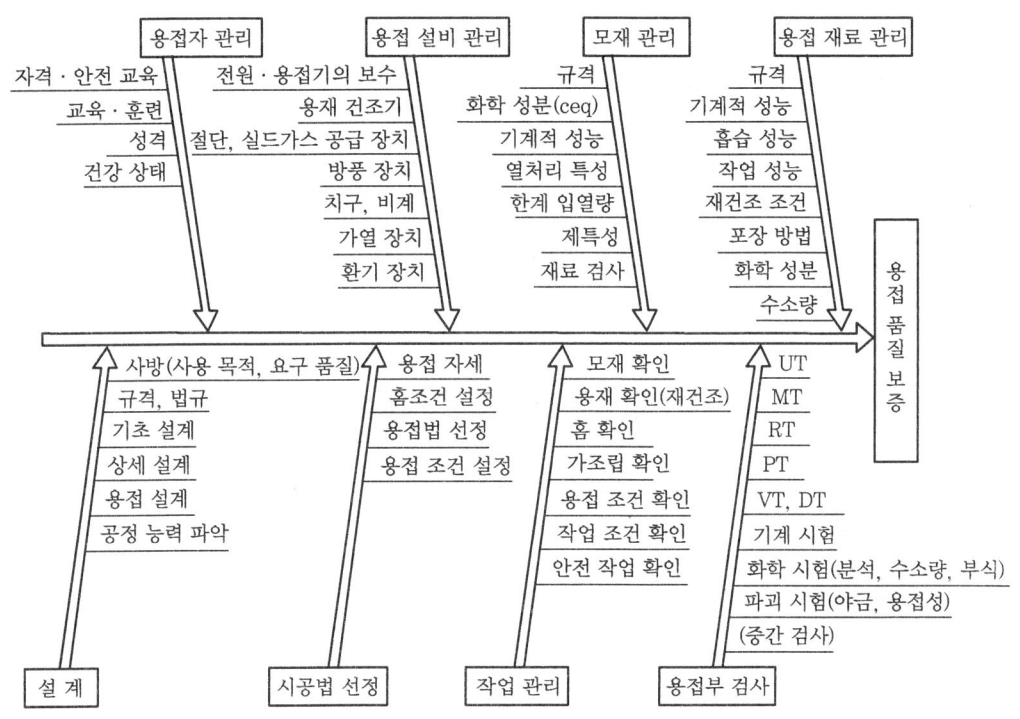

㈜ UT : 초음파탐상시험   MT : 자분탐상시험   RT : 방사선투과시험   PT : 침투탐상시험   VT : 외관검사
   DT : 치수검사

품질 보증을 위한 특성 보증도

공정표에는 완성 예정일, 재료 및 주요 부품의 구매 시기를 표시하고, 작업 구분별로 공정

표를 모아서 용접 소요 공수의 산적표를 만들어 가능한 산이 평탄하게 되도록 공사량의 평균화를 도모한다. 다음에 각 구조의 설계도에 따라 자세한 공작법을 세운다. 여기에는 가스 절단의 조건과 용접 홈 및 용접 조건의 결정, 용접법의 선택, 용접 순서의 결정, 변형 제거 방법 선정 및 열처리 방법의 결정이 필요하다.

최후에 각 구조물의 블록별로 인원 배정표를 만든다. 이것은 설비 능력을 고려하고, 공사 중 필요한 인원의 변동이 적도록 조립 관계자와 상호 협의할 필요가 있다. 용접 품질 보증을 위한 특성 요인도는 위의 그림에서와 같이 종합적인 관리가 필요하다.

(2) 설비 계획

구조물을 용접으로 조립 생산할 때에는 공장 설비를 용접 시공에 적절하게 시설하여야 하며, 다량 생산은 물론이고 최소 한도의 경우에도 가능한 작업화를 시킬 필요가 있다.

설비로서 중요한 것은 용접 구조물 구성 부재의 반입과 용접 후 제품의 반출이 가능한 운반 설비, 수평 정도가 좋은 정반, 용접 장치, 절단 장치, 그라인더 등의 설비와 치공구류가 용접 공작에 필요하다.

설비 계획에서 중요한 것은 다음과 같다.

① 과밀되지 않는 적당한 넓이의 공장
② 일련의 공정(부재 반입−조립−용접−검사·교정−도장−반출)을 무리없이 수행할 수 있는 컨베이어(conveyer) 설비 또는 작업 공정별로 작업원을 배치하여야 한다.
③ 공장 내의 환경 위생면에서의 배려가 필요하다 (자연 환기 또는 강제 환기 등에 의하여 퓸(fume)의 농도를 5 mg/m^3 이하로 한다. 탄산가스, 아르곤 가스를 보호 가스로 이용하여 용접할 경우에는 산소가 부족하지 않게 하여야 한다).
④ 정반은 충분한 단면적을 갖도록 하여야 하며, 전기적으로는 도체로 하여 용접기의 어스 측에 결선할 수 있도록 한다 (앵글, 봉 등을 용접의 어스선으로 사용하지 말 것).
⑤ 용접용 2차 케이블 또는 가스 호스 등이 잘 정돈되어 발에 걸리지 않게 한다.
⑥ 각종 가스 파이프는 가스 종류에 따라 정해진 색으로 정리하고 가스 흐름의 방향을 표시해 놓으며, 가스 밸브의 위치를 쉽게 찾을 수 있도록 한다.

[용접 전원 설비]

용접에 직접 관계되는 설비로는 용접기, 케이블, 전원 변압기 및 가스 절단기가 있다. 몇 대의 용접기를 설치할 것인가는 그 공장에서 처리할 수 있는 공사량에 따라서 결정한다. 즉, 어떤 공장에서 하루에 100개의 제품을 생산한다고 가정하면, 이때 용접사 한 사람당 하루 10개의 용접 능력이 있으면 필요한 용접기의 대수는 10대가 된다.

설비하는 용접기가 결정되면 필요한 전원 변압기의 용량 (Q)를 결정한다. 용량은 다음과 같은 식으로 구한다.

$$Q = \sqrt{n \cdot a} \cdot \sqrt{1+(n-1)} \, a \cdot \beta \cdot p \, [\text{kVA}]$$

여기서, n : 용접기 대수

a : 용접기의 사용률 $\left(\text{아크 타임률} = \dfrac{\text{아크 발생 시간의 합계}}{\text{전시간}} \right)$ ·················· (①)

β : 용접기의 부하율 $\left(= \dfrac{\text{사용시의 평균 전류}}{\text{용접기의 최대 전류}} \right)$

p : 용접기 1대당 최대 용량 (=개로 전압×최대 전류 [kVA])

위의 식에서 α=0.4~0.6, β=0.6~0.8이 보통 사용된다. 식 (①)은 용접기의 대수에 따라서 다음과 같이 변화된다.

① 용접기가 1대인 경우 : $Q = \sqrt{α} \cdot β \cdot p$
② 용접기가 2~10대인 경우 : $Q = \sqrt{nα} \cdot \sqrt{(n-1)α} \cdot β \cdot p$
③ 용접기가 10대 이상인 경우 : $Q = n \cdot α \cdot β \cdot p$

따라서 용접기의 1차 압력 단자는 보통 3상 교류 배선에서, 다음 그림과 같이 3상 각 라인의 부하가 균형되도록 결선해야 한다.

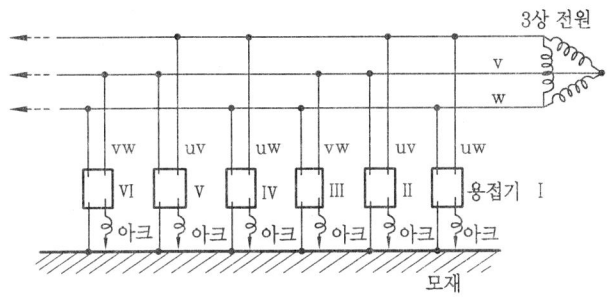

3상 전원에서의 교류 아크 용접기 결선 방법

> **예제 1.** AW-400인 용접기 20대를 설치하고자 하는 공장에는 어느 정도의 전원 변압기를 설비해야 하는가? (단, 400 A의 개로 전압은 80 V이고, 사용률은 50 %, 용접기의 평균 사용 전류는 200 A이다.)

해설 ① $β = \dfrac{200}{400} = 0.5$

② $p = 400 \times 80 = 32000 \text{ VA} = 32 \text{ kVA}$

∴ $Q = n \cdot α \cdot β \cdot p = 20 \times 0.5 \times 0.5 \times 32 = 160 \text{ kVA}$

따라서, 전원 변압기의 용량은 160 kVA가 필요하다. 또한 이것은 1대마다 (160/20) 8 kVA로 분할하게 된다.

(3) 공사량 견적

필릿 용접 이음 공사에서는 용접 비용을 계산할 때 [6 mm 환산 길이]라는 기준치를 사용하는 경우가 있다. 이것은 어느 공사에서 톤당 몇 [m]라는 말을 6 mm의 환산값으로 단가를 정하는 것이다. 보통 맞대기 용접 이음부에서는 이음부 형상이 V형, K형, X형 등에 대한 루트 간격, 용접 홈의 각도 등에 따라 용접량을 산출하기 때문에 복잡하다.

필릿 용접 이음도 치수가 여러 가지가 있기 때문에 상호간에 비용을 비교할 경우 표준이 되는 것을 정하기 위하여 6 mm 환산이라는 것이 나왔다. 즉, 이것은 각장 (다리 길이)이 6 mm인 필릿 용접 이음의 단면적을 1로 표준으로 하여 각 용접의 단면적 비율을 환산하여 환산율을 만들어 비용을 편리하게 뽑기 위한 것이다.

환산 계수를 산출하고자 할 경우에는 다음과 같은 기준을 참고하는 것이 좋다.

① 용입 부분은 단면적으로 계산하지 않는다.

② 표면 덧붙이는 단면적으로 포함하는 것이 좋다.
③ 엔드 탭 부분은 엔드 탭 길이의 1/2만을 계산한다.

이와 같은 것을 고려하여 6 mm 환산을 하게 되면, 용접봉의 필요량을 환산할 수 있다. 예를 들어, 피복 아크 용접으로 6 mm 환산의 총 길이가 2 km라고 하면 2000×0.3 kg=600 kg의 용접봉이 필요한 것을 알 수 있다. 그러나 이 수치는 정확한 용접 공수의 산출 근거는 될 수 없다. 왜냐하면 용접봉 지름을 $\phi 3.2$로 4층 용접하는 경우와 $\phi 4.0$으로 3층 용접할 수가 있어 용접 공수의 차이가 있기 때문이다.

용접 환산 계수의 산출은 위에서 언급한 바와 같이 사이즈 6 mm의 필릿 용접 이음과의 단면비로 한다. 즉, 사이즈 6 mm의 필릿 용접 이음을 1.00으로 할 때, 단면적을 21.8 mm²로 한다. 다리 길이는 다음 그림에서 알 수 있는 바와 같이 평균 $1.1S$(S는 사이즈)로 한다.

즉, 단면적은 $\dfrac{6\,mm \times 6\,mm}{2} \times 1.12 \fallingdotseq 21.8\,mm^2$ 이다.

용접부 단면적을 A로 하면 사이즈 6 mm의 필릿 용접 이음에 대한 환산 계수 $K = \dfrac{A}{21.8}$ 이고, $A = \dfrac{(S+0.1)^2}{2} = \dfrac{1.21 S^2}{2}$ 이 된다.

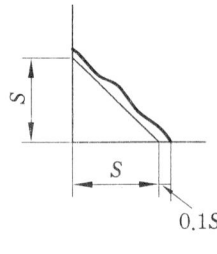
(a) 단면적 산출

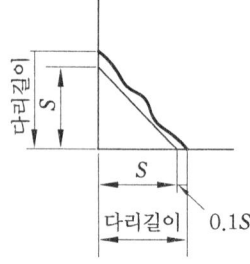
(b) 다리길이 필릿이음

필릿 용접 이음의 다리 길이와 사이즈

이 외에 V형, K형 등의 경우에도 적용할 수 있는데, 다음 그림은 V형 이음의 경우를 나타낸 것이다.

즉, $K = \dfrac{A}{21.8}$

$A = b^2 \tan\theta$ 로 하고
$a = 2b\sin\theta$, $\theta = 60°$ 가 되어
$b = 4$, $\tan 60° = 1.732$
$A = 4^2 \times 1.732 = 27.712$
$K = \dfrac{27.712}{21.8} = 1.2711 \fallingdotseq 1.3$

환산 계수는 맞대기 용접 이음에서도 활용할 수 있다.

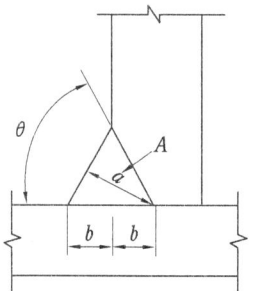

b 사이즈	K 환산계수
4	1.3
5	2.0
6	2.9
7	3.9

그루브 이음에서의 환산 계수

예제 2. 판 두께 20 mm인 2개의 강판을 다리 길이 15 mm로 필릿 용접 이음을 하고자 할 때 총 용접 길이는 15 m가 된다. 이 경우 6 mm 환산 용접 길이는 얼마인가?

[해설] 다리 길이 15 mm인 필릿 용접 이음의 환산 계수 (K)는 6.3이다.
따라서 환산 용접 길이는 15×6.3=94.5 m가 된다.

1-2 용접 준비 및 작업

(1) 일반 준비

용접 제품의 좋고 나쁨은 본 용접뿐만 아니라, 용접 전의 여러 가지 준비에도 많이 좌우된다. 따라서 용접 준비는 용접 작업에 있어서 중요한 문제이다.

① 모재 재질의 확인
② 용접기의 선택
③ 용접봉의 선택
④ 용접사의 선임
⑤ 지그의 결정
⑥ 용접법 및 용접 기기의 선택

철강의 아크 용접을 주 대상으로 할 경우에는 피복 아크 용접, 이산화탄소 아크 용접, 서브머지드 아크 용접 등을 생각할 수 있다. 이때 피복 아크 용접은 거의 만능적이나 다른 두 용접법에 비하면 용접 속도가 느리고 용입도 얕다. 그리고 이산화탄소 아크 용접은 가스로서 용접 금속을 보호하여 실시하기 때문에, 가스로서 보호한다는 점에서 주의가 필요하나 용접 속도가 빠르고 깊은 용입을 얻을 수 있다. 서브머지드 아크 용접은 용접 속도나 용입은 모두 크고 얇은 판보다는 두꺼운 판의 용접에 적합하다.

이와 같이 용접법에는 각각의 특징이 있으므로, 용접법 및 기기의 선택에 있어서도 잘 비교·검토하여 둘 필요가 있다. 또 얇은 판의 용접이나 기타 특수한 것에 대해서는 각각의 적합한 용접 방법 및 용접기의 선택을 고려하는 것이 좋고 용접사의 선임에 있어서도 용접사에 따라 용접 결과에 크게 영향을 미치므로, 용접사는 기량이 우수해야 될 뿐만 아니라 정신적 자세도 중요하다. 즉, 용접 이음의 전부를 간단한 비파괴 검사로 할 수가 없으므로 이음의 신뢰도는 용접사의 책임감에 크게 의존되기 때문이다.

재료의 준비, 용접사의 선임이 끝나면 조립과 가접으로 들어가는데, 물건을 정확한 치수로 제작하기 위해서는 정반 또는 적당한 용접대 위에 조립·고정할 필요가 있다. 물건을 조립하는데 사용하는 도구를 용접 지그(welding jig)라 하며, 이 중 부품을 눌러서 고정하는데 필요한 것을 용접 고정구라 한다. 이 지그 활용의 잘하고 못함이 용접 제품의 완성 상태를 지배하며, 공수 경감에도 큰 영향을 준다.

용접 지그는 용접물을 용접하기 쉬운 상태로 놓기 위한 것과 용접 제품의 치수를 정확하게 하기 위하여 변형을 억제하는 역할을 하는 것 두 종류로 크게 나눌 수 있다. 용접 지그에는 포지셔너(positioner) 등이 있고, 용접 고정구에는 정반이나 스트롱 백(strong back) 등이 있다.

(2) 이음의 준비

이음의 준비에는 홈 가공, 조립, 가접 그리고 이음부의 청소 등이 있다.

① **홈 가공** : 홈 가공 및 가접 정도는 용접 능률과 이음 성능에 큰 영향을 끼친다. 홈 모양은 용접 방법과 용접 조건에 따라 다르며, 능률면으로 보면 용입이 허용되는 한 홈 각도를

작게 하고 용착 금속량을 적게 하는 것이 좋다. 예를 들면 피복 아크 용접 등에서는 54~70° 정도가 홈 각도로 적합하다. 또 용접 균열이라는 관점에서 볼 때 루트 간극은 좁을수록 좋으며, 자동 용접의 홈 정도는 손 용접의 경우보다 훨씬 엄격하다.

홈 가공에는 기계 가공법과 가스 가공법이 있으며, 최근 가스 가공법의 정밀도와 기술이 향상되어 복잡한 형상, 즉 J형 등의 홈도 가스 가공으로 만들 수 있다. 가스 절단으로 홈을 만들 때에는 홈면에 요철 부분이 없는 평활한 단면이 되게 하여야 한다.

② 조립과 가접(assembly and tack welding) : 홈 가공이 끝난 판은 제품을 만들기 위해 조립과 가접을 한다. 이 조립과 가접은 용접 결과에 직접 영향을 준다. 조립 순서는 용접 순서와 용접 작용의 특성을 고려하여 결정한다. 또 용접을 할 수 없는 부분이 생기지 않게 하고, 변형이나 잔류 응력이 적게 되도록 검토할 필요가 있다.

가접(tack welding)은 본 용접을 하기 전에 좌우의 홈 부분을 일시적으로 고정하기 위해 짧은 용접으로 한다. 이때 균열(crack)이나 기공(blow hole)이 생기기 쉬우므로, 원칙적으로 본 용접을 하는 홈을 피하여 작업한다. 만일 이와 같이 하지 못할 경우에는 본 용접 전에 깎아내는 것이 좋다. 가접은 본 용접과 같은 정도의 기량이 있는 용접사가 작업을 하여야 하며, 용접봉은 본 용접시에 사용하는 용접봉보다 약간 가느다란 것을 사용한다.

③ 홈의 루트 간격 : 가접을 할 때 홈의 루트 간격이 소정의 치수가 되게 유의하여야 한다. 이 홈의 엇갈림(stagger)이 과다하게 되면 용접 결함이 생기기 쉽고, 또한 이음에 굽힘 응력이 생기므로 허용 한도 내로 교정한다.

수동 용접 때의 표준을 그림 [용접 홈 표준의 일예]에 표시한다. 이 루트 간격의 허용 한계는 서브머지드 아크 용접과 수동 용접에서 차이가 있다. 뒤의 것은 비교적 완만하나 앞의 것은 용락을 방지하기 위하여 그림 [서브머지드 아크 용접 홈의 정밀도]와 같이 세밀하게 제한되어 있다. 수동 용접 때 루트 간격이 너무 크면 다음과 같이 보수한다.

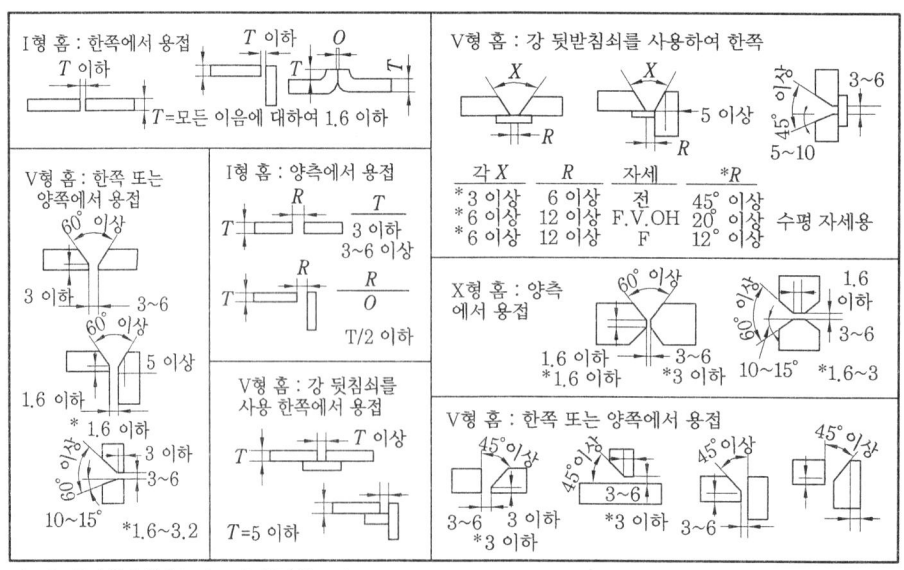

용접 홈 표준의 일예

(가) 맞대기 이음은 다음과 같이 구별하여 보수한다 (그림 [맞대기 이음 홈의 보수] 참조).
- 간격이 6 mm 이하인 경우에는 한쪽 또는 양쪽을 덧붙이 하여 깎고 정규의 홈으로 하여 용접한다.
- 간격이 6~16 mm인 경우에는 두께 6 mm 정도의 받침쇠를 붙여서 용접한다.
- 간격이 16 mm 이상인 경우에는 판을 전부 또는 일부를 길이 약 300 mm로 교체한다.

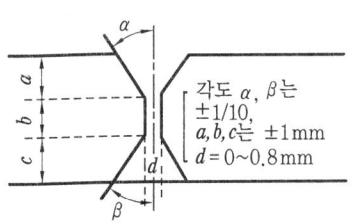

서브머지드 아크 용접 홈의 정밀도

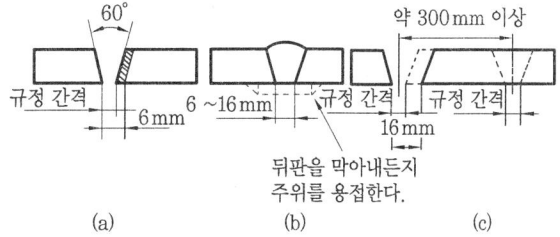

맞대기 이음 홈의 보수

(나) 필릿 용접의 경우에도 다음 그림과 같이 루트 간격의 양에 따라 보수 방법이 달라진다.
- 간격이 1.5 mm 이하일 경우에는 그대로 규정의 다리 길이로 용접한다.
- 간격이 1.5~4.5 mm인 경우에는 그대로 용접하여도 무방하나 틈을 바로잡아 다리 길이를 증가시킬 필요가 있다.
- 간격이 4.5 mm 이상인 경우에는 삽입쇠(liner)를 끼우거나 그림 (d)와 같이 부족한 판을 300 mm 이상 절취하여 교환한다.

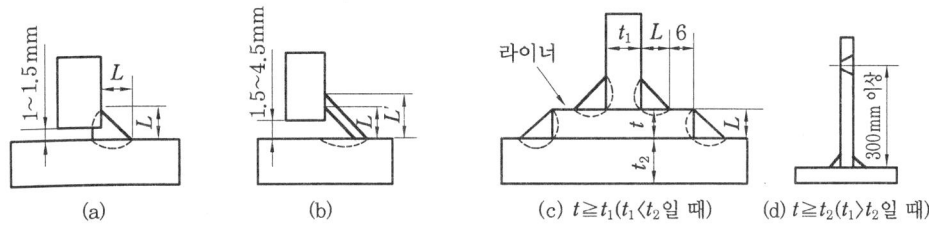

필릿 이음 홈의 보수

④ 이음 부분의 청소 : 이상과 같이 하여 소정의 홈 상태로 조립과 가접이 끝나면, 다음에 이음 부분을 청결하게 청소한다. 이음 부분에 부착되어 있는 수분과 녹, 스케일, 페인트, 기름, 그리스, 먼지, 슬래그 등은 기공이나 균열의 원인이 된다. 이것을 제거하려면 wire brush와 연삭기, 쇼트 브라스트(shot blast)기 등을 사용하거나 화학 약품을 사용하면 편리하다. 자동 용접을 할 때에는 큰 전류로서 고속 용접을 하기 때문에 유해물의 영향이 크다. 따라서 용접 전에 가스 불꽃으로 홈면을 80℃ 정도 온도 상승을 시켜 수분이나 기름 등을 제거하는 방법을 취하고 있다. 이 방법은 비교적 간단하고 유효하므로 수동 용접 때에도 이용한다. 그리고 점 용접을 할 때에는 표면의 산화 피막이 큰 영향을 준다. 보통 표면의 산화 피막은 저항 용접시에 유해한 것으로 알려져 있다. 따라서 점 용접 등의 저항 용접을 할 때에는 기계적 또는 화학적 처리로 산화 피막을 제거한다.

(3) 조립 및 가접

조립(assembly)과 가접(tack welding)은 용접 공사에 있어 중요한 공정 중의 하나로, 그 양부는 용접 품질에 직접 영향을 미친다. 조립 순서는 용접 순서 및 용접 작업의 특성을 고려하여 계획하며, 용접 불능의 개소가 없도록 하여야 한다. 또한 불필요한 변형 또는 잔류 응력이 남지 않도록 미리 검토한 다음 조립 순서를 결정한다.

① 조립 순서 : 일반적으로 용접 구조물은 다음과 같은 사항을 고려하여 조립 순서를 결정한다.
   (가) 구조물의 형상은 허용 오차 범위 내를 유지할 수 있어야 한다.
   (나) 용접 변형 및 잔류 응력을 경감시킬 수 있어야 한다.
   (다) 큰 구속 용접은 피해야 한다.
   (라) 적용 용접법, 이음 형상을 고려해야 한다.
   (마) 변형 제거가 쉬워야 한다.
   (바) 작업 환경의 개선 및 용접 자세 등을 고려한다.
   (사) 장비의 취급과 지그의 활용을 고려한다.
   (아) 경제적이고, 고품질을 얻을 수 있는 조건을 설정한다.

② 가접 : 가접은 본 용접을 하기 전에 이음부 좌우의 홈 부분을 잠정적으로 고정하기 위한 짧은 용접이나 균열, 기공, 슬래그 섞임 등의 용접 결함을 수반하기 쉬우므로 원칙적으로 본 용접을 하는 용접 홈 내에 가접하는 것은 좋지 않다. 만약 부득이 한 경우에는 본 용접 전에 깎아내도록 한다. 가접시 주의해야 할 사항은 다음과 같다.
   (가) 본 용접과 같은 온도에서 예열을 한다.
   (나) 본 용접자와 동등한 기량을 가진 용접자로 하여금 가접하게 한다.
   (다) 용접봉은 본 용접 작업시에 사용하는 것보다 약간 가는 것을 사용하며, 간격은 판 두께의 15~30배 정도로 하는 것이 좋다.
   (라) 가접의 위치는 부품의 끝, 모서리, 각 등과 같이 단면이 급변하여 응력이 집중되는 곳은 가능한 한 피한다.
   (마) 가접 비드의 길이는 판 두께에 따라 변화시키는데 $t \leq 3.2$ mm에서는 30 mm 정도, $3.2 < t < 25$ mm에서는 40 mm, $25 \leq t$에서는 50 mm 정도로 한다.
   (바) 큰 구조물에서는 가접 길이가 너무 작으면 용접부가 급랭 경화해서 용접 균열이 발생하기 쉬우므로 주의해야 한다.
   (사) 가접은 길이가 짧기 때문에 비드의 시발점과 크레이터가 연속된 상태가 되기 쉬우므로, 용접 조건이 나빠질 염려가 있으므로 주의해야 한다.

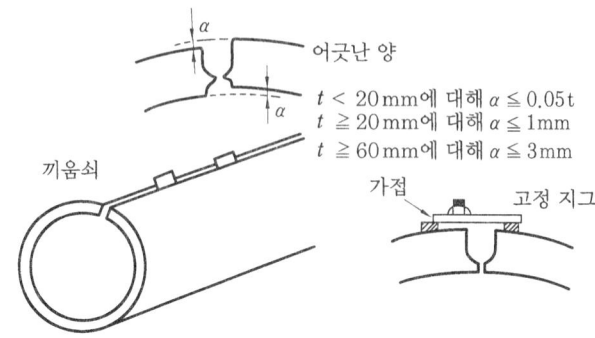

정확한 맞대기 이음부의 고정법

또한 조립도면에 표시된 치수를 정확히 지키려면 가접에 의한 수축을 생각해서 위의 그림과 같이 끼움쇠를 이용하는 것이 좋다. 또 뒤틀림 교정용 지그를 사용하면 편리하고 이음면의 어긋남(편심)에 주의해야 하는데, 그림에서와 같은 치수를 엄수해야 한다.

2. 용접 결함과 그 방지 대책

용접 형상의 불량은 외관상 볼품이 없어 구조물의 상품 가치를 저하시킬 뿐만 아니라 강도 부족, 응력 집중 등에 의한 파괴의 원인이 되기도 한다.

이들 결함은 홈의 형상이나 용접봉 선택이 부적당할 때 발생될 수도 있지만 주로 용접 전류, 아크 길이, 운봉법 등 용접사의 기능에 좌우되는 수가 많으므로, 용접사는 용접에 관한 전문 기술과 지식을 습득하고 난 다음 작업해야 한다.

(1) 언더컷(undercut)

언더컷이란 다음 그림에서와 같이 용접 비드가 끝단(toe)에 생기는 작은 홈을 말하는 것으로, 용접 전류가 과대할 때, 아크 길이가 길 때, 운봉 속도가 너무 빠를 때 생기기 쉽다. 따라서 전류를 적절히 조정하고 아크 길이를 짧게 유지하며, 너무 빨리 운봉하지 않도록 하면 된다.

특히 수직 자세의 용접을 할 경우에는 일정한 속도로 운봉하지 말고, 비드 양끝에서 약간 멈추는 듯 하게 한다. 특히 크레이터에 용융 금속을 채워 놓은 뒤에 운봉에 들어가도록 한다.

필릿 용접 이음에서는 특히 용접봉의 각도와 운봉 속도에 주의하고, 모재 두께와 홈 상태에 따라 용접봉 지름을 선택하여야 한다. 언더컷은 홈이 생긴 만큼 기계적 강도가 부족하게 되고, 또한 노치를 이루어 구조물 사용 중에 균열이 발생하기 쉬우므로 주의해야 한다.

(2) 오버랩(overlap)

오버랩은 용융된 금속이 모재와 잘못 녹아 어울리지 못하고, 다음 그림과 같이 모재면에 덮쳐진 상태를 말한다.

이것의 원인은 언더컷이 생기는 경우와 반대로 용접 전류가 너무 약할 때 또는 용접 속도가 너무 느릴 때 생기기 쉬우므로, 적당한 용접 조건과 운봉법에 주의하면 방지할 수 있다. 언더컷이나 오버랩은 외관 검사를 통해 발견하면 결함 부분을 제거하고, 본 용접봉보다 약간 가는 용접봉으로 보수 용접해야 한다.

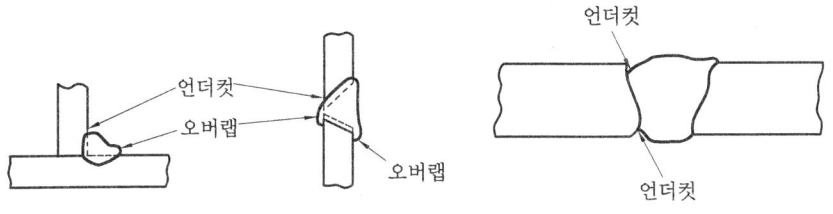

언더컷과 오버랩

(3) 용입 불량(lack of penetration)

용입 불량은 용접 기술 관리상 중요한 문제가 된다. 이는 용접 홈 안의 용접 또는 필릿 용접 이음을 할 때 용접 전류가 너무 낮아 아크 열이 홈의 밑 부분까지 충분하게 용융시키지 못했을 때 생기는 현상으로, 용접 속도가 부적당할 때이다 (용접 속도가 빠르면 용입 부족이 되고, 늦으면 용입이 과대하게 되어 용락이 된다).

용접 홈이 좁을 때(홈 각도 또는 루트 간격이 좁으면 모재 루트부의 용융보다 용접봉 용융이 먼저 되므로 용입 불량이 일어난다) 또는 용접봉의 선택이 잘못되었을 때 용접봉의 특성을 고려하지 않거나 홈 각도에 적합하지 않는 용접봉 지름을 선택했을 때 용입 불량이 일어나기 쉽다.

용입 불량은 외부에서 발견할 수 없는 것으로, 이음의 강도가 약하게 되고 특히 이 부분에 반복 하중이 작용하면 균열이 일어날 수가 있다. 용입 불량은 홈의 폭과 모양, 모재 두께에 따른 용접봉의 지름, 용접 전류, 운봉법을 잘 선택하면 충분히 방지할 수가 있다.

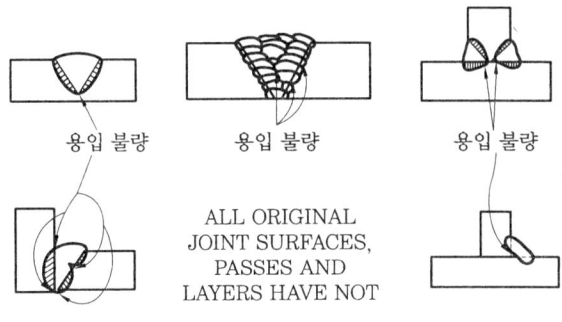

용입 불량

(4) 융합 불량 (lack of fusion)

융합 불량이란 용접부에 두꺼운 스케일(scale)이나 오물 등이 부착되었을 때, 용접 홈이 좁을 때, 양모재의 두께 차이가 클 경우 운봉 속도가 일정하지 않을 때 생기는 것이다.

다음 그림과 같이 모재를 충분히 용융시키지 못한 용접부에 금속이 흘러 들어가 메워진 것과 같은 상태로, 이음부의 강도가 약하게 되므로 융합 불량이 일어나지 않게 하여야 한다.

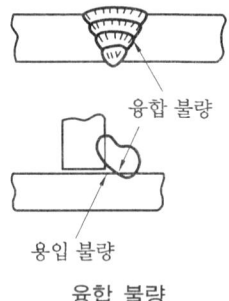

융합 불량

(5) 슬래그 혼입(slag inclusion)

슬래그 혼입은 일반적으로 수동에 의한 다층 용접, 플럭스 내장 와이어(flux cored wire)를 사용하는 반자동 및 서브머지드 아크 용접과 같이 플럭스가 용융하여 슬래그를 생성하는 용접봉에서 일어나기 쉬운 용접 결함(welding defect)이지만, 때로는 플럭스를 사용하지 않는 솔리드 와이어(solid wire) CO_2 아크 용접법에서도 탈산 생성물로 된 슬래그가 다층 육성 용접 금속 내에 남아 슬래그 혼입이 되는 경우도 있다.

슬래그 혼입은 둥근 모양(globular shape)으로, 작게 된 것은 용접부의 기계적 성질에 크게 영향을 미치지 않을 수도 있지만, 부적당한 운봉 또는 기량 부족에 따른 형상 불량이 큰 슬래그 혼입의 경우에는 용접부의 강도, 연성 등을 약하게 하여 때로는 취성 파괴의 원인이 될 수도 있으므로 주의하여야 한다.

슬래그 혼입의 종류를 발생 위치, 형태 등으로 분류하면 다음 그림과 같은데, 이것은 주로 용접부 가로 단면에서 본 결함을 나타내었다.

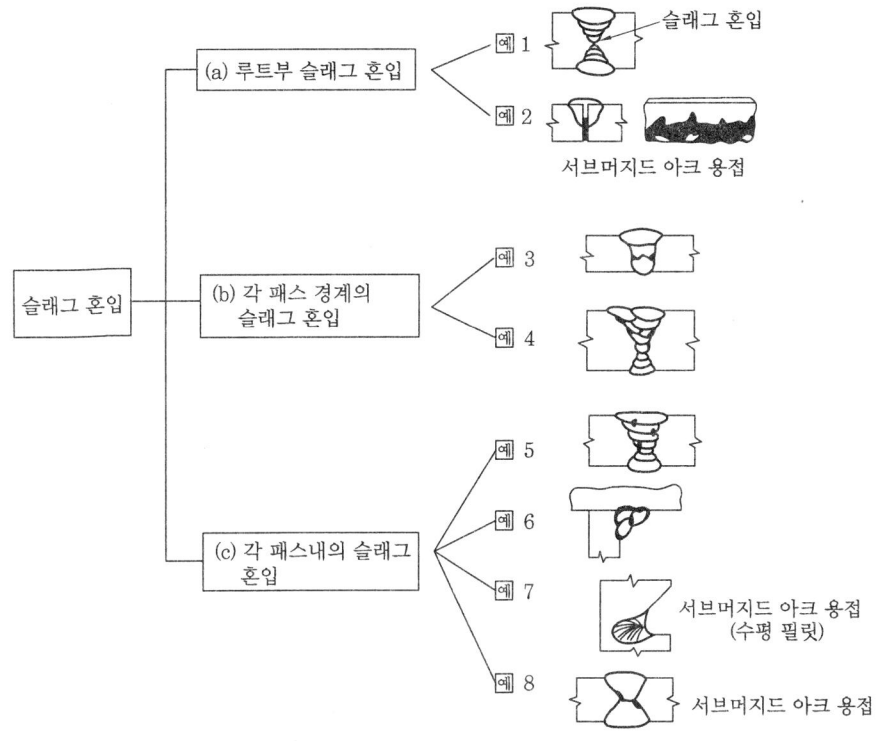

슬래그 혼입의 분류

그림에서 알 수 있는 바와 같이 슬래그 혼입은 그 생성 요인에 따라 다음과 같이 분류한다.
① 루트부의 슬래그 혼입 : 그림 (a)에서와 같이 루트부에 슬래그가 혼입된 것이다. 방지 대책으로는 넓은 개선 및 루트 간격 유지, 적당한 용접봉 지름 및 전류값 선택, 적당한 아크 길이로 용접 아크를 루트 중심으로 향하게 하며, 충분한 이면 따내기를 하고 이를 용접한다.
② 각 패스 경계의 슬래그 혼입 : 그림 (b)에서 알 수 있는 바와 같이 다층 패스를 용접할 때 패스 경계부에 슬래그가 혼입된 것이다. 방지 대책으로는 凸형 비드가 되지 않게 넓은 개선, 직전 조건의 전류 선택 및 연삭중(grinding)에 주의해야 하며, 언더컷이 발생되지 않도록 전류와 속도를 알맞게 한다. 또한 슬래그가 쉽게 제거되도록 용접 토(toe)부를 충분히 용융시킨다.
③ 각 패스 내에 슬래그 혼입 : 그림 (c)에서 알 수 있는 바와 같이 각 패스 경계부가 아닌 패스에 슬래그가 혼입된 것이다. 방지 대책으로는 위빙(weaving) 폭을 작게 한다. 슬래그가 앞으로 나가지 않게 적정한 운봉 각도를 유지하며, 위보기 자세의 용접에서는 과도한 아크 끊음이 되지 않도록 한다.

(6) 목 두께의 부적당

다음 그림과 같이 필릿 용접 이음부를 보면 용접 금속량과 이론 목 두께(유효 목 두께)와의 비가 비드 형상에 따라 변화된다.

凸 모양은 용접 전류가 낮을 때와 운봉 속도가 늦을 때 일어나고, 凹 모양은 용접 전류가 높을 때와 운봉 속도가 빠를 때 일어난다. 일반적으로 1층 필릿 용접 이음에서의 비드 모양은 용접봉의 특성에 따라 저수소계의 용접봉으로 용접한 비드 형상은 볼록 모양이 되고, 라임티타니아계는 약간 오목 모양으로 된다.

목 두께 부족은 용접 이음부에서의 기계적인 강도가 떨어지며, 볼록 모양은 용접 품질의 미관을 손상시킬 뿐만 아니라 용접봉이 그만큼 손실된다.

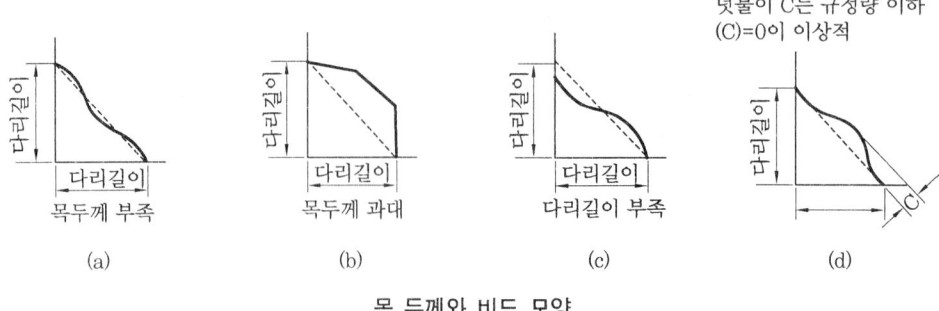

목 두께와 비드 모양

(7) 기공 (blowhole)과 피트 (pit)

기공과 피트는 다같이 용접 금속에 생기는 기포를 말하는 것으로, 용접 금속 내부에 존재하는 것을 기공이라 하고, 비드 표면에 입을 벌리고 있는 것을 피트라 한다. 기포의 발생은 용접 금속 내의 수소 및 산소가 원인이 되므로, 기포를 방지하고자 할 경우에는 용접 금속 내의 수소와 산소(일산화탄소로서 방출된다)를 줄이면 된다.

일반적으로 직접적인 원인에는 공기 중의 산소, 용접봉 플럭스 속의 유기물 및 습기, 홈 표면의 녹, 기름, 먼지 등이고, 냉각 속도도 기공 발생에 영향을 미친다. 용접 전류가 부적당할 때에도 기공이 생기기 쉬우므로 용접봉의 선택 및 건조, 이음의 청소와 예열 등의 작업 준비에 만전을 기하고 적당한 용접 조건으로 용접하면 방지할 수 있다.

용접 금속에 기공을 형성하는 가스에 대해서는 다음과 같은 원인이 고려된다.

① 응고 온도에서의 액체와 고체의 용해도 차에 의한 가스 방출
② 용접 금속 중에서의 화학 반응에 의한 가스 방출
③ 아크 분위기에서 기체의 물리적 혼입

①항의 용해도에 의한 기공으로는 수소 및 질소가 대표적이고, ②항의 화학 반응에 의한 예로는 용융지에서의 C-O 반응이 대표적인 예이지만, 이외에도 CO_2, H_2O, H_2S, SO_2, CH_4 등의 가스 생성도 고려된다.

③항의 물리적 혼입으로는 MIG 용접 및 TIG 용접 등의 불활성 가스의 혼입으로 생각되나, 일반적으로 기공은 이와 같은 하나의 가스만으로 형성되는 경우가 적고 몇 개의 가스가 혼합되는 경우가 많다.

다음 표를 보면 CO_2 가스 용접에서의 기공, 피트의 발생 원인과 대책 그리고 서브머지드 아크 용접에서의 기공 발생 원인과 대책에 대해 알 수 있다.

CO_2 아크 용접에서의 기공, 피트의 발생 원인과 대책

원 인	대 책
① 탄산 가스가 공급되지 않는다. ② 모재의 오염, 녹, 페인트가 있다. ③ 가스 순도가 불량하고 불순물(특히 수분)이 많다. ④ 노즐에 스패터가 부착되어 보호 가스가 산란된다. ⑤ 바람이 강한 장소에 바람막이가 없다. ⑥ 용접 속도가 빨라 냉각 속도가 크다(특히 필릿 이음). ⑦ 노즐, 모재 사이의 거리가 크다. ⑧ 와이어가 녹이 났거나 흡습이 될 때이다.	① 가스 유량 조정기의 조정, 용기 확인을 한다. ② 오염, 녹, 페인트 등을 제거한다. ③ 순도가 높은 가스를 사용한다. ④ 노즐에 부착되어 있는 스패터를 제거한다. ⑤ 천막 등으로 차폐시킨다. ⑥ 용접 속도를 늦춘다. ⑦ 노즐, 모재 사이의 거리를 25 mm 이하로 한다. ⑧ 와이어를 습기가 없는 장소에 보관한다(플럭스 내장 와이어는 제조 회사에서 지정하는 온도로 재건조한다).

서브머지드 아크 용접에서의 기공 발생 원인과 대책

결함	원 인	대 책
기공	① 이음의 녹, 스케일, 유기물(유지, 목재) ② 플럭스의 흡습 ③ 더럽혀진 플럭스(핸드 브러시의 모(毛) 등이 혼입) ④ 과대한 용접 속도(필릿 용접 이음에서는 650 mm/mm 이상) ⑤ 플럭스 높이 부족 ⑥ 플럭스의 높이가 과대해서 가스의 탈출 불충분(입도가 미세한 경우가 심함) ⑦ 녹이나 기름 등으로 더럽혀진 와이어 ⑧ 극성 부적당(특히 이음부가 약간 더러운 경우에 기포 발생)	① 이음부 연삭, 불꽃 가열, 청소 ② 약 300℃ 건조 ③ 플럭스를 회수할 때 모 브러시를 사용하지 않고 진공 회수 장치를 사용한다. 특히 용접부가 식기 전에는 주의를 요한다. ④ 용접 속도를 낮춘다. ⑤ 플럭스 호퍼 노즐을 높게 한다. ⑥ 플럭스 호퍼 노즐을 낮게 한다. 전자동의 경우 적당한 높이는 30~40 mm이다. ⑦ 와이어를 청소 또는 교환한다. ⑧ 전극을 음극이 아니고 양극으로 한다.

(8) 2단 비드

그림과 같이 슬래그가 흘러 내려 비드의 윗부분에 남아 노출된 상태로 된 것을 2단 비드라 한다. 이것은 용접 전류가 과대할 때, 용접봉에 습기가 찰 때, 모재에 녹이 났을 때 일어나기 쉬운 것으로, 용접봉의 건조와 모재의 청소가 그 방지 대책이라 할 수 있다. 2단 비드는 외관상 좋지 않으나 이음부의 강도에는 큰 영향을 미치지 않는다.

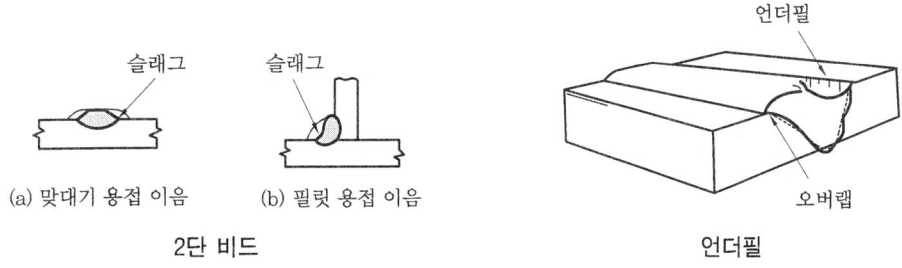

2단 비드   언더필

(9) 언더필(under fill)

그림과 같이 언더필이란 용접부 윗면이나 아랫면이 모재의 표면보다 낮게 된 것을 말하는 것으로, 이것은 용접사가 용착 금속을 충분히 채우지 못하였을 때 생기므로 주의하여야 한다.

(10) 스패터링(spattering)

스패터는 용융 금속의 가는 입자가 비산하는 것이다. 스패터링은 슬래그의 점도가 높을 때, 잔류가 과대할 때, 피복제 중의 수분, 긴 아크, 운봉 각도 부적당, 모재 온도가 낮은 경우에 스패터가 많게 되며, 직류보다 교류 용접쪽이 스패터가 작다.

(11) 아크 스트라이크(arc strike)

아크 스트라이크는 용접 이음의 용융부 밖에서 아크를 발생시킬 때 아크 열에 의하여 모재에 결함이 생기는 것이다. 때로는 스패터보다 훨씬 더 심한 용접 결함이 되어 주위의 모재로 급격히 열을 빼앗겨 급랭되어, 단단하고 취약한 구조가 되어 균열의 원인이 된다. 아크 스트라이크가 일어난 부위는 쉽게 관찰할 수 있는 것으로, 용접 부위 안에서만 아크를 일으키면 예방할 수 있다.

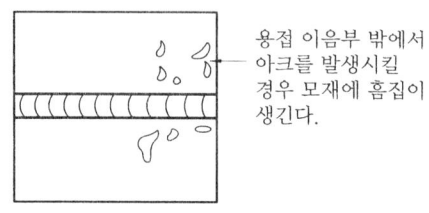

용접 이음부 밖에서 아크를 발생시킬 경우 모재에 흠집이 생긴다.

아크 스트라이크

(12) 선상 조직(ice flower structure)

선상 조직은 아크 용접부 파단면에 생기는 것으로, 마치 서리 기둥이 나열된 것과 같이 보이는 조직이다. 이 조직을 현미경으로 관찰해 보면, 극히 미세한 주상점이 선상(ice flower)으로 나열되고, 그 입계 사이에 비금속 개재물과 기공이 존재하는 것으로 일부 용착 금속의 파면에서 볼 수 있는 것으로 선상 파면이라고도 한다. 선상 조직의 생성 원인으로는 용접부의 냉각 속도가 너무 빠를 때, 모재의 탄소, 탈산 생성물(SiO_2, Al_2O_3, Cr_2O_3 등)이 너무 많을 때, 수소 용해량이 너무 많을 때이다. 대책으로는 예열·후열을 할 것, 모재를 검토할 것, 탈산이 잘 되고 슬래그가 가벼운 용접봉을 사용할 것, 고산화철계·저수소계 용접봉을 사용할 것 등이다.

(13) 은점(fish eye)

은점은 용착 금속을 인장 또는 굽힘 시험했을 경우 파단면에 나타나는 것으로, 그림과 같이 둥글거나 타원형의 은백색의 취약한 파면으로 마치 물고기와 같이 반짝이므로 잘 식별된다. 그 중심에는 보통 작은 기공 슬래그 섞임 등이 있으며, 은점 주위의 파면은 쥐색의 치밀하고 매끄러운 파면으로 되어 있어 은백색의 은점 부분과 좋은 대조를 보이고 있다. 은점의 주요 생성 원인으로는 수소의 석출 취화로 볼 수 있다.

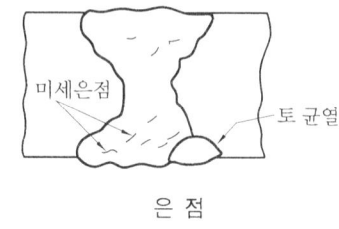

미세은점
토 균열

은 점

일반적으로 은점은 용착 금속의 항복점이나 인장 강도에 거의 영향이 없으나 연신율을 감소시키는데, 이것은 수소 방출과 동시에 회복되므로 용접 후 실온으로 냉각시켜 수개월 방치하거나 풀림(annealing) 처리를 하면 완전히 없어지게 된다. 또한 모재를 예열하거나 저수소계 용접봉을 사용하면 효과적이다.

(14) 비금속 개재물 (non-metallic inclusion)

비금속 개재물이라 하는 것은 용착 금속에 있는 미세한 입자의 이물질을 말한다. 용착 금속에서는 대부분이 산화물이고, 그 크기는 0.1~0.001 mm 정도의 것인데 강의 응고 과정에서 생성된다고 볼 수 있다. 일반적으로 산화 개재물의 형상은 두 종류가 있는데, 저수소계와 티탄계의 용착 금속에서 석출되는 산화물에는 둥근 것과 각을 갖는 모난 것이 있고, 다른 계통의 용접봉은 거의 둥근 모양으로 되어 있다.

용접 이음부에 비금속 개재물을 전혀 없게 하거나 적게 하는 것은 어려우나, 용접 금속 중의 산소량이 적게 되는 용접법을 이용하는 것이 좋다. 또한 아크가 길고 위빙 폭이 클 경우 모재에 녹, 기름, 페인트 등이 부착되어 있을 때 비금속 개재물의 양이 많아지므로 용접시에는 용접 이음부를 깨끗이 청소하여야 한다. 용접부에 비금속 개재물의 분포가 편재하게 되면 선상 조직 등의 원인이 되므로, 용접 금속이 취약하게 된다.

3. 용접 균열과 방지 대책

3-1 용접 균열의 종류

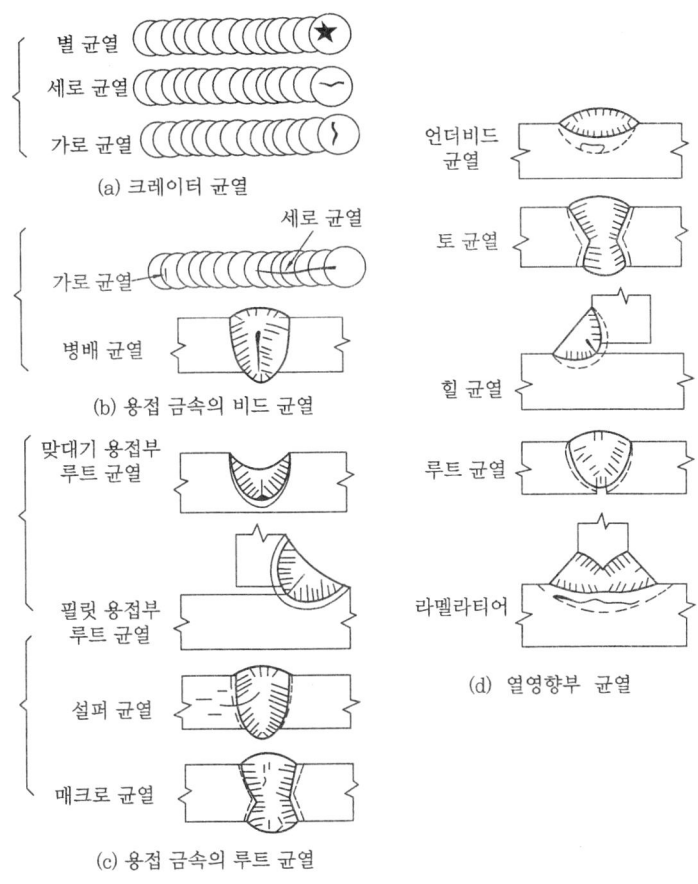

균 열

(1) 가로 균열 및 세로 균열

용접 방향에 수직으로 발생하는 균열을 가로 균열(transverse crack)이라 한다. 이것은 모재와 용착 금속부에 확장될 수 있는 것으로 용접 금속의 인성이 극히 작을 때, 경화 육성(hard facing) 용접할 때 자주 볼 수 있는 것이다. 이 균열을 방지하고자 할 때에는 용접 전에 예열하면 효과적이다.

용접 방향과 같거나 평행하게 발생하는 균열을 세로 균열(longitudinal crack)이라 한다. 이 균열은 용접 금속 내에서 가장 많이 발견되는데, 보통 용접선의 중심에 나타난다. 이것은 주로 크레이터 균열의 확장 때문에 발생하게 되는 것으로, 표면으로의 확장은 용접부가 냉각될 때 발생된다. 방지 대책으로는 적당한 용접 전류, 용접봉 및 모재 등을 선택하여야 한다.

(2) 설퍼 균열(sulfur crack)

설퍼 균열은 강 중의 황이 층상으로 존재하는 소위 설퍼 밴드(sulfur band)가 심한 모재를 서브머지드 아크 용접하는 경우에 볼 수 있는 고온 균열로, 황의 영향을 덜 받는 와이어와 플럭스의 선택을 고려하거나 저수소계 용접봉으로 수동 용접하는 것도 그 방지책의 하나이다.

(3) 크레이터 균열(crater crack)

크레이터 균열은 용접 비드 종점의 크레이터에서 흔히 보는 고온 균열로, 고장력강이나 합금 원소가 많은 강종에서 자주 볼 수 있다.

균열이 발생되는 형태는 합금 원소의 양이나 용접 방법에 따라 약간씩 다르지만 아크를 끊는점을 중심으로 발생하는 것으로, 용접 금속의 수축력에 영향을 받는다. 크레이터를 처리할 때와 같이 아크를 끊을 때의 처리 방법이 반드시 필요하다. 이 균열은 그림과 같이 별모양, 가로 방향 및 세로 방향의 형태로 나타난다.

(4) 병배 균열

병배라는 일종의 서양배 형상을 닮은 용접 비드 단면에 생기는 대표적 고온 균열로, 주상 결정의 화합선에 저융점 불순물이 편석되어 균열을 일으킨다. 이 균열은 다음 그림에서 CO_2 아크 용접 및 서브머지드 아크 용접과 같이 용입이 깊은 용접법을 선택했을 때 잘 나타난다.

이것은 비드 단면 형태의 "나비 대 깊이의 비"를 $1:1 \sim 1:1.4$ 이상 크게 함으로써 방지할 수 있다. 이 균열은 입열이 큰 용접법으로 용접할 경우 이음의 끝 부분에 잘 나타나는 강판의 회전 변형에 기인하는 균열과 복합해서 발생하는 수가 많으며, 용접 종점의 엔드 탭(end tab)을 단단히 붙여서 회전 변형을 충분히 구속해 주는 것도 필요하다.

이 균열은 비드 표면까지 도달하지 않고 비드 내부에서만 갈라지는 경우가 많으므로, 용접 이음부에 대한 검사를 철저히 할 필요가 있다.

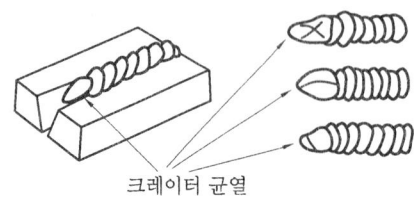

크레이터 균열

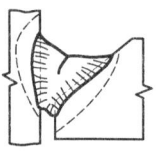

(a) CO_2 아크 용접

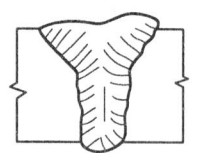

(b) 서브머지드 아크 용접

병배 균열

(5) 토 균열(toe crack)

토 균열은 다음 그림과 같이 맞대기 이음 용접, 필릿 용접 이음 등 어느 경우에서나 비드 표면과 모재와의 경계부에 발생된다. 이것은 반드시 벌어져 있어 침투 탐사 검사로 검출할 수 있다.

용접에 의한 부재의 회전 변형을 무리하게 구속하거나 용접 후 곧바로 각 변형을 주거나 하면 발생된다. 또한 언더컷에 의한 응력 집중이 큰 원인이 되므로, 우선 언더컷이 생기지 않는 용접을 해야 한다. 예열을 하거나 강도가 낮은 용접봉을 사용하는 것도 효과적이다.

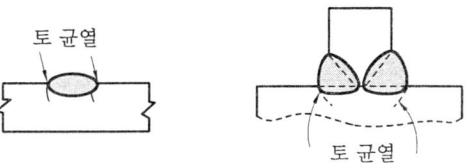

토(toe) 균열

(6) 힐 균열(heel crack)

힐 균열은 필릿 용접 이음부의 루트 부분에 생기는 저온 균열로, 모재의 열팽창 및 수축에 의한 비틀림을 주원인으로 볼 수 있다. 이 균열은 50 kgf/mm²급 고장력강의 대입 열 용접과 T형 필릿 용접 이음에서 많이 볼 수 있다.

힐 균열을 방지하려면 루트 균열과 같이 수소량의 감소와 예열이 효과가 있으며, 이외에 용접 금속의 강도를 낮추거나 용접 입열을 적게 하는 것도 효과적이다.

(7) 루트 균열(root crack)

저온 균열에서 가장 주의하지 않으면 안되는 것은 맞대기 용접 이음의 가접 또는 첫층 용접의 루트 근방 열영향부에 발생하는 루트 균열이 있다. 이 균열은 다음 그림과 같이 세로 방향 균열의 형태로 표면에 나타나지 않는 경우가 많지만, 열영향부에서 발생하여 점차 비드 속으로 성장해 들어와 며칠 동안 서서히 진행되는 경우가 많다.

이 균열의 원인으로는 열영향부의 조직(강재의 경화성), 용접부에 함유된 수소량, 작용하고 있는 응력 등으로 알려져 있다. 따라서 용접부에 들어가는 수소량을 가능한 적게, 또한 일단 들어간 수소는 신속히 방출시키는 대책이 필요하며 용접봉의 건조, 예열, 후열 등을 정확히 엄수하는 것이 필요하다.

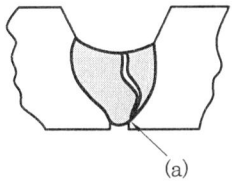 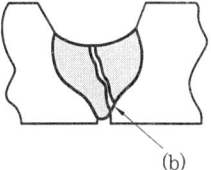

루트 균열

(8) 비드 밑 균열(under bead crack)

비드 밑 균열은 다음 그림과 같이 용접 비드 바로 밑에서 용접선에 아주 가까이 거의 이와 평행되게 모재 열영향부에 생기는 균열이다.

이 균열은 고탄소강이나 저합금강과 같은 담금질에 의한 경화성이 강한 재료를 용접했을 경우에 나타나기 쉽다. 이 균열의 발생 원인은 급랭에 의한 열영향부의 경화, 마텐자이트의 생성에 따른 변태 응력 및 용착 금속 중의 수소, 용접 응력 등이다.

따라서 이러한 재료에 대해서는 급랭을 피하기 위한 예열과 후열을 하여 마텐자이트의 생성을 방지하고, 용접봉도 저수소계를 사용하여 균열이 발생하지 않도록 한다.

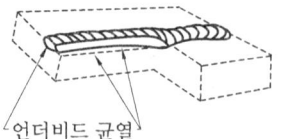

(a) 맞대기 용접 이음부   (b) 필릿 용접 이음부

비드 밑 균열

(9) 래미네이션과 델라미네이션

래미네이션 균열(lamination crack)은 모재의 재질 결함으로, 강괴일 때 기포가 압연되어 생기는 래미네이션은 설퍼 밴드(sulfur band)와 같이 층상으로 편재해 있어 강재의 내부적 노치를 형성한다. 이것은 금속의 강도, 특히 Z 방향 또는 강판 두께 방향의 강도를 감소시킨다.

델라미네이션은 응력이 걸려 래미네이션이 갈라지는 것을 말하는 것으로, 그림과 같다. 이 균열을 방지하기 위해서는 모재를 킬드강이나 세미킬드강을 사용하는 것이 좋다.

(10) 라멜라티어(lamellar tear ; 층상 균열)

라멜라티어는 다음 그림과 같이 모서리 이음, T이음 등에서 볼 수 있는 것으로, 강의 내부에 모재 표면과 평행하게 층상으로 발생되는 균열이다.

주요 발생 원인은 모재의 비금속 개재물에 의한 것으로, 특별히 배려된 강재를 사용하는 것이 그 방지에 가장 유효하다. 그러나 일반적인 저온 균열과 마찬가지로 예열, 수소량 억제 등과 함께 부재의 회전 변형을 구속해 주거나 패스 수를 적게 할 수 있는 방법을 선택하면 좋은 것으로 알려져 있다.

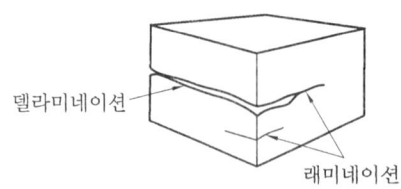 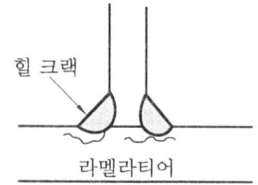

래미네이션과 델라미네이션   라멜라티어와 힐 균열

(11) 재열 균열(reheat cracking)

이 균열은 응력 제거 풀림 균열(stress relief cracking), 즉 SR 균열이라고도 하는 것으로 고장력강(high strength steel) 용접부의 후열 처리 또는 고온 사용에 의하여 용접 열영향부에 생기는 입계 균열을 의미한다. 이 균열은 SR 균열 이외에도 $2\frac{1}{4}$ Cr-Mo강 등에서는 고온에서 장시간 사용 중에도 생기므로 재열 균열이라 한다.

일반적으로 S 균열은 미소하므로 육안이나 방사선 투과 검사로 발견하기 어렵다. 500~700℃의 범위에서 SR을 하면 600℃ 부근에서 균열 발생이 뚜렷하게 나타나는데, 파면은 일반적으로 산화된다.

연강에서는 판 두께 32 mm 이상이 되면 발생하기 쉽고, 저합금강의 압력 용기에서는 노즐 이음부 토부의 조립역에 발생하기 쉽다.

용접 시공 조건에 의한 SR 균열 방지 방법으로는 다음과 같은 것이 있다.

① 조립역 조직의 개선(마텐자이트의 감소와 인성 확보)
② 토(toe)부의 응력 집중을 감소시킨다. 즉, 표면 덧붙이나 필릿 용접 이음부의 토부를 평탄하게 다듬질하며 비드는 가능한 넓게 되게 한다. 노즐부 등에서는 잔류 응력과 응력 집중을 경감시키기 위하여 맞대기 용접 이음과 필릿 용접 이음부가 중첩되지 않게 한다.
③ 설계상 응력 집중이 되지 않게 유의해야 하며, 특히 판 두께의 급격한 변화를 피하여야 한다.

3-2 용접 금속의 편석

(1) 매크로 편석(macro segregation)

매크로 편석은 용접 금속의 용융 경계 부근 주변에서 중앙부 주변에 걸쳐서 성분이 변화하는 것을 말한다.

모든 용접 금속에서 큰 편석은 볼 수 없지만 Al 합금 등에서 일부 나타나며, 철강의 용접부에서는 유황의 편석이 크레이터 중심부 등에 일어나기 쉽다.

(2) 마이크로 편석

이것은 하나의 주상점(dendrite) 입계에서의 성분 변화로, 용접 금속에서는 일반적으로 마이크로 편석이 많이 발생한다.

탄소강에서는 입계에 Mn, S 및 P 등이, 스테인리스강에서는 Cr, Mn, S, P 등이, Al 합금에서는 Fe, Cu, Mg 등이 편석을 잘 일으킨다.

4. 용접 지그

4-1 용접 지그 (welding jig)

용접 지그는 일반 지그와 같이 장착과 이탈이 간편해야 하고, 대량 생산에서 정밀도가 틀리지 않아야 할 뿐만 아니라 용접 변형이나 과도한 구속이 생기지 않게 하여야 한다.

즉, 용접 후의 수축 여유를 미리 치수에 고려함과 동시에 용접 변형도 지장이 없는 방향으로 빠져버리도록 하고, 어느 부분에는 미끄럼 운동이 허용되는 조임 방식을 취하도록 하여 구속해야 하나, 조임이 너무 심해 균열이 발생하는 일이 없도록 주의하여야 한다.

용접 지그는 작업의 성질에 따라 가접 지그와 본 용접 지그로 구분하여 사용하는 것이 좋다. 이 경우 전자는 치수의 정확성을 주목적으로 하며, 후자는 모든 용접을 아래보기 자세의 용접을 할 수 있도록 회전 지그로 하거나, 단지 포지셔너를 지그 겸용으로 하던가 한다.

그리고 용접 지그는 용접 구조물을 정확한 치수로 항상 아래보기 자세로 용접, 조립, 가접 및 본 용접을 할 수 있게 고정 또는 구속하는데 사용하는 기구를 말한다.

일반적으로 지그를 선택하는 기준은 다음과 같다.

① 용접할 물체를 튼튼하게 고정시켜 줄 크기와 힘이 있어야 한다.
② 용접 위치를 유리한 용접 자세로 할 수 있어야 한다.
③ 변형을 막아 줄 수 있게 견고하게 잡을 수 있어야 한다.
④ 용접 물체와의 고정과 분해가 용이하여야 한다.
⑤ 용접한 간극을 적당하게 받쳐주어야 한다.
⑥ 청소에 편리해야 한다.

(1) 가접용 지그

가접용 지그는 부재와 부재를 소정의 위치에 고정시켜 가접(tack weld)하기 위한 것으로, 지그만으로 고정하여 가접없이 직접 본 용접을 하는 것도 있다.

다음 그림은 가접용 지그의 사용 예를 나타낸 것이다.

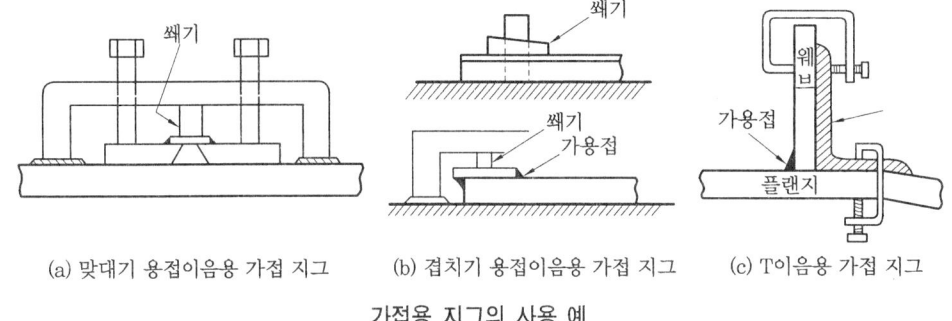

(a) 맞대기 용접이음용 가접 지그   (b) 겹치기 용접이음용 가접 지그   (c) T이음용 가접 지그

가접용 지그의 사용 예

그림 (a)는 맞대기 용접 이음용 가접 지그로, 양 모재를 고정하고 쐐기로 뒷면 받침과 양 모재를 밀착시키게 한 것이다. 그림 (b)는 겹치기 용접 이음용 가접 지그로, 양 모재를 쐐기로 밀착시켜 가접한다. 그림 (c)는 T이음에서 사용하는 가접 지그를 나타낸 것으로, 앵글을 이용하여 T이음의 수직판과 수평판을 직각으로 고정하여 가접하는 것이다.

(2) 변형 방지용 지그

용접은 가공물에 다량의 열을 받게 하므로, 팽창과 수축에 의하여 열 변형이 발생한다. 이와 같은 변형은 용접 순서, 용접법 및 소성 역변형 등으로 방지하는 방법이 있다.

또한 용접물을 구속시켜 주어 변형을 억제하는 방법(탄성 역변형)도 있는데, 여기에 사용되는 지그를 역변형 지그라 한다.

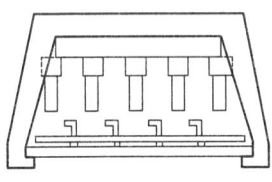   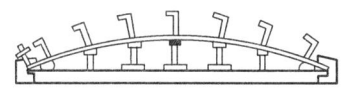

(a) 역변형용 크래핑 프레스   (b) 패널용 역변형 지그

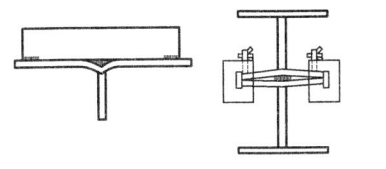 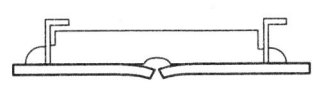

(c) 플랜지용 역변형 지그   (d) 맞대기 이용용 역변형 지그

역변형용 지그의 예

4-2 용접용 포지셔너(welding positioner)

 용접은 위보기, 수평 및 수직 자세의 용접보다 아래보기 자세로 용접하는 것이 능률이 향상되어 품질이 양호하게 된다. 이와 같은 목적에 이용되는 것이 용접 포지셔너이다. 또한 가공물을 회전 테이블에 고정 또는 구속시켜 변형을 적게 하는 방법도 있다. 회전 테이블은 회전을 할 뿐만 아니라 경사도 어느 정도 가능하므로, 가장 용접하기 쉬운 자세에서 용접할 수 있다. 다음 그림의 (a)는 포지셔너를 나타낸 것이고, (b)는 회전 지그를 나타낸 것이다.

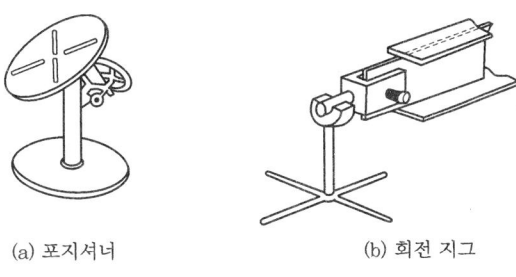

(a) 포지셔너   (b) 회전 지그

포지셔너

4-3 터닝 롤러(turning roller)

 터닝 롤러도 아래보기 자세의 용접에 의한 능률과 품질의 향상을 위한 목적으로 사용되는데, 그의 대표적 사용에는 다음 그림의 (b)에서와 같이 강관용이 많다.
 이것은 터닝 롤러에 의한 파이프의 원주 속도와 용접 속도를 같게 조정하여, 관의 맞대기 용접 이음부의 내외면 용접을 자동 용접으로 시공할 수 있다. 또한 그림의 (a)와 같이 I형 또는 +형의 철골을 원형 지그에 고정하여 터닝 롤러에 올려놓고, 아래보기 자세의 용접이 가능하게 한 것도 있다.

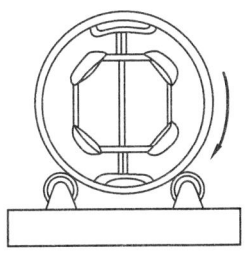 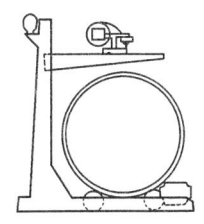

(a) 철골 용접용 터닝 롤러   (b) 강관 용접용 터닝 롤러

터닝 롤러

4-4 용접 머니퓰레이터(welding manipulator)

용접 능률을 향상시키는 것에는 용접에 의하여 능률을 향상시키는 방법과 용접 장치에 의하여 향상시키는 방법이 있다. 용접 머니퓰레이터는 후자에 속한다. 또한 이것은 포지셔너와 터닝 롤러를 조합시켜 용접을 아래보기 자세화하여 품질의 향상을 얻고자 하는 경우도 있다.

용접 머니퓰레이터는 용접기의 토치를 머니퓰레이터의 빔(beam) 끝에 고정시켜 놓고, 직선 용접을 자동 용접으로 시공할 수 있게 한 것이다. 형식에는 파이프의 내면 심(seam)을 용접할 수 있게 만든 프레임형(flame type)과 외면을 용접할 수 있는 암형(arm type)으로 대별된다. 최근에는 양자의 기능을 겸비하거나 컴퓨터에 의한 프로그램으로 용접할 수 있는 고급 머니퓰레이터도 있다.

5. 용접 경비 및 용착량 계산

5-1 용접 경비

(1) 일반적 주의 사항

용접 시공(welding procedure)에 필요한 경비(cost)는 재료비, 노임, 전력 요금, 상각비, 보수비와 일반 간접비 및 이익을 고려하지 않으면 안된다. 간접비는 용접봉의 사용량, 용접 작업 시간, 용접 준비비, 전력 사용량 또는 산소, 아세틸렌 등의 사용량을 산출하고 용접용 지그(jig), 안전 보호구, 용접 장치 등의 유지를 위한 상각비와 특별한 경우에 재료의 열처리 비용 및 검사 비용 등을 가산하고 또한 특수 용접 노임에 비례하여 계산할 필요가 있다.

용접 경비를 적게 하려면, 다음과 같은 사항에 주의하여야 한다.

① 적당한 용접봉의 선정과 그 경제적 사용법
② 재료 절약을 위한 연구
③ 고정구(fixture)의 사용에 의한 일의 능률 향상
④ 용접 지그(jig)의 사용에 의한 가능한 한 아래보기 자세 채용
⑤ 용접사의 작업 능률 향상
⑥ 적당한 품질 관리와 검사를 수행함으로써 재용접하는 낭비를 줄임
⑦ 적당한 용접 방법의 채용

또한 용접 설계의 양부, 홈 가공, 부재의 표면 접촉 정도가 용접 시간에 큰 영향을 주므로 이들이 불량할 때에는 용접 경비가 많아지게 된다. 그리고 전체적인 용접 경비 계산은 이론적으로 용접 길이 1 m당 여러 요소 자료의 계산 방식과 실제적으로 1개당 총 비용을 계산하는 방식이 있다.

(2) 용접봉 소요량

용접봉 소요량 계산은 이음의 용착 금속 단면적에 용접 길이를 곱하여 얻어지는 용착 금속 중량에 스패터(spatter) 및 연소에 의한 손실량 및 용접봉 폐기잔량(보통 40~50 mm)을 가산하여 얻어진다.

용착 금속 중량과 사용 용접봉 총 중량(피복 포함)의 비를 용착률(deposition efficiency)이

라 하며, 이것은 피복의 종류, 두께, 슬래그량, 아크 전류, 용접 자세 등에 따라 차이가 있으며, 대개 다음과 같은 값을 가지고 있다.

① 용접봉에 의한 연강용 피복 아크 용접의 경우
  (가) 용접봉 지름 $\phi 4 \sim 5$ 일 때 : $50 \sim 60\%$
  (나) 용접봉 지름 $\phi 6$ 일 때 : $60 \sim 70\%$
  (다) 철분계 용접봉일 때 : $70 \sim 75\%$
② flux 내장 와이어의 반자동 용접의 경우 : 82% 정도
③ 가스 보호 반자동 용접의 경우 : 92% 정도
④ 서브머지드 아크 용접의 경우 : 100% 정도

일반적으로 용접봉 소요량을 구하는 식은 다음과 같다.

$$\text{용접봉 소요량} = \frac{\text{단위 용접 길이당 용착 금속 중량}}{\text{용착률(용착 효율)}}$$

$$\text{용착률(용착 효율)} = \frac{\text{용착 금속 중량}}{\text{사용 용접봉 총중량}}$$

$$\therefore \text{용착 금속 중량} = \frac{\text{용착률}}{\text{용접 속도}}$$

또한 가스 가격은 가스 소비량에 가스 단가를 곱한 것으로, 가스 소비량은 1 kg의 용착 금속을 얻는데 필요한 양이고, 용접 조건 중에 적용되는 가스 유량에 용착 속도에서 환산되는 소요 아크 시간(arc time)을 곱한 것이다.

그리고 아크 발생 전 가스의 방류와 용접 후의 가스 방류는 생략하며, 가스병 속의 잔량은 가스의 소모로 무시한다. 또한 CO_2 가스일 때에는 액화 탄소량의 단가는 중량 kg으로 되어 있으며, m^3 또는 L 단위의 가격으로 구할 때에는 $2 kg = 1 m^3 = 1000 L$의 환산으로 단위체적 L당의 가격으로 구하는 것이 보통이다.

일반적으로 1 kg의 용착 금속량을 얻는데 필요한 용접봉의 비용은 다음과 같이 구한다.

$$\text{용접봉 가격} = \frac{1}{\text{용접봉 사용률} \times \text{용착률}} \times \text{용접봉 단가 [원/kg]}$$

(3) 용접 작업 시간

용접 작업에 필요한 시간은 용접봉의 종류와 지름, 제품의 형상과 용접 자세 등에 따라 다르다. 용접 자세가 아래보기일 때에는 수직 또는 위보기에 비하여 용접 시간이 약 1/2이면 된다. 용접 시간 중에는 용접 준비, 용접봉 교환, 슬래그 제거와 홈 청소 등의 작업이 필요하기 때문에 실제로 아크가 발생하고 있는 시간(arc time)은 매우 적다.

보통 1일 8시간 근무에 대하여 아크 발생 시간을 백분율로 표시한 것을 아크 시간율(arc time efficiency) 또는 작업률(작업 계수 ; operating factor)이라 한다. 수동 용접일 때 평균 $35 \sim 45\%$, 자동 용접일 때 평균 $40 \sim 50\%$로 하고 있다. 그리고 하나의 용접물을 용접하는 경우에 전작업 시간이 수시간 걸릴 경우에는 arc time으로 그 시간에 대한 아크 발생률을 취하지 않으면 안되지만, 이때에는 60%에 가까운 값이 될 때도 있으며 용접물의 크기와 형상, 이음의 양부, 용접 장소, 용접 자세 등에 의하여 $10 \sim 60\%$ 정도로 변동한다.

다음 그림은 각종 홈이 파인 연강을 길이 1 m 용접을 완료하는데 필요한 전작업 시간이며

각각 V형, U형 및 H형 맞대기, 필릿 용접에 대한 값이다. 또한 대형의 용접물에서는 arc time이 도표의 경우보다 저하하기 쉬우므로, 다음의 표보다 2~5배 시간이 걸린다.

1시간당의 용착 금속 최소 중량 (kgf/h)

봉경 (mm)	연강 용접봉					E 310 스테인리스강
	E 4310	E 4311	E 4315 E 4316	E 4313	E 4320	
3.2	0.90	0.90	0.97	0.97	0.97	0.90
4.0	1.17	1.17	1.17	1.24	1.24	1.17
4.8	1.50	1.44	1.50	1.69	1.69	1.44
5.6	1.80	1.64	1.80	2.09	2.09	1.64
6.4	2.25	1.98	2.25	2.34	2.34	1.98
8.0	—	2.79	—	—	3.06	2.72

다음의 그림이 없어도 용접 이음에 사용하는 용접봉 지름과 필요한 용착 금속량을 알고 있으면, 그 용착량을 위 표의 값으로 나누면 용접 소요 시간을 산출할 수 있다.

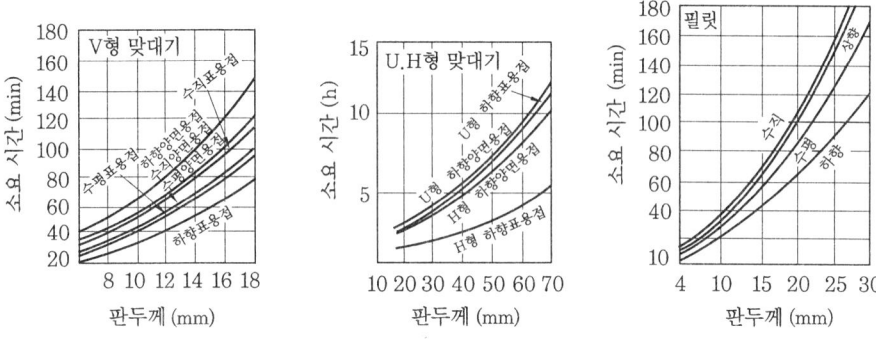

길이 1 m를 피복 아크 용접하는데 필요한 시간

위의 표는 연강 외에 저합금강 및 18-8계 스테인리스강에도 적용될 수 있으며, 또한 이음 형상에 관계없이 이용될 수 있다. 일반적으로 용접 작업 시간은 다음과 같이 구한다.

$$\text{용접 작업 시간} = \frac{\text{아크 시간}}{\text{아크 시간율(작업률)}}$$

아크 시간율은 0.2~0.6 정도가 된다. 또한 노임은 다음과 같다.

노임 = 작업 시간 × 노임 단가
단위 길이당 용접비 = 재료비 + 인건비

또한 단위 용접 길이에 대한 인건비와 간접비는 다음과 같다.

$$\text{단위 용접 길이에 대한 인건비와 간접비} = \frac{\text{단위 시간당 인건비와 간접비}}{\text{용접 속도} \times \text{작업률}}$$

단위 길이당 작업 소요 시간 (T)과 용접 속도 (V)의 관계는 다음과 같다.

$$T = \frac{1}{V}$$

다층 용접의 작업 소요 시간 측정 방법은 다음과 같으며, 각 층의 속도를 측정해서 전체 소요 시간을 산출한다.

$$V = \frac{1}{\frac{1}{V_1} + \frac{1}{V_2} + \cdots\cdots + \frac{1}{V_n}}$$

(4) 전력비

$$\text{전력 요금} = \text{소요 전력량} \times \text{전력 요금 단가}$$

① 전력량 (WH) = 용접 전류(A_2)×용접기 2차 무부하 전압(V_{20})
   ×용접기 역률$(p \cdot f)$×아크 시간 (h)

1차 피상 입력 P_1 [kVA] = 1차 전압(V_1)×1차 전류(A_1)
   ≒ 용접기 2차 무부하 전압(V_{20})×용접 전류(A_2)

1차 입력 (kW) = 1차 피상 입력(P_1)×용접기의 역률$(p \cdot f)$

② 전력량 (WH) = $\dfrac{\text{용접 전류}(A_2) \times \text{용접 전압}(V_2)}{\text{용접기 효율}(\eta)}$ ×아크 시간 [h]

용접기 효율은 전체의 효율로 교류 아크 용접기는 약 50%, 직류 아크 용접기는 약 75%로 한다.

$$\text{2차 무부하 전압}(V_2) = \frac{\text{1차 입력 (kVA)}}{\text{정격 2차 전류}(A_2)}$$

(용접기 내부 손실을 0으로 한 것임)

$$\text{역률}(p \cdot f) = \frac{\text{1차 입력 (kW)}}{\text{1차 피상 입력 (kVA)}}$$

(부하의 효율을 100%로 한 것임)

(5) 상각비와 보수비

용접 작업 1시간당 비율을 계산한다.

① 상각비 : 보통 상각 연수는 8년으로 하고 있으나, 수요가의 특수 사정에 의하여 5~7년으로 한다.

$$\text{상각비} = \frac{\text{용접기 가격}}{\text{상각 시간}}$$

② 보수비 : 보통 1년에 기계 대금의 10%라고 가정하여 계산하나 실적에 따라 다르다.

$$\text{보수비} = \frac{\text{연간 보수비}}{\text{연간 사용 시간}}$$

(6) 용접 준비비

용접 홈의 가공비, 가조립과 가접비, 준비비 등이 필요하게 되는데 경우에 따라 큰 차이가 날 수 있다. 다량의 제품을 만들 때에는 가조립이나 가접용 지그를 사용하면 작업 능률이 향상됨과 동시에 제품의 정도도 향상된다.

(7) 열처리비

연강후판, 고탄소강, 합금강 등에서는 예열이 필요하고 압력 용기, 보일러 수문 등에서는 용접 후 응력 제거 풀림이 필요하다.

(8) 검사비

용접부의 검사에서 각종 파괴 검사와 비파괴 검사가 필요하며, 용접전 용접사의 기능 검정 및 시공법 검정 시험 등이 필요할 때가 많다.

(9) 용접 설비·기타

용접기, 안전 보호구, 용접 케이블, 포지셔너 등과 같은 용접 장치에 내용 연수를 고려하여 상각비를 계산하고 유지비도 고려하여야 한다.

① 용접기의 내용 연수 : 약 10~15년(단, 현지 작업 등에서 1/2~1/3 정도로 저하된다.)
② 용접 케이블(cable)의 내용 연수 : 약 2~3년

5-2 용착량 계산

용접부의 단면적은 용접 이음의 모양에 따라 달라지므로 필요하다고 생각되는 이음에 대해서 미리 계산해 두면 편리하다. 또한 용접 이음의 홈 면적은 수축량의 추정, 용접봉의 소요량 등의 계산에 중요하다.

다음 그림은 용착 금속을 얻을 수 있는 강판의 두께와 홈 면적과의 관계를 나타낸 것이다.

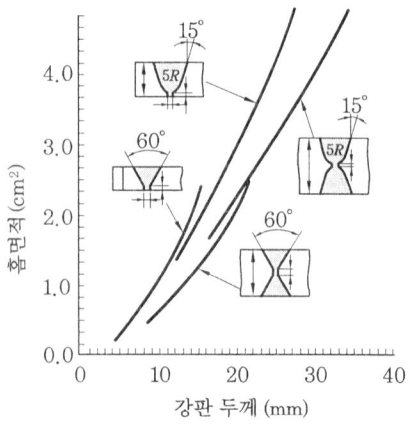

판 두께와 홈 면적과의 관계

다음 그림과 표는 용접 이음의 단면적 계산식을 나타내고 있는데, 체적을 구할 때에는 단면적×용접선 길이로 하여 구한다.

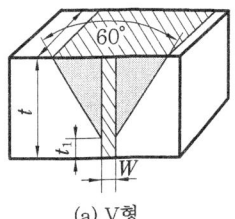 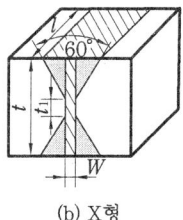 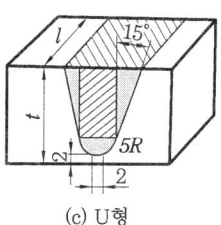 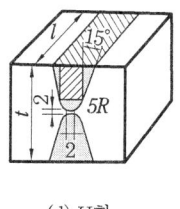

(a) V형　　(b) X형　　(c) U형　　(d) H형

강판 두께와 홈 면적과의 관계

용접부 단면적 계산식

이음 형식	모 양	단 면 적
I 형		Wt
ⅴ형		$t(W+1/2\,t\tan\phi)$
V 형		$t\left(W+t\tan\dfrac{1}{2}\phi\right)$
K 형		$Wt+x^2\tan\phi$
X 형		$Wt+2X^2\tan\dfrac{1}{2}\phi$
J 형		$(W+r)(X-r)+\dfrac{\pi r^2}{4}+Wr+\dfrac{1}{2}(X+r)^2\tan\phi$
U 형		$2Xr-2r^2+\dfrac{\pi r^2}{2}+(X-r^2)\tan\dfrac{1}{2}\phi$
H 형		$2\left[2Xr-2r^2+\dfrac{\pi r^2}{2}+(X-r)^2\tan\dfrac{1}{2}\phi\right]$

예상문제

문제 1. 다음 중 용입 부족의 원인으로 가장 적합하지 않은 것은?
㉮ 운봉 속도가 너무 빠를 때
㉯ 용접 전류가 낮을 때
㉰ 루트 간격이 넓을 때
㉱ 홈 (groove)의 각도가 좁을 때
[해설] • 용입 부족의 발생 원인
① 용접 전류가 낮을 때
② 용접 속도가 너무 빠를 때
③ 용접 홈이 좁을 때
④ 용접봉의 선택이 잘못 되었을 때

문제 2. 다음은 가접(tack welding)에 대한 설명이다. 틀린 것은?
㉮ 가접은 본 용접을 하기 전에 좌우의 홈 부분을 잠정적으로 고정하기 위한 짧은 용접이다.
㉯ 본 용접을 실시할 홈 안에 가접을 하는 것은 바람직하지 못하다.
㉰ 가접은 쉬운 용접이므로 기초 용접공에 의해 실시하여 용접 기량을 향상시킨다.
㉱ 가접에는 본 용접보다도 지름이 약간 작은 용접봉을 사용한다.

문제 3. 맞대기 용접에서 제1층부에 결함이 생겨 밑면 따내기를 하고자 할 때 이용되는 방법이 아닌 것은?
㉮ 아크 절단 (arc cutting)
㉯ 셰이퍼(shaper)
㉰ 아크 에어 가우징(arc air gouging)
㉱ 가스 가우징(gas gouging)
[해설] • 이면 따내기(gouging)의 종류
① 가스 가우징
② 아크 에어 가우징
③ 셰이퍼 또는 밀링에 의한 기계 절삭법

문제 4. 다음 중 용접봉 가격을 나타내는 식으로 옳은 것은?
㉮ 용접봉 가격 = $\dfrac{1}{\text{용접봉 사용률} \times \text{용착률} \times \text{용접 단가}}$
㉯ 용접봉 가격 = 용착 금속 중량 × 용접봉 전중량 × 용접 단가
㉰ 용접봉 가격 = 작업률 × 용접봉 사용률 × 용접 단가
㉱ 용접봉 가격 = $\dfrac{1}{\text{용착 금속 중량} \times \text{작업률} \times \text{용접 단가}}$

문제 5. 일반으로 1일 8시간 근무에 대하여 아크 발생 시간을 백분율로 표시한 것을 무엇이라 하는가?
㉮ 아크 시간율   ㉯ 작업 성과율
㉰ 용착률   ㉱ 아크 효율
[해설] 아크 시간율 또는 작업률이라 한다.

문제 6. 다음 중 용접 작업 시간을 맞게 나타낸 것은?
㉮ 용접 작업 시간 = $\dfrac{\text{아크 시간율}}{\text{작업률}}$
㉯ 용접 작업 시간 = 아크 시간율 × 아크 시간
㉰ 용접 작업 시간 = $\dfrac{\text{아크 시간}}{\text{아크 시간율}}$
㉱ 용접 작업 시간 = 작업 시간 × 노임 단가
[해설] 노임 = 작업 시간 × 노임 단가

문제 7. 용접 속도와 뒤틀림의 관계 중 옳은 것은?
㉮ 용접 진행 속도가 느릴수록 뒤틀림이 적어진다.
㉯ 용접 진행 속도가 빠를수록 뒤틀림이

해답 1. ㉱ 2. ㉰ 3. ㉮ 4. ㉮ 5. ㉮ 6. ㉰ 7. ㉯

적어진다.
㉰ 용접 진행 속도와 뒤틀림과는 관계가 없다.
㉱ 용접 진행 속도를 용접봉이 충분히 녹아 용착된 후 서서히 이동하면 뒤틀림이 적어진다.

문제 8. 다음은 이음 준비 사항으로 홈 가공에 대한 설명이다. 옳지 않은 것은?
㉮ 피복 아크 용접에서 홈 각도는 70~90°가 적당하다.
㉯ 용접 균열은 루트 간격이 좁을수록 적게 발생된다.
㉰ 대전류를 사용하는 서브머지드 아크 용접에서 루트 간격은 0.8 mm 이하, 루트 면은 7~16 mm로 하는 것이 좋다.
㉱ 홈 가공은 가스 절단법에 의하나 정밀한 것은 기계 가공에 의하는 것도 있다.
[해설] 피복 아크 용접에서 홈 각도는 54~70°가 적당하다.

문제 9. 용접시 예열에 의한 설명이다. 바르게 설명된 것은?
㉮ 연강이라도 모재 두께가 10 mm 이내이면 급랭되기 때문에 항상 예열하여야 한다.
㉯ 주철, 고급 예열 합금에서도 용접 균열을 방지하기 위하여 예열을 시켜야 한다.
㉰ 탄소당량이 커지면 예열 온도를 낮출 필요가 있다.
㉱ 연강이라도 기온이 0℃ 이하에서는 저온 균열을 일으키기 쉬우므로 400~450℃로 가열한다.

문제 10. 좁은 탱크 안에서 작업시 주의할 점이 아닌 것은?
㉮ 전격에 주의한다.
㉯ 환기 및 통풍에 주의한다.
㉰ 산소를 사용하여 환풍한다.
㉱ 방독 마스크를 사용한다.

문제 11. 다음 중 주철의 풀림 온도로 적당한 것은?
㉮ 300℃ 약 1시간 ㉯ 700℃ 장시간
㉰ 600℃ 장시간   ㉱ 400℃ 단시간
[해설] 주철의 풀림 온도는 600℃로 10시간 풀림하면 잔류 응력이 제거된다.

문제 12. 다음 용접 결함의 종류 중 구조상 결함에 해당하지 않는 것은?
㉮ 형상 불량   ㉯ 오버랩
㉰ 용입 부족   ㉱ 슬래그 섞임

문제 13. 중유 탱크의 보수 용접을 할 때 안전상 가장 중요한 것은?
㉮ 될 수 있는 한 적은 인원으로 작업한다.
㉯ 감시원을 배치한다.
㉰ 환기가 잘 되는 곳에서 한다.
㉱ 용접 전에 탱크를 증기로 세척한다.
[해설] 인화성 액체나 인화성 증기, 가연성 가스 등이 있다고 판단되는 밀폐된 배관이나 용기 등을 보수 용접하고자 할 경우에는 증기, 액체 및 가스 등을 완전히 제거한 후 작업하도록 한다.

문제 14. 용접 결함의 보수 방법 중 옳지 않은 것은?
㉮ 결함이 언더컷일 경우 가는 용접봉을 사용하여 재용접한다.
㉯ 결함이 균열인 경우 가는 용접봉을 사용하여 재용접한다.
㉰ 결함이 오버랩인 경우 일부분을 깎아내고 재용접한다.
㉱ 결함이 균열인 경우는 균열 양단에 드릴로서 정지 구멍을 뚫고 균열 부위를 깎아내고 재용접한다.

문제 15. 용접 결함의 보수 용접에 관한 사항 중 옳지 않은 것은?

해답 8. ㉮ 9. ㉯ 10. ㉰ 11. ㉰ 12. ㉮ 13. ㉱ 14. ㉯ 15. ㉱

㉮ 기공이나 슬래그 섞임은 연삭하여 재용접한다.
㉯ 균열 부분은 절단하고, 자유로운 상태에서 재용접한다.
㉰ 차축이 마모되었을 경우 마모용의 용접봉을 사용하여 덧붙이 용접한다.
㉱ 언더컷, 오버랩은 완전 절단해 버리고 덧붙이 용접한다.

[해설] 결함이 언더컷일 경우에는 가는 용접봉을 사용하여 정성들여 보수하고, 오버랩일 경우에는 일부분을 깎아내고 재용접한다.

문제 16. 다음은 고탄소강 용접에 대한 사항이다. 틀린 것은?
㉮ 비드 위의 활꽃 균열은 고탄소일수록, 용접 속도가 빠를수록 생기기 쉽다.
㉯ 고탄소강의 용접 균열을 방지하려면 아크 용접에서는 전류를 높이고, 용접 속도를 빠르게 할 필요가 있으며, 예열 및 후열을 하면 효과가 크다.
㉰ 고탄소강의 용접봉으로는 저수소계의 모재와 같은 재질의 용접봉 또는 연강 용접봉, 오스테나이트계 스테인리스강 용접봉, 특수강 용접봉 등이 쓰이고 있다.
㉱ 모재의 변형에 의한 응력은 가열 범위를 되도록 적게 하여 응력값을 낮추고, 균열 발생을 방지한다.

[해설] 전류를 높이고 용접 속도를 느리게 한다.

문제 17. 다음 중 아래보기 위빙 비딩에서 운봉이 불규칙한 경우에 생기는 원인이 아닌 것은?
㉮ 언더컷의 발생
㉯ 오버랩의 발생
㉰ 용입이 불균일하다.
㉱ 스패터가 적게 발생한다.

[해설] • 운봉이 불규칙한 경우 : 비드 폭과 비드의 쌓임이 불균일하게 되며 언더컷, 오버랩이 발생되고, 파형이 거칠어 스패터가 많이 생기며 용입이 불균일하다.

문제 18. 크레이터에 대한 설명 중 용융지가 응고 수축될 때 생기기 쉬운 현상은 무엇인가?
㉮ 언더컷 ㉯ 오버랩
㉰ 용입 부족 ㉱ 슬래그 섞임

[해설] • 크레이터(crater) : 용융지(용접 종단부 : 모재 끝)가 응고 수축되면서 생기는 것으로, 슬래그 섞임이 되기 쉽고 수축될 때 균열이 생기기 쉽다.

문제 19. 다음 용접 결함 중 용접공의 수기와 가장 관계가 적다고 생각되는 것은?
㉮ 언더컷 ㉯ 비드 밑 터짐
㉰ 슬래그 잠입 ㉱ 오버랩

[해설] • 비드 밑 터짐(under bead crach) : 고탄소강이나 저합금강과 같은 담금 경화성이 큰 재료를 용접했을 때 나타나는 결함이다.

문제 20. 수평 용접 자세 등에서 운봉법이 나쁘면 비드 아래쪽에 용접 금속이 모재 위에 겹쳐서 덮히는 수가 있는데, 이와 같은 용접 결함을 무엇이라 하는가?
㉮ 언더컷 ㉯ 크래킹
㉰ 오버랩 ㉱ 비딩

문제 21. 아크 용접시 용입 부족이 원인이 아닌 것은?
㉮ 운봉 속도가 너무 빠를 때
㉯ 용접 전류가 낮을 때
㉰ 홈의 각도가 좁을 때
㉱ 루트 간격이 클 때

[해설] 루트 간격이 크면 용락이 된다.

문제 22. 용접 제품의 좋고 나쁨은 본 용접뿐만 아니라 용접 전의 여러 가지 준비에 좌우된다. 다음 사항 중 용접하기 전에 일반적으로 준비해야 할 사항이 아닌 것은?
㉮ 지그의 결정 ㉯ 모재의 재질 확인
㉰ 용접공의 선임 ㉱ 공수 절감

[해설] • 용접하기 전 일반적인 준비 사항 : 모재의 재질 확인, 용접 기기의 선택, 용접봉의 선

해답 16. ㉯ 17. ㉱ 18. ㉱ 19. ㉯ 20. ㉰ 21. ㉱ 22. ㉱

택, 용접공의 선임, 지그의 결정 등이 있다.

문제 23. 가접의 필요성을 설명한 것 중 옳은 것은?
㉮ 필릿 용접의 결함을 다소 적게 하기 위하여
㉯ 용접 중의 변형을 방지하기 위하여
㉰ 아래보기 수직 위보기 자세를 일정하게 하기 위하여
㉱ 용접 제품 결함을 올바른 수치로 다듬질하기 위하여

문제 24. 다음은 철강에 주로 사용되는 매크로 에칭액에 관한 사항이다. 틀린 것은?
㉮ 염산 : 물의 비 1 : 1의 액 사용
㉯ 염산 : 황산 : 물의 비 3.8 : 1.2 : 5.0의 액 사용
㉰ 초산 : 물의 비 1 : 2의 액 사용
㉱ 에칭을 한 다음 곧 수세하고 건조시켜 시험
[해설] 초산 : 물의 비가 1 : 3의 액이 사용된다.

문제 25. 용접 작업에서 조립 및 가접에 대한 설명으로 옳지 않은 것은?
㉮ 가접에는 본 용접보다도 지름이 약간 굵은 용접봉을 사용하는 것이 좋다.
㉯ 조립 및 가접은 용접 시공에서 주요한 공정의 하나이다.
㉰ 홈 가공을 끝낸 판은 제품으로 제작하기 위해 조립 및 가접을 실시한다.
㉱ 가접은 본 용접을 실시하기 전에 좌우의 홈 부분을 잠정적으로 용접하기 위한 짧은 용접이다.
[해설] 가접은 본 용접보다 지름이 약간 가는 용접봉을 사용한다.

문제 26. 지름 12 m, 높이 8 m의 석유 저장 탱크를 만들고자 한다. 강판을 어떻게 배치하여 용접하는 것이 좋은가? (단, 강판은 길이 방향(긴쪽)이 압연 방향이다.)

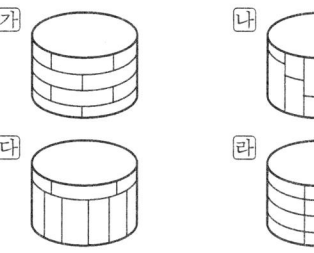

문제 27. 용접부의 검사 중 용접 중의 작업 검사에 속하지 않는 사항은?
㉮ 용접봉의 건조 상태
㉯ 크레이터의 처리
㉰ 비드의 겉모양
㉱ 개재물 분포
[해설] • 용접 중의 작업 검사 : 용접봉의 보관과 건조 상태, 이음부 표면의 청정 상태, 각층 마다의 비드 형상, 융합 상태, 용입 부족, 슬래그 섞임, 균열, 비드의 파형(ripple), 크레이터의 처리, 용접 전류 및 전압, 용접 속도, 용접 순서, 운봉법, 용접 자세, 예열 등이 있다.

문제 28. 다음은 완성 검사에 사용하는 비파괴 시험 및 파괴 시험에 관한 사항이다. 비파괴 검사에 속하는 것은?
㉮ 크리프 시험   ㉯ 수소 시험
㉰ 균열 시험   ㉱ 천공 시험

문제 29. 다음은 치수상의 결함 중 치수 불량에 관한 사항이다. 속하지 않는 것은?
㉮ 덧살의 과부족   ㉯ 필릿의 각장
㉰ 목 두께   ㉱ 용입의 과대
[해설] • 치수상의 결함
① 스트레인 변형
② 용접부 크기의 부적당
③ 용접부 형상의 부적당

문제 30. 다음 성질상의 결함 중 기계적 성질 부족에 속하지 않는 것은?
㉮ 크리프 특성   ㉯ 내식성
㉰ 내마멸성   ㉱ 내열성

해답 23. ㉯ 24. ㉰ 25. ㉮ 26. ㉮ 27. ㉱ 28. ㉱ 29. ㉱ 30. ㉯

[해설] 내식성은 성질상의 결함 중에서 화학적 성질 부족에 해당한다.

[문제] 31. 다음 중 용접 작업상 주의 사항에 적당하지 않은 것은?
㉮ 능률이 좋고 결함이 적은 아래보기 용접을 택한다.
㉯ 현장 용접을 적게 하고 주로 공장 내에서 용접하도록 한다.
㉰ 맞대기 용접은 뒷면 용접을 해서는 안 된다.
㉱ 용접 변형과 잔류 응력이 작게 용접 순서를 정한다.

[문제] 32. 다음은 가접에 대한 설명이다. 이 중 옳은 것은?
㉮ 가접은 가능한 크게 한다.
㉯ 가접은 중요하지 않으므로 본 용접공보다 기능이 떨어지는 용접공이 해도 된다.
㉰ 전류를 다소 높게 하여 가접부의 결함이 생기지 않게 한다.
㉱ 가접과 본 용접에는 영향이 없다.
[해설] 가접은 본 용접과 같이 중요하므로, 결함이 생기지 않게 적게 하며 결함부는 완전 제거 후 실시한다.

[문제] 33. 본 용접 작업시 먼저 가접을 하는데 가접시 주의 사항이 아닌 것은?
㉮ 모재 두께를 다 채우는 큰 가접을 피한다.
㉯ 용접의 시점과 종점이 되는 끝부분은 가접을 피한다.
㉰ 용접부가 교차되는 지점의 경우에는 보통 300 mm 바깥의 가접은 피한다.
㉱ 강도상 중요한 부분에는 가접을 피한다.
[해설] 보통 가접의 간격은 최소한 300 m 이상으로 한다.

[문제] 34. 다음 중 홈(groove)의 청소 방법으로 적당하지 않은 것은?

㉮ 염산 사용
㉯ 황산 사용
㉰ 와이어 브러시 사용
㉱ 압축 공기 사용
[해설] 청소에는 wire brush, grinder, shot blast, 염산, 압축 공기 등이 사용된다.

[문제] 35. 다음 중 환산 용접 길이를 산출할 때 고려하지 않아도 되는 것은?
㉮ 공장 용접인가 현장 용접인가의 용접 장소
㉯ 용접봉의 굵기
㉰ 용접 자세
㉱ 용접될 판의 두께
[해설] 같은 길이의 이음을 용접할 때에도 판의 두께, 용접 자세, 용접 작업 장소가 변동되면 환산 용접장이 달라진다.

[문제] 36. 그림과 같이 용접부에 언더컷이 발생하였다. 이 언더컷은 다음 중 어느 강도에서 가장 심각한가?

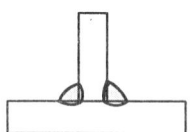

㉮ 인장 압축의 피로 강도
㉯ 압축 강도
㉰ 비틀림 강도
㉱ 인장 강도

[문제] 37. 그림과 같이 필릿 용접부에 균열이 발생하였다. 균열 부근의 조그마한 구간 rs는 균열이 발생한 후 잔류 응력에 의하여 길이가 어떻게 변하는가?

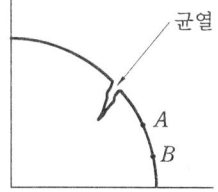

[해답] 31. ㉰ 32. ㉰ 33. ㉰ 34. ㉯ 35. ㉯ 36. ㉮ 37. ㉮

㉮ 줄어든다.
㉯ 변하지 않는다.
㉰ 줄어들었다가 늘어난다.
㉱ 사용 용접봉의 종류에 따라 늘어났다가 줄어든다.

문제 38. 필릿 용접에서 루트 간격이 4.5 mm 이상일 때 그 보수 요령은?
㉮ 다리 길이를 4.5배로 증가시켜 용접한다.
㉯ 그대로 용접하여야 한다.
㉰ 라이너를 넣든지 부족한 판을 300 mm 이상 잘라내서 대처한다.
㉱ 굵은 용접봉을 사용하여 정성들여 보수한다.

문제 39. 용착률(deposition efficiency)이 60 %이고, 용접봉 사용률이 95 %인 연강 피복 아크 용접에서의 용접봉 가격[원/kg]은 얼마인가? (단, 용접봉 단가는 500원/kg이다.)
㉮ 778.2 원/kg ㉯ 877.2 원/kg
㉰ 787.2 원/kg ㉱ 887.2 원/kg

[해설] 1 kg의 용착 금속량을 얻는데 필요한 용접봉의 가격은 다음과 같다.

용접봉 가격
$= \dfrac{1}{\text{용접봉 사용률} \times \text{용착률}} \times \text{용접봉 단가}$
$= \dfrac{1}{0.95 \times 0.6} \times 500$
$= 877.2 \text{ 원/kg}$

문제 40. 필릿 이음에서 용접 이음 강도는 목두께에 비례하며, 용접 경비는 용착량에 비례한다고 가정한다. 이때 목 두께를 원래의 치수에 비하여 2배로 늘리면 용접부의 강도와 용접 경비는 각각 몇 배로 증가하는가?
㉮ 강도 2배, 경비 2배
㉯ 강도 2배, 경비 3배
㉰ 강도 2배, 경비 4배
㉱ 강도 4배, 경비 2배

문제 41. 일반적으로 용접성(welding ability) 평가와 관련이 있는 시험법에 해당하지 않는 시험법은?
㉮ 취성 시험   ㉯ 최고 경도 시험
㉰ 균열 시험   ㉱ 크리프 시험

[해설] • 용접성 시험법 : 노치 취성 시험, 용접부 연성 시험, 균열 시험, 열영향부의 경도 시험이 있다.

문제 42. 용적이 33 L인 산소 용기의 고압력계에 100기압이 나타났다면 프랑스식 300번의 팁으로는 몇 시간 용접할 수 있는가? (단, 산소와 아세틸렌의 혼합비는 1 : 1이다.)
㉮ 11시간   ㉯ 15시간
㉰ 20시간   ㉱ 7.5시간

문제 43. 경화 덧붙이 용접이 사용되지 않는 곳은?
㉮ 마모를 많이 받는 부분
㉯ 침식, 부식을 받는 부분
㉰ 고열 작용을 받는 부분
㉱ 산화를 받게 되는 부분

문제 44. 용접선이 긴 주철품을 용접하여 보수하고자 할 때 주의하여야 할 사항이 아닌 것은?
㉮ 예열
㉯ 일회 용접에 의한 용접선 길이
㉰ 강력한 구속 방법
㉱ 홈 형상

[해설] 주철은 매우 취약해서 비교적 작은 국부적 수축에도 견디지 못하고 터지기 쉽다.

문제 45. 일반적으로 용접 후의 처리에 속하지 않는 것은?
㉮ 용접부의 급랭 방지
㉯ 응력 제거
㉰ 변형 교정
㉱ 결함의 보수

[해설] • 용접 후의 처리 : 응력 제거, 변형 교정, 결함의 보수, 보수 용접 등이 있다.

해답 38. ㉰ 39. ㉯ 40. ㉰ 41. ㉱ 42. ㉮ 43. ㉱ 44. ㉰ 45. ㉮

문제 46. 다음 중 용접 시공시 생기는 균열이 아닌 것은?
㉮ 세로 균열   ㉯ 가로 균열
㉰ 복합 균열   ㉱ 원형 균열
[해설] 용접 시공시 주 균열에는 세로 균열, 가로 균열, 복합 균열, 설파 균열 등이 있다.

문제 47. 용접부에 구리로 된 덮개판을 두든지, 뒷면에서 용접부를 수랭 또는 용접부 근처에 물기가 있는 석면, 천 등을 두어 모재에 용접입열을 막음으로써 변형을 방지하는 방법은?
㉮ 역변형법   ㉯ 억제법
㉰ 피닝법   ㉱ 도열법

문제 48. 백스텝(back step) 운봉법으로 가장 적당한 아크 용접 자세는?
㉮ 위보기 용접   ㉯ 수직(하진) 용접
㉰ 수평 용접   ㉱ 아래보기 용접
[해설] 백스텝(back step) 운봉법은 수직(상진) 용접 및 위보기 자세 용접에 주로 이용된다.

문제 49. 용접 비드층을 쌓아올리는 다층 살 올림법으로 변형이나 잔류 응력을 고려하지 않고 보통 사용되는 것은?
㉮ 캐스케이드법   ㉯ 빌드업법
㉰ 전진 블록법   ㉱ 스킵법
[해설] 다층 비드 쌓는 법에는 빌드업법, 전진 블록법, 캐스케이드법이 있다.

문제 50. 전기 용접 작업의 안전 사항으로 옳지 않은 것은?
㉮ 작업 전에 소화기 및 방화사를 준비한다.
㉯ 피용접물은 코드로 완전히 접지시킨다.
㉰ 장시간 작업할 경우에는 수시로 용접기를 점검한다.
㉱ 가스관 및 수도관 등의 배관은 이를 접지로 이용한다.

문제 51. 고장력강의 용접 결함 중 저온 균열이 생기는 직접적인 원인이 아닌 것은?
㉮ 용접부의 경화
㉯ 용접 중 발생 수소
㉰ 내열 피로 특성
㉱ 구조물의 열에서의 구속도
[해설] 저온 균열(cold crack)은 온도 300℃ 이하에서 발생하거나 용접 금속 후 48시간 이내에 발생하는 균열을 말하는 것으로, 특히 응고 후 48시간 이내에 발생하는 균열을 지연 균열(delay crack)이라고도 한다.

문제 52. 다음 중 잔류 응력의 완화에 관계 없는 것은? (단, 용접에서)
㉮ 어닐링(annealing)
㉯ 고온에 있어서의 크리프(creep)
㉰ 200℃ 정도의 개스업
㉱ 용접선 방향의 전단 응력의 작용

문제 53. 일반적으로 탄소 함유량이 증가함에 따라 용접성이 불량해지므로 탄소강보다는 저합금강이 훨씬 많이 실용화되는데 그 이유로 틀린 것은?
㉮ 탄소강의 인성과 전성이 증가하여 용접성이 불량해진다.
㉯ 질량 효과가 크므로 열처리 효과가 나쁘다.
㉰ 경화 도중에 균열 경향이 크다.
㉱ 고온에서 내식성과 내산화성이 불량하다.

문제 54. 다음 중 탄산가스 아크 용접시 용접부에 기공이 생길 때의 원인으로 틀린 것은?
㉮ 가스 실드가 불완전하다.
㉯ 솔리드 와이어에 녹이 있다.
㉰ 복합 와이어에 습기가 흡수되어 있다.
㉱ 용접 전류가 높다.

문제 55. 1시간 용접 작업 중 42분 동안 아크를 발생시키고 18분 동안은 아크를 발생시키지 않았다면, 이 용접기의 사용률은 얼마인가?

[해답] 46. ㉱   47. ㉱   48. ㉮   49. ㉯   50. ㉱   51. ㉱   52. ㉯   53. ㉮   54. ㉱   55. ㉱

㉮ 30 %   ㉯ 40 %
㉰ 60 %   ㉱ 70 %

해설 • 사용률
$$= \frac{\text{아크 발생 시간}}{\text{아크 발생 시간}+\text{정지 시간}} \times 100$$
$$= \frac{42}{42+18} \times 100 = 70\%$$

문제 56. 다음 중 가접 위치가 맞는 것은 어느 것인가?

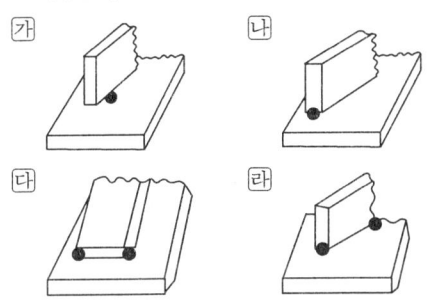

해설 가접의 위치는 부품의 끝, 모서리, 각 등과 같이 단면이 급변하여 응력이 집중되는 곳은 가능한 한 피한다.

문제 57. 아크 용접 중 오버랩 현상의 원인과 관계없는 것은?
㉮ 용접 속도가 늦을 때
㉯ 모재가 과열되었을 때
㉰ 용접 전류가 낮을 때
㉱ 극성이 잘못 연결되었을 때

문제 58. 아크 용접에서 용입 부족의 원인이 될 수 없는 것은?
㉮ 용접 속도가 빠를 때
㉯ 용접 전류가 낮을 때
㉰ 홈의 각도가 좁을 때
㉱ 모재가 과열되었을 때

문제 59. 다음은 용접 결함과 그 원인에 대해서 쓴 것이다. 틀린 것은?
㉮ 변형 : 개선 각도가 클 때
㉯ 기공 : 용접부에 습기가 있을 때
㉰ 슬래그 혼입 : 앞층에 언더컷이 있을 때
㉱ 용입 부족 : 개선 각도가 클 때

문제 60. 다음 위빙 비드 중 반달형의 운봉시 양 끝에서 머무르는 시간이 길면 나타나기 쉬운 현상은?
㉮ 오버랩   ㉯ 언더컷
㉰ 기공   ㉱ 슬래그 혼입

해설 ① 정지하는 시간이 길면 : 오버랩(over lap) 이 발생한다.
② 정지하는 시간이 짧으면 : 언더컷(undercut) 이 발생한다.

문제 61. 다음은 연강용 피복 아크 용접봉 피복제의 작용등이다. 틀린 것은?
㉮ 개로 전압을 높인다.
㉯ 용접 분위기를 중성 또는 환원성으로 만든다.
㉰ 피복제는 녹아 슬래그가 된다.
㉱ 아크를 안정시킨다.

문제 62. 서브머지드 아크 용접에서 홈의 정밀도를 높이기 위한 용접 요구 조건으로 적합하지 않은 것은?
㉮ 홈의 깊이 12~13 mm
㉯ 홈의 각도 ±5°
㉰ 루트 간격(받침쇠가 없는 경우) 0.8 mm 이하
㉱ 루트 면 ±1 mm

문제 63. 다음 중 가접에 대한 설명으로 틀린 것은?
㉮ 가접은 가는 용접봉을 사용하여야 한다.
㉯ 용접 후 하중이 작용되기 쉬운 곳은 되도록 가접을 피한다.
㉰ 본 용접을 하려고 하는 부분에는 가접을 피하는 것이 좋다.
㉱ 가접은 임시 고정하는 것으로 신경 쓸 필요가 없다.

해답 56. ㉮ 57. ㉯ 58. ㉱ 59. ㉱ 60. ㉮ 61. ㉮ 62. ㉮ 63. ㉱

문제 64. 다층 용접(multiple welding)시 용착량이 커지면 수축량의 변화는?
㉮ 변화없다.　　㉯ 커진다.
㉰ 적어진다.　　㉱ 중간 정도이다.

문제 65. 50 kg 고장력 강재를 사용한 저장 탱크, 압력 용기 등의 용접에 사용되는 용접봉은 어느 것인가?
㉮ E 5016　　㉯ E 4303
㉰ E 4316　　㉱ E 4324
[해설] KS D 7006에는 고장력강용 피복 아크 용접봉이 규정되어 있는데, E 5000급으로 되어 있다.

문제 66. 용접 시공상 가장 균열이 발생하기 쉬운 경우는?
㉮ 용접 전류가 클 때
㉯ 운봉 각도가 부적당할 때
㉰ 냉각 속도가 느릴 때
㉱ 구속력이 작을 때

문제 67. 설퍼 균열이 생겼을 경우 수동 용접 시 방지할 수 있는 방법은?
㉮ 저수소계 봉으로 용접한다.
㉯ 잘라내고 깊게 (용입)한다.
㉰ 풀림 처리하여 연화시킨 다음 용접한다.
㉱ 후진법으로 용접한다.
[해설] · 설퍼 균열(sulfer crack) : 강 중의 황이 층상으로 존재하는 소위 설퍼 밴드가 심한 모재를 서브머지드 아크 용접하는 경우에 볼 수 있는 고온 균열로, 황의 영향을 덜 받는 와이어와 플럭스의 선택을 고려하거나 저수소계 용접봉으로 수동 용접하는 것이 방지책의 하나이다.

문제 68. 다음 중 피트의 발생 원인과 관계없는 것은?
㉮ 용접 조건이 부적당할 때
㉯ 습기 있는 용접봉을 사용할 때
㉰ 페인트, 스케일 등의 불순물이 용접부에 남아 있을 때
㉱ 전류가 너무 낮을 때

문제 69. 가접(tack weld)의 일반적인 주의 사항이 아닌 것은?
㉮ 공작상 문제가 되는 곳은 피하는 것이 좋다.
㉯ 본 용접보다도 약간 가는 용접봉을 사용한다.
㉰ 루트 간격이 소정의 치수가 되도록 주의하도록 한다.
㉱ 강도상 중요한 이음일수록 가접을 하는 것이 좋다.
[해설] 강도상 중요한 이음부에는 가접을 피한다.

문제 70. 다음 중 용접 시공과 수축에 대한 사항으로 틀린 것은?
㉮ X형 홈의 완전한 용입을 얻는데 적합하다.
㉯ 루트 간격이 클수록 수축도 크다.
㉰ 지름이 큰 용접봉일수록 수축이 작다.
㉱ 비드 층수가 많을수록 수축이 크다.
[해설] · 용접 시공과 수축
① 루트 간격이 클수록 수축이 크다.
② 용접봉의 지름이 큰 쪽이 수축이 작다.
③ 위빙을 하는 쪽이 수축이 작다.
④ 구속도가 크면 수축이 작다.
⑤ 피닝을 하면 수축이 감소한다.
⑥ V형 이음은 X형 이음보다 수축이 크다.

문제 71. 연강이라도 기온이 0℃ 이하로 떨어지면 저온 균열을 일으키기 쉬우므로 용접 이음의 양쪽 약 100 mm 너비를 가열하는데, 다음 중 몇 ℃로 가열하는 것이 좋은가?
㉮ 약 40~70℃　　㉯ 약 70~100℃
㉰ 약 100~130℃　㉱ 약 130~170℃

문제 72. 모재의 열영향부가 경화할 때 비드 끝단에 일어나기 쉬운 균열은?
㉮ 유황 균열　　㉯ 토 균열
㉰ 비드 아래 균열　㉱ 은점

[해답] 64. ㉯　65. ㉮　66. ㉮　67. ㉮　68. ㉱　69. ㉱　70. ㉮　71. ㉮　72. ㉯

문제 73. 다음 용접에 의한 균열의 종류 중에서 루트 균열에 속하는 것은?
㉮ 비드 표면에 생기는 균열
㉯ 냉각 속도가 빠르거나 크레이터의 처리가 잘못되어 생기는 균열
㉰ 용착 금속의 밑과 모재면에 생기는 균열
㉱ 모재의 유황이 편석하여 있을 때 이 부분에 생기는 균열

문제 74. 다음 용접 순서에 관한 설명으로 가장 옳은 것은?
㉮ 같은 평면 안에 많은 이음이 있을 때에는 팽창은 가능한 한 자유단으로 보낸다.
㉯ 같은 평면 안에 많은 이음이 있을 때에는 수축은 가능한 한 자유단으로 보낸다.
㉰ 같은 평면 안에 적은 이음이 있을 때에는 팽창은 가능한 한 자유단으로 보낸다.
㉱ 같은 평면 안에 적은 이음이 있을 때에는 수축은 가능한 한 자유단으로 보낸다.

문제 75. 다음 V형 홈 가공에 관한 특징 중 옳지 않은 것은?
㉮ 두꺼운 판의 용착량을 적게 한다.
㉯ 각 변형의 위험이 있다.
㉰ 홈 가공이 용이하다.
㉱ 완전한 용입을 얻을 수 있다.
해설 V형 홈은 양면 홈보다 용착량이 많아진다.

문제 76. AW 200(정격 2차 전류 200r)의 교류 아크 용접기로 조정할 수 있는 용접 전류는?
㉮ 80~200r   ㉯ 100~200r
㉰ 40~220r   ㉱ 60~220r
해설 용접 전류의 조정 범위는 정격 2차 전류의 20~110% 정도이다.

문제 77. 주철용 피복 아크 용접봉 중 Ni계 피복 아크 용접봉을 많이 사용하는데, 이 용접봉의 장점이 아닌 것은?
㉮ Ni계 합금은 융점이 주철과 거의 비슷하다.
㉯ Ni계의 용착 금속은 경도가 낮고 또 신율, 인성이 크다.
㉰ Ni계 합금 용접봉은 다른 용접봉보다 가격이 저렴하다.
㉱ Ni계 용접봉은 용접 금속으로 탄소가 이행하는 것을 방지하므로, 탈탄에 의한 백선화가 일어나지 않는다.
해설 주철용 피복 아크 용접봉의 심선 종류에는 ① 순니켈, ② 철-니켈 합금, ③ 모넬메탈, ④ 주철이 있다.

문제 78. 다음은 아크 용접의 시공 순서이다. ( ) 안에 알맞은 공정은?

재료 절단 → 조립 → 가접 → 공정 → ( ) → 마무리 → 검사 → 도장

㉮ 홈 가공   ㉯ 열처리
㉰ 설비   ㉱ 예열

문제 79. 피복 아크 용접에서 다음 그림과 같은 도해로 하는 수직 용접(상진법)의 운봉법은?
㉮ 직선
㉯ 삼각형
㉰ 백스텝
㉱ 타원형 
해설 백스텝(back step) 운봉법은 수직(상진) 용접 뿐만 아니라 위보기 자세 용접에도 이용된다.

문제 80. 습기를 가진 아크 용접봉으로 용접을 하면 다음 중 어떤 현상이 일어나기 쉬운가?
㉮ 기공   ㉯ 언더컷
㉰ 오버랩   ㉱ 슬래그 섞임

문제 81. 용접선의 교차를 피하기 위하여 반원형으로 잘라내고 용접하는 것은?

해답 73. ㉰ 74. ㉯ 75. ㉮ 76. ㉰ 77. ㉰ 78. ㉯ 79. ㉰ 80. ㉮ 81. ㉯

㉮ 백치핑(back chipping)
㉯ 스캘럽(scallop)
㉰ 피닝(peening)
㉱ 가스 가우징(gas gouging)

[해설] 용접 이음의 집중, 접근 및 교차시키지 않기 위하여 그림과 같은 부채꼴 오목부(scallop)를 용접선이 만나는 곳 및 교차하는 곳에 설치한다.

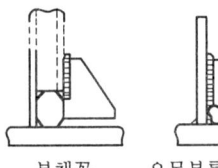
부채꼴   오목부를 준 이음

[문제] 82. 맞대기 용접(butt weld)시 횡적 수축의 조절법 중 적당하지 않은 것은?
㉮ 가접(tack weld)하기
㉯ 클램핑 및 웨지 삽입
㉰ 용접 전 가열
㉱ 용접 후 가열

[문제] 83. 다음 그림과 같은 다층 붙이법(build-up sequence)에서 중앙부터 붙이면서 좌우로 진행한 경우의 용접법은? (단, 그림은 용접 중심선 단면도이다.)

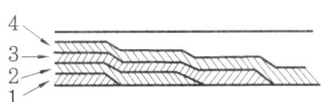

㉮ 불록법   ㉯ 대칭법
㉰ 캐스케이드법   ㉱ 후퇴법

[해설] · 다층 용착법의 종류

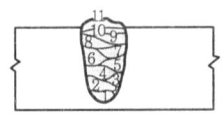
빌드업법

캐스케이드법(용접 중심선 단면도)

전진블록법(용접 중심선 단면도)

[문제] 84. 다음 중 피복 아크 용접시 적정 전류보다 큰 전류를 사용할 때 생기는 현상이 아닌 것은?
㉮ 오버랩(over lap)이 발생한다.
㉯ 언더컷(undercut)이 발생한다.
㉰ 블로홀(blow hole)이 발생한다.
㉱ 비드면이 거칠어진다.

[문제] 85. 습기를 가진 용접봉을 사용하면 주로 어떠한 결함이 발생하는가?
㉮ 용착 금속의 기계적 성질이 나빠진다.
㉯ 유해 가스가 발생한다.
㉰ 용접기를 손상시킨다.
㉱ 기공과 균열의 원인이 된다.

[문제] 86. 전기 용접기의 감전을 방지하기 위해서 사용되는 것은?
㉮ 리밋 스위치
㉯ 2차 전선 접지
㉰ 원격 제어 장치
㉱ 자동 전격 방지 장치

[문제] 87. 다음 중 예열의 목적과 관련이 없는 것은?
㉮ 수소의 방출을 용이하게 하기 위함이다.
㉯ 열영향부의 조직을 인성 조직으로 하기 위함이다.
㉰ 잔류 응력을 완화시키기 위함이다.
㉱ 용접 균열을 예방하기 위함이다.

[문제] 88. 지그(jig)를 사용하는 선택 기준 중 틀린 것은?
㉮ 용접할 물체를 튼튼히 고정시켜 줄 크기와 힘이 있어야 한다.
㉯ 용접 위치를 유리한 자세로 용접할 수 있고 쉽게 움직일 수 있어야 한다.
㉰ 용접할 간극을 적당하게 받쳐 줄 수 있어야 한다.
㉱ 뒤틀림 방지와는 관계없다.

[해답] 82. ㉰   83. ㉯   84. ㉮   85. ㉱   86. ㉱   87. ㉯   88. ㉱

[해설] 위 [가], [나]. [다] 외에,
① 용접 물체를 쉽게 고정시킬 수 있을 것
② 뒤틀림을 막아줄 만큼 튼튼히 잡아줄 수 있을 것
③ 청소에 편리할 것
등이 지그의 선택 기준이다.

[문제] 89. 다음 중 용접시 지그(jig)의 역할이 아닌 것은?
[가] 대량 생산에 적합 [나] 잔류 응력 제거
[다] 작업이 편리 [라] 제품의 치수 정확
[해설] 지그(jig)에 의한 구속력이 크면, 잔류 응력이 발생할 가능성이 크다.

[문제] 90. 서브머지드 아크 용접에서 받침쇠를 사용하지 않는 경우 루트 간격은?
[가] 0.5 mm 이하 [나] 0.8 mm 이하
[다] 1.0 mm 이상 [라] 1.2 mm 이상

[문제] 91. 다음 중 한번의 용접 패스로 생긴 일면의 용착부를 무엇이라 하는가?
[가] 비드(bead)
[나] 용적(globule)
[다] 용융지(molten weld pool)
[라] 용착부(weld metal zone)

[문제] 92. 다음 중 모재의 재질이 용접에 적합한가, 적합하지 않은가의 정도를 무엇이라 하는가?
[가] 용접성(weld ability)
[나] 용접선(welding line)
[다] 용착 금속(deposited metal)
[라] 용접축(axis of a weld)

[문제] 93. 다음 기계 중 강판의 맞대기 용접 홈 가공에 사용되지 않는 기계는?
[가] 선반 [나] 셰이퍼
[다] 가스 절단기 [라] 그라인더

[문제] 94. 일반적으로 같은 조건 아래에서 가장 높은 전류로 용접하는 것은 다음 중 어느 자세인가?
[가] V [나] H [다] OH [라] F
[해설] · F : 아래보기 자세 용접
· V : 수직 자세 용접
· H : 수평 자세 용접
· OH : 위보기 자세 용접

[문제] 95. 비드 밑에 균열이 생기는 것과 관계 없는 것은?
[가] 고탄소강 용접시 발생한다.
[나] 수소가 원인이 된다.
[다] 고장력강 용접시 발생한다.
[라] 연강 용접시 발생한다.

[문제] 96. 수직 용접시 전류가 세게 되면 V형 홈의 양 끝에 생기기 쉬운 결함으로, 2층 비드를 쌓으면 슬래그 섞임이 되기 쉬운 결함은?
[가] 언더컷 [나] 오버랩
[다] 크레이터 [라] 용입 불량
[해설] 전류가 너무 세면 V형 홈의 양 끝에 언더컷이 생겨 2층 비드를 쌓으면 슬래그 섞임이 되기 쉽다.

[문제] 97. 다음 중 용접기의 역률(power factor)이란?

[가] $\dfrac{1\text{차 입력 (kW)}}{1\text{차 피상 입력 (kVA)}}$

[나] $\dfrac{1\text{차 전압 (V)}}{1\text{차 전류 (A)}}$

[다] $\dfrac{2\text{차 전류 (A)}}{2\text{차 전압 (V)}}$

[라] $\dfrac{1\text{차 입력 (kVA)}}{\text{정격 2차 전류 (A)}}$

[해설] 효율 = $\dfrac{\text{출력 (kW)}}{\text{입력 (kVA)}}$

[문제] 98. 산업 안전, 보건법상 교류 아크 용접기에는 자동 전격 방지 장치에 설치하여야 하며, 이때 2차측 무부하 전압은 몇 볼트 이내로 규정하고 있는가?
[가] 20 [나] 30 [다] 40 [라] 60

[해답] 89. [나] 90. [나] 91. [가] 92. [가] 93. [가] 94. [라] 95. [라] 96. [가] 97. [가] 98. [나]

문제 99. 다음 용접 결함 중 피로 강도가 가해질 때 영향을 제일 적게 받는 결함은 어느 것인가?
- 가. 용접 균열
- 나. 언더컷
- 다. 용입 부족
- 라. 열 응력

[해설] • 피로 강도에 영향을 주는 인자
  ① 이음 현상
  ② 하중 상태
  ③ 용접부 표면 상태
  ④ 용접부의 재질과 모재 재질의 차
  ⑤ 용접 결함의 존재
  ⑥ 용접 구조상의 응력 집중
  ⑦ 부식 환경

문제 100. 물건을 조립할 때 쓰는 도구를 용접 지그라 하는데 지그의 사용 목적을 잘못 설명한 것은?
- 가. 제품을 정확한 형상과 치수로 용접할 수 있다.
- 나. 지그의 활용을 잘하고 못함이 용접 제품의 품질을 좌우하며, 공정수 증감에도 큰 영향을 준다.
- 다. 지그의 사용을 가능한 한 복잡하게 하여 용접 능률을 높인다.
- 라. 동일 제품을 다량 생산할 수 있다.

문제 101. 다음 중 구조용 강재 용접부의 응력 집중에 민감하므로 저온에서 발생되기 쉬운 결함은?
- 가. 기공
- 나. 균열
- 다. 취성
- 라. 변형

문제 102. 용접 준비 중 홈 가공의 중요성이 될 수 없는 것은?
- 가. 홈의 모양은 용접부의 강도에 영향을 준다.
- 나. 용접 뒤틀림의 영향을 준다.
- 다. 용접 재료의 소비, 용접 시간의 낭비를 가져온다.
- 라. 홈 모양을 형상, 구조에 따라 용접공의 편의대로 바꿀 수 있다.

문제 103. 다음 중 용접 기술 관리에 해당하지 않는 것은?
- 가. 용접 설계의 관리
- 나. 품질 관리
- 다. 용접사의 관리
- 라. 용접 작업의 관리

[해설] • 용접 기술 관리 사항 : 용접 설계 관리, 설비와 지그 관리, 용접사의 관리, 용접봉 및 잔봉 관리, 용접 작업 관리, 용접 능률 관리 등이 있다.

문제 104. 그림과 같이 두 개의 철판을 용접하려 한다. 두 개의 철판이 층상 결함(lamination defect)의 가능성이 있는 층상 균열을 피하기 위한 가장 좋은 용접은 어느 것인가?

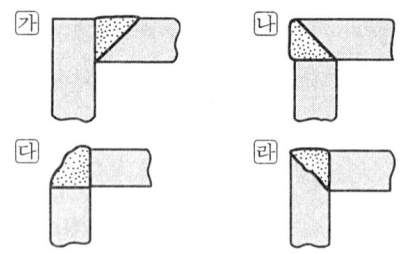

문제 105. 다음 중 예열에 관한 설명으로 틀린 것은?
- 가. 약 200℃ 범위를 통과 냉각하는 시간을 지연시켜 용착 금속의 수소 성분을 방출한다.
- 나. 예열의 주목적은 냉각 속도를 지연하는 데 있다.
- 다. 용접부의 수축 응력을 감소하기 위해 꼭 필요하다.
- 라. 용착 금속의 경화를 방지하고 강도를 높여주기 위해 예열을 한다.

[해설] • 예열을 하는 목적
  ① 용접부와 인접된 모재의 수축 응력을 감소하기 위해서이다.
  ② 모재가 가열된 후 임계 온도를 통과하여 냉각될 때 냉각 속도를 늦게 하여 모재의 열영향부와 용착 금속의 경화를 방지하고,

연성을 높여 주기 위해서이다.
③ 약 200℃ 범위를 통과하는 시간을 지연시켜 용접 금속 내의 수소 성분이 달아날 여유를 주기 위해서이다.

문제 106. 합금 성분을 포함한 강 등은 경화성이 크기 때문에 열영향부가 경화하여 다음과 같은 용접 결함이 일어나기 쉽다. 어떤 것인가?
㉮ 기공   ㉯ 비드 밑 터짐
㉰ 슬래그 섞임   ㉱ 언더컷

문제 107. 맞대기 이음을 피복 아크 용접으로 할 때 루트 간격이 너무 크면 보수 용접을 해야 하는데 뒷받침 판을 사용해서 보수해야 하는 경우는 루트 간격이 몇 mm일 때인가?
㉮ 6 mm 이하
㉯ 6~16 mm
㉰ 16~25 mm (각 V홈 300 mm 이내)
㉱ 25 mm 이상 (각 V홈 300 mm 이상)
[해설] 6 mm 이하일 때에는 한쪽 또는 양쪽을 덧살올림 용접을 하여 깎아내고, 규정 간격으로 홈을 만들어 용접한다. 6~16 mm의 경우에는 뒷받침 판을 대고 용접하고, 16 mm 이상일 때에는 판의 전부 또는 일부(길이 약 300 mm)를 대체한다.

문제 108. 용접 결함의 종류 중 구조상의 결함에 해당되지 않는 것은?
㉮ 언더컷 오버랩   ㉯ 용접 균열
㉰ 변형   ㉱ 기공 (blow hole)
[해설] 변형은 치수상 결함이다.

문제 109. 용접봉이 짧아지거나 비드가 끊어져서 용접이 중단되었을 때 그 끝에 오목하게 되는 것은 다음 중 어느 것인가?
㉮ 스패터(spatter)
㉯ 크레이터(crater)
㉰ 언더컷(undercut)
㉱ 오버랩(over lap)

문제 110. 다음 용접에 관한 각각의 설명 중 틀린 것은?
㉮ 용접 지그(jig)는 용접 제품을 조립할 때 사용하는 도구이다.
㉯ 고정구는 용접 부품을 잡고 있는 역할을 한다.
㉰ 포지셔너는 용접품을 용접하기 쉬운 상태로 놓는다.
㉱ 스트롱백은 용착 금속이 흘러내리는 것을 방지한다.
[해설] · 구속판 : 변형 방지용에 사용한다.

문제 111. 다음 중 용접 지그의 사용 목적이 아닌 것은?
㉮ 용접 작업의 용이
㉯ 용접 작업이 어려운 제품의 용접
㉰ 공수의 절감
㉱ 제품의 변형 방지

문제 112. 용접 지그에 대한 사용 목적이 아닌 것은?
㉮ 용접 작업을 쉽게 한다.
㉯ 제품의 정밀도를 높인다.
㉰ 용접 작업이 어려운 제품을 용접할 때 사용한다.
㉱ 대량 생산할 때 사용한다.

문제 113. 제품의 치수를 정확하게 하기 위해서 사용하는 지그는?
㉮ 역변형 지그   ㉯ 포지셔너 지그
㉰ 회전 지그   ㉱ 메인 플레이너

문제 114. 오스테나이트계 스테인리스강의 용접시 발생하는 입계 부식을 방지하기 위한 방법으로 옳은 것은?
㉮ 용접 후 300~350℃로 가열하여 지나치게 모재가 융해되지 않도록 하거나 900℃에서 완전 풀림을 한다.
㉯ 용접 후 530~800℃로 가열하여 불안

해답 106. ㉰   107. ㉯   108. ㉰   109. ㉯   110. ㉱   111. ㉯   112. ㉰   113. ㉱   114. ㉰

정한 고용체에서 탄화물을 석출시키거나 720~750℃로 후열을 한다.
㈐ 용접 후 1050~1100℃로 용체화 처리를 하고 공랭하든지 580℃ 이상으로 가열하여 급히 냉수 담금질을 한다.
㈑ 용접 후 800℃ 정도의 풀림을 하거나 200~400℃의 예열로 용접한 후 풀림하여 연성을 회복한다.

문제 115. 다음 중 모재에 대한 용접선 방향의 아크 속도를 의미하는 용어에 해당되지 않는 것은?
㉮ 용접 속도 ㉯ 비드 속도
㉰ 아크 속도 ㉱ 운봉 속도

문제 116. 다음 용착법 중 비석법은?

해설 • 용착법의 종류

```
          전진법
   5   4   3   2   1
          후퇴법
     4    2    1   3
          대칭법
   1   4   2   5   3
          비석법
```

문제 117. 용착법 중 블록법에 대한 설명으로 가장 옳은 것은?
㉮ 긴 용접 길이로 중심까지 용착하는 방법인데, 마지막 층에 균열이 발생하기 쉬울 때 사용된다.
㉯ 긴 용접 길이로 표면까지 용착하는 방법인데, 첫 층에 균열이 발생하기 쉬울 때 사용된다.
㉰ 짧은 용접 길이로 중심까지 용착하는 방법인데, 마지막 층에 균열이 발생하기 쉬울 때 사용된다.
㉱ 짧은 용접 길이로 표면까지 용착하는 방법인데, 첫 층에 균열이 발생하기 쉬울 때 사용된다.

문제 118. 침몰선의 해체나 교량의 개조 공사 등에 쓰이는 수중 절단 작업에서 예열 가스의 양은 공기 중에서 보다 몇 배가 필요한가?
㉮ 1~2배 ㉯ 2~3배
㉰ 4~8배 ㉱ 10~15배
해설 수중에서 작업을 할 때 예열 가스의 양은 공기 중에서의 4~8배, 절단 산소의 분출구도 1.5~2배로 한다.

문제 119. 용접에서 진행각과 작업각을 나타내며, 이것의 영향에 따라 용접 품질에 큰 영향을 미치는 것은?
㉮ 용접봉의 각도 ㉯ 모재의 청결
㉰ 루트 간격 ㉱ 용접봉의 종류

문제 120. 용접 시공상으로 보아 용접봉 선택 방법의 요건이 아닌 것은?
㉮ 용접 자세 ㉯ 작업성
㉰ 경제성 ㉱ 작업 환경

문제 121. 용접 작업시 전류 조정에 관계없는 것은?
㉮ 용접봉의 규격 ㉯ 모재의 두께
㉰ 용접 자세 ㉱ 용접 공구의 준비

문제 122. 용접시 용접 준비로 필요한 사항이 아닌 것은?
㉮ 모재 표면의 녹이나 기름을 청결하게 제거한다.
㉯ 용접에 사용되는 전압을 조정한다.
㉰ 안전 보호구를 정확히 착용한다.
㉱ 용접에 필요한 공구를 손 가깝게 진열한다.

해답 115. ㉯ 116. ㉱ 117. ㉱ 118. ㉰ 119. ㉮ 120. ㉱ 121. ㉱ 122. ㉯

문제 123. 모재의 홈 가공을 V형으로 했을 경우 엔드탭(end-tap)은 어떠한 홈 가공을 하는 것이 좋은가?
㉮ L형
㉯ V형
㉰ X형
㉱ 홈 가공이 필요없다.
[해설] 엔드탭은 모재와 같은 재질, 같은 용접 홈을 사용한다.

문제 124. 수평 자세 V홈 용접시 마지막 층의 비드는 앞의 비드에 어느 정도 겹치는 것이 적당한가?
㉮ 1/2   ㉯ 1/3
㉰ 1/4   ㉱ 1/5
[해설] 앞 비드에 약 1/3 정도 겹쳐서 비드를 형성한다.

문제 125. AW 300 무부하 전압 80 V, 아크 전압 30 V기를 사용할 때 역률과 효율을 계산하면 얼마인가? (단, 내부 손실은 4 kW이다.)
㉮ 역률 84.5%, 효율 75%
㉯ 역률 85.1%, 효율 75%
㉰ 역률 54.2%, 효율 69%
㉱ 역률 58.5%, 효율 69%

[해설] ① 역률 = $\dfrac{\text{입력[kW]}}{\text{입력[kVA]}}$
$= \dfrac{3 \times 3 + 4.0}{8 \times 3} \times 100 = 54.2\%$

② 효율 = $\dfrac{\text{출력[kW]}}{\text{입력[kVA]}}$
$= \dfrac{9}{9+4} \times 100 = 69\%$

문제 126. 다음 그림과 같은 single V butt groove 의 용착량은 어느 것인가?

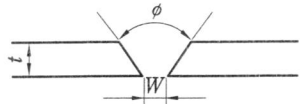

㉮ Wt
㉯ $\left(Wt + \dfrac{1}{2} t \tan \phi \right)$
㉰ $t\left(W + t \tan \dfrac{1}{2} \phi \right)$
㉱ $Wt + X^2 \tan$

[해설]

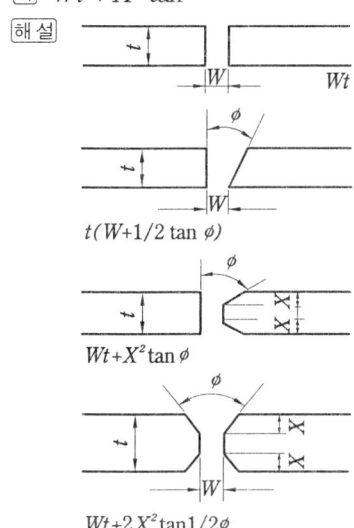

문제 127. 65%의 용착 효율을 가지는 단일의 V형 홈을 가진 20 mm 두께의 철판을 3 m 맞대기 용접했을 때 필요한 소요 용접봉 중량은? (단, 20 mm 철판의 단일 홈의 총 면적은 2.6 cm²이고, 용착 금속의 무게는 2.04 kgf/m이다.)
㉮ 8.4 kg   ㉯ 9.4 kg
㉰ 10.4 kg ㉱ 11.4 kg

[해설] · 용접봉 중량
$= \dfrac{\text{단위 길이당 용착 금속의 무게} \times \text{용접 길이}}{\text{용착 효율}}$
$= \dfrac{2.04 \times 3}{0.65} = 9.4 \text{ kg}$

문제 128. 연강의 아크 용접시 용접봉의 지름이 4~5 mm일 때 용착률(deposition efficiency)은 일반적으로 얼마인가?
㉮ 30~40%   ㉯ 40~50%
㉰ 50~60%   ㉱ 60~70%

[해답] 123. ㉱   124. ㉯   125. ㉰   126. ㉰   127. ㉯   128. ㉰

해설 용접봉 지름이 4~5 mm일 때 50~60 %, 6 mm일 때 60~70 %이고, 서브머지드 아크 용접과 같은 자동 용접에서는 약 90 % 이상이다.

문제 129. 용접 이음 설계에서 다음과 같은 사항은 고려해야 한다. 이 중 적당하지 않은 것은?
㉮ Bever 가공을 생략할 수 있도록 한다 (용입 깊은 용접법을 선택).
㉯ 후판의 경우 한 면 홈보다 양면 홈을 이용하여 용착량을 늘인다.
㉰ 세 부분을 용접하는 경우 가능하면 용접부를 한군데에 모아서 용접한다.
㉱ 용접봉은 이음 설계와 강도 등을 고려하여 선택한다.

문제 130. 한면 V형 대신 양면 V형을 택하면 용착량은 얼마나 줄어드는가?
㉮ 1배   ㉯ 1/2배
㉰ 1/3배   ㉱ 1/4배
해설 V형은 X형의 2배 용착량이 소요된다.

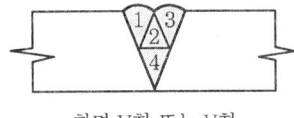

한면 V형 또는 V형

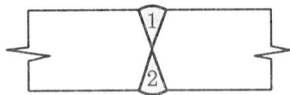

양면 V형 또는 X형

문제 131. 용접에 소요되는 직접 경비가 용착량에 비례한다고 가정하면, r형 홈 : s형 홈의 용접시 직접 경비의 비율은 얼마인가?

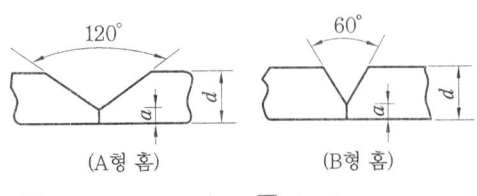

(A형 홈)   (B형 홈)

㉮ 3 : 1   ㉯ 1 : 2

㉰ 1 : 3   ㉱ 1 : 4

문제 132. 용접 소요 시간과 용접 작업 시간과의 비를 무엇이라 하는가?
㉮ 용접 소요 시간비 ㉯ 아크 타임
㉰ 용접비   ㉱ 용접 작업 시간비

문제 133. 다음 중 상각비를 나타낸 식으로 옳은 것은?
㉮ 상각비 = 용접기 가격 × 상각 시간
㉯ 상각비 = 용접기 수명 × 용접기 단가
㉰ 상각비 = $\dfrac{용접기 가격}{용접기 사용률}$
㉱ 상각비 = $\dfrac{용접기 가격}{상각 시간}$

문제 134. 용접기 상각 연수는 보통 몇 년을 잡는가?
㉮ 4년   ㉯ 6년
㉰ 8년   ㉱ 10년
해설 • 상각 연수 : 일반적으로 8년을 잡고 있으나, 구체적인 특정 시간은 아니다. 수요가의 특수 사정에 의하여 5~7년으로 한다.

문제 135. 보수비는 연간에 기계 대금의 얼마로 계산하는가?
㉮ 5 %   ㉯ 10 %
㉰ 15 %   ㉱ 20 %
해설 보통 1년에 기계 대금의 10 %라 가정하여 계산하나, 실정에 따라 다를 수 있다.

문제 136. 다음 중 보수비를 나타내는 식으로 옳은 것은?
㉮ 보수비 = $\dfrac{연간 보수비}{연간 사용 시간}$
㉯ 보수비 = $\dfrac{연간 사용 시간}{감가상각비}$
㉰ 보수비 = $\dfrac{연간 보수비}{용접기 사용 시간}$
㉱ 보수비 = $\dfrac{용접기 단가}{용접기 사용률}$

문제 137. 피복 아크 용접에서 용접 사용률 (duty-cycle)을 나타내는 것으로 다음 중 옳은 것은?

㉮ 사용률 = $\dfrac{\text{아크 발생 시간}}{\text{아크 발생 시간} + \text{휴식 시간}}$

㉯ 사용률 = $\dfrac{\text{아크 발생 시간} + \text{휴식 시간}}{\text{아크 발생 시간}}$

㉰ 사용률 = $\dfrac{\text{휴식 시간}}{\text{아크 발생 시간}}$

㉱ 사용률 = $\dfrac{\text{아크 발생 시간}}{\text{휴식 시간}}$

문제 138. 다음 중 탄소당량이란 무엇을 말하는 것인가?

㉮ 탄소강의 용접성을 나타낸 것으로, 이 값이 클수록 용접이 곤란하다.
㉯ 탄소강에서 탄소와 망간, 규소 함유량을 나타내는 것이다.
㉰ 탄소강에서 철과 유황의 함유량을 나타내는 것이다.
㉱ 탄소강의 5원소의 비를 나타내는 것이다.

[해설] 합금 원소가 많아져서 탄소당량이 커지거나 판이 두꺼워지면 용접성이 나빠져서 예열 온도를 높인다.

문제 139. 연강에서의 저온 크랙은 몇 도 이하에서 발생하는 균열을 말하는가?

㉮ 50℃ 이하   ㉯ 100℃ 이하
㉰ 120℃ 이하   ㉱ 220℃ 이하

문제 140. 다음 중 용접 균열의 주원인이 아닌 것은?

㉮ 설퍼 밴드가 현저한 강의 용접시
㉯ 후판 용접시
㉰ 나쁜 용접봉 사용시
㉱ 예열 후열시

[해설] 예열 후열 조치시는 균열 발생이 적어진다. 이는 내부 응력을 적게 하는 것이다.

문제 141. 용접 결함과 그 원인을 조합한 것이다. 틀린 것은?

㉮ 변형 – 홈 각도 과대
㉯ 기공 – 용접봉의 습기
㉰ 슬래그 섞임 – 전층의 언더컷
㉱ 용입 부족 – 홈 각도 과대

문제 142. 다음 중 용접 이음 준비 사항으로 옳은 것은?

㉮ 피복 아크 용접에서 용접 균열은 루트 간격이 넓을수록 좋다.
㉯ 대전류를 사용하는 서브머지드 아크 용접은 루트 간격을 0.8 mm 이상으로 크게 한다.
㉰ 홈 모양은 용입이 허용하는 범위에서 홈 각도를 크게 하여 용착 금속량을 많게 한다.
㉱ 홈 가공은 가스 절단법에 의하나 정밀한 것은 기계 가공에 의하기도 한다.

[해설] 홈 가공에는 기계 가공법과 가스 가공법이 있다.

문제 143. 다음 용접 금속의 결함 중 형상 불량이 아닌 것은?

㉮ 용입 불량   ㉯ 슬래그 섞임
㉰ 언더컷   ㉱ 오버랩

문제 144. 전기 용접에서 용접봉의 소모 중량에 대한 용착 금속의 중량비를 무엇이라 하는가?

㉮ 용착 중량   ㉯ 용착률
㉰ 용접비   ㉱ 용접봉비

[해설] ・용착률 (용착 효율)
= $\dfrac{\text{용착 금속 중량}}{\text{사용 용접봉 총 중량}}$

문제 145. 저온 균열(cold cracking)을 방지하기 위한 대책이다. 틀린 것은?

㉮ 예열 온도를 될수록 낮게 한다.
㉯ 냉각 속도를 될수록 늦게 한다.
㉰ 저수소계 용접봉을 사용한다.
㉱ 용접봉의 건조를 충분히 한다.

[해답] 137. ㉮ 138. ㉮ 139. ㉱ 140. ㉱ 141. ㉱ 142. ㉱ 143. ㉯ 144. ㉯ 145. ㉮

문제 146. 가스 용접법 중 특히 3 mm 이하의 얇은 판의 용접에 적합한 것은 ?
㉮ 후진법   ㉯ 병진법
㉰ 사진법   ㉱ 전진법

해설 • 좌진법과 우진법의 비교

항 목	좌진법(전진)	우진법(후진)
열 이용률	나쁘다.	좋다.
용접 속도	느리다.	빠르다.
비드의 모양	보기 좋다.	매끈하지 못하다.
소요 홈 각도	크다 (예 80°).	작다 (예 60°).
용접 변형	크다.	작다.
용접 가능 판 두께	얇다. (5 mm 까지)	두껍다.
용착 금속의 냉각도	급랭	서랭
산화의 정도	심하다.	약하다.
용착 금속의 조직	거칠어진다.	미세하다.

문제 147. 다음 중 이음의 루트 (root)에서 필릿 용접의 끝까지의 거리를 무엇이라 하는가 ?
㉮ bevel angle   ㉯ axis of weld
㉰ leg length   ㉱ tol of weld

해설 • 다리 길이(각장 : leg length) : 이음의 루트에서 필릿 용접 끝까지의 거리를 말한다.

문제 148. 용접 이음 준비에서 홈 가공에 관한 설명으로 옳지 않은 것은 ?
㉮ 용접 균열이라는 관점에서 볼 때 루트 간격은 넓을수록 좋다.
㉯ 능률면에서 보면, 용입이 허용되는 한 홈의 각도를 적게 하고 용착 금속량을 적게 하는 것이 좋다.
㉰ 홈 모양은 용접 방법과 용접 조건에 따라 다르다.
㉱ 홈 가공은 가스 절단법에 의하나 정밀한 것은 기계 가공에 의하는 것도 있다.

해답 146. ㉱   147. ㉰   148. ㉮

제5장 용접 시험 및 검사

용접부의 완성 검사법에는 다음과 같이 파괴 시험법(destructive testing)과 비파괴 시험법(non-destructive testing)으로 크게 나눌 수 있다.

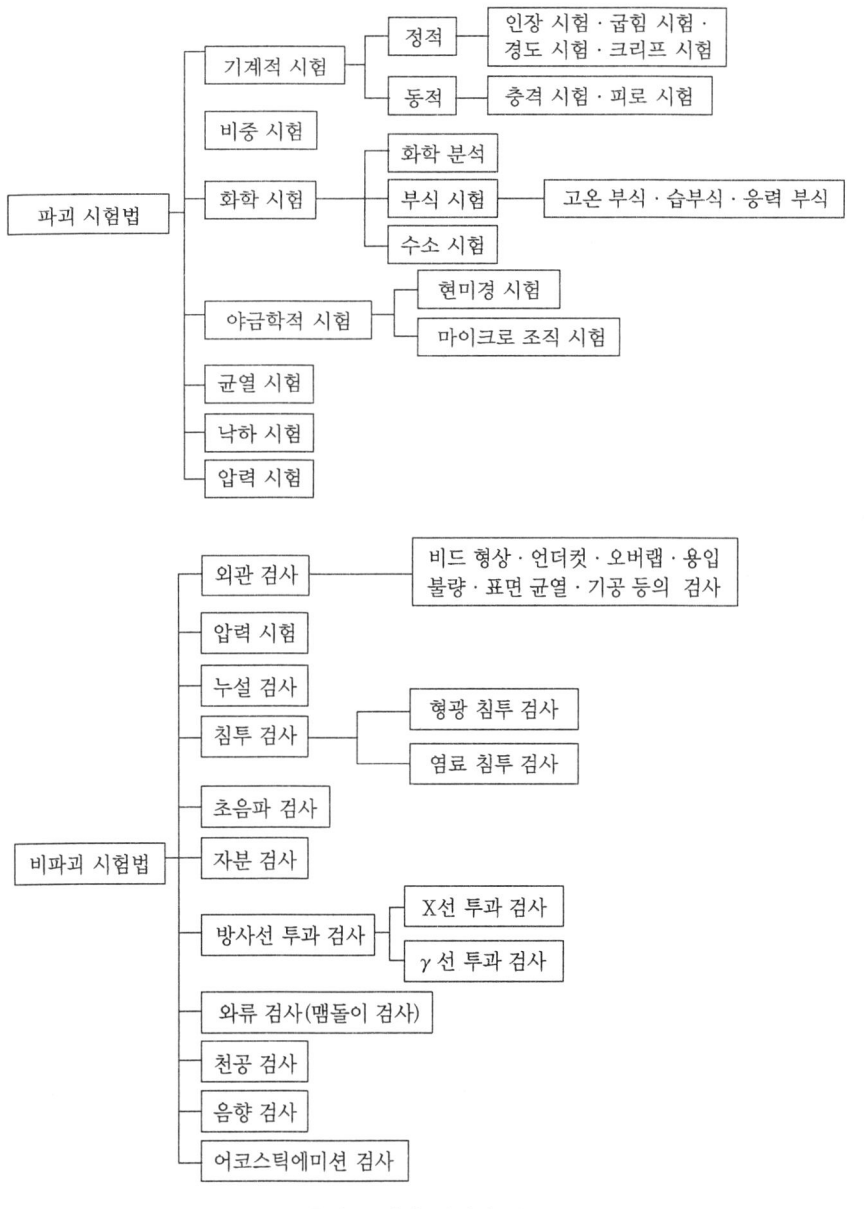

용접부 검사 방법의 분류

파괴 시험법은 피검사물을 절단, 굽힘, 인장 또는 소성 변형을 주어 시험하는 방법이나, 비파괴 검사법은 피검사물을 손상하지 않고 검사하는 방법이다. 이러한 검사들은 재질, 용접부 형상 및 목적에 따라 단독 또는 적당히 조합하여 사용된다.

1. 비파괴 검사

재료나 제품의 재질, 형상, 치수에 변화를 주지 않고 그 재료의 건전성(soundness)과 신뢰성(reliability)을 조사하는 방법을 비파괴 검사라 한다. 압연재, 주조품, 용접물의 어느 것에나 널리 사용되고 있다. 이것에 의하여 재료의 선택, 공작이나 가공법의 결정, 제품의 균일화가 향상되고 신뢰성을 확인하기가 쉽게 되었다.

비파괴 검사 방법은 재료와 제품의 원형이나 형태에 변화를 주지 않게 진동, 전자기 등의 물리적 현상을 이용한다. 즉, 방사선, 음파, 초음파, 열, 빛, 전기, 자기, 미립자 등을 사용한다.

1-1 외관 검사 (육안 검사) ; VT

외관 검사란 외관의 좋고 나쁨을 검사하는 것이다. 다층 용접(multi-layer weld)의 경우에는 각 층마다 외관 검사를 하고 결함이 있을 경우에는 곧 보수를 하고 다음 층으로 진행할 수 있도록 해야 한다. 가시광선 또는 자외선을 사용하여 검사하며 렌즈, 반사경, 현미경, 망원경 등을 사용하여 결함을 확대하여 검사할 수 있다. 또한 용접 게이지(welding gauge)를 이용하여 치수 등을 검사한다.

외관 검사에서는 비드 외관, 비드의 너비 및 높이, 용입, 언더컷, 표면 균열, 오버랩 등을 검사할 수 있다.

1-2 누수 검사 (누설 검사) ; LT

이 검사는 탱크, 용기 등의 용접부의 기밀, 수밀을 조사하는 목적으로 사용된다. 그 방법은 정수압과 공기압에 의한 방법이 있으며, 화약 지시약인 헬륨 가스, 할로겐 가스를 사용하는 방법이 있다. 즉, 용기 내부 압력을 외부 압력보다 크게 하여 누설되는 압력 변화와 물속에서 기포 발생으로 검사를 한다. 그리고 헬륨 누설 검사는 고감도이므로 보통 누설 시험이나 그 밖의 비파괴 시험으로 알 수 없는 약간의 누설이더라도 검지할 수 있다.

이들 방법과 유사한 것에는 압력 시험이 있다. 이것은 용기 중에(공기 압력이 작을 때만) 물 등을 압입하고 소정의 압력으로 유지시켜 내압의 좋고 나쁨을 판정하는 방법이다.

1-3 침투 검사 ; PT

표면에 틈이 생긴 적은 균열과 작은 구멍의 홈집을 빨리 검출하는 방법으로 철, 비철 금속에 적용되며, 특히 자기 검사를 할 수 없는 비자성 재료에 잘 쓰인다.

이 시험의 원리는 물체 표면의 불연속부에 침투액을 표면 장력의 작용으로 침투시킨 후 표면의 침투재를 깨끗이 청정한 후 현상액을 사용하여 홈집 중에 남아 있는 침투액을 흡출시켜 표면에 나타나게 하는 방법이다. 침투액은 염료를 함유한 것(dye penetrant)과 형광 물질을 함유한 것(fluorescent penetrant)의 두 가지가 있다.

(1) 형광 침투 검사 (fluorescent penetrant inspection)

유기고분자 유용성 형광물을 점도 낮은 기름에 녹인 것이 침투액으로 이용된다. 이것은 표면 장력이 작으므로 매우 적은 균열이나 작은 표면의 홈집에 잘 침투된다. 그리고 현상액은 홈집에 형광 물질을 흡출하여 폭을 넓게 한다. 이것을 자외선 또는 black light(초고압 수은 등에 적당한 필터를 달아 약 3650Å의 자외선을 낸다)로 비추어 보기 쉽게 한다.

현상액은 $CaCO_3$(탄산칼슘), SiO_2(규소) 분말, MgO(산화마그네슘), Al_2O_3(알루미나), Talcum 분말, 물, CH_3OH(메틸알코올) 등을 적당한 비율로 혼합한 액체를 사용한다.

형광 침투 검사의 조작은 다음과 같이 한다.

① 세척(washing cleaning rinse) : 우선 검사 면에 유지, 스케일 등의 이물질이 없도록 충분히 씻어낸다. 만일 홈 속에 유기물이 막혀 있을 때에는 70~100℃로 가열하여 제거한다.

② 침투(penetration) : 침투액은 솔, 스프레이(spray) 등으로 제품 표면에 부착시킨다. 침지의 표준 시간은 스테인리스 스틸의 표면 홈, 주물의 수축 균열, 홈집, 표면 다공질의 경우에는 약 20분, 주조품이나 압연물의 균열, 오버랩, 열처리 균열, 연마 균열, 피로 균열에는 약 30분, 그리고 용접물에는 최소한 20분으로 규정되어 있다 (KS B 0819). 때로는 2시간 정도 필요한 것도 있다.

③ 수세(rinse) : 침투가 끝나면 표면의 침투액을 물로 씻어 낸다. 저압 샤워 모양의 작은 구멍으로 분출시켜 씻어 내도록 한다. 자외선을 예비로 비쳐 수세 정도를 본다. 주물의 경우에는 특히 잘 씻어 내야 한다.

④ 현상(developing)과 건조(drying) : 습식 현상의 경우에는 수세부 건조 전에 검사물을 현상액에 담갔다가 꺼내어 신속하게 건조시킨다. 건조는 열풍로 또는 적외선 램프로 50~70℃에서 5~10분 정도 건조시킨다.

⑤ 검사(inspection) : 검사는 어두컴컴한 상태에서 초고압 수은등(black light)을 켜고 검사하는데, 홈은 형광을 내서 빛을 발산한다.

(2) 염료 침투 검사 (dye penetrant inspectiored mark test)

염료 침투 검사는 형광 침투액 대신에 적색 염료를 주체로 한 침투액을 쓰는 방법이며, 원리적으로는 형광 침투법과 동일하나 보통의 전등 또는 햇빛 아래서도 검사할 수 있는 것이 특징이다. 조건이 좋을 때에는 0.002 mm의 균열이 검출될 수 있으나, 형광 침투 검사의 경우보다 감도가 약간 떨어진다.

1-4 초음파 검사 (ultrasonic inspection) ; UT

초음파의 진동수 0.5~15 MHz(사람이 들어 분간할 수 없는 음파) 음파의 파장을 피시험물 내부에 침입시켜 내부의 결함이나 불균일층의 존재를 검사하는 것을 초음파 검사라 한다.

초음파의 종류로 증기 중을 전파하는 음파는 조밀파, 즉 종파(longitudinal wave)뿐이나 액체의 경우에는 또다시 표면파(surface wave)가 존재한다. 고체에서는 종파, 횡파(transverse wave) 및 표면파의 3개 기본적 음파가 존재한다. 또한 박판, 봉, 철사 등에서는 판파 등의 특별한 파동이 존재한다.

종파는 입자의 진동 방향과 같은 방향으로 전달되는 파이고, 횡파는 입자의 진동 방향에 직각 방향으로 전달되는 파를 말하며, 표면파는 물체의 내부에 침입하지 않고 표면에만 전달하면서 진행하는 파이다. 그리고 물체 중에 전달되는 초음파 속도는 물체 밀도와 탄성에 의하여 종파의 속도 C_l와 횡파의 속도 C_t를 다음과 같이 구할 수 있다.

종파의 속도 : $C_l = \sqrt{\dfrac{E}{\rho} \dfrac{1-\mu}{1-\mu-\mu^2}}$ [cm/s]

횡파의 속도 : $C_t = \sqrt{\dfrac{G}{\rho}}$ [cm/s]

여기서, E : 영계수(young's modulus), μ : 푸아송비, ρ : 밀도, G : 전단 탄성 계수

강에서는 $C_l = 5.85 \times 10^5$ cm/s가 되고, 횡파의 속도는 종파의 약 0.48배가 된다.

다음 그림은 초음파 탐상기의 원리를 나타낸 것으로, 적당한 두께의 수정판 또는 티탄산바륨(titan acid barium)판의 양단면에 라디오 주파의 전기적 진동을 가하면 판이 기계적 진동을 일으켜 초음파를 발사한다.

반대로 이것이 초음파의 진동을 받으면 양단면에 (+), (-)의 전기를 발생하여 전기적 진동으로 변한다. 초음파는 파장이 짧으므로 (강철 중 10 MHz에서 약 0.6 mm의 파장) 직진하는 성질이 있으며, 또한 파장보다 작은 대상물로부터는 반사되기 어렵다.

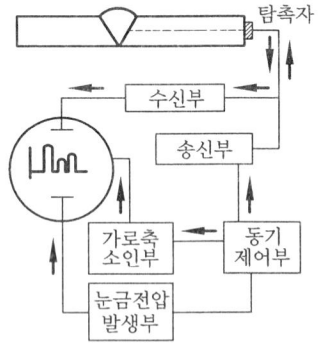

초음파 탐상기의 원리

초음파의 속도는 공기 중에서 340 m/s, 물에서 약 1340 m/s, 강철 중에서 5900 m/s가 되므로 공기와 강철의 경계면에서는 거의 전부가 반사된다. 그러므로 강철 중에 초음파를 침입시킬 때에는 물, 기름 혹은 글리세린 등을 강철의 표면에 칠하여 초음파의 발진용 탐촉자(probe)를 접촉시킬 필요가 있다.

발진된 초음파의 진동은 탐촉자에 의하여 피검사 물체에 전달되므로 전달 탐촉자(transmitting probe) 또는 진동자(tranducer)라 한다. 그리고 이 전달된 진동은 진동 모양의 변화 유무를 조사하기 위한 수신 탐촉자(reciving probe)를 준비하여야 한다.

초음파 탐상 방법에는 투과법, 펄스(pulse) 반사법, 공진법(연속파법)이 있다.

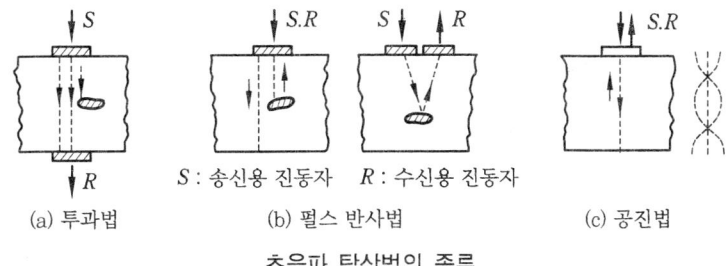

초음파 탐상법의 종류

(1) 펄스 반사법

지속 시간이 0.5~5μ[s] 정도의 매우 짧은 초음파 펄스(pulse)를 재료 중에 투입하여 흠에 의해 반사되는 것을 수신하여 흠의 위치, 크기 등을 아는 방법이다.

이것은 초음파 탐상의 가장 일반적인 방법으로, 피검사물의 한 면에 탐촉자(probe)를 기름 등을 거쳐서 수직 탐상의 경우에는 주로 종파, 사각 탐상의 경우에는 횡파, 표면 탐상의 경우에는 표면파를 송신하여 그 반사파(에코라 함)를 수신한다.

그림 [펄스 반사법의 원리]에서는 수직 탐상의 원리를 표시한 것으로, 펄스(pulse) 발진기에 의해 발생한 전압을 탐촉자에 가하는 진동자가 진동하여 초음파 펄스를 발생하여 일정한 속도로 내부에 전파하여 간다. 그래서 초음파 펄스의 일부는 상처(흠)에 닿아 거기에서 반사하여 탐촉자에 되돌아간다(흠 에코). 상처에 닿지 아니한 초음파 펄스는 피검사물 밑면에서 반사하여 탐촉자에 되돌아간다(밑면 에코). 따라서 상처(흠)에서 반사한 초음파가 먼저 탐촉자에 되돌아가고 난 후에 밑면에서 반사한 초음파가 탐촉자에 되돌아간다.

탐촉자에 있어서는 초음파가 고주파 전압으로 변화되어서 수신기를 지나 브라운관 등의 지시기에 들어간다. 브라운관 상에서는 그림 [초음파 탐상 도형]과 같이 표면 송신파 T와 저면 수신파 B가 나타나고, 결함이 있으면 도중의 반사파 F를 생기게 한다. 또 송신 탐촉자와 수신 탐촉자가 다른 2탐촉자법과 1개로 양자를 겸용하는 1탐촉자법이 있다.

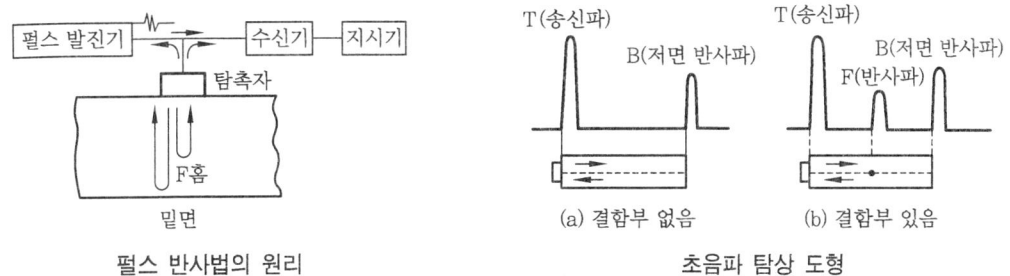

펄스 반사법의 원리   초음파 탐상 도형

다음 그림은 초음파의 입사 각도에 따라 수직 탐상법과 사각 탐상법을 나타낸 것으로, 용접부와 같이 비드가 있을 경우에는 사각 탐상법은 비드 표면 가공을 하지 않아도 되므로 많이 쓰인다.

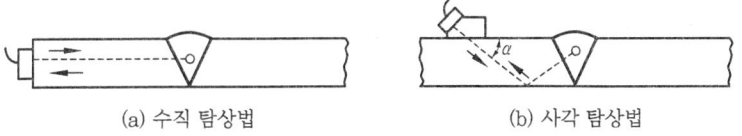

수직 탐상법과 사각 탐상법

(2) 투과법

 연속파 또는 펄스(pulse)의 고주파 전압을 그림 [투과법의 원리(1)]에서와 같이 송신 탐촉자 T에 가해 피검사물을 투과한 초음파를 수신 탐촉자 R에서 재차 고주파 전압으로 바꾸어서 수신기에 보내 지시기에서 관측한다.

 피검사물체 중에 있는 결함이 있으면 산란 또는 반사 등의 원인에 의해 약해지는 투과 초음파 강도의 정도에서 피검사물체 중의 결함 및 이상을 알 수 있다. 투과법은 수직법 및 사각법으로 나누어진다.

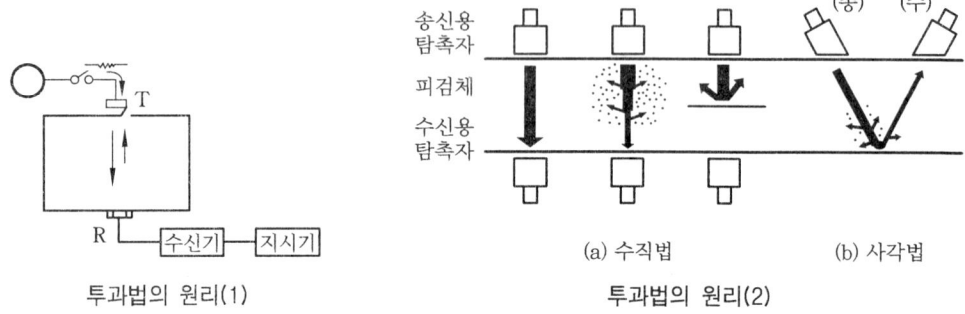

투과법의 원리(1) 투과법의 원리(2)

(3) 공진법

 그림 [초음파 두께계의 원리]에서와 같이 판 두께를 측정하고자 하는 재료의 일면에 진동자를 대어 가변 주파수 발진기의 출력 전압을 고주파 케이블을 통해서 진동자에 가한다.

 진동자는 그 주파수로 진동하여 초음파가 판 중에 전파된다. 이것은 본래 판 두께 측정을 목적으로 하나 공진 강도에 의한 부식 정도, 내부 결함, 판 중의 결함(lamination) 검사 등을 할 수 있다.

 그림 [판 중 초음파의 공진]에서는 λ는 초음파 파장, C는 음파 속도, f는 주파수, T는 재료 두께라 할 때 $f = \dfrac{C}{2T}$의 관계가 있다.

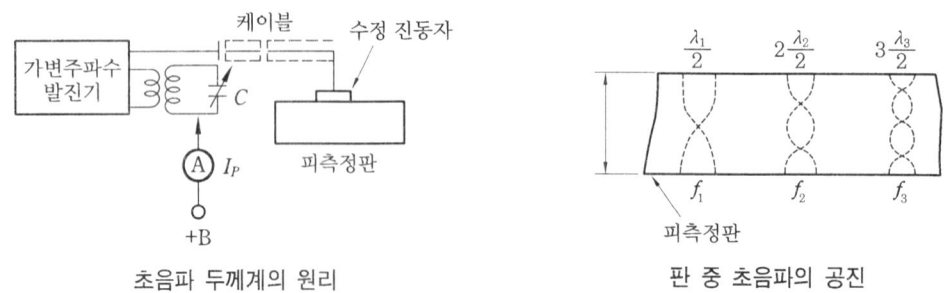

초음파 두께계의 원리 판 중 초음파의 공진

1-5 방사선 투과 검사 (radiographic inspection) ; RT

 방사선 투과 검사는 X선 또는 γ선으로 투과하여 결함의 유무를 조사하는 방법으로, 현재 비파괴 검사 방법 중 가장 신뢰성 있고 가장 널리 쓰이는 방법이다.

 자성의 유무, 판 두께의 대·소, 형상의 형태, 표면 상태의 양부에 관계없이 어떤 것에나 이용될 수 있고, 또 투과하는 두께의 1~2%까지 크기의 결함도 확실하게 검출할 수 있다.

검사 결과를 사진 필름으로 보존시킬 수 있는 장점이 있다. 그러나 미소 균열(micro crack)이나 모재면이 평행한 래미네이션 등의 검출은 곤란하다.

(1) X선 투과 검사의 원리

X선은 물체를 투과하나 일부는 물체 중에 흡수되는 성질이 있으며, 투과 X선의 세기는 투과 두께, 결함의 유무, 재질에 따라 변화한다. X선은 형광 물질에 부딪히면 그곳에서 가시광선을 내거나, 사진 필름을 감광시키는 성질이 있다. X선 투과법은 이러한 원리를 이용하여 금속 내부 또는 표면에 있는 결함을 조사하는 것이다.

X선 투과법에 의하여 검출되는 결함은 균열, 융합 불량, 용입 불량, 기공, 슬래그 혼입, 비금속 개재물, 언더컷 등이다.

그림 [X선 투과 검사의 원리]에서는 X선 관구의 대음극(타겟)에 고속의 전자를 충돌시켜 그곳에서 발생하는 X선을 구멍이 뚫린 납판(Pb판) 슬릿(slit)으로 적당히 조절하여 피검사물에 비치게 하면, 투과된 X선은 사진 필름에 촬영된다.

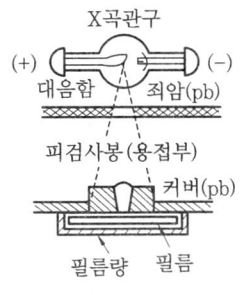
X선 투과 검사의 원리

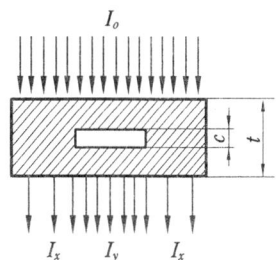
결함에 의한 X선의 흡수차

그림 [결함에 의한 X선의 흡수차]에서는 λ : 파장, I_o : 일정한 강도(세기)의 X선을 균일한 판 두께 t에 투과시킬 때, 무결함부의 투과 X선의 강도를 I_x, 결함부(길이 : C)의 투과 강도를 I_y라 하면 X선 흡수 법칙에 따라

$$I_x = I_o e^{-\mu t}$$
$$I_y = I_o e^{-\mu t - c - \mu c'}$$

가 되며, 여기서 μ는 흡수 계수이다 (재질과 X선 파장 λ로서 결정되며, 파장이 적을수록 μ는 적어진다. 즉, 흡수율이 적다). 따라서 위의 두 식은

$$\frac{I_y}{I_x} = e^{(\mu - \mu')c}$$

가 되고, 결함이 기체인 경우에는 $\mu' \ll \mu$이므로

$$\frac{I_y}{I_x} = e^{+\mu c}$$

즉, 결함이 있는 곳과 결함이 없는 곳의 투과 X선의 강도비는 입사 X선의 세기와는 관계없이 결함의 길이 C와 물질의 흡수 계수에 의하여 결정된다.

$\dfrac{I_y}{I_x}$가 클수록 사진 필름에 나타나는 검은색의 색도가 커지며 명암도(contrast)가 증가하므로, μ가 될수록 크게 되도록 파장이 긴(연한) X선을 사용하는 것이 좋다. 그러나 파장이 길어지면 두꺼운 물체를 투과하기 어려우므로, 투과 가능한 한도 내에서 될수록 파장이 길게 되도록 관 전압은 낮추어 사용하는 것이 좋다.

(2) X선 장치

X선 검사실에서 투과 검사를 하도록 한 장치는 보통 150~400 kV(15~40만 V)이다. 이와 같은 장치에서는 변압기로 고압의 전류를 발생시켜 이것을 정류하여 X선 관구에 접속한다.

투과 검사에 이용되는 X선은 백색 X선이라 부르는 연속 spectre로, 그 최고 에너지(max energy)의 최단 파장은 관구 전압의 파고치로 결정한다. 따라서 X선 값은 관구 전압의 파고치 [kVP](kilo Voltage Peak)로 표시한다.

X선 투과법에서는 결함의 유무를 검출하는 것이 주목적이고, 보통은 X선을 판의 수직 방향으로만 조사한다. 그러나 X선을 단순히 수직 방향으로만 투과시킬 경우, 결함의 평면적인 위치 및 크기는 명백하게 되지만, 그 결함이 어느 정도의 두께가 있는지를 알 수가 없다.

이것을 알기 위해서는 그림 [결함의 위치를 구하는 방법의 보기] (b)와 같은 스테레오법이 사용된다. 이것은 첫째 결함이 있는 평면적인 위치를 알고, 판의 양면에 적은 표시판을 대고 비스듬한 방향에서 X선을 투과시키면 양쪽 면에 놓은 작은 표지판에 의한 상의 간격과 결함 상의 위치에서 그 깊이를 알 수 있다.

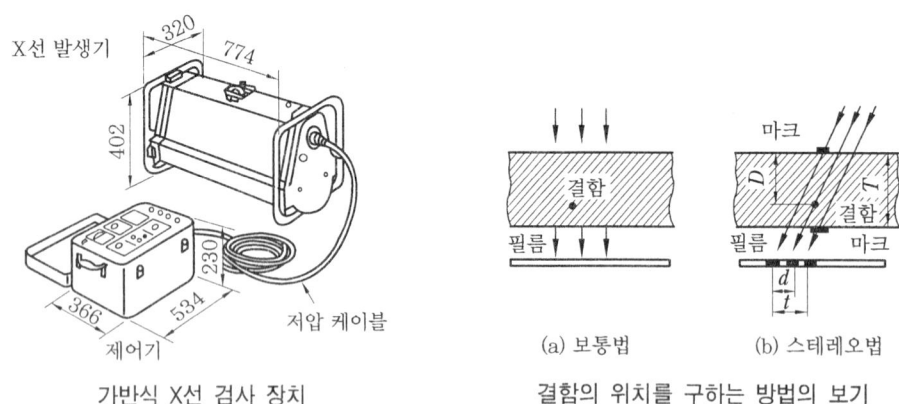

가반식 X선 검사 장치 결함의 위치를 구하는 방법의 보기

(3) X선 결함상 판정

용접부와 주조품의 결함 검사에 사용되고 있는 필름상에 나타나는 결함상은 다음과 같다.

용착 금속 부분의 비드 높이를 절삭하지 않을 때에는 모재보다 두꺼우므로 X선 필름에 희게 보이며, 모재 부분은 검게 보인다. 기공(blow hole)은 X선의 흡수가 적어서 필름상에는 검은 둥근 점(크기 0.1 mm 정도에서 수 mm까지)으로 나타나고, 스패터(spatter)는 백색 둥근 점으로 보인다. 그리고 슬래그 섞임 부분은 X선의 흡수가 적어서 역시 검은 반점으로 되는데 그의 형상은 둥근형은 적고, 타원과 구형은 가늘고 긴 형상으로 머리부와 꼬리부가 나타난다.

균열은 그 파면이 X선의 투과 방향과 거의 평행할 때에는 검고 예리한 선으로 밝게 보이나 직각일 때에는 거의 알 수 없다. 또한 용입이 부족한 때에는 흡수가 적어져서 필름상에는 검은 직선으로 나타난다. 언더컷도 용접 금속의 주변에 따라서 가늘고 긴 검은 선으로 되어 나타난다.

(4) 노출표

탄소강에 대한 X선 필름 노출표의 예는 그림 [X선에 대한 노출표]와 같다. 노출표는 세로축이 관구 전류 (mA)×노출 시간 (min)으로 표시되고, 가로축은 강판 두께(mm)이다. 또한 참고로 γ선에 대한 노출 시간을 그림 [Y선에 대한 노출표]에 도시하였다.

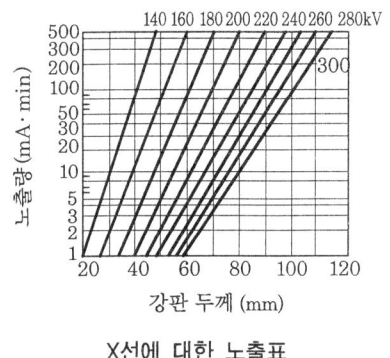

X선에 대한 노출표

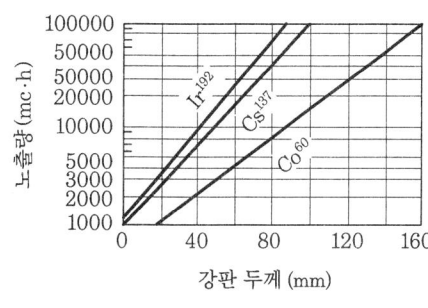

Y선에 대한 노출표

1-6 γ선 투과 검사

두께가 두꺼워지면 보통 X선으로 투과하기 힘들게 되므로, X선보다 더욱 파장이 짧고 투과력이 강한 방사선, 즉 γ선을 이용하는 검사법이 쓰인다. γ선원으로는 천연산인 방사선 동위원소 (라듐 등) 외에 원자로에서 만들어지는 인공 방사성 동위원소 (RI ; Radio Isotope)가 잘 쓰인다. 이 방법은 장치도 간단하고 운반도 용이하며, 취급도 간편하므로 현장에서 널리 사용된다. 다음 표에서는 방사선 동위원소로서 현재 쓰이는 것을 나타내고 있는데 Co^{60}, Cs^{134}, Ir^{192}이 가장 많이 쓰인다.

투과 검사에 쓰이는 방사선 동위원소

동위원소	반감기	방사선 에너지 [MeV]	
		베타선	감마선
코발트 60 Co^{60}	5.27년	0.306	1.17
			1.33
세 슘 134 Cs^{134}	2.3년	0.090(25%)	0.568(25%)
		0.148(75%)	0.601(100%)
			0.794(100%)
이리듐 192 Ir^{192}	74일	0.67	0.137~0.651
세레늄 75 Ge^{75}	127일	없음	0.067~0.405
탄 탈 182 Ta^{182}	115일	0.525	0.066~1.223
튜 륨 170 Tu^{170}	129일	0.886	0.084
		0.970	0.054(X선)

또한 다음 그림에서는 γ선 발생 원리로서 납(Pb)으로 된 방사선 물질의 상자에서 α선, β선, γ선이 발생된다. γ선은 인체에 해로우므로 보통 알루미늄제의 캡슐에 넣고, 이것을 Pb, W으로 만든 용기에 넣어서 보관하며 뚜껑을 열어서 사용한다.

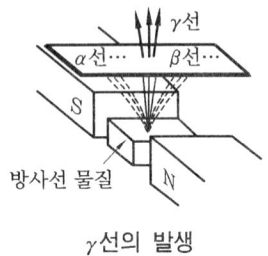

γ선의 발생

1-7 자기 검사 (magnetic inspection) ; MT

그림 [결함 근방과 누설 자속]에서와 같이 검사물을 자화시킨 상태로 하여 표면과 이면에 가까운 면에 있는 결함에 의하여 생기는 누설 자속을 자분 또는 코일을 사용하여 결함의 존재를 알아내는 방법이다. 강자성체인 Fe, Ni, Co 등의 육안으로 보이지 않는 아주 작은 결함도 검지할 수 있으나 Al, Cu, 오스테나이트계 스테인리스강 등의 비자성체에는 적용할 수 없다.

누설 자속을 검출하는 방법에는 탐상 코일을 사용하는 방법과 자성분말을 이용하는 방법이 있으나, 이것을 자분 검사법(magnetic particle inspection)이라 하여 자기 검사법을 대표하고 있다. 피검사물의 자화 방법은 물체의 형상과 결함의 방향에 따라서 여러 가지가 있으며, 다음 그림과 같다.

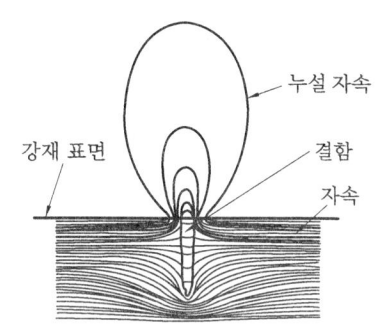

결함 근방과 누설 자속

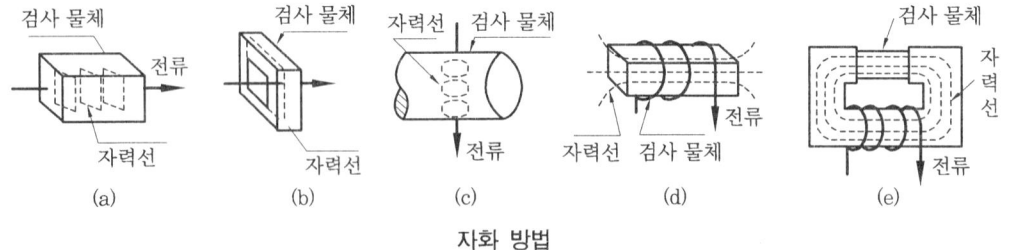

자화 방법

① 축통전법 : 원형 자장
② 관통법 : 원형 자장
③ 직각통전법 : 원형 자장
④ 코일법 : 선형 자장
⑤ 극간법 : 선형 자장이 규정되고 있다.

자화 전류에는 500~5000 A 정도의 교류(3~5초 통전) 또는 직류(0.2~0.5초 통전)를 단시간 흐르게 한 후에 잔류 자기를 이용하는 것이 보통이다.

1-8 자분 검사

검사물의 결함에 의하여 누설 자속이 발생되고 있는 장소에 도전성이 높은 미세한 자성체 분말을 산포하면, 자분이 결함부에 보이게 되어 결함의 위치가 육안으로 검지된다.

다음 그림에서와 같이 자분이 가는 선상으로 밀집되며, 내부의 결함은 결함에 의하여 자분 집중이 폭넓게 된다. 그리고 피검사물은 기름, 그리스, 먼지 등을 청소하여 자분 부착 후 결함과 혼동되지 않도록 하여야 한다. 자분으로는 철분 및 산화분이 쓰인다.

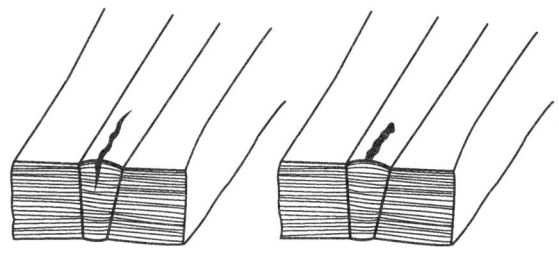

자분 검사에 의한 균열의 검출

1-9 와류 검사 : 전자 유도 시험(electromagnetic testing) : 맴돌이 검사 ; ET

와류 검사(eddy current inspection)는 금속 내에 유기되는 와류 전류(eddy current)의 작용을 이용하여 검사하는 방법으로, 금속의 표면이나 표면에 가까운 내부 결함(균열, 기공, 개재물, 표면 피트, 언더컷, 용입 부족, 융합 불량) 등은 금속의 화학 성분, 현미경 조직 및 기계적·열적 이력 등도 검사할 수 있으며, 가는 관의 치수 검사와 각종 재료 선별에도 이용되는 매우 효과적인 검사법이다.

특히 자기 검사를 할 수 없는 비자성 금속 재료에 편리하다. 최근에는 원자력 공업 및 화학 공업에 많이 쓰이는 오스테나이트계 스테인리스 강관(특히 가는 파이프)의 결함 검사나 부식 검사에도 쓰인다.

1-10 음향 검사 (타진법) ; AET

음을 사용하여 물체 내부의 상태를 외측에서 탐지하는 것은 예부터 사용되어 왔다. 통을 두드려서 속의 내용물량을 알 수 있으며, 공업적으로도 봄베(bombe)에 가스를 충전하기 전에 나무 망치로 두드려서 음향의 울림 양상으로 내면 부식 상태 및 결함(균열) 검사가 행해지고 있다. 그러나 이들은 어느 것이나 청각에 의한 판단을 하므로 어느 정도의 숙련이 필요할 뿐만 아니라 신뢰도가 충분하지 않을 수 있으나, 특수한 장비를 이용하여 현재에는 높은 신뢰성을 가지고 있다.

2. 용접부 비파괴 시험 기호

KS B 0056에서는 용접부 비파괴 시험 기호를 다음과 같이 규정하고 있다.

2-1 기 호

기본 기호

기 호	시험의 종류	기 호	시험의 종류
RT	방사선 투과 시험	LT	누설 시험
UT	초음파 탐상 시험	ST	변형도 측정 시험
MT	자분 탐상 시험	VT	육안 시험
PT	침투 탐상 시험	PRT	내압 시험
ET	와류 탐상 시험	AET	어코스틱에미션 시험

보조 기호

기 호	내 용	기 호	내 용
N	수직 탐상	D	염색, 비형광 탐상 시험
A	경사각 탐상	F	형광 탐상 시험
S	한 방향으로부터의 탐상	O	전체 둘레 시험
B	양 방향으로부터의 탐상	Cm	요구 품질 등급
W	이중벽 촬영		

㈜ 보조 기호를 기본 기호의 뒤에 표시할 경우에는 −를 붙여 기재한다.
 * 양 방향으로부터의 탐상은 동일 평면상에서 용접선을 사이에 낀 양 방향으로부터의 탐상을 뜻한다.

2-2 기재 방법

① 용접부의 비파괴 시험 기호의 기재 방법은 아래와 같다.
② 기준선은 보통 수평선으로 하고, 필요한 경우에는 꼬리를 붙일 수 있다.

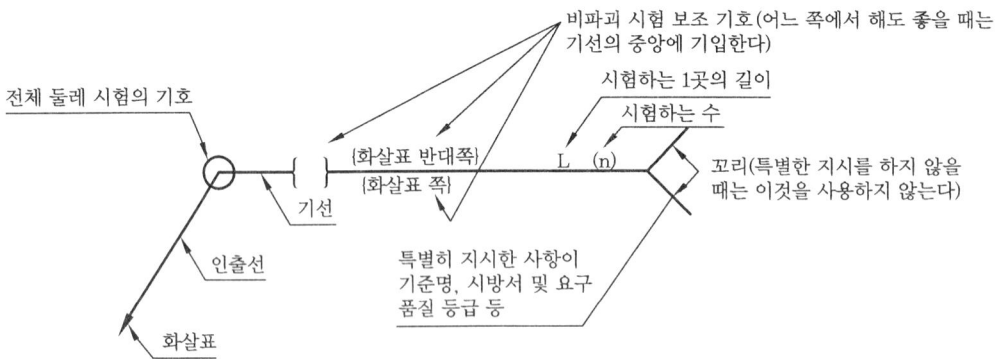

③ 지시선은 시험부를 지시하는 것으로, 기준선에 대하여 약 60°의 직선(또는 꺾인선)으로 하고, 지시되는 쪽에 화살표를 붙인다.

④ 기호는 시험하는 쪽의 화살표가 있는 쪽일 때에는 아래쪽에, 화살표의 반대쪽일 때에는 기준선 위쪽에 다음과 같이 기재한다.

　(개) 화살표 쪽

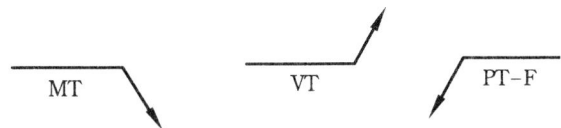

　(내) 화살표 반대쪽

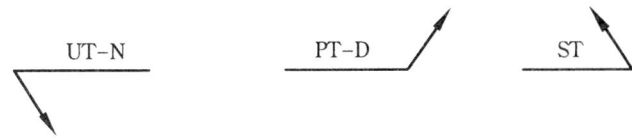

⑤ 시험을 양쪽에서 할 때에는 양쪽에 다음과 같이 기재한다.

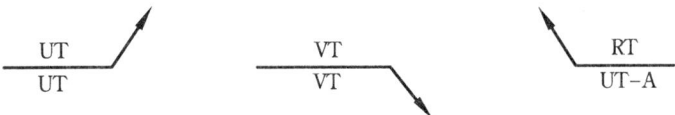

⑥ 시험을 어느 쪽에서 해도 좋을 때에는 기준선 중앙에 다음과 같이 기재한다.

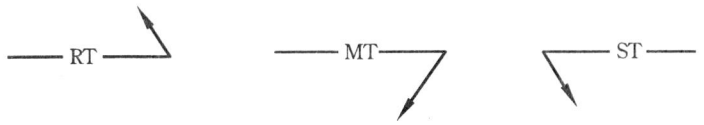

⑦ 2개 이상의 시험을 할 때에는 같이 기재한다.

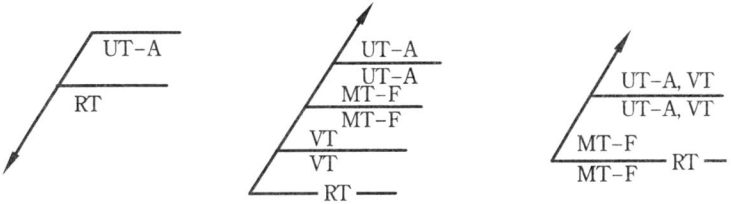

⑧ 특별히 지시한 사항, 기준명, 시방서 및 요구 품질 등급 등은 꼬리 부분에 다음과 같이 기재한다.

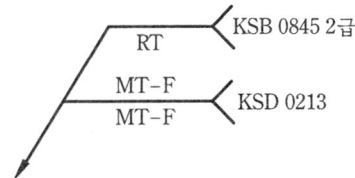

⑨ 시험하는 부분의 길이 및 수량은 다음과 같이 기재한다.

⑩ 시험 방법을 특별히 지정할 필요가 있을 때에는 다음과 같이 기재한다.

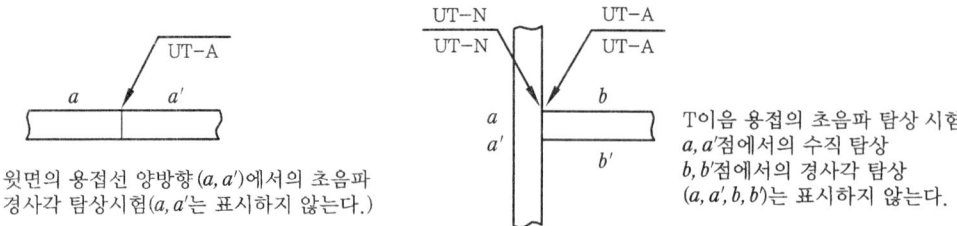

윗면의 용접선 양방향(a, a')에서의 초음파 경사각 탐상시험(a, a'는 표시하지 않는다.)

T이음 용접의 초음파 탐상 시험
a, a'점에서의 수직 탐상
b, b'점에서의 경사각 탐상
(a, a', b, b')는 표시하지 않는다.

⑪ 전체 둘레 시험일 때에는 다음과 같이 기재한다.

⑫ 시험 부분(면적)을 지정할 때에는 다음과 같이 모서리에 ○ 표시를 붙인 점선으로 둘러 싼다.

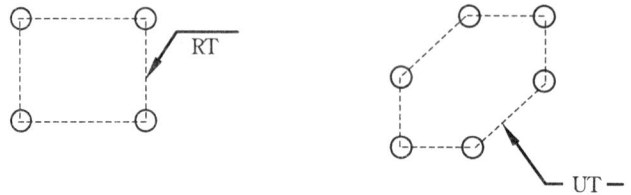

2-3 기재의 구체 보기

① 시험 위치를 지시한 보기 : 300 mm의 좌우 두 곳을 형광 침투 탐상(왼쪽)과 형광 자기 분말 탐상(오른쪽)하는 것을 나타낸다.

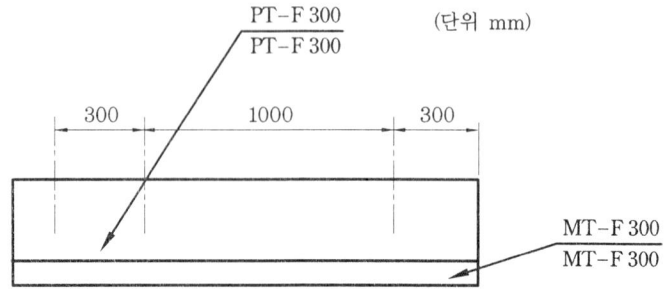

② 관의 촬영 방법 보기

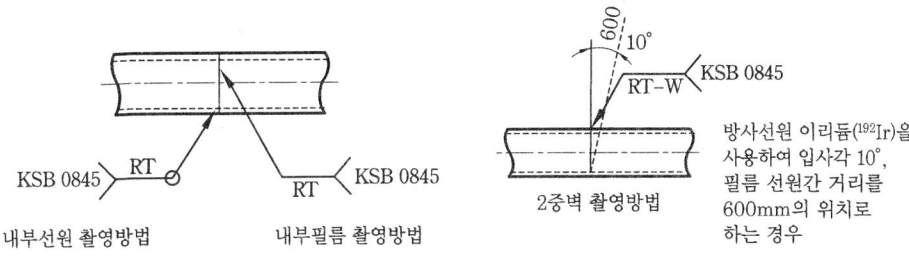

③ 전체 둘레 시험의 보기

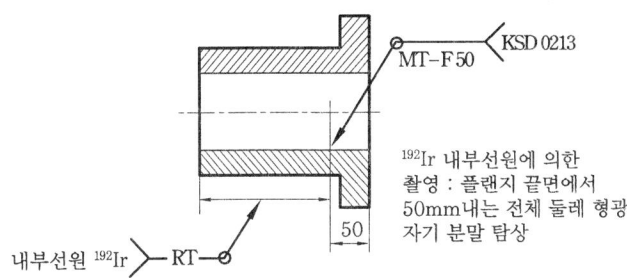

3. 파괴 검사

파괴 검사는 주로 모재나 용접봉의 적성을 조사하기 위한 재료 시험이다. 파괴 시험에서는 일반적인 금속 재료 시험에서 볼 수 있는 기계적 성질, 화학적 성질, 금속 조직을 조사하는 조직 시험 이외에 용접부의 연성이나 균열 발생의 상태 등을 조사하는 용접성 시험이 있다.

3-1 용접성 시험

용접성 재료에는 용접하기 쉬우면서 사용 목적에 알맞은 재질, 이른바 좋은 것을 선택해야 한다.

(1) 용접부의 연성 시험

① 용접부의 최고 경도 시험(KS B 0893) : 이 시험은 용접 열영향부가 경화하는 정도를 조사하는 경도 시험 방법이다. 그림과 같이 용접재에서 채취한 시험편을 경도 시험기로 측정하여 최고 경도를 구하는데, 이 최고 경도는 용접 조건을 설정하는데 중요한 요소의 하나가 된다. 가령 용접시의 예열과 후열의 필요성을 결정하는데 쓰인다.

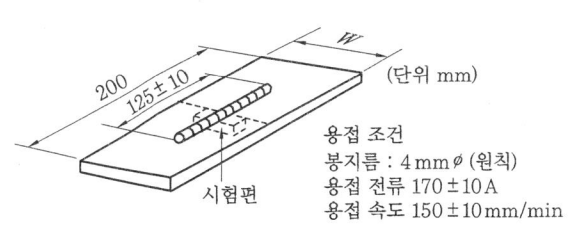

용접부의 최고 경도 시험

② 용접 비드의 굽힘 시험(KS B 0861) : 이 시험은 고메렐(kommerell) 시험이라고도 한다. 그림과 같이 시험편을 굽혀서 용접 금속이나 열영향부에 발생하는 균열의 상태 등에서 연성을 비교하는 시험 방법이다. 이 시험에서는 균열 발생시의 굽힘 각도가 중요하며, 시험 온도가 낮아질수록 이 각도는 작아진다.

③ 용접 비드의 노치 굽힘 시험(KS B 0862) : 이 시험은 킨젤(kinzel) 시험이라고도 한다. 그림과 같은 시험편으로 굽힘 시험을 행하여 연성 및 균열의 전파를 조사하는 시험 방법인데, 이 방법은 용접한 모재를 그대로 시험할 수 있는 이점이 있다.

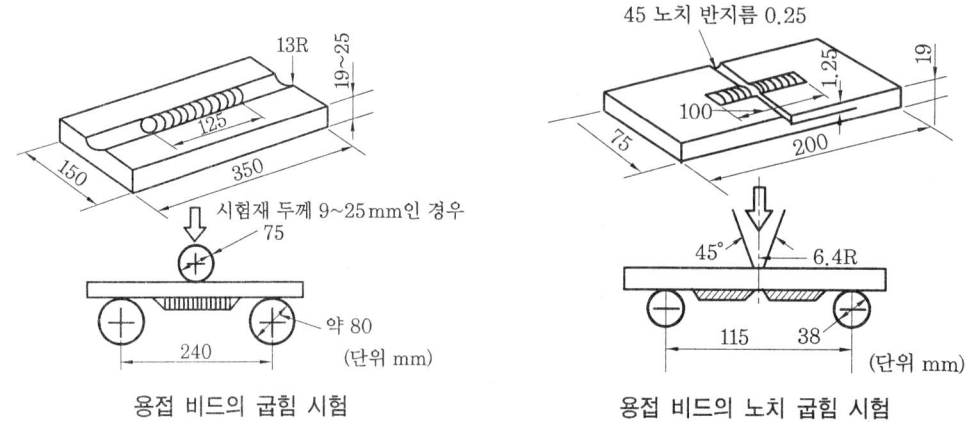

용접 비드의 굽힘 시험   용접 비드의 노치 굽힘 시험

④ T형 필릿 용접의 굽힘 시험(KS B 0844) : 이 시험은 그림과 같이 시험재에서 잘라 낸 시험편을 규정의 지그로 일정한 각도까지 굽혀서 굽힘에 필요한 최대 하중과 균열 등에서 시험재나 용접봉의 적정 여부를 조사하는 방법이다. 만일 파단했을 때에는 파단시의 굽힘 각도에서 연성의 양부를 평가하게 된다.

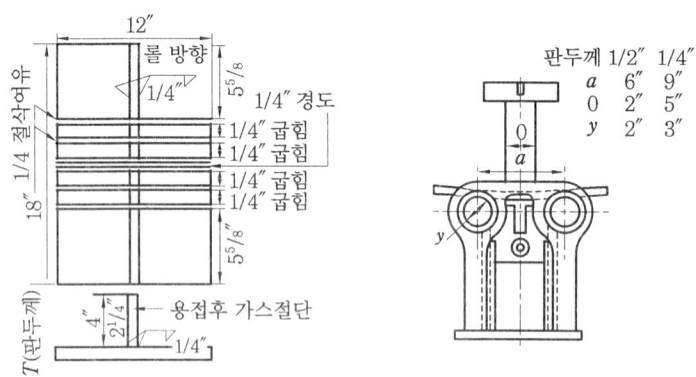

T형 필릿 용접의 굽힘 시험

⑤ 용접 열영향부의 연성 시험
　(가) 재현 열영향부 시험 : 이 시험은 환봉으로 된 시험편을 실제의 아크 용접으로 열영향부가 받는 가열 및 냉각의 열사이클과 꼭 같이 조작할 수 있는 장치 내에서 열처리한 뒤, 인장 시험을 행하여 열영향부의 기계적 성질을 조사하는 시험이다.
　(나) 연속 냉각 변태 시험 : 이 시험은 시험편을 일정한 온도까지 급속히 가열한 후 여러

가지 속도로 냉각하여 변태의 생성과 종료 온도를 구하고, 실온에서 경도와 조직 시험 및 굽힘 시험을 하는 방법이다. 즉, CCT(Continuous Cooling Transformation) 곡선을 작성하기 위해서 행해지는 시험으로, 이 방법은 저합금강의 용접 열영향부의 연성을 조사하는 데 좋은 방법의 하나이다.

(2) 용접 균열 시험

① 슬리트형 용접 균열 시험(KS B 0858) : 이 균열 시험은 그림 [슬리트형 용접 균열 시험]과 같은 시험재에 가스 절단이나 기계 절삭으로 Y형의 홈을 만들고, 이 슬리트에 시험 비드를 놓은 뒤 일정 시간 경과하고 나서 균열의 유무나 균열의 길이를 조사하는 시험이다.

　이 균열 시험에 사용하는 시험재는 원칙으로 SB 41 또는 이에 상당하는 강재로 되어 있다. 또한 이 균열 시험은 슬리트가 비스듬하므로 루트에 응력 집중이 크며, 매우 민감한 시험이다.

② 환봉형 용접 균열 시험(KS B 0860) : 이 균열 시험은 연강 용접봉을 대상으로 한 시험이다. 그림 [환봉형 용접 균열 시험]과 같은 시험편을 용접으로 구속한 뒤 중앙부에 아래보기 용접 자세로 시험 비드를 놓고, 이 비드에 발생하는 균열의 정도로 균열 감도를 비교한다.

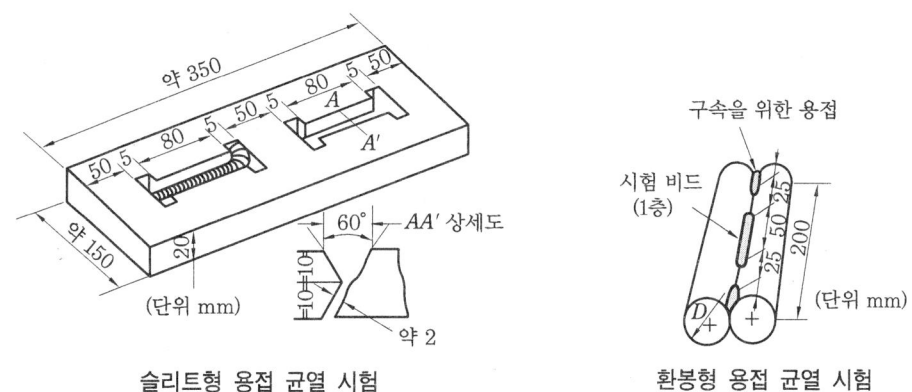

슬리트형 용접 균열 시험　　　　　　환봉형 용접 균열 시험

③ T형 용접 균열 시험 : 이 균열 시험은 연강, 고장력강, 스테인리스강 용접봉의 고온 균열을 조사할 때에 사용된다. T이음의 한쪽을 필릿 용접으로 구속한 후, 반대측에 시험 비드를 놓고 균열의 정도를 조사하는 방법이다.

④ 겹치기 이음 용접 균열 시험(KS B 0867) : 이 시험 방식은 CTS(controlled thermal severity) 시험이라고도 불리는데, 다음 그림 [겹치기 이음 용접 균열 시험]과 같은 시험재에서 6개의 시험편을 채취해서 연마한 뒤 현미경으로 단면 내 균열의 유무 등을 조사하는 시험이다. 이 균열 시험으로는 저합금재의 열영향부와 연강용 저수소계 용접봉 및 고장력강 용접봉의 용착 금속 균열의 감도를 조사한다.

⑤ C형 지그 구속 맞대기 용접 균열 시험(KS B 0872) : 이 시험은 그림 [C형 지그 구속 맞대기 용접 균열 시험]과 같은 C형의 지그에 시험재를 볼트로 고정한 뒤 네 곳에 시험 비드를 놓고, 냉각 후 용접부를 접어서 파단하여 그 파면에서 균열의 유무를 조사한다. 이 균열 시험은 용착 금속의 고온 균열의 경향을 알아내는 데 흔히 이용되고 있다.

　이 균열 시험의 재료로는 연강, 스테인리스강, 비철 합금용 용접봉을 들 수 있다.

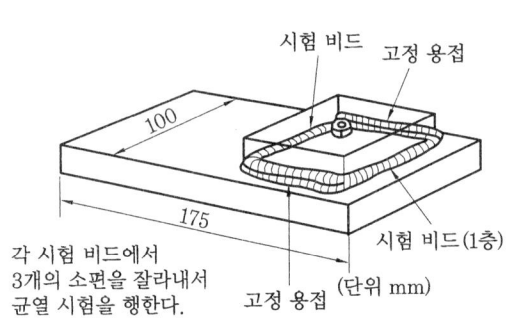
겹치기 이음 용접 균열 시험

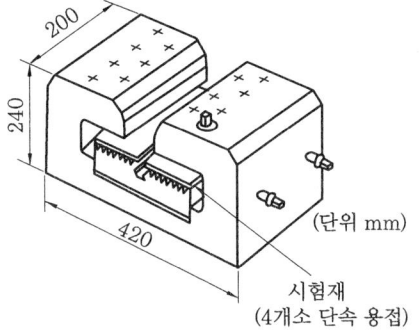
C형 지그 구속 맞대기 용접 균열 시험

(3) 용접 취성 시험

① 용접부의 노치 충격 시험(KS B 0865) : 이 충격 시험은 용접용 강재나 용접부의 충격값, 연성 파면율을 조사하여 용접성을 판정하기 위한 시험이다. 이 규격에서는 샤르피 충격 시험기를 사용하고, 시험편의 노치는 V형으로 정해져 있다.

　이와 같은 소형 시험은 강재의 취성 파괴 저항의 양부를 조사하는 방법으로, 매우 간편하나 실제의 사용 성능에 관해서는 더욱 세밀한 조사가 필요하다.

② 로버트슨 시험(Robertson test) : 이 방식은 그림 [로버트슨 시험]과 같은 시험편의 좌측(노치부)을 액체 질소로 냉각하고, 우측을 가스 불꽃으로 가열하여 거의 직선적인 온도 기울기를 부여해 놓고 시험편의 양단에 하중을 건 채로 노치부에 충격을 가해서 균열을 발생시킨다.

　이 균열은 시험부에 전파되는데, 균열이 정지하는 온도의 위치를 구하여 취성 균열의 정지 온도로 정하여 각각의 인장 응력과 이 온도와의 관계를 알아내는 시험이다. 이 시험에서 응력이 커도 균열이 정지하는 한계의 온도를 로버트슨 시험의 천이 온도라고 하며, 이 온도 이상으로 사용할 때에는 중대한 취성 파괴를 피할 수 있다.

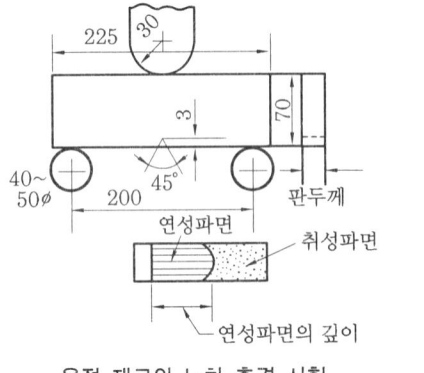
용접 재료의 노치 충격 시험

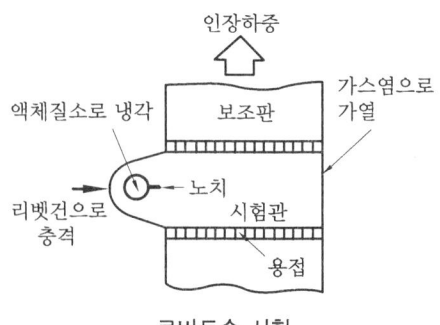
로버트슨 시험

③ 밴더 빈 시험(Vander Veen test) : 유럽에서 처음 시작된 노치 굽힘 시험이며, 다음 그림과 같이 판의 측면에 프레스 노치를 붙여 굽힘 시험하고, 최대 하중시 시험편 중앙의 처짐이 6 mm가 되는 온도를 연성 천이 온도로 한다. 또한 연성·파면의 길이가 32 mm(판

폭의 중앙)가 되는 온도를 파면 천이 온도로 하고 있다.

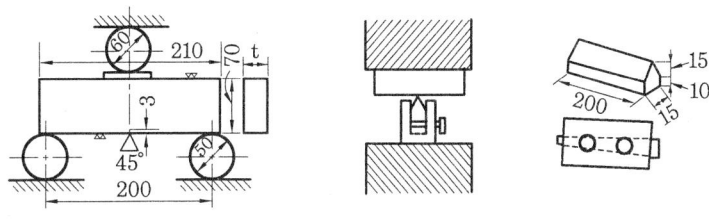

밴더 빈 시험

④ 칸 티어 시험(Kahn tear test) : 이 방식은 노치를 부여한 시험편을 찢어서 파면의 상태를 조사하여 파면의 천이 온도를 구하는 시험 방법이다. 일명 미해군 찢기 시험이라고도 불린다.

⑤ 티퍼 시험(tipper test) : 영국에서 처음 시작된 방법으로, 양측면에 V 노치가 붙은 시험편을 여러 가지 저온도에서 정적으로 인장 파단시켜 파면의 천이 온도를 구하는 방법이다. 연강 용접선의 취성 파괴 발생은 티퍼 시험의 천이 온도보다 낮은 온도에서는 일어나기 힘들다는 것을 영국에서 조사한 사실이 있다.

⑥ 에소 시험(ESSO test) : 에소 시험에서는 그림 [에소 시험]과 같은 시험편을 균일한 온도로 유지하고 인장 응력(설계 응력)을 가한 상태로 쐐기를 때려 박아서 취성 균열을 발생시킨다. 이 요령으로 시험 온도를 여러 가지로 바꿨을 때 균열이 전파해서 시험편이 파단하는가 균열이 정지하는가를 조사한다. 균열이 정지하는 온도는 그 강재의 설계 응력에 허용되는 최저 온도라 할 수 있다.

⑦ 이중 인장 시험 : 이 시험도 취성 균열의 전파 정지의 천이 온도를 조사하기 위한 시험이다. 시험편은 그림 [이중 인장 시험]과 같이 균열 발생부와 전파부로 되어 있다.

전파부에 소정의 인장 하중을 가한 상태에서 저온으로 냉각한 균열 발생부를 다른 장치로 잡아당겨서 이 부분에서 발생한 균열을 전파부로 전한다. 이와 같은 상황에서 전파한 균열이 어느 부분에서 정지하는가를 조사하여 그 부분의 온도와 인장 응력과의 관계를 구하여 강재의 성질을 알아낸다.

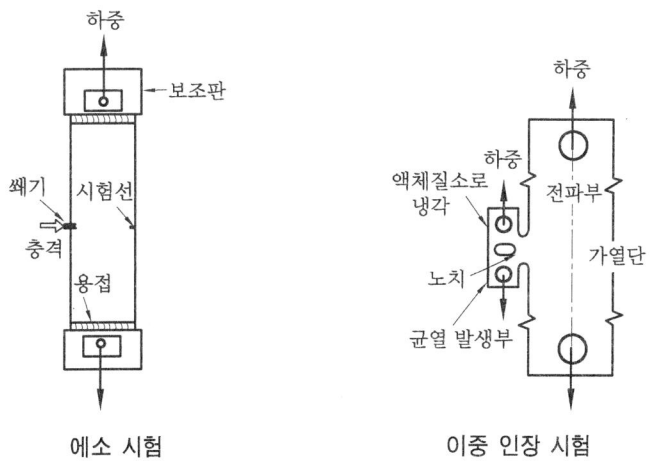

에소 시험   이중 인장 시험

⑧ 기타의 용접 취성 시험 : 용접 취성 시험에는 이밖에 낙하 시험, 폭파 시험, 대형 인장 용접 시험 등이 있다.

   (개) 낙하 시험 : 시험편에 무거운 추를 낙하시켰을 때 시험편이 어떤 굽힘 각도 내에서 취성 파괴를 일으키는가 일으키지 않는가의 한계 온도를 조사하는 시험이다.

   (내) 폭파 시험 : 화약의 폭발력으로 시험편을 파괴하여 균열의 발생과 전파의 상태를 조사하는 시험이다.

   (대) 대형 인장 용접 시험 : 시험편 용접에 의해 잔류 응력과 인공적인 노치를 부여해 놓고, 용접의 열영향에 의한 취화와 잔류 응력과의 효과로 정적 인장 하중을 가하는 것만으로 취성 균열을 발생시켜서 전파시키는 시험이다. 응력 제거 풀림 등의 효과를 조사할 때에도 사용되고 있으며, 이 방법은 실제의 구조물에서 볼 수 있는 취성 파괴의 발생 조건을 잘 재현하고 있다고 말할 수 있다.

3-2 용접부의 야금학적 시험

(1) 파면 시험

용접부를 프레스나 해머로 파단한 뒤, 파면을 육안으로 관찰하여 결함의 존재 여부와 발생 위치 등을 조사하는 방법이다. 일반적으로 모서리 용접이나 필릿 용접부의 파면을 관찰하나, 인장 시험편과 충격 시험편의 파면 검사에도 이용된다. 파면의 색 중 은백색으로 빛나는 파면은 취성 파면이고, 쥐색의 치밀한 파면은 연성 파면이다.

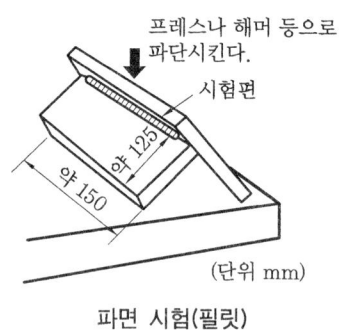

파면 시험(필릿)

(2) 매크로 시험

용접부의 단면을 연마한 뒤, 연마면을 부식(매크로 에칭 ; macro-etching)시켜 육안 또는 저배율의 확대경으로 용접부를 관찰하는 방법이다. 이 시험으로는 용입의 상태와 모양, 각 층의 상태, 열영향부의 범위, 결함의 유무 등을 관찰할 수 있다.

철강재에 주로 사용되는 매크로 부식액은 염산 용액(염산 : 물=1 : 1), 초산 용액(초산 : 물=1 : 3), 염산과 황산 용액(염산 : 황산 : 물=3.8 : 1.2 : 5.0) 등 여러 가지가 있는데, 부식시킨 후 곧 물로 깨끗이 씻은 후 건조하여 관찰한다.

(3) 마이크로 시험

이 시험은 시험편을 거울과 같이 연마한 후, 적당한 부식액으로 부식시켜 50~2000 배율인 금속 현미경으로 금속의 조직이나 미세한 결함 등을 관찰하므로 현미경 조직 시험이라고도 한다. 이 시험에 쓰이는 부식액으로 철강용은 피크릴산과 알코올 용액(피크릴산 4 g, 알코올 100 cc), 초산과 알코올 용액(진한 초산 1~5 cc, 알코올 100 cc), 스테인리스강용은 왕수와 알코올 용액 등이 있다.

3-3 용접부의 화학적 시험

(1) 화학 분석

화학 분석은 용접하고자 하는 재료나 용접봉의 심선, 플럭스 등의 화학 성분이 규격에 맞는가를 조사하거나 용착 금속의 성분을 조사할 때에 행해지는 방법이다.

금속의 조성 분석에는 분광 분석과 질량 분석 등에 의해서도 조사할 수 있다. 일반적으로 탄소강의 분석시에는 탄소, 규소, 망간, 유황, 인 등만을 주로 분석한다.

(2) 부식 시험

이 시험은 용접부가 부식하기 쉬운 환경에서 사용되는 재료에 대한 내식성을 조사하는 시험으로, 습부식 시험(해수, 유기산, 무기산, 알칼리 등에 접촉되어 부식되는 상태를 관찰), 고온(건) 부식 시험(고온의 증기, 가스 등에 반응하여 부식하는 상태를 관찰), 응력 부식 시험(어떤 응력 하에서 부식 분위기에 싸일 경우에 받는 부식 상태를 관찰) 등이 있다.

이 부식 시험은 그림과 같은 4개의 시험편을 채취하여 일정 시간 시험액에 담가 부식시킨 뒤 감량을 측정하는 것으로, 감량의 비교는 1 m² 1시간에 대한 양(g)으로 표시한다.

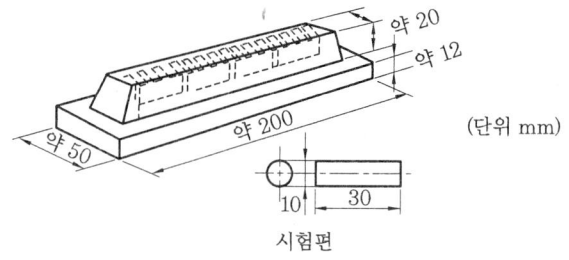

용착 금속의 부식 시험편

(3) 수소 시험

용접부에 수소가 침입하면 균열, 기공, 은점, 선상 조직 등 결함의 큰 요인이 되기 때문에 용착 금속 중에 침입된 수소량을 측정하는 것은 매우 중요하다. 침입한 수소에는 상온으로 방출되는 수소(확산성 수소)와 결함부 등에 모여 있는 것이 있다.

확산성 수소량을 측정하는 방법은 45℃ 글리세린 치환법과 진공 가열법이 있다. 45℃ 글리세린 치환법은 시험편(130×25×12)의 중앙부에 115 mm 비드를 놓은 후 (용접 후 2분 이내) 물에 급랭시켜 45℃ 글리세린 속에 담그고, 용접부에서 방출하는 확산성 수소를 표집기에 모아서 그 양(cm^3)을 측정하는 방법이다.

저수소계의 수소량은 용착 금속 1g에 대해 0.1 cm^3(0℃의 상태로 환산한 값) 이하로 제한하고 있으며, 고장력강용 피복 아크 용접봉에서는 용착 금속 1g에 대하여 0.06 cm^3 이하로 하고 있다.

한편 용착 금속 속의 전 수소량이나 모재에 있는 수소량을 조사할 때에는 진공 속에서 800℃로 가열하여 수소를 포집하는 방법을 병용해야 한다.

3-4 용접부의 기계적 시험

(1) 인장 시험

인장 시험은 시험편에 인장 하중을 가해서 하중과 변형과의 관계 등을 조사하여 재료의 비례 한도, 탄성 한도, 항복점 또는 내력, 인장 강도 연신율, 단면 수축률을 구하는 재료 시험이다.

다음 그림은 연강을 인장 시험하였을 때에 나타나는 대표적인 하중-변형선도의 일례이며, 이 시험에 사용되는 시험편의 형상이나 치수 등은 금속 재료 인장 시험 방법에 있다.

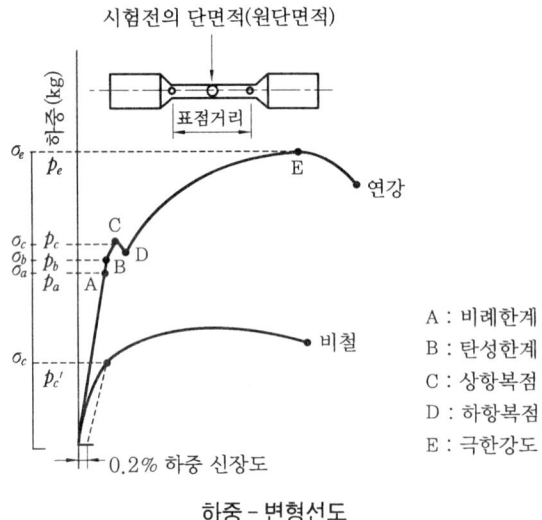

A : 비례한계
B : 탄성한계
C : 상항복점
D : 하항복점
E : 극한강도

하중-변형선도

① 용접 재료의 인장 시험 : 모재의 인장 시험은 보통의 금속 재료의 경우와 같은 시험 방법(KS B 0802)에 규정되어 있다.

② 용착 금속의 인장 시험 : 용접봉의 성질을 조사하는 재료 시험의 한가지 방법으로, 그림 [용착 금속의 인장 시험 방법]과 같이 규정의 시험재에서 시험편을 채취하여 인장 시험을 한다 (KS B 0821).

특수 용접봉일 때에는 모재의 영향을 없애기 위하여 뒷받침판이나 그루브 면을 시험하고자 하는 용접봉으로 2층 이상 쌓은 후에 시험편을 채취하여 인장 시험을 한다.

③ 맞대기 용접 이음의 인장 시험 : 이 시험은 판이나 관의 맞대기 이음의 강도를 조사하는 시험이다 (KS B 0833).

판일 때에는 그림 [맞대기 용접 이음의 인장 시험 방법]과 같이 시험재에서 2매의 시험편을 채취하여 인장 시험을 행한다.

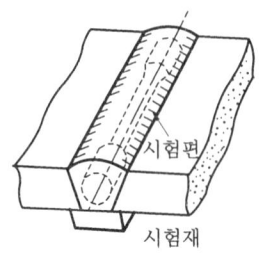
용착 금속의 인장 시험 방법

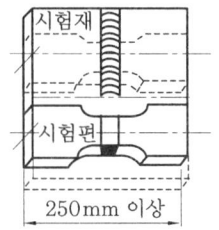
맞대기 용접 이음의 인장 시험 방법

④ 필릿 용접 이음의 인장 시험과 전단 시험 : 필릿 용접 이음의 인장 시험은 다음 그림 [필릿 용접 이음의 인장 시험 방법](KS B 0841), 전단 시험은 그림 [필릿 용접 이음의 전단 시

험 방법](KS B 0842)에 규정되어 있다. 용접 이음의 인장 시험은 이밖에도 저항 용접이나 납땜을 사용한 이음의 인장 강도를 구하는 시험 방법도 KS에 규정되어 있다.

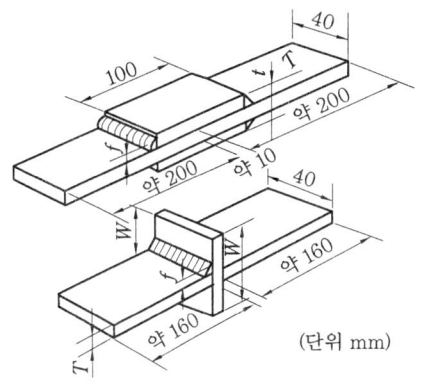

인장강도(S)의 산정식

$$S = 0.7 \times \frac{P}{fm \cdot l}$$

여기서, P : 최대 인장하중(kg)
  fm : 시험편 양단면 8개소의 필릿 길이(f)의 평균(mm)
  l : 필릿 용접의 길이 4개소의 평균(mm)

필릿 용접 이음의 인장 시험 방법

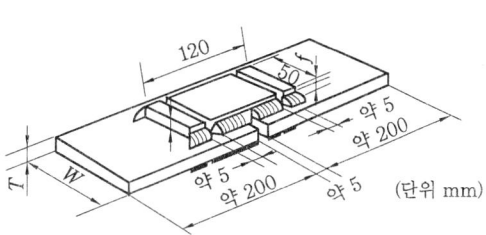

인장강도(r)의 산정식

$$r = 0.35 \times \frac{P}{fm \cdot l}$$

여기서, P : 최대 인장하중(kg)
  fm : 용접부 8개소의 필릿 각길이(f)의 평균(mm)
  l : 필릿 용접 8개소 길이의 평균(mm)

필릿 용접 이음의 전단 시험 방법

(2) 굽힘 시험

굽힘 시험은 용접부의 연성을 조사할 때에 흔히 행해지고 있는 시험 방법으로, 용접사의 기량을 판정하는 용접 기술 검정에서는 굽힘 시험을 채용하고 있다.

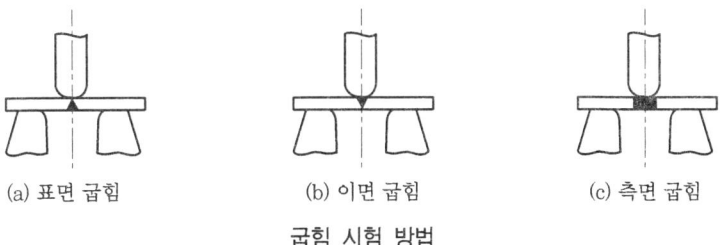

(a) 표면 굽힘   (b) 이면 굽힘   (c) 측면 굽힘

굽힘 시험 방법

이 방법은 굽힘 방법에 따라 자유 굽힘, 롤러 굽힘, 형틀 굽힘이 있으며, 일반적으로 굽힘 각도는 88°까지 한다.

이와 같은 굽힘 시험에는 위의 그림과 같이 굽히는 방향에 따라 표면 굽힘, 이면 굽힘, 측면 굽힘이 있다(KS B 0832).

(3) 경도 시험

경도 시험의 종류에는 브리넬, 비커스, 로크웰, 쇼어 경도 시험 등이 보급되어 있다. 다음 그림과 같이 브리넬 경도 시험에서는 강구를, 비커스 경도 시험에서는 다이아몬드 사각뿔의 압입자를 일정한 하중으로 밀어 넣고 피트의 표면적을 측정하여 경도를 비교한다.

로크웰 경도 시험은 강도 또는 다이아몬드 원뿔의 압입자를 일정한 하중으로 밀어 넣고 피트의 깊이로 경도를 비교 측정한다. 쇼어 경도 시험은 선단에 다이아몬드를 붙인 작은 해머를 일정한 높이에서 떨어뜨려서 그 튀어 오르는 높이로 경도를 비교 측정한다.

용접부의 경도 시험에서는 비커스 경도 시험이 흔히 사용되는데, 이 경도 시험은 용접부의 열영향부와 같은 좁은 부분의 경도를 조사하는 데도 편리하다.

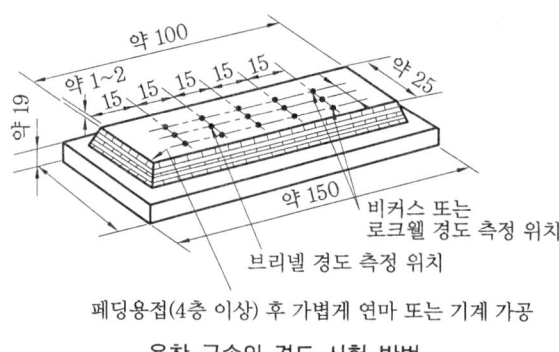

페딩용접(4층 이상) 후 가볍게 연마 또는 기계 가공

용착 금속의 경도 시험 방법

① 용착 금속의 경도 시험 : 이 경도 시험은 각종 용접봉의 용착 금속 경도를 조사하는 시험 (KS B 0826)으로, 다음 그림과 같은 시험재에 시험하고자 하는 용접봉으로 비드를 놓은 뒤 그 표면을 매끈하게 연마하여 경도를 측정한다. 이밖에 용접부의 경도 시험에는 최고 경도 시험이 있다.

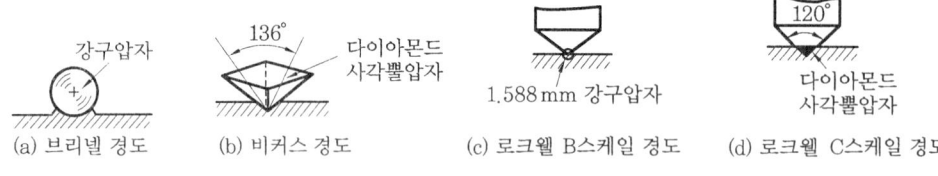

(a) 브리넬 경도 (b) 비커스 경도 (c) 로크웰 B스케일 경도 (d) 로크웰 C스케일 경도

경도 시험과 압입자의 형상

(4) 충격 시험

충격 시험은 강재 용접부의 취성 파괴 등의 연구 및 조사에 매우 중요한 시험 방법이다. 이 시험은 시험편을 급격히 파단시켜 이 파단으로 인해 소비된 에너지(시험편이 흡수한)를 측정하여 점성 감소 등의 척도로 하는데, 파단에 소비된 에너지가 클수록 점성이 강한 재료로 생각해도 된다.

우리나라에서는 시험편의 유효 단면적(샤르피 시험편에서는 $0.8\,cm^2$)으로 나눈 값을 충격값이라고 하며, 시험 결과를 표시하는 척도로 쓰인다. 또한 이러한 충격 시험에는 샤르피식과 아이조드식이 있는데, 일반적으로 샤르피식이 널리 사용되고 있다.

다음 그림은 용착 금속(용접봉 성질)의 충격 시험 방법을 나타낸 것이다.

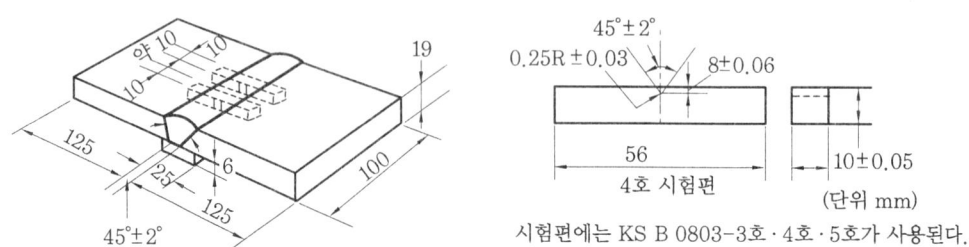

시험편에는 KS B 0803-3호·4호·5호가 사용된다.

용착 금속의 충격 시험 방법

예상문제

문제 1. X-ray 회절 시험으로 알아낼 수 없는 것은?
㉮ 격자 정수
㉯ 결정 격자형
㉰ 유닛 셀(unit cell)의 원자 배치
㉱ 결정의 슬립(slip) 변형량

문제 2. 용접 금속의 내부 결함이 아닌 것은?
㉮ 개재물 ㉯ 기공
㉰ 흑연화 ㉱ 은점(fish eye)
[해설] • 흑연화 : 용접한 강을 장시간 가열하면 열영향부에 흑연상 탄소가 발생하여 강이 취화하는 경우를 말한다.

문제 3. 초음파 탐상법 중 일반적으로 널리 사용하는 방법은?
㉮ 펄스 반사법 ㉯ 투과법
㉰ 공진법 ㉱ 침투법
[해설] 초음파 탐상법으로는 공진법, 투과법, 펄스 반사법이 있으며, 그 중 펄스 반사법이 가장 많이 쓰인다.

문제 4. 인장 시험기를 사용하여 측정할 수 없는 것은?
㉮ 항복점 ㉯ 연신율
㉰ 경도 ㉱ 인장 강도
[해설] 경도는 경도 시험기에서 측정한다.

문제 5. 시험편에 V형 또는 U형 등의 노치(notch)를 만들어 충격적인 하중을 주어서 파단시키는 시험법은?
㉮ 화학 시험 ㉯ 압력 시험
㉰ 충격 시험 ㉱ 피로 시험
[해설] 취성을 측정한다.

문제 6. 용접 결함의 종류에서 용접부 구조상의 결함에 해당되지 않는 것은?
㉮ 비드 파형의 불균일
㉯ 기공
㉰ 잔류 응력의 과대
㉱ 슬래그 섞임

문제 7. RT 검사에서 필름에 나타나는 결함상이 용접 금속의 주변에 따라서 가늘고 긴 검은 선으로 되어 나타나는 것은?
㉮ 용입 부족(poor penetration)
㉯ 슬래그 섞임(slag inclusion)
㉰ 언더컷(undercut)
㉱ 기공(porosity)

문제 8. 두께가 두꺼워지면 보통의 X선으로 투과하기 힘들게 되므로 X선보다 더욱 파장이 짧고, 투과력이 강한 방사선을 이용하는 검사법은?
㉮ α선 투과 검사 ㉯ γ선 투과 검사
㉰ 초음파 투과 검사 ㉱ 우라늄 투과 검사
[해설] X선으로 투과하기 힘든 두꺼운 판에 대해서는 X선보다 더욱 파장이 짧고 투과력이 강한 γ선이 사용된다.

문제 9. 보통의 UT에 쓰이는 주파수는 얼마인가?
㉮ 0.5~15 MHz ㉯ 10~20 MHz
㉰ 5~150 MHz ㉱ 0.05~1.5 MHz
[해설] 초음파 검사는 파장이 짧은 음파(0.5~15 MHz)를 검사물의 내부에 침투시켜 내부의 결함 또는 불균일층의 존재를 검지하는 방법이다.

문제 10. 가시광선 또는 자외선을 사용하는 검사 방법으로 간편, 신속, 저렴한 것이 장점인 검사는?
㉮ 음향 검사 ㉯ 압력 시험

[해답] 1. ㉱ 2. ㉰ 3. ㉮ 4. ㉰ 5. ㉰ 6. ㉰ 7. ㉰ 8. ㉯ 9. ㉮ 10. ㉱

㉰ 누설 검사　㉱ 육안 검사

문제 11. 다음 그림과 같은 초음파 탐상법의 명칭은 무엇인가?

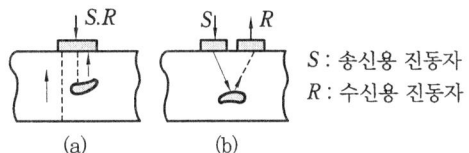
S : 송신용 진동자
R : 수신용 진동자

㉮ 투과법　㉯ 공진법
㉰ 펄스 반사법　㉱ 연속파법

해설 (a) 1탐촉자법, (b) 2탐촉자법

문제 12. UT 중 표면파의 전파가 재료 표면에 따라 뚜렷하게 영향을 받는 것을 이용하여 표면에 있는 깊이 수분의 1 mm의 작은 홈도 발견할 수 있는 검사 방법은?

㉮ 수중 탐상법　㉯ 수직 탐상법
㉰ 표면 탐상법　㉱ 사각 탐상법

문제 13. 다음 중 비파괴 검사에 해당하는 것은 어느 것인가?

㉮ 비중 시험　㉯ 낙하 시험
㉰ 화학 시험　㉱ 천공 검사

문제 14. 화약 지시약인 헬륨 가스, 할로겐 가스를 사용하여 탱크, 용기 등의 용접부의 기밀, 수밀을 검사하는 검사 방법은?

㉮ 침투 검사　㉯ 누설 검사
㉰ 와류 검사　㉱ 육안 검사

문제 15. 자화 전류로서 표면 균열의 검출에 적합한 전류는?

㉮ 교류　㉯ 직류
㉰ 자력선　㉱ 고주파 전류

해설 자화 전류로서 표면 균열 검출에는 교류, 내부 균열 검출에는 직류가 사용된다.

문제 16. 모재 및 용접부의 연성 결함의 유무를 조사하기 위하여 무슨 시험을 하는 것이 가장 쉬운가?

㉮ 경도 시험　㉯ 압축 시험
㉰ 굽힘 시험　㉱ 충격 시험

문제 17. 다음 용접부의 결함 중 치수상의 결함에 해당되지 않는 것은?

㉮ 가로 수축　㉯ 각 변형
㉰ 회전 수축　㉱ 언더컷

문제 18. 다음 중 용접 결함의 치수상 결함에 속하지 않는 것은?

㉮ 변형　㉯ 융합 불량
㉰ 형상 불량　㉱ 치수 불량

해설 치수 불량에는 변형, 치수 불량, 형상 불량 등이 있다.

문제 19. 수직 하진 용접에서 생기기 쉬운 형상은?

㉮ 언더컷　㉯ 용입 불량
㉰ 오버랩　㉱ 슬래그 혼입

해설 ① 수직 상진 용접(vertical upper welding) : 언더컷의 발생
② 수직 하진 용접(vertical down welding) : 용입의 불량

문제 20. 용접부의 탄소량이 증가하면 기계적 성질은 어떻게 변하는가?

㉮ 용착 금속의 인성 증가
㉯ 용착 금속의 취성 증가
㉰ 용착 금속의 항복점 저하
㉱ 용착 금속의 인장 강도 저하

문제 21. 다음 중 용접 균열이 아닌 것은?

㉮ 비드 균열　㉯ 세로 균열
㉰ 크레이터 균열　㉱ 수직 균열

문제 22. 용접부 수밀, 기밀 검사는 다음 중 어느 것으로 하는가?

㉮ X선 검사　㉯ 외관 검사
㉰ 자기 검사　㉱ 수압 검사

해설 ① X선 검사 : 내부 결함의 유무 검사
② 자기 검사 : 균열 검사
③ 외관 검사 : 비드, 피트, 오버랩, 언더컷 검사

해답 11. ㉰　12. ㉰　13. ㉱　14. ㉯　15. ㉮　16. ㉰　17. ㉱　18. ㉯　19. ㉯　20. ㉯
21. ㉱　22. ㉱

문제 23. 시험물의 내부에 침입시켜 내부의 결함 또는 불균일층의 존재를 검사하며, 그 종류로는 투과법, 공진법 등이 있는 검사법은?
㉮ 용접물 부식 시험
㉯ 용접물 피로 시험
㉰ 초음파 탐상 시험
㉱ 형광 침투 시험

문제 24. 다음 설명 중 옳은 것은?
㉮ 내부 결함의 탐상에는 침투 탐상 시험이 좋다.
㉯ 구리 합금 구조물의 표면 결함에는 자기 탐상 시험이 좋다.
㉰ 기공이나 슬래그 잠입은 X선 투과 시험으로 조사한다.
㉱ 용접부의 연성은 충격 시험으로 한다.

문제 25. 자기 검사에서 피검사물의 자화 방법에 해당하지 않는 것은?
㉮ 축 통전법   ㉯ 관통법
㉰ 직각 통전법   ㉱ 반사 통전법
해설 · 피검사물의 자화 방법 : 축 통전법, 관통법, 직각 통전법, 극간법, 코일법(직선 자장) 등이 있다.

문제 26. 금속의 화학 성분, 현미경 조직, 기계적·열적 이력 등과 금속의 표면이나 표면에 가까운 내부 결함 등의 검출에 사용되는 검사법은?
㉮ 초음파 검사   ㉯ 와류 검사
㉰ γ선 투과 검사 ㉱ X선 투과 검사

문제 27. 압력 용기와 수압 파이프 등에 대하여는 설계 압력 이상의 내압을 걸어서 용접부를 시험하는 방법은?
㉮ 압력 시험   ㉯ 누설 검사
㉰ 음향 검사   ㉱ 비중 시험

문제 28. 다음 침투 검사 중 전등불이나 햇빛 아래에서 검사할 수 있는 특징을 갖는 검사법은?
㉮ 자분 침투 검사 ㉯ 자기 침투 검사
㉰ 염료 침투 검사 ㉱ 형광 침투 검사
해설 침투 검사는 형광 침투 검사와 염료 침투 검사가 있는데, 형광 침투 검사는 자외선 또는 블랙 라이트(black light)로 비추어 본다.

문제 29. 고감도이므로 보통 누설 시험이나 그 밖의 비파괴 시험으로 알 수 없는 약간의 누설이더라도 검지할 수 있는 검사는?
㉮ 형광 침투 검사 ㉯ 헬륨 누설 검사
㉰ 비중 시험   ㉱ 압력 시험

문제 30. 시험편을 인장 파단시켜 항복점(또는 내력), 인장 강도, 연신율, 단면 수축률 등을 조사하는 시험(검사)법은?
㉮ 경도 시험   ㉯ 굽힘 시험
㉰ 충격 시험   ㉱ 인장 시험

문제 31. 용접부 비파괴 시험 기호 중 와류 탐상 시험 기호는?
㉮ LT   ㉯ ST   ㉰ PT   ㉱ ET
해설 · ET : eddy current inspection

문제 32. UT의 펄스 반사법 중에서 실제의 용접 구조물 검사에 잘 쓰이며, 용접 비드 표면의 파형을 다듬질하지 않아도 되는 다음 그림과 같은 탐상법은?

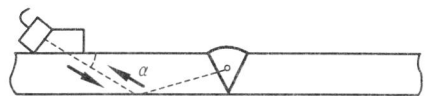

㉮ 연속파 탐상법 ㉯ 공진파 탐상법
㉰ 수직 탐상법   ㉱ 사각 탐상법

문제 33. X선 투과 검사에서 결함이 있는 곳과 없는 곳의 투과 X선의 강도비는 무엇으로 결정되는가?
㉮ 결함의 길이와 물질의 흡수 계수에 의하여 결정된다.

해답 23. ㉰ 24. ㉰ 25. ㉱ 26. ㉯ 27. ㉮ 28. ㉰ 29. ㉯ 30. ㉱ 31. ㉱ 32. ㉱ 33. ㉮

㉰ 입사 X선의 세기와 정비례한다.
㉱ 입사 X선의 세기와 반비례한다.
㉲ 결함의 길이와 물질의 흡수 계수에 관계없이 관 전압에 의하여 결정된다.
해설 투과 X선의 강도비는 입사 X선의 세기와는 관계없고, 결함의 길이와 물질의 흡수 계수에 의하여 결정된다.

문제 34. X선 투과 사진 촬영에 성공하는 데에는 다음과 같은 요인을 고려해야 한다. 이에 해당하지 않는 것은?
㉮ 파장 (관구 전압 [kVP])
㉯ 피검사물의 강도
㉰ 강도 (관구 전류 [mA])
㉱ X선원 초점 크기

문제 35. 자기 검사에서 피검사물의 자화 방법은 물체의 형상과 결함의 방향에 따라 여러 가지로 분류할 수 있는데, 다음 중 이에 해당되지 않는 것은?
㉮ 공진법   ㉯ 극간법
㉰ 축 통전법   ㉱ 코일법
해설 • 공진법 : 초음파 탐상법의 종류이다.

문제 36. 다음 중 기계 재료의 비파괴 검사 종류가 아닌 것은?
㉮ 초음파 탐상법
㉯ 형광 물질 침투 검사
㉰ 현미경 조직 검사
㉱ X선 투과 검사
해설 현미경 조직 검사는 파괴 시험이다.

문제 37. 비파괴 검사 중 형광 침투 검사 조작법에 속하지 않는 것은?
㉮ 세정   ㉯ 침투
㉰ 현상과 건조   ㉱ 펄스 반사

문제 38. X선 투과 검사에서 기공은 필름상에 어떻게 나타나는가?
㉮ 검은 직선   ㉯ 백색 직선
㉰ 백색 둥근 점   ㉱ 검은 둥근 점
해설 기공은 보통 필름상에는 검은 둥근 점으로 나타나고, 스패터(spatter)는 백색 둥근 점으로 나타난다. 또한 슬래그 섞임은 검은 반점, 균열은 그 파면이 X선의 투과 방향과 거의 나란할 때에는 검고 예리한 선으로 밝게 보이나 직각인 때에는 거의 알 수 없고, 용입 부족은 검은 직선, 언더컷은 가늘고 긴 검은 선으로 나타난다.

문제 39. 자성의 유무, 두께의 대소, 형상의 형태, 표면 상태의 양부에 관계없이 어떤 것이나 이용할 수 있으며, 투과하는 두께의 1~2%까지의 크기인 결함도 정확하게 검출할 수 있는 검사법은?
㉮ 방사선 투과 검사 ㉯ 형광 침투 검사
㉰ 염료 침투 검사   ㉱ 초음파 검사

문제 40. 초음파 검사에서 초음파의 속도는 물체의 밀도와 탄성에 의하여 계산할 수 있는데 횡파(transverse wave)의 속도는 종파(longitudinal wave)의 몇 배가 되는가?
㉮ 0.24배   ㉯ 0.36배
㉰ 0.48배   ㉱ 0.62배

문제 41. X선 투과 검사에서 최단 파장은 관구 전압의 파고치로서 결정된다. X선 값의 관구 전압의 파고치 단위는 다음 중 어느 것인가?
㉮ kV   ㉯ kVA
㉰ kVVA   ㉱ kVP
해설 X선의 관구 전압의 파고치는 kVP(kilo Voltage Peak)로 표시한다.

문제 42. 용접 이음 시험편의 굽힘 시험의 경우에는 세 종류가 있다. 이에 속하지 않는 것은?
㉮ 표면 굽힘   ㉯ 뒷면 굽힘
㉰ 사면 굽힘   ㉱ 측면 굽힘
해설 • 굽힘 시험 : 표면, 뒷면 및 측면 굽힘 시험의 세 종류가 있다.

해답 34. ㉯ 35. ㉮ 36. ㉰ 37. ㉱ 38. ㉱ 39. ㉮ 40. ㉰ 41. ㉱ 42. ㉰

문제 43. 다음 파괴 시험법 중 화학 시험에 속하지 않는 것은?
㉮ 부식 시험 ㉯ 수소 시험
㉰ 균열 시험 ㉱ 습부식 시험

문제 44. 초음파 검사시 강 중의 초음파 속도는 얼마 정도인가?
㉮ 6000 m/s ㉯ 3300 m/s
㉰ 1500 m/s ㉱ 9000 m/s
[해설] • 초음파의 속도 : 공기 중에서 340 m/s, 물에서 약 1340 m/s, 강 중에서는 5900 m/s이다.

문제 45. 다음 중 방사선 검사에 의하여 찾아낼 수 있는 용접부의 결함 사항은?
㉮ 비드 모양 ㉯ 변형
㉰ 피로 강도 부족 ㉱ 기공

문제 46. 용접부를 검사하는데 비파괴 검사법이 아닌 것은?
㉮ X선 및 γ선 투과 검사
㉯ 초음파 검사
㉰ 현미경 검사
㉱ 음향 시험

문제 47. 다음 검사 방법 중 연결이 옳지 않은 것은?
㉮ 방사선 투과 검사 - γ선 투과 검사
㉯ 자분 검사 - 누설 자속 이용
㉰ 누수 검사 - 수압 또는 공기압 이용
㉱ 침투 검사 - 초음파 침투 검사

문제 48. 기공(porosity)의 유무를 검사하는 시험 방법으로 가장 적합한 것은?
㉮ 현미경 시험 ㉯ X선 투과 검사
㉰ 굽힘 시험 ㉱ 인장 시험

문제 49. 다음 용접 시험법 중 결함의 유무를 검사하는 시험법으로 매크로적 결함의 검출로서는 가장 확실하고 많이 사용되는 방법은?

㉮ 압력 시험 ㉯ 인장 시험
㉰ 침투 검사 ㉱ 방사선 투과 시험
[해설] • 침투 검사 : 표면에 틈이 생긴 적은 균열과 작은 구멍을 신속·용이하게 고감도로 검출할 수 있으며, 철 및 비철 재료에 널리 쓰인다.

문제 50. 다음 중 비파괴 검사에 해당되지 않는 것은?
㉮ 부식 시험 ㉯ 압력 시험
㉰ 음향 검사 ㉱ 누설 시험

문제 51. 용접부에 X선을 투과하였을 경우 검출되는 결함으로 가장 관계가 적은 것은?
㉮ 기공 ㉯ 선상 조직
㉰ 슬래그 혼입 ㉱ 언더컷

문제 52. 용접부의 검사에서 교류의 자장에 의해 금속 내부에 와류 (eddy current) 작용을 이용하는 것은?
㉮ 초음파 검사 ㉯ 방사선 투과 검사
㉰ 자분 검사 ㉱ 맴돌이 전류 검사

문제 53. 수소 시험이란 다음 중 어느 것인가? (단, 용접부의 시험에서)
㉮ 용융 금속 내에 있는 수소의 양을 측정
㉯ 용접봉에 함유한 수소의 양을 측정
㉰ 모재에 함유한 수소의 양을 측정
㉱ 응고 직후부터 일정 시간 사이에 발생하는 수소량 측정
[해설] • 수소 함유량의 측정 : 상온에서 방출되는 확산성 수소량을 측정하는 방법과 진공 중 고온 (800℃)에서 가열하여 수소량을 측정하는 진공 추출법이 있다.

문제 54. 다음의 용접 결함 중 치수 결함인 것은?
㉮ 변형 ㉯ 기공
㉰ 은점 ㉱ 연성 부족

문제 55. 모재 및 용접부의 연성 결함의 유무를 조사하기 위하여 실시하는 시험법은?

[해답] 43. ㉰ 44. ㉮ 45. ㉱ 46. ㉰ 47. ㉱ 48. ㉯ 49. ㉮ 50. ㉮ 51. ㉯ 52. ㉱
53. ㉱ 54. ㉮ 55. ㉰

㉮ 경도 시험　　㉯ 인장 시험
㉰ 굽힘 시험　　㉱ 피로 시험

문제 56. 용접부의 미소한 균열이나 작은 구멍들을 신속하고 용이하게 검출하는 방법으로 비자성 재료에 많이 이용되는 시험법은 어느 것인가?
㉮ X선 투과 검사　　㉯ 형광 침투 검사
㉰ 초음파 검사　　　㉱ 자기 검사
[해설] 형광 침투 검사는 철, 비철의 각 재료에 사용되나, 특히 자기 검사를 할 수 없는 비자성 재료에 많이 이용된다.

문제 57. 일정한 높이에서 어떤 무게의 추를 낙하시켜 탄성 변형에 대한 저항으로 강도를 나타내는 시험 방법은?
㉮ 로크웰 경도 시험　㉯ 쇼어 경도 시험
㉰ 비커스 경도 시험　㉱ 브리넬 경도 시험

문제 58. 다음 용접 검사법 중 기계적 시험에 해당되지 않는 것은?
㉮ 굽힘 시험　　㉯ 압력 시험
㉰ 피로 시험　　㉱ 경도 시험
[해설] 압력 시험은 파괴 시험법이다.

문제 59. 초음파 용접의 특징에 관한 다음 사항 중 적합하지 않은 것은?
㉮ 경도가 크게 다르지 않는 한 종류가 다른 금속의 용접이 가능하다.
㉯ 극히 얇은 판, 즉 필름(film)도 쉽게 용접된다.
㉰ 냉간 압접에 비해 주어지는 압력이 작으므로 변형률이 적다.
㉱ 판 두께에 따른 용접 강도가 현저한 차이가 없다.

문제 60. 피로 시험에 있어서 피로 수명은 다음과 같이 나누어진다. 이 중 틀린 것은?
㉮ 균열 발생 수명　㉯ 파단 수명
㉰ 전파 수명　　　㉱ 균열 연장 수명

문제 61. 다음 검사법의 내용 중 틀린 것은?
㉮ 경도 시험 : 용접에 의한 산화
㉯ X선 시험 : 기공, 슬래그 섞임
㉰ 수압 시험 : 용접부의 기밀, 수밀 검사
㉱ 침투 검사 : 언더컷, 오버랩
[해설] 침투 검사는 균열 검사의 일종이며, 형광 침투 검사와 염료 침투 검사가 있다.

문제 62. 모재 연성 유무 및 결함 조사 방법으로 사용하는 검사는?
㉮ X선 시험　　㉯ 굽힘 시험
㉰ 인장 시험　　㉱ 연신 시험

문제 63. 다음 중 외관 검사로 검사가 곤란한 것은?
㉮ 비드　　　　　㉯ 언더컷, 오버랩
㉰ 피트　　　　　㉱ 슬래그 잠입, 기공
[해설] 슬래그 잠입과 기공 등 내부 결함은 X선 투과 시험, 초음파 시험 등에 의한다.

문제 64. 다음 중 방사선 검사로 발견할 수 없는 결함은?
㉮ 기공　　　　　㉯ 균열
㉰ 슬래그 혼입　　㉱ 래미네이션
[해설] • 래미네이션(lamination) : 금속의 엷은 층상 조직으로, 방사선 검사로는 알 수 없다.

문제 65. 용착 금속의 조직을 조사하는 검사법으로 적합한 것은?
㉮ 방사선 시험　　㉯ 인장 시험
㉰ 현미경 시험　　㉱ 초음파 시험

문제 66. 기계적 시험에는 정적 시험과 동적 시험이 있다. 동적 시험에 속하는 것은?
㉮ 피로 시험　　㉯ 굽힘 시험
㉰ 크리프 시험　㉱ 인장 시험

문제 67. 용접부 표면의 불연속 부위를 점검하기에 가장 간단한 검사 방법은?
㉮ 자분 탐상 검사　㉯ 방사선 투과 검사
㉰ 누수 검사　　　㉱ 초음파 탐상 검사

[해답] 56. ㉯　57. ㉯　58. ㉯　59. ㉱　60. ㉱　61. ㉱　62. ㉯　63. ㉱　64. ㉱　65. ㉰
66. ㉮　67. ㉮

문제 68. 다음 중 초음파 탐상법의 종류에 속하지 않는 것은?
㉮ 투과법   ㉯ 펄스 반사법
㉰ 관통법   ㉱ 공진법
[해설] 초음파 탐상법의 종류로는 투과법, 펄스 반사법, 공진법(연속파법) 등이 있는데, 일반적으로 널리 사용되는 것은 펄스 반사법이다.

문제 69. 다음 중 용접부의 비파괴 검사법 중 비자성체 재료에 이용할 수 없는 것은?
㉮ 초음파 탐상법   ㉯ X선 검사법
㉰ γ선 검사법   ㉱ 자기 검사법

문제 70. 다음 용접부의 검사 중 비파괴 검사법에 해당하는 것은?
㉮ 인장 시험   ㉯ 침투 검사
㉰ 피로 시험   ㉱ 화학 분석

문제 71. 기기 및 구조물에 외력이 작용할 때 각 부분에 생기는 변형의 크기, 부재의 치수, 형상, 사용 재료의 양부를 판단할 수 있는 시험법은?
㉮ 누설 시험(LT)
㉯ 와류 탐상 시험(ET)
㉰ 내압 시험(PRT)
㉱ 변형도 측정 시험(ST)
[해설] • 변형도 측정 시험 : 기기 및 구조물에 외력이 작용할 때 각 부분에 생기는 변형의 크기, 그 부재의 치수, 형상, 사용 재료의 양부를 판단하여 안전하고 경제적인 설계를 하기 위하여 하는 시험법으로, 용접 구조물에서는 다음과 같은 것을 측정한다. 최적의 형상 및 치수 결정, 구속 응력 측정, 잔류 응력 측정, 국부적 응력 분포 측정, 피로 수명 예측 등을 할 수 있는 시험으로, KS B 0056의 용접부 비파괴 시험 기호는 ST이다.

문제 72. 어떠한 응력(잔류 응력 또는 외력 등)이 걸린 상태로 하지 않으면 안되며, 과거의 상태가 아니고 현재의 상태를 시험하는 것으로 결함의 발생 및 위치는 물론 형성하는 과정 등을 시험할 수 있는 것은?
㉮ 어코스틱 이미션 시험(AET)
㉯ 내압 시험(PRT)
㉰ 변형도 측정 시험(ST)
㉱ 와류 탐상 시험(ET)
[해설] • acoustic emission 시험 : 어떠한 응력(잔류 응력 또는 외력 등)이 걸린 상태로 하지 않으면 안되며, 이미 발생된 결함의 유무를 시험하는 것이 아니고 재료가 변형 또는 파괴할 때에 해방된 에너지에 의하여 탄성파(응력파 ; AE)에 의해 현재의 상태를 조사하여 결함의 발생 및 그 위치, 형성하는 과정 등을 추정하여 real-time에 나타낼 수 있다. 또한 그것은 연속적으로 감시(monitor)도 할 수 있는 것으로, KS B 0056의 용접부 비파괴 시험 기호는 AET이다.

문제 73. 다음 중 내부 결함 검사에 적당한 시험법은? (단, 용접에서)
㉮ 인장 시험   ㉯ 피로 시험
㉰ 방사선 투과 시험   ㉱ 형광 검사법

문제 74. 일정한 높이에서 어떤 무게의 추를 낙하시켜 탄성 변형에 대한 저항으로서 강도를 나타내는 시험 방법은?
㉮ 로크웰 경도 시험   ㉯ 쇼어 경도 시험
㉰ 비커스 경도 시험   ㉱ 브리넬 경도 시험

문제 75. 다음 중 용착 금속 내부의 기공을 가장 잘 검출할 수 있는 검사법은?
㉮ 외관 검사   ㉯ 침투 검사
㉰ 누출 시험   ㉱ 초음파 시험

문제 76. 형광 침투 검사에서 검사 부위를 불순물이 없도록 청결하고 하고 침투액을 바른다. 용접물에서는 최저 얼마 경과 후에 침투액을 물로 씻어내는가?
㉮ 10분   ㉯ 20분
㉰ 30분   ㉱ 40분
[해설] 보통 스테인리스강의 표면 흠, 주물의 수축 균열, 흠집, 표면 다공질 및 용접물 등에

[해답] 68. ㉰ 69. ㉱ 70. ㉯ 71. ㉱ 72. ㉮ 73. ㉰ 74. ㉯ 75. ㉱ 76. ㉯

서는 최단 약 20분이고, 주조물이나 압연물의 균열, 줄흠, 열처리 균열, 마모 균열, 피로 균열 등에는 약 30분으로 규정되고 있다 (KS B 0819).

문제 77. 다음과 같은 T 이음에서 RT를 할 때에 X선원을 두는 위치는? (단, ●는 X선원이다.)

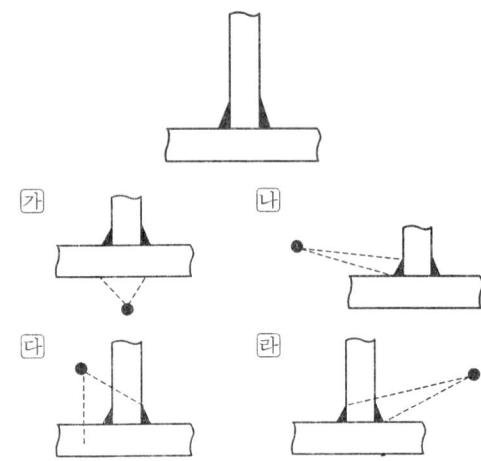

문제 78. 비파괴 시험에 해당하는 것은?
㉮ 경도 시험　　㉯ 충격 시험
㉰ 현미경 시험　　㉱ 자기 검사법

문제 79. 용접부를 초음파 검사할 때 나타나는 현상은?
㉮ 내부 결함 또는 불균일층의 존재가 검출된다.
㉯ 표면의 미세 균열이 검출된다.
㉰ 반사경에 의한 확대 검출이 된다.
㉱ 용접부의 수밀과 기밀이 검출된다.

문제 80. 다음 용접부의 검사법 중 파괴 시험법은?
㉮ 천공 검사　　㉯ 와류 검사
㉰ 압력 검사　　㉱ 화학 시험

문제 81. 지름 10 mm 또는 5 mm의 강구를 500~3000 kg의 하중으로 시험 표면에 압입시킨 후에 생기는 오목 자국의 표면적을 측정하는 경도 시험법은?
㉮ 로크웰 경도 시험　㉯ 비커스 경도 시험
㉰ 브리넬 경도 시험　㉱ 쇼어 경도 시험

문제 82. 오스테나이트계 스테인리스강 등의 검출에 편리한 검사법으로, 새로운 비파괴 검사법에 속하는 것은?
㉮ 맴돌이 검사　　㉯ 염료 침투 검사
㉰ γ선 투과 검사　㉱ 형광 침투 검사
[해설] 와류 검사(맴돌이 검사 : ET)는 자기 검사를 할 수 없는 비자성 재료에 편리하다.

문제 83. 용접부의 시험과 검사에서 부식 시험은 어느 시험법에 속하는가?
㉮ 기계적 시험법　㉯ 화학적 시험법
㉰ γ선 시험법　　㉱ 물리적 시험법

문제 84. 방사선 투과 시험(RT)과 초음파 탐상 시험(UT)의 비교에서 틀린 것은?
㉮ 블로홀의 검출에는 RT쪽이 좋다.
㉯ RT쪽이 두꺼운 재료까지 검사할 수 있다.
㉰ UT는 한쪽 면에서만 시험 가능하다.
㉱ 결함 종류의 판별은 RT쪽이 우수하다.

문제 85. 통상 방사선 투과 시험으로 두께 1~2 %의 결함이 검출되어야 하며, 이것을 확인하기 위하여 피검사물 표면에 부착하여 그 상을 동시에 촬영하는 것은 무엇으로 하는가?
㉮ 정류계　　㉯ 스펙트로계
㉰ 베타토론계　㉱ 투과도계

문제 86. 다음 중 γ선 투과 검사에 쓰이는 방사성 동위원소에 해당하지 않는 것은?
㉮ 우라늄 92(U^{92})　㉯ 코발트 60(Co^{60})
㉰ 세슘 134(Cs^{134})　㉱ 이리듐 192(Ir^{192})
[해설] γ선 투과 검사에 쓰이는 γ선원으로는 천연의 Ra과인 공방사선 동위원소인 CO^{60}, Cs^{134}, Ir^{192}, SI^{75}, Ta^{182}, Tu^{170} 등이 있다.

[해답] 77. ㉰　78. ㉱　79. ㉮　80. ㉱　81. ㉰　82. ㉮　83. ㉯　84. ㉯　85. ㉱　86. ㉮

제4편

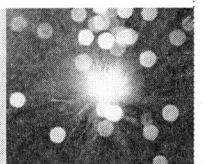

용접 일반 및 안전 관리

제1장 피복 전기 용접 및 가스 용접
제2장 기타 용접 및 용접의 자동화
제3장 안전 관리

제1장 피복 전기 용접 및 가스 용접

1. 피복 아크 용접의 원리 및 용도

1-1 원리

용접봉과 모재간에 직류 또는 교류 전압을 걸고 용접봉 끝을 모재에 접근시켰다가 떼면, 다음 그림과 같이 용접봉과 모재 사이에 강한 빛과 열을 내는 아크가 발생한다.

아크 열(5000℃)에 의하여 용접봉은 녹고 금속 증기 또는 용적(globule)으로 되어 녹은 모재와 융합하여 용착 금속을 만든다. 이때 녹은 쇳물 부분을 용융지(molten weld pool), 모재가 녹아 들어간 깊이를 용입(penetration), 용접봉이 용융지에 녹아 들어가는 것을 용착이라 한다.

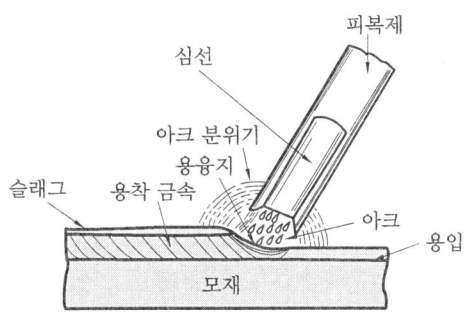

피복 아크 용접 원리

1-2 용접 회로

다음 그림과 같이 피복 아크 용접 회로는 용접기(AC 또는 DC welding machine), 용접봉 홀더(electrode holder), 용접봉(coated or covered electrode), 아크(arc), 모재(base metal), 전극 케이블(electrode cable), 접지 케이블(ground cable)로 이루어진다.

용접기에서 발생한 전류는 전극 케이블, 용접봉 홀더, 용접봉, 아크, 모재 그리고 접지 케이블을 지나서 다시 되돌아 오는 길을 용접 회로(welding circuit)라 한다.

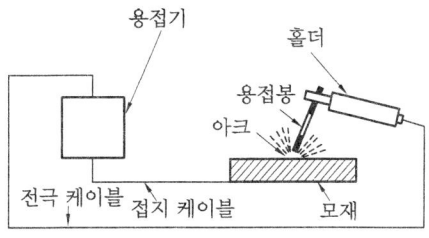

피복 아크 용접 회로

1-3 아크의 성질

(1) 아크 현상

용접봉과 모재간에 발생한 아크는 고온에 의해 금속 증기와 주위 기체 분자가 해리하여 양전기를 띤 양이온(positive ion)과 음전기를 띤 전자(electron)로 분리되어 양이온은 음극으로, 전자는 양극으로 이동하기 때문에 아크 전류가 흐른다.

(2) 직류 아크 중의 온도 분포

다음 그림과 같이 두 전극 사이에 아크를 발생시켜서 아크 길이 방향으로 전압을 측정해 보면, 양극 근처에서는 급격한 전압 강하가 있고 아크 부근에서는 길이에 따라 일정한 율의 전압 강하가 된다. 이때 전체 전압을 아크 전압(arc voltage, V_a)이라 하면, $V_a = V_K + V_P + V_A$ 가 된다.

양극 전압 강하는 주로 전극 물질의 종류로 결정되고, 아크 길이는 전류에는 거의 무관하다. 아크 기둥 전압 강하(arc column voltage drop, V_p)는 전극에서 정비례하여 변화하는데, 그 비례 정수는 용접봉 피복제 종류와 아크 전류에 영향을 받는다.

또 아크 길이를 일정하게 했을 때, 아크 전압은 아크 전류의 증가와 더불어 약간 증가하는 경향이 있다.

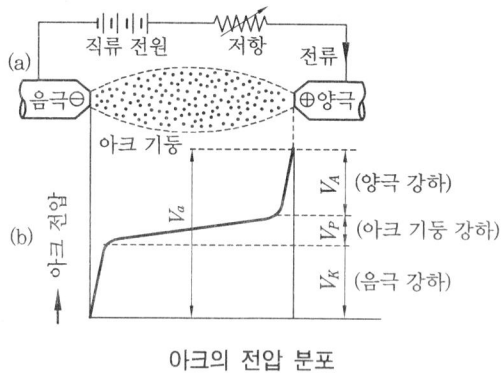

아크의 전압 분포

(3) 아크 온도

직류 아크에서는 전체 발열량의 60~75 %가 양극측에 발생하는데, 그 이유는 (-) 전기를 띤 전자가 음극에서 출발하여 고속으로 달려가 양극에 충돌하기 때문이다 (음이온인 전자는 양이온보다 무게가 1/1840 정도 가볍기 때문에 운동 속도가 양이온보다 빠르다).

(4) 극 성

직류 용접에서 그림 (a)와 같이 용접봉을 음(-)극에 연결하면 정극성(straight polarity, DCSP)이라 하고, 반대로 (b)와 같이 연결하면 역극성(reverse polarity, DCRP)이라 한다.

전자의 충격을 받는 양극이 음극보다 발열량이 크므로 정극성일 때에는 용접봉의 용융은 늦고 모재의 용입은 깊어지며, 반대로 역극성일 때에는 용접봉의 용융 속도는 빠르고 모재의 용입은 얕아진다.

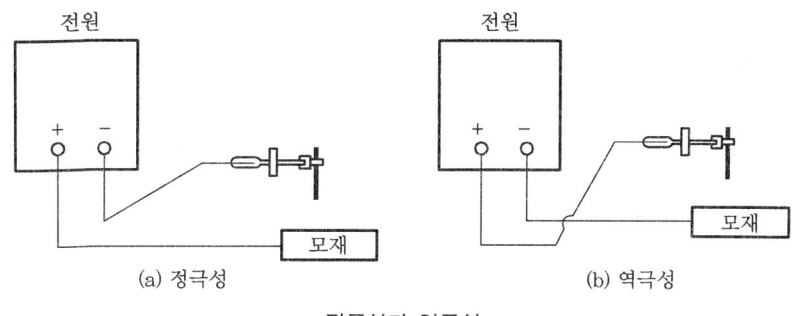

정극성과 역극성

(5) 용접 입열

용접부의 외부에서 주어지는 열량을 용접 입열(weld heat input)이라 한다. 피복 아크 용접에서 아크가 단위 길이 1 cm 당 발생하는 전기적 에너지, 즉 용접 입열 H는 아크 전압 E, 아크 전류 I, 용접 속도 V[cm/min]라 하면 다음 식과 같다.

$$H = \frac{60EI}{V} \text{ [Joule/cm]}$$

1-4 피복 아크 용접봉

(1) 개 요

금속 아크 용접의 용접봉에는 맨용접봉(bare electrode)과 피복 용접봉(covered electrode)이 사용되는데, 맨용접봉은 주로 자동·반자동 용접에 사용되고, 피복 용접봉은 수동 아크 용접에 사용된다.

피복 용접봉은 피복제의 무게가 전체의 10 % 이상인 용접봉으로 그 한쪽 끝은 홀더에 물려 전류를 통할 수 있도록 심선의 길이를 25 mm 정도 노출시키고, 다른 쪽은 아크 발생이 쉽도록 약 3 mm 이하 정도 노출시켜 놓았다. 심선의 지름은 1~10 mm의 크기이며, 길이는 대체로 350~900 mm이다.

(2) 종 류

피용접물의 재질에 따라서 사용하는 용접봉 종류는 연강(탄소강), 고장력강, 저합금강, 스테인리스강, 표면 경화용, 동합금, 니켈 합금, 알루미늄 등으로 분류한다.

(3) 용접봉의 용융 속도 (melting rate)

용접봉의 용융 속도는 단위 시간당 소비되는 용접봉의 길이 또는 중량으로 표시하는데, 실험 결과에 의하면 다음과 같다.
① 아크 전류에 정비례한다.
② 아크 전압에 무관하다.
③ 심선은 같더라도 피복제의 종류에 따라 약간 차이가 있다.

(4) 용접봉의 용착 효율 (deposition efficiency)

용접봉의 소모 중량에 대한 용착 금속의 중량비로서 피복 전기 용접봉은 일반적으로 용착

효율이 60 % 정도인데, 그 이유는 용접봉 홀더에 물려 있는 마지막 5 cm 정도의 손실 14 %와 피복제가 타서 없어지는 것과 스패터 손실이 27 %이기 때문이다.

참고로 여러 용접들의 용착 효율은 다음 표와 같다.

용접 방법에 따른 용착 효율

용접 방법	용착 효율 (%)	용접 방법	용착 효율 (%)
피복 아크 용접봉		가스메탈 아크 용접(MIG)	90~95
350 mm (수동)	55~65	불활성 텅스텐 아크 용접(TIG)	100
450 mm (수동)	60~70	플라스마 아크 용접	100
700 mm (수동)	65~75	플럭스 코어드 용접	80~85
서브머지드 용접	95~100		
일렉트로 슬래그 용접	95~100		

(5) 피복제

① 중성 또는 환원성 분위기를 만들어 대기 중의 산소나 질소의 침입을 막아 용융 금속을 보호한다.
② 아크를 안정하게 한다.
③ 용융점이 낮은 적당한 점성의 가벼운 슬래그를 만든다.
④ 용접 금속의 탈산 정련 작용을 한다.
⑤ 용접 금속의 적당한 합금 원소를 첨가한다.
⑥ 용적(globule)을 미세화하고, 용착 효율(deposition efficiency)을 높인다.
⑦ 용접 금속의 응고와 냉각 속도를 느리게 하여 다공성(porosity), 기공(gas pocket) 등의 결함을 예방하고 용접부의 기계적 성질을 좋게 한다.
⑧ 위보기 및 기타 자세의 용접을 쉽게 한다.
⑨ 슬래그 제거를 쉽게 하고, 물결 무늬의 고운 비드를 만든다.
⑩ 모재 표면의 산화물을 제거하고, 용접을 완전히 한다.
⑪ 많은 경우에 피복제는 전기 절연 작용을 한다.

(6) 피복 배합제의 종류

① 아크 안정제 : 규산칼리(K_2SiO_3), 규산소다(Na_2SiO_3), 산화티탄(TiO_2), 석회석($CaCO_3$)
② 가스 발생제 : 전분, 목재, 톱밥, 셀룰로오스, 석회석
③ 슬래그 생성제 : 산화철, 루철(TiO_2), 일미나이트, 이산화망간, 석회석, 규사, 장석($K_2O \cdot Al_2O_3 \cdot 6SiO_2$), 형석($CaF$)
④ 탈산제 : 망간철, 규소철, 티탄철, 규소, 망간, 알루미늄 분말
⑤ 고착제 : 물유리, 규산칼리

(7) 연강용 피복 아크 용접봉

① 용접봉의 심선 : 심선은 용접 금속의 균열(crack)을 방지하기 위하여 탄소 함량이 극히 적으며, 황(S)이나 인(P) 등의 불순물을 적게 함유한다. 또한 규소(Si)의 양을 적게 하여 림드강(rimmed steel)으로 제조하고 있다.

연강용 피복 아크 용접봉의 종류 (KS D 7004-1968)

종 류	피복제 계통	용접 자세	사용 전류의 종류
E 4301	일미나이트계	F, V, OH, H	AC 또는 DC(±)
E 4303	라임티타니아계	F, V, OH, H	AC 또는 DC(±)
E 4311	고셀룰로오스계	F, V, OH, H	AC 또는 DC(+)
E 4313	고산화티탄계	F, V, OH, H	AC 또는 DC(−)
E 4316	저수소계	E, F, OH, H	AC 또는 DC(+)
E 4324	철분산화티탄계	F, H−Fil	AC 또는 DC(±)
E 4326	철분저수소계	F, H−Fil	AC 또는 DC(+)
E 4327	철분산화철계	F, H−Fil	F 용접시는 AC 또는 DC(+) H−Fil 용접시는 AC 또는 DC(−) AC 또는 DC(±)
E 4340	특수계	F, V, OH, H, H−Fil 중 어느 자세	

㈜ 1. 용접 자세에 사용된 기호의 뜻은 다음과 같다.
　　F : 아래보기 자세(Flat position)　　　V : 수직 자세(Vertical position)
　　OH : 위보기 자세(Overhead position)　H : 수평 자세(Horizontal position)
　　H−Fil : 수평 필릿(Horizontal Fillet)
2. 사용 전류의 종류에 사용된 기호의 뜻은 다음과 같다.
　　AC : 교류　　　　　　　　　　　　　DC(±) : 직류 정극성 및 역극성
　　DC(−) : 직류봉 음극　　　　　　　　DC(+) : 직류봉 양극

한 국	일 본	미 국
E 4316	D 4316	D 6016

* 한국과 미국 기호를 비교해 보면 43과 60이 다른데, 이것은 인장 강도 43 kg/mm²는 대강 60000 psi (1 b/in²)에 해당하기 때문이다 (1 kg/mm²≒1422.3 psi).

② 규격 : (KS D 7004)에 규정되어 있고, 용접봉의 기호는 다음과 같은 뜻을 가지고 있다.

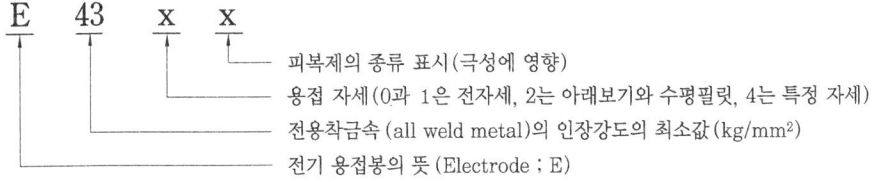

③ 연강용 피복 아크 용접봉의 특성

　㈎ E 4301(일미나이트계, ilmenite type) : 국산 용접봉으로 가장 많이 사용된다. 슬래그는 비교적 유동성이 좋고 용입 및 기계적 성질도 양호하다. 특히 내부 결함이 적고 X선 시험 성적도 양호하다.

　㈏ E 4303(라임티타니아계, lime titania type) : 피복의 두께가 두껍고 작업성이 양호하며, 전용접 자세에 사용할 수 있다. 또 용입이 얕으므로 박판 용접에 적합하다.

　㈐ E 4311(고셀룰로오스계, high cellulose type) : 피복제 중에 유기물(주로 셀룰로오스)을 약 30 % 정도 함유한다. 피복의 두께가 얇으며, 슬래그 양이 극히 적어 위보기 자세 또는 좁은 틈의 용접에 작업성이 좋다. 용접 중 높은 전류를 사용하면 피복제 중의 유기물 성분이 열에 의하여 변질되고 용착 금속에 나쁜 영향을 주므로, 다른 종류의

용접봉보다 약간 낮은 전류값을 사용한다.

⑷ E 4313(고산화티탄계, high titania type) : 작업성이 극히 좋으며, 전용접 자세에 사용되고 수직 하진 용접도 가능하다. 또 용입이 얕으므로 박판 용접에는 좋으나 기계적 성질이 약간 떨어지므로 중요 부분의 용접에는 잘 사용되지 않는다.

⑸ E 4316(저수소계, low hydrogen type) : 석회석 ($CaCO_3$) 등의 염기성 탄산염을 주성분으로 하므로, 용착 금속 중의 수소 함유량은 다른 종류의 용접봉에 비해 현저히 적다 (약 1/10 정도). 그러므로 균열에 대한 감수성이 특히 좋아서 후판 구조물의 첫 층 용접 혹은 구속도가 큰 구조물, 고장력강 및 탄소 (C)나 황 (S)의 함유량이 많은 강의 용접에 사용된다. 이 용접봉의 결점은 아크가 약간 불안정하고, 비드가 거칠고, 비드 시작점 또는 비드 이음에는 기공 (porosity)이 생기기 쉬우므로 짧은 아크 길이로 운봉에 주의해야 한다.

> 【참고】
> 저수소계 용접봉은 피복제 중에 석회석($CaCO_3$)을 다량 함유하고 유기물은 거의 함유하지 않는다. 유기물은 연소 분해 속도가 빠르고 보호 가스를 다량 발생하지만, 석회석은 분해 속도가 늦고 흡열 반응이므로 다음과 같다.
> $$CaCO_3 \rightarrow CaO + CO_2 - Q\,[cal]$$
> 셀룰로오스계와 고산화티탄계에 비해 용접 시작 때 열량 부족과 보호 가스 부족으로, 공기중의 질소와 산소의 침입에 의해 기공 발생이 쉽다.

⑹ E 4324(철분산화티탄계, iron powder titania type) : E 4313에 철분을 가한 것으로, 고산화티탄계의 우수한 작업성과 철분계의 고능률성을 겸비시킨 용접봉이다. 접촉 (contact) 용접이 가능하다.

⑺ E 4326(철분저수소계, iron powder low hydrogen type) : E 4316에 철분을 가해서 보다 높은 능률을 꾀한 용접봉이다.

⑻ E 4327(철분산화철계, iron powder iron oxide type) : 산화철을 주성분으로 하고, 여기에 철분을 첨가한 것이다. 특히 수평 필릿 용접에 많이 사용되며 스패터는 적고, 용입은 양호하고, E 4324보다 깊다.

(8) 고장력강용 피복 용접봉

고장력강은 연강의 강도를 높일 목적으로 연강에 적당한 합금 원소를 첨가한 저합금강 (low alloy steel)으로, 엄밀히 말하면 저합금 고장력강 (low alloy high-strength steel)이다.

이와 같은 고장력강은 강도, 내식성, 내충격성, 내마모성 등을 요구하는 구조물에 적합하며, 여기에 사용되는 용접봉의 규격은 다음과 같다.

용접봉의 종류 (KS D 7006)

용접봉의 종류	피복제의 계통	용접 자세	사용 전류의 종류
E 5001	일미나이트계	P, V, OH, H	AC 또는 DC ($\pm$)
E 5003	라임티타니아계	F, V, OH, H	AC 또는 DC ($\pm$)
E 5015 E 5316 E 5816	저수소계	F, V, OH, H	AC 또는 DC ($+$)

| E 5026
E 5326
E 5826 | 철분 저수소계 | F, H | AC 또는 DC(+) |
| E 5000
E 5300 | 특수계 | F, V, OH, H 또는 그 중 어느 자세 | AC 또는 DC(±) |

㈜ 1. 용접 자세에 사용된 기호의 뜻은 다음과 같다.
　　F : 아래보기 자세　　　　　OH : 위보기 자세
　　V : 수직 자세　　　　　　　H : 수평 자세 또는 수평 필릿
　　표 [용접 방법에 따른 용착 효율]에서 표시한 용접 자세는 봉지름 5 mm 이하의 것에 적용한다.
　2. E 5026, E 5326 및 E 5826의 용접 자세 H는 주로 수평 필릿으로 한다.
　3. 사용 전류의 종류에 사용된 기호의 뜻은 다음과 같다.
　　AC : 교류　　　　　　　　　DC(±) : 직류 (봉 플러스 및 봉 마이너스)
　　DC(+) : 직류 (봉 플러스)

(9) 용접봉의 저장 및 취급

　용접봉 피복제는 습기를 잘 흡수하므로 건조한 장소에 저장하여야 하며, 한번 개봉한 용접봉은 항상 건조로에 넣어 건조시킨 후 사용해야 하고, 일반 용접봉 (비저수소계)은 약 100℃에서, 저수소계 용접봉은 300~350℃에서 2시간 정도 건조시켜야 한다.
　또 작업자는 용접 전류, 용접 자세 및 건조 등 용접봉 사용 조건에 대해서 제조자의 지시에 따라야 한다.

2. 피복 아크 용접용 설비 및 기구

2-1 용접 기기

일반적으로 사용하는 전류와 내부 구조에 따라 다음과 같이 분류한다.

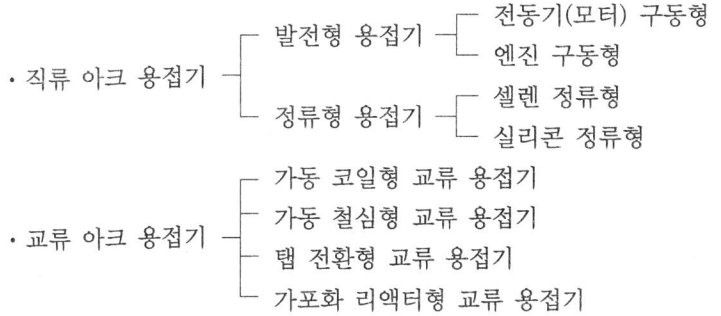

[용접기에 필요한 조건]
　① 아크 발생을 용이하게 하기 위해 무부하 전압이 어느 정도 높아야 한다.
　② 용접에 필요한 외부 전원 특성 곡선을 가져야 한다.
　③ 역률과 효율이 좋아야 한다.
　④ 취급이 간편하고, 튼튼해야 한다.

2-2 직류 용접기와 교류 용접기의 비교

(1) 직류 용접기의 특성
① 아크가 교류에 비해 안정되나 아크 쏠림이 있다.
② 교류 용접기에 비해 무부하 전압이 낮아 감전의 위험이 있다.
③ 발전기형 직류 용접기는 소음이 나고, 회전 부분 등의 고장이 많다.
④ 정류형 직류 용접기는 정류기의 소손, 먼지, 수분 등에 의한 고장에 주의해야 한다.
⑤ 교류 용접기에 비해 고가이다.
⑥ 스테인리스강이나 비철 금속 용접에 좋고, 아래보기 이외의 용접 자세에도 좋다.
⑦ 보수나 점검에 많은 노력과 시간이 소요된다.

(2) 교류 용접기의 특성
① 아크가 불안정하다.
② 취급이 쉽고 고장이 적으며, 보수가 용이하다.
③ 값이 싸다.
④ 무부하 전압이 직류보다 높아서 감전의 위험이 많다.
⑤ 역률(power factor)이 낮고, 효율(efficiency)이 나쁘다.

2-3 각종 교류 아크 용접기

교류 아크 용접기는 보통 2차측을 200 V의 동력선에 연결하고, 2차측의 무부하 전압은 70~80 V가 되도록 만든다. 구조는 일종의 변압기로 리액턴스에 의해서 수하 특성(droping characteristic)을 얻고, 누설 자속(leakage magnetic flux)에 의해서 전류를 조정한다.

(1) 탭 전환형 용접기(tapped secondary coil welder)
이 용접기는 그림에서 보는 바와 같이 연속적인 2차 전류(아크 전류)의 조정이 불가능하다. 또 전류값을 작게 하려면 2차 코일의 권선수가 많으므로 무부하 전압이 높아지며, 탭을 자주 전환하므로 탭의 고장이 많다. 따라서 주로 적은 용량의 용접기에 많이 이용된다.

(2) 가동 철심형 용접기(movablecore reactor welder)
이 용접기는 연속적으로 전류를 세부 조정할 수 있으나, 단점은 가동 철심을 중간 정도 빼냈을 때 누설 자속 경로에 영향을 주어 아크가 불안전하게 되고 또 가동 부분의 마모에 의해 가동 철심이 진동하고 울리는 경우가 있다. 내부 구조는 그림과 같다.

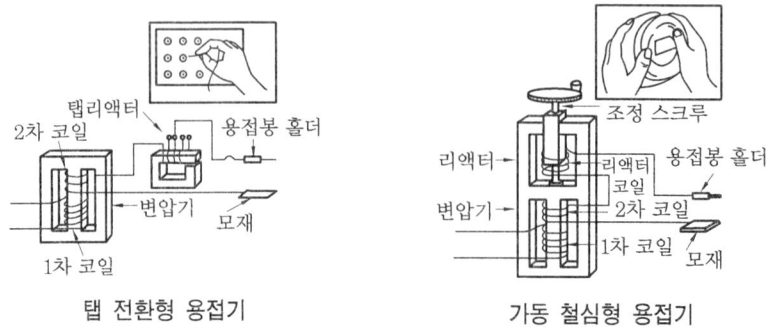

탭 전환형 용접기   가동 철심형 용접기

(3) 가동 코일형 용접기(adjusting coil spacing welder)

이 용접기는 조정 스크루(adjusting screw)에 의해 1차 코일을 이동시켜 전류 조정을 하는 것으로, 1차 코일을 2차 코일에 접근하면 전류가 커지고, 멀리하면 전류가 작아진다.

(4) 가포화 리액터형 용접기(saturated reactor adjustable welder)

이 용접기는 가변 저항에 의해서 조절된 가포화 리액터 자기 회로의 포화도에 따라 아크 전류값이 결정되므로, 전류 조정을 전기적으로 하기 때문에 원격 조정(remote control)이 가능하다.

2-4 교류 아크 용접기의 규격

교류 아크 용접기의 규격은 KS C 9602에 규정되어 있다. AW 300이란, 종류는 AW(Alternate Welder), 즉 교류 아크 용접기이고, 300은 정격 2차 전류가 300 A란 뜻이다. 그러므로 이 용접기의 전류 조정 범위는 정격 2차 전류의 20~110 %이므로, 최소 60 A에서 최대 330 A까지 조정할 수 있다. 무부하 전압이 높을수록 아크 발생이 용이하고 아크가 안정되나, 85 V 또는 95 V 이하로 규정하는 것은 감전의 위험을 예방하기 위함이다.

2-5 직류 아크 용접기

직류 아크 용접기는 박판 용접이나 주물 및 비철 금속 등 녹기 쉬운 재료의 용접에는 역극성으로 많이 사용된다. 용접기의 규격은 KS C 9605에 규정되어 있다.

(1) 발전형과 정류형의 비교

① 발전형 : 발전형에는 교류 전원을 이용한 모터 발전형과 엔진 구동형의 두 가지가 있는데, 모터 발전형은 우수한 용접부를 얻을 수 있으나 고장 발생시 정비에 어려움이 있어 오늘날은 거의 사용하지 않는다. 엔진 구동형은 가솔린 또는 디젤 엔진으로 직류 또는 교류 혹은 직류와 교류를 동시에 얻을 수 있는데, 전원이 없는 야외에서 사용하기 편리하다.

② 정류형 : 세레늄 정류기(selenium rectifiers), 실리콘 다이오드(silicon diodes) 또는 실리콘 정류기(Silicon Controlled Rectifiers, SCR)를 이용해서 교류를 직류로 정류한 용접기이다.

발전형과 정류형의 비교

발 전 형	정 류 형
① 직류 발전기로 완전한 직류 전원이 얻어진다. ② 엔진 구동 발전형은 전원이 없는 옥외에서도 가능하다. ③ 고장이 나기 쉽고, 소음이 난다. ④ 값이 고가이다. ⑤ 보수나 점검이 어렵다.	① 소음이 없다. ② 가격이 발전형보다 저렴하다. ③ 교류를 정류한 것으로, 완전한 직류를 얻기 힘들다. ④ 고장은 적으나 정류기의 소손에 주의해야 한다. ⑤ 보수나 점검이 간단하다.

(2) 아크 쏠림(arc blow)

직류 용접기에서는 전류가 한 방향으로만 흐르기 때문에, 도선 주위의 자장에 의해 아크가 한 방향으로 쏠린다. 이러한 경우 용입 불량이나 슬래그 혼입 등의 결함이 발생할 수 있으므로, 다음과 같은 대책이 필요하다.

① 접지점을 바꾼다.
② 가접을 크게 하거나 후진법으로 용접한다.
③ 아크 길이를 짧게 해서 용접한다.
④ 교류 용접기를 사용한다.
⑤ 아크 쏠림이 일어나는 반대 방향으로 용접봉을 위치시킨다.

2-6 용접기의 사용률

용접기의 사용률을 규정하는 것은 높은 전류로 계속 사용함으로써 용접기가 소손되는 것을 방지하기 위해서인데, 피복 아크 용접기는 일반적으로 사용률이 60 % 이하이고 자동 용접기는 100 %이다. 이와 같이 수동 용접에서 사용률이 낮은 것은 용접봉을 갈아 끼우거나 슬래그 제거 등 실제 아크 시간보다 휴식 시간 (off time)이 많기 때문에 100 %로 할 필요성이 없다. 또한 사용률 40 %라 하는 것은 정격 전류로 용접했을 때 10분 중 4분만 용접하고 6분을 쉰다는 뜻이다.

$$\text{사용률}(\%) = \frac{\text{아크 시간}}{\text{아크 시간} + \text{휴식 시간}} \times 100$$

그러나 실제 용접에서 정격 전류보다 적은 전류로 용접하는 경우가 많은데, 이때의 사용률을 허용 사용률이라 하고, 그 식은 다음과 같다.

$$\text{허용 사용률}(\%) = \frac{(\text{정격 2차 전류})^2}{(\text{실제 용접 전류})^2} \times \text{정격 사용률}$$

2-7 교류 용접기의 역률과 효율

전원 입력(피상 입력) [kVA] = 2차 무부하 전압 × 아크 전류
아크에의 입력 [kW] = 아크 전압 × 아크 전류일 때, 역률을 q라 하면 다음과 같다.

$$q = \frac{\text{아크에의 입력} + \text{내부 손실}}{\text{전원 입력}} \times 100 \%$$

효율을 η라 하면 다음과 같다.

$$\eta = \frac{\text{아크에의 입력}}{\text{아크에의 입력} + \text{내부 손실}} \times 100 \%$$

2-8 용접기에 필요한 전원 특성

(1) 아크의 부특성

그림 (b)에서 스위치 S를 연결하여 두 전극간에 아크를 발생했을 때 전류 (I_a), 전압 (E_a)

의 관계는 그림 (c)와 같다. 즉, 전류가 100 A 이하 정도의 작은 범위에서는 전류가 증가하면 아크 전압이 감소하는 특성을 부특성이라 하고, 100 A 이상에서는 아크 길이가 일정하다. 이 때 아크 전압은 전류의 증가와 더불어 약간 증가한다.

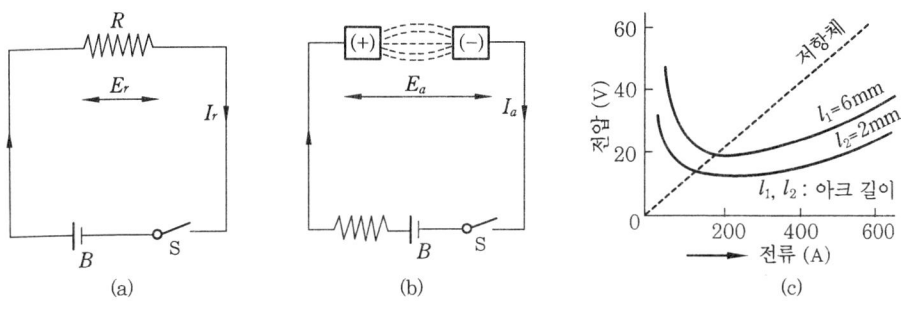

아크 전압·전류의 특성 예

(2) 정전류 특성

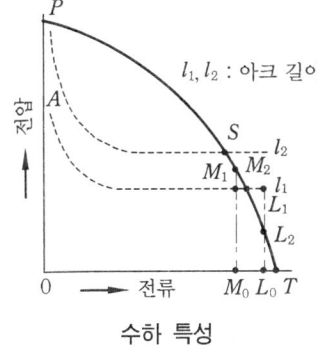

수하 특성

P : 개로 전압 또는 무부하 전압으로 용접하기 직전 용접 회로에 스위치를 넣었으나 아크를 발생시키지 않은 상태에서 양극간의 전압

A : 아크를 최초로 발생시키는데 필요한 전압으로 항상 $A > P$

T : 단락 전류치로 용접 중 용접봉과 모재가 단락되었을 때 흐르는 전류

S : 용접점(이때의 전류와 전압이 용접 전류, 용접 전압이다.)

피복 아크 용접기는 대부분 정전류 특성인데, 그림 [용접 중 용접 회로]에서 보는 바와 같다.

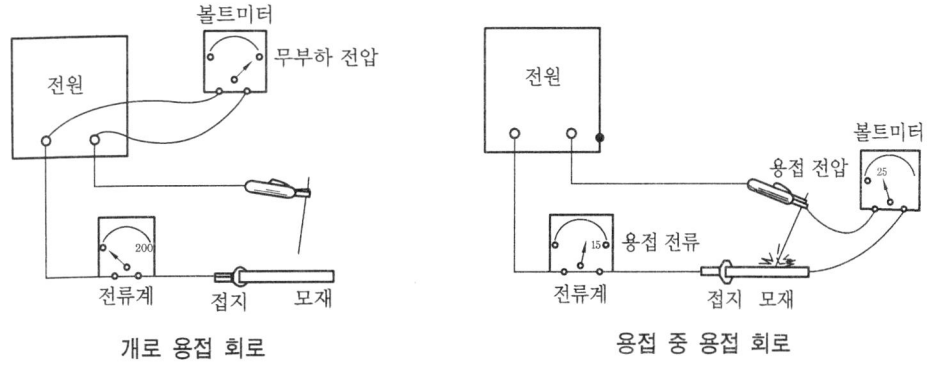

개로 용접 회로   용접 중 용접 회로

이때 전류가 증가하면 전압은 급격히 감소하는 전원 특성으로, 용접 중 작업자 미숙으로 아크 길이가 다소간 변화하더라도 그때의 변화는 전류의 폭이 작아서 용접 입열의 변동이 작다.

따라서 용입 불량이나 슬래그 혼입 등의 방지에 좋고, 용접봉의 용융 속도가 일정해져서 균일한 용접 비드를 얻을 수 있다.

2-9 피복 아크 용접용 기구

(1) 용접용 홀더

용접봉 끝을 꼭 물고 용접 전류를 용접 케이블에서 용접봉에 전달하는 기구로, 그림과 같다. 감전 사고는 홀더 불량에 의한 것이 대부분이며, 구조는 KS C 9607로 다음 표에 규정되어 있다.

용접봉 홀더

구 조 (KS C 9607)

종류	정격			적용할 수 있는 용접봉의 지름 (mm)	접속할 수 있는 최대 홀더용 케이블 (mm²)
	사용률 (%)	용접 전류 (A)	아크 전압 (V)		
100 호	70	100	25	1.2~3.2	22
200 호	70	200	30	2.0~5.0	38
300 호	70	300	30	3.2~6.4	50
400 호	70	400	30	4.0~8.0	60
500 호	70	500	30	5.0~9.0	80

(2) 용접봉 케이블, 접지 케이블

① 케이블 : 케이블에는 1차 케이블과 2차 케이블의 두 종류가 있다. 1차 케이블은 전원과 용접 기간의 케이블로서 용접기 용량이 200, 300, 400 A이면 굵기는 각각 5.5, 8, 14 mm가 적당하고, 2차 케이블은 용접기와 모재간의 케이블로서 용접기 용량이 200, 300, 400 A이면 각각 그 단면적이 50, 60, 80 mm²가 적합하다.

② 접지 케이블 : 용접 케이블을 모재에 연결하거나 분리할 수 있게 사용하는 일종의 클램프이다.

(3) 보호 기구

① 헬멧 및 핸드 실드 : 아크로부터 발생하는 자외선 및 적외선으로부터 눈을 보호하고, 스패터로부터 얼굴이나 머리를 보호하기 위하여 다음 그림과 같은 용접 헬멧(helmet)이나 핸드 실드 (hand shield)를 사용한다.

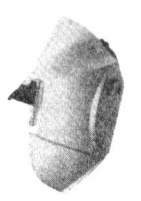 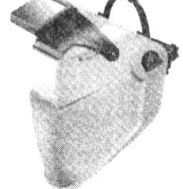 

(a) 헬멧   (b) 핸드 실드

헬멧과 핸드 실드

② 장갑, 발 덮개, 앞치마

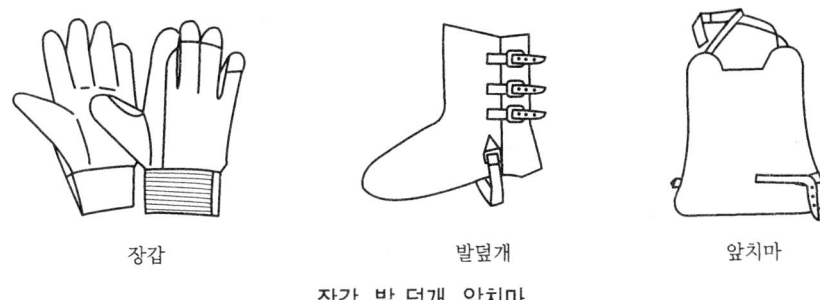

장갑   발덮개   앞치마

장갑, 발 덮개, 앞치마

(4) 기타 공구

치핑 해머(chipping hammer), 와이어 브러시, 용접부 치수를 측정하는데 필요한 용접 게이지, 필릿 용접의 각장을 측정하는데 사용되는 맞대기 및 필릿 용접 게이지, 프라이어 등이 필요하다.

(5) 용접기 부속 장치

① 전격 방지기 : 용접 작업 중 감전의 위험을 방지하기 위하여 용접기에 설치하는 기기이다. 다음 그림에 의하여 그 동작을 설명하면 무부하시, 즉 용접을 하지 않을 때에는 용접기의 1차 회로에 들어 있는 주접점 S_1은 열려 있고, 보조 변압기 2차 회로의 릴레이 접점 S_2는 닫혀 있으며, 보조 변압기의 2차 전압은 25 V 이하로 되어 있으므로 용접봉에 가해지는 무부하 전압도 25 V 이하의 안전한 전압이다.

용접봉을 모재에 접속시키면 S_1은 닫히고 아크가 발생한다. 아크가 꺼지면 릴레이가 동작하여 약 1초 후에 주접점 S_1이 열리고, 홀더의 전압은 다시 25 V 이하로 떨어진다. 이와 같이 하여 작업을 하지 않는 휴식 시간에는, 2차 무부하 전압은 항상 25 V 이하로 유지되므로 감전을 방지할 수 있다.

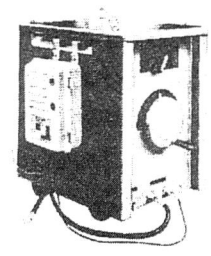 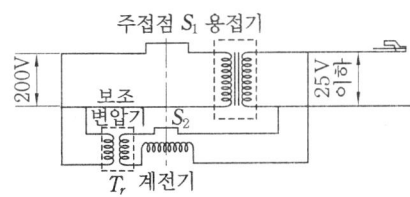

전격 방지기와 그 작동 원리

② 원격 제어 장치 : 가변 저항과 케이블로 이루어지는 조그마한 부속품이나, 용접기와 멀리 떨어진 곳에서 용접 전류를 조정할 수 있게 한 것이다.

큰 건물의 건축 공사, 교량 공사, 기타 큰 용접 구조물 공사 등 용접 현장에서 용접기와 작업 장소가 멀리 떨어져 있는 경우, 전류 조정을 위해 용접기와 작업 장소간을 왕복하면서 소비되는 시간과 노력을 절약하기 위하여 이 장치가 사용된다.

③ 핫 스타트 아크 장치(hot start, 아크 부스터) : 최초 아크를 발생시킬 때 용접봉도 모재도 냉각되어 있으므로, 입열이 부족하여 아크가 불안정하기 쉽다. 또 저수계 용접봉을 사용하는 경우에는 녹은 쇳물이 대기로부터 충분히 보호되지 않으므로, 용착 금속에 기공을 함유하기 쉽다.

따라서 용접봉이 모재에 접촉한 순간의 1/4~1/5초만 순간적으로 큰 전류를 흘려 발생 열량을 크게 하는 아크 부스터를 갖춘 교류 아크 용접기가 있는데, 이것에 의하면 아크가 안정하므로 무부하 전압을 70 V 이하로 낮출 수 있다.

> 【참고】
> • 필터 렌즈 (filter lens) : 필터 렌즈의 차광도는 아크 전류 세기 및 용접 방법에 따라 AWS (미국용접학회)에서 분류하고 있다.

2-10 용접봉 건조로

용접봉의 피복제는 습기를 흡수하기 쉬우므로 잘 건조된 장소에 보관해야 하며, 현장 용접에서는 용접봉 건조로를 설치하여 2~3일분의 용접봉을 항상 건조시켜 두고 작업 직전에 꺼내 쓰도록 한다. 일반 용접봉 (비저수소계)은 약 100℃에서, 저수소계 용접봉은 300~350℃에서 2시간 정도 건조시키는 것이 좋다.

> 【참고】
> • 저수소계 용접봉은 특히 건조가 중요한데, 불충분한 건조는 기공이나 균열의 원인이 된다.

3. 아크 용접봉

3-1 아크 용접봉의 기초

(1) 아크 발생

아크 발생법에는 그림과 같이 긁는법(scratch method)과 찍는법(pecking method)이 있는데, 초심자에게는 긁는법이 훨씬 쉽다.

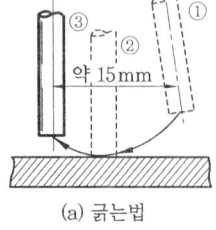 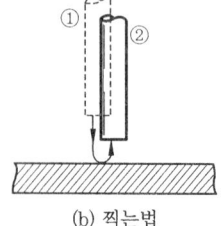

(a) 긁는법   (b) 찍는법

아크 발생법

(2) 아크 중단법(크레이터 처리)

아크를 중단시킬 때에는 용접을 끝마치려는 부분에서 아크 길이를 짧게 하여 운봉을 잠깐

정지시켜 크레이터를 채운 다음, 재빨리 용접봉을 들어내 아크를 끈다.

만약 용접봉을 그냥 들어내 아크를 끄면, 그림 [크레이터]와 같이 크레이터가 메꾸어지지 않아 크레이터 균열이 발생한다.

(3) 비드 시작점

용접을 처음 시작할 때 비드 시작점은 충분히 예열하지 않으면 모재가 녹기 전에 용접봉 끝이 녹아내려 용입 불량이나 기공이 생기는 수가 있고, 균열의 원인이 되기도 한다. 그러므로 그림 [비드 시점의 운봉]과 같이 비드 시작점 앞에서 아크를 발생시켜 시작점까지 가지고 가는 동안 예열시켜야 한다. 또 시작점에서 아크 길이를 약간 길게 하여 전압을 높여 아크 발생열을 많게 하려면 더욱 효과적이다.

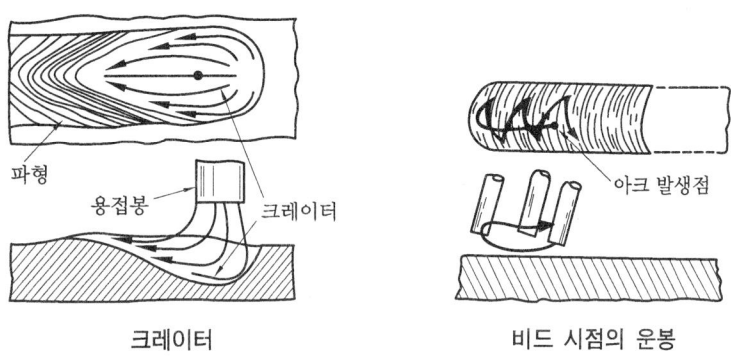

크레이터　　　　　　비드 시점의 운봉

(4) 비드 잇기(봉잇기)

용접 중 용접봉 길이가 짧아지면 아크를 끄고 크레이터의 슬래그를 제거한 후, 새 용접봉을 갈아 끼워서 용접을 계속하는 것을 비드 잇기라 한다.

이때 비드 끝부분은 벌써 냉각되었으므로 시작점 때와 같은 방법으로 A에서 시작해서 B까지 와서 다시 되돌아가는 것으로, 그림과 같이 작업해야 한다.

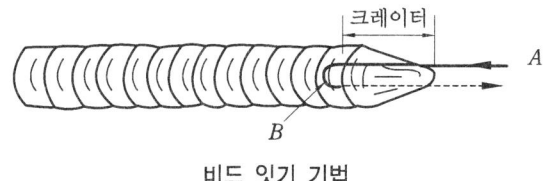

비드 잇기 기법

(5) 운봉법

① 줄비드 (stringer bead) : 용접봉을 좌우로 움직이지 않고 직선으로 용접하는 방법으로, 가접(tack weld) 박판 및 V형 홈 이음 등의 제1층 용접에 이용한다.

② 위빙 비드 (weaving bead) : 용접봉 끝을 좌우로, 그림과 같이 여러 가지 형태로 움직이면서 용접하는 방법이다. 줄 비드보다 비드 폭을 넓게 놓을 때 사용하고, 또 V형, X형 등의 홈 (groove)을 용접해서 위로 올라갈수록 폭이 넓어질 때나 홈을 채우고 나서 마지막 용접을 할 때 사용한다.

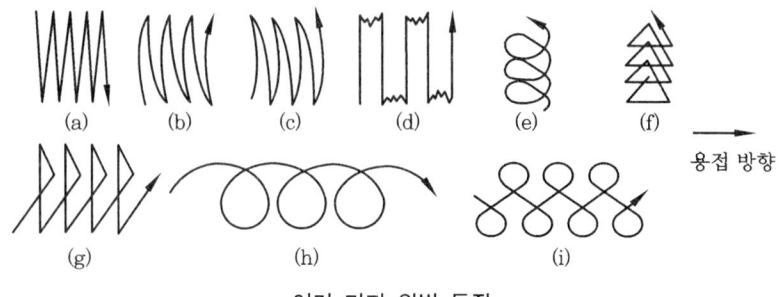

여러 가지 위빙 동작

3-2 용접 조건(welding condition)

용접 작업에서 결함이 없는 좋은 용접을 하려면 용접봉 각도, 아크 길이, 용접 전류 및 용접 속도를 알맞게 해야 한다.

(1) 용접봉 각도(angle of electrode)

용접봉이 이루는 각도는 그림과 같이 진행각(lead angle)과 작업각(work angle)이다. 진행각은 용접봉과 이음부(joint)가 이루는 각도이고, 작업각은 용접봉과 이음부 방향이 나란하게 세워진 수직 평면의 각도이다.

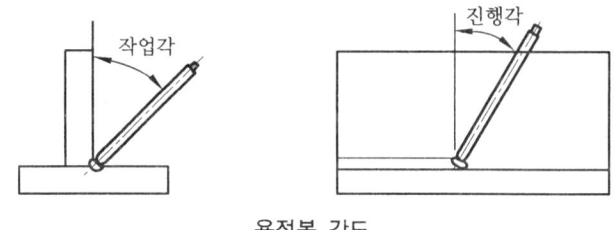

용접봉 각도

(2) 아크 길이(아크 전압)

아크 길이는 용접봉 심선의 지름과 거의 같은 정도가 좋다. 아크 길이 변화에 따라 아크 전압은 비례하므로 아크 길이가 길어지면 아크 발열량은 증가하고, 짧아지면 발열량은 감소한다. 그러므로 아크를 처음 발생시킬 때에는 모재가 차가우므로 긴 아크를 사용하여 예열을 해야 한다.

① 아크 길이가 너무 긴 용접부의 특징
  (개) 스패터가 많다.
  (내) 용접 금속이 산화나 질화가 된다.
  (대) 기공이 생긴다.
  (래) 아크가 흔들린다.
  (매) 비드 표면이 거칠다.
② 아크 길이가 너무 짧은 용접부의 특징
  (개) 용접봉이 모재에 잘 달라 붙는다.

(나) 슬래그 잠입(slag inclusion)이 일어난다.
(다) 비드 폭이 좁고 볼록하다.
(라) 콜드랩(cold lap) 현상이 일어난다.

(3) 용접 전류 (welding current)

용접 전류는 여러 용접 조건 중에서도 가장 중요한 사항이다. 피용접물에 적합한 용접 전류값은 모재의 재질, 형상 및 두께, 용접 자세, 용접봉의 종류와 크기, 용접 속도 등에 따라 결정된다.

전류가 너무 세면 언더컷, 기공이나 용접 비드 표면이 거칠어지고 크레이터에 결함이 생기기 쉬우며, 반대로 너무 약하면 용입 불량, 슬래그 잠입, 오버랩(over lap) 등을 만들기 쉽다.

① 모재 재질 : 구리나 알루미늄과 같이 열전도(thermal conductivity)가 큰 금속은 용접 전류를 높게 하고, 스테인리스강과 같이 열전도가 작은 금속은 용접 전류를 낮게 해야 한다.

② 형상 및 두께 : 두꺼운 판이나 T형 필릿 용접 등에서는 열이 급속히 확산되기 때문에 전류값을 크게 한다.

③ 용접 자세 : 일반적으로 아래보기(flat) 자세에서는 조금 강한 전류를 사용하고, 위보기(over head) 자세에서는 그보다 10~20 % 적은 값, 수직(vertical) 자세에서는 아래보기 용접의 20~30 % 적은 비교적 낮은 전류를 사용한다. 그러므로 아래보기 자세에서 가장 높은 전류값을 사용할 수 있으므로, 작업 능률이 높고 작업자의 피로도 적다.

④ 용접봉 종류와 크기 : 용접봉 지름이 커지면 사용 전류는 높아지고, 지름이 작아지면 전류는 낮아진다. 일반적인 용접봉 지름과 판 두께에 대한 표준 전류값은 다음 표와 같다.

용접봉 지름과 판 두께에 대한 표준 용접 전류

모재 두께 (mm)	용접봉 지름 (mm)	전류값 (A)	모재 두께 (mm)	용접봉 지름 (mm)	전류값 (A)
3.2	2.0	40~60	7.0	4.0	130~150
	2.6	50~70		5.0	160~180
4.0	2.6	60~80	9.0	4.0	140~160
	3.0	80~100		5.0	170~190
5.0	3.0	90~110	10	4.0	150~170
	4.0	110~130		5.0	180~200
6.0	3.0	100~120	12.0 이상	5.0	200~220
	4.0	120~140		6.0	240~280

【참고】

용접봉의 지름에 따른 적정 사용 전류량을 모를 때에는 심선의 지름을 소수 인치(inch)로 환산하여 1000을 곱한 값으로 기준하여 여건에 따라 증감하면 된다.

예 3.2 mm의 경우 $\frac{3.2}{25.4}=0.125$ 인치 　∴ $0.125 \times 1000 ≒ 125$ Amp

(4) 용접 속도

용접 속도는 용접봉의 종류 및 전류값, 용접 이음부 형상, 모재의 재질, 위빙의 유무에 따라 달라진다. 일반적으로 줄 비드(stringer bead) 용접에 알맞은 용접 속도는 생성된 비드 길이가 소모된 용접봉의 길이와 거의 같을 때이며, 이때 비드 폭은 피복제를 포함한 용접봉 지름의 1.5배 정도가 되고, 비드 파형(ripple)은 반달 형상이 된다.

① 속도가 너무 빠른 경우
  (가) 비드 폭이 좁고, 용입이 얕다.
  (나) 슬래그 잠입 및 기포가 생긴다.
② 속도가 너무 느린 경우
  (가) 비드 폭이 넓고, 용입이 깊어진다.
  (나) 표면이 거칠고, 콜드랩(cold lap) 현상이 생긴다.

그림은 여러 가지 용접 조건이 적당할 때와 그렇지 못할 때의 비드 외관을 표시한 것이다.

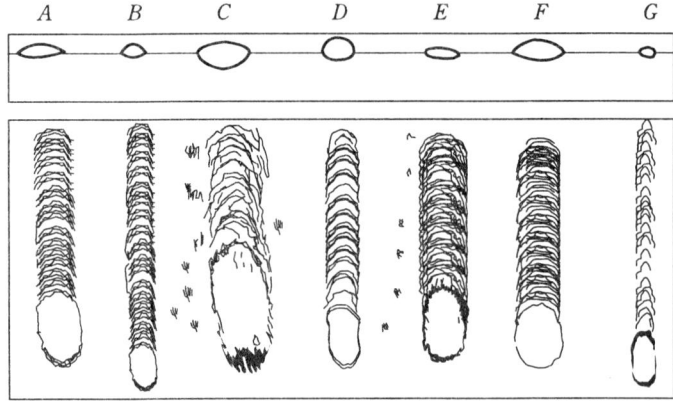

A : 전류, 전압, 속도 양호
B : 전류 너무 낮다.
C : 전류 너무 높다.
D : 전압 너무 낮다.
E : 전압 너무 높다.
F : 속도가 너무 느리다.
G : 속도가 너무 빠르다.

아크 용접 비드의 양·부 모양

3-3 용접 작업

(1) 아래보기 자세(flat position)

아래보기 자세 용접을 할 때에는 용접봉을 수직선에서 용접 진행 방향으로, 즉 진행각을 10~20° 경사시키고, 좌우에 대해서는 모재에 대해 작업각 90°가 되도록 한다.

① I형 맞대기 이음 용접 : 6 mm 두께 이하의 판을 양쪽에서 용접할 때 이용하며 판 두께에 따라 루트 간격(root opening), 용접봉 크기, 용접 전류 등을 선택하여 만약 루트 간격 없이 한쪽에서만 용접한다면 4.5 mm 두께의 판을 100 % 용입이 되게 하기는 곤란하다.

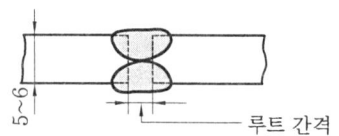

I형 맞대기 용접

② V형 맞대기 이음 용접 : V형 맞대기 용접은 판 두께 6~20 mm 정도의 이음에 사용되고, 이음 형태는 다음 그림과 같이 세 가지가 있다.

이 용접에서 1층 비드 용접시는 완전한 용입을 얻기 위해 용융지 바로 앞에 녹은 쇳물이 흘러내리지 않을 정도의 작은 구멍, 즉 키홀(key hole)을 만들고, 이 키홀이 용융지 진행과 더불어 연속적으로 진행하도록 해야 한다. 또한, 1층 용접에서는 가는 용접봉으로 보다 낮은 전류로 하고, 2층부터는 적정 전류 범위 내에서 약간 높게 조정하는 것이 좋다.

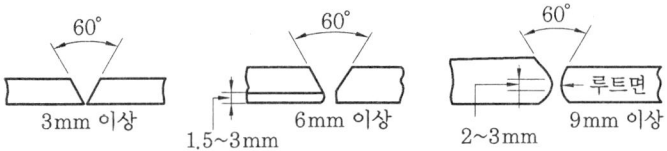

V형 개선 준비 세 가지 종류

③ T형 이음 수평 필릿 용접 : 이 용접에서는 그림과 같이 진행각은 60~70°로 경사시키고, 작업각은 두 판에 대해서 45°를 유지시키면서 구석의 중심을 향하도록 한다.

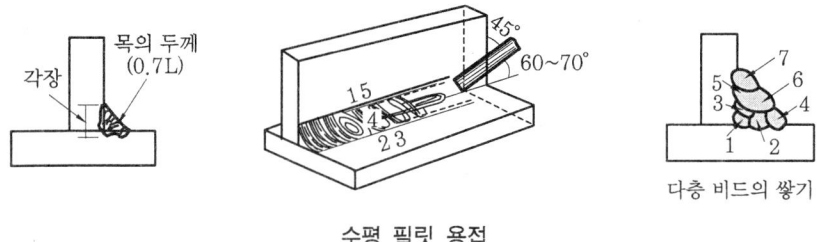

수평 필릿 용접　　　　　　다층 비드의 쌓기

제 1 층 비드는 보통 직선 줄 비드 용접을, 제 2 층 비드부터는 경사 삼각 운봉법을 사용하며, 각장(leg length)은 도면 표시가 없으면 판 두께의 0.7~0.8배로 하고, 목 두께(throat depth)는 각장의 약 70 %로 한다.

(2) 수직 자세(vertical position)

수평면에 대해서 용접할 모재가 이루는 각이 45~135°까지를 수직 자세로 규정하고, 용접봉 각도는 다음 그림과 같다.

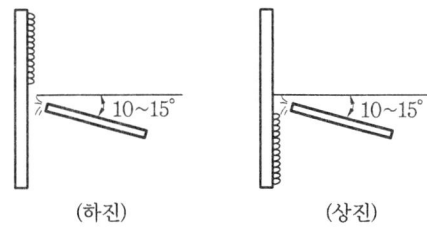

수직 자세 용접봉 각도

① 상향 용접(upward vertical welding) : 판의 하부에서 상부로 비드를 쌓는 방법으로, 용접부가 뾰족하고 비드 양 가장자리(for)에 언더컷이 생기기 쉬우므로 휘핑 동작(whipping motion)으로 해야 한다.

② 하향 용접(downward vertical welding) : 위에서 아래로 용접하는 방법으로, 용접 속도는 빨라지고 용입은 얕아지며, 비드는 편평하게 되고 슬래그 잠입이 되는 수가 많다.

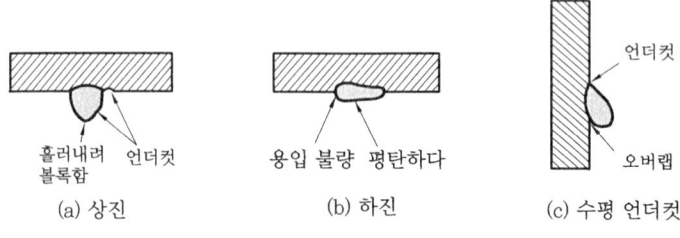

수직 자세 줄 비드의 결함

(3) 수평 자세(horizontal position)

이 용접에서는 다음 그림과 같이 용접봉의 진행각은 10~20°로 하고, 작업각은 10~15°로 한다. 일직선 비드를 놓으면 용융 금속이 아래로 흘러내리므로, 이것을 방지하기 위해 운봉을 잘 해야 한다.

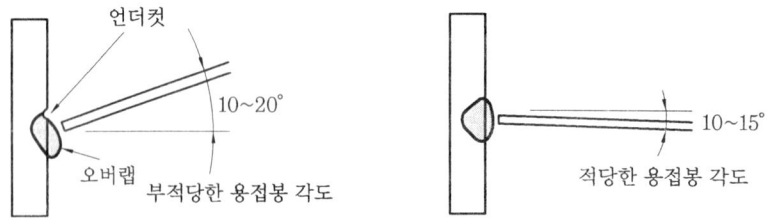

수평 자세에서의 용접봉 각도

(4) 위보기 자세(overhead position)

이 용접에서는 다음 그림과 같이 진행각은 10~15° 정도로 하고, 작업각은 90°로 한다. 특히 이 자세에서는 용융 금속이 떨어지기 쉬우므로 반드시 헬멧을 착용하는 것이 좋으며, 아크 길이는 아주 짧게, 용접 속도는 빠르고 지름이 작은 용접봉으로 낮은 전류로 용접하는 것이 좋다.

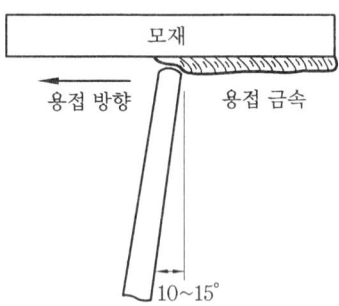

위보기 자세에서의 용접봉 각도

(5) 가접(tack welding)

본 용접을 실시하기 전에 좌우 개선 부분을 잠정적으로 고정하기 위한 짧은 용접이다. 균열, 기공, 슬래그 잠입 등의 결함을 수반하기 쉬우므로, 원칙적으로 본 용접을 실시할 홈 안에 가접하는 것은 바람직하지 못하다.

① 가접용 용접봉 : 연강 가접 용접시 구속도가 높은 것이나 25 mm 이상의 두께는 연강용 저

수소계를 사용하여야 한다.
  (개) 연강 : 비저수소계 또는 저수소계 용접봉
  (내) 고장력강 : 저수소계 용접봉
② 가접용 용접봉은 3.2 mm 또는 4.0 mm 봉경을 사용한다.
③ 가접부는 될 수 있는 한 가늘고 짧게 한다.
④ 본 용접시의 요령과 같이 시작부와 크레이터부를 처리하여야 한다.
⑤ 판 두께 25 mm 이하에서는 간격 300~500 mm, 가접 길이 50~70 mm로 하고, 판 두께 25 mm 이상에서는 간격 200~300 mm, 가접 길이 70~100 mm가 표준이다.

4. 가스 용접의 원리 및 용도

4-1 원리

가스 용접은 연료 가스와 산소 혼합물의 연소열을 이용하여 용접하는 방법으로, 산소 아세틸렌 용접(oxy-acetylene welding)이 가장 많이 사용된다.

4-2 장점과 단점

(1) 장 점
  ① 응용 범위가 넓다.
  ② 가열 조절이 자유롭고, 어디서나 사용할 수 있다.
  ③ 설비비가 염가이다.
  ④ 유해 광선의 발생률이 적다.

(2) 단 점
  ① 열의 집중성이 나빠서 열효율이 낮다.
  ② 산소 및 아세틸렌 가스는 폭발의 위험이 많다.
  ③ 가스 소모비율이 크다.
  ④ 금속이 탄화 또는 산화될 염려가 많다.
  ⑤ 가열 범위가 넓어서 변형이 증가한다.

4-3 연료 가스

(1) 아세틸렌(C_2H_2)

① 제조법

$$CaO + 3C = CaC_2 + CO - 108 \text{ kcal}$$
(석회석) (석탄 또는 코크스) (카바이드) (일산화탄소)

$$CaC_2 + 2H_2O = C_2H_2 + Ca(OH)_2 + 31872 \text{ kcal}$$
(소석회)

② 성질 : 순수한 아세틸렌 가스는 향기를 낸다.

- 상온 (1기압, 15℃)에서 용해량 : 석유 2배, 벤젠 4배, 순알코올 6배, 아세톤 25배(12기압에서는 300배)

③ 폭발성

㈎ 온도 : 406~408℃(자연 발화), 505~515℃(폭발), 780℃(산소 없이도 폭발)

㈏ 압력 : 150℃ 2기압 이상이면 위험, 산소 없이 3 기압 (게이지 압력 2기압, 30 psi) 이상이면 폭발

④ 화합물 생성 : 구리 또는 동합금 (62 % 이상의 동), 은, 수은 등과 접촉하면 폭발성 화합물을 생성한다.

(2) 수소 (H_2)

산소, 수소 불꽃은 백심(inner cone)이 나타나지 않는다. 단지 납 (Pb)의 용접에 사용한다.

(3) LPG (프로판, 부탄 등)

프로판 (C_3H_8)은 상온에서 완전한 기체이고, 발열량도 높고 폭발의 위험도 적다. 또한 상온에서 쉽게 액화할 수 있다.

(4) 도시가스

주성분은 수소와 메탄 등이고, 일산화탄소와 질소 등을 포함하고 있다.

(5) 천연가스, 메탄가스

유전, 습지대 등에서 분출하며 주성분은 메탄이다. 산지나 분출 시기에 따라 성분이 달라진다.

연료 가스의 연소 정수

가스 종류	완전 연소 화학 방정식	발열량 (kcal/m³)	불꽃 온도 (산소와) (℃)
아세틸렌	$C_2H_2 + 2\frac{1}{2}O_2 = 2CO_2 + H_2O$	12753.7	3092.0
수 소	$H_2 + \frac{1}{2}O_2 = H_2O$	2448.4	2982.2
도시가스	혼합 가스	2670~7120	2537.8
천연가스	혼합 가스	7120~10680	2537.8
코크스로가스	혼합 가스	4450~4895	2537.8
메 탄	$CH_4 + 2O_2 = CO_2 + 2H_2O$	8132.8	2760.0
에 탄	$C_2H_6 + 3\frac{1}{2}O_2 = 2CO_2 + 3H_2O$	14515.9	2815.6
프로판	$C_3H_8 + 5O_2 = 3CO_2 + 4H_2O$	20555.1	2926.7
부 탄	$C_4H_{10} + 6\frac{1}{2}O_2 = 4CO_2 + 5H_2O$	26691.1	2926.7
에틸렌	$C_2H_4 + 3O_2 = 2CO_2 + 2H_2O$	13617.0	2815.6

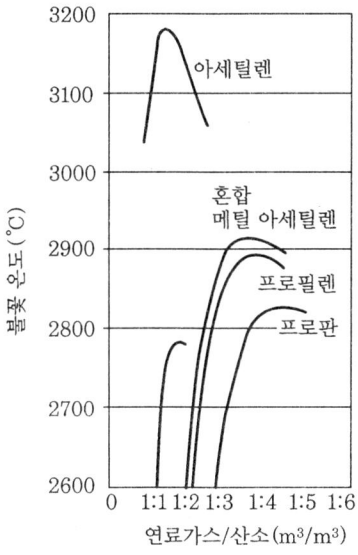

연료 가스가 산소와 연소시 불꽃 온도

4-4 산 소

(1) 제조법

① 화학 약품에 의한 제조

$$2KClO_2 \rightarrow 2KCl + 2O_2$$

② 공업적인 제조
 (가) 물의 전기 분해(순도 99.2~99.5 %)
 (나) 대부분 산소는 액체 공기에서 비등점의 차이에 의해 제조 (산소 99.5 %)

  • 비등점 ─┬─ 액체 질소 : 196℃
      └─ 액체 산소 : 182℃

(2) 성 질

① 무색, 무미, 무취로 비중 1.105, 비등점 182℃, 용융점 219℃로서 공기보다 약간 무겁다.
② 액체 산소는 연한 청색이다.
③ 자체는 연소하는 성질이 없고, 다른 물질의 연소를 돕는 조연성의 기체이다.
④ 다른 원소와 화합하여 산화물을 만든다.

4-5 용접 재료

(1) 용접봉

 연강 가스 용접봉은 다음 표와 같이 KS D 7005에서 규정하고 있으며, 이중 GA 46, GB 43 등의 숫자는 용착 금속의 최저 인장 강도가 450.8 MPa(46 kgf/mm²), 421.4 MPa(43 kgf/mm²) 이상인 것을 의미하고, NSR은 625±25℃로 응력 제거 어닐링(annealing)을 한 것을 뜻한다.

연강 가스 용접봉 (KS D 7005)

용접봉의 종류	시험편의 처리	인장 강도 (kg/mm²) (P_a = N/m²)	연신율 (%)
GA 46	SR	46 이상, (451) 이상	20 이상
	NSR	51 이상, (500) 이상	17 이상
GA 43	SR	43 이상, (422) 이상	25 이상
	NSR	44 이상, (431) 이상	20 이상
GA 35	SR	35 이상, (343) 이상	28 이상
	NSR	37 이상, (363) 이상	23 이상
GB 46	SR	46 이상, (451) 이상	18 이상
	NSR	51 이상, (500) 이상	15 이상
GB 43	SR	43 이상, (422) 이상	20 이상
	NSR	44 이상, (431) 이상	15 이상
GB 35	SR	35 이상, (343) 이상	20 이상
	NSR	37 이상, (363) 이상	15 이상
GB 32	NSR	32 이상, (314) 이상	15 이상

(2) 플럭스 (flux)

가스 용접에서 플럭스를 사용하는 경우는 연강의 경우에 표면의 산화철 자체가 약간 플럭스 역할을 하므로 필요하지 않다. 그러나 그 산화물의 융점이 모재의 융점보다 아주 높은 경우에는 플럭스를 사용한다. 플럭스의 형태는 건조된 분말, 반죽 형태인 페이스트 (paste) 또는 용접봉의 표면에 피복한 것 등이 있다.

산화물의 융점

금 속	융 점 (℃)	산 화 물	산화물 융점 (℃)
Fe	1535	FeO	1366
Al	660	Al_2O_3	2038
Cr	1799	Cr_2O_3	2260
Cu	1082	Cu_2O	1227
Mg	649	MgO	2799
Ni	1454	NiO	1949

① 플럭스의 역할
　(가) 산화물의 용해 제거를 한다.
　(나) 생성된 슬래그는 용접 금속을 덮어서 보호한다.
　(다) 모재 표면을 깨끗이 한다.

② 각종 금속에 알맞은 플럭스
  ㈎ 연강 : 플럭스가 불필요, 산화물 자체가 약간의 플럭스 역할을 한다.
  ㈏ 고탄소강, 특수강, 주철 : $NaHCO_3$, Na_2CO_3, $K_4Fe(CN)_6$(황혈염), $Na_2B_4O_7$(붕사), H_3BO_3(붕산), K_2CO_3
  ㈐ 구리, 구리 합금 : $Na_2B_4O_7$, H_3BO_3, B_2O_3, $NaHPO_4$, $NaNH_4HPO_4$(인산암모늄소다) 등을 2~3개씩 혼합하여 사용한다.
  ㈑ 경합금 : 할로겐 불화물의 혼합물에 용융점을 낮추기 위하여 할로겐 염화물을 첨가한 것을 많이 사용한다.
    • 불화물 : NaF, KF, LiF, $AlNa_3F_6$
    • 염화물 : NaCl, KCl, LiCl, $CaCl_2$
    예 KCl-45%, NaCl-30%, LiCl-15%, KF-7%, K_2SO_4-3%
  ㈒ 스테인리스강 : Na_2SiO_3 : $Na_2B_4O_7$: H_3BO_3=1 : 1 : 1

5. 가스 용접용 설비 및 기구

5-1 산소 용기

① 용기 재질 : 산소 용기의 강재는 인장 강도 37 kg/mm² 이상, 연신율(elongation) 18% 이상이며, 화학 성분은 다음 표와 같은 질이 좋은 강재를 사용한다.

산소병 재질의 화학 성분

C (%)	Si (%)	Mn (%)	P (%)	S (%)	Cu (%)
0.04~0.52	0.10~0.35	0.5~1.0	<0.04	<0.04	<0.25

② 안전 장치 : 용기 상부에는 다음 그림과 같은 밸브가 있다.

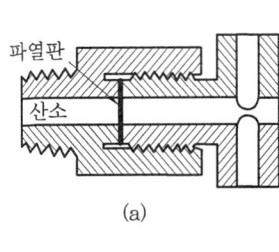
(a)

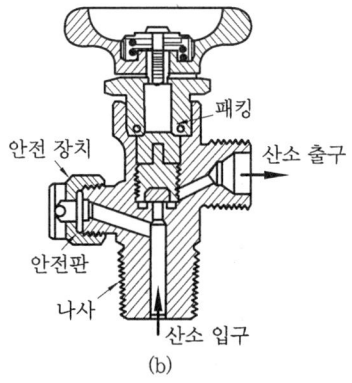
(b)

산소병 밸브

(개) 패킹은 산소 밸브를 완전히 열었을 때 밸브 스템 주위의 산소가 새는 것을 방지한다.
(내) 안전 장치인 파열판(bursting disc)은 산소병 내압 시험 압력의 80 %의 압력 또는 이 압력에 대응하는 온도에서 파열되어 산소병 자체의 파열을 방지해 준다.

③ 충전 방법 : 보통 35℃, 150 기압의 고압 산소가 채워져 있다.
④ 용기 크기 : 크기는 채워져 있는 산소의 대기 환산 용적으로 표시하며, 다음 표와 같은 병들이 있다.

산소의 대기 환산 용적

호 칭	용적 (L)	지 름 (mm)		높이 (mm)	중량 (kg)
		바깥지름	안지름		
5000	33.5	205	187	1285	61 (598 N)
6000	40.7	235	216.5	1230	71 (696 N)
7000	46.7	235	218.5	1400	74.5 (730 N)

5-2 용해 아세틸렌 용기

① 용해 아세틸렌(dissolved acetylene) : 아세틸렌 가스는 산소와 같이 가스 상태로 용기에 가압하여 넣으면 열과 충격을 받았을 때 분해되어 폭발하기 쉬우므로, 아세톤에 많이 용해되는 성질을 이용하여 용기 내의 아세톤에 용해시켜 공급한다. 이 방법은 1896년 프랑스인 클라우드(Claude)와 헤스(Hesse)에 의해 발명되었다.

② 용해 아세틸렌 용기 구조 : 아세틸렌병 내에는 그림 [아세틸렌병의 단면]과 같이 다공성 물질, 즉 목탄, 규조토 등에 아세톤을 흡수시켜 이 아세톤에 아세틸렌 가스가 용해되어 있다. 용량은 15 L, 30 L, 50 L 등 여러 가지가 있으나 30 L 용기가 용접에 많이 사용된다.

③ 안전 장치 : 그림 [아세틸렌병의 퓨즈 플러그]에서 보는 바와 같이 용기 상부 또는 밑부분에 2개의 퓨즈 플러그(fuse plug)가 있다. 이 퓨즈 플러그 중앙에는 약 100℃에서 녹는 퓨즈 금속으로 채워져 있어, 용기 내 온도가 상승하면 병 자체가 터지기 전에 먼저 녹아서 가스를 배출시킨다.

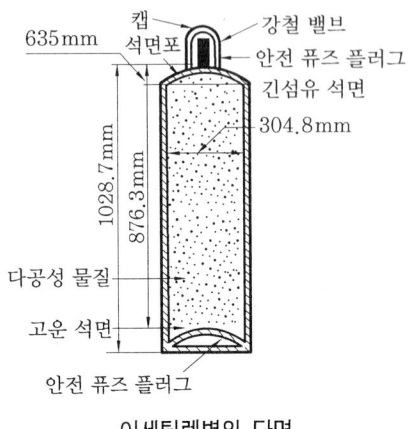

아세틸렌병의 단면

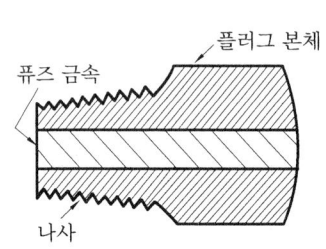

아세틸렌병의 퓨즈 플러그

④ 충전 방법 : 아세틸렌은 보통 15℃, 15 기압의 압력으로 아세톤에 용해 흡수되어 있다.
⑤ 용해 아세틸렌병 내의 아세틸렌 양
   A : 병 전체의 무게(kg), B : 빈 병의 무게(kg)
   905 L : 상온 (15℃ 1기압)에서 아세틸렌 가스 부피(L)
   $X = 905(A - B)$ [L]

> 【참고】
> 용해 아세틸렌 1 kg이 기화했을 때 15℃, 1기압에서는 905 L가 된다. $C_2H_2 \to$ 0℃, 1기압에서 1몰 (분자)의 부피는 22.4 L이다 (아보가드로 법칙).
> $$26 \text{ g (1분자)} : 22.4 \text{ L}$$
> $$1000 \text{ g (1 kg)} : x$$
> $$\therefore x = \frac{1000 \times 22.4}{26} \fallingdotseq 861 \text{ L}$$
> 그런데 일반적인 용접 조건은 상온 (15℃, 1기압)이므로,
> $$\frac{PV}{T'} = \frac{P'V'}{T'} \text{ (보일-샤를의 법칙)에서 } \frac{861 \times 1}{273} = \frac{V' \times 1}{273 + 15} \quad \therefore V' \fallingdotseq 908 \text{ L}$$
> 그러므로 약간의 손실을 고려하여 아세틸렌 1 kg이 실제 용접에 이용될 때의 부피는 905 L 정도로 본다.

5-3 매니폴드 (manifold)

산소와 아세틸렌을 다량으로 사용할 때에는 다음 그림과 같이 한 곳에 많은 용기를 모아 놓고, 거기에 전수요량의 가스를 방출할 수 있는 능력이 큰 압력 조정기를 설치하고 감압하여 각 작업자에게 배관에 의해서 공급하는 장치이다.

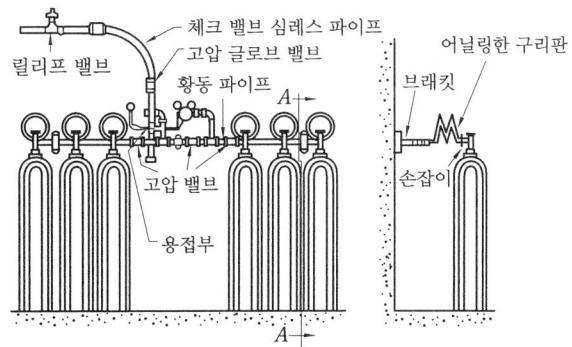

산소 매니폴드 장치도

[매니폴드 설치시 고려할 사항]
① 여러 용기를 교환하는 주기   ② 순간 최대 사용량
③ 필요한 산소병의 수   ④ 사용량을 만족시킬 수 있는 압력 조정기 및 배관

5-4 토 치

(1) 종 류

사용되는 아세틸렌 가스의 압력, 즉 아세틸렌과 산소를 혼합하는 혼합실의 차이에 따라 저압식 토치, 중압식 토치, 고압식 토치가 있다.

① 저압식 토치(injector 식) : 사용하는 아세틸렌 압력이 0.07 kg/cm² 이하로, 하나의 팁에 하나의 인젝터가 대응하는 불변압식 토치와 벤투리 부분에 침변(needle valve)이 있어 어느 정도의 팁에 대해서 하나의 벤투리를 겸용하는 가변압식 토치가 있다.

② 중압식 토치(medium pressure, 등압식 ; equal pressure) : 사용되는 아세틸렌 가스 압력이 0.07~1.05 kg/cm² 범위에서 산소 압력은 아세틸렌 압력과 등압이거나 약간 높은 정도가 좋다. 저압식 토치와 달리 침변 같은 것이 없고, 산소 분출공은 불변이다.

③ 고압식 토치 : 사용되는 아세틸렌 가스 압력이 1.05 kg/cm² 이상으로, 별로 사용하지 않는다.

(2) 팁의 능력

① 저압식 토치
  - (가) 불변압식 : 팁의 능력은 연강판에 용접할 때 용접할 수 있는 판의 두께를 기준으로 한다.
  - (나) 가변압식 : 팁의 능력은 중성 불꽃으로 용접할 때 매 시간당 아세틸렌 가스의 소비량을 단위 [L]로 표시한다.

② 중압식 토치 : 팁의 능력을 표시하는 국가 규격은 아직까지 정해져 있지 않다.

5-5 보호구 및 공구

① 보호 안경 : 용접 중 적외선과 자외선으로부터 눈을 보호하기 위해 착용하는 것으로, 가장 중요한 부분은 필터 유리인데 차광 번호는 다음 표와 같다.

차광 번호표

용 도	토 치	차광 번호
연납땜	공기 아세틸렌	2
경납땜	산소 아세틸렌	3~4
가스 용접		
3.2 mm 두께 이하	산소 아세틸렌	4~5
3.2~12.7 mm	산소 아세틸렌	5~6
12.7 mm 이상	산소 아세틸렌	6~8
산소 절단		
25.4 mm 두께 이하	산소 아세틸렌	3~4
25.4~152.4 mm	산소 아세틸렌	4~5
152.4 mm 이상	산소 아세틸렌	5~6

② 팁 클리너(tip cleaner) : 용접 중 팁 구멍이 탄소나 슬래그 등에 의해 막히는 경우, 이것을 뚫기 위해 사용하는 것이다. 이때 주의할 점은 팁의 구멍을 키우지 않도록 구멍보다 한 사이즈 작은 클리너를 사용한다.

③ 토치 라이터(torch lighter) : 토치에 점화할 때 사용하는 것이다.

6. 가스 용접법

6-1 산소 아세틸렌 불꽃

산소와 아세틸렌과의 혼합비에 따라 탄화 불꽃(아세틸렌 과잉), 중성 불꽃(표준염), 산화

불꽃(산소 과잉)의 세 종류로 구분된다. 각각의 불꽃은 특성이 있으므로, 다음 표와 같이 금속의 종류에 따라 적합한 불꽃을 선택해야 한다.

가스 용접 데이터, 철금속

모 재	불꽃 종류	플럭스 사용 여부	용 접 봉
주강 (cast iron)	중성	×	강 (steel)
강관 (steel pipe)	중성	×	강
강판 (steel plate)	중성	×	강
강박판 (steel sheet)	중성	×	강
	약간 산화	○	청동 (bronze)
고탄소강 (high carbon steel)	탄화	×	강
망간강 (manganse steel)	약간 산화	×	모재와 동등 성분
연철(wrough iron)	중성	×	강
아연도강판	중성	×	강
	약간 산화	○	청동
마리아블 주철	약간 산화	○	청동
회주철	중성	○	주철(cast iron)
	약간 산화	○	청동
크롬-니켈강	약간 산화	○	청동
크롬-니켈주강	중성	○	모재 동등 성분, 25-12 크롬니켈강
크롬-니켈(18-8, 25-12) 강	중성	○	콜로비움 스테인리스강 또는 모재와 동등 성분
크롬강	중성	○	콜로비움 스테인리스강 또는 모재와 동등 성분
크롬철	중성	○	콜로비움 스테인리스강 또는 모재와 동등 성분

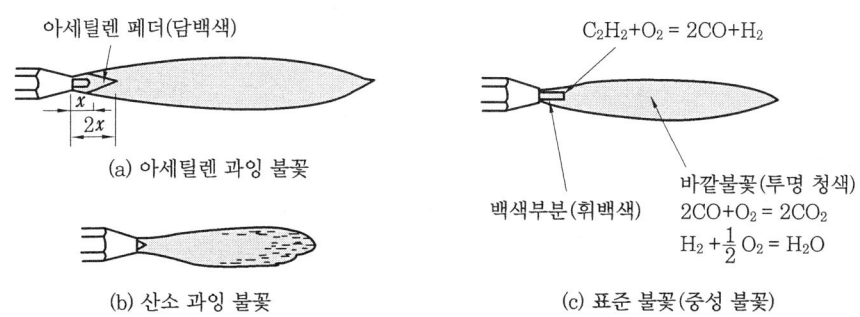

산소·아세틸렌 불꽃

(1) 탄화 불꽃

아세틸렌 과잉으로 그림 (a)와 같이 백심과 외염 사이에 연한 백색의 제3의 불꽃, 즉 아세틸렌 불꽃이 존재한다. 따라서 제 3의 불꽃 길이가 백심 길이의 몇 배인가에 따라 2배이면 아세틸렌 2배 과잉염, 3배이면 아세틸렌 3배 과잉염이라 한다.

(2) 중성 불꽃 (표준 불꽃)

토치에 공급되는 산소와 아세틸렌 부피의 비가 1 : 1일 때 얻어지는 불꽃으로, 그림 (c)에서와 같은 반응식이 일어난다. 백심에서의 산소 (O_2)는 토치에 공급되는 산소이고, 외염에서의 산소 $\left(O_2, \frac{1}{2}O_2\right)$는 공기 중의 산소이다.

(3) 산화 불꽃

중성 불꽃에서 산소 공급량을 많이 했을 때 일어나며, 그림 (b)와 같이 불꽃의 크기는 가장 작으나 불꽃 온도는 가장 높고 용착 금속이 산화 또는 탈탄될 수 있다.

【참고】
1. 중성 불꽃에서 화학 반응식을 살펴보면 다음과 같다.
 ① 백심 부근에서는 (1차 연소식)
$$C_2H_2 + O_2 (토치에서\ 공급하는\ 산소) = 2CO + H_2 (환원성\ 가스)$$
 ② 외염 부근에서는 (2차 연소식)
$$2CO + H_2 + \frac{3}{2}O_2 (공기\ 중의\ 산소) = 2CO_2 + H_2O (중성\ 가스)$$

실제 용접에서 모재는 백심 전방 2~3 mm에 위치시킴으로, 용접부 주위는 환원성 가스와 중성 가스로 둘러싸서 보호되어 양호한 용접부를 얻을 수 있다. 이와 같은 작용은 피복 아크 용접에서 피복제의 작용과 같다. 위의 두 식을 합하면 다음과 같다.
$$C_2H_2 + \frac{5}{2}O_2 \rightarrow 2CO_2 + H_2O$$
아세틸렌 한 분자가 완전 연소하는 데에는 산소 2.5 분자가 필요하다.
2. 환원성 가스 : CO와 H_2 가스는 주위에 산소가 존재하면 산소와 친화력이 크므로 곧 결합하여 CO_2와 H_2O 가스로 된다. 이와 같이 자기 자신은 산소와 결합하여 산화되지만, 다른 물질에서 산소를 빼앗아 환원시키므로 용접에서는 이들 가스를 환원성 가스라 부른다.
3. 중성 가스 : H_2O와 CO_2 가스는 상온에서는 완전한 결합 상태로 더 이상 다른 물질과 결합하지 않으므로, 용접부 주위에 이들 가스가 보호하고 있으면 다른 원소의 침입을 막을 수 있어 이들 가스를 중성 가스라 한다.
4. 피복 아크 용접에서도 피복제가 타서 나는 가스의 거의 대부분은 CO, H_2, H_2O, CO_2로 이루어져 있다.

6-2 역류, 인화 및 역화

(1) 역류 (contra flow)

토치의 벤투리와 팁 끝과의 사이가 막혔을 때보다 높은 압력의 산소가 아세틸렌 호스쪽으로 흘러 들어가는 것을 역류라 한다.

(2) 인화 (flash back, or back fire)

팁 끝이 무언가의 원인으로 인해서 순간적으로 막히게 되면, 가스의 분출이 나빠지고 혼합실까지 불꽃이 들어가는 수가 있다. 이러한 현상을 인화라 하는데, 절단 토치 등에서 잘 일어난다. 이 인화 현상을 발견하면 곧 아세틸렌 밸브를 잠가서 혼합실의 불을 끄고, 이어서 산소 밸브도 잠근다.

(3) 역화 (back fire, or poping)

불꽃이 순간적으로 팁 끝에 흡인되고 "빵빵"하면서 꺼졌다가 다시 켜졌다가 하는 현상을 말하는데, 이것은 팁이 과열되었거나 가스 압력과 유량이 부적당할 때 등에 생긴다.

6-3 전진법과 후진법

(1) 전진법(fore hand method)

보통 토치를 오른손에, 용접봉은 왼손에 잡고 그림 (a)와 같이 토치의 팁이 향하는 방향으로 용접하는 것을 전진법이라 한다.

(2) 후진법(back hand method)

그림 (b)와 같이 팁이 향하는 방향과 반대되는 방향으로 용접을 진행하는 방법을 후진법이라 한다.

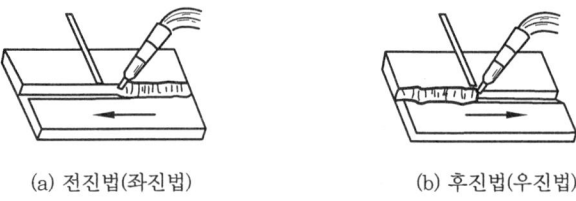

(a) 전진법(좌진법)　　　　　(b) 후진법(우진법)

토치의 전진법과 후진법

(3) 전진법과 후진법의 비교

특 징	전진법(좌진법)	후진법(우진법)
용융지 조정	작은 용융지는 용이	용융지 조정이 용이
모재 두께	3 mm 이하 박판	3 mm 이상 후판
열영향부 (HAZ)	넓다.	작다.
용접 속도	느리다.	빠르다.
모재의 입열량	과열되기 쉽다.	덜 가열된다.
비드 형상	곱다.	전진법보다 곱지 못하고, 높아지는 경우가 있다.

7. 가스 절단 장치 및 절단법

가스 절단은 산소 가스와 금속과의 화학 반응을 이용하여 금속을 절단하는 방법으로, 절단 방법의 종류는 다음과 같다.

- 가스 절단
  - 보통 가스 절단 : 상온 절단, 고온 절단, 수중 절단
  - 분말 절단 : 철분 절단, 플럭스 절단
  - 산소 아크 절단 : 상온 절단, 수중 절단
  - 가스 가공 : 가우징, 스카핑, 천공, 선삭

7-1 가스 절단의 기초

(1) 산소 절단의 원리

보통 가스 절단은 강 또는 합금강의 절단에 이용되며, 일반적으로 산소 절단(oxygen cutting)이라 한다. 산소와 철의 화학 반응을 이용하는 절단 방법으로, 먼저 강재의 절단 부분을 산소-아세틸렌 불꽃으로 800~900℃ 정도까지 예열하고 난 후 고압의 산소를 불어내면 다음과 같은 반응식에 의해 절단된다.

[화학 반응식]

$$Fe + \frac{1}{2}O_2 \rightarrow FeO + 63.8 \text{ kcal}$$

$$2Fe + 1\frac{1}{2}O_2 \rightarrow Fe_2O_3 + 196.8 \text{ kcal}$$

$$3Fe + 2O_2 \rightarrow Fe_3O_4 + 267.8 \text{ kcal}$$

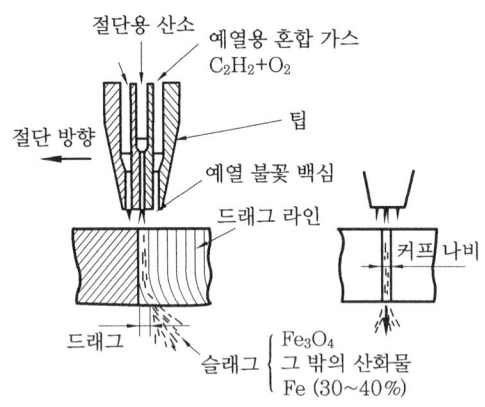

가스 절단의 원리

(2) 절단 능력

재 질	능 력(capacity)
강 (steel)	3~300 mm (한번에 절단할 수 있는 범위)
주철(cast iron)	주철 중 흑연(graphite)이 연소를 방해하기 때문에 부적당
스테인리스강	10 % 이상 Cr을 함유하면 부적당
비철 금속	부적당 (Cr_2O_3, Al_2O_3 등의 산화물을 용해시키는 플럭스와 발열을 돕는 철분말(iron powder)을 첨가해야 한다.)

(3) 절단 장치

① 토치 : 구조는 산소와 아세틸렌의 예열용 가스를 만드는 부분과 고압의 산소를 불어내는 부분으로 되어 있으며, 가스 분출공의 위치에 따라 동심형과 이심형이 있다. 분출공의 형상은 직선형, 다이버젠트(divergent) 형 등이 있다.

[토치 팁의 재질(용접 토치 팁과 같다)]

열전도도가 크고 가공성과 내열성이 양호한 Cu, Cu-alloy를 사용한다.

동심형과 이심형

동심형 (프랑스식)	이심형 (독일식)
전후 좌우 및 곡선도 자유롭게 절단 가능하다.	작은 곡선은 곤란하나 직선은 능률적이고 면이 곱다.

② 자동 절단기(mechanized cutting)
  ㈎ 정밀도 (면의 凹凸) : 정밀 가공된 팁(1/100 mm 정도), 보통 팁(3/100~5/100 mm 정도)
  ㈏ 종 류
    • 직선 절단기(linnear cutting M/C)
    • 형 절단기(shape cutting M/C) : 모형에 의해서 절단하는 것으로 광전관, blue print 에 의해 절단된다.

7-2 가스 절단 방법

(1) 절단에 영향을 주는 요소
① 팁 크기
② 산소 압력과 순도 (99.3 % 이상)
③ 절단 속도
④ 절단재의 두께, 재질, 표면 상태
⑤ 예열 불꽃의 세기
⑥ 팁과 절단재 간의 간격 및 각도

(2) 드래그 선(drag line)
• 원인 : 절단 홈의 하부일수록 슬래그의 방해와 산소의 오염, 산소의 속도 저하로 인하여 산화 작용이 늦어지기 때문에 그림 [가스 절단의 원리]와 같은 드래그 선이 발생한다.

표준 드래그 길이

두 께 (mm)	12.7	25.4	51
드래그 길이 (mm)	2.4	5.2	5.6

(3) 절단 속도
① 산소 압력, 즉 소비량에 비례한다.
② 절단재의 온도가 높을수록 고속 절단이 가능하다.
③ 산소의 순도가 높으면 좋으나, 나쁘면 급히 강하한다.
④ 팁의 형상 : 다이버젠트 노즐은 같은 산소 소비량에서 20~25 % 증가한다.

(4) 예열 불꽃의 역할
① 절단 온도로 유지한다 (800~900℃).
② 절단재 표면의 녹 (scale)을 용해 제거한다.

(5) 팁 거리
예열 불꽃 백심 끝이 모재 표면에서 약 1.5~2.0 mm 정도가 좋다.

(6) 가스 절단 조건
① 금속 산화물의 융점이 모재의 융점보다 낮을 것
② 절단 국부가 쉽게 연소 개시 온도에 도달할 것
③ 산화물의 유동성이 좋고, 모재에서 쉽게 떨어질 것
④ 모재의 성분에 연소를 방해하는 성분이 적을 것

7-3 산소-LP 가스 절단

(1) LP 가스

프로판 외에 프로필렌, 부탄, 부틸렌 등을 상당히 포함하는 액화 석유 가스 (liquid petroleum gas)로 석유 정제시 부산물로 생산된 것으로, 다음과 같은 성질을 가지고 있다.

① 액화되기 쉽고, 용기에 넣어서 수송하기 쉽다.
② 가스 상태로 기화되면 발열량이 높다.
③ 폭발 한계가 좁아서 안전하고 관리도 용이하다.
④ 열효율이 높은 연소 기구 제작이 용이하다.

(2) 산소 대 프로판 가스의 혼합비

프로판 1에 대하여 산소 약 4.5의 비율로, 산소와 아세틸렌 때의 1 : 1에 비해 4.5배나 많은 산소를 필요로 한다.

그러므로 다음 그림과 같이 토치의 예열 불꽃 분출공이 아세틸렌일 때보다 크고 많아야 한다.

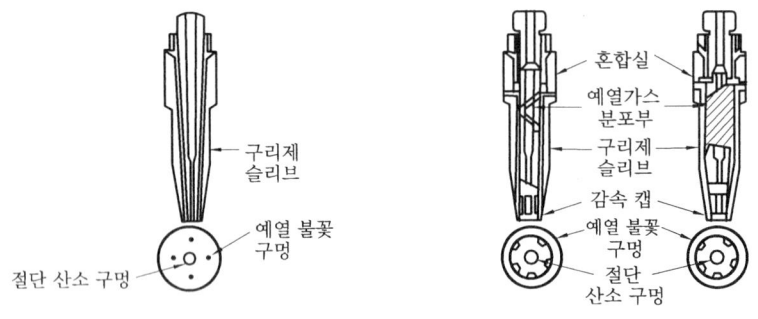

(a) 아세틸렌 팁   (b) 프로판 팁

프로판 팁과 아세틸렌 팁의 비교

(3) 아세틸렌 가스와 프로판 가스의 비교

아세틸렌	프로판
① 점화하기 쉽다.	① 절단면 상연이 잘 녹아내리지 않는다.
② 불꽃 조정이 쉽다.	② 절단면이 곱다.
③ 예열 시간이 짧다.	③ 슬래그가 쉽게 떨어진다.
④ 절단재 표면의 녹이나 이물질의 영향이 적다.	④ 여러 장 중첩 절단시 아세틸렌보다 속도가 **빠르다**.
⑤ 박판일 경우 프로판보다 절단 속도가 **빠르다**.	⑤ 후판의 경우 아세틸렌보다 속도가 **빠르다**.

(4) 아세틸렌과의 경제성 비교

프로판 가스 자체는 아세틸렌보다 가격이 싸지만, 산소 소모량이 4.5배 가량 크므로 전체 절단에 드는 비용은 비슷하다.

7-4 특수 가스 절단 및 가스 가공

(1) 분말 절단

주철, 고합금강, 비철 금속 등은 보통 가스 절단으로는 할 수 없기 때문에, 철분 또는 플럭스 분말을 자동적으로 산소에 혼입 공급하여 절단하는 것을 말한다. 종류는 다음과 같다.

① 철분 절단 : 잘 분쇄된 철분(iron powder)을 사용한다.
  - 용도 : 크롬철, 스테인리스강, 주철, 구리, 청동 및 기타 합금
② 플럭스 절단 : 비금속 플럭스 분말(nonmetallic powdered flux)을 사용한다.
  - 용도 : 크롬철, 스테인리스강

(2) 가스 가우징(gas gauging)

주로 홈(groove) 작업에 이용되고 홈의 깊이와 폭의 비는 1:1~1:3 정도이다. 가스 용접, 절단용 장치를 그대로 이용할 수 있으며, 단지 팁은 비교적 저압으로 대용량의 산소를 방출할 수 있도록 슬로 다이버젠트(slow divergent)로 되어 있다.

(3) 수중 절단

수중 절단은 주로 침몰선의 해체, 교량 건설 등에 사용된다.

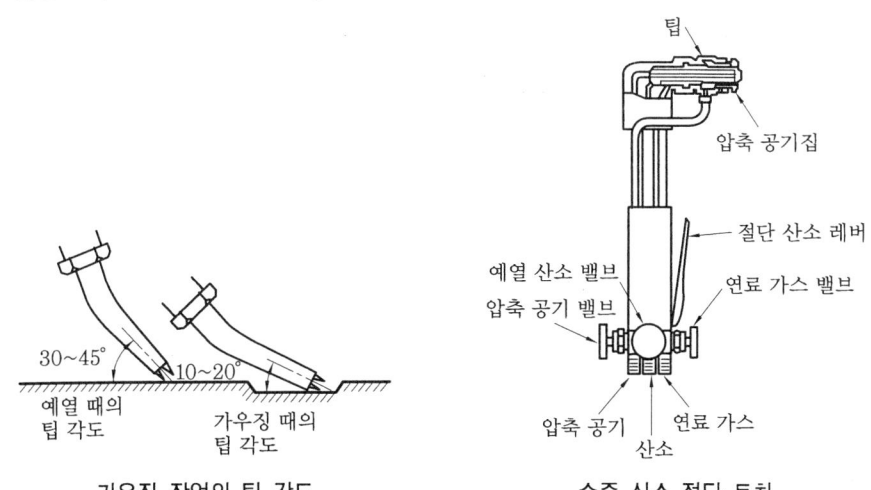

가우징 작업의 팁 각도   수중 산소 절단 토치

① 토치 구조 : 일반 절단 토치와 별 차이는 없으나 수중에서는 점화하기 곤란하므로 공기 중에서 점화한 후 수중으로 들어가서 전기 점화하며, 또한 수중에서는 열 손실이 많으므로 예열 구멍이 크게 되어 있다.
② 예열용 가스 종류 : 공기 중에서와 달리 수압이 작용하므로, 압력 조정을 높게 해야 한다.
  (가) C_2H_2 : 7.5 m(25 ft) 이내의 수중 절단에 적합하다. 10.5 m(35 ft) 수중에서는 수압이

15 psi 정도이므로 C_2H_2가 폭발한다.
　(나) H_2 : 수심에 관계없이 사용할 수 있으나 예열 온도가 낮다.
　(다) 프로판 가스도 사용한다.

(4) 스카핑(scarfing)

강재 표면의 탈탄층 또는 홈을 제거하기 위해 사용하며, 가우징과 다른 것을 될 수 있는대로 표면을 얕고 넓게 깎는 것이다.

(5) 산소창 절단 (oxygen lance cutting)

산소창에 의한 절단은 용광로의 팁 구멍, 후판의 절단, 주강 슬래그 덩어리, 암석 등의 뚫기에 주로 사용한다.

8. 아크 절단

아크 열로 모재를 용융시켜서 절단하는 방법으로, 압축 공기나 산소 기류를 이용하여 용융 금속을 불어내면 능률적이다. 종류는 다음과 같다.

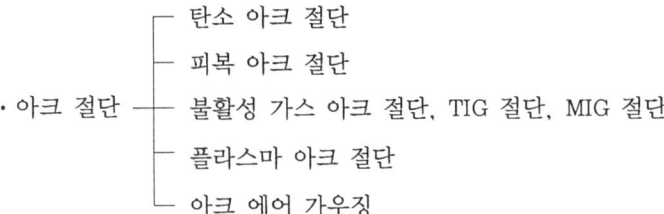

(1) 특 징

① 온도가 높다.
② 산소 절단보다 비용이 크게 저렴하다.
③ 절단면이 곱지 못하다 (최근에는 플라스마 절단 등으로 깨끗한 면을 얻을 수 있다).
④ 용도 : 주철, 망간강, 비철 금속

(2) 탄소 아크 절단

탄소 또는 흑연 전극봉과 모재와의 사이에 아크를 일으켜서 절단하는 방법으로, 그림과 같다.
① 용접봉
　(가) 탄소 : 많이 사용하나 소모성이 크다.
　(나) 흑연 : 전기적 저항이 작고, 높은 사용 전류에 적합하다.
② 사용 극성 : 주로 직류 정극성을 많이 쓰고, AC도 사용 가능하다.

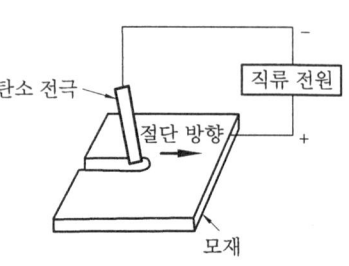

탄소 아크 절단

(3) 금속 아크 절단 (피복 아크 절단)

보통 피복 용접봉을 사용하고, 절단 원리는 다음 그림과 같이 탄소 아크 절단의 경우와 같다. 용접봉 값이 비싸서 많이 사용하지 않지만, 토치나 탄소 용접봉이 없을 때 또는 토치의 팁이 들어가지 않는 좁은 곳에 사용한다.

(4) 아크 에어 가우징

탄소 아크 절단 장치에 압축 공기를 사용하는 방법과 같으며, 용접부의 가우징, 용접 결함부 제거, 절단 및 구멍뚫기 등에 적합하다. 원리는 다음 그림과 같다.

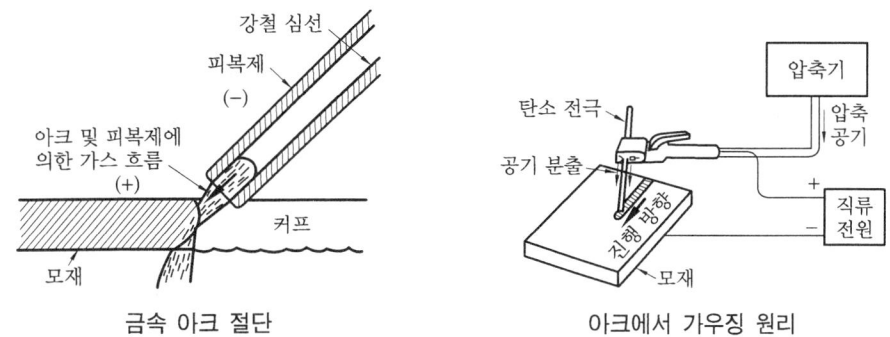

금속 아크 절단   아크에서 가우징 원리

① 사용 극성 : 직류 역극성(DCRP)
② 장점(가스 가우징에 비해)
  (가) 작업 능률이 2~3배 높다.
  (나) 모재에 나쁜 영향을 미치지 않는다.
  (다) 용접 결함, 특히 균열이 쉽게 발견된다.
  (라) 소음이 없다.
  (마) 비용이 싸고 철, 비철 어느 경우에도 사용이 가능하다.

(5) 산소 아크 절단

탄소 전극에 의해 발생한 아크 열을 예열원으로 이용한 가스 절단법으로, 원리는 다음 그림과 같다.

(6) 플라스마 아크 절단 (PAW)

1955년도 미국 유니언 카바이드 회사에서 처음으로 소개한 것으로, 수동·자동 절단 모두 정도가 우수하고 경제적으로 알루미늄, 마그네슘, 스테인리스강 등의 비철 금속 절단에 주로 이용한다. 원리는 다음 그림과 같다.

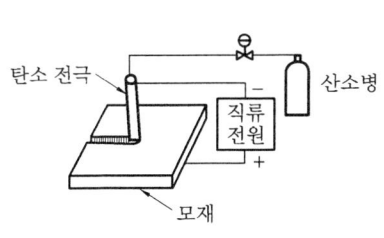

산소 아크 절단

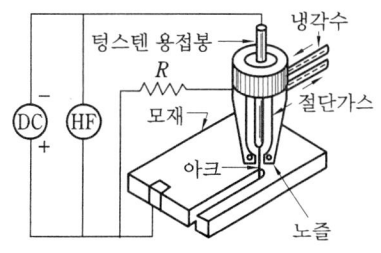

플라스마 절단의 원리도

① 자동 절단
- 절단 가스 : 알루미늄, 스테인리스강 또는 다른 비철 금속 (아르곤+수소, 질소+수소 탄소강, 주철) 또는 합금강 (질소, 산소, 공기 압축 (산소, 압축 공기를 쓰는 경우 텅스텐 전극봉의 산화로 용접봉 수명이 단축되므로 지르코늄 용접봉을 사용한다.))

② 수동 절단
- 절단 가스 : 수동 절단에서는 탄소강 등의 절단은 하지 않으므로, 주로 사용하는 절단 가스는 아르곤 80 %+수소 20 %의 혼합 가스이다.

③ 플라스마 절단의 장점 : 수동·자동 절단 모두 속도가 빠르고 정도가 좋고 경제적이며, 다음과 같은 장점을 가지고 있다.
　(가) 절단면에 슬래그 부착이 없다.
　(나) 127 mm(5 in) 까지는 깨끗이 절단할 수 있다.
　(다) 열영향부 (HAZ)가 최소로 되어 절단 후 변형이 거의 없다.
　(라) 절단 속도가 7.6 m/min까지 가능하다.
　(마) 절단면이 양호하여 별도의 기계 가공이 필요 없다.

예상문제

문제 1. 두 개의 물체를 충분히 접근시키면 그들 사이에 원자간의 인력이 작용하여 결합하는데 이때 원자간의 거리는 어느 정도 접근해야 하는가?
㉮ 10^{-6} cm ㉯ 10^{-8} cm
㉰ 10^{-2} cm ㉱ 10^{-3} cm
[해설] 원자간에 인력이 작용할 수 있는 거리는 10^{-8} cm 이다.

문제 2. 다음은 용접의 장점을 설명한 것이다. 옳지 않은 것은?
㉮ 자재가 절약되어 중량이 감소한다.
㉯ 맞대기 용접시 이음 효율이 100 %이다.
㉰ 이종 재료 (dissimilar)의 접합도 가능하다.
㉱ 열영향부로 이음부가 강해진다.

문제 3. 아크 용접기에 과전류 아크 발생(hot start) 장치를 사용함으로써 얻어지는 장점 중 맞지 않는 것은?
㉮ 아크 발생이 쉽다.
㉯ 기공 발생을 방지한다.
㉰ 비드 이음부를 개선한다.
㉱ 크레이터 처리가 용이하다.
[해설] 과전류 아크 발생 장치는 용접 초기에만 용접 전류를 특별히 크게 하는 장치로, 크레이터 처리와는 무관하다.

문제 4. 아크 쏠림(arc blow)은 직류 아크 용접시 많이 발생하는 용입 불량, 슬래그 혼입 등의 결함을 발생시키므로 이것을 방지하는 방법에 해당되지 않는 것은?
㉮ 교류 아크 용접기를 사용한다.
㉯ 정극성을 역극성으로 바꾼다.
㉰ 아크 길이를 짧게 유지한다.
㉱ 접지점 위치를 바꾼다.

문제 5. 다음 중 고산화 티탄계(high titanium oxide type) 피복 아크 용접봉의 특성이 아닌 것은?
㉮ 피복제의 주성분은 산화티탄이다.
㉯ 스패터가 많으나 슬래그 제거가 용이하다.
㉰ 아크가 매우 안정된다.
㉱ 용입이 적으므로 박판에 양호하다.

문제 6. 저수소계 용접봉으로 작업할 때 아크 분위기 중의 수소 함량은 비저수소계 용접봉을 사용할 때 어느 정도 되는가?
㉮ 1/100 ㉯ 1/20
㉰ 1/10 ㉱ 10배
[해설] 비저수소계인 E 4310, E 4313, E 4320 등을 사용하면 아크 분위기 중 수소의 함량이 35~40 % 차지한다.

문제 7. 피복 아크 용접 회로에서 전류가 흐르는 순서를 바르게 나타낸 것은?
㉮ 용접 전원 – 용접봉 홀더 – 아크 – 용접봉 – 모재 – 용접 전원
㉯ 용접 전원 – 용접봉 홀더 – 용접봉 – 아크 – 모재 – 용접 전원
㉰ 용접 전원 – 아크 – 용접봉 – 모재 – 용접봉 홀더 – 용접 전원
㉱ 용접 전원 – 용접봉 – 용접봉 홀더 – 아크 – 모재 – 용접 전원

문제 8. 다음은 피복 아크 용접봉에 대한 설명이다. 옳지 않은 것은?
㉮ 피복제는 녹아서 슬래그를 만든다.
㉯ 피복제가 타서 가스를 발생한다.

[해답] 1. ㉯ 2. ㉱ 3. ㉱ 4. ㉯ 5. ㉯ 6. ㉰ 7. ㉯ 8. ㉰

㉰ 피복제는 유기물로 되어 있다.
㉱ 용접봉의 심선은 금속이다.

문제 9. 아크 중에서 이온은 다음과 같이 이동한다. 옳은 것은?
㉮ 양이온은 양극으로
㉯ 양이온은 음극으로
㉰ 음이온은 음극으로
㉱ 답 없다.

문제 10. 다음은 아크 용접의 극성을 설명한 것이다. 올바른 것은?
㉮ DCRP는 용접봉 (-) 극, 모재 (+) 극
㉯ AC는 용접봉 (+) 극, 모재 (-) 극
㉰ DCSP는 용접봉 (-) 극, 모재 (+) 극
㉱ DCSP는 용접봉 (+) 극, 모재 (-) 극
[해설] 직류 용접에서 용접봉을 (-) 극, 모재를 (+) 극에 연결할 경우 직류 정극성(DCSP)이라 하고, 그 반대인 경우를 직류 역극성(DCRP)이라 한다.

문제 11. 연강용 피복 아크 용접에서 피복제의 편심률이 몇 % 이내이어야 하는가?
㉮ 10 %   ㉯ 7 %
㉰ 3 %   ㉱ 5 %
[해설] 피복제 편심이 심하면 아크가 직각하지 않으므로 KS 규격에서는 편심률을 3 % 이내로 제한하는데, 이 값은 사람의 눈으로 관찰하여 심선과 피복제가 동심원의 상태에 있으면 이 범위에 들어간다.

문제 12. 아크 용접 중 언더컷(undercut) 현상이 일어나는 원인은?
㉮ 용접 전류가 낮을 때
㉯ 용접부가 급랭할 때
㉰ 용입이 안될 때
㉱ 용접 속도가 빠를 때

문제 13. 피복 아크 용접에서 모재 용입의 깊이를 비교한 것이다. 옳은 것은?
㉮ 직류 역극성 > 교류 > 직류 정극성
㉯ 직류 정극성 > 교류 > 직류 역극성
㉰ 교류 > 직류 정극성 > 직류 역극성
㉱ 교류 > 직류 역극성 > 직류 정극성

문제 14. 아크 용접 초기에 직류 용접이 많이 사용되었던 이유는?
㉮ 교류 전원을 얻기가 힘들었다.
㉯ 직류 용접기의 가격이 싸다.
㉰ 교류 용접에 적합한 피복 용접봉이 개발되지 않았다.
㉱ 좋은 용접기(교류)가 없었다.

문제 15. 아크 용접에서 일반적인 아크 전압 값은 얼마인가?
㉮ 15 ~ 35 V   ㉯ 40 ~ 60 V
㉰ 70 ~ 80 V   ㉱ 10 ~ 20 V
[해설] 용접하기 전 무부하 전압은 85 V 정도이나 용접 중 아크 전압은 아크 거리에 비례하며, 15 ~ 35 V 사이이다.

문제 16. 다음은 피복 아크 용접에서 용접 입열을 표시하는 식이다. 이중 옳은 것은? (단, H : 용접 입열 [Joule/cm], E : 아크 전압 [V], I : 아크 전류 [A], V : 용접 속도 [cm/min])
㉮ $H = \dfrac{60EI}{V}$ ㉯ $H = \dfrac{100EI}{V}$
㉰ $H = \dfrac{60EI}{E}$ ㉱ $H = \dfrac{120VE}{I}$
[해설] • 용접 입열 : 용접부 단위 길이(cm)에 외부에서 가해지는 열량을 말한다. 용접 속도에 반비례하고, 전류와 전압에는 비례한다.

문제 17. 다음 중 직류 아크 용접기의 장점이 아닌 것은?
㉮ 아크가 안정된다.
㉯ 감전의 위험이 적다.
㉰ 극성을 바꿀 수 있다.
㉱ 아크 쏠림(arc blow)이 적다.

문제 18. 정전류 특성의 용접기에서 아크 길이가 길어지면 아크 전압은 어떻게 되는가?

[해답] 9. ㉯ 10. ㉰ 11. ㉰ 12. ㉱ 13. ㉯ 14. ㉰ 15. ㉮ 16. ㉮ 17. ㉱ 18. ㉮

㉮ 높아진다.
㉯ 낮아진다.
㉰ 변동이 거의 없다.
㉱ 낮아졌다가 높아진다.
[해설] 아크 전압은 아크 길이에 비례하며, 보통 15~35 V 사이이다.

문제 19. 다음은 아크 용접기의 정전류 특성을 설명한 것이다. 옳은 것은?
㉮ 부하 전류가 증가하면 단자 전압은 감소한다.
㉯ 부하 전류가 증가하면 단자 전압은 감소하다가 증가한다.
㉰ 부하 전류가 증가하면 단자 전압은 증가한다.
㉱ 부하 전류가 증가하여도 단자 전압은 일정하다.

문제 20. 다음은 아크 용접기의 사용률에 대한 정의이다. 옳은 것은?
㉮ 사용률(%) = $\dfrac{\text{휴지 시간}}{\text{아크 시간}} \times 100$
㉯ 사용률(%) = $\dfrac{\text{아크 시간}}{\text{휴지 시간}} \times 100$
㉰ 사용률(%) = $\dfrac{\text{아크 시간} + \text{휴지 시간}}{\text{아크 시간}} \times 100$
㉱ 사용률(%) = $\dfrac{\text{아크 시간}}{\text{아크 시간} + \text{휴지 시간}} \times 100$

문제 21. 정격 2차 전류가 300 A, 정격 사용률이 40%인 용접기로서 180 A로 용접할 때 허용 사용률은?
㉮ 121 %   ㉯ 101 %
㉰ 111 %   ㉱ 91 %
[해설] • 허용 사용률(%)
$= \dfrac{(\text{정격 2차 전류})^2}{(\text{실제 용접 전류})^2} \times \text{정격 사용률(\%)}$

문제 22. 다음은 용접기의 유지 보수시에 지켜야 할 사항이다. 옳지 않은 것은?
㉮ 용접기에는 어떤 부문에도 주유해서는 안된다.
㉯ 전환 탭은 사포로 깨끗이 청소한다.
㉰ 용접기에는 철분이 쌓여서는 안된다.
㉱ 용접기는 습기나 먼지가 많은 곳에 설치하면 좋지 못하다.
[해설] 용접기 내부의 회전 부분이나 움직이는 부분은 주기적으로 적당한 주유를 해야 한다.

문제 23. 다음 용접기 중 용접 전류의 원격 조정이 가능한 것은?
㉮ 자동 코일형   ㉯ 가포화 리액터형
㉰ 가동 철심형   ㉱ 탭 전환형

문제 24. 다음은 탭 전환형 교류 아크 용접기에 대한 설명이다. 틀린 것은?
㉮ 용접 전류는 계단적으로 조절되고, 연속적으로 조절하지 못한다.
㉯ 2차 코일의 권선수가 적어지든지 1차 코일의 권선수가 증가하면 용접 전류는 감소한다.
㉰ 탭을 전환하면 1차 코일과 2차 코일의 권선비를 바꿀 수 있다.
㉱ 탭을 전환함으로써 용접 전류를 조절한다.
[해설] • 변압기의 원리
$\dfrac{\text{1차 전류}(I_1)}{\text{2차 전류}(I_2)} = \dfrac{E_2}{E_1} = \dfrac{n_2}{n_1}$
∴ $E_1 I_1 = E_2 I_2$
$n_1 I_1 = n_2 I_2$
1차측 전압, 전류, 전선수 : E_1, I_1, n_1
2차측 전압, 전류, 전선수 : E_2, I_2, n_2

문제 25. 발전형과 정류형 직류 아크 용접기에 대한 설명 중 옳지 않은 것은?
㉮ 정류형은 소음이 없다.
㉯ 발전형은 소음이 많다.

[해답] 19. ㉮ 20. ㉱ 21. ㉰ 22. ㉮ 23. ㉯ 24. ㉯ 25. ㉱

㉰ 정류형 직류 용접기에는 셀렌 정류기를 많이 사용한다.
㉱ 발전형은 정류형보다 보수나 점검이 간단하다.

문제 26. 피복 아크 용접용 기구 및 부속 장치에 대한 설명으로 옳지 않은 것은?
㉮ 용접봉 홀더는 가볍고 전기 절연이 잘 되며, 또 튼튼해야 한다.
㉯ 전격 방지기는 작업 중 감전의 위험을 방지한다.
㉰ 원격 제어 장치는 용접기에서 멀리 떨어진 곳에서도 전류 조정을 가능하게 한다.
㉱ 전격 방지기는 용접기의 아크 전압을 낮게 한다.
해설 전격 방지기는 용접을 하지 않을 때의 2차 무부하 전압을 25 V 이하로 유지시켜서 감전의 위험을 예방하는 장치이다.

문제 27. 다음은 아크 용접용 2차 케이블에 대한 설명이다. 옳은 것은?
㉮ 2차 케이블의 크기는 용접기의 용접 공작물과의 거리에 무관하게 항상 일정하다.
㉯ 2차 케이블의 크기는 용접기 용량과는 관계없이 항상 일정하다.
㉰ 2차 케이블의 크기는 용접기의 용량이 크면 커야 하고, 거리가 멀어도 커야 한다.
㉱ 2차 케이블의 크기는 용접기의 용량에는 관계되나, 용접기와 용접물과의 거리에는 무관하다.

문제 28. 연강용 피복 아크 용접의 심선재의 재료는 다음 중 어느 것인가?
㉮ 고장력강   ㉯ 저탄소강
㉰ 저합금강   ㉱ 주강
해설 심선은 용접 금속의 균열을 방지하기 위하여 탄소 함량이 극히 적으며, 황과 인 등의 불순물을 적게 함유하고 규소의 양을 적게 한 림드강(rimmed steel)으로 제조한다.

문제 29. 용접기의 1차선에 비하여 2차선을 굵은 케이블로 사용하는 이유는?
㉮ 전선의 유연성을 좋게 하기 위해서
㉯ 2차 전류가 1차 전류보다 크기 때문에
㉰ 2차 전압이 1차 전압보다 높기 때문에
㉱ 2차선의 열전도를 보다 크게 하기 위하여

문제 30. 아크 용접에서 약간 낮은 전류를 사용하는 경우가 아닌 것은?
㉮ 위보기 자세   ㉯ 수직 자세
㉰ 필릿 용접   ㉱ 박판 용접
해설 일반적으로 아래보기 자세에서는 좀 강한 전류를 사용하고, 위보기 자세에서는 10~20 % 적은 값, 수직 자세에서는 아래보기 용접의 20~30 % 적은 비교적 약한 전류를 사용한다.

문제 31. 아크 용접에서 아크 길이가 적당한가의 여부를 판단할 수 있는 방법은?
㉮ 아크 불빛을 보고 판단
㉯ 아크 발생음으로 판단
㉰ 아크 모양으로 판단
㉱ 용접 중 용착 금속의 양으로 판단

문제 32. 아크 용접용 전원이 정전류 특성을 가지도록 설계되는 이유는 무엇인가?
㉮ 용접 중 전류값이 변화가 되도록 적게 하기 위하여
㉯ 용접 중 전압값이 되도록 일정하게 되게 하기 위하여
㉰ 개로 전압을 낮추기 위하여
㉱ 단락 전류를 되도록 크게 하기 위하여

문제 33. 피복 용접봉의 피복제에 철분이 가해지는 경우가 있다. 다음 중 그 이유로 옳은 것은?
㉮ 용착 금속량을 증가시키기 위함이다.

㉰ 슬래그 생성을 돕기 위함이다.
㉱ 피복제를 건조 상태로 보호하기 위함이다.
㉲ 피복제의 강화를 돕기 위함이다.

문제 34. 오버랩(over lap)의 생성 원인으로 틀린 것은?
㉮ 용접 전류가 과대할 때
㉯ 용접봉의 운봉 속도가 느릴 때
㉰ 용접봉의 용융점이 모재의 용융점보다 낮을 때
㉱ 아크 길이가 너무 길어서 용착 금속의 집중이 어려울 때

문제 35. 다음은 연강용 피복 아크 용접봉의 심선에 대한 설명이다. 옳지 않은 것은?
㉮ 규소(Si)의 양을 적게 하여 림드강으로 제조한다.
㉯ 황(S)이나 인(P)의 양도 적다.
㉰ 용착 금속의 강도를 높이기 위하여 탄소량을 많이 하고 있다.
㉱ 용착 금속의 균열을 방지하기 위하여 탄소량을 극히 적게 하고 있다.

문제 36. 다음은 연강용 피복 아크 용접봉 피복제 작용이다. 옳지 않은 것은?
㉮ 피복제는 녹아서 슬래그가 된다.
㉯ 용접 분위기를 중성 또는 환원성으로 만든다.
㉰ 개로 전압을 높인다.
㉱ 아크가 잘 꺼지지 않도록 한다.
[해설] 개로 전압(무부하 전압)을 높이면 잘 되나 감전 사고의 위험이 있으므로, KS 규격에서는 85 V 이하로 제한하고 있다.

문제 37. 다음 피복제의 성분 중 탈산제는 어느 것인가?
㉮ 규소철
㉯ 석회석 (CaCO₃)
㉰ 규사 (SiO₂)
㉱ 산화티탄 (TiO₂)

[해설] 탈산제는 산소와 친화력이 높은 원소로, 용접에서는 주로 Si, Mn, Al 등을 사용한다.
$Si + O \to SiO_2$
$Mn + O \to MnO$
$Al + O \to Al_2O_3$

문제 38. 다음 피복제의 성분 중 가스 발생제라고 생각되는 것은?
㉮ 일미나이트 ㉯ 셀룰로오스
㉰ 형석(CaF) ㉱ 규산소다(Na₂SiO₃)

문제 39. 다음 용접봉 중 가스가 가장 많이 발생하는 것은?
㉮ E 4316 ㉯ E 4324
㉰ E 4301 ㉱ E 4311
[해설] E 4311은 고셀룰로오스계로, 가스 발생이 많아서 위보기 자세에 적합하다.

문제 40. 다음 용접봉 중 내균열성이 가장 좋은 것은?
㉮ 철분산화철계 ㉯ 고산화티탄계
㉰ 저수소계 ㉱ 고셀룰로오스계

문제 41. 다음 용접봉 중 내균열성이 가장 나쁜 것은?
㉮ 저수소계 ㉯ 고셀룰로오스계
㉰ 일미나이트계 ㉱ 고산화티탄계
[해설] 고산화티탄계가 비드 외관이 가장 우수하며, 주로 용입이 적은 박판 용접에 좋다. 그러나 내균열성은 가장 나쁘다.

문제 42. 다음 용접봉 중 위보기 자세에 가장 좋은 것은?
㉮ 철분산화철계 ㉯ 저수소계
㉰ 일미나이트계 ㉱ 고셀룰로오스계
[해설] 고셀룰로오스계는 피복제 중에 유기물을 약 30 % 정도 포함하고 있어 연소하여 많은 환원성 가스를 발생하며, 수직 또는 위보기 자세 그리고 좁은 틈의 용접에 작업성이 좋다.

문제 43. 다음 용접봉 중 위보기 자세에 가장 좋은 것은?

㉮ E 4301　　㉯ E 4313
㉰ E 4311　　㉱ E 4316

문제 44. 다음은 용접기법에 관한 설명이다. 옳지 않은 것은?
㉮ 아크 길이는 용접봉 심선의 지름 정도가 좋다.
㉯ 진행각(lead angle)은 용접봉의 용접 진행 방향의 경사각이다.
㉰ 전류가 너무 세면 스패터가 많아진다.
㉱ 아크 길이는 짧은 것보다 긴 편이 좋다.

문제 45. 스테인리스강의 용접성이 나쁜 이유가 아닌 것은?
㉮ 열전도(thermal conductivity)가 나쁘다.
㉯ 열팽창(thermal expansion)이 크다.
㉰ 전기적 저항이 크다.
㉱ 용융점이 높다.
[해설] 스테인리스강의 열전도는 연강의 1/2 정도이고, 열팽창은 연강보다 2배 가량 크다.

문제 46. 다음 중 금속의 용접성(weld ability)에 영향을 미치지 않는 것은?
㉮ 인장 강도　　㉯ 용융점
㉰ 열전도　　㉱ 탄소 함유량

문제 47. 다음 용접법 중 용접법에 속하는 용접은 어느 것인가?
㉮ 전기 저항 용접　㉯ 전자빔 용접
㉰ 연납땜　　㉱ 마찰 용접

문제 48. 다음 중 용접의 결점이라고 할 수 없는 것은?
㉮ 용접부는 응력 집중에 민감하다.
㉯ 용접부에서는 재질의 변화가 생긴다.
㉰ 용접에서는 다른 종류의 금속 접합이 불가능하다.
㉱ 용접부에서는 잔류 응력이 존재한다.

문제 49. 다음은 발전형과 정류형 직류 아크 용접기에 대한 설명이다. 이 중 옳지 못한 것은?
㉮ 발전형은 직류 발전기이므로 완전한 직류 전원이 얻어진다.
㉯ 발전형은 회전하므로 고장이 나기 쉽고, 소음이 많다.
㉰ 정류형은 취급이 간단하고, 가격이 발전형보다 저렴하다.
㉱ 정류형은 교류를 정류한 것이므로 완전한 직류 전원이 얻어진다.

문제 50. 피복 용접봉 피복제의 작용이 아닌 것은?
㉮ 용융점이 낮은 적당한 점성의 가벼운 슬래그를 만든다.
㉯ 슬래그 제거를 어렵게 한다.
㉰ 용접 금속의 응고와 냉각 속도를 느리게 한다.
㉱ 용적을 미세화하고 용착 효율을 높인다.
[해설] • 용착 효율(deposition efficiency): 사용한 용접봉 전체 무게에 대한 실제 용접에 이용된 용접봉 무게에 대한 비이다. 그러므로 용착 효율이 낮다는 것은 그만큼 손실이 크다는 뜻이다.

문제 51. 다음 아크 쏠림(arc blow)에 관한 설명 중 옳은 것은?
㉮ 아크 쏠림은 AC 용접 때보다 DCRP 용접 때 덜 발생한다.
㉯ 아크 쏠림은 AC 용접 때보다 DCSP 용접 때 덜 발생한다.
㉰ AC 용접일 때가 DC 용접 때보다 덜 발생한다.
㉱ 아크 쏠림은 비드의 끝부분보다 중앙부에서 더 많이 발생한다.
[해설] • 아크 쏠림: 용접 전류에 의한 자장에 영향을 받아 발생하는 것이므로, 자장이 편심하지 않은 비드 중앙부나 전류의 방향이 주파수에 따라 변하는 교류 용접에서는 잘 발생되지 않는다.

해답 44. ㉱　45. ㉰　46. ㉮　47. ㉯　48. ㉰　49. ㉱　50. ㉯　51. ㉰

문제 52. 다음은 위빙 동작(weaving motion)에 대한 설명이다. 옳은 것은?
㉮ 비드의 폭을 넓게 하기 위해서이다.
㉯ 비드의 높이를 낮게 하기 위해서이다.
㉰ 비드의 높이를 편평하게 하기 위해서이다.
㉱ 토(toe)부의 언더컷을 방지하기 위해서이다.

문제 53. 다음 용접 비드의 시작점과 크레이터에 대한 설명 중 옳지 않은 것은?
㉮ 크레이터에는 편석과 균열이 생기기 쉽다.
㉯ 비드 시작점에는 용입 불량이 생기기 쉽다.
㉰ 비드 시작점에는 언더컷이 생기기 쉽다.
㉱ 크레이터를 메우기 위해서는 아크 길이를 짧게 하고 운봉은 잠시 정지시킨다.
[해설] · 편석(segregation) : 용융 금속이 응고할 때 불순물은 일반적으로 융점(melting point)이 낮으므로 중심부에 모이기 쉽다. 이와 같이 화학 성분이 장소에 따라 다른 것을 편석이라 한다.

문제 54. 다음은 V형 홈 맞대기 이음을 할 때 만드는 열쇠구멍(keyhole)에 대한 설명이다. 옳은 것은?
㉮ 열쇠구멍은 용접 속도를 빨리하기 위하여 만든다.
㉯ 열쇠구멍은 균열이 진행하지 않도록 하기 위하여 만든다.
㉰ 열쇠구멍은 첫층에는 만들지 않는다.
㉱ 열쇠구멍은 첫 패스의 용입이 충분히 되게 하기 위하여 만든다.

문제 55. 열쇠구멍이 용접 결과에 미치는 영향 중 옳지 않은 것은?
㉮ 열쇠구멍이 너무 크면 용락이 커진다.
㉯ 열쇠구멍이 클수록 이면 비드가 작아진다.
㉰ 열쇠구멍이 생기지 않으면 용입 불량이 생긴다.
㉱ 열쇠구멍의 크기는 용접봉 운봉으로서 조절할 수 있다.
[해설] · 용입 불량(incomplete penetration) : 첫층 용접에서 이면 비드가 형성되지 않거나 모재가 완전히 녹지 않아 나타나는 용접 결함으로, X-ray 필름상에서는 비드 중심부에 직선으로 하얀선이 나타난다. 이것을 현장에서는 약자로 IP라 한다.

문제 56. 연강용 피복 아크 용접봉 심선에 포함되는 철 외의 원소는?
㉮ C, Si, Mn, P, S   ㉯ C, Si, Mn, O, P
㉰ C, Si, Mn, P, H   ㉱ C, Si, Mn, P, N

문제 57. 피복 아크 용접봉의 용융 속도는 주로 다음의 무엇에 기인되는가?
㉮ 용접봉 지름   ㉯ 아크의 저항
㉰ 아크 전압   ㉱ 아크 전류
[해설] 일반적인 전기 용접(SMAW, GMAW)에서 용접봉의 용융 속도는 전류 밀도(current density)에 비례한다.

문제 58. 다음 여러 가지 홈 모양 중 가장 얇은 판에 적용되는 것은?
㉮ I 홈   ㉯ H 홈
㉰ X 홈   ㉱ J 홈

문제 59. 다음 여러 가지 홈 모양 중 가장 두꺼운 판에 적용되는 것은?
㉮ I 홈   ㉯ V 홈
㉰ X 홈   ㉱ J 홈

문제 60. 다음은 봉잇기(또는 비드잇기)에 대한 설명이다. 옳은 것은?
㉮ 먼저 놓여진 비드의 크레이터 뒤에서 아크를 일으켜 크레이터를 지나서 비드를 계속 이어간다.
㉯ 먼저 놓여진 비드의 크레이터에서 아크를 발생시키고 비드를 계속 이어간다.

[해답] 52. ㉮ 53. ㉰ 54. ㉱ 55. ㉯ 56. ㉮ 57. ㉱ 58. ㉮ 59. ㉱ 60. ㉰

㈐ 먼저 놓여진 비드 크레이터 약간 전방에서 아크를 일으켜 뒤로 가면서 크레이터를 지나서 크레이터의 바로 뒤에서부터 비드를 계속 이어간다.
㈑ 모두 틀리다.

문제 61. ASME(미국기계기술자협회) 규정에 의하면 판(plate)의 홈 용접(groove weld)에 있어서 아래보기 용접의 시험을 위한 방법을 나타내는 기호는?
㈎ 1G　　㈏ 2G
㈐ 5G　　㈑ 6G

해설 · 1G : 아래보기 자세
· 2G : 수평 자세
· 5G : 아래보기, 수직, 위보기 자세
· 6G : 수평, 수직, 위보기 자세

문제 62. AW-300 A의 교류 아크 용접기를 실제 200 A로 사용할 경우 허용 사용률이 112 %가 되었다. 이것에 대한 설명으로 옳은 것은?
㈎ 위험하다.
㈏ 적당하지 못하다.
㈐ 연속 사용이 가능하다.
㈑ 사용 중 띄엄띄엄 쉬었다 해야 한다.

해설 사용률이 60 %라 하면 10분 중 6분 용접하고 4분은 쉬라는 뜻이고, 100 % 이상이면 연속 사용이 가능하다는 뜻이다.

문제 63. 다음 각종 용접봉에 관한 설명 중 옳지 않은 것은?
㈎ 저수소계는 강력한 탈산 작용이 있으며, 습기에 강하고 고장력강의 용접에 좋다.
㈏ 고셀룰로오스계 용접봉은 가스 실드계로, 슬래그 생성량이 대단히 적으며 좁은 홈의 용접에도 사용된다.
㈐ 고산화티탄계 용접봉은 박판 용접에 좋다.
㈑ 일미나이트계 용접봉은 슬래그 생성제이며, 모든 자세의 용접에 사용되고 교량 및 압력 용기의 용접에도 사용된다.

해설 · 저수소계 용접봉 : 피복제 내의 수소 함량이 일반 용접봉보다 1/10 밖에 되지 않으며, 수소의 함량이 적어 기공 발생이 적고 또한 내균열성이 뛰어나다. 왜냐하면 용접부의 저온 균열(cold crack)의 원인은 대부분 수소(H_2)가 그 주범이다. 토 크랙(toe crack), 비드 밑 크랙(under bead crack), 선상 조직, 은점(fish eye) 등의 주생성 원인이 수소이다.

문제 64. 일반적으로 아크 용접봉 피복제의 작용 중 틀린 사항은?
㈎ 알칼리성 분위기를 만들어 대기 중 산소의 침입을 방지한다.
㈏ 용접 금속에 적당한 합금 원소의 첨가 역할을 한다.
㈐ 용접 금속의 탈산 정련 작용을 한다.
㈑ 용융점이 낮은 점성이 가벼운 슬래그(slag)를 만든다.

문제 65. 직류 아크 중 두 극의 전압 강하는 아크의 길이나 아크 전류와 관계없이 주로 무엇에 의하여 정해지는가?
㈎ 무부하 전압　　㈏ 재 아크 전압
㈐ 플라스마　　㈑ 전극 물질의 종류

문제 66. 용접에서 크레이터(crater)를 옳게 설명한 것은?
㈎ 용입 불량의 원인이 된다.
㈏ 절단 작업이 어렵다.
㈐ 양호한 비드(bead)를 얻기 위해 만든다.
㈑ 파손이나 부식의 원인이 된다.

문제 67. 용접용 케이블의 길이는 어떤 것이 좋은가?
㈎ 길어야 한다.
㈏ 길이에 제한이 없다.
㈐ 가능한 한 짧아야 한다.

해답　61. ㈎　62. ㈐　63. ㈎　64. ㈎　65. ㈑　66. ㈑　67. ㈐

라 보통 길이면 된다.

문제 68. 연강 용접시 예열에 관한 사항 중 관계없는 것은?
  가 기온이 0℃ 이하일 때 40~70℃로 예열한다.
  나 상온에서는 예열을 하지 않아도 된다.
  다 판 두께 25 mm 이상의 경우 50~350℃로 예열한다.
  라 저수소계 용접봉 사용시 300~350℃로 예열한다.
  [해설] 용접에서 예열(preheating)을 하는 주목적은 용접 금속의 냉각 속도(coling rate, ℃/s)를 작게 하는데 있다.

문제 69. 스테인리스강의 용접시 열영향부(HAZ) 부근의 부식 저항이 감소되어 입계 부식 저항이 일어나기 쉬운데, 이러한 현상의 주된 원인은?
  가 탄화물의 석출로 크롬 함유량 감소
  나 산화물의 석출로 니켈 함유량 감소
  다 유황의 편석으로 크롬 함유량 감소
  라 수소의 침투로 니켈 함유량 감소
  [해설] 스테인리스강은 530~800℃로 가열하면, 불안정한 고용체 탄화물의 석출로 그 부분의 크롬 함량이 감소되고 부식 저항(corrosion resistance)을 해치게 된다. 이와 같은 현상을 예민화(sensitization)라 한다.

문제 70. 일반적으로 용접기의 구비 조건 중 옳지 않은 것은?
  가 사용할 수 있는 전류치의 폭이 넓어야 한다.
  나 아크를 쉽게 발생시키고 발생한 아크를 어떠한 변동 조건에서도 그대로 유지시킬 만한 충분한 개로 전압을 갖고 있어야 한다.
  다 아크의 변동 조건에 따라 전압과 전류가 신속히 함께 변하면서 뒷받침해 주어야 한다.
  라 용접 속도는 전류치보다 아크 전압에 의해 조절되어야 한다.

문제 71. 강 중에 함유된 원소 중 용접성에 가장 나쁜 영향을 주는 것은?
  가 규소   나 인
  다 황   라 망간
  [해설] ・황(S) : 강의 용융점 가까운 온도에서 철과 화합하여 FeS라는 불순물이 되어 결정립계(grain boundary)에 녹아 들어가서 결정의 결합력을 없게 한다. 그리고 수축 응력에 의하여 파단시키며, 용접부가 응고하는 과정에서 크랙을 야기시킨다.

문제 72. 용접봉을 선택할 때 고려하지 않아도 되는 것은?
  가 모재의 재질   나 운봉법
  다 용접 자세   라 사용 전원

문제 73. 연강용 피복 아크 용접봉 심선을 저탄소강으로 만드는 가장 적당한 이유는 무엇인가?
  가 균열 방지   나 경화 방지
  다 인장력 증가   라 기포 방지

문제 74. 가접(tack weld)에 대한 설명 중 옳은 것은?
  가 본 용접이 아니므로 용접공의 기량은 별 문제가 안된다.
  나 본 용접보다 지름이 약간 작은 용접봉을 사용하는 것이 좋다.
  다 가급적 본 용접을 실시할 홈 안에 가접한다.
  라 짧게 용접하는 것이므로, 결함 발생이 적다.
  [해설] ・가접 : 균열, 기공, 슬래그 혼입 등의 결함을 수반하기 쉬우므로, 원칙적으로 본 용접을 실시할 홈 안에 가접하는 것은 바람직하지 못하다. 만약 피할 수 없어 홈 안에 가접하였을 때에는 본 용접 전에 갈아내는 것이 좋다.

해답 68. 라 69. 가 70. 라 71. 다 72. 나 73. 가 74. 나

문제 75. KS 규격에 의하면 피복 아크 용접기의 용량은 무엇으로 표시하는가?
㉮ 무부하 전압 ㉯ 전원 입력
㉰ 정격 2차 전류 ㉱ 피상 입력
[해설] 과거에는 용접기 용량을 [kW] 또는 [kVA]로 나타내었으나, 현재는 정격 2차 전류로 용량을 표시한다. 그 이유는 전기 용접에서 전류가 가장 주요한 변수이기 때문이다.

문제 76. 접합하는 두 모재의 한쪽에 구멍을 뚫고 판의 표면까지 가득하게 용접하여 다른 쪽 모재와 접합하는 용접은?
㉮ 플러그 용접 ㉯ 덧붙이 용접
㉰ 돌기 용접   ㉱ 필릿 용접

문제 77. 피복 아크 용접봉의 굵기가 $\phi 2 \sim \phi 4$일 때 적합한 필터 유리의 차광 번호는 어느 것인가?
㉮ 6~7   ㉯ 8~9
㉰ 10~11 ㉱ 12~14

문제 78. 다음 중 피복 아크 용접에서 맨용접봉(bare)이나 얇은 피복봉을 사용할 때 많이 나타나는 용융 금속의 이동 형태는 어느 것인가?
㉮ 단락형
㉯ 글러블러형
㉰ 스프레이형
㉱ 글러블러형 및 스프레이형
[해설] 피복 아크 용접에서 맨용접봉이나 얇은 피복봉에서는 단락형(short-circuiting transfer) 이행이 많이 나타나고, 일반 피복 용접에서는 글러블러(globular) 및 분무(spray)형 이행이 같이 이루어지는 경우가 많다.

문제 79. 다음 설명 중 교류 용접기의 단점이 아닌 것은?
㉮ 아크가 불안정하다.
㉯ 전격의 위험이 높다.
㉰ 역률이 불량하다.
㉱ 소음과 고장이 많다.

문제 80. 피복 아크 용접에서 일반적으로 일어나는 용융 금속의 이동 형태는 어느 것인가?
㉮ 글러블러형 및 스프레이형
㉯ 글러블러형
㉰ 스프레이형
㉱ 단락 및 글러블러형

문제 81. 다음 용접봉 중 피복 아크 용접시 교류 전원을 사용하여도 작업에 가장 지장이 없는 것은?
㉮ 철분말 용접봉
㉯ 저수소계 용접봉
㉰ 표면 경화 용접봉
㉱ 스테인리스강 용접봉

문제 82. 다음 피복 아크 용접봉 중 내균열성이 가장 떨어지는 것은?
㉮ E 4316 ㉯ E 4301
㉰ E 4311 ㉱ E 4313

문제 83. 아크 전압 30 V, 아크 전류 200 A, 용접 속도 10 cm/min으로 피복 아크 용접을 할 경우 발생하는 전기적 에너지는 얼마인가?
㉮ 3600 J/cm   ㉯ 36000 J/cm
㉰ 6000 J/cm   ㉱ 60000 J/cm
[해설] $H = \dfrac{60EI}{V}$ [J/cm]
$= \dfrac{60 \times 200 \times 30}{10} = 36000$ J/cm

문제 84. 용접 게이지(weld gauge)로 측정할 수 없는 것은 다음 중 어느 것인가?
㉮ 필릿 용접의 다리 길이
㉯ 맞대기 용접의 보강 덧살부 높이
㉰ 맞대기 용접 홈의 루트 간격
㉱ 단속 필릿 용접부의 피치
[해설] 단속 필릿 용접부의 피치를 측정하는 것은 강철자를 사용한다.

[해답] 75. ㉰ 76. ㉮ 77. ㉰ 78. ㉮ 79. ㉱ 80. ㉮ 81. ㉯ 82. ㉱ 83. ㉯ 84. ㉱

문제 85. 일반적인 피복 아크 용접시 발생되는 보호 가스의 성분 중 가장 많이 발생하는 가스는?
㉮ CO   ㉯ CO_2
㉰ H_2 ㉱ H_2O

[해설] 피복 아크 용접시 일산화탄소의 양은 용접봉의 종류에 따라 다소 차이는 있으나, 전체 가스 양의 40~50 % 정도로 가장 많은 양이 발생한다.

문제 86. 피복 아크 용접시 용접 전류값에 영향을 주는 요소 중 관계없는 것은?
㉮ 용접물의 크기   ㉯ 용접 자세
㉰ 용접 속도   ㉱ 아크 길이

[해설] • 용접 전류값에 영향을 주는 요소 : 용접물의 재질, 모양, 크기, 용접 자세, 용접봉의 굵기, 용접 속도 등이며, 아크 길이와는 관계가 없다.

문제 87. ABS(미국선급협회) 용접사 자격 시험 중 가용접사 시험은?
㉮ Q1   ㉯ Q2
㉰ Q3   ㉱ Q4

[해설] • Q1 : 19 mm 이하의 평판 용접사 시험
• Q2 : 무제한 두께의 평판 용접사 시험
• Q3 : 평탄 및 파이프 용접사 시험
• Q4 : 가용접사 시험

문제 88. 피복 아크 용접봉의 작업성은 직접 작업성과 간접 작업성으로 구분할 수 있는데 간접 작업성에 속하는 것은?
㉮ 아크 유지 상태
㉯ 아크 발생 상태
㉰ 스패터 발생 상태
㉱ 슬래그 박리성

[해설] • 간접 작업성 : 슬래그 박리성 및 스패터 제거의 난이도가 있다.

문제 89. 수평 용접 자세 등에서 운봉법이 나쁘면 비드 쪽의 용접 금속이 모재 위에 겹쳐서 덮히는 수가 있는데, 이와 같은 용접 결함을 무엇이라 하는가?
㉮ 언더컷   ㉯ 크래킹
㉰ 오버랩   ㉱ 비딩

문제 90. 다음 피복제 중 탈산제에 해당하는 것은?
㉮ 산화티탄   ㉯ 규산칼륨
㉰ 페로망간   ㉱ 탄산나트륨

[해설] • 탈산제(deoxidizer) : 용융 금속 중의 산소와 결합하여 이 산소를 제거하는 작용을 하는 것으로, 망간철, 규소철, 티탄철, 금속망간, 알루미늄 분말 등을 사용한다.

문제 91. 아크 용접시 용입 부족의 원인이 아닌 것은?
㉮ 운봉 속도가 너무 빠를 때
㉯ 용접 전류가 낮을 때
㉰ 홈의 각도가 좁을 때
㉱ 루트 간격이 클 때

문제 92. 피복 아크 용접에서 아래보기 V형 용접에서 비교적 많이 사용·적용되는 운봉법이 아닌 것은?
㉮ 삼각형   ㉯ 원형
㉰ 직선   ㉱ 부채꼴형

[해설] • 삼각형 운봉 : 필릿 용접에 주로 사용한다.

문제 93. 피복 아크 용접기의 정전류 특성의 장점은 다음 중 어느 것인가?
㉮ 아크가 안정된다.
㉯ 용접 속도가 빠르다.
㉰ 용접 비드가 고르게 된다.
㉱ 용접 전류의 조성이 잘된다.

[해설] 정전류 특성이므로, 아크 길이의 변화에 따른 전류 변동 폭이 적다. 그래서 용입과 용접봉의 녹는 양이 거의 일정하므로, 아크 길이가 조금 변해도 용접 비드가 균일하게 된다.

문제 94. 다음 중 가스 용접의 특징으로 옳지 않은 것은?

[해답] 85. ㉮ 86. ㉱ 87. ㉱ 88. ㉱ 89. ㉰ 90. ㉰ 91. ㉱ 92. ㉮ 93. ㉰ 94. ㉱

㉮ 가스 용접의 설비는 비교적 간단하고 염가이다.
㉯ 가스 용접은 가열의 조절이 비교적 자유롭다.
㉰ 열의 집중성이 아크 용접보다 나쁘다.
㉱ 용접에 이용되는 열효율은 아크 용접보다 높다.

문제 95. 다음 가스 중 가스 용접에 가장 널리 사용되는 것은?
㉮ 수소 가스　　㉯ 프로판 가스
㉰ 아세틸렌 가스　㉱ 메탄 가스

문제 96. 다음 가스 중 산소와 화합할 때 가장 높은 온도를 내는 것은?
㉮ 아세틸렌　　㉯ 수소
㉰ 메탄　　　　㉱ 프로판

문제 97. 가스 용접에 사용되는 산소는 주로 어느 방법에 의해 생산되는가?
㉮ 염소산칼륨에 이산화망간을 촉매로 가하고 가열하는 방법
㉯ 액체 공기의 비등점 차이를 이용해서 생산하는 방법
㉰ 물의 전기 분해에 의하는 방법
㉱ 석탄 가스 분해에 의하는 방법

문제 98. 다음 중 산소의 성질로 옳지 않은 것은?
㉮ 무색, 무미, 무취이다.
㉯ 액체 산소는 연한 청색이다.
㉰ 비중은 공기보다 약간 무겁다.
㉱ 산소는 가연성 물질이다.
[해설] 산소는 자기자신은 연소하지 않고, 다른 물질의 연소를 돕는 조연성 물질이다.

문제 99. 다음 아세틸렌 가스의 성질 중 옳지 않은 것은?
㉮ 대단히 불안정하여 잘 연소한다.
㉯ 불순물을 포함한 아세틸렌 가스는 불쾌한 악취를 낸다.
㉰ 순수한 아세틸렌 가스는 불쾌한 악취를 낸다.
㉱ 상온에서 아세틸렌 가스는 아세톤에 25배 가량 용해된다.

문제 100. 용해 아세틸렌에 대한 설명 중 옳지 않은 것은?
㉮ 아세틸렌은 다공성 물질에 흡수되어 있다.
㉯ 다공성 물질에는 목탄, 규조토 등이 있다.
㉰ 아세틸렌은 아세톤에 녹아 있다.
㉱ 아세톤은 다공성 물질에 흡수되어 있다.
[해설] 아세틸렌은 아세톤에 용해되어 있고, 아세톤은 다공성 물질 속에 들어가 있다.

문제 101. 용해 아세틸렌 1 kg은 15℃, 1기압 하에서 기화하면 얼마가 되는가?
㉮ 750 L　　㉯ 805 L
㉰ 905 L　　㉱ 1005 L

[해설] $C_2H_2 \to 0℃$, 1기압
26 g 분자 무게 : 22.4 L
1000 g : x
$x = \dfrac{1000}{26} \times 22.4\,L ≒ 861\,L$
보일-샤를의 법칙에 의하면,
$\dfrac{PV}{T} = \dfrac{P'V'}{T'}$
∴ $\dfrac{861}{273} = \dfrac{V'}{273+15}$
∴ $V' = \dfrac{288 \times 861}{273} ≒ 908\,L$
그러나 손실 등을 고려하여 905 L 정도로 본다.

문제 102. 중성 불꽃에서 토치에 공급되는 산소와 아세틸렌 양의 비는?
㉮ 무게의 비가 1 : 2.5
㉯ 무게의 비가 1 : 1
㉰ 부피의 비가 1 : 2.5
㉱ 부피의 비가 1 : 1

해답 95. ㉰　96. ㉮　97. ㉯　98. ㉱　99. ㉰　100. ㉮　101. ㉰　102. ㉱

[해설] · $C_2H_2 + O_2 \rightarrow 2CO + H_2$: 백심에서의 반응으로, 여기서 산소는 토치에서 공급되는 산소이다.
· $2CO + H_2 + \frac{3}{2} O_2 \rightarrow 2CO_2 + H_2O$: 외염에서의 반응으로, 여기서 산소는 공기 중의 산소이다.

문제 **103.** 산소 아세틸렌 불꽃의 최고 온도는 얼마인가?
㉮ 약 2000℃ ㉯ 약 3000℃
㉰ 약 5000℃ ㉱ 약 6000℃

문제 **104.** 다음은 각종 불꽃의 용착 금속에 미치는 영향을 설명한 것이다. 옳지 않은 것은?
㉮ 탄화염은 중성염보다 온도가 낮다.
㉯ 청동의 브레이징에는 약간 산화 불꽃을 이용한다.
㉰ 주철의 용접에는 약간 산화 불꽃을 이용한다.
㉱ 중성 불꽃은 용착 금속을 산화시키지 않는다.

문제 **105.** 아세틸렌 가스 한 분자를 완전 연소시키려면 몇 분자의 산소가 필요한가?
㉮ 1분자 ㉯ 2분자
㉰ 2.5분자 ㉱ 3분자

[해설] $C_2H_2 + \frac{5}{2} O_2 = 2CO_2 + H_2O$

문제 **106.** 가스 용접 토치의 팁 번호를 나타낸 설명 중 옳은 것은?
㉮ A형이란 팁의 구멍을 지름으로 표시한 것이다.
㉯ B형이란 1시간당 아세틸렌 가스 소비량을 [L]로 나타낸 것이다.
㉰ B형이란 1분간 산소 소비량을 [L]로 나타낸 것이다.
㉱ A형이란 팁의 순번을 나타낸 번호이다.

[해설] · 불변압식(A형) : 팁의 능력을, 연강판을 용접할 때 용접할 수 있는 판의 두께(mm)를 기준하여 표시한 것이다.
· 가변압식(B형) : 팁의 능력을, 중성 불꽃으로 용접할 때 매시간당 아세틸렌 가스의 소비량을 [L] 단위로 표시한 것이다.

문제 **107.** 다음 중 아세틸렌이 가장 많이 용해되는 물질은?
㉮ 석유 ㉯ 벤젠
㉰ 알코올 ㉱ 아세톤

문제 **108.** 가스 용접에서 아세틸렌의 압력은 산소 압력에 대하여 어느 정도로 사용하는 것이 좋은가?
㉮ 1 : 1 정도 ㉯ 1/10 정도
㉰ 1/50 정도 ㉱ 2배 정도

문제 **109.** 가스 용접에서 모재와 불꽃과의 거리는 대략 어느 정도로 하는 것이 가장 좋은가?
㉮ 2~3 mm ㉯ 4~5 mm
㉰ 5~6 mm ㉱ 7~8 mm

[해설] 백심에서 2~3 mm 떨어진 곳의 온도가 가장 높다.

문제 **110.** 용해 아세틸렌 실린더 속에 들어 있지 않은 것은?
㉮ 다공성 물질 ㉯ 아세톤
㉰ 아세틸렌 ㉱ 카바이드

문제 **111.** 가스 용접용 토치의 팁(tip)으로 가장 적합한 것은?
㉮ 연강 ㉯ 경강
㉰ 구리 합금 ㉱ 내마모강

[해설] 용접 및 절단 토치의 팁(tip) 재질은 열전도가 크고, 가공성과 내열성이 양호한 구리 또는 구리 합금이 좋다.

문제 **112.** 가스 용접 토치 안에서 역화를 일으켰을 때 긴급 조치로 틀린 것은?
㉮ 먼저 산소 밸브를 잠근다.

해답 103. ㉯ 104. ㉰ 105. ㉰ 106. ㉯ 107. ㉱ 108. ㉯ 109. ㉮ 110. ㉱ 111. ㉰ 112. ㉮

딴 먼저 아세틸렌 밸브를 잠근다.
땐 긴급 조치를 한 후 역화 원인을 조사하고 팁의 소재 또는 조임 정도를 검사한다.
랜 긴급 조치를 한 후 다음에 산소를 약간 분출시키면서 물속에 팁끝을 넣어 냉각시킨다.

문제 113. 다음 금속 중 탄화 불꽃으로 용접하는 것은?
㈎ 스테인리스강   ㈏ 연강
㈐ 회주철   ㈑ 고탄소강

문제 114. 아세틸렌 가스의 사용 압력은 얼마 이하로 하는 것이 좋은가?
㈎ 1 kg/cm² (0.098 MPa)
㈏ 1.5 kg/cm² (0.147 MPa)
㈐ 2 kg/cm² (0.196 MPa)
㈑ 2.5 kg/cm² (0.245 MPa)
해설 아세틸렌 게이지 압력이 117.6 kPa (1.2 kgf/cm²) 이상이면 위험하고, 196.08 kPa (2 kgf/cm²) 이면 폭발한다.

문제 115. 다음은 탄화 불꽃에 대한 설명이다. 옳지 않은 것은?
㈎ 아세틸렌의 공급량이 산소보다 많다.
㈏ 백심과 외염 사이에 제 3의 불꽃이 존재한다.
㈐ 제 3의 불꽃은 가열된 탄소이다.
㈑ 탄화 불꽃의 온도는 산화 불꽃보다 높다.

문제 116. 연강용 가스 용접봉의 화학 성분은 다음과 같이 규정하고 있다. 옳은 것은?
㈎ P, S, Cu   ㈏ Mn, Si, P
㈐ Mn, P, S   ㈑ Si, P, S
해설 연강용 가스 용접봉의 화학 성분은 다음과 같이 규정하고 있다.

P	S	Cu
0.040 이하	0.040 이하	0.30 이하

문제 117. 가스 용접에 사용되는 플럭스에 대한 설명 중 틀린 것은?
㈎ 플럭스는 산화물을 용해 제거한다.
㈏ 플럭스는 산화물의 융점이 모재의 융점보다 낮을 때 사용한다.
㈐ 플럭스의 형태는 분말 (powder), 페이스트 (paste) 또는 용접봉에 피복한 것들이 있다.
㈑ 연강의 가스 용접에는 플럭스를 사용하지 않는다.
해설 가스 용접에서 플럭스를 사용하는 경우는, 산화물의 융점이 그 모재의 융점보다 높을 때이다.

문제 118. 다음은 저압식 토치에 대해 설명한 것이다. 옳지 않은 것은?
㈎ 불변압식(A형)은 팁의 능력을 용접할 수 있는 연강판의 두께를 기준으로 표시한다.
㈏ 가변압식(B형)은 팁의 능력을 시간당 아세틸렌 가스의 소비량을 [L]로 표시한다.
㈐ 불변압식은 팁의 구멍 지름을 [mm] 단위로 표시한다.
㈑ 가변압식 토치에는 벤투리 부분에 침변 (needle value)이 있다.

문제 119. 산소 아세틸렌 가스 용접에서 산화 불꽃으로 용접이 잘 되는 재료는?
㈎ 스테인리스   ㈏ 주철
㈐ 황동   ㈑ 니켈
해설 황동 (brass)이나 청동 (bronze)의 용접은 산화 불꽃으로 하고, 브레이즈 용접(braze welding)이나 청동 표면 피복 용접(braze surfacing)은 약간 산화 불꽃이 좋다.

문제 120. I형 맞대기 이음 용접의 요령 중 충분한 용입을 위하여 가장 중요한 것은 무엇인가?
㈎ 용접될 홈의 양쪽 두 판의 가장자리를 같은 양으로 용융시킨다.

해답 113. ㈎ 114. ㈎ 115. ㈑ 116. ㈎ 117. ㈏ 118. ㈐ 119. ㈐ 120. ㈐

⏉ 두 판의 간격을 일정하게 가접한다.
⏈ 용융지 앞에 열쇠구멍을 만든다.
⏊ 루트 간격을 알맞게 한다.

문제 121. 저압식 토치와 중압식 토치의 근본적인 구조의 차이는?
㉮ 니들 밸브(needle valve)
㉯ 팁 부분
㉰ 팁의 크기 표시법
㉱ 혼합실(mixing chamber)
해설 중압식 토치는 저압식 토치와는 달리 혼합실 내에 벤투리를 볼 수가 없다.

문제 122. 구입할 때의 용해 아세틸렌병의 무게와 다 사용한 병의 무게 차이는 39.2 N이었다. 상온(15℃, 1기압)에서 아세틸렌 가스량은 약 얼마인가?
㉮ 3620 L   ㉯ 2915 L
㉰ 2930 L   ㉱ 3120 L
해설 상온에서 아세틸렌 1 kg의 부피는 약 905 L이다.

문제 123. 연강판의 가스 용접시 판 두께가 4.5 mm인 경우 가장 적당한 용접봉의 지름은?
㉮ ϕ 1.6 mm   ㉯ ϕ 2.6 mm
㉰ ϕ 3.2 mm   ㉱ ϕ 4.0 mm

문제 124. 연강용 가스 용접봉 GA 46의 경우 46이 가지고 있는 의미는?
㉮ SR 시 용접부의 최대 인장 강도 (MPa)
㉯ SR 시 용접부의 최저 인장 강도 (MPa)
㉰ NSR 시 용접부의 최저 인장 강도 (MPa)
㉱ NSR 시 용접부의 최고 인장 강도 (MPa)
해설 · NSR : 용접한 그대로
· SR : 용접 후 625±25℃로 응력제가 어닐링을 한 것을 뜻한다. Stress Relieving의 약자이다.

문제 125. 가스 용접으로 스테인리스 강판을 용접하려고 한다. 어느 불꽃을 사용하면 좋겠는가?
㉮ 탄화 불꽃   ㉯ 산화 불꽃
㉰ 중성 불꽃   ㉱ 표준 불꽃

문제 126. 다음 중 가스 용접 중에 플럭스를 사용하지 않아도 되는 것은?
㉮ 주철   ㉯ 연강
㉰ 구리   ㉱ 알루미늄
해설 일반적으로 연강은 그 산화물의 융점이 연강 자체 융점보다 낮기 때문에, 산화물 자체가 플럭스 역할을 하므로 별도의 플럭스가 필요하지 않다.

문제 127. 가스 용접으로 동합금을 용접하려고 한다. 적당한 플럭스는?
㉮ 붕사
㉯ 중탄산소다+탄산소다
㉰ 염화나트륨
㉱ 사용하지 않음

문제 128. 용적 30 L의 산소 용기에 150기압이 되게 산소를 충전하였다면, 이것을 대기 중에서 환산하면 부피는 얼마나 되겠는가?
㉮ 1500 L   ㉯ 2500 L
㉰ 4500 L   ㉱ 3500 L
해설 · 보일-샤를의 법칙
$$\frac{PV}{T} = \frac{P'V'}{T'}$$ 에서,
용기의 온도와 용접 중 대기 온도가 같고, P'는 대기중이므로 1기압이다.
∴ $150 \times 30 = V'$

문제 129. 가스 용접에서 사용되는 용접 가스 혼합에 맞지 않는 것은?
㉮ 산소-프로판 가스
㉯ 공기-석탄 가스
㉰ 수소-아세틸렌
㉱ 산소-아세틸렌

문제 130. 용적 40 L의 산소 용기에 고압력계

90 kg/cm²이 나타났다면 300 L의 팁으로 몇 시간 용접할 수 있는가?
㉮ 3.5시간　　㉯ 7.5시간
㉰ 12시간　　㉱ 20시간
[해설] 용적×고압력≒시간당 소모량
즉, 40×90=3600 L÷300 L=12시간

문제 131. 다음 중 용접 작업 중 산소-아세틸렌 불꽃이 갑자기 꺼지는 이유로 틀린 것은?
㉮ 모재의 과열
㉯ 아세틸렌 압력이 과대할 때
㉰ 팁에 이물질이 막혔을 때
㉱ 산소 압력이 과대할 때

문제 132. 아세틸렌 가스와 접촉하여도 폭발성의 화합물을 생성하지 않는 것은?
㉮ 구리(Cu)　　㉯ 은(Ag)
㉰ 수은(Hg)　　㉱ 니켈(Ni)
[해설] ・아세틸렌 : 구리, 동합금(20 % 이상의 동), 은, 수은 등과 접촉하면 폭발성 화합물을 생성한다.

문제 133. 다음 설명 중 가스 용접에서 후진 용접(back hand welding)의 장점이 아닌 것은?
㉮ 열효율이 높다.
㉯ 비드가 아름답다.
㉰ 작업 능률이 높다.
㉱ 용접부의 기계적 성질이 좋다.
[해설] ・후진법 : 전진법보다 비드가 곱지 못하고, 높아지는 경우가 있다.

문제 134. 가스 충전 용기의 외부에는 색깔로 도색하여 구별을 하게 되는데, 다음 가스 명과 색깔이 틀린 것은?
㉮ 수소-주황색
㉯ 염소-갈색
㉰ 아르곤-회색
㉱ 암모니아-흑색

[해설] 암모니아 충전 가스 용기는 백색으로 도색하여 구별한다.

문제 135. 가스 용접용 압력 조정기의 구비 조건 중 틀린 것은?
㉮ 동작이 예민할 것
㉯ 일정한 가스량을 방출할 것
㉰ 견고하고 사용이 간단할 것
㉱ 산소와 아세틸렌이 겸용일 것
[해설] ・압력 조정기 : 높은 압력의 가스를 임의의 사용 압력으로 감압하고, 또 용기 내 압력의 변화에도 불구하고 일정한 사용 압력으로 유지시켜 필요한 양 만큼의 가스를 토치에 공급하기 위해 필요하다.

문제 136. 다음 중 카바이드의 원료가 아닌 것은?
㉮ 석회　　㉯ 철광석
㉰ 코크스　　㉱ 석탄

문제 137. 아세틸렌과 혼합되어도 폭발성이 없는 것은?
㉮ 산소　　㉯ 인화수소
㉰ 탄소　　㉱ 공기

문제 138. 가스 용접에서 모재와 불꽃과의 거리는 대략 어느 정도로 하는 것이 가장 좋은가?
㉮ 0~1 mm　　㉯ 2~3 mm
㉰ 5~7 mm　　㉱ 10~15 mm

문제 139. 다음은 가스 용접용 압력 조정기에 대한 설명이다. 틀린 것은?
㉮ 산소 압력 조정기는 보다 높은 압력에 사용될 수 있다.
㉯ 실린더 내의 높은 압력을 작업에 적합한 압력으로 낮춘다.
㉰ 아세틸렌 압력 조정기는 보다 높은 압력에 사용될 수 있다.
㉱ 산소 압력 조정기와 아세틸렌 압력 조정기의 구조에는 근본적인 차이는 없다.

[해답] 131. ㉮　132. ㉱　133. ㉯　134. ㉱　135. ㉱　136. ㉯　137. ㉰　138. ㉯　139. ㉰

해설 산소와 아세틸렌용 압력 조정기는 그 원리와 구조 등은 같고, 압력에 관계되는 조정기 내 부품의 설계값만 다르다.

문제 140. 다음은 산소, 아세틸렌 용접에서 사용하는 보호 안경의 필터 유리 번호이다. 옳은 것은?
㉮ No. 2~3   ㉯ No. 5~6
㉰ No. 7~8   ㉱ No. 10~11

문제 141. 다음 여러 가지 발생기 아세틸렌 가스 중의 불순물 중 폭발의 위험성이 있는 것은?
㉮ 수소   ㉯ 인화수소
㉰ 황화수소   ㉱ 질소
해설 ① 황화수소 : 소량이라 할지라도 해로운 무수황산, 무수아황산이 생겨서 용착 금속의 기계적 성질을 저하시킨다.
② 인화수소 : 아세틸렌 가스에 0.02% 포함되면 폭발의 위험이 있다.
③ 수소, 수증기, 질소 등 : 산소, 아세틸렌의 불꽃 온도를 저하시킨다.

문제 142. 다음은 위보기 자세 V홈 맞대기 이음의 용접 기법에 관한 설명이다. 이 중 틀린 것은?
㉮ 제1층의 열쇠구멍은 커야 좋다.
㉯ 용융 금속이 떨어지지 않게 하기 위해서는 용융지는 넓고 얕아야 한다.
㉰ 용융 금속은 표면 장력에 의하여 지탱된다.
㉱ 용융지가 크고 용융 금속이 많으면 용융 금속이 떨어지기 쉽다.

문제 143. 아래보기 자세 V홈 맞대기 이음 용접에서 열쇠구멍을 만드는 이유는?
㉮ 두 모재의 가장자리가 같은 모양으로 녹게 하기 위해서이다.
㉯ 모재의 뒷면까지 충분한 용입이 되도록 하기 위해서이다.
㉰ 홈을 빨리 채우기 위해서이다.
㉱ 이면 비드를 균일하게 하기 위해서이다.

문제 144. 다음은 아래보기 자세 겹치기 이음의 용접 기법에 관한 설명이다. 옳지 않은 것은?
㉮ 열량은 T형 이음보다 적게 든다.
㉯ 구석 부분을 잘 녹인다.
㉰ 열량은 맞대기 이음보다 많이 든다.
㉱ 두 판을 가접할 때 두 판 사이가 약간 뜨도록 한다.

문제 145. 다음은 수직 자세 V홈 맞대기 이음 용접 기법에 관한 설명이다. 이 중 옳지 않은 것은?
㉮ 용융지가 너무 크면 용융 금속이 밑으로 처진다.
㉯ 용융 금속이 밑으로 처지면 비드 표면에 큰 요철이 생긴다.
㉰ 전층의 용융 금속이 밑으로 처지면 다음 층은 용입이 잘 된다.
㉱ 용융지가 너무 커지면 백심을 용융기 밖으로 약간 들어내어 용융 금속을 냉각시킨다.
해설 제1층 용접에서는 비드를 놓을 때 루트부의 용입과 녹은 쇳물이 처지지 않도록 주의하면서 작은 원운동을 약간 빨리하여 용접한다. 또한 용융지가 너무 크거나 뜨거우면 백심을 약간 들어내어 용융지를 알맞게 냉각시키고, 용융지가 너무 유동적이면 백심을 용접봉을 향하게 한다.

문제 146. 가스 절단을 할 때 주의할 사항 중 옳지 않은 것은?
㉮ 박판 절단의 경우에는 팁을 진행 방향으로 빨리 진행하는 것이 좋다.
㉯ 팁을 모재에서 멀리하면 절단이 되지 않는다.
㉰ 절단 속도가 빠르면 팁이 과열되고 모재의 위 가장자리가 용해되어 더러워진다.

해답 140. ㉯ 141. ㉯ 142. ㉮ 143. ㉯ 144. ㉱ 145. ㉰ 146. ㉰

㉺ 모재 표면이 적열되면 고압 산소를 분출시켜 절단한다.

[해설] 팁 끝에서 모재 표면까지의 간격은 예열 불꽃의 백심 끝이 모재 표면에서 1.5~2.0 mm 위에 있을 정도면 좋으나, 너무 가까우면 절단면의 상연이 용융하고 또 그 부분이 심하게 가탄(加炭)된다.

문제 147. 가스 절단에서 구비할 조건이 아닌 것은?
㉮ 절단부가 용이하게 연소 개시 온도에 도달해야 할 것
㉯ 모재의 성분 중에 연소를 방해하는 물질이 적을 것
㉰ 산화물의 융점이 모재의 융점보다 높을 것
㉱ 산화물의 유동성이 좋을 것

문제 148. 산소 절단시에 드래그(drag)가 생기는 이유 중 틀린 것은?
㉮ 하부로 갈수록 슬래그의 방해가 크다.
㉯ 산소가 오염된다.
㉰ 화학 작용에 의하여 다른 가스가 발생한다.
㉱ 산소 속도가 저하된다.

[해설] · 드래그 길이 : 주로 절단 속도, 산소 소비량 등에 의하여 변한다. 경제적인 면에서 본다면 드래그는 가능한 긴 편이 좋으나, 절단면 말단의 절단부가 남지 않을 정도가 되는 드래그를 표준 드래그 길이라 한다.

문제 149. 절단에서 예열 불꽃의 역할 중 틀린 것은?
㉮ 표면의 스케일 등을 용해한다.
㉯ 절단 중에는 복사에 의하여 잃어지는 열을 보충한다.
㉰ 예열 불꽃은 절단 개시점을 연소 온도까지 가열한다.
㉱ 예열 불꽃은 불순물의 반응을 저해한다.

문제 150. 다음은 프로판 가스의 성질이다. 옳지 않은 것은?
㉮ 프로판 가스는 아세틸렌보다 다량의 산소를 필요로 한다.
㉯ 프로판 가스의 팁에서 분출 속도는 아세틸렌보다 빨라야 한다.
㉰ 프로판은 아세틸렌보다 연소 속도가 느리다.
㉱ 프로판 가스와 산소는 비중이 다르다.

[해설] · 프로판 : 아세틸렌보다 연소 속도가 늦으므로 가스 분출 속도를 늦추어야 한다. 또 산소를 다량으로 필요로 하며, 프로판 가스와 산소의 비중이 차이가 있으므로 토치의 혼합실도 크게 해야 한다.

문제 151. 프로판 가스의 성질 중 옳지 않은 것은?
㉮ 액화되기 쉽고 또 액화된 것은 용기에 넣어서 수송하기가 쉽다.
㉯ 액화된 것은 쉽게 가스 상태로 기화되며, 발열량도 높다.
㉰ 폭발 한계가 아세틸렌보다 커서 관리에 주의를 기해야 한다.
㉱ 열효율이 높은 연소 기구의 제작도 용이하다.

문제 152. 절단 작업시에 중성 불꽃을 만들려면 산소 대 프로판 가스의 혼합비는 얼마인가?
㉮ 4.5 : 1   ㉯ 2.5 : 1
㉰ 1.5 : 1   ㉱ 1 : 1

문제 153. 다음 절단 토치에 대한 설명으로 틀린 것은?
㉮ 저압식 토치는 아세틸렌 게이지 압력이 0.07 kg/cm² 이하이다.
㉯ 중압식 토치는 아세틸렌 게이지 압력이 0.07~1.05 kg/cm² 이하이다.
㉰ 동심형 팁은 전후좌우 및 곡선도 자유롭게 절단할 수 있다.

[해답] 147. ㉰   148. ㉰   149. ㉱   150. ㉯   151. ㉰   152. ㉮   153. ㉱

라 이심형 팁은 작은 곡선 등의 절단에 많이 이용한다.

[해설] ① 동심형 팁 : 전후좌우 및 곡선도 자유롭게 절단할 수 있다.
② 이심형 : 예열 불꽃과 산소의 팁이 별도로 되어 있어 예열 팁이 붙어 있는 방향만 절단할 수 있고, 작은 곡선 등은 절단이 곤란하다.

문제 154. 다음 중 절단에 영향을 미치지 않는 요소는?
가 절단 속도
나 팁의 크기와 형상
다 아세틸렌 압력 및 온도
라 절단재와 두께

문제 155. 다음 중 절단 작업에서 절단면 상부 가장자리가 녹아서 둥글게 되는 원인이 아닌 것은?
가 예열 불꽃이 너무 세다.
나 절단 속도가 너무 느리다.
다 산소의 압력은 높고, 아세틸렌의 압력은 낮다.
라 모재와 팁과의 거리가 너무 가깝다.

문제 156. 절단 토치의 팁 구멍이 직선형인 것이 많이 이용되는 이유는?
가 절단이 직선적으로 되기 때문에
나 팁의 동작이 용이하다.
다 분출 산소의 속도가 빠르다.
라 분출 산소의 소비가 적다.

문제 157. 다음 절단에 관한 내용 중 옳지 않은 것은?
가 동은 산소 절단이 잘 안된다.
나 10 % 이상의 크롬을 포함하는 스테인리스강은 절단이 잘 안된다.
다 주철은 산소 절단이 잘 안된다.
라 알루미늄은 산소 절단이 잘 된다.

[해설] 산화 알루미늄의 용융 온도가 높기 때문에 알루미늄 절단은 플라스마 또는 분말 절단법으로 해야 한다.

문제 158. 산소 절단의 원리를 설명한 것 중 옳은 것은?
가 산소 절단은 산소와 철의 화학 작용에 의한다.
나 산소 절단시의 화학 반응열은 예열에 이용된다.
다 산소 절단은 산소와 철의 화학 반응열을 이용한다.
라 철에 포함되는 많은 탄소는 절단을 방해한다.

[해설] • 가스 절단 : 철과 산소의 화학 반응열을 이용하는 절단법으로, 고온으로 가열된 철사를 산소 중에 넣어 보면 쉽게 연소된다.

문제 159. 스카핑(scarfing) 작업에 대한 설명 중 옳지 않은 것은?
가 스카핑 작업은 강재 표면의 홈 또는 탈판층을 제거한다.
나 가우징(gauging)보다 넓게 표면을 깎는다.
다 가우징보다 얕게 표면을 깎는다.
라 스카핑 속도는 일반적으로 절단보다 느리다.

[해설] 스카핑 속도는 대단히 빨라서 냉각재의 경우에는 5~7 m/min, 열간재의 경우에는 20 m/min이 된다.

문제 160. 다음 아크 에어 가우징에 대한 설명 중 옳지 않은 것은?
가 전극은 텅스텐을 사용한다.
나 용접 결함 제거, 절단 및 구멍뚫기 등에 적합하다.
다 압축 공기를 이용한다.
라 가스 가우징에 비해 작업 능률이 2~3배 높고 철, 비철 어느 경우에도 사용된다.

[해설] • 아크 에어 가우징 : 탄소 아크 절단 장치에 압축 공기를 사용하는 방법과 같으며, 탄소 전극을 사용한다.

해답 154. 다 155. 다 156. 나 157. 라 158. 다 159. 라 160. 가

문제 161. 다음 산소 수중 절단(under water cutting)에 대한 설명 중 틀린 것은?
㉮ 침몰선의 해체, 교량의 교각 개조 등에 사용된다.
㉯ 지상에서 보조용 팁에 점화하여 수중에 들어간다.
㉰ 토치의 예열 구멍의 크기가 크게 되고, 예열용 연소 가스로 주로 수소 가스를 사용한다.
㉱ 수심이 얕은 곳에서는 수소 또는 프로판을 사용하고, 깊은 곳에서는 아세틸렌을 많이 사용한다.
[해설] 7.5 m(25 ft) 이내 수중 절단에는 아세틸렌이 적합하고, 10.75 m(35 ft) 수중에서는 수압이 15 psi 정도이므로 아세틸렌 가스는 폭발할 염려가 있으므로 사용할 수 없다. 그리고 수소는 압력에 무제한 사용할 수 있으나 불꽃 온도가 약간 낮다.

문제 162. 가스 가우징에 관한 설명 중 옳지 않은 것은?
㉮ 가스 용접, 절단 장치를 그대로 이용할 수 있고, 단지 팁만 교환하면 된다.
㉯ 속도는 절단할 때보다 2~5배 가량 빠르다.
㉰ 팁은 비교적 저압으로 소량의 산소를 방출할 수 있도록 설계되어 있다.
㉱ 예열 불꽃으로는, 주로 아세틸렌 불꽃을 많이 사용한다.
[해설] · 가스 가우징 팁 : 저압으로 대용량의 산소를 방출할 수 있도록 슬로 다이버젠트(slow divergent)로 설계되어 있다.

문제 163. 산소 호스에 연결된 밸브가 있는 동관에 안지름 3.2~12 mm, 길이 1.5~3 m 정도의 강관을 틀어박은 장치로 절단하는 방법은?
㉮ 스카핑 ㉯ 산소창 절단
㉰ 수중 절단 ㉱ 산소 아크 절단

문제 164. 다음 중 가스 절단이 잘 되는 금속은 어느 것인가?
㉮ 탄소강 ㉯ 스테인리스강
㉰ 주철 ㉱ 비철 금속

문제 165. 가스 절단에서 절단면에 생기는 드래그 선(drag line)에 관한 설명으로 잘못된 것은?
㉮ 절단면에 일정 간격으로 평행 곡선 모양으로 나타난다.
㉯ 이 곡선의 처짐을 드래그라 한다.
㉰ 산소 소비량을 증가시키면 드래그는 증가한다.
㉱ 절단 속도가 느리면 드래그는 영(zero)에 접근한다.

문제 166. 산소 절단에 대한 설명 중 옳지 않은 것은?
㉮ 산소의 순도가 99.5 % 이상이면 순도의 점에서는 별문제가 없다.
㉯ 산소의 순도가 낮아지면 절단 속도는 급격히 저하된다.
㉰ 산소 절단 속도는 산소 소비량에 거의 정비례한다.
㉱ 피절단재의 온도는 절단 속도에 무관하다.
[해설] 절단을 위해서는, 예열 불꽃에 의해 피절단재가 급속히 연소 온도까지 가열되어야 한다.

문제 167. 다음 중 용광로, 평로의 탭(tap) 구멍의 천공, 후판의 절단, 주강 슬래그의 덩어리, 암석의 천공 등에 적합한 절단 방법은?
㉮ 분말 절단 ㉯ 산소창 절단
㉰ 스카핑 ㉱ 금속 아크 절단

문제 168. 물분자 플라스마 아크 절단법의 절단 조건 중 절단 작업자의 조정을 요하는 것은?

[해답] 161. ㉱ 162. ㉰ 163. ㉯ 164. ㉮ 165. ㉰ 166. ㉱ 167. ㉯ 168. ㉱

㉮ 유량
㉯ 절단 가스
㉰ 절단 가스 송입 압력
㉱ 절단 속도

문제 169. 아크 절단에 관한 설명 중 옳지 않은 것은?
㉮ 아크 열로 금속을 국부적으로 용해하여 절단한다.
㉯ 절단면은 가스 절단면보다 깨끗하다.
㉰ 금속 아크에서는 피복봉을 사용하고, 직류 정극성 또는 교류를 사용한다.
㉱ 주철, 스테인리스강 등의 절단이 가능하다.
해설 대부분의 아크 절단은 가스 절단면보다 면이 깨끗하지 못하다. 그러나 플라스마 아크 절단으로는 깨끗한 면을 얻을 수 있다.

문제 170. 아크 에어 가우징 작업시 압축 공기의 압력이 어느 정도 되어야 양호한 작업이 이루어지는가?
㉮ $1{\sim}2\,kg/cm^2$ $(0.098{\sim}0.196\,MPa)$
㉯ $2{\sim}4\,kg/cm^2$ $(0.196{\sim}0.392\,MPa)$
㉰ $6{\sim}7\,kg/cm^2$ $(0.588{\sim}0.686\,MPa)$
㉱ $10{\sim}15\,kg/cm^2$ $(0.8{\sim}1.47\,MPa)$
해설 아크 에어 가우징 작업시 압축 공기 압력은 $6{\sim}7\,kg/cm^2$ $(0.588{\sim}0.686\,MPa)$ 정도가 좋으며, $4\,kg/cm^2$ $(0.392\,MPa)$ 이하로 떨어지면 작업이 불량하게 된다.

문제 171. 산소창 절단(oxygen lance cutting)의 주용도가 아닌 것은?
㉮ 평로의 탭(tap) 구멍 천공
㉯ 건축용 철근의 절단
㉰ 두꺼운 판의 절단
㉱ 주강의 슬래그 덩어리 절단
해설 건축용 철근의 절단은 일반 가스 절단을 이용한다.

문제 172. 가스 절단이 곤란한 주철, 스테인리스강 및 비철 금속의 절단부에 용제를 공급하여 절단하는 방법은?
㉮ 스카핑　　　㉯ 산소창 절단
㉰ 수중 절단　　㉱ 분말 절단

문제 173. 자동 절단기는 대체로 어떤 경우에 사용하는가?
㉮ 곧고 긴 절단선의 절단
㉯ 특수 금속 절단
㉰ 형강의 절단
㉱ 강괴의 절단

문제 174. 일반적으로 아크 절단에 사용되는 전원은?
㉮ 교류　　　　㉯ 직류 정극성
㉰ 직류 역극성　㉱ 구별 없다.
해설 모재에 발열량이 많은 직류 정극성을 많이 사용한다.

문제 175. 플라스마 제트 절단시에 가장 적당하지 않은 가스는?
㉮ 아르곤+수소　㉯ 질소
㉰ 산소　　　　　㉱ 공기
해설 보충 아르곤과 수소의 혼합 가스를 사용하며, 때에 따라 질소나 공기도 사용된다.

문제 176. TIG 절단법은 주로 금속 절단에 이용되고 있으나 다음 금속 중 TIG 절단으로 곤란한 것은?
㉮ Al　　　　　㉯ Mg
㉰ 스테인리스　㉱ 주철

문제 177. 수중 절단시 산소 소비량은 공기 중보다 몇 배나 더 요구되는가?
㉮ 1.5~2배　　㉯ 2.5~3배
㉰ 3.5~4배　　㉱ 4.5~5배
해설 수중에서는 수압 때문에 1.5~2배의 산소가 더 소요되며, 예열 가스의 양은 4~8배가 더 소요된다.

문제 178. 다음 설명 중 주철(castiron)의 가

해답　169. ㉯　170. ㉰　171. ㉯　172. ㉱　173. ㉮　174. ㉯　175. ㉰　176. ㉱　177. ㉮　178. ㉯

스 절단 작업이 어려운 이유로 적합하지 않은 것은?
㉮ 모재의 용융점이 연소 온도보다 낮기 때문에
㉯ 모재의 용융점이 산화물 연소 온도보다 높기 때문에
㉰ 모재의 용융점이 슬래그의 용융점보다 낮기 때문에
㉱ 주철 중 흑연 성분이 연소를 방해하기 때문에

문제 179. 가스 절단 작업시 절단면의 윗모서리가 둥글게 나타나는 가장 큰 원인은?
㉮ 산소 압력이 너무 세다.
㉯ 절단 속도가 높다.
㉰ 산소의 순도가 낮다.
㉱ 예열 불꽃이 너무 크다.

문제 180. 주철, 스테인리스강, 구리 등과 같은 금속을 절단하는데 적합한 특수 가스 절단법은?
㉮ 포갬 절단(stack cutting)
㉯ 분말 절단(powder cutting)
㉰ 산소창 절단(oxygen cutting)
㉱ 스카핑(scarfing)

문제 181. 수동 절단시 팁 거리는 어느 정도가 좋은가?
㉮ 0~1 mm　　㉯ 1.5~2.0 mm
㉰ 3~4 mm　　㉱ 5 mm 이상

문제 182. 다음은 특수 가스 절단에 대한 설명이다. 옳지 않은 것은?
㉮ 철분은 분말 절단의 분말로 사용되지 않는다.
㉯ 분말 절단에 사용되는 분말은 연료 역할을 하는 것이다.
㉰ 나트륨에 탄산염 및 중탄산염을 주제로 한 분말이 사용된다.
㉱ 분말 절단에 사용되는 분말은 플럭스 역할을 하는 것이 있다.

해설 분말 절단에 사용되는 분말에는 철분을 주로 사용하는 경우와 나트륨에 탄산염 및 중탄산염을 주로 하는 플럭스 분말을 사용하는 경우가 있다. 이러한 분말 전달은 철, 비철 금속 뿐만 아니라 콘크리트에도 이용된다.

해답　179. ㉱　180. ㉯　181. ㉯　182. ㉮

제2장 기타 용접 및 용접의 자동화

1. 서브머지드 아크 용접

1-1 용접의 기초

(1) 원 리

용접 이음부 표면에 입상의 물질인 플럭스를 덮고 그 속에 모재와 용접봉 간에 아크를 일으켜 용접하는 방법으로, 아크가 보이지 않으므로 서브머지드 용접(submerged welding)이라 한다.

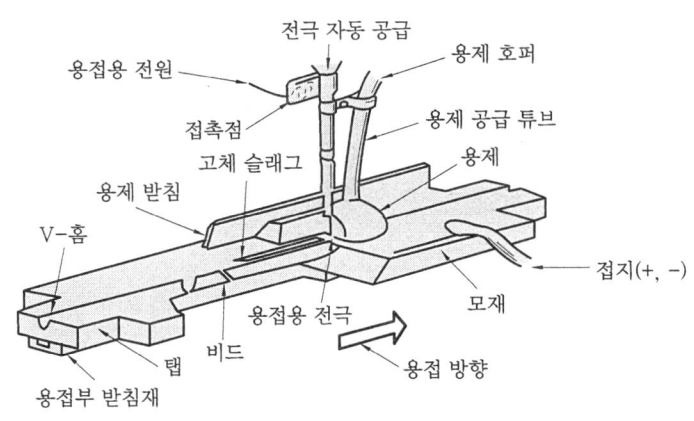

용접 원리도

(2) 장·단점

① 장 점
   (개) 높은 전류에서 용접할 수 있으므로 고능률적이다 (수동 용접의 10~20배 정도).
   (나) 용입이 깊으므로 용접 패스 수를 줄일 수 있다.
   (다) 용접 금속의 품질을 좋게 한다 (플럭스에 의해 불순물 제거 및 타원소를 첨가할 수 있다).
   (라) 비드 외관이 양호하다.

② 단 점
   (개) 설치비가 비싸다.
   (나) 개선 가공의 정도를 요한다.
   (다) 용접 자세에 제한을 받는다 (아래보기, 수평에만 적용 가능).

㈑ 용접부 길이가 짧은 곳이나 좁은 공간에서는 용접이 힘들다.
㈒ 용접 입열이 크므로 열영향부 (HAZ)가 크고, 변형을 가져올 염려가 있다.
㈓ 결함 발생을 육안으로 확인할 수 없다.
③ 용도 : 조선, 철도, 보일러, 교량, 압력 용기 등의 후판 용접에 적합하다.

1-2 용접 장치 및 재료

(1) 용접 장치

용접 헤드 (welding head) : 세 가지로 이루어져 있다.
① 용접봉 릴(electrode real)과 송급 모터 : 용접봉의 송급
② 플럭스 호퍼(flux hopper), 튜브, 플럭스 회수 장치 : 용접부에 플럭스의 공급과 회수
③ 제어 박스 (control box) : 공급 전류, 전압 등 조정

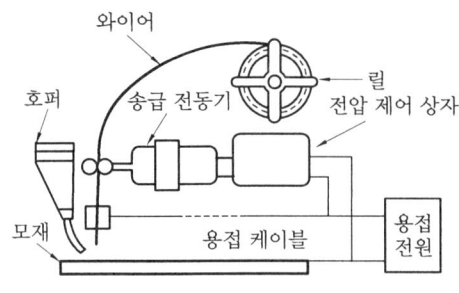

서브머지드 아크 용접기 구조

(2) 전원(power supply)

① DC 전원 : 박판, 스테인리스강, 구리 합금 등의 용접에 사용하며, 비드가 곱다. 300, 400, 600, 900, 1200 amp의 용량이 있고, 더 높은 전류가 요구될 때에는 몇 개의 전원을 병렬 연결하여 사용하면 된다.
② AC 전원 : 동력비의 염가, 아크 쏠림이 없다. 500, 750, 1000, 2000, 4000 amp의 용량이 있고, 2000 amp가 표준형이다. 4000 amp 전원 사용시 75 mm까지 one pass 용접이 가능하다.

(3) 용접 재료

① 용접 플럭스의 작용
㈎ 절연 작용으로 아크열이 외부에 발산되는 것을 막아 용접부에 집중시킨다.
㈏ 외부로부터 오염을 방지한다.
㈐ 용접 금속에 합금 원소를 첨가하여 용접부 성질을 좋게 한다.
㈑ 용접 금속에 포함된 불순물을 제거한다.
㈒ 용접 금속의 급랭을 방지한다.
㈓ 아크를 안정시킨다.
㈔ 용접 금속의 탈산 정련 작용을 한다.
② 플럭스의 종류 : 플럭스의 종류는 제조하는 방법에 따라 크게 두 가지로, 즉 용융형과 소

결형 플럭스로 나누고, 소결형 플럭스는 다시 제조 온도의 차이에 따라 저온 소결형 플럭스와 고온 소결형 플럭스로 나눌 수 있다.

- 플럭스
  - 용융형 플럭스 (fused type flux)
  - 소결형 플럭스
    - 고온 소결형 플럭스 (sintered type flux)
    - 저온 소결형 플럭스 (bonded type flux)

(가) **용융형 플럭스 (fused flux)** : 용융형 플럭스는 원료를 혼합하여 전기로에서 용해 냉각시켜 소정의 입도로 분쇄하여 만든 것으로, 외관은 일반적으로 유리 형상 (glass)의 형태를 나타낸다. 특히 흡습성이 적어 보관상에 편리한 이점이 있다. 또한 용융형 플럭스는 화학 성분에 따라 미국 LINDE 사의 상표인 G 20, G 50, G 80 등으로 나타내는 것이 일반적으로 되어 있다. 용접 중에는 플럭스로부터 용착 금속에 거의 합금 성분이 들어가지 않으므로, 강재의 종류에 따라 적당한 와이어를 선택·조합하여 사용하지 않으면 안된다.

용융형 플럭스의 입도는 12×150, 20×D 등으로 표시되며, 이것은 12 mesh에서 150 mesh 사이의 입자 크기를 가진 플럭스 또는 20 mesh에서 미분(dust)까지를 포함한 플럭스라는 것을 뜻한다. 일반적으로 입자가 가늘수록 용입이 얕고 비드 폭이 넓으며, 평활한 비드(bead)를 얻을 수 있다.

입도는 사용 전류에 따라 적당한 것을 선택하여야 하며, 낮은 전류에서는 굵은 입자를 가진 플럭스를, 높은 전류에서는 가는 입자를 사용하여야 한다.

다음 표에서는 플럭스 입도에 따른 적정 전류를 나타내고 있다.

플럭스 입도와 용접 전류 범위

입도 (mesh)	8×48	12×65	12×150	12×200	20×200	20×D
전류 방위 (A)	400 이하	600 이하	500~800	500~800	800~1000	800 이상

낮은 전류에서는 냉각 속도가 빠르므로 가는 입자를 가진 플럭스를 사용할 경우 용접시 발생되는 가스가 대기 중으로 방출되지 못해 기포(blow hole)를 발생시키게 되며, 반대로 높은 전류에서 굵은 입자를 사용하면 대기로부터의 용접부 보호가 불충분하게 되어 기포 및 비트, 표면 상태 거침, 언더컷 등을 초래하게 된다.

(나) **소결형 플럭스 (agglomerated 또는 bonded flux)** : 소결형 플럭스는 최근에 전세계적으로 연구 개발되어 생산·사용되고 있으며, 각각의 용접 부재나 용접 시공 현장에서 적용시 용융형 플럭스가 갖지 못한 여러 가지 장점을 나타냄으로써 특히 기계적 강도가 필요한 곳에 우수한 성능을 보여주고 있다.

소결형 플럭스의 제조는 원료 광성 및 합금 성분을 적당한 크기($20\,\mu\mathrm{m}$ 이하)로 분쇄 혼합하여 점결제인 규산소다(sodium silicate) 등을 첨가, 구상으로 조합시킨 후 원료 성분이 분해되거나 용융되지 않은 온도 범위에서 건조 소결하여 만든다.

용융형 플럭스가 보통의 탄소강에는 일반적으로 사용이 가능하나 고장력강이나 저합금강 또는 연강인 경우, 특히 기계적 성질이 요구되는 재질에는 만족스럽지 못한 경우가 많음에 비해 용착 금속의 강력한 탈산 작용이나 화학 성분의 조정이 필요한 곳에는 소결형 플럭스가 사용된다.

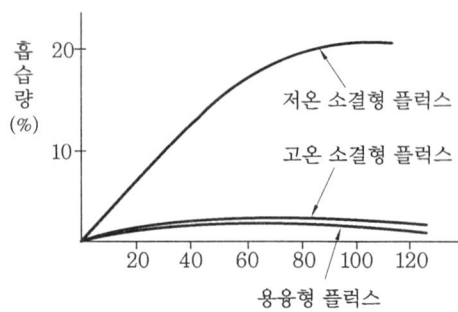

소결형 각종 플럭스의 흡습 곡선 예

③ 용접봉 : 서브머지드 아크 용접봉은 탄소강 (carbon steel), 저합금강 (low alloy steel), 고탄소강 (high carbon steel), 특수 합금강 (special alloy steel), 스테인리스강 (stainless steel), 비철 합금 (nonferrous alloys), 표면 작업용 특수 합금 (special alloys for surfacing application) 등으로 생산되며, 맨용접봉과 플럭스 코어드 용접봉과 비슷한 형태로 공급된다.

용접봉 사이즈는 일반적으로 지름 1.6~6.4 mm 범위인데, 사용 전류 범위는 다음 표에 나타난 바와 같이 사용 전류 범위가 넓은 것이 서브머지드 용접의 특징이다.

서브머지드 용접봉의 사용 전류 범위

용접봉 지름 (mm)	전류 범위 (amp)	용접봉 지름 (mm)	전류 범위 (amp)
1.6	150~400	4.0	400~1000
2.0	200~600	4.8	500~1100
2.5	250~700	5.6	600~1200
3.2	300~900	6.4	700~1600

일반적으로 용접봉 지름에 따른 사용 전류 범위는 (100~200)×와이어 지름 [mm]=전류 [amp]로 구하면 된다. 예를 들어 4 mm 와이어 용접봉인 경우에는 (100~200)×4=400~800 amp로 평균 600 amp이다.

④ 용접 뒤판 (weld backing) : 서브머지드 용접에서는 상당 기간 동안 지속되는 많은 양의 용융 금속을 만들므로, 이 용융 금속을 용접부 밑바닥에서 굳기 시작할 동안 받쳐 주어야 한다. 이때 일반적으로 많이 사용되는 것에는 뒤판 띠(backing strips), 배킹 용접 (backing weld), 구리 뒤판 (copper backing bar), 플럭스 뒤판 (flux backing) 등이 있다.

뒤판 띠와 배킹 용접 방법에서는 뒤판이 용접의 일부가 되고, 구리 뒤판과 플럭스 방법은 일시적으로 사용하는 뒤판이므로 용접 후 제거하여야 한다.

㈎ 뒤판 띠(backing strips) : 용접부의 용입이 뒤판 띠 내부까지 되기 때문에 용접의 일부가 된다. 뒤판 재료는 용접할 모재와 같아야 하며, 또한 설계가 허락하는 한 그림과 같이 뒤판이 용접 구조물의 일부가 되게 하는 것이 바람직하다.

모재와 뒤판의 접촉부는 깨끗하고 간격이 거의 없어야 하는데, 그렇지 않으면 기공 (porosity)이 발생하거나 용접부의 녹은 쇳물이 가장자리로 흘러나갈 수 있다.

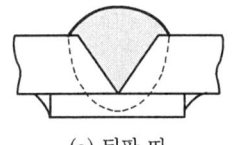 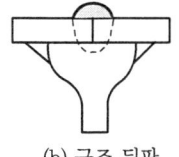

(a) 뒤판 띠   (b) 구조 뒤판

뒤판 띠

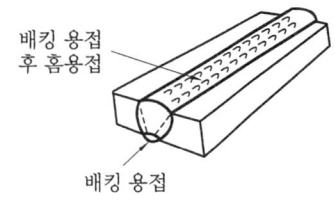

전형적인 배킹 용접

㈏ 배킹 용접(backing weld) : 용접부 뒷면 용접은 일반적으로 플럭스 코어드 용접과 같은 다른 용접법으로 하는데, 후에 서브머지드 본용접을 할 때 녹은 쇳물과 플럭스를 지지하기 위해 그림과 같이 뒷면부터 용접한다.

　용접물의 회전이 어렵고 다른 방법이 불편할 때, 수동 또는 반자동 이면 용접 방법을 이용한다. 만약 피복 아크 용접으로 저탄소강(low carbon steel)을 용접할 때 아래보기 자세에서는 E 5028 또는 E 5016 용접봉이 좋고, 위보기 용접에서는 E 4310 또는 E 4311을 사용한다. E 4312, E 4313 용접봉은 용접 후 기공이 발생하는 경향이 있으므로 사용하지 않는 것이 좋다.

　만약 배킹 용접의 용접부 성질이 어느 정도 좋으면 완전한 용접의 일부가 되겠지만, 필요하다면 본용접 후 이면 용접부를 산소 또는 아크 가우징(gauging) 또는 기계 가공으로 제거한 후 다시 서브머지드 용접을 한다.

㈐ 구리 뒤판(copper backing bar) : 어떤 이음부에서는 녹은 쇳물을 지지하기 위해 구리 뒤판을 사용하는데, 그 이유는 열전도(thermal conductivity)가 좋아서 용접 중에 녹지 않기 때문이다.

　이 구리 뒤판은 이면 비드 형상이 요구될 때 원하는 형태의 홈을 구리 뒤판에 만들어 사용할 수 있으며, 질량을 충분히 하여 용접 중 녹지 않도록 해야 하는데 그것은 아크가 거칠어지는 원인이 되기 때문이다.

　대량 생산 용접시에는 구리 뒤판에 홈을 파서 냉각수를 공급함으로써 냉각 효과를 좋게 한다. 구리 뒤판은 영구적인 용접의 일부가 되지 않기 때문에 경우에 따라서는 용접부 밑을 따라 비교적 짧은 거리를 움직이면서 아크 불빛 밑에서 용융 금속과 플럭스를 받쳐 주게 할 수 있으며, 다른 방법은 회전할 수 있는 원주 형태로 만들어 사용하는 것이다.

㈑ 플럭스 뒤판(flux backing) : 서브머지드 용접에서 적당한 압력하의 플럭스를 뒤판용으로 가끔 사용하는데, 일반적으로 플럭스 입자는 유연성이 있는 물질로 만들어진 판 위에 위치시킨다. 그림 [플럭스 뒤판]과 같이 얇은 판 밑에 팽창이 가능한 고무로 된 호스가 있는데, 호스는 5~10 psi까지 팽창하여 용접부 뒷면에 플럭스가 적당한 압력을 갖게 한다.

⑤ 시작(run on)과 끝 탭(run off tap) : 용접부의 시작 부위와 끝마치는 부위에 결함이 발생하기 쉽다.

　이러한 것을 방지하기 위해 녹은 쇳물과 플럭스가 흘러내리지 않게 하기 위해 시작 부위와 끝내는 부위에 그림 [용접 이음부의 끝 탭]과 같은 탭을 많이 사용한다.

용접의 시작은 용접 시작부에 가접한 시작 탭에서 하고, 끝마침은 끝 탭에서 한다. 탭의 크기는 녹은 쇳물과 플럭스를 지지할 수 있도록 충분해야 하며, 형태는 모재의 형태와 동일해야 한다.

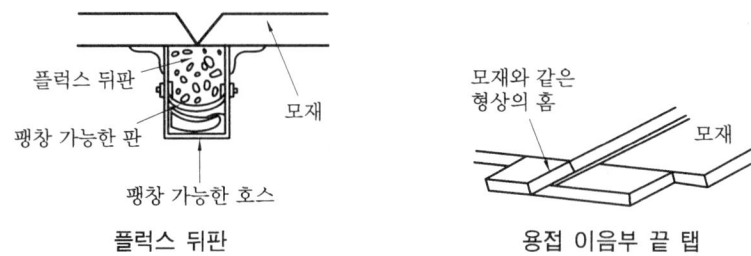

플럭스 뒤판 　　　　　　　용접 이음부 끝 탭

1-3 용접 기법

(1) 용접에 영향을 주는 요소

다른 조건은 일정하고 다음 조건이 변할 때, 다음과 같은 현상이 일어난다.

① 전류 증가 : 용입의 증가
② 전압 (아크 길이) 증가 : 비드 폭의 증가
③ 용접 속도 증가 : 비드 폭과 용입 감소
④ 용접 와이어 지름 증가 : 용입 감소 (전류 밀도가 감소하므로)

이와 같은 용접 변수들의 영향을 종합하면 다음과 같다.

- 아크 전압은 용접 가능 범위 내에서는 용입에 별로 영향을 미치지 않고, 비드 폭은 아크 전압에 정비례한다.
- 용입은 전류에 정비례하나 비드 폭은 전류와 실제로 관계가 없다. 전류가 어떤 범위 이상 증가하면 약간의 언더컷 현상이 일어난다.
- 용입은 용접봉 사이즈에 반비례한다. 즉 주어진 전류, 용접 속도에서 용접봉 사이즈가 작으면 작을수록 용입은 더 커진다. 용접봉 사이즈는 비드 폭에는 영향을 미치지 않는다.
- 용입은 용접 속도에 반비례한다. 속도가 4배 증가하면 용입과 비드 폭은 약 1/2 정도 감소한다.

【참고】
- 전류 밀도 (current density) : 전류 밀도란 용접봉 단위 면적당 통과되는 전류의 양 [amp/mm^2]으로, 전류 밀도가 큰 용접일수록 용접봉이 녹아 내리는 용착 속도 (melting rate)와 모재가 녹아 들어가는 깊이인 용입(penetration)이 커지므로 결과적으로 생산성이 향상된다. 수동 용접보다 반자동 용접이, 반자동 용접보다 자동 용접인 서브머지드 용접이 전류 밀도가 크다. 이것은 반자동 또는 자동 용접에서는 와이어에 전류를 공급하는 접촉 팁(contact tip)이 와이어 끝에서 조금 떨어진 토치 내에 위치하므로, 지름이 작아도 높은 전류를 공급할 수 있다.

(2) 플럭스의 두께와 폭

플럭스의 두께가 너무 깊으면 아크가 갇혀져서 비드 표면이 로프 (rope) 같이 거칠어지고,

용접 중 발생한 가스가 탈출할 수 없어 비드가 불규칙하게 변형된다. 반대로 플럭스의 두께가 얇으면 플럭스 사이로 아크가 새어나오고 스패터가 발생하여 기공이 발생하며, 비드 표면이 나빠진다. 그러므로 주어진 용접 조건에서 최적의 플럭스 두께는, 플럭스 양을 서서히 증가시켜 아크 불빛이 새어나오지 않을 때이다. 이렇게 되면 용접봉 주위로 가스가 서서히 새어나온다.

(3) 용접봉의 진행 방향

① 전진법(foreward welding) : 용입 감소, 비드 폭이 증가, 비드 면이 편평해진다.
② 후진법(backward welding) : 용입 감소, 비드 폭이 좁고, 비드 면이 높아진다.

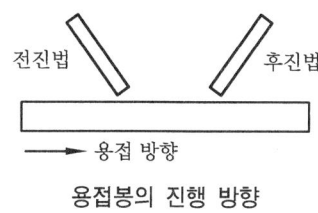

용접봉의 진행 방향

(4) 다전극식(multiple electrode) 서브머지드 용접

2개 이상의 용접봉을 능률 향상과 특수 목적을 위해 동시에 사용하는 것으로, 종류는 다음과 같다.

① 탠덤식(tandem position) : 2개 이상의 용접봉을 일렬로 배열하고, 진행 방향에 따라 차례로 나가며 용접하는 방법이다.
  • 특징 : 용입이 깊으며, 파이프 라인 용접에 사용한다.
② 횡병렬식(parallel transverse position) : 2개 이상의 용접봉을 나란히 옆으로 배열하여, 용접 방향에 따라 용접하는 방법이다.
  • 특징 : 용입은 중간 정도이며, 비드 폭이 넓다.
③ 횡직렬식(series transverse position) : 2개의 용접봉 중심선의 연장이 모재 위의 한 점에서 만나도록 용접봉을 배열하여 용접하는 방법으로, 모재는 용접 회로에서 전기적으로 절연되어 있고 한 용접봉으로부터 흐른 용접 전류는 용접부를 통해서 다른 용접봉으로 흘러나가게 되는데 그때 발생되는 아크 열로 용접하는 방법이다.
  • 특징 : 용입이 매우 얕으므로 덧붙이 용접, 즉 육성 용접에 이용한다.

2. 불활성 가스 텅스텐 아크 용접(GTAW, TIG)

2-1 용접의 기초

(1) 원 리

비소모성 텅스텐 용접봉과 모재간의 아크 열에 의해 모재를 용접하는 방법이다. 다음 그림과 같이 용융지, 텅스텐 용접봉, 용접부 주위를 불활성 가스 공급에 의해 대기로부터 오염을 방지하며, 모재 두께에 따라 용가재를 첨가하거나 하지 않을 수도 있다.

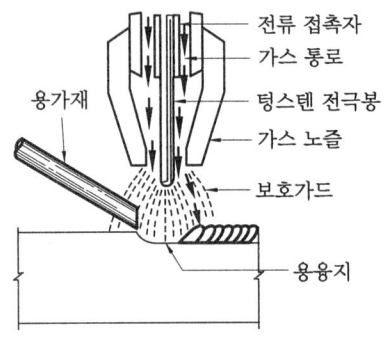

TIG 용접의 원리도

(2) 장·단점

① 장점 : TIG 용접은 용접 입열의 조정이 용이하기 때문에 박판 용접에 매우 좋다. 텅스텐 전극봉이 비소모성이므로 용가재의 첨가 없이도 아크 열에 의해 모재를 녹여 용접할 수 있고, 거의 모든 금속의 용접에 이용할 수 있다. 그러나 용융점이 낮은 금속, 즉 납, 주석 또는 주석의 합금 등의 용접에는 이용하지 않는다.

㈎ 용접된 부분이 더 강해진다.
㈏ 연성, 내부식성이 증가한다.
㈐ 플럭스가 불필요하며, 비철 금속 용접이 용이하다.
㈑ 보호 가스가 투명하여 용접공이 용접 상황을 잘 파악할 수 있다.
㈒ 용접 스패터를 최소한으로 하여 전자세 용접이 가능하다.
㈓ 용접부 변형이 적다.

② 단점 : TIG 용접은 일반적으로 SMAW, SAW, GMAW 등의 방법으로 쉽게 용접이 가능한 후판 용접에서는 이들 용접 방법과는 다음과 같은 이유로 용접 비용에 있어서 경쟁이 안 될 정도로 전체의 가격 상승을 가져온다.

㈎ 소모성 용접봉을 쓰는 용접 방법보다 용접 속도가 느리다.
㈏ 용접 잘못으로 텅스텐 전극봉이 용접부에 녹아 들어가거나 오염될 경우, 용접부가 단단하고 취성을 갖게 된다.
㈐ 부적당한 용접 기술로 용가재의 끝부분이 공기에 노출되면 용접부의 금속이 오염된다.
㈑ 불활성 가스와 텅스텐 전극봉 가격은 다른 용접 방법과 비교해 볼 때, 전체 가격의 상승에 영향을 미친다.
㈒ SMAW와 같은 다른 용접 방법에 비해 용접기 가격이 비싸다.

2-2 용접 장치 및 재료

(1) 용접 기기

다음 그림과 같이 전원(power supply), 토치, 비소모성 전극, 실드 가스 공급을 조절하는 유량계로 이루어져 있다.

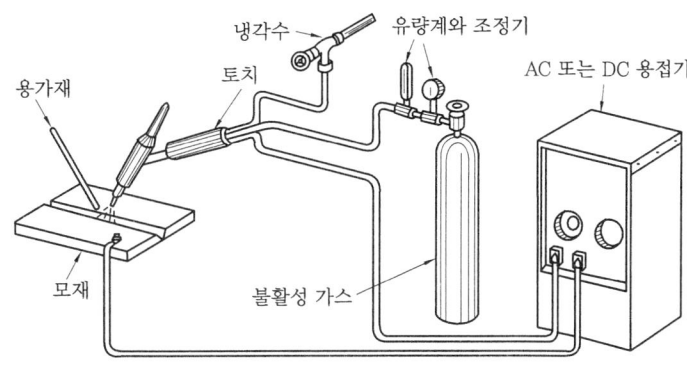

TIG 용접의 기본적인 장치도

① 전원 : 현재 사용되고 있는 TIG 용접기 전원은 정전류 특성(constant current characteristic)인 AC 또는 DC이다. 이때 AC 또는 DC 용접기의 선택은 요구되는 용접 특성 및 모재의 재질에 따라 좌우된다. 예를 들어 어떤 금속은 AC 전원으로 보다 쉽게 용접되는 반면에, 다른 금속들은 DC로서 좋은 결과를 얻을 수 있다.

AC, DC 전원으로 용접할 때의 특징은 다음과 같다.

㈎ 직류 정극성(DSCP) : 같은 사이즈의 용접봉으로도 높은 전류를 사용할 수 있기 때문에, 그림 (b)와 같이 용입이 깊고 용접 속도가 빠르며 비드 폭이 좁아진다.

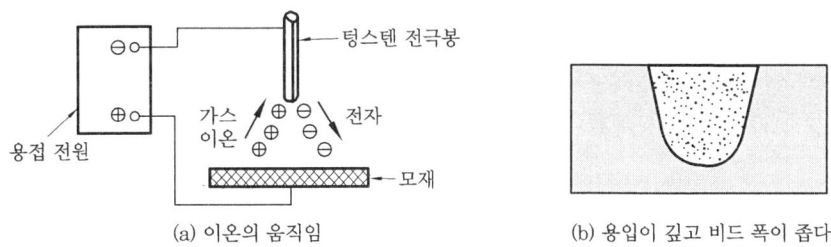

직류 정극성일 때 이온들의 움직임과 용입 형상

㈏ 직류 역극성(DCRP) : 거의 사용하지 않고 특수한 경우 Al, Mg 등의 박판 용접에 사용한다.
- 용접봉에 발생열이 많기 때문에 용접봉 끝이 녹아 내릴 염려가 있고, 같은 전류에서 정극성보다 4배 정도 사이즈가 큰 용접봉을 사용한다.
- 아르곤을 실드 가스로 사용할 때 청정 작용(cleaning action)이 있다.
- 그림 (b)와 같이 용입이 얕고, 비드 폭이 넓다.

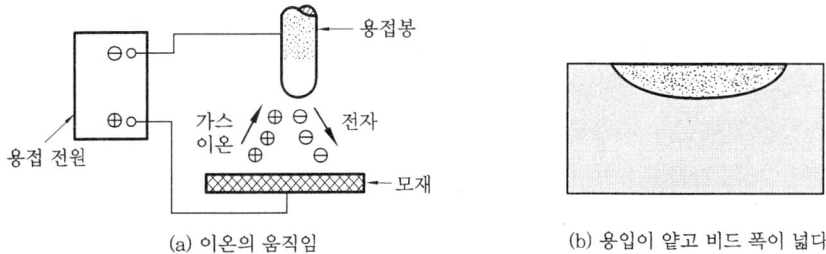

직류 역극성일 때 이온들의 움직임과 용입 형상

㈐ 교류 (AC) : 알루미늄, 마그네슘 등의 비철 금속 용접에 이용한다.
- 고주파 (HF) 전원을 첨가하여 사용한다.
- 용입과 비드 폭은 정극성과 역극성의 중간이다.
- 청정 작용은 역극성일 때의 반 정도가 일어난다.

극성에 따른 비드 형상 비교

사용 극성	DCSP	DCRP	ACHF
전자와 이온의 흐름 용입 현상			
청정 작용	없다.	있다.	있다 (DCRP의 반).
발생 열	70 % 모재	30 % 모재	50 % 모재
	30 % 용접봉	70 % 용접봉	50 % 용접봉
용 입	깊고 좁다.	얕고 넓다.	중간
용 도	후판 용접	박판 용접	경금속 용접

[고주파 교류 전원을 일반 교류 전원과 비교했을 때의 장점]
- 전극을 모재에 접촉시키지 않아도 아크가 발생한다.
- 아크가 안정된다.
- 긴 아크를 유지할 수 있으므로, 육성 용접이나 표면 경화 작업에 용이하다.
- 텅스텐 용접봉에 많은 열을 받지 않는다.
- 전자세 용접이 용이하다.
- 일정한 용접봉 사이즈로 사용할 수 있는 전류 범위가 크고, 보다 낮은 전류로 용접이 용이하다.

[청정 작용 (cleaning action)]
　　청정 작용이란 용접시 용접봉과 모재 사이의 극성 배치가 그림 (b)와 같이 전극봉이 양극 (+), 모재가 음극 (−)으로 연결되었을 때(직류 역극성일 때) 음극 쪽인 모재 표면에 발생하는 음극 청정 작용 (cathodic cleaning action)으로 산화막이 제거되는 것을 뜻한다.
　　이 청정 작용은 대부분의 금속에서 발생하며 알루미늄 (Al)과 마그네슘 (Mg) 등과 같이 산화력이 높으며, 산화물의 용융 온도가 모재의 용융 온도보다 높은 재질에서 특히 중요하다. 이 재질의 용접시에는 산화물이 녹지 않고 용융지를 덮고 있어 용융지의 흐름이나 용적과 용융 금속간의 결합을 방지하기 때문에 용접이 곤란하다.
　　따라서 가스 용접이나 수동 아크 용접시에는 산화물을 화학 반응으로 제거할 수 있는 용제를 사용하여야 하며, 불활성 가스 아크 용접시에는 청정 작용으로 모재 표면의 산화막이 제거되어 용제의 사용 없이 용접할 수 있게 된다.
　　그러나 티그 (TIG) 용접시 역극성일 경우에는 아크에서의 열 평형이 텅스텐 전극봉 쪽으로 70% 정도 쏠려 전극봉이 과열되어 녹을 염려가 있기 때문에 정극성의 경우보다 지름이 큰 전극봉을 사용해야 하며, 사용할 수 있는 전류의 세기도 제한된다.

따라서 Al 합금의 티그(TIG) 용접시에는 교류 전류를 사용하며, 미그(MIG) 용접시에는 직류 역극성을 사용하는 것이 일반적이다.

직류 역극성에서만 청정 작용이 생기는 원인은 양이온의 충돌로 인한 산화막 파괴 이론과 음이온 방출로 인한 산화막 파괴설이 있으나, 순수 Al 표면에서의 전자 방출 에너지(3.95 eV)와 Al 산화 피막에서의 전자 방출 에너지(1.77 eV)를 비교할 때 후자의 이론은 신빙성이 없는 것으로 여겨지고 있다. 또한 아르곤을 보호 가스로 사용할 때 청정 작용이 일어나는데, 아르곤 가스는 열전도성이 낮아 플라스마가 집중되어 아크 밀도가 커지므로 열에너지가 집중되어 불활성 산화물을 제거한다는 설도 있다.

- 정극성 : 전극봉 음극(−), 모재 양극(+)
- 역극성 : 전극봉 양극(+), 모재 음극(−)

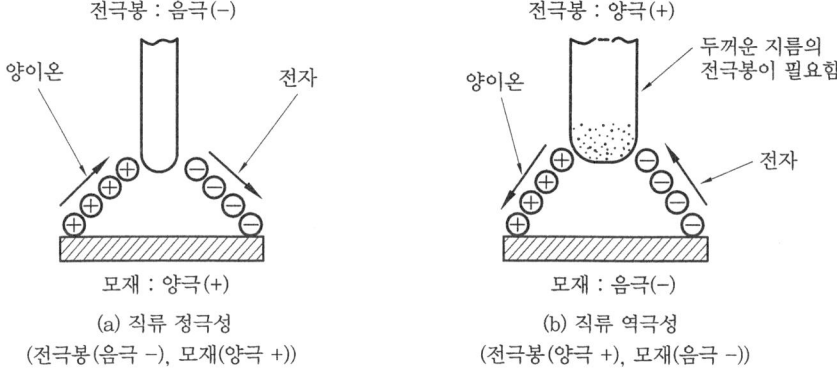

아크의 극성 변화에 따른 양이온과 음이온의 거동

② 토치 : 종류에는 냉각 방법에 따라 공랭식(100 amp 이하)과 수랭식(100 amp 이상)의 두 가지가 있다.

가스 컵(가스 노즐)의 크기는 사용하는 텅스텐 용접봉 지름의 4~6배 정도가 적당하다. 컵 사이즈가 작으면 과열되어 잘 깨지고, 너무 크면 실드 가스의 소모가 많다.

(2) 용접 재료

① 전극봉 : 각 용접에서 정확한 종류와 사이즈의 전극봉을 사용하는 것은 중요하다. 적당한 전극봉으로 용접해야 만족할 만한 결과를 얻을 수 있다.

종류	구분 색깔 (color code)	사용 전원	특징
순 텅스텐	초록 (green)	교류 고주파	가격이 싸고, 비교적 낮은 전류를 사용하는 용접에 이용한다.
1% 토리아 텅스텐 (thoria tungsten)	노랑 (yellow)	직류 정극성 또는 직류 역극성	순 텅스텐보다 비싸지만 수명이 길고, 전류 전도성이 좋다.

2 % 토리아 텅스텐	빨강 (red)	직류 정극성 또는 직류 역극성	1 % 보다 수명이 길고, 주로 항공기 부품같은 박판 정밀 용접에 사용한다.
지르코니아 텅스텐 (zirconia tungsten)	갈색(brown)	교류 고주파	텅스텐보다 수명이 길고, 주로 교류 용접에 이용한다.

⑷ 용접봉 가공
- DCSP (연강 또는 스테인리스강)로 용접할 때에는 끝을 뾰족하게 가공하는데, 전극봉 끝의 경사각에 따라 비드 형상에 영향을 받는다.
- AC (알루미늄, 마그네슘), DCRP (알루미늄, 마그네슘 등의 박판)로 용접할 때에는 끝을 볼 (ball) 형상으로 가공하거나 또는 가공 전 상태의 텅스텐 전극봉으로 DCRP로 용접하거나 구리판에 아크를 발생시키면 전극봉 끝이 자동적으로 반원의 볼 (ball) 형상이 된다. 이러한 볼 형상의 크기는 전극봉 지름의 1.5배 이상이 되지 않아야 한다.

⑷ 전극봉 끝의 경사각에 따른 비드 형상 : DCSP 전극을 가공할 때에는 경사각에 따라 비드 형상이 갈라지는데, 그 이유는 전자가 전극봉의 경사진 표면으로부터 수직으로 발산되기 때문이다.

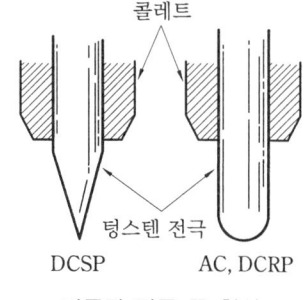

가공된 전극 끝 형상

그림은 30° 각도인 경우와 같이 연필처럼 길게 경사진 경우는 아크가 약하며, 용입이 얕고 비드 폭이 넓어진다. 반대로 끝이 무뎌질수록 아크가 집중되어 용입이 깊어진다.

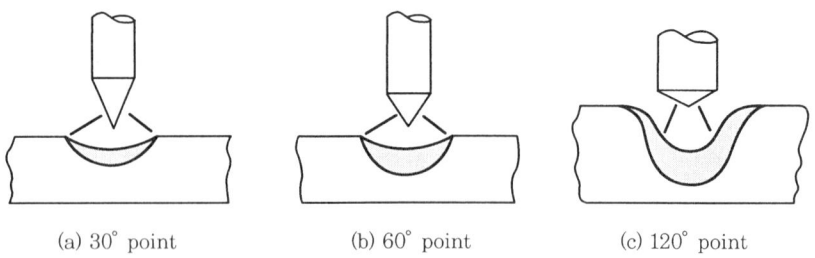

같은 전류 범위에서 텅스텐 전극 경사각이 용입과 비드 폭에 미치는 영향

⑷ 텅스텐 전극봉의 수명을 단축시키는 요인
- 너무 높은 전류를 사용함으로써 전극봉 끝이 녹아 내린다.
- 용접이 끝난 후 보호 가스를 제대로 공급하지 않아 텅스텐이 산화된다 (공식 : 사용 전류 10 A 당 1초간 보호 가스를 공급해야 한다).
- 용접 중 텅스텐 전극봉과 모재 또는 용가재와 부딪칠 경우 전극봉 끝이 오염된다.
- 너무 낮은 전류를 사용함으로써 낮은 온도 때문에 텅스텐이 부식된다.
- 가스 노즐 속으로 공기가 침투하면 전극봉이 산화되어 용융지에 녹아 들어간다 (용접 후 텅스텐 전극봉 끝이 은백색 광택을 띠지 않으면 산화되었다는 뜻인데, 이 때 텅스텐 전극봉 소모는 산화되지 않았을 때의 20~30배 정도 일어난다).

② 실드 가스 : 주로 아르곤과 헬륨을 많이 사용하며, 각각의 특징은 다음과 같다.

아르곤과 헬륨의 특징

특 징	아르곤 (argon)	헬륨 (helium)
아크 전압	낮다 (열의 발생이 적다).	높다 (열의 발생이 많다).
아크 발생	헬륨보다 쉽다.	아르곤보다 어렵다.
열영향부 (HAZ)	헬륨보다 넓다.	아르곤보다 좁다.
가스 소모량	적다 (분자량 40).	많다 (분자량 4).
아크 안정성	좋다.	아르곤보다 나쁘다.
모재 두께	박판에 좋다 (열의 발생이 적다).	후판에 좋다 (열의 발생이 많다).
청정 작용 (cleaning action)	있다 (DCRP, AC).	없다.
용입 (penetration)	얕다 (shallow).	깊다 (deep).
기 타	수동 용접에 좋다.	자동 용접에 좋다.

㈜ 혼합 가스 : 헬륨 (25 %)과 아르곤 (75 %)을 혼합한 가스는 순 아르곤일 때보다 용입이 깊고, 아크 안정성은 순 아르곤일 때와 거의 같다.

3. 불활성 가스 금속 아크 용접 (GMAW)

3-1 용접의 기초

(1) 원리

소모성 전극과 모재 간의 아크 열에 의하여 용접이 이루어지고 용접봉, 용융지, 아크, 모재의 인접한 부위는 토치를 통해서 공급하는 실드 가스에 의해 공기의 오염을 막아 용접 금속을 보호한다. 원리는 다음 그림과 같다.

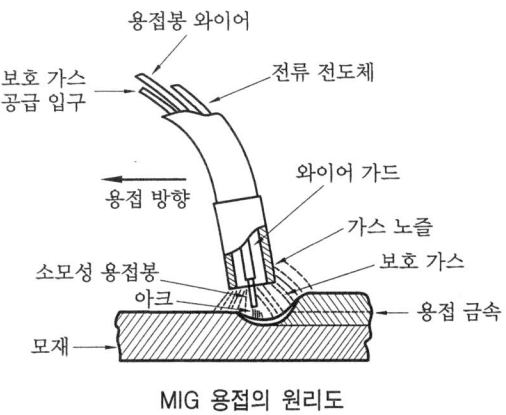

MIG 용접의 원리도

(2) 장·단점

① 장 점

㈎ 용접기 조작이 간단하여 손쉽게 용접 방법을 배울 수 있다.

(나) 용접봉을 갈아 끼울 필요가 없으므로, 용접 속도가 빠르다.
(다) 슬래그가 없고 스패터가 최소로 되기 때문에, 용접 후 처리가 별로 없다.
(라) 용착 효율이 좋다 (수동 피복 전기 용접 : 약 60 %, MIG 용접 : 약 95 %).
(마) 서브머지드 용접과 달리 전자세 용접이 가능하다.
(바) 피복 전기 용접보다 전류 밀도가 크기 때문에 용입이 깊다.

② 단 점
(가) 장비비가 고가이고, 이동해서 사용하기 힘들다.
(나) 토치가 용접부에 접근하기 곤란한 경우에는 용접하기 어렵다.
(다) 슬래그가 없기 때문에 용착 금속의 냉각 속도가 빨라서 용접부의 금속 조직과 기계적 성질을 변화시킬 수 있다.
(라) 옥외에서 사용하기 힘들다.

(3) 용 도
초기에는 알루미늄, 마그네슘, 스테인리스강 용접에 적용되었으나, 현재는 여러 종류의 강 또는 합금강, 비철 금속 용접에 많이 이용된다.

3-2 용접 장치 및 재료

(1) 용접 기기
① 전원(power supply) : 정전압 특성(constant potentional characteristic)을 갖춘 직류 역극성(DCRP)을 사용한다.

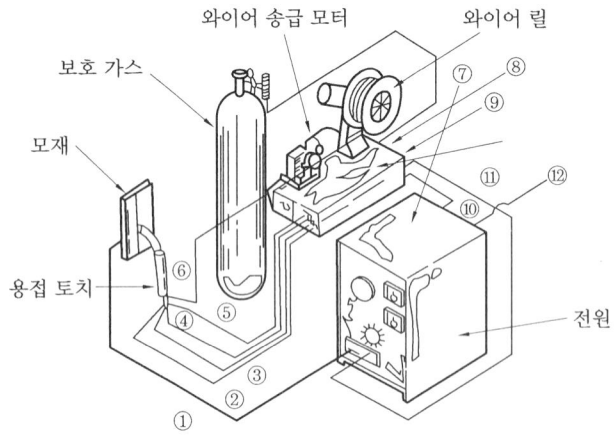

MIG 용접의 기본적인 장치

② 토 치
(가) 공랭식 : 200 amp 이하의 전류에 사용하고, 높은 전류를 사용해야 할 때에는 실드 가스로 탄산가스를 사용하면 된다.
(나) 수랭식 : 200 amp 이상의 전류를 사용할 때 사용한다.

(2) 용접 재료

- 실드 가스 : MIG 용접에 사용하는 실드 가스 종류는 불활성 가스인 아르곤, 헬륨 또는 탄산가스이며, 이들 가스 중 한 가지 또는 두 가지 이상 혼합해서 사용할 수 있다.

① 아르곤 (argon) : 아르곤은 화학적으로 불활성 가스이므로 용접부에서 다른 물질과 결합하지 않으며, 15.7 전자볼트의 이온화 전위를 갖는다. 이온화 전위란 아르곤 가스 원자로부터 전자를 제거하는데 필요한 에너지를 말하며, 이렇게 가스 원자가 ⊕ 이온과 전자인 ⊖ 이온으로 이온화되면 용접 전류가 통과되는 좋은 길이 된다.

또한 아르곤은 열전도성이 낮아서 아크 플라스마가 집중되어 아크 밀도가 커진다. 아크 밀도가 커지면 모재에 보다 많은 열이 가해져서, 결과적으로 다음 그림과 같이 용접부 중심 쪽에 비교적 좁고 깊은 젖꼭지 모양의 비드를 만든다.

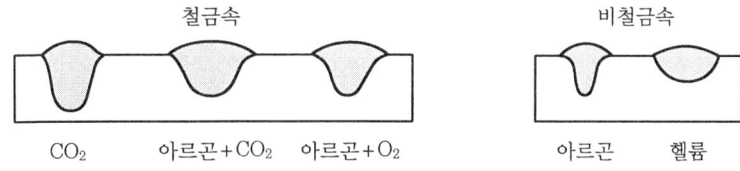

보호 가스와 비드 단면

② 헬륨 (helium) : 헬륨도 아르곤과 마찬가지로 불활성 가스이다. 헬륨은 24.5 전자볼트의 이온화 전위를 가지고 공기보다 가벼우며, 높은 열전도성(thermal conductivity)을 갖기 때문에 헬륨을 보호 가스로 사용하면 아르곤일 때보다 용입이 비교적 얕고 비드가 넓어져서 그림 [보호 가스와 비드 단면]과 같은 형상이 된다. TIG 용접에서는 헬륨을 사용시 아크 발생이 어려우나 MIG 용접시에는 덜하다. 헬륨도 알루미늄, 마그네슘, 구리 같은 비철 금속 용접에 주로 사용하고 다른 보호 가스들과 혼합하여 사용할 수도 있다.

③ 아르곤-헬륨 : 아르곤 헬륨 가스를 혼합해서 사용하므로, 두 가지 가스의 장점을 모두 얻을 수 있다. 즉, 용입과 아크 안정성의 균형을 이룰 수 있으며, 헬륨에 아르곤 25%를 혼합하면 순 아르곤만 사용할 때보다 용입도 깊고 아크 안정성은 순 아르곤을 사용할 때와 거의 같다. 또한 아르곤일 때보다 용접 입열이 크고 기공의 발생도 적으며, 헬륨일 때보다 아크가 조용하고 조정이 쉽다. 그러므로 특별히 알루미늄 구리-니켈 합금 같은 비철 금속 후판 용접에 적합하여, 용접할 모재 두께가 두꺼울수록 헬륨의 함량을 증가시키면 된다.

④ 아르곤-탄산가스 : 아르곤과 헬륨 같은 불활성 가스들만 혼합해서 사용하는 것이 아니고, 불활성 가스에 탄산가스 같은 활성 가스를 혼합해서 용접성을 향상시킬 수 있다. 아르곤에 탄산가스를 혼합하면, 아크가 안정되고 용융 금속의 이행을 빨리 촉진시키며 스패터를 감소한다. 탄소강과 저합금강 용접에서는 용입의 형태도 변화시키며, 또한 용융지 가장자리를 따라 용융 금속의 유동성이 좋아서 언더컷을 방지한다. 이와 같은 이유로 아르곤-탄산가스는 주로 연강, 저합금강과 스테인리스강의 용접에 이용된다.

⑤ 헬륨-아르곤-탄산가스 : 이와 같은 혼합 가스를 사용하면 주로 단락형 이행이 되고 오스테나이트 스테인리스강을 용접할 때 사용하며, 일반적으로 헬륨 90%, 아르곤 7.5%, 탄산가스 2.5%를 혼합한 것을 사용한다. 이 혼합 가스를 사용하면 비드 표면 덧살이 아주 작아지므로 비드 표면 덧살이 문제가 되는 용접에 아주 적합하며, 주로 스테인리스강 파이프 용접에 많이 이용된다.

⑥ 아르곤+산소 : 아르곤은 분무형 이행을 가능하게 하므로, MIG 용접에서는 우수한 보호 가스이다. 그러나 강이나 스테인리스강을 아래보기나 수평 필릿 용접할 때 순 아르곤을 사용하면, 다음 그림과 같이 비드 가장자리에 언더컷을 야기시킨다.

　이와 같은 현상을 방지하기 위해 아르곤에 산소를 1~5% 첨가하면 산소에 의해 약간의 제한된 산화가 일어나 아크를 통과하는 용융 금속의 온도를 증가시켜 액상 상태의 시간을 길게 하며, 생성된 산화물은 일종의 플럭스(flux) 역할을 하여 용접부 가장자리에 녹은 쇳물이 잘 스며들게 되어 언더컷이 없어지고 우수한 형태의 비드를 얻을 수 있다.

　따라서 아르곤+산소의 혼합 가스는 스테인리스강 용접에서는 일반적으로 많이 사용되고, 연강이나 저합금강에서도 사용될 수 있으나 가격이 문제가 된다.

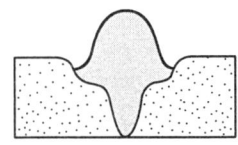 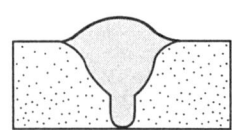

　　아르곤 가스　　　　　아르곤-산소 혼합 가스

스테인리스강의 MIG 용접

⑦ 탄산가스 : 값이 저렴하고 구하기 쉬워 주로 연강 용접에 많이 이용한다. 용접 속도가 빠르고 용입도 깊으며, 비드 폭이 넓다. 단점은 아크가 거칠고 스패터 발생이 조금 많다.

3-3 용접 기법

(1) 용융 금속의 이행 형태

MIG 용접에서 용접봉으로부터 모재로 용융 금속이 이행하는 현상은, 다음과 같은 요인에 의해 좌우된다.

- 용접봉 사이즈
- 용접 전류 및 아크 전압
- 실드 가스 종류
- 용접봉의 돌출 길이(electrode extension)

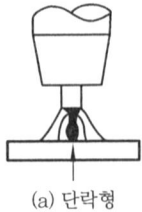  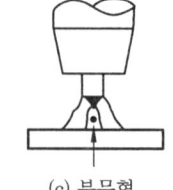

　(a) 단락형　　　　(b) 입적이행　　　　(c) 분무형

용융 금속의 이행 형태

① 단락형(short circuiting transfer)
　㈎ 큰 용융 쇳물이 용융지에 접촉하고 표면 장력에 의해 모재로 1초에 20~200회 이행하며, 그림 (a)와 같다.
　㈏ 비교적 낮은 전류에서 발생한다.
　㈐ 탄산가스를 실드 가스로 사용할 때 일어난다.
　㈑ 박판 용접에 적합하다.

㈑ 전자세 용접이 가능하다.
② 입적 이행(globular transfer)
㈎ 용접봉 끝에서 그림 (b)와 같이 쇳물방울이 와이어 지름의 2~3배 크기로 되어 모재로 이행한다.
㈏ 모든 종류의 실드 가스에서 발생한다.
㈐ 낮은 전류 밀도에서 발생한다.
㈑ 아크가 불안정해지고 용입이 얕으며, 스패터가 많이 발생한다.
㈒ 위보기 자세에는 사용이 불가능하다.
③ 분무형 이행(spray transfer)
㈎ 그림 (c)와 같이 용접봉의 지름과 같거나 작은 용융 입자의 급속한 분무 형태 이동이다.
㈏ 높은 전류 밀도에서 발생한다.
㈐ 실드 가스로서 불활성 가스를 80 % 이상 사용할 때 일어난다.
㈑ 용접 입열이 크고 용입이 깊기 때문에 3.2 mm 이상의 후판에 좋다.
㈒ 전자세 용접이 가능하다.

(2) 용접에 영향을 주는 변수

용접 와이어와 보호 가스가 정해지면 용접 변수들을 결정해야 한다. 이때 용접 특성이 많은 영향을 주는 용접 변수는 용접 전류, 아크 전압, 용접봉 돌출 길이, 용접 속도, 토치 위치, 용접봉 지름 등이 있다.

① 용접 전류(welding current) : MIG 용접에서는 용접 전류와 와이어 공급 속도(만약 전류 접촉 팁으로부터 와이어 돌출 길이가 일정하면)는 거의 정비례한다. 같은 지름의 와이어에서 전류가 증가하면, 전류 밀도가 커져서 용입과 와이어의 용융 속도가 증가한다.

② 용접 전압(welding voltage) : 아크 전압(아크 길이)은 와이어 끝과 모재간의 전압으로 용접 금속의 이행 형태에 중요한 영향을 주는데, 단락형 용접에서는 비교적 낮은 전압인데 반해 분무형 용접에서는 높은 전압이어야 한다.

아울러 용접 전류와 와이어 용융 속도가 증가하면, 아크 전압은 아크 안정을 위해 다소 증가해야 한다. 적정 전압보다 아크 전압이 높아지면 비드 폭이 넓어지고, 표면 덧살은 낮아지며 스패터가 많아진다.

③ 용접봉 돌출 길이(electrode extension) : 전류 접촉 팁에서 와이어 끝까지의 거리에 따라 다음 그림과 같이 비드 형상이 변하며, 적정 길이는 다음 표와 같다.

돌출 길이가 용접에 미치는 영향

돌출 길이 증가	비드 높이를 증가시킨다 (용가재의 용착 속도를 증가시킨다).
	용접 전류와 용입을 감소시킨다.
돌출 길이 감소	비드 높이를 감소시킨다 (용가재의 용착 속도를 감소시킨다).
	용접 전류와 용입을 증가시킨다.

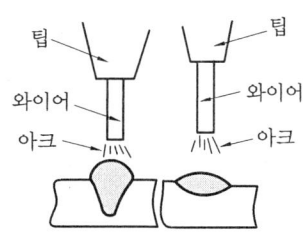

용접봉 돌출 길이

전류 접촉 팁에서 모재까지의 적정 거리

용접 전류	팁에서 모재까지의 거리 (mm)	비 고
<250	6~15	전류가 높아지면 높아질수록 팁에서 모재까지의 거리도 증가시켜야 한다.
≧250	15~25	

④ 용접 속도 (travel speed) : 용접 속도는 아크가 용접 이음부를 따라 움직이는 속도로, 단위는 보통 [cm/min]이다. 용접 속도에 관한 일반적인 세 가지 사항은 다음과 같다.
　㈎ 모재 두께가 증가할수록 용접 속도는 늦게 해야 한다.
　㈏ 같은 이음 형상과 재료 두께에서는 전류가 증가하면 용접 속도도 증가한다.
　㈐ 전진법(forehand)으로 하면 용접 속도도 빨라진다.

⑤ 토치 위치(position of gun) : 용접 진행 방향과 토치 끝이 향하는 방향에 따라, 다음 그림과 같이 변한다.

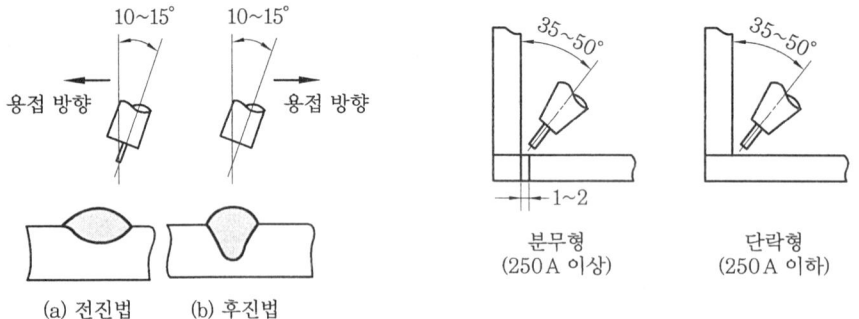

토치 위치

⑥ 용접봉 지름 (electrode size) : 용접봉 지름은 비드 크기, 용입의 깊이, 용접 속도에 영향을 미친다. 일반적으로 같은 전류에서 용접봉 지름이 작아지면 전류 밀도 (current density)가 커지므로 용입이 깊어지고, 동시에 용접봉의 용착 속도가 증가하므로 용접 속도에도 영향을 준다.

⑦ 모재의 기울임(inclination of mother plate) : 모재의 기울임에 따라, 다음 그림과 같이 변한다.

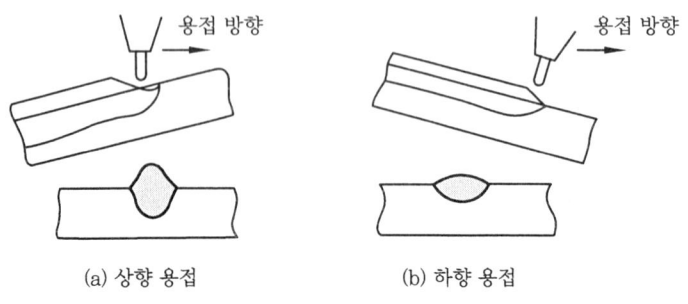

모재의 기울임

4. 플럭스 코어드 아크 용접(FCAW)

4-1 용접의 기초

(1) 원 리

플럭스 코어드 아크 용접은 용접 기기 및 작동 원리에 관한 한 다음 그림에서 보는 바와 같이 가스 메탈 아크 용접(MIG)과 같으나, 근본적인 차이는 사용하는 용접봉이다.

플럭스 코어드 용접봉은 이름 자체가 의미하는 바와 같이 용접봉 중심부가 플럭스로 채워져 있다.

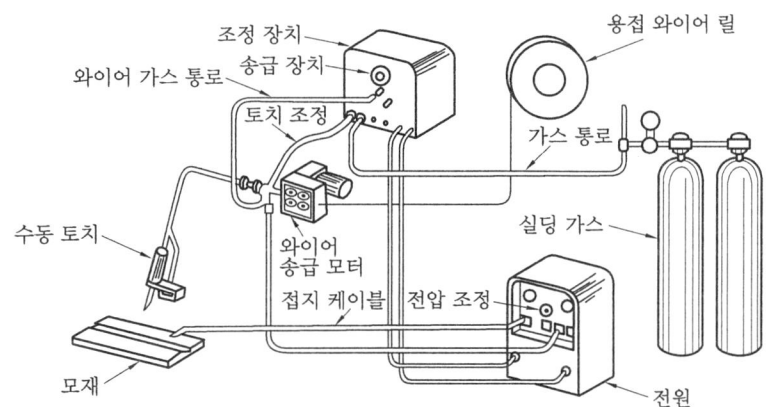

플럭스 코어드 용접에 필요한 장치

또한 이 용접에서는 그림 (a)와 같이 외부에서 보호 가스를 공급하는 가스 보호 플럭스 코어드 용접과 그림 (b)와 같이 자체 용접봉 플럭스의 연소 가스 보호에 의해 용접하는 자체 보호 플럭스 코어드 용접의 두 가지가 있다.

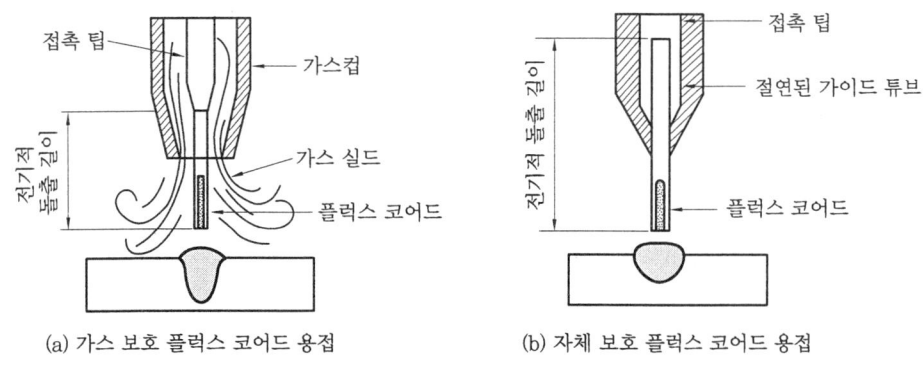

(a) 가스 보호 플럭스 코어드 용접   (b) 자체 보호 플럭스 코어드 용접

플럭스 코어드 아크 용접

(2) 장 점

① 가스 보호 플럭스 코어드 용접
  (개) 용착 속도 (9000 g/H)가 높다. 즉, 피복 전기 용접은 3150~3200 g/H이며, 솔리드 와

이어(solid wire)는 4500~5200 g/H이다.
  ㈏ 용입이 깊기 때문에 맞대기 용접에서 면취 개선 각도를 최소 한도로 줄일 수 있고 용접봉의 소모량과 용접 시간을 현저히 줄일 수 있으며, 구석살 이음 용접에서 43%까지의 용접봉이 절감된다.
  ㈐ 용접성이 양호하고 사용하기 쉬우며, 스패터 및 흄 가스 발생이 적고 슬래그 제거가 빠르고 용이하다.
    • 다른 용접에 비해 이중 보호로 인해 용착 금속의 대기 오염 방지를 효과적으로 할 수 있다.
    • 용착 금속은 균일한 화학 조성 분포를 가지며, 모재 자체보다 양호하게 균일한 분포를 갖는 경우도 있다.
  ㈑ 전자세 용접이 가능하다.
  ㈒ 모든 연강, 저합금강의 용접이 가능하다.
  ㈓ 다른 용접 방법보다 가격이 저렴하다.
 ② 자체 보호 플럭스 코어드 용접
  ㈎ 사용이 간편하고 적용성이 크며, 용접부 품질이 균일하다.
  ㈏ 작업자가 용융지를 볼 수 있어 용접부 품질이 최대가 되도록 용융 금속을 정확하게 조정할 수 있다.
  ㈐ 전자세(vertical-up, vertical-down, overhead) 용접이 가능하다.
  ㈑ 보호 가스가 바람에 날리지 않기 때문에, 옥외의 바람이 부는 곳에서 바람막이 스크린 없이도 용접이 가능하다.
  ㈒ 용접 토치가 가볍고 조작하기 쉬워 용접 중 작업자의 피로도가 최소로 되어 작업 능률이 향상된다.
  ㈓ 높은 전류를 사용하기 때문에 용착 속도와 용접 속도가 증가하여 용접 비용이 절감된다.
  ㈔ 이 용접 방법은 보수 용접, 기계 제작, 조립 용접, 조선, 저장 탱크, 건물의 구조물 용접 등 이용 범위가 광범위하다.

4-2 용접봉

플럭스 코어드 용접봉은 1954년 최초로 개발되어, 1957년에 현재 사용되고 있는 형태의 것이 소개되었다.

용접봉의 사이즈는 1.6, 2.0, 2.4, 2.8, 3.2 mm 등이 있으며, 용도로는 연강용 고장력 구조용강의 저합금강, 저온에서 사용하는 니켈 함유량 용접봉, 스테인리스강 용접봉, 표면 경화용(hard-surfacing) 용접봉 등이 있다.

(1) 용접봉 속의 플럭스 작용

플럭스 코어드 용접봉 플럭스 속의 플럭스 양은 전체 무게의 15~20% 정도로 이루어져 있으며, 역할은 다음과 같다.
  ① 탈산제 역할과 용접 금속을 깨끗이 한다.

② 용접 금속이 응고할 동안 용접 금속 위에 슬래그를 형성하여 보호한다.
③ 아크를 안정시키고, 스패터를 감소시킨다.
④ 합금 원소의 첨가로 강도를 증가시키고, 다른 원하는 용접부 성질을 얻을 수 있다.
⑤ 용접 중 플럭스가 연소하여 보호 가스를 형성한다.

(2) 전류 밀도

전류 밀도는 용접봉 단위 면적당 통과하는 전류량으로, 플럭스 코어드 용접봉과 솔리드 와이어 용접봉의 전류 밀도는 차이가 있다. 플럭스 코어드 용접봉의 코어(core) 부분은 전류가 잘 통하지 않는다.

다음 그림에서 보는 바와 같이 같은 사이즈의 플럭스 코어드 용접봉과 솔리드 와이어 용접봉을 비교해 보면, 플럭스 코어드 용접봉 전류의 통과 부분이 솔리드 와이어 용접봉보다 작은 것을 알 수 있으며, 같은 전류에서 플럭스 코어드 용접봉의 전류 밀도가 더 큰 것을 알 수 있다. 전류 밀도가 크기 때문에 용접봉의 용착 속도가 증가하고, 용입이 더 깊어진다.

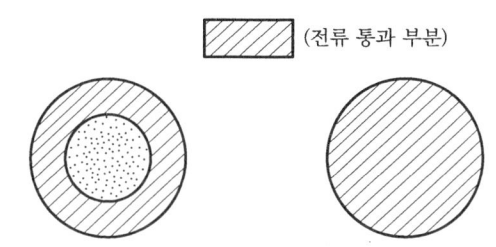

플럭스 코어드 와이어와 솔리드 와이어의 단면

(3) 용접봉 규격

가스 보호와 자체 보호 플럭스 코어드 용접봉 규격은 AWS AS 20-69에 규정되어 있다. 예를 들어 E 60T-7의 용접봉이 뜻하는 것은 E는 영문으로 용접봉의 첫 글자이고, 60이란 숫자는 용접부의 최소 인장 강도가 60000~69000 psi의 범위에 있다는 뜻이다.

T는 영문으로 원통 와이어(tubular wire)의 첫 글자를 딴 것이며, 7이란 숫자는 용착 금속의 화학적 성분과 사용 전류의 종류, 극성(polarity)과 외부에서 공급하는 보호 가스의 유무를 나타낸다.

5. 플라스마 아크 용접

5-1 용접의 기초

(1) 원 리

아크 플라스마를 좁은 틈으로 고속도로 분출시킴으로써 생기는 고온의 불꽃을 이용해서 절단, 용사, 용접하는 방법으로 10000~30000℃의 고온 플라스마를 다음 그림과 같은 방법으로 분출시킨다.

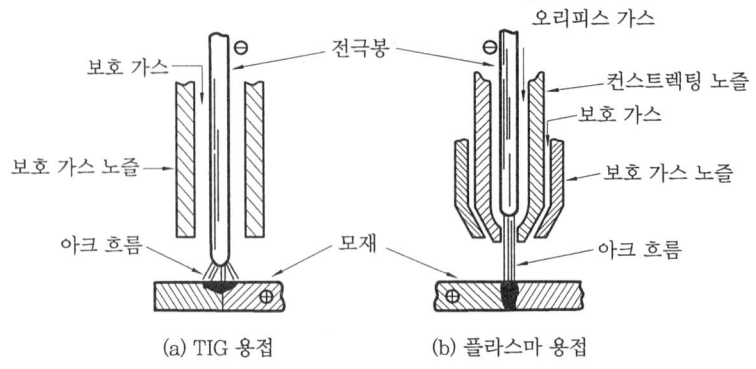

TIG 용접 아크와 플라스마 용접 아크의 비교

(2) 장·단점

① 장 점
  ㈎ 아크 형태가 원통형이고 지향성이 좋으므로, 아크 길이의 변화에도 용접부는 거의 영향을 받지 않는다.
  ㈏ 용접봉이 토치 내의 노즐 안쪽에 들어가 있으므로, 모재에 부딪칠 염려가 없어 용접부에 텅스텐이 오염될 염려가 없다.
  ㈐ 빠른 플라스마 가스 흐름에 의해 대부분의 용접은 I형이면 되고, 키홀(key hole) 현상이 잘 나타난다.
  ㈑ 열에너지 집중이 양호해 용입이 깊어 비드 폭에 대한 깊이의 비가 1:1이므로, 용접부 단면 전체를 통해 수축 응력이 일정하여 용접 이음부 변형이 감소된다 (TIG 용접에서는 비드 폭에 대한 깊이의 비가 1:3 정도이다).
  ㈒ 다른 용접 방법으로는, V 또는 U형으로 용접해야 할 것도 I형으로 가능하기 때문에 가공비가 절약된다.

② 단 점
  ㈎ 맞대기 용접에서 모재 두께가 25 mm 이하로 제한된다 (두께가 25 mm 이상이 되면 플라스마 토치 노즐이 용접 이음부 루트까지 접근할 수 없기 때문이다).
  ㈏ 수동 플라스마 용접은 전자세 용접이 가능하지만, 자동에서는 일반적으로 아래보기와 수평 자세에 제한된다.
  ㈐ 토치가 복잡하고 용도에 적합한 오리티스의 크기, 오리티스 가스, 실드 가스의 유량 결정 등을 해야 하므로, 작업자의 보다 많은 지식이 필요하다.

(3) 용 도

① TIG 용접에서 용접 가능한 탄소강, 합금강, 스테인리스강, 구리 합금, 니켈 합금 및 티타늄 합금 등의 재료는 용접이 가능하다.
② 0.05~1.6 mm의 두께도 저전류 플라스마 용접으로 가능하다.
③ 6.4 mm 이하 두께는 단층 용접으로 가능하며, 6.4 mm 두께에서는 I형 맞대기로 용가재 없이 용접이 가능하므로 TIG 용접보다 2배 정도 빨리 할 수 있다.

> 【참고】
> • **플라스마 (plasma)** : 플라스마라는 용어는 가스가 충분히 이온화되어 전류가 통할 수 있는 상태를 말하는데, 우리는 흔히 주위의 세상에는 세 가지의 상, 즉 고체, 액체, 기체로 이루어져 있는 것으로 항상 의식하고 있다. 그리고 이와 같은 세 가지 상의 차이를 알고 있으며, 온도가 증가함에 따라 상의 상태가 변한다는 사실도 알고 있다. 만약 가스 상태의 물질에 에너지, 즉 열이 가해지면 가스의 온도가 급격히 증가한다. 여기서 충분한 에너지가 가해지면 온도가 더욱 증가하여, 가스는 각자의 분자 상태로 존재할 수 없게 되어 물질의 기본 구성 요소인 원자로 분해된다.
>
> 온도가 더욱 높아지면 원자들은 전자를 잃어버려서 양이온으로 되고, 이렇게 되면 주위의 물질들은 양이온과 자유 전자로 이루어진다. 이러한 상태를 제 4의 물질 상태, 즉 플라스마 상태라 한다.
>
> 플라스마는 기체와 유사한 많은 성질을 가지고 있고, 또한 자기 자신의 독특한 성질도 가지고 있다. 용접에 관한 한 가장 중요한 플라스마의 성질은 전류를 잘 통하게 하는 자유 전자를 가지고 있다는 점이다. 그러므로 아크 용접에서 아크상에 전류가 흐르는 것은, 아크가 플라스마 상태이기 때문이다.

6. 전자빔 용접(electron beam welding)

6-1 용접의 기초

(1) 원리

이 용접법은 그림과 같이 고진공 ($10^{-4} \sim 10^{-6}$ mmHg) 속에서 적열된 필라멘트를 가열시키면 많은 열전자가 방출된다. 이 전자의 흐름은 가속되어 고속도의 전자빔을 형성하며, 접합부에 조사하여 그 충격열을 이용하여 용융 용접하는 방법이다.

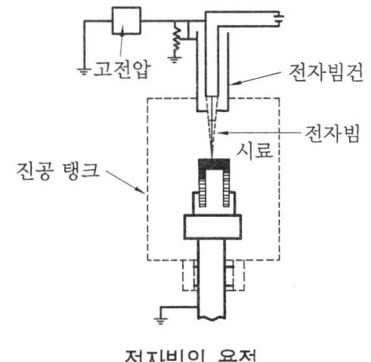

전자빔의 용접

(2) 장·단점

① 장 점

(가) 고진공 속에서 용접하므로 대기와 반응하기 쉬운 활성 재료도 용접이 잘 되며, 용접부가 대기의 유해한 원소로부터 보호되어 기계적 성질과 야금적 성질이 양호한 용접부를 얻는다.

(나) 전자 렌즈에 의해 에너지를 집중시키므로, 용융점이 높은 재료의 용접이 가능하다.

(다) 용입이 아주 깊어서 다른 용접 방법으로 다층 용접을 해야 하는 것도 단층 용접으로 가능하다.

(라) 전자빔을 정확하게 제어할 수 있으므로, 얇은 판에서 두꺼운 판까지 광범위하게 용접할 수 있다.

(마) 에너지 집중으로 고속 용접이 가능하므로 열영향부가 대단히 적고, 용접부 변형이 거의 없어 완성 치수가 정확하다.

(바) 용접봉을 사용하지 않으므로, 슬래그 잠입 등의 결함이 없다.

② 단 점

(가) 배기 장치가 필요하고, 피용접물 크기의 제한을 받는다.

(나) 장비가 고가이다.

㈐ 용융 부위가 좁아서 냉각 속도가 빠르므로, 경화 현상이 일어나기 쉬워 모재를 예열·후열하고 냉각 속도를 조정해야 한다.
㈑ 용접 중 금속 증기가 다량으로 발생하여 진공도가 10 mmHg보다 높게 되면 전리 현상이 일어나 방전의 위험이 있다.

(3) 용 도
① 정밀 제품의 자동화에 좋다.
② 주용도는 유압 모터의 소형 기어, 디젤 펌프, 자동차 기어, 소형 전동 모터, 항공기 부품, 자동 밸브 등의 용접에 이용한다.
③ 가속 전압을 높여 빔의 집중을 좁게 하여 고속 절단이나 구멍뚫기 작업도 용이하다.

7. 일렉트로 슬래그 용접

7-1 용접의 기초

(1) 원 리
서브머지드 아크 용접에서와 같이 처음에는 플럭스 안에서 모재와 용접봉 사이에 아크가 발생하여 플럭스가 녹아서 액상의 슬래그가 되면, 전류를 통하기 쉬운 도체의 성질을 갖게 되면서 아크는 꺼지고 와이어와 용융 슬래그 사이에 흐르는 전류의 저항 발열을 이용하는 수직 자동 용접법으로, 아크 용접은 아니다. 그 원리는 다음과 같다.

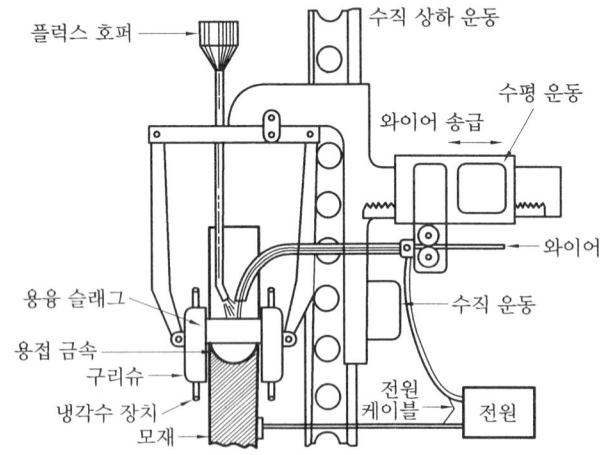

일렉트로 슬래그 용접의 원리도

(2) 장·단점
① 장 점
㈎ 대형 후판 용접에 적당하다.
㈏ 홈모양이 I형이기 때문에 홈 가공이 간단하다.
㈐ 변형(distortion)이 적다.

㈑ 능률적이고, 경제적이다.
㈒ 판 두께에 관계없이 단층 용접으로 가능하다.
㈓ 냉각 속도가 느리므로 기공의 생성 및 슬래그 잠입 등이 없고, 고온 균열이 발생하지 않는다.

② 단 점
㈎ 기계적 성질이 나쁘다.
㈏ 노치 취성(notch brittle)이 크다 (냉각 속도가 늦기 때문에).

(3) 용 도
두꺼운 판의 용접에 많이 이용한다. 발전소의 터빈축, 대형 공작 기계 프레임, 조선, 두꺼운 판으로 제작하는 보일러 드럼, 대형 프레스 등에 이용한다.

8. 일렉트로 가스 용접(electro gas welding)

8-1 용접의 기초

(1) 원 리

일렉트로 슬래그 용접과 같은 수직 자동 용접이나 플럭스를 사용하지 않고 실드 가스 (주로 탄산가스)를 사용하며, 용접봉과 모재 사이에 발생한 아크 열에 의하여 모재를 용융 용접하는 방법이다. 사용하는 용접봉은 솔리드 와이어 용접봉 또는 플럭스 코어드 용접봉이며, 원리는 다음 그림과 같다.

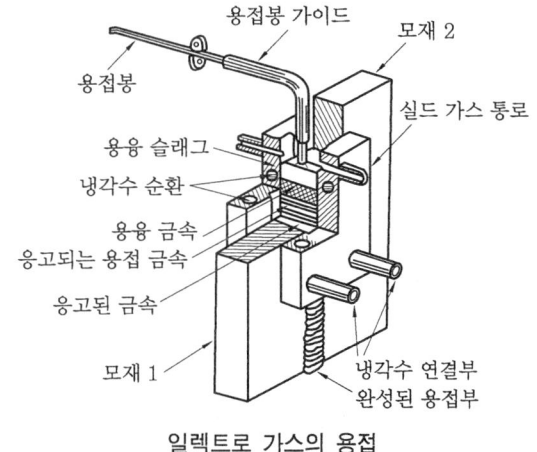

일렉트로 가스의 용접

(2) 장·단점
① 장 점
㈎ 일렉트로 슬래그 용접일 때보다 두께가 얇은 중후판 (40~50 mm) 이하의 용접에 적용되며, 능률적이고 효과적이다.
㈏ 모재 두께에 관계없이 두 판간의 간격을 12~16 mm 정도 좁게 하므로, 용접 속도가

빠르고 용착 금속도 적게 되어 경제적이고 변형도 거의 없다.
  (다) 용접 홈은 가스 절단 그대로 사용해도 된다.
  (라) 용접 후 수축, 변형, 비틀림 등의 결함이 없다.
 ② 단점 : 용접 금속의 인성이 떨어진다.

(3) 용 도
 ① 탄소강, 합금강, 고장력강, 스테인리스강 등의 용접에 이용한다.
 ② 현장에서의 압력 용기 또는 원유 저장 탱크, 대형 구조물 용접에 이용한다.

9. 테르밋 용접

9-1 용접의 기초

(1) 원 리

산화철 분말과 알루미늄 분말을 3~4 : 1의 무게비로 혼합하여 테르밋 반응이라는 화학 반응에 의하여 2800℃ 이상 발생한 열을 이용하여 용접하는 방법으로, 반응식은 다음과 같다.

$$3Fe_3O_4 + 8Al \rightarrow 9Fe + 4Al_2O_3 + 19.3 kcal$$

$$Fe_2O_3 + 2Al \rightarrow 2Fe + Al_2O_3 + 181.5 kcal$$

테르밋 반응을 위해서는 1000℃ 이상의 온도가 필요하므로, 발화제로서 과산화바륨(BaO_2), 마그네슘 등의 혼합 분말을 알루미늄 분말에 혼합해서 반응이 쉽게 일어나게 한다.

(2) 장 점
 ① 용접 작업이 단순하여 기술 습득이 용이하다.
 ② 설비비가 싸고 전원이 불필요하므로, 이동해서 사용 가능하다.
 ③ 용접 시간이 짧고, 변형이 적다.
 ④ 특별한 모양의 홈 가공이 필요 없다.

(3) 용 도
철도 레일의 맞대기 용접, 커넥팅 로드, 크랭크축, 선박의 스턴 프레임, 차축 용접 등에 많이 이용한다.

10. 원자 수소 용접

10-1 용접의 기초

(1) 원 리

다음 그림과 같이 수소 가스 분위기 속에 있는 2개의 텅스텐 용접봉 사이에 아크를 발생시키면 수소 분자는 아크의 고열을 흡수하여 원자 상태 수소로 열해리 되며, 다시 모재 표면에서 냉각되어 분자 상태로 결합될 때 방출되는 열(3000~4000℃)을 이용하여 용접하는 방법이다.

$$H_2 \rightarrow 2H \rightarrow H_2$$

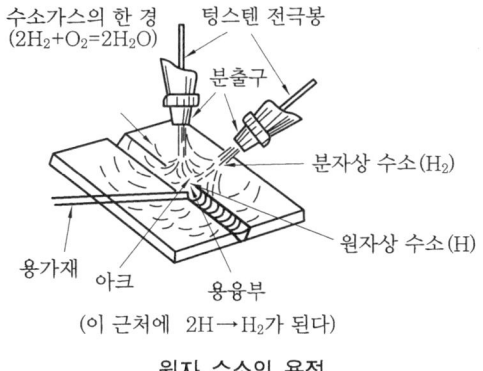

원자 수소의 용접

(2) 장·단점
① 장 점
  ㈎ 수소 분위기에서 용접하므로, 용접부의 산화나 질화가 없어 특수 금속(스테인리스강, 크롬, 니켈, 몰리브덴) 용접이 용이하다.
  ㈏ 연성이 좋고, 표면이 깨끗한 용접부를 얻는다.
  ㈐ 발열량이 많아 용접 속도가 빠르고 변형이 적다.
② 단 점
  ㈎ 토치 구조가 복잡하다.
  ㈏ 기술적인 어려움이 많다.
  ㈐ 비용의 과다 등으로 차차 응용 범위가 줄어들고 있다.

(3) 용 도
① 고도의 기밀, 유밀을 요하는 내압 용기이다.
② 특수 금속(스테인리스강, 크롬, 니켈, 몰리브덴) 용접이 가능하다.
③ 일반 공구 및 다이스를 수리한다.
④ 고속도강 바이트, 절삭 공구의 제조에 사용한다.
⑤ 용융 온도가 높은 금속(이리듐, 백금 등) 및 기타 비금속 재료 용접에 사용한다.

11. 저항 용접(resistance welding)

11-1 용접의 기초

(1) 원 리
저항 용접은 2개 이상의 부품이 저전압과 고전류 밀도의 큰 전류에서 발생할 열과 압력에 의해서 용접하는 방법이다.

$$\text{Joule 열}\,(Q) = 0.238 I^2 R_t$$

여기서, Q : 저항열[cal], t : 통전 시간 [s], I : 전류 [amp], R : 저항 [Ω]

- 용접 온도 : 용융 용접(fusion welding) 때와 달리 일정 온도가 아니고 대체로 낮다.

(2) 종류

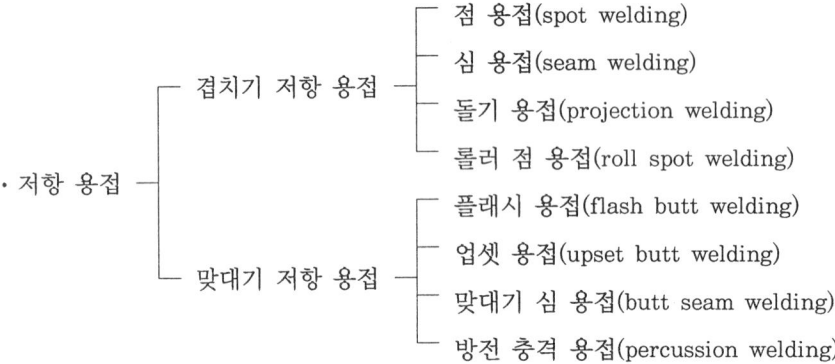

[저항 용접의 3대 요소]
① 적당한 크기의 전류   ② 알맞은 통전 시간   ③ 적당한 가압력

(3) 장·단점

① 장 점
　㈎ 모재의 손상, 변형, 잔류 응력이 적다.
　㈏ 용접부의 기계적 성질이 개선된다.
　㈐ 작업 속도가 빠르며, 대량 생산된다.
　㈑ 작업자의 훈련이 쉽다.

② 단 점
　㈎ 장비가 고가이다.
　㈏ 적당한 비파괴 검사 방법이 없다.
　㈐ 용접 데이터의 결정이 곤란하다.
　㈑ 용접기의 융통성이 적다.

(4) 저항 용접의 3대 요소

① 용접 전류 : 발열량 (Q)은 I^2에 비례하므로 판 두께가 두꺼울수록, 열전도가 큰 재료(구리, 알루미늄)일수록 큰 전류가 필요하다.
② 통전 시간 : 같은 전류로 통전 시간을 2배로 하면 발열량도 2배가 된다. 열전도가 좋은 재료는 대전류로 통전 시간을 짧게 하고, 일반 강판은 약간 낮은 전류에 통전 시간은 길게 한다.
③ 가압력 : 가압력은 클수록 전류와 모재, 모재와 모재 사이의 접촉 저항이 작아지므로 발열량은 저하한다. 가압력이 작을 때에는 접촉 저항의 분포가 불균일해지므로 과열된 부분에서 폭비가 발생한다.

(5) 전극재

전극 (electrode)은 피용접부에 큰 용접 전류와 높은 가압력을 공급하고 용접부의 표면을 냉각하는 역할을 하므로, 일반적으로 전극 소재(electrode materials)로 요구되는 성질은 다음과 같다.

① 전기 전도도가 높을 것
② 기계적 강도가 크고, 경도 특히 고온에서 경도가 높을 것
③ 열 전도율이 높을 것
④ 가능한 피용접재와 합금되기 어려울 것

그리고 전극재의 종류에는 RWMA 분류 기준에 의거하여 크게 두 group과 세부적인 class로 나눈다 (RWMA : Resistance Welder Manufactures Association).

11-2 각 용접의 특징

(1) 점 용접(spot welding)

① 원리 : 그림과 같이 두 전극 사이에 용접물을 넣고 가압하면서 전류를 통하여 접촉 부분의 저항열로 융합시키는 용접 방법이다.

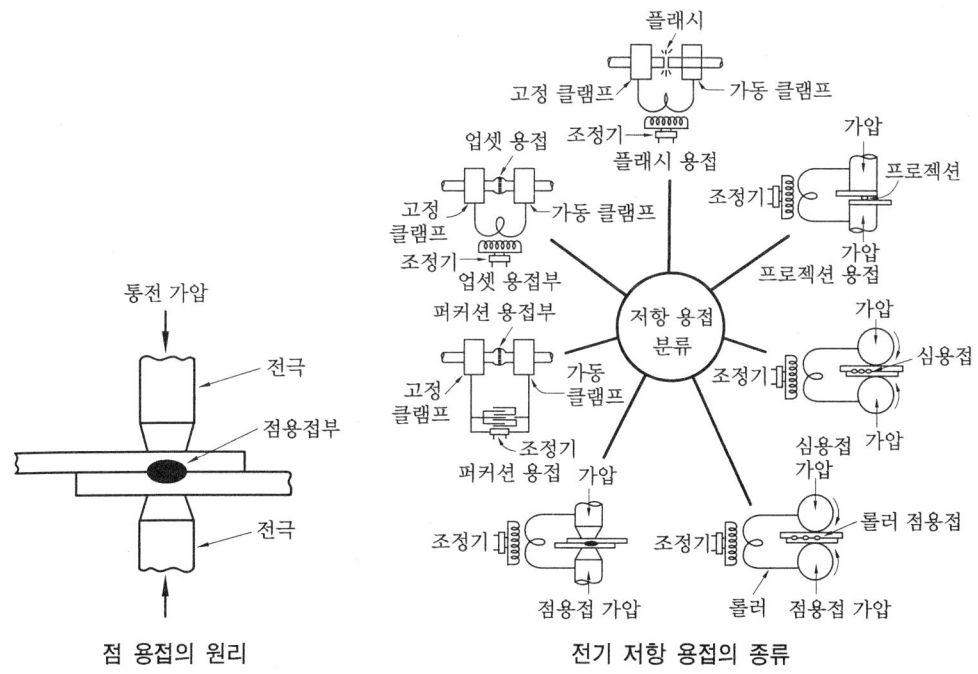

점 용접의 원리   전기 저항 용접의 종류

② 특 징
  (가) 모재의 재질 두께에 따라 알맞은 전류, 통전 시간, 가압력, 전극 형상 등을 선택해야 한다.
  (나) 박판의 대량 생산에 적당한 용접이다.
③ 점 용접이 곤란한 경우
  (가) 용융점이 높은 재료

(나) 전기적 저항이 작은 재료
(다) 열전도가 큰 재료
④ 용도 : 자동차, 전자 기기, 가전 제품 등의 판금 작업에 많이 이용된다.
⑤ 용접 과정
(가) 접촉 저항에 의해 온도 상승
(나) 접촉부의 변화, 변형 및 저항 감소
(다) 용융
(라) 용접봉의 가압력에 의해서 용접부(nugget) 생성

(2) 심 용접(seam welding)

① 원리 : 그림과 같은 원판 모양의 두 전극 사이에 피용접물을 끼우고, 전극에 압력을 준 상태에서 회전시키면서 연속적인 점 용접을 하는 방법이다.
② 특 징
(가) 전극 부분에 발열량이 많아 내부 또는 외부에서 물로 냉각해야 한다.
(나) 0.2~4 mm 정도의 얇은 판에 많이 사용한다.
③ 용도 : 기밀, 수밀, 유밀성을 요하는 용기의 용접에 이용한다.

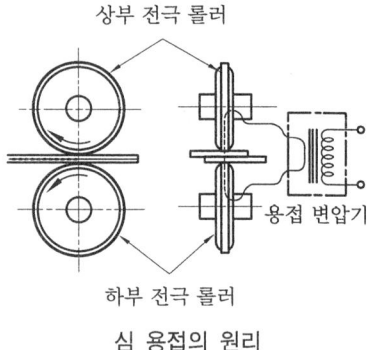

심 용접의 원리

(3) 돌기 용접(projection welding)

① 원리 : 다음 그림과 같이 피용접물에 돌기를 만들어 점 용접을 하면서 평탄한 용접봉으로 눌러 붙이는 용접이다.

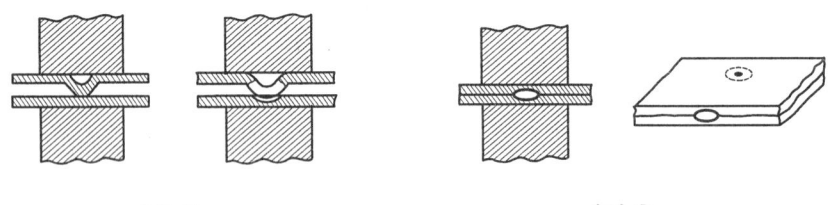

용접 전   용접 후

프로젝션 용접의 원리

② 장 점
(가) 판 두께가 서로 다르거나 열전도나 열용량이 서로 다른 재질도 쉽게 용접할 수 있다.
(나) 전극 수명이 길고, 작업 능률이 높다.
(다) 전류와 가압력이 각 점에 균일하게 가해지므로 신뢰도가 높다.
(라) 외관이 아름답다.
(마) 응용 범위가 대단히 넓다.
③ 단 점
(가) 용접기 설비가 비싸다.

㈏ 모재 용접부에 정밀도가 높은 돌기를 만들어야 정확한 용접이 된다.
④ 돌기(projection)
㈎ 돌기의 구비 조건
- 예압에 견딜 것
- 돌기의 크기가 상대판과 열 균형을 이루도록 할 것
- 높이와 지름이 적절할 것

㈏ 돌기의 치수

$D(\text{지름}) = 2^t + 0.7 \text{ mm}$

$H(\text{높이}) = 0.4^t + 0.25 \text{ mm}$

여기서, t : 모재 두께[mm]

㈐ 돌기를 내는 쪽 : 두꺼운 판, 열전도와 용융점이 높은 쪽

⑤ 용접 과정
㈎ 통전 전 예압에서 돌기 높이의 5~8% 찌그러진다.
㈏ 통전하면서 가열 압접한다.

⑥ 용도 : 전기 부품, 자동차 부품, 철망 등에 이용한다.

(4) 업셋 용접(upset butt welding)

그림과 같이 전류를 통하기 전에 용접재를 압력으로 접촉시키고, 여기에 대전류를 흐르게 하여 접촉 부분이 전기 저항열로 가열되어 용접 온도에 도달했을 때 다시 가압하여 접합시키는 방법이다.

(5) 플래시 용접(flash butt welding)

그림과 같이 용접할 재료를 서서히 접근시키면 돌출된 접촉 부분에서 전기 회로가 생겨 이 부분에 전류가 집중되어 스파크가 발생되며, 모재가 가열되어 용융 상태가 되면 가압하여 압접하는 방법이다.

(6) 방전 충격 용접(percussion welding)

그림과 같이 콘덴서에 충전된 전기적 에너지를 1000분의 1초 이내의 짧은 시간에 방출시켜, 이때 생기는 아크로 용접부를 가열한 후 압력을 가해서 접합시키는 방법이다.

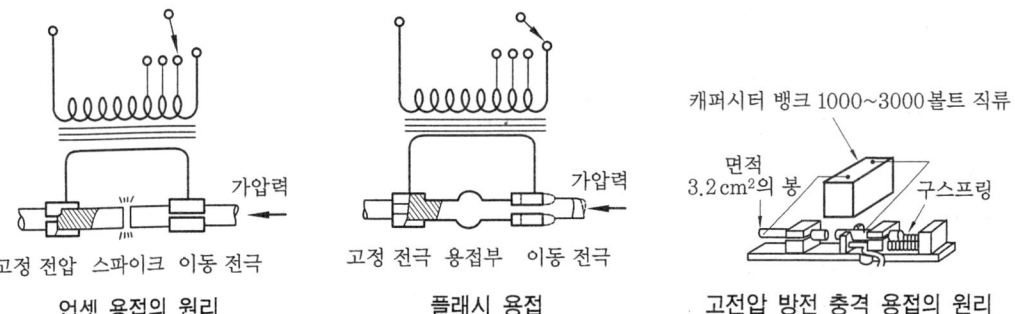

업셋 용접의 원리   플래시 용접   고전압 방전 충격 용접의 원리

12. 경납땜(brazing)

(1) 원리
접합시킬 모재는 녹이지 않고 모재의 경계면에 모재보다 용융점이 낮은 금속을 녹여 모세관 현상에 의해서 두 모재 사이에 스며들어가게 하여 접합하는 방법으로, 450℃ 이상에서 이루어지는 것을 말한다.

(2) 용가재 금속의 종류 (화학 성분과 용도에 따른 분류)
① 은납 (silver alloy brazing filler metal)
  (가) 조성 : Ag−Cu−Xn
  (나) 융점 : 619~900℃
  (다) 용도 : 저융점 금속인 Al, Mg, Pb, Zn 등의 합금 및 철, 비철 합금에 사용
  (라) 특징 : 백색, 연성이 좋고 유동성이 양호
   · Ag 증가 : 백색이 되고, 융점 저하
   · Ag 감소, Zn 증가 : 연성 증가

② 구리 합금
  (가) 황동

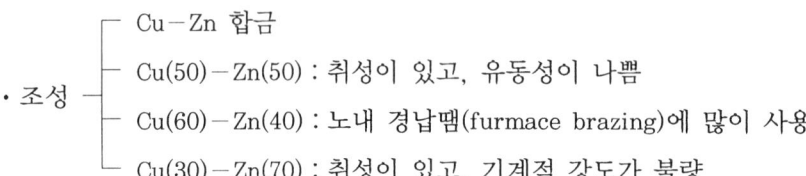

   · 용도 : 구리, 구리 합금 및 거의 모든 비철 금속에 이용한다.
   · 특징 : 과열하면 Zn이 증발한다.
  (나) 청동
   · 조성 : Cu−Sn

③ 알루미늄 합금
  (가) 조성 : Al−Si−Cu
  (나) 용도 : alcoa의 경납에 이용

④ 금 합금
  (가) 조성 : Au−Ag−Cu
  (나) 용도 : 치과용, 장식용, 백금, 백금 합금용

(3) 플럭스 (flux)
① 역할
  (가) 모재 표면의 산화 방지
  (나) 가열 중 생긴 산화물의 용해

㈐ 용가재를 좁은 틈에 스며들게 함
㈑ 산화물을 표면에 떠오르게 함

② 종류
㈎ 붕사 ($Na_2B_4O_7$, $10H_2O$) : 고융점 용가재용 (주로 Cu, brass용), 산화물을 잘 용해시킨다.
㈏ 붕산 (H_3BO_3) : 원래 세제, 고온에서 유동성 양호, 슬래그의 박리성이 증가한다.
㈐ 빙정석 (3NaF AlF_3) : 불순물의 용해력이 강하다.
㈑ 산화제 1 동 (Cu_2O) : 탈산제로 사용, 붕사와 같이 주철 브레이징용에 사용한다.
㈒ 염화리튬 (LiCl) : Ag−Mg 플럭스로 중요하다.

(4) 이음부 설계

① 이음부 간격(clearance) : 접합면 간에 용가재가 충분히 흘러들어가서 엷은 층을 만들어야 한다.

용가재 종류에 따른 적당한 이음 간격(clearance)

용가재 종류	간 격
Al−Si 계	0.15~0.25 (겹치는 폭 6 mm 이하)
Cu−P 계	0.25~0.65 (겹치는 폭 6 mm 이상), 0.025~0.15
Ag 계	0.05~0.15
Cu−Au 계	0.05~0.15
Cu 계	0.00~0.05 (압력을 가해서 접합)
Cu−Zn 계	0.05~0.15
Mg 계	0.10~0.25
Ni−Cr 계	0.05~0.15
Ag−Mn 계	0.05~0.15

② 두 모재의 겹치는 부분 : Lap(겹치는 폭) $\geq 3t$
　여기서, t : 모재 두께

(5) 가열 방법에 따른 분류

① 토치 브레이징(torch brazing) : 산소−아세틸렌 불꽃을 주로 이용한다.

② 노내 브레이징(furnace brazing) : 노내에서 작업한다 (전열, 가스 불꽃을 사용).
　[특 징]
　• 조건의 조정이 정확
　• 대량 생산에 적합
　• 변형이 적음
　• 노내 가스 분위기 조절 용이(불활성 가스, 질소 가스 등)

③ 딥 브레이징(dip brazing) : 플럭스가 든 용융 용가재 액 중에 담가서 가열하고, 브레이징 하는 것을 말한다.

④ 고주파 유도 브레이징(high frequency induction brazing) : 용가재와 플럭스를 부착시킨 이

음부를 고주파 유도 전류로 가열한다.

⑤ 저항 브레이징(resistance brazing) : 플럭스와 용가재를 삽입한 후 가압하여, 전류를 흐르게 한 후 저항 방열에 의한 전압을 말한다.

(6) 브레이즈 용접(braze welding)

모세관 현상이 아니고, 두 모재 간의 홈을 채우는 용접이다.

① 특 징
  (가) 용접 온도가 높게 올라가지 않으므로 모재의 변형이 적다.
  (나) 박판에 좋다.
  (다) 주물에도 좋다.
② 단 점
  (가) 이음부 강도가 약하다.
  (나) 용접부 색이 모재와 같지 않다.

13. 연납땜(soldering)

(1) 원 리

융점 450℃ 이하의 용가재를 사용하여 납땜하는 것을 말한다.

(2) 용가재 금속의 종류

주로 주석(Sn)-납(Pb)의 여러 비율의 합금에 기타 안티몬(Sb), 비스무트(Bi), 아연(Zn), 카드뮴(Cd), 은(Ag)을 첨가하거나 하지 않는다.

① Sn-Pb 합금 (순 Sn 또는 Pb에 대한)의 특성
  (가) 응고점이 낮음
  (나) 더 좋은 기계적 성질
  (다) 더 좋은 퍼짐성
② Sn이 증가하면 (가격은 상승)
  (가) 퍼짐성이 증가 (40 % 최대, 그 이상에서는 감소)
  (나) 이음 강도가 증가
  (다) 내식성 증가
  (라) 색이 더 백색으로 됨
③ Pb-Sn 납
  (가) Sn 25 %까지 고온용으로 가격이 싸다.
  (나) 일반 납
    • 25~40 % Sn : 넓은 온도 영역, Pb 파이프에 좋다.
    • 45~65 % Sn : 품질이 좋고 빨리 굳으며, 퍼짐성과 결합성이 좋다.
    • 50(Sn)-50(Pb) : 스테인리스강도 가능하다.

(3) 플럭스 (용제 ; flux)
  ① 역 할
    ㈎ 모재 표면의 산화 방지
    ㈏ 가열 중 생긴 산화물의 용해
    ㈐ 용가재의 퍼짐성을 좋게 함
    ㈑ 산화물을 표면에 떠오르게 함
  ② 용가재의 부식성
    ㈎ 비부식성 용제(non-corrosive flux)
      • 종류 : 송진, 송진+알코올, 수지, 올리브유 (여기에 약간의 글리세린을 가하면 스며드는 성질이 좋아진다.)
    ㈏ 부식성 용제(corrosive flux)
      • 종류 : 염화아연 ($ZnCl_2$), 염화암모니아 (NH_4Cl), 염산 (HCl)
    ㈐ 부식성이 적은 용제(mild flux) : 비부식성 용제보다는 부식성이 크다.
      • 종류 : 구연산 (citric acid)+물 (여기에 글리세린을 가하면 스며드는 성질이 증가한다.)
  ③ 잔류 용제의 제거
    ㈎ 비철 금속은 흐르는 더운물에 헹군다.
    ㈏ 1갈론의 물에 5온스의 구연산 소다 액은 철, 비철 금속에 공용으로 사용한다.
    ㈐ 물이 좋지 않으면, 알코올에 세척한다.
    ㈑ 비부식성 용제(올리브유, 수지 등)도 오래 남으면 부식하므로, 메틸알코올로 세척한다.

모재에 적합한 용제

모 재	알맞은 용제
구 리	비부식성 용제
구리-주석 합금	송진 또는 부식이 적은 용제
구리-아연 합금	송진 또는 부식이 적은 용제
구리-니켈 합금	부식이 적은 또는 부식성 용제
구리-크롬, 베리움-구리	부식이 적은 또는 부식성 용제
구리-실리콘 합금	비부식성 용제 (특수 목적)
강	비부식성 용제 (특수 목적)
스테인리스강	비부식성 용제 (특수 목적)
니 켈	비부식성 용제 (특수 목적)
몬 넬	비부식성 용제 (특수 목적)
알루미늄	비부식성 용제 (특수 목적)

(4) 연납땜 작업법
  ① 인두 납땜(soldering iron)
  ② 가스 불꽃 납땜 (gas flame) : 산소+도시가스, 산소+자연가스, 공기+아세틸렌 등을 사용한다.
  ③ 침지 납땜(solder bath)

④ 전기 납땜(electric block soldering)
⑤ 노중 납땜(furnace soldering)

(5) 납땜 이음 현상
① 이음 형상
② 모재간의 간격(clearance) : 일반적으로 0.076~0.127 mm가 적당하며, 0.25 mm 정도되면 모세관 현상이 일어나지 않는다.

14. 스터드 아크 용접

(1) 원 리
다음 그림과 같이 볼트, 체결용 못 등과 같은 금속 스터드와 모재 사이에 발생한 아크 열로 모재 표면을 가열한 후, 스터드 압력을 작용하여 용융 압착하는 용접법이다.

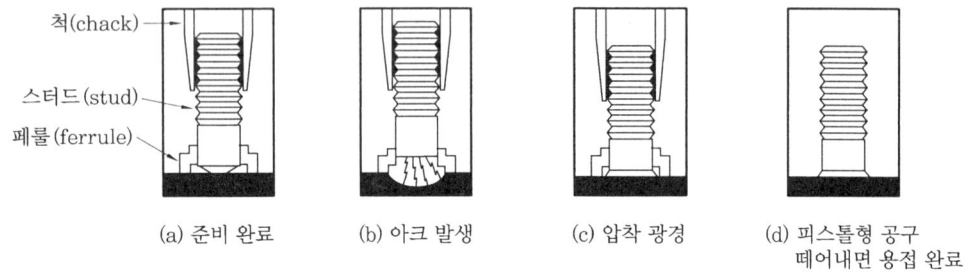

스터드 용접의 과정

(2) 특징 및 용도
① 작업이 빠르고, 고정구를 취부하는데 효율적이다.
② 탄소강, 합금강, 스테인리스강, 알루미늄 등에 이용된다.
③ 장비가 간단하고, 이동하기 쉽다.

【참고】
• 페룰(ferrule)의 역할
① 용융 금속의 대기 오염을 방지한다.
② 용융 금속이 외부로 흘러나가는 것을 방지한다.
③ 비철 금속 용접시에는 실드 가스를 공급한다.

15. 고상 용접(solid state welding)

(1) 원 리
두 금속 접합면 사이의 금속 원자를 충분히 접근시켜 접촉 결합시키는 용접법이다. 먼저 기계적인 방법으로 접합부를 밀착시키고, 다음에 접합면 사이에 있는 불순물의 막을 파괴하여 금속간 결합을 시키는 방법이다.

(2) 종 류

① 단조 용접(forge welding) : 모재 접촉면이 소성 상태로 될 때까지 가열한 후 압력이나 충격을 가하여 단조 결합하는 용접으로 롤러, 해머, 다이 등을 이용한다.

② 냉간 용접(cold welding) : 전성이 양호한 두 모재 표면의 오염 물질을 없앤 후, 외부에서 가열함이 없이 프레스나 압연기 등으로 압착시켜 접합하는 용접법이다.
   (가) 특징 : 알루미늄, 동, 금, 은, 백금 등 면심입방격자를 갖는 금속의 용접에 이용한다.
   (나) 용도 : 알루미늄 와이어의 맞대기 용접, 알루미늄 또는 동에 알루미늄 시트나 포일 등의 겹치기 용접에 이용한다.

③ 확산 용접(diffusion welding) : 모재의 접합면을 고온으로 가열한 후 압력을 가하면, 접합면의 불순물 막은 파괴된 후 모재에 용해되거나 구상으로 집적되면서 결합이 이루어지는 용접법이다.
   (가) 특징 : 동종 또는 다른 이종 간의 금속도 용접이 가능하다.
   (나) 용도 : 니켈 합금, 티타늄 합금, 지르코늄 합금 등의 원자로나 항공기 부품에 주로 이용한다.

④ 폭발 용접(expolorion welding) : 다음 그림과 같이 폭발 물질의 폭발시 발생하는 높은 압력을 이용하여 모재의 불순물을 외부로 분산시키고, 접합면을 소성 변형시켜 결합하는 용접법이다.
   • 용도 : 값싼 내식성 재료 용접, 동전 제작

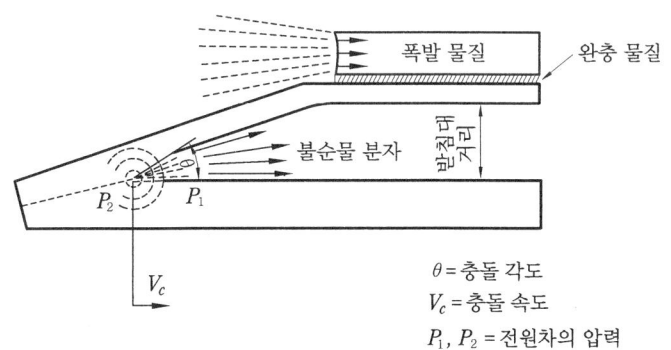

폭발 용접의 원리

⑤ 마찰 용접(friction welding) : 재료를 접촉 회전시켜 마찰열과 가압력을 이용하여 두 재료를 접합하는 용접법이다.
   • 용도 : 드릴, 리머, 엔드밀 등의 지그와 날(blade), 엷은 튜브에 두꺼운 링의 용접, 파이프 용접

⑥ 초음파 용접(ultrasonic welding) : 다음 그림과 같이 두 모재를 접촉 가압한 후 초음파를 접촉면에 국부적으로 작용시켜 모재를 접합하는 용접 방법이다.
   • 용도 : 반도체 회로 용접, 알루미늄 박판 용접, 전기 접점의 용접

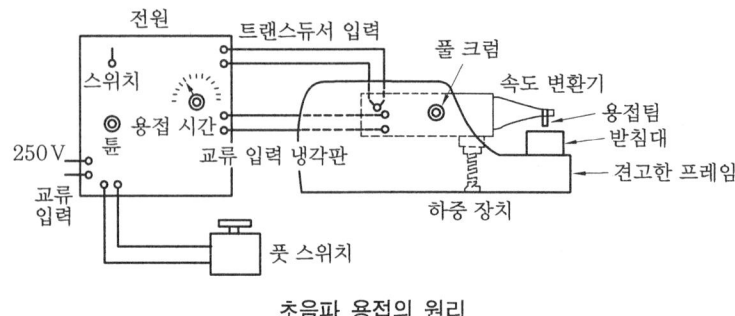

초음파 용접의 원리

16. 용접의 기계화 및 자동화

16-1 용접 방법의 선택

일반적으로 용접 방법(수동, 반자동, 자동)의 선택은 각 작업물의 적당한 평가에 따라 좌우되며, 세 가지 방법은 다음과 같은 적용성과 장점을 가지고 있다.

(1) 수동 용접(manual welding)

① 수동 용접을 적용하는 경우
  (가) 비교적 짧은 용접부
  (나) 박판과 후판 용접
  (다) 반복적이 아닌 용접 작업
  (라) 지그(fixture) 비용이 비싸거나 사용하기 어려운 경우
  (마) 모재의 형상 때문에 플럭스(flux)를 지지하기 어려운 용접물
  (바) 용접물의 장애물 때문에 연속 용접이 불가능한 경우

② 수동 용접의 장점
  (가) 옥내 또는 옥외 어디에서나 가능하다.
  (나) 용접 자세에 제한이 없고, 자동·반자동 토치로 접근하기 힘든 곳도 용접이 가능하다.
  (다) 여러 종류의 합금과 이종(dissimilar) 금속의 용접이 가능하다.
  (라) 장비비가 저렴하고, 이동하여 사용하기 쉽다.

(2) 반자동 용접(semi-automatic welding)

① 반자동 용접을 적용하는 경우
  (가) 수동 용접보다 높은 전류로, 용착 속도를 크게 해야 할 경우
  (나) 작업이 반복적으로 이루어져서 높은 기술을 얻을 수 있을 때
  (다) 중판과 후판 용접
  (라) 연속적인 와이어 공급으로 용접 시간과 사용률(duty cycle)을 증가할 때
  (마) 용접물 형태가 복잡하거나 또는 대형이어서 지그(fixture)에 의해 자동 용접이 불가능할 때

㈔ 수동 용접보다 깊은 용입이 요구될 때
㈘ 용접물 형태가 불규칙하고, 조립 상태가 정확하지 않아 자동 용접이 불가능할 때
② 반자동 용접의 장점
㈎ 원하는 용접 현상과 양호한 용접 금속을 얻을 수 있다.
㈏ 수동 용접보다 속도가 빠르다.
㈐ 스패터와 슬래그가 적다.
㈑ 용접 비용이 저렴하다.

(3) 자동 용접(automatic welding)

① 자동 용접의 장점
㈎ 보턴에 의해 아크 발생을 자동으로 한다.
㈏ 용착 속도가 매우 크다.
㈐ 비드 외관이 양호하고 균일하다.
㈑ 수동, 반자동 용접기보다 대형이다.
㈒ 수동, 반자동보다 전류 사용 범위가 넓다.
㈓ 용접 속도가 빠르다.
㈔ 자체 주행대차를 가지고 있다.
㈕ 용접봉 손실이 작다 (용착 효율이 높다).
㈖ 슬래그 제거가 거의 필요 없으며, 열 변형의 문제가 감소된다.
㈗ 용접부의 기계적 성질이 뛰어나게 향상된다.

16−2 자동 용접에 필요한 기구

① 용접 포지셔너(welding positioner) : 포지셔너의 테이블은 어느 방향으로든지 기울임과 회전이 가능하여, 이것을 사용함으로써 어떠한 구조의 용접물이든 아래보기 자세(flat position) 용접을 가능하게 하여 생산 가격을 절감한다.

즉, 아래보기 용접에서는 높은 전류로서 보다 굵은 용접봉을 사용할 수 있으므로, 용착량이 많아져서 층수가 작아지고 용융지 조정이 쉽다. 일반적으로 수직 자세 용접은 같은 조건에서 아래보기 용접보다 3배 가량 시간이 더 소요된다.

② 터닝 롤 (turning rolls) : 터닝 롤은 대형 파이프의 원주 용접을 단속적으로 아래보기 자세로 용접하기 위해, 모재의 바깥지름을 지지하면서 회전시키는 장치이다.

③ 헤드 스톡 (head stock) : 테일 스톡 (tail stock) 포지셔너는 용접한 물체의 양끝을 고정한 후 수평축으로 회전시키면서 아래보기 자세 용접을 가능하게 하는 것으로, 주로 원통형 용접물의 용접에 많이 이용한다.

④ 턴테이블 (turntable) : 턴테이블은 용접물을 테이블 위에 고정시키고, 테이블을 좌우 방향으로 정해진 속도로 회전시키면서 용접할 수 있는 장치이다.

⑤ 머니퓰레이터(manipulator) : 암 (arm)이 수직·수평으로 이동 가능하며 또한 완전 360° 회전이 가능하므로, 서브머지드 용접기나 다른 자동 용접기를 수평 암에 고정시켜 아래보기 자세로 원주 맞대기 용접이나 필릿 용접을 가능하게 한다.

예상문제

문제 1. 다음 중 서브머지드 용접의 장점이 아닌 것은?
㉮ 용입이 깊으므로 패스 수를 줄일 수 있다.
㉯ 높은 전류에서 용접할 수 있으므로 고능률적이다.
㉰ 플럭스에 의해 불순물 제거 및 타 원소를 첨가할 수 있다.
㉱ 결함 발생을 용접 중 육안으로 확인할 수 있다.

문제 2. 서브머지드 용접에 사용하는 플럭스의 작용이 아닌 것은?
㉮ 용접 금속에 포함된 불순물을 제거한다.
㉯ 플럭스 공급량이 많으면 기공의 발생이 적어진다.
㉰ 절연 작용으로 아크 열이 외부에 발생되는 것을 막아 용접부에 집중시킨다.
㉱ 용접 금속의 급랭을 방지한다.
[해설] 플럭스의 두께가 너무 두꺼우면 용접 중 발생한 가스가 외부로 탈출을 못하므로 기공이 발생하고, 반대로 너무 얇으면 아크 불빛이 새어나가 용접부에 공기가 침투하므로 마찬가지로 기공이 발생한다.

문제 3. 서브머지드 용접 플럭스 중 분말 원료에 고착제를 첨가하여 비교적 저온인 350∼600℃에서 건조하여 제조한 것은?
㉮ 저온 소결형 용제
㉯ 고온 소결형 용제
㉰ 용융형 용제
㉱ 혼합 용제

문제 4. 다음 중 용융형 플럭스의 특징이 아닌 것은?
㉮ 용접 전류에 따라 입자 사이즈가 다른 플럭스를 사용하여야 한다.
㉯ 흡습을 잘 하지 않는다.
㉰ 대전류에서 용접 작업이 양호하고, 후판의 고능률 용접에 적합하다.
㉱ 플럭스의 화학적 균질성이 양호하다.
[해설] ① 소결형 플럭스 : 소전류에서 대전류까지 동일 입도의 플럭스를 사용할 수 있다.
② 용융형 플럭스 : 용접 전류에 따라 입자 사이즈가 다른 플럭스를 사용하여야 한다.

문제 5. 서브머지드 용접에서 다른 조건이 일정하고 용접봉 사이즈가 증가하면 용접부에 어떤 영향을 가장 많이 미치는가?
㉮ 용입 증가   ㉯ 비드 폭 증가
㉰ 용입 감소   ㉱ 비드 높이 증가
[해설] 같은 용접 전류에서 용접봉 지름이 증가하면, 전류 밀도(current density)가 감소하므로 용입이 감소한다.

문제 6. 다음 중 서브머지드 용접봉 와이어 표면에 구리를 도금한 이유로 맞지 않는 것은?
㉮ 접촉팁과의 전기 접촉을 원활히 한다.
㉯ 와이어에 녹을 방지한다.
㉰ 송급 롤러와 접촉을 원활히 한다.
㉱ 용착 금속의 강도를 높인다.
[해설] 용착 금속의 강도를 높이기 위해서는, 플럭스 중에 필요한 원소를 첨가한다.

문제 7. 구리를 불활성 가스 텅스텐 아크 용접으로 할 경우 다음 설명 중 틀린 것은?
㉮ 순도 99.8% 이상의 아르곤 가스를 사용한다.
㉯ 직류 정극성을 사용한다.
㉰ 용가재는 탈산된 구리봉을 사용한다.

해답 1. ㉱ 2. ㉯ 3. ㉮ 4. ㉰ 5. ㉰ 6. ㉱ 7. ㉱

㉣ 전극은 순 텅스텐봉을 사용하는 것이 효과적이다.

[해설] 구리 용접에서는 토륨을 첨가한 텅스텐봉이 효과적이다.

문제 8. TIG 용접에서 아르곤 가스의 공급량이 너무 많을 때의 영향은?
㉮ 보호 효과가 좋아서 용접부 성질이 향상된다.
㉯ 난류를 일으켜 완전 공기 차단이 어렵다.
㉰ 청정 작용(cleaning action) 효과가 커진다.
㉱ 표피 효과가 좋아진다.

[해설] 보호 가스 공급량을 규정보다 너무 많이 공급하면, 보호 가스 흐름이 균일하게 되지 않고 난류를 일으켜 공기의 혼입이 생겨 기공 등 용접 결함이 발생한다.

문제 9. 다음 중 서브머지드 용접의 장점이 아닌 것은?
㉮ 매우 고능률적이다.
㉯ 후판 용접에 적합하다.
㉰ 플럭스의 작용에 의해 용접부 품질이 좋아진다.
㉱ 복잡한 선이나 길이가 짧은 것도 손쉽게 용접이 가능하다.

문제 10. 다전극식 서브머지드 용접에서 용입이 가장 깊은 것은?
㉮ 탠덤식(tandem position)
㉯ 횡병렬식(parallel transverse position)
㉰ 횡직렬식(series transverse position)
㉱ 3전극식(three electrode position)

[해설] • 탠덤식 : 2개의 전극이 앞뒤로 10～30 mm의 간격으로 동시 용접되는 방식이다. 횡직렬식과 횡병렬식에 비해 비드 폭이 좁고 깊은 용입을 얻을 수 있는 특징이 있다.

문제 11. 불활성 가스 텅스텐 아크 용접(TIG)의 장점이 아닌 것은?
㉮ 플럭스가 불필요하여 비철 금속 용접이 가능하다.
㉯ 용접부의 연성, 내부식성이 증가한다.
㉰ 스패터를 최소한으로 하여 전자세 용접이 가능하다.
㉱ 소모성 용접봉을 사용하는 용접보다 용접 속도가 빠르다.

문제 12. 다음 TIG 용접에 관한 설명 중 맞지 않는 것은?
㉮ 직류 정극성으로 용접하면 용입이 깊고, 비드 폭이 좁아진다.
㉯ 스테인리스강, 주철, 탄소강 등은 주로 고주파 교류 전원으로 용접한다.
㉰ 직류 역극성으로 용접할 때에는 같은 전류에서 정극성보다 4배 정도 사이즈가 큰 용접봉을 사용한다.
㉱ 교류 전원은 거의 대부분 고주파 장치를 첨가하여 사용한다.

[해설] TIG 교류 전원으로는 주로 알루미늄, 마그네슘 등 비철 금속 용접에 이용된다. 직류 정극성은 스테인리스강, 주철, 탄소강 등의 용접에 사용하고, 직류 역극성은 거의 사용하지 않고 특수한 경우 알루미늄, 마그네슘 등의 박판 용접에 이용한다.

문제 13. TIG 용접에서 고주파 교류 전원의 장점 중 맞지 않는 것은?
㉮ 아크가 안정된다.
㉯ 텅스텐 용접봉에 많은 열을 받지 않는다.
㉰ 고주파 전원에 의해 용접봉에 보다 많은 열을 받는다.
㉱ 전극을 모재에 접촉시키지 않아도 아크가 발생한다.

문제 14. 일반적으로 TIG 용접 토치의 가스 컵(gas cup)의 크기는 텅스텐 용접봉 지름의 몇 배 정도인가?
㉮ 4～6　　㉯ 10～12
㉰ 8～10　　㉱ 2～3

[해답] 8. ㉯　9. ㉱　10. ㉮　11. ㉱　12. ㉯　13. ㉰　14. ㉮

해설 가스 컵의 사이즈가 너무 크면 실딩 가스 효과가 저하되고, 너무 작으면 과열되어 잘 깨진다.

문제 15. 미국용접협회(AWS)의 텅스텐 용접봉의 구분 색깔(color code)이 초록색이면 어느 용접봉인가?
㉮ 지르코니아 텅스텐
㉯ 1% 토리아 텅스텐
㉰ 2% 토리아 텅스텐
㉱ 순 텅스텐

문제 16. 아르곤을 실딩 가스로 사용할 때의 특징 중 맞지 않는 것은?
㉮ 아크 전압이 낮아 열의 발생이 적다.
㉯ 직류 역극성이나 교류 전원에서 청정 작용이 있다.
㉰ 아크 안정성은 헬륨보다 나쁘다.
㉱ 수동 용접에 좋다.

문제 17. 헬륨을 실딩 가스로 사용할 때의 특징 중 맞지 않는 것은?
㉮ 자동 용접에 좋다.
㉯ 무게가 가벼워서 가스 소모량이 많다.
㉰ 열의 발생이 아르곤보다 많으므로 후판 용접에 좋다.
㉱ 같은 조건에서 아크 전압은 아르곤보다 낮다.
해설 헬륨은 같은 아크 거리에서 아르곤보다 아크 전압이 높으므로, 보다 많은 열을 발생한다.

문제 18. 다음 중 TIG 용접에서 비소모성인 텅스텐 용접봉이 소모되는 경우로 맞지 않는 것은?
㉮ 보호 가스 역할이 제대로 되지 않아 용접봉이 산화될 경우
㉯ 사용 전류에 비해 용접봉 사이즈가 작을 경우
㉰ 직류 정극성으로 용접할 때
㉱ 용접봉이 모재 또는 용가재와 부딪쳐서 오염되었을 때
해설 · TIG 용접에서 텅스텐 용접봉이 소모되는 경우: ㉮, ㉯, ㉱ 외에,
① 역극성으로 작업할 때(용접봉에 많은 열이 발생한다.)
② 아크가 꺼진 후 용접봉에 적당 시간 실딩 가스를 공급하지 않았을 때(공식: 10 amp당 1초)
③ 가스 노즐 속으로 공기가 침투하여 전극봉이 산화되어 용융지에 녹아 들어간다.

문제 19. TIG 용접 중 아크 흔들림(erratic arc)이 발생하는 경우가 아닌 것은?
㉮ 아크 길이가 짧을 때
㉯ 텅스텐 용접봉이 오염되었을 때
㉰ 용접 이음부가 너무 좁을 때
㉱ 모재가 더럽거나 그리스가 있을 때

문제 20. TIG 용접에서 혼합 실딩 가스로 사용할 수 없는 가스는?
㉮ 아르곤   ㉯ 산소
㉰ 헬륨   ㉱ 질소
해설 산소는 텅스텐 용접봉을 산화시키므로 사용할 수 없으며, 질소는 아르곤과 혼합하여 동 및 동합금 용접에 사용된다.

문제 21. 불활성 가스 금속 아크 용접(MIG)의 장점 중 맞지 않는 것은?
㉮ 용접봉을 갈아 끼울 필요가 없으므로 용접 속도가 빠르다.
㉯ 용착 효율이 좋다.
㉰ 슬래그가 없고 스패터가 최소로 되기 때문에 용접 후 처리가 필요 없다.
㉱ 바람이 있는 옥외에서도 사용할 수 있다.

문제 22. 다음 중 MIG 용접에 관한 설명으로 틀린 것은?
㉮ 전원(power supply)은 정전압 특성을 갖춘 직류 역극성(DCRP)을 사용한다.
㉯ 강(steel)을 순 아르곤으로 용접할 때에

해답 15. ㉱ 16. ㉰ 17. ㉱ 18. ㉰ 19. ㉮ 20. ㉯ 21. ㉱ 22. ㉰

는 언더컷이 발생하는 경우가 있다.
- 대 아르곤과 산소의 혼합 가스를 사용할 수 없다.
- 래 탄산가스를 실딩 가스로 사용하면 속도가 빠르고 용입이 깊으며, 비드 폭이 넓다.

[해설] 강을 순 아르곤 보호 가스로 용접할 때 언더컷이 발생하는 경우가 있는데, 이때는 아르곤 가스에 산소를 1~5 % 첨가하여 사용하면 이러한 결함을 방지할 수 있다.

문제 23. MIG 용접에서 용접봉으로부터 모재로의 용융 금속의 이행 형태에 영향을 미치지 않는 것은?
- 가 가스 노즐(gas nozzle)의 형태
- 나 용접봉 사이즈
- 대 실딩 가스 종류
- 래 용접 전류 및 아크 전압

[해설] 용융 금속의 이행 형태에 영향을 미치는 것은 나, 대, 래 외에 용접봉의 돌출 길이 등이 있다.

문제 24. 다음 중 MIG 용접에서 단락형(short circuiting transfer) 이행 형태의 설명으로 맞지 않는 것은?
- 가 큰 용융 쇳물이 용융지에 접촉하고 표면 장력에 의해 모재로 1초에 20~200회 정도 이행한다.
- 나 비교적 높은 전류에서 발생한다.
- 대 박판 용접에 적합하다.
- 래 탄산가스를 실딩 가스로 사용할 때 일어난다.

문제 25. MIG 용접에서 분무형(spray) 이행 형태의 설명 중 맞지 않는 것은?
- 가 전자세 용접이 가능하다.
- 나 높은 전류 밀도에서 발생한다.
- 대 모든 종류의 실딩 가스에서 발생한다.
- 래 용접 입열이 크고, 용입이 깊기 때문에 3.2 mm 이상의 후판에 좋다.

[해설] • 분무형 : 높은 전류 밀도에서 실딩 가스로서 불활성 가스 (Ar, He)를 80 % 이상 사용할 때 일어난다. 탄산가스를 보호 가스로 사용하면, 분무형은 되지 않고 단락형 이행이 된다.

문제 26. MIG 용접에서 저합금강, 탄소강, 스테인리스강 등을 용접할 때 많이 사용하는 실딩 가스는?
- 가 아르곤
- 나 탄산가스
- 대 아르곤+헬륨
- 래 아르곤+산소

[해설] 강의 용접에서 아르곤+산소 (5 % 이내)의 혼합 가스를 사용하면, 순 아르곤을 사용할 때 발생할 수 있는 언더컷 현상을 방지할 수 있다.

문제 27. 다음 플라스마 용접에 관한 설명 중 맞지 않는 것은?
- 가 맞대기 용접에서는 용접 가능한 모재 두께에 제한이 없다.
- 나 아크 형태가 원통형이고 지향성이 좋으므로, 아크 길이가 변화해도 용접부는 거의 영향을 받지 않는다.
- 대 다른 용접 방법으로는 V 또는 U형으로 용접해야 할 것도 I형으로 가능하기 때문에 가공비가 절약된다.
- 래 0.05~1.6 mm 두께도 용접이 가능하다.

[해설] 맞대기 용접에서 모재 두께는 25 mm 이하로 제한된다. 그 이유는 두께가 25 mm 이상이 되면 플라스마 토치 노즐이 용접 이음부 루트까지 접근할 수 없기 때문이다.

문제 28. 전자빔 용접(electron beam welding)에 관한 설명 중 맞지 않는 것은?
- 가 용접은 가능하지만 절단이나 구멍뚫기 작업은 할 수 없다.
- 나 전자빔은 정확하게 제어할 수 있으므로 얇은 판에서 두꺼운 판까지 용접할 수 있다.
- 대 용접봉을 사용하지 않으므로 슬래그 잠입 등의 결함이 없다.
- 래 용입이 아주 깊어서 다른 용접 방법으

해답 23. 가 24. 나 25. 대 26. 래 27. 가 28. 가

로 다층 용접을 해야 하는 것은 단층 용접으로 가능하다.

문제 29. 산화철 분말과 알루미늄 분말을 혼합하여 발생하는 반응열을 이용하여 용접하는 방법은?
㉮ 확산 용접(diffusion welding)
㉯ 폭발 용접(explosion welding)
㉰ 테르밋 용접(termit welding)
㉱ 고상 용접(solid state welding)

문제 30. 테르밋 용접에 대한 설명 중 틀린 것은?
㉮ 철도 레일의 맞대기 용접 크랭크축, 배의 서턴 프레임 등에 많이 이용한다.
㉯ 테르밋 반응의 발화제로서 산화구리, 알루미늄 등의 혼합 분말을 이용한다.
㉰ 용접 시간이 짧고, 변형이 적다.
㉱ 설비가 싸고 전원이 필요 없으므로, 이동해서 사용이 가능하다.
[해설] 테르밋 반응을 위해서는 1000℃ 이상의 온도가 필요하다. 그러므로 발화제로 마그네슘과 과산화바륨(BaO_2) 등의 혼합 분말을 이용한다.

문제 31. 두꺼운 철판의 대입열, 수직 용접에 가장 적당한 용접 방법은?
㉮ 탄산가스(CO_2) 용접
㉯ 일렉트로 슬래그(electro slag) 용접
㉰ 전자빔(electron beam) 용접
㉱ 피복 아크 용접(covered arc welding)

문제 32. 서브머지드 아크 용접의 다전극 용접 방식 중 아크의 복사열을 이용하여 덧붙이 용접에 이용하는 방식은?
㉮ 탠덤식   ㉯ 3전극식
㉰ 횡병렬식   ㉱ 횡직렬식

문제 33. 직류 용접기에서 정전압 특성을 갖는 용접기는 어느 것인가?
㉮ 실드 메탈 아크 용접(SMAW)
㉯ 텅스텐 아크 용접(GTAW)
㉰ 플라스마 아크 용접(PAW)
㉱ 가스 메탈 아크 용접(GMAW)
[해설] 가스 메탈 아크 용접기의 전원 특성은 정전압 특성을 가지며, 반드시 직류 역극성(DCRP)으로 되어 있다.

문제 34. 텅스텐 아크 용접을 이용하여 알루미늄 용접을 하려고 한다. 이때 산화 피막의 청정 효과(cleaning action)를 얻기 위해서는 어느 극성을 사용하면 되는가?
㉮ 직류 정극성(DCSP)
㉯ 직류 역극성(DCRP)
㉰ 캐소드(cathode)
㉱ 애노드(anode)
[해설] ・청정 작용: 직류 역극성으로, 용접할 때 아크 고온에 의해 분해된 Ar^+ 이온이 모재 표면에 부딪쳐서 표면의 산화막을 제거하는 작용을 말한다. He을 실딩 가스로 사용할 때에는 잘 나타나지 않는다 (무게가 가볍기 때문 He : 4, Ar : 40).

문제 35. 다음 중 플라스마(plasma) 용접의 특징이 아닌 것은?
㉮ 용입이 얕고 비드 폭이 넓으며, 용접 속도가 빠르다.
㉯ 용접 홈은 I형이면 되고, 전극봉의 소모가 적다.
㉰ 아크의 지향성이 있고, 아크 길이의 변화에 의해 용입의 변화가 적다.
㉱ 박판의 용접이나 덧붙이 용접에도 이용된다.

문제 36. 물 분사 플라스마 아크 절단법의 절단 조건 중 절단시 작업자의 조정을 요하는 것은?
㉮ 유량
㉯ 절단 가스
㉰ 절단 가스 송입 압력

해답 29. ㉰ 30. ㉯ 31. ㉯ 32. ㉱ 33. ㉱ 34. ㉯ 35. ㉮ 36. ㉱

㉣ 절단 속도

문제 37. 불활성 가스 아크 용접 방법 중 용가재(filler metal)를 전극으로 하여 용접하는 방법은?
㉮ TIG 용접　　㉯ MIG 용접
㉰ 가스 용접　　㉱ 마찰 용접

문제 38. 용접 방법 중 용착 효율(deposition efficiency)이 가장 낮은 용접은?
㉮ MIG 용접
㉯ 피복 아크 용접
㉰ 서브머지드 용접
㉱ 플럭스 코어드 용접
[해설] 피복 아크 용접봉은 마지막 버리는 5 cm 가량의 손실과 피복제가 타서 없어지는 것으로, 스패터 손실 등으로 용착 효율이 저하되어 보통 55~65% 정도이다.

문제 39. 일렉트로(electro) 가스 용접에서 주로 사용하는 실딩 가스는?
㉮ 탄산가스　　㉯ 아르곤
㉰ 질소　　　　㉱ 수소

문제 40. 일렉트로 가스 용접에 관한 설명 중 맞지 않는 것은?
㉮ 사용하는 용접봉은 솔리드 와이어 또는 플럭스 코어드 용접봉이다.
㉯ 용접 홈은 가스 절단 그대로 사용할 수 있다.
㉰ 일렉트로 슬래그 용접일 때보다 두께가 얇은 용접에 적용되며, 능률적이고 효과적이다.
㉱ 전류의 저항 발열을 이용하는 수직 자동 용접법이며, 아크 용접은 아니다.
[해설] 일렉트로 슬래그 용접은 용접 와이어와 용융 슬래그 사이에 흐르는 전류의 저항 발열을 이용한 수직 자동 용접이지만, 일렉트로 가스 용접은 용접봉과 모재 사이에 발생한 아크 열을 이용한 용융 용접 방법이다.

문제 41. 수소 가스 분위기 속에 있는 2개의 텅스텐 용접봉 사이에 아크를 발생시켜서 수소 분자를 열해리시켜 다시 모재 표면에서 냉각되어 분자 상태로 결합될 때 방출되는 열을 이용하는 용접 방법은?
㉮ 방전 충격 용접(percussion welding)
㉯ 플래시 용접(flash butt welding)
㉰ 원자 수소 용접(atom hydrogen welding)
㉱ 전자빔 용접(electro beam welding)

문제 42. 다음 중 수중 아크 용접(under water arc welding)에서 사용하는 전원 극성은 주로 어느 것인가?
㉮ 직류 정극성(DCSP)
㉯ 직류 역극성(DCRP)
㉰ 교류(AC)
㉱ 고주파 교류(ACHF)
[해설] 수중에서는 아크 열손실이 많으므로, 모재 쪽에 열이 가장 많이 발생하는 직류 정극성을 많이 사용한다.

문제 43. 저항 용접(veristance welding)의 3대 요소가 아닌 것은?
㉮ 적당한 전류의 크기
㉯ 적당한 가압력
㉰ 적당한 용접 전압의 크기
㉱ 알맞은 통전 시간

문제 44. 다음 중 저항 용접의 특징이 아닌 것은?
㉮ 용접기의 융통성이 많다.
㉯ 모재의 손상이 적어 변형이 적다.
㉰ 작업 속도가 빨라서 대량 생산에 적합하다.
㉱ 서로 다른 금속도 접합시킬 수 있다.
[해설] 저항 용접은 일반적으로 고유 전기 저항이 크고 열전달율이 작으며, 용융점은 낮고 또한 소성 구역 온도 범위가 넓은 금속일수록 용접이 쉽다.

해답 37. ㉯　38. ㉯　39. ㉮　40. ㉱　41. ㉰　42. ㉮　43. ㉰　44. ㉮

문제 45. 전기 저항 용접시 발생되는 저항열 Q를 올바르게 나타낸 공식은? (단, I : 전류 [A], R : 저항 [Ω], t : 통전 시간 [초]이다.)
㉮ $Q=0.24IR^2t$ ㉯ $Q=0.24I^2Rt$
㉰ $Q=0.24I^2R^2t$ ㉱ $Q=0.24IRt$

문제 46. 다음 중 맞대기 저항 용접에 속하지 않는 것은?
㉮ 업셋 용접(upset butt welding)
㉯ 플래시 용접(flash butt welding)
㉰ 돌기 용접(projection welding)
㉱ 방전 충격 용접(percussion welding)
해설 돌기 용접은 겹치기 저항 용접에 속한다.

문제 47. 두께 0.2~4 mm 정도의 얇은 판의 용접에 많이 이용되고 주로 기밀, 수밀, 유밀성을 요하는 용기의 용접에 이용되는 방법은?
㉮ 점 용접(spot welding)
㉯ 돌기 용접(projection welding)
㉰ 심 용접(seam welding)
㉱ 롤러 점 용접(roll spot welding)

문제 48. 다음 중 판 두께가 서로 다르거나 열전도나 열용량이 서로 다른 재질로 쉽게 용접할 수 있는 저항 용접 방법은 어느 것인가?
㉮ 돌기 용접(projection welding)
㉯ 퍼커션 용접(percussion welding)
㉰ 점 용접(spot welding)
㉱ 플래시 용접(flash butt welding)
해설 판 두께가 서로 다를 때에는 두꺼운 판 쪽에, 열전도나 열용량이 서로 다를 때에는 열전도나 열용량이 큰 쪽에 돌기를 만든다.

문제 49. 돌기 용접(projection welding)에서 돌기의 구비 조건이 아닌 것은?
㉮ 돌기 지름 $D=2^t+0.7$ mm, 높이 $H=0.4^t+0.25$ mm이다 (여기서, t=모재 두께[mm]이다).
㉯ 돌기는 두 모재 중 얇은 판 쪽에 만든다.
㉰ 돌기는 두 모재 중 열전도와 용융점이 높은 쪽에 만든다.
㉱ 돌기의 크기는 상대 판과 열 균형을 이루도록 한다.

문제 50. 경납땜(brazing)에 사용되는 용가재 중 치과용 또는 장식용으로 많이 사용하는 것은?
㉮ Ag－Cu－Zn ㉯ Au－Ag－Cu
㉰ Cu－Zn ㉱ Al－Si－Cu

문제 51. 경납땜에 사용되는 플럭스의 역할 중 맞지 않는 것은?
㉮ 모재 표면의 산화 방지
㉯ 용가재를 좁은 틈에 스며들게 함
㉰ 가열 중 생긴 산화물의 용해
㉱ 용접부의 연성(ductility)을 증가시킨다.

문제 52. 구리, 황동용 경납땜 플럭스는 주로 어느 것을 사용하는가?
㉮ 붕사 ($Na_2B_4O_7$, $10H_2O$)
㉯ 염화리튬 (LiCl)
㉰ 산화제일동 (Cu_2O)
㉱ 빙정석 ($3NaF\ AlF_3$)
해설 산화제일동(Cu_2O)은 붕사와 같이 주철 경납땜에 사용한다.

문제 53. 다음 경납땜에 관한 설명 중 맞지 않는 것은?
㉮ 두 모재의 겹치는 부분, 즉 Lap(겹치는 폭) ≧ 3^t (t : 모재 두께)이어야 한다.
㉯ 토치 브레이징은 주로 산소－아세틸렌 불꽃을 사용한다.
㉰ 브레이징 용접(brazing welding)은 모세관 현상을 이용한 접합 방법이다.
㉱ 노내 브레이징(furnace brazing)은 대량 생산에 적합하다.

해답 45. ㉯ 46. ㉰ 47. ㉰ 48. ㉮ 49. ㉯ 50. ㉯ 51. ㉱ 52. ㉮ 53. ㉰

[해설] 브레이징 용접은 모세관 현상이 아니고, 두 모재 간의 홈을 채우는 용접이다.

[문제] 54. 연납땜(soldering)에 주로 사용하는 용가재인 주석(Sn)-납(Pb)의 특징 중 맞지 않는 것은?
㉮ 응고점이 낮다.
㉯ 주석이 증가하면 내식성이 증가한다.
㉰ 주석이 증가하면 가격은 싸진다.
㉱ 주석이 증가하면 색이 더 백색으로 된다.
[해설] 연납땜의 용가재인 Sn+Pb에서 주석이 증가하면,
① 퍼짐성이 증가(40% 최대, 그 이상에서는 감소)
② 이음 강도가 증가
③ 내식성 증가
④ 색이 더 백색으로 된다.

[문제] 55. 연납땜에 사용하는 용제(flux) 중 비부식성 용제가 아닌 것은?
㉮ 염화암모니아(NH_4Cl)
㉯ 송진
㉰ 수지
㉱ 올리브유
[해설] ① 비부식성 용제: 송진, 송진+알코올, 수지, 올리브유
② 부식성 용제: 염화아연, 염화암모니아, 염산
③ 부식성이 적은 용제: 구연산+물

[문제] 56. 스터드 아크 용접(stud arc welding)의 특징 중 맞지 않는 것은?
㉮ 장비가 간단하고, 이동하기 쉽다.
㉯ 탄소강, 합금강, 스테인리스강 등은 용접이 가능하지만 비철 금속은 불가능하다.
㉰ 작업이 빠르고, 고정구를 취부하는데 효율적이다.
㉱ 페룰(ferrule)은 용융 금속의 대기 오염을 방지한다.

[문제] 57. 알루미늄, 동, 금, 은, 백금 등 면심입방격자를 갖는 금속의 용접에 이용하는 고상 용접(solid state welding)은 주로 어느 것인가?
㉮ 단조 용접(forge welding)
㉯ 냉간 용접(cold welding)
㉰ 확산 용접(diffusion welding)
㉱ 초음파 용접(ultrasonic welding)

[문제] 58. 브레이즈 용접(braze welding)의 특징 중 맞지 않는 것은?
㉮ 용접 온도가 높게 올라가지 않으므로 모재의 변형이 적다.
㉯ 박판 또는 주물 용접에 좋다.
㉰ 단점은 용접부 색이 모재와 같지 않다.
㉱ 모세관 현상을 이용한 경납땜의 일종이다.
[해설] 브레이즈 용접은 모세관 현상을 이용하는 것이 아니고, 경납땜 용가재를 이용하여 두 모재 간의 홈을 채우는 용접이다.

[문제] 59. 냉간 용접(cold pressure welding)의 장점이 아닌 것은?
㉮ 접합부의 전기 저항은 모재와 같다.
㉯ 압접 공구가 간단하다.
㉰ 접합부에 열영향이 없다.
㉱ 철강 재료의 접합에 적당하다.

[문제] 60. 보수 용접이 용이하고, 유지하기에 편리한 용접법은?
㉮ TIG 용접
㉯ MIG 용접
㉰ 산소-아세틸렌 용접
㉱ CO_2 용접

[문제] 61. 자동 용접(automatic welding)의 특징 중 틀린 것은?
㉮ 비드 외관이 균일하고 양호하다.
㉯ 용접봉 손실이 적다(용착 효율이 높다).
㉰ 보턴에 의해 아크 발생을 자동으로 한다.
㉱ 용접 자세(welding position)에 제한이 없다.

[해답] 54. ㉰ 55. ㉮ 56. ㉯ 57. ㉯ 58. ㉱ 59. ㉱ 60. ㉰ 61. ㉱

[해설] 서브머지드 용접은 아래보기 및 수평 필릿 용접 자세에만 제한된다.

문제 62. 자동 용접에 필요한 기구 중 테이블이 어느 방향으로든지 기울임과 회전이 가능하여 어떤 구조의 용접물이나 아래보기 용접을 가능하게 하여 생산 가격을 절감할 수 있는 장치는?
㉮ 용접 포지셔너(welding positioner)
㉯ 턴테이블(turntable)
㉰ 터닝롤(turning rolls)
㉱ 머니퓰레이터(manipulator)

[해설] • 용접 포지셔너를 사용하는 주목적: 작업자가 아래보기 자세로 용접하기 위함이다. 아래보기 자세 용접에서 가장 높은 전류의 사용이 가능하고, 작업자 피로도 가장 낮으므로, 결과적으로 생산성 향상에 도움을 준다.

문제 63. 대형 파이프의 원주 용접을 연속적으로 아래보기 자세로 용접하기 위해 모재의 바깥지름을 지지하면서 회전시키는 자동 용접 기구는 어느 것인가?
㉮ 턴테이블(turntable)
㉯ 머니퓰레이터(manipulator)
㉰ 헤드 스톡(head stock)－테일 스톡(tail stock) 포지셔너
㉱ 터닝롤(turning rolls)

문제 64. 용접 방법 중 압접(pressure welding)에 속하지 않는 것은?
㉮ 마찰 용접   ㉯ 돌기 용접
㉰ 심 용접   ㉱ 테르밋 용접

문제 65. 반자동 아크 용접(MIG / MAG－CO_2 등)에 적합한 전원의 특성은 다음 중 무엇인가?
㉮ 수하 특성
㉯ 정전압 특성
㉰ 정전류 특성
㉱ 정전압 및 정전류 특성

문제 66. 다음 중 연납의 흡착력이 가장 좋은 것은?
㉮ Sn (80 %)＋Zn (20 %)
㉯ Sn (50 %)＋Zn (50 %)
㉰ Sn (35 %)＋Zn (65 %)
㉱ Sn (20 %)＋Zn (80 %)

문제 67. 반자동 MIG 아크 용접기에 있어 비교적 가는 지름의 알루미늄 와이어에 가장 적합한 송급 방식은?
㉮ 미는(push) 방식
㉯ 당기는(pull) 방식
㉰ 미는(push) 방식 및 당기는(pull) 겸용 방식
㉱ 릴 토치 방식

[해설] ① 미는(push) 방식: 스테인리스, 탄소강 등 굵고 강도가 큰 금속에 좋다.
② 당기는(pull) 방식: 알루미늄, 마그네슘 같이 연하고 가는 선에 좋다.

문제 68. 반자동 (MIG/MAG－CO_2) 용접에서 아크의 길이는 무엇에 의해 조정되는가?
㉮ 전압 조정
㉯ 전류 조정
㉰ 용접 속도 조정
㉱ 와이어 돌출 길이 조정

문제 69. 다음 용접법 중 고상 용접(solid state welding)에 속하지 않는 것은?
㉮ 마찰 용접(friction welding)
㉯ 폭발 용접(explosion welding)
㉰ 초음파 용접(ultrasonic welding)
㉱ 일렉트로 슬래그 용접(electro slag welding)

문제 70. 다음은 자동 용접기의 정격 2차 전류에 따른 사용률(duty cycle)을 표시한 것이다. 가장 옳게 표시한 것은?
㉮ 60 %   ㉯ 70 %
㉰ 80 %   ㉱ 100 %

해답 62. ㉮ 63. ㉱ 64. ㉱ 65. ㉯ 66. ㉮ 67. ㉰ 68. ㉮ 69. ㉱ 70. ㉱

해설 수동 용접기는 일반적으로 (정격) 사용률이 60 % 정도이지만, 자동 용접기는 연속 용접을 해야 하므로 사용률이 100 %이어야 한다.

문제 71. 다음의 저항 용접 방법 중 맞대기 이음에 가장 적합한 용접법은?
㉮ 심 용접(seam welding)
㉯ 스폿 용접(spot welding)
㉰ 프로젝션 용접(projection welding)
㉱ 퍼커션 용접(percussion welding)

문제 72. 다음의 용접 방법 중 용접부의 열주기(thermal cycle)가 가장 빠른 용접법은 어느 것인가?
㉮ 점 용접(spot welding)
㉯ 가스 용접(gas welding)
㉰ 아크 용접(arc welding)
㉱ 티그 용접(TIG welding)

문제 73. 잠호 용접용 와이어(wire)가 강선인 경우 표면에 구리 도금을 하는 이유는 무엇인가?
㉮ 용착 금속의 탈산 작용
㉯ 합금 성분으로 인장 강도 증가
㉰ 접촉 팁과 전기적 접촉 원활
㉱ 용접시 아크 안정
해설 • 와이어의 표면에 구리 도금을 하는 이유 : 접촉 팁과의 전기적 접촉을 원활하게 하며 녹을 방지하고, 송급 롤러와 미끄럼을 좋게 하기 위해서이다.

문제 74. 불활성 가스 텅스텐 아크 용접(TIG) 시 교류 전원을 사용할 경우 고주파를 중첩하여 용접을 하는 이유에 해당하지 않는 것은?
㉮ 전극의 수명 연장
㉯ 아크 안정
㉰ 아크 발생 용이
㉱ 원격 제어 용이

해설 TIG 용접시 원격 제어 장치는 별도 전원을 사용하여 용접 전원, 보호 가스, 냉각수 등을 제어하는 것으로, 고주파와는 관계가 없다.

문제 75. 다음 중 불활성 가스 텅스텐 아크 용접(TIG)시 전극이 오손(contaminant)되는 이유는?
㉮ 용접 중 모재나 용접봉과의 접촉
㉯ 고주파 중첩 사용
㉰ 직류 정극성 사용
㉱ 전극의 돌출 길이가 짧을 경우
해설 TIG 용접 중 전극과 모재 또는 용접봉이 접촉되면, 전극으로 용융 금속이 옮겨 붙어 전극 끝부분이 오손되는 현상이 발생한다.

문제 76. 잠호 용접(submerged arc welding)시 용접부에 기공(blow hole)이 생기는 원인 중 관계없는 것은?
㉮ 이음부의 불순물
㉯ 용제의 습기 흡수
㉰ 용접 속도의 과대
㉱ 용접 전류의 과소
해설 용접 전류가 너무 낮으면 용입이 얕아진다. 기공과는 관계가 없다.

문제 77. 용접법을 크게 분류한 것 중 관계없는 것은?
㉮ fusion welding   ㉯ pressure welding
㉰ brazing   ㉱ arc welding
해설 arc welding은 용접의 일종으로, 용접의 대분류에 속하지 않는다.

문제 78. 다음 중 불활성 가스 금속 아크 용접(MIG) 작업 전 점검 사항으로 관계없는 것은?
㉮ 불활성 가스의 유량 조절
㉯ 와이어 송급 속도 조정
㉰ 용접 전압 조정
㉱ 고주파 전류의 조정

해답 71. ㉱ 72. ㉮ 73. ㉰ 74. ㉱ 75. ㉮ 76. ㉱ 77. ㉱ 78. ㉱

문제 79. 원료 광석을 1300℃ 이상으로 융해하여 응고시킨 후 분쇄하여 적당한 입도를 갖도록 만든 잠호 용접용 용제(flux)는 어느 것인가?
㉮ bonded flux ㉯ sintered flux
㉰ fused flux ㉱ solid flux
해설 용융형 용제(fused flux)

문제 80. 1.2 mm 이하의 박판을 판 두께 정도 겹친 후 심 용접하여 맞대기 상태로 용접이 되는 용접법은?
㉮ 매시 심 용접(mash seam welding)
㉯ 포일 심 용접(foil seam welding)
㉰ 맞대기 심 용접(butt seam welding)
㉱ 겹치기 심 용접(lap seam welding)
해설 · 포일 맞대기 심 용접 : 피용접물의 가장자리를 맞대어 놓고, 같은 종류의 얇고 좁은 포일 대를 한쪽 또는 양쪽에 대고 일반적인 심 용접 전극으로 용접하는 방법이다.

문제 81. 납땜 작업시 땜납을 선택할 때 고려해야 할 사항 중 틀린 것은?
㉮ 모재와 친화력이 좋을 것
㉯ 용융 상태에서 증발 성분이 적을 것
㉰ 모재와 용융 온도가 같을 것
㉱ 공예품의 경우 색조가 같을 것
해설 땜납은 모재보다 용융 온도가 낮아야 한다.

문제 82. 점 용접(spot welding)용 전극 팁(tip)의 종류 중에서 가장 일반적으로 사용되는 것은?
㉮ P형 팁(pointed type tip)
㉯ F형 팁(flat type tip)
㉰ E형 팁(eccentric type tip)
㉱ R형 팁(radius type tip)
해설 · R형 팁 : 팁 끝면이 50~200 mm의 반지름 구면으로 용접 품질, 용접 횟수, 수명 등이 우수하므로 가장 널리 쓰인다.

문제 83. 탄산가스 아크 용접에서 와이어 돌출 길이(stickout)에 대한 설명으로 맞지 않는 것은?
㉮ 길게 되면 아크가 불안정하다.
㉯ 길게 되면 스패터가 증가한다.
㉰ 짧게 되면 콘택트 팁에 와이어가 용착한다.
㉱ 짧게 되면 언더컷이 생긴다.
해설 · 언더컷(undercut)이 생기는 원인 : 용접 속도가 빠르거나 아크 전압이 높은 경우이며, 와이어 돌출 길이와는 큰 관계가 없다.

해답 79. ㉰ 80. ㉮ 81. ㉰ 82. ㉱ 83. ㉱

제3장 안전 관리

1. 아크 용접, 가스 용접 및 기타 용접의 안전 수칙

1-1 아크 용접의 안전

(1) 기 계
  ① 용접기의 설치 수리는 전기 자격을 갖춘 기능자가 해야 한다.
  ② 기계 내부에 단락이 일어났을 때 전기적 쇼크를 방지하기 위해 용접기 자체는 항상 접지되어 있어야 한다.
  ③ 용량 이상의 전류는 사용하지 않는다.
  ④ 기계를 작동하기 전에 모든 전기적 연결 부분을 검사한다.
  ⑤ 가솔린 엔진 구동형 용접기를 옥내에서 사용할 때에는 배기가스 통로를 바깥으로 설치해야 한다. 그렇지 않으면 일산화탄소와 다른 독성 가스가 작업자를 해친다.
  ⑥ 변압기형 교류 용접기를 사용할 때에는 변압기 주위를 철판이나 적당한 재질로 잘 포장하여 이물질이 들어가지 못하게 보호해야 한다.

(2) 케이블과 연결 부분
  ① 용접기 전원 케이블이 용접기 주위 또는 가로질러 있거나 고장력선 위에 있는지 세심한 주위를 기울여야 한다.
  ② 모든 접지 부분은 기계적으로 강하고, 전기적으로 필요한 전류 용량에 맞는가 검사한다.
  ③ 용접 케이블은 건조하고 그리스(grease)나 기름기가 없어야 한다.

(3) 용접봉 홀더(electrode holder)
  용접봉 홀더에 발생할 수 있는 두 가지 사고는 홀더의 과열(over heating)과 전기적 쇼크(electrical shock)이다. 과열의 주원인은 전류 용량을 초과하거나 케이블과 홀더의 연결 부분이 느슨할 때이다.
  ① 홀더가 과열되면 반드시 냉각시켜야 하며, 작업자들은 항상 여분의 홀더를 준비하여 과열된 홀더를 냉각할 동안 다른 것을 사용하도록 한다.
  ② 홀더와 케이블은 잘 절연되도록 해야 하며, 그렇지 않으면 장갑을 끼지 않거나 몸에 수분이 많을 때 전기적 쇼크가 일어난다.
  ③ 용접하지 않을 때에는 금속 아크 용접봉이나 탄소 용접봉은 홀더로부터 제거해야 하며, TIG 용접의 텅스텐 용접봉은 제거하거나 노즐 뒤쪽으로 밀어 넣는다.
  ④ TIG나 MIG의 수랭식 토치에서 냉각수가 새어나오면 사용할 수 없다.

⑤ TIG 용접에는 텅스텐 봉을 갈아 끼울 때나 MIG 용접에서 와이어를 용접기에 부착시킬 때에는 항상 전원 스위치를 꺼야 한다.

(4) 장비의 정비
① 용접 후 항상 용접 장비는 깨끗하고 건조한 압축 공기로 청소한다.
② 엔진 구동형 용접기의 연료통 부분에 누설이 있는지 정기적으로 검사한다.
③ 용접기 내부의 회전 부분이나 움직이는 부분은 주기적으로 적당한 주유를 해야 한다.
④ 옥외에서 장비를 사용할 때에는 항상 악천후에 대비하여 덮개 같은 것을 준비해 둔다. 그러나 덮개로 인해 통풍이 잘 되지 않으면 용접기가 과열될 수도 있다.

(5) 작업자 보호
아크 용접에서 발생할 수 있는 재해는 스파크 또는 용융 금속에 의한 화상, 아크 불빛, 전기적 쇼크 그리고 용접 중 발생하는 유해한 가스이다.

① 광선(radiant energy) : 아크 용접과 절단 작업에서 발생하는 복사 에너지는 다음과 같은 네 가지로 분류된다.

   (가) 가시광선(visible light ray) : 이 광선은 벽이나 다른 물체에 반사해서 작업장 주위의 보안경을 착용하지 않은 사람의 눈을 상하게 한다. 강렬한 가시광선은 눈의 결막염이나 잠깐동안 눈을 보이지 않게 하며, 특히 레이져 빔(laser beam) 용접의 가시광선은 적당한 보안경을 착용하지 않은 상태에서 일정 기간 눈에 직접 들어가면 심각한 눈의 손상이나 시력을 상실하게 한다.

   (나) 적외선(infrared ray, 비가시광선) : 이 광선이 눈에 들어가면 점차적으로 눈이 악화되어 나중에는 백내장이 되기도 하며, 또한 적외선은 열을 동반하므로 맨살에 쏘이게 되면 화상을 입게 된다.

   (다) 자외선(ultraviolent ray, 비가시광선) : 자외선은 맨살에 쏘이게 되면 화상이나 시커멓게 피부가 타게 되고, 이 광선을 맨눈으로 보게 되면 눈물이 많이 나고 눈 속에 모래가 들어간 것 같은 느낌을 갖게 된다. 또한 자외선은 용접부 주위의 공기 중 산소를 오존으로 그리고 질소를 산화질소로 인체에 유독한 가스를 형성하게 된다.

   (라) X선(비가시광선) : X선은 전자빔 용접(electro beam welding) 중에 발생하며, 용접기의 진공 체임버(vacuum chamber)가 완전히 밀폐되어 있지 않으면 X선이 새어 나오므로 항상 주의를 해야 한다.

② 소음(noise) : 플라스마 아크 용접에서 토치 노즐로부터 높은 온도의 플라스마 제트가 분출될 때, 또는 플래시 용접(flash welding)에서는 아주 높은 소음이 발생하므로, 귀를 보호하는 귀마개를 착용해야 한다.

허용 소음 기준과 노출 시간

노출 시간 (hour)	소음 기준 (dB-A)	노출 시간 (hour)	소음 기준 (dB-A)
8	90	1	105
4	95	1/2	110
2	100	1/4	115

1-2 가스 용접 및 절단의 안전

(1) 아세틸렌 용기 취급법
① 아세틸렌병은 반드시 세워서 사용한다. 그렇지 않으면 아세톤이 아세틸렌과 같이 분출하여 기구를 부식시키고 불꽃을 나쁘게 한다.
② 아세틸렌병에는 타격이나 충격을 주어서는 안된다.
③ 화기와 가까운 곳이나 온도가 높은 곳에 설치해서는 안된다.
④ 아세틸렌 가스의 누수가 없어야 한다.
⑤ 아세틸렌병이 차가워지면 끓지 않은 더운물로 데워야 한다.
⑥ 밸브 등에 고장이 나면 구매처에 연락하여 안전한 조치를 취한다.
⑦ 아세틸렌병의 밸브는 1.5회전 이상 열지 않는 것이 좋다.

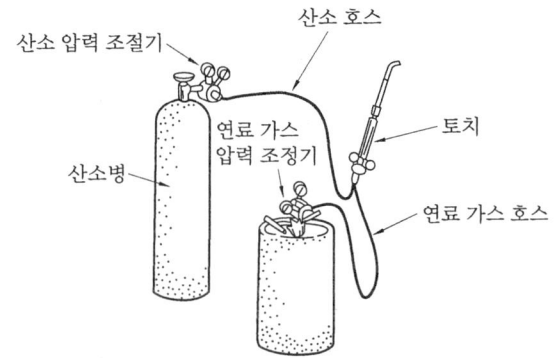

기본적인 산소-아세틸렌 용접 장치

(2) 산소병 취급법
① 안전캡으로 병 전체를 들려고 하지 않는다.
② 산소병을 눕혀 두지 않는다.
③ 절대로 밸브에 그리스나 기름기를 묻히지 않는다.
④ 산소병은 열기로부터 멀리한다.
⑤ 운반할 때에는 끌거나 옆으로 눕혀 구르거나 하지 않는다.
⑥ 산소병을 운반할 때에는 밸브를 꼭 잠가야 한다.
⑦ 밸브는 절대로 수리하려고 하지 말고, 이상이 있으면 구매처에 연락한다.
⑧ 사용시 산소병의 밸브는 완전히 연다.

(3) 토 치
① 알맞은 용접 팁이나 절단 노즐을 선택하여 주의해서 토치에 결합시켜야 하며, 너무 강하게 결합하지 않는다.
② 용접이나 절단이 끝났을 때 아세틸렌 밸브부터 잠그고, 다음 산소 밸브를 잠근다.
③ 잠깐동안 작업을 중단할 때에는 토치의 밸브만 잠그면 된다.
④ 장시간 작업을 중단할 때에는 실린더 밸브를 잠그고 나서 토치의 밸브를 열어서 압력 조정기 내의 모든 가스를 **빼낸다**.

⑤ 토치 팁 구멍이 막히거나 이물질이 있으면, 팁 구멍 사이즈의 한 단계 낮은 팁 클리너로 청소한다.

(4) 역류, 인화 및 역화

① 역류(contra flow) : 토치의 벤투리와 팁 끝과의 사이가 막혔을 때보다 높은 압력의 산소가 아세틸렌 호스 쪽으로 흘러들어 가는 것으로, 이것을 방지하기 위하여 다음 그림과 같은 역화 방지기를 사용한다.

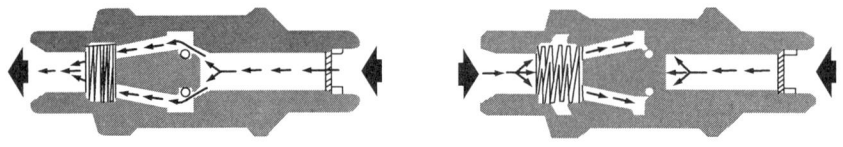

(a) 정상적인 작동　　　　(b) 가스가 역류되었을 때

역류 방지기의 작동 원리

② 역화(backfire) : 불꽃이 순간적으로 팁 끝에 흡인되고 빵빵하면서 꺼졌다가 다시 켜졌다 하는 현상이다.

[원 인]

㈎ 토치의 팁에 불을 점화하기 위해 뜨거운 모재에 접촉시켰을 때(반드시 점화 라이터를 사용한다.)

㈏ 조정기의 압력이 너무 낮을 때(재점화 하기 전 조정기의 압력을 높인다.)

㈐ 팁 사이즈에 비해 불꽃이 너무 작을 때(불꽃의 크기를 증가시킨다.)

㈑ 팁 내부에 탄소나 다른 이물질이 부착되어 팁이 과열될 때(팁 클리너로 제거한다.)

㈒ 코너 같은 좁은 공간에서 용접이나 절단할 때 팁의 과열(팁을 냉각시킨다.)

③ 인화(flash back) : 팁 끝이 무엇인가의 원인으로 인해서 순간적으로 막히게 되면 가스의 분출이 나빠지고 혼합실까지 불꽃이 들어가는 현상이다. 이 경우 곧 아세틸렌 밸브를 잠가 혼합실의 불을 끄고 이어서 산소 밸브를 잠근다.

(5) 배기 장치(ventilation)

한정된 공간에서 용접 작업을 할 때에는 작업자에게 해로운 독성가스, 먼지, 연기 등이 발생하므로, 이들의 제거를 위해 다음 그림과 같은 배기 장치를 해야 한다. 특히 다음과 같은 재료를 용접하거나 절단할 때에는 배기에 특별한 주의를 기울여야 한다.

① 불소(fluorine)를 포함하는 플럭스, 피복 용접봉을 사용할 때
② 아연을 함유한 모재나 용가재 또는 피복 용접봉을 사용할 때
③ 납(lead)을 함유하거나 피복 또는 페인팅을 한 모재를 용접할 때
④ 모재나 용가재에 베릴륨(beryllium)을 함유하고 있을 때
⑤ 모재나 용가재에 카드뮴(cadmium)을 피복한 것을 용접할 때
⑥ 수은(mercury)으로 피복한 모재를 용접할 때
⑦ 플럭스나 피복제에 안티몬(antimony), 크롬(chromium), 비스무트(bismuth), 코발트(cobalt), 구리(copper), 니켈(nickel), 망간(manganese), 마그네슘(magnesium), 몰리브덴(molybdenum), 토륨(thorium), 바나듐(vanadium) 등을 함유하고 있을 때

인체에 해를 주는 물질들의 최대 허용치

용접 중 발생할 수 있는 물질	최대 허용치	
	(mg/m³)	ppm(cm³/m³)
일산화탄소(CO)	55.0	
이산화탄소 (CO_2)	9.0	5.0
구리 증기(copper fumes)	0.1	
불소 (fluorides)	2.5	
산화철 증기(iron oxide fume)	10.0	
납 (Pb)	0.2	
이산화질소 (NO_2)	9.0	
오존 (O_3)	0.2	
산화아연증기(zinc oxide fumes)	5.0	
프로판 (C_3H_8)	1.8	1.0
부탄 (C_4H_{10})	2.3	1.0
클로로포름 ($CHCl_3$)	50.0	10.0
염화수소 (HCl)	7	5
수은 (Hg)	0.1	0.01

㈜ • mg/m³ : 공기에 대한 무게비 • ppm (cm³/m³) : 공기에 대한 체적비

1-3 한정된 공간에서의 용접 작업

탱크, 보일러, 작은 방 또는 한정된 공간에서 용접할 때는 다음과 같은 사항에 주의해야 한다.
① 공간이 밀폐되어 있으면 배기 장치가 필요하다.
② 국부적 배기 장치 설치가 불가능하면 다음 그림과 같은 인공 호흡 장치 또는 방진 마스크를 착용해야 한다.
③ 가스 실린더와 용접기는 한정된 작업장 밖의 왼쪽에 위치시킨다.
④ 작업장 공간에 들어가는 통로가 좁거나 힘들 경우에는 만약의 경우에 대비하여 작업자를 빨리 밖으로 나오게 할 수 있는 안전 장치를 설치한다.
⑤ 가스 누수나 밸브의 완전치 못한 결합으로 작업장에 가스가 누적되는 것을 방지하기 위해 점심시간이나 휴식시간 동안에는 바깥쪽에 있는 가스 공급 밸브를 완전하게 잠가야 한다.

2. 전기의 위험성과 그 대책

2-1 전기적 쇼크 (electrical shock)

아크 용접에서는 전압이 비교적 낮기 때문에 일반적으로 전압에 의한 심각한 쇼크나 상해

는 없고, 인체를 통해서 흐르는 전류 양에 의해 치명적인 전기적 쇼크를 일으킬 수 있다.

그런데 전류 $\left(i=\dfrac{V}{R}\ \text{여기서},\ i=\text{전류},\ V=\text{전압},\ R=\text{저항}\right)$는 전압과 인체 피부의 접촉 저항에 의해 좌우되므로, 작업자의 몸에 땀으로 인한 수분이 많거나 작업장 주위가 습할 때에는 인체의 접촉 저항이 감소된다. 따라서 전류가 증가하며 인체에 치명적인 쇼크를 일으킬 수 있다.

다음 표에서는 사람의 체질과 건강에 따라 조금씩 다르나, 일반적으로 인체에 흐르는 전류값에 따른 증세를 나타낸 것이다.

인체에 흐르는 전류값에 따른 증세

전류값	증 세	비 고
1 mA	감전을 느낄 정도이다.	· 전압이 낮을 때에는 교류가 직류보다 위험하다.
5 mA	상당히 아프다.	
10 mA	참기 어려울 정도의 고통이다.	· 전압이 높아지면 직류가 위험하다.
20 mA	근육의 수축이 심하고 피해자 자신이 회로에서 떨어지기 힘들다.	· 100 V 이하의 직류, 40 V 이하의 교류에서는 사망한 예가 없다.
50 mA	상당히 위험하다.	
100 mA	치명적인 결과를 가져온다.	

㈜ 60 mA 정도의 전류가 심장을 통해서 인체에 흐르면 심장 박동을 멈추게 되는데, 이때에는 감전된 자를 인공 호흡시켜야 한다. 왜냐하면 인체의 뇌에 4분 정도 산소가 공급되지 않으면 뇌사 상태가 되기 때문이다.

2-2 용접 작업 중 주의 사항

① 작업자는 항상 용접기가 접지되어 있는가를 확인해야 한다.
② 용접봉 홀더의 파손된 부분이 있으면 반드시 교환한다.
③ 용접봉 홀더가 과열되었을 때 물에 넣어서 식히지 말아야 한다.
④ TIG나 MIG 용접에서 용접봉을 갈아 끼울 때 항상 용접기 전원 스위치를 끈다.
⑤ TIG나 MIG 용접의 수랭식 토치에서 누수가 있으면 사용하지 말아야 한다.
⑥ 지상으로부터 높은 곳에서 용접할 때에는 작업자의 전기적 쇼크로 인한 추락 사고를 방지하기 위한 안전 장치를 고려해야 한다.
⑦ 습도가 높거나 무더운 날에는 땀으로 인한 인체 접촉 저항이 작아지므로, 전기적 쇼크에 주의를 해야 한다 (일반적으로 인체 피부가 건조한 때에는 저항이 10000 Ω 정도이고, 땀이나 수분이 많으면 500 Ω로 저항이 작아진다).

예상문제

문제 1. 다음 중 프로판 가스통을 저장할 때 통풍용 환기·구멍을 아래에 뚫는 이유는 무엇인가?
㉮ 공기보다 무거우므로
㉯ 물이 잘 빠지게 하기 위하여
㉰ 구멍뚫기가 수월하므로
㉱ 가스 조절하기가 쉬우므로
[해설] 프로판의 주성분은 C_3H_8이므로, 1분자의 무게는 44 g이고, 공기의 1분자 무게는 28.8 g이다.

문제 2. 황동 용접시 산화아연으로 인한 중독을 방지하는 방법은?
㉮ 마스크를 사용한다.
㉯ 마스크에 냉수를 적셔 사용한다.
㉰ 마스크에 온수를 적셔 사용한다.
㉱ 마스크에 가성소다액을 적셔 사용한다.

문제 3. 아세틸렌병의 조정기 밸브는 몇 회전 정도 열어서 사용하면 좋은가?
㉮ 2회전 이상
㉯ $1\frac{1}{2}$ 회전
㉰ 완전히 연다.
㉱ $\frac{1}{2}$ 회전
[해설] 비상시에 대비해 $1\frac{1}{2}$ 회전 이상 돌리지 않는 것이 좋고, 또 항상 렌치를 밸브에 부착시켜 둔다.

문제 4. 아세틸렌 용기의 가스 누수 검사를 할 때 알맞은 물체는?
㉮ 기름
㉯ 경수
㉰ 비눗물
㉱ 연수

문제 5. 다음 중 가스 용접 토치 안에서 역화를 일으켰을 때의 긴급 조치로 잘못된 것은 어느 것인가?
㉮ 먼저 산소 밸브를 잠근다.
㉯ 먼저 아세틸렌 밸브를 잠근다.
㉰ 긴급 조치를 한 후 역화 원인을 조사하고, 팁의 소제 또는 조임 정도를 검사한다.
㉱ 긴급 조치를 한 후 산소를 약간 분출시키면서 물속에 팁 끝을 넣어 냉각시킨다.

문제 6. 아세틸렌은 공기 중에서 몇 도 정도면 폭발하는가?
㉮ 505~515℃
㉯ 205~215℃
㉰ 100~130℃
㉱ 305~315℃

문제 7. 아세틸렌 가스 공급 통로에 사용할 수 없는 재료는?
㉮ 스테인리스강
㉯ 구리
㉰ 알루미늄
㉱ 연강
[해설] 아세틸렌 가스는 구리 또는 동합금(62% 이상의 동), 은(Ag), 수은(Hg) 등과 접촉하면 폭발성의 화합물을 생성한다.

문제 8. 납땜할 때 청산가리가 몸에 튀었을 때 어떻게 하면 되는가?
㉮ 손으로 문질러 둔다.
㉯ 머큐로크롬을 바른다.
㉰ 빨리 물로 세척한다.
㉱ 그냥 둔다.

문제 9. 다음 중 안전 관리자를 두어야 할 사업체는?
㉮ 상시 100인 이상의 근로자를 채용하는 업체

해답 1. ㉮ 2. ㉯ 3. ㉯ 4. ㉰ 5. ㉮ 6. ㉮ 7. ㉯ 8. ㉰ 9. ㉮

㉯ 일주간 100인 이상의 근로자를 채용하는 업체
㉰ 2개월전 100인 이상의 근로자를 채용하는 업체
㉱ 월간 100인 이상의 근로자를 채용하는 업체

[해설] 안전 관리자는 근로기준법에 의해, 상시 100인 이상의 근로자를 채용하는 사업체에는 안전 관리자를 1인 이상 두어야 한다.

문제 10. 산소 용기 취급상 주의 사항에 맞지 않는 것은?
㉮ 밸브 개폐시 빨리 그리고 조금만 연다.
㉯ 충격에 주의한다.
㉰ 항상 40℃ 이하로 유지한다.
㉱ 조정기에 기름을 치지 않는다.

[해설] 산소 용기는 사용시 밸브를 완전히 열고, 아세틸렌 용기는 1.5회전 정도만 밸브를 연다.

문제 11. 다음 중 가스 용접시 중독의 재해를 예방하기 위한 방법으로 가장 좋은 것은 어느 것인가?
㉮ 역류 방지기를 부착한다.
㉯ 용접부를 깨끗이 한다.
㉰ 작업장 주위의 인화 물질에 주의한다.
㉱ 환기를 잘 한다.

문제 12. 다음 용기 내의 충전 가스를 표시하는 색깔 중 프로판에 해당되는 색은 어느 것인가?
㉮ 황색   ㉯ 회색
㉰ 주황색   ㉱ 갈색

[해설] ① 아세틸렌 : 황색, 암모니아 (백색)
② 수소 : 주황색, 탄산가스 (청색, 염소 : 갈색)

문제 13. 다음 중 포화 소화기에 대한 설명으로 틀린 것은?
㉮ 전기 화재에 적합하다.
㉯ 유류 화재에 적합하다.
㉰ 일반 화재에 적합하다.
㉱ 방출 시간은 45~50 s 정도이다.

[해설] 전기 화재시에는 물이 있으면 누전되므로, 분말 소화기가 적합하다.

문제 14. 아크 용접시 발생하기 쉬운 재해가 아닌 것은?
㉮ 각막염   ㉯ 전격
㉰ 결막염   ㉱ 폭발

문제 15. 산소용 가스 호스는 최소한 몇 kg/cm² 내압 시험에 합격해야 하는가?
㉮ 10 kg/cm²   ㉯ 50 kg/cm²
㉰ 90 kg/cm²   ㉱ 150 kg/cm²

[해설] 산소용 호스는 녹색 또는 흑색이며, 아세틸렌은 적색으로 구별한다. 산소는 고압이므로 90 kg/cm², 아세틸렌은 10 kg/cm²의 내압 시험에 합격해야 한다.

문제 16. 피복 아크 용접 중 용접봉이 모재에 붙었을 때 어떻게 하는가?
㉮ 감전의 위험이 있으므로 홀더를 손에서 놓고, 메인 스위치를 끈다.
㉯ 물을 붓는다.
㉰ 용접봉 홀더에서 용접봉을 빼낸다.
㉱ 천천히 좌우로 흔들어 뗀다.

문제 17. 전기 용접기를 설치할 때의 유의 사항으로 옳지 않은 것은?
㉮ 용접기 케이스에 항상 어스를 접지시킬 것
㉯ 용접 전원 케이블의 용량을 충분하게 할 것
㉰ 2차 무부하 전압을 높게 하여 전격 방지에 유의할 것
㉱ 퓨즈가 부착된 안전 개폐식 스위치를 설치할 것

문제 18. 좁은 탱크 안에서 작업할 때의 주의할 사항으로 옳지 않은 것은?
㉮ 전격에 주의한다.

해답 10. ㉮ 11. ㉱ 12. ㉯ 13. ㉮ 14. ㉱ 15. ㉰ 16. ㉱ 17. ㉰ 18. ㉱

㉰ 환기 및 통풍에 주의한다.
㉱ 가스 마스크를 사용한다.
㉲ 산소를 공급하여 환기를 한다.
[해설] 산소 사용시 폭발의 위험이 있으므로, 환기를 산소로 해서는 안된다.

[문제] 19. 다음 중 전격 방지기의 역할로 옳은 것은?
㉮ 무부하시 저압을 25 V 이하로 조정하여 전격 사고를 방지한다.
㉯ 전격 사고 방지를 위해 용접 중 아크 전압을 낮게 한다.
㉰ 아크 길이를 조정한다.
㉱ 아크 전류를 낮게 하여 전격 사고를 방지한다.
[해설] 용접하지 않을 때 2차 무부하 전압을 25 V 이하로 유지하여, 감전 사고를 방지하기 위하여 전격 방지기를 사용한다.

[문제] 20. 아세틸렌의 발화나 폭발과 관계없는 것은?
㉮ 가스 혼합비   ㉯ 유화수소
㉰ 기압   ㉱ 온도

[문제] 21. 산소 용기는 화기로부터 최소 몇 m 이상 떨어져 있어야 하는가?
㉮ 2 m   ㉯ 3 m
㉰ 4 m   ㉱ 5 m

[문제] 22. 전기 화재시 사용되는 적당한 소화 대책은?
㉮ 포말 소화기   ㉯ 분말 소화기
㉰ 모래   ㉱ 물
[해설] 전기 화재시 물이 있으면 누전되므로, 분말 소화기가 적합하다.

[문제] 23. 다음 중 용접시 중독과 관계없는 금속은?
㉮ Pb   ㉯ Cr
㉰ Zn   ㉱ Fe

[문제] 24. 중독을 일으키는 공기 중의 탄산가스 농도는?
㉮ 20 %   ㉯ 25 %
㉰ 30 %   ㉱ 35 %

[문제] 25. 다음 가스 용접시 방독 마스크를 사용하지 않아도 되는 것은?
㉮ 크롬-니켈강   ㉯ 아연도금판
㉰ 황동   ㉱ 수도관
[해설] 아연도금판, 황동, 수도관 등 함유되어 있는 아연과 납은 용접 중 유독 가스를 생성한다.

[문제] 26. 다음은 용접용 보호구인데 특히 많은 사람이 같이 용접 작업을 할 때에 꼭 필요한 물건은?
㉮ 헬멧   ㉯ 앞치마
㉰ 차광막   ㉱ 장갑

[문제] 27. 아크 용접과 절단 작업에서 발생하는 복사 에너지가 아닌 것은?
㉮ 가시광선(visible light ray)
㉯ 적외선(infrared ray)
㉰ 자외선(ultraviolent ray)
㉱ γ선
[해설] 아크 용접과 절단 작업에서 발생하는 복사 에너지는 가시광선, 적외선, 자외선, X선(전자빔 용접에서 발생) 등 4가지이다.

[문제] 28. 다음 용접 작업 중 귀마개를 착용해야 하는 경우는?
㉮ 전자빔 용접(electro beam welding)
㉯ 플럭스 코어드 용접(flux cored welding)
㉰ 플래시 버트 용접(flash butt welding)
㉱ 일렉트로 가스 용접(electro gas welding)
[해설] 귀마개를 착용해야 하는 경우는 플라스마 아크 용접에서 고온의 플라스마 제트가 분출될 때와 플래시 버트 용접에서이다.

[문제] 29. 아크 용접에서 발생하는 광선 중 맨

[해답] 19. ㉮ 20. ㉯ 21. ㉰ 22. ㉯ 23. ㉱ 24. ㉰ 25. ㉮ 26. ㉰ 27. ㉱ 28. ㉰ 29. ㉮

눈으로 보게 되면 눈물이 많이 나고 눈 속에 모래가 들어간 것 같은 느낌을 갖게 되며, 또한 용접부 주위 산소를 오존으로, 질소를 산화질소로 인체에 유독한 가스를 형성하는 것은?

㉮ 자외선(ultraviolent ray)
㉯ 적외선(infrared ray)
㉰ 가시광선(visible light ray)
㉱ X선

[해설] 용접부 인접한 곳은 공기 중의 산소가 자외선 광선에 의해 오존으로 변한다. 특히 보호 가스 용접에서 높은 전류를 사용하거나 아르곤 공급량이 과다하면, 오존의 생성량이 현저히 증가하므로 주의를 요한다.

문제 30. 다음 광선 중 눈에 들어가면 점차적으로 눈이 악화되어 나중에는 백내장이 되는 수가 있으며, 또한 열을 동반하므로 맨살에 쏘이게 되면 화상을 입게 되는 것은 어느 것인가?

㉮ 가시광선 ㉯ 자외선
㉰ 적외선   ㉱ X선

문제 31. 다음 사항 중 용접이나 절단 작업에서 배기에 특별한 주의를 기울이지 않아도 되는 것은?

㉮ 불소(fluorine)를 함유하는 플럭스 또는 피복 용접봉을 사용할 때
㉯ 산화 피막이 두꺼운 알루미늄판을 용접할 때
㉰ 아연을 함유한 모재나 용가재 또는 피복 용접봉을 사용할 때
㉱ 수은(mercury)으로 피복한 모재를 용접할 때

문제 32. 아크 용접에서 발생하는 전기적 쇼크(electrical shock)에 관한 설명 중 맞지 않는 것은?

㉮ 아크 용접에서는 전압이 비교적 낮기 때문에 일반적으로 전압에 의한 심각한 쇼크나 상해는 없다.
㉯ 아크 용접에서는 인체를 통해서 흐르는 전류량에 의해 치명적인 전기적 쇼크를 일으킬 수 있다.
㉰ 전류는 전압과 인체 피부의 접촉 저항에 의해 좌우된다.
㉱ 작업자 몸에 땀으로 인한 수분이 많거나 습할 때에는 인체의 접촉 저항이 증가함에 따라 전류가 증가하여 인체에 치명적인 쇼크를 일으킬 수 있다.

[해설] 인체에 수분이 많으면, 접촉 저항이 감소하여 높은 전류가 흐르게 된다.

$$i = \frac{V}{R}$$

여기서, i : 전류, V : 전압, R : 저항

① 정상적인 사람의 인체 저항은 10000 Ω이므로,

$$i = \frac{80(\text{용접기의 무부하 전압})}{10000}$$
$$= 0.008 \text{ amp} (\text{위험 없음})$$

② 몸에 땀이 나거나 수분이 많을 때의 인체 저항은 500 Ω 정도이므로,

$$i = \frac{80}{500} = 0.16 \text{ amp} (\text{위험})$$

문제 33. 인체에 흐르는 전류값에 따라 나타나는 증세 중 근육의 수축이 심하고 피해자 자신이 회로에서 떨어지기 힘든 정도가 되는 경우 전류의 양은?

㉮ 50 mA   ㉯ 20 mA
㉰ 5 mA   ㉱ 100 mA

해답 30. ㉰   31. ㉯   32. ㉱   33. ㉯

부록

과년도 출제 문제

2008년도 출제 문제

▶ 2008년 3월 2일 시행

자격종목 및 등급(선택분야)	종목코드	시험시간	문제지형별	수검번호	성 명
용접산업기사	2026	1시간 30분	A		

제1과목 용접야금 및 용접설비 제도

1. 주철의 용접 시 주의사항으로 틀린 것은?
- ㉮ 용접전류는 필요 이상 높이지 말고 지나치게 용입을 깊게 하지 않는다.
- ㉯ 비드의 배치는 짧게 해서 여러 번의 조작으로 완료한다.
- ㉰ 용접봉은 가급적 지름이 큰 것을 사용한다.
- ㉱ 용접부를 필요 이상 크게 하지 않는다.

[해설] • 주철의 용접 시 주의사항
① 보수 용접을 행하는 본 바닥이 나타날 때까지 잘 깎아낸 후 용접한다.
② 용접 전류는 필요 이상 높이지 말고 직선비드를 배치하며 용입을 깊게 하지 않는다.
③ 용접봉은 될 수 있는 한 지름이 가는 것을 사용하며 비드의 배치는 짧게 해서 여러번의 조작으로 완료한다.
④ 가열되어 있을 때 피닝 작업을 하여 변형을 줄인다.
⑤ 두꺼운 판이나 복잡한 형상의 용접은 예열과 후열 후에 서랭한다.
⑥ 가스용접은 중성, 약한 탄화 불꽃을 사용하며 용제를 충분히 사용한다.

2. 다음 중 금속의 일반적 특성으로 틀린 것은?
- ㉮ 모든 금속은 상온에서 고체이며 결정체이다.
- ㉯ 열과 전기의 좋은 양도체이다.
- ㉰ 전성 및 연성이 풍부하다.
- ㉱ 금속적 광택을 가지고 있다.

[해설] 금속은 일반적으로 상온에서 고체이며 결정체이나, 수은(Hg)은 액체이다.

3. 금속재료의 냉간가공에 따른 일반적 성질변화 중 옳지 않은 것은?
- ㉮ 인장강도 증가
- ㉯ 경도 증가
- ㉰ 연신율 감소
- ㉱ 피로강도 감소

[해설] 금속재료의 냉간가공 제품은 인장강도 및 경도와 피로강도가 증가하며, 연신율이 감소한다.

4. 규소가 탄소강에 미치는 일반적 영향으로 틀린 것은?
- ㉮ 강의 인장강도를 크게 한다.
- ㉯ 연신율을 감소시킨다.
- ㉰ 가공성을 좋게 한다.
- ㉱ 충격값을 감소시킨다.

[해설] 탄소강 내에 규소는 경도, 강도, 탄성한계, 주조성(유동성)을 증가시키고, 연신율, 충격치, 단접성(결정입자를 성장·조대화시킨다)을 감소시킨다.

5. 연강을 0℃ 이하에서 용접할 경우 예열하는 요령으로 올바른 것은?
- ㉮ 용접이음의 양쪽 폭 100 mm 정도를 40~75℃로 예열한다.
- ㉯ 용접 이음부를 약 500~600℃로 예열

[정답] 1. ㉰ 2. ㉮ 3. ㉱ 4. ㉰ 5. ㉮

한다.

㈐ 용접 이음부의 홈 안을 700℃ 전후로 예열한다.

㈑ 연강은 예열이 필요 없다.

[해설] 연강을 0℃ 이하에서 용접을 할 경우 이음의 양쪽 폭 100 mm 정도를 40~75℃로 예열을 한다.

6. 고장력강의 용접 시 일반적인 주의사항으로 잘못된 것은?

㈎ 용접봉은 저수소계를 사용한다.
㈏ 용접 개시 전 이음부 내부를 청소한다.
㈐ 위빙 폭을 크게 하지 말아야 한다.
㈑ 아크 길이는 최대한 길게 유지한다.

[해설] ㈎, ㈏, ㈐ 외에 예열 (80~150℃)을 하고, 아크 길이는 최대한 짧게 유지한다.

7. Fe-C 평형상태도에서 γ-철의 결정 구조는?

㈎ 면심입방격자   ㈏ 체심입방격자
㈐ 조밀육방격자   ㈑ 혼합결정격자

[해설] 평형상태도에서 A_3(912)~ A_4(1400℃)변태점에서는 면심입방격자이고 γ철이라 한다.

8. 합금강에 첨가한 원소의 일반적인 효과가 잘못된 것은?

㈎ Ni - 강인성 및 내식성 향상
㈏ Ti - 내식성 향상
㈐ Cr - 내식성 감소 및 연성 증가
㈑ W - 고온강도 향상

[해설] 크롬은 작은 양이라도 경도와 인장강도가 증가하고 함유량의 증가에 따라 내식성과 내열성 및 자경성이 커진다.

9. 다음 중 적열취성의 주원인이 되는 원소는?

㈎ 질소   ㈏ 황   ㈐ 수소   ㈑ 망간

[해설] 적열(고온)취성의 원인은 황이며 망간을 첨가하면 고온 가공성 개선이 된다.

10. 다음 그림은 체심입방 A·B형 격자를 나타낸 것이다. 격자 내의 B원자 수는? (단, ○ : A원자, ● : B원자)

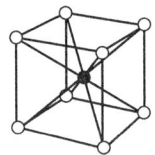

㈎ 8   ㈏ 4   ㈐ 2   ㈑ 1

[해설] 체심입방격자는 단위격자 중심에 1개, 입방체 8개 꼭지점에 A원자가 1꼭지점에 1/8로 8개, 즉 1/8×8=1개가 있으며 B원자가 1개이므로 단위격자에 속해 있는 원자수는 2개가 된다.

11. 용접설비 제도에 사용하는 문자의 크기에 있어서 일반치수 숫자 및 기술문자의 크기는?

㈎ 2.24~4.5 mm   ㈏ 3.15~6.3 mm
㈐ 6.3~12.5 mm   ㈑ 9~18 mm

[해설] 일반치수 숫자 및 기술문자는 3.15~6.3 mm이다.

12. 기계제도에서 단면도에 관한 설명으로 틀린 것은?

㈎ 가상의 절단면을 정투상법에 의하여 나타낸 투상도를 말한다.
㈏ 주로 대칭인 물체의 중심선을 기준으로 내부 모양과 외부 모양을 동시에 표현하는 방법이 한쪽 단면도이다.
㈐ 단면 부분은 단면이란 것을 표시하기 위하여 해칭 또는 스머징을 한다.
㈑ 해칭은 주된 중심선에 대해서 60°의 굵은 실선을 이용하여 등간격으로 표시한다.

[해설] 해칭은 45°각도로 가는 실선을 등 간격으로 그어 60°로 그리는 지시선과 구분한다.

13. 핸들이나 바퀴 등의 암 및 림, 리브, 훅 등의 절단면을 90° 회전하여 그린 단면도는?

정답 6. ㈑ 7. ㈎ 8. ㈐ 9. ㈏ 10. ㈑ 11. ㈏ 12. ㈑ 13. ㈑

㉮ 온 단면도
㉯ 한쪽 단면도
㉰ 부분 단면도
㉱ 회전 단면도

[해설] 회전단면도는 주 투상도를 밖으로 끌어내어 그릴 경우에는 가는 1점쇄선으로 단면 위치를 표시하고, 굵은 1점 쇄선으로 한계를 표시하여 굵은 실선으로 그린다.

14. A0의 도면 치수는 얼마인가? (단, 단위는 mm이다.)
㉮ 841×1189   ㉯ 594×841
㉰ 841×1783   ㉱ 594×1682

[해설] A0는 전지로 약 1 m 되며 크기는 841×1189로 A1은 A0 크기 작은 숫자가 큰 숫자로 내려온다.

15. 물체의 모양을 가장 잘 나타낼 수 있는 투상면은?
㉮ 평면도   ㉯ 정면도
㉰ 우측면도   ㉱ 좌측면도

[해설] 물체의 모양을 가장 잘 나타낼 수 있는 투상도는 정면도이다.

16. 용접부 보조 기호 중 끝단부를 매끄럽게 처리하도록 하는 기호는?

㉮ ⌣   ㉯ M
㉰ ⌒   ㉱ ─

[해설] ㉯는 영구적인 덮개판을 사용할 것, ㉰는 오목형 ㉱는 평면(동일 평면으로 다듬질)이다.

17. 다음 용접기호를 설명한 것으로 올바른 것은?

㉮ C = 슬롯부의 폭

㉯ l = 용접부의 개수(용접 수)
㉰ n = 용접부의 길이
㉱ (e) = 크레이터 길이

[해설] C : 슬롯의 폭
n : 용접부의 개수
l : 용접부의 길이

18. 다음 용접의 명칭과 기호가 맞지 않는 것은?
㉮ 겹침 이음 : ⋁
㉯ 가장자리 용접 : ⫼
㉰ 서페이싱 : ⌒
㉱ 서페이싱 이음 : ═

[해설] ㉮는 급경사면 한쪽면 V형 홈 맞대기 이음용접이다.

19. 다음 그림의 보조기호의 용접기호를 바르게 설명한 것은?

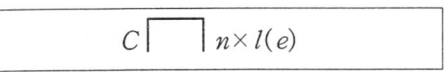

㉮ 영구적인 덮개판을 사용
㉯ 평면(동일평면)으로 다듬질
㉰ 제거 가능한 덮개판을 사용
㉱ 끝단부를 매끄럽게 다듬질

[해설] MR : 제거 가능한 덮개 판을 사용한다.
M : 영구적인 덮개 판을 사용한다.

20. 원 또는 다각형에 감긴 실을 잡아당기면서 풀어갈 때 실 위의 한 점이 그려가는 것을 이어서 얻은 선을 무엇이라 하는가?
㉮ 포물선
㉯ 쌍곡선
㉰ 인벌류트 곡선
㉱ 사이클로이드 곡선

[해설] 실을 감고 잡아당기면서 풀어나갈 때 실의 끝점이 그리는 곡선을 인벌류트 곡선이라 한다.

정답 14. ㉮ 15. ㉯ 16. ㉮ 17. ㉮ 18. ㉮ 19. ㉰ 20. ㉰

제 2 과목 용접구조설계

21. 용접부의 안전율(safety factor)을 나타낸 것은?

㉮ 안전율 = $\dfrac{\text{극한강도}}{\text{허용응력}} \times 100\%$

㉯ 안전율 = $\dfrac{\text{극한응력}}{\text{전단응력}} \times 100\%$

㉰ 안전율 = $\dfrac{\text{피로강도}}{\text{굽힘응력}} \times 100\%$

㉱ 안전율 = $\dfrac{\text{굽힘응력}}{\text{피로응력}} \times 100\%$

[해설] 안전율 = $\dfrac{\text{극한강도}}{\text{허용응력}} \times 100\%$ 이다.

22. 똑같은 두께의 재료를 다음 보기와 같이 용접할 때 냉각속도가 가장 빠른 이음은?

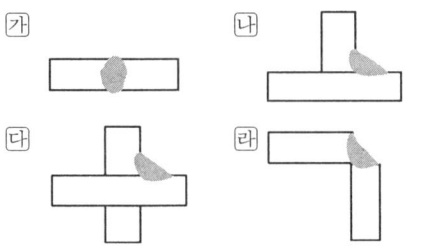

[해설] ① 냉각속도는 열의 확산 방향이 많을수록 크다. 맞대기 용접보다 T형 이음, 얇은 판보다 두꺼운 판이 크다.
② 열전도율이 클수록 냉각속도가 크다.

23. 맞대기나 필릿 용접부의 비드 표면과 모재와의 경계부에 발생하는 용접균열은?

㉮ 힐 균열(heel crack)
㉯ 토 균열(toe crack)
㉰ 비드 밑 균열(under bead crack)
㉱ 루트 균열(root crack)

[해설] 용접을 끝낸 직후 비드 표면과 모재와의 경계부에 발생하는 것은 토 균열이다.

24. 다음 그림에서 필릿 용접의 실제 목 두께(actual throat)를 나타내는 것은?

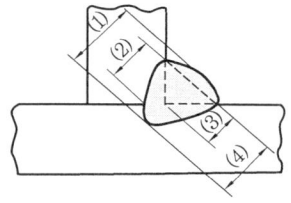

㉮ (1)   ㉯ (2)
㉰ (3)   ㉱ (4)

[해설] 실제 목두께는 (1)이고, 이론 목 두께는 (4)이다.

25. 용접 준비에서 조립 및 가용접에 관한 설명으로 옳은 것은?

㉮ 변형 혹은 잔류응력을 될 수 있는 대로 크게 해야 한다.
㉯ 가용접은 본용접을 실시하기 전에 좌우의 홈 부분을 잠정적으로 고정하기 위한 짧은 용접이다.
㉰ 조립 순서는 수축이 큰 이음을 나중에 용접한다.
㉱ 용접물의 중립축에 대하여 용접으로 인한 수축력 모멘트의 합이 100이 되도록 한다.

[해설] • 가용접
① 용접 결과의 좋고 나쁨에 직접 영향을 준다.
② 본용접의 작업 전에 좌우의 홈부분을 잠정적으로 고정하기 위한 짧은 용접이다.
③ 균열, 기공, 슬래그 잠입 등의 결함을 수반하기 쉬우므로 본용접을 실시할 홈 안에 가용접하는 것은 바람직하지 못하며, 만일 불가피하게 홈 안에 가용접하였을 경우 본용접전에 갈아 내는 것이 좋다.
④ 본용접을 하는 용접사와 비등한 기량을 가진 용접사에 의해 가용접을 실시한다.
⑤ 가용접에는 본용접보다 지름이 약간 가는 용접봉을 사용하는 것이 좋다.

정답 21. ㉮ 22. ㉯ 23. ㉯ 24. ㉮ 25. ㉯

26. 다음 금속 중 냉각속도가 가장 빠른 금속은?
㉮ 연강   ㉯ 알루미늄
㉰ 구리   ㉱ 스테인리스강

[해설] 열전도율이 클수록 냉각속도가 빠르다.
Ag → Cu → Pt → Al 등

27. 용착부의 인장응력이 5 kgf/mm², 용접선 유효길이가 80 mm이며, V형 맞대기로 완전 용입인 경우 하중 8000 kgf에 대한 판 두께는 몇 mm 인가? (단, 하중은 용접선과 직각 방향임)
㉮ 10   ㉯ 20
㉰ 30   ㉱ 40

[해설] 응력 = $\dfrac{인장하중}{단면적}$
= $\dfrac{인장하중}{두께 \times 유효길이}$ 에서

두께 = $\dfrac{하중}{응력 \times 유효길이} = \dfrac{8000}{5 \times 80} = 20$ mm

28. 다음 용접변형 교정방법 중 적합하지 않은 것은?
㉮ 얇은 판에 대한 점 수축법
㉯ 형재에 대한 직선 수축법
㉰ 가열 후 해머질하는 법
㉱ 변형된 부위를 줄질하는 법

[해설] 문제의 ㉮, ㉯, ㉰ 외에, 후판에 대해 가열 후 압력을 가하고 수랭하는 방법 또는 롤러에 걸어 변형교정, 절단하여 정형 후 재용접하여 변형교정, 피닝법을 사용한다.

29. 용접이음의 강도는 이음에 어떤 부하가 작용하는지를 생각해야 하는데 그 부하에 속하지 않는 것은?
㉮ 수직력 (P)
㉯ 굽힘 모멘트 (H)
㉰ 비틀림 모멘트 (T)
㉱ 응력강도 (K)

[해설] 용접이음의 강도계산에는 수직력, 굽힘 모멘트, 비틀림 모멘트 등을 고려한다.

30. 자기검사에서 피검사물의 자화방법은 물체의 형상과 결함의 방향에 따라서 여러 가지가 사용된다. 그 중 옳지 않은 것은?
㉮ 투과법   ㉯ 축 통전법
㉰ 직각 통전법   ㉱ 극간법

[해설] 자화방법은 축 통전법, 직각 통전법, 관통법, 전류 통전법, 코일법, 극간법, 자속 관통법 등이 있다.

31. 피복 아크 용접기에서 AW 300, 무부하전압 70 V, 아크 전압 30 V를 사용할 때 역률과 효율은 각각 얼마인가?
㉮ 역률 75.8 %, 효율 57.2 %
㉯ 역률 72.3 %, 효율 64.7 %
㉰ 역률 67.4 %, 효율 71 %
㉱ 역률 57.1 %, 효율 75 %

[해설] 역률 = $\dfrac{아크쪽 입력 + 손실}{전원입력} \times 100$ %

효율 = $\dfrac{아크쪽 입력}{아크쪽 입력 + 손실} \times 100$ %

32. 계산 또는 필릿 용접의 치수 이상으로 표면 위에 용착된 금속은?
㉮ 이면 비드   ㉯ 덧붙이
㉰ 개선 홈   ㉱ 용접의 루트

[해설] 필릿 용접의 치수 이상으로 표면 위에 용착된 금속을 덧붙이라 한다.

33. 용접이음을 설계할 때 주의할 사항이 아닌 것은?
㉮ 아래보기 용접을 많이 하도록 한다.
㉯ 용접 보조기구 및 장비를 사용하여 작업 조건을 좋게 만든다.
㉰ 용접진행은 부재의 자유단에서 고정단으로 향하여 용접하게 한다.

정답 26. ㉰ 27. ㉯ 28. ㉱ 29. ㉱ 30. ㉮ 31. ㉱ 32. ㉯ 33. ㉰

㉣ 부재 전체에 가능한 열의 분포가 일정하게 되도록 한다.

[해설] ① 용접을 안전하게 할 수 있는 구조로 아래보기 용접을 많이 하도록 한다.
② 용접봉의 용접부에 대한 접근성도 작업이 쉽고 어려움에 영향을 주므로 용접 작업에 지장을 주지 않는 간격을 남길 것.
③ 필릿 용접은 가능한 피하고 맞대기 용접을 하도록 한다.
④ 중립축에 대하여 모멘트 합이 "0"이 되도록 한다.
⑤ 용접물 중심에 대하여 대칭으로 용접하여 변형을 방지한다.
⑥ 동일 평면 내에 많은 이음이 있을 때에는 수축이 가능한 자유단으로 보낸다.

34. 초음파 탐상법 중 가장 많이 사용되는 검사법은?
㉮ 투과법　　　　㉯ 펄스 반사법
㉰ 공진법　　　　㉱ 자기검사법

[해설] 초음파 검사는 0.5~15 MHz의 초음파를 물체의 내부에 침투시켜 내부의 결함, 불균일 층의 유무를 알아내는 검사로 투과법, 펄스 반사법, 공진법이 있으며 펄스 반사법이 가장 일반적이다.

35. 아크 전류가 300 A, 아크 전압이 25 V, 용접 속도가 20 cm/min인 경우 용접길이 1 cm당 발생되는 용접 입열은?
㉮ 20000 J/cm　　㉯ 22500 J/cm
㉰ 25500 J/cm　　㉱ 30000 J/cm

[해설] 용접 입열 $H = \dfrac{60EI}{V}$ J/cm

$\dfrac{60 \times 25 \times 30}{20} = 22500$ J/cm

36. 다음 중 이음 효율을 구하는 식으로 맞는 것은?

㉮ $\dfrac{용접이음의\ 허용응력}{모재의\ 허용응력}$

㉯ $\dfrac{모재의\ 인장강도}{용착금속의\ 인장강도}$

㉰ $\dfrac{용접재료의\ 항복강도}{용접재료의\ 인장강도}$

㉱ $\dfrac{모재의\ 인장강도}{용접시편의\ 인장강도}$

[해설] 이음효율 $= \dfrac{용접시험편의\ 인장강도}{모재의\ 인장강도}$

37. 다층 용접 시 한 부분의 몇 층을 용접하다가 이것을 다음 부분의 층으로 연속시켜 전체가 단계를 이루도록 용착시켜 나가는 방법은?
㉮ 후퇴법 (backstep method)
㉯ 캐스케이드법 (cascade method)
㉰ 블록법 (block method)
㉱ 덧살올림법 (build-up method)

[해설] 캐스케이드법은 한 부분의 몇 층을 용접하다가 다음 부분의 층으로 연속시켜 후진법과 같이 사용하는 것으로 용접결함 발생이 적으나 잘 사용되지 않고 있다.

38. 강판 두께 9 mm, 용접선 유효길이 150 mm, 홈의 깊이 h_1, h_2가 각각 3 mm인 V형 맞대기 용접을 불완전 용입으로 용접하고 9000 kgf의 하중이 용접선과 직각 방향으로 작용하는 경우 압축응력은 몇 kgf/mm²인가?
㉮ 20　　㉯ 15　　㉰ 10　　㉱ 5

[해설] 응력 $= \dfrac{하중}{(h_1+h_2) \times 유효길이}$

$= \dfrac{9000}{(3+3) \times 150} = 10$ kgf/mm²

39. 끝이 구면인 특수한 해머로써 용접부를 연속적으로 때려 용접 표면상에 소성변형을 주어 인장응력을 완화하는 방법은?
㉮ 전진법　　　　㉯ 스킵법
㉰ 후퇴법　　　　㉱ 피닝법

[해설] 피닝법은 끝이 둥근 볼핀해머로 용접부

정답 34. ㉯　35. ㉯　36. ㉮　37. ㉯　38. ㉰　39. ㉱

를 연속적으로 타격하여 용접표면에 소성변형을 주어 인장응력을 완화하는 방법으로, 첫층 용접의 균열 방지 목적으로는 700℃ 정도에서 열간 피닝을 한다.

40. 본 용접에서 용착법의 종류에 해당되지 않는 것은?
㉮ 대칭법   ㉯ 풀림법
㉰ 후퇴법   ㉱ 스킵법

[해설] 풀림법은 잔류응력 경감법의 종류이다.

제 3 과목 용접일반 및 안전관리

41. 가스 용접에서 역화의 원인이 될 수 없는 것은?
㉮ 아세틸렌의 압력이 높을 때
㉯ 팁 끝이 모재에 부딪혔을 때
㉰ 스패터가 팁의 끝 부분에 덮혔을 때
㉱ 토치에 먼지나 물방울이 들어 갔을 때

[해설] 역화란 폭음이 나면서 불꽃이 꺼졌다가 다시 나타나는 현상을 말한다. 역화의 원인은 ㉯, ㉰, ㉱항 외에 산소압력의 과대로 팁 끝이 모재에 닿아 순간적으로 팁 끝이 막히거나, 팁 끝의 가열 및 조임불향 등이 있다.

42. 전격 방지를 위한 준비작업으로 틀린 것은?
㉮ 피용접물과 용접 케이스를 접지시킨다.
㉯ 면장갑을 끼고 그 위에 용접용 장갑을 낀다.
㉰ 우천 시에는 용접기의 과열을 방지하기 위하여 비에 젖도록 하는 것이 좋다.
㉱ 전격방지 장치가 설치된 용접기를 사용한다.

[해설] 습기가 많으면 저항이 적어져 전류가 보통 때보다 더 잘 흐르므로 전격의 위험이 더 커진다.

43. 가스용접에서 산소 압력조정기의 압력조정 나사를 오른쪽으로 돌리면 밸브는 어떻게 되는가?
㉮ 잠겨진다.   ㉯ 중립상태로 된다.
㉰ 고정된다.   ㉱ 열리게 된다.

[해설] 산소 압력 조정기의 압력 조정나사는 오른쪽으로 돌리면 열리고 조정기의 압력이 올라간다. 가연성가스 압력 조정기는 안정을 위하여 왼쪽 나사이다.

44. 금속과 금속을 충분히 접근시키면 금속원자 사이에 인력이 작용하여 그 인력에 의하여 금속을 영구 결합시키는 것이 아닌 것은?
㉮ 융접   ㉯ 압접
㉰ 납땜   ㉱ 리벳 이음

[해설] 문제는 접합의 원리로, 리벳 이음은 기계적 이음으로 타격에 의한 이음법이다.

45. 1차 입력이 22 kVA인 피복 아크 용접기에서 전원 전압이 220 V라면 퓨즈는 다음 중 몇 A가 가장 적합한가?
㉮ 50   ㉯ 100   ㉰ 200   ㉱ 400

[해설] 퓨즈의 용량 $= \dfrac{1차\ 입력}{전원\ 전압} = \dfrac{22000}{220} = 100\ A$

46. 산소 아세틸렌 가스로 절단이 가장 잘 되는 금속은?
㉮ 연강   ㉯ 알루미늄
㉰ 스테인리스강   ㉱ 구리

[해설] 산소 아세틸렌 가스 절단은 탄소강이 가장 잘 되며 주철, 비철금속 및 10 % 이상의 크롬을 함유한 스테인리스강 등은 불연소물이나 산화물의 용융 온도가 슬래그의 용융점보다 낮기 때문에 가스절단이 곤란하다.

47. 내용적 40 L의 산소용기에 조정기의 고압측 압력계가 50 kgf/cm²를 지시하고 있다면, 이 용기에는 잔류 산소가 몇 L 있는가?

정답 40. ㉯ 41. ㉮ 42. ㉰ 43. ㉱ 44. ㉱ 45. ㉯ 46. ㉮ 47. ㉱

㉮ 100   ㉯ 200   ㉰ 1000   ㉱ 2000

[해설] 산소용기의 총가스량
= 내용적×기압 = 40×50 = 2000 L

48. 피복 아크 용접봉의 피복제 중 아크 안정제는?

㉮ 규산칼륨   ㉯ 탄가루
㉰ 마그네슘   ㉱ 페로크롬

[해설] 아크 안정제로는 규산나트륨, 규산칼륨, 산화티탄, 석회석 등이 있다.

49. 서브머지드 아크 용접의 용제에 대한 설명이다. 용융형 용제의 특성이 아닌 것은?

㉮ 비드 외관이 아름답다.
㉯ 흡습성이 높아 재건조가 필요하다.
㉰ 용제의 화학적 균일성이 양호하다.
㉱ 용융 시 분해되거나 산화되는 원소를 첨가할 수 있다.

[해설] 용융형 용제는 원료 광석을 1300℃ 이상으로 가열 용해하여 응고시킨 다음 부수어, 적당하게 입자를 고르게 만든 것이다. 유리와 같은 광택을 가지고 있으며 사용 시 낮은 전류에서는 입도가 큰 것, 높은 전류에서는 입도가 작은 것을 사용하면 기공의 발생이 적다.

50. 직류 아크 용접에서 정극성의 특징에 해당되는 것은?

㉮ 용접봉의 용융이 빠르다.
㉯ 비드 폭이 넓다.
㉰ 모재의 용입이 깊다.
㉱ 박판 용접에 용이하다.

[해설] • 직류정극성: 모재는 양극(+), 용접봉은 음극(-)으로 연결하며 모재의 용입이 깊고, 용접봉의 용융속도가 늦고, 비드 폭이 좁다. 후판 등에 일반적으로 사용한다.

51. 아크 용접 시 발생되는 유해한 광선은?

㉮ X-선   ㉯ 감마선(γ)
㉰ 알파선(α)   ㉱ 적외선

[해설] 아크 광선은 가시광선, 자외선, 적외선을 갖고 있으며, 아크 광선에 노출되면 자외선으로 인해 전광선 안염 및 결막염을 일으킬 수 있다.

52. 단조에 비교하여 용접의 장점이 아닌 것은?

㉮ 재료의 두께에 제한이 없다.
㉯ 시설비가 적게 든다.
㉰ 수축변형 및 잔류응력이 발생한다.
㉱ 서로 다른 금속을 접합할 수 있다.

[해설] 변형 및 잔류응력은 단점이다.

53. 보호가스와 용극방식에 의한 분류 중 용제가 들어 있는 와이어 CO_2법이 아닌 것은?

㉮ 아코스 아크법   ㉯ 스카핑 아크법
㉰ 퓨즈 아크법   ㉱ 유니언 아크법

[해설] 플럭스(flux)가 들어있는 복합 와이어는 아코스 아크법, 퓨즈 아크법, 유니언 아크법, 버나드 아크 용접 등이 있다.

54. 가스 용접에서 판두께가 t [mm]라면 용접봉의 지름 D [mm]를 구하는 식으로 옳은 것은? (단, 모재의 두께는 1 mm 이상인 경우이다.)

㉮ $D = t+1$ ㉯ $D = \dfrac{t}{2}+1$
㉰ $D = \dfrac{t}{3}+2$ ㉱ $D = \dfrac{t}{4}+2$

[해설] 가스용접봉 지름은 모재 두께의 반에 1을 더한 것으로 $D = \dfrac{t}{2}+1$

55. 가스용접에서 충전가스 용기의 도색을 표시한 것이다. 틀린 것은?

㉮ 산소-녹색   ㉯ 수소-주황색
㉰ 프로판-회색   ㉱ 아세틸렌-청색

[해설] 아세틸렌 용기는 황색이다.

정답 48. ㉮ 49. ㉯ 50. ㉰ 51. ㉱ 52. ㉰ 53. ㉯ 54. ㉯ 55. ㉱

56. 가스 절단법에 사용되는 프로판 가스의 성질을 설명한 것 중 틀린 것은?
- ㉮ 공기보다 가볍다.
- ㉯ 액화성이 있다.
- ㉰ 증발잠열이 크다.
- ㉱ 석유정제 과정의 부산물이다.

[해설] 프로판 가스의 비중은 1.5로 공기보다 무겁다.

57. 다음 중 연납의 종류가 아닌 것은?
- ㉮ 주석 – 납
- ㉯ 인 – 구리
- ㉰ 납 – 카드뮴
- ㉱ 카드뮴 – 아연

[해설] 연납의 주성분은 주석-납이고 그 외에 사용에 따라 비스무트, 아연납, 카드뮴 등이 있다.

58. 플라스마 아크 용접법의 종류에 해당되지 않는 것은?
- ㉮ 중간형 아크법
- ㉯ 이행형 아크법
- ㉰ 용적형 아크법
- ㉱ 비이행형 아크법

[해설] 문제의 ㉮, ㉯, ㉱ 3가지 형이 있다.

59. 산소 아세틸렌 불꽃에서 아세틸렌이 이론적으로 완전 연소하는데 필요한 산소 : 아세틸렌의 연소비는?
- ㉮ 1.5 : 1
- ㉯ 1 : 1.5
- ㉰ 2.5 : 1
- ㉱ 1 : 2.5

[해설] 이론상으로는 산소 2.5 : 1 아세틸렌의 비율이다. 실제로는 공기 중에 산소 1.5이며, 비율 1 : 1로 혼합하여 사용한다.

60. TIG 용접 중 직류정극성을 사용하여 용접했을 때 용접효율을 가장 많이 올릴 수 있는 재료는?
- ㉮ 스테인리스강
- ㉯ 알루미늄 합금
- ㉰ 마그네슘 합금
- ㉱ 알루미늄 주물

[해설] TIG 용접 중 직류정극성을 사용해서 용접했을 때 용접 효율이 가장 좋은 재료는 스테인리스강이다.

□ 용접 산업기사 ▶ 2008. 5. 11 시행

제1과목 용접야금 및 용접설비 제도

1. 용접 후 제품의 잔류응력을 제거하는 방법이 아닌 것은?
- ㉮ 저온 응력 완화법
- ㉯ 노 내 풀림법
- ㉰ 국부 풀림법
- ㉱ 오스템퍼링

[해설] 잔류 응력 경감법의 종류로는 노 내 풀림법, 국부 풀림법, 저온 응력 완화법, 기계적 응력 완화법, 피닝법 등이 있다.

2. 고장력강 용접 시 주의사항 중 틀린 것은?
- ㉮ 용접봉은 저수소계를 사용한다.
- ㉯ 아크 길이는 가능한 짧게 유지한다.
- ㉰ 위빙 폭은 용접봉 지름의 3배 이상으로 한다.
- ㉱ 용접개시 전에 용접할 부분을 청소한다.

[해설] ㉮, ㉯, ㉱ 외에 예열(80~150℃)을 해야 하며 아크길이는 최대한 짧게 유지한다.

3. 피복 아크 용접봉에 습기가 많을 때 나타나는 것은?
- ㉮ 아크가 안정해진다.
- ㉯ 용접부에 기공이나 균열이 생기기 쉽다.
- ㉰ 용접 비드 폭이 넓어지고 비드가 깨끗해진다.

정답 56. ㉮ 57. ㉯ 58. ㉰ 59. ㉰ 60. ㉮ 1. ㉱ 2. ㉰ 3. ㉯

㉣ 용접 후 각 변형이 작아진다.

[해설] 수소가 원인이며 은점과 헤어 크랙, 기공 등의 결함이 생긴다.

4. 주철 용접이 곤란한 이유 중 맞지 않은 것은?
㉮ 수축이 많아 균열이 생기기 쉽다.
㉯ 용융금속 일부가 연화된다.
㉰ 용착 금속에 기공이 생기기 쉽다.
㉱ 흑연의 조대화 등으로 모재와의 친화력이 나쁘다.

[해설] · 주철 용접이 곤란한 이유
① 탄소량이 많아 수축이 크고 급열, 급랭으로 인해 용접부에 백선화가 일어나 절삭가공이 곤란하고 균열이 쉽게 발생하며 기포 발생이 많다.
② CO 가스가 발생되어 기공이 쉽게 발생하고 장시간 가열로 인해 흑연이 조대화 된 경우, 주철 속에 흙, 모래 등이 있는 경우에 용착불량이 일어나거나 모재와의 친화력이 나빠진다.

5. 오스테나이트계 스테인리스강의 용접 시 발생하기 쉬운 고온 균열에 영향을 주는 합금원소 중에서 균열의 증가에 가장 관계가 깊은 원소는?
㉮ C   ㉯ Mo   ㉰ Mn   ㉱ S

[해설] 고온(적열취성) 균열에 영향을 주는 것은 황(S)이다.

6. 순철의 자기 변태온도는 약 얼마인가?
㉮ 210℃ ㉯ 738℃ ㉰ 768℃ ㉱ 910℃

[해설] 순철의 A2변태 또는 자기변태 라고 한다. 퀴리점은 원자배열은 변화가 없고 자성만 변하는 것으로, 온도는 약 768℃이며 대표적인 금속은 Fe, Ni, CO(철니코)가 있다.

7. 아크 용접에서 피복제의 역할에 대하여 틀린 것은?
㉮ 용착금속을 보호
㉯ 용착금속에 산소 및 수소 공급
㉰ 아크의 안정
㉱ 용착금속의 급랭 방지

[해설] · 피복제의 역할
① 아크의 안정 및 산화, 질화의 방지.
② 용적을 미세화하여 용착 효율 향상하고 서랭으로 취성 방지.
③ 합금원소 첨가 및 용착금속의 탈산 정련 작용
④ 슬래그의 박리성 및 유동성 증가, 전기절연 작용 등이 있다.

8. 다음 중 열영향부의 냉각속도에 영향을 미치는 용접조건이 아닌 것은?
㉮ 용접 전류   ㉯ 아크 전압
㉰ 용접 속도   ㉱ 무부하 전압

[해설] 열 영향부의 냉각속도는 용접입열과 관계가 있으며 용접부에 주어지는 열은 아크전류와 전압에 비례하여 증가하나 용접 속도에는 반비례한다.

9. 알루미늄의 성질을 설명한 것으로 틀린 것은?
㉮ 비중이 가벼워 경금속에 속한다.
㉯ 전기 및 열의 전도율이 좋다.
㉰ 산화 피막의 보호작용으로 내식성이 좋다.
㉱ 염산에 아주 강하다.

[해설] Al은 대기 중에서 쉽게 산화되며 표면에 생기는 산화알루미늄(Al_2O_3)의 얇은 보호 피막으로 내부의 산화를 방지한다. 황산, 인산, 묽은 질산에는 침식하며 특히 염산에는 침식이 대단히 빨리 진행된다.

10. 질화법의 종류가 아닌 것은?
㉮ 가스 질화법   ㉯ 연 질화법
㉰ 액체 질화법   ㉱ 고체 질화법

[해설] 질화법은 암모니아(NH_3)로 표면을 경화하는 방법으로 520~550℃에서 50~100 시간 동안 질화 처리하면 철의 표면에 극히 경도가 높은 질화철이 생겨 내마멸성과 내식성

정답 4. ㉯ 5. ㉱ 6. ㉰ 7. ㉯ 8. ㉱ 9. ㉱ 10. ㉱

도 커지며, 이때 사용되는 철은 질화용 합금강(Al, Cr, Mo등이 함유된 강)이다. 침탄법 중에서 액체 침탄법은 질소를 사용하여 침탄질화법이라고 하며 고체질화법은 없다.

11. 다음 용접 기호를 설명한 것으로 틀린 것은?

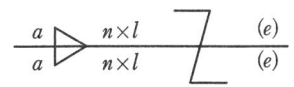

㉮ 목두께가 a인 지그재그 단속 필릿 용접이다.
㉯ n은 용접부의 개수를 말한다.
㉰ l은 용접부의 길이로 크레이터부를 포함한다.
㉱ (e)는 인접한 용접부 간의 거리를 표시한다.

[해설] 용접기호 중 l은 용접부 길이를 뜻한다.

12. 다음은 평면도법에서 인벌류트 곡선에 대한 설명이다. 올바른 것은?

㉮ 원기둥에 감긴 실의 한 끝을 늦추지 않고 풀어나갈 때 이 실의 끝이 그리는 곡선이다.
㉯ 1개의 원이 직선 또는 원주 위를 굴러갈 때 그 구르는 원의 원주 위의 1점이 움직이며 그려 나가는 자취를 말한다.
㉰ 전동원이 기선 위를 굴러갈 때 생기는 곡선을 말한다.
㉱ 원뿔을 여러 가지 각도로 절단하였을 때 생기는 곡선이다.

[해설] 실을 감고 잡아 당기면서 풀어나갈 때 실의 끝점이 그리는 곡선을 인벌류트 곡선이라 한다.

13. 투상법에서 시점과 대상물의 각 점을 연결하고 대상물의 형태를 투상면에 찍어내기 위한 선은?

㉮ 투상면   ㉯ 시점
㉰ 시선   ㉱ 투상선

[해설] 투시점과 대상물의 각 점을 연결하고 대상물의 형태를 투상면에 찍어내기 위한 선을 투상선이라 한다.

14. 도면의 크기에서 A4 제도 용지의 크기는? (단, 단위는 mm이다.)

㉮ 594×841   ㉯ 420×594
㉰ 297×420   ㉱ 210×297

[해설] A0는 전지로서 넓이 약 $1m^2$이 되며 841×1189이다. A1은 A0 크기 중 작은 숫자가 큰 숫자로 내려온다. A1 : 841×594, A2 : 594×841, A3 : 594×420, A4 : 420×297 등으로 도면을 접을 때 그 크기는 A4로 하며 표제란이 겉으로 나오게 한다.

15. 도면의 작도 시에 패킹, 얇은판 등을 표시하는 아주 굵은 선의 굵기는 가는선의 몇 배 정도인가?

㉮ 1   ㉯ 2   ㉰ 3   ㉱ 4

[해설] 도면작도 시 패킹(packing) 및 얇은판(박판)을 표시하는 아주 굵은 선의 굵기는 가는선의 4배 정도로 한다.

16. 다음 중 그림과 같은 리벳 이음의 명칭은?

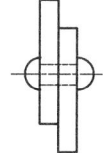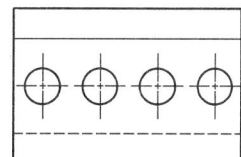

㉮ 1줄 맞대기 이음
㉯ 1줄 겹치기 이음
㉰ 1줄 지그재그 맞대기 이음
㉱ 1줄 지그재그 겹치기 이음

[해설] 그림은 1줄 겹치기 이음이다.

17. 특수한 가공을 하는 부분 등 특별한 요구사항을 적용할 수 있는 범위를 표시하는 데 사

정답 11. ㉰ 12. ㉮ 13. ㉱ 14. ㉱ 15. ㉱ 16. ㉯ 17. ㉮

용하는 선은?

㉮ 굵은 1점 쇄선 ㉯ 지그재그선
㉰ 굵은 실선 ㉱ 아주 굵은 실선

[해설] 특수한 가공을 표시하는 선은 굵은 1점 쇄선을 사용한다.

18. 용접의 기본 기호 중 가장자리 용접을 나타내는 것은?

[해설] 가장자리 용접을 나타내는 기호는 ㉯번이다.

19. 한쪽면 K형 맞대기 이음 용접의 기본 기호는?

[해설] ㉮ : 평면형 평행 맞대기 용접
㉯ : 양면 V형 맞대기 용접
㉰ : 한쪽면 K형 맞대기 용접
㉱ : 부분용입 한쪽면 맞대기 이음용접

20. 다음의 용접기호 중에서 플러그 용접을 나타내는 기호는?

[해설] ㉯ : 심 용접
㉰ : 점 용접
㉱ : 필릿 용접

제 2 과목 용접구조설계

---

21. 용접구조물을 설계할 때 주의해야 할 사항 중 틀린 것은?

㉮ 구조상의 불연속부 및 노치부를 피한다.
㉯ 용접금속은 가능한 다듬질 부분에 포함되지 않게 한다.
㉰ 용접구조물은 가능한 균형을 고려한다.
㉱ 가능한 용접이음을 집중, 접근 및 교차하도록 한다.

[해설] ① 용접을 안전하게 할 수 있는 구조로 아래보기 용접을 많이 하도록 한다.
② 용접봉의 용접부에 대한 접근성도 작업이 쉽고 어려움에 영향을 주므로 용접작업에 지장을 주지 않는 간격을 남길 것.
③ 필릿 용접은 가능한 피하고 맞대기 용접을 한다.
④ 중립축에 대하여 모멘트 합이 "0"이 되도록 한다.
⑤ 용접물 중심에 대하여 대칭으로 용접하여 변형을 방지한다.
⑥ 동일 평면 내에 많은 이음이 있을 때에는 수축이 가능한 자유단으로 보낸다.

22. 아크 용접에서 한쪽 끝에서 다른 쪽 끝을 향해 연속적으로 진행하는 용접방법으로서 용접이음이 짧은 경우나 변형과 잔류응력이 그다지 문제가 되지 않을 때 이용되는 용착 방법은?

㉮ 전진법 ㉯ 전진블록법
㉰ 캐스케이드법 ㉱ 스킵법

23. 피닝(peening)에 대한 설명으로 맞는 것은?

㉮ 특수해머로 용착부를 1번 정도 때려 용착부의 균열을 점검한다.
㉯ 특수해머로 용착부를 1번 정도 때려 용착부의 굽힘응력을 완화시킨다.
㉰ 특수해머로 용착부를 연속으로 때려 용착부의 기공을 점검한다.
㉱ 특수해머로 용착부를 연속으로 때려 용착부의 인장응력을 완화시킨다.

[해설] 피닝법은 끝이 둥근 볼핀해머로 용접부

를 연속적으로 타격하여, 용접표면에 소성변형을 주어 인장응력을 완화하는 방법이다. 첫층 용접의 균열 방지 목적으로는 700℃ 정도에서 열간 피닝을 한다.

24. 저온 응력 완화법은 일정한 온도로 가열하고, 급랭시켜 용접선 방향의 인장 잔류 응력을 완화하는 방법이다. 이때 가스염은 용접선을 중심으로 폭 몇 mm를 정속도 이동하며, 몇 ℃ 정도로 가열시키는가?

㉮ 50 mm, 50℃ ㉯ 100 mm, 100℃
㉰ 150 mm, 200℃ ㉱ 200 mm, 300℃

[해설] • 저온응력 완화법 : 용접선의 양측을 일정한 속도로 이동하는 가스 불꽃으로 폭 약 150 mm를 약 150~200℃로 가열 후 수랭하는 방법으로 용접선 방향의 인장응력을 완화하는 방법이다.

25. 용접 결함의 종류 중 구조상 결함이 아닌 것은?

㉮ 기공, 슬래그 섞임
㉯ 변형, 형상불량
㉰ 용입불량, 융합불량
㉱ 표면결함, 언더컷

[해설] • 용접의 결함 종류
① 치수상 결함 : 변형, 치수 및 형상불량
② 구조상 결함 : 기공, 슬래그 섞임, 언더컷, 오버랩, 균열, 용입불량 등
③ 성질상 결함 : 인장강도의 부족, 연성의 부족, 화학 성분의 부적당 등

26. 맞대기 용접 이음 홈의 종류가 아닌 것은?

㉮ 양면 J형 ㉯ C형
㉰ K형 ㉱ H형

[해설] 홈 형상에 따른 판두께는 I형 : 6 mm 이하, V형 : 6~20 mm, X형 : 12mm 이상, J형 : 6~20 mm, K양면 J형 : 12 mm 이하, U형 : 16~50 mm, H형 : 20 mm 이상이다.

27. 그림과 같은 용접부에 발생하는 인장응력 (σ_t)은 약 몇 kgf/mm²인가?

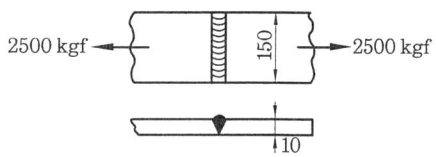

㉮ 1.46 ㉯ 1.67 ㉰ 2.16 ㉱ 2.66

[해설] 인장응력 = $\dfrac{하중}{단면적} = \dfrac{2500}{10 \times 150} = 1.67$

28. 용접구조물 작업 시 고려하여야 할 사항으로 틀린 것은?

㉮ 변형 및 잔류응력을 경감시킬 수 있어야 한다.
㉯ 변형이 발생될 때 변형을 쉽게 제거할 수 있어야 한다.
㉰ 가능한 구속용접을 한다.
㉱ 구조물의 형상을 유지할 수 있어야 한다.

[해설] 용접구조물에서 구속용접을 잘못하면 잔류응력 등이 발생할 수 있으므로 가능한 피하여야 한다.

29. 용접봉의 소요량 계산에 사용하는 용착효율이란?

㉮ $\dfrac{용착금속의 중량}{용접봉의 사용중량} \times 100\%$
㉯ $\dfrac{용접봉의 사용중량}{용착금속의 중량} \times 100\%$
㉰ $\dfrac{용착금속의 중량}{용접봉의 전중량} \times 100\%$
㉱ $\dfrac{용접봉의 전중량}{용착금속의 중량} \times 100\%$

[해설] 용착효율(용착률)은 용착 금속 중량을 사용 용접봉 총 중량으로 나누어 준 것을 말한다.

30. 각종 금속의 예열에 관한 설명으로 잘못된 것은?

㉮ 고장력강, 저합금강, 주철의 경우 용접

정답 24. ㉰ 25. ㉯ 26. ㉯ 27. ㉯ 28. ㉰ 29. ㉮ 30. ㉰

홈을 50~350℃로 예열한다.
㉯ 연강을 0℃ 이하에서 용접할 경우 이음의 폭 100 mm 정도를 40~75℃ 정도로 예열한다.
㉰ 열전도가 좋은 구리 합금, 알루미늄 합금은 예열이 필요 없다.
㉱ 고급 내열 합금에서도 용접균열 방지를 위해 예열을 한다.

[해설] ① 연강의 경우 두께 25 mm 이상이나 합금 성분을 포함한 합금강 등은 급랭 경화성이 크기 때문에 열 영향부가 경화하여 비드 균열이 생기기 쉬우므로 50~350℃ 정도로 홈을 예열하여 준다.
② 기온이 0℃ 이하에서도 균열이 생기기 쉬워 홈 양끝 100 mm 나비를 40~70℃로 예열한 후 용접한다.
③ 구리 및 알루미늄 합금의 경우에도 열전도도가 빨라 냉각속도가 빠르므로 예열이 필요하다.

31. 잔류응력의 측정법을 정량법과 정성법으로 분류할 때 정량법에 해당하는 것은?
㉮ 부식법   ㉯ 분할법
㉰ 자기적법   ㉱ 응력 바니시법

[해설] ① 정량적 방법 : 분할법, 절취법, 드릴링법 등
② 정성적 방법 : 자기적 방법, 부식법, 바니시(Varnish)법 등

32. 다음 중에서 플레어 용접은?

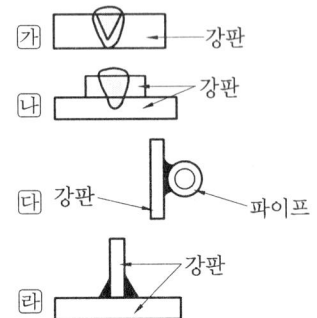

[해설]

플레어 L형	플레어 K형
플레어 L형은 직선과 1/4원을 그린다.	플레어 K형은 직선과 반원을 그린다.

	화살표쪽 또는 앞쪽	
실형		
기호 표시		
	화살표 반대쪽 또는 맞은 편쪽	
실형		
기호 표시		
	양 쪽	
실형		
기호 표시		

33. 용접 시 발생되는 잔류응력의 영향과 관계 없는 것은?
㉮ 경도 감소   ㉯ 좌굴 변형
㉰ 부식   ㉱ 취성 파괴

[해설] 잔류응력의 영향으로 생기는 결함은 변형, 부식파괴, 취성파괴 등이 있다.

34. 용접부 검사에서 초음파 탐상 시험법에 속하는 것은?
㉮ 펄스 반사법 ㉯ 코머렐 시험법
㉰ 킨젤 시험법 ㉱ 슈나트 시험법

정답 31. ㉯ 32. ㉰ 33. ㉮ 34. ㉮

[해설] 초음파 검사는 0.5~15 MHz의 초음파를 물체의 내부에 침투시켜 내부의 결함, 불균일 층의 유무를 알아내는 검사로 투과법, 펄스 반사법, 공진법이 있으며 펄스 반사법이 가장 일반적이다.

35. 탱크나 용기의 용접부에 기밀·수밀을 검사하는 데 가장 적합한 검사 방법은?
㉮ 외관 검사 ㉯ 누설 검사
㉰ 침투 검사 ㉱ 초음파 검사

[해설] • 누설 검사(LT) : 기밀, 수밀, 유밀 및 일정한 압력을 요하는 제품에 이용하는 검사로 주로 수압, 공압을 사용하나 때로는 할로겐, 헬륨가스 및 화학적 지시약을 사용하기도 한다.

36. 폭 50 mm, 두께 12.7 mm인 강판 두 장을 38 mm만큼 겹쳐서 전주 필릿 용접을 하였다. 여기에 외력 $P=9000$ kgf의 하중을 작용시킬 때 필요한 필릿 용접 이음의 치수(목길이)는 몇 cm인가? (단, 용접부의 허용전단 응력은 $\tau_a = 1020$ kgf/cm²이다.)

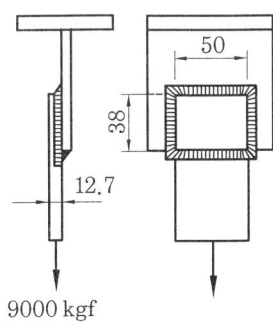

㉮ 0.99 ㉯ 1.4 ㉰ 0.49 ㉱ 0.7

[해설] 제닝의 응력계산식에서

응력 $= 1.414 \times \dfrac{하중}{두께}$ 이므로

하중 $= \dfrac{9000}{단면적} = \dfrac{9000}{(2\times 5)+(2\times 3.8)}$
$= 511.36$, 그러므로 목두께는

$1.414 \times \dfrac{511.36}{1020} = 0.7$

37. 연강의 맞대기 용접이음에서 인장강도가 28 kgf/mm²이고, 안전율이 5일 때 이음의 허용응력은 약 몇 kgf/mm²인가?
㉮ 0.18 ㉯ 1.80 ㉰ 0.56 ㉱ 5.60

[해설] 안전율 $= \dfrac{인장강도}{허용응력}$ 이므로

허용응력 $= \dfrac{인장강도}{안전율} = \dfrac{28}{5} = 5.6$

38. 용접 지그를 적절히 사용할 때의 이점이 아닌 것은?
㉮ 용접작업을 쉽게 한다.
㉯ 용접균열을 방지한다.
㉰ 제품의 정밀도를 높인다.
㉱ 대량생산할 때 사용한다.

[해설] • 용접 지그 사용 효과
 ① 아래보기 자세로 용접을 할 수 있다.
 ② 용접조립의 단순화 및 자동화가 가능하고 제품의 정밀도가 향상된다.

39. 맞대기 용접부의 접합면에 홈(groove)을 만드는 가장 큰 이유는?
㉮ 용접결함 발생을 적게 하기 위하여
㉯ 제품의 치수를 맞추기 위하여
㉰ 용접부의 완전한 용입을 위하여
㉱ 용접 변형을 줄이기 위하여

[해설] 용접부에 완전한 용입을 위하여 홈가공을 하나, 용입이 허용하는 한 홈 각도는 용접 입열을 조정하기 위해 작은 것이 좋다.

40. 용접 시 잔류응력을 경감시키기 위한 시공법이 아닌 것은?
㉮ 용접부의 수축을 억제한다.
㉯ 용착금속을 적게 한다.
㉰ 예열을 한다.
㉱ 비석법에 의한 비드 배치를 한다.

[해설] 잔류응력을 경감시키는 방법으로는 용착

정답 35. ㉯ 36. ㉱ 37. ㉱ 38. ㉯ 39. ㉰ 40. ㉮

금속을 줄여 열영향을 줄이는 방법 예열 등으로 급속한 온도변화를 주지 않는 방법, 비석법(스킵법)에 의한 비드배치 등이 있다.

제 3 과목   용접일반 및 안전관리

41. 잠호용접의 장점에 속하지 않는 것은?
㉮ 대전류를 사용하므로 용입이 깊다.
㉯ 비드 외관이 아름답다.
㉰ 작업능률이 피복금속 아크 용접에 비하여 판두께 12 mm에서 2~3배 높다.
㉱ 용접 시 아크가 잘 보여 확인할 수 있다.
[해설] 잠호용접은 용접 아크가 플럭스 내부에서 발생하여 외부로 노출되지 않기 때문에 잠호 또는 서브머지드 아크용접이라 하며, ㉮, ㉯, ㉰의 장점을 갖고 있다

42. 피복금속 아크 용접에서 운봉 속도가 너무 느리면 나타나는 결함은?
㉮ 언더컷   ㉯ 용입불량
㉰ 고운 비드   ㉱ 오버랩
[해설] 결함 중 오버랩은 전류가 낮거나 운봉 속도가 느릴 때 발생하는 구조상의 결함이다.

43. 피복 아크 용접봉 홀더에 관한 설명으로 틀린 것은?
㉮ 무게가 무겁고 전기 절연이 잘 되어 있지 않는 것이 좋다.
㉯ 용접봉 잡는 기구이다.
㉰ 케이블을 용접봉 홀더에 접속할 때에는 완전하게 연결하여야 한다.
㉱ 케이블의 접촉불량에 의한 저항열이 발생하지 않도록 주의해야 한다.
[해설] 용접봉을 물리는 기구로 중량이 가볍고 전기 절연이 잘 되어, 전격의 위험이 없는 안전한 홀더여야 한다.

44. 용접봉 홀더 200호로 접속할 수 있는 최대 홀더용 케이블의 도체 공칭 단면적은 몇 mm²인가?
㉮ 22   ㉯ 30
㉰ 38   ㉱ 50
[해설] 홀더 200호는 케이블 1차측은 5.5 mm, 2차측은 38 mm²이고 용접전류는 200 A이다.

45. KS 안전색에서 "황적"색이 표시하는 사항은?
㉮ 위생   ㉯ 방사능
㉰ 위험   ㉱ 구호
[해설] ① 빨강 : 금지
② 노랑 : 경고, 주의표시
③ 파랑 : 지시
④ 녹색 : 안내
⑤ 흰색 : 파랑, 녹색에 대한 보조색
⑥ 검정색 : 문자 및 빨강, 노랑에 대한 보조색

46. 가스용접에서 산소용기에 각인되어 있는 것의 설명이 틀린 것은?

㉮ V - 내용적
㉯ W - 순수 가스의 중량
㉰ TP - 내압시험 압력
㉱ FP - 최고충전 압력
[해설] ① □ : 용기제작사명, ② O₂ : 산소(충전가스명칭 및 화학 기호), ③ XYZ : 제조 번호, ④ V : 내용적, ⑤ W : 용기 중량, ⑥ TP : 내압시험 압력, ⑦ FP : 최고 충전 압력

정답 41. ㉱   42. ㉱   43. ㉮   44. ㉰   45. ㉰   46. ㉯

47. 독일식 가스용접 토치의 팁 번호가 7번일 때 용접할 수 있는 가장 적당한 강판의 두께는 몇 mm인가?
㉮ 4~5 ㉯ 6~8 ㉰ 9~12 ㉱ 13~15

[해설] 독일식 팁은 팁 번호가 용접 가능한 판의 두께를 나타내고 프랑스식은 팁 번호가 1시간에 사용되는 아세틸렌의 양으로 표시하며 독일식(B형) 팁 번호가 7번이면 KS 규격에서는 산소압력 2.3 kg/cm², 판두께 6~8 mm에 사용할 수 있다.

48. 연강용 피복아크 용접봉의 종류 중 철분산화철계는 어느 것인가?
㉮ E4311 ㉯ E4327
㉰ E4340 ㉱ E4303

[해설] ㉮ : 고셀룰로오스계, ㉯ : 철분산화철계, ㉰ : 특수계, ㉱ : 라임티탄계

49. 보통 절단 시 판두께가 12.7 mm일 때 표준 드래그(drag)의 길이는 몇 mm인가?
㉮ 2.4 ㉯ 5.2 ㉰ 5.6 ㉱ 6.4

[해설] 표준 드래그는 판두께의 20 % (1/5)로 12.7 mm일 때 2.4이다.

50. 가스용접에서 전진법과 후진법을 비교할 때 각각의 설명으로 옳은 것은?
㉮ 후진법에서 용접변형이 작다.
㉯ 후진법에서 용착금속이 급랭한다.
㉰ 전진법에서 열 이용률이 좋다.
㉱ 전진법에서 용접속도는 빠르다.

[해설] ① 전진법(좌진법) : 토치의 팁 앞에 용접봉이 진행되는 방법으로, 불꽃이 용융지의 앞쪽을 가열하므로 용접부가 과열하기 쉽고 변형이 많아 얇은 판이나 변두리 용접에 사용된다.
② 후진법(우진법) : 토치 팁이 먼저 진행하고 그 뒤로 용접봉과 용융풀이 쫓는 방식으로, 용융지의 가열시간이 짧아서 과열되지 않아 변형이 적고 속도가 크므로 후판이나 다층 용접에 사용된다.

51. TIG 용접을 직류 정극성으로 하면 비드는 어떻게 되는가?
㉮ 비드 폭이 역극성보다 넓어진다.
㉯ 비드 폭이 역극성보다 좁아진다.
㉰ 비드 폭이 역극성과 같아진다.
㉱ 비드와는 관계없다.

[해설] 정극성은 전극을 음극(-), 모재를 양극(+)에 연결하며, 비드 폭이 좁고 용접속도가 빠라 주로 스테인리스강 용접에 많이 사용한다.

52. 산소병 취급방법에서 틀린 것은?
㉮ 밸브는 기름을 칠하여 항상 유연해야 한다.
㉯ 산소병을 뉘어 두지 않는다.
㉰ 사용 전에 비눗물로 가스 누설검사를 한다.
㉱ 산소병은 화기로부터 멀리한다.

[해설] ① 충격을 주지 말고 뉘어 두어서는 안 된다.
② 고압가스는 타기 쉬운 물질이 닿으면 발화하기 쉬우므로 밸브에 그리스나 기름기를 묻혀서는 안 된다.
③ 안전캡으로 병 전체를 들려고 하지 말아야 한다.
④ 산소병을 직사광선에 노출시키지 않아야 하며 화기로부터 5 m 이상 떨어져 저장한다.
⑤ 항상 40℃ 이하로 유지하고 용기 내 압력 (170 kg/cm²)이 너무 상승되지 않도록 한다.
⑥ 밸브의 개폐는 조용히 하고 누설검사는 비눗물을 사용한다.

53. 아크 빛으로 혈안이 되고 눈이 부었을 때 우선 조치해야 할 사항으로 가장 옳은 것은?
㉮ 온수로 씻은 후 작업한다.
㉯ 소금물로 씻은 후 작업한다.
㉰ 심각한 사안이 아니므로 계속 작업한다.
㉱ 냉습포를 눈 위에 얹고 안정을 취한다.

[해설] 아크 광선은 가시광선, 자외선, 적외선을

정답 47. ㉯ 48. ㉯ 49. ㉮ 50. ㉮ 51. ㉯ 52. ㉮ 53. ㉱

갖고 있으며, 아크 광선에 노출되면 자외선으로 인하여 전광선 안염 및 결막염을 일으킬 수 있다. 그러므로 광선에 노출되면 우선 조치 사항으로는 냉습포를 눈 위에 얹고 안정을 취하는 것이 좋다.

54. 미세한 알루미늄과 산화철 분말을 혼합한 테르밋제에 과산화바륨과 마그네슘 분말을 혼합한 점화제를 넣고, 이것을 점화하면 점화제의 화학 반응에 의해 그 발열로 용접하는 것은?
㉮ 가스 용접   ㉯ 전자 빔 용접
㉰ 플라스마 용접 ㉱ 테르밋 용접
[해설] 테르밋 용접은 산화철 분말과 미세한 알루미늄 분말을 약 3~4 : 1의 중량비로 혼합한 테르밋제에, 점화제(과산화바륨, 마그네슘 등의 혼합분말)를 알루미늄 가루에 혼합하여 점화시키면 테르밋 반응이 일어나 화학반응에 의해 약 2800℃에 달하는 온도가 생긴다. 주로 기차의 레일, 차축 등의 용접에 사용된다.

55. 불활성 가스 용접 중 TIG 용접의 상품명으로 불려지는 것은?
㉮ 에어 코메틱 용접법
㉯ 헬륨 아크 용접법
㉰ 필러 아크 용접법
㉱ 아르곤 노트 용접법
[해설] 상품명으로는 헬륨-아크 용접, 아르곤 용접 등으로 불리운다.

56. 다음 용접법 중 가장 두꺼운 판을 용접할 때 능률적인 것은?
㉮ 불활성 가스 텅스텐 아크 용접
㉯ 서브머지드 아크 용접
㉰ 점 용접
㉱ 산소 아세틸렌 가스 용접
[해설] 서브머지드 아크 용접은 대전류(약 200~4000 A)의 사용과 용접 속도가 수동 용접의 10~20배나 되므로 두꺼운 판을 용접하더라도 고능률이다.

57. 연강용 피복 아크 용접봉 심선의 철(Fe) 이외의 화학 성분에 대하여 KS에서 규정하고 있는 것은?
㉮ C, Si, Mo, P, S, Cu
㉯ C, Si, Cr, P, S, Cu
㉰ C, Si, Mn, P, S, Cu
㉱ C, Si, Mn, Mo, P, S
[해설] 탄소강의 5대 원소는 탄소, 규소, 망간, 인, 황, 구리이다.

58. 브레이징(brazing)은 저온 용가재를 사용하여 모재를 녹이지 않고 용가재만 녹여 용접을 이행하는 방식인데, 섭씨 몇 ℃ 이상에서 이행하는 방식인가?
㉮ 350℃   ㉯ 400℃
㉰ 450℃   ㉱ 600℃
[해설] 브레이징은 경납으로, 연납과의 구분 온도는 450℃ 이상이다.

59. 다음 중 용접에 속하지 않는 용접은?
㉮ 아크 용접   ㉯ 가스 용접
㉰ 초음파 용접 ㉱ 스터드 용접
[해설] 초음파 용접은 압접이다.

60. 불활성 가스 금속 아크 용접의 특징 설명으로 틀린 것은?
㉮ TIG 용접에 비해 용융속도가 느리고 박판 용접에 적합하다.
㉯ 각종 금속 용접에 다양하게 적용할 수 있어 응용 범위가 넓다.
㉰ 보호 가스의 가격이 비싸 연강 용접의 경우에는 부적당하다.
㉱ 비교적 깨끗한 비드를 얻을 수 있고 CO_2 용접에 비해 스패터 발생이 적다.
[해설] 문제는 MIG 용접의 특징으로 TIG 용접에 비해 반자동, 자동으로 용접속도와 용융속도가 빠르며 후판용접에 적합하다.

정답 54. ㉱ 55. ㉯ 56. ㉯ 57. ㉰ 58. ㉰ 59. ㉰ 60. ㉮

□ 용접 산업기사 ▶ 2008. 7. 27 시행

제1과목 용접야금 및 용접설비 제도

1. 주철 보수용접 시 균열의 연장을 방지하기 위하여 용접 전에 균열의 끝에 하는 조치로 다음 중 가장 적합한 것은?
㉮ 정지 구멍을 뚫는다.
㉯ 가접을 한다.
㉰ 직선 비드를 쌓는다.
㉱ 리베팅을 한다.
[해설] 균열이 끝난 양쪽 부분에 드릴로 정지 구멍을 뚫고 균열 부분을 깎아내어 홈을 만들며, 조건이 된다면 근처의 용접부도 일부 절단하여 가능한 자유로운 상태로 한 다음, 균열 부분을 재용접한다.

2. 강의 담금질(quenching) 조직 중 경도가 가장 큰 것은?
㉮ 소르바이트
㉯ 페라이트
㉰ 오스테나이트
㉱ 마텐자이트
[해설] 담금질 조직의 경도 순서는 마텐자이트 > 트루스타이트 > 소르바이트 순으로 크다.

3. 용접작업에서 예열의 목적이 아닌 것은?
㉮ 용접부의 냉각속도를 빠르게 한다.
㉯ 용접부의 기계적 성질을 향상시킨다.
㉰ 용접부의 변형과 잔류응력 발생을 적게 한다.
㉱ 용접부의 열영향부와 용착금속의 경화를 방지한다.
[해설] 예열에 의해 용접부의 온도분포, 최고 도달온도가 변하고 냉각속도가 느려지지만 비교적 저온에서 큰 영향을 준다.

4. 오스테나이트계 스테인리스강의 용접 시 고온균열의 원인이 아닌 것은?
㉮ 아크 길이가 짧을 때
㉯ 크레이터 처리를 하지 않을 때
㉰ 모재가 오염되어 있을 때
㉱ 구속력을 가해진 상태에서 용접할 때
[해설] • 고온균열의 원인
① 모재가 오염되어 있거나 아크 길이가 길 때
② 구속령이 가해진 상태에서 용접할 때
③ 크레이터 처리를 하지 않은 경우

5. 용착금속의 결함이 아닌 것은?
㉮ 기공   ㉯ 은점
㉰ 선상조직 ㉱ 래미네이션
[해설] 래미네이션은 얇은 판과 판상의 조직이 소정의 방향으로 층을 이루어 겹쳐서 만나는 것으로 용접 결함은 아니다.

6. 입방정계에 해당하지 않는 결정 격자의 종류는?
㉮ 단순입방격자   ㉯ 체심입방격자
㉰ 조밀입방격자   ㉱ 면심입방격자
[해설] 입방정계에는 단순, 체심, 면심입방정계의 3가지 격자가 있다.

7. 면심입방격자의 슬립(slip) 면은?
㉮ (111)면   ㉯ (101)면
㉰ (001)면   ㉱ (010)면
[해설] 면심입방격자(FCC)구조에서의 슬립면은 [1 1 1]을 들 수 있다.

8. 철(Fe)의 비중은 약 얼마인가?
㉮ 6.9   ㉯ 7.8
㉰ 8.9   ㉱ 10.4
[해설] 철의 비중은 7.8이다.

정답 1. ㉮ 2. ㉱ 3. ㉮ 4. ㉮ 5. ㉱ 6. ㉰ 7. ㉮ 8. ㉯

9. 용접균열은 고온균열과 저온균열로 구분된다. 크레이터 균열과 비드 밑 균열에 대하여 옳게 나타낸 것은?
- ㉮ 크레이터 균열-고온균열, 비드 밑 균열-고온균열
- ㉯ 크레이터 균열-저온균열, 비드 밑 균열-저온균열
- ㉰ 크레이터 균열-저온균열, 비드 밑 균열-고온균열
- ㉱ 크레이터 균열-고온균열, 비드 밑 균열-저온균열

[해설] 용접을 끝낸 직후에 크레이터 부분에 생기는 크레이터 균열, 외부에서는 볼 수 없는 비드 밑 균열 등이 있고 크레이터 균열은 고온균열, 비드 밑 균열은 저온균열이다.

10. 용접결함 중 언더컷의 발생원인이 아닌 것은?
- ㉮ 전류가 너무 높을 때
- ㉯ 용접속도가 느릴 때
- ㉰ 아크 길이가 길 때
- ㉱ 부적당한 용접봉을 사용할 때

[해설] 언더컷은 용접 전류가 높을 때, 아크 길이가 길 때, 부적당한 용접봉 사용 등.

11. 투상법 중 등각투상도법에 대한 설명으로 가장 적합한 것은?
- ㉮ 한 평면 위에 물체의 실제모양을 정확히 표현하는 방법을 말한다.
- ㉯ 정면, 측면, 평면을 하나의 투상면 위에서 동시에 볼 수 있도록 입체도로 그려진 투상도이다.
- ㉰ 물체의 주요면을 투상면에 평행하게 놓고, 투상면에 대하여 수직보다 다소 옆면에서 보고 나타낸 투상도이다.
- ㉱ 도면에 물체의 앞면과 뒷면을 동시에 표시하는 방법이다.

[해설] 등각 투상법은 물체의 정면, 평면, 측면을 수평선과 30°각을 이룬 수직축의 투상면 위에서 120°의 등각이 되게 그리는 것으로, 물체의 모양과 특징을 가장 잘 나타낸다.

12. 주문하는 사람이 주문하는 물건의 크기, 형태, 정밀도, 정보 등의 주문 내용을 나타낸 도면은?
- ㉮ 계획도
- ㉯ 제작도
- ㉰ 견적도
- ㉱ 주문도

[해설] 도면을 목적에 따라 분류할 때, 주문자의 요구에 조건을 맞추어 나타내는 도면을 주문도라 한다.

13. 그림과 같이 판재를 90°로 중립면의 변화 없이 구부리려고 한다. 판재의 총 길이는 몇 mm인가? (단, π는 3.14로 하고, 단위는 mm임)

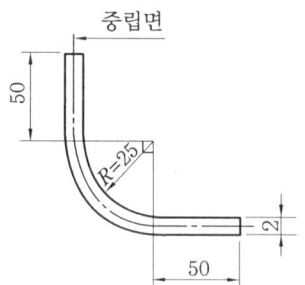

- ㉮ 135.42
- ㉯ 137.68
- ㉰ 140.82
- ㉱ 142.39

[해설] $L = L_1 + L_2 + \dfrac{(90 \times 2 \times \pi \times R)}{360}$

$= 50 + 50 + \dfrac{(2 \times 3.14 \times 26)}{4} = 140.82$

14. 핸들이나 바퀴 등의 암 및 리브, 훅, 축, 구조물의 부재 등의 절단면을 표시하는 데 가장 적합한 단면도는?
- ㉮ 부분 단면도
- ㉯ 회전도시 단면도

㉰ 조합에 의한 단면도
㉱ 한쪽 단면도

[해설] • 회전도시 단면도
① 절단할 곳의 전후를 끊어서 r [mm] 사이와 절단선의 연장선 위에 그린다.
② 도형 내의 절단한 곳에 겹쳐서 가는 실선을 사용하여 그린다.

15. 선을 긋는 방법에 대한 설명 중 틀린 것은?
㉮ 평행선은 선 간격을 선 굵기의 3배 이상으로 하여 긋는다.
㉯ 1점 쇄선은 긴 쪽 선으로 시작하고 끝나도록 긋는다.
㉰ 파선이 서로 평행할 때에는 서로 엇갈리게 그린다.
㉱ 실선과 파선이 서로 만나는 부분은 띄워지도록 그린다.

[해설] 실선과 파선이 만나는 부분은 파선의 끝이 실선에 닿게 그려야 한다.

16. 선의 용도가 특수한 가공을 하는 부분 등 특별한 요구사항을 적용할 수 있는 범위를 표시하는 데 사용하는 선의 종류는?
㉮ 가는 2점 쇄선   ㉯ 굵은 1점 쇄선
㉰ 가는 1점 쇄선   ㉱ 굵은 실선

[해설] 특수한 가공을 표시하는 선은 굵은 1점 쇄선을 사용한다.

17. 용접 기호 중에서 스폿 용접을 표시하는 기호는?

㉮ ⊖   ㉯ ┌┐
㉰ ○   ㉱ ═

[해설] ㉮ : 심 용접
㉯ : 플러그 용접
㉰ : 스폿 즉, 점 용접
㉱ : 서페이싱 용접

18. 그림과 같은 용접기호의 설명으로 올바른 것은?

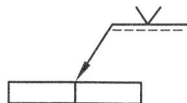

㉮ 이음의 화살표 쪽에 용접을 한다.
㉯ 양쪽에 용접을 한다.
㉰ 화살표 반대쪽에 용접을 한다.
㉱ 어느 쪽에 용접을 해도 무방하다.

[해설] 기호에서 실선에 붙으면 화살표 쪽에 용접한다.

19. 다음 그림과 같은 용접 보조 기호를 바르게 설명한 것은?

㉮ 오목하게 처리한 필릿 용접
㉯ 용접한 그대로 처리한 필릿 용접
㉰ 볼록하게 처리한 필릿 용접
㉱ 매끄럽게 처리한 필릿 용접

[해설] 필릿 용접의 끝단부를 매끄럽게 한다.

20. 도형의 치수기입에 사용되는 기본적인 요소와 관계없는 것은?
㉮ 외형선   ㉯ 치수 보조선
㉰ 지시선   ㉱ 치수 수치

[해설] 외형선은 물체의 외형을 나타내는 선이다.

제 2 과목 용접구조설계

21. 용접선의 양측을 일정속도로 이동하는 가스 불꽃에 따라 너비 약 150 mm를 150~200℃로 가열한 후 바로 수랭하는 응력 제거 방법은?

정답 15. ㉱ 16. ㉯ 17. ㉰ 18. ㉮ 19. ㉱ 20. ㉮ 21. ㉰

㉮ 기계적 응력 완화법
㉯ 피닝법
㉰ 저온 응력 완화법
㉱ 국부 풀림법

[해설] • 저온 응력 완화법 : 용접선의 양측을 일정한 속도로 이동하는 가스 불꽃에 의하여 폭 약 150 mm를 약 150~200℃로 가열 후 수랭한다. 용접선 방향의 인장응력을 완화하는 방법이다.

22. B 스케일과 C 스케일 두 가지가 있는 경도 시험법은?

㉮ 브리넬 경도 ㉯ 로크웰 경도
㉰ 비커스 경도 ㉱ 쇼어 경도

[해설] 로크웰 C 스케일은 꼭지각 120°의 다이아몬드 원뿔을 압입자로 사용하여 굳은 재료의 경도 시험에 사용되는 방법으로, 시험 하중 150 kg에서 시험한 후 다음 식으로 계산한다.
$HRB = 100 - 500h$
여기서, h : 압입깊이
B 스케일은 강철볼을 압입하는 방법이다.

23. 점 용접의 3대 요소 중의 하나에 해당되는 것은?

㉮ 용접전극의 모양 ㉯ 용접전압의 세기
㉰ 용착량의 크기   ㉱ 용접전류의 세기

[해설] 점용접의 3대 요소는 가압력, 용접전류의 세기, 가압시간이다.

24. 모재의 인장강도가 50 kgf/mm²이고 용접 시편의 인장강도가 25 kgf/mm²으로 나타냈을 때 이음 효율은?

㉮ 40 %   ㉯ 50 %
㉰ 60 %   ㉱ 70 %

[해설] 이음효율 = $\dfrac{\text{용착금속강도}}{\text{모재인장강도}} \times 100$
= $\dfrac{25}{50} \times 100 = 50$

25. 다음 그림과 같은 완전 용입된 연강판 맞대기 이음부에 굽힘 모멘트 $M_b = 10000$ kgf·cm가 작용할 때 용접부에 발생하는 최대 굽힘 응력은 약 몇 kgf/cm²인가? (단, 용접길이 300 mm이고, 판두께는 10 mm이다.)

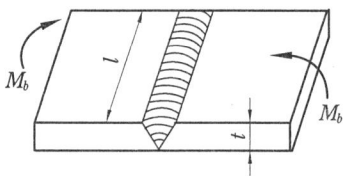

㉮ 0.2   ㉯ 20
㉰ 200   ㉱ 2000

[해설] 응력 = $\dfrac{6M}{LT^2} = \dfrac{6 \times 10000}{30 \times 12} = 2000$

26. 용접이음의 충격강도에서 취성파괴의 일반적인 특징이 아닌 것은?

㉮ 온도가 높을수록 발생하기 쉽다.
㉯ 거시적 파면 상황은 판 표면에 거의 수직이고 평탄하게 연성이 작은 상태에서 파괴된다.
㉰ 파괴의 기점은 각종 용접결함, 가스절단부 등에서 발생된 예가 많다.
㉱ 항복점 이하의 평균응력에서도 발생한다.

[해설] 취성파괴란 재료의 연성이 부족하고 노치나 항복점 이하의 평균응력에서도 소성변형이 되지 않아 파괴되는 것으로, 저온 취성파괴를 일으키는 원인은 온도의 저하, 잔류응력, 노치 등이 있다.

27. 응력 제거 풀림의 효과에 대한 설명으로 틀린 것은?

㉮ 치수 틀림의 방지
㉯ 열영향부의 템퍼링 연화
㉰ 충격저항의 감소
㉱ 크리프 강도의 향상

[해설] • 응력제거풀림 : 주조, 단조, 압연, 용접

및 열처리에 의해 발생된 열응력과 기계가공에 의해 발생된 내부응력을 제거할 목적으로 약 150~600℃ 정도의 낮은 온도에서 실시하는 풀림이다. 충격저항의 감소 효과는 없다.

28. 단위 시간당 소비되는 용접봉의 길이 또는 중량으로 표시되는 것은?
㉮ 용접 길이 ㉯ 용융 속도
㉰ 용접 입열 ㉱ 용접 효율
[해설] 용접봉의 용융 속도는 단위 시간당 소비되는 용접봉의 길이 또는 중량으로 표시한다.
① 용융 속도 = 아크전류 × 용접봉 쪽 전압강하
② 용융 속도는 아크전압 및 심선의 지름과 관계없이 용접전류에만 비례한다.

29. 용접변형 방지법 중 냉각법에 속하지 않는 것은?
㉮ 살수법 ㉯ 수랭동판 사용법
㉰ 비석법 ㉱ 석면포 사용법
[해설] 비석법 또는 스킵법(skip)이라 하고 잔류응력을 가능한 적게 할 경우에 사용된다.

30. 용접 지그의 사용목적이 아닌 것은?
㉮ 용접작업을 쉽게 하여 작업능률을 높인다.
㉯ 용접공의 기능 수준을 높이고 숙련기간을 단축한다.
㉰ 대량생산을 하기 위하여 사용한다.
㉱ 제품의 정밀도와 용접부의 신뢰성을 높인다.
[해설] • 용접지그 사용 효과
① 아래보기 자세로 용접을 할 수 있다.
② 용접조립의 단순화 및 자동화가 가능하고 제품의 정밀도가 향상된다.

31. 설계단계에서의 일반적인 용접변형 방지법으로 틀린 것은?
㉮ 용접 길이가 감소될 수 있는 설계를 한다.
㉯ 용착금속을 증가시킬 수 있는 설계를 한다.
㉰ 보강재 등 구속이 커지도록 구조설계를 한다.
㉱ 변형이 적어질 수 있는 이음 부분을 배치한다.
[해설] 용착금속을 증가시키면 용접 열영향부가 커져 용접변형이 더욱 커질 수 있고 열영향부의 조직도 조대화할 수 있다.

32. 일반적으로 용접이음을 설계하는 데 충격하중을 받는 연강의 안전율은 얼마로 해야 하는가?
㉮ 12 ㉯ 8 ㉰ 5 ㉱ 3
[해설] 안전율 = $\dfrac{인장강도}{허용응력}$
정하중 : 3, 동하중(단진) : 5, 교번 : 8, 충격하중 : 12

33. 용접의 여러 결함 중 내부결함에 해당되지 않는 것은?
㉮ 크레이터 처리 불량
㉯ 슬래그 혼입
㉰ 선상조직
㉱ 기공
[해설] 크레이터는 용접비드가 끝나는 점에서 오목하게 패이는 것으로 외형적인 형상이다.

34. 용접부의 연성 결함을 조사하기 위하여 주로 사용되는 시험법은?
㉮ 인장시험 ㉯ 굽힘시험
㉰ 피로시험 ㉱ 충격시험
[해설] 굽힘시험은 모재 및 용접부의 연성, 결함의 유무를 시험하는 방법으로 표면, 이면, 측면 굽힘시험이 있다.

35. 그림과 같이 강판의 두께가 9 mm이고 용접길이가 200 mm이며 최대 인장하중이 72000 kgf이 작용하고 있을 때 용접부에 발생하는 인장응력은 약 몇 kgf/mm²인가?

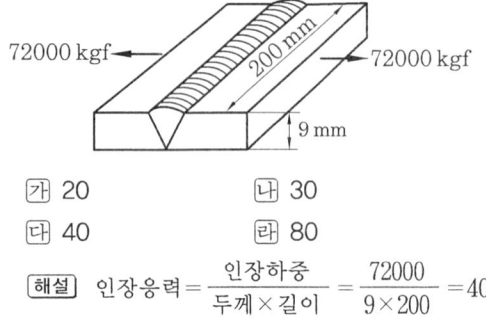

㉮ 20 ㉯ 30
㉰ 40 ㉱ 80

[해설] 인장응력 = 인장하중/(두께×길이) = 72000/(9×200) = 40

36. 용접작업에서 가접 시 주의하여야 할 사항으로 틀린 것은?

㉮ 용접봉은 본 용접작업 시에 사용하는 것보다 약간 굵은 것을 사용한다.
㉯ 본 용접과 동일한 기량을 갖는 용접자로 하여금 가접하게 한다.
㉰ 본 용접과 같은 온도에서 예열을 한다.
㉱ 가접의 위치는 부품의 끝, 모서리, 각 등과 같이 단면이 급변하여 응력이 집중되는 곳은 가능한 피한다.

[해설] • 가용접
① 용접 결과의 좋고 나쁨에 직접 영향을 준다.
② 본용접의 작업 전에 좌우의 홈부분을 잠정적으로 고정하기 위한 짧은 용접이다.
③ 균열, 기공, 슬래그 잠입 등의 결함을 수반하기 쉬우므로 본용접을 실시할 홈 안에 가접하는 것은 바람직하지 못하며, 만일 불가피하게 홈 안에 가접하였을 경우 본용접 전에 갈아 내는 것이 좋다.
④ 본 용접을 하는 용접사와 비등한 기량을 가진 용접사에 의해 가접을 실시한다.
⑤ 가접에는 본 용접보다 지름이 약간 가는 용접봉을 사용하는 것이 좋다.

37. 용접할 때 발생하는 변형을 교정하는 방법으로서 틀린 것은?

㉮ 두꺼운 판에 대한 점 수축법
㉯ 절단에 의하여 성형하고 재용접하는 방법
㉰ 가열 후 해머링하는 방법
㉱ 두꺼운 판에 대하여 가열 후 압력을 가하고 수랭하는 방법

[해설] ① 박판에 대한 점 수축법을 사용한다.
② 형재는 직선수축법을 사용한다.
③ 가열 후 해머질하여 변형을 교정한다.
④ 롤러에 걸어 변형을 교정한다.
⑤ 절단하여 정형 후 재용접하여 변형을 교정한다.
⑥ 피닝법을 사용하여 변형을 교정한다.
⑦ 후판에 대해 가열 후 압력을 가하고 수랭하는 방법으로 변형을 교정한다.

38. 그림과 같은 필릿 용접에서 목 두께를 나타내는 것은?

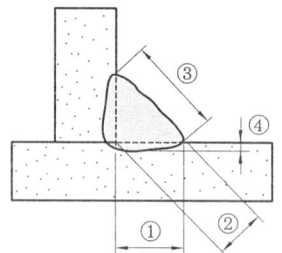

㉮ ① ㉯ ② ㉰ ③ ㉱ ④

[해설] ①은 다리길이, 즉 각장, ②는 목 두께를 의미한다.

39. 일반적인 각 변형의 방지대책으로 틀린 것은?

㉮ 역변형의 시공법을 사용한다.
㉯ 용접속도가 빠른 용접법을 이용한다.
㉰ 판 두께가 얇을수록 첫 패스 측의 개선 깊이를 크게 한다.
㉱ 개선각도는 작업에 지장이 없는 한도 내에서 크게 하는 것이 좋다.

[해설] 각 변형이란 용접부재에 생기는 가로방향의 굽힘 변형을 말하며 필릿 용접의 경우 수평판의 상부가 오므라드는 것을 말한다. 각 변형을 적게 하려면 용접층 수를 가능한 적게 한다. 다른 용어는 횡굴곡이라 한다.

40. 용접부의 부식에 대한 설명으로 틀린 것은?
- ㉮ 입계부식은 용접 열영향부의 오스테나이트계에 Cr이 석출될 때 발생한다.
- ㉯ 용접부의 부식은 전면부식과 국부부식으로 분류한다.
- ㉰ 틈새부식은 오버랩이나 언더컷 등의 틈 사이의 부식을 말한다.
- ㉱ 용접부의 잔류응력은 부식과 관계없다.

[해설] 잔류 응력의 영향으로 변형, 부식 파괴 등이 생길 수 있다.

제 3 과목 용접일반 및 안전관리

41. 용접기의 구비 조건에 대한 설명으로 옳은 것은?
- ㉮ 역률 및 효율이 좋아야 한다.
- ㉯ 사용 중에 온도상승이 커야 한다.
- ㉰ 전류 조정이 용이하고 전류 변동이 커야 한다.
- ㉱ 아크 발생이 잘 되도록 직류일 경우 무부하 전압이 90 V 이상이어야 한다.

[해설] • 용접기의 구비조건
① 구조 및 취급이 간단하고 견고해야 한다.
② 가격이 싸고 보수가 용이해야 한다.
③ 전격 위험이 적어야 한다(무부하 전압이 낮아야 한다).
④ 용접 전류 조정이 용이하고 일정 전류가 흐르며, 용접 작업 중 전류에 변화가 커서는 안 된다.
⑤ 용접봉의 단락 시에 흐르는 전류가 너무 크지 않아야 한다.
⑥ 사용 중에 용접기 내부의 온도상승이 작아야 한다.

42. 다음 중에서 용접기의 수하특성과 가장 관련이 깊은 것은?
- ㉮ 저항 – 열의 특성
- ㉯ 전류 – 전력의 특성
- ㉰ 전압 – 전류의 특성
- ㉱ 전력 – 저항의 특성

[해설] 수하특성은 부하전류가 증가하면 단자전압이 저하하는 특성이다. 즉 전류 전압의 특성이라 할 수 있다.

43. 교류 아크 용접기에 해당되지 않은 것은?
- ㉮ 탭 전환형 아크 용접기
- ㉯ 가동 철심형 아크 용접기
- ㉰ 가동 코일형 아크 용접기
- ㉱ 정류기형 아크 용접기

[해설] 교류 아크 용접기의 종류는 ㉮, ㉯, ㉰ 외에 가포화 리액터형이 있다.

44. 납땜에 사용되는 용제가 갖춰야 할 조건으로 틀린 것은?
- ㉮ 용제의 유효온도 범위와 납땜 온도가 일치할 것
- ㉯ 전기저항 납땜에 사용되는 용제는 부도체일 것
- ㉰ 모재나 땜납에 대한 부식작용이 최소한일 것
- ㉱ 납땜 후 슬래그의 제거가 용이할 것

[해설] 전기저항 납땜에 사용되는 용제는 도체이어야 한다.

45. 가스용접의 연료가스 중 불꽃 온도가 가장 높은 것은?
- ㉮ 아세틸렌
- ㉯ 수소
- ㉰ 프로판
- ㉱ 천연가스

[해설] 아세틸렌 : 3092℃, 수소 : 2982.2℃, 프로판 : 2926.7℃, 천연가스 : 2537.8℃

46. 교류 아크 용접기에서 용접전류의 조정범위는 정격 2차 전류의 몇 % 정도인가?
- ㉮ 20~110 %
- ㉯ 40~170 %

정답 40. ㉱ 41. ㉮ 42. ㉰ 43. ㉱ 44. ㉯ 45. ㉮ 46. ㉮

㉰ 60~190 % ㉱ 80~210 %

[해설] 정격 2차 전류의 조절범위는 20~110 %로 AW 300이라고 할 때 60~330까지 조절 가능하다.

47. 다음 금속 중 냉각속도가 가장 빠른 것은?
㉮ 구리   ㉯ 알루미늄
㉰ 스테인리스강 ㉱ 연강

[해설] 구리가 알루미늄, 스테인리스강, 연강보다 열전도율 및 전기전도율이 우수하여 냉각 속도가 빠르다.
① 열전도율이 가장 좋은 금속은 Ag → Cu → Pt → Al 등의 순서이다.
② 전기전도율은 Ag → Cu → Au → Mg → Zn → Ni → Fe → Pb → Sb 순서로 빠르다.

48. 산소 호스는 몇 kgf/cm² 정도의 압력으로 실시하는 내압 시험에서 이상이 없어야 하는가?
㉮ 90   ㉯ 70
㉰ 50   ㉱ 10

[해설] 산소 호스(녹색, 검정색)는 90 kg/cm², 아세틸렌 호스(황색)는 10 kg/cm²의 내압시험을 한다.

49. 교류 용접기와 비교한 직류 용접기 특징 설명으로 맞는 것은?
㉮ 아크 안정이 우수하다.
㉯ 전격의 위험이 많다.
㉰ 용접기의 고장이 적다.
㉱ 용접기의 가격이 저렴하다.

[해설] 직류용접기는 교류과 달리 위상파가 없이 직진이다. 무부하 전압도 교류는 70~90 V이나 직류는 40~60 V로 낮아 전격의 위험이 적으며 아크의 안정이 우수하다. 단점은 기계 구조가 복잡하고 가격이 고가이며 교류보다 고장이 많다는 것이다.

50. 초음파 용접법으로 금속을 용접하고자 할 때 이 용접법에 알맞은 금속 모재의 두께는 일반적으로 몇 mm 정도가 가장 좋은가?
㉮ 0.01~2   ㉯ 2~5
㉰ 8~9   ㉱ 10~20

[해설] 초음파(18kHz 이상)를 진동 에너지로 변환하여 접합 재료에 전달 후 가압 및 마찰에 의한 열로 접합하는 방법이다. 판재 두께는 0.01~2 mm, 플라스틱류는 1~5 mm 정도로 주로 박판에 이용된다.

51. 피복금속 아크 용접법에서 탈산제는 용융 금속 중의 무엇을 제거하는 작용을 하는가?
㉮ 질소를 제거하는 작용
㉯ 산소를 제거하는 작용
㉰ 탄산가스를 제거하는 작용
㉱ 규소를 제거하는 작용

[해설] 탈산제(Mn, Si, Al, Ti 등)는 용융금속 중에 있는 산소를 화학작용으로 제거하는 작용을 한다.

52. 용접작업이 다음과 같은 과정으로 진행되는 경우에 괄호 안에 가장 적합한 것은?

용접재료준비 → 절단 및 가공 → 용접부 청소 → (   ) → 본용접 → 검사 및 판정 → 완성

㉮ 가접   ㉯ 용접자세
㉰ 도장   ㉱ 전개도

[해설] 용접부 청소가 끝난 뒤에 본용접을 하기 전에 가접을 하여야 한다.

53. 일렉트로 슬래그 용접의 특징 설명으로 틀린 것은?
㉮ 후판 용접에 적당하다.
㉯ 용접 능률과 용접 품질이 우수하다.
㉰ 용접진행 중 직접 아크를 눈으로 관찰할 수 없다.
㉱ 높은 입열로 인하여 용접부의 기계적 성질이 좋다.

정답 47. ㉮ 48. ㉮ 49. ㉮ 50. ㉮ 51. ㉯ 52. ㉮ 53. ㉱

[해설] 일렉트로 슬래그 용접은 전기 저항열을 이용하는 용접으로 용접부에 주어지는 열의 입열이 너무 높으면 열영향부가 커져 기계적 성질이 나빠질 수 있다.

54. 가스용접에서 수소가스 충전용기의 도색 표시로 맞는 것은?
㉮ 회색 ㉯ 백색
㉰ 청색 ㉱ 주황색

[해설] ① 아르곤 : 회색
② 산소 : 공업용 녹색, 의료용은 백색
③ 이산화탄소 : 청색
④ 수소 : 주황색
⑤ 아세틸렌 : 황색

55. 산소 아세틸렌 토치로 3.2 mm 이하의 모재를 용접할 때 차광유리의 차광번호로서 가장 적당한 것은?
㉮ 4~5 ㉯ 6~7
㉰ 8~9 ㉱ 10~11

[해설] 가스용접에 사용되는 차광번호는 4~8번 정도로 3.2 mm 모재의 경우는 4~5번이 적당하다.

56. 이산화탄소 가스 아크 용접에서 솔리드 와이어 혼합가스법에 속하지 않는 것은?
㉮ CO_2+O+N ㉯ CO_2+O_2
㉰ CO_2+Ar ㉱ CO_2+CO

[해설] • 솔리드 와이어 혼합가스법 : 이산화탄소 + 산소, 이산화탄소 + 아르곤, 이산화탄소 + 아르곤 + 산소 등이 있고 질소는 질화가 될 수 있어 혼합가스로 사용하지 않는다.

57. 정격 2차 전류 300 A의 용접기에서 실제로 200 A의 용접전류를 사용하여 용접하면 허용 사용률은 얼마인가?(단, 정격 사용률은 60 %이다.)
㉮ 43 % ㉯ 90 %
㉰ 135 % ㉱ 30 %

[해설] 허용 사용률(%) = $\dfrac{(정격\ 2차\ 전류)^2}{(실제\ 용접\ 전류)^2}$ × 정격 사용률

$= 60 \times \dfrac{300^2}{200^2} = 135\ \%$

58. 가스 압접의 특징 설명으로 틀린 것은?
㉮ 이음부의 탈탄층이 전혀 없다.
㉯ 장치가 간단하여 설비비, 보수비가 싸다.
㉰ 용가재 및 용제가 불필요하다.
㉱ 작업이 거의 수동이어서 숙련공만 할 수 있다.

[해설] • 가스압접 : 맞대기 저항용접과 같이 봉 모양의 재료를 용접하기 위해 먼저 접합부를 가스불꽃(산소-아세틸렌, 산소-프로판)으로 적당한 온도까지 가열한 뒤 압력을 주어 접합하는 방법으로, 가열방법에 따라 밀착 맞대기법과 개방 맞대기법이 있다.

59. 주로 상하부재의 접합을 위하여 한 편의 부재에 구멍을 뚫어 이 구멍 부분을 채우는 형태의 용접방법은?
㉮ 필릿 용접 ㉯ 맞대기 용접
㉰ 플러그 용접 ㉱ 플래시 용접

[해설] 주로 상하부재의 접합을 위하여 한편의 부재에 구멍을 뚫어 이 구멍을 채우는 형태로, 둥근 구멍은 플러그 용접, 긴 타원형 구멍은 슬롯 용접이다.

60. 플래시 용접의 특징 설명으로 틀린 것은?
㉮ 가열범위가 좁고 열 영향부가 좁다.
㉯ 용접면을 아주 정확하게 가공할 필요가 없다.
㉰ 서로 다른 금속의 용접은 불가능하다.
㉱ 용접시간이 짧고 전력소비가 적다.

[해설] 이종 재료의 용접이 가능하고, 용접 시간 및 소비전력이 적다.

정답 54. ㉱ 55. ㉮ 56. ㉮ 57. ㉰ 58. ㉱ 59. ㉰ 60. ㉰

2009년도 출제 문제

▶ 2009년 3월 1일 시행

자격종목 및 등급(선택분야)	종목코드	시험시간	문제지형별
용접산업기사	2026	1시간 30분	A

제1과목 용접야금 및 용접설비 제도

1. 용접부를 풀림처리 했을 때 얻는 효과는?
- ㉮ 잔류응력 감소 및 경화부가 연화된다.
- ㉯ 잔류응력이 커진다.
- ㉰ 조직이 조대화되며 취성이 생긴다.
- ㉱ 별로 변화가 없다.

[해설] 용접부의 풀림처리는 내부응력을 완화하는데 큰 목적이 있고 잔류응력을 감소한다.

2. 강자성체로만 나열된 것은?
- ㉮ Fe, Ni, Co
- ㉯ Fe, Pt, Sb
- ㉰ Bi, Sn, Au
- ㉱ Co, Sn, Cu

[해설] 자기변태는 A_2 변태점에서 원자배열은 변화가 없고 자성만 변하는 것으로, 대표적 자기변태 금속은 철니코라고 해서 Fe(768℃), Ni(358℃), Co(1160℃) 등이다.

3. 두 종 이상의 금속 원자가 간단한 원자비로 결합되어 성분 금속과는 다른 성질을 가지는 독립된 화합물을 형성할 때 이것을 무엇이라고 하는가?
- ㉮ 동소 변태
- ㉯ 금속간 화합물
- ㉰ 고용체
- ㉱ 편석

[해설] 친화력이 큰 성분 금속이 화학적으로 결합하여 만드는, 각 성분 금속과는 현저하게 다른 성질을 가지는 독립된 화합물을 금속간 화합물이라고 한다.

4. 인장 시험을 통해 측정할 수 없는 것은?
- ㉮ 항복강도
- ㉯ 탄성계수
- ㉰ 연신율
- ㉱ 피로강도

[해설] 인장시험은 인장 파단하여 항복점, 인장강도, 연신율, 단면 수축률 등을 측정한다.

5. 주철(cast iron)의 특성 설명 중 잘못된 것은?
- ㉮ 절삭성이 우수하다.
- ㉯ 내마모성이 우수하다.
- ㉰ 강에 비해 충격값이 현저하게 높다.
- ㉱ 진동 흡수능력이 우수하다.

[해설] 주철은 연강에 비하여 탄소 함유량이 높아 용융점이 낮고 유동성과 절삭성이 좋다. 그러나 압축 강도가 크고 인장강도, 충격값이 작으며 가공이 안 된다.

6. 아크용접에서 발생하는 용접 입열량(H)을 구하는 공식은? (단, E는 아크전압, I는 아크전류(A), v는 용접속도(cm/min)이다.
- ㉮ $H[\text{J/cm}] = \dfrac{60EI}{v}$
- ㉯ $H[\text{J/cm}] = \dfrac{v}{60EI}$
- ㉰ $H[\text{J/cm}] = \dfrac{EI}{60v}$
- ㉱ $H[\text{J/cm}] = \dfrac{60v}{EI}$

[해설] 용접입열 $= \dfrac{60 \times \text{아크전압} \times \text{아크전류}}{\text{용접속도}}$

정답 1. ㉮ 2. ㉮ 3. ㉯ 4. ㉱ 5. ㉰ 6. ㉮

7. 강의 조직을 표준상태로 하기 위하여 철강상태도의 A_3 선 이상의 온도로 가열한 후 공기 중에서 냉각하는 열처리는?
  ㉮ 담금질 ㉯ 풀림
  ㉰ 불림 ㉱ 뜨임

[해설] 불림은 $A_3(910℃)$선 이상의 적당한 온도에서 강을 가열한 후 공랭하는 열처리로, 전가공의 영향을 제거하고 결정립을 미세화하여 기계적 특성을 향상시킨다.

8. 탄소강에서 용접성을 나쁘게 하는 적열취성을 방지하는 원소는?
  ㉮ 탄소 ㉯ 인 ㉰ 유황 ㉱ 망간

[해설] 강 중에 황이 0.02 % 이상 함유될 시 용접성을 나쁘게 하고 적열취성 및 균열의 원인이 된다. 이를 방지하는 원소는 망간이다.

9. 담금질할 때에 잔류하는 오스테나이트를 마텐자이트화하기 위해 보통의 담금질을 한 다음 실온 이하의 온도로 냉각 열처리하는 것은?
  ㉮ 마템퍼링 ㉯ 완전풀림
  ㉰ 서브제로처리 ㉱ 구상화풀림

[해설] 담금질 직후 잔류 오스테나이트를 없애기 위해 0℃ 이하로 냉각하는 것으로, 정확한 치수를 요하는 게이지 등을 만들 때 사용하며 심랭처리 또는 서브제로처리라고 한다.

10. 면심입방(FDC) 금속이 아닌 것은?
  ㉮ Al ㉯ Pt ㉰ Mg ㉱ Au

[해설] 면심입방격자는 Al, Ca, Ni, Cu, Pd, Ag, Ce, Ir, Pt, Au, Pb, Th 등이 있다.

11. 아래 용접 기호 설명 중 틀린 것은?

$$C \ominus n \times l(e)$$

  ㉮ C : 용접부 너비
  ㉯ n : 용접부 수
  ㉰ l : 용접부 길이
  ㉱ (e) : 단속용접 길이

[해설] ① C : 용접부의 너비
  ② $\ominus$: 심 용접
  ③ n : 용접부 수
  ④ l : 용접부의 길이
  ⑤ (e) : 간격의 수

12. 다음 그림의 용접기호를 바르게 설명한 것은?

  ㉮ 경사 접합부 ㉯ 겹침 접합부
  ㉰ 점 용접 ㉱ 플러그 용접

[해설] 겹침이음의 표시이다.

13. 치수의 배치방법 종류가 아닌 것은?
  ㉮ 직렬 치수 배치방법
  ㉯ 병렬 치수 배치방법
  ㉰ 평행 치수 배치방법
  ㉱ 누진 치수 배치방법

[해설] 치수의 배치방법 종류로는 일반, 정사각형 및 평면, 원호, 호, 현 및 각도, 구멍, 직렬과 병렬, 여러 개의 구멍, 테이퍼와 기울기 등이 있다. 문제는 직렬과 병렬 치수의 기입방법으로 다음과 같다.
  ① 직렬 치수 : 한 지점에서 그 다음 지점까지의 거리를 각각 치수를 기입한다.
  ② 병렬 치수 : 기준면에서부터 각각의 지점까지의 치수를 기입한다.
  ③ 누진 치수 기입 : 병렬 치수 기입과 같으면서 1개의 연속된 치수선에 기입한 것이다.

14. 기계제도에 사용하는 문자의 종류가 아닌 것은?
  ㉮ 한글 ㉯ 로마자
  ㉰ 아라비아 숫자 ㉱ 상형문자

[해설] 기계제도에는 한글, 로마자, 아라비아 숫자가 사용된다.

정답 7. ㉰ 8. ㉱ 9. ㉰ 10. ㉰ 11. ㉱ 12. ㉯ 13. ㉰ 14. ㉱

15. 용접의 명칭에 따른 KS 용접기호 표시가 틀린 것은?

㉮ 이면 용접 : ∨
㉯ 가장자리 용접 : |||
㉰ 표면 육성 : ⌒
㉱ 표면접합부 : ═

[해설] ㉮는 급경사면(스팁 플랭크) 한쪽면 V형 홈 맞대기 이음 용접

16. 선의 종류 중 가는 2점 쇄선의 용도가 아닌 것은?

㉮ 가공 전 또는 후의 모양을 표시하는 데 사용
㉯ 도시된 단면의 앞쪽에 있는 부분을 표시하는 데 사용
㉰ 가공에 사용하는 공구, 지그 등의 위치를 참고로 나타내는데 사용
㉱ 대상물의 보이지 않는 부분의 모양을 표시하는데 사용

[해설] ㉱항은 은선으로 중간 굵기의 파선을 이용한다.

17. 그림 (a)와 같이 정면, 평면, 측면을 하나의 투상면 위에 동시에 볼 수 있도록 두 개의 옆면 모서리가 수평선과 30°가 되게 하여 그림 (b)와 같이 세 축이 120°의 등각이 되도록 입체도로 투상한 것은?

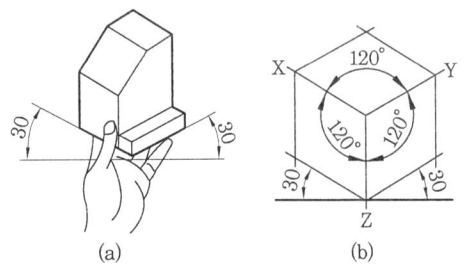

㉮ 점 투상도　　㉯ 등각 투상도
㉰ 부등각 투상도　㉱ 투시도

[해설] 등각 투상법은 물체의 정면, 평면, 측면을 수평선과 30°각을 이룬 수직축의 투상면 위에서 120°의 등각이 되게 그린 것으로, 물체의 모양과 특징을 가장 잘 나타낸다.

18. 화살표 쪽을 용접하는 필릿 용접기호로 맞는 것은?

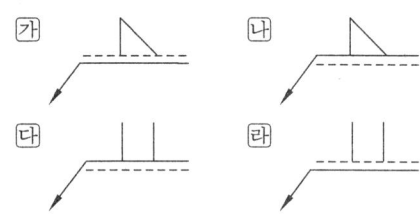

[해설] 실선에 기호가 붙으면 화살표쪽 용접, 파선에 붙으면 화살표 반대쪽이다.

19. 다음 그림과 같은 제3각법 투상도에서 A가 정면도일 때 배면도는?

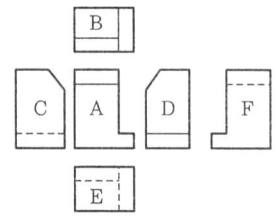

㉮ E　　㉯ C
㉰ D　　㉱ F

[해설] A : 정면도, B : 평면도, C : 좌측면도, D : 우측면도, E : 저면도, F : 배면도

20. 스케치도의 필요성에 관한 설명으로 관계가 먼 것은?

㉮ 동일한 기계를 제작할 필요가 있는 경우
㉯ 제작도면을 오래도록 보존할 필요가 있는 경우
㉰ 사용중인 기계의 부품이 파손된 경우
㉱ 사용중인 기계의 부품 개조가 필요한 경우

[해설] 스케치도는 스케치한 도면에 치수, 재질,

정답 15. ㉮　16. ㉱　17. ㉯　18. ㉯　19. ㉱　20. ㉯

가공법 및 기타 필요한 사항을 기입하여 완성한 도면으로 프린트법, 본뜨기법, 사진촬영법, 프리핸드법 등이 있다.

제 2 과목 용접구조설계

21. 필릿 용접에서 다리길이가 10 mm일 때 이론상 목두께는 몇 mm인가?

㉮ 약 5.0   ㉯ 약 6.1
㉰ 약 7.1   ㉱ 약 8.0

[해설] 이론상 목두께 = 다리길이 × cos 40°
= 10 × 0.707 = 7.07

22. 강판의 두께 15 mm, 폭 100 mm의 V형 홈을 맞대기 용접이음할 때 이음효율을 80 %, 판의 허용응력을 35 kgf/mm²로 하면 인장력 (kgf)은 얼마까지 허용할 수 있는가?

㉮ 35000   ㉯ 38000
㉰ 40000   ㉱ 42000

[해설] 응력 = $\dfrac{인장력}{두께 \times 폭}$ 에서
인장력 = 응력 × 두께 × 폭
= 35 × 15 × 100 = 52500
이음효율이 80 %이므로,
52500 × 0.8 = 42000

23. TIG 용접 이음부 설계에서 I형 맞대기 용접이음의 설명으로 적합한 것은?

㉮ 판두께가 12 mm 이상의 두꺼운 판용접에 이용된다.
㉯ 판두께가 6~20 mm 정도의 다중비드용접에 이용된다.
㉰ 판두께가 3 mm 정도의 박판용접에 많이 이용된다.
㉱ 판두께가 20 mm 이상의 두꺼운 판용접에 이용된다.

[해설] TIG 용접은 주로 3 mm 이하의 박판에 사용된다.

24. 불활성 가스 텅스텐 아크 용접에서 직류역극성(DCRP)으로 용접할 경우 비드폭과 용입에 대한 설명으로 맞는 것은?

㉮ 용입이 얕고 비드 폭이 넓다.
㉯ 용입이 깊고 비드 폭이 좁다.
㉰ 용입이 얕고 비드 폭이 좁다.
㉱ 용입이 깊고 비드 폭이 넓다.

[해설] 직류역극성은 전극이 양극(+), 모재가 음극(-)으로 열량이 70~80 %인 양극이 먼저 용융이 되고 모재는 30 % 이하로 천천히 용융이 되므로, 용입이 얕고 비드 폭이 넓다.

25. 자분탐상법의 특징 설명으로 틀린 것은?

㉮ 시험편의 크기, 형상 등에 구애를 받는다.
㉯ 내부결함의 검사가 불가능하다.
㉰ 작업이 신속 간단하다.
㉱ 정밀한 전처리가 요구되지 않는다.

[해설] 자분탐상법의 장점은 검사가 신속 정확하며, 결함 지시 모양이 표면에 직접 나타나기 때문에 육안으로 관찰할 수 있으며, 검사방법이 쉽고 비자성체는 사용이 곤란하다.

26. 아래 그림과 같은 용접부의 종류는?

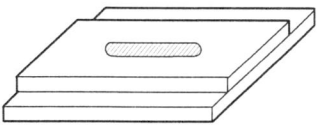

㉮ 플러그 용접   ㉯ 슬롯 용접
㉰ 플레어 용접   ㉱ 필릿 용접

[해설] 포개진 강재를 접합하는 용접방법으로는 플러그 용접 또는 슬롯 용접이 사용된다. 플러그 용접은 강재 한쪽에 원형 구멍을 뚫고 다른 강재에 밀착시킨 상태에서 원형 구멍을 용접으로 채우는 것으로 두 개의 강재를 접합시키는 방법이고, 슬롯 용접은 원형 구멍 대신 긴 형태의 구멍을 가공하여 두 개의 강

[정답] 21. ㉰   22. ㉱   23. ㉰   24. ㉮   25. ㉮   26. ㉯

27. 용접부의 시작점과 끝점에 충분한 용입을 얻기 위해 사용되는 것은?
㉮ 엔드 탭 ㉯ 포지셔너
㉰ 회전지그 ㉱ 고정지그

[해설] 엔드 탭이란 용접결함이 생기기 쉬운 용접 비드의 시작과 끝에 부착하는 강판을 말한다. 수동 35 mm, 반자동 40 mm, 자동 70 mm 이며, 엔드 탭 사용 시 용접길이를 모두 인정한다.

28. 피닝(peening)법에 관한 설명 중 옳은 것은?
㉮ 용접에 의한 변형을 미리 예측하여 용접하기 전에 변형을 주고 용접하는 법
㉯ 용접부에 냉각속도를 느리게 하기 위해서 다른 재료로 모재를 덮어 놓는 법
㉰ 맞대기 용접할 때 홈 간격이 벌어지거나 수축되는 것을 방지하는 법
㉱ 용접부를 구면상의 특수한 해머로 비드를 두드려 용접 금속부의 용접에 의한 수축변형을 감소시키며, 잔류응력을 완화하는 법

[해설] 피닝법은 끝이 둥근 볼펜 해머로 용접부를 연속적으로 타격하여 용접표면에 소성변형을 주어 인장응력을 완화하는 방법으로 첫 층 용접의 균열 방지 목적으로는 700℃ 정도에서 열간 피닝을 한다.

29. 맞대기 용접의 이음효율을 구하는 공식으로 가장 적당한 것은?

㉮ 이음효율 = $\dfrac{\text{용착금속의 인장강도}}{\text{모재의 항복강도}} \times 100\,\%$

㉯ 이음효율 = $\dfrac{\text{모재의 인장강도}}{\text{용착금속의 인장강도}} \times 100\,\%$

㉰ 이음효율 = $\dfrac{\text{용접시험편의 인장강도}}{\text{모재의 인장강도}} \times 100\,\%$

㉱ 이음효율 = $\dfrac{\text{용접재료의 항복강도}}{\text{용착금속의 인장강도}} \times 100\,\%$

[해설] 이음효율 공식에 의해

이음효율 = $\dfrac{\text{용접시편 인장강도}}{\text{모재 인장강도}} \times 100\,\%$

30. 가접시 주의해야 할 사항으로 틀린 것은?
㉮ 본 용접자와 동등한 기량을 갖는 용접자가 가용접을 시행한다.
㉯ 본용접과 같은 온도에서 예열을 한다.
㉰ 개선 홈 내의 가접부는 백치핑으로 완전히 제거한다.
㉱ 가접의 위치는 부품의 끝 모서리나 각 등과 같이 응력이 집중되는 곳에 한다.

[해설] • 가접
① 용접 결과의 좋고 나쁨에 직접 영향을 준다.
② 본용접의 작업 전에 좌우의 홈 부분을 잠정적으로 고정하기 위한 짧은 용접이다.
③ 균열, 기공, 슬래그 잠입 등의 결함을 수반하기 쉬우므로 본용접을 실시할 홈 안에 가접하는 것은 바람직하지 못하며, 만일 불가피하게 홈 안에 가접하였을 경우 본용접 전에 갈아 내는 것이 좋다.
④ 본용접을 하는 용접사와 비등한 기량을 가진 용접사에 의해 가접을 실시한다.
⑤ 가접에는 본용접보다 지름이 약간 가는 용접봉을 사용하는 것이 좋다.

31. 용착금속의 인장 또는 굽힘시험했을 경우 파단면에 생기며 은백색 파면을 갖는 결함은?
㉮ 기공 ㉯ 크레이터
㉰ 오버랩 ㉱ 은점

[해설] 굽힘시험을 했을 경우 수소로 인한 헤어 크랙과 생선 눈처럼 은백색으로 빛나는 은점 결함이 생긴다.

32. 그림과 같이 강판 두께가 $t = 19$ mm, 용접선의 유효길이 $l = 200$ mm이고, h_1, h_2가 각각 8 mm일 때, 하중 $P = 7000$ kgf에 대한 인장응력은 약 몇 kgf/mm²인가?

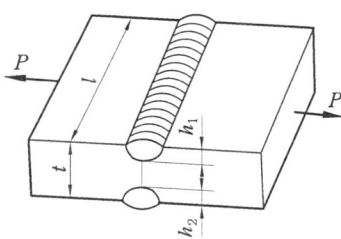

㉮ 0.2 ㉯ 2.2 ㉰ 4.8 ㉱ 6.8

[해설] 인장응력 = $\dfrac{\text{하중}}{(h_1 + h_2) \times \text{유효길이}}$

$= \dfrac{7000}{(8+8) \times 200} = 2.1875 \fallingdotseq 2.2$

33. 일반적으로 용접순서를 결정할 때 주의사항으로 틀린 것은?

㉮ 동일 평면 내에 이음이 많을 경우, 수축은 가능한 자유단으로 보낸다.
㉯ 중심선에 대해 대칭을 벗어나면 수축이 발생하여 변형된다.
㉰ 가능한 한 수축이 작은 이음을 먼저 용접하고 수축이 큰 이음은 나중에 한다.
㉱ 리벳과 용접을 병용하는 경우에는 용접이음을 먼저 하여 용접열에 의한 리벳의 풀림을 피한다.

[해설] • 용접설계 시 유의사항
① 용접을 안전하게 할 수 있는 구조로 아래보기 용접을 많이 하도록 한다.
② 용접봉의 용접부에 대한 접근성도 작업이 쉽고 어려움에 영향을 주므로 용접작업에 지장을 주지 않는 간격을 남긴다.
③ 필릿 용접은 가능한 피하고 맞대기 용접을 하도록 한다.
④ 중립축에 대하여 모멘트 합이 "0"이 되도록 한다.
⑤ 용접물 중심에 대하여 대칭으로 용접하여 변형을 방지한다.
⑥ 동일 평면 내에 많은 이음이 있을 때에는 수축이 가능한 자유단으로 보낸다.

34. 오스테나이트계 스테인리스강을 용접할 때 용접하여 가열한 후 급랭시키는 이유로 가장 적합한 것은?

㉮ 고온 크랙(crack)을 예방하기 위하여
㉯ 기공의 확산을 막기 위하여
㉰ 용접 표면에 부착한 피복제를 쉽게 털어내기 위하여
㉱ 입간부식을 방지하기 위하여

[해설] • 18-8 오스테나이트 스테인리스강의 용접 시 주의사항
① 예열을 하지 않고 층간 온도가 320℃ 이상을 넘어서는 안 된다.
② 낮은 전류로 용접하여 용접입열을 억제하고 짧은 아크 길이를 유지한다.
③ 용접봉은 모재와 동일재질을 사용하며 가능한 한 가는 것을 사용 후 크레이터 처리한다.
④ 용접 후에 급랭으로 입계부식을 방지한다.

35. 용접 변형의 경감 및 교정방법에서 용접부에 구리로 된 덮개판을 두든지 뒷면에 용접부를 수랭 또는 용접부 근처에 물기 있는 석면, 천 등을 두고 모재에 용접입열을 막음으로써 변형을 방지하는 방법은?

㉮ 롤링법 ㉯ 피닝법
㉰ 냉각법 ㉱ 억제법

[해설] • 변형방지법
① 억제법 : 모재를 가접하거나 구속 지그를 사용하며 변형을 억제하는 방법
② 역변형법 : 용접 전에 변형의 크기 및 방향을 예측하여 미리 반대로 변형시키는 방법
③ 도열법 : 용접부 주위에 물을 적신 석면, 동판을 대어 열을 흡수하는 방법
④ 용착법: 대칭, 후퇴, 스킵법 등

36. 양면 용접에 의하여 충분한 용입을 얻으려고 할 때 사용되며 두꺼운 판의 용접에 가장 적합한 맞대기 홈의 형태는?

㉮ J형   ㉯ H형   ㉰ V형   ㉱ I형

[해설] 홈 형상에 따른 판 두께는 I형 : 6 mm 이하, V형 : 6~20 mm, X형 : 12 mm 이상, J형 : 6~20 mm, K양면 J형 : 12 mm 이하, U형 : 16~50 mm, H형 : 20 mm 이상

37. 수축량에 미치는 용접시공 조건의 영향 설명 중 틀린 것은?

㉮ 루트 간격이 클수록 수축이 크다.
㉯ 구속도가 클수록 수축이 작다.
㉰ 용접봉의 직경이 클수록 수축이 크다.
㉱ 위빙을 하는 쪽이 수축이 작다.

[해설] ㉮, ㉯, ㉱항 외에 용접열에 의한 수축량이 크므로 용접봉 직경이 커지면 전류밀도가 낮아져 오히려 수축은 줄어들 수 있다.

38. 다음 그림과 같은 필릿 용접이음에서 용접선의 방향과 하중의 방향이 직교한 것을 무슨 이음이라고 하는가?

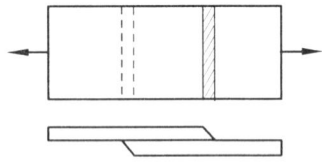

㉮ 전면 필릿 이음   ㉯ 측면 필릿 이음
㉰ 양면 필릿 이음   ㉱ 경사 필릿 이음

[해설] 필릿 용접에서는 용접선의 방향과 하중의 방향이 직교한 것을 전면 필릿 용접, 평행하게 작용하면 측면, 경사져 있는 것을 경사 필릿 용접이라 한다.

39. 본 용접에서 그림과 같은 비드만들기 순서로 용접하는 용착법은?

1 → 4 → 2 → 5 → 3

㉮ 대칭법   ㉯ 후퇴법
㉰ 스킵법   ㉱ 살수법

[해설] • 용착법의 종류

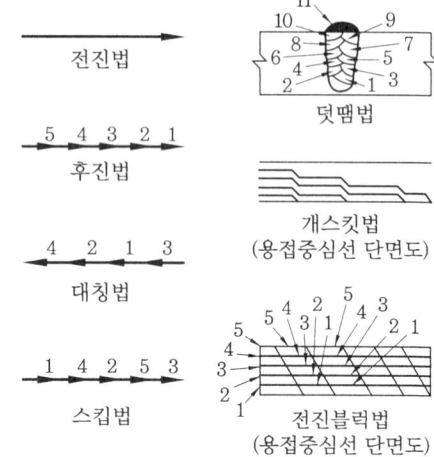

40. 용접 후 처리에서 외력만으로 소성변형을 일으켜 변형을 교정하는 방법은?

㉮ 박판에 대한 점 수축법
㉯ 가열 후 해머링하는 법
㉰ 롤러에 거는 법
㉱ 형재에 대한 직선 수축법

[해설] 외력만으로 소성변형을 일으켜 변형을 교정하는 방법으로 롤러에 거는 방법, 피닝법이 있다. 가열하여 소성변형을 교정하는 방법으로는 박판에 대한 점 수축법, 형재에 대한 직선 수축법, 가열 후 해머링하는 방법, 두꺼운 판에 대하여 가열 후 압력을 가하고 수랭하는 방법, 기타 방법으로 절단에 의하여 성형하고 재용접하는 방법 등이 있다.

제 3 과목 용접일반 및 안전관리

41. 가스용접에서 산화 불꽃은 어떤 금속 용접에 가장 적합한가?

㉮ 황동   ㉯ 연강
㉰ 모넬메탈   ㉱ 스텔라이트

정답 36. ㉯ 37. ㉰ 38. ㉮ 39. ㉰ 40. ㉰ 41. ㉮

[해설] ① 산화불꽃 : 구리, 황동, 청동 등에 사용한다.
② 탄화불꽃 : 스테인리스, 스텔라이트, 모넬메탈 등에 사용한다.
③ 중성불꽃 : 납, 주철, 니켈크롬강, 주강, 강판, 연강, 고탄소강 등을 용접한다.

42. 저항용접에 의한 압접은 전기 저항열로써 모재를 용융상태로 만들고 외력을 가하여 접합하는 용접법이다. 이때 발생하는 저항열을 구하는 식은? (단, Q: 저항열, I: 전류, R: 전기저항, t: 통전시간 [초])
㉮ $Q = 0.24 IR^2 t$ ㉯ $Q = 0.24 I^2 R^2 t$
㉰ $Q = 0.24 I^2 Rt$ ㉱ $Q = 0.24 I^3 Rt$
[해설] 발열량 $Q = 0.238 I^2 Rt ≒ 0.24 I^2 Rt$
여기서, I: 전류, R: 저항, t: 통전시간

43. 용접부 외부에서 주어지는 열량을 용접입열(weld heat input)이라 하는데, 용접입열이 충분하지 못할 때 발생하는 용접 결함은?
㉮ 용입불량 (lack of penetration)
㉯ 선상조직 (ice flower structure)
㉰ 용접균열 (welding crack)
㉱ 은점 (fish eye)
[해설] • 용입불량
① 이음설계의 결함
② 용접속도가 너무 빠를 때
③ 용접전류가 낮을 때
④ 용접봉 선택 불량
⑤ 용접입열이 충분하지 못할 때

44. 불활성 가스 아크용접인 것은?
㉮ 테르밋 용접 ㉯ TIG 용접
㉰ 산소-수소 용접 ㉱ 플라스마 용접
[해설] • 불활성 가스 아크용접
① 비소모식 수동 용접 : TIG 용접, 반자동, 자동 용접
② 소모식 : MIG 용접

45. 저항용접법 중 맞대기 용접에 속하는 것은?
㉮ 스폿 용접 ㉯ 심 용접
㉰ 방전충격 용접 ㉱ 프로젝션 용접
[해설] 저항용접에서 맞대기 용접은 업셋, 플래시, 버트 심, 포일 심, 퍼커션 용접이고 겹치기 용접은 점, 프로젝션, 심 용접이다.

46. 지혈 및 출혈 시 응급조치 방법으로 옳지 않은 것은?
㉮ 정맥 출혈 시는 압박붕대나 손에 가제를 대고 누르면서 상처 부위를 높게 한다.
㉯ 동맥 출혈 시는 응급 조치로 지혈대나 압박붕대, 지압법 등으로 지혈시킨 후 의사의 조치를 받는다.
㉰ 피하 출혈 시에는 냉습포를 한 뒤에 온습포를 댄다.
㉱ 신체의 다른 부분보다 부상당한 팔과 다리를 낮게 쳐들어야 한다.
[해설] 정맥 출혈 시는 손에 압박 붕대나 가제를 대고 누르면서 상처 부위를 높게 한다.

47. 피복 아크 용접에서 아크 쏠림 현상의 방지대책으로 틀린 것은?
㉮ 용접봉의 끝을 아크 쏠림 방향으로 기울인다.
㉯ 교류아크 용접기를 사용한다.
㉰ 접지점을 용접부로부터 멀리 한다.
㉱ 아크 길이를 짧게 유지한다.
[해설] 아크 쏠림은 직류에서 자장 때문에 발생하는 것으로, 방지책으로는 후퇴법, 엔드 탭과 교류를 사용하는 방법이 있다. 근본적으로는 교류를 이용한다.

48. 탄산가스(CO_2) 아크 용접에서 O_2의 해를 방지하기 위하여 와이어에 Mn을 첨가하여 용접한다. 이 때의 반응식 중 올바른 것은?

정답 42. ㉰ 43. ㉮ 44. ㉯ 45. ㉰ 46. ㉱ 47. ㉮ 48. ㉰

㉮ $2FeO + Mn = Fe + MnO_2$
㉯ $Mn + 2FeO_3 = 2Fe + MnO_6$
㉰ $Mn + FeO = Fe + MnO$
㉱ $FeO_2 + Mn = FeO + MnO$

[해설] 산소를 제거하기 위해 망간, 규소를 첨가한다.

49. 서브머지드 아크 용접법의 설명 중 잘못된 것은?

㉮ 용융속도와 용착속도가 빠르며, 용입이 깊다.
㉯ 비소모식이므로 비드의 외관이 거칠다.
㉰ 개선각을 작게 하여 용접의 패스 수를 줄일 수 있다.
㉱ 용접선이 짧거나 불규칙한 경우 수동에 비해 비능률적이다.

[해설] 서브머지드 아크 용접은 용제 속으로 연속적으로 전극심선을 공급하여 용접하는 자동 용접으로, 아크나 발생가스가 용제 속에 잠겨 보이지 않으므로 잠호 용접, 상품명으로 유니언 멜트 용접, 링컨 용접이라고도 한다.

50. 가스용접장치에서 충전가스 용기의 도색이 잘못 연결된 것은?

㉮ 아르곤 – 회색   ㉯ 염소 – 백색
㉰ 아세틸렌 – 황색   ㉱ 탄산가스 – 청색

[해설] 충전가스 용기의 도색은 산소-녹색(의료용은 백색), 수소-주황색, 탄산가스-청색, 염소-갈색, 암모니아-백색, 아세틸렌-황색, 프로판-회색, 아르곤-회색이다.

51. 15℃ 15기압에서 아세톤 1리터에 대하여 아세틸렌 가스 몇 리터가 용해되는가?

㉮ 285   ㉯ 325
㉰ 375   ㉱ 420

[해설] 15℃ 1기압에서 아세틸렌이 아세톤의 25배가 용해가 되므로, 15기압×25배 = 375

52. 용접법을 분류한 것 중 용접에 해당되지 않는 것은?

㉮ 아크 용접   ㉯ 가스 용접
㉰ MIG 용접   ㉱ 마찰 용접

[해설] 마찰 용접은 압접이다.

53. 아크용접에서 피복제의 주된 역할을 설명한 것 중 옳은 것은?

㉮ 전기 통전작용을 한다.
㉯ 용융점이 높은 적당한 점성의 무거운 슬래그를 생성한다.
㉰ 용착금속의 탈산 정련작용을 한다.
㉱ 용착금속의 냉각속도를 빠르게 한다.

[해설] • 피복제의 작용(역할)
① 중성, 환원성 가스를 발생하여 용융금속을 보호한다.
② 아크를 안정시킨다.
③ 용착금속의 탈산 정련작용을 한다.
④ 용적의 미세화 및 용착효율을 높인다.
⑤ 용융점이 낮은 가벼운 슬래그를 생성하고 용착금속의 급랭을 방지한다.
⑥ 용접금속에 필요한 원소를 보충하고 전기절연 작용을 한다.
⑦ 용착 금속의 흐름을 좋게 하고 슬래그 제거가 용이하다.
⑧ 피복통을 형성한다.

54. 아크 용접 시 작업자에게 가장 위험한 부분은?

㉮ 배전판   ㉯ 용접봉 홀더 노출부
㉰ 용접기   ㉱ 케이블

[해설] 용접 작업중 홀더 노출부가 있으면 감전될 수가 있다.

55. 탄산가스 아크용접에 대한 설명 중 올바르지 못한 것은?

㉮ 전류 밀도가 높아 용입이 깊고 용접속도를 빠르게 할 수 있다.
㉯ 가시(ㅁㅁ) 아크이므로 시공이 편리하다.

정답 49. ㉯ 50. ㉯ 51. ㉰ 52. ㉱ 53. ㉰ 54. ㉯ 55. ㉰

㉰ 특수한 용제를 사용하므로 용접부에 슬래그 섞임이 없고 용접 후의 처리가 간단하다.
㉱ 용착금속의 기계적 성질 및 금속학적 성질이 우수하다.

[해설] ㉮, ㉯, ㉱항 외에 용극식 용접으로 일반적으로 솔리드 용접봉과 플럭스 용접봉이 사용된다. 두 가지 와이어는 용접부의 슬래그를 깨끗하게 청소하지 않으면 슬래그 섞임 등의 결함이 있다.

56. 철심을 움직임으로 인하여 발생하는 누설자속을 변동시켜 전류를 조절하는 용접기는?
㉮ 탭 전환형
㉯ 가동철심형
㉰ 가동코일형
㉱ 가포화 리액터형

[해설] 가동철심형은 가동철심의 누설자속을 가감하여 전류를 광범위하게 조정하여 미세 전류를 조절할 수 있다.

57. 아세틸렌 가스의 폭발 위험성에 관한 설명으로 틀린 것은?
㉮ 아세틸렌 가스는 매우 타기 쉬운 기체이다.
㉯ 아세틸렌 가스는 매우 안전한 화합물이다.
㉰ 아세틸렌 가스는 충격, 마찰 등의 외력이 작용하면 폭발 위험성이 있다.
㉱ 아세틸렌 가스는 구리, 수은(Hg) 등과 접촉하면 폭발 화합물을 생성한다.

[해설] 아세틸렌은 불포화탄소로 매우 위험한 요소가 많고,
① 406~408℃ : 자연 발화한다.
② 505~515℃ : 폭발 위험이 있다.
③ 780℃ : 자연폭발한다.
※ 1.5기압에서는 충격, 가열 등에 의한 자극으로 폭발한다. 그 외에 외력, 혼합가스, 화합물에 영향을 받는다.

58. 가스 용접봉 및 용제에 관한 각각의 설명으로 틀린 것은?
㉮ 용제는 건조한 분말, 페이스트 또는 용접봉 표면에 피복한 것도 있다.
㉯ 용제의 융점은 모재의 융점보다 낮은 것이 좋다.
㉰ 연강의 가스 용접에는 용제를 필요로 하지 않는다.
㉱ 가스 용접은 탄화 불꽃이 되기 쉬운데다 공기 중의 탄소를 흡수하여 용융 금속이 탄화되는 경우가 많다.

[해설] 가스용접은 탄화 불꽃보다 산화 불꽃이 되기 쉬우므로 모재가 산화되어 메짐을 갖는 경우가 많다.

59. 피복 아크 용접봉의 선택 시 고려해야 할 상황으로 거리가 먼 것은?
㉮ 아크의 안정성
㉯ 용접봉의 내균열성
㉰ 스패터링
㉱ 용착금속 내의 슬래그의 양

[해설] 아크 안정, 용접봉의 내균열성, 스패터링, 작업성 등을 고려하여 선택한다.

60. 스테인리스강에 사용되는 플라스마 절단 작동가스로 가장 적합한 것은?
㉮ 아세틸렌
㉯ 프로판
㉰ 아르곤+수소
㉱ 질소+수소

[해설] 비이행형 플라스마 아크 절단은 비금속, 내화물의 절단이 가능하며 일반적으로는 아르곤+수소 가스를 사용하나 스테인리스강에는 질소+수소 가스를 사용한다.

정답 56. ㉯ 57. ㉯ 58. ㉱ 59. ㉱ 60. ㉱

용접 산업기사 ▶ 2009. 5. 10 실행

제1과목 용접야금 및 용접설비 제도

1. 피복 배합제의 성분에서 슬래그 생성제로 사용되는 것이 아닌 것은?
㉮ 탄산바륨($BaCO_3$)
㉯ 이산화망간(MnO_2)
㉰ 석회석($CaCO_3$)
㉱ 산화티탄(TiO_2)

[해설] • 슬래그 생성제
① 산화철, 일미나이트(TiO_2, FeO)
② 산화티탄(TiO_2)
③ 이산화망간(MnO_2)
④ 석회석($CaCO_3$)
⑤ 규사(SiO_2)
⑥ 장석($K_2O \cdot Al_2O_2 \cdot 6SiO$)
⑦ 형석(CaF_2) 등

2. 탄소강의 물리적 성질 변화에서 탄소량의 증가에 따라 증가되는 것은?
㉮ 비중 ㉯ 열팽창계수
㉰ 열전도도 ㉱ 전기저항

[해설] 탄소강에 함유된 원소 중, 탄소의 함량이 증가하면 경도와 강도가 증가되면서 조직이 거칠어지고 백선화되어서 칠드화할 염려가 있다. 물리적으로 전기저항은 길이에 비례하고 단면적에 반비례하므로 전기저항이 적다.

3. 일반적으로 열이 전달되기 쉬운 정도를 표시할 때 열전도율이 사용되고 있다. 용접 입열이 일정할 경우 냉각속도가 가장 느린 것은?
㉮ 황동 ㉯ 스테인리스강
㉰ 알루미늄 ㉱ 구리

[해설] • 열전도율 (kcal/℃)
① 황동 : 95
② 스테인리스강 : 14
③ 알루미늄 : 196
④ 구리 : 320

4. 탄소강에 포함된 원소 중 실온에서 충격치를 저하시켜 상온취성의 원인이 되며 결정립을 조대화시키는 것은?
㉮ P ㉯ S ㉰ Mn ㉱ Au

[해설] 탄소강 중에 P가 포함이 되면 다소 강도·경도가 증가하고, 연신율·충격치(상온)는 감소한다. 편석이 발생되며(담금 균열원인) Fe와 결합하여 Fe_2P를 만든다. 결정입자의 조대화를 촉진하고 냉간가공성 저하 및 상온취성의 원인이 된다.

5. 일반적인 금속의 공통적인 특성 설명으로 틀린 것은?
㉮ 이온화하면 양(+) 이온이 된다.
㉯ 열과 전기의 양도체이다.
㉰ 전성과 연성이 좋다.
㉱ 강도, 경도, 비중이 비교적 적다.

[해설] 비교적 비금속에 비해 금속이 높은 편이다.

6. 동일 금속일 경우 재결정 온도가 낮아지는 원인과 가장 거리가 먼 것은?
㉮ 가공도가 작을수록
㉯ 가공시간이 길수록
㉰ 금속의 순도가 높을수록
㉱ 가공 전의 결정입자가 미세할수록

[해설] 소성가공을 받은 금속은 가공경화에 의해 발생된 내부응력의 원자배열 상태가 변하지 않고 감소한다. 회복이 일어난 후 계속 가열 시 임의의 온도에서 인장강도, 탄성한도는 급감하고 연신율은 급상승하는 현상을 재결정 온도라고 한다.

[정답] 1. ㉮ 2. ㉱ 3. ㉯ 4. ㉮ 5. ㉱ 6. ㉮

7. 2개 성분의 금속이 용해된 상태에서는 균일한 용액으로 되나 응고 후에는 성분 금속이 각각 결정이 되어 분리되며, 2개의 성분 금속이 고용체를 만들지 않고 기계적으로 혼합될 수 있는 조직은?
- ㉮ 공정조직
- ㉯ 공석조직
- ㉰ 포정조직
- ㉱ 포석조직

[해설] ① 공정조직 : 액상에서는 상호 완전 융해되나 응고 시 일정한 온도에서 액체로부터 두 종류의 성분 금속이 일정한 비율로 동시에 정출하여 나온 혼합된 조직
② 공석조직 : 일정한 온도에서 하나의 고용체로부터 두 종류의 고체가 일정한 비율로 동시에 석출하여 생긴 혼합물
③ 포정조직 : 하나의 고체에 다른 액체가 작용하여 다른 고체를 형성하는 조직

8. 철강을 순철, 강, 주철로 분류할 경우 기준이 되는 것은?
- ㉮ 황(S) 함유량
- ㉯ 탄소(C) 함유량
- ㉰ 망간(Mn) 함유량
- ㉱ 규소(Si) 함유량

[해설] 일반적으로 철-탄소(Fe-C) 상태도에서 순철은 0.0218 %C 이하(상온에서는 0.008 %C 이하), 일반적인 강은 아공석강에서 과공석강(0.0218~0.77 %C 또는 다른 Fe-C 상태도에는 0.88 %로 표시된다. 0.77~2.11 % 과공석강) 까지를 강이라 하며 탄소의 함유량이 2.11 %C가 지나면 주철로 구분한다.

9. 금속의 열전도율이 큰 순서로 나열된 것은?
- ㉮ Cu>Ag>Al>Au
- ㉯ Ag>Cu>Au>Al
- ㉰ Ag>Al>Au>Cu
- ㉱ Au>Cu>Ag>Al

[해설] 외우는 방법은 은구금알(은-구리-금-알루미늄)이다.

10. 주철의 용접이 곤란하고 어려운 이유에 대한 설명으로 틀린 것은?
- ㉮ 주철은 연강에 비하여 여리며 주철의 급랭에 의한 백선화로 수축이 많아 균열이 생기기 쉽기 때문이다.
- ㉯ 주철 속에 기름, 흙, 모래 등이 있는 경우에 용착이 불량하거나 모재와의 친화력이 나빠지기 때문이다.
- ㉰ 일산화탄소 가스가 발생하여 용착 금속에 가공이 생기기 쉽기 때문이다.
- ㉱ 크롬 탄화물이 결정입계에 석출하기 쉽기 때문이다.

[해설] • 주철의 용접 시 주의사항
① 보수 용접을 행하는 본 바닥이 나타날 때까지 잘 깎아낸 후 용접한다.
② 용접 전류는 필요 이상 높이지 말고 직선 비드를 배치하며 용입을 깊게 하지 않는다.
③ 용접봉은 될 수 있는 한 지름이 가는 것을 사용하며 비드의 배치는 짧게 해서 여러 번 조작으로 완료한다.
④ 가열되어 있을 때 피닝 작업을 하여 변형을 줄인다.
⑤ 두꺼운 판이나 복잡한 형상의 용접에는 예열과 후열 후에 서랭한다.
⑥ 가스용접은 중성, 약한 탄화 불꽃을 사용하며 용제를 충분히 사용한다.

11. KS 규격에서 평면형 평행 맞대기 이음 용접을 의미하는 기호는?
- ㉮ 八
- ㉯ ||
- ㉰ V
- ㉱ ×

[해설] ㉮ : 양면 플랜지형 맞대기 이음
㉯ : 평면형 평행 맞대기 이음 용접
㉰ : 한쪽 면 V형 홈 맞대기 이음 용접
㉱ : 양면 V형 맞대기 용접

12. 특별한 도시 방법에서 도형 내의 특정한 부분이 평면이란 것을 표시할 필요가 있을 경우에 나타내는 표시 방법으로 가장 적합한 것은?
- ㉮ 정사각형 기호 (□)를 사용한다.

정답 7. ㉮ 8. ㉯ 9. ㉯ 10. ㉱ 11. ㉯ 12. ㉱

㉯ R 기호를 사용한다.
㉰ P 기호를 사용한다.
㉱ 가는 실선의 대각선을 긋는다.

[해설] 가는 실선의 대각선을 그어 평면을 뜻하는 기호로 사용한다.

13. 제 3 각법의 그림 기호 표시를 올바르게 나타낸 것은?

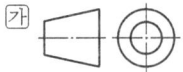 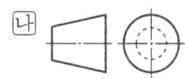
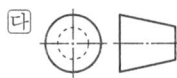 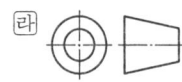

[해설] 제 3 각법은 정면도를 기준으로 위는 평면도, 아래에는 저면도, 우측에는 우측면도, 좌측에는 좌측면도, 혹은 우측면도 옆에 배면도를 배치한다.

14. 정투상법의 제3각법에서 투상하여 보는 순서는?

㉮ 눈 → 물체 → 투상면
㉯ 눈 → 투상면 → 물체
㉰ 물체 → 투상면 → 눈
㉱ 물체 → 눈 → 투상면

[해설] ① 제 1 각법 : 눈 → 물체 → 투상면
② 제 3 각법 : 눈 → 투상면 → 물체

15. 기계나 장치 등의 실체를 보고 프리핸드로 그린 도면은?

㉮ 배치도   ㉯ 기초도
㉰ 장치도   ㉱ 스케치도

[해설] • 스케치 방법
① 프린트법 : 부품 표면에 광명단 또는 스탬프 잉크를 칠한 후, 종이를 대고 눌러서 실제 모양을 뜨는 방법.
② 모양뜨기 : 불규칙한 곡선을 가진 물체를 직접 종이에 대고 그리거나, 납선 또는 동선 등을 부품의 윤곽 곡선과 같이 만들어 종이에 옮기는 방법.
③ 프리핸드법 : 손으로 직접 그리는 방법.
④ 사진촬영 : 사진기로 직접 찍어서 도면을 그리는 방법.

16. 현장용접 보조기호 표시를 올바르게 표현한 것은?

㉮   ㉯   ㉰   ㉱

[해설] 현장용접 기호의 표시는 깃발 모양이고, 일주(전둘레, 온둘레) 용접의 표시는 현장용접 깃발이 기선과 교차하는 곳에 원을 그리면 현장 온둘레 용접이 된다.

17. 도면의 분류에서 설명도의 용도로 가장 적합한 것은?

㉮ 주문자 또는 기타 관계자의 승인을 얻기 위한 도면이다.
㉯ 사용자에게 물품의 구조, 기능, 성능 등을 알려주기 위한 도면이다.
㉰ 지역 내의 건물 위치나 공장 내부에 기계 등의 설치 위치의 상세한 정보를 나타낸 도면이다.
㉱ 견적 내용을 나타낸 도면이다.

[해설] • 설명도(explanation drawing) : 사용자에게 제품의 구조, 기능, 작동 원리, 취급법 등을 설명하기 위한 도면이다.

18. 제도의 목적을 달성하기 위한 기본 요건으로 틀린 것은?

㉮ 대상물의 도형이 있으면 필요로 하는 크기, 모양, 자세, 위치의 정보를 포함하지 않아야 한다.
㉯ 애매한 해석이 생기지 않도록 표현상 명확한 뜻을 갖고 있어야 한다.
㉰ 무역 및 기술의 국제 교류의 입장에서 국제성을 갖고 있어야 한다.
㉱ 기술의 각 분야에 걸쳐 가능한 한 정확

[정답] 13. ㉱ 14. ㉯ 15. ㉱ 16. ㉮ 17. ㉯ 18. ㉮

성, 보편성을 갖고 있어야 한다.

[해설] 제도는 주문자가 의도하는 주문에 따라서 설계자가 제품의 모양이나 크기를 일정한 규칙에 따라 선, 문자, 기호 등을 이용하여 도면으로 작성하는 과정으로, 설계자의 의도를 도면 사용자에게 확실하고 쉽게 전달하는 데 목적이 있다.

19. KS규격에서 용접부 및 용접부의 표면 형성 보조기호 설명으로 틀린 것은?

㉮ ── : 평면 (동일한 면으로 마감처리함)
㉯ ⌣ : 토우 (끝단부)를 오목하게 함
㉰ M : 영구적인 이면 판재를 사용함
㉱ MR : 제거 가능한 이면 판재를 사용함

[해설] ㉯번은 토우를 매끄럽게 한다.

20. 선의 종류에 따른 용도 설명으로 틀린 것은?

㉮ 외형선 : 대상물의 보이는 부분의 모양을 표시하는 선
㉯ 지시선 : 기초, 기술 등을 표시하기 위하여 끌어내는 데 쓰이는 선
㉰ 파단선 : 그 절단 위치를 대응하는 그림에 표시하는 선
㉱ 해칭 : 도형의 한정된 특정 부분을 다른 부분과 구별하는 데 사용하는 선

[해설] 파단선은 물체의 일부를 파단한 곳을 표시하는 선으로 불규칙한 파형의 가는 실선 또는 지그재그 선으로 그린다.

제 2 과목 용접구조설계

21. 가접 시 주의해야 할 사항으로 틀린 것은?

㉮ 본 용접자(□)와 동등한 기량을 갖는 용접자가 가접을 시행한다.
㉯ 가접 위치는 부품의 끝 모서리나 각 등과 같이 응력이 집중되는 곳은 피한다.
㉰ 본 용접과 같은 온도에서 예열을 한다.
㉱ 용접봉은 본 용접 작업 시에 사용하는 것보다 약간 굵은 것을 사용한다.

[해설] 용접봉은 본 용접 작업 시에 사용하는 것보다 약간 작은 것을 사용한다.

22. 용접부의 부근을 냉각시켜서 용접변형을 방지하는 냉각법의 종류에 해당되지 않는 것은?

㉮ 석면포 사용법 ㉯ 피닝법
㉰ 살수법 (□□□) ㉱ 수랭동관 사용법

[해설] • 피닝법 : 용접 후의 변형을 감소하는 방법으로 용접 직후 피닝 해머로 비드를 두드려서 용접 금속의 변형을 방지한다. 비드가 약 700℃ 이상 고온일 때 행해야 한다.

23. 용접부 인장시험에서 최초의 길이가 40 mm 이고, 인장시험편의 파단 후의 거리가 50 mm 일 경우에 변형률 ε는?

㉮ 10 % ㉯ 15 % ㉰ 20 % ㉱ 25 %

[해설] 재료의 최초의 길이를 l, 재료의 파단 후의 길이를 k 라고 할 때,

변형률 $= \dfrac{k-l}{l} = \dfrac{50-40}{40} = 25\%$

24. 일반적인 용접순서를 결정하는 유의사항 설명으로 틀린 것은?

㉮ 용접 구조물이 조립되어 감에 따라 용접 작업이 불가능한 곳이나 곤란한 경우가 생기지 않도록 한다.
㉯ 용접물의 중심에 대하여 항상 대칭으로 용접을 해나간다.
㉰ 수축이 작은 이음을 먼저 용접하고 수축이 큰 이음(맞대기 등)은 나중에 용접한다.
㉱ 용접 구조물의 중립축에 대하여 용접 수축력의 모멘트의 합이 0(零)이 되게 한다.

[해설] 수축이 큰 이음을 가능한 한 먼저 용접하고, 수축이 작은 이음을 뒤에 용접한다.

정답 19. ㉯ 20. ㉰ 21. ㉱ 22. ㉯ 23. ㉱ 24. ㉰

25. 판의 홈 용접에서 용접의 진행과 더불어 이동하는 열원의 전방 홈 간격이 열렸다 닫혔다 하는 현상으로 주로 열원 이동 중에 있어서 용융지 부근 모재의 용접선 방향에의 열팽창에 기인하여 생기는 용접변형은?
㉮ 회전변형 ㉯ 세로 굽힘변형
㉰ 팽창변형 ㉱ 비틀림변형

[해설] 일반적으로 회전변형은 저속도 입열의 용접에서는 개선이 좁아지며 고속도 입열의 용접에서는 벌어지고, 손용접의 경우에는 개선이 좁아지는 경향이 있으며 제1층 용접에서 제일 크게 나타난다. 용접입열과 함께 가접이나 스트롱 백(strong back)의 위치 및 크기가 중요하고, 또한 후퇴법, 대칭법, 비석법의 활용도 방지에 상당한 효과가 있다.

26. 본용접을 하기 전에 적당한 예열을 함으로써 얻어지는 효과에 대한 설명으로 가장 적당한 것은?
㉮ 예열을 하게 되면 용접성은 좋아지나 용접결함을 수반한다.
㉯ 변형과 잔류 응력이 많이 발생한다.
㉰ 용접부의 냉각속도를 느리게 하여 균열 발생이 적게 된다.
㉱ 용접부의 냉각속도가 빨라지고 높은 온도에서 큰 영향을 받는다.

[해설] 예열은 냉각속도를 느리게 하며 균열의 방지, 기계적 성질 향상, 경화 조직의 석출 방지, 변형, 잔류응력의 저감, 기공 생성 방지 등이 목적이다.

27. 용접 후처리에서 노치인성의 설명으로 옳은 것은?
㉮ 수소량이 적어지면 연성의 저하가 심해지는 성질
㉯ 용접 전, 굽힘 가공하여 용접부에 균열이 생기는 성질
㉰ 강이 저온, 충격 하중 또는 노치의 응력 집중 등에 대하여 견딜 수 있는 성질
㉱ 강이 고온 충격 하중 또는 노치의 응력 분산 등에 의해서 메지게 되는 성질

[해설] 노치인성이란 강이 저온, 충격 하중 또는 노치의 응력 집중 등에 대하여 견디는 성질이며, 노치는 원재료에 깊게 파져 있는 것을 말한다.

28. 두 부재 사이의 휨 부분을 용접하는 것으로 용접부 형상이 V형, X형, K형 등이 있는 용접은?
㉮ 플러그 용접 ㉯ 슬롯 용접
㉰ 플랜지 용접 ㉱ 플레어 용접

[해설] • 플레어 용접 : 두 부재 사이의 휨 부분을 용접하는 이음(플레어 V형, ㄴ형, J형, K형)이다.

29. 응력 제거 풀림에 의해 얻어지는 효과에 해당되지 않는 것은?
㉮ 용접 잔류 응력이 제거된다.
㉯ 응력 부식에 대한 저항력이 증대된다.
㉰ 용착 금속 중의 수소제거에 의한 연성이 증대된다.
㉱ 충격저항이 감소하고 크리프 강도가 향상된다.

[해설] ㉮, ㉯, ㉰ 외에,
① 치수 틀림의 방지
② 열영향부의 템퍼링(tempering) 연화
③ 충격저항의 증대
④ 크리프 강도의 향상
⑤ 강도의 증대

30. 그림과 같이 폭 60 mm, 두께 12 mm의 강관을 60 mm 안을 겹쳐서 전둘레 필릿 용접을 한다. 여기에 9000 kgf의 하중을 작용시킨다면 필릿 용접의 치수는 약 몇 mm 인가? (단, 용접의 허용응력은 1000 kgf/cm²으로

정답 25. ㉮ 26. ㉰ 27. ㉰ 28. ㉱ 29. ㉱ 30. ㉮

한다.)

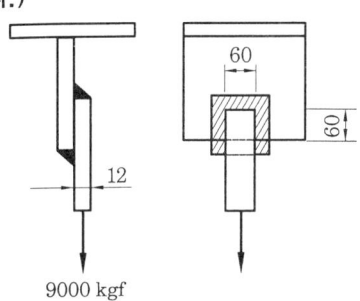

㉮ 5.3 ㉯ 9.2 ㉰ 12.1 ㉱ 16.4

[해설] 허용응력 = $\dfrac{0.707 \times 하중}{두께 \times 필릿\ 용접의\ 치수}$

∴ $1000 = \dfrac{0.707 \times 9000}{12 \times 필릿\ 용접의\ 치수} = 0.53$

31. 계산 또는 필릿 용접의 치수 이상으로 표면 위에 용착된 금속은?

㉮ 이면비드 ㉯ 덧붙이
㉰ 개선 홈 ㉱ 용접의 루트

[해설] 계산된 용접비드(치수) 이상으로 비드를 놓는 것을 다층 쌓기 또는 덧붙이라고 한다.

32. 용접 이음의 설계를 할 때의 주의사항으로 틀린 것은?

㉮ 용접작업에 지장을 주지 않도록 공간을 둔다.
㉯ 용접 이음을 한쪽으로 집중되게 접근하여 설계하지 않도록 한다.
㉰ 용접선은 될 수 있는 한 교차하도록 한다.
㉱ 가능한 한 아래보기 용접을 많이 하도록 한다.

[해설] ① 용접을 안전하게 할 수 있는 구조인 아래보기 용접을 많이 하도록 한다.
② 용접봉의 용접부에 대한 접근성도 작업이 쉽고 어려움에 영향을 주므로 용접작업에 지장을 주지 않도록 간격을 남긴다.
③ 필릿 용접을 가능한 피하고 맞대기 용접을 하도록 한다.
④ 판두께가 다른 2장의 모재를 직접 용접하면 열 용량이 서로 다르게 되어 작업이 곤란하므로 두꺼운 판쪽에 구배를 두어 갑자기 단면이 변하지 않게 한다.
⑤ 맞대기 용접에는 이면 용접을 하여 용입 부족이 없도록 한다.
⑥ 용접부에 잔류응력과 열응력이 한 곳에 집중되는 것을 피하고, 용접 이음부가 한 곳에 집중되지 않도록 한다.
㉰번은 용접시공의 용접순서로, 모멘트의 합이 0이 되게 한다.

33. 아래 그림과 같은 필릿 용접부의 종류는?

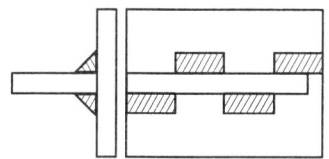

㉮ 연속 병렬 필릿 용접
㉯ 연속 지그재그 필릿 용접
㉰ 단속 병렬 필릿 용접
㉱ 단속 지그재그 필릿 용접

34. KS 규격에서 E 4340 용접봉의 피복제의 계통으로 맞는 것은?

㉮ 일미나이트계 ㉯ 고산화티탄계
㉰ 저수소계 ㉱ 특수계

[해설] E4301 : 일미나이트계, E4303 : 라임티탄계, E4311 : 고셀룰로오스계, E4313 : 고산화티탄계, E4316 : 저수소계, E4324 : 철분 산화티탄계, E4327 : 철분 산화철계, E4326 : 철분 저 수소계, E4340 : 특수계

35. 맞대기 용접이음의 가접 또는 첫 홈에서 보이는 세로균열의 일종으로 약 200℃ 이하의 저온에서 발생하는 균열은?

㉮ 설퍼 균열 ㉯ 래미네이션 균열
㉰ 루트 균열 ㉱ 헤어 균열

[해설] 루트 균열은 저온 균열로 원인은 수소취화에 있다.

[정답] 31. ㉯ 32. ㉰ 33. ㉱ 34. ㉱ 35. ㉰

36. 맞대기 용접 이음에서 강판의 두께 6 mm 이고 용접길이 200 mm, 인장하중 6000 kgf 작용 시 용접 이음부에 발생하는 인장응력은 몇 kgf/mm^2인가?

㉮ 4　　㉯ 5　　㉰ 6　　㉱ 7

[해설] 응력 = $\dfrac{하중}{단면적}$ = $\dfrac{6000}{6 \times 200}$ = 5

37. 용접봉의 선택 기준으로 가장 거리가 먼 것은?

㉮ 모재의 재질
㉯ 제품의 형상
㉰ 용접 자세
㉱ 사용 보호구

[해설] 사용 보호구는 용접작업을 할 때 안전보호구를 선택하고 용접봉은 모재의 재질, 제품의 형상, 용접 자세 등에 따라 선택이 달라질 수 있다.

38. 잔류 응력이 존재하는 용접구조물에 어떤 하중을 걸어 용접부를 약간 소성변형시킨 다음 하중을 제거하면 잔류 응력이 감소하는 현상을 이용하는 방법은?

㉮ 국부 응력 제거법
㉯ 저온 응력 완화법
㉰ 피닝법
㉱ 기계적 응력 완화법

[해설] 기계적 응력 완화법은 잔류 응력이 존재하는 구조물에 어떤 하중을 걸어 용접부를 약간 소성 변형시킨 다음, 하중을 제거하면 잔류 응력이 현저하게 감소하는 현상을 이용하는 방법이다.

39. 일반적인 용접변형 교정방법의 종류가 아닌 것은?

㉮ 얇은 판에 대한 점 수축법
㉯ 형재에 대한 직선 수축법
㉰ 변형된 부위를 줄질하는 법
㉱ 가열 후 해머링하는 법

[해설] 변형 교정 방법으로는 ㉮, ㉯, ㉱ 외에,
① 후판에 대하여 가열 후 압력을 가하고 수랭하는 방법
② 롤러 가공
③ 피닝
④ 절단하여 성형 후 재용접하는 방법이 있다.

40. 용접작업에서 지그 사용 시 얻어지는 효과로 틀린 것은?

㉮ 대량생산의 경우 용접 조립 작업을 단순화시킨다.
㉯ 제품의 마무리 정밀도를 향상시킨다.
㉰ 용접 변형을 억제하고 적당한 역변형을 주어 정밀도를 높인다.
㉱ 용접작업은 용이하나 작업능률이 저하된다.

[해설] • 용접지그 사용 효과
① 아래보기 자세로 용접을 할 수 있다.
② 용접조립의 단순화 및 자동화가 가능하고 제품의 정밀도가 향상된다.

제 3 과목　용접일반 및 안전관리

41. 아크 용접 작업에서 전격의 방지대책으로 가장 거리가 먼 것은?

㉮ 절연 홀더의 절연부분이 파손되면 즉시 교환할 것
㉯ 접지선은 수도 배관에 할 것
㉰ 용접작업을 중단 혹은 종료 시에는 즉시 스위치를 끊을 것
㉱ 습기 있는 장갑, 작업복, 신발 등을 착용하고 용접작업을 하지 말 것

[해설] 용접기의 2차측 단자의 한쪽과 케이스는 반드시 접지할 것.

정답　36. ㉯　37. ㉱　38. ㉱　39. ㉰　40. ㉱　41. ㉯

42. 냉간압접의 장점에 해당되지 않는 것은?
㉮ 접합부가 가공 경화된다.
㉯ 접합부에 열영향이 없다.
㉰ 압접기구가 간단하다.
㉱ 접합부의 전기저항은 모재와 거의 비슷하다.

[해설] 접합부가 가공 경화되는 것은 단점이다.

43. 피복 아크 용접봉에 사용하는 피복제의 주된 역할이 아닌 것은?
㉮ 아크를 안정시킨다.
㉯ 용착 금속의 탈산(脫酸) 정련 작용을 한다.
㉰ 용착 금속의 용적을 미세화하여 용착 효율을 낮춘다.
㉱ 스패터의 발생을 적게 한다.

[해설] 용착 금속의 용접을 미세화하여 용착 효율을 높인다.

44. 탄산 가스 아크 용접에서 중독 및 질식사고의 원인이 되는 가스는?
㉮ 수소(H_2)   ㉯ 암모니아(NH_3)
㉰ 일산화탄소(CO)   ㉱ 아세틸렌(C_2H_2)

[해설] 이산화 탄산 가스 아크 용접에서 용접 중에 발생되는 일산화탄소, 이산화탄소는 호흡량에 따라 중독 및 질식 사고가 발생될 수 있다.

45. 본 용접 전 가접에서의 주의사항에 대한 설명으로 틀린 것은?
㉮ 본 용접보다도 지름이 굵은 용접봉을 사용한다.
㉯ 강도상 중요한 부분에는 가접을 피한다.
㉰ 용접의 시점 및 종점이 되는 끝부분은 가접을 피한다.
㉱ 본 용접과 비슷한 기량을 가진 용접사에 의해 실시하는 것이 좋다.

[해설] • 가접
① 용접 결과의 좋고 나쁨에 직접 영향을 준다.
② 본용접의 작업 전에 좌우의 홈 부분을 잠정적으로 고정하기 위한 짧은 용접이다.
③ 균열, 기공, 슬래그 잠입 등의 결함을 수반하기 쉬우므로 본용접을 실시할 홈 안에 가접하는 것은 바람직하지 못하며, 만일 불가피하게 홈 안에 가접하였을 경우 본 용접 전에 갈아 내는 것이 좋다.
④ 본 용접을 하는 용접사와 비등한 기량을 가진 용접사에 의해 가접을 실시한다.
⑤ 가접에는 본 용접보다 지름이 약간 가는 용접봉을 사용하는 것이 좋다.

46. 다음 보기 중 용접의 자동화에서 자동제어의 장점에 해당되는 사항으로만 조합한 것은?

〈보 기〉
① 제품의 품질이 균일화되어 불량품이 감소한다.
② 원자재, 원료 등이 증가된다.
③ 인간에게는 불가능한 고속작업이 가능하다.
④ 위험한 사고의 방지가 불가능하다.
⑤ 연속작업이 가능하다.

㉮ ①, ②, ④   ㉯ ①, ③, ④
㉰ ①, ③, ⑤   ㉱ ①, ②, ③, ④, ⑤

[해설] 자동화는 품질이 균일화되고, 불량품이 감소되며, 연속작업과 사고의 방지가 가능하여 능률적인 작업을 할 수 있는 장점이 있다.

47. 서브머지드 아크용접 장치의 구성 및 종류에 관한 설명으로 틀린 것은?
㉮ 용접 전류는 용접 전원으로부터 용접 전극을 통하여 공급된다.
㉯ 용접 능률의 향상을 위해 2개 이상의 전극을 동시에 사용하는 다전극 용접기가 실용화되고 있다.
㉰ 용접 전원으로는 직류가 시설비가 싸고 자기불림 현상이 매우 커서 많이 사용된다.

정답 42. ㉮ 43. ㉰ 44. ㉰ 45. ㉮ 46. ㉰ 47. ㉰

㉣ 와이어 송급장치, 전압제어장치, 콘택트 조, 플럭스 호퍼를 일괄하여 용접머리 (welding head) 라고 한다.

[해설] 직류는 자기불림 현상이 단점이다.

48. 용접부의 안전율을 나타낸 것으로 맞는 것은?

㉮ 안전율 = $\dfrac{인장강도}{허용응력} \times 100\%$

㉯ 안전율 = $\dfrac{인장응력}{굽힘응력} \times 100\%$

㉰ 안전율 = $\dfrac{허용응력}{굽힘강도} \times 100\%$

㉱ 안전율 = $\dfrac{인장응력}{피로응력} \times 100\%$

[해설] 안전율 = $\dfrac{인장강도}{허용응력} \times 100\%$

49. 용접기의 유지보수 및 점검 시에 지켜야 할 사항으로 틀린 것은?

㉮ 용접기는 습기나 먼지가 많은 곳은 가급적 설치를 하지 말아야 한다.
㉯ 2차측 단자의 한쪽과 용접기 케이스는 접지를 확실히 해둔다.
㉰ 탭 전환의 전기적 접속부는 자주 샌드페이퍼 등으로 잘 닦아 준다.
㉱ 용접기는 어떤 부분에도 주유해서는 안 된다.

[해설] 용접기 중에 회전하는 부위와 냉각팬 부위는 주유를 한다.

50. 용접법의 분류에서 압접, 단접, 전기저항 용접을 압접이라고 하는데, 아크 용접, 가스 용접 및 테르밋 용접을 무엇이라 하는가?

㉮ 가압접   ㉯ 에네르기법
㉰ 열용접   ㉱ 융접

[해설] 융접은 접합하고자 하는 2개 이상의 물체의 접합 부분을 용융 또는 반용융 상태로 하면서 여기에 용가재를 넣어 접합하는 방법

51. CO_2 가스 아크 용접장치에 해당되지 않는 것은?

㉮ 용접 토치   ㉯ 보호가스 설비
㉰ 제어장치   ㉱ 플럭스 공급장치

[해설] 서브머지드 용접에만 플럭스 공급장치가 되어 있다.

52. 피복 아크 용접 시 아크 쏠림 방지 대책이 아닌 것은?

㉮ 용접봉 끝을 아크 쏠림 반대 방향으로 기울인다.
㉯ 직류 용접으로 하지 말고 교류 용접으로 한다.
㉰ 접지점은 될 수 있는 대로 용접부에서 멀리한다.
㉱ 긴 아크를 사용한다.

[해설] 아크 쏠림은 직류에서 자장 때문에 발생하는 것으로 방지책으로는 후퇴법, 엔드 탭이나 교류를 사용하는 방법이 있다. 근본적으로는 교류를 이용한다.

53. 피복 아크 용접에서 용접 전류가 너무 높거나 낮을 때 발생하는 용접 결함의 종류와 가장 거리가 먼 것은?

㉮ 용입불량   ㉯ 선상조직
㉰ 오버랩   ㉱ 언더컷

[해설] 선상조직은 아크 용접부의 파단면에 생기는 것으로 마치 서리기둥이 나열된 것과 같이 보이는 조직이다. 용접부의 냉각속도가 너무 빠를 때, 모재의 탄소, 탈산 생성물이 너무 많을 때, 수소 용해량이 너무 많을 때 등에 생긴다. 방지대책으로 예열, 후열을 하고 탈산이 잘 되고 슬래그가 가벼운 용접봉 (고산화철계, 저수소계)을 사용한다.

54. 아세틸렌 압력조정기의 구비조건에 대한 설명으로 틀린 것은?

㉮ 가스의 방출량이 많아도 유량이 안정되

정답 48. ㉮ 49. ㉱ 50. ㉱ 51. ㉱ 52. ㉱ 53. ㉯ 54. ㉰

어 있어야 한다.
㉯ 조정압력은 용기 내의 가스량이 변해도 항상 일정해야 한다.
㉰ 조정압력과 방출압력과의 차이가 클수록 좋다.
㉱ 얼어붙지 않고 동작이 예민해야 한다.

[해설] 조정압력과 방출압력은 차이가 없어야 한다.

55. 1차 압력이 30 kVA 인 피복 아크용접기에서 전원 전압이 200 V 라면 퓨즈의 용량은 몇 A 가 가장 적합한가?

㉮ 75   ㉯ 100
㉰ 150 ㉱ 300

[해설] $\dfrac{300 \text{ kVA}}{200} = \dfrac{30000 \text{ VA}}{200 \text{ VA}} = 150 \text{ A}$

56. KS 규격에서 E 4324 용접봉의 피복제의 계통으로 맞는 것은?

㉮ 저수소계
㉯ 철분 산화티탄계
㉰ 특수계
㉱ 일미나이트계

[해설] E4301 : 일미나이트계, E4303 : 라임티탄계, E4311 : 고셀룰로오스계, E4313 : 고산화티탄계, E4316 : 저수소계, E4324 : 철분 산화티탄계, E4327 : 철분 산화철계, E4326 : 철분 저수소계, E4340 : 특수계

57. 가스압접의 특징에 대한 설명으로 틀린 것은?

㉮ 장치가 복잡하고 설비비, 보수비가 비싸다.
㉯ 이음부에 탈탄층이 거의 없다.
㉰ 작업이 거의 기계적이다.
㉱ 용가재 및 용제가 필요 없다.

[해설] 가스압접은 장치가 간단하고 설비비 등이 저가이다.

58. 가스용접 시 팁 끝이 순간적으로 막히면 가스 분출이 나빠지고 토치의 가스 혼합실까지 불꽃이 그대로 전달되어 토치가 빨갛게 달구어지는 현상은?

㉮ 역류   ㉯ 난류
㉰ 인화   ㉱ 역화

[해설] 가스압력이 부적당한 것이 팁 끝이 막히는 원인이므로 가스유량을 적당하게 조정하고, 팁 끝은 깨끗하게 청소를 해야 한다.

59. 다음 설명에서 A, B에 들어갈 값으로 맞는 것은?

"용해 아세틸렌가스는 15℃에서 (A) kgf/cm² 로 충전하며, 15℃, 1 kgf/cm² 에서 1 L 의 아세톤은 (B) L 의 아세틸렌 가스를 용해한다."

㉮ A : 1.5, B : 10
㉯ A : 25, B : 35
㉰ A : 15, B : 25
㉱ A : 10, B : 15

[해설] 용해 아세틸렌은 15℃ 15기압으로 충전하며 아세톤에 25배가 용해된다.

60. 접합할 모재를 용융시키지 않고 모재보다 용융점이 낮은 금속을 사용하여 두 모재 간의 모세관 현상을 이용하여 금속을 접합하는 것은?

㉮ 특수 용접   ㉯ 납땜
㉰ 아크 용접   ㉱ 압접

[해설] 모재보다 저용융점인 금속을 사용하여 두 모재 간에 모세관 현상을 이용하여 접합하는 방법을 납땜이라 한다.

정답 55. ㉰   56. ㉯   57. ㉮   58. ㉰   59. ㉰   60. ㉯

용접 산업기사 ▶ 2009. 7. 26 시행

제1과목 용접야금 및 용접설비 제도

1. 잔류 응력 제거 방법으로서 용접선의 양측을 가스 불꽃으로 나비 약 150 mm에 걸쳐서 150~200℃로 가열한 다음 곧 수랭하는 방법은?
㉮ 기계적 응력 완화법
㉯ 피닝법
㉰ 저온 응력 완화법
㉱ 확산 풀림법

[해설] • 저온 응력 완화법 : 용접선의 양측을 일정한 속도로 이동하는 가스 불꽃에 의하여 폭 약 150 mm를 약 150~200℃로 가열 후 수랭하는 방법으로 용접선 방향의 인장응력을 완화하는 방법이다.

2. 피복 아크 용접 시 용융 금속 중에 침투한 산화물을 제거하는 탈산제로 쓰이지 않는 것은?
㉮ 망간철 ㉯ 규소철
㉰ 산화철 ㉱ 티탄철

[해설] 용접봉 피복제의 탈산제는 Mn, Si, Ti, Al 등이 있다.

3. 맞대기 용접 이음의 가접 또는 첫 층에서 루트 근방의 열 영향부에서 발생하여 점차 비드 속으로 들어가는 균열은?
㉮ 토 균열   ㉯ 루트 균열
㉰ 세로 균열 ㉱ 크레이터 균열

[해설] 저온균열에서 첫층 용접의 루트 근방에서 열 영향부에서 발생하는 것은 루트 균열이다.

4. 포정반응 설명으로 가장 적합한 것은?
㉮ 하나의 고용체에 다른 액체가 작용하여 다른 고용체를 형성하는 반응
㉯ 2종 이상의 물질이 고체 상태로 완전히 융합되는 것
㉰ 하나의 액체에서 고체와 다른 종류의 액체를 동시에 형성하는 반응
㉱ 하나의 액체를 어떤 온도로 냉각시키면서 동시에 2개 또는 그 이상의 종류의 고체를 생기게 하는 반응

[해설] 포정반응은 고용체 A + 액체 = 고용체 B로 A, B의 성분금속이 용융상태에서는 완전하게 융합되나 고체상태에서는 서로 일부만을 고용되는 경우이다.

5. 면심입방격자(FCC)에서 단위격자 중에 포함되어 있는 원자의 수는 몇 개 인가?
㉮ 2 ㉯ 4 ㉰ 6 ㉱ 8

[해설] 결정격자의 원자수는 꼭지점에 있는 원자의 수 + 중앙에 있는 원자의 수로 표시하며,
체심입방격자(BCC) : $\frac{1}{8} \times 8 + 1 = 2$개
면심입방격자(FCC) : $(\frac{1}{8} \times 8) + (\frac{1}{2} \times 6) = 4$개
조밀육방격자(HCP) : $2 \times 3 = 6$개

6. 철강의 용접 시 열 영향부에 대한 설명으로 틀린 것은?
㉮ 탄소의 함량이 많을수록 경화 현상이 발생하기 쉽다.
㉯ 오스테나이트까지 가열된 조직은 급랭으로 마텐자이트 조직이 된다.
㉰ 조직이 마텐자이트가 되면 경도가 증가한다.
㉱ 조직이 마텐자이트가 되면 연신율이 증가한다.

[해설] 마텐자이트의 조직은 담금질 열처리 시 나타나는 침상의 조직으로 매우 강한 금속이고, 연신율이 감소한다.

정답 1. ㉰ 2. ㉰ 3. ㉯ 4. ㉮ 5. ㉯ 6. ㉱

7. 주철의 용접성으로 틀린 것은?

㉮ 수축이 많아 균열이 생기기 쉽다.
㉯ 일산화탄소 가스가 발생하여 용착금속에 기공 발생이 적다.
㉰ 500~600℃의 예열 및 후열이 필요하다.
㉱ 주철 속에 기름, 흙, 모래 등이 있는 경우에 용착이 불량하거나 모재와의 친화력이 나쁘다.

[해설] 일산화탄소 가스가 발생하여 기공이 생기기 쉽다.

8. 일반적인 금속 원자의 단위 결정격자의 종류가 아닌 것은?

㉮ 체심입방격자   ㉯ 정밀입방격자
㉰ 면심입방격자   ㉱ 조밀육방격자

[해설] 일반적인 격자 종류는 체심입방격자, 면심입방격자, 조밀육방격자이다.

9. 저수소계 피복 아크 용접봉의 건조 조건으로 가장 적절한 것은?

㉮ 70~100℃, 1시간
㉯ 200~250℃, 30분
㉰ 300~350℃, 1~2시간
㉱ 400~450℃, 30분

[해설] 저수소계(E 4316)는 석회석이나 형석을 주성분으로 한다. 용착금속 중의 수소량이 다른 용접봉에 비해 1/10 정도로 현저하게 적은 기계적 특성이 있고 내균열성이 가장 좋으나 흡습성이 강하므로 사용 전에 반드시 건조로에서 300~350℃, 1시간에서 2시간 정도 건조가 필요하다.

10. 금속을 가열한 다음 급속히 냉각시켜 재질을 경화시키는 열처리 방법은?

㉮ 풀림   ㉯ 뜨임   ㉰ 불림   ㉱ 담금질

[해설] 담금질 열처리는 강을 A_0 변태 및 A_1선 이상 30~50℃로 가열한 후 수랭 또는 유랭으로 급랭시키는 방법

11. 다음 용접기호의 설명으로 옳은 것은?

㉮ 플러그 용접   ㉯ 뒷면 용접
㉰ 스폿 용접   ㉱ 심 용접

[해설] 플러그 용접은 접합하려고 하는 한쪽의 부재에 둥근 구멍을 뚫고, 그곳에 용접을 하여 이음하는 것으로 용접기호는 문제의 기호를 사용한다.

12. 치수 기입 방법에서 치수선과 치수 보조선에 대한 설명으로 틀린 것은?

㉮ 치수선과 치수 보조선은 가는 실선으로 긋는다.
㉯ 치수선은 원칙적으로 치수 보조선을 사용하여 긋는다.
㉰ 치수선은 원칙적으로 지시하는 길이 또는 각도를 측정하는 방향으로 평행하게 긋는다.
㉱ 치수 보조선은 지시하는 치수의 끝에 해당하는 도형상의 점 또는 선의 중심을 지나 치수선에 평행으로 긋는다.

[해설] 치수보조선은 치수선에 수직하게, 치수선을 지나 약 2~3 mm가 넘도록 그린다. 아울러 외형선에서 1 mm 정도 띄어서 시작한다.

13. 도면의 보관방법 및 출고에 대한 설명으로 가장 거리가 먼 것은?

㉮ 원도는 화재나 수해로부터 안전하도록 방재 처리를 한 도면 보관함에 격리하여 보관한다.
㉯ 도면 보관함에는 도면번호, 도면크기 등을 표시하여 사용이 쉽게 한다.
㉰ 복사도는 출고용 도장을 찍지 않아도 사용이 가능하며, 도면이 심하게 파손되었을 때는 현장에서 즉시 태워 버린다.
㉱ 원도는 도면을 변경하고자 하는 이외에는 출고하지 않으며, 곧바로 생산 현장에

정답 7. ㉯ 8. ㉯ 9. ㉰ 10. ㉱ 11. ㉮ 12. ㉱ 13. ㉰

출고할 때는 복사도를 출고한다.
[해설] 복사도는 A4로 표제란이 겉으로 나오게 접어 보관한다.

14. 도면의 분류에서 내용에 따른 분류에 해당하지 않는 것은?
㉮ 전개도　　㉯ 부품도
㉰ 기초도　　㉱ 조립도
[해설] 전개도는 덕트, 철판을 굽히거나 접어서 만드는 물체 등을 제작할 때 입체의 표면을 평면 위에 전개하여 그리는 도면

15. 대상물의 보이지 않는 부분을 표시하는데 쓰이는 선의 종류는?
㉮ 굵은 실선　　㉯ 가는 파선
㉰ 가는 실선　　㉱ 가는 이점쇄선
[해설] 물체의 보이지 않는 부분 모양을 표시하는 선을 은선이라고 하며 파선을 사용한다.

16. 경사면부가 있는 대상물에서 그 경사면의 실형을 나타낼 필요가 있는 경우에 그리는 투상도는?
㉮ 보조투상도　　㉯ 부분투상도
㉰ 국부투상도　　㉱ 회전투상도
[해설] 보조투상도는 물체가 경사면에 있어 투상을 할 때 실제 길이와 모양이 틀려질 경우, 경사면에 별도의 투상면을 설정하는 것으로 이 면에 투상하면 실제 모양이 그려진다.

17. 국가 및 기구에 대한 규격기호를 틀리게 연결한 것은?
㉮ 국제표준화 기구 - ISO
㉯ 미국 - USA
㉰ 일본 - JIS
㉱ 스위스 - SNV
[해설] 미국의 규격기호는 ANSI이다.

18. CAD 인터페이스 종류 중 소프트웨어 인터페이스가 아닌 것은?
㉮ GKS (graphical kernel system)
㉯ IGES (initial graphics exchange specification)
㉰ RS-232C
㉱ DXF (date exchange file)
[해설] CAD의 인터페이스는 GKS, IGES, DXF 등이 있고 RS-232C는 통신 프로토콜이다.

19. 용접 기본 기호 중 맞대기 이음 용접 기호가 아닌 것은?

[해설] 문제 중 ㉮는 I형, ㉯는 V형, ㉰는 루트면이 있는 V형 기호이며, ㉱의 기호는 없다.

20. 정 투상법에서 제3각법은 (①) → (②) → (③) 순서로 투상한다. ( ) 속의 번호에 들어갈 용어로 맞는 것은?
㉮ ① 눈 ② 물체 ③ 투상면
㉯ ① 눈 ② 투상면 ③ 물체
㉰ ① 물체 ② 눈 ③ 투상면
㉱ ① 투상면 ② 물체 ③ 눈
[해설] 3각법은 정면도를 기준으로 위는 평면도 아래에는 저면도, 우측에는 우측면도, 좌측에는 좌측면도, 혹은 우측면도 옆에 배면도를 배치한다.

제 2 과목　용접구조설계

21. 용접 전 예열을 하는 목적에 대한 설명으로 틀린 것은?
㉮ 용접부와 인접된 모재의 수축 응력을 증

[정답] 14. ㉮ 15. ㉯ 16. ㉮ 17. ㉯ 18. ㉰ 19. ㉱ 20. ㉯ 21. ㉮

가시키기 위하여 예열을 실시한다.
㉯ 임계온도를 통과하여 냉각될 때 냉각속도를 느리게 하여 열 영향부와 용착 금속의 경화를 방지하고 연성을 높여 준다.
㉰ 약 200℃의 범위를 통과하는 시간을 지연시켜 용착 금속 내의 수소의 방출 시간을 줌으로써 비드 밑 균열을 방지한다.
㉱ 온도 분포가 완만하게 되어 열응력의 감소로 변형과 잔류응력 발생을 적게 한다.

[해설] 예열은 ㉯, ㉰, ㉱ 외에 용접입열을 높이고 수직방향의 온도기울기 등을 감소시켜 급랭, 비드 밑 균열 등을 방지하기 위해 한다.

22. 특수한 구면상의 선단을 갖는 해머로 용접부를 연속적으로 타격해줌으로써 표면의 소성변형을 주어 잔류 응력을 제거하는 방법은?
㉮ 기계적 응력 완화법
㉯ 저온 응력 완화법
㉰ 피닝법
㉱ 응력제거 풀림법

[해설] 피닝법은 끝이 둥근 볼핀해머로 용접부를 연속적으로 타격하여 용접표면에 소성변형을 주어 인장응력을 완화하는 방법으로, 첫층 용접의 균열 방지 목적으로는 700℃ 정도에서 열간 피닝을 한다.

23. 맞대기 용접 및 필릿 용접 이음 시 각 변형을 교정할 때 이용하는 이면담금질 방법은?
㉮ 점 가열법   ㉯ 송엽 가열법
㉰ 선상 가열법   ㉱ 격자 가열법

[해설] 가열방법은 점 가열, 선상 가열, 고리형 가열, 격자형 가열, 삼각형상 가열, 분산식 가열 등의 방법이 있다. 선상 가열은 변형교정의 가열 방법 중 기본적으로 배면 열처리에 많이, 주로 가로굽힘 변형(각변형)에 사용된다.

24. 연강의 맞대기 용접 이음에서 용착 금속의 기계적 성질 중 인장강도가 40 kgf/mm², 안전율이 5라면 용접이음의 허용응력(kgf/mm²)은 얼마인가?
㉮ 0.8   ㉯ 8   ㉰ 20   ㉱ 200

[해설] 허용응력 $= \dfrac{\text{인장강도}}{\text{안전율}} = \dfrac{40}{5} = 8$

25. 자기 탐상 검사가 되지 않는 금속재료의 용접부 표면 검사법으로 가장 적합한 것은?
㉮ 외관 검사
㉯ 침투 탐상 검사
㉰ 초음파 탐상 검사
㉱ 방사선 투과 검사

[해설] 자기검사(MT)는 자성이 있는 물체만을 검사할 수 있으며 비자성체는 검사가 곤란하다. 오스테나이트 스테인리스강(18-8)은 비자상체이며 침투 탐상검사가 가능하다.

26. 필릿 용접 이음의 수축 변형에서 모재가 용접선에 각을 이루는 경우를 각(角)변형이라고 하는데, 각(角)변형과 같이 쓰이는 용어는?
㉮ 가로 굽힘   ㉯ 세로 굽힘
㉰ 회전 굽힘   ㉱ 원형 굽힘

[해설] 각변형이란 용접부재에 생기는 가로방향의 굽힘변형을 말하며 필릿 용접의 경우 수평판의 상부가 오므라드는 것을 말한다. 각변형을 적게 하려면 용접층 수를 가능한 적게 한다. 다른 용어는 횡굴곡이라 한다.

27. 인장시험 결과 시험편의 파단 후의 단면적 20 mm²이고 원단면적 25 mm²일 때 단면수축률은?
㉮ 20 %   ㉯ 30 %
㉰ 40 %   ㉱ 50 %

[해설] 수축률 $= \dfrac{\text{원단면적} - \text{파단 후의 단면적}}{\text{원단면적}} \times 100\%$

$= \dfrac{25 - 20}{25} \times 100 = 20\%$

정답 22. ㉰   23. ㉰   24. ㉯   25. ㉯   26. ㉮   27. ㉮

28. 용접경비를 적게 하고자 할 때 유의할 사항으로 가장 관계가 먼 것은?
㉮ 용접봉의 적절한 선정과 그 경제적 사용 방법
㉯ 재료 절약을 위한 방법
㉰ 용접 지그의 사용에 의한 위보기 자세의 이용
㉱ 용접사의 작업 능률의 향상

[해설] • 용접지그 사용 효과
① 아래보기 자세로 용접을 할 수 있다.
② 용접조립의 단순화 및 자동화가 가능하고, 제품의 정밀도가 향상된다.
③ 제품의 정밀도가 향상된다.

29. 그림과 같은 겹치기 이음의 필릿 용접을 하려고 한다. 허용응력을 5 kgf/mm²라 하고 인장하중을 5000 kgf, 판 두께 12 mm이라고 할 때, 필요한 용접 유효 길이는 약 몇 mm 인가?

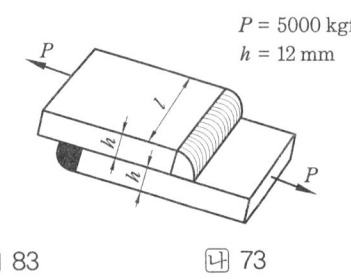

㉮ 83   ㉯ 73
㉰ 69   ㉱ 59

[해설] 허용응력
$$= \frac{1.414 \times 인장하중}{(판두께1 + 판두께2) \times 유효길이}$$
유효길이 $= \frac{1.414 \times 5000}{(12+12) \times 5} = 58.9$

30. 용접 이음을 설계할 때 주의사항이 아닌 것은?
㉮ 가급적 아래보기 용접을 많이 하도록 한다.
㉯ 용접 작업에 지장을 주지 않도록 공간을 두어야 한다.
㉰ 용접 이음을 한쪽으로 집중되게 접근하여 설계하지 않도록 한다.
㉱ 맞대기 용접은 될 수 있는 대로 피하고 필릿 용접을 하도록 한다.

[해설] • 용접설계 시 주의사항
① 용접을 안전하게 할 수 있는 구조로 아래보기 용접을 많이 하도록 한다.
② 용접봉의 용접부에 대한 접근성도 작업이 쉽고 어려움에 영향을 주므로 용접작업에 지장을 주지 않는 간격을 남긴다.
③ 필릿 용접은 가능한 피하고 맞대기 용접을 하도록 한다.
④ 중립축에 대하여 모멘트 합이 "0"이 되도록 한다.
⑤ 용접물 중심에 대하여 대칭으로 용접하여 변형을 방지한다.
⑥ 동일 평면 내에 많은 이음이 있을 때에는 수축이 가능한 자유단으로 보낸다.

31. 설계 단계에서의 일반적인 용접 변형 방지법 중 틀린 것은?
㉮ 용접 길이가 감소될 수 있는 설계를 한다.
㉯ 용착 금속을 감소시킬 수 있는 설계를 한다.
㉰ 보강재 등 구속이 작아지도록 설계를 한다.
㉱ 변형이 적어질 수 있는 이음 부분을 배치한다.

[해설] 용접설계의 일반적인 규칙에서 알 수 있듯이 보강재 및 구속 등을 통하여 변형을 방지할 수는 있지만, 지나친 구속은 응력을 발생시킬 수 있다.

32. 동일한 길이를 용접하는 경우라도 판 두께, 용접 자세, 작업장소 등이 변동되면 용접에 소요하는 작업량도 변하게 되는데 이 작업량에 영향을 주는 것을 각기 계수로 표시하고 이 계수를 실제의 용접길이에 곱한 것을 무슨 용접 길이라고 하는가?

정답 28. ㉰ 29. ㉱ 30. ㉰ 31. ㉰ 32. ㉯

㉮ 도면상의 용접길이
㉯ 환산 용접길이
㉰ 돌림 용접길이
㉱ 가공 후 용접길이

[해설] 환산 용접길이 = 계수 × 용접길이

33. 다음 그림과 같은 용접이음의 형상기호 종류는?

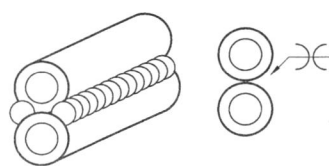

㉮ 필릿 용접 X형   ㉯ 플러그 용접 K형
㉰ 모서리 용접 V형 ㉱ 플레어 용접 X형

[해설] 플레어 용접은 두 부재 사이의 휨 부분을 용접하는 이음으로 V형, 베벨형, J형, K형 등이 있고 문제는 플레어 용접 X형이다.

34. 용접 시공에 의한 변형 경감법에 해당되지 않는 것은?

㉮ 대칭법   ㉯ 후진법
㉰ 스킵법   ㉱ 도열법

[해설] 도열법이란 용접부에 구리로 된 덮개판을 대거나 뒷면에서 용접부를 수랭시키거나 용접부 주위에 물을 적신 석면이나 천 등을 덮어 용접열이 모재에 흡수되는 것을 방해하여 변형을 방지하는 방법이다. 변형방지법은 억제법, 역변형법, 도열법이 있고, 용접시공에 의한 방법으로 대칭법, 후퇴법, 교호법, 비석법 등이 있다.

35. 용접부에 발생하는 기공(blow hole)이나 피트(pit)와 같은 결함의 원인이 될 수 없는 것은?

㉮ 이음부에 녹이나 이물질 부착
㉯ 용접봉 건조 불량
㉰ 용접 홈 각도의 과대
㉱ 용접속도의 과대

[해설] • 기공의 원인
① 수소 또는 일산화탄소의 과잉
② 용접부의 급랭
③ 모재 중의 유황 함유량 과대
④ 기름 페인트 등이 모재에 묻어있을 때
⑤ 아크 길이, 전류 조정의 부적당
⑥ 용접속도가 너무 빠를 때
• 피트의 원인
① 모재에 탄소, 망간, 황 등의 함유량이 많을 때
② 습기, 녹, 페인트가 있을 때
③ 용착금속의 냉각 속도가 빠를 때

36. 가용접(tack welding) 시 주의해야 할 사항이 아닌 것은?

㉮ 본 용접자와 동등한 기량을 갖는 용접자가 가용접을 시행할 것
㉯ 본 용접과 같은 온도에서 예열을 할 것
㉰ 가용접 위치는 부품의 끝 모서리나 각 등과 같이 응력이 집중되는 곳을 피할 것.
㉱ 용접봉은 본 용접 작업 시에 사용하는 것보다 약간 굵은 것을 사용할 것.

[해설] • 가용접
① 용접 결과의 좋고 나쁨에 직접 영향을 준다.
② 본용접의 작업 전에 좌우의 홈 부분을 잠정적으로 고정하기 위한 짧은 용접이다.
③ 균열, 기공, 슬래그 잠입 등의 결함을 수반하기 쉬우므로 본용접을 실시할 홈 안에 가용접하는 것은 바람직하지 못하며, 만일 불가피하게 홈 안에 가용접하였을 경우 본용접 전에 갈아 내는 것이 좋다.
④ 본용접을 하는 용접사와 비등한 기량을 가진 용접사에 의해 가용접을 실시한다.
⑤ 가용접에는 본용접보다 지름이 약간 가는 용접봉을 사용하는 것이 좋다.

37. 용접구조물의 수명과 가장 관련이 있는 것은?

㉮ 작업 태도   ㉯ 아크 타임률

정답 33. ㉱ 34. ㉱ 35. ㉰ 36. ㉱ 37. ㉰

㉰ 피로 강도 ㉱ 작업률

[해설] 노치, 피로 강도 등이 용접구조물의 수명과 연관성이 깊다.

38. 용접이음 중에서 접합하는 2부재 사이에서 양쪽 면에 홈을 파고 용접하는 양쪽면 홈이음형은?
㉮ I형 홈 ㉯ J형 홈
㉰ H형 홈 ㉱ V형 홈

[해설] 양면형은 X, K, H 등이 있다.

39. 레이저 용접장치의 기본형에 속하지 않는 것은?
㉮ 고체 금속형 ㉯ 가스 방전형
㉰ 반도체형 ㉱ 에너지형

[해설] 레이저 용접은 증폭 발진방식으로 루비 레이저, 탄산가스 레이저의 두 종류가 있고 특징은 다음과 같다.
① 용접 장치는 고체 금속형, 가스 방전형, 반도체형 등이 있다.
② 아르곤, 질소, 헬륨으로 냉각하여 레이저 효율을 높일 수 있다.
③ 에너지 밀도가 크고 고융점을 가진 금속에 사용된다.
④ 정밀 용접과 원격 조작이 가능하고 육안으로 확인하면서 용접이 가능하다.
⑤ 불량도체 및 접근하기 곤란한 물체도 용접이 가능하다.

40. 용접변형 방지법에서 역변형법의 설명에 해당되는 것은?
㉮ 공작물을 가접 또는 지그로 고정하여 변형의 발생을 방지하는 법
㉯ 용접 금속 및 모재의 수축에 대하여 용접 전에 반대 방향으로 굽혀 놓고 용접 작업하는 법
㉰ 비드를 좌우대칭으로 놓아 변형을 방지하는 법
㉱ 용접 진행 방향으로 뜀 용접을 하여 변형을 방지하는 법

[해설] 역변형법은 용접에 의한 변형을 예측하여 용접 전에 미리 반대쪽으로 변형시켜 용접하는 방식으로 탄성과 소성 역변형법이 있다.

제 3 과목 용접일반 및 안전관리

41. 교류 아크 용접기 부속장치 중 아크 발생 시 용접봉이 모재에 접촉하지 않아도 아크가 발생되는 것은?
㉮ 핫 스타트 장치 ㉯ 원격 제어장치
㉰ 전격 방지장치 ㉱ 고주파 발생장치

[해설] 교류 용접기에 고주파 발생장치는 아크의 안정을 확보하기 위해 상용 주파수의 아크 전류 외에 고전압 3000~4000 V를 발생하여 용접 전류를 중첩시키는 방식

42. 아세틸렌이 접촉하면 화합물을 만들어 맹렬한 폭발성을 가지게 되는 것이 아닌 것은?
㉮ Fe ㉯ Cu
㉰ Ag ㉱ Hg

[해설] 화합물에서 62 % 이상의 Cu와 Hg, Ag 등과 화합 시에는 폭발할 수 있다.

43. 피복 아크 용접 시 아크 길이가 너무 길 때 발생하는 현상이 아닌 것은?
㉮ 스패터가 심해진다.
㉯ 용입 불량이 나타난다.
㉰ 아크가 불안정된다.
㉱ 용융 금속이 산화 및 질화되기 어렵다.

[해설] 아크 길이가 길어지면 공기의 영향으로 산화 및 질화가 되기 쉽다.

44. 교류 용접기에서 무부하 전압 80 V, 아크 전압 25 V, 아크전류 300 A이며, 내부손실

정답 38. ㉰ 39. ㉱ 40. ㉯ 41. ㉱ 42. ㉮ 43. ㉱ 44. ㉮

3 kW라 하면 이때 용접기의 효율은 약 몇 % 인가?

㉮ 71.4 ㉯ 70.1
㉰ 68.3 ㉱ 66.7

[해설] 역률 $= \dfrac{\text{아크쪽 입력}+\text{손실}}{\text{전원입력}} \times 100\%$

효율 $= \dfrac{\text{아크쪽 입력}}{\text{아크쪽 입력}+\text{손실}} \times 100\%$

$= \dfrac{7.5}{10.5} = 71.4\%$

45. 교류 용접기에 역률 개선용 콘덴서를 사용하였을 때의 이점(□□) 설명으로 틀린 것은?

㉮ 입력 kVA가 많아지므로 전력 요금이 싸진다.
㉯ 전원 용량이 적어도 된다.
㉰ 배전선의 재료가 절감된다.
㉱ 전압 변동률이 적어진다.

[해설] ㉯, ㉰, ㉱항 외에 역률이 개선되고, 전원 입력이 적어져 전기요금이 적어진다.

46. 스터드 용접(stud welding)법의 특징 중 잘못된 것은?

㉮ 아크열을 이용하여 자동적으로 단시간에 용접부를 가열 용융하여 용접하는 방법으로 용접변형이 극히 적다.
㉯ 대체적으로 모재가 급열, 급랭되기 때문에 저탄소강에 용접하기가 좋다.
㉰ 용접 후 냉각속도가 비교적 느리므로 용착 금속부 또는 열영향부가 경화되는 경우가 적다.
㉱ 철강 재료 외에 구리, 황동, 알루미늄, 스테인리스강에도 적용이 가능하다.

[해설] 스터드 용접의 특징은 ㉮, ㉯, ㉱항 외에 0.1~0.2초 정도의 아크 발생으로 짧은 시간에 용접되므로 변형이 극히 적다.

47. TIG, MIG, 탄산가스 아크 용접 시 사용하는 차광렌즈 번호는?

㉮ 12~13 ㉯ 8~10
㉰ 6~7   ㉱ 4~5

[해설]

차광도 번호	용접전류 [A]	용접봉 지름 [mm]
8	45~75	1.2~2.0
9	75~130	1.6~2.6
10	100~200	2.6~3.2
11	150~250	3.2~4.0
12	200~300	4.8~6.4
13	300~400	4.4~9.0
14	400 이상	9.0~9.6

48. 아크 용접용 로봇에 사용되는 것으로 동작 기구가 인간의 팔꿈치나 손목 관절에 해당하는 부분의 움직임을 갖는 것으로 회전 → 선회 → 선회운동을 하는 로봇은?

㉮ 극 좌표 로봇   ㉯ 관절 좌표 로봇
㉰ 원통 좌표 로봇   ㉱ 직각 좌표 로봇

[해설] 문제의 움직임을 회전 및 선회할 수 있는 것은 관절 좌표 로봇이다.

49. 두 개의 모재에 압력을 가해 접촉시킨 후 회전시켜 발생하는 열과 가압력을 이용하여 접합하는 용접법은?

㉮ 스터드 용접 ㉯ 마찰 용접
㉰ 단조 용접   ㉱ 확산 용접

[해설] 문제의 원리는 마찰 용접으로 자동화가 용이하며 숙련이 필요없고, 접합재료의 단면은 원형으로 제한하며 상대 운동을 필요로 하는 것은 곤란하다.

50. 탄산가스 아크 용접에 관한 설명 중 틀린 것은?

㉮ MIG 용접과 같이 비철금속, 스테인리스강을 쉽게 용접할 수 있다.
㉯ MIG 용접에서 불활성 가스 대신 탄산가스를 사용한다.

㉰ 전자동 용접과 반자동 용접이 주로 이용되고 있다.
㉱ MIG 용접에 비하여 비드 표면이 깨끗하지 못하다.

[해설] 탄산가스 아크 용접은 철 계통만 용접할 수 있다.

51. 아세틸렌 가스의 성질에 대한 설명으로 틀린 것은?
㉮ 순수한 아세틸렌 가스는 무색, 무취의 기체이다.
㉯ 각종 액체에 잘 용해되며 알코올에는 25배가 용해된다.
㉰ 비중이 0.906으로 공기보다 약간 가볍다.
㉱ 산소와 적당히 혼합하여 연소시키면 3000 ~3500℃의 높은 열을 낸다.

[해설] 아세틸렌 가스는 15℃ 1기압에서 보통 물에는 1.1배, 석유 2배, 벤젠 4배, 순수한 알코올 6배, 아세톤 25배가 용해된다. 12기압에서는 아세톤에 300배, -80℃ 1기압에는 2000배를 용해하고, 기압이 증가하거나 온도가 낮을수록 용해도가 높다. 단, 염분을 포함시킨 물에는 거의 용해가 되지 않는다.

52. 산업용 용접 로봇의 일반적인 분류에 속하지 않는 것은?
㉮ 지능 로봇   ㉯ 시퀀스 로봇
㉰ 평행좌표 로봇   ㉱ 플레이백 로봇

[해설] 로봇의 일반적인 분류로는 지능 로봇, 시퀀스 로봇, 플레이백 로봇이 있다. 용접용으로는 저항용접용과 아크용접용이 있고 직교좌표형과 관절형이 있다.

53. 용접구조물의 제작에 가장 많이 사용되는 대표적인 용접 이음의 종류에 해당되는 것으로만 구성된 것은?
㉮ 맞대기 이음, 필릿 이음
㉯ 수직 이음, 원형 이음
㉰ I형 이음, J형 이음
㉱ 플러그 이음, 슬롯 이음

[해설] 용접 이음은 분류 시 크게 맞대기 이음, 겹치기 이음, 필릿 이음으로 나뉜다.

54. 불활성 가스 텅스텐 아크 용접의 직류 역극성 용접에서 사용 전류의 크기에 상관 없이 정극성 때보다 어떤 전극을 사용하는 것이 좋은가?
㉮ 가는 전극 사용   ㉯ 굵은 전극 사용
㉰ 같은 전극 사용   ㉱ 전극에 상관없음

[해설] 직류 역극성일 때 모재가 음극으로 발생 열량이 30 % 이내, 전극이 양극(+)으로 발생 열량이 70~80 %이므로, 빠르게 용융되는 것을 방지하기 위해 굵은 전극을 이용한다.

55. 가스 용접 토치에 대한 설명 중 틀린 것은?
㉮ 토치는 손잡이, 혼합실, 팁으로 구성되어 있다.
㉯ 가스 용접 토치는 사용되는 산소 가스의 압력에 따라 저압식, 중압식, 고압식으로 분류된다.
㉰ 토치의 구조에 따라 불변압식과 가변압식으로 분류한다.
㉱ 불변압식 토치는 분출 구멍의 크기가 일정하고 팁의 능력도 일정하기 때문에 불꽃의 능력을 변경할 수 없다.

[해설] 중압식 토치는 아세틸렌과 산소의 압력이 이론상으로는 1:2.5이나, 산소의 1.5는 공기 중에 있는 것을 사용하여 혼합실에는 1:1로 혼합이 된다.

56. 전극 물질이 일정할 때 모재와 용접봉 사이의 아크전압에 대한 설명으로 맞는 것은?
㉮ 전류의 증가와 더불어 감소한다.
㉯ 아크의 길이와 더불어 증가한다.
㉰ 아크의 길이에 관계없다.

정답 51. ㉯ 52. ㉰ 53. ㉮ 54. ㉯ 55. ㉯ 56. ㉯

라 전류의 증가와 더불어 증가한다.
[해설] 아크전압은 아크 길이에 따라 변한다.

57. 용접 설비의 점검 및 유지에 관한 설명 중 틀린 것은?
가 회전부와 가동부분에 윤활유가 없도록 한다.
나 용접기가 전원에 잘 접속되어 있는가를 점검한다.
다 전환 탭은 사포를 사용하여 깨끗이 청소한다.
라 용접기는 습기나 먼지 많은 곳에 설치하지 않도록 한다.
[해설] 용접기의 회전부 특히 냉각팬 부분은 점검하고 주유하여야 한다.

58. 가스용접에서 판 두께가 t[mm]라면 용접봉의 지름 D[mm]를 구하는 식으로 옳은 것은? (단, 모재의 두께는 1 mm 이상인 경우이다.)
가 $D = t + 1$
나 $D = \dfrac{t}{2} + 1$
다 $D = \dfrac{t}{3} + 2$
라 $D = \dfrac{t}{4} + 2$

[해설] $D = \dfrac{t}{2} + 1$
여기서, D : 지름, t : 판 두께

59. 피복아크 용접에서 용융 금속의 이행 형식에 속하지 않는 것은?
가 단락형
나 스프레이형
다 글로불러형
라 리액터형
[해설] 아크용접봉에서 용융금속의 이행 형식은 단락형, 스프레이형, 글로불러형이 있다.

60. 피복아크 용접에 비해 가스 용접의 장점이 아닌 것은?
가 가열할 때 열량 조절이 비교적 자유롭다.
나 가열범위가 커서 용접응력이 크다.
다 전원설비가 없는 곳에서도 쉽게 설치할 수 있다.
라 유해 광선의 발생이 적다.

[해설] • 가스 용접의 특징
① 전기가 필요 없고 가열, 조정이 자유롭다.
② 운반이 편리하고 설비비가 싸다.
③ 아크 용접에 비해 유해광선의 발생이 적다.
④ 박판 용접에 적당하다.
⑤ 열 집중성이 나빠 효율적인 용접이 어렵다.
⑥ 불꽃의 온도와 열효율이 낮다.
⑦ 폭발의 위험성이 크며, 용접금속의 탄화 및 산화의 가능성이 높다.
⑧ 아크 용접에 비해 일반적인 신뢰성이 적다.

[정답] 57. 가 58. 나 59. 라 60. 나

2010년도 출제 문제

▶ 2010년 3월 6일 시행

자격종목 및 등급(선택분야)	종목코드	시험시간	문제지형별
용접산업기사	2026	1시간 30분	A

제1과목 용접야금 및 용접설비 제도

1. 이종의 원자가 결정격자를 만드는 경우 모재 원자보다 작은 원자가 고용할 때 모재원자의 틈새 또는 격자결함에 들어가는 경우의 구조는?
㉮ 치환형 고용체 ㉯ 변태형 고용체
㉰ 침입형 고용체 ㉱ 금속간 고용체

[해설] ① 침입형 고용체 : 금속의 결정격자 중에 다른 원소가 침입된 것
② 치환형 고용체 : 어떤 성분의 원자가 다른 성분의 원자와 위치를 바꾼 것
③ 규칙 격자형 고용체 : 치환형 고용체 중에서 두 성분의 원자가 규칙적으로 치환된 배열
④ 금속간 화합물 : 성분의 금속 원자가 서로 화학적 흡인력에 의해서 거의 화학식으로 표시될 수 있는 성분비율로 화합물을 만드는 것

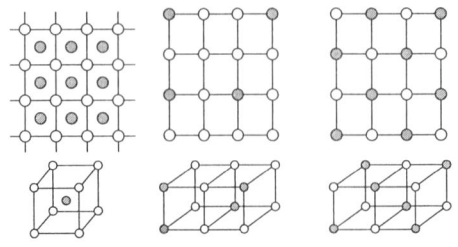

침입형 고용체 치환형 고용체 규칙 격자형 고용체

2. 연강용 피복 아크 용접봉의 심선에 주로 사용되는 것은?
㉮ 주강 ㉯ 합금강
㉰ 저탄소 림드강 ㉱ 특수강

[해설] 용접금속의 균열을 방지하기 위해 주로 저탄소 림드강이 사용된다.

3. 철-탄소 합금에서 6.67 %C를 함유하는 탄화철 조직은?
㉮ 시멘타이트 ㉯ 레데뷰라이트
㉰ 페라이트 ㉱ 오스테나이트

[해설] 탄소강의 표준조직에서 시멘타이트는 철과 6.67 % 탄소의 화합물인 탄화철로 경도가 높고, 취성이 크며 백색으로 상온에선 강자성체이다.

4. 강의 기계적 성질 중에서 온도가 상온보다 낮아지면 충격치가 감소되는 현상은?
㉮ 저온취성 ㉯ 청열인성
㉰ 상온취성 ㉱ 적열인성

[해설] 저온취성은 상온보다 낮아지면 강도, 경도가 점차 증가하고 연신율, 충격치가 감소하여 약해지는 현상이다.

5. 주철의 종류 중 칼슘이나 규소를 첨가하여 흑연화를 촉진시켜 미세 흑연을 균일하게 분포시키거나 백주철을 열처리하여 연신율을 향상시킨 주철은?
㉮ 반주철 ㉯ 회주철
㉰ 구상 흑연 주철 ㉱ 가단주철

[해설] • 가단주철 : 백주철을 풀림 처리하여 탈

정답 1. ㉰ 2. ㉰ 3. ㉮ 4. ㉮ 5. ㉱

탄과 Fe_3C의 흑연화에 의해 연성(또는 가단성)을 가지게 한 주철(연신율 5~14 %)이다. 백심 가단주철(WMC), 흑심 가단주철(BMC), 펄라이트 가단주철(PMC)의 3가지 종류가 있으며, 펄라이트 가단주철은 일부의 탄소가 탄화물로 잔류하여, 조직이 구상·층상 펄라이트 또는 베이나이트, 소르바이트로 남는다.

6. 공구강이나 자경성이 강한 특수강을 연화 풀림하는 데 적합한 방법은?
㉮ 응력 제거 풀림 ㉯ 항온 풀림
㉰ 구상화 풀림   ㉱ 확산 풀림
[해설] 공구강, 특수강 또는 자경성이 강한 특수강의 풀림에는 항온 풀림이 적합하다.

7. 가공경화에 의해 발생된 내부응력의 원자배열 상태는 변하지 않고 감소하는 현상은?
㉮ 편석 ㉯ 회복 ㉰ 재결정 ㉱ 조절
[해설] 상온 가공에 의하여 내부 변형을 일으킨 결정입이 가열에 의하여 그 모양은 바뀌지 않고 내부응력이 감소되는 현상은 회복이다.

8. KS 규격의 연강용 피복 아크 용접봉 중 철분 산화 티탄계는?
㉮ E4311 ㉯ E4324 ㉰ E4327 ㉱ E4316
[해설] E4301 : 일미나이트계, E4303 : 라임 티탄계, E4311 : 고셀룰로오스계, E4313 : 고산화 티탄계, E4316 : 저수소계, E4324 : 철분 산화 티탄계, E4327 : 철분 산화 철계, E4326 : 철분 저수소계, E4340 : 특수계

9. 금속재료를 일정 온도에서 일정 시간 유지 후 냉각시킨 조직이며 주조, 단조, 기계가공 및 용접 후에 잔류응력을 제거하는 풀림 방법은?
㉮ 연화 풀림 ㉯ 구상화 풀림
㉰ 응력 제거 풀림 ㉱ 항온 풀림
[해설] 용접부의 풀림처리는 내부응력을 완화하는데 큰 목적이 있고 잔류응력을 감소하며 응력 제거 풀림이라 한다.

10. 피복 아크 용접에서 용접입열(weld heat input)을 표시하는 식 중 옳은 것은? (단, H : 용접입열(J/cm), E : 아크 전압(V), I : 아크 전류(A), V : 용접속도(cm/min))
㉮ $H = \dfrac{60EI}{V}$ ㉯ $H = \dfrac{80EI}{V}$
㉰ $H = \dfrac{100EI}{V}$ ㉱ $H = \dfrac{120EI}{V}$
[해설] 용접입열은 초를 분으로 환산하여 $H = \dfrac{60EI}{V}$ 로 계산한다.

11. 다음 용접기호에서 보조기호 도시는?

㉮ 필릿 용접기호 ㉯ 원둘레 용접기호
㉰ 현장 용접기호 ㉱ 플러그 용접기호
[해설] 현장용접은 깃발로 표시하며 기선의 꺾어지는 곳을 표시한다.

12. 건설 또는 제조에 필요한 정보를 전달하기 위한 도면으로 제작도가 사용되는데, 이 종류에 해당되는 것으로만 조합된 것은?
㉮ 계획도, 시공도, 견적도
㉯ 설명도, 장치도, 공정도
㉰ 상세도, 승인도, 주문도
㉱ 상세도, 시공도, 공정도
[해설] 용접 공사를 능률적으로 하기 위해서는 면밀한 ① 계획 → ② 설계 → ③ 제작도 작성 (상세도, 시공도, 공정도) → ④ 현장 가설, 용접, 준공, 검사 등의 순서로 시행한다.

13. 용접 보조기호 없이 기본기호로만 표시하는 경우 보조기호가 없는 것의 가장 가까운 의미는?
㉮ 기본기호의 조합으로서 용접부 표면 형

정답 6. ㉯ 7. ㉯ 8. ㉯ 9. ㉰ 10. ㉮ 11. ㉰ 12. ㉱ 13. ㉰

상을 나타내기가 어렵다는 의미이다.
㉯ 보조기호와 기본기호의 중복에 의해 보조기호를 생략한 경우이다.
㉰ 용접부 표면을 자세히 나타낼 필요가 없다는 것을 의미한다.
㉱ 필요한 보조기호화가 매우 곤란한 경우임을 의미한다.

[해설] 기본 기호는 외부 표면의 형상 및 용접부의 형상의 특징을 나타내는 기호에 따른다.

14. 다음 용접부 기호를 올바르게 설명한 것은?

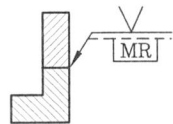

㉮ 화살표 반대쪽 한면 V형 맞대기 용접한다.
㉯ 화살표 쪽의 이면비도를 기계절삭에 의한 가공을 한다.
㉰ 화살표 반대쪽에 제거 가능한 이면 판재를 사용한다.
㉱ 화살표 반대쪽에 영구적인 덮개판을 사용한다.

[해설] 용접부 기호는 실선에 기호가 있으므로 화살표 쪽에 V형 맞대기 용접이다. 실선의 기호 반대쪽에는 제거 가능 덮개 판을 사용한다.

15. KS의 부문별 분류기호 중 B에 해당하는 분야는?
㉮ 기본   ㉯ 기계   ㉰ 전기   ㉱ 조선

[해설] A : 기본, B : 기계, C : 전기, D : 금속, E : 광산, F : 토건, G : 일용품, H : 식료품, K : 섬유

16. 도면에서 해칭하는 방법을 올바르게 설명한 것은?
㉮ 해칭은 주된 단면도의 주된 중심선에 대하여 55°로 가는 실선의 등간격으로 긋는다.
㉯ 해칭은 주된 단면도의 주된 중심선에 대하여 35°로 가는 실선의 등간격으로 긋는다.
㉰ 해칭은 주된 중심선 또는 단면도의 주된 외형선에 대하여 35°로 가는 점선의 등간격으로 긋는다.
㉱ 해칭은 주된 중심선 또는 단면도의 주된 외형선에 대하여 45°로 가는 실선의 등간격으로 긋는다.

[해설] 해칭은 45°의 가는 실선을 단면부의 면적에 따라 2~3 mm의 같은 간격으로 경사선을 그은 것이다.

17. CAD 시스템의 도입에 따른 일반적인 적용효과에 해당되지 않는 것은?
㉮ 품질 향상   ㉯ 원가 절감
㉰ 경쟁력 강화   ㉱ 신뢰성 약화

[해설] CAD의 도입효과는 품질 향상, 원가 절감, 납기 단축, 신뢰성 향상, 표준화, 경쟁력 강화 등이다.

18. 도면의 양식 및 도면 접기에 대한 설명 중 틀린 것은?
㉮ 도면의 크기 치수에 따라 굵기 0.5 mm 이상의 실선으로 윤곽선을 그린다.
㉯ 도면의 오른쪽 아래 구석에 표제란을 그리고 도면번호, 도명, 기업명, 책임자 서명, 도면 작성년월일, 척도 및 투상법을 기입한다.
㉰ 도면을 사용하기 편리한 크기와 양식으로 임의대로 중심 마크를 설치한다.
㉱ 복사한 도면을 접을 때 그 크기는 원칙적으로 210×297(A4의 크기)로 한다.

[해설] 도면은 큰 도면을 접을 때는 A4 크기, 도면 우측 하단부에 표제란이 겉으로 나오게 잡는 것을 원칙으로 한다. 중심마크는 윤곽선으로부터 도면의 가장자리에 이르는 0.5 mm의 직선으로 표시한다.

19. 다음 용접부를 기호로 표시한 것이다. 용접부의 모양으로 옳은 것은?

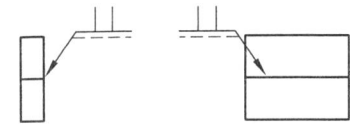

㉮ 한쪽 플랜지형   ㉯ I 형
㉰ 플러그   ㉱ 필릿

[해설] 실선에 기호가 있으므로 화살표쪽 평면형 평행 맞대기 이음 용접, 즉 I형 용접이다.

20. 정투상에서 투상면에 수직한 직선과 평면은 평화면에 어떤 투상으로 나타나는가?

㉮ 직선은 점으로, 평면은 직선으로 나타난다.
㉯ 직선은 실제 길이로, 평면은 단축되어 나타난다.
㉰ 직선은 실제 길이보다 짧게, 평면은 실제 형태로 나타난다.
㉱ 직선은 점으로, 평면은 단축되어 나타난다.

[해설] 정투상은 유리상자 안에 물체를 넣고 바깥쪽에서 보는 것으로, 직선은 점으로, 평면은 직선으로 나타난다.

제 2 과목 용접구조설계
---

21. 다음 그림과 같은 용접부에 인장하중이 5000 kgf 작용할 때 인장응력은 몇 kgf/mm² 인가?

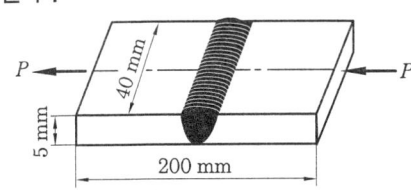

㉮ 20   ㉯ 25   ㉰ 30   ㉱ 35

[해설] 인장응력 = 인장하중/{모재의 두께 × 용접 유효길이(용접선의 길이) 또는 목두께 × 용접 유효길이}

22. 용접봉 종류 중 피복제에 석회석이나 형석을 주성분으로 하고 용착금속 중의 수소 함유량이 다른 용접봉에 비해서 1/10 정도로 현저하게 낮은 용접봉은?

㉮ E 4301   ㉯ E 4303
㉰ E 4311   ㉱ E 4316

[해설] 저수소계의 설명으로 E 4316이다.

23. 용접 후 열처리(PWHT)의 목적이 아닌 것은?

㉮ 용접 열영향부의 경화
㉯ 파괴인성의 향상
㉰ 함유가스의 제거
㉱ 형상치수의 안정

[해설] • 용접 후 열처리의 목적
① 결정입자의 미세화
② 조직의 표준화 및 안정화
③ 가공 시 생긴 은력제거와 변형 방지
④ 경도 항자력 증가와 기계 가공성의 향상

24. 탐촉자를 이용하여 결함의 위치 및 크기를 검사하는 비파괴 시험법은?

㉮ 방사선 투과시험   ㉯ 초음파 탐상시험
㉰ 침투 탐상시험   ㉱ 자분 탐상시험

[해설] 초음파 탐상법에는 그림 (a)와 같은 투과법과 그림 (b)의 반사파의 유무로 결함을 조사하는 펄스 반사법이 있고, 그림 (c)의 래미네이션을 검출할 수 있는 공진법이 있는데, 이 중 그림 (b)의 펄스 반사법이 가장 널리 쓰이고 있다.
① 장점
㉮ 감도가 높으므로 미세한 결함을 검출할 수 있다.
㉯ 초음파의 투과 능력이 크므로 수 미터 정도의 두꺼운 부분도 검사가 가능하다.
㉰ 결함의 위치와 크기를 비교적 정확히 알 수 있다.
㉱ 탐상 결과를 즉시 알 수 있으며 자동 탐상이 가능하다.

정답 19. ㉯ 20. ㉮ 21. ㉯ 22. ㉱ 23. ㉮ 24. ㉯

㈐ 검사 시험체의 한 면에서도 검사가 가능하다.
② 단점
㈎ 검사 시험체의 형상이 탐상을 할 수 없는 조건, 즉 표면 거칠기, 형상의 복잡함 등으로 인해 탐상이 불가능한 경우가 있다.
㈏ 검사 시험체의 내부 조직의 구조 및 결정 입자가 조대하거나 전체가 다공성일 경우는 정량적인 평가가 어렵다.
※ 초음파 파장(0.5~15 MHz) 초음파 속도 : 공기 중(330 m/s, 물 1500, 강 6000 m/s)

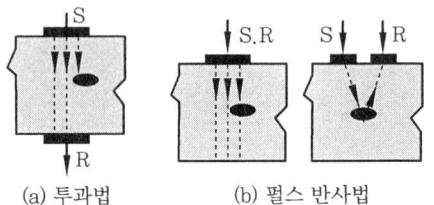
(a) 투과법   (b) 펄스 반사법

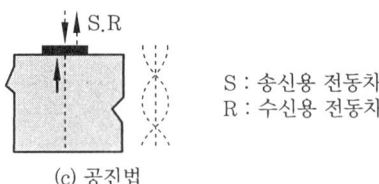
(c) 공진법

S : 송신용 전동차
R : 수신용 전동차

25. 용융금속의 이행은 용적의 이행상태로 분류하는데 이에 속하지 않는 것은?
㈎ 글로뷸러형   ㈏ 스프레이형
㈐ 단락형   ㈑ 원자형
[해설] 융금속의 이행형식은 글로뷸러형, 단락형, 스프레이형이 있다.

26. 용접이음에서 취성파괴의 일반적 특징에 대한 설명 중 틀린 것은?
㈎ 온도가 높을수록 발생하기 쉽다.
㈏ 항복점 이하의 평균 응력에서도 발생한다.
㈐ 파괴의 기점은 응력, 변형이 집중하는 구조적 및 형상적인 불연속부에서 발생한다.
㈑ 거시적 파면상황은 판 표면에 거의 수직이다.

27. 용접선이 교차를 피하기 위하여 부재에 파놓은 부채꼴의 오목 들어간 부분을 무엇이라고 하는가?
㈎ 스캘럽(scallop)   ㈏ 노치(notch)
㈐ 오손(pick up)   ㈑ 너깃(nugget)
[해설] 용접선의 교차를 최대한도로 줄여야 하는데 부득이한 사정으로 교차가 되는 경우는 스캘럽을 만들어 설계하면 좋다.

28. 겹쳐진 2부재의 한쪽에 둥근 구멍 대신에 좁고 긴 홈을 만들어 놓고 그 곳을 용접하는 용접법은?
㈎ 겹치기 용접   ㈏ 플랜지 용접
㈐ T형 용접   ㈑ 슬롯 용접

29. 설계자는 구조물의 설계뿐만 아니라 제작 공정의 제반사항을 알아야 용접비용과 품질을 좌우하는 용접요령을 지시할 수 있는데, 설계자가 알아야 할 요령 중 맞지 않는 것은?
㈎ 용접기의 1차 및 2차 케이블의 용량이 충분할 것
㈏ 가능한 아래보기 자세로 용접하도록 할 것
㈐ 가능한 짧은 시간에 용착량이 많게 용접할 것
㈑ 가능한 낮은 전류를 사용할 것
[해설] 설계자는 용접 시공방법을 지시하되 용접전류는 용접시방서에 표시된다.

30. 용접제품의 정밀도와 신뢰성을 향상시키고 용접 작업능률을 높이기 위하여 사용되는 일종의 용접용 고정구를 무엇이라고 하는가?
㈎ 콤비네이션 세트   ㈏ 핫 스타트 장치
㈐ 엔드 탭   ㈑ 지그

31. 용접 작업 시 용접 길이를 짧게 나누어 간격을 두면서 용접하는 방법으로 피용접물 전체

정답   25. ㈑   26. ㈎   27. ㈎   28. ㈑   29. ㈑   30. ㈑   31. ㈐

에 변형이나 잔류 응력이 적게 발생하도록 하는 용착법은?

㉮ 대칭법   ㉯ 도열법
㉰ 비석법   ㉱ 후진법

[해설] • 도약법(비석법(□□□) : skip method)은 번갈아 가면서 한쪽 발로 가볍게 뛴다는 뜻과 같이, 한 칸씩 건너 뛰어서 용접을 한 후에 다시금 비어 있는 곳을 차례로 용접하는 방법이다. 개울물에 징검다리를 놓는 모양과 비슷하다 하여 징검돌법이라고도 하며 돌멩이를 호수 위에 던졌을 때 물장구를 치면서 나르는 돌과 같다고 하여 붙여진 이름이다.

32. 용접 후 언더컷의 결함보수 방법으로 적합한 것은?

㉮ 단면적이 작은 용접봉을 사용하여 보수 용접한다.
㉯ 정지 구멍을 뚫어 보수 용접한다.
㉰ 절단하여 다시 용접한다.
㉱ 해머링하여 준다.

[해설] 언더컷은 ㉮, 균열은 ㉯항으로 결함보수 용접 방법이다.

33. 판재의 두께 8 mm를 아래보기 자세로 15 m, 판재의 두께 15 mm를 수직 맞대기 용접자세로 8 m 용접하였다. 이때 환산 용접길이는 얼마인가? (단, 아래보기 맞대기 용접의 환산계수는 1.32이고 수직 맞대기 용접의 환산 계수는 4.32이다.)

㉮ 44.28 m   ㉯ 48.56 m
㉰ 54.36 m   ㉱ 61.24 m

[해설] 환산 용접길이 = 용접한 길이 × 환산계수
∴ (15 m × 1.32) + (8 m × 4.32) = 54.36

34. 용접 시공 전에 준비해야 할 사항 중 틀린 것은?

㉮ 이음면이 정확히 되어 있나 확인한다.
㉯ 덧붙임 용접 시는 마멸부분을 제거하지 않고, 그대로 이용하여 용접한다.
㉰ 시공면에 기름, 녹 등을 제거한다.
㉱ 습기는 가열하여 제거한다.

[해설] ㉮, ㉰, ㉱항 외에 제작도면 이해, 용접전류, 용접순서, 용접조건을 미리 정한다.

35. 용접전류가 과대하고, 아크 길이가 길며 운봉속도가 빠른 용접일 때 가장 일어나기 쉬운 용접결함은?

㉮ 언더컷   ㉯ 오버랩
㉰ 융합불량   ㉱ 용입불량

[해설] 언더컷의 발생 원인을 설명한 것이다.

36. 용접 순서를 결정하는 데 기준이 되는 유의사항으로 틀린 것은?

㉮ 수축이 작은 이음은 먼저 하고 수축이 큰 이음은 가급적 뒤에 한다.
㉯ 같은 평면 안에 많은 이음이 있을 때에는 수축은 가급적 자유단으로 보낸다.
㉰ 용접물의 중심에 대하여 항상 대칭으로 용접을 진행시킨다.
㉱ 용접물의 중립축을 생각하고 그 중립축에 대하여 용접으로 인한 수축력 모멘트의 합이 0이 되도록 한다.

[해설] 수축이 큰 이음을 가능한 먼저 용접하고, 수축이 작은 이음을 뒤에 용접한다.

37. 그림과 같은 V형 맞대기 용접에서 굽힘 모멘트(M_b)가 10000 kgf·cm 작용하고 있을 때, 최대 굽힘 응력은 몇 kgf/cm²인가? (단, l = 150 mm, t = 20 mm이고 완전 용입일 때이다.)

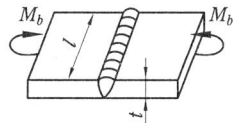

㉮ 10   ㉯ 1000   ㉰ 100   ㉱ 10000

[해설] 응력 = $\dfrac{6 \times 굽힘모멘트}{유효길이 \times 두께^2}$

$= \dfrac{6 \times 10000}{15 \times 2^2} = 1000$

38. 다음과 같은 필릿 용접 이음부에 하중 P 가 작용할 때 용접부에 발생하는 응력의 크기를 구하는 식은? (단, 필릿 용접부에 작용하는 응력은 같다.)

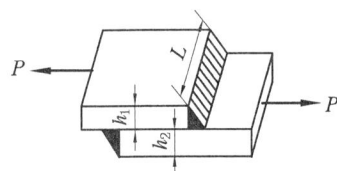

㉮ $\dfrac{\sqrt{2}P}{(h_1+h_2)L}$ ㉯ $\dfrac{P}{\sqrt{2}h_1 L}$

㉰ $\dfrac{2P}{(h_1+h_2)L}$ ㉱ $\dfrac{P}{(h_1+h_2)L}$

[해설] 제닝의 응력 계산에서 응력이 같을 때는 $\dfrac{\sqrt{2}P}{(h_1+h_2)L}$ 이 공식을 이용한다.

39. 그림과 같은 V형 맞대기 용접에서 각부의 명칭 중에서 옳지 못한 것은?

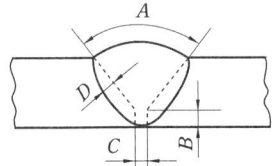

㉮ A는 홈 각도 ㉯ B는 루트 면
㉰ C는 루트 간격 ㉱ D는 오버랩

[해설] D는 용착금속이다.

40. 파괴시험 방법의 종류 중에서 기계적 시험에 속하지 않는 것은?

㉮ 인장 시험 ㉯ 굽힘 시험
㉰ 충격 시험 ㉱ 파면 시험

[해설] 파면 시험은 금속학적 시험으로 용착금속이나 모재의 파면에 대하여 결정의 조밀,

균열, 슬래그 섞임, 기공, 선상조직, 은점 등을 육안으로 검사하는 방법이다.

제 3 과목 용접일반 및 안전관리

41. 모재를 녹이지 않고 접합하는 것은?

㉮ 가스 용접
㉯ 피복 아크 용접
㉰ 서브머지드 아크 용접
㉱ 납땜

[해설] 납땜은 접합할 모재를 용융시키지 않고 모재보다 융점이 낮은 금속을 용가재로 하여 모세관 현상을 이용하여 접합하는 방법이다.

42. 가스용접에서 아세틸렌이 과잉으로 된 불꽃은?

㉮ 중성산화불꽃 ㉯ 탄화불꽃
㉰ 산화불꽃 ㉱ 중성불꽃

[해설] 탄화불꽃은 아세틸렌이 과잉된 불꽃으로 그 외에 표준(중성)불꽃, 산화불꽃이 있다.

43. 가스용접에서 전진법과 후진법의 비교 설명으로 가장 올바르지 않은 것은?

㉮ 용접속도는 후진법이 전진법보다 빠르다.
㉯ 열이용률은 후진법이 전진법보다 빠르다.
㉰ 소요 홈 각도는 후진법이 전진법보다 크다.
㉱ 용접변형은 후진법이 전진법보다 작다.

[해설] ① 전진법(좌진법) : 토치의 팁 앞에 용접봉이 진행되는 방법으로, 불꽃이 용융지의 앞쪽을 가열하므로 용접부가 과열하기 쉽고 변형이 많아 얇은 판이나 변두리 용접에 사용된다.
② 후진법(우진법) : 토치 팁이 먼저 진행하고 그 뒤로 용접봉과 용융풀이 좇는 방식으로, 용융지의 가열시간이 짧아서 과열이 되지 않아 변형이 적고 속도가 크므로 후판이나 다층 용접에 사용된다.

정답 38. ㉮ 39. ㉱ 40. ㉱ 41. ㉱ 42. ㉯ 43. ㉰

44. 가스 용접에서 팁이 막혔을 때 뚫는 방법 중 옳은 것은?
㉮ 철판 위에 가볍게 문지른다.
㉯ 내화 벽돌 위에 가볍게 문지른다.
㉰ 팁 클리너로 제거한다.
㉱ 가는 철사로 제거한다.

[해설] 팁이 막혔을 때는 반드시 팁 클리너를 사용하고, 팁의 구멍이 커지지 않도록 하기 위해 팁 구멍보다 약간 작은 팁 클리너를 사용해야 한다.

45. 가스절단 작업 시 예열불꽃 세기의 영향을 맞게 설명한 것은?
㉮ 예열불꽃이 강할 때 절단면이 거칠어진다.
㉯ 예열불꽃이 강할 때 드래그가 증가한다.
㉰ 예열불꽃이 강할 때 절단 속도가 늦어진다.
㉱ 예열불꽃이 강할 때 슬래그 중의 철 성분의 박리가 쉽다.

[해설] 예열 불꽃이 강할 때는 절단면이 거칠고, 슬래그 중의 철 성분이 박리가 어려우며 변두리가 용융되어 둥글게 된다. 반면 약할 때는 절단속도가 늦어지고 절단이 중단되기 쉽고, 드래그가 증가되며, 역화를 일으키기 쉽다.

46. 아세틸렌 가스 공급관로에 사용할 수 없는 재료는?
㉮ 주철   ㉯ 스테인리스강
㉰ 연강   ㉱ 구리

[해설] 산업안전 보건법이나 가스 안전법에서는 구리 및 구리합금이 62 % 이상 포함이 되면 아세틸렌과 화학반응을 하여 폭발성을 갖고 있는 화학물을 만들기 때문에 사용할 수 없도록 정한다.

47. 다전극 서브머지드 아크 용접 시 두 개의 전극 와이어를 각각 독립된 전원에 연결하는 방식은?
㉮ 횡병렬식   ㉯ 횡직렬식
㉰ 퓨즈식   ㉱ 탠덤식

[해설] • 다전극 방식에 의한 분류
① 탠덤식 : 두 개의 전극 와이어를 각각 독립된 전원에 연결하고 전극의 간격을 10~30 mm 정도로 하여 두 개의 전극 와이어를 동시에 녹여 한꺼번에 많은 양의 용착금속을 얻을 수 있다. 비드 폭이 좁고 용입이 깊다.
② 횡병렬식 : 같은 종류의 전원에 두 개의 전극을 연결하는 방법. 비드 폭이 넓고 용입이 깊은 용접부가 얻어진다. 비교적 홈이 크거나 아래보기 필릿 용접을 할 경우에 사용한다.
③ 횡직렬식 : 두 개의 와이어에 전류를 직렬로 연결하여 두 전극 사이의 복사열을 이용하여 용접이 이루어져 비교적 용입이 얕아 스테인리스강 등의 덧붙이 용접에 사용한다.

48. 용접봉 홀더 200호로 접속할 수 있는 최대 홀더용 케이블의 도체 공칭 단면적은 몇 mm^2인가?
㉮ 22   ㉯ 30
㉰ 38   ㉱ 50

[해설]

용접용량	200 A	300 A	400 A
1차 케이블	5.5 mm	8 mm	14 mm
2차 케이블	38 mm^2	50 mm^2	60 mm^2

49. 융착속도(rate of deposition)를 올바르게 설명한 것은?
㉮ 용접심선이 10분간에 용융되는 길이
㉯ 용접심선이 1분간에 용융되는 중량
㉰ 용접봉 혹은 심선의 소모량
㉱ 단위시간에 용착되는 용착금속의 양

[해설] 용착속도는 ㉱이며 용착률은 용착금속 중량과 사용 용접봉 전중량(피복포함)의 비이다.

정답 44. ㉰ 45. ㉮ 46. ㉱ 47. ㉱ 48. ㉰ 49. ㉱

50. 용접 퓸(fume)에 대해서 서술한 것 중 올바른 것은?
㉮ 용접 퓸은 인체에 영향이 없으므로 아무리 마셔도 괜찮다.
㉯ 실내 용접 작업에서는 환기설비가 필요하다.
㉰ 용접봉의 종류와 무관하며 전혀 위험은 없다.
㉱ 용접 퓸은 입자상 물질이며, 가제 마스크로 충분히 차단할 수가 있으므로 인체에 해가 없다.
[해설] 용접 퓸은 인체에 해로운 물질이므로 반드시 환기설비가 필요하다.

51. 정격 2차 전류 200 A, 정격사용률 50 %인 아크 용접기로 실제 150 A의 전류로 용접할 경우 허용사용률은 약 몇 %인가?
㉮ 69 ㉯ 78 ㉰ 89 ㉱ 95
[해설] • 역률, 효율
① 사용률(%)
$= \dfrac{\text{아크 시간(사용시간)}}{\text{아크 시간}+\text{휴식시간}} \times 100$
※ 아크시간과 휴식시간을 합한 전체 시간의 길이는 10분을 기준으로 한다.
② 허용 사용률(%)
$= \dfrac{(\text{정격 2차 전류})^2}{(\text{실제의 용접전류})^2} \times \text{정격 사용률(%)}$
※ 허용 사용률이 100 % 이상이면 쉬는 시간 없이 용접해도 좋다.
③ 역률(%)
$= \dfrac{\text{소비전력(kW)}}{\text{전원입력(kVA)}} \times 100$
$= \dfrac{(\text{아크 전압}\times\text{전류})+\text{내부손실}}{(\text{2차 무부하전압}\times\text{전류})} \times 100$
※ 역률이 낮을수록 좋은 용접기이며, 역률이 높은 것은 효율이 나쁜 용접기이다.
④ 효율(%)
$= \dfrac{\text{아크 출력(kW)}}{\text{소비전력(kW)}} \times 100$
$= \dfrac{(\text{아크 전류}\times\text{전류})}{(\text{아크 전압}\times\text{전류})+\text{내부전압}} \times 100$

52. 일렉트로 슬래그 용접법의 원리는?
㉮ 가스 용해열을 이용한 용접법
㉯ 전기 저항열을 이용한 용접법
㉰ 수중 압력을 이용한 용접법
㉱ 비가열식을 이용한 압접법
[해설] 일렉트로 슬래그 용접은 전기 저항열을 이용하는 용접으로 용접부에 주어지는 열의 입열이 너무 높으면 열영향부가 커져 기계적 성질이 나빠질 수 있다.

53. 가스 절단 작업에서 프로판 가스와 아세틸렌 가스를 사용하였을 경우를 비교한 사항 중 옳지 않은 것은?
㉮ 포갬 절단 속도는 프로판 가스를 사용하였을 때가 빠르다.
㉯ 슬래그 제거가 쉬운 것은 프로판 가스를 사용하였을 경우이다.
㉰ 후판 절단 시 절단 속도는 프로판 가스를 사용하였을 때가 빠르다.
㉱ 산소는 아세틸렌 가스가 프로판 가스보다 약간 더 필요하다.
[해설] 완전 연소 시 필요한 산소는 아세틸렌은 2.5배, 프로판은 4.5배이다.

54. 스테인리스나 알루미늄 합금의 납땜이 어려운 가장 큰 이유는?
㉮ 적당한 용제가 없기 때문에
㉯ 강한 산화막이 있기 때문에
㉰ 융점이 높기 때문에
㉱ 친화력이 강하기 때문에
[해설] 강한 산화막과 산화막의 용융온도가 높기 때문에 납땜이 어렵다.

55. 역류, 역화, 인화 등을 막기 위해 사용하는 수봉식 안전기 취급 시 주의사항이 아닌 것은?
㉮ 수봉관에 규정된 선까지 물을 채운다.
㉯ 안전기가 얼었을 경우 가스 토치로 해빙

시킨다.
㉰ 한 개의 안전기에는 반드시 한 개의 토치를 설치한다.
㉱ 수봉관의 수위는 작업 전에 반드시 점검한다.

[해설] 수봉식 안전기는 저압식과 중압식으로 구분하며 내부에 물(겨울에는 부동액을 섞어서 사용한다)이 채워져 있다. 겨울에는 얼었을 경우 35℃ 이하의 따뜻한 물로 해빙한다.

56. 무부하 전압 80 V, 아크 전압 30 V, 아크 전류 200 A까지의 아크 용접기의 역률을 계산하면 얼마인가?(단, 내부손실은 4 kW이다.)
㉮ 80 % ㉯ 62.5 %
㉰ 90 % ㉱ 72.5 %

[해설] 역률 = $\dfrac{\text{아크쪽 입력} + \text{손실}}{\text{전원입력}} \times 100$ 에서

$\dfrac{(30\text{ V} \times 200\text{ A}) + 4000\text{ VA}}{(80\text{ V} \times 200\text{ A})} \times 100 = 62.5\,\%$

57. CO_2 아크 용접에서 인체 유해성분에 가장 영향을 미치는 가스는?
㉮ 일산화탄소 가스
㉯ 황산 가스
㉰ 질소 가스
㉱ 메탄 가스

[해설] • CO 가스가 인체에 미치는 영향
① CO의 체적(%)이 0.01 이상 : 건강에 유해하다.
② 0.02~0.05 : 중독 작용이 발생한다.
③ 0.1 이상 : 수 시간 호흡 시 위험하다.
④ 0.2 이상 : 30분 이상 호흡 시 극히 위험하다.

58. TIG 용접에 사용되는 전극의 조건 중 틀린 것은?
㉮ 고용융점의 금속
㉯ 전자 방출이 잘되는 금속
㉰ 열전도성이 좋은 금속
㉱ 전기저항률이 큰 금속

[해설] 전극의 조건 중 전기저항열이 크면 클수록 자체에 저항열로 인해 소모가 많다.

59. 용접 전의 일반적인 준비사항에 해당되지 않는 것은?
㉮ 제작 도면을 잘 이해하고 작업내용을 충분히 검토한다.
㉯ 용착금속과 홈의 선택에 대하여 이해한다.
㉰ 예열, 후열의 필요성 여부는 중요하지 않으므로 검토를 안해도 된다.
㉱ 용접전류, 용접순서, 용접조건을 미리 정해둔다.

60. 아크 기둥의 전압을 올바르게 설명한 것은?
㉮ 아크 기둥의 전압은 아크 길이에 거의 관계가 없다.
㉯ 아크 기둥의 전압은 아크 길이에 거의 정비례하여 증가한다.
㉰ 아크 기둥의 전압은 아크 길이에 거의 반비례하여 감소한다.
㉱ 아크 기둥의 전압은 아크 길이에 거의 반비례하여 증가한다.

[해설] 아크 기둥의 전압은 아크 길이에 정비례하여 증가하므로 전극 물질이 일정하면 아크 전압은 아크 길이와 같이 증가한다.

정답 56. ㉯ 57. ㉮ 58. ㉱ 59. ㉰ 60. ㉯

용접 산업기사 ▶ 2010. 5. 9 시행

제1과목 용접야금 및 용접설비 제도

1. 탄소 이외의 원소가 강의 성질에 미치는 영향 중 황(S)의 함유량이 많을 경우 발생하기 쉬운 결함은?
㉮ 적열취성 ㉯ 청열취성
㉰ 저온취성 ㉱ 뜨임취성

[해설] 강중에 0.02% 정도만 있어도 인장강도, 연신율, 충격치 등이 감소한다. FeS는 융점(1193℃)이 낮고 고온에서 약하여 900~950℃에서 파괴되어 균열을 발생시킨다.

2. 다음 중 탄소 공구강의 구비 조건으로 틀린 것은?
㉮ 가격이 저렴할 것
㉯ 강인성 및 내충격성이 우수할 것
㉰ 내마모성이 작을 것
㉱ 상온 및 고온경도가 클 것

[해설] ① 고온강도, 내마멸성, 강인성이 클 것.
② 열처리, 제조와 취급이 쉽고 가격이 저렴할 것.

3. 가스 용접봉을 선택할 때 고려하여야 할 조건에 대한 설명으로 맞지 않은 것은?
㉮ 가능한 모재와 동일한 재질로서 모재를 강화시킬 수 있어야 한다.
㉯ 용접부의 용융온도가 모재보다 높아야 한다.
㉰ 용접부의 기계적 성질에 나쁜 영향을 주어서는 안 된다.
㉱ 용접봉의 재질 중에 불순물을 포함하지 않아야 한다.

[해설] ㉮, ㉰, ㉱ 외에 용접부의 용융온도가 모재와 동일할 것.

4. 피복 아크 용접봉의 플럭스(flux)에 함유되어 있는 탈산제가 아닌 것은?
㉮ Fe-Mn ㉯ Fe-Si
㉰ Fe-Ti ㉱ Fe-Cu

[해설] 용접봉 피복제의 탈산제는 Mn, Si, Ti, Al 등이 있다.

5. 다음 중 용강 중의 질소 함유량을 나타내는 시버츠의 법칙으로 맞는 것은? (단, [N]: 용강 중의 질소의 함량, K_N: 평형정수, P_{N2}: 기상 중의 질소의 분압이다.)
㉮ $[N] = K_N \sqrt{P_{N2}}$
㉯ $[N] = \dfrac{1}{K_N} \sqrt{P_{N2}}$
㉰ $[N] = K_N \sqrt[3]{P_{N2}}$
㉱ $[N] = \dfrac{1}{K_N} \sqrt[3]{P_{N2}}$

[해설] 질소 용해량은 ㉮번의 공식으로, 아크 용접 시 용융금속의 N_2 용해량은 제강 시보다 매우 크다. 과잉 질소는 침상의 질화물로 석출하지만 급랭하면 마텐자이트 조직을 형성하여 용접 금속의 성질에 각종 영향을 미친다.

6. 탄소강에서 탄소(C)의 함유량이 증가할 경우에 해당하는 것은?
㉮ 경도 증가, 연성 감소
㉯ 경도 감소, 연성 감소
㉰ 경도 증가, 연성 증가
㉱ 경도 감소, 연성 증가

[해설] 탄소량이 증가하면 용융점이 낮아지고 경도가 증가, 연성이 감소한다.

7. 브리넬 경도계의 경도값의 정의는 무엇인가?
㉮ 시험하중을 압입자국의 깊이로 나눈 값
㉯ 시험하중을 압입자국의 높이로 나눈 값

[정답] 1. ㉮ 2. ㉰ 3. ㉯ 4. ㉱ 5. ㉮ 6. ㉮ 7. ㉰

㉰ 시험하중을 압입자국의 표면적으로 나눈 값
㉱ 시험하중을 압입자국의 체적으로 나눈 값

[해설] 브리넬 경도값은
$H_B = \dfrac{하중}{오목(압입)자국\ 표면적}$ [mm²]이다.

8. 재열 균열을 방지하기 위한 방법으로 옳은 것은?
㉮ 입열을 최소화하여 결정립의 조대화를 억제한다.
㉯ Al, Pb 등을 첨가하여 HAZ부의 조대화를 촉진시킨다.
㉰ 용접 시 용접부 구속을 증가시켜 비틀림을 방지한다.
㉱ 후열처리 시 최고가열 온도를 모재의 템퍼링(tempering) 온도 이상으로 한다.

[해설] 재열균열(reheat cracking)은 응력제거 풀림 균열, 즉 SR 균열이라고도 하며 고장력강 용접부의 후열처리 또는 고온 사용에 의하여 용접 열영향부에 생기는 입계 균열을 의미한다. 방지법으로는 조립역 조직의 개선(마텐자이트 감소와 인성 확보), 토(toe)부의 응력 집중 감소와 입열을 최소화하여 결정립의 조대화를 억제하는 것이 있다.

9. 용접 전에 적당한 온도로 예열하는 목적으로 틀린 것은?
㉮ 수축 변형을 감소시키기 위하여
㉯ 냉각속도를 빠르게 하기 위하여
㉰ 잔류응력을 경감시키기 위하여
㉱ 연성을 증가시키기 위하여

[해설] 예열은 냉각속도를 느리게 하며 균열의 방지, 기계적 성질 향상, 경화 조직의 석출방지, 변형, 잔류응력의 저감, 기공 생성방지 등이 목적이다.

10. 다음 중 체심입방격자를 갖는 금속이 아닌 것은?

㉮ W ㉯ Mo ㉰ Al ㉱ V

[해설] • 체심입방격자(BCC) : W, V, Ni, Na, Mo, Ta, Cr, K 등이다.

11. 특수한 용도의 선으로 얇은 부분의 단면도시를 명시하는데 사용하는 선은?
㉮ 아주 굵은 실선 ㉯ 가는 1점 쇄선
㉰ 파단선 ㉱ 가는 2점 쇄선

[해설] 특수한 용도의 선 중 얇은 부분의 단면도는 아주 굵은 실선, 외형선 및 숨은 선의 연장은 가는 실선을 사용한다.

12. 출력하는 도면이 많거나 도면의 크기가 크지 않을 경우 도면이나 문자들을 마이크로필름화를 하는 장치는?
㉮ CIM 장치 ㉯ CAE 장치
㉰ CAT 장치 ㉱ COM 장치

[해설] COM(computer output microfilm)은 마이크로 필름으로 출력하는 장치이다.

13. 다음 그림과 같은 용접 보조기호를 올바르게 설명한 것은?

㉮ 오목하게 처리한 필릿 용접
㉯ 용접한 그대로 처리한 필릿 용접
㉰ 볼록하게 처리한 필릿 용접
㉱ 매끄럽게 처리한 필릿 용접

[해설] 필릿용접에서 끝단부를 매끄럽게 하는 표시이다.

14. 도면에 마련해야 하는 양식에 관한 설명 중 틀린 것은?
㉮ 비교 눈금은 도면 용지의 가장자리에서 가능한 한 윤곽선에 겹쳐서 중심마크에 대칭으로, 나비는 최대 5 mm로 배치한다.
㉯ 윤곽선은 최소 0.5 mm 이상의 실선으로

그리는 것이 좋다.
㉰ 도면을 마이크로필름으로 촬영하거나 복사할 때 편의를 위하여 중심마크를 표시한다.
㉱ 부품란에는 도면번호, 도면명칭, 척도, 투상법 등을 기입한다.
[해설] 부품란의 위치는 도면의 오른쪽 윗부분, 오른쪽 아래일 경우는 표제란의 위이며 품번, 품명, 재질, 수량, 무게, 공정, 비고란 등을 기입한다.

15. 다음 그림과 같은 용접기호를 올바르게 설명한 것은?

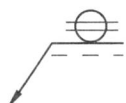

㉮ 화살표 쪽의 심(seam) 용접
㉯ 화살표 반대쪽의 필릿(fillet) 용접
㉰ 화살표 쪽의 스폿(spot) 용접
㉱ 화살표 쪽의 플러그(plug) 용접
[해설] 실선 위에 기호가 있으므로 화살표 쪽의 심 용접이다.

16. 용접 기본기호 중 점 용접기호는?

㉮   ㉯
㉰   ㉱

[해설] ㉯는 점 용접, ㉰는 현장 온둘레 용접, ㉱는 현장 용접 기호이다.

17. 다음 용접기호를 설명한 것으로 틀린 것은?

$$\frac{a}{a} \triangleright \frac{n \times l}{n \times l} \diagdown \frac{(e)}{(e)}$$

㉮ 목 두께가 a인 지그재그 단속 필릿 용접이다.
㉯ n은 용접부의 개수를 말한다.
㉰ l은 용접부의 길이로 크레이터부를 포함한다.
㉱ (e)는 인접한 용접부 간의 거리를 표시한다.
[해설] l은 용접길이로 크레이터를 제외한다.

18. 가는 1점 쇄선의 용도에 의한 명칭이 아닌 것은?
㉮ 중심선 ㉯ 기준선 ㉰ 피치선 ㉱ 숨은선
[해설] 가는 1점 쇄선은 중심선, 기준선, 피치선이다.

19. 다음 그림에서 용접부 기호의 명칭으로 옳은 것은?

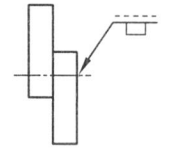 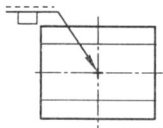

㉮ 필릿 용접
㉯ 점 용접
㉰ 플러그 용접
㉱ 이면 용접
[해설] 실선에 기호가 있으므로 화살표쪽 플러그 용접이다.

20. 핸들이나 바퀴 등의 암 및 리브, 훅, 축 구조물의 부재 등의 절단면을 표시하는데 가장 적합한 단면도는?
㉮ 부분 단면도
㉯ 회전도시 단면도
㉰ 조합에 의한 단면도
㉱ 한쪽 단면도
[해설] • 회전도시 단면도
① 절단할 곳의 전후를 끊어서 r [mm] 사이와 절단선의 연장선 위에 그린다.
② 도형 내의 절단한 곳에 겹쳐서 가는 실선을 사용하여 그린다.

정답 15. ㉮ 16. ㉯ 17. ㉰ 18. ㉱ 19. ㉰ 20. ㉯

제 2 과목 용접구조설계

21. 가용접 시 주의하여야 할 사항으로 맞는 것은?
㉮ 가용접은 본용접에 비해 중요하지 않으므로 대충 용접한다.
㉯ 가용접에 사용되는 용접봉은 본용접보다 굵은 용접봉을 사용한다.
㉰ 본용접자와 동등한 기량을 갖는 용접자로 하여금 가접하게 한다.
㉱ 가용접의 위치는 부품의 끝, 모서리, 각 등과 같이 응력이 집중되는 곳에서 한다.

[해설] • 가용접
① 용접 결과의 좋고 나쁨에 직접 영향을 준다.
② 본용접의 작업 전에 좌우의 홈부분을 잠정적으로 고정하기 위한 짧은 용접이다.
③ 균열, 기공, 슬래그 잠입 등의 결함을 수반하기 쉬우므로 본용접을 실시할 홈 안에 가용접하는 것은 바람직하지 못하며, 만일 불가피하게 홈 안에 가용접하였을 경우 본용접 전에 갈아 내는 것이 좋다.
④ 본용접을 하는 용접사와 비등한 기량을 가진 용접사에 의해 가용접을 실시한다.
⑤ 가용접에는 본용접보다 지름이 약간 가는 용접봉을 사용하는 것이 좋다.

22. 연강 맞대기 용접의 완전용입 이음에서 모재 인장강도에 대한 용접 시험편 인장강도의 이음효율은 보통 얼마인가?
㉮ 100 %   ㉯ 80 %
㉰ 60 %   ㉱ 40 %

[해설] 이음효율 = $\dfrac{\text{용접시험편의 인장강도}}{\text{모재의 인장강도}} \times 100$
완전용입이음이므로 100 %이다.

23. 용접시공 시 관리의 기본 회로(circle)를 설명한 것으로 가장 적당한 것은?

㉮ 확인 → 계획 → 실시 → 행동
㉯ 계획 → 확인 → 실시 → 행동
㉰ 계획 → 실시 → 행동 → 확인
㉱ 계획 → 실시 → 확인 → 행동

[해설] 용접시공 제작과정은 계획 → 설계 → 작업실시 → 검사(확인) → 행동이다.

24. 특수강 용접 시 용접봉의 선택에서 가장 먼저 고려해야 할 것은?
㉮ 작업성 (사용하기 쉬운가의 여부)
㉯ 용접성 (용접한 부분의 기계적 성질)
㉰ 환경성 (작업 조건 및 안전한가 여부)
㉱ 경제성 (제반 경비 단가)

[해설] 특수강은 용접할 때 경도 증가, 균열, 기공 등의 결함을 고려해서 용접성을 가장 먼저 고려한다.

25. 다음 그림의 용접이음 중 적은 하중이나 충격 또는 반복하중을 받지 않는 곳에 사용하는 이음형상은?

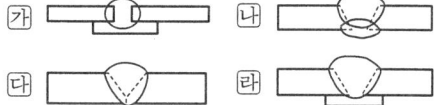

[해설] 중요한 곳은 이면 받침이나 양쪽 완전한 용접이음을 해야 하나 중요하지 않는 이음에서는 ㉰와 같이 한쪽만 용접해도 가능하다.

26. 용접지그를 선택하는 기준 설명 중 틀린 것은?
㉮ 청소하기 쉬워야 한다.
㉯ 용접변형을 억제할 수 있는 구조이어야 한다.
㉰ 피용접물과의 고정과 분해가 어려운 구조이어야 한다.
㉱ 작업능률이 향상되어야 한다.

[해설] • 용접지그 사용 효과
① 아래보기 자세로 용접을 할 수 있다.

[정답] 21. ㉰ 22. ㉮ 23. ㉱ 24. ㉯ 25. ㉰ 26. ㉰

② 용접조립의 단순화 및 자동화가 가능하고 제품의 정밀도가 향상된다.

27. 연강을 인장시험으로 측정할 수 없는 것은?
- ㉮ 항복점
- ㉯ 연신율
- ㉰ 재료의 경도
- ㉱ 단면 수축률

[해설] 경도시험은 브리넬 경도, 로크웰, 비커스 경도, 쇼어 경도 등의 시험이 있다.

28. 용접이음의 안전율에 영향을 미치는 주요 인자(因子)로 고려할 사항으로 가장 적절하게 나열한 것은?
- ㉮ 모재의 기계적 성질, 모재의 보관방법, 용접기의 종류, 용착금속의 기계적 성질, 파괴시험
- ㉯ 재료의 가격성, 용접사의 기능, 용접 자세, 하중의 형상, 모재의 보관방법
- ㉰ 용착금속의 기계적 성질, 작업장소, 용접 자세, 용접기의 종류, 하중의 형상
- ㉱ 모재의 기계적 성질, 재료의 용접성, 용접방법, 하중의 종류, 용접 자세

[해설] 안전율은 인장강도와 허용응력의 비로 나타내며 주요인자는 ㉱항과 같다.

29. 용접부 결함의 종류 중 구조상의 결함이 아닌 것은?
- ㉮ 기공
- ㉯ 슬래그 섞임
- ㉰ 융합불량
- ㉱ 변형

[해설] 구조상 결함은 기공, 슬래그 섞임, 융합불량, 용입불량, 언더컷, 오버랩, 균열, 표면 결함 등이 있다.

30. 무부하 전압이 80 V, 아크전압 35 V, 아크전류 400 A이라 하면 교류 용접기의 역률과 효율은 각각 약 몇 %인가? (단, 내부손실 4 kW이다.)
- ㉮ 역률 : 51, 효율 : 72
- ㉯ 역률 : 56, 효율 : 78
- ㉰ 역률 : 61, 효율 : 82
- ㉱ 역률 : 66, 효율 : 88

[해설] 역률 $= \dfrac{\text{아크쪽 입력} + \text{손실}}{\text{전원입력}} \times 100\%$

효율 $= \dfrac{\text{아크쪽 입력}}{\text{아크쪽 입력} + \text{손실}} \times 100\%$

31. 용접이음을 설계할 때 일반적인 주의사항으로 틀린 것은?
- ㉮ 강도가 약한 필릿 용접은 될 수 있는 대로 피하고 맞대기 용접을 하도록 한다.
- ㉯ 용접작업에 지장을 주지 않도록 충분한 공간을 준다.
- ㉰ 용접이음이 한 곳으로 집중되거나, 접근되도록 한다.
- ㉱ 가급적 능률이 좋은 아래보기 용접을 많이 하도록 한다.

[해설] ① 용접을 안전하게 할 수 있는 구조로 아래보기 용접을 많이 하도록 한다.
② 용접봉의 용접부에 대한 접근성도 작업이 쉽고 어려움에 영향을 주므로 용접작업에 지장을 주지 않는 간격을 남긴다.
③ 필릿 용접은 가능한 피하고 맞대기 용접을 하도록 한다.
④ 중립축에 대하여 모멘트 합이 "0"이 되도록 한다.
⑤ 용접물 중심에 대하여 대칭으로 용접하여 변형을 방지한다.
⑥ 동일 평면 내에 많은 이음이 있을 때에는 수축이 가능한 자유단으로 보낸다.

32. 맞대기 용접이음의 홈의 종류가 아닌 것은?
- ㉮ I형 홈
- ㉯ V형 홈
- ㉰ T형 홈
- ㉱ U형 홈

[해설] 맞대기 용접의 홈의 형상은 I형, V형, 양면 V형(X), J형, 양면 J형, 베벨형, 양면 베벨형(K), U형, 양면 U형(H) 등이 있다.

정답 27. ㉰ 28. ㉱ 29. ㉱ 30. ㉯ 31. ㉰ 32. ㉰

33. 피복 아크 용접에서 용접부의 균열 방지대책으로 맞지 않은 것은?
㉮ 적당한 예열과 후열을 한다.
㉯ 염기도가 적은 용접봉을 선택한다.
㉰ 적절한 속도로 운봉을 한다.
㉱ 저수소계 용접봉을 사용한다.
[해설] 내균열성은 염기도가 높을수록 양호하다.

34. 초음파 탐상법의 종류에 속하지 않는 것은?
㉮ 투과법   ㉯ 펄스반사법
㉰ 공진법   ㉱ 관통법
[해설] 초음파 검사법의 종류는 펄스반사법, 투과법, 공진법 등이 있다.

35. 용접 홈의 형상 중 V형 홈에 대한 설명으로 옳은 것은?
㉮ 판 두께가 대략 6 mm 이하의 경우 양면 용접에 사용한다.
㉯ 양쪽 용접에 의해 완전한 용입을 얻으려고 할 때 쓰인다.
㉰ 판 두께 3 mm 이하로 루트간격 없이 한쪽에서 용접할 때 쓰인다.
㉱ 보통 판 두께 20 mm 이하의 판에서 한쪽 용접으로 완전한 용입을 얻고자 할 때 쓰인다.
[해설] ㉱항 외에 표준각도는 54~70° 정도가 적당하며, 판의 두께가 두꺼워지면 용착금속의 양이 증가하고, 각변형이 발생할 위험이 있다.

36. AW-400인 용접기 50대를 설치하고자 할 때 전원 변압기는 어느 정도 용량을 설비해야 하는가? (단, 용접기의 평균전력은 200 A, 무부하 전압은 80 V, 사용률은 70 %이다.)
㉮ 320 kVA   ㉯ 420 kVA
㉰ 460 kVA   ㉱ 560 kVA
[해설] ① 용접기의 부하율 $= \dfrac{200}{400} = 0.5$
② 용접기 1대 당 최대 용량
  $= 400 \times 80 = 32$ kVA
③ 전원변압기 용량은
  $Q = 50 \times 0.7 \times 0.5 \times 32 = 560$ kVA

37. 플러그 용접(plug welding)의 설명으로 알맞은 것은?
㉮ 고진공 중에서 고속전자 방출에 의한 충격발열을 이용하여 접합하는 용접방법
㉯ 접합하는 부재 한쪽에 원형 구멍을 뚫고 판의 표면까지 가득하게 용접하고 다른 쪽 부재와 접합하는 용접방법
㉰ 걸친 모재를 전극으로 선단에 끼워넣고 전류를 집중시켜 국부적으로 가열과 동시 가압하는 용접방법
㉱ 맞대기 저항용접의 일종이며 접합부를 충분히 가열한 다음 큰 압력으로 면을 접합하는 용접방법

38. 각 변형의 방지대책에 관한 설명 중 틀린 것은?
㉮ 개선 각도는 작업에 지장이 없는 한도 내에서 작게 하는 것이 좋다.
㉯ 용접속도가 빠른 용접법을 이용한다.
㉰ 구속지그를 활용한다.
㉱ 판 두께와 개선형상이 일정할 때 용접봉 지름이 작은 것을 이용하여 패스의 수를 늘인다.
[해설] 각 변형이란 용접부재에 생기는 가로방향의 굽힘변형을 말하며, 필릿 용접의 경우는 수평판의 상부가 오므라드는 것을 말한다. 각 변형을 적게 하려면 용접층 수를 가능한 적게 한다. 다른 용어로는 횡굴곡이라 한다.

39. 용접부의 인장응력이 5 kgf/mm², 용접선 유효길이가 80 mm이며, V형 맞대기로 완전 용입인 경우 하중 8000 kgf에 대한 판 두께

정답 33. ㉯ 34. ㉱ 35. ㉱ 36. ㉱ 37. ㉯ 38. ㉱ 39. ㉯

는 몇 mm인가? (단, 하중은 용접선과 직각 방향임.)

㉮ 10   ㉯ 20   ㉰ 30   ㉱ 40

[해설] 인장응력을 구하는 공식에 대입하면

$$인장응력 = \frac{하중}{단면적}$$

$5 = \frac{8000}{두께 \times 80}$ 이므로, 두께 = 20 mm

40. 용접부 내부에 모재표면과 평행하게 층상으로 형성되어 있는 균열은?

㉮ 라멜라테어 균열   ㉯ 래미네이션 균열
㉰ 재열 균열   ㉱ 힐 균열

[해설] 모서리 이음, T 이음 등에서 볼 수가 있으며 강의 내부에 모재 표면과 평행하게 층상으로 발생하는 균열을 라멜라테어(층상) 균열이라 한다.

제 3 과목 용접일반 및 안전관리

41. 산소와 아세틸렌 가스용기 취급 시 주의할 점으로 틀린 것은?

㉮ 산소 용기는 직사광선을 피하고 60℃ 이하에서 보관한다.
㉯ 아세틸렌 용기는 반드시 세워서 사용해야 한다.
㉰ 산소병을 운반 시는 반드시 캡을 씌워 이동한다.
㉱ 가스누설 점검은 수시로 실시하며 비눗물로 한다.

[해설] 산소용기는 직사광선을 피하고 40℃ 이하에서 보관한다.

42. 용해 아세틸렌을 용기에 15℃, 15기압으로 충전할 때 아세틸렌은 1 L의 아세톤에 몇 L가 용해되는가?

㉮ 375   ㉯ 200   ㉰ 250   ㉱ 275

[해설] 15℃ 1기압에서 아세틸렌이 아세톤에 25배가 용해가 되므로
15기압×25배 = 375 L

43. 아크 발생열에 의하여 피복제가 분해되어 일산화탄소, 이산화탄소, 수증기 등의 가스 발생제가 되는 가스실드식 피복제의 성분은?

㉮ 규산나트륨   ㉯ 셀룰로오스
㉰ 규사   ㉱ 일미나이트

[해설] 가스 발생제는 셀룰로오스, 탄산바륨, 석회석, 톱밥, 녹말 등이다.

44. 용접기의 보수 및 점검 시 지켜야 할 사항으로 틀린 것은?

㉮ 2차 측 단자의 한쪽과 용접기 케이스는 접지해서는 안 된다.
㉯ 가동부분, 냉각팬을 점검하고 회전부 등에는 주유를 해야 한다.
㉰ 탭 전환의 전기적 접속부는 자주 샌드페이퍼 등으로 잘 닦아준다.
㉱ 용접 케이블 등의 파손된 부분은 절연테이프로 감아야 한다.

[해설] 2차측 단자의 한쪽과 용접기 케이스는 안전상 반드시 접지를 해야 한다.

45. 가스절단에서 절단용 산소의 순도가 낮은 것을 사용하였을 때의 설명으로 맞는 것은?

㉮ 슬래그 박리성이 양호하다.
㉯ 절단속도가 느리고, 절단면이 거칠어진다.
㉰ 절단시간이 단축된다.
㉱ 절단홈의 폭이 좁아지고, 절단효율과는 무관하다.

[해설] ① 절단속도가 늦어지고 슬래그 이탈성이 나쁘며 절단홈의 폭이 넓어진다.
② 절단면이 거칠며 산소의 소비량이 많아진다.
③ 절단 가능한 판의 두께가 얇아지며 절단 시작 시간이 길어진다.

[정답] 40. ㉮   41. ㉮   42. ㉮   43. ㉯   44. ㉮   45. ㉯

46. 잠호 용접기에서 용접전류는 직류 또는 교류가 사용되고 아크의 복사열에 의해 모재를 가열 용융시켜 용접을 행하며 용입이 얕은 관계로 스테인리스강 등의 덧붙이 용접에 잘 쓰이는 다전극 방식은?
㉮ 횡병렬식 ㉯ 횡직렬식
㉰ 탠덤식 ㉱ 다전원 연결 탠덤식
[해설] 잠호 용접에서 다전극을 사용하는 종류는 탠덤식(2개의 전극을 독립 전원에 접속), 횡직렬식(2개의 용접봉 중심이 한 곳에 만나도록 배치), 횡병렬식(2개 이상의 용접봉을 나란히 옆으로 배치) 등이 있다.

47. 점(spot) 용접의 3대 요소가 아닌 것은?
㉮ 가압력 ㉯ 전류의 세기
㉰ 통전시간 ㉱ 도전율
[해설] 전기저항 점용접의 3대 요소는 용접전류, 통전시간, 가압력이다.

48. 아크 길이에 따라 전압이 변동하여도 아크 전류는 거의 변하지 않는 특성은?
㉮ 아크 부특성 ㉯ 수하 특성
㉰ 정전류 특성 ㉱ 정전압 특성
[해설] 부하전류가 증가하면 단자전압이 저하하는 수하특성과 함께 정전류 특성은 수동용접기에 사용된다.

49. 용접작업을 하지 않을 때에는 용접기의 2차 무부하 전압을 약 25 V 이하로 유지하고 용접봉을 모재에 접촉하는 순간에만 릴레이가 작동하여 용접이 가능토록 한 장치는?
㉮ 원격 제어 장치 ㉯ 전격 방지 장치
㉰ 핫 스타트 장치 ㉱ 고주파 발생 장치
[해설] 전격방지기는 교류 용접기에서 2차 무부하 전압을 20~30 V로 유지하다가 아크가 발생할 때 정상적인 무부하전압으로 올라가는 역할을 하고, 인체의 감전 예방장치이다.

50. 연강용 피복 아크 용접봉에서 피복제의 편심률은 몇 % 이내이어야 하는가?
㉮ 10 % ㉯ 15 %
㉰ 30 % ㉱ 3 %
[해설] 편심률이 3 % 이상이 되면 피복에서 불균일하게 얇게 도포된 곳이 먼저 용융되어 비드가 한 쪽으로 치우치는 편심이 생겨, 용접 결과가 나쁘게 된다.

51. 용접의 장점에 관한 일반적인 설명으로 틀린 것은?
㉮ 이종(異種)재료도 접합시킬 수 있다.
㉯ 수밀성과 기밀성이 좋다.
㉰ 재료의 두께에 제한을 받는다.
㉱ 보수와 수리가 용이하다.
[해설] ① 공정수의 감소와 재료의 절약
② 중량의 경감 및 성능과 수명 향상
③ 이음효율, 강도증가, 수밀, 기밀 유지

52. 안전·보건 표지의 색채, 색도기준 및 용도에서 정한 파란색의 용도로 맞는 것은?
㉮ 금지 ㉯ 경고
㉰ 안내 ㉱ 지시
[해설] ① 빨강 : 금지
② 노랑 : 경고, 주의 표시
③ 파랑 : 지시
④ 녹색 : 안내
⑤ 흰색 : 파랑, 녹색에 대한 보조색
⑥ 검정색 : 문자 및 빨강, 노랑에 대한 보조색

53. 납땜 작업 시 용제가 갖추어야 할 조건이 아닌 것은?
㉮ 땜납의 표면장력을 맞추어서 모재와의 친화력이 낮을 것
㉯ 납땜 후 슬래그 제거가 용이할 것
㉰ 청정한 금속면의 산화를 방지할 것
㉱ 모재나 땜납에 대한 부식작용이 최소한일 것

정답 46. ㉯ 47. ㉱ 48. ㉰ 49. ㉯ 50. ㉱ 51. ㉰ 52. ㉱ 53. ㉮

[해설] • 용제가 갖추어야 할 조건
① 모재의 산화 피막과 같은 불순물을 제거하고 유동성이 좋을 것
② 청정한 금속면의 산화를 방지할 것
③ 땜납의 표면장력을 맞추어서 모재와의 친화력을 높일 것
④ 용제의 유효온도 범위와 납땜 온도가 일치할 것
⑤ 납땜 후 슬래그의 제거가 용이할 것
⑥ 모재나 땜납에 대한 부식 작용이 최소한일 것
⑦ 전기저항 납땜에는 전도체를 사용할 것

54. 탄소 아크 절단에 압축공기를 병용하여 전극 홀더의 구멍에서 탄소 전극봉에 나란히 분출하는 고속의 공기를 분출시켜 용융금속을 불어내어 홈을 파는 방법은?
㉮ 가스 가우징 ㉯ 스카핑
㉰ 산소창 절단 ㉱ 아크에어 가우징

[해설] • 아크에어 가우징
① 가스 가우징보다 작업능률이 2~3배 좋다.
② 균열의 발견이 쉽고, 철, 비철금속 어느 경우에도 사용한다.
③ 전원은 직류 역극성을 사용하고, 압축공기는 6~7 kg/cm²를 사용한다.

55. 산소-아세틸렌 가스의 혼합비가 1 : 1 정도이고, 표준불꽃이라고도 하는 것은?
㉮ 산화불꽃   ㉯ 탄화불꽃
㉰ 중성불꽃   ㉱ 산소과잉 불꽃

[해설] • 산소-아세틸렌 가스의 혼합비
① 탄화불꽃 : 0.85~0.95 : 1
② 표준(중성)불꽃 : 1.0~1.14 : 1
③ 산화불꽃 1.15~1.70 : 1

56. 아르곤 가스는 1기압 하에서 약 6500 L의 양이 약 몇 기압으로 용기에 충전되어 공급하는가?
㉮ 15   ㉯ 25   ㉰ 140   ㉱ 180

[해설] 아르곤 가스의 충전 압력은 140기압이다.

57. 저항용접에 의한 압점에서 전류 20 A, 전기저항 30 Ω, 통전시간 10 s일 때 발열량은 몇 cal인가?
㉮ 14400 ㉯ 28800 ㉰ 48800 ㉱ 24400

[해설] 발열량 $H = 0.238 I^2 Rt \fallingdotseq 0.24 I^2 Rt$
여기서, I : 전류, R : 저항 t : 통전시간
$0.24 \times 20^2 \times 30 \times 10 = 28800$

58. 일렉트로 슬래그 용접에서 사용되는 수랭식 판의 재료는?
㉮ 알루미늄   ㉯ 니켈
㉰ 구리   ㉱ 연강

[해설] 와이어와 용융슬래그 사이에 통전된 저항열을 이용하는 방법으로 열전도가 좋은 수랭판은 구리를 사용한다.

59. 용해 아세틸렌의 이점에 해당되지 않는 것은?
㉮ 아세틸렌 발생기와 부속기구가 필요하다.
㉯ 운반이 비교적 용이하다.
㉰ 발생기를 사용하지 않으므로 폭발의 위험성이 적다.
㉱ 순도가 높아 불순물에 의해 용접부의 강도가 저하되지 않는다.

[해설] 용해 아세틸렌은 아세틸렌 용기에 아세톤에 용해한 가스를 충전하여 사용되므로 발생기나 부속기구가 필요없다.

60. 가스 용접이나 절단에 사용되는 연료가스가 가져야 할 성질 중 틀린 것은?
㉮ 불꽃의 온도가 높을 것
㉯ 연소속도가 느릴 것
㉰ 발열량이 클 것
㉱ 용융금속과 화학반응을 일으키지 않을 것

[해설] 연소속도가 빨라야 한다.

정답 54. ㉱ 55. ㉰ 56. ㉰ 57. ㉯ 58. ㉰ 59. ㉮ 60. ㉯

용접 산업기사 ▶ 2010. 7. 25 시행

제1과목 용접야금 및 용접설비 제도

1. 다음 보기를 공통적으로 설명하고 있는 표면 경화법은?

〈보 기〉
- 강을 NH_3 가스 중에서 500~500℃로 20~100시간 정도 가열한다.
- 경화 깊이를 깊게 하기 위해서는 시간을 길게 하여야 한다.
- 표면층에 합금성분인 Cr, Al, Mo 등이 단단한 경화층을 형성하며, 특히 Al은 경도를 높여주는 역할을 한다.

㉮ 질화법 ㉯ 침탄법
㉰ 크로마이징 ㉱ 화염경화법

[해설] • 강의 표면 경화 열처리 종류
① 침탄법(고체, 가스, 액체)
② 질화법
③ 금속 침탄법(Cr : 크로다이징, Si : 실리코나이징, Al : 칼로라이징, B : 보로나이징, Zn : 세라다이징, 방전 경화법)
④ 화염경화법
⑤ 고주파 경화법

2. 결정입자의 크기와 형상에 대한 설명 중 맞는 것은?
㉮ 냉각속도가 빠르면 결정핵 수는 많아진다.
㉯ 냉각속도가 빠르면 입자는 조대화된다.
㉰ 냉각속도가 느리면 결정핵 수는 많아진다.
㉱ 냉각속도가 느리면 입자는 미세해진다.

[해설] • 금속 결정
① 냉각속도가 빠르면 결정핵 수는 증가하고 결정입자가 미세화된다.
② 냉각속도가 느리면 결정핵 수는 감소하고 결정입자가 조대화된다.

3. 강의 용접 열영향부 조직 중 가열온도 범위가 900~1100℃이고 재결정으로 인해 미세화, 인성 등 기계적 성질이 양호한 것은?
㉮ 조립역 ㉯ 세립역
㉰ 모재원질역 ㉱ 취화역

[해설] • 열 영향부의 조직
① 11500℃ : 용접금속
② 1300~1500℃ : 본드부
③ 1100~1250℃ : 혼입부
④ 900~1100℃ : 미세부
⑤ 900~750℃ : 입상 펄라이트
등으로 구분한다.

4. 피복 아크 용접봉에 습기가 많을 때 나타나는 것은?
㉮ 아크가 안정해진다.
㉯ 용접부에 기공이나 균열이 생기기 쉽다.
㉰ 용접 비드 폭이 넓어지고 비드가 깨끗해진다.
㉱ 용접 후 각 변형이 작아진다.

[해설] 습기는 작은 물방울로, H_2O로 분해되어 수소가스에 의해 기공, 균열 등의 결함이 발생하므로 작업 전에 반드시 건조를 한다.

5. 다음 중 강자성체에 속하는 것은?
㉮ Fe, Co, Ni ㉯ Fe, Ag, Zn
㉰ Fe, Sb, Ni ㉱ Fe, Co, Cu

[해설] Fe(768℃), Co(1120℃), Ni(358℃)로 자기변태를 하는 대표적인 금속이다.

6. 탄소강의 물리적 성질 변화에서 탄소량의 증가에 따라 증가되는 것은?
㉮ 비중 ㉯ 열팽창계수
㉰ 열전도도 ㉱ 전기저항

정답 1. ㉮ 2. ㉮ 3. ㉯ 4. ㉯ 5. ㉮ 6. ㉱

[해설] 강은 순철에 가까운 페라이트와 시멘타이트가 혼합된 것으로 비중, 열팽창계수, 열전도율은 탄소량의 증가에 따라 감소하지만 비열, 전기저항, 항자력은 증가한다.

7. 철을 서랭하면 910℃에서 단위격자의 특성이 다르게 된다. 이를 무엇이라고 하는가?
㉮ 금속간 화합 ㉯ 치환
㉰ 변태 ㉱ 공간격자

[해설] Fe-C 상태도에서 A_3 변태점(910℃)이하는 체심입방격자, A_3 변태점 이상에서 A_4 변태까지는 면심입방격자, A_4 이후에 용융점까지는 체심입방격자로 변태에 변화가 있다.

8. 금속재료에 포함된 원소 중 용접부의 균열에 가장 큰 영향을 미치는 원소는?
㉮ 크롬(Cr) ㉯ 규소(Si)
㉰ 황(S) ㉱ 니켈(Ni)

[해설] 강 중에 황이 0.02% 이상 함유됐을 때 용접성을 나쁘게 하는 적열취성 및 균열의 원인이 된다.

9. 용접부에 노 내 응력 제거 방법 중 가열부를 노에 넣을 때 및 꺼낼 때의 노 내 온도는 몇 ℃ 이하로 하는가?
㉮ 300℃ ㉯ 400℃
㉰ 500℃ ㉱ 600℃

[해설] 연강 종류는 제품의 노 내를 출입시키는 온도는 300℃를 넘어서는 안 된다.

10. 피복 배합제의 성분 중 슬래그 생성제의 역할에 대한 설명으로 틀린 것은?
㉮ 기공이나 내부 결함을 방지한다.
㉯ 용융점이 높은 무거운 슬래그를 만든다.
㉰ 용접부의 표면을 덮어 산화와 질화를 방지한다.
㉱ 용착금속의 냉각속도를 느리게 한다.

[해설] 슬래그 생성제는 용융 금속을 서서히 냉각시키므로 기공이나 내부결함을 방지하고 용융점이 낮은 가벼운 슬래그를 만들어 용융 금속의 표면을 덮어서 산화나 질화를 방지한다.

11. 다음 그림 중 모서리 이음을 나타낸 것은?

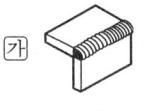 ㉮ 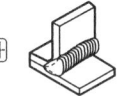 ㉯

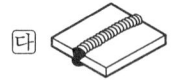 ㉰  ㉱

[해설] ㉮는 모서리 이음, ㉯는 필릿 이음, ㉰는 맞대기 이음, ㉱는 겹치기 이음이다.

12. 스케치 방법 중 평면으로 복잡한 윤곽을 갖고 있는 부품의 경우 그 면에 광명단 등을 바르고 스케치 용지에 찍어 그 면의 실형을 얻는 것은?
㉮ 프리핸드법 ㉯ 본드기법
㉰ 프린트법 ㉱ 사진촬영법

[해설] 스케치 방법은 문제의 ㉮, ㉯, ㉰, ㉱의 방법이 사용되며,
① 프린트법은 부품 표면에 광명단 또는 스탬프 잉크를 칠한 후, 종이를 대고 눌러서 실제 모양을 뜨는 방법이다.
② 모양뜨기 : 불규칙한 곡선을 가진 물체를 직접 종이에 대고 그리거나, 납선 또는 동선 등을 부품의 윤곽 곡선과 같이 만들어 종이에 옮기는 방법
③ 프리핸드법 : 손으로 직접 그리는 방법
④ 사진촬영 : 사진기로 직접 찍어서 도면을 그리는 방법

13. KS의 부문별 분류기호에서 V는 어느 부문을 뜻하는 것인가?
㉮ 금속 ㉯ 기계
㉰ 조선 ㉱ 광산

[해설] • KS의 부문별 분류기호

A	B	C	D
기본	기계	전기	금속
E	F	G	H
광산	토건	일용품	식료품
K	L	M	P
섬유	요업	화학	의료
R	V	W	X
수송기계	조선	항공	정보산업

14. 표제란의 척도란에 척도값을 1 : 2, 1 : 5 등과 같이 기입하는 척도의 종류로 맞는 것은 어느 것인가?
㉮ 현척 ㉯ 배척 ㉰ 실척 ㉱ 축척

[해설] 척도의 종류는 현척, 축척, 배척 3종류가 있으며 분수로 생각하여 구분한다. 즉 100 : 1은 100/1로 배척, 1/2는 축척으로 1 : 2로도 표시한다.

15. 아래 그림의 화살표 쪽의 인접부분을 참고로 표시하는데 사용하는 선의 명칭은?
㉮ 외형선
㉯ 숨은선
㉰ 파단선
㉱ 가상선

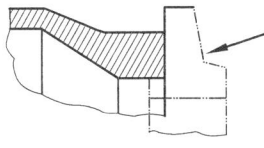

16. 기계재료의 표시기호 SM 25C에서 25C가 뜻하는 것은?
㉮ 재료의 최저 인장강도
㉯ 재료의 용도표시
㉰ 재료의 탄소함유량
㉱ 재료의 제조방법

[해설] SM 25C에서 S(steel) : 강, M(machine structural use) : 기계구조용, 25C : 탄소함유량

17. 보기의 용접기호 설명 중 가장 적절하지 않은 것은?

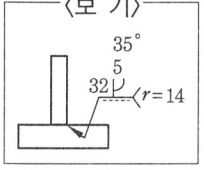

㉮ 루트 반지름 14 mm
㉯ 루트 간격 5 mm
㉰ 홈(그루브) 각도 35°
㉱ 루트 깊이 32 mm

[해설] ㉱항은 그루브 깊이를 의미한다.

18. 외형도에 있어서 필요로 하는 요소의 일부분만을 오려서 국부적으로 단면도를 표시한 것을 무슨 단면도라고 하는가?
㉮ 한쪽단면도 ㉯ 온단면도
㉰ 부분단면도 ㉱ 회전도시 단면도

[해설] 일부분을 잘라내고 필요한 내부 모양을 그리기 위한 방법으로 파단선을 그어서 단면 부분의 경계를 표시하는 것을 부분 단면도라 한다.

19. CAD의 특징에 대한 설명으로 틀린 것은?
㉮ 점, 선 및 원 등을 이용하여 도형을 정확하게 그릴 수 있다.
㉯ 필요에 따라 도면을 확대, 축소, 이동 등이 가능하다.
㉰ 도형을 2차원적으로만 그리고 입체적으로는 그릴 수 없다.
㉱ 방대한 자료를 컴퓨터에 저장하여 데이터베이스를 구축하여 설계의 생산성을 향상시킬 수 있다.

[해설] CAD는 도형을 2차원적인 2D와 입체적인 3D로 그릴 수 있어 가상적인 물체 특성을 알 수가 있다.

20. KS에 의한 용접 보조기호 의 명칭을 올바르게 설명한 것은?
㉮ 평면 마감 처리한 V형 맞대기 용접
㉯ 이면 용접이 있으며 표면 모두 평면 마감 처리한 볼록 양면 V형 용접
㉰ 이면 용접이 있으며 표면 모두 평면 마

[정답] 14. ㉱ 15. ㉱ 16. ㉰ 17. ㉱ 18. ㉰ 19. ㉰ 20. ㉱

감 처리한 오목 필릿 용접
㉣ 이면 용접이 있으며 표면 모두 평면 마감 처리한 V형 맞대기 용접

[해설] 가장 아래의 기호는 뒷면(이면) 용접, V는 V형 맞대기 용접, -는 동일 평면으로 다듬질할 것을 의미한다.

제 2 과목 용접구조설계

21. 용접이음 설계 시 충격하중을 받는 연강의 안전율로 적당한 것은?
㉮ 3　　㉯ 5　　㉰ 8　　㉱ 12

[해설] 안전율 = $\dfrac{\text{인장강도}}{\text{허용응력}}$

안전율은 정하중 : 3, 동하중(단진) : 5, 교번하중 : 8, 충격하중 : 12

22. 용접이 완료된 후에 발생되는 응력부식의 원인으로 맞는 것은?
㉮ 과다한 탄소함량　㉯ 담금질 효과
㉰ 뜨임 효과　㉱ 잔류응력의 증가

[해설] 응력이 존재하는 상태에서는 재료의 부식이 촉진되는 것을 응력부식이라 하고 동합금의 경우는 잔류응력이 존재하면 시즌 크랙이 발생하는 경우가 있다.

23. 두께가 6.4 mm인 두 모재의 맞대기 이음에서 용접의 이음부가 4536 kgf의 인장하중이 작용할 경우 필요한 용접부의 최소 허용길이(mm)는 약 얼마인가? (단, 용접부의 허용 인장응력은 14.06 kgf/mm²이다.)
㉮ 50.4 mm　㉯ 40.3 mm
㉰ 30.1 mm　㉱ 20.7 mm

[해설] 허용응력 = $\dfrac{\text{하중}}{\text{단면적}}$

허용길이 = $\dfrac{4536}{6.4 \times 14.06}$ = 50.4

24. 금속의 응고 과정에서 방출된 기체가 빠져나가지 못하여 생긴 결함을 무엇이라고 하는가?
㉮ 슬래그　㉯ 설퍼 프린트
㉰ 흡인　㉱ 기공

[해설] 수소가스가 원인으로, 기체가 응고과정에서 빠져나가지 못하여 생긴 결함을 기공이라 한다.

25. 용접선에 따라 응력을 제거할 목적으로서 압축응력 부분을 가스불꽃으로 가열한 직후에 수랭하여 그 부위를 소성변형시켜 잔류응력을 감소시키는 것은?
㉮ 억제법　㉯ 역 변형법
㉰ 도열법　㉱ 저온응력 완화법

[해설] • 저온응력 완화법 : 용접선의 양측을 일정한 속도로 이동하는 가스 불꽃에 의하여 폭 약 150 mm를 약 150~200℃로 가열 후 수랭하는 방법으로 용접선 방향의 인장응력을 완화시킨다.

26. 용접구조물을 제작할 때 피로강도를 향상시키기 위한 방법을 올바르게 설명한 것은?
㉮ 가능한 응력 집중부에는 용접부가 집중되도록 한다.
㉯ 열처리 또는 기계적인 방법으로 용접부 잔류응력을 완화시킬 것
㉰ 냉간가공 또는 야금적 변태를 이용하여 기계적 강도를 완화시킬 것
㉱ 표면가공, 다듬질 등에 의하여 단면이 급변하게 할 것

[해설] 용접부의 결함은 피로강도, 충격강도, 인장강도의 순으로 영향이 크다. 피로강도는 잔류응력이 있거나 교번하중을 받을 때 발생하므로 열처리 및 기계적인 방법으로 잔류응력을 완화하고 하중을 경감하여야 한다.

27. 용접지그 사용 시 장점에 대한 설명으로 틀린 것은?

[정답] 21. ㉱　22. ㉱　23. ㉮　24. ㉱　25. ㉱　26. ㉯　27. ㉰

㉮ 용접작업을 용이하게 한다.
㉯ 제품의 정도를 균일하게 향상시킨다.
㉰ 작업능률이 향상되므로 변형이 생긴다.
㉱ 공정수를 절약하므로 작업능률이 좋다.

[해설] • 용접지그 사용 효과
① 아래보기 자세로 용접을 할 수 있다.
② 용접조립의 단순화 및 자동화가 가능하고 제품의 정밀도가 향상된다.

28. 용접부에 발생하는 잔류응력 완화법이 아닌 것은?
㉮ 응력제거 어닐링법
㉯ 피닝법
㉰ 고온응력 완화법
㉱ 기계적 응력 완화법

[해설] 잔류 응력 경감법의 종류는 노 내 풀림법, 국부 풀림법, 저온응력 완화법, 기계적 응력 완화법, 피닝법 등이 있다.

29. 용접비용을 줄이기 위한 방법으로 고려해야 할 사항 중 틀린 것은?
㉮ 대기시간을 길게 한다.
㉯ 용접이음부가 적은 경제적인 설계를 한다.
㉰ 재료의 효과적인 사용계획을 세운다.
㉱ 용접지그를 활용한다.

[해설] 문제의 ㉯, ㉰, ㉱항 외에 아래보기 자세로 용접, 용접봉의 적절한 선정, 고정구 사용에 의한 능률향상, 적당한 품질관리와 검사, 용접방법의 사용 등이 있다.

30. 용접이 교차하는 곳에는 응력집중이 생기기 쉬워 부채꼴 오목부를 붙인다. 이것을 무엇이라 하는가?
㉮ 빌드업(buildup)
㉯ 스캘럽(scallop)
㉰ 블록(block)
㉱ 캐스케이드(cascade)

[해설] 용접선의 횡으로 지나가는 부재가 있을 때, 용접선과의 교차를 피하기 위해서 교차되는 부분의 부재를 부채꼴 모양으로 홈이 파여 있는 부위를 스캘럽이라 한다.

31. I형 맞대기 이음 용접에서 용착금속의 최대 인장응력이 100 kgf/mm²이고 안전율이 5라면 이음의 허용응력은 몇 kgf/mm²인가?
㉮ 10 kgf/mm²
㉯ 20 kgf/mm²
㉰ 40 kgf/mm²
㉱ 500 kgf/mm²

[해설] 안전율 $=\dfrac{인장강도}{허용응력}$ 에서

허용응력 $=\dfrac{인장강도}{안전율}=\dfrac{100}{5}=20$

32. 용접순서를 결정할 때의 주의사항으로서 틀린 것은?
㉮ 수축은 자유단으로 보낸다.
㉯ 대칭으로 용접한다.
㉰ 수축이 큰 이음은 먼저 용접한다.
㉱ 리벳과 용접을 병용할 때 리벳을 먼저 한다.

[해설] 용접순서는 ㉮, ㉯, ㉰ 외에 용접구조물의 중립축에 대하여 용접 수축력의 모멘트의 합이 "0"이 되게 하고 용접작업이 불가능하거나 곤란한 경우가 생기지 않도록 한다.

33. 자분 탐상검사의 자화방법이 아닌 것은?
㉮ 축통전법
㉯ 관통법
㉰ 극간법
㉱ 원형법

[해설] 자화방법은 축통전법, 직각통전법, 관통법, 전류통전법, 코일법, 극간법, 자속관통법 등이 있다.

34. 용접 길이를 짧게 나누어 간격을 두면서 용접하는 방법으로 피 용접물의 전체에 변형이나 잔류응력이 적게 발생하도록 하는 용착법은?
㉮ 전진법 ㉯ 후진법 ㉰ 블록법 ㉱ 비석법

[해설] 비석법 또는 스킵법(skip)이라 하고 잔류응력을 가능한 적게 할 경우에 사용된다.

[정답] 28. ㉰ 29. ㉮ 30. ㉯ 31. ㉯ 32. ㉱ 33. ㉱ 34. ㉱

35. 본 용접하기 전에 적당한 예열을 함으로써 얻어지는 효과가 아닌 것은?
- ㉮ 예열을 하게 되면 기계적 성질이 향상된다.
- ㉯ 용접부의 냉각속도를 느리게 하여 균열 발생이 적게 된다.
- ㉰ 용접부 변형과 잔류응력을 경감시킨다.
- ㉱ 용접부의 냉각속도가 빨라지고 높은 온도에서 큰 영향을 받는다.

[해설] 예열에 의해 용접부의 온도분포, 최고 도달온도가 변하고 냉각속도가 느려지지만 비교적 저온에서 큰 영향을 준다.

36. 다음 그림과 같은 필릿 용접에서 이론 목두께는?

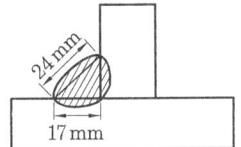

- ㉮ 약 8.5 mm
- ㉯ 약 17 mm
- ㉰ 약 24 mm
- ㉱ 약 12 mm

[해설] 필릿 용접의 단면에 내접하는 이등변 삼각형의 루트부터 빗변까지의 수직거리를 이론 목 두께라 하고, 보통 설계할 때에 사용된다. 용입을 고려한 루트부터 표면까지의 최단거리를 실제 목 두께라 하여 이음부의 강도를 계산할 때 기준으로 한다. 목 두께는 삼각형 높이(b)와 일치하나 실제 용접한 후의 높이(b')는 $b' = 1.36 b$로 계산한다.

37. 피복 아크 용접에서 언더컷(under cut)의 발생 원인이 아닌 것은?
- ㉮ 용접속도가 부적당할 때
- ㉯ 용접전류가 너무 높을 때
- ㉰ 부적당한 용접봉을 사용할 때
- ㉱ 용착부가 급랭될 때

[해설] 용접전류가 높을 때, 용접속도가 빠를 때, 아크길이가 너무 길 때, 용접봉 유지각도가 불량할 때, 부적당한 용접봉을 사용할 때.

38. 용접의 장점에 대한 설명으로 틀린 것은?
- ㉮ 이음효율이 높다.
- ㉯ 수밀, 기밀, 유밀성이 우수하다.
- ㉰ 저온취성이 생길 우려가 없다.
- ㉱ 재료의 두께에 제한이 없다.

[해설] ㉮, ㉯, ㉱ 외에 공정수의 감소, 중량의 경감, 성능과 수명 향상, 강도 증가 등이 있다.

39. 피닝(peening)에 대한 설명으로 맞는 것은?
- ㉮ 특수해머로 용착부를 1번 정도 때려 용착부의 균열을 점검한다.
- ㉯ 특수해머로 용착부를 1번 정도 때려 용착부의 굽힘응력을 완화시킨다.
- ㉰ 특수해머로 용착부를 연속으로 때려 용착부의 기공을 점검한다.
- ㉱ 특수해머로 용착부를 연속으로 때려 용착부의 인장응력을 완화시킨다.

[해설] 피닝법은 끝이 둥근 볼핀해머로 용접부를 연속적으로 타격하여 용접표면에 소성변형을 주어 인장응력을 완화하는 방법으로, 첫층 용접의 균열 방지 목적으로는 700℃ 정도에서 열간 피닝을 한다.

40. 필릿 용접이음부의 보수에 관한 설명으로 옳지 않은 것은?
- ㉮ 간격이 1.5 mm 이하인 경우 그대로 규정된 다리길이로 용접한다.
- ㉯ 간격이 1.5~4.5 mm의 경우에는 6 mm 정도의 뒷댐판을 대고 용접한다.
- ㉰ 간격이 4.5 mm 이상인 경우 라이너(liner)를 넣고 용접한다.
- ㉱ 간격이 4.5 mm 이상인 경우 부족한 판을 300 mm 이상 잘라내어 교환한 후 용접한다.

[해설] ㉮, ㉰, ㉱ 외에 ㉯번은 그대로 용접하여도 좋으나, 넓혀진 만큼 각장을 증가시킬 필요가 있다.

제 3 과목 용접일반 및 안전관리

41. 맞대기 저항용접에 해당하는 것은?
㉮ 스폿 용접   ㉯ 매시 심 용접
㉰ 프로젝션 용접   ㉱ 업셋 용접

[해설] 전기 저항용접 중 맞대기 용접은 업셋 용접, 플래시 용접, 맞대기 심 용접, 퍼커션 용접 등이 있다.

42. 용접을 장시간 하게 되면 용접 품 또는 가스를 흡입하게 되는데 그 방지대책 및 주의사항으로 가장 적당하지 않은 것은?
㉮ 아연 합금, 납 등의 모재에 대해서는 특히 주의를 요한다.
㉯ 환기통풍을 잘한다.
㉰ 절연형 홀더를 사용한다.
㉱ 보호 마스크를 착용한다.

[해설] 용접을 장시간 할 때에는 안전상 환기통풍을 하고 재료특성과 가스에 의한 품, 미스트에 맞는 보호 마스크를 사용해야 한다.

43. 교류 아크 용접에서 전원전류는 몇 사이클마다 극성이 변하는가?
㉮ $\frac{1}{2}$ ㉯ $\frac{1}{3}$ ㉰ $\frac{1}{4}$ ㉱ $\frac{1}{5}$

[해설] 직류전원은 양극과 음극이 일정하지만 교류는 정현파의 사인파로 1사이클의 반은 양(+), 반은 음(-)이 되어 극성이 1, 2로 변한다.

44. 피복 금속 아크 용접봉의 피복배합제의 주요성분이 아닌 것은?
㉮ 고착 성분   ㉯ 슬래그 생성 성분
㉰ 아크 안정 성분   ㉱ 전기도체 성분

[해설] 아크 용접봉의 피복제는 아크 안정제, 가스 발생제, 슬래그 생성제, 탈산제, 고착제, 합금제 등이 있다.

45. 다음 중에서 용접기의 수하특성과 가장 관련이 깊은 것은?
㉮ 저항 - 열의 특성
㉯ 전류 - 전력의 특성
㉰ 전압 - 전류의 특성
㉱ 전력 - 저항의 특성

[해설] 수하특성이란 부하전류가 증가하면 단자전압이 저하하는 특성으로 수동 용접 시 아크의 안정을 도모한다.

46. 가스 절단에서 예열불꽃이 약할 때 일어나는 현상으로 거리가 가장 먼 것은?
㉮ 절단속도가 늦어진다.
㉯ 드래그가 증가한다.
㉰ 절단이 중단되기 쉽다.
㉱ 절단면의 위 기슭이 녹아 둥글게 된다.

[해설] 불꽃이 너무 강할 때에는 절단면 위 기슭이 녹아 둥글게 된다.

47. 카바이드 취급 시 주의사항으로 틀린 것은?
㉮ 운반 시 타격, 충격, 마찰 등을 주지 말 것
㉯ 카바이드 통에서 카바이드를 꺼낼 때에는 모넬메탈이나 목재공구를 사용할 것
㉰ 카바이드는 개봉 후 잘 닫아 안전상 습기가 침투하도록 보관할 것
㉱ 저장소 가까이에 인화성 물질이나 화기를 가까이 하지 말 것

[해설] 카바이드는 물이나 습기와 접촉하면 화학반응으로 가연성인 아세틸렌 가스를 발생하여 화재 및 폭발의 원인이 된다.

48. TIG 용접에서 아크 스타트를 쉽게 하고, 아크가 안정화 되도록 용접기에 설비하는 것은?
㉮ 콘덴서   ㉯ 가동철심
㉰ 고주파 발생기   ㉱ 리액터

[해설] TIG 용접에서 아크 발생을 쉽게 하도록, Al 용접시에는 고주파를 사용하는 것이 좋다.

정답 41. ㉱ 42. ㉰ 43. ㉮ 44. ㉱ 45. ㉰ 46. ㉱ 47. ㉰ 48. ㉰

49. 소화작업에 대한 설명 중 틀린 것은?
㉮ 화재가 발생하면 화재경보를 한다.
㉯ 화재 시에는 가스밸브를 조이고 전기스위치를 끈다.
㉰ 전기배선 시설의 수리 시는 전기가 통하는지 여부를 확인한다.
㉱ 유류 및 카바이드에 붙은 불은 물로 끄는 것이 좋다.

[해설] ① A급 일반화재 : 수용액
② B급 유류화재 : 화학소화액(포말, 사염화탄소, 탄산가스, 드라이케미컬)
③ C급 전기화재 : 분말, 탄산가스, 탄산칼륨+물
④ D급 금속화재 : 건조사

50. 자동용접에 필요한 기구 중 대형 파이프를 원주용접할 때 사용하는 기구는?
㉮ 용접 포지셔너(welding positioner)
㉯ 턴 테이블(turn table)
㉰ 머니퓰레이터(manipulator)
㉱ 터닝 롤러(turning roller)

51. 가스용접에 사용되는 가연성 가스의 완전 연소식의 화학식으로 틀린 것은?
㉮ $C_2H_2 + 2\frac{1}{2}O_2 = 2CO_2 + H_2O$
㉯ $H_2 + \frac{1}{2}O_2 = H_2O$
㉰ $C_3H_8 + 5O_2 = 3CO_2 + 2H_2O_2$
㉱ $CH_4 + 2CO_2 = CO_2 + 2H_2O$

[해설] • 완전연소 방정식
$C_nH_m + \left(n + \frac{m}{4}\right)O_2 = C_3H_8 + \left(3 + \frac{8}{4}\right)O_2$
$= C_3H_8 + 5O_2$
$nCO_2 + \frac{m}{2}H_2O$에 대입하면
$= 3CO_2 + 4H_2O$

52. 교류 용접기와 비교한 직류 용접기의 특징 설명으로 맞는 것은?
㉮ 아크의 안정성이 우수하다.
㉯ 전격의 위험이 많다.
㉰ 용접기의 고장이 적다.
㉱ 용접기의 가격이 저렴하다.

[해설] ㉮는 직류, ㉯, ㉰, ㉱는 교류 용접기의 특징이다.

53. 분말절단법 중 플럭스(flux) 절단에 주로 사용되는 재료는?
㉮ 스테인리스 강판   ㉯ 알루미늄 탱크
㉰ 저합금 강판   ㉱ 강관

[해설] 플럭스(용제) 절단은 스테인리스강의 절단을 주목적으로 내산화성인 탄산소다, 중탄산소다를 주성분으로 하는 분말을 직접 절단산소에 삽입하여 산소가 허실되는 것을 방지하며 분출모양이 정확해 절단면이 깨끗하다.

54. 핀치효과에 의해 열에너지의 집중도가 좋고 고온이 얻어지므로 용입이 깊고 비드 폭이 좁은 접합부가 형성되며, 용접속도가 빠른 것이 특징인 용접은?
㉮ 플라스마 아크 용접
㉯ 테르밋 용접
㉰ 전자빔 용접
㉱ 원자수소 아크 용접

[해설] 이행형 아크로 전극과 모재 사이에서 아크를 발생하여 핀치효과를 일으킨다. 냉각에는 아르곤 또는 아르곤-수소의 혼합가스를 사용하여, 열효율이 높고 모재가 도정성 물질이어야 한다.

55. 서브머지드 아크 용접 시 사용하는 용융형 용제의 특징에 대한 설명으로 틀린 것은?
㉮ 흡습성이 높아 재건조가 필요하다.
㉯ 비드 외관이 아름답다.
㉰ 용제의 화학적 균일성이 양호하다.
㉱ 미용융 용제는 재사용이 가능하다.

정답 49. ㉱ 50. ㉱ 51. ㉰ 52. ㉮ 53. ㉮ 54. ㉮ 55. ㉮

[해설] 용융형 용제는 원료 광석을 1300℃ 이상으로 가열 융해하여 응고시킨 다음 부수어, 적당한 입자를 고르게 만든 것으로 유리와 같은 광택을 가지고 있다. 사용 시 낮은 전류에서는 입도가 큰 것, 높은 전류에서는 입도가 작은 것을 사용하면 기공의 발생이 적다.

56. 산소 및 아세틸렌 용기 취급에 대한 설명 중 올바른 것은?
㉮ 산소병은 60℃ 이하, 아세틸렌병은 30℃ 이하의 온도에서 보관한다.
㉯ 아세틸렌병은 눕혀서 운반하되 운반 도중 충격을 주어서는 안 된다.
㉰ 아세틸렌병은 폭발의 위험을 방지하기 위하여 산소병과 5 m 이상 간격을 두고 설치한다.
㉱ 산소병 내에 다른 가스를 혼합해서는 안 되며 누설시험 시는 비눗물을 사용한다.

[해설] ① 충격을 주지 말고 뉘어 두어서는 안 된다.
② 고압가스는 타기 쉬운 물질이 닿으면 발화하기 쉬우므로 밸브에 그리스나 기름기를 묻혀서는 안 된다.
③ 안전캡으로 병 전체를 들려고 하지 말아야 한다.
④ 산소병을 직사광선에 노출시키지 않아야 하며 화기로부터 5 m 이상 떨어져 저장한다.
⑤ 항상 40℃ 이하로 유지하고 용기 내 압력($170 kg/cm^2$)이 너무 상승되지 않도록 한다.
⑥ 밸브의 개폐는 조용히 하고 누설검사는 비눗물을 사용한다.

57. 연강용 피복 아크 용접봉 중 가스 실드계의 대표적인 용접봉으로 피복제 중에 유기물을 20~30 % 정도 포함하고 있는 것은?
㉮ 라임티타니아계   ㉯ 저수소계
㉰ 철분산화철계   ㉱ 고셀룰로오스계

[해설] 가스발생식 용접봉은 E4311 고셀룰로오스계 용접봉이다.

58. 이산화탄소(CO_2) 아크 용접법의 특징을 설명한 것 중 옳은 것은?
㉮ 적용 재질이 비철계통으로 한정되어 있다.
㉯ 용착금속의 기계적 성질이 나쁘다.
㉰ 용입이 깊고 용접속도를 빠르게 할 수 있다.
㉱ 아크를 볼 수 없으므로 시공이 불편하다.

[해설] 이산화탄소 아크 용접은 철 계통 전용이며 가시 아크로 시공이 편리하다. 용제를 사용하지 않아 슬래그 섞임이 없고 용접 후의 처리가 간단하다.

59. 저항 용접에 의한 압접은 전기저항 열로써 모재를 용융상태로 만들고 외력을 가하여 접합하는 용접법이다. 이때 발생하는 저항열을 구하는 식은?[단, Q : 저항열, I : 전류, R : 전기저항, t : 통전시간(초)]
㉮ $Q = 0.24 IR^2 t$ ㉯ $Q = 0.24 I^2 Rt$
㉰ $Q = 0.24 I^2 R^2 t$ ㉱ $Q = 0.24 I^2 Rt^2$

[해설] 전기저항 용접의 법칙은 줄의 전류세기의 제곱과 도체 저항 및 전류가 흐르는 시간에 비례한다는 법칙으로 $Q = 0.24 I^2 Rt$

60. 용접용어 중 용착부를 만들기 위하여 녹여서 첨가하는 금속을 무엇이라고 하는가?
㉮ 용제   ㉯ 용접금속
㉰ 용가재   ㉱ 덧살

[해설] 용착금속을 만들기 위하여 녹이며 첨가하는 금속은 용가재이다.

정답 56. ㉱   57. ㉱   58. ㉰   59. ㉯   60. ㉰

2011년도 출제 문제

▶ 2011년 3월 20일 시행

자격종목 및 등급(선택분야)	종목코드	시험시간	문제지형별
용접산업기사	2026	1시간 30분	A

제1과목 용접야금 및 용접설비제도

1. 용접재료 중 고장력강의 경우 용접에 있어서 균열을 예방하는 방법으로 올바른 것은?
  ㉮ 예열과 후열 처리를 한다.
  ㉯ 높은 경도의 재질을 선택한다.
  ㉰ 고산화티탄계 용접봉을 사용한다.
  ㉱ 용접부의 구속력을 크게 용접한다.

  [해설] 고장력강은 일반 연강에 비해 인장강도가 강하고 Si, Mn의 함유량이 많으며, Ni, Cr, Mo 등의 원소가 첨가되어 용접열 영향부를 경화시키고 용접 부분에 균열이 발생하기 쉬운 취성을 갖고 있다. 이러한 결점을 보충하려면 모재에 예열(80~150℃)을 하거나 용접봉 선택에 주의한다.

2. 탄소강의 표준조직이 아닌 것은?
  ㉮ 페라이트   ㉯ 마텐자이트
  ㉰ 펄라이트   ㉱ 시멘타이트

  [해설] 탄소강의 표준 조직은 오스테나이트 → 페라이트 → 펄라이트 → 시멘타이트

3. 용접분위기 중에서 발생하는 수소의 원(口)이 아닌 것은?
  ㉮ 플럭스 중의 유기물
  ㉯ 결정수를 포함한 광물
  ㉰ 플럭스에 흡수된 수분
  ㉱ 모재의 성분

4. 용접 후 열처리 목적으로 틀린 것은?
  ㉮ 수소 등의 가스 흡수
  ㉯ 용접 열영향 경화부의 연화
  ㉰ 용접부의 응력 완화와 치수 안정화
  ㉱ 잔류 응력의 완화와 치수 안정화

  [해설] 열처리는 모재의 잔류응력 완화, 용접 경화부의 완화 및 조직의 강도를 높이는 것이 목적이다. 수소 등의 가스 흡수는 기공, 다공성, 균열 등의 원인이 된다.

5. 15℃에서 15기압을 하면 아세톤 1리터에 대하여 아세틸렌 가스 몇 리터가 용해되는가?
  ㉮ 285   ㉯ 350   ㉰ 375   ㉱ 420

  [해설] 15℃ 1기압에서 아세틸렌이 아세톤에 25배가 용해가 되므로
  15기압 × 25배 = 375

6. 시멘타이트를 구상화하는 구상화 풀림의 효과로 옳은 것은?
  ㉮ 인성 및 절삭성이 개선된다.
  ㉯ 잔류응력이 커진다.
  ㉰ 조직이 조대화되며 취성이 생긴다.
  ㉱ 별로 변화가 없다.

  [해설] 구상화 풀림을 하면 탄소강과 유사한 강도와 인성을 갖는다.

7. 고장력강의 용접 시 일반적인 주의사항으로 잘못된 것은?
  ㉮ 용접봉은 저수소계를 사용한다.

정답 1. ㉮   2. ㉯   3. ㉱   4. ㉮   5. ㉰   6. ㉮   7. ㉱

㉰ 용접 개시 전 이음부 내부를 청소한다.
㉯ 위빙 폭을 크게 하지 말아야 한다.
㉱ 아크 길이는 최대한 길게 유지한다.

[해설] ㉮, ㉯, ㉰ 외에 예열 (80~150℃)을 하고 아크 길이는 최대한 짧게 유지한다.

8. 강의 충격 시험 시의 천이온도에 대해 가장 올바르게 설명한 것은?

㉮ 재료가 연성 파괴에서 취성 파괴로 변화하는 온도범위를 말한다.
㉯ 충격 시험한 시편의 평균온도를 말한다.
㉰ 천이온도가 낮은 강을 노치감도가 날카롭다고 한다.
㉱ 천이온도가 높은 강을 노치인성이 풍부하다고 한다.

[해설] 천이온도는 연성 파괴에서 취성 파괴로 변화하는 온도범위로 조직의 변화는 없으나 기계적 성질이 나쁜 곳이다.

9. 특수황동의 종류에 속하지 않는 것은?

㉮ 애드미럴티 황동 ㉯ 네이벌 황동
㉰ 쾌삭 황동 ㉱ 코어손 황동

[해설] 특수황동 종류는 연황동, 주석황동, 철황동, 강력황동, 양은(양백), Al 황동, Si 황동 등이 있다.

10. 다음 금속 중 면심입방격자(FCC)에 속하는 것은?

㉮ 니켈 ㉯ 크롬
㉰ 텅스텐 ㉱ 몰리브덴

[해설] 면심입방격자는 Al, Ca, Ni, Cu, Pd, Ag, Ce, Ir, Pt, Au, Pb, Th 등이 있다.

11. 대상물의 보이는 부분의 모양을 표시하는 데 쓰이는 외형선의 종류는?

㉮ 굵은 실선 ㉯ 가는 실선
㉰ 굵은 1점 쇄선 ㉱ 은선

[해설] 외형선은 굵은 실선을 사용한다.

12. 재료의 조질도 기호에서 풀림 상태(연질)를 표시하는 기호는?

㉮ H ㉯ A ㉰ B ㉱ $\frac{1}{2}$H

[해설] • 조절도 기호
① A : 풀림처리한 상태
② H : 경질
③ $\frac{1}{2}$H : $\frac{1}{2}$경질
④ B : 광택 마무리

13. CAD 시스템의 도입에 따른 적용효과가 아닌 것은?

㉮ 시제품 제작을 현저히 줄일 수 있는 방법을 제공한다.
㉯ 설계에서의 수정 사항에 대한 신속한 대응이 가능하다.
㉰ 설계 오류에 따른 검증 절차가 분산되어 정보를 제공한다.
㉱ 생산성 향상 및 대외 신뢰도의 향상이 가능하다.

[해설] CAD의 도입 효과는 품질 향상, 원가 절감, 납기 단축, 신뢰성 향상, 표준화, 경쟁력 강화 등이다.

14. 그림과 같은 용접기호의 설명으로 올바른 것은?

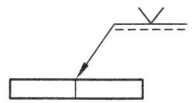

㉮ 이음의 화살표 쪽에 용접을 한다.
㉯ 양쪽에 용접을 한다.
㉰ 화살표 반대쪽에 용접을 한다.
㉱ 어느 쪽에 용접을 해도 무방하다.

[해설] 기호가 실선에 있으므로 화살표 쪽 V형 맞대기 용접이다.

15. KS에서 일반구조용 압연강재의 종류를 나타내는 기호는?

정답 8. ㉮ 9. ㉱ 10. ㉮ 11. ㉮ 12. ㉯ 13. ㉰ 14. ㉮ 15. ㉮

㉮ SS 400　　㉯ SM 45 C
㉰ SWS 400　　㉱ SPC

[해설] ① 첫번째 S : 강
② 둘째 S : 일반 구조용강
③ 400 : 최저 인장 강도

16. 도면에 사용하는 윤곽선의 굵기로 가장 적합한 것은?

㉮ 0.2 mm　　㉯ 0.25 mm
㉰ 0.3 mm　　㉱ 0.5 mm

[해설] 도면의 구역은 25 mm부터 75 mm의 적절한 간격으로 0.5 mm 굵기의 실선을 윤곽선으로부터 바깥쪽으로 5 mm를 긋는다.

17. 프로젝션(projection) 용접의 단면치수는 무엇으로 하는가?

㉮ 너깃의 지름　　㉯ 구멍의 바닥 치수
㉰ 다리길이 치수　　㉱ 루트 간격

[해설] 프로젝션 용접의 단면치수는 너깃의 지름이다.

18. 용접 기호 중에서 스폿 용접을 표시하는 기호는?

㉮ ⊖　　㉯ ⊓
㉰ ○　　㉱ ―

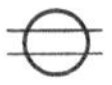

[해설] ㉮는 심 용접, ㉯는 플러그 용접 또는 슬롯 용접, ㉰는 점 용접, ㉱는 서페이싱 용접이다.

19. 면이 평면으로 가공되어 있고, 복잡한 윤곽을 갖는 부품인 경우에 그 면에 광명단 등을 발라 스케치 용지에 찍어 그 면의 실형을 얻는 스케치 방법은?

㉮ 프리핸드법　　㉯ 프린트법
㉰ 모양뜨기법　　㉱ 사진촬영법

[해설] 스케치 방법은 문제의 ㉮, ㉯, ㉰, ㉱의 방법이 사용되며,
① 프린트법은 부품 표면에 광명단 또는 스탬프 잉크를 칠한 후, 종이를 대고 눌러서 실제 모양을 뜨는 방법이다.
② 모양뜨기 : 불규칙한 곡선을 가진 물체를 직접 종이에 대고 그리거나, 납선 또는 동선 등을 부품의 윤곽 곡선과 같이 만들어 종이에 옮기는 방법이다.
③ 프리핸드법 : 손으로 직접 그리는 방법이다.
④ 사진촬영 : 사진기로 직접 찍어서 도면을 그리는 방법이다.

20. 복사한 도면을 접었을 경우에 어느 부분이 표면으로 나오게 하여야 하는가?

㉮ 표제란이 있는 부분
㉯ 부품란이 있는 부분
㉰ 정면도가 있는 부분
㉱ 조립도가 있는 부분

[해설] 큰 도면을 접을 때는 A4 크기로 접고 표제란이 밖으로 나오도록 한다.

제 2 과목　용접구조설계

21. 완전 맞대기 용접이음이 단순굽힘모멘트 $M_b = 9800$ N·cm을 받고 있을 때, 용접부에 발생하는 최대 굽힘응력은? (단, 용접선의 길이 = 200 mm, 판 두께 = 25 mm이고, 굽힘응력 방향은 용접선에 수직이다.)

㉮ 196.0 N/cm²　　㉯ 470.4 N/cm²
㉰ 376.3 N/cm²　　㉱ 235.2 N/cm²

[해설] 단위 환산에 주의한다.

$$굽힘응력 = 6 \times \frac{9800}{20 \times (2.5)^2} = 470.4$$

22. 다음 그림에서 용접 홈(groove)의 각 부 명칭을 올바르게 설명한 것은?

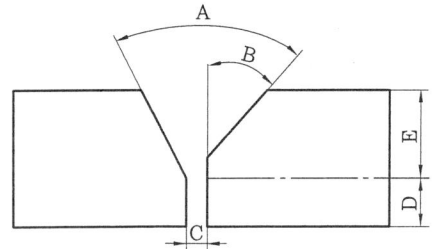

㉮ A : 베벨 각도, B : 홈 각도, C : 루트간격, D : 루트면, E : 홈깊이
㉯ A : 홈 각도, B : 베벨 각도, C : 루트면, D : 루트간격, E : 홈깊이
㉰ A : 홈 각도, B : 베벨 각도, C : 루트면, D : 루트각도, E : 홈깊이
㉱ A : 홈 각도, B : 베벨 각도, C : 루트간격, D : 루트면, E : 홈깊이

23. 가접 시 주의해야 할 사항으로 틀린 것은?
㉮ 본용접자와 동등한 기량을 갖는 용접자가 가용접을 시행한다.
㉯ 본용접과 같은 온도에서 예열을 한다.
㉰ 개선 홈 내의 가접부는 백치핑으로 완전히 제거한다.
㉱ 가접의 위치는 부품의 끝 모서리나 각 등과 같이 응력이 집중되는 곳에 한다.

[해설] • 가접
① 용접 결과의 좋고 나쁨에 직접 영향을 준다.
② 본 용접의 작업 전에 좌우의 홈부분을 잠정적으로 고정하기 위한 짧은 용접이다.
③ 균열, 기공, 슬래그 잠입 등의 결함을 수반하기 쉬우므로 본용접을 실시할 홈 안에 가접하는 것은 바람직하지 못하며, 만일 불가피하게 홈 안에 가접하였을 경우 본용접 전에 갈아 내는 것이 좋다.
④ 본 용접을 하는 용접사와 비등한 기량을 가진 용접사에 의해 가접을 실시한다.
⑤ 가접에는 본 용접보다 지름이 약간 가는 용접봉을 사용하는 것이 좋다.

24. 용접이음의 피로강도에 대한 설명으로 틀린 것은?
㉮ 피로강도에 영향을 주는 요소는 이음형상, 하중상태, 용접부 표면상태, 부식환경 등이 있다.
㉯ S-N 선도를 피로선도라 부르며, 응력 변동이 피로한도에 미치는 영향을 나타내는 선도를 말한다.
㉰ 일반적으로 용접구조물이 받는 응력은 정응력보다도 반복응력을 받는 경우가 적다.
㉱ 하중, 변위 또는 열응력이 반복되어 재료가 손상(균열의 발생이나 파단 등)하는 현상을 피로라고 한다.

[해설] 용접부의 결함은 피로강도, 충격강도, 인장강도의 순으로 영향이 크다. 피로강도는 잔류응력이 생기거나 교변하중을 받을 때 발생하므로 열처리 및 기계적인 방법으로 잔류응력 완화와 하중을 경감하여야 한다.

25. 끝이 구면인 특수한 해머로써 용접부를 연속적으로 때려 용접표면상에 소성변형을 주어 잔류응력을 완화하는 방법은?
㉮ 구속법   ㉯ 스킵법
㉰ 가열법   ㉱ 피닝법

[해설] 피닝법은 끝이 둥근 볼핀해머로 용접부를 연속적으로 타격하여 용접표면에 소성변형을 주어 인장응력을 완화하는 방법이다. 첫층 용접의 균열 방지 목적으로는 700℃ 정도에서 열간 피닝을 한다.

26. 용접시공 시 용접 순서에 관한 설명으로 가장 옳은 것은?
㉮ 용접물 중립축에 대하여 수축력 모멘트의 합이 최대가 되도록 한다.
㉯ 동일 평면 내에 많은 이음이 있을 때에는 수축은 가능한 한 중앙으로 보낸다.
㉰ 용접물의 중심에 대하여 항상 대칭으로

정답   23. ㉱   24. ㉰   25. ㉱   26. ㉰

용접을 진행시킨다.

㉣ 수축이 작은 이음을 가능한 한 먼저 용접하고, 수축이 큰 이음은 나중에 용접한다.

27. 다음 그림과 같이 S_1, S_2의 다리길이가 다를 때 필릿 용접부의 단면적의 공식으로 맞는 것은?

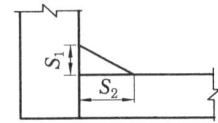

㉮ 단면적 $= \dfrac{S_1 + S_2}{4}$

㉯ 단면적 $= S_1 \times S_2$

㉰ 단면적 $= \dfrac{S_1 + S_2}{2}$

㉱ 단면적 $= \dfrac{(S_1 \times S_2)}{2}$

28. 맞대기 용접에서 변형이 가장 적은 홈의 형상은?

㉮ V형 홈 ㉯ U형 홈
㉰ X형 홈 ㉱ 한쪽 J형 홈

[해설] 대칭인 양면 V형 홈인 X형이 변형이 가장 적다.

29. 용접경비를 산출하는 경우 가공부의 크기, 부재의 상태, 용접시간 등 많은 사항을 고려해야 하는데 보통 용접경비를 산출하는 것으로 가장 적당한 것은?

㉮ 용접 길이 1 m 당의 제(諸)자료에 의하여 산출한다.
㉯ 2시간당 들어가는 제반비용에 의하여 산출한다.
㉰ 용접봉 10 kg 사용량을 기준으로 산출한다.
㉱ 용접 홈의 길이와 높이 폭을 감안한 용

접부피를 기준으로 산출한다.

[해설] 용접경비는 용접길이 1 m 당 자료에 의하여 산출하는 경우가 많다.

30. 다음 그림과 같이 완전용입의 평판 맞대기 용접이음에 인장하중 $P = 10000$ N일 때 인장응력은? (판 두께 $t = 10$ mm, 용접선 길이 $L = 200$ mm)

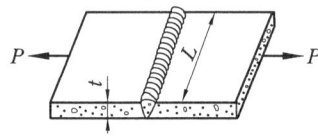

㉮ 20 N/mm² ㉯ 15 N/mm²
㉰ 10 N/mm² ㉱ 5 N/mm²

[해설] 응력 $= \dfrac{\text{인장하중}}{\text{단면적}} = \dfrac{10000}{2000} = 5$

31. 용접의 결함 중 기공의 발생 원인으로 틀린 것은?

㉮ 이음부에 기름, 페인트 등 이물질이 있을 때
㉯ 용접 이음부가 서랭될 때
㉰ 아크 분위기 속에 수소가 많을 때
㉱ 아크 분위기 속에 일산화탄소가 많을 때

[해설] • 기공의 발생 원인
① 용접 분위기 가운데 수소 또는 일산화탄소의 과잉
② 용접부의 급속한 응고
③ 모재 가운데 유황 함유량 과대
④ 강재에 부착되어 있는 기름, 페인트, 녹 등
⑤ 아크길이, 전류조작의 부적당
⑥ 과대 전류의 사용
⑦ 용접속도가 빠르다.

32. 용접 후 잔류응력을 제거 또는 경감시킬 필요가 있을 때 사용하는 응력제거 방법이 아닌 것은?

㉮ 피닝법

[정답] 27. ㉱ 28. ㉰ 29. ㉮ 30. ㉱ 31. ㉯ 32. ㉰

㉯ 노 내 풀림법
㉰ 고온응력 완화법
㉱ 기계적 응력 완화법

[해설] 잔류 응력 경감법의 종류는 노 내 풀림법, 국부 풀림법, 저온응력 완화법, 기계적 응력 완화법, 피닝법 등이 있다.

33. 아크 용접 시 6 mm 이상 두꺼운 강판용접의 용접 홈의 형상으로 거리가 먼 것은?
㉮ I형 ㉯ U형
㉰ 양면 J형 ㉱ H형

[해설] 홈 형상에 따른 판두께는 I형 : 6 mm 이하, V형 : 6~20 mm, X형 : 12 mm 이상, J형 : 6~20 mm, K 양면 J형 : 12 mm 이하, U형 : 16~50 mm, H형 : 20 mm 이상이다.

34. 용접부의 노치인성(notch toughness)을 조사하기 위해 시행되는 시험법은?
㉮ 맞대기 용접부의 인장시험
㉯ 샤르피 충격시험
㉰ 저사이클 피로시험
㉱ 브리넬 경도시험

[해설] 충격시험은 샤르피식(U형 노치에 단순보(수평면))과 아이조드식(V형 노치에 내다보(수직면))이 있고 충격적인 하중을 주어서 파단시키는 시험법으로 흡수에너지가 클수록 인성이 크다.

35. 용접 결함부 보수용접에서 균열부를 용접 시 균열의 진행을 방지하기 위해 사용하는 방법으로 가장 적당한 것은?
㉮ 엔드 탭을 사용한다.
㉯ 살포법을 사용한다.
㉰ 스톱 홀을 뚫는다.
㉱ 백비드를 낸다.

[해설] 균열이 끝난 양쪽 부분에 드릴로 정지 구멍을 뚫고, 균열 부분을 깎아내어 홈을 만든다. 조건이 된다면 근처의 용접부도 일부 절단하여 가능한 자유로운 상태로 한 다음, 균열부분을 재용접한다.

36. 용착법 중에서 일명 비석법이라고도 하며 용접길이를 짧게 나누어 간격을 두면서 용접하는 방법으로 변형이나 잔류응력을 비교적 적게 발생하는 용착방법은?
㉮ 스킵법 ㉯ 대칭법
㉰ 덧살 올림법 ㉱ 전진 블록법

[해설] 비석법 또는 스킵법(skip)이라 하고 잔류응력을 가능한 적게 할 경우에 사용된다.

37. 용접작업에서 급열, 급랭에 의한 열응력이나 변형, 균열을 방지하는 방법으로 가장 올바른 것은?
㉮ 용접 전 칸막이를 하고 용접한다.
㉯ 용접 전 모재를 예열한다.
㉰ 용접부 앞면에 냉각수를 뿌리며 용접한다.
㉱ 용접 전용장치를 선택하여 사용한다.

[해설] 용접작업을 할 때에 급열 및 급랭을 방지하기 위해서는 용접 전 모재를 예열한다.

38. 그림과 같은 용착시공 방법은?

용접 중심선 단면도

㉮ 띄움법 ㉯ 캐스케이드법
㉰ 살붙이법 ㉱ 전진블록법

[해설] 캐스케이드법은 한 부분의 몇 층을 용접하다가 다음 부분의 층으로 연속시켜 후진법과 같이 사용한다. 용접결함 발생이 적으나 잘 사용되지 않고 있다.

39. V형에 비하여 홈의 폭이 좁아도 되고 또한 루트간격을 "0"으로 해도 작업성과 용입이 좋으며 한쪽에서 용접하여 충분한 용입을 얻을 필요가 있을 때 사용하는 이음형상은?
㉮ I형 ㉯ U형 ㉰ X형 ㉱ K형

정답 33. ㉱ 34. ㉯ 35. ㉰ 36. ㉮ 37. ㉯ 38. ㉯ 39. ㉯

40. 로크웰 B스케일에서 시험하중에 의한 압입깊이와 기준하중에 의한 압입깊이의 차를 h라 할 때 경도값을 구하는 공식으로 맞는 것은?
- ㉮ HRB = 100 − 500 h
- ㉯ HRB = 130 − 400 h
- ㉰ HRB = 130 − 500 h
- ㉱ HRB = 100 − 400 h

[해설] 로크웰 C스케일은 꼭지각 120°의 다이아몬드 원뿔을 압입자로 사용하고, 굳은 재료의 경도 시험에 사용되는 방법으로 시험 하중 150 kg에서 시험한 후 다음 식으로 계산한다.

HRB = 100 − 500 h

여기서, h: 압입깊이
B 스케일은 강철볼을 압입하는 방법으로 식은 ㉰번 식이다.

제 3 과목 용접일반 및 안전관리

41. 원격제어 방식이 뛰어난 교류 아크 용접기는?
- ㉮ 가동 코일형
- ㉯ 가동 철심형
- ㉰ 가포화 리액터형
- ㉱ 탭 전환형

[해설] 가포화 리액터형은 직류 여자 전류에 의한 가변저항의 변화로 용접 전류를 조정하기 때문에 원격조정이 가능하다.

42. 냉간(冷間)압접 시 주의해야 할 점이 아닌 것은?
- ㉮ 표면을 깨끗이 한다.
- ㉯ 표면산화 방지에 유의한다.
- ㉰ 손으로 접촉면을 만지지 않는다.
- ㉱ 작업 전 모재를 0℃ 이하로 한다.

[해설] • 냉간 압접의 특징
① 접합부의 열 영향이 없고 숙련이 불필요하다.
② 압접에 필요한 공구가 간단하고 접합부의 전기저항은 모재와 거의 동일하다.
③ 철강 재료의 냉간 압접은 부적당하다.
④ 용접부가 가공 경화된다.

43. 피복 아크 용접작업 시 주의할 사항으로 옳지 못한 것은?
- ㉮ 용접봉은 건조시켜 사용할 것
- ㉯ 용접전류의 세기는 적절히 조절할 것
- ㉰ 앞치마는 고무복으로 된 것을 사용할 것
- ㉱ 습기가 있는 보호구를 사용하지 말 것

[해설] 앞치마가 고무복일 때는 용접할 때 스패터 및 높은 온도 때문에 녹아 화상을 입을 수 있다.

44. 다음 용접법 중 압접이 아닌 것은?
- ㉮ 마찰 용접
- ㉯ 플래시 맞대기 용접
- ㉰ 초음파 용접
- ㉱ 전자빔 용접

[해설] 압접은 가스압접, 초음파 용접, 마찰용접, 냉간압접 등이 있다.

45. 아크 용접기의 바깥 케이스를 어스시키는 가장 중요한 이유는?
- ㉮ 용접기에 과잉전류가 흐르는 것을 방지하기 위하여
- ㉯ 누전되었을 때 작업자의 감전을 방지하기 위하여
- ㉰ 용접기의 과열을 방지하기 위하여
- ㉱ 용접기의 효율을 높이기 위하여

[해설] 용접기 외부의 접지는 감전 방지를 목적으로 한다.

46. 불활성가스 금속 아크 용접의 특징 설명으로 틀린 것은?
- ㉮ TIG 용접에 비해 용융속도가 느리고 박판 용접에 적합하다.

정답 40. ㉰ 41. ㉰ 42. ㉱ 43. ㉰ 44. ㉱ 45. ㉯ 46. ㉮

㉯ 각종 금속 용접에 다양하게 적용할 수 있어 응용범위가 넓다.
㉰ 보호 가스의 가격이 비싸 연강 용접의 경우에는 부적당하다.
㉱ 비교적 깨끗한 비드를 얻을 수 있고 CO_2 용접에 비해 스패터 발생이 적다.

[해설] MIG 용접은 용융속도가 빠르고 후판용접에 적합하다.

47. 산업·보건표지의 색채, 색도기준 및 용도에서 파란색 또는 녹색에 대한 보조색으로 사용되는 색채는?
㉮ 빨간색 ㉯ 흰색
㉰ 검은색 ㉱ 노란색

[해설] ① 빨강 : 금지
② 노랑 : 경고, 주의 표시
③ 파랑 : 지시
④ 녹색 : 안내
⑤ 흰색 : 파랑, 녹색에 대한 보조색
⑥ 검정색 : 문자 및 빨강, 노랑에 대한 보조색

48. 납땜의 용제가 갖추어야 할 조건에 대한 설명으로 틀린 것은?
㉮ 용제의 유효온도 범위와 납땜 온도가 일치할 것
㉯ 모재와 납땜에 대한 부식 작용이 최소한일 것
㉰ 전기저항 납땜에 사용되는 것은 비전도체일 것
㉱ 침지땜에 사용되는 것은 수분을 함유하지 않을 것

[해설] ① 모재의 산화피막과 같은 불순물을 제거하고 유동성이 좋을 것
② 청정한 금속면의 산화를 방지할 것
③ 땜납의 표면장력을 맞추어서 모재와의 친화력을 높일 것
④ 용제의 유효온도 범위와 납땜 온도가 일치할 것
⑤ 납땜 후 슬래그의 제거가 용이하고 부식

작용이 최소한일 것
⑥ 전기저항 납땜에 사용되는 것은 전도체일 것
⑦ 침지땜에 사용되는 것은 수분을 함유하지 않아야 하고 인체에 해가 없어야 할 것

49. 산소용기의 각인 표시에서 내용적을 표시하는 기호와 단위가 각각 올바르게 구성된 것은?
㉮ 기호 : DT, 단위 : kgf
㉯ 기호 : TP, 단위 : MPa
㉰ 기호 : V, 단위 : L
㉱ 기호 : LT, 단위 : kg/h

[해설] ① □ : 용기제작사명
② O_2 : 산소(충전가스명칭 및 화학 기호)
③ XYZ : 제조 번호
④ V : 내용적
⑤ W : 용기 중량
⑥ TP : 내압시험 압력
⑦ FP : 최고 충전 압력

50. 서브머지드 아크 용접법 중 다전극의 일종으로서, 두 전극에서 아크가 발생되고 그 복사열에 의해 용접이 이루어지므로 비교적 용입이 얕아 주로 스테인리스강 등의 덧붙이 용접에 흔히 사용하는 용접방식은?
㉮ 탠덤식 (tandem process)
㉯ 횡병렬식 (parallel transverse process)
㉰ 횡직렬식 (series transverse process)
㉱ 데버식 (dever process)

[해설] 잠호용접에서 다전극을 사용하는 종류는 탠덤식(2개의 전극을 독립 전원에 접속), 횡직렬식(2개의 용접봉 중심이 한 곳에 만나도록 배치), 횡병렬식(2개 이상의 용접봉을 나란히 옆으로 배치) 등이 있다.

51. 가스절단에서 산소 중의 불순물이 증가될 때 나타나는 결과에 대한 설명으로 틀린 것은?

㉮ 절단 속도가 늦어진다.
㉯ 산소의 소비량이 적어진다.
㉰ 절단면이 거칠어진다.
㉱ 슬래그의 이탈성이 나빠진다.

[해설] ① 절단속도가 늦어진다.
② 절단면이 거칠며 산소의 소비량이 많아진다.
③ 절단 가능한 판의 두께가 얇아지며 절단 시작 시간이 길어진다.
④ 슬래그 이탈성이 나쁘고 절단홈의 폭이 넓어진다.

52. 중압식 가스용접 토치에서 사용되는 아세틸렌 가스의 압력으로 적당한 것은?
㉮ 0.001~0.007 MPa
㉯ 0.007~0.13 MPa
㉰ 0.13~0.25 MPa
㉱ 0.25 MPa 이상

[해설] 저압식 절단 토치에 쓰이는 아세틸렌 가스의 압력은 보통 0.07, 중압식은 0.07~0.4 MPa로 답은 ㉯이다.

53. 아크 용접작업에서 전류가 인체에 미치는 영향 중 몇 mA 이상인 전류가 인체에 흐르면 심장마비를 일으켜 사망할 위험이 있는가?
㉮ 50   ㉯ 30   ㉰ 20   ㉱ 10

[해설] ① 8~15 : 고통을 수반한 쇼크를 느낀다.
② 15~20 : 고통을 느끼고 근육경련
③ 20~50 : 고통을 느끼고 강한 근육 수축
④ 50~100 : 심실세동 전류로 순간적으로 사망할 위험이 있다.

54. 가연성 가스 등이 있다고 판단되는 용기를 보수 용접하고자 할 때 안전사항으로 가장 적당한 것은?
㉮ 고온에서 점화원이 되는 기기를 갖고 용기 속으로 들어가서 보수 용접한다.
㉯ 용기 속을 고압산소를 사용하여 환기하며 보수 용접한다.
㉰ 용기 속의 가연성 가스 등을 고온의 증기로 세척한 후 환기를 시키면서 보수 용접한다.
㉱ 용기 속의 가연성 가스 등이 다 소모되었으면 그냥 보수 용접한다.

[해설] 용기 속을 고온의 증기로 세척한 후, 불활성 가스로 환기를 시키면서 보수 용접을 한다.

55. 돌기 용접(projection welding)의 특징 중 틀린 것은?
㉮ 용접부의 거리가 작은 점 용접이 가능하다.
㉯ 전극 수명이 길고 작업능률이 높다.
㉰ 작은 용접점이라도 높은 신뢰도를 얻을 수 있다.
㉱ 한 번에 한 점씩만 용접할 수 있어서 속도가 느리다.

[해설] ㉮, ㉯, ㉰항 외에 여러 개의 돌기(보통 2~4개 정도)를 한 번에 용접할 수가 있다.

56. 탄소 전극과 모재 사이에서 발생된 아크에 의해 금속을 용융함과 동시에 고압의 압축공기를 전극과 평행으로 분출시켜 용융금속을 불어 내어 홈을 파는 방법은?
㉮ 스카핑
㉯ 산소아크 절단
㉰ 아크에어 가우징
㉱ 플라스마 아크 절단

[해설] 직류 역극성의 전원에 정전류 특성의 용접기가 사용되며 가스가우징 보다 2~3배 높고 압축공기는 5~7 kgf/cm² 정도가 좋다.

57. 직류 아크 용접 중의 전압분포에서 양극 전압강하 V_1, 음극 전압강하 V_2, 아크기둥 전압강하 V_3로 분류할 때, 아크전압 V_a는 어떻

[정답] 52. ㉯ 53. ㉮ 54. ㉰ 55. ㉱ 56. ㉰ 57. ㉰

게 표시되는가?

㉮ $V_a = V_1 - V_2 + V_2$
㉯ $V_a = V_1 - V_2 - V_3$
㉰ $V_a = V_1 + V_2 + V_3$
㉱ $V_a = V_1 + V_2 - V_3$

[해설] 아크전압은 양극 전압강하+음극 전압강하+아크 전압강하로 표시된다. 양극과 음극 부근에서의 전압강하는 전극 표면이 극히 짧은 길이의 공간에서 일어나는 전압강하로 그 값은 전극의 재질에 따라 변하며 아크 길이나 아크 전류의 크기에는 거의 관계가 없다.

58. 정격 2차 전류 400 A, 정격 사용률이 50 %인 교류 아크 용접기로서 250 A로 용접할 때 이 용접기의 허용 사용률은?

㉮ 128 %
㉯ 122 %
㉰ 112 %
㉱ 95 %

[해설] 허용사용률(%)
$= \dfrac{(정격\ 2차\ 전류)^2}{(실제\ 용접\ 전류)^2} \times 정격사용률$
$= \dfrac{400^2}{250^2} \times 50 = 128\ \%$

59. 피복 아크 용접봉에 탄소(C)량을 적게 하는 가장 주된 이유는?

㉮ 스패터 방지
㉯ 용락 방지
㉰ 산화 방지
㉱ 균열 방지

[해설] 탄소량이 증가할 때는 용융온도가 낮아지고 경도 증가 연성 감소 등으로 취성이나 균열이 발생하므로 탄소량을 적게 한다.

60. 가스 절단이 곤란한 주철, 스테인리스강 및 비철금속의 절단부에 용제를 공급하며 절단하는 방법은?

㉮ 특수절단
㉯ 분말절단
㉰ 스카핑
㉱ 가스 가우징

□ 용접 산업기사 ▶ 2011. 6. 12 시행

제1과목 용접야금 및 용접설비제도

1. 다음 중 알루미늄의 성질을 설명한 것으로 틀린 것은?

㉮ 비중이 가벼워 경금속에 속한다.
㉯ 전기 및 열의 전도율이 좋다.
㉰ 산화 피막의 보호 작용으로 내식성이 좋다.
㉱ 염산에 아주 강하다.

[해설] • 알루미늄
① 물리적 성질 : 비중이 2.7, 용융점 666℃, 전기 및 열의 양도체 면심입방격자
② 기계적 성질 : 전연성이 좋다. 순수 Al은 주조가 곤란, 유동성이 작고 수축률이 크다. 냉간가공에 의해 경화된 것을 가열 시 150℃에서 연화, 300~350℃에서 완전연화, 연간 가공온도 : 400~500℃ (연신율 최대). 재결정 온도 : 150~240℃
③ 화학적 성질 : 공기나 물속에서 내부식성이나 염산·황산 등 무기산·바닷물에 침식, 대기중에서 안정한 표면 산화막 형성 (제거제 : LiCl 혼합물)

2. 저융점의 FeS가 결정입계에 개재하여 발생하는 취성으로 Mn을 첨가하여 이것을 방지하는 것은?

㉮ 청열 취성
㉯ 적열 취성
㉰ 뜨임 취성
㉱ 저온 취성

[해설] 적열 취성 (고온 취성)이며 유황이 원인으로 유화철은 용점(1193℃)이 낮고 고온에

정답 58. ㉮ 59. ㉱ 60. ㉯ 1. ㉱ 2. ㉯

서 약하여 900~950℃에서 파괴되어 균열을 발생시키는 것을 방지하기 위하여 Mn을 첨가한다.

3. 금속재료의 용접에서 용접변형을 일으키는 가장 큰 원인은?
㉮ 용접자세
㉯ 금속의 수축과 팽창
㉰ 용접 홈의 모양
㉱ 용접속도

[해설] 용접변형은 금속의 수축과 팽창으로 일으키는 것으로 변형의 경감에는 억제법, 역변형법, 시공 상은 대칭법, 후퇴법, 교호법, 비석법과 용접부의 변형과 응력제거법은 피닝법 등이 있다. 이외에도 변형 교정방법 등이 사용된다.

4. 저온응력 완화법은 용접선 양측을 일정속도로 이동하는 가스불꽃에 의하여 약 150mm를 가열한 다음 수랭하는 방법이다. 이때 일반적인 가열온도는?
㉮ 50~100℃   ㉯ 100~150℃
㉰ 150~200℃   ㉱ 200~300℃

[해설] 저온응력 완화법은 용접선의 양측을 정속으로 이동하는 가스불꽃에 의해 나비의 60~130mm에 걸쳐서 150~200℃로 가열한 다음 곧 수랭하는 방법으로 주로 용접선 방향의 잔류응력이 완화된다.

5. 용접에 의한 경화가 가장 현저한 스테인리스 강은?
㉮ 마텐자이트 스테인리스강
㉯ 페라이트 스테인리스강
㉰ 오스테나이트 스테인리스강
㉱ 2상 스테인리스강

[해설] 마텐자이트 스테인리스강은 용접에 의해 급열, 급랭되면 마텐자이트를 생성하여 균열을 일으키기 쉽고, 탄소함유량이 많을수록 경화가 심하며, 잔류응력이 커지기 때문에 용접이 곤란한 재료이다.

6. 열영향부(HAZ)의 기계적 특성을 향상시키기 위하여 가장 많이 취하는 방법은?
㉮ 특수한 용가재를 사용한다.
㉯ 용접부를 피닝한다.
㉰ 용접부의 냉각속도를 빠르게 한다.
㉱ 용접부를 예열과 후열을 한다.

[해설] 열영향부는 입상 펄라이트부로 위드만 조직도 보이며 경도가 높은 것을 방지하기 위하여 용접부를 예열과 후열을 한다.

7. 고장력강의 용접열영향부 중에서 경도 값이 가장 높게 나타나는 부분은?
㉮ 세립역   ㉯ 조립역
㉰ 중간역   ㉱ 입상 펄라이트역

[해설] 고장력강이나 연강이나 용접열영향부 중에서 경도 값이 가장 높게 나타나는 부분은 위드만 조직이 보이는 조립역으로서 비커스 경도 값이 보통 350~430 정도이다.

8. 서브머지드 아크 용접 시 용융지에서 금속 정련 반응이 일어날 때 용접금속의 청정도 및 인성과 매우 깊은 관계가 있는 것은?
㉮ 플럭스 (flux)의 염기도
㉯ 플럭스 (flux)의 소결도
㉰ 플럭스 (flux)의 입도
㉱ 플럭스 (flux)의 용융도

[해설] 플럭스의 염기도가 높을수록 내균열성이 좋아진다.

9. 다음 조직 중 순철에 가장 가까운 것은?
㉮ 펄라이트   ㉯ 오스테나이트
㉰ 소르바이트   ㉱ 페라이트

[해설] Fe-C계 평형상태도에서 순철에 가장 가까운 것은 페라이트(ferrite)이다.

정답 3. ㉯ 4. ㉰ 5. ㉮ 6. ㉱ 7. ㉯ 8. ㉮ 9. ㉱

10. 면심입방격자(FCC)에서 단위격자 중에서 포함되어 있는 원자의 수는 몇 개인가?
㉮ 2 ㉯ 4
㉰ 6 ㉱ 8

[해설] • 단위격자에서 소속원자의 수
체심입방격자 : $\frac{1}{8} \times 8 + 1 = 2$개
면심입방격자 : $\frac{1}{8} \times 8 + \frac{1}{2} \times 6 = 4$개

11. 도면의 윤곽선의 규정된 간격을 그려야 한다. 도면을 철하는 부분의 경우 A3용지의 가장자리에서 부터의 최소 간격은?
㉮ 10 mm ㉯ 20 mm
㉰ 25 mm ㉱ 30 mm

[해설] 도면을 철할 때는 제도용지의 크기와 관계없이 가장자리에서 부터의 최소 간격은 25 mm이다.

12. 도면의 명칭에 관한 용어 중 구조물, 장치에 있어서의 관의 접속·배치의 실태를 나타낸 계통도는?
㉮ 공정도 ㉯ 배선도
㉰ 배관도 ㉱ 계장도

[해설] 배관의 관의 접속·배치의 실태를 나타낸 계통도를 배관도라고 한다.

13. 핸들이나 바퀴 등의 암 및 림, 리브, 훅 등의 절단부위를 90° 회전시켜서 그 투상도에 그린 단면도는?
㉮ 온 단면도 ㉯ 한쪽 단면도
㉰ 부분 단면도 ㉱ 회전도시 단면도

[해설] 회전 단면도(revolved sectional view)는 문제 설명과 같으나 주 투상도의 밖으로 끌어내어 그릴 경우는 가는 1점 쇄선으로 단면 위치를 표시하고, 굵은 1점 쇄선으로 한계를 표시하여 굵은 실선으로 그린다.

14. 기계재료의 표시 방법에서 기호 설명으로 옳지 않은 것은?
㉮ B – 봉 ㉯ C – 주조품
㉰ F – 강 ㉱ P – 판

[해설] 기계재료의 표시 방법으로는 B-봉(bar), C-주조품(casting), F-단조품(forging), P-판(plate)

15. CAD 시스템을 사용하여 얻을 수 있는 장점이 아닌 것은?
㉮ 도면의 품질이 좋아진다.
㉯ 도면작성 시간이 단축된다.
㉰ 수치 결과에 대한 정확성이 증가한다.
㉱ 설계제도의 규격화와 표준화가 어렵다.

[해설] CAD의 장점은 품질 향상, 원가 절감, 납기 단축, 신뢰성 향상, 표준화, 경쟁력 강화 등이다.

16. 실형의 물건에 광명단 등 도료를 발라 용지에 찍어 스케치 하는 방법은?
㉮ 사진촬영법 ㉯ 본뜨기법
㉰ 프리핸드법 ㉱ 프린트법

[해설] • 스케치 방법
① 프리핸드법 : 손으로 그리는 법
② 프린트법 : 부품 표면에 광명단이나 기름걸레를 사용하여 종이에 실제 모양을 뜨는 방법
③ 모양뜨기(본뜨기)법 : 불규칙한 곡선부분을 종이에 대고 연필로 그리거나 납선, 구리선 등을 사용하여 모양을 뜨는 방법
④ 사진촬영법 : 복잡한 기계조립 상태나 부품을 여러 각도에서 촬영하여 도면을 제작하는 방법

17. 다음 중 가는 실선으로만 구성된 것이 아닌 것은?
㉮ 치수선 – 지시선 – 치수보조선

정답 10. ㉯ 11. ㉰ 12. ㉰ 13. ㉱ 14. ㉰ 15. ㉱ 16. ㉱ 17. ㉰

㉰ 지시선 – 회전단면선 – 치수보조선
㉱ 치수선 – 회전단면선 – 절단선
㉲ 수준면선 – 치수보조선 – 치수선

[해설] 제도에서 가는 실선을 사용하는 곳은 중심선, 치수선, 치수보조선, 지시선, 파단선, 해칭선, 특수한 용도의 선(외형선과 은선의 연장선, 평면이라는 것을 표시하는 선)

18. 그림과 같은 용접기호가 심(seam)용접부에 도시되어 있다. 다음 중 설명이 잘못된 것은?

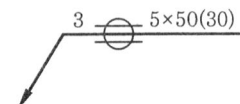

㉮ 심 용접부의 폭은 3 mm 이다.
㉯ 심 용접부의 길이는 50 mm 이다.
㉰ 심 용접부의 거리는 30 mm 이다.
㉱ 심 용접부의 두께는 5 mm 이다.

[해설] 5는 심용접 수이다.

19. 도면 크기의 종류 중 호칭방법과 치수(A×B)가 맞지 않는 것은 어느 것인가? (단, 단위는 mm이다.)

㉮ A0 = 841×1189   ㉯ A1 = 594×841
㉰ A3 = 297×420   ㉱ A4 = 220×297

[해설] A0 = 841×1189, A1 = 594×841, A2 = 420×594, A3 = 297×420, A4 = 210×297

20. 다음과 같은 용접 기본기호의 명칭으로 맞는 것은?

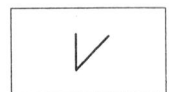

㉮ 개선 각이 급격한 V형 맞대기 용접
㉯ 가장자리 용접
㉰ 필릿 용접
㉱ 일면 개선형 맞대기 용접

제 2 과목 용접구조설계

21. 맞대기 용접시에 사용되는 엔드탭(end tab)에 대한 설명으로 틀린 것은?

㉮ 용접 시작부와 끝부분에 가접한 후 용접한다.
㉯ 용접 시작부와 끝부분에 결함을 방지한다.
㉰ 모재와 다른 재질을 사용해야 한다.
㉱ 모재와 같은 두께와 홈을 만들어 사용한다.

[해설] 모재와 같은 재질을 사용한다.

22. 인장강도 P, 사용응력 σ, 허용응력 σ_a라 할 때 안전율 공식으로 옳은 것은?

㉮ 안전율 $= \dfrac{P}{(\sigma \cdot \sigma_a)}$

㉯ 안전율 $= \dfrac{P}{\sigma_a}$

㉰ 안전율 $= \dfrac{P}{(2 \cdot \sigma)}$

㉱ 안전율 $= \dfrac{P}{\sigma}$

[해설] 인장강도 = 허용응력 × 안전율
∴ 안전율 = 인장강도 ÷ 허용응력

23. 한 쪽 모재 구멍을 이용하여 구멍 안쪽과 다른 모재의 표면을 용접하는 것은?

㉮ 플러그 용접   ㉯ 마찰 용접
㉰ 플랜지 용접   ㉱ 플레어 용접

24. 필릿 용접이음의 파면시험은 시험편을 파단시킨 후 용접부를 검사하는 방법이다. 다음 중 파면시험으로 검사할 수 없는 것은?

[정답] 18. ㉱   19. ㉱   20. ㉱   21. ㉰   22. ㉯   23. ㉮   24. ㉰

㉮ 용입 불량
㉯ 슬래그 잠입
㉰ 래미네이션 균열
㉱ 기공

[해설] 래미네이션 균열은 모재의 재질 결함으로 강괴일 때 기포가 압연되어 생기는 래미네이션은 설퍼 밴드와 같이 층상으로 편재해 있어 강재의 내부적 노치를 형성한다.

25. 용접봉에 용착효율은 용접봉의 소요량을 산출하거나 용접 작업시간을 판단하는데 필요하다. 용착효율(%)을 나타내는 식으로 맞는 것은?

㉮ 용착효율(%) = $\dfrac{\text{피복제의 중량}}{\text{용착금속의 중량}} \times 100$

㉯ 용착효율(%) = $\dfrac{\text{용착금속의 중량}}{\text{피복제의 중량}} \times 100$

㉰ 용착효율(%) = $\dfrac{\text{용착금속의 중량}}{\text{용접봉 사용 중량}} \times 100$

㉱ 용착효율(%) = $\dfrac{\text{용접봉 사용 중량}}{\text{용착금속의 중량}} \times 100$

26. 용접부 시험법 중 파괴시험법에 해당되는 것은?
㉮ 와류 시험
㉯ 현미경 조직 시험
㉰ X선 투과 시험
㉱ 형광 침투 시험

[해설] • 비파괴 시험: 외관검사, 누수검사, 침투검사, 방사선투과검사, 맴돌이(와류)검사, 천공검사

27. 용접입열이 일정한 경우 열전도율(λ)이 큰 것일수록 냉각속도가 크다. 다음 금속 중 냉각속도가 가장 빠른 것은?
㉮ 연강
㉯ 스테인리스강
㉰ 알루미늄
㉱ 동(口)

[해설] 열전도율이 가장 좋은 것은 은→구리→백금→알루미늄 등이다.

28. 용접구조물에서 파괴 및 손상의 원인으로 가장 거리가 먼 것은?
㉮ 재료 불량
㉯ 사용 불량
㉰ 설계 불량
㉱ 시공 불량

29. 다음 그림과 같은 맞대기 용접 이음에서 강판의 두께를 10mm로 하고 최대 2500N의 인장하중을 작용시킬 때 필요한 용접 길이는? (단, 용접부의 허용인장응력은 10N/mm²이다.)
㉮ 25 mm
㉯ 23 mm
㉰ 20 mm
㉱ 18 mm

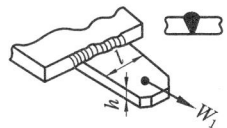

[해설] 인장응력 = $\dfrac{\text{최대인장하중}}{\text{두께} \times \text{용접길이}}$ 에서

용접길이 = $\dfrac{2500}{10 \times 10} = 25$mm

30. 용착금속 중의 수소량과 산소량이 가장 적은 용접봉은?
㉮ 라임티타니아계
㉯ 고셀룰로오스계
㉰ 일루미나이트계
㉱ 저수소계

[해설] 전기 용접봉 중 저수소계는 수소량이 다른 용접봉에 비해 $\dfrac{1}{10}$ 정도로 현저하게 적다.

31. 용접 용어 중 아크 용접의 비드 끝에서 오목하게 파진 곳이라고 정의하는 것은?
㉮ 스패터(spatter)
㉯ 크레이터(crater)
㉰ 피트(pit)
㉱ 오버랩(overlap)

[해설] 비드 끝에서 오목하게 파진 부분을 크레이터라고 하며 불순물과 편석이 남게 되며 냉각중에 균열이 발생할 우려가 있다.

32. 용접이음 설계 시 일반적인 주의사항으로 틀린 것은?

정답 25. ㉰ 26. ㉯ 27. ㉱ 28. ㉯ 29. ㉮ 30. ㉱ 31. ㉯ 32. ㉯

㉮ 가급적 능률이 좋은 아래보기 용접을 많이 할 수 있도록 할 것
㉯ 가급적 용접선을 교차시키도록 할 것
㉰ 용접작업에 지장을 주지 않도록 충분한 공간을 갖도록 할 것
㉱ 용접 이음을 1개소로 집중시키거나 너무 접근시키지 않을 것

[해설] ① 용접을 안전하게 할 수 있는 구조로 아래보기 용접을 많이 하도록 한다.
② 용접봉의 용접부에 접근성도 작업이 쉽고 어려움에 영향을 주므로 용접작업에 지장을 주지 않는 간격을 남기도록 한다.
③ 필릿 용접은 가능한 피하고 맞대기 용접을 하도록 한다.
④ 중립축에 대하여 모멘트 힘이 0이 되도록 한다.
⑤ 용접물 중심에 대하여 대칭으로 용접하여 변형을 방지한다.
⑥ 동일 평면 내에 많은 이음이 있을 때에는 수축이 가능한 자유단으로 보낸다.

33. 용접부에 인장, 압축의 반복하중 30 ton이 작용하는 폭 600mm인 두 장의 강판을 I형 맞대기 용접하였을 때, 두 강판의 두께가 약 몇 mm이면 견딜 수 있는가? (단, 허용응력 $\sigma_a = 6.3 kg/mm^2$로 한다.)

㉮ 1 mm   ㉯ 2 mm   ㉰ 6 mm   ㉱ 8 mm

[해설] 허용응력 = $\frac{반복하중}{용접폭 \times 두께}$ 에서

두께 = $\frac{반복하중}{용접폭 \times 허용응력}$

= $\frac{30000}{600 \times 6.3}$ = 7.9365 ≒ 8mm

34. 가접 시 주의해야 할 사항으로 옳은 것은?
㉮ 본 용접자(者)보다 용접 기량이 낮은 용접자가 가접을 시행한다.
㉯ 가접 위치는 부품의 끝 모서리나 각 등과 같이 응력이 집중되는 곳에 가접한다.
㉰ 가접 간격은 일반적으로 판 두께의 150~300배 정도로 하는 것이 좋다.
㉱ 용접봉은 본 용접 작업 시에 사용하는 것보다 가는 것을 사용한다.

[해설] • 가용접
① 용접 결과의 좋고 나쁨에 직접 영향을 준다.
② 본용접의 작업 전에 좌우의 홈부분을 잠정적으로 고정하기 위한 짧은 용접이다.
③ 균열, 기공, 슬랙잠입 등의 결함을 수반하기 쉬우므로 본용접을 실시할 홈 안에 가접하는 것은 바람직하지 못하며, 만일 불가피하게 홈 안에 가접하였을 경우 본 용접 전에 갈아내는 것이 좋다.
④ 본 용접을 하는 용접사와 비등한 기량을 가진 용접사에 의해 가접을 실시한다.
⑤ 가접에는 본 용접보다 지름이 약간 가는 용접봉을 사용하는 것이 좋다.

35. 레이저 용접의 특징 설명으로 틀린 것은?
㉮ 좁고 깊은 용접부를 얻을 수 있다.
㉯ 대입열 용접이 가능하고, 열영향부의 범위가 넓다.
㉰ 고속 용접과 용접 공정의 융통성을 부여할 수 있다.
㉱ 접합되어야 할 부품의 조건에 따라서 한 방향의 용접으로 접합이 가능하다.

[해설] 레이저 용접의 특징은 광선이 용접의 열원으로 열의 영향범위가 좁다.

36. 용접변형 방지법 중 냉각법에 속하지 않는 것은?
㉮ 살수법   ㉯ 수랭 동판
㉰ 비석법   ㉱ 석면포 사용법

[해설] 냉각법으로는 도열법(석면포), 수랭 동판, 살수법 등이다.

37. 용접 후 잔류응력 제거를 목적으로 일반적

으로 판 두께가 25mm인 용접 구조용 압연강재 또는 탄소강의 경우 노 내 풀림 시 온도로 가장 적당한 것은?
㉮ 325±25℃ ㉯ 425±25℃
㉰ 625±25℃ ㉱ 825±25℃

[해설] 노 내 풀림법에서는 판두께 25mm 이상인 탄소강에서는 일단 600℃에서 10℃씩 온도가 내려가는데 대해서 20분씩 유지시간을 길게 잡는다.

38. 구조용 강재 용접부의 피로강도에 영향을 주는 인자로 가장 거리가 먼 것은?
㉮ 이음 형상
㉯ 용접 결함의 존재
㉰ 용접 구조상의 응력집중
㉱ 용접선 길이

[해설] 피로강도에 영향을 주는 것은 용접결함, 이음형상(노치 등), 구조상의 응력집중 등이다.

39. 용접부의 잔류응력을 제거하는 방법에 해당되지 않는 것은?
㉮ 노 내 풀림법   ㉯ 국부 풀림법
㉰ 피닝법   ㉱ 코킹법

[해설] 응력제거는 노 내 풀림, 국부 풀림, 저온응력 완화법, 기계적 응력 완화법, 피닝법 등이다.

40. 용접시공에서 예열을 하는 목적을 잘못 설명한 것은?
㉮ 용접부와 인접한 모재의 수축응력을 감소하고 균열을 방지하기 위하여 예열을 한다.
㉯ 냉각속도를 지연시켜 열영향부와 용착금속의 경화를 방지하기 위하여 예열을 한다.
㉰ 냉각속도를 지연시켜 용접금속 내에 수소성분을 배출함으로써 비드 및 균열(under bead crack)을 방지한다.
㉱ 탄소 성분이 높을수록 임계점에서의 냉각속도가 느리므로 예열을 할 필요가 없다.

[해설] 탄소 당량이 커지든지 판이 두꺼워지면 용접성이 나빠지며 예열온도를 높일 필요가 있다.

제 3 과목 용접일반 및 안전관리

41. 다음 중 필릿 용접을 나타낸 그림은?

㉮ 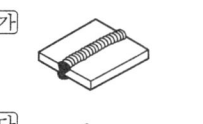   ㉯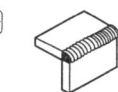

㉰ 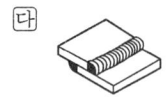   ㉱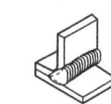

[해설] ㉮는 맞대기 용접, ㉯는 모서리 이음, ㉰는 겹치기 이음이다.

42. TIG 용접에 관한 사항 중 올바른 것은?
㉮ 직류는 TIG 용접기에 사용할 수 없다.
㉯ 직류 역극성은 직류 정극성에 비해 비드 폭이 좁다.
㉰ 두꺼운 모재일수록 직류 정극성으로 한다.
㉱ 교류는 TIG 용접기에 사용할 수 없다.

[해설] TIG 용접은 교류, 직류 전원을 모두 사용하며, 정극성은 용입이 역극성보다 깊고 비드폭이 좁다.

43. 용접기는 아크의 안정을 위하여 아크 용접 전원의 외부 특성 곡선이 필요하다. 관련이 없는 것은?
㉮ 수하 특성   ㉯ 정전압 특성
㉰ 상승 특성   ㉱ 과부하 특성

44. 가스 용접 작업 시 전진법과 후진법의 비교 중 전진법의 특징이 아닌 것은?

㉮ 열 이용률이 양호하다.
㉯ 용접속도가 느리다.
㉰ 용접변형이 크다.
㉱ 용접가능한 판 두께가 5mm 정도로 얇다.

[해설] 전진법은 열이용률이 나쁘고 비드 모양이 좋으며, 용접속도가 느리다. 용접변형이 크고 산화 정도가 심하며, 용착금속의 냉각이 급랭한다.

45. 초음파 용접의 특징 설명 중 옳지 않은 것은?
㉮ 냉간압접에 비하여 주어지는 압력이 작으므로 용접물의 변형이 적다.
㉯ 용접 입열이 적고 용접부가 좁으며, 용입이 깊어 이종 금속의 용접이 불가능하다.
㉰ 용접물의 표면처리가 간단하고 압연한 그대로의 재료도 용접이 가능하다.
㉱ 얇은 판이나 필름의 용접도 가능하다.

[해설] 초음파 주파수로 진동시켜 그 진동에너지에 의해 접촉부에 진동 마찰열을 발생시켜 압접하는 방식으로 이종금속의 용접이 가능하다.

46. 심(seam) 용접에서 용접법의 종류가 아닌 것은?
㉮ 플래시 심 용접(flash seam welding)
㉯ 맞대기 심 용접(butt seam welding)
㉰ 매시 심 용접(mash seam welding)
㉱ 포일 심 용접(foil seam welding)

47. 피복 아크 용접에서 정극성과 역극성의 설명으로 옳은 것은?
㉮ 용접봉을 (-)극에, 모재에 (+)극을 연결하면 정극성이라 한다.
㉯ 정극성일 때 용접봉의 용융속도는 빠르고 모재의 용입은 얕아진다.
㉰ 역극성일 때 용접봉의 용융속도는 빠르고 모재의 용입은 깊어진다.
㉱ 박판의 용접은 주로 정극성을 이용한다.

48. MIG 용접의 특징에 대한 설명으로 틀린 것은?
㉮ 반자동 또는 전자동 용접기로 용접속도가 빠르다.
㉯ 정전압 특성 직류용접기가 사용된다.
㉰ 상승특성의 직류용접기가 사용된다.
㉱ 아크 자기 제어 특성이 없다.

[해설] 아크 자기 제어 특성이 있으며 헬륨가스 사용 시는 아르곤보다 아크 전압이 현저하게 높다.

49. 표피 효과(skin effect)와 근접 효과(proximity effect)를 이용하여 용접부를 가열 용접하는 방법은?
㉮ 초음파 용접(ultrasonic welding)
㉯ 마찰 용접(friction welding)
㉰ 폭발 압접(explosive welding)
㉱ 고주파 용접(high-frequency welding)

[해설] 고주파 전류를 직접 용접물을 통해 고주파 전류 자신이 근접효과에 의해 용접부를 집중적으로 가열하여 용접하는 것과 도체의 표면에 고주파 전류가 흐르는 성질인 표피효과를 이용하여 용접부를 가열 용접한다.

50. 가스절단 방법의 종류에 해당되지 않는 것은?
㉮ 가스 시공
㉯ 보통가스 절단
㉰ 분말 절단
㉱ 플라스마 제트 절단

[해설] 가스절단법은 보통 가스절단, 분말절단, 산소아크절단, 가스가공(가우징, 스카핑, 선삭, 천공)

정답 45. ㉯ 46. ㉮ 47. ㉮ 48. ㉱ 49. ㉱ 50. ㉱

51. TIG 용접 중 직류정극성을 사용하여 용접했을 때 용접 효율을 가장 많이 올릴 수 있는 재료는?
㉮ 스테인리스강 ㉯ 알루미늄합금
㉰ 마그네슘합금 ㉱ 알루미늄주물

[해설] TIG 용접 중 직류정극성의 용접효율을 가장 많이 올릴 수 있는 재료는 스테인리스강, 동 및 동합금, 주철, 티타늄, 연강판 등이며 표면에 산화막과 본 재질에 용융온도가 다른 알루미늄과 그 합금, 마그네슘 등은 청정작용이 있는 역극성을 사용한다.

52. 40 kVA의 교류아크 용접기의 전원전압이 200V일 때 전원 스위치에 넣을 퓨즈의 용량은 몇 A인가?
㉮ 50 ㉯ 100
㉰ 150 ㉱ 200

[해설] $\dfrac{전원입력}{전원전압} = \dfrac{40000\,VA}{200\,V} = 200\,A$

53. 연강용 피복 아크 용접봉의 종류와 피복제의 계통이 서로 맞게 연결된 것은?
㉮ E 4301 : 일루미나이트계
㉯ E 4303 : 저수소계
㉰ E 4311 : 라임티타니아계
㉱ E 4313 : 고셀룰로오스계

[해설] E 4303: 라임티탄계, E 4311: 고셀룰로오스계, E 4313: 고산화티탄계

54. 정격출력전류가 180A인 교류 아크 용접기의 최고 무부하전압으로 맞는 것은?
㉮ 30 V 이하 ㉯ 50 V 이하
㉰ 80 V 이하 ㉱ 100 V 이하

[해설] KS C 9602 (교류용접기의 규격)에 따르면 정격2차전류가 AW 200~400까지는 무부하전압이 85V 이하, AW 500은 95 이하이다.

55. 가스 절단면에서 절단면에 생기는 드래그 라인(drag line)에 관한 설명으로 틀린 것은?
㉮ 절단속도가 일정할 때 산소 소비량이 적으면 드래그 길이가 길고 절단면이 좋지 않다.
㉯ 가스 절단의 양부를 판정하는 기준이 된다.
㉰ 절단속도가 일정할 때 산소 소비량을 증가시키면 드래그 길이는 길어진다.
㉱ 드래그 길이는 주로 절단속도, 산소 소비량에 따라 변화한다.

[해설] 일정 속도로 가스절단을 실시하면 절단 홈의 아래 부분에서는 슬래그의 방해, 산소 압력의 저하, 산소의 오염 등으로 절단이 지연되고 드래그의 길이가 증가한다.

56. 용접 중 아크 빛으로 인하여 눈이 혈안이 되고 붓는 수가 있는데 이때 우선 취해야 할 조치로 가장 적절한 것은?
㉮ 밖에 나가 먼 산을 바라본다.
㉯ 눈에 소금물을 넣는다.
㉰ 안약을 넣고 계속 작업한다.
㉱ 냉습포를 눈 위에 얹고 안정을 취한다.

[해설] 아크 빛에 의해 전광선 안염이 발생한 경우에는 냉수로 얼굴과 눈을 닦은 후 냉습포를 얹거나 병원에 가서 치료를 받아야 한다.

57. MIG용접 시 직류 역극성에 의한 용적 이행은?
㉮ 핀치 이행 ㉯ 스프레이 이행
㉰ 입적 이행 ㉱ 단락 이행

58. 교류 아크 용접 시 아크 시간이 6분이고 휴식시간이 4분일 때 사용률은 얼마인가?
㉮ 40 % ㉯ 50 %
㉰ 60 % ㉱ 70 %

정답 51. ㉮ 52. ㉱ 53. ㉮ 54. ㉰ 55. ㉰ 56. ㉱ 57. ㉯ 58. ㉰

[해설] 사용률 = (아크발생시간 / 휴식시간) × 100 %

$$= \frac{6}{6+4} \times 100 = 60\%$$

59. 피복 아크 용접에서 전류가 인체에 미치는 영향 중 고통을 느끼고 강한 근육 수축이 일어나며 호흡이 곤란한 경우의 감전 전류 값은 몇 mA 정도인가?

㉮ 1 ~ 5 ㉯ 20 ~ 50
㉰ 100 ~ 150 ㉱ 200 ~ 300

60. 피복 아크 용접봉에서 아크를 안정시키는 피복제의 성분은?

㉮ 산화티탄 ㉯ 페로망간
㉰ 마그네슘 ㉱ 알루미늄

용접 산업기사 ▶ 2011. 8. 21 시행

제1과목 용접야금 및 용접설비제도

1. 다음 중 감마철(γ-Fe)의 결정구조는?

㉮ 면심입방격자 ㉯ 체심입방격자
㉰ 조밀입방격자 ㉱ 사방입방격자

[해설] α철은 912℃(A_3변태) 이하에서는 체심입방격자, γ철은 912~약 1400℃(A_4변태) 사이에서 면심입방격자, δ철은 약 1400℃에서 용융점 1538℃ 사이에는 체심입방격자이다.

2. 합금강에 첨가한 각 원소의 일반적인 효과가 잘못된 것은?

㉮ Ni : 강인성 및 내식성 향상
㉯ Ti : 내식성 향상
㉰ Cr : 내식성 감소 및 연성 증가
㉱ W : 고온강도 향상

[해설] 합금강에 첨가한 원소의 효과 중 Cr은 내식성, 내마멸성 증가

3. 오스테나이트계 스테인리스강에서 발생하는 응력부식 균열의 특징에 대한 설명 중 틀린 것은?

㉮ 산소는 응력부식을 가속화시키는 작용을 한다.
㉯ 초기의 균열이 발견되지 않는 잠복기를 거친 후 균열이 급격히 진행된다.
㉰ 외부에서 수축력이 작용하면 응력부식균열 저항성이 감소된다.
㉱ 완전 오스테나이트계 스테인리스강보다 오스테나이트상과 페라이트상이 혼합된 스테인리스강의 응력부식 균열이 저항성이 더 높다.

[해설] 표면에 인장응력이 작용하고 있는 금속이 특정한 환경 중에서 일으키는 균열을 응력부식 균열(SCC : stress corrosion cracking)이라고 하며 균열은 공식(孔蝕)이나 notch 선단 등과 같은 응력 집중부에서 시작하여 입계를 통하여 진전한다. 이는 탄소강보다 훨씬 치명적이며 비파괴검사로도 잘 발견되지 않기 때문에 SCC의 예방이 매우 중요하다.

• 특징
① SCC는 재료, 인장응력의 존재, 부식환경의 3가지 요인이 상호작용하여 발생하고 인장응력원은 하중에 의한 응력, 잔류응력, 열응력, crevice 내 부식 생성물에 의한 wedge 효과 등을 들 수 있다.
② 초기의 균열이 발견되지 않는 잠복기를 거친 후 균열이 급격히 진행된다.
③ 스테인리스강에서는 Ni와 Cr량이 많아지면 SCC에 강해지며 Ni함량이 40 % 이상이거나 5 % 이하인 경우 균열 진행속도가 크게 감소한다.

정답 59. ㉯ 60. ㉮ 1. ㉮ 2. ㉰ 3. ㉰

④ 3.3 % 이상의 Si를 함유하는 18Cr/14Ni강은 상당히 높은 SCC 저항성을 가진다.
⑤ 응력부식 균열을 제거하기 위해서는 잔류응력 제거가 필요하다.

4. 용접한 오스테나이트 스테인리스강의 입간부식을 방지하기 위해 사용하는 탄화물 안정화 원소에 속하지 않는 것은?
㉮ Ti ㉯ Nb ㉰ Ta ㉱ Al
[해설] Ti, Nb, Ta 등을 오스테나이트 스테인리스강에 첨가하여 TiC 등을 생성하여 Cr탄화물을 형성하지 못하게 하는 안정화 처리를 실행한다.

5. GA 46이라 표시된 연강용 가스 용접봉 규격에서 46은 무엇을 의미하는가?
㉮ 용착금속의 최소 인장강도 수준
㉯ 용접봉의 표준 조직번호
㉰ 용착금속의 최소 연신율 구분
㉱ 용접봉의 피복제의 종류
[해설] GA는 가스 용접봉을 뜻하며 A는 용접봉 재질이 높은 연성, 전성인 것, B는 낮은 연성, 전성인 것 뒤에 46은 용착금속의 최소 인장강도

6. 주철 용접에서 예열을 실시할 때 얻는 효과 중 틀린 것은?
㉮ 변형의 저감
㉯ 열영향부 경도의 증가
㉰ 이종재료 용접시의 온도기울기 감소
㉱ 사용 중인 주조의 탄수화물 오염의 저감
[해설] 주철 용접에서는 예열은 변형의 저감, 경화층의 연화 등의 목적에 사용되며 가스 용접 시공인 경우는 50~550℃ 피복 아크 용접에서 모넬메탈 용접봉, 니켈봉을 사용 시는 150~200℃ 정도의 예열이 적당하다.

7. 화살표가 지시하는 면의 밀러지수로 바른 것은? (단, X, Y, Z축의 절편의 길이는 2, 1, 3이다.)

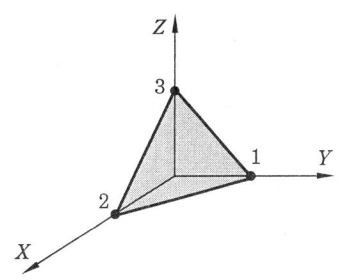

㉮ (2 1 3) ㉯ (2 3 6)
㉰ (3 1 2) ㉱ (3 6 2)
[해설] 금속의 결정구조를 설명할 때 결정면을 표시하는 것으로 결정의 좌표축을 X, Y, Z로 잡고 3축을 각각 몇 개의 원자간 거리 배수만큼 끊었을 때 만들어지는 평면을 나타낸 것으로 3축상에 2, 1, 3일 때 원자축 간격의 배수이므로 이의 역수 $\frac{1}{2}$, $\frac{1}{1}$, $\frac{1}{3}$을 취하여 정수비로 고치면 3, 6, 2로 되어 결정면의 위치를 표시한다. 이것을 밀러지수(Miller's indices)라 하고 결정면 및 방향을 표시한다.

8. 아크 분위기는 대부분이 플럭스를 구성하고 있는 유기물 탄산염 등에서 발생한 가스로 구성되어 있다. 다음 중 아크 분위기의 가스 성분에 속하지 않는 것은?
㉮ He ㉯ Co ㉰ CO_2 ㉱ H_2
[해설] 아크 분위기는 대부분이 용접봉 플럭스(피복제)를 구성하는 유기물 탄산염 등에서 발생한 가스로 주로 ㉯, ㉰, ㉱ 항이 대부분이다.

9. 가스 용접 산소(O_2)와 함께 연소되어 가장 높은 온도의 불꽃을 발생시키는 가스는?
㉮ 수소(H_2)   ㉯ 프로판(C_3H_8)
㉰ 메탄(CH_4) ㉱ 아세틸렌(C_2H_2)
[해설] 가연성 가스의 불꽃온도 분포는 아세틸렌 3430℃, 수소 2900℃, 프로판 2820℃, 메탄 2700℃이다.

정답 4. ㉱ 5. ㉮ 6. ㉯ 7. ㉱ 8. ㉮ 9. ㉱

10. 용접부의 연성시험 방법에 사용되는 굽힘시험 시 시험편의 외부에 적용되는 변형량을 산출하는 식으로 맞는 것은? (단, ε은 %변형률, t는 굽힘시험편의 두께, R은 굽힘 시험 시 내부의 반경이다.)

㉮ $\varepsilon = \dfrac{100\,t}{2R+t}$ ㉯ $\varepsilon = \dfrac{100\,t}{2R}$

㉰ $\varepsilon = \dfrac{100\,t}{4R+t}$ ㉱ $\varepsilon = \dfrac{100\,t}{4R}$

[해설] 변형률 = 굽힘시험편의 두께(2 × 굽힘시험 시 내부의 반경 + 굽힘시험편의 두께) × 100 %
$= \dfrac{100\,t}{2R+t}$

11. 도형에 관한 용어 중 "대상물의 사면에 대항하는 위치에 그린 투상도"를 뜻하는 것은?

㉮ 주 투상도   ㉯ 보조 투상도
㉰ 회전 투상도   ㉱ 부분 투상도

[해설] 물체의 평면이 경사면(사면)인 경우 모양과 크기가 변형 또는 축소되어 나타나므로 이럴 때는 경사면에 평행한 보조 투상면을 설치하고 이것에 필요한 부분을 투상하면 물체의 실제 모양이 나타나게 되는 것을 보조 투상도라 한다.

12. 선에 관한 용어 중 "대상물의 일부분을 가상으로 제외했을 경우의 경계를 나타내는 선"을 뜻하는 것은?

㉮ 절단선   ㉯ 피치선
㉰ 파단선   ㉱ 무게중심선

13. 도면에는 도면의 크기에 따라 몇 mm 이상의 윤곽선을 그리는가?

㉮ 0.2 mm   ㉯ 0.25 mm
㉰ 0.3 mm   ㉱ 0.5 mm

14. 다음 보기와 같이 용접부 표면 또는 용접부 형상을 나타내는 기호에 대한 설명으로 옳은 것은?

$\boxed{\text{MR}}$

㉮ 동일한 면으로 마감 처리
㉯ 영구적인 이면 판재 사용
㉰ 토우를 매끄럽게 함
㉱ 제거 가능한 이면 판재 사용

[해설] 문제에 기호는 제거 가능한 덮개판을 사용

15. 척도의 종류 중 축척(contraction scale)으로 그릴 때의 내용을 바르게 설명한 것은?

㉮ 도면의 치수는 실물의 축척된 치수를 기입한다.
㉯ 포제란의 척도란에 "NS"라고 기입한다.
㉰ 포제란의 척도란에 2 : 1, 20 : 1 등으로 기입한다.
㉱ 도면의 치수는 실물의 실제치수를 기입한다.

[해설] • 축적(contraction scale, reduction scale) : 도면에 도형을 실물보다 작게 제도하는 경우에 사용하며 축척으로 그린 도면의 치수는 실물의 실제치수를 기입한다.

16. X, Y, Z 방향의 축을 기준으로 공간상에 하나의 점을 표시할 때 각 축에 대한 X, Y, Z에 대응하는 좌표값으로 표시하는 CAD 시스템의 좌표계의 명칭은?

㉮ 직교좌표계   ㉯ 극좌표계
㉰ 원통좌표계   ㉱ 구면좌표계

[해설] CAD에서 좌표의 종류는 절대좌표, 상대좌표, 상대극좌표, 직교좌표, 구좌표, 원기둥좌표 등이 있으며 2차원 XY좌표에 Z성분을 부여하는 것은 직교좌표계라고 한다.

17. 일반적으로 부품의 모양을 스케치하는 방법이 아닌 것은?

㉮ 프린트법   ㉯ 프리핸드법
㉰ 판화법   ㉱ 사진촬영법

[정답] 10. ㉮ 11. ㉯ 12. ㉰ 13. ㉱ 14. ㉱ 15. ㉱ 16. ㉮ 17. ㉰

[해설] 부품의 모양을 그릴 때에는 부품의 모양에 따라서 프리 핸드법, 프린트법, 본뜨기법, 사진촬영법, 또는 이들 방법을 병행하여 사용한다.

18. 용접 시방서(WPS)에 반드시 표기해야 되는 내용이 아닌 것은?
㉮ 후열처리 방법 ㉯ 모재 재질
㉰ 용접봉의 종류 ㉱ 비파괴검사방법

[해설] ① 용접 절차서 (또는 용접 시방서 WPS welding procedure specification)란 code의 기본요건에 따라 현장의 용접을 최소한의 결함으로 안정적인 용접금속을 얻기 위하여 각종 용접 조건들의 변수를 기록하여 만든 작업절차 지시가 담겨 있는 사양서이다.
② 용접절차 검증서 (PQR : procedure qualification record)란 WPS에 따라 시험편을 용접하는 데 사용되는 용접변수의 기록서로 WPS에 따라 용접된 기계적, 화학적 특성을 시험한 결과를 포함한 것으로 인장, 경도 굽힘, 비파괴검사, 단면 마크로 시험 및 충격시험 등이 포함된다.

19. 다음의 용접기호를 바르게 설명한 것은?

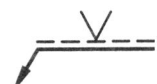

㉮ 화살표 쪽의 용접
㉯ 양면대칭 부분 용입의 용접
㉰ 양면대칭 용접
㉱ 화살표 반대쪽의 용접

[해설] 용접기호에서 기준선(실선) 위에 기호가 표시될 때에는 화살표 쪽 파선 위에 기호가 표시되면 화살표 반대쪽의 용접을 표시한다.

20. 다음 그림에 대한 명칭으로 맞는 것은?
㉮ 맞대기 용접
㉯ 연속 필릿 용접
㉰ 슬롯 용접
㉱ 플랜지형 맞대기 용접

제 2 과목   용접구조설계

21. 일반적으로 양쪽필릿 용접이음에서 다리길이는 판두께의 몇 % 정도가 가장 적당한가?
㉮ 60% ㉯ 75% ㉰ 85% ㉱ 100%

[해설] 이론목두께 = 다리길이 × cos 45°
= 0.707 × 다리길이

22. 맞대기 용접이음의 덧살은 용접이음의 강도에 어떤 영향을 주는가?
㉮ 덧살은 보강 덧붙임으로써의 가치가 거의 없고 오히려 피로강도를 감소시킨다.
㉯ 덧살을 크게 하면 강도가 증가하고 취성이 좋아진다.
㉰ 덧살을 작게 하면 응력집중이 커지고 강도가 좋아진다.
㉱ 덧살이 커지면 피로강도에는 영향하지 않는 것으로 생각해도 되나 정적강도에는 크게 영향을 미친다.

[해설] 맞대기 이음의 피로한도는 하중을 목의 두께로 나눈 값으로 나타내며, 덧살의 유무와 그 크기, 이면 용접의 유무, 용접결함의 종류와 크기에 따라서 크게 영향을 받으며 뒷면 용접이 불충분하면 피로강도가 20~50 % 저하된다.

23. 용접변형에서 수축변형에 영향을 미치는 인자로서 다음 중 영향을 가장 적게 미치는 것은?
㉮ 판 두께와 이음형상
㉯ 판의 예열온도
㉰ 용접입열
㉱ 용접 자세

[해설] 용접변형에 관련되는 요인을 크게 나누면 용접열에 관계되는 것과 이음의 외적 구속에 관계된다.
① 용접열 : 용접전류, 아크전압, 용접속도, 용접봉의 종류와 지름, 용접층수, 이음의

개선 형상과 치수, 용착순서, 수동용접과 자동용접법의 차이, 뒷면 따내기, 혹은 뒷면 용접 유무 등에 영향

② 외적 구속 : 모재의 치수, 이음 주변의 지지 조건, 가접의 크기와 피치, 구속 지그의 적용법, 용접순서 등과 관계된다.

24. TIG 용접 이음부 설계에서 I형 맞대기 용접이음의 설명으로 적합한 것은?

㉮ 판 두께가 12 mm 이상의 두꺼운 판 용접에 이용된다.
㉯ 판 두께가 6∼20 mm 정도의 다층 비드 용접에 이용된다.
㉰ 판 두께가 3 mm 정도의 박판 용접에 많이 이용된다.
㉱ 판 두께가 20 mm 이상의 두꺼운 판 용접에 이용된다.

[해설] TIG 용접 이음의 형상은 플랜지와 변두리용접은 2 mm 이하, I형은 3 mm 이하, V형 이음은 6 mm 이하에 적용된다.

25. 설비에 사용되는 용접기가 결정되면 필요한 전원 변압기의 용량(Q)을 결정하는데, 용접기를 1대 설치하는 경우 필요한 전원 변압기의 용량(Q)를 구하는 식은? (단, α는 용접기 사용률, β는 용접기 부하율, P는 용접기 1대당 최대용량, n은 용접기 대수)

㉮ $Q = \sqrt{\alpha \cdot \beta \cdot P}$
㉯ $Q = \sqrt{n\alpha} \cdot \sqrt{(n-1)\alpha} \cdot \beta \cdot P$
㉰ $Q = \alpha \cdot \beta \cdot P$
㉱ $Q = n \cdot \alpha \cdot \beta \cdot P$

26. 본 용접이 용착법에서 용접방향에 따른 비드 배치법이 아닌 것은?

㉮ 전진법과 후진법   ㉯ 대칭법
㉰ 스킵법   ㉱ 펄스반사법

[해설] 본용접에 이용되는 용착법은 전진법, 후진법, 대칭법, 스킵법(비석법) 등이며 다층 비드 쌓기는 덧살 올림법, 캐스케이드법, 전진 블록법 등이다.

27. 두께 10mm, 폭 20mm인 시편을 인장시험한 후 파단된 부위를 측정하였더니 두께 8mm, 폭 16mm가 되었을 때 단면수축률은 얼마인가?

㉮ 82 %   ㉯ 64 %
㉰ 48 %   ㉱ 36 %

[해설] 변형률(수축률)은 길이변형(종변형), 단면(횡변형), 전단변형, 체적변형률 등이 있고 문제에서는 단면, 즉 지름의 변형을 구하므로

$$변형률 = \left(\frac{감소\ 후\ 지름 - 원지름}{원지름}\right) \times 100\%$$
$$= 64\%$$

28. 용접 이음을 설계할 때 유의사항으로 틀린 것은?

㉮ 용접 작업에 지장을 주지 않도록 공간을 남긴다.
㉯ 가능한 한 아래보기 자세로 작업이 가능하도록 한다.
㉰ 용접선의 교차를 최대한도로 줄여야 한다.
㉱ 국부적인 열의 집중을 받도록 한다.

[해설] • 용접 이음의 설계 시 유의사항
① 용접을 안전하게 할 수 있는 구조로 한다.
② 가능한 아래보기 용접을 많이 하도록 한다.
③ 용접봉의 용접부에 접근성도 작업이 쉽고 어려움에 영향을 주므로 용접작업에 지장을 주지 않도록 간격을 남겨야 한다.
④ 용접부에 잔류응력과 열응력이 한 곳에 집중하는 것을 피하고 용접 이음부가 한 곳에 집중되지 않도록 한다.
⑤ 맞대기 용접에는 이면 용접을 하여 용입 부족이 없도록 한다.
⑥ 필릿 용접을 가능한 피하고 맞대기 용접을 하도록 한다.
⑦ 용접부에 모멘트(moment)가 작용하지 않게 한다.

정답 24 ㉰   25. ㉮   26. ㉱   27. ㉯   28. ㉱

29. 용접 직후 피닝(peening)을 하는 주목적으로 맞는 것은?
㉮ 도료 및 산화된 부분을 없애기 위해서
㉯ 응력을 강하게 하기 위해서
㉰ 용접 후 잔류응력을 방지하기 위해서
㉱ 용접이음 효율을 좋게 하기 위해서

[해설] 피닝법은 치핑 해머로 용접부를 연속적으로 가격하여 용접 표면상에 소성변형을 주는 방법으로 잔류응력의 경감, 변형의 교정 및 용접금속의 균열을 방지하는데 효과가 있다.

30. 맞대기 용접이음에서의 각 변형 방지대책이 아닌 것은?
㉮ 개선 각도는 작업에 지장이 없는 한도 내에서 작게 하는 것이 좋다.
㉯ 판 두께가 얇을수록 첫 패스측은 개선깊이를 크게 한다.
㉰ 용접속도가 느린 용접법을 이용한다.
㉱ 역변형의 시공법을 사용한다.

[해설] • 각 변형(angular distortion)을 억제하는 방법
① 각을 미리 역변형시켜 준다.
② 가접을 튼튼하게 한다.
③ 피닝을 한다.
④ 패스(pass) 중간마다 냉각시킨다.

31. 다음과 같은 식에서 (A)에 들어갈 적당한 용어는?

$$(A) = \frac{용착금속무게}{사용된 용접와이어(봉)의 무게} \times 100\%$$

㉮ 용접효율   ㉯ 재료효율
㉰ 가동률   ㉱ 용착효율

[해설] 용착효율(deposition efficiency)은 용착금속 무게와 사용 용접봉(와이어)의 전체 무게(피복 포함)의 비

32. 용접설계에서 허용응력을 올바르게 나타낸 공식은?

㉮ 허용응력 = $\frac{안전율}{이완력}$

㉯ 허용응력 = $\frac{인장강도}{안전율}$

㉰ 허용응력 = $\frac{이완력}{안전율}$

㉱ 허용응력 = $\frac{안전율}{인장강도}$

[해설] 허용응력 = $\frac{인장강도}{안전율}$
인장강도 = 허용응력 × 안전율
하중의 종류에 따른 안전율은 정하중 3, 동하중에 단진응력 5, 교번하중 8, 충격하중 12

33. 플러그 용접의 전단강도는 구멍의 면적당 전 용착금속 인장 강도의 몇 % 정도인가?
㉮ 60 ~ 70 %   ㉯ 80 ~ 90 %
㉰ 40 ~ 50 %   ㉱ 20 ~ 30 %

[해설] 각종 이음에 전단강도의 비율은 전면필릿 덮개판 이음 90 %, 전면필릿 80 %, 측면필릿은 70 %, 플러그 용접은 60~70 %

34. 표점거리가 50 mm인 인장 시험편을 인장 시험한 결과 62 mm로 늘어났다면 연신율은 얼마인가?
㉮ 12 %   ㉯ 18 %   ㉰ 24 %   ㉱ 20 %

[해설] 연신율 = $\frac{늘어난 길이 - 표점거리}{표점거리} \times 100\%$
= $\frac{62-50}{50} \times 100\% = 24\%$

35. 용접 절차 검증서(PQR)를 작성하기 위하여 PQ test를 수행하는데 가장 적당한 사람은?
㉮ 관리책임자
㉯ 숙련된 용접사
㉰ 용접 절차서(WPS)에 의해 용접하는 용접사
㉱ 용접 초보자

[해설] ① 용접 절차서(또는 용접 시방서 WPS :

정답 29. ㉰ 30. ㉰ 31. ㉱ 32. ㉯ 33. ㉮ 34. ㉰ 35. ㉯

welding procedure specification)란 code 의 기본요건에 따라 현장의 용접을 최소한의 결함으로 안정적인 용접금속을 얻기 위하여 각종 용접 조건들의 변수를 기록하여 만든 작업절차 지시가 담겨 있는 사양서이다.

② 용접절차 검증서(PQR : procedure qualification record)란 WPS에 따라 시험편을 용접하는 데 사용되는 용접변수의 기록서로 WPS에 따라 용접된 기계적, 화학적 특성을 시험한 결과를 포함한 것으로 인장, 경도 굽힘, 비파괴검사, 단면 마크로 시험 및 충격시험 등이 포함된다.

36. 다음 용접결함 중 용접사의 기량과 가장 관계가 없는 것은?
㉮ 슬래그 잠입   ㉯ 용입 불량
㉰ 비드밑 터짐   ㉱ 언더컷

[해설] 비드 밑 균열이란 용접 비드 바로 밑에서 용접선에 아주 가까이 거의 이와 평행하게 모재 열영향부에 생기는 균열로 고탄소강이나 저합금강과 같은 담금질에 의한 경화성이 강한 재료를 용접했을 때 나타나기 쉽고 발생 원인은 급랭에 의한 열영향부의 경화, 마텐자이트의 생성에 따른 변태 응력 및 용착금속 중의 수소, 용접 응력 등이다. 방지 방법은 급랭을 피하기 위한 예열 및 후열과 용접봉도 저수소계를 사용한다.

37. 전 용접길이에 X선 검사를 하여 결함이 1개도 발견되지 않았을 때 용접이음의 효율은?
㉮ 85 %   ㉯ 90 %   ㉰ 100 %   ㉱ 30 %

38. 용접 이음에서 중판 이상의 두꺼운 판의 용접을 위한 홈설계 시 고려하여야 할 사항으로 틀린 것은?
㉮ 루트 간격의 최대치는 사용하는 용접봉의 지름을 하도록 한다.
㉯ 루트 반지름은 가능한 크게 한다.
㉰ 홈의 단면적은 가능한 크게 한다.
㉱ 최소 100 정도는 전후좌우로 용접봉을 움직일 수 있는 각도를 만든다.

[해설] • 중판 이상
① 홈의 단면적은 가능한 작게 한다.
② 최소 10° 정도는 전후좌우로 용접봉을 움직일 수 있는 홈각도가 필요하다.
③ 루트 반지름은 가능한 크게 한다.
④ 적당한 루트 간격과 루트면을 만들어 준다 (루트 간격의 최대치는 사용 용접봉의 지름을 한도로 한다).

39. 가용접(tack welding)을 할 때 주의할 사항으로 틀린 것은?
㉮ 잔류응력이 남지 않도록 한다.
㉯ 특히 용접순서를 고려해야 한다.
㉰ 본 용접을 하는 홈(groove) 내에 용접을 한다.
㉱ 본 용접과 동일 정도의 기량을 가진 용접사가 해야 한다.

[해설] • 가용접
① 용접 결과의 좋고 나쁨에 직접 영향을 준다.
② 본용접의 작업 전에 좌우의 홈부분을 잠정적으로 고정하기 위한 짧은 용접이다.
③ 균열, 기공, 슬래그 잠입 등의 결함을 수반하기 쉬우므로 본용접을 실시할 홈 안에 가접하는 것은 바람직하지 못하며, 만일 불가피하게 홈 안에 가접하였을 경우 본용접 전에 갈아내는 것이 좋다.
④ 본용접을 하는 용접사와 비등한 기량을 가진 용접사에 의해 가접을 실시한다.
⑤ 가접에는 본용접보다 지름이 약간 가는 용접봉을 사용하는 것이 좋다.

40. 용접부의 가로방향 수축량을 계산하는 공식으로 옳은 것은? (단, Δt는 온도 변화량, L은 팽창한 길이, α는 선팽창계수, Δl은 수축량이다.)
㉮ $\Delta l = \dfrac{\alpha}{\Delta t} \times L$ ㉯ $\Delta l = \dfrac{L^2}{\Delta t} \times \alpha$
㉰ $\Delta l = \alpha \times \Delta t \times L$ ㉱ $\Delta l = \dfrac{\Delta t}{L} \times \alpha$

정답 36. ㉰   37. ㉰   38. ㉰   39. ㉰   40. ㉰

제 3 과목 용접일반 및 안전관리

41. 각종 용접법은 그 종류에 따라 다른 이름으로 불리어지고 있다. 틀리게 짝지어진 것은?
㉮ 퍼커션 용접 – 충돌 용접
㉯ 서브머지드 아크 용접 – 잠호 용접
㉰ 버트 용접 – 불꽃 용접
㉱ 프로젝션 용접 – 돌기 용접

[해설] 버트(butt) 용접은 전기저항 용접 중에서 맞대기 용접의 종류 중 플래시 버트 용접(flash welding), 업셋 버트 용접(upset welding)의 두 가지가 있다. 그 중 플래시 버트 용접은 불꽃 맞대기 용접이라고도 한다.

42. 다음 중 내균열성이 가장 좋은 피복 아크 용접봉은?
㉮ 일루미나이트계   ㉯ 저수소계
㉰ 고셀룰로오스계   ㉱ 고산화티탄계

[해설] 전기 용접봉 종류 중 용접봉의 내균열성은 피복제의 염기성이 좋은 저수소계 → 일루미나이트계 → 고산화철계 → 고셀룰로오스계 → 티탄계 순서이다.

43. 다음 〈보기〉 중 용접의 자동화에서 자동제어의 장점에 해당되는 사항으로만 모두 조합한 것은?

〈보 기〉
① 제품의 품질이 균일화되어 불량품이 감소한다.
② 원자재, 원료 등이 증가된다.
③ 인간에게는 불가능한 고속작업이 가능하다.
④ 위험한 사고의 방지가 불가능하다.
⑤ 연속작업이 가능하다.

㉮ ①, ②, ④   ㉯ ①, ③, ④
㉰ ①, ③, ⑤   ㉱ ①, ②, ③, ④, ⑤

[해설] 원자재, 원료 등이 감소되며 자동화에 자동제어이기 때문에 인간에게 위험한 사고의 방지가 가능하다.

44. 용접 지그를 사용할 때의 이점으로 틀린 것은?
㉮ 작업을 쉽게 할 수 있다.
㉯ 공정수를 절약하므로 능률이 좋다.
㉰ 제품의 제작 속도가 느리다.
㉱ 제품의 정도가 균일하다.

[해설] • 용접 지그 사용 효과
① 아래보기 자세로 용접을 할 수 있다.
② 용접 조립의 단순화 및 자동화가 가능하고 제품의 정밀도가 향상된다.

45. 아크 전류가 일정할 때 아크 전압이 높아지면 용접봉의 용융속도가 늦어지고, 아크 전압이 낮아지면 용융속도가 빨라지는 아크 특성은?
㉮ 부저항 특성(부특성)
㉯ 아크 길이 자기제어 특성
㉰ 절연 회복 특성
㉱ 전압 회복 특성

[해설] MIG 용접에는 아크 전류가 일정할 때 아크 전압이 높아지면 용융속도가 늦어지고 아크 전압이 낮아지면 용융속도가 빨라져 아크 길이를 적절하게 유지하는 특성을 아크 길이 자기제어 특성이라고 한다.

46. 피복 아크 용접봉의 피복제의 주된 역할에 대한 설명으로 맞는 것은?
㉮ 용착금속의 탈산, 정련작용을 막는다.
㉯ 용착금속에 적당한 합금원소의 첨가를 막는다.
㉰ 용착금속의 냉각속도를 느리게 하여 급랭을 방지한다.
㉱ 모재 표면의 산화물의 제거를 방지한다.

[해설] • 피복제의 작용
① 중성, 환원성 가스를 발생하여 용융금속을 보호한다.

정답 41. ㉰   42. ㉯   43. ㉰   44. ㉰   45. ㉯   46. ㉰

② 아크의 안정 및 용착금속의 탈산 정련작용
③ 용접의 미세화 및 용착효율을 높인다.
④ 용융점이 낮은 가벼운 슬래그 생성과 용착금속의 급랭 방지
⑤ 전기절연 작용 및 용접금속에 필요한 원소 보충과 피복통의 형성

47. AW300 용접기의 정격사용률이 40%일 때 200A로 용접을 하면 10분 작업 중 몇 분까지 아크를 발생해도 용접기에 무리가 없는가?
㉮ 3분 ㉯ 5분 ㉰ 7분 ㉱ 9분

[해설] 허용사용률(%)
$= \dfrac{(정격2차전류)^2}{(실제용접전류)^2} \times 정격사용률(\%)$
$= \dfrac{(300)^2}{(200)^2} \times 40(\%) = 90\%$
↔ 10분 × 0.9(90%) = 9분

48. 탄산가스 아크 용접에서 기공이 발생하는 원인으로 가장 거리가 먼 것은?
㉮ CO_2 가스 유량이 부족하다.
㉯ 토치의 겨눔 위치가 부적당하다.
㉰ CO_2 가스에 공기가 혼입되어 있다.
㉱ 노즐에 스패터가 많이 부착되어 있다.

[해설] • 탄산가스 아크 용접에서 기공의 원인
① CO_2 가스 유량 부족
② CO_2 가스에 공기가 혼입되어 있다.
③ 바람에 의해 CO_2 가스가 날린다.
④ 노즐에 스패터가 많이 부착되어 있다.
⑤ CO_2 가스의 품질이 나쁘다.
⑥ 용접 부위가 지저분하다.
⑦ 노즐과 모재간 거리가 지나치게 길다.
⑧ 와이어가 휘어져 나온다.
⑨ 공기가 말려 들어간다.

49. 아크 용접 시 전격에 의해 몸에 근육수축을 가져오는 경우의 전류값으로 가장 적당한 것은?
㉮ 10 mA ㉯ 20 mA ㉰ 1 mA ㉱ 5 mA

[해설] 전격의 위험은 교류전원이며 단위는 mA로 1 : 전기를 약간 느낄 정도, 5 : 상당한 고통을 느낀다, 10 : 견디기 어려울 정도의 고통, 20 : 심한 고통을 느끼고 강한 근육수축이 일어 난다, 50 : 상당히 위험한 상태, 100 : 치명적인 결과 초래(사망)

50. 불활성 가스 텅스텐 아크 용접의 직류 역극성 용접에서 사용 전류의 크기에 상관없이 정극성 때보다 어떤 전극을 사용하는 것이 좋은가?
㉮ 가는 전극 사용 ㉯ 굵은 전극 사용
㉰ 같은 전극 사용 ㉱ 전극에 상관 없음

[해설] 역극성은 전자가 전극에 충돌 작용을 가하므로 전극 끝이 과열되어 용융되는 경향이 있으므로 정극성보다는 지름이 큰 전극이 필요하다.

51. 저수소계 피복 금속 아크 용접봉은 사용 전에 몇 ℃ 정도에서 건조해야 하는가?
㉮ 300 ~ 350℃ ㉯ 400 ~ 450℃
㉰ 500 ~ 550℃ ㉱ 600 ~ 650℃

[해설] 피복 아크 용접봉의 건조는 저수소계는 300~350℃로 2시간 정도, 일반 용접봉은 70~100℃로 30분~1시간 정도로 건조 후 사용한다.

52. 용접기의 1차선에 비하여 2차선에 굵은 도선을 사용하는 이유는?
㉮ 2차 전압이 1차 전압보다 높기 때문에
㉯ 2차선의 방열을 좋게 하기 위해서
㉰ 2차 전류가 1차 전류보다 높기 때문에
㉱ 전선의 유연성을 좋게 하기 위해서

[해설] 용접 케이블은 1차 케이블이 너무 가늘면 저항이 높아 용접기의 전압이 떨어지며 도선에도 열이 나서 위험하다. 2차 케이블도 충분한 굵기를 가져야 하며 용접기로부터 멀리 떨어져 작업하게 될 때 케이블이 길어짐에 따라 굵기도 굵어져야 한다.

53. 압력 조정기(pressure regulator)의 구비조건으로 틀린 것은?
㉮ 동작이 예민해야 한다.

정답 47. ㉱ 48. ㉯ 49. ㉯ 50. ㉯ 51. ㉮ 52. ㉰ 53. ㉰

㉯ 빙결(□ □)하지 않아야 한다.
㉰ 조정압력과 방출압력과의 차이가 커야 한다.
㉱ 조정압력은 용기 내의 가스량이 변화하여도 항상 일정해야 한다.
[해설] 조정압력과 방출압력이 용기 내에 압력변화에 관계없이 항상 일정하게 유지되어야 한다.

54. 점(spot) 용접 시의 안전사항 중 틀린 것은?
㉮ 보호 장갑을 착용하여야 한다.
㉯ 용접기에 어스(earth)는 필요시에 따라 실시한다.
㉰ 판재의 기름을 제거한 후 용접한다.
㉱ 보호 안경을 착용하여야 한다.
[해설] 점용접은 두 개 또는 그 이상의 전극 사이에 모재를 끼워놓고 가압하면서 전류를 통하여 가열 용융시켜 용접하는 방법으로 어스는 언제나 되어 있다.

55. 아크 용접 작업 중 아크쏠림(arc blow) 현상이 가장 심하게 발생될 수 있는 조건은?
㉮ 교류전원을 이용하여 와전류 발생
㉯ 직류전원을 이용하여 아크쏠림 발생
㉰ 교류전원을 이용하여 아크쏠림 발생
㉱ 아크의 길이를 짧게 할 때 발생
[해설] 아크쏠림은 직류전원에서 일어나는 자기 현상으로 교류전원을 이용하면 아크쏠림 현상을 방지한다.

56. 용해된 아세틸렌의 양은 50리터의 용기에서 21리터가 포화 흡수되어 있는데, 15℃ 15기압에서 아세톤 1리터에 아세틸렌 324리터가 용해되어 있다면 50리터 용기에서 아세틸렌 약 몇 리터를 용해시킬 수 있는가?
㉮ 3246 ㉯ 1169 ㉰ 4156 ㉱ 6804
[해설] 21리터 × 324리터 = 6804

57. 서브머지드 아크 용접법의 설명 중 잘못된 것은?
㉮ 용융속도와 용착속도가 빠르며, 용입이 깊다.
㉯ 비소모식이므로 비드의 외관이 거칠다.
㉰ 모재 두께가 두꺼운 용접에서 효율적이다.
㉱ 용접선이 수직인 경우 적용이 곤란하다.
[해설] 서브머지드 아크 용접은 아크가 용제 속으로 연속적으로 와이어를 공급하는 자동용접법으로 아크가 보이지 않아 잠호용접이라고도 하며, 소모식이다.

58. 용접 용어 중 "아크 용접의 비드 끝에서 오목하게 파진 곳"을 뜻하는 것은?
㉮ 크레이터   ㉯ 언더컷
㉰ 오버랩   ㉱ 스패터

59. 잠호 용접의 자동이송장치에 대한 설명 중 틀린 것은?
㉮ 판을 용접할 경우 암(arm)이 자동으로 전진 또는 후퇴한다.
㉯ 원형체일 경우 따로 설치한 롤러가 회전하여 자동이송이 된다.
㉰ 와이어의 송급장치, 제어장치, 콘택트 팁, 용제 호퍼를 일괄하여 용접헤드라고 한다.
㉱ 와이어의 송급은 전류제어장치에 의하여 와이어 롤러가 회전한다.
[해설] 전압 제어상자, 심선을 보내는 장치, 접촉 팁, 용접 와이어, 용제 호퍼, 주행대차 등을 용접헤드라고 하며 이외에는 용접전원이 있다.

60. 용접재는 판 두께를 측정하는 측정기로 가장 적당한 것은?
㉮ 각장 게이지   ㉯ 버니어 캘리퍼스
㉰ 다이얼 게이지 ㉱ 내경마이크로미터

정답 54. ㉯ 55. ㉯ 56. ㉱ 57. ㉯ 58. ㉮ 59. ㉱ 60. ㉯

2012년도 출제 문제

▶ 2012년 3월 4일 시행

자격종목 및 등급(선택분야)	종목코드	시험시간	문제지형별
용접산업기사	2026	1시간 30분	B

제 1 과목 용접야금 및 용접설비제도

1. 용접부의 노 내 응력 제거 방법에서 가열부를 노에 넣을 때 및 꺼낼 때의 노 내 온도는 몇 ℃ 이하로 하는가?
㉮ 180℃ ㉯ 200℃ ㉰ 250℃ ㉱ 300℃

[해설] 노 내 응력 제거 풀림법에서는 연강 종류는 제품의 노 내를 출입시키는 온도가 300℃를 넘어서는 안 된다.

2. 용접금속의 파단면에 매우 미세한 주상정(柱狀晶)이 서릿발 모양으로 병립하고, 그 사이에 현미경으로 보이는 정도의 비금속 개재물이나 기공을 포함한 조직이 나타나는 결함은?
㉮ 선상조직 ㉯ 은점
㉰ 슬래그 혼입 ㉱ 용입 불량

[해설] 선상조직(상주상조직)은 아크 용접부에 생기는, 특히 조직으로 용접금속을 파단시켰을 때 그 일부가 상주상 아주 미세한 주상정으로 보이는 것이다.

3. 슬립에 의한 변형에서 철(Fe)의 슬립면과 슬립방향이 맞지 않는 것은?
㉮ {110}, {111} ㉯ {112}, {111}
㉰ {123}, {111} ㉱ {111}, {111}

[해설] 밀러 지수라고도 하는 결정면의 지수는 결정의 좌표축을 X, Y, Z로 하고 이 3축을 적당히 잘라 잡은 1평면을 나타내는 것으로 원자 간격의 배수, 즉 축의 절편 2, 3, 1로 될 때 이것의 역수 $\frac{1}{2}, \frac{1}{3}$, 1로 되고 통분해서 정수로 하면 (3, 2, 6)으로 표시한다.

4. 합금공구강 강재 종류의 기호 중 주로 절삭 공구강용에 적용되는 것은?
㉮ STS 11 ㉯ SM 55
㉰ SS 330 ㉱ SC 360

[해설] 합금공구강의 기호는 STS이고 STS 1은 바이트, 커터, 드로잉 다이 등 공구강용에 적용되고 STS 2는 탭, 드릴, 커터, 쇠톱날, 다이, STS 3은 게이지, 다이, 탭 등에 이용된다.

5. 황(S)의 해를 방지할 수 있는 적합한 원소는 어느 것인가?
㉮ Mn (망간) ㉯ Si (규소)
㉰ Al (알루미늄) ㉱ Mo (몰리브덴)

[해설] 황이 강 중에 0.02% 정도 함유 시 강도, 연신율, 충격치 감소, 고온가공성을 나쁘게 하여 Mn을 첨가 고온가공성을 개선한다.

6. 레데뷰라이트(ledeburite)를 옳게 설명한 것은?
㉮ δ 고용체의 석출을 끝내는 고상선
㉯ cementite의 용해 및 응고점
㉰ γ 고용체로부터 α 고용체와 cementite가 동시에 석출되는 점
㉱ γ 고용체와 Fe_3C와의 공정주철

정답 1. ㉱ 2. ㉮ 3. ㉱ 4. ㉮ 5. ㉮ 6. ㉱

[해설] 공정점(1130℃) 4.3%C의 용액에서 γ고용체와 시멘타이트가 동시에 정출하는 점으로 이 조직을 레데뷰라이트라 하며 공정조직이다.

7. 스테인리스강 중에서 내식성, 내열성, 용접성이 우수하며 대표적인 조성이 18Cr-8Ni인 계통은?
㉮ 마텐자이트계   ㉯ 페라이트계
㉰ 오스테나이트계 ㉱ 소르바이트계

[해설] 오스테나이트계는 비장성체이고 담금질이 안 되며 내식, 내열, 내충격성이 크다. 용접하기가 쉽고 입계부식에 의한 입계균열의 발생이 쉽다.

8. 대상 편석인 고스트 선(ghost line)을 형성시키고, 상온취성의 원인이 되는 원소는?
㉮ Mn   ㉯ Si   ㉰ S   ㉱ P

[해설] 고스트 라인으로 인해 취성이 일어나는데 그 해를 가장 크게 주는 원소는 P이다.

9. Fe-C 평형상태도에서 순철의 용융온도는?
㉮ 약 1530℃   ㉯ 약 1495℃
㉰ 약 1145℃   ㉱ 약 723℃

[해설] 순철의 용융온도는 약 1530℃이다.

10. 용접금속에 수소가 침입하여 발생하는 결함이 아닌 것은?
㉮ 언더비드 크랙   ㉯ 은점
㉰ 미세균열   ㉱ 언더필

[해설] 수소에 의한 결함은 ㉮, ㉯, ㉰ 외에 기공, 다공성 등이 있다.

11. 도면 크기의 치수가 "841×1189"인 경우 호칭 방법은?
㉮ A0   ㉯ A1   ㉰ A2   ㉱ A3

[해설] A0 : 841×1189, A1 : 594×841
A2 : 420×594, A3 : 297×420
A4 : 210×297

12. 용접 보조기호 중 토우를 매끄럽게 하는 것을 의미하는 것은?

㉮ ⌢   ㉯ ⌣
㉰ MR   ㉱ M

[해설] ㉮ : 볼록형이다.
㉯ : 끝단부를 매끄럽게 한다.
㉰ : 제거 가능한 덮개판을 사용한다.
㉱ : 영구적인 덮개판을 사용한다.

13. 그림과 같이 대상물의 사면에 대항하는 위치에 그린 투상도는?

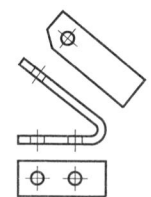

㉮ 회전 투상도   ㉯ 보조 투상도
㉰ 부분 투상도   ㉱ 국부 투상도

[해설] 부분 투상도는 그림의 일부를 도시하는 것으로도 충분한 경우에는 필요한 부분만을 투상하여 도시하는 것으로 생략한 부분과의 경계를 파단선으로 나타내고 명확한 경우에는 파단선을 생략해도 좋다.

14. 다음 그림이 나타내는 용접 명칭으로 옳은 것은?

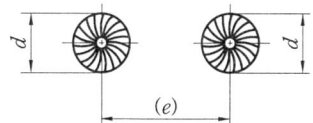

㉮ 플러그 용접   ㉯ 점 용접
㉰ 심 용접   ㉱ 단속 필릿 용접

15. 치수문자를 표시하는 방법에 대하여 설명한 것 중 틀린 것은?
㉮ 길이 치수문자는 mm 단위를 기입하고 단

정답 7. ㉰ 8. ㉱ 9. ㉮ 10. ㉱ 11. ㉮ 12. ㉯ 13. ㉰ 14. ㉮ 15. ㉯

위기호를 붙이지 않는다.
㈎ 각도 치수문자는 도(°)의 단위만 기입하고 분(′), 초(″)는 붙이지 않는다.
㈐ 각도 치수문자를 라디안으로 기입하는 경우 단위 기호 rad 기호를 기입한다.
㈑ 치수문자의 소수점은 아래쪽의 점으로 하고 약간 크게 찍는다.

[해설] 각도의 치수문자는 일반적으로 도의 단위로 기입하고 필요한 경우에는 분 및 초를 병용할 수 있다. 도, 분, 초를 표시할 때에는 숫자의 오른쪽 위에 각각 도, 분, 초를 기입한다.

16. 물체의 모양을 가장 잘 나타낼 수 있는 것으로 그 물체의 가장 주된 면, 즉 기본이 되는 면의 투상도 명칭은?
㈎ 평면도 ㈏ 좌측면도
㈐ 우측면도 ㈑ 정면도

17. 도형 내의 특정한 부분이 평면이라는 것을 표시할 경우 맞는 기입방법은?
㈎ 가는 2점 쇄선으로 대각선을 기입
㈏ 은선으로 대각선을 기입
㈐ 가는 실선으로 대각선을 기입
㈑ 가는 1점 쇄선으로 사각형을 기입

18. 다음 용접기호 표시를 올바르게 설명한 것은?

$c \ominus n \times l(e)$

㈎ 지름이 c 이고 용접길이 l 인 스폿 용접이다.
㈏ 지름이 c 이고 용접길이 l 인 플러그 용접이다.
㈐ 용접부 너비가 c 이고 용접개수 n 인 심 용접이다.
㈑ 용접부 너비가 c 이고 용접개수 n 인 스폿 용접이다.

[해설] ① c : 용접부의 너비
② $\ominus$: 심 용접
③ n : 용접부 수
④ l : 용접부의 길이
⑤ (e) : 간격의 수

19. 전개도를 그리는 방법에 속하지 않는 것은 어느 것인가?
㈎ 평행선 전개법 ㈏ 나선형 전개법
㈐ 방사선 전개법 ㈑ 삼각형 전개법

[해설] 전개도는 평행선, 방사선, 삼각형, 타출 전개법이 있다.

20. 한국산업표준(KS)의 분류기호와 해당 부문의 연결이 틀린 것은?
㈎ KS K : 섬유 ㈏ KS B : 기계
㈐ KS E : 광산 ㈑ KS D : 건설

[해설] KS D : 금속부문

제 2 과목 용접구조설계

21. 쇼어 경도(HS) 측정 시 산출 공식으로 맞는 것은? (단, h_0 : 해머의 낙하높이, h_1 : 해머의 반발높이)

㈎ $HS = \dfrac{10000}{65} \times \dfrac{h_0}{h_1}$

㈏ $HS = \dfrac{65}{10000} \times \dfrac{h_1}{h_0}$

㈐ $HS = \dfrac{65}{10000} \times \dfrac{h_0}{h_1}$

㈑ $HS = \dfrac{10000}{65} \times \dfrac{h_1}{h_0}$

22. 용접부 인장시험에서 최초의 길이가 50 mm이고, 인장시험편의 파단 후의 거리가 60

[정답] 16. ㈑ 17. ㈐ 18. ㈐ 19. ㈏ 20. ㈑ 21. ㈑ 22. ㈐

mm일 경우에 변형률은?
㉮ 10 %   ㉯ 15 %
㉰ 20 %   ㉱ 25 %

23. 미소한 결함이 있어 응력의 이상 집중에 의하여 성장하거나, 새로운 균열이 발생될 경우 변형 개방에 의한 초음파가 방출하게 되는데 이러한 초음파를 AE 검출기로 탐상함으로써 발생장소와 균열의 성장속도를 감지하는 용접시험 검사법은?
㉮ 누설 탐상검사법
㉯ 전자초음파법
㉰ 진공검사법
㉱ 음향방출 탐상검사법

24. 다음 그림과 같이 두께(h)=10mm인 연강판에 길이(l)=400mm로 용접하여 1000N의 인장하중(P)을 작용시킬 때 발생하는 인장응력(σ)은?

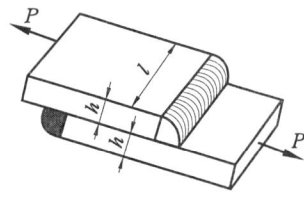

㉮ 약 177 MPa   ㉯ 약 125 MPa
㉰ 약 177 kPa   ㉱ 약 125 kPa

25. 맞대기 용접 이음에서 모재의 인장강도가 50N/mm²이고 용접 시험편의 인장강도가 25N/mm²으로 나타났을 때 이음 효율은?
㉮ 40 %   ㉯ 50 %
㉰ 60 %   ㉱ 70 %

26. V형 홈에 비해 홈의 폭이 좁아도 되고 루트 간격을 "0"으로 해도 작업성과 용입이 좋으나 홈 가공이 어려운 단점이 있는 이음 형상은?
㉮ H형 홈   ㉯ X형 홈
㉰ I형 홈   ㉱ U형 홈

27. 용접이음의 내식성에 영향을 미치는 인자로서 틀린 것은?
㉮ 이음 형상   ㉯ 플럭스(flux)
㉰ 잔류 응력   ㉱ 인장 강도

28. 기계나 용접구조물을 설계할 때 각 부분에 발생되는 응력이 어떤 크기 값을 기준으로 하여 그 이내이면 인정되는 최대 허용치를 표현하는 응력은?
㉮ 사용 응력   ㉯ 잔류 응력
㉰ 허용 응력   ㉱ 극한 강도

29. 설계 단계에서 용접부 변형을 방지하기 위한 방법이 아닌 것은?
㉮ 용접 길이가 감소될 수 있는 설계를 한다.
㉯ 변형이 적어질 수 있는 이음 부분을 배치한다.
㉰ 보강재 등 구속이 커지도록 구조설계를 한다.
㉱ 용착 금속을 증가시킬 수 있는 설계를 한다.

30. 피복 아크 용접 결함 중 용입불량의 원인으로 틀린 것은?
㉮ 이음 설계의 불량
㉯ 용접 속도가 너무 빠를 때
㉰ 용접 전류가 너무 높을 때
㉱ 용접봉 선택 불량

31. 용접이음 설계에서 홈의 특징을 설명한 것으로 틀린 것은?

㉮ I형 홈은 홈 가공이 쉽고 루트 간격을 좁게 하면 용착 금속의 양도 적어져서 경제적인 면에서 우수하다.
㉯ V형 홈은 홈가공이 비교적 쉽지만 판의 두께가 두꺼워지면 용착 금속량이 증대한다.
㉰ X형 홈은 양쪽에서의 용접에 의해 완전한 용입을 얻는 데 적합한 것이다.
㉱ U형 홈은 두꺼운 판을 양쪽에서 용접에 의해서 충분한 용입을 얻으려고 할 때 사용한다.

32. 노 내 풀림법으로 잔류 응력을 제거하고자 할 때 연강재 용접부 최대 두께가 25mm인 경우 가열 및 냉각속도 R 이 만족시켜야 하는 식은?
㉮ $R \leq 500$ (deg/h) ㉯ $R \leq 200$ (deg/h)
㉰ $R \leq 300$ (deg/h) ㉱ $R \leq 400$ (deg/h)

33. 겹쳐진 두 부재의 한 쪽에 둥근 구멍 대신에 좁고 긴 홈을 만들어 놓고 그 곳을 용접하는 용접법은?
㉮ 겹치기 용접 ㉯ 플랜지 용접
㉰ T형 용접 ㉱ 슬롯 용접

34. 용접 시 탄소량이 높아지면 어떤 대책을 세우는 것이 가장 적당한가?
㉮ 지그를 사용한다.
㉯ 예열 온도를 높인다.
㉰ 용접기를 바꾼다.
㉱ 구속 용접을 한다.

35. 용접 설계에 있어 일반적인 주의 사항으로 틀린 것은?
㉮ 용접에 적합한 구조의 설계를 할 것
㉯ 반복하중을 받는 이음에서는 특히 이음 표면을 볼록하게 할 것
㉰ 용접이음을 한 곳으로 집중 근접시키지 않도록 할 것
㉱ 강도가 약한 필릿 용접은 가급적 피할 것

[해설] • 용접이음의 설계 시 유의사항
① 용접을 안전하게 할 수 있는 구조로 한다.
② 가능한 아래보기 용접을 많이 하도록 한다.
③ 용접봉의 용접부에 접근성도 작업이 쉽고 어려움에 영향을 주므로 용접작업에 지장을 주지 않도록 간격을 남겨야 한다.
④ 용접부에 잔류응력과 열응력이 한곳에 집중하는 것을 피하고 용접이음부가 한 곳에 집중되지 않도록 한다.
⑤ 맞대기 용접에는 이면 용접을 하여 용입 부족이 없도록 한다.
⑥ 필릿용접을 가능한 피하고 맞대기 용접을 하도록 한다.
⑦ 용접부에 모멘트(moment)가 작용하지 않게 한다.

36. 용접부에 균열이 있을 때 보수하려면 균열이 더 이상 진행되지 못하도록 균열 진행 방향의 양단에 구멍을 뚫는다. 이 구멍을 무엇이라 하는가?
㉮ 스톱 홀 (stop hole)
㉯ 핀 홀 (pin hole)
㉰ 블로 홀 (blow hole)
㉱ 피트 (pit)

37. 용접변형의 종류 중 박판을 사용하여 용접하는 경우 다음 그림과 같이 생기는 물결 모양의 변형으로 한 번 발생하면 교정하기 힘든 변형은?

㉮ 좌굴 변형 ㉯ 회전 변형
㉰ 가로 굽힘 변형 ㉱ 가로 수축

38. 다음 중 용접 균열성 시험이 아닌 것은?
㉮ 리하이 구속 시험 ㉯ 피스코 시험
㉰ CTS 시험 ㉱ 코머렐 시험

정답 32. ㉯ 33. ㉱ 34. ㉯ 35. ㉯ 36. ㉮ 37. ㉮ 38. ㉱

39. 용접부에 발생한 잔류응력을 완화시키는 방법에 해당되지 않는 것은?
㉮ 기계적 응력 완화법
㉯ 저온 응력 완화법
㉰ 피닝법
㉱ 선상 가열법

40. 용접 구조 설계자가 알아야 할 용접 작업 요령으로 틀린 것은?
㉮ 용접기 및 케이블의 용량을 충분하게 준비한다.
㉯ 용접보조기구 및 장비를 사용하여 작업 조건을 좋게 만든다.
㉰ 용접 진행은 부재의 자유단에서 고정단으로 향하여 용접하게 한다.
㉱ 열의 분포가 가능한 부재 전체에 일정하게 되도록 한다.

제 3 과목 용접일반 및 안전관리

---

41. 피복 아크 용접 작업 중 스패터가 발생하는 원인으로 가장 거리가 먼 것은?
㉮ 전류가 너무 높을 때
㉯ 운봉이 불량할 때
㉰ 건조되지 않은 용접봉을 사용했을 때
㉱ 아크 길이가 너무 짧을 때

42. 납땜부를 용제가 들어 있는 용융땜 조에 참지하여 납땜하는 방법과 이음면에 땜납을 삽입하여 미리 가열된 염욕에 참지하여 가열하는 두 방법이 있는 납땜법은?
㉮ 가스 납땜   ㉯ 담금 납땜
㉰ 노 내 납땜   ㉱ 저항 납땜

43. 이론적으로 순수한 카바이드 5kg에서 발생할 수 있는 아세틸렌 양은 몇 리터인가?
㉮ 3480 L   ㉯ 1740 L
㉰ 348 L   ㉱ 34.8 L

44. 100A 이상 300A 미만의 아크 용접 및 절단에 사용되는 차광유리의 차광도 번호는?
㉮ 4~6   ㉯ 7~9
㉰ 10~12 ㉱ 13~14

45. 탄산가스(CO_2) 아크 용접에 대한 설명 중 틀린 것은?
㉮ 전자세 용접이 가능하다.
㉯ 용착금속의 기계적, 야금적 성질이 우수하다.
㉰ 용접전류의 밀도가 낮아 용입이 얕다.
㉱ 가시(可視) 아크이므로 시공이 편리하다.

46. 아크 용접 작업에서 전격의 방지 대책으로 틀린 것은?
㉮ 절연 홀더의 절연 부분이 노출되면 즉시 교체한다.
㉯ 홀더나 용접봉은 절대로 맨손으로 취급하지 않는다.
㉰ 밀폐된 공간에서는 자동 전격 방지기를 사용하지 않는다.
㉱ 용접기의 내부에 함부로 손을 대지 않는다.

47. 가스절단에 영향을 미치는 인자 중 절단속도에 대한 설명으로 틀린 것은?
㉮ 절단속도는 모재의 온도가 높을수록 고속절단이 가능하다.
㉯ 절단속도는 절단산소의 압력이 높을수록 정비례하여 증가한다.
㉰ 예열 불꽃의 세기가 약하면 절단속도가 늦어진다.

정답 39. ㉱ 40. ㉰ 41. ㉱ 42. ㉯ 43. ㉯ 44. ㉰ 45. ㉰ 46. ㉰ 47. ㉱

㉣ 절단속도는 산소 소비량이 적을수록 정비례하여 증가한다.

48. 전기저항 용접 시 발생되는 발열량 Q를 나타내는 식은? (단, I : 전류[A], R : 저항[Ω], t : 통전시간[초])
㉮ $Q = 0.24 I^2 Rt$　㉯ $Q = 0.24 IR^2 t$
㉰ $Q = 0.24 I^2 R^2 t$　㉱ $Q = 0.24 IRt$

[해설] 전기저항 용접의 법칙은 줄의 전류세기의 제곱과 도체 저항 및 전류가 흐르는 시간에 비례한다는 법칙으로 $Q = 0.24 I^2 Rt$

49. 절단하려는 재료에 전기적 접촉을 하지 않으므로 금속재료 뿐만 아니라 비금속의 절단도 가능한 절단법은?
㉮ 플라스마 (plasma) 아크 절단
㉯ 불활성가스 텅스텐 (TIG) 아크 절단
㉰ 산소 아크 절단
㉱ 탄소 아크 절단

50. 인체에 흐르는 전류의 값에 따라 나타나는 증세 중 근육운동은 자유로우나 고통을 수반한 쇼크 (shock)를 느끼는 전류량은?
㉮ 1 mA　㉯ 5 mA
㉰ 10 mA　㉱ 20 mA

[해설] 전격의 위험은 교류전원이며 단위는 mA로 1 : 전기를 약간 느낄 정도, 5 : 상당한 고통을 느낀다, 10 : 견디기 어려울 정도의 고통, 20 : 심한 고통을 느끼고 강한 근육수축이 일어난다, 50 : 상당히 위험한 상태, 100 : 치명적인 결과 초래(사망)

51. 상하 부재의 접합을 위해 한편의 부재에 구멍을 내어, 이 구멍 부분을 채워 용접하는 것은?
㉮ 플레어 용접　㉯ 플러그 용접
㉰ 비드 용접　㉱ 필릿 용접

52. 실드 가스로서 주로 탄산가스를 사용하여 용융부를 보호하여 탄산가스 분위기 속에서 아크를 발생시켜 그 아크열로 모재를 용융시켜 용접하는 것은?
㉮ 테르밋 용접
㉯ 실드 용접
㉰ 전자 빔 용접
㉱ 일렉트로 가스 아크 용접

53. 가스 실드계의 대표적인 용접봉으로 피복이 얇고, 슬래그가 적으므로 좁은 홈의 용접이나 수직상진·하진 및 위보기 용접에서 우수한 작업성을 가진 용접봉은?
㉮ E 4301　㉯ E 4311
㉰ E 4313　㉱ E 4316

54. 산소-아세틸렌 불꽃에 대한 설명으로 틀린 것은?
㉮ 불꽃은 불꽃심, 속불꽃, 겉불꽃으로 구성되어 있다.
㉯ 불꽃의 종류는 탄화, 중성, 산화 불꽃으로 나눈다.
㉰ 용접작업은 백심 불꽃 끝이 용융금속에 닿도록 한다.
㉱ 구리를 용접할 때 중성 불꽃을 사용한다.

55. 아크 용접법과 비교할 때 레이저 하이브리드 용접법의 특징으로 틀린 것은?
㉮ 용접속도가 빠르다.
㉯ 용입이 깊다.
㉰ 입열량이 높다.
㉱ 강도가 높다.

56. 피복 아크 용접에서 자기 쏠림을 방지하는 대책은?

정답 48. ㉮　49. ㉮　50. ㉰　51. ㉯　52. ㉱　53. ㉰　54. ㉰　55. ㉰　56. ㉰

㉮ 접지점은 가능한 한 용접부에 가까이 한다.
㉯ 용접봉 끝을 아크 쏠림 방향으로 기울인다.
㉰ 직류 용접 대신 교류 용접으로 한다.
㉱ 긴 아크를 사용한다.

[해설] 아크 쏠림은 직류전원에서 일어나는 자기현상으로 발생하는 현상으로 교류전원을 이용하면 아크 쏠림 현상을 방지한다.

57. 테르밋 용접에 관한 설명으로 틀린 것은?
㉮ 테르밋 혼합제는 미세한 알루미늄 분말과 산화철의 혼합물이다.
㉯ 테르밋 반응 시 온도는 약 4000 ℃이다.
㉰ 테르밋 용접 시 모재가 강일 경우 약 800~900 ℃로 예열시킨다.
㉱ 테르밋은 차축, 레일, 선미프레임 등 단면이 큰 부재 용접 시 사용한다.

58. 스터드 용접(stud welding)법의 특징 설명으로 틀린 것은?
㉮ 아크열을 이용하여 자동적으로 단시간에 용접부를 가열 용융하여 용접하는 방법으로 용접변형이 극히 적다.
㉯ 탭 작업, 구멍 뚫기 등이 필요 없이 모재에 볼트나 환봉 등을 용접할 수 있다.
㉰ 용접 후 냉각속도가 비교적 느리므로 용착 금속부 또는 열영향부가 경화되는 경우가 적다.
㉱ 철강 재료 외에 구리, 황동, 알루미늄, 스테인리스강에도 적용이 가능하다.

59. 가스도관(호스) 취급에 관한 주의사항 중 틀린 것은?
㉮ 고무호스에 무리한 충격을 주지 말 것
㉯ 호스 이음부에는 조임용 밴드를 사용할 것
㉰ 한랭 시 호스가 얼면 더운물로 녹일 것
㉱ 호스의 내부 청소는 고압수소를 사용할 것

60. 피복 아크 용접봉의 피복제 작용을 설명한 것으로 틀린 것은?
㉮ 아크를 안정시킨다.
㉯ 점성을 가진 무거운 슬래그를 만든다.
㉰ 용착금속의 탈산정련 작용을 한다.
㉱ 전기절연 작용을 한다.

[해설] • 피복제의 작용
① 중성, 환원성 가스를 발생하여 용융금속을 보호한다.
② 아크의 안정 및 용착금속의 탈산정련 작용
③ 용접의 미세화 및 용착효율을 높인다.
④ 용융점이 낮은 가벼운 슬래그 생성과 용착금속의 급랭 방지
⑤ 전기절연 작용 및 용접금속에 필요한 원소 보충과 피복통의 형성

용접 산업기사 ▶ 2012. 5. 20 시행

제1과목 용접야금 및 용접설비제도

1. 순철은 상온에서 어떤 조직을 갖는가?
㉮ γ-Fe의 오스테나이트
㉯ α-Fe의 페라이트
㉰ α-Fe의 펄라이트
㉱ γ-Fe의 마텐자이트

[해설] Fe-C계 평형상태도에서 α 고용체의 탄소최대함유량 0.025%로 페라이트 조직을 갖는다.

정답 57. ㉯ 58. ㉰ 59. ㉱ 60. ㉯ 1. ㉯

2. 용접 제품의 열처리 선택조건과 가장 관련이 적은 것은?
㉮ 용접부의 치수 ㉯ 용접부의 모양
㉰ 용접부의 재질 ㉱ 가공경화

[해설] 용접제품의 열처리 선택조건은 열에 의한 영향으로 용접부의 크기, 용접부의 모양(냉각속도), 판 두께, 용접의 방법(예 : 아크용접과 가스용접) 등.

3. 2종 이상의 금속원자가 간단한 원자비로 결합되어 본래의 물질과는 전혀 다른 결정격자를 형성할 때 이것을 무엇이라고 하는가?
㉮ 동소변태 ㉯ 금속간 화합물
㉰ 고용채 ㉱ 편석

[해설] 금속간 화합물이란 금속과 금속 사이에 친화력이 클 때에는 화학적으로 결합하여 성분 금속과는 다른 성질을 가지는 독립된 화합물을 만드는 것을 말한다.

4. 냉간 가공한 강을 저온으로 뜨임하면 질소의 영향으로 경화가 되는 경우를 무엇이라 하는가?
㉮ 질량효과 ㉯ 저온경화
㉰ 자기확산 ㉱ 변형시효

[해설] 냉간 가공의 슬립으로 전위가 증가한 곳에 산소나 질소가 집적되어 전위 이동을 방해하며 시효현상이 일어나는 것을 변형시효(strain aging)라 한다.

5. 피복 아크 용접 시 용융 금속 중에 침투한 산화물을 제거하는 탈산제로 쓰이지 않는 것은?
㉮ 망간철 ㉯ 규소철
㉰ 산화철 ㉱ 티탄철

[해설] 탈산제로 쓰이는 것은 망간→규소→알루미늄→티탄 순으로 탈산력이 강하며 가격도 비싸다.

6. 저탄소강 용접금속의 조직에 대한 설명으로 맞는 것은?

㉮ 용접 후 재가열하면 여러 가지 탄화물 또는 α상이 석출하여 용접성질을 저하시킨다.
㉯ 용접금속의 조직은 대부분 페라이트이고 다층용접의 경우는 미세 페라이트이다.
㉰ 용접부가 급랭 되는 경우는 레데부라이트가 생성한 백선조직이 된다.
㉱ 용접부가 급랭 되는 경우는 시멘타이트 조직이 생성된다.

[해설] 용접 열 영향부가 오스테나이트 영역에서 너무 오랫동안 가열되면 오스테나이트의 입자가 성장되며 이것은 냉각 시에 페라이트가 먼저 입자경계에 석출하고 다음에 입자의 결정면을 따라서 석출한다, 이 조직은 취약하며 언더 어닐링 강은 상부와 하부에 임계온도 사이에 본래의 펄라이트가 미세한 오스테나이트로 변태 후 냉각 후에 미세한 펄라이트와 페라이트가 된다.

7. 응력 제거 풀림의 효과를 나타낸 것 중 틀린 것은?
㉮ 용접 잔류응력의 제거
㉯ 치수 비틀림 방지
㉰ 충격 저항 증대
㉱ 응력부식에 대한 저항력 감소

[해설] 용접 후 응력제거 풀림의 효과는 ① 노내 풀림법 : 잔류응력 제거 효과 큼 ② 국부풀림법 : 잔류응력 발생 염려가 있다. ③ 저온응력완화법 : 용접선 방향의 잔류응력이 완화됨. ④ 기계적 응력완화법 : 잔류응력이 있는 제품에 하중을 주어 약간의 소성변형으로 응력완화. ⑤ 피닝법 : 용접표면상 소성변형을 주어 잔류응력의 경감, 변형의 교정 및 용접 균열 방지 등이 있으며, 용접 이음부에 잔류 응력 등 인장응력이 걸리거나 존재하면 응력부식이 발생될 경우가 많고, 치수 비틀림으로도 오는 경우가 있어 잔류 응력 제거법을 사용한다.

8. 용접 후 열처리의 목적이 아닌 것은?
㉮ 용접 잔류응력 제거

정답 2. ㉱ 3. ㉯ 4. ㉱ 5. ㉰ 6. ㉯ 7. ㉱ 8. ㉱

㉯ 용접 열영향부 조직개선
㉰ 응력부식 균열방지
㉱ 아크열량 부족보충

[해설] 용접 후 열처리 목적 : 풀림은 잔류응력제거 담금질, 뜨임, 풀림 등은 용접 열향부 조직개선, 응력부식 균열방지 등에 이용이 되나 아크열량 부족보충은 용접작업 때에 행한다.

9. 탄소강의 A_2, A_3 변태점이 모두 옳게 표시된 것은?

㉮ A_2=723℃, A_3=1400℃
㉯ A_2=768℃, A_3=910℃
㉰ A_2=723℃, A_3=910℃
㉱ A_2=910℃, A_3=1400℃

[해설] 탄소강의 변태점
A_2=768℃(또는780℃), A_3=910℃(912℃)
A_4=1400℃

10. 다음 중 적열취성을 일으키는 유화물 편석을 제거하기 위한 열처리는?

㉮ 재결정 풀림   ㉯ 확산 풀림
㉰ 구상화 풀림   ㉱ 항온 풀림

[해설] 풀림의 방법은 완전풀림, 연화, 구상화, 항온, 응력제거, 재결정, 확산풀림이 있으며 특히 유화물의 편석을 제거하면 니켈강에서 망상으로 석출한 유해물은 적열취성의 원인이 되므로 1100~1150℃에서 확산풀림 한다.

11. 다음 그림과 같은 원뿔을 단면 M-N으로 경사지게 잘랐을 때 원뿔에 나타난 단면 형태는?

㉮ 원
㉯ 타원
㉰ 포물선
㉱ 쌍곡선

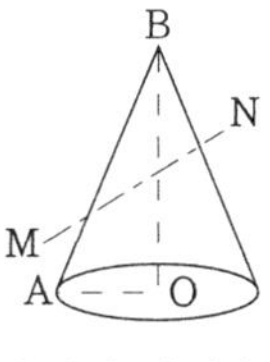

[해설] 원뿔의 단면을 경사지게 잘랐을 경우는 타원으로 나타난다.

12. 다음 중 치수 보조기호의 설명으로 옳은 것은?

㉮ Sϕ - 원통의 지름
㉯ C - 45° 의 모떼기
㉰ R - 구의 지름
㉱ □ - 직사각형의 변

[해설] ① ϕ : 지름 치수의 치수문자 앞에 붙인다.
② R : 반지름 치수의 치수문자 앞에 붙인다.
③ Sϕ : 구의 지름 치수의 치수문자 앞에 붙인다.
④ SR : 구의 반지름 치수의 치수문자 앞에 붙인다.
⑤ □ : 정사각형의 한 변 치수의 치수문자 앞에 붙인다.
⑥ t : 판 두께의 치수문자 앞에 붙인다.
⑦ ⌒ : 원호의 길이 치수와 치수문자 위에 붙인다.
⑧ C : 45° 모떼기 치수와 치수문자 앞에 붙인다.

13. 다음의 용접 보조 기호에 대한 명칭으로 옳은 것은?

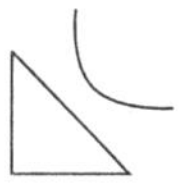

㉮ 블록 필릿 용접
㉯ 오목 필릿 용접
㉰ 필릿 용접 끝단 부를 매끄럽게 다듬질
㉱ 한쪽 면 V형 맞대기 용접 평면 다듬질

[해설] 보기의 기호는 오목비드 필릿 용접 기호이다.

14. 일반적으로 사용되는 용접부의 비파괴 시험의 기본기호를 나타낸 것으로 잘못 표기한 것은?

㉮ UT : 초음파 시험
㉯ PT : 와류 탐상 시험
㉰ RT : 방사선 투과 시험
㉱ VT : 육안 시험

[해설] ① VT : 육안검사(외관시험), ② LT : 누수시험, ③ PT : 침투 탐상 시험 ④ UT : 초음파 탐상 시험, ⑤ MT : 자분 탐상 시험, ⑥

정답 9. ㉯ 10. ㉯ 11. ㉯ 12. ㉯ 13. ㉯ 14. ㉯

RT : 방사선 투과 시험, ⑦ ET : 와류(맴돌이 전류) 탐상 시험

15. 용접부 및 용접부 표면의 형상 보조기호 중 영구적인 이면 판재를 사용할 때 기호는?
㉮ ── ㉯ M
㉰ MR ㉱ ⌣

[해설] ㉮ : 평면, ㉯ : 영구적인 덮개 판을 사용, ㉰ : 제거 가능한 덮개 판을 사용, ㉱ : 끝단부를 매끄럽게 함

16. 다음 그림은 용접 실제 모양을 표시한 것이다. 기호 표시로 올바른 것은?

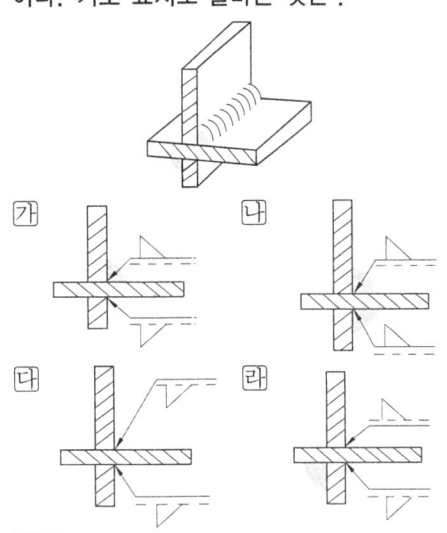

[해설] 그림은 필릿 용접이 X형상으로 용접된 것으로서 위에 기호는 화살표방향으로 실선에 필릿 용접 기호를, 반대편에는 뒷면(화살표방향에 반대편)으로 쇄선에 필릿 기호를 사용한다.

17. 다음 용접기호 설명 중 틀린 것은?
㉮ ∨는 V형 맞대기 용접을 의미한다.
㉯ ◣는 필릿 용접을 의미한다.
㉰ ○는 점 용접을 의미한다.
㉱ ⌒는 플러그 용접을 의미한다.

[해설] ㉱항은 양 플랜지 이음 맞대기 용접을 뜻함

18. 다음 중 "복사도를 재단할 때의 편의를 위해서 원도(原圖)에 설정하는 표시"를 뜻하는 용어는?
㉮ 중심마크 ㉯ 비교눈금
㉰ 재단마크 ㉱ 대조번호

19. 한국산업규격에서 냉간압연 강판 및 강대 종류의 기호 중 "드로잉용"을 나타내는 것은?
㉮ SPCC ㉯ SPCD
㉰ SPCE ㉱ SPCF

[해설] S : 강, P : 판, CF : 원심력 주강판, CR : 제어 압연한 강판, D : 무광택 마무리

20. 선의 종류에 따른 용도에 의한 명칭으로 틀린 것은?
㉮ 굵은 실선 – 외형선
㉯ 가는 실선 – 치수선
㉰ 가는 1점 쇄선 – 기준선
㉱ 가는 파선 – 치수보조선

[해설] 가는 파선 또는 굵은 파선은 대상물이 보이지 않는 부분의 모양을 표시하는데 사용하며 보통 숨은선이라 한다.

제 2 과목 용접구조설계

21. 필릿 용접부의 내력(단위 길이당 허용력) $f=1700\,\text{kgf/cm}$의 작용을 견디어 낼 수 있는 용접 치수(다리 길이) h는 약 몇 mm인가? (단, 용접부의 허용응력 $\sigma_a=1000\,\text{kgf/cm}^2$이다.)
㉮ 12 ㉯ 17 ㉰ 21 ㉱ 25

[해설] 허용응력 = $\dfrac{\text{내력}}{(\text{다리길이} \times \text{길이})}$

$$1000\,\text{kgf/cm}^2 = \dfrac{1700\,\text{kgf/cm}}{(\text{높이} \times \text{길이})}$$

정답 15. ㉰ 16. ㉮ 17. ㉱ 18. ㉰ 19. ㉯ 20. ㉱ 21. ㉱

$$= \frac{1.414 \times 1700 kgf/cm}{1000 kgf/cm^2} = 2.4$$

22. 서브머지드 아크용접에서 용접선의 전·후에 약 150mm×150mm×판 두께 크기의 엔드 탭(end tab)을 붙여 용접비드를 이음끝에서 약 100mm 정도 연장시켜 용접완료 후 절단하는 경우가 있다. 그 이유로 가장 적당한 것은?
㉮ 용접 후 모재의 급랭을 방지하기 위하여
㉯ 루트간격이 너무 클 때 용락을 방지하기 위하여
㉰ 용접시점 및 종점에서 일어나는 결함을 방지하기 위하여
㉱ 용접선의 길이가 너무 짧을 때 용접 시공하기가 어려우므로 원활한 용접을 하기 위하여
[해설] 용접의 시작점과 끝나는 부분에 결함이 많이 발생되므로 이것을 효과적으로 방지하기 위해 모재와 같은 재질과 두께의 엔드 탭을 붙여서 용접 후 절단하거나 보일러 등 중요한 이음에서는 300~500mm 정도 엔드 탭을 크게 하여 기계적 성질 시험용 시편으로 사용한다.

23. 용접부를 연속적으로 타격하여 표면층에 소성 변형을 주어 잔류 응력을 감소시키는 방법은?
㉮ 저온 응력 완화법 ㉯ 피닝법
㉰ 변형 교정법 ㉱ 응력 제거 어닐링
[해설] 변형의 방지 및 잔류응력 제거법으로 사용하는 피닝법은 끝이 구면인 특수한 피닝(볼핀)해머로써 용접부를 연속적으로 때려 용접 표면상에 소성 변형을 주는 방법이다.

24. 용접구조물의 재료 절약 설계 요령으로 틀린 것은?
㉮ 가능한 표준 규격의 재료를 이용한다.
㉯ 재료는 쉽게 구입할 수 있는 것으로 한다.
㉰ 고장이 났을 경우 수리할 때의 편의도 고려한다.
㉱ 용접할 조각의 수를 가능한 많게 한다.
[해설] 가능한 용접할 조각의 수는 적게 하는 것이 좋다.

25. 구조물 용접에서 용접선이 만나는 곳 또는 교차하는 곳에 응력 집중을 방지하기 위해 만들어 주는 부채꼴 오목부를 무엇이라 하는가?
㉮ 스캘럽(scallop)
㉯ 포지셔너(positioner)
㉰ 머니퓰레이터(manipulator)
㉱ 원뿔(cone)
[해설] 용접이 교차하는 곳에는 스캘럽을 붙여 될 수 있는 대로 용접 열 영향부를 멀리하도록 하여야 한다.

26. 탄소함유량이 약 0.25%인 탄소강을 용접할 때 예열온도는 약 몇 ℃ 정도가 적당한가?
㉮ 90~150℃ ㉯ 150~260℃
㉰ 260~420℃ ㉱ 420~550℃
[해설] 저탄소강은 탄소함유량이 0.3% 이하, 중탄소강은 0.3~0.5%, 고탄소강은 0.5~1.3%이므로 0.25%인 탄소강은 저탄소강에 속하고 중탄소강 예열온도 100~200℃ 이하여야 하므로 ㉮가 정답이다.

27. 용착금속의 인장강도가 40kgf/mm²이고 안전율이 5라면 용접이음의 허용응력은 얼마인가?
㉮ 8kgf/mm² ㉯ 20kgf/mm²
㉰ 40kgf/mm² ㉱ 200kgf/mm²
[해설] 안전율 = $\frac{허용응력}{사용응력}$
= $\frac{인장강도}{허용응력}$ 이므로
$\frac{인장강도}{안전율} = 허용응력 \rightarrow \frac{40}{5} = 8 kgf/mm^2$

정답 22. ㉰ 23. ㉯ 24. ㉱ 25. ㉮ 26. ㉮ 27. ㉮

28. 용접이음의 충격강도에서 취성파괴의 일반적인 특징이 아닌 것은?
㉮ 항복점 이하의 평균응력에서도 발생한다.
㉯ 온도가 낮을수록 발생하기 쉽다.
㉰ 파괴의 기점은 각종 용접결함, 가스절단부 등에서 발생된 예가 많다.
㉱ 거시적 파면상황은 판 표면에 거의 수평이고 평탄하게 연성이 큰 상태에서 파괴된다.

[해설] 노치에 의한 취성파괴는 노치가 파면되며 거의 횡(수평)으로 수축하고 연성파면이 생기며 취성을 갖게 된다.

29. 용접구조의 설계상 주의사항에 대한 설명 중 틀린 것은?
㉮ 용접이음의 집중, 접근 및 교차를 피한다.
㉯ 용접 치수는 강도상 필요한 치수 이상으로 하지 않는다.
㉰ 두꺼운 판을 용접할 경우에는 용입이 얕은 용접법을 이용하여 층수를 늘인다.
㉱ 판면에 직각방향으로 인장하중이 작용할 경우에는 판의 이방성에 주의한다.

[해설] 두꺼운 판을 용접할 경우에는 용입이 깊은 용접법을 이용하여 층수를 줄일 것

30. 그림과 같은 용접 이음의 종류는?
㉮ 전면 필릿 용접
㉯ 경사 필릿 용접
㉰ 양쪽 덮개판 용접
㉱ 측면 필릿 용접

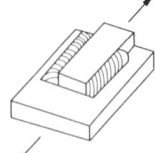

31. 잔류 응력이 있는 제품에 하중을 주고 용접부에 약간의 소성 변형을 일으킨 다음 하중을 제거하는 잔류 응력 제거법은?
㉮ 저온 응력 완화법
㉯ 기계적 응력 완화법
㉰ 고온 응력 완화법
㉱ 피닝법

[해설] 기계적 응력 완화법은 잔류 응력이 존재하는 구조물에 인장이나 압축하중을 걸어 용접부를 약간 소성 변형시킨 후 하중을 제거하면 잔류 응력이 감소되는 현상을 이용하는 것을 말한다.

32. 용접 후 열처리(PWHT) 중 응력제거 열처리의 목적과 가장 관계가 없는 것은?
㉮ 응력부식균열 저항성의 증가
㉯ 용접변형을 방지
㉰ 용접 열 영향부의 연화
㉱ 용접부의 잔류 응력 완화

[해설] 응력제거의 목적은 응력의 완화 및 제거로 용접변형을 방지하는 것은 아니다.
용접 이음부에 잔류 응력 등 인장응력이 걸리거나 존재하면 응력부식이 발생될 경우가 많고, 응력부식의 저항성 증가 및 용접 열 영향부의 연화를 위하여 잔류 응력 제거법을 사용한다.

33. 방사선 투과 검사에 대한 설명 중 틀린 것은?
㉮ 내부 결함 검출이 용이하다.
㉯ 래미네이션(lamination) 검출도 쉽게 할 수 있다.
㉰ 미세한 표면 균열은 검출되지 않는다.
㉱ 현상이나 필름을 판독해야 한다.

[해설] 래미네이션(lamination)은 모재의 재질 결함으로 강괴일 때 기포가 압연되어 생기는 결함으로 설퍼 밴드(sulfur band)와 같이 층상으로 편재해 있어 강재의 내부적 노치를 형성한다.

34. 용접이음의 부식 중 용접 잔류 응력 등 인장응력이 걸리거나 특정의 부식 환경으로 될 때 발생하는 부식은?
㉮ 입계부식 ㉯ 틈새부식
㉰ 접촉부식 ㉱ 응력부식

정답 28. ㉱ 29. ㉰ 30. ㉱ 31. ㉯ 32. ㉯ 33. ㉯ 34. ㉱

[해설] ① 입계부식 : 용접 열 영향부 오스테나이트 임계에 크롬 탄화물이 석출될 때, ② 틈새부식 : 오버랩이나 언더컷 등의 틈 사이의 부식, ③ 응력부식 : 용접 잔류응력 등 인장응력이 걸리거나 특정의 부식 환경으로 될 때, ④ 이외에 구멍부식, 이중금속과의 접촉부식, 부식피로, 침식 등이 있다.

35. 용접금속의 균열에서 저온균열의 루트크랙은 실험에 의하면 약 몇 ℃ 이하의 저온에서 일어나는가?
㉮ 200℃ 이하 ㉯ 400℃ 이하
㉰ 600℃ 이하 ㉱ 800℃ 이하

36. 용접 잔류응력의 완화법인 응력제거 풀림에서 적정온도는 625±25℃(탄소강)를 유지한다. 이 때 유지시간은 판 두께 25mm에 대하여 약 몇 시간이 적당한가?
㉮ 30분 ㉯ 1시간
㉰ 2시간 30분 ㉱ 3시간

[해설] 판 두께 25mm인 보일러용 압연강재, 용접구조용 압연강재, 일반구조용 압연강재, 탄소강의 경우에는 설명의 온도에서 1시간 정도 노내 풀림을 유지하며 600℃에서 10℃씩 내려가는데 대하여 20분씩 길게 잡으면 된다.

37. 그림과 같은 맞대기 용접 이음 홈의 각부 명칭을 잘못 설명한 것은?

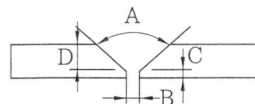

㉮ A-홈 각도 ㉯ B-루트간격
㉰ C-루트면 ㉱ D-홈 길이

[해설] 그림의 D는 홈의 깊이를 나타낸다.

38. 용접 제품의 설계자가 알아야 하는 용접 작업 공정의 제반 사항 중 맞지 않는 것은?
㉮ 용접기 및 케이블의 용량은 충분하게 준비한다.
㉯ 홈 용접에서 용접 품질상 첫 패스는 뒷댐판 없이 용접한다.
㉰ 가능한 높은 전류를 사용하여 짧은 시간에 용착량을 많이 용접한다.
㉱ 용접 진행은 부재의 자유단으로 향하게 한다.

[해설] 용접 작업 공정의 제반사항 : ① 용접을 안전하게 할 수 있는 구조로 아래보기 용접을 많이 하도록 한다. ② 용접봉의 용접부에 접근성도 작업이 쉽고 어려움에 영향을 주므로 용접작업에 지장을 주지 않는 간격을 남길 것. ③ 필릿 용접은 가능한 피하고 맞대기용접을 하도록 한다. ④ 중립축에 대하여 모멘트 합이 "0"이 되도록 한다. ⑤ 용접물 중심에 대하여 대칭으로 용접하여 변형을 방지한다. ⑥ 동일 평면 내에 많은 이음이 있을 때에는 수축이 가능한 자유단으로 보낸다. ⑦ 용접기 및 케이블의 용량은 저항이 낮게 충분하게 준비한다. ⑧ 가능한 높은 전류를 사용하여 열영향부가 적게, 짧은 시간에 용착량을 많이 용접한다(단, 높은 전류 이용 시 언더컷, 급랭 시 균열이 우려된다).

39. 용접성 시험 중 용접부 연성시험에 해당하는 것은?
㉮ 로버트슨 시험 ㉯ 카안 인열 시험
㉰ 킨젤 시험 ㉱ 슈나트 시험

[해설] 용접부 연성시험에는 코머렐 시험, 킨젤 시험, T굽힘 시험, 재현 열 영향부 시험, 연속 냉각 변태 시험, HW 최고 경도 시험 등이 있다.

40. 용적 40리터의 아세틸렌 용기의 고압력계에서 60기압이 나타났다면, 가변압식 300번 팁으로 약 몇 시간을 용접할 수 있는가?
㉮ 4.5시간 ㉯ 8시간
㉰ 10시간 ㉱ 20시간

[해설] 가변압식 팁은 1시간 동안에 표준 불꽃으로 용접할 경우에 아세틸렌가스의 소비량을

[정답] 35. ㉮ 36. ㉯ 37. ㉱ 38. ㉯ 39. ㉰ 40. ㉰

나타내는 것으로 아세틸렌의 양이 용접 40×
고압력계 60=2400의 아세틸렌가스의 양으로
300으로 나누면 8시간이다.

제 3 과목 용접일반 및 안전관리

---

41. 연강용 피복 아크 용접봉 종류 중 특수계에 해당하는 용접봉은?
- ㉮ E 4301
- ㉯ E 4311
- ㉰ E 4324
- ㉱ E 4340

42. 점용접(spot welding)의 3대 요소에 해당되는 것은?
- ㉮ 가압력, 통전시간, 전류의 세기
- ㉯ 가압력, 통전시간, 전압의 세기
- ㉰ 가압력, 냉각수량, 전류의 세기
- ㉱ 가압력, 냉각수량, 전압의 세기

43. 탄산가스 아크 용접의 특징에 대한 설명으로 틀린 것은?
- ㉮ 전류밀도가 높아 용입이 깊고 용접속도를 빠르게 할 수 있다.
- ㉯ 적용 재질이 철 계통으로 한정되어 있다.
- ㉰ 가시 아크이므로 시공이 편리하다.
- ㉱ 일반적인 바람의 영향을 받지 않으므로 방풍장치가 필요 없다.

[해설] 탄산가스 아크 용접에서는 바람의 영향을 크게 받으므로 풍속 2m/s 이상이면 방풍장치가 필요하다.

44. 연강용 피복 아크 용접봉의 피복제 계통에 속하지 않는 것은?
- ㉮ 철분산화철계
- ㉯ 철분저수소계
- ㉰ 저셀룰로오스계
- ㉱ 저수소계

[해설] 셀룰로오스계는 가스발생식으로 고셀룰로오스계라고 한다.

45. 용접용 케이블 이음에서 케이블을 홀더 끝이나, 용접기 단자에 연결하는 데 쓰이는 부품의 명칭은?
- ㉮ 케이블 티그(tig)
- ㉯ 케이블 태그(tag)
- ㉰ 케이블 러그(lug)
- ㉱ 케이블 래그(lag)

46. 가스용접에서 전진법에 비교한 후진법의 설명으로 틀린 것은?
- ㉮ 열 이용률이 좋다.
- ㉯ 용접속도가 빠르다.
- ㉰ 용접 변형이 크다.
- ㉱ 후판에 적합하다.

47. 연납에 대한 설명 중 틀린 것은?
- ㉮ 연납은 인장강도 및 경도가 낮고 용융점이 낮으므로 납땜작업이 쉽다.
- ㉯ 연납의 흡착작용은 주로 아연의 함량에 의존되며 아연 100%의 것이 가장 좋다.
- ㉰ 대표적인 것은 주석 40%, 납 60%의 합금이다.
- ㉱ 전기적인 접합이나 기밀, 수밀을 필요로 하는 장소에 사용된다.

[해설] 흡착작용은 주석의 함유량에 따라 좌우되고 주석 100%일 때가 가장 좋다.

48. 테르밋 용접에서 테르밋제란 무엇과 무엇의 혼합물인가?
- ㉮ 탄소와 붕사 분말
- ㉯ 탄소와 규소의 분말
- ㉰ 알루미늄과 산화철의 분말
- ㉱ 알루미늄과 납의 분말

[해설] 테르밋제란 미세한 알루미늄 분말과 산화철 분말을 약 3~4:1의 중량비로 혼합한다.

49. 피복 아크 용접에서 피복제의 주된 역할 중 틀린 것은?

정답 41. ㉱ 42. ㉮ 43. ㉱ 44. ㉰ 45. ㉰ 46. ㉰ 47. ㉯ 48. ㉰ 49. ㉱

㉮ 전기 절연작용을 한다.
㉯ 탈산 정련작용을 한다.
㉰ 아크를 안정시킨다.
㉱ 용착금속의 급랭을 돕는다.

[해설] 피복제의 역할 중 한 가지는 용착금속의 급랭을 방지하는 역할이다.

50. 피복 아크 용접봉에서 피복제의 편심률은 몇 % 이내여야 하는가?
㉮ 3%   ㉯ 6%   ㉰ 9%   ㉱ 12%

[해설] 편심률(%) = $\dfrac{D'}{D \times 100}$ 이며 3% 이내여야 한다.

51. 직류와 교류 아크용 접기를 비교한 것으로 틀린 것은?
㉮ 아크 안정 : 직류용접기가 교류용접기 보다 우수하다.
㉯ 전격의 위험 : 직류용접기가 교류용접기 보다 많다.
㉰ 구조 : 직류용접기가 교류용접기 보다 복잡하다.
㉱ 역률 : 직류용접기가 교류용접기 보다 매우 양호하다.

52. 직류 아크 용접기에서 발전형과 비교한 정류기형의 특징 설명으로 틀린 것은?
㉮ 소음이 적다.
㉯ 취급이 간편하고 가격이 저렴하다.
㉰ 교류를 정류하므로 완전한 직류를 얻는다.
㉱ 보수 점검이 간단하다.

53. 아크 용접기의 사용률을 구하는 식으로 옳은 것은?
㉮ 사용률(%) = $\dfrac{\text{아크시간}+\text{휴식시간}}{\text{아크시간}} \times 100$
㉯ 사용률(%) = $\dfrac{\text{아크시간}}{\text{아크시간}+\text{휴식시간}} \times 100$
㉰ 사용률(%) = $\dfrac{\text{휴식시간}}{\text{아크시간}} \times 100$
㉱ 사용률(%) = $\dfrac{\text{아크시간}}{\text{휴식시간}} \times 100$

[해설] 사용률(%) = $\dfrac{\text{아크시간}}{\text{아크시간}+\text{휴식시간}} \times 100$

허용사용률(%) = $\dfrac{(\text{정격2차 전류})}{(\text{실제의 용접 전류})} \times \text{정격사용률(\%)}$

54. MIG 용접 시 사용되는 전원은 직류의 무슨 특성을 사용하는가?
㉮ 수하 특성   ㉯ 동전류 특성
㉰ 정전압 특성   ㉱ 정극성 특성

[해설] MIG 용접은 용가재인 전극 와이어를 와이어 송급장치에 의해 연속적으로 아크를 발생시키는 소모식 또는 용극식 용접방식으로 직류역극성을 이용한 정전압 특성의 직류용접기를 사용한다.

55. 아크 용접용 로봇(robot)에서 용접작업에 필요한 정보를 사람이 로봇에게 기억(입력)시키는 장치는?
㉮ 전원장치   ㉯ 조작장치
㉰ 교시장치   ㉱ 머니퓰레이터

[해설] 로봇의 경로제어에는 PTP(point to point) 제어와 CP(continuous path)제어, 교시방법이 있으며 수행 하여야 할 작업을 사람이 머니퓰레이터를 움직여 미리 교시하고 그것을 재생시키면 그 작업을 반복하게 된다.

56. 구리 및 구리합금의 가스용접용 용제에 사용되는 물질은?
㉮ 중탄산소다   ㉯ 염화칼슘
㉰ 붕사   ㉱ 황산칼륨

[해설] 가스용접에서 구리합금에 적당한 용제는 붕사 75%, 염화리튬 25%이고 반경강은 중탄산소다+탄산소다, 주철은 탄산나트륨 15% 붕사 15%, 중탄산나트륨 70%의 용제를 사용한다.

정답 50. ㉮ 51. ㉯ 52. ㉰ 53. ㉯ 54. ㉰ 55. ㉰ 56. ㉰

57. TIG, MIG, 탄산가스 아크 용접 시 사용하는 차광렌즈 번호로 가장 적당한 것은?
㉮ 12~13   ㉯ 8~9
㉰ 6~7   ㉱ 4~5

[해설] TIG, MIG, 탄산가스 아크 용접법은 사용 전류가 150A~400 A가 주로 이용이 되고 있어서 차광도는 용접전류 150~250 A에는 11번, 200~300 A에는 12번, 300~400 A에는 13번을 사용한다.

58. TIG 용접기에서 직류 역극성을 사용하였을 경우 용접 비드의 형상으로 맞는 것은?
㉮ 비드 폭이 넓고 용입이 깊다.
㉯ 비드 폭이 넓고 용입이 얕다.
㉰ 비드 폭이 좁고 용입이 깊다.
㉱ 비드 폭이 좁고 용입이 얕다.

[해설] TIG 용접에서 직류역극성(DCRP)을 사용하면 용접기의 음극(-)에 모재를, 양극(+)에 토치를 연결하는 방식으로 비드 폭이 넓고 용입이 얕으며 산화피막을 제거하는 청정작용이 있다.

59. 피복 아크 용접에서 아크 길이가 긴 경우 발생하는 용접결함에 해당되지 않는 것은?
㉮ 선상조직   ㉯ 스패터
㉰ 기공   ㉱ 언더컷

[해설] 아크 길이가 긴 경우 발생하는 결함은 언더컷, 기공, 스패터 등이며 선상조직은 용착금속의 냉각 속도가 빠를 때, 모재 재질 불량 등이 원인이 된다.

60. 피복 아크 용접 시 안전홀더를 사용하는 이유로 맞는 것은?
㉮ 자외선과 적외선 차단
㉯ 유해가스 중독 방지
㉰ 고무장갑 대용
㉱ 용접작업 중 전격예방

[해설] 안전홀더는 작업 중 전격의 위험이 적어 주로 사용된다.

□ **용접 산업기사**   ▶ 2012. 8. 26 시행

제1과목 용접야금 및 용접설비제도

1. 맞대기 용접 이음의 가접 또는 첫 층에서 루트 근방의 열 영향부에서 발생하여 점차 비드 속으로 들어가는 균열은?
㉮ 토 균열   ㉯ 루트 균열
㉰ 세로 균열   ㉱ 크레이터 균열

[해설] 저온균열에서 가장 주의하지 않으면 안 되는 것은 맞대기 용접 이음의 가접 또는 첫 층 용접의 루트 근방 열 영향부에 발생하는 루트 균열로 점차 비드 속으로 성장해 들어와 며칠 동안 서서히 진행되는 경우가 많다.

2. 2성분계의 평형상태도에서 액체, 고체, 어떤 상태에서도 두 성분이 완전히 융합하는 경우는?
㉮ 공정형   ㉯ 전율포정형
㉰ 편정형   ㉱ 전율고용형

[해설] 2성분계의 평형상태도는 전율가용 고용체와 한율가용 고용체가 있으며 액체, 고체 어떤 용질 원자 간에 모든 비율, 즉 전 농도에 걸쳐 고용체를 만든다.

3. 용접 결함 중 비드 밑(under bead) 균열의 원인이 되는 원소는?
㉮ 산소   ㉯ 수소
㉰ 질소   ㉱ 탄산가스

정답   57. ㉮   58. ㉯   59. ㉮   60. ㉱   1. ㉯   2. ㉱   3. ㉯

[해설] 비드 밑(under bead) 균열은 용접비드 바로 밑에서 용접선에 아주 가까이 거의 이와 평형되게 모재 열 영향부에 생기는 균열로 용착금속 중의 수소, 용접응력 등이다.

4. 일반적으로 고장력강은 인장강도가 몇 N/mm² 이상일 때를 말하는가?
㉮ 290 ㉯ 390
㉰ 490 ㉱ 690

[해설] 일반적으로 고장력강은 50~60kgf/mm² 이므로 50에다 중력가속도 9.8을 곱하면 50×9.8=490N/mm²

5. 오스테나이트계 스테인리스강의 용접 시 유의사항으로 틀린 것은?
㉮ 예열을 한다.
㉯ 짧은 아크 길이를 유지한다.
㉰ 아크를 중단하기 전에 크레이터 처리를 한다.
㉱ 용접 입열을 억제한다.

[해설] 오스테나이트계 스테인리스강의 용접 시 유의사항은 ① 예열을 하지 말아야 한다. ② 층간온도가 320℃ 이상을 넘어서는 안 된다. ③ 짧은 아크 길이를 유지한다. ④ 아크를 중단하기 전에 크레이터 처리를 한다. ⑤ 용접봉은 모재의 재질과 동일한 것을 쓰며 될수록 가는 용접봉을 사용한다. ⑥ 낮은 전류값으로 용접하여 용접입열을 억제한다.

6. 응력제거 열처리법 중에서 노내 풀림 시 판 두께가 25mm인 일반구조용 압연강재, 용접구조용 압연강재 또는 탄소강의 경우 일반적으로 노내 풀림 온도로 가장 적당한 것은?
㉮ 300±25℃ ㉯ 400±25℃
㉰ 525±25℃ ㉱ 625±25℃

[해설] 노내 풀림 시 연강류는 노내에서 출입시키는 온도를 300℃ 이상 넘어서는 안 되며 300℃ 이상에 있어서 가열 및 냉각속도는 다음 식을 만족시켜야 한다.

$$냉각속도 \leq 200 \times \frac{25}{t} \text{ (deg/h)}$$

t : 가열부에 있어서 용접부 최대두께(mm)
이때 판 두께 25mm인 보일러 압연강재, 용접구조용 압연강재, 일반구조용 압연강재, 탄소강인 경우에는 625±25℃에서 1시간 정도 풀림을 유지한다.

7. 다음 중 산소에 의해 발생할 수 있는 가장 큰 용접결함은?
㉮ 은점 ㉯ 헤어크랙
㉰ 기공 ㉱ 슬래그

[해설] 탄소강 중에 함유된 원소의 영향 중 산소에 의한 것은 페라이트 중에 고용이 되는 것 외에 FeO, MnO, SiO₂ 등 산화물로 존재 기계적 성질 저하 및 적열취성과 수소와 함께 기공의 원인이 된다.

8. 제품이 너무 크거나 노내에 넣을 수 없는 대형 용접 구조물은 노내 풀림을 할 수 없으므로 용접부 주위를 가열하여 잔류 응력을 제거하는 방법은?
㉮ 저온 응력 완화법
㉯ 기계적 응력 완화법
㉰ 국부 응력 제거법
㉱ 노내 응력 제거법

[해설] 국부 풀림법은 제품이 커서 노내에 넣을 수 없을 때나 현장 용접된 것으로서 노내 풀림을 하지 못할 경우 용접선의 좌·우 양측을 각각 250mm의 범위 혹은 판 두께 12배 이상의 범위를 가스 불꽃 등으로 노내 풀림과 같은 온도 및 시간을 유지한 다음 서랭한다.

9. 주철의 용접 시 주의사항으로 틀린 것은?
㉮ 용접 전류는 필요 이상 높이지 말고 지나치게 용입을 깊게 하지 않는다.
㉯ 비드의 배치는 짧게 해서 여러 번의 조작으로 완료한다.
㉰ 용접봉은 가급적 지름이 굵은 것을 사용

한다.
㉣ 용접부를 필요 이상 크게 하지 않는다.

[해설] 주철의 용접 시 주의사항 : ① 용접봉은 될 수 있는 대로 지름이 가는 것을 사용한다. ② 보수용접을 행하는 경우는 본바닥이 나타날 때까지 잘 깎아낸 후 용접한다. ③ 균열의 보수는 균열의 성장을 방지하기 위해 균열의 끝에 정지구멍을 뚫는다. 기타는 ㉮, ㉯, ㉣ 항 등이다.

10. 동일 강도의 강에서 노치 인성을 높이기 위한 방법이 아닌 것은?
㉮ 탄소량을 적게 한다.
㉯ 망간을 될수록 적게 한다.
㉰ 탈산이 잘 되도록 한다.
㉣ 조직이 치밀하도록 한다.

[해설] 노치(notch) 일종의 흠집을 영어로 노치라고 한다. 노치가 있는 부분에 질긴 정도의 성질을 노치 인성이라 한다. 노치가 있는 부분이지만 다른 강재보다 질긴 성질을 갖게 할 수 있으려면 특수 원소인 니켈이나 망간 등 특수 원소를 첨가하게 되며 그렇게 되면 첨가하지 않은 강재보다 노치가 있어도 강하고 질기게 되는데 이런 것을 노치 인성을 개선했다고 한다. 특히 저탄소강이 노치인성이 요구되는 경우에는 저수소계 계통의 용접봉이 사용된다.

11. 용접의 기본기호 중 가장자리 용접을 나타내는 것은?

[해설] ㉮는 겹침 이음, ㉯는 급경사면 한 쪽 V형 홈 맞대기 이음 용접, ㉰는 가장자리 용접, ㉣는 서페이싱 이음이다.

12. 건설 또는 제조에 필요한 정보를 전달하기 위한 도면으로 제작도가 사용되는데, 이 종류에 해당되는 것으로만 조합된 것은?
㉮ 계획도, 시공도, 견적도
㉯ 설명도, 장치도, 공정도
㉰ 상세도, 승인도, 주문도
㉣ 상세도, 시공도, 공정도

[해설] 도면에서 제작에 필요한 모든 정보를 전달하기 위한 도면으로는 상세도, 시공도, 공정도가 있다.

13. 용접 도면에서 기호의 위치를 설명한 것 중 틀린 것은?
㉮ 화살표는 기준선이 한쪽 끝에 각을 이루며 연결된다.
㉯ 좌·우 대칭인 용접부에서는 파선은 필요 없고 생략하는 편이 좋다.
㉰ 파선은 연속선의 위 또는 아래에 그을 수 있다.
㉣ 용접부(용접면)가 이음의 화살표 쪽에 있으면 기호는 파선 쪽의 기준선에 표시한다.

[해설] 용접도면의 기호 위치는 화살표 쪽은 실선 위에, 반대편 쪽은 파선 위에 기호를 표시한다.

14. 다음 중 도면용지 A0의 크기로 옳은 것은?
㉮ 841×1189   ㉯ 594×841
㉰ 420×594   ㉣ 297×420

[해설] 도면의 윤곽 치수는 A0는 841×1189, A1 : 594×841, A2 : 420×594, A3 : 297×420, A4 : 210×297이며 수직 길이가 다음 크기에 수평 크기이다.

15. 용접부 및 용접부 표면의 형상 보조기호 중 제거 가능한 이면 판재를 사용할 때 기호는?
㉮ ⏜   ㉯ ⌣
㉰ [M]   ㉣ [MR]

[해설] ㉮는 끝단부를 매끄럽게 한다. ㉯는 오목형 용접. ㉰는 영구적인 덮개판 사용, ㉣는 제거 가능한 덮개판을 사용.

정답 10. ㉯ 11. ㉰ 12. ㉣ 13. ㉣ 14. ㉮ 15. ㉣

16. 용접부의 비파괴시험 기호로서 "RT"로 표시하는 비파괴 시험 기호는?
㉮ 초음파 탐상 시험
㉯ 자분 탐상 시험
㉰ 침투 탐상 시험
㉱ 방사선 투과 시험

[해설] 비파괴 시험 기호로는 와관 시험(VT), 누수 시험(LT), 침투 탐상 시험(PT), 초음파 탐상 시험(UT), 자분 탐상 시험(MT), 방사선 투과 시험(RT), 맴돌이전류 시험(와류 탐상 시험 ET) 등이다.

17. 그림과 같이 치수를 둘러싸고 있는 사각틀(□)이 뜻하는 것은?

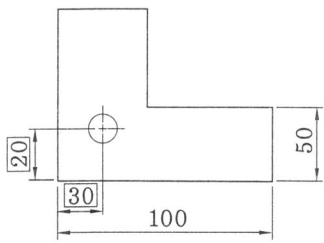

㉮ 정사각형의 한 변의 길이
㉯ 이론적으로 정확한 치수
㉰ 판 두께의 치수
㉱ 참고치수

18. 제도에서 사용되는 선의 종류 중 가는 2점 쇄선의 용도를 바르게 나타낸 것은?
㉮ 물체의 가공 전 또는 가공 후의 모양을 표시하는데 쓰인다.
㉯ 도형의 중심선을 간략하게 나타내는데 쓰인다.
㉰ 특수한 가공을 하는 부분 등 특별한 요구사항을 적용할 수 있는 범위를 표시하는데 쓰인다.
㉱ 대상물의 실제 보이는 부분을 나타낸다.

[해설] 제도에서 가는 2점 쇄선은 가상선을 표시하는 것으로 ① 인접부분을 참고로 표시, ② 공구, 지그 등의 위치를 참고로 나타내는데 사용, ③ 가동부분을 이동 중의 특정한 위치 또는 이동한계의 위치로 표시하는데 사용, ④ 가공 전 또는 가공 후의 모양을 표시, ⑤ 되풀이 하는 것을 표시, ⑥ 도시된 단면의 앞쪽에 있는 부분을 표시하는데 사용한다.

19. 도면을 그리기 위해 도면에 설정하는 양식에 대하여 설명한 것 중 틀린 것은?
㉮ 윤곽선 : 도면으로 사용된 용지의 안쪽에 그려진 내용을 확실히 구분되도록 하기 위함
㉯ 도면의 구역 : 도면을 축소 또는 확대했을 경우, 그 정도를 알기 위함
㉰ 표제란 : 도면 관리에 필요한 사항과 도면 내용에 관한 중요한 사항을 정리하여 기입하기 위함
㉱ 중심 마크 : 완성된 도면을 영구적으로 보관하기 위하여 도면을 마이크로필름을 사용하여 사진 촬영을 하거나 복사하고자 할 때 도면의 위치를 알기 쉽도록 하기 위하여 표시하기 위함

[해설] 도면에 반드시 설정해야 되는 양식은 윤곽선, 표제란, 중심 마크를 표기해야 되며 도면을 읽거나 관리하는데 바람직한 양식은 비교눈금을 표시, 도면의 구역을 표시하는 구분기호, 재단 마크를 표시한다.

20. 주로 대칭 모양의 물체를 중심선을 기준으로 내부 모양과 외부 모양을 동시에 표시하는 단면도는?
㉮ 회전 단면도 ㉯ 부분 단면도
㉰ 한쪽 단면도 ㉱ 전단면도

[해설] 한쪽 단면도는 주로 대칭인 물체의 중심선을 기준으로 내부 모양과 외부 모양을 동시에 표시하는 방법으로 이를 반쪽 단면도라고도 한다.

정답 16. ㉱ 17. ㉯ 18. ㉮ 19. ㉯ 20. ㉰

제 2 과목 용접구조설계

21. 맞대기 용접 이음에서 이음 효율을 구하는 식은?

㉮ 이음 효율= $\dfrac{모재의 인장강도}{용접시험편의 인장강도} \times 100(\%)$

㉯ 이음 효율= $\dfrac{용접시험편의 인장강도}{모재의 인장강도} \times 100(\%)$

㉰ 이음 효율= $\dfrac{허용응력}{사용응력} \times 100(\%)$

㉱ 이음 효율= $\dfrac{사용응력}{허용응력} \times 100(\%)$

[해설] 연강판 맞대기 용접에서 현재의 연강 용접봉은 용착금속의 기계적 성질이 모재보다도 약간 높게 만들어져 용입이 완전한 이음에서는 덧살을 제거하여 인장을 시키면 용착금속 이외의 모재부분이 절단되는 경우가 많으므로 용접부의 이음 효율은 100%가 된다.

22. 용접 이음을 설계할 때 주의사항으로 옳은 것은?

㉮ 용접 길이는 되도록 길게 하고, 용착금속도 많게 한다.
㉯ 용접 이음을 한 군데로 집중시켜 작업의 편리성을 도모한다.
㉰ 결함이 적게 발생하는 아래보기 자세를 선택한다.
㉱ 강도가 강한 필릿 용접을 주로 선택한다.

[해설] 용접 설계상의 주의점으로는 ① 용접에 적합한 구조의 설계, ② 용접 길이는 될 수 있는 한 짧게, 또한 용착금속량도 강도상 필요한 최소한으로 할 것, ③ 용접이음의 특성을 고려하고 용접하기 쉽도록 설계할 것, ④ 용접이음이 한곳으로 집중되거나 너무 근접하지 않도록 할 것, ⑤ 결함이 생기기 쉬운 용접 방법은 피하고 강도가 약한 필릿 용접은 가급적 피할 것, ⑥ 반복하중을 받는 이음에서는 특히 이음표면을 평평하게 할 것, ⑦ 구조상의 노치부를 피할 것 등이다.

23. 다음 그림과 같은 용접이음 명칭은?

㉮ 겹치기 용접
㉯ T 용접
㉰ 플레어 용접
㉱ 플러그 용접

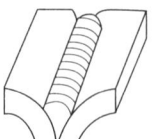

24. 응력제거 열처리법 중에서 가장 잘 이용되고 있는 방법으로써 제품 전체를 가열로 안에 넣고 적당한 온도에서 일정시간 유지한 다음 노내에서 서랭시킴으로써 잔류 응력을 제거하는데 연강류 제품을 노내에서 출입시키는 온도는 몇 도를 넘지 않아야 하는가?

㉮ 100℃ ㉯ 300℃
㉰ 500℃ ㉱ 700℃

[해설] 노내 풀림법에서 연강류 제품을 노내에서 출입시키는 온도는 300℃를 넘어서는 안 되며 300℃ 이상에 있어서 가열 및 냉각 속도 R은 다음 식을 만족시켜야 한다.

$$R \leq 200 \times \dfrac{25}{t} \text{ (deg/h)}$$

t : 가열부에 있어서의 용접부 최대 두께(mm) 이다.

25. 꼭지각이 136°인 다이아몬드 사각추의 압입자를 시험하중으로 시험편에 압입한 후 측정하여 환산표에 의해 경도를 표시하는 시험법은?

㉮ 로크웰 경도 시험
㉯ 브리넬 경도 시험
㉰ 비커스 경도 시험
㉱ 쇼어 경도 시험

[해설] 비커스 경도 시험은 꼭지각이 136°인 다이아몬드 사각추의 압입자를 1~120kgf의 하중으로 시험편에 압입한 후에 생긴 오목 자국의 대각선을 측정해서 미리 계산되어진 환산표에 의하여 경도를 표시한다.

정답 21. ㉯   22. ㉰   23. ㉰   24. ㉯   25. ㉰

26. 용접부의 피로강도 향상법으로 맞는 것은?
- ㉮ 덧붙이 크기를 가능한 최소화한다.
- ㉯ 기계적 방법으로 잔류 응력을 강화한다.
- ㉰ 응력 집중부에 용접 이음부를 설계한다.
- ㉱ 야금적 변태에 따라 기계적인 강도를 낮춘다.

[해설] 피로강도 향상법 : ① 냉간 가공 또는 야금적 변태 등에 의해 기계적인 강도를 높일 것. ② 표면가공 또는 표면처리, 다듬질 등에 의하여 담면이 급변하는 부분을 피할 것. ③ 열처리 또는 기계적인 방법으로 용접부 잔류응력을 완화시킬 것. ④ 가능한 응력 집중부에는 용접부가 되도록 하는 것을 피할 것. ⑤ 국부 항복법 등에 의하여 외력과 반대 방향 부호의 응력을 잔류시킬 것이 필요하다.

27. 용접 열 영향부에서 생기는 균열에 해당되지 않는 것은?
- ㉮ 비드 밑 균열(under bead crack)
- ㉯ 세로 균열(longitudinal crack)
- ㉰ 토 균열(toe crack)
- ㉱ 라멜라티어 균열(lamella tear crack)

[해설] 용접방향과 같거나 평행하게 발생하는 균열을 세로 균열이라 하며 용접금속 내에서 가장 많이 발견되는데 보통 용접선의 중심에 나타나며 주로 크레이터 균열의 확장 때문에 발생하고 표면으로의 확장은 용접부가 냉각될 때 발생한다.

28. 용접이음에서 취성파괴의 일반적 특징에 대한 설명 중 틀린 것은?
- ㉮ 온도가 높을수록 발생하기 쉽다.
- ㉯ 항복점 이하의 평균응력에서도 발생한다.
- ㉰ 파괴의 기점은 응력과 변형이 집중하는 구조적 및 형상적 불연속부에서 발생하기 쉽다.
- ㉱ 거시적 파면상황은 판 표면에 거의 수직이다.

[해설] 용접이음이나 구조물의 온도가 천이온도라 불리어지는 특정 온도보다 낮은 경우에는 취성파괴가 천이온도보다 충분히 높으면 연성파괴가 된다.

29. 다음 그림과 같은 순서로 하는 용착법을 무엇이라고 하는가?
- ㉮ 전진법
- ㉯ 후퇴법
- ㉰ 캐스케이드법
- ㉱ 스킵법

30. 용접구조물의 수명과 가장 관련이 있는 것은?
- ㉮ 작업 태도
- ㉯ 아크 타임률
- ㉰ 피로강도
- ㉱ 작업률

[해설] 용접구조물의 수명과 가장 관련이 있는 것은 피로강도이다. 작업률과 아크 타임률은 작업과 관계가, 작업태도는 사람의 심리적인 면으로 안전 관리자나 관리자가 조치를 취하면 된다.

31. 잔류 응력을 제거하는 방법이 아닌 것은?
- ㉮ 저온 응력 완화법
- ㉯ 기계적 응력 완화법
- ㉰ 피닝법(peening)
- ㉱ 담금질 열처리법

[해설] 잔류 응력을 제거하는 방법은 노내 풀림법, 국부 풀림법, 저온 응력 완화법, 기계적 응력 완화법, 피닝법 등이 있다.

32. 그림과 같은 필릿 용접에서 목 두께를 나타내는 것은?
- ㉮ ①
- ㉯ ②
- ㉰ ③
- ㉱ ④

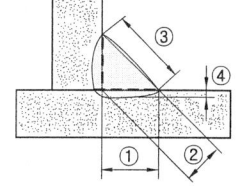

정답 26. ㉮ 27. ㉯ 28. ㉮ 29. ㉱ 30. ㉰ 31. ㉱ 32. ㉯

[해설] 그림에서 ①은 각장, ②는 목 두께, ③은 비드 폭, ④는 용입 깊이이다.

33. 용접부의 파괴시험법 중에서 화학적 시험 방법이 아닌 것은?
㉮ 함유수소시험 ㉯ 비중시험
㉰ 화학분석시험 ㉱ 부식시험

[해설] 화학적 시험의 종류는 화학분석시험, 부식시험, 함유수소시험 등이며 비중시험은 물리적 시험의 종류이다.

34. 2매의 판이 100°의 각도로 조립되는 필릿 용접 이음의 경우 이론 목 두께는 다리 길이의 약 몇 %인가?
㉮ 70.7% ㉯ 65%
㉰ 50%   ㉱ 55%

[해설] 목 두께의 결정방법 : 필릿의 다리 길이에서 정해지는 이등변 삼각형의 이음부 루트에서 측정한 높이이다.

35. 연강을 0℃ 이하에서 용접할 경우 예열하는 방법은?
㉮ 이음의 양쪽 폭 100mm 정도를 40~75℃로 예열하는 것이 좋다.
㉯ 이음의 양쪽 폭 150mm 정도를 150~200℃로 예열하는 것이 좋다.
㉰ 비드 균열을 일으키기 쉬우므로 50~350℃로 용접 홈을 예열하는 것이 좋다.
㉱ 200~400℃ 정도로 홈을 예열하고 냉각 속도를 빠르게 용접한다.

[해설] 각종 금속의 예열온도 : ① 고장력강, 저합금강, 두께 25t 이상의 연강, 주철의 경우 용접 홈을 50~350℃로 예열 ② 열전도가 좋은 알루미늄합금, 구리합금은 200~400℃의 예열이 필요하고 나머지는 ㉮항과 같다.

36. 용접부의 시점과 끝나는 부분에 용입 불량이나 각종 결함을 방지하기 위해 주로 사용되는 것은?
㉮ 엔드 탭   ㉯ 포지셔너
㉰ 회전 지그 ㉱ 고정 지그

[해설] 엔드 탭 : 용접결함이 생기기 쉬운 용접비드의 시작과 끝에 부착하는 강판을 말한다. 수동 35mm, 반자동 40mm, 자동 70mm이며, 엔드 탭 사용 시 용접 길이를 모두 인정한다.

37. 65%의 용착효율을 가지고 단일의 V형 홈을 가진 20mm두께의 철판을 3m 맞대기 용접했을 때, 필요한 소요 용접봉의 중량은 약 몇 kgf인가? (단, 20mm 철판의 용접부 단면적은 2.6cm²이고, 용착 금속의 비중은 7.85이다.)
㉮ 7.42 ㉯ 9.42 ㉰ 11.42 ㉱ 13.42

[해설] ① 용착률(용착효율)
$= \dfrac{\text{용착금속 중량}}{\text{사용 용접봉 총중량}}$
② 용착금속 중량 $= \dfrac{\text{용착률}}{\text{용접속도}}$
③ 용접봉 소요량 = 단위 용접 길이당 $\dfrac{\text{용착금속 중량}}{\text{용착률}}$ 의 공식에서
$\dfrac{(2.6 \times 7.85 \times 300\text{cm})}{0.65} = 9.42$

38. 용접 제품을 제작하기 위한 조립 및 가접에 대한 일반적인 설명으로 틀린 것은?
㉮ 강도상 중요한 곳과 용접의 시점과 종점이 되는 끝부분을 주로 가접한다.
㉯ 조립 순서는 용접 순서 및 용접 작업의 특성을 고려하여 계획한다.
㉰ 가접 시에는 본 용접보다도 지름이 약간 가는 용접봉을 사용하는 것이 좋다.
㉱ 불필요한 잔류응력이 남지 않도록 미리 검토하여 조립 순서를 정한다.

[해설] 조립과 가접은 용접 결과에 직접 영향을 주므로 조립 순서는 용접 순서와 용접 작업의 특성을 고려하여 결정하고 용접을 할 수

정답 33. ㉯ 34. ㉰ 35. ㉮ 36. ㉮ 37. ㉯ 38. ㉮

없는 부분이 생기지 않게 하고 변형이나 잔류응력이 적게 되도록 하며 가접은 본 용접을 하기 전에 좌·우의 홈 부분을 일시적으로 고정하기 위해 짧은 용접으로 한다. 이때 기공이나 균열이 생기기 쉬우므로 본 용접을 하는 홈을 피하여 작업한다.

39. 그림과 같이 강판 두께(t) 19mm, 용접선의 유효길이(l) 200mm, h_1, h_2가 각각 8mm, 하중(P) 7000kgf가 작용할 때 용접부에 발생하는 인장응력은 약 몇 kgf/mm²인가?

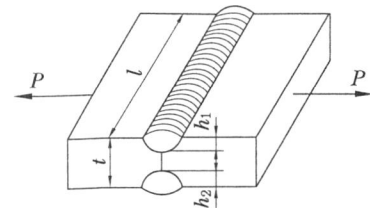

㉮ 0.2　㉯ 2.2　㉰ 4.8　㉱ 6.8

[해설] 인장응력 = $\dfrac{하중}{(h_1+h_2)}$

　　　　　 = $\dfrac{7000}{\dfrac{8+8}{200}}$ = 2.1875 ≒ 2.2

40. 용접작업에서 지그 사용 시 얻어지는 효과로 틀린 것은?
㉮ 용접 변형을 억제하고 적당한 역변형을 주어 변형을 방지한다.
㉯ 제품의 정밀도가 낮아진다.
㉰ 대량생산의 경우 용접 조립 작업을 단순화 시킨다.
㉱ 용접작업은 용이하고 작업능률이 향상된다.

[해설] 지그의 이점은 ① 동일 제품을 다량 생산할 수 있다. ② 제품의 정밀도와 용접부의 신뢰성을 높인다. ③ 작업을 용이하게 하고 용접 능률을 높인다. ④ 용접 변형을 지그를 이용하여 억제시키고 적당한 역변형을 주어 변형을 방지할 수 있다.

제3과목　용접일반 및 안전관리

41. 교류 아크 용접기의 용접 전류 조정 방법에 의한 분류에 해당하지 않는 것은?
㉮ 가동 철심형　㉯ 가동 코일형
㉰ 탭 전환형　　㉱ 발전형

[해설] 교류 아크 용접기의 종류는 가동 철심형, 가동 코일형, 탭 전환형, 가포화 리액터형 등이며 발전형은 직류 아크 용접기이다.

42. 정격 2차 전류 300A의 용접기에서 실제로 200A의 전류로서 용접한다고 가정하면 허용 사용률은 얼마인가? (단, 정격 사용률은 40%라고 한다.)
㉮ 80%　㉯ 85%　㉰ 90%　㉱ 95%

[해설] 허용사용률(%)
= $\dfrac{(정격2차전류)^2}{(실제의 용접전류)^2}$ × 정격사용률(%)
= $\dfrac{(300)^2}{(200)^2}$ × 40% = 90%

43. 탄산가스 아크 용접 장치에 해당되지 않는 것은?
㉮ 용접 토치
㉯ 보호 가스 설비
㉰ 제어 장치
㉱ 플럭스 공급 장치

[해설] 탄산가스 아크 용접장치는 용접전원, 제어 장치, 용접 토치, 보호 가스 설비 등이다.

44. 피복 아크 용접법이 가스 용접법보다 우수한 점이 아닌 것은?
㉮ 열의 집중성이 좋다.
㉯ 용접 변형이 적다.
㉰ 유해 광선의 발생이 적다.
㉱ 용접부의 강도가 크다.

[해설] 가스 용접법보다 피복 아크 용접법이 유해 광선의 발생이 많다.

45. 서브머지드 아크 용접의 다전극 방식에 의한 분류 중 같은 종류의 전원에 두 개의 전극을 접속하여 용접하는 것으로 비드 폭이 넓고, 용입이 깊은 용접부를 얻기 위한 방식은?
㉮ 탠덤식 ㉯ 횡병렬식
㉰ 횡직렬식 ㉱ 종직렬식

[해설] 서브머지드 아크 용접의 다전극 방식은 탠덤식, 횡병렬식, 횡직렬식 등이다.

46. 가스용접으로 주철을 용접할 때 가장 적당한 예열온도는 몇 ℃인가?
㉮ 300~400℃ ㉯ 500~600℃
㉰ 700~800℃ ㉱ 900~1000℃

[해설] 주철의 용접법으로는 모재 전체를 500~600℃의 고온에서 예열 및 후열을 할 수 있는 설비가 필요하다.

47. 용접기에서 떨어져 작업을 할 때 작업 위치에서 전류를 조정할 수 있는 장치는?
㉮ 전자 개폐 장치 ㉯ 원격 제어 장치
㉰ 전류 측정기 ㉱ 전격 방지 장치

[해설] 용접기에서 떨어져 작업을 할 때 작업 위치에서 전류를 조정할 수 있는 장치를 원격 제어 장치라 하며 현재 사용하고 있는 대표적인 것은 전동기 조작형과 가포화 리액터형이 있다.

48. 공업용 아세틸렌 가스 용기의 도색은?
㉮ 녹색 ㉯ 백색 ㉰ 황색 ㉱ 갈색

[해설] 가스 용기의 색은 산소-녹색, 수소-주황색, 탄산가스-청색, 아세틸렌-황색, 프로판-회색, 아르곤-회색, 암모니아-백색, 염소-갈색 등이다.

49. 이음부의 루트 간격 치수에 특히 유의하여야 하며, 아크가 보이지 않는 상태에서 용접이 진행된다고 하여 잠호 용접이라고도 부르는 용접은?
㉮ 피복 아크 용접
㉯ 서브머지드 아크 용접
㉰ 탄산가스 아크 용접
㉱ 불활성가스 금속 아크 용접

[해설] 서브머지드 아크 용접은 고전류를 이용하므로 루트 간격은 0.8mm 이하(뒤 받침이 없는 경우)와 루트 면은 ±1mm 허용한다.

50. 산소 용기의 취급상의 주의사항으로 잘못된 사항은?
㉮ 운반이나 취급에서 충격을 주지 않는다.
㉯ 가연성 가스와 함께 저장하여 누설되어도 인화되지 않게 한다.
㉰ 기름이 묻은 손이나 장갑을 끼고 취급하지 않는다.
㉱ 운반 시 가능한 한 운반 기구를 이용한다.

51. 중량물의 안전운반에 관한 설명 중 잘못된 것은?
㉮ 힘이 센 사람과 약한 사람이 조를 짜며 키가 큰 사람과 작은 사람이 한 조가 되게 한다.
㉯ 화물의 무게가 여러 사람에게 평균적으로 걸리게 한다.
㉰ 긴 물건은 작업자의 같은 쪽 어깨에 메고 보조를 맞춘다.
㉱ 정해진 자의 구령에 맞추어 동작 한다.

[해설] 힘이 같고 키가 비슷한 사람과 한 조가 되어 평형을 맞출 수 있어야 한다.

52. 용접법의 분류에서 융접에 속하는 것은?
㉮ 테르밋 용접 ㉯ 단접
㉰ 초음파 용접 ㉱ 마찰 용접

[해설] 테르밋 용접을 제외한 3가지 용접법은 압접의 종류이다.

정답 45. ㉮ 46. ㉯ 47. ㉯ 48. ㉰ 49. ㉯ 50. ㉯ 51. ㉮ 52. ㉮

53. 피복 아크 용접봉의 피복제 중에 포함되어 있는 주성분이 아닌 것은?
㉮ 아크 안정제 ㉯ 가스 억제제
㉰ 슬래그 생성제 ㉱ 탈산제

[해설] 피복제에는 가스 억제제가 있으면 여러 가지 결함에 원인이 되며, 반대로 가스 발생제가 들어가 있다.

54. 냉간 압접의 일반적인 특징으로 틀린 것은?
㉮ 용접부가 가공 경화된다.
㉯ 압접에 필요한 공구가 간단하다.
㉰ 접합부의 열 영향으로 숙련이 필요하다.
㉱ 접합부의 전기저항은 모재와 거의 동일하다.

[해설] 냉간 압접의 특징은 ㉮, ㉯, ㉱ 외에 접합부의 열 영향은 없고 숙련이 필요하며 용접부가 가공 경화된다.

55. 용가재인 전극 와이어를 와이어 송급 장치에 의해 연속적으로 보내어 아크를 발생시키는 용극식 용접 방식은?
㉮ TIG 용접
㉯ MIG 용접
㉰ 탄산가스 아크 용접
㉱ 마찰용접

56. 금속과 금속의 원자간 거리를 충분히 접근시키면 금속원자 사이에 인력이 작용하여 그 인력에 의하여 금속을 영구 결합시키는 것이 아닌 것은?
㉮ 융접 ㉯ 압접
㉰ 납땜 ㉱ 리벳 이음

[해설] 리벳이음은 기계적 접합법이다.

57. 연강용 피복 아크 용접봉 중 내균열성이 가장 좋은 용접봉은?
㉮ 고셀룰로오스계 ㉯ 일미나이트계
㉰ 고산화티탄계 ㉱ 저수소계

[해설] 연강용 피복 아크 용접봉 중 내균열성이 가장 좋은 순서는 저수소계>일미나이트계>고산화철계>고셀룰로오스계>티탄계의 순서이다.

58. 연강의 가스 절단 시 드래그(drag) 길이는 주로 어느 인자에 의해 변화하는가?
㉮ 예열과 절단 팁의 크기
㉯ 토치 각도와 진행 방향
㉰ 예열 불꽃 및 백심의 크기
㉱ 절단 속도와 산소소비량

[해설] 드래그의 길이는 주로 절단 속도와 산소 소비량 등에 의하여 변화한다.

59. 피복 아크 용접봉의 단면적 1mm²에 대한 적당한 전류 밀도는?
㉮ 6~9A ㉯ 10~13A
㉰ 14~17A ㉱ 18~21A

[해설] 작업 표준 용접전류에 용접봉 단면적을 나누면 약 11.40A가 나온다.

60. 이음 형상에 따른 저항 용접의 분류 중 맞대기 용접이 아닌 것은?
㉮ 플래시 용접 ㉯ 버트심 용접
㉰ 점 용접 ㉱ 퍼커션 용접

[해설] 전기저항 용접법에서 맞대기 용접은 업셋, 플래시, 버트심, 포일심, 퍼커션 용접 등이다.

정답 53. ㉯ 54. ㉰ 55. ㉯ 56. ㉱ 57. ㉱ 58. ㉱ 59. ㉯ 60. ㉰

2013년도 출제 문제

▶ 2013년 3월 10일 시행

자격종목 및 등급(선택분야)	종목코드	시험시간	문제지형별
용접산업기사	2026	1시간 30분	A

제 1 과목 용접야금 및 용접설비제도

1. 적열취성의 원인이 되는 것은?
㉮ 탄소　　㉯ 수소
㉰ 질소　　㉱ 황

[해설] 강 중에 황을 0.02% 정도 함유 시 강도, 연신율, 충격값 감소, 고온가공성을 나쁘게 하고 (Mn을 첨가 고온가공성 개선) 또한 적열취성 및 균열의 원인이 되어 용접성을 나쁘게 한다.

2. 용접 중 용융된 강의 탈산, 탈황, 탈인에 관한 설명으로 적합한 것은?
㉮ 용융 슬래그(slag)는 염기도가 높을수록 탈인율이 크다.
㉯ 탈황 반응 시 용융 슬래그(slag)는 환원성, 산성과 관계없다.
㉰ Si, Mn 함유량이 같을 경우 저수소계 용접봉은 티탄계 용접봉보다 산소함유량이 적어진다.
㉱ 관구이론은 피복 아크 용접봉의 플럭스(flux)를 사용한 탈산에 관한 이론이다.

[해설] 용융 슬래그의 염기도가 높을수록 내균열성이 양호하고, 저수소계 용접봉인 경우에는 다른 용접봉보다 수소함유량이 적으며 아울러 규소철, 망간철 등에 의해 산소함유량도 적어진다.

3. 서브머지드 용접에서 소결형 용제의 사용 전 건조온도와 시간은?
㉮ 150~300 ℃에서 1시간 정도
㉯ 150~300 ℃에서 3시간 정도
㉰ 400~600 ℃에서 1시간 정도
㉱ 400~600 ℃에서 3시간 정도

[해설] 서브머지드 용접에 사용되는 용제의 종류는 용융형과 소결형이 있으며 소결형은 흡습성이 용융형보다도 높으므로 사용 전에 150~300 ℃에서 1시간 정도 건조한 후 사용하여야 한다.

4. 철강의 용접부 조직 중 수지상 결정조직으로 되어 있는 부분은?
㉮ 모재　　㉯ 열영향부
㉰ 용착금속부　　㉱ 융합부

[해설] 철강의 용접부는 용착금속부, 즉 용접금속은 수지상(dendrite) 조직을 나타내고 bond부는 모재의 일부가 녹고, 일부는 고체 그대로 조립의 widmanstatten 조직이 발달하고 있다.

5. 금속재료의 일반적인 특징이 아닌 것은?
㉮ 금속결합인 결정체로 되어 있어 소성가공이 유리하다.
㉯ 열과 전기의 양도체이다.
㉰ 이온화하면 음(−)이온이 된다.
㉱ 비중이 크고 금속적 광택을 갖는다.

[해설] 금속재료의 특징은 이온화하면 양(+)이온이 된다.

6. 일반적으로 주철의 탄소함량은?

정답　1. ㉱　2. ㉰　3. ㉮　4. ㉮　5. ㉰　6. ㉯

㉮ 0.03 % 이하　㉯ 2.11~6.67 %
㉰ 1.0~1.3 %　㉱ 0.03~0.08 %

[해설] 주철은 Fe-C 상태도에서 2.11~6.67 %까지를 말한다.

7. 용접 후 강재를 연화시키기 위하여 기계적, 물리적 특성을 변화시켜 함유가스를 방출시키는 것으로 일정시간 가열 후 노안에서 서랭하는 금속의 열처리 방법은?
㉮ 불림　㉯ 뜨임
㉰ 풀림　㉱ 재결정

[해설] 강재를 연화시키기 위하여 노안에서 서랭하면서 가스 및 불순물의 방출과 확산을 일으키고 내부응력을 저하시키며 조직의 균일화, 미세화, 표준화하는 열처리 작업은 풀림이다.

8. 큰 재료일수록 내·외부 열처리 효과의 차이가 생기는 현상으로 강의 담금질성에 의하여 영향을 받는 현상은?
㉮ 시효경화　㉯ 노치효과
㉰ 담금질효과　㉱ 질량효과

[해설] 담금질에서 재질이 같을 때는 재료 지름의 크기에 따라 냉각속도가 다르므로 내부와 외부에 경도차가 생기는데 이것을 담금질에 질량효과라 하며, 질량효과가 큰 재료는 지름이 크면 내부의 담금질 정도가 작아지고 질량효과가 작은 강은 냉각속도를 적게 해도 담금질이 잘 되고 변형과 균열이 작다.

9. 오스테나이트계 스텐인리스강 용접부의 입계부식 균열 저항성을 증가시키는 원소가 아닌 것은?
㉮ Nb　㉯ C　㉰ Ti　㉱ Ta

[해설] 오스테나이트계 스텐인리스강은 용접열에 의해 온도가 높아지면 탄소 (C)가 크롬 (Cr)과 화합하여 탄화크롬이 형성되며 카이바이드 석출이라 한다. 이것이 결정 입계에 석출되어 입계부식을 일으키기 쉬우므로 탄소량을 극히 소량(0.03% 이하)으로 하거나 티탄 (Ti) 또는 니오브 (Nb)를 가하여 안정된 탄화물을 만든다.

10. 철의 동소 변태에 대한 설명으로 틀린 것은?
㉮ α-철 : 910 ℃ 이하에서 체심입방격자이다.
㉯ γ-철 : 910~1400 ℃에서 면심입방격자이다.
㉰ β-철 : 1400~1500 ℃에서 조밀육방격자이다.
㉱ δ-철 : 1400~1538 ℃에서 체심입방격자이다.

[해설] A1에서 A3까지는 α-철로 체심입방격자, A3에서 A4변태점까지는 면심입방격자, A4에서 용융점까지는 체심입방격자이다.

11. 선의 용도 중 가는 실선을 사용하지 않는 것은?
㉮ 숨은선　㉯ 지시선
㉰ 치수선　㉱ 회전단면선

[해설] 가는 실선은 치수선, 치수보조선, 지시선, 회전단면선, 중심선, 수준면선에 이용되고 숨은선은 가는 파선 또는 굵은 파선을 이용한다.

12. 전개도를 그리는 기본적인 방법 3가지에 해당하지 않는 것은?
㉮ 평행선 전개법　㉯ 삼각형 전개법
㉰ 방사선 전개법　㉱ 원통형 전개법

[해설] 전개도를 그리는 방법에는 평행선, 방사선, 삼각형 전개법의 3가지 방법이 있다.

13. 도면에서 2종류 이상의 선이 같은 장소에서 중복될 경우 우선되는 선의 순서는?
㉮ 외형선 → 숨은선 → 중심선 → 절단선
㉯ 외형선 → 중심선 → 절단선 → 숨은선
㉰ 외형선 → 중심선 → 숨은선 → 절단선
㉱ 외형선 → 숨은선 → 절단선 → 중심선

정답 7. ㉰　8. ㉱　9. ㉯　10. ㉰　11. ㉮　12. ㉱　13. ㉱

[해설] 도면에서 2종류 이상의 선이 같은 장소에서 중복될 경우에는 외형선→숨은선→절단선→중심선→무게 중심선→치수 보조선의 순서에 따라 그린다.

14. 도면의 분류 중 표현 형식에 따른 설명으로 틀린 것은?
㉮ 선도 : 투시 투상법에 의해서 입체적으로 표현한 그림의 총칭이다.
㉯ 전개도 : 대상물을 구성하는 면을 평면으로 전개한 그림이다.
㉰ 외관도 : 대상물의 외형 및 최소한의 필요한 치수를 나타낸 도면이다.
㉱ 곡면선도 : 선체, 자동차 차체 등의 복잡한 곡면을 여러 개의 선으로 나타낸 도면이다.
[해설] 표현 형식에 따른 분류로는 외관도, 전개도, 곡면선도, 선도, 입체도가 있으며 선도는 기호와 선을 사용하여 장치, 플랜트의 기능, 그 구성 부분 사이의 상호 관계, 물건, 에너지, 정보의 계통 등을 나타낸 도면으로 계통도, 구조선도 등이 있다.

15. 부품의 면이 평면으로 가공되어 있고, 복잡한 윤곽을 갖는 부품인 경우에 그 면에 광명단 등을 발라 스케치 용지에 찍어 그 면의 실형을 얻는 스케치 방법은?
㉮ 프리핸드법 ㉯ 프린트법
㉰ 본뜨기법 ㉱ 사진촬영법
[해설] 스케치 방법 중 프린트법은 복잡한 윤곽을 갖는 부품인 경우에 그 면에 광명단 등을 발라 스케치 용지에 찍어 그 면의 실형을 얻는 직접법과 면에 용지를 대고 연필 등으로 문질러서 도형을 얻는 간접법이 있다.

16. 재료 기호 중 "SM400C"의 재료 명칭은?
㉮ 일반 구조용 압연강재
㉯ 용접 구조용 압연강재
㉰ 기계 구조용 탄소강재
㉱ 탄소 공구 강재
[해설] 처음 문자는 재질을 표시하는 문자로 F : 철, S : 강, SM : 기계 구조용강이다.

17. KS 용접기호 중 그림과 같은 보조기호의 설명으로 옳은 것은?

㉮ 끝단부를 2번 오목하게 한 필릿 용접
㉯ K형 맞대기 용접 끝단부를 2번 오목하게 함
㉰ K형 맞대기 용접 끝단부를 매끄럽게 함
㉱ 매끄럽게 처리한 필릿 용접
[해설] 그림의 보조기호는 필릿 용접 끝단부를 매끄럽게 다듬질하는 기호이다.

18. KS규격에 의한 치수 기입의 원칙 설명 중 틀린 것은?
㉮ 치수는 되도록 투상도에 집중한다.
㉯ 각 형체의 치수는 하나의 도면에서 한번만 기입한다.
㉰ 기능 치수는 대응하는 도면에 직접 기입해야 한다.
㉱ 치수는 되도록 계산으로 구할 수 있도록 기입한다.
[해설] 현장 작업 시에 따로 계산하지 않고 치수를 볼 수 있어야 한다.

19. 투상도의 배열에 사용된 제1각법과 제3각법의 대표 기호로 옳은 것은?
㉮ 제1각법 : ⊟⊕ , 제3각법 : ⊕⊟
㉯ 제1각법 : ⊕⊟ , 제3각법 : ⊕⊟
㉰ 제1각법 : ⊟⊕ , 제3각법 : ⊟⊕

㉣ 제1각법 : ⊕⊖ , 제3각법 : ⊖⊕

20. 다음 그림과 같은 형상을 한 용접기호에 대한 설명으로 옳은 것은?

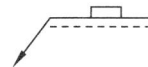

㉮ 플러그 용접기호로 화살표 반대쪽 용접이다.
㉯ 플러그 용접기호로 화살표쪽 용접이다.
㉰ 스폿 용접기호로 화살표 반대쪽 용접이다.
㉱ 스폿 용접기호로 화살표쪽 용접이다.

제 2 과목 용접구조설계

21. 용접부에서 발생하는 저온균열과 직접적인 관계가 없는 것은?
㉮ 열영향부의 경화현상
㉯ 용접잔류 응력의 존재
㉰ 용착금속에 함유된 수소
㉱ 합금의 응고 시에 발생하는 편석

[해설] 저온균열은 주로 수소에 의한 지연균열로서 일반적으로 열영향부의 결정입내 및 입계에서 발생하여 전진한다. 저온균열은 고온 균열과 달리 약 300℃ 이하의 온도에서 주로 발생되는데 용접부에 잔류하고 있는 수소가 주요발생원인이다. 저온균열에는 root crack, under bead crack, toe crack 및 횡crack 등이 있다.
  저온균열은 주로 열영향부의 조립부가 급열 급랭하고 소입 경화하여 발생하며 고장력강, 고탄소강, 저합금강 등에서 발생하기 쉬우며 연강에서는 발생이 적다. 오스테나이트 스테인리스 강이나 비철합금에서는 거의 드물다.

22. 용접 입열량에 대한 설명으로 옳지 않은 것은?
㉮ 모재에 흡수되는 열량은 보통 용접 입열량의 약 98% 정도이다.
㉯ 용접 전압과 전류의 곱에 비례한다.
㉰ 용접속도에 반비례한다.
㉱ 용접부에 외부로부터 가해지는 열량을 말한다.

[해설] 일반적으로 모재에 흡수되는 열량은 입열의 75~85% 정도가 보통이다.

23. 필릿 용접에서 목길이가 10 mm일 때 이론 목두께는 몇 mm인가?
㉮ 약 5.0   ㉯ 약 6.1
㉰ 약 7.1   ㉱ 약 8.0

[해설] 이론 목두께×cos45°
= 0.707×이론 목두께 = 0.707×10 mm
= 7.07 mm ≒ 약 7.1 mm

24. 용접작업 중 예열에 대한 일반적인 설명으로 틀린 것은?
㉮ 수소의 방출을 용이하게 하여 저온 균열을 방지한다.
㉯ 열영향부와 용착금속의 경화를 방지하고 연성을 증가시킨다.
㉰ 물건이 작거나 변형이 많은 경우에는 국부 예열을 한다.
㉱ 국부 예열의 가열 범위는 용접선 양쪽에 50~100 mm 정도로 한다.

[해설] 용접이음 홈 양 끝 100 mm 너비를 약 40~70℃로 예열한 후 용접하면 좋다.

25. 용접수축에 의한 굽힘 변형 방지법으로 틀린 것은?
㉮ 개선 각도는 용접에 지장이 없는 범위에서 작게 한다.
㉯ 판 두께가 얇은 경우 첫 패스 측의 개선 깊이를 작게 한다.

[정답] 20. ㉯ 21. ㉱ 22. ㉮ 23. ㉰ 24. ㉱ 25. ㉯

㉰ 후퇴법, 대칭법, 비석법 등을 채택하여 용접한다.
㉱ 역변형을 주거나 구속 지그로 구속한 후 용접한다.

[해설] 변형 방지법
① 용접 전 변형 방지책으로 억제법, 역변형법을 쓴다.
② 용접 시공에 의한 경감법으로는 대칭법, 후진법, 스킵 블록법, 스킵법 등을 쓴다.
③ 모재의 열전도를 억제하여 변형을 방지하는 방법으로는 도열법을 쓴다.
④ 용접 금속부의 변형과 잔류응력을 경감하는 방법으로는 피닝을 쓴다.

26. 용접 후 잔류 응력을 완화하는 방법으로 가장 적합한 것은?
㉮ 피닝 (peening)
㉯ 치핑 (chipping)
㉰ 담금질 (quenching)
㉱ 노멀라이징 (noralizing)

[해설] 잔류응력 제거법은 노 내 풀림법, 국부 풀림법, 저온응력 완화법, 기계적 응력 완화법, 피닝법 등이 있다.

27. 중판 이상 두꺼운 판의 용접을 위한 홈 설계 시 고려사항으로 틀린 것은?
㉮ 적당한 루트 간격과 루트 면을 만들어 준다.
㉯ 홈의 단면적은 가능한 한 작게 한다.
㉰ 루트 반지름은 가능한 한 작게 한다.
㉱ 최소 10° 정도 전후 좌우로 용접봉을 움직일 수 있는 홈 각도를 만든다.

[해설] 용접 홈 설계의 요점에서 루트 반지름은 가능한 한 크게 한다.

28. 응력 제거 풀림의 효과가 아닌 것은?
㉮ 충격 저항의 감소
㉯ 용착금속 중 수소 제거에 의한 연성의 증대
㉰ 응력 부식에 대한 저항력 증대
㉱ 크리프 강도의 향상

[해설] 장시간의 하중으로 재료가 계속적으로 서서히 소성변형을 일으키는 것을 크리프라고 하고, 파단되는 순간의 최대 하중을 크리프 강도라고 한다.

29. 강판의 맞대기 용접이음에서 가장 두꺼운 판에 사용할 수 있으며 양면 용접에 의해 충분한 용입을 얻으려고 할 때 사용하는 홈의 종류는?
㉮ V형 ㉯ U형 ㉰ I형 ㉱ H형

[해설] I형은 판 두께 6 mm 이하, V형은 6~20 mm, U형은 16~50 mm, H형은 20 mm 이상 두꺼운 판의 맞대기 이음에 이용한다.

30. 용접이음에서 피로 강도에 영향을 미치는 인자가 아닌 것은?
㉮ 용접기 종류   ㉯ 이음 형상
㉰ 용접 결함   ㉱ 하중 상태

[해설] 반복 횟수를 철합금에서는 10^7회, 비철합금에서는 10^8회로 하며, 반복응력을 1 kg/mm^2만 늘리면, 이 규정의 반복수 이하로써 파단하는 응력을 채용하며, 피로강도로 한다. 그러므로 용접기 종류와는 관계가 없다.

31. 용접부에 하중을 걸어 소성변형을 시킨 후 하중을 제거하면 잔류응력이 감소되는 현상을 이용한 응력제거 방법은?
㉮ 기계적 응력 완화법
㉯ 저온 응력 완화법
㉰ 응력 제거 풀림법
㉱ 국부 응력 제거법

[해설] 잔류응력 제거법 중 기계적 응력 완화법은 잔류응력이 존재하는 구조물에 어떤 하중을 걸어 용접부를 약간 소성 변형시킨 다음에 하중을 제거하면 잔류응력이 현저하게 감소하는 현상을 이용하는 방법이다.

[정답] 26. ㉮ 27. ㉰ 28. ㉱ 29. ㉱ 30. ㉮ 31. ㉮

32. 용접에 사용되고 있는 여러 가지 이음 중에서 다음 그림과 같은 용접이음은?

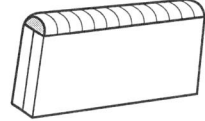

㉮ 변두리 이음　㉯ 모서리 이음
㉰ 겹치기 이음　㉱ 맞대기 이음

33. 용접 구조 설계상 주의 사항으로 틀린 것은?
㉮ 용접 부위는 단면 형상의 급격한 변화 및 노치가 있는 부위로 한다.
㉯ 용접 치수는 강도상 필요한 치수 이상으로 크게 하지 않는다.
㉰ 용접에 의한 변형 및 잔류응력을 경감시킬 수 있도록 한다.
㉱ 용접 이음을 감소시키기 위하여 압연 형재, 주단조품, 파이프 등을 적절히 이용한다.

[해설] ① 용접을 안전하게 할 수 있는 구조로 아래보기 용접을 많이 하도록 한다.
② 용접봉의 용접부에 대한 접근성도 작업의 쉽고 어려움에 영향을 주므로 용접작업에 지장을 주지 않는 간격을 남기도록 한다.
③ 필릿 용접은 가능한 한 피하고 맞대기 용접을 하도록 한다.
④ 중립축에 대하여 모멘트 합이 "0"이 되도록 한다.
⑤ 용접물 중심에 대하여 대칭으로 용접하여 변형을 방지한다.
⑥ 동일 평면 내에 많은 이음이 있을 때에는 수축이 가능한 자유단으로 보낸다.
⑦ 구조상의 노치부를 피할 것.

34. 판 두께가 같은 구조물을 용접할 경우 수축 변형에 영향을 미치는 용접시공조건으로 틀린 것은?
㉮ 루트 간격이 클수록 수축이 크다.
㉯ 피닝을 할수록 수축이 크다.
㉰ 위빙을 하는 것이 수축이 작다.
㉱ 구속력이 크면 수축이 작다.

35. 맞대기 용접부에 3960 N의 힘이 작용할 때 이음부에 발생하는 인장 응력은 약 몇 N/mm² 인가? (단, 판 두께는 6 mm, 용접선의 길이는 220 mm로 한다.)
㉮ 2　㉯ 3
㉰ 4　㉱ 5

[해설] 인장응력 = $\dfrac{\text{인장하중}}{\text{단면적}}$
= $\dfrac{3960}{(6 \times 220)} = \dfrac{3960}{1320} = 3$

36. 엔드 탭(end tab)에 대한 설명으로 틀린 것은?
㉮ 모재를 구속시키는 역할도 한다.
㉯ 모재와 다른 재질을 사용해야 한다.
㉰ 용접이 불량하게 되는 것을 방지한다.
㉱ 피복아크 용접 시 엔드 탭의 길이는 약 30 mm 정도로 한다.

[해설] 모재와 같은 재질을 사용해야 한다.

37. 용접부의 잔류 응력의 경감과 변형 방지를 동시에 충족시키는데 가장 적합한 용착법은?
㉮ 도열법　㉯ 비석법
㉰ 전진법　㉱ 구속법

[해설] 잔류 응력의 경감과 변형 방지를 동시에 충족시키는 데는 후진법, 비석법, 띔용접의 용착법이 있다.

38. 약 2.5 g의 강구를 25 cm 높이에서 낙하시켰을 때 20 cm 튀어 올랐다면 쇼어경도 (HS) 값은 약 얼마인가? (단, 계측통은 목측형 (C형)이다.)
㉮ 112.4　㉯ 192.3
㉰ 123.1　㉱ 154.1

[해설] 쇼어경도 산출식

정답 32. ㉮　33. ㉮　34. ㉯　35. ㉯　36. ㉯　37. ㉯　38. ㉯

$$= \left(\frac{10000}{65}\right) \times \left(\frac{\text{튀어오른 높이}}{25\,\text{mm}}\right)$$
$$= \left(\frac{10000}{65}\right) \times \left(\frac{20}{25}\right)$$
$$= 153.8 \times 0.8 = 192.25 ≒ 192.3$$

39. 다음 그림과 같은 다층 용접법은?

5	5′	5″	5‴	5⁗
4	4′	4″	4‴	4⁗
3	3′	3″	3‴	3⁗
2	2′	2″	2‴	2⁗
1	1′	1″	1‴	1⁗

㉮ 전진 블록법　㉯ 캐스케이드법
㉰ 덧살 올림법　㉱ 교호법

[해설] 전진 블록법은 한 개의 용접봉으로 살을 붙일만한 길이를 구분해서, 홈을 한 부분씩 여러 층으로 쌓아 올린 다음에 다른 부분으로 진행하는 방법으로 변형과 잔류응력을 작게 하기위한 부분적 용접을 완료한 후에 용접 전체를 마무리하는 방법이다.

40. 다음 그림과 같은 홈 용접은?

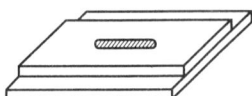

㉮ 플러그 용접　㉯ 슬롯 용접
㉰ 플레어 용접　㉱ 필릿 용접

제 3 과목　용접일반 및 안전관리

41. 일반적으로 용접의 단점이 아닌 것은?
㉮ 품질 검사가 곤란하다.
㉯ 응력 집중에 민감하다.
㉰ 변형과 수축이 생긴다.
㉱ 보수와 수리가 용이하다.

[해설] 용접의 단점
① 재질의 변형 및 잔류 응력이 발생한다.
② 저온 취성이 생길 우려가 있다.
③ 품질 검사가 곤란하고 변형과 수축이 생긴다.
④ 용접사의 기량에 따라 용접부의 품질이 좌우된다.

42. 서브머지드 아크 용접에 대한 설명으로 틀린 것은?
㉮ 용접 전류를 증가시키면 용입이 증가한다.
㉯ 용접 전압이 증가하면 비드 폭이 넓어진다.
㉰ 용접 속도가 증가하면 비드 폭과 용입이 감소한다.
㉱ 용접 와이어 지름이 증가하면 용입이 깊어진다.

[해설] 서브머지드 아크 용접의 동일 전류, 전압 조건에서 용접 와이어 지름이 작으면 용입이 깊고, 비드 폭이 좁아진다.

43. MIG 용접 제어장치에서 용접 후에도 가스가 계속 흘러나와 크레이터 부위의 산화를 방지하는 제어 기능은?
㉮ 가스 지연 유출 시간(post flow time)
㉯ 번 백 시간(burn back time)
㉰ 크레이터 충전 시간(crate fill time)
㉱ 예비 가스 유출 시간(preflow time)

[해설] ① 번 백 시간 : 크레이터 처리기능에 의해 낮아진 전류가 서서히 줄어들면서 아크가 끊어지는 기능으로 이면 용접부가 녹아내리는 것을 방지한다.
② 크레이터 충전 시간 : 크레이터 처리를 위해 용접이 끝나는 지점에서 토치 스위치를 다시 누르면 용접전류와 전압이 낮아져 쉽게 크레이터가 채워져 결함을 방지하는 기능이다.
③ 예비 가스 유출 시간 : 아크가 처음 발생되기 전 보호가스를 흐르게 하여 아크를 안정되게 하여 결함 발생을 방지하기 위한 기능이다.

44. 300 A 이상의 아크 용접 및 절단 시 착용

하는 차광 유리의 차광도 번호로 가장 적합한 것은?
- ㉮ 1~2
- ㉯ 5~6
- ㉰ 9~10
- ㉱ 13~14

[해설] 아크 용접 및 절단

용접 종류	용접 전류 (A)	용접봉 지름 (mm)	차광도 번호
금속 아크	30 이하	0.8~1.2	6
금속 아크	30~45	1.0~1.6	7
금속 아크	45~75	1.2~2.0	8
헬리 아크	75~130	1.6~2.6	9
금속 아크	100~200	2.6~3.2	10
금속 아크	150~250	3.2~4.0	11
금속 아크	200~300	4.8~6.4	12
금속 아크	300~400	4.4~9.0	13
탄소 아크	400 이상	9.0~9.6	14

45. 교류 아크 용접기 중 전기적 전류 조정으로 소음이 없고 기계적 수명이 길며 원격제어가 가능한 용접기는?
- ㉮ 가동 철심형
- ㉯ 가동 코일형
- ㉰ 탭 전환형
- ㉱ 가포화 리액터형

[해설] 교류 아크 용접기 종류 중 가포화 리액터형은 변압기와 가포화 리액터를 조합한 형태의 용접기이며 직류여자 코일을 가포화 리액터에 감아놓아 용접전류의 조정은 직류여자 전류를 조정하면 되므로 소음이 없고 원격조정이 가능하다.

46. 아크 용접기의 구비조건이 아닌 것은?
- ㉮ 구조 및 취급이 간단해야 한다.
- ㉯ 가격이 저렴하고 유지비가 적게 들어야 한다.
- ㉰ 효율이 낮아야 한다.
- ㉱ 사용 중 용접기의 온도 상승이 작아야 한다.

[해설] 아크 용접기의 구비조건은 문제에 ㉮, ㉯, ㉱항 외에 ① 전류 조정이 용이하고 일정한 전류가 흘러야 한다. ② 아크 발생이 잘 되도록 무부하 전압이 유지되어야 한다. ③ 역률 및 효율이 좋아야 한다.

47. 고진공 중에서 높은 전압에 의한 열원을 이용하여 행하는 용접법은?
- ㉮ 초음파 용접법
- ㉯ 고주파 용접법
- ㉰ 전자 빔 용접법
- ㉱ 심 용접법

[해설] 전자 빔 용접은 높은 진공실 속에서 음극으로부터 방출된 전자를 고전압으로 가속시켜 피용접물과의 충돌에 의한 에너지로 용접을 행하는 방식이다.

48. 아크 용접 작업 중의 전격에 관련된 설명으로 옳지 않은 것은?
- ㉮ 습기찬 작업복, 장갑 등을 착용하지 않는다.
- ㉯ 오랜 시간 작업을 중단할 때에는 용접기의 스위치를 끄도록 한다.
- ㉰ 전격 받은 사람을 발견하였을 때에는 즉시 손으로 잡아당긴다.
- ㉱ 용접 홀더를 맨손으로 취급하지 않는다.

[해설] 전격 받은 사람을 발견했을 때에는 먼저 전원스위치를 차단하고 바로 의사에게 연락하여야 하며 때에 따라서는 인공호흡 등 응급처치를 해야 한다.

49. 연강용 피복 아크 용접봉 중 저수소계(E4316)에 대한 설명으로 틀린 것은?
- ㉮ 석회석(CaCO₃)이나 형석(CaF₂)을 주성분으로 하고 있다.
- ㉯ 용착 금속 중의 수소 함유량이 다른 용접봉에 비해 $\frac{1}{10}$ 정도로 작다.
- ㉰ 용접 시점에서 기공이 생기기 쉬우므로

정답 45. ㉱ 46. ㉰ 47. ㉰ 48. ㉰ 49. ㉱

백 스탭(back step)법을 선택하면 해결할 수도 있다.
㉣ 작업성이 우수하고 아크가 안정하며 용접속도가 빠르다.
[해설] 아크가 약간 불안하여 용접속도가 느려 작업성이 약간 좋지 않다.

50. 탱크 등 밀폐 용기 속에서 용접 작업을 할 때 주의사항으로 적합하지 않은 것은?
㉮ 환기에 주의한다.
㉯ 감시원을 배치하여 사고의 발생에 대처한다.
㉰ 유해가스 및 폭발가스의 발생을 확인한다.
㉣ 위험하므로 혼자서 용접하도록 한다.
[해설] 밀폐 용기 속에서 용접 작업을 할 때는 반드시 감시인 1인 이상을 배치시켜서 안전사고의 예방과 사고 발생 시에 즉시 사고에 대한 조치를 하도록 한다.

51. 전자 빔 용접의 일반적인 특징 설명으로 틀린 것은?
㉮ 불순가스에 의한 오염이 적다.
㉯ 용접 입열이 적으므로 용접 변형이 적다.
㉰ 텅스텐, 몰리브덴 등 고융점 재료의 용접이 가능하다.
㉣ 에너지 밀도가 낮아 용융부나 열영향부가 넓다.
[해설] 전자 빔 용접은 높은 진공실 속에서 음극으로부터 방출된 전자를 고전압으로 가속시켜 피용접물과의 충돌에 의한 에너지로 용접을 행하는 방식으로 용융부가 깊고 열영향부가 대단히 적고 용접변형이 없어 완성 치수가 정확하다.

52. 저수소계 용접봉의 피복제에 30~50 % 정도의 철분을 첨가한 것으로서 용착 속도가 크고 작업 능률이 좋은 용접봉은?
㉮ E 4313   ㉯ E 4324
㉰ E 4326   ㉣ E 4327

53. 아크 용접기의 특성에서 부하 전류(아크 전류)가 증가하면 단자 전압이 저하하는 특성을 무엇이라 하는가?
㉮ 수하 특성   ㉯ 정전압 특성
㉰ 정전기 특성   ㉣ 상승 특성

54. 그림은 피복 아크 용접봉에서 피복제의 편심 상태를 나타낸 단면도이다. $D'=3.5$ mm, $D=3$ mm 일 때 편심률은 약 몇 % 인가?

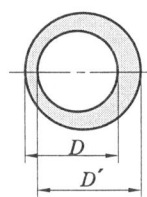

㉮ 14 %   ㉯ 17 %   ㉰ 18 %   ㉣ 20 %

[해설] 편심률(%) $= \dfrac{D'-D}{D} \times 100$

$= \left(3.5 - \dfrac{3}{3}\right) \times 100$

$= 0.166 \times 100$

$= 16.6 ≒ 17 \%$

55. 정격 2차 전류가 300 A, 정격 사용률 50 %인 용접기를 사용하여 100 A의 전류로 용접을 할 때 허용사용률은?
㉮ 250 %   ㉯ 350 %
㉰ 450 %   ㉣ 500 %

[해설] 허용사용률(%)

$= \dfrac{(\text{정격 2차 전류})^2}{(\text{실제의 용접 전류})^2} \times \text{정격사용률}(\%)$

$= \dfrac{(300)^2}{(100)^2} \times 50\% = 450\%$

56. MIG 용접의 스프레이 용적이행에 대한 설명이 아닌 것은?
㉮ 고전압 고전류에서 얻어진다.
㉯ 경합금 용접에서 주로 나타난다.

정답 50. ㉣   51. ㉣   52. ㉰   53. ㉮   54. ㉯   55. ㉰   56. ㉣

㉰ 용착속도가 빠르고 능률적이다.
㉱ 와이어보다 큰 용적으로 용융 이행한다.

[해설] MIG용접의 스프레이 용접이행은 고전압, 고전류에서 얻어지고, 아르곤 가스나 헬륨 가스를 사용하는 경합금 용접에서 주로 나타나며 높은 전류 범위 내에서 용접되기 때문에 용착속도가 빠르고 능률적이다.

57. 경납땜은 융점이 몇 도(℃) 이상인 용가재를 사용하는가?
 ㉮ 300℃ ㉯ 350℃
 ㉰ 450℃ ㉱ 120℃

58. 가스용접으로 알루미늄판을 용접하려 할 때 용제의 혼합물이 아닌 것은?
 ㉮ 염화나트륨 ㉯ 염화칼륨
 ㉰ 황산 ㉱ 염화리튬

59. 용접 자동화에 대한 설명으로 틀린 것은?
 ㉮ 생산성이 향상된다.
 ㉯ 외관이 균일하고 양호하다.
 ㉰ 용접부의 기계적 성질이 향상된다.
 ㉱ 용접봉 손실이 크다.

[해설] 용접을 자동화시키면 생산성이 증대하고 품질의 향상은 물론 원가절감 등의 효과가 수동 용접법과 비교 시 용접와이어가 릴로부터 연속적으로 송급되어 용접봉 손실이 없으며 아크길이, 속도 및 여러 가지 용접조건에 따른 공정수를 줄일 수 있다.

60. 산소병 용기에 표시되어 있는 FP, TP의 의미는?
 ㉮ FP : 최고 충전압력, TP : 내압 시험압력
 ㉯ FP : 용기의 중량, TP : 가스 충전 시 중량
 ㉰ FP : 용기의 사용량, TP : 용기의 내용적
 ㉱ FP : 용기의 사용 압력, TP : 잔량

[해설] 산소병 용기에 표시되어 있는 기호의 의미는 V : 내용적, W : 용기중량, FP : 최고 충전 압력, TP : 내압시험압력 등을 표시한다.

□ 용접 산업기사 ▶ 2013. 6. 2 시행

제1과목 용접야금 및 용접설비제도

1. 루트(root) 균열의 직접적인 원인이 되는 원소는?
 ㉮ 황 ㉯ 인
 ㉰ 망간 ㉱ 수소

[해설] 루트(root) 균열의 원인은 열영향부의 경화성, 용접부에 함유된 수소량, 작용하고 있는 응력 등이다.

2. 용접 금속의 변형시효(strain aging)에 큰 영향을 미치는 것은?
 ㉮ H_2 ㉯ O_2
 ㉰ CO_2 ㉱ CH_4

[해설] 냉간 가공의 슬립으로 전위가 증가한 곳에 O_2나 N_2가 집적되어 전위 이동을 방해하는 시효 현상을 변형시효라 한다.

3. 온도에 따른 탄성률의 변화가 거의 없어 시계나 압력계 등에 널리 이용되고 있는 합금은?
 ㉮ 플래티나이트 ㉯ 니칼로이
 ㉰ 인바 ㉱ 엘린바

[해설] Ni-Fe계 합금으로 인바, 초인바, 엘린바, 플래티나이트, 니칼로이, 퍼멀로이, 초퍼멀로이,

슈퍼인바 등이 있으며 시계나 압력계로 이용되고 있는 것은 엘린바(Ni 36 %, Cr 12 %)로 탄성 계수 불변이다.

4. 용접 금속의 가스 흡수에 대한 설명 중 틀린 것은?
㉮ 용융 금속 중의 가스 용해량은 가스 압력의 평방근에 반비례한다.
㉯ 용접 금속은 고온이므로 극히 단시간 내에 다량의 가스를 흡수한다.
㉰ 흡수된 가스는 온도 강하에 수반하여 용해도가 감소한다.
㉱ 과포화된 가스는 기공, 균열, 취화의 원인이 된다.
[해설] 용융 금속 중의 가스 용해량은 가스 압력의 평방근에 정비례하여 증가하며 또한 1기압의 가스 압력하에서는 온도의 증가에 정비례하여 용해도가 증가한다.

5. 강의 내부에 모재 표면과 평행하게 층상으로 발생하는 균열로서 주로 T 이음, 모서리 이음에 잘 생기는 것은?
㉮ 라멜라 테어(lamella tear) 균열
㉯ 크레이터(crater) 균열
㉰ 설퍼(sulfur) 균열
㉱ 토(toe) 균열
[해설] 라멜라 테어(lamella tear) 균열의 발생 원인은 모재의 비금속 개재물에 의한 것으로 특별히 배려된 강재를 사용하는 것이 방지에 가장 유효하다.

6. 탄소강의 가공성을 탄소의 함유량에 따라 분류할 때 옳지 않은 것은?
㉮ 내마모성과 경도를 동시에 요구하는 경우 : 0.65~1.2 % C
㉯ 강인성과 내마모성을 동시에 요구하는 경우 : 0.45~0.65 % C
㉰ 가공성과 강인성을 동시에 요구하는 경

우 : 0.03~0.05 % C
㉱ 가공성을 요구하는 경우 : 0.05~0.3 % C
[해설] 가공성과 강인성을 동시에 요구하는 경우에는 0.45~0.65 % C를 포함한다.

7. 용착 금속부에 응력을 완화할 목적으로 끝이 구면인 특수 해머로 용접부를 연속적으로 타격하여 소성 변형을 주는 방법은?
㉮ 기계해머법   ㉯ 소결법
㉰ 피닝법   ㉱ 국부풀림법
[해설] 피닝법 : 끝이 구면인 치핑 해머(chipping hammer)로 용접부를 연속적으로 타격하여 용접 표면상에 소성 변형을 주어 잔류응력의 경감, 변형의 교정 및 용접 금속의 균열 방지 효과를 얻는 방법

8. 용접 후 용접강재의 연화와 내부응력 제거를 주목적으로 하는 열처리 방법은?
㉮ 불림(normalizing)
㉯ 담금질(quenching)
㉰ 풀림(annealing)
㉱ 뜨임(tempering)
[해설] 용접 후 용접강재의 연화와 내부응력 제거를 주목적으로 하는 열처리는 풀림으로 노내 풀림법, 국부풀림법이 사용된다.

9. 다음 (   ) 안에 알맞은 것은?

> 철강은 체심입방격자를 유지한다. 910~1400℃에서 면심입방격자의 (   )철로 변태한다.

㉮ 알파(α)   ㉯ 감마(γ)
㉰ 델타(δ)   ㉱ 베타(β)
[해설] 철강은 3개의 동소변태가 있는데 912℃(A_3변태) 이하에서는 체심입방격자의 α철로, 912~1400℃에서는 면심입방격자의 γ철로, 1400℃(A_4변태) 이상에서는 체심입방격자의 β철로 변한다.

[정답] 4. ㉮ 5. ㉮ 6. ㉰ 7. ㉰ 8. ㉰ 9. ㉯

10. 다음 중 체심입방격자를 갖는 금속이 아닌 것은?

㉮ W ㉯ Mo
㉰ Al ㉱ V

[해설] 체심입방격자를 갖는 금속은 Ni, Na, Cr, Fe(α, δ), Mo, Ta, W, K, V 등이며 알루미늄(Al)은 면심입방격자이다.

11. 다음 용접 기호를 설명한 것으로 옳지 않은 것은?

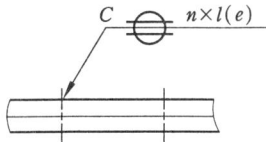

㉮ n : 용접 개수
㉯ l : 용접 길이
㉰ C : 심 용접 길이
㉱ e : 용접 단속 거리

[해설] C : 슬롯부의 폭

12. 판금 제관 도면에 대한 설명으로 틀린 것은?

㉮ 주로 점투상도는 1각법에 의하여 도면이 작성되어 있다.
㉯ 도면 내에는 각종 가공 부분 등이 단면도 및 상세도로 표시되어 있다.
㉰ 중요 부분에는 치수 공차가 주어지며, 평면도, 직각도, 진원도 등이 주로 표시된다.
㉱ 일반공차는 KS기준을 적용한다.

[해설] 판금 제관의 전개도는 투상도를 기본으로 하며, 2개 이상의 입체가 결합하여 있을 때는 상관성을 구하여 작도한다.

13. 외형도에 있어서 필요로 하는 요소의 일부분만을 오려서 국부적으로 단면도를 표시한 것은?

㉮ 한쪽 단면도 ㉯ 온 단면도
㉰ 부분 단면도 ㉱ 회전도시 단면도

[해설] 단면도의 종류에는 온 단면도, 한쪽 단면도, 부분 단면도, 회전 단면도, 계단 단면도, 조합에 의한 단면도 등이 있다. 그 중 부분 단면도는 일부분을 잘라 내고 필요한 내부 모양을 그리기 위한 방법이며 파선을 그어서 단면 부분의 경계를 표시한다.

14. 도면의 표제란에 표시하는 내용이 아닌 것은?

㉮ 도명 ㉯ 척도
㉰ 각법 ㉱ 부품 재질

[해설] 도면의 표제란에는 도면 관리에 필요한 사항, 도면 내용에 관한 중요한 사항을 정리한다. 즉, 도면번호, 도면명칭, 기업명, 책임자의 서명, 도면작성 연월일, 척도, 투상법을 기입하고 필요시 제도자, 설계자, 검토자, 공사명, 결재란 등을 기입하는 칸도 만든다.

15. 다음 [보기]에서 기계용 황동 각봉 재료 표시 방법 중 ㄷ의 의미는?

―― 〈보 기〉 ――
BS   BM   A   D   ㄷ

㉮ 강판 ㉯ 채널
㉰ 각재 ㉱ 둥근강

[해설] BS : 황동, BM : 비철금속 기계용 봉재, A : 연질(H : 경질), D : 무광택 마무리(B : 광택 마무리), ㄷ : 채널(channel), P : 강판, I : I형강, □ : 각재 등

16. KS의 분류와 해당 부분의 연결이 틀린 것은?

㉮ KS A – 기본 ㉯ KS B – 기계
㉰ KS C – 전기 ㉱ KS D – 건설

[해설] KS의 부분별 분류기호
A-기본, B-기계, C-전기, D-금속, E-광산, F-토건, G-일용품, H-식료품, K-섬유, L-요업, M-화학, P-의료, R-수송기계, V-조선, W-항공, X-정보산업 등

17. 투상도의 명칭에 대한 설명으로 틀린 것은?

㉮ 정면도는 물체를 정면에서 바라본 모양을 도면에 나타낸 것이다.

㉰ 배면도는 물체를 아래에서 바라본 모양을 도면에 나타낸 것이다.
㉱ 평면도는 물체를 위에서 내려다 본 모양을 도면에 나타낸 것이다.
㉲ 좌측면도는 물체의 좌측에서 바라본 모양을 도면에 나타낸 것이다.

[해설] 배면도는 물체의 뒤쪽에서 바라본 모양을 나타낸 도면을 말하며 사용하는 경우가 극히 적다.

18. 다음 중 도면의 용도에 따른 분류가 아닌 것은 어느 것인가?
㉮ 계획도 ㉯ 배치도
㉰ 승인도 ㉱ 주문도

[해설] 도면을 용도에 따라 계획도, 제작도, 주문도, 견적도, 승인도, 설명도 등으로 분류하며 배치도는 내용에 따른 분류이다.

19. 용접부의 기호 도시방법 설명으로 옳지 않은 것은?
㉮ 설명선은 기선, 화살표, 꼬리로 구성되고, 꼬리는 필요가 없으면 생략해도 좋다.
㉯ 화살표는 용접부를 지시하는 것이므로 기선에 대하여 되도록 60°의 직선으로 한다.
㉰ 기선은 보통 수직선으로 한다.
㉱ 화살표는 기선의 한쪽 끝에 연결한다.

[해설] 기준선의 한쪽 끝에는 지시선(화살표)을 붙이는데 화살표는 용접부를 지시하는 것으로 기준선에 대하여 되도록 60°의 직선으로 하며 파선은 기준선의 위 또는 아래쪽 중 어느 한곳에 그을 수 있다.

20. 굵은 일점쇄선을 사용하는 것은?
㉮ 기계가공 방법을 명시할 때
㉯ 조립도에서 부품번호를 표시할 때
㉰ 특수한 가공을 하는 부품을 표시할 때
㉱ 드릴 구멍의 치수를 기입할 때

[해설] 굵은 일점쇄선은 특수한 가공을 하는 부분

등 특별한 요구사항을 적용할 수 있는 범위를 표시하는 데 사용한다.

제 2 과목 용접구조설계

21. 응력이 "0"을 통과하여 같은 양의 다른 부호 사이를 변동하는 반복응력 사이클은?
㉮ 교번응력 ㉯ 양진응력
㉰ 반복응력 ㉱ 편진응력

[해설] 일반적으로 피로한도는 응력 진폭으로 표시되고, 양진(평균응력=0, 응력비=-1)의 피로한도 σ_w를 기준으로 한다.

22. 단면적이 150 mm², 표점거리가 50 mm인 인장시험편에 20 kN의 하중이 작용할 때 시험편에 작용하는 인장응력(σ)은?
㉮ 약 133 GPa ㉯ 약 133 MPa
㉰ 약 133 kPa ㉱ 약 133 Pa

[해설] 인장응력 = $\dfrac{하중}{단면적} = \dfrac{20000}{150} = 133.33$

23. 본 용접하기 전에 적당한 예열을 함으로써 얻어지는 효과가 아닌 것은?
㉮ 예열을 하게 되면 기계적 성질이 향상된다.
㉯ 용접부의 냉각속도를 느리게 하면 균열발생이 적게 된다.
㉰ 용접부 변형과 잔류응력을 경감시킨다.
㉱ 용접부의 냉각속도가 빨라지고 높은 온도에서 큰 영향을 받는다.

[해설] 용접 전에 적당한 예열은 냉각속도를 저하시켜 균열 및 여러 가지 용접 결함을 방지한다.

24. 용접 이음부의 홈 형상을 선택할 때 고려해야 할 사항이 아닌 것은?
㉮ 완전한 용접부가 얻어질 수 있을 것

정답 18. ㉯ 19. ㉰ 20. ㉰ 21. ㉯ 22. ㉯ 23. ㉱ 24. ㉰

㉰ 홈 가공이 쉽고 용접하기가 편할 것
㉱ 용착 금속의 양이 많을 것
㉲ 경제적인 시공이 가능할 것

[해설] 용접 홈을 선택할 때에는 용접 이음이 한 곳으로 집중되지 않아야 하고 용착 금속의 양 도 가능한 적어야 한다.

25. 용접 변형을 최소화하기 위한 대책 중 잘못된 것은?

㉮ 용착 금속량을 가능한 작게 할 것
㉯ 용접부의 구속을 작게 하고 용접 순서를 일정하게 할 것
㉰ 포지셔너 지그를 유효하게 활용할 것
㉱ 예열을 실시하여 구조물 전체의 온도가 균형을 이루도록 할 것

[해설] 용접 변형을 경감시키는 방법
① 용접 전 변형 방지책 : 억제법, 역변형법
② 용접 시공 : 대칭법, 후진법, 스킵 블록법, 스킵법
③ 모재의 열전도 억제 : 도열법
④ 용접 금속부의 변형과 잔류응력을 경감하는 방법 : 피닝법

26. 강의 청열취성의 온도 범위는?

㉮ 200~300℃   ㉯ 400~600℃
㉰ 600~700℃   ㉱ 800~1000℃

[해설] 강의 청열취성은 200~300℃에서 질소가 원인이 되어 발생하며, 강도, 경도 최대, 연신율, 단면수축률 최소가 된다.

27. 다음 그림에서 실제 목두께는 어느 부분인가?

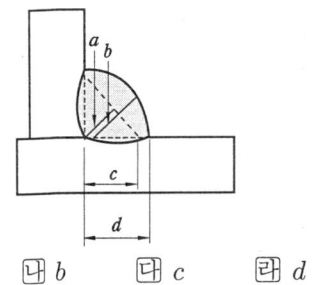

㉮ a   ㉯ b   ㉰ c   ㉱ d

[해설] a : 이론 목두께, b : 실제 목두께, c : 이론 다리길이, d : 실제 다리길이(각장)

28. 용접부의 이음효율을 나타내는 것은?

㉮ 이음효율 = $\dfrac{\text{용접시험편의 인장강도}}{\text{모재의 굽힘강도}} \times 100(\%)$

㉯ 이음효율 = $\dfrac{\text{용접시험편의 굽힘강도}}{\text{모재의 인장강도}} \times 100(\%)$

㉰ 이음효율 = $\dfrac{\text{모재의 인장강도}}{\text{용접시험편의 인장강도}} \times 100(\%)$

㉱ 이음효율 = $\dfrac{\text{용접시험편의 인장강도}}{\text{모재의 인장강도}} \times 100(\%)$

29. 다음 용접 기호를 설명한 것으로 옳지 않은 것은?

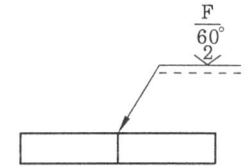

㉮ 용접부의 다듬질 방법은 연삭으로 한다.
㉯ 루트 간격은 2 mm로 한다.
㉰ 개선 각도는 60°로 한다.
㉱ 용접부의 표면 모양은 평탄하게 한다.

[해설] 그림의 용접 기호는 아래보기 자세로 화살표 방향으로 평면(동일 평면으로 다듬질), 개선 각도는 60°, 루트 간격은 2 mm로 한다.

30. 용접부 잔류응력 측정 방법 중에서 응력이완법에 대한 설명으로 옳은 것은?

㉮ 초음파 탐상 실험장치로 응력 측정을 한다.
㉯ 와류 실험장치로 응력 측정을 한다.
㉰ 만능 인장시험 장치로 응력 측정을 한다.
㉱ 저항선 스트레인 게이지로 응력 측정을 한다.

[해설] 잔류응력의 측정법으로 최근에는 800℃ 정도의 고온까지 응력을 측정할 수 있는 변형도계가 발달하고 있으며, 정성적 방법(부식법, 응력 와니스법, 자기적 방법)과 정량적 방법이 있다.

정답 25. ㉰   26. ㉮   27. ㉯   28. ㉱   29. ㉮   30. ㉱

31. 용접 길이 1 m당 종수축은 약 얼마인가?
㉮ 1 mm　　㉯ 5 mm
㉰ 7 mm　　㉱ 10 mm

[해설] 종수축은 용접 길이의 약 $\frac{1}{1000}$ 정도로 횡수축에 비해서 그 양이 적다.

32. 두께와 폭, 길이가 같은 판을 용접 시 냉각 속도가 가장 빠른 경우는?
㉮ 1개의 평판 위에 비드를 놓는 경우
㉯ T형 이음 필릿 용접의 경우
㉰ 맞대기 용접하는 경우
㉱ 모서리 이음 용접의 경우

33. 용접 작업 전 홈의 청소 방법이 아닌 것은?
㉮ 와이어 브러시 작업
㉯ 연삭 작업
㉰ 숏블라스트 작업
㉱ 기름 세척 작업

[해설] 용접 작업 전 홈을 청소할 때 와이어 브러시, 연삭기, 숏블라스트기 등을 사용하거나 화학약품을 사용한다.

34. 잔류응력 완화법이 아닌 것은?
㉮ 기계적 응력 완화법
㉯ 도열법
㉰ 저온 응력 완화법
㉱ 응력 제거 풀림법

[해설] 잔류응력 완화법에는 노내풀림법, 국부풀림법, 저온 응력 완화법, 기계적 응력 완화법, 피닝법이 있으며 도열법은 변형의 경감법이다.

35. 용접 잔류응력을 경감하는 방법이 아닌 것은?
㉮ 피닝을 한다.
㉯ 용착 금속량을 많게 한다.
㉰ 비석법을 사용한다.
㉱ 수축량이 큰 이음을 먼저 용접하도록 용접 순서를 정한다.

[해설] 잔류응력을 경감하려면 용착 금속의 양을 될 수 있는 대로 적게 하며 예열을 이용한다.

36. 모재의 두께 및 탄소당량이 같은 재료를 용접할 때 일미나이트계 용접봉을 사용할 때보다 예열 온도가 낮아도 되는 용접봉은?
㉮ 고산화티탄계　　㉯ 저수소계
㉰ 라임티타니아계　㉱ 고셀룰로오스계

[해설] 탄소당량이 같은 재료에서는 저수소계 용접봉을 사용하면 일미나이트계 용접봉을 사용할 때보다 예열 온도가 낮아도 된다.

37. 다음 그림과 같은 V형 맞대기 용접에서 굽힘 모멘트(M_b)가 1000 N·m 작용하고 있을 때, 최대 굽힘 응력은 몇 MPa인가? (단, l = 150 mm, t = 20 mm이고 완전 용입이다.)

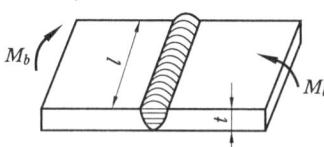

㉮ 10　　㉯ 100
㉰ 1000　㉱ 10000

[해설] 굽힘 응력 = $\frac{6M}{lh^2} = \frac{6 \times 1000}{15 \times 4} = 100$

38. 용착 금속 내부에 균열이 발생되었을 때 방사선투과검사 필름에 나타나는 것은?
㉮ 검은 반점　　㉯ 날카로운 검은 선
㉰ 흰색　　　　㉱ 검출이 안 됨

[해설] 균열은 방사선투과검사 결과 필름상에 그 파면이 투과 방향과 거의 평행할 때는 검고 예리한 선으로 밝게 보이나 직각일 때는 거의 알 수 없다.

39. 용접 변형 방지법 중 용접부의 뒷면에서 물을 뿌려주는 방법은?

㉮ 살수법 ㉯ 수냉 동판 사용법
㉰ 석면포 사용법 ㉱ 피닝법

[해설] 용접 변형 방지법에는 용접부의 뒷면에서 물을 뿌려주는 살수법과 용접부에 구리로 된 덮개판을 대거나 뒷면에서 용접부를 수랭시키거나 용접부 주위에 물을 적신 석면이나 천 등을 덮어 용접열이 모재에 흡수되는 것을 방해하여 변형을 방지하는 도열법이 있다.

40. 용접선의 방향과 하중 방향이 직교되는 것은?
㉮ 전면 필릿 용접 ㉯ 측면 필릿 용접
㉰ 경사 필릿 용접 ㉱ 병용 필릿 용접

제 3 과목 용접일반 및 안전관리

41. MIG 용접에 사용하는 실드가스가 아닌 것은?
㉮ 아르곤 – 헬륨 ㉯ 아르곤 – 탄산가스
㉰ 아르곤 + 수소 ㉱ 아르곤 + 산소

[해설] MIG 용접에 실드가스로 아르곤+(헬륨, 탄산가스, 산소, 탄산가스+산소)의 혼합가스를 이용한다.

42. 아크열을 이용한 용접 방법이 아닌 것은?
㉮ 티그 용접 ㉯ 미그 용접
㉰ 플라스마 용접 ㉱ 마찰 용접

[해설] 마찰 용접 : 두 개의 모재에 압력을 가하여 접촉시킨 후 접촉면에 압력을 주면서 상대운동을 시키면 마찰로 인한 열이 발생되어 그 열로 산화물을 녹여 내리면서 압력으로 접합시키는 압접 방식

43. 피복 아크 용접봉 중 내균열성이 가장 우수한 것은?
㉮ 일미나이트계 ㉯ 티탄계
㉰ 고셀룰로오스계 ㉱ 저수소계

[해설] 용접봉의 내균열성을 비교하면 저수소계>일미나이트계>고산화철계>고셀룰로오스계>티탄계의 순이다.

44. 용해 아세틸렌을 안전하게 취급하는 방법으로 옳지 않은 것은?
㉮ 아세틸렌병은 반드시 세워서 사용한다.
㉯ 아세틸렌 가스의 누설은 점화라이터로 자주 검사해야 한다.
㉰ 아세틸렌 밸브가 얼었을 때는 35 ℃ 이하의 온수로 녹여야 한다.
㉱ 밸브 고장으로 아세틸렌 누출 시는 통풍이 잘되는 곳으로 병을 옮겨 놓아야 한다.

[해설] 아세틸렌은 가연성 가스로 누설 검사는 비눗물로 해야 한다.

45. 다음 중 아세틸렌(C_2H_2) 가스 폭발과 관계가 없는 것은?
㉮ 압력 ㉯ 아세톤
㉰ 온도 ㉱ 동 또는 동합금

[해설] 가연성 가스인 아세틸렌의 폭발 요인은 온도, 압력, 혼합가스, 외력, 화합물의 생성 등이다.

46. 산화철 분말과 알루미늄 분말의 혼합제에 점화시켜 화학 반응을 이용한 용접법은?
㉮ 스터드 용접 ㉯ 전자 빔 용접
㉰ 테르밋 용접 ㉱ 아크 점 용접

[해설] 테르밋 용접 : 산화철 분말과 미세한 알루미늄 분말을 약 3~4 : 1의 중량비로 혼합한 테르밋제에 점화제(과산화바륨, 마그네슘 등의 분말)를 혼합하여 점화시켜 테르밋 반응이라는 화학 반응을 이용한 용접법

47. 산소 – 아세틸렌 불꽃의 구성 중 온도가 가장 높은 것은?
㉮ 백심 ㉯ 속불꽃
㉰ 겉불꽃 ㉱ 불꽃심

[해설] 산소와 아세틸렌을 1 : 1로 혼합하여 연소

정답 40. ㉮ 41. ㉰ 42. ㉱ 43. ㉱ 44. ㉯ 45. ㉯ 46. ㉰ 47. ㉯

시 백심은 약 1500℃, 속불꽃은 3200~3500℃, 겉불꽃은 약 2000℃의 열을 낸다.

48. 아크 용접기로 정격 2차 전류를 사용하여 4분간 아크를 발생시키고 6분을 쉬었다면 용접기의 사용률은 얼마인가?
㉮ 20 % ㉯ 30 %
㉰ 40 % ㉱ 60 %

[해설] 사용률(%) = $\dfrac{\text{아크 시간}}{\text{아크 시간} + \text{휴식 시간}} \times 100$
= $\dfrac{4}{(4+6)} \times 100 = 40\%$

49. 용접 흄(fume)에 대한 설명 중 옳은 것은?
㉮ 인체에 영향이 없으므로 아무리 마셔도 괜찮다.
㉯ 실내 용접 작업에서는 환기설비가 필요하다.
㉰ 용접봉의 종류와 무관하며 전혀 위험은 없다.
㉱ 가제마스크로 충분히 차단할 수 있으므로 인체에 해가 없다.

[해설] 논가스 와이어, 탄산가스 복합와이어, 피복 아크 용접봉 등의 용제에는 산화철, 규산석회, 이산화망간, 망간철 등이 쓰여지고 용접 중에 가스 또는 흄을 발생한다. 또한 알루미늄, 스테인리스강 등의 특수한 용제는 형석을 포함하여 불소 화합물을 발산하는 예도 있어 반드시 환기설비가 필요하다.

50. 음극과 양극의 두 전극을 접촉시켰다가 떼면 두 전극 사이에 생기는 활 모양의 불꽃방전을 무엇이라 하는가?
㉮ 용착 ㉯ 용적
㉰ 용융지 ㉱ 아크

[해설] 음극과 양극의 두 전극을 접촉시켰다 떼면 생기는 불꽃방전을 아크라 하며, 다른 용어로는 플라스마라고도 한다.

51. 스테인리스강의 MIG 용접에 대한 종류가 아닌 것은?
㉮ 단락 아크 용접
㉯ 펄스 아크 용접
㉰ 스프레이 아크 용접
㉱ 탄산가스 아크 용접

52. 강의 가스 절단(gas cutting) 시 화학반응에 의하여 생성되는 산화철의 융점에 관한 설명 중 가장 알맞은 것은?
㉮ 금속 산화물의 융점이 모재의 융점보다 높다.
㉯ 금속 산화물의 융점이 모재의 융점보다 낮다.
㉰ 금속 산화물의 융점과 모재의 융점이 같다.
㉱ 금속 산화물의 융점은 모재의 융점과 관련이 없다.

[해설] 금속 산화물의 융점이 낮으므로 용융과 동시에 절단되기 시작한다.

53. 용접에 사용되는 산소를 산소 용기에 충전시키는 경우 가장 적당한 온도와 압력은?
㉮ 30 ℃, 18 MPa ㉯ 35 ℃, 18 MPa
㉰ 30 ℃, 15 MPa ㉱ 35 ℃, 15 MPa

[해설] 가스 용접에 사용되는 가스를 충전시키는 경우 적당한 온도와 압력은 산소, 질소 등은 35℃, 15 MPa, 아세틸렌은 15℃, 15 MPa이다.

54. MIG 용접이나 CO_2 아크 용접과 같이 반자동 용접에 사용되는 용접기의 특성은?
㉮ 정전류 특성과 맥동전류 특성
㉯ 수하 특성과 정전류 특성
㉰ 정전압 특성과 상승 특성
㉱ 수하 특성과 맥동전류 특성

[해설] MIG, MAG, CO_2의 반자동 용접에는 정전압 특성과 상승 특성의 직류 용접기를 사용한다.

정답 48. ㉰ 49. ㉯ 50. ㉱ 51. ㉱ 52. ㉯ 53. ㉱ 54. ㉰

55. 2차 무부하 전압이 80 V, 아크 전압 30 V, 아크 전류 250 A, 내부 손실 2.5 kW라 할 때 역률은 얼마인가?

㉮ 50 %　　㉯ 60 %
㉰ 75 %　　㉱ 80 %

[해설] 역률
$= \dfrac{\text{아크 전압} \times \text{아크 전류} + \text{손실}}{2\text{차 무부하 전압} \times \text{아크 전류}} \times 100\,\%$
$= \dfrac{30\,\text{V} \times 250\,\text{A} + 2500\,\text{VA}}{80\,\text{V} \times 250\,\text{A}} \times 100\,\%$
$= \dfrac{10000}{20000} \times 100\,\% = 50\,\%$

56. 수소 가스 분위기에 있는 2개의 텅스텐 전극봉 사이에서 아크를 발생시키는 용접법은?

㉮ 전자 빔 용접　　㉯ 원자 수소 용접
㉰ 스텟 용접　　㉱ 레이저 용접

[해설] 원자 수소 용접 : 수소 가스 분위기 속에 있는 2개의 텅스텐 전극 사이에 아크를 발생시키면 수소 분자는 아크의 고열을 흡수하여 원자 상태 수소로 열해리되며, 다시 모재 표면에서 냉각되어 분자 상태로 결합될 때 방출되는 열을 이용하여 용접하는 방법

57. 서브머지드 아크 용접의 용접헤드에 속하지 않는 것은?

㉮ 와이어 송급장치　　㉯ 제어장치
㉰ 용접 레일　　㉱ 콘택트 팁

[해설] 용접헤드에는 와이어 송급장치, 제어장치, 콘택트 팁, 용제 호퍼가 속한다.

58. 교류 아크 용접기 AW 300인 경우 정격부하 전압은?

㉮ 30 V　　㉯ 35 V
㉰ 40 V　　㉱ 45 V

[해설] 교류 아크 용접기의 정격부하 전압은 AW 200 : 30 V, AW 300 : 35 V, AW 400 : 40 V, AW 500 : 40 V이다.

59. CO_2 용접 와이어에 대한 설명 중 옳지 않은 것은?

㉮ 심선은 대체로 모재와 동일한 재질을 많이 사용한다.
㉯ 심선 표면에 구리 등의 도금을 하지 않는다.
㉰ 용착 금속의 균열을 방지하기 위해서 저탄소강을 사용한다.
㉱ 심선은 전 길이에 걸쳐 균일해야 된다.

[해설] 심선은 탄소강으로 표면의 부식을 방지하기 위하여 구리 도금을 한다.

60. 압접에 속하는 용접법은?

㉮ 아크 용접　　㉯ 단접
㉰ 가스 용접　　㉱ 전자 빔 용접

[해설] 압접에는 가스 압접, 초음파 용접, 마찰 용접, 냉간 압접, 단접, 저항 용접 등이 있다.

2014년도 출제 문제

▶ 2014년 3월 2일 시행

자격종목 및 등급(선택분야)	종목코드	시험시간	문제지형별
용접산업기사	2026	1시간 30분	A

제1과목 용접야금 및 용접설비제도

1. 용접성이 가장 좋은 강은?
- ㉮ 0.2%C 이하의 강
- ㉯ 0.3%C 강
- ㉰ 0.4%C 강
- ㉱ 0.5%C 강

[해설] 탄소강의 용접에서 탄소의 함유량이 0.3% 이하일 때는 용접성이 비교적 쉽고 용접법의 적용에도 제한이 없으며 판두께 25mm까지는 예열이 필요 없다. 0.3~0.5%인 중탄소강에서는 저온 균열이 발생될 위험성이 커지기 때문에 100~200℃로 예열이 필요하고 후열 처리도 고려해야 하며 0.5% 이상인 고탄소강에서는 용접부의 경화가 현저하여 용접 균열이 발생될 위험성이 매우 높기 때문에 용접하기가 어렵다. 일반적으로 탄소량이 증가할수록 용융점이 낮아지며, 용접성이 나빠진다.

2. 저수소계 용접봉의 특징을 설명한 것 중 틀린 것은?
- ㉮ 용접 금속의 수소량이 낮아 내균열성이 뛰어나다.
- ㉯ 고장력강, 고탄소강 등의 용접에 적합하다.
- ㉰ 아크는 안정되나 비드가 오목하게 되는 경향이 있다.
- ㉱ 비드 시점에 기공이 발생되기 쉽다.

[해설] 저수소계 용접봉은 아크 발생이 쉽지 않고 아크가 약간 불안하며 용접속도가 느리다. 또한 볼록 비드가 형성되며 결함이 없는 양호한 용접부를 얻을 수 있다.

3. 합금주철의 함유 성분 중 흑연화를 촉진하는 원소는?
- ㉮ V
- ㉯ Cr
- ㉰ Ni
- ㉱ Mo

[해설] 주철의 성장 원인은 탄화철의 흑연화에 의한 팽창이며, 방지법으로 흑연의 미세화, 흑연화 방지제 첨가 등이 있다. 흑연화 촉진제는 Al, Si, Ni, Ti 이고 방지제는 Mn, Cr, Mo, V, S 등이다.

4. 용접 분위기 중에서 발생하는 수소의 원(源)이 될 수 없는 것은?
- ㉮ 플럭스 중의 무기물
- ㉯ 고착제(물유리 등)가 포함한 수분
- ㉰ 플럭스에 흡수된 수분
- ㉱ 대기 중의 수분

[해설] 피복 아크 용접봉의 피복제 중에 가스의 근원은 유기물, 탄산염, 습기 등이고 무기물은 주로 슬래그화 된다.

5. Fe-C 상태도에서 공정반응에 의해 생성된 조직은?
- ㉮ 펄라이트
- ㉯ 페라이트
- ㉰ 레데부라이트
- ㉱ 소르바이트

[해설] Fe-C 상태도에서 탄소강의 표준 조직은 페라이트 → 탄소 함유량 0.85% 공석강 → 펄라이트 → 펄라이트+시멘타이트 → 탄소 함유량 4.3%인 공정반응 (레데부라이트) → 주철(탄소 최대 함유량 2.11% 이후)의 순서로 이루어진다.

6. 편석이나 기공이 적은 가장 좋은 양질의 단

정답 1. ㉮ 2. ㉰ 3. ㉰ 4. ㉮ 5. ㉰ 6. ㉮

면을 갖는 강은?

㉮ 킬드강 ㉯ 세미킬드강
㉰ 림드강 ㉱ 세미림드강

[해설] 제강에서 얻은 용강의 강괴는 보통 페로망간으로 가볍게 탈산시킨 림드강, 림드강보다 약간 더 탈산시킨 세미킬드강, 페로실리콘, 페로망간, 알루미늄 등의 강탈산제로 충분히 탈산시킨 킬드강으로 분류한다. 킬드강은 강괴의 10~20 %를 잘라 균일한 고급 강재로 사용한다.

7. 노치가 붙은 각 시험편을 각 온도에서 파괴하면, 어떤 온도를 경계로 하여 시험편이 급격히 취성화 되는가?

㉮ 천이 온도 ㉯ 노치 온도
㉰ 파괴 온도 ㉱ 취성 온도

[해설] 천이 온도는 재료가 연성파괴에서 취성파괴로 변화하는 온도 범위를 말한다. 최고 가열 온도가 400~600℃인 부분이 천이 온도가 가장 높으며 이 영역은 조직의 변화가 없으나 기계적 성질이 나쁜 곳이다.

8. 금속 재료를 보통 500~700℃로 가열하여 일정 시간 유지 후 서랭하는 방법으로 주조, 단조, 기계 가공 및 용접 후에 잔류응력을 제거하는 풀림 방법은?

㉮ 연화 풀림 ㉯ 구상화 풀림
㉰ 응력 제거 풀림 ㉱ 항온 풀림

[해설] 응력 제거 풀림은 보통 A_1 변태점 이하의 어떤 온도까지 가능한 한 균일한 온도 분포가 되도록 가열하고, 일정 시간 유지 후 서랭하는 열처리 방법이다.

9. 알루미늄의 특성이 아닌 것은?

㉮ 전기전도도는 구리의 60 % 이상이다.
㉯ 직사광의 90 % 이상을 반사할 수 있다.
㉰ 비자성체이며 내열성이 매우 우수하다.
㉱ 저온에서 우수한 특성을 갖고 있다.

[해설] 알루미늄의 특성
① 합금 재질이 많고 기계적 특성이 양호하다.
② 내식성이 양호하다.
③ 열과 전기의 전도성이 양호하다.
④ 가공성, 접합성, 성형성이 양호하다.
⑤ 빛이나 열의 반사율이 높다.

10. 강의 담금질 조직 중 냉각속도에 따른 조직의 변화 순서가 옳게 나열된 것은?

㉮ 트루스타이트>소르바이트>오스테나이트>마텐자이트
㉯ 소르바이트>트루스타이트>오스테나이트>마텐자이트
㉰ 마텐자이트>오스테나이트>소르바이트>트루스타이트
㉱ 오스테나이트>마텐자이트>트루스타이트>소르바이트

[해설] 냉각속도에 따른 조직의 변화 순서 : 오스테나이트>마텐자이트>트루스타이트>소르바이트>펄라이트

11. 3차원의 물체를 원근감을 주면서 투상선이 한 곳에 집중되게 그린 것으로 건축, 토목의 투상에 주로 사용되는 것은?

㉮ 투시도 ㉯ 사투상도
㉰ 부등각투상도 ㉱ 정투상도

[해설] 투시 투상은 유리와 같은 투명한 투상면에 물체의 모양을 그리는 것을 말하며 1점, 2점, 3점 투시 투상도가 있다.

12. 도면의 분류 중 내용에 따른 분류에 해당되지 않는 것은?

㉮ 기초도 ㉯ 스케치도
㉰ 계통도 ㉱ 장치도

[해설] 도면의 분류
① 용도에 따른 분류 : 계획도, 제작도, 주문도, 견적도, 승인도, 설명도
② 내용에 따른 분류 : 부품도, 조립도, 기초

정답 7. ㉮ 8. ㉰ 9. ㉰ 10. ㉱ 11. ㉮ 12. ㉰

도, 배치도, 배관도, 장치도, 스케치도
③ 표면 형식에 따른 분류 : 외형도, 전개도, 곡면선도, 구조선도, 계통도

13. 겹쳐진 부재에 홀(hole) 대신 좁고 긴 홈을 만들어 용접하는 것은?
㉮ 맞대기 용접   ㉯ 필릿 용접
㉰ 플러그 용접   ㉱ 슬롯 용접

14. 다음 중 CAD 시스템의 도입 효과가 아닌 것은?
㉮ 품질 향상   ㉯ 원가 절감
㉰ 납기 연장   ㉱ 표준화
[해설] CAD의 도입 효과로는 품질 향상, 원가 절감, 납기 단축, 신뢰성 향상, 표준화, 경쟁력 강화 등이 있다.

15. 다음 중 보이지 않는 부분을 표시하는 데 쓰이는 선은?
㉮ 외형선   ㉯ 숨은선
㉰ 중심선   ㉱ 가상선
[해설] 숨은선은 대상물의 보이지 않는 부분의 모양을 표시하는 데 쓰이며, 가는 파선 또는 굵은 파선으로 나타낸다.

16. 도형의 표시방법 중 보조투상도의 설명으로 옳은 것은?
㉮ 그림의 일부를 도시하는 것으로 충분한 경우에 그 필요 부분만을 그리는 투상도
㉯ 대상물의 구멍, 홈 등 한 국부만의 모양을 도시하는 것으로 충분한 경우에 그 필요 부분만을 그리는 투상도
㉰ 대상물의 일부가 어느 각도를 가지고 있기 때문에 투상면에 그 실형이 나타나지 않을 때에 그 부분을 회전해서 그리는 투상도
㉱ 경사면부가 있는 대상물에서 그 경사면의 실형을 나타낼 필요가 있는 경우에 그리는 투상도
[해설] ㉮는 부분 투상도, ㉯는 국부 투상도, ㉰는 회전 투상도에 대한 설명이다.

17. 용접 기호 중에서 스폿 용접을 표시하는 기호는?
㉮ ⊖   ㉯ ⊓
㉰ ○   ㉱ ═
[해설] • 심 용접 : ⊖
• 플러그 또는 슬롯 용접 : ⊓
• 표면 접합부 : ═

18. 다음 중 서로 관련되는 부품과의 대조가 용이하여 다종 소량 생산에 쓰이는 도면은?
㉮ 1품 1엽 도면   ㉯ 1품 다엽 도면
㉰ 다품 1엽 도면   ㉱ 복사 도면

19. 다음 용접 기호를 설명한 것으로 올바른 것은 어느 것인가?

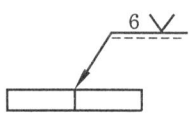

㉮ 용접은 화살표 쪽으로 한다.
㉯ 용접은 I형 이음으로 한다.
㉰ 용접 목길이는 6 mm이다.
㉱ 용접부 루트 간격은 6 mm이다.
[해설] 실선 위에 기호가 있을 때에는 화살표 쪽, 파선 위에 기호가 있을 때에는 화살표 반대쪽을 나타낸다.

20. 용접부의 비파괴시험에서 150 mm씩 세 곳을 택하여 형광자분탐상시험을 지시하는 것은?
㉮ MT-F150 (3)   ㉯ MT-D150 (3)
㉰ MT-F3 (150)   ㉱ MT-D3 (150)

제 2 과목 용접구조설계

21. 루트 균열에 대한 설명으로 거리가 먼 것은?
㉮ 루트 균열의 원인은 열영향부 조직의 경화성이다.
㉯ 맞대기 용접 이음의 가접에서 발생하기 쉬우며 가로 균열의 일종이다.
㉰ 루트 균열을 방지하기 위해 건조된 용접봉을 사용한다.
㉱ 방지책으로는 수소량이 적은 용접, 건조된 용접봉을 사용한다.

[해설] 루트 균열의 원인은 열영향부의 조직(강재의 경화성), 용접부에 함유된 수소량, 작용하고 있는 응력 등이다. 이를 방지하기 위해서는 용접부에 들어가는 수소량을 가능한 적게 하며, 용접봉의 건조, 예열, 후열 등을 정확히 엄수해야 한다.

22. 연강을 용접 이음할 때 인장강도가 21 N/mm², 허용응력이 7 N/mm²이다. 정하중에서 구조물을 설계할 경우 안전율은 얼마인가?
㉮ 1 ㉯ 2 ㉰ 3 ㉱ 4

[해설] 안전율 = $\dfrac{\text{인장강도}}{\text{허용응력}} = \dfrac{21}{7} = 3$

23. 연강판의 맞대기 용접 이음 시 굽힘 변형 방지법이 아닌 것은?
㉮ 이음부에 미리 역변형을 주는 방법
㉯ 특수 해머로 두들겨서 변형하는 방법
㉰ 지그(jig)로 정반에 고정하는 방법
㉱ 스트롱 백(strong back)에 의한 구속 방법

[해설] 용접 변형을 방지하기 위해 클램프, 두꺼운 밑판, 튼튼한 뒷받침, 용접 지그 등을 이용하여 용접물을 단단하게 고정시킨다.

24. 아크 전류가 300 A, 아크 전압이 25 V, 용접속도가 20 cm/min인 경우 발생되는 용접 입열은?
㉮ 20,000 J/cm ㉯ 22,500 J/cm
㉰ 25,500 J/cm ㉱ 30,000 J/cm

[해설] 용접 입열 = $\dfrac{(60 \times \text{전압} \times \text{전류})}{\text{용접속도}}$
$= \dfrac{(60 \times 25 \times 300)}{20} = 22500$

25. 다음 중 용접 이음의 설계로 가장 좋은 것은?
㉮ 용착 금속량이 많게 되도록 한다.
㉯ 용접선이 한 곳에 집중되도록 한다.
㉰ 잔류응력이 적게 되도록 한다.
㉱ 부분 용입이 되도록 한다.

[해설] ① 아래보기 용접을 많이 하도록 한다.
② 용접 작업에 지장을 주지 않도록 간격을 남긴다.
③ 필릿 용접은 가능한 피하고 맞대기 용접을 하도록 한다.
④ 중립축에 대하여 모멘트 합이 "0"이 되도록 한다.
⑤ 용접물 중심에 대하여 대칭으로 용접하여 변형을 방지한다.
⑥ 동일 평면 내에 많은 이음이 있을 때에는 수축이 가능한 자유단으로 보낸다.
⑦ 용접선은 서로 교차하면 여러 가지 결함이 발생하므로 가능한 교차가 없게 용접을 한다.

26. [그림]과 같은 겹치기 이음의 필릿 용접을 하려고 한다. 허용응력을 50 MPa라 하고, 인장하중을 50 kN, 판 두께 12 mm라고 할 때, 용접 유효길이는 약 몇 mm인가?

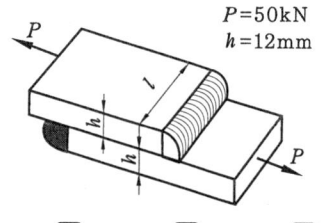

㉮ 83 ㉯ 73 ㉰ 69 ㉱ 59

정답 21. ㉯ 22. ㉰ 23. ㉯ 24. ㉯ 25. ㉰ 26. ㉱

[해설] 허용응력
$$= \frac{(1.414 \times 인장하중)}{(판두께1 + 판두께2) \times 유효길이}$$

유효길이 $= \frac{(1.414 \times 50000)}{50 \times (12+12)} = 58.9 ≒ 59$

27. 다음 중 자분탐상검사의 자화 방법이 아닌 것은?
㉮ 축통전법 ㉯ 관통법
㉰ 극간법   ㉱ 원형법

[해설] 자분탐상검사의 자화 방법으로는 축통전법, 관통법, 직각통전법, 코일법, 극간법 등이 있다.

28. 용접 구조물을 조립할 때 용접 자세를 원활하기 위해 사용되는 것은?
㉮ 용접 게이지   ㉯ 제관용 정반
㉰ 용접 지그(jig) ㉱ 수평 바이스

[해설] 용접 지그의 장단점
① 동일 제품을 다량 생산할 수 있다.
② 제품의 정밀도와 용접부의 신뢰성을 높인다.
③ 작업을 용이하게 하고 용접 능률을 높인다.
④ 구속력이 너무 크면 잔류응력이나 용접 균열이 발생하기 쉽다.
⑤ 지그의 제작비가 많이 들지 않아야 한다.
⑥ 사용이 간단해야 한다.

29. 용접 시 용접 자세를 좋게 하기 위해 정반 자체가 회전하도록 한 것은?
㉮ 머니퓰레이터
㉯ 용접 고정구(fixture)
㉰ 용접대(base die)
㉱ 용접 포지셔너(positioner)

30. 용접선에 직각 방향으로 수축되는 변형을 무엇이라 하는가?
㉮ 가로수축   ㉯ 세로수축
㉰ 회전수축   ㉱ 좌굴변형

31. 공업용 가스의 종류와 그 용기의 색상이 잘못 연결된 것은?
㉮ 산소 – 녹색   ㉯ 아세틸렌 – 황색
㉰ 아르곤 – 회색 ㉱ 수소 – 청색

[해설] 충전가스 용기의 도색

가스의 명칭	도색	가스충전 구멍에 있는 나사의 좌우
산소	녹색	우
수소	주황색	좌
탄산가스	청색	우
염소	갈색	우
암모니아	백색	우
아세틸렌	황색	좌
프로판	회색	좌
아르곤	회색	우

32. 용착 금속에서 기공의 결함을 찾아내는 데 가장 좋은 비파괴검사법은?
㉮ 누설검사   ㉯ 자기탐상검사
㉰ 침투탐상검사 ㉱ 방사선투과시험

[해설] 방사선투과시험에 의해 검출되는 결함에는 균열, 융합불량, 용입불량, 기공, 슬래그 섞임, 비금속 개재물, 언더컷 등이 있다.

33. 용접 구조 설계 시 주의 사항에 대한 설명으로 틀린 것은?
㉮ 용접 치수는 강도상 필요 이상 크게 하지 않는다.
㉯ 용접 이음의 집중, 교차를 피한다.
㉰ 판면에 직각 방향으로 인장하중이 작용할 경우 판의 압연 방향에 주의한다.
㉱ 후판을 용접할 경우 용입이 낮은 용접법을 이용하여 층수를 줄인다.

[해설] 용접 구조 설계 시 주의 사항
① 용접에 적합한 구조의 설계를 할 것
② 용접길이는 될 수 있는 대로 짧게, 또한 용착금속량도 강도상 필요한 최소한으로 할 것

정답 27. ㉱ 28. ㉰ 29. ㉱ 30. ㉮ 31. ㉱ 32. ㉱ 33. ㉱

③ 용접 이음의 특성을 고려하여 선택할 것
④ 용접하기 쉽도록 설계할 것
⑤ 용접 이음이 한 곳으로 집중되거나 또는 너무 근접하지 않도록 할 것
⑥ 강도가 약한 필릿 용접은 가급적 피할 것
⑦ 반복 하중을 받는 이음에서는 특히 이음 표면을 평평하게 할 것
⑧ 구조상 노치부를 피할 것
⑨ 결함이 생기기 쉬운 용접 방법은 피할 것

34. 용접 결함 중 언더컷이 발생했을 때 보수 방법은?
㉮ 예열한다.
㉯ 후열한다.
㉰ 언더컷 부분을 연삭한다.
㉱ 언더컷 부분을 가는 용접봉으로 용접 후 연삭한다.

35. 두꺼운 강판에 대한 용접 이음 홈 설계 시는 용접 자세, 이음의 종류, 변형, 용입 상태, 경제성 등을 고려하여야 한다. 이때 설계의 요령과 관계가 먼 것은?
㉮ 용접 홈의 단면적은 가능한 작게 한다.
㉯ 루트 반지름(r)은 가능한 작게 한다.
㉰ 전후좌우로 용접봉을 움직일 수 있는 홈 각도가 필요하다.
㉱ 적당한 루트 간격과 루트면을 만들어 준다.

[해설] 중판 이상의 용접 설계 시 주의 사항
① 홈의 단면적은 가능한 작게 한다.
② 최소 10° 정도는 전후 좌우로 용접봉을 움직일 수 있는 홈 각도가 필요하다.
③ 루트 반지름은 가능한 크게 한다.
④ 적당한 루트 간격과 루트면을 만들어 준다(루트 간격의 최대치는 사용 용접봉의 지름을 한도로 한다.).

36. 다음 중 용착 효율을 구하는 식으로 옳은 것은 어느 것인가?
㉮ 용착 효율(%)
= $\dfrac{\text{용착 금속의 중량}}{\text{용접봉 사용 중량}} \times 100$
㉯ 용착 효율(%)
= $\dfrac{\text{용접봉 사용 중량}}{\text{용착 금속의 중량}} \times 100$
㉰ 용착 효율(%)
= $\dfrac{\text{남은 용접봉의 중량}}{\text{용접봉 사용 중량}}$
㉱ 용착 효율(%)
= $\dfrac{\text{용접봉 사용 중량}}{\text{남은 용접봉의 중량}}$

37. 용접 시 발생하는 용접 변형의 주 발생 원인으로 가장 적합한 것은?
㉮ 용착 금속부의 취성에 의한 변형
㉯ 용접 이음부의 결함 발생으로 인한 변형
㉰ 용착 금속부의 수축과 팽창으로 인한 변형
㉱ 용착 금속부의 경화로 인한 변형

[해설] 용접 시 가열 중 팽창 및 냉각 중 수축에 의해서 용접 후에 변형이 발생한다. 용접 변형의 원인을 크게 나누면 용접 열에 관계되는 요인과 이음의 외적 구속에 관계되는 요인으로 구분된다.

38. 한 끝에서 다른 쪽 끝을 향해 연속적으로 진행하는 방법으로서 용접 이음이 짧은 경우나 변형, 잔류응력 등이 크게 문제되지 않을 때 이용되는 용착법은?
㉮ 비석법   ㉯ 대칭법
㉰ 후퇴법   ㉱ 전진법

[해설] ① 전진법 : 용접 시작 부분보다 끝나는 부분이 수축 및 잔류응력이 커서 용접 이음이 짧고, 변형 및 잔류응력이 그다지 문제가 되지 않을 때 사용한다.
② 후진법 : 용접을 단계적으로 후퇴하면서 전체 길이를 용접하는 방법으로 수축과 잔류응력을 줄이는 방법
③ 대칭법 : 용접 전 길이에 대하여 중심에서 좌우로 또는 용접물 형상에 따라 좌우 대

정답 34. ㉱ 35. ㉯ 36. ㉮ 37. ㉰ 38. ㉱

칭으로 용접하여 변형과 수축 응력을 경감한다.
④ 비석법 : 스킵법이라고도 하며 용접 길이를 짧게 나누어 놓고 간격을 두면서 용접하는 방법으로 특히 잔류응력을 적게 할 경우 사용한다.

39. 용접부의 부식에 대한 설명으로 틀린 것은?
㉮ 입계부식은 용접 열영향부의 오스테나이트 입계에 Cr 탄화물이 석출될 때 발생한다.
㉯ 용접부의 부식은 전면부식과 국부부식으로 분류한다.
㉰ 틈새부식은 틈 사이의 부식을 말한다.
㉱ 용접부의 잔류응력은 부식과 관계없다.
[해설] 응력이 존재하는 상태에서는 재료의 부식이 촉진되는 경우가 많은데, 이것을 응력부식이라 한다.

40. 저온 취성 파괴에 미치는 요인과 가장 관계가 먼 것은?
㉮ 온도의 저하 ㉯ 인장 잔류응력
㉰ 예리한 노치 ㉱ 강재의 고온 특성
[해설] 저온 취성 파괴는 실온 이하의 저온에서 취약한 성질을 나타내는 것으로 산소와 질소가 저온 취성에 큰 영향을 미치며 인장 잔류응력, 예리한 노치 등이 요인이 된다.

제 3 과목 용접일반 및 안전관리

---

41. 판두께가 가장 두꺼운 경우에 적당한 용접방법은?
㉮ 원자 수소 용접
㉯ CO_2 가스 용접
㉰ 서브머지드 용접(submerged welding)
㉱ 일렉트로 슬래그 용접(electro slag welding)

[해설] 일렉트로 슬래그 용접은 와이어가 1개인 경우는 판두께 120 mm, 와이어가 2개인 경우는 100~250 mm이며, 와이어를 3개 이상 사용하면 250 mm 이상의 용접도 가능하다.

42. TIG 용접으로 Al을 용접할 때 가장 적합한 용접전원은?
㉮ DC SP ㉯ DC RP
㉰ AC HF ㉱ AC RP
[해설] 알루미늄은 용융점이 660℃로서 낮은 편인데 반해 산화알루미늄의 용융점은 2050℃로 순수 알루미늄의 용융점보다 매우 높기 때문에 용접성이 나쁘므로 고주파를 병용한 전류를 사용한다. 고주파를 병용한 교류(ACHF)를 사용하면 반파에 청정 작용도 있고 용접도 양호하다.

43. 직류 아크 용접기를 교류 아크 용접기와 비교했을 때 틀린 것은?
㉮ 비피복 용접봉 사용이 가능하다.
㉯ 전격의 위험이 크다.
㉰ 역률이 양호하다.
㉱ 유지 보수가 어렵다.
[해설] 전격의 위험성을 비교하면 사인파로 양극과 음극으로 서로 이어지는 교류가 양극에서 양극으로 음극에서 음극으로 직진하는 직류보다 크다.

44. 다음 중 전기저항열을 이용한 용접법은 어느 것인가?
㉮ 일렉트로 슬래그 용접
㉯ 잠호 용접
㉰ 초음파 용접
㉱ 원자 수소 용접
[해설] 일렉트로 슬래그 용접은 용융 용접의 일종으로 아크 열이 아닌 와이어와 용융 슬래그 사이에 통전된 전류와 저항열을 이용하여 용접을 하는 방식이다.

정답 39. ㉱ 40. ㉱ 41. ㉱ 42. ㉰ 43. ㉯ 44. ㉮

45. 용제 없이 가스 용접을 할 수 있는 재질은?
  ㉮ 연강   ㉯ 주철
  ㉰ 알루미늄   ㉱ 황동

46. 두께가 12.7 mm인 강판을 가스 절단하려 할 때 표준 드래그의 길이는 2.4 mm이다. 이 때 드래그는 몇 %인가?
  ㉮ 18.9   ㉯ 32.1
  ㉰ 42.9   ㉱ 52.4

[해설] $\frac{2.4}{12.7} \times 100 = 18.9\%$

47. 다음 중 용접에 관한 안전 사항으로 틀린 것은 어느 것인가?
  ㉮ TIG 용접 시 차광 렌즈는 12~13번을 사용한다.
  ㉯ MIG 용접 시 피복 아크 용접보다 1 m가 넘는 거리에서도 공기 중의 산소를 오존(O_3)으로 바꿀 수 있다.
  ㉰ 전류가 인체에 미치는 영향에서 50 mA는 위험을 수반하지 않는다.
  ㉱ 아크로 인한 염증을 일으켰을 경우 붕산수(2% 수용액)로 눈을 닦는다.

[해설] 교류 전류가 인체에 통했을 때 1 mA는 전기를 약간 느낄 정도, 5 mA는 상당한 고통, 10 mA는 견디기 어려울 정도의 고통, 20 mA는 심한 고통을 느끼고 강한 근육 수축이 일어난다. 50 mA는 상당히 위험한 상태, 100 mA는 치명적인 결과를 초래한다(사망 위험).

48. CO_2 아크 용접에 대한 설명 중 틀린 것은?
  ㉮ 전류 밀도가 높아 용입이 깊고, 용접속도를 빠르게 할 수 있다.
  ㉯ 용접장치, 용접전원 등 장치로서는 MIG 용접과 같은 점이 많다.
  ㉰ CO_2 아크 용접에서는 탈산제로서 Mn 및 Si를 포함한 용접 와이어를 사용한다.
  ㉱ CO_2 아크 용접에서는 차폐 가스로 CO_2에 소량의 수소를 혼합한 것을 사용한다.

[해설] 혼합 가스로는 CO_2 - 산소, CO_2 - 아르곤, CO_2 - 산소 - 아르곤 등이 있다.

49. 최소에너지 손실속도로 변화되는 절단팁의 노즐 형태는?
  ㉮ 스트레이트 노즐   ㉯ 다이버전트 노즐
  ㉰ 원형 노즐   ㉱ 직선형 노즐

[해설] 다이버전트 노즐의 지름은 절단팁보다 2배 정도 크고 끝부분이 약간 (약 15~25°) 구부려져 있는 것이 많다. 보통의 팁에 비하여 2~5배 높은 속도로 절단할 수 있으며, 홈의 폭과 깊이의 비는 1~3 : 1이다.

50. 맞대기 압접의 분류에 속하지 않는 것은?
  ㉮ 플래시 맞대기 용접
  ㉯ 방전 충격 용접
  ㉰ 업셋 맞대기 용접
  ㉱ 심 용접

[해설] 맞대기 저항 용접법에는 업셋 용접, 플래시 용접, 버트 심 용접, 포일 심 용접, 퍼커션 용접 등이 있으며, 심 용접은 겹치기 저항 용접에 속한다.

51. TIG 용접 시 교류 용접기에 고주파 전류를 사용할 때의 특징이 아닌 것은?
  ㉮ 아크는 전극을 모재에 접촉시키지 않아도 발생된다.
  ㉯ 전극의 수명이 길다.
  ㉰ 일정 지름의 전극에 대해 광범위한 전류의 사용이 가능하다.
  ㉱ 아크가 길어지면 끊어진다.

[해설] 고주파 전류를 사용할 때 아크가 길어져도 자기장이 커져서 아크가 끊어지지 않는다.

52. 다음 중 전격의 위험성이 가장 적은 것은?
  ㉮ 케이블의 피복이 파괴되어 절연이 나쁠 때

정답 45. ㉮ 46. ㉮ 47. ㉰ 48. ㉱ 49. ㉯ 50. ㉱ 51. ㉱ 52. ㉯

㉯ 무부하 전압이 낮은 용접기를 사용할 때
㉰ 땀을 흘리면서 전기 용접을 할 때
㉱ 젖은 몸에 홀더 등이 닿았을 때

53. 아세틸렌 청정기는 어느 위치에 설치함이 좋은가?
㉮ 발생기의 출구   ㉯ 안전기 다음
㉰ 압력 조정기 다음   ㉱ 토치 바로 앞

[해설] 아세틸렌 청정기는 아세틸렌의 발생기 과정에서 발생하는 암모니아, 인화수소, 황하수소 등의 불순물을 제거하기 위하여 발생기의 출구 쪽에 설치한다.

54. 이산화탄소 아크 용접에 대한 설명으로 옳지 않은 것은?
㉮ 아크 시간을 길게 할 수 있다.
㉯ 가시(可視) 아크이므로 시공 시 편리하다.
㉰ 용접입열이 크고, 용융속도가 빠르며 용입이 깊다.
㉱ 바람의 영향을 받지 않으므로 방풍장치가 필요 없다.

[해설] 이산화탄소 아크 용접은 바람의 영향을 받으므로 풍속 2m/s 이상에서는 방풍장치가 필요하다.

55. 교류 아크 용접 시 아크시간이 6분이고, 휴식시간이 4분일 때 사용률은 얼마인가?
㉮ 40 %   ㉯ 50 %
㉰ 60 %   ㉱ 70 %

[해설] 사용률
$= \dfrac{\text{아크시간}}{\text{아크시간}+\text{휴식시간}} \times 100\%$
$= \dfrac{6}{6+4} \times 100\% = 60\%$

56. B형 가스 용접 토치의 팁번호 250을 바르게 설명한 것은? (단, 불꽃은 중성 불꽃일 때)

㉮ 판두께 250 mm까지 용접한다.
㉯ 1시간에 250 L의 아세틸렌 가스를 소비하는 것이다.
㉰ 1시간에 250 L의 산소 가스를 소비하는 것이다.
㉱ 1시간에 250 cm까지 용접한다.

[해설] 가스 용접의 팁 번호
① 독일식(A형) : 강판의 용접을 기준으로 팁이 용접하는 판 두께로 나타낸다.
② 프랑스식(B형) : 1시간 동안 표준 불꽃으로 용접하는 경우 아세틸렌의 소비량(L)으로 나타낸다.

57. CO_2 가스에 O_2(산소)를 첨가한 효과가 아닌 것은?
㉮ 슬래그 생성량이 많아져 비드 외관이 개선된다.
㉯ 용입이 낮아 박판 용접에 유리하다.
㉰ 용융지의 온도가 상승된다.
㉱ 비금속 개재물의 응집으로 용착강이 청결해진다.

[해설] CO_2 가스에 O_2를 첨가하면 용융지의 온도가 상승하며, 용입이 깊어져 후판 용접에 유리하다.

58. 교류 아크 용접기에서 2차측의 무부하 전압은 약 몇 V가 되는가?
㉮ 40~60 V   ㉯ 70~80 V
㉰ 80~100 V   ㉱ 100~120 V

[해설] KS C 9602의 교류 용접기의 규격에는 2차측 무부하 전압이 AW200~AW400 : 85 이하, AW500 : 95로 규정되어 있다.

59. 강을 가스 절단할 때 쉽게 절단할 수 있는 탄소 함유량은 얼마인가?
㉮ 6.68 %C 이하   ㉯ 4.3 %C 이하
㉰ 2.11 %C 이하   ㉱ 0.25 %C 이하

[해설] 탄소가 0.25 % 이하인 저탄소강은 절단성

정답 53. ㉮ 54. ㉱ 55. ㉰ 56. ㉯ 57. ㉯ 58. ㉯ 59. ㉱

이 양호하나 탄소량의 증가로 균열이 생기게 된다.

60. 아크 용접과 절단 작업에서 발생하는 복사 에너지 중 눈에 백내장을 일으키고, 맨살에 화상을 입힐 수 있는 것은?
㉮ 적외선 ㉯ 가시광선
㉰ 자외선 ㉱ X선

[해설] 태양광선(아크광선)은 가시광선, 적외선, 자외선 등으로 구성되어 있으며 그중 우리가 눈으로 볼 수 있는 것은 가시광선이다. 열과 복사에너지를 동반하는 적외선에는 근적외선, 중간 적외선, 원적외선이 있으며, 원적외선은 의학용, 발열량이 많은 근적외선은 난방용으로 사용된다. 자외선은 피부에 화상을 일으키고, 피부색을 검게 변화시키며 피부염이나 피부 노화를 유발시킨다.

□ 용접 산업기사 ▶ 2014. 8. 17 시행

제1과목 용접야금 및 용접설비제도

1. 다음 〈보기〉를 공통적으로 설명하고 있는 표면 경화법은?

―〈 보 기 〉―
- 강을 NH_3 가스 중에서 500~550℃로 20~100시간 정도 가열한다.
- 경화 깊이를 깊게 하기 위해서는 시간을 길게 하여야 한다.
- 표면층에 합금 성분인 크롬, 알루미늄, 몰리브덴 등이 단단한 경화층을 형성하며 특히 알루미늄은 경도를 높여주는 역할을 한다.

㉮ 질화법 ㉯ 침탄법
㉰ 크로마이징 ㉱ 화염경화법

2. 강을 단조, 압연 등의 소성가공이나 주조로 거칠어진 결정조직을 미세화하고 기계적 성질, 물리적 성질 등을 개량하여 조직을 표준화하고 공랭하는 열처리는?
㉮ 풀림(annealing)
㉯ 불림(normalizing)
㉰ 담금질(quenching)
㉱ 뜨임(tempering)

[해설] 불림은 주조 또는 단조한 제품에 조대화한 조직을 미세하게 하여 표준화하기 위해 Ac_3나 Acm변태점보다 40~60℃ 높은 온도로 가열하여 오스테나이트로 만든 후 공기 중에서 냉각시키는 열처리 방법으로 연신율과 단면수축률이 좋아진다.

3. Fe-C 평형상태도에서 조직과 결정 구조에 대한 설명으로 옳은 것은?
㉮ 펄라이트는 $\gamma + Fe_3C$이다.
㉯ 레데부라이트는 $\alpha + Fe_3C$이다.
㉰ α-페라이트는 면심입방격자이다.
㉱ δ-페라이트는 체심입방격자이다.

[해설] α-페라이트는 A_3(912℃) 아래에서 체심입방격자이고 펄라이트는 $\alpha + Fe_3C$이며 레데부라이트는 $\gamma + Fe_3C$이다.

4. 티타늄(Ti)의 성질을 설명한 것 중 옳은 것은?
㉮ 비중은 약 8.9 정도이다.
㉯ 열전도율이 매우 높다.
㉰ 활성이 작아 고온에서 산화되지 않는다.
㉱ 상온 부근의 물 또는 공기 중에서는 부동태피막이 형성된다.

정답 60. ㉮ 1. ㉮ 2. ㉯ 3. ㉱ 4. ㉱

해설 티타늄은 비중이 4.5이고 내식성, 내열성이 우수하며 화학적 반응성이 좋다. 공기 중에서 고온으로 가열하면 산화하여 층상피막이 생긴다.

5. 금속의 공통적인 성질로 틀린 것은?
㉮ 수은 이외에는 상온에서 고체이며 결정체이다.
㉯ 전기에 부도체이며 비중이 작다.
㉰ 결정의 내부구조를 변경시킬 수 있다.
㉱ 금속 고유의 광택을 갖고 있다.
해설 금속의 공통적인 성질(㉮, ㉰, ㉱외)
① 연성과 전성이 커서 소성변형을 할 수 있다.
② 전기에 양도체이다.
③ 용융점이 높고 대체로 비중이 크다.

6. 강괴의 결함이 아닌 것은?
㉮ 수축공　　㉯ 백점
㉰ 편석　　㉱ 용강
해설 강괴는 제강에서 얻은 용강을 금속 주형이나 사형에 넣어서 탈산제를 첨가하여 탈산한 후 덩어리로 냉각시킨 것이다. 탈산 정도에 따라 림드강, 세미킬드강, 킬드강으로 구분하며 림드강은 탈산 및 가스 처리가 불충분하여 내부에는 기포(백점) 및 편석이 생기기 쉬우며 킬드강은 표면에 헤어크랙이나 수축공이 생기므로 강괴의 10~20%를 잘라낸다.

7. 일반적으로 용융 금속 중에서 기포 응고 시 빠져 나가지 못하고 잔류하여 용접부에 기계적 성질을 저하시키는 것은?
㉮ 편석　　㉯ 은점
㉰ 기공　　㉱ 노치
해설 기공(blow hole)은 용착금속 속에 가스(특히 수소)로 인하여 남아 있는 구멍을 말한다. 은점(fish eye)은 용접 금속부를 파단하였을 때 그 파단면에 나타나는 물고기 눈 모양의 점이며 수소가 존재하는 경우에만 생긴다.

8. 주철 용접부 바닥면에 스터드 볼트 대신 둥근 홈을 파고 이 부분에 걸쳐 힘을 받도록 용접하는 방법은?
㉮ 버터링법　　㉯ 로킹법
㉰ 비녀장법　　㉱ 스터드법
해설 주철의 보수 용접의 종류는 스터드법, 비녀장법, 버터링법, 로킹법 등이 있으며 그중 스터드 볼트 대신 용접부 바닥면에 둥근 홈을 파고 이 부분에 걸쳐 힘을 받도록 하여 용접하는 방법을 로킹법이라 한다.

9. 강을 경화시키기 위한 열처리는?
㉮ 담금질　　㉯ 뜨임
㉰ 불림　　㉱ 풀림
해설 담금질은 탄소강에 주로 강도와 경도를 증가하기 위한 열처리로 뜨임(내부 응력을 제거시키고 인성을 증가), 풀림(강의 조직을 미세화시키고 기계 가공을 쉽게 하기 위함), 불림(주조 또는 단조한 제품에 조대화한 조직을 미세하게 표준화 하여 연신율과 단면 수축률이 좋아짐) 등은 담금질에 메짐(취성)을 저하시켜 강을 미세하게 하는 방법이다.

10. 탄소강의 조직 중 전연성이 크고 연하며 강자성체인 조직은?
㉮ 페라이트　　㉯ 펄라이트
㉰ 시멘타이트　　㉱ 레데부라이트
해설 탄소강의 표준 조직 중 일반적으로 상온에서 α철에 탄소를 고용한 것을 페라이트라고 하며 전연성이 크고 연하며 강자성체이다.

11. 척도의 종류 중 축척(contraction scale)으로 그릴 때의 내용을 바르게 설명한 것은?
㉮ 도면의 치수는 실물의 배척된 치수를 기입한다.
㉯ 표제란의 척도란에 "NS"라고 기입한다.
㉰ 표제란의 척도란에 2 : 1, 20 : 1 등으로 기입한다.

정답 5. ㉯ 6. ㉱ 7. ㉰ 8. ㉯ 9. ㉮ 10. ㉮ 11. ㉱

㉣ 도면의 치수는 실물의 축척된 치수를 기입한다.

[해설] 도면의 척도는 현척, 축척, 배척이 있으며 축척은 도면의 도형을 실물보다 작게 제도하는 경우에 사용하고, 축척으로 그린 도면의 치수는 실물의 실제 치수를 기입한다.

12. 용접기호에 관한 설명 중 틀린 것은?
㉮ V는 V형 맞대기 용접을 의미한다.
㉯ △는 필릿 용접을 의미한다.
㉰ O는 점 용접을 의미한다.
㉣ 八는 플러그 용접을 의미한다.

[해설] ㉣항의 기호는 돌출된 모서리를 가진 평판 사이의 맞대기 용접

13. 치수 보조 기호 중 잘못 설명된 것은?
㉮ t : 판의 두께
㉯ (20) : 이론적으로 정확한 치수
㉰ C : 45°의 모따기
㉣ SR : 구의 반지름

[해설] ( ) : 참고치수

14. 화살표 쪽 필릿 용접의 기호는?

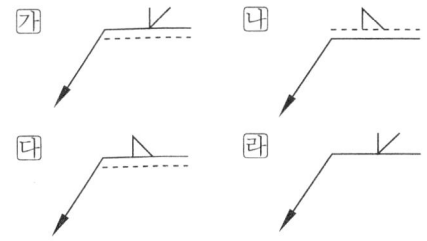

[해설] 필릿 용접의 기호는 ㉯, ㉰이고 실선 위에 기호가 있는 것은 화살표 쪽을, 파선 위에 있는 것은 화살표 반대쪽을 용접한다는 뜻이다.

15. 단면도의 표시 방법으로 알맞지 않은 것은?
㉮ 단면도의 도형은 절단면을 사용하여 대상물을 절단하였다고 가정하고 절단면의 앞부분을 제거하고 그린다.

㉯ 온단면도에서 절단면을 정하여 그릴 때 절단선은 기입하지 않는다.
㉰ 외형도에 있어서 필요로 하는 요소의 일부만을 부분단면도로 표시할 수 있으며 이 경우 파단선에 의해서 그 경계를 나타낸다.
㉣ 절단했기 때문에 축, 핀, 볼트의 경우는 원칙적으로 긴쪽 방향으로 절단한다.

[해설] 단면도는 물체를 더 명확하게 표시할 필요가 있는 곳에서 가상의 절단면 앞부분을 떼어낸 다음 남겨진 모양을 그린 투상도이다. 단면은 원칙적으로 기본 중심선에서 절단한 면으로 표시하고 단면이 필요한 경우는 기본 중심선이 아닌 곳에서 절단한 면으로 표시해도 좋으며 해칭이나 스머징을 한다.

16. 핸들이나 바퀴의 암, 리브, 훅, 축, 구조물의 부재 등의 절단면을 90° 회전하여 그린 단면도는?
㉮ 회전 단면도   ㉯ 부분 단면도
㉰ 한쪽 단면도   ㉣ 온 단면도

[해설] 회전 단면도는 핸들, 벨트 풀리, 기어 등과 같은 바퀴의 암, 리브, 훅, 축, 구조물의 부재 등의 절단면을 90°로 회전시켜서 표시하는 것이다.

17. 한국산업규격 용접 기호 중 $Z\triangle n \times L(e)$에서 n이 의미하는 것은?
㉮ 용접부의 수   ㉯ 피치
㉰ 용접 길이   ㉣ 목 길이

[해설] Z은 필릿 용접 치수 앞에 있는 문자 단면에 표시될 수 있는 최대 이등변삼각형의 면, a는 단면에 표시될 수 있는 최대 이등변삼각형의 높이, n은 용접부의 수, L은 용접 길이, (e)는 인접한 용접부의 간격을 나타낸다.

18. 면이 평면으로 가공되어 있고 복잡한 윤곽을 갖는 부품인 경우 그 면에 광명단 등을 발라 스케치 용지에 찍어 그 면의 실형을 얻는 스케치

정답 12. ㉣ 13. ㉯ 14. ㉰ 15. ㉣ 16. ㉮ 17. ㉮ 18. ㉯

방법은?
㉮ 프리핸드법   ㉯ 프린트법
㉰ 모양뜨기법   ㉱ 사진촬영법

19. 물체의 구멍이나 홈 등 한 부분만의 모양을 표시하는 것으로 충분한 경우에 그 필요 부분만을 중심선, 치수보조선 등으로 연결하여 나타내는 투상도의 명칭은?
㉮ 부분 투상도   ㉯ 보조 투상도
㉰ 국부 투상도   ㉱ 회전 투상도

[해설] 투상도는 주 투상도, 보조 투상도, 부분 투상도, 국부 투상도, 회전 투상도, 부분 확대도 등이 있다.

20. KS의 부문별 분류 기호가 바르게 짝지어진 것은?
㉮ KS A : 기계   ㉯ KS B : 기본
㉰ KS C : 전기   ㉱ KS D : 광산

[해설] A : 기본, B : 기계, C : 전기, D : 금속, E : 광산, F : 건설, G : 일용품, I : 환경, J : 생물, K : 섬유, L : 요업, M : 화학, P : 의료, Q : 품질경영, R : 수송기계, S : 서비스, T : 물류, V : 조선, W : 항공우주, X : 정보

제 2 과목 용접구조설계

21. 용접부의 단면을 나타낸 것이다. 열 영향부를 나타내는 것은?

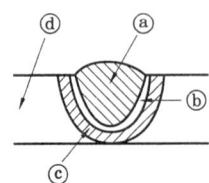

㉮ ⓐ   ㉯ ⓑ
㉰ ⓒ   ㉱ ⓓ

[해설] ⓐ는 용접금속, ⓑ는 본드(bond)부, ⓒ는 열 영향부, ⓓ는 원질부를 나타낸다.

22. 무부하 전압이 80 V, 아크 전압이 35 V, 아크 전류가 400 A라 하면 교류 용접기의 역률과 효율은 각각 몇 %인가? (단, 내부손실은 4 kW이다.)
㉮ 역률 : 50, 효율 : 72
㉯ 역률 : 56, 효율 : 78
㉰ 역률 : 61, 효율 : 82
㉱ 역률 : 66, 효율 : 88

[해설] 교류 아크 용접기의 역률과 효율

$$역률 = \frac{아크쪽\ 입력 \times 손실}{전원\ 입력} \times 100$$

$$= \frac{(35 \times 400) + 4000}{(80 \times 400)} \times 100 = 56\%$$

$$효율 = \frac{35 \times 400}{(35 \times 400) + 4000} \times 100 = 78\%$$

23. 탐촉자를 이용하여 결함의 위치 및 크기를 검사하는 비파괴시험법은?
㉮ 방사선투과시험   ㉯ 초음파탐상시험
㉰ 침투탐상시험   ㉱ 자분탐상시험

[해설] 탐촉자를 이용하여 결함의 위치 및 크기를 검사하는 비파괴 검사법은 초음파탐상시험으로 투과법, 펄스반사법, 공진법이 있다.

24. 용접 구조물에서 파괴 및 손상의 원인으로 가장 관계가 없는 것은?
㉮ 시공 불량   ㉯ 재료 불량
㉰ 설계 불량   ㉱ 현도관리 불량

[해설] 현도관리 불량은 도면의 관리 불량으로 파괴 및 손상에 관계가 거의 없다.

25. 내균열성이 가장 우수하고 제품의 인장강도가 요구될 때 사용되는 용접봉은?
㉮ 저수소계   ㉯ 라임 티탄계
㉰ 고셀루로스계 ㉱ 일미나이트계

정답 19. ㉰ 20. ㉰ 21. ㉰ 22. ㉯ 23. ㉯ 24. ㉱ 25. ㉮

[해설] 피복 아크 용접봉의 내균열성 : 피복제의 산성이 높으면 내균열성이 나쁘고 염기성이 높으면 내균열성이 좋다. 내균열성이 좋은 것은 저수소계 → 일미나이트계 → 고산화철계 → 고셀룰로오스계 → 티탄계 순이다.

26. 용접에 의한 용착금속의 기계적 성질에 대한 사항으로 옳은 것은?
㉮ 용접 시 발생하는 급열, 급랭 효과에 의하여 용착금속이 경화한다.
㉯ 용착금속의 기계적 성질은 일반적으로 다층용접보다 단층용접 쪽이 더 양호하다.
㉰ 피복 아크 용접에 의한 용착금속의 강도는 보통 모재보다 저하된다.
㉱ 예열과 후열처리로 냉각속도를 감소시키면 인성과 연성이 감소된다.
[해설] 용접에 의한 용착금속의 기계적 성질은 급열, 급랭에 의하여 경화가 되고 예열과 후열에 의하여 인성과 연성이 증가된다.

27. 판 두께가 30 mm인 강판을 용접하였을 때 각 변형(가로 굽힘 변형)이 가장 많이 발생하는 홈의 형상은?
㉮ H형   ㉯ U형
㉰ K형   ㉱ V형
[해설] 두꺼운 판을 용접하는 U, K, H 등은 작업성과 용입이 좋아 충분한 용입을 얻을 수 있으나 V형은 두께 20 mm 이하의 판을 한쪽 용접으로 완전히 용입을 얻고자 할 때 쓰이며 30 mm인 강판을 용접하였을 때 각 변형이 많이 발생할 수 있다.

28. 용접 시 발생하는 균열로 맞대기 및 필릿 용접 등의 표면 비드와 모재와의 경계부에서 발생되는 것은?
㉮ 크레이터 균열   ㉯ 비드 및 균열
㉰ 설퍼 균열   ㉱ 토 균열
[해설] 토 균열(toe crack)은 맞대기 이음 용접, 필릿 용접 이음 등 어느 경우에서나 비드 표면과 모재와의 경계부에서 발생한다. 용접에 의한 부재의 회전 변형을 무리하게 구속하거나 용접 후 곧바로 각 변형을 주면 발생한다.

29. 직접적인 용접용 공구가 아닌 것은?
㉮ 치핑해머   ㉯ 앞치마
㉰ 와이어브러쉬 ㉱ 용접집게
[해설] 직접적인 용접용 공구는 치핑해머, 와이어 브러쉬, 용접집게 등이며 앞치마는 보호구의 종류이다.

30. 용착부의 인장응력이 5 kgf/mm^{2}이고 용접선 유효 길이가 80 mm이며, V형 맞대기로 완전 용입인 경우 하중 8000 kgf에 대한 판 두께는 몇 mm인가? (단, 하중은 용접선과 직각 방향이다.)
㉮ 10   ㉯ 20
㉰ 30   ㉱ 40
[해설] 허용인장응력 = $\dfrac{\text{인장하중}}{(\text{두께} \times \text{길이})}$
∴ 두께 = $\dfrac{\text{인장하중}}{\text{허용인장응력} \times \text{길이}}$
= $\dfrac{8000}{5 \times 80} = 20$

31. 용접 구조물 조립순서 결정 시 고려사항이 아닌 것은?
㉮ 가능한 구속하여 용접을 한다.
㉯ 가접용 정반이나 지그를 적절히 채택한다.
㉰ 구조물의 형상을 고정하고 지지할 수 있어야 한다.
㉱ 변형이 발생되었을 때 쉽게 제거할 수 있어야 한다.
[해설] 가능한 구속력이 없도록 용접을 한다.

32. 용접 이음 설계상 주의사항으로 옳지 않은 것은?

정답 26. ㉮   27. ㉱   28. ㉱   29. ㉯   30. ㉯   31. ㉮   32. ㉯

㉮ 용접 순서를 고려해야 한다.
㉯ 용접선이 가능한 집중되도록 한다.
㉰ 용접부에 되도록 잔류 응력이 발생하지 않도록 한다.
㉱ 두께가 다른 부재를 용접할 경우 단면의 급격한 변화를 피하도록 한다.

[해설] 용접 설계에 있어서 일반적인 주의사항
① 용접에 적합한 구조의 설계를 할 것
② 용접 길이는 될 수 있는 대로 짧게, 용착 금속량도 강도상 필요한 최소한으로 할 것
③ 용접 이음의 특성을 고려하여 선택할 것
④ 용접하기 쉽도록 설계할 것
⑤ 용접 이음이 한곳으로 집중되거나 너무 근접하지 않도록 할 것
⑥ 결함이 생기기 쉬운 용접 방법은 피할 것
⑦ 강도가 약한 필릿 용접은 가급적 피할 것
⑧ 반복 하중을 받는 이음에서는 특히 이음 표면을 평평하게 할 것
⑨ 구조상의 노치부를 피할 것

33. 용접 균열에 관한 설명으로 틀린 것은?
㉮ 저탄소강에 비해 고탄소강에서 잘 발생한다.
㉯ 저수소계 용접봉을 사용하면 감소한다.
㉰ 소재의 인장강도가 클수록 발생하기 쉽다.
㉱ 판 두께가 얇아질수록 증가한다.

[해설] 판 두께가 두꺼울수록 급열, 급랭에 의하여 균열이 발생될 우려가 있다.

34. 다음 (   )에 들어갈 적합한 말은?

용접구조물을 설계할 때 제작측의 문의가 없어도 제작할 수 있도록 설계도면에서 공작법의 세부 지시사항을 지시한 (   )을(를) 작성한다.

㉮ 공작도면 ㉯ 사양서
㉰ 재료적산 ㉱ 구조계획

[해설] 제작에 필요한 모든 정보를 전달하기 위한 도면으로 공정도, 시공도, 상세도가 있으며 현장의 형태, 구조, 조립, 결합 등의 상세함을 나타낸 도면으로 제작도가 있다.

35. 용접 이음의 부식 중 용접 잔류 응력 등 인장응력이 걸리거나 특정의 부식 환경으로 될 때 발생하는 부식은?
㉮ 입계부식 ㉯ 틈새부식
㉰ 접촉부식 ㉱ 응력부식

[해설] 용접 이음에서 잔류 응력이 존재하는 한 응력부식이 발생하는데, 발생하기 쉬운 재질은 알루미늄 합금, 마그네슘 합금, 동합금, 오스테나이트계, 스테인리스강 및 연강 등이다.

36. 용접 변형 방지법의 종류로 거리가 가장 먼 것은?
㉮ 전진법 ㉯ 억제법
㉰ 역변형법 ㉱ 피닝법

[해설] 용접 변형의 방지법으로 억제법, 역변형법, 대칭법, 후퇴법, 스킵 블록법, 스킵법(비석법), 도열법, 피닝법 등이 있다.

37. 용접 균열의 발생 원인이 아닌 것은?
㉮ 수소에 의한 균열 ㉯ 탈산에 의한 균열
㉰ 변태에 의한 균열 ㉱ 노치에 의한 균열

[해설] 용접 균열의 원인은 인성이 극히 작을 때, 수소, 황 등이 존재할 때, 언더컷 같은 결함이 존재할 때, 노치와 변태에 의한 균열 등이다.

38. 비파괴 검사법 중 표면결함 검출에 사용되지 않는 것은?
㉮ MT ㉯ UT
㉰ PT ㉱ ET

[해설] ① MT : 자분검사
② UT : 초음파 검사,
③ PT : 염료침투검사
④ ET : 음향검사
⑤ UT : 탐촉자를 이용하여 내부 결함을 검사하는 시험방법이다.

정답 33. ㉱ 34. ㉮ 35. ㉱ 36. ㉮ 37. ㉯ 38. ㉯

39. 모재의 인장강도가 400 MPa이고 용접시험편의 인장강도가 280 MPa이라면 용접부의 이음효율은 몇 %인가?

㉮ 50　　　　㉯ 60
㉰ 70　　　　㉱ 80

[해설] 이음효율
$= \dfrac{\text{용접시험편 인장강도}}{\text{모재의 인장강도}} \times 100$
$= \dfrac{280}{400} \times 100 = 70\,\%$

40. 용접 이음의 기본 형식이 아닌 것은?

㉮ 맞대기 이음　　㉯ 모서리 이음
㉰ 겹치기 이음　　㉱ 플레어 이음

[해설] 용접 이음의 기본적인 형식은 맞대기 이음, 모서리 이음, 변두리 이음, 겹치기 이음, T 이음, 십자 이음, 전면 필릿 이음, 측면 필릿 이음, 양면 덮개판 이음 등이 있다.

제 3 과목　용접일반 및 안전관리

---

41. 서브머지드 아크 용접법의 설명 중 잘못된 것은?

㉮ 용융속도와 용착속도가 빠르며 용입이 깊다.
㉯ 비소모식이므로 비드의 외관이 거칠다.
㉰ 모재 두께가 두꺼운 용접에서 효율적이다.
㉱ 용접선이 수직인 경우 적용이 곤란하다.

[해설] 소모식으로 비드의 외관이 예쁘고 아크가 플럭스 속에서 일어나므로 잠호 용접이라고도 불리는 자동화 용접법이다.

42. 다음 중 MIG 용접의 특징에 대한 설명으로 틀린 것은?

㉮ 반자동 또는 전자동 용접기로 용접 속도가 빠르다.
㉯ 정전압 특성 직류 용접기가 사용된다.
㉰ 상승 특성의 직류 용접기가 사용된다.
㉱ 아크 자기 제어 특성이 없다.

[해설] MIG 용접의 특징은 반자동 또는 전자동으로 직류 역극성을 사용하며 청정작용이 있고 정전압 특성 또는 상승 특성의 직류 용접기가 사용된다. 인버터 방식의 용접기는 아크 자기 제어 특성을 갖고 있다.

43. 아크(arc) 용접의 불꽃온도는 약 몇 ℃인가?

㉮ 1000℃　　　㉯ 2000℃
㉰ 4000℃　　　㉱ 5000℃

[해설] 아크 용접의 불꽃온도는 태양의 표면온도와 거의 비슷하며 태양에서 나오는 빛과 거의 동일한 자외선, 적외선, 가시광선이 있다. 아크 중심에서는 5000℃의 온도를 지닌다.

44. 모재의 유황(S) 함량이 많을 때 생기는 용접부 결함은?

㉮ 용입 불량　　㉯ 언더컷
㉰ 슬래그 섞임　㉱ 균열

[해설] 모재에 유황의 함량이 많을 때는 적열(고온) 취성과 균열의 원인이 된다.

45. 가스 용접에 쓰이는 토치의 취급상 주의사항으로 틀린 것은?

㉮ 팁을 모래나 먼지 위에 놓지 말 것
㉯ 토치를 함부로 분해하지 말 것
㉰ 토치에 기름, 그리스 등을 바를 것
㉱ 팁을 바꿀 때에는 반드시 양쪽 밸브를 잘 닫고 할 것

[해설] 토치의 취급상 주의사항
① 팁 및 토치를 작업장 바닥이나 흙 속에 방치하지 않는다.
② 점화되어 있는 토치를 아무 곳에나 방치하지 않는다.
③ 토치를 망치 등 다른 용도로 사용하지 않는다.
④ 팁의 과열 시 아세틸렌 밸브를 닫고 산소

정답　39. ㉰　40. ㉱　41. ㉯　42. ㉱　43. ㉱　44. ㉱　45. ㉰

밸브만 약간 열어 물속에서 냉각시킨다.
⑤ 팁을 바꿔 끼울 때는 반드시 양쪽 밸브를 모두 닫은 다음에 행한다.
⑥ 작업 중 발생하기 쉬운 역류, 역화, 인화에 항상 주의하여야 한다.

46. 용접 작업 중 전격의 방지 대책으로 적합하지 않은 것은?
㉮ 용접기 내부에 함부로 손을 대지 않는다.
㉯ TIG 용접기나 MIG 용접기의 수랭식 토치에서 물이 새어 나오면 사용을 금지한다.
㉰ 홀더나 용접봉은 맨손으로 취급해도 된다.
㉱ 용접 작업을 종료했을 때나 장시간 중지할 때는 반드시 전원 스위치를 차단시킨다.

[해설] 홀더나 용접봉도 반드시 용접장갑을 사용하여 취급한다.

47. 저압식 가스 용접 토치로 니들 밸브가 있는 가변압식 토치는 어느 것인가?
㉮ 영국식   ㉯ 프랑스식
㉰ 미국식   ㉱ 독일식

[해설] 저압식 토치는 아세틸렌가스를 빨아내는 인젝터(injector)장치를 갖고 있다. 토치에는 한 개의 팁에 한 개의 적당한 인젝터를 갖고 있는 불변압식(독일식, A형)과 인젝터 부분에 니들 밸브가 있어서 유량과 압력을 조정할 수 있는 구조로 된 가변압식(프랑스식, B형)이 있다.

48. 〈보기〉 중 용접의 자동화에서 자동제어의 장점에 해당되는 사항으로만 조합한 것은?

──〈보 기〉──
㉠ 제품의 품질이 균일화되어 불량품이 감소된다.
㉡ 원자재, 원료 등이 증가된다.
㉢ 인간에게는 불가능한 고속작업이 가능하다.
㉣ 위험한 사고의 방지가 불가능하다.
㉤ 연속작업이 가능하다.

㉮ ㉠, ㉡, ㉣   ㉯ ㉠, ㉡, ㉢, ㉤
㉰ ㉠, ㉢, ㉤   ㉱ ㉠, ㉡, ㉢, ㉣, ㉤

[해설] 자동화의 장점(㉠, ㉢, ㉤ 외) : 제품의 균일화로 불량품이 줄고 원자재, 원료 등이 감소하며 위험한 사고의 방지가 가능하다.

49. 산소-아세틸렌가스 연소 혼합비에 따라 사용되고 있는 용접 방법 중 산화불꽃(산소 과잉 불꽃)을 적용하는 재질은 어느 것인가?
㉮ 황동   ㉯ 연강
㉰ 주철   ㉱ 스테인리스강

[해설] 산소-아세틸렌가스 연소 혼합비에 따라 산소 과잉불꽃을 사용하는 금속은 황동, 청동이며 약한 산화 불꽃을 사용하는 금속은 가단철, 가단주철 등이다.

50. 용접에 관한 설명으로 틀린 것은?
㉮ 저항 용접 : 용접부에 대전류를 직접 흐르게 하여 전기 저항열로 접합부를 국부적으로 가열시킨 후 압력을 가해 접합하는 방법이다.
㉯ 가스 압접 : 열원은 주로 산소-아세틸렌 불꽃이 사용되며 접합부를 그 재료의 재결정 온도 이상으로 가열하여 축 방향으로 압축력을 가하여 접합하는 방법이다.
㉰ 냉간 압접 : 고온에서 강하게 압축함으로써 경계면을 국부적으로 탄성 변형시켜 압접하는 방법이다.
㉱ 초음파 용접 : 용접물을 겹쳐서 용접 팁과 하부 앤빌 사이에 끼워 놓고 압력을 가하면서 초음파 주파수로 횡진동을 주어 그 진동 에너지에 의한 마찰열로 압접하는 방법이다.

[해설] 냉간 압접은 2개의 금속을 1Å 이상으로 밀착시키면 자유전자가 공동화하여 결정격자점의 금속 이온과 상호 작용을 함으로써 금속 원자를 결합시키는 방법이므로 상온에서

단순히 가압만으로 금속 상호간에 확산을 일으켜 접합하는 방식이다.

51. 중압식 토치(medium pressure torch)에 대한 설명으로 틀린 것은?
㉮ 아세틸렌가스의 압력은 0.07~1.3 kgf/cm² 이다.
㉯ 산소의 압력은 아세틸렌의 압력과 같거나 약간 높다.
㉰ 팁의 능력에 따라 용기의 압력 조정기 및 토치의 조정 밸브로 유량을 조절한다.
㉱ 인젝터 부분에 니들 밸브로 유량과 압력을 조정한다.
[해설] ㉱항은 저압식 토치에 대한 설명이다.

52. 다음 중 불활성가스 아크 용접 시 주로 사용되는 가스는?
㉮ 아르곤가스
㉯ 수소가스
㉰ 산소와 질소의 혼합가스
㉱ 질소가스
[해설] 불활성가스는 원소 주기율표에 He, Ar, Kr, Ne 등이 있으며 용접가스로는 헬륨과 아르곤이 주로 사용된다.

53. 서브머지드 아크 용접에서 용융형 용제의 특징으로 틀린 것은?
㉮ 비드 외관이 아름답다.
㉯ 용제의 화학적 균일성이 양호하다.
㉰ 미용융 용제는 재사용할 수 없다.
㉱ 용융 시 산화되는 원소를 첨가할 수 없다.
[해설] 용융형 용제의 특징(㉮, ㉯, ㉱항 외)
① 흡습성이 거의 없으므로 재건조가 불필요하다.
② 미용융 용제는 다시 사용이 가능하다.
③ 용제의 화학적 균일성이 양호하다.
④ 용접 전류에 따라 입자의 크기가 다른 용제를 사용해야 한다.

54. 아크 용접 작업 시 사용되는 차광 유리의 규정 중 차광도 번호 13~14의 경우는 몇 A 이상에 쓰이는가?
㉮ 100
㉯ 200
㉰ 400
㉱ 300
[해설] 차광 유리 13번은 300~400 A 용접 전류에 사용되며 400 A 이상은 14번이 사용된다.

55. 정격전류가 500 A인 용접기를 실제는 400 A로 사용하는 경우 허용사용률은 몇 %인가? (단, 이 용접기의 정격사용률은 40 %이다.)
㉮ 66.5
㉯ 64.5
㉰ 62.5
㉱ 60.5
[해설] 허용사용률
$$= \frac{정격2차전류^2}{실제\ 용접전류^2} \times 정격사용률$$
$$= \frac{500^2}{400^2} \times 40 = 62.5\ \%$$

56. 용접 용어 중 아크 용접의 비드 끝에서 오목하게 파진 곳을 뜻하는 것은?
㉮ 크레이터
㉯ 언더컷
㉰ 오버랩
㉱ 스패터
[해설] 비드 끝에서 오목하게 파진 곳을 크레이터라 하며 보충 용접을 안할 때 크레이터 균열이 발생하기 쉽다.

57. 돌기 용접(projection welding)의 특징 중 틀린 것은?
㉮ 용접부의 거리가 짧은 점용접이 가능하다.
㉯ 전극 수명이 길고 작업 능률이 좋다.
㉰ 작은 용접점이라도 높은 신뢰도를 얻을 수 있다.
㉱ 한 번에 한 점씩만 용접할 수 있어서 속도가 느리다.
[해설] 돌기 용접은 2개 이상의 돌기부를 만들어서 1회의 작동으로 여러 개의 점용접이 되도

록 한 것이며, 모재 용접부에 정밀도가 높은 돌기를 만들어야 정확한 용접이 되며 용접 설비가 비싸다는 결점이 있다.

58. 전기 저항 접속의 방법이 아닌 것은?
㉮ 직·병렬 접속　　㉯ 병렬 접속
㉰ 직렬 접속　　　㉱ 합성 접속

[해설] 전기 저항 접속의 방법에는 직렬, 병렬, 직·병렬 접속이 있고 종류에는 단극식, 다전극식, 직렬식, 맥동식, 인터랙 등이 있다.

59. 다음 중 전기 저항 용접과 가장 관계가 깊은 법칙은?
㉮ 줄(Joule)의 법칙
㉯ 플레밍의 법칙
㉰ 암페어의 법칙
㉱ 뉴턴(Newton)의 법칙

[해설] 전기 저항 용접은 용접부에 대전류를 직접 흐르게 하고 이때 발생하는 주 열을 열원으로 하여 접합부를 가열하며 동시에 큰 압력을 주어 금속을 접합하는 방법이다.

60. 각종 강재 표면의 탈탄층이나 홈을 얇고 넓게 깎아 결함을 제거하는 방법은?
㉮ 가우징　　　　㉯ 스카핑
㉰ 선삭　　　　　㉱ 천공

[해설] 스카핑은 강재 표면의 흠이나 게재물, 탈탄층 등을 제거하기 위하여 될 수 있는 대로 얇게 그리고 타원형 모양으로 표면을 깎아 내는 가스 가공법이다.

정답　58. ㉱　59. ㉮　60. ㉯

2015년도 출제 문제

▶ 2015년 3월 18일 시행

자격종목 및 등급(선택분야)	종목코드	시험시간	문제지형별
용접산업기사	2026	1시간 30분	A

제 1 과목 용접야금 및 용접설비제도

1. 두 종류의 금속이 간단한 원자의 정수비로 결합하여 고용체를 만드는 물질은?
㉮ 층간 화합물 ㉯ 금속간 화합물
㉰ 합금 화합물 ㉱ 치환 화합물

[해설] 금속간 화합물은 2종 이상의 금속이 간단한 원자비로 화학적 결합을 하여 성분 금속과는 다른 성질을 가지는 독립된 화합물을 만드는 것을 말한다.

2. 용접용 고장력강의 인성(toughness)을 향상시키기 위해 첨가하는 원소가 아닌 것은?
㉮ P   ㉯ Al
㉰ Ti ㉱ Mn

[해설] 강에서 망간, 티타늄, 알루미늄 등은 인성을 향상시키나 인, 유황 등은 연신율, 충격치 등을 감소시킨다.

3. 탄소량이 약 0.80%인 공석강의 조직으로 옳은 것은?
㉮ 페라이트   ㉯ 펄라이트
㉰ 시멘타이트 ㉱ 레데부라이트

[해설] Fe-C 상태도에서 탄소량이 0.8%인 공석강은 페라이트 조직에서 펄라이트로 넘어가는 점으로 펄라이트 조직이고, 0.8% 이상으로 4.3% 레데부라이트 선까지는 시멘타이트 조직이다.

4. 스테인리스강의 종류가 아닌 것은?
㉮ 마텐자이트계 스테인리스강
㉯ 페라이트계 스테인리스강
㉰ 오스테나이트계 스테인리스강
㉱ 트루스타이트계 스테인리스강

[해설] 스테인리스강의 종류는 마텐자이트계, 페라이트계(13Cr 스테인리스강), 오스테나이트계 강(18-8스테인리스강)이 있다.

5. 고장력강의 용접부 중에서 경도값이 가장 높게 나타나는 부분은?
㉮ 원질부   ㉯ 본드부
㉰ 모재부   ㉱ 용착금속부

[해설] 용접부 중에서 열을 심하게 받는 용접 본드부에서 경도가 가장 높게 나타난다.

6. Fe-C 평형 상태도에서 감마철(γ-Fe)의 결정구조는?
㉮ 면심입방격자 ㉯ 체심입방격자
㉰ 조밀입방격자 ㉱ 사방입방격자

[해설] Fe-C 평형 상태도에서 768℃부터 용융점까지의 구간이 감마철의 결정구조이므로 체심-면심-체심의 구간에 면심입방격자의 구간이다.

7. 용접할 재료의 예열에 관한 설명으로 옳은 것은?
㉮ 예열은 수축 정도를 늘려준다.
㉯ 용접 후 일정 시간 동안 예열을 유지시켜

정답 1.㉯ 2.㉮ 3.㉯ 4.㉱ 5.㉯ 6.㉮ 7.㉰

도 효과는 떨어진다.
㉢ 예열은 냉각 속도를 느리게 하여 수소의 확산을 촉진시킨다.
㉣ 예열은 용접금속과 열 영향 모재의 냉각 속도를 높여 용접 균열에 저항성이 떨어 진다.

[해설] 용접부에서는 급랭에 의한 여러 가지 결함이 돌출되는데 적당히 예열을 하면 냉각 속도를 느리게 하여 결함을 방지하고 수축변형을 감소시키며 작업성도 개선된다.

8. 일반적으로 금속의 크리프(creep) 곡선은 어떠한 관계를 나타낸 것인가?
㉠ 응력과 시간의 관계
㉡ 변위와 연신율의 관계
㉢ 변형량과 시간의 관계
㉣ 응력과 변형률의 관계

[해설] 크리프 시험은 파괴시험 중 정적인 기계적 시험으로 변형량과 시간의 관계를 나타내며, 크리프 곡선은 시간을 횡축에, 변형률이나 연신율을 종축에 나타낸 결과이다.

9. 질기고 강하며 충격 파괴를 일으키기 어려운 성질은?
㉠ 연성   ㉡ 취성
㉢ 굽힘성   ㉣ 인성

[해설] 강의 성질 중 인성은 질기고 강하며 연성이나 전성이 있는 성질, 취성은 균열이나 부스러지기 쉬운 성질, 굽힘성은 잘 구부러지는 성질이다.

10. 금속 강화 방법으로 금속을 구부리거나 두드려서 변형을 가하여 단단하게 하는 방법은?
㉠ 가공경화   ㉡ 시효경화
㉢ 고용경화   ㉣ 이상경화

[해설] 가공경화는 금속을 가공하여 변형을 시키면 단단해지며, 그 경화는 변형의 정도에 따라 커지는 것을 말한다.

11. 가상선의 용도에 대한 설명으로 틀린 것은?
㉠ 인접 부분을 참고로 표시할 때
㉡ 공구, 지그 등의 위치를 참고로 나타낼 때
㉢ 대상물이 보이지 않는 부분을 나타낼 때
㉣ 가공 전 또는 가공 후의 모양을 나타낼 때

[해설] 가상선은 가는 2점 쇄선을 이용하고 숨은 선은 가는 파선 또는 굵은 파선을 이용한다.

12. 도면의 종류와 내용이 다른 것은?
㉠ 조립도 : 물품의 전체적인 조립 상태를 나타내는 도면
㉡ 부품도 : 물품을 구성하는 각 부품을 개별적으로 상세하게 그린 도면
㉢ 스케치도 : 기계나 장치 등의 실체를 보고 자를 대고 그린 도면
㉣ 전개도 : 구조물, 물품 등의 표면을 평면으로 나타내는 도면

[해설] 동일 부품을 다시 제작하거나 파손된 기계 부품을 교체하고자 할 때, 현품을 기준으로 개선된 부품을 고안하려고 할 때 자나 컴퍼스 등의 제도 용구를 사용하지 않고 모눈종이나 제도용지에 프리핸드로 그리는 것을 스케치라고 한다. 스케치에 의하여 작성된 그림을 스케치도라고 한다.

13. 용접 기호를 설명한 것으로 틀린 것은?

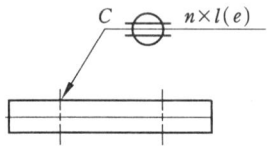

㉠ 심용접으로 C는 슬롯부의 폭을 나타낸다.
㉡ 심용접으로 (e)는 용접비드 사이의 거리를 나타낸다.
㉢ 심용접으로 화살표 반대 방향의 용접을 나타낸다.
㉣ 심용접으로 n은 용접부의 수를 나타낸다.

[해설] 용접 기호가 실선 위에 있으면 화살표 쪽,

파선 위에 있으면 화살표 반대 쪽의 용접을 나타낸다.

14. 도면에서 표제란의 척도 표시란에 NS의 의미는?
㉮ 배척을 나타낸다.
㉯ 척도가 생략됨을 나타낸다.
㉰ 비례척이 아님을 나타낸다.
㉱ 현척이 아님을 나타낸다.

[해설] 도면에 정해진 척도값을 그리지 못하거나 비례하지 않을 때는 비례척이 아님 또는 NS (none scale)로 표시한다.

15. 투상법 중 등각 투상도법에 대한 설명으로 옳은 것은?
㉮ 한 평면 위에 물체의 실제 모양을 정확히 표현하는 방법을 말한다.
㉯ 정면, 측면, 평면을 하나의 투상면 위에서 동시에 볼 수 있도록 그려진 투상도이다.
㉰ 물체의 주요 면을 투상면에 평행하게 놓고, 투상면에 대해 수직보다 다소 옆면에서 보고 나타낸 투상도이다.
㉱ 도면에 물체의 앞면, 뒷면을 동시에 표시하는 방법이다.

[해설] 등각 투상도는 정면, 평면, 측면을 하나의 투상면 위에 동시에 볼 수 있도록 두 개의 옆면의 모서리가 수평선과 30°가 되도록, 세 축이 120°의 등각이 되도록 입체도를 투상한 것이다.

16. 전개도를 그리는 방법에 속하지 않는 것은?
㉮ 평행선 전개법   ㉯ 나선형 전개법
㉰ 방사선 전개법   ㉱ 삼각형 전개법

[해설] 입체의 표면을 하나의 평면 위에 펼쳐 놓은 도형을 전개도라 하며, 전개 방법으로 평행선, 방사선, 삼각형 전개법이 있다.

17. 도면의 크기에 대한 설명으로 틀린 것은?

㉮ 제도 용지의 세로와 가로의 비는 $1 : \sqrt{2}$ 이다.
㉯ A0의 넓이는 약 $1\,m^2$이다.
㉰ 큰 도면을 접을 때 A3의 크기로 접는다.
㉱ A4의 크기는 210×297 mm이다.

[해설] 큰 도면을 접을 때 A4의 크기로 접는 것을 원칙으로 한다.

18. 용접부의 표면 형상 중 끝단부를 매끄럽게 가공하는 보조 기호는?
㉮ ──   ㉯ ⌢
㉰ ⌣   ㉱ ⌣⌣

[해설] ㉮는 평면(동일한 면으로 마감처리), ㉯는 볼록형, ㉰는 오목형, ㉱는 토우를 매끄럽게 한다는 보조 기호이다.

19. 건축, 교량, 선박, 철도, 차량 등의 구조물에 쓰이는 일반구조용 압연강재 2종의 재료 기호는?
㉮ SHP 2   ㉯ SCP 2
㉰ SM 20C   ㉱ SS 400

[해설] 제도에서 재료 기호의 맨 앞은 재질을 표시하는 기호로 S는 강, SM은 기계구조용강이다. 두 번째 기호는 규격명 또는 제품명을 표시하는 기호로 S는 일반 구조용 압연재, HP는 열간 압연 연강판, HR는 열간 압연, CP는 냉간 압연 강대 등이다. 세 번째는 재료의 종류를 표시는 기호로 400은 최저 인장강도 또는 항복점 등이다.

20. 도면에서 치수 숫자의 방향과 위치에 대한 설명 중 틀린 것은?
㉮ 치수 숫자의 기입은 치수선 중앙 상단에 표시한다.
㉯ 치수 보조선이 짧아 치수 기입이 어렵더라도 숫자 기입은 중앙에 위치하여야 한다.
㉰ 수평 치수선에 대하여는 치수가 위쪽으로

[정답] 14. ㉰ 15. ㉯ 16. ㉯ 17. ㉰ 18. ㉱ 19. ㉱ 20. ㉯

향하도록 한다.
㉣ 수직 치수선에서는 치수를 왼쪽에 기입하도록 한다.

제 2 과목 용접구조설계

21. 120 A의 용접 전류로 피복 아크 용접을 하고자 한다. 적정한 차광 유리의 차광도 번호는?
㉮ 6번　　㉯ 7번
㉰ 8번　　㉱ 10번

[해설] 금속 아크 용접에서는 용접 전류가 100~200 A일 때 차광도 번호 10번을 이용한다.

22. 인장강도가 430 MPa인 모재를 용접하여 용접시험편의 인장강도가 350 MPa가 되었다. 이 용접부의 이음효율은 약 몇 %인가?
㉮ 81　　㉯ 90
㉰ 71　　㉱ 122

[해설] 이음효율
$= \dfrac{\text{용접시험편의 인장강도}}{\text{모재의 인장강도}} \times 100$
$= \dfrac{350}{430} \times 100 = 81.4 ≒ 81\,\%$

23. 용접 이음의 준비 사항으로 틀린 것은?
㉮ 용입이 허용하는 한 홈 각도를 작게 하는 것이 좋다.
㉯ 가접은 이음의 끝 부분, 모서리 부분을 피한다.
㉰ 구조물을 조립할 때에는 용접 지그를 사용한다.
㉱ 용접부의 결함을 검사한다.

[해설] 용접 이음의 준비 사항은 홈 가공, 조립 및 가접, 루트 간격, 이음부의 청소 등이 있으며 용접부의 결함을 검사하는 것은 용접 후 처리 과정이다.

24. 인장시험에서 구할 수 없는 것은?
㉮ 인장응력　　㉯ 굽힘응력
㉰ 변형률　　㉱ 단면 수축률

[해설] 인장시험은 인장을 파단하여 항복점(내력), 인장강도, 연신율, 단면 수축률, 변형률 등을 측정한다.

25. 용접부에 발생하는 잔류 응력 완화법이 아닌 것은?
㉮ 응력 제거 풀림법
㉯ 피닝법
㉰ 스퍼터링법
㉱ 기계적 응력 완화법

[해설] 잔류 응력 완화법은 노 내 풀림법, 국부 풀림법, 저온 응력 완화법, 기계적 응력 완화법, 피닝법 등이 있다.

26. 전자빔 용접의 특징을 설명한 것으로 틀린 것은?
㉮ 고진공 속에서 용접하므로 대기와 반응되기 쉬운 활성 재료도 용이하게 용접이 된다.
㉯ 전자렌즈에 의해 에너지를 집중시킬 수 있으므로 고용융재료의 용접이 가능하다.
㉰ 전기적으로 매우 정확히 제어되므로 얇은 판에서의 용접에만 용접이 가능하다.
㉱ 에너지의 집중이 가능하기 때문에 용융 속도가 빠르고 고속 용접이 가능하다.

[해설] 전자빔 용접의 특징
① 고용융점 재료 및 이종 금속의 금속 용접 가능성이 크다.
② 용접 입열이 적고 용접부가 좁으며 용입이 깊다.
③ 진공 중에서 용접하므로 불순가스에 의한 오염이 적다.
④ 활성금속의 용접이 용이하고 용접부에서 열 영향부가 매우 적다.
⑤ 시설비가 많이 들고 용접물의 크기에 제한을 받는다.

[정답] 21. ㉱　22. ㉮　23. ㉱　24. ㉯　25. ㉰　26. ㉰

⑥ 얇은 판에서 두꺼운 판까지 용접할 수 있다.
⑦ 대기압형의 용접기 사용 시 X선 방호가 필요하다.
⑧ 용접부의 기계적, 야금적 성질이 양호하다.

27. 접합하고자 하는 모재 한 쪽에 구멍을 뚫고 그 구멍으로부터 용접하여 다른 한쪽 모재와 접합하는 용접 방법은?
㉮ 플러그 용접 ㉯ 필릿 용접
㉰ 초음파 용접 ㉱ 테르밋 용접

[해설] 두 장의 판재를 용접하기 위하여 한쪽 판에 드릴 머신이나 밀링 머신으로 구멍이나 긴 홈을 가공하여 다른 한쪽의 모재와 접합하는 용접법으로 구멍은 플러그 용접, 긴 홈을 파낸 것은 슬롯 용접이라 한다.

28. 다음 그림은 겹치기 필릿 용접 이음을 나타낸 것이다. 이음부에 발생하는 허용응력이 5 MPa일 때 필요한 용접 길이 l는 얼마인가? (단, h = 20 mm, P = 6 kN이다.)

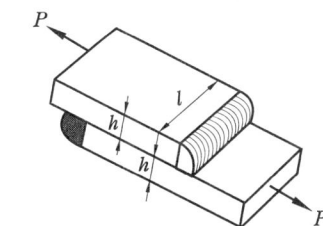

㉮ 약 42 mm ㉯ 약 38 mm
㉰ 약 35 mm ㉱ 약 32 mm

[해설] 길이 = $\dfrac{(0.707 \times 6)}{(0.02 \times 5000)}$ = 0.042
≒ 42 mm

29. 용접 입열이 일정한 경우 용접부의 냉각 속도는 열전도율 및 열의 확산하는 방향에 따라 달라질 때 냉각속도가 가장 빠른 것은?
㉮ 두꺼운 연강판의 맞대기 이음
㉯ 두꺼운 구리판의 T형 필릿 이음
㉰ 얇은 연강판의 모서리 이음
㉱ 얇은 구리판의 맞대기 이음

[해설] 열의 확산 속도는 연강판보다 구리판이 더 좋으며 두께가 두꺼울수록 또는 열의 확산 방향이 많을수록 냉각 속도가 더 빨라진다.

30. 용접 이음부의 형태를 설계할 때 고려할 사항이 아닌 것은?
㉮ 용착 금속량이 적게 드는 이음 모양이 되도록 할 것
㉯ 적당한 루트 간격과 홈 각도를 선택할 것
㉰ 용입이 깊은 용접법을 선택하여 가능한 이음의 베벨가공은 생략하거나 줄일 것
㉱ 후판 용접에서는 양면 V형 홈보다 V형 홈 용접하여 용착 금속량을 많게 할 것

[해설] 후판 용접에서는 양면 V형을 이용하여 완전한 용접이 되도록 하며 GA의 용접을 될 수록 작게 한다.

31. 연강 및 고장력강용 플럭스 코어 아크 용접 와이어의 종류 중 하나인 YFW-C50 2 X에서 2가 뜻하는 것은?
㉮ 플럭스 타입
㉯ 실드가스
㉰ 용착금속의 최소 인장강도 수준
㉱ 용착금속의 충격시험 온도와 흡수에너지

[해설] Y : 용접와이어, F : 플럭스 충전, W : 용착 금속의 화학 성분, 50 : 용착금속의 최소 인장강도, 2 : 용착금속의 충격시험 온도와 흡수에너지

32. 용접부의 시험과 검사 중 파괴시험에 해당되는 것은?
㉮ 방사선 투과시험 ㉯ 초음파 탐상시험
㉰ 현미경 조직시험 ㉱ 음향시험

[해설] 용접부의 시험 중 비파괴시험은 외관시험, 누설(누수)시험, 침투(형광, 염료)시험, 형광시험, 음향시험, 초음파시험, 자기적시험, 와류시험(맴돌이검사), 방사선 투과시험, 천공시

험 등이며 현미경 조직시험은 야금학적 파괴시험의 종류이다.

33. 용접 방법과 시공 방법을 개선하여 비용을 절감하는 방법으로 틀린 것은?
㉮ 사용 가능한 용접 방법 중 용착 속도가 큰 것을 사용한다.
㉯ 피복 아크 용접을 할 경우 가능한 굵은 용접봉을 사용한다.
㉰ 용접 변형을 최소화하는 용접 순서를 택한다.
㉱ 모든 용접에 되도록 덧살을 많게 한다.
[해설] 용접 방법과 시공 방법을 개선하여 비용을 절감하려면 ㉮, ㉯, ㉰항 외에 모든 용접에 되도록 덧살(표면에서 1~3 mm 정도)을 적게 하여 수축이 작고 변형이 일어나지 않게 한다.

34. 설계 단계에서의 일반적인 용접 변형 방지법으로 틀린 것은?
㉮ 용접 길이가 감소될 수 있는 설계를 한다.
㉯ 용착금속을 증가시킬 수 있는 설계를 한다.
㉰ 보강재 등 구속이 커지도록 구조 설계를 한다.
㉱ 변형이 적어질 수 있는 이음 현상으로 배치한다.
[해설] 설계 단계에서의 용접 변형 방지법 : 가능한 용접 길이가 감소하고 용착금속을 작게 하며 변형이 적어질 수 있는 이음과 보강재 등으로 외적 구속이 커지도록 설계를 한다.

35. 탄산가스(CO_2) 아크 용접부의 기공 발생에 대한 방지 대책으로 틀린 것은?
㉮ 가스 유량을 적정하게 한다.
㉯ 노즐 높이를 적정하게 한다.
㉰ 용접 부위의 기름, 녹, 수분 등을 제거한다.
㉱ 용접 전류를 높이고 운봉을 빠르게 한다.
[해설] 용접 전류가 높고 운봉을 빠르게 하면 기공이 발생한다.

탄산가스 아크 용접부의 기공 발생 원인 : 탄산가스 유량 부족, 가스에 공기 혼입, 바람에 의한 탄산가스의 소멸, 노즐에 스패터 다량 부착, 탄산가스의 품질 저하, 노즐과 모재간의 거리가 지나치게 길 때, 복합 와이어의 흡습, 솔리드 와이어 녹 발생 등

36. 용접부에 대한 침투검사법의 종류에 해당하는 것은?
㉮ 자기침투검사, 와류침투검사
㉯ 초음파침투검사, 펄스침투검사
㉰ 염색침투검사, 형광침투검사
㉱ 수직침투검사, 사각침투검사

37. 습기 찬 저수소계 용접봉은 사용 전 건조해야 하는데 건조 온도로 가장 적당한 것은?
㉮ 70~100℃   ㉯ 100~150℃
㉰ 150~200℃   ㉱ 300~350℃
[해설] 저수소계는 300~350℃에서 2시간 정도 건조하고 일반 용접봉은 70~100℃에서 1시간 정도 건조시킨다.

38. 필릿 용접과 맞대기 용접의 특성을 비교한 것으로 틀린 것은?
㉮ 필릿 용접이 공작하기 쉽다.
㉯ 필릿 용접은 결함이 생기지 않고 이면 따내기가 쉽다.
㉰ 필릿 용접의 수축변형이 맞대기 용접보다 작다.
㉱ 필릿 용접의 수축변형이 맞대기 용접보다 더 영향을 받는다.
[해설] 필릿 용접은 맞대기 용접보다 쉽게 용접을 할 수 있고 내부 결함이 적다. 수축변형은 맞대기 이음에 비해 필릿 이음이 훨씬 적다.

39. 용접 이음 강도 계산에서 안전율을 5로 하고 허용응력을 100 MPa이라 할 때 인장강도는 얼마인가?

[정답] 33. ㉱ 34. ㉯ 35. ㉱ 36. ㉰ 37. ㉱ 38. ㉯ 39. ㉰

㉮ 300 MPa ㉯ 400 MPa
㉰ 500 MPa ㉱ 600 MPa

[해설] 안전율 = $\dfrac{인장강도}{허용응력}$

인장강도 = 허용응력 × 안전율
= 5 × 100 = 500

40. 용접봉 종류 중 피복제에 석회석이나 형석을 주성분으로 하고 용착금속 중의 수소 함유량이 다른 용접봉에 비해서 1/10 정도로 현저하게 낮은 용접봉은?

㉮ E4301 ㉯ E4303
㉰ E4311 ㉱ E4316

제 3 과목 용접일반 및 안전관리

---

41. 돌기 용접(projection welding)의 특징으로 틀린 것은?

㉮ 용접된 양쪽의 열용량이 크게 다를 경우라도 양호한 열평형이 얻어진다.
㉯ 작은 용접점이라도 높은 신뢰도를 얻기 쉽다.
㉰ 점 용접에 비해 작업 속도가 매우 느리다.
㉱ 점 용접에 비해 전극의 소모가 적어 수명이 길다.

[해설] 돌기 용접이란 저항 용접의 종류로서 줌의 한쪽 또는 양쪽에 1개 이상의 돌기부를 만들어 1회의 작동으로 여러 개의 점용접을 할 수 있으므로 얇은 판과 두꺼운 판, 열전도나 열용량이 틀린 것을 쉽게 용접할 수 있다.

42. 높은 에너지밀도 용접을 하기 위해 $10^{-4} \sim 10^{-6}$ mmHg 정도의 고진공 속에서 용접하는 용접법은?

㉮ 플라즈마 용접   ㉯ 전자빔 용접
㉰ 초음파 용접   ㉱ 원자수소 용접

[해설] 전자빔 용접은 높은 진공($10^{-4} \sim 10^{-6}$ mmHg) 속에서 적열된 필라멘트로부터 전자빔을 접합부에 조사하여 그 충격열을 이용하여 용융하는 방법이다.

43. 용접의 특징으로 틀린 것은?

㉮ 재료가 절약된다.
㉯ 기밀, 수밀성이 우수하다.
㉰ 변형, 수축이 없다.
㉱ 기공(blow hole), 균열 등 결함이 있다.

[해설] 용접의 특징은 재료가 절약되고 기밀, 수밀성이 높으나 잘못 설계를 하면 변형, 수축이 있고 기공, 균열 등의 결함이 발생한다.

44. 정격2차전류가 300 A, 정격사용률이 40 %인 교류 아크 용접기를 사용하여 전류 150 A로 용접 작업하는 경우 허용사용률(%)은?

㉮ 180 ㉯ 160
㉰ 80   ㉱ 60

[해설] 허용사용률
$= \dfrac{(정격2차전류)^2}{(실제\ 용접전류)^2} \times 정격사용률$
$= \dfrac{(300)^2}{(150)^2} \times 40 = 160\%$

45. 카바이드(CaC_2)의 취급법으로 틀린 것은?

㉮ 카바이드는 인화성물질과 같이 보관한다.
㉯ 카바이드 개봉 후 뚜껑을 잘 닫아 습기가 침투되지 않도록 보관한다.
㉰ 운반 시 타격, 충격, 마찰을 주지 말아야 한다.
㉱ 카바이드 통을 개봉할 때 절단가위를 사용한다.

[해설] 카바이드의 취급법
① 승인된 장소(인화성 물질 등으로부터 최소 5 m 이상)에 저장하고 아세틸렌 발생기 밖에서는 물이나 습기와 접촉시켜서는 안 된다.

정답 40. ㉱ 41. ㉰ 42. ㉯ 43. ㉰ 44. ㉯ 45. ㉮

② 저장 장소 및 저장통 가까이에 빛이나 인화가 가능한 물건을 두지 않는다.
③ 저장통에서 카바이드를 들어낼 때는 모넬메탈이나 목제 공구 또는 카바이드 전용 절단가위를 사용하여 마찰, 충격 및 불꽃을 방지한다.

46. 슬래그의 생성량이 대단히 적고 수직 자세와 위보기 자세에 좋으며 아크는 스프레이형으로 용입이 좋아 아주 좁은 홈의 용접에 가장 적합한 특성을 갖고 있는 가스 실드계 용접봉은?
㉮ E4301   ㉯ E4316
㉰ E4311   ㉱ E4327

[해설] 가스 실드계의 대표적인 용접봉으로 슬래그가 적고 좁은 홈의 용접이나 수직 상진·하진 및 위보기 용접에서 우수한 작업성을 나타내는 것은 E4311이다.

47. 피복 아크 용접부의 결함 중 언더컷(undercut)이 발생하는 원인으로 가장 거리가 먼 것은?
㉮ 아크 길이가 너무 긴 경우
㉯ 용접봉의 유지 각도가 적당치 않은 경우
㉰ 부적당한 용접봉을 사용한 경우
㉱ 용접 전류가 너무 낮은 경우

[해설] 언더컷의 발생 원인(㉮, ㉯, ㉰ 외)
① 전류가 너무 높을 때
② 용접 속도가 적당하지 않을 때

48. 피복 아크 용접에서 피복제의 작용으로 틀린 것은?
㉮ 아크를 안정시킨다.
㉯ 산화, 질화를 방지한다.
㉰ 용융점이 높고 점성없는 슬래그를 만든다.
㉱ 용착 효율을 높이고 용적을 미세화시킨다.

[해설] 피복 아크 용접에서 용접봉의 피복제의 역할은 아크를 안정시키고 산화, 질화를 방지하며 용착 효율을 높이고 냉각 속도를 느리게 하여 급랭을 방지시키며 용융금속의 용적을 미세화시킨다.

49. 가스 용접 작업에 필요한 보호구에 대한 설명 중 틀린 것은?
㉮ 앞치마와 팔 덮개 등을 착용하면 작업하기에 힘이 들기 때문에 착용하지 않아도 된다.
㉯ 보호장갑은 화상방지를 위하여 꼭 착용한다.
㉰ 보호안경은 비산되는 불꽃에서 눈을 보호한다.
㉱ 유해가스가 발생할 염려가 있을 때에는 방독면을 착용한다.

[해설] 앞치마, 팔 덮개 등은 화상을 방지하기 위해 반드시 착용하는 보호구이다.

50. 납땜에 쓰이는 용제(flux)가 갖추어야 할 조건으로 가장 적합한 것은?
㉮ 청정한 금속면의 산화를 촉진시킬 것
㉯ 납땜 후 슬래그 제거가 어려울 것
㉰ 침지땜에 사용되는 것은 수분을 함유할 것
㉱ 모재와 친화력을 높일 수 있으며 유동성이 좋을 것

[해설] 납땜에 쓰이는 용제가 갖추어야 할 조건
① 모재의 산화피막과 같은 불순물을 제거하고 유동성이 좋을 것
② 청정한 금속면의 산화를 방지할 것
③ 땜납의 표면장력을 맞추어 모재와의 화력을 높일 것
④ 용제의 유효 온도 범위와 납땜 온도가 일치할 것
⑤ 납땜 후 슬래그 제거가 용이할 것
⑥ 전기 저항 납땜에 사용되는 것은 전도체일 것
⑦ 침지땜에 사용되는 것은 수분을 함유하지 않을 것
⑧ 인체에 해가 없을 것

51. 피복 아크 용접 중 수동 용접기에 가장 적합

정답 46. ㉰ 47. ㉱ 48. ㉰ 49. ㉮ 50. ㉱ 51. ㉰

한 용접기의 특성은?
㉮ 정전압 특성 ㉯ 상승 특성
㉰ 수하 특성   ㉱ 정 특성

[해설] 피복 아크 용접기에는 용접 변압기의 리액턴스에 의하여 수하 특성을 얻고 누설자속에 의하여 전류를 조정한다.

52. 아크 용접 보호구가 아닌 것은?
㉮ 핸드 실드   ㉯ 용접용 장갑
㉰ 앞치마   ㉱ 치핑해머

[해설] 아크 용접에 사용되는 보호구는 핸드 실드, 헬멧이나 가죽 앞치마, 팔 및 발 덮개, 안전화, 용접 장갑 등이며 공구는 뜨거운 것을 취급하는 단조 집게 슬래그(치핑)해머, 와이어 브러쉬 등이다.

53. 점용접의 3대 주요 요소가 아닌 것은?
㉮ 용접 전류   ㉯ 통전시간
㉰ 용제   ㉱ 가압력

[해설] 전기 저항 용접의 3대 주요 요소는 용접 전류, 통전시간, 가압력 등이며 줄의 열을 이용하여 접합시킨다.

54. 플래시 버트 용접 과정의 순서로 옳은 것은?
㉮ 예열 → 업셋 → 플래시
㉯ 업셋 → 예열 → 플래시
㉰ 예열 → 플래시 → 업셋
㉱ 플래시 → 예열 → 업셋

[해설] 플래시 버트 용접은 처음으로 양쪽 모재를 가깝게 접촉하여 플래시가 나오도록 예열시킨 후 가열이 되면 업셋으로 접합시킨다.

55. 서브머지드 아크 용접에서 소결형 용제의 특징이 아닌 것은?
㉮ 고전류에서의 용접 작업성이 좋다.
㉯ 합금원소의 첨가가 용이하다.
㉰ 전류에 상관없이 동일한 용제로 용접이 가능하다.
㉱ 용융형 용제에 비하여 용제의 소모량이 많다.

[해설] 소결형 용제는 고전류에서의 용접 작업성이 좋고 후판의 고능률 용접에 적합하며 용접 금속의 성질이 우수하고, 특히 절연성이 우수하다. 합금원소의 첨가가 용이하고 저망간강 와이어 1종류로서 연강 및 저합금강까지 용제만 변경하면 용접이 가능하다. 용융형 용제에 비하여 용제의 소모량이 적으나 흡수성이 높으므로 사용 전에 200~300℃에서 1시간 정도 건조하여야 한다.

56. 피복 아크 용접기를 사용할 때의 주의사항이 아닌 것은?
㉮ 정격사용률 이상 사용하지 않는다.
㉯ 용접기 케이스를 접지한다.
㉰ 탭 전환형은 아크 발생 중 탭을 전환시킨다.
㉱ 가동 부분, 냉각 팬(fan)을 점검하고 주유해야 한다.

[해설] 탭 전환형은 탭 전환부에 소손이 심하여 아크 발생 중에는 가능한 탭을 전환하지 않는다.

57. 피복 아크 용접봉에서 용융 금속 중에 침투한 산화물을 제거하는 탈산 정련 작용제로 사용되는 것은?
㉮ 붕사   ㉯ 석회석
㉰ 형석   ㉱ 규소철

[해설] 탈산제로는 망간철, 규소철, 알루미늄철 등이 사용되고 있으며 석회석과 형석은 아크 안정제이고 붕사는 가스 용접과 경납땜에 사용하는 용재이다.

58. 46.7리터의 산소용기에 150 kgf/cm² 가 되게 산소를 충전하였다. 이것을 대기 중에서 환산하면 산소는 약 몇 리터인가?
㉮ 4090   ㉯ 5030
㉰ 6100   ㉱ 7005

[정답] 52. ㉱ 53. ㉰ 54. ㉰ 55. ㉱ 56. ㉰ 57. ㉱ 58. ㉱

[해설] 산소의 내용적×압력게이지의 고압계(또는 충전량) = 46.7 × 150 = 7005

59. 퍼커링(puckering) 현상이 발생하는 한계 전류값의 주원인이 아닌 것은?
㉮ 와이어 지름
㉯ 후열 방법
㉰ 용접 속도
㉱ 보호 가스의 조성
[해설] 퍼커링은 미그 용접에서 용접 전류가 과대할 때 용융풀에 외기가 스며들어 비드 표면에 주름진 두꺼운 산화막이 생긴 것이다.

60. 가스 절단 시 절단면에 생기는 드래그 라인(drag line)에 관한 설명으로 틀린 것은?
㉮ 절단 속도가 일정할 때 산소 소비량이 적으면 드래그 길이가 길고 절단면이 좋지 않다.
㉯ 가스 절단의 양부를 판정하는 기준이 된다.
㉰ 절단 속도가 일정할 때 산소 소비량을 증가시키면 드래그 길이는 길어진다.
㉱ 드래그 길이는 주로 절단 속도, 산소 소비량에 따라 변화한다.
[해설] 절단 속도가 일정하고 산소 소비량을 증가시키면 드래그 길이는 짧아진다.

□ 용접 산업기사 ▶ 2015. 5. 31 시행

제 1 과목 용접야금 및 용접설비제도

1. 순철에서는 A_2변태점에서 일어나며 원자 배열의 변화 없이 자기의 강도만 변화되는 자기 변태 온도는?
㉮ 723℃   ㉯ 768℃
㉰ 910℃   ㉱ 1401℃
[해설] Fe-C 상태도에서 A_2변태점은 동소변태(체심입방격자)에 변화 없이 자기의 크기에 변화를 일으키는 것을 자기변태라 하며 퀴리점이라고도 한다.

2. 연강 용접에서 용착금속의 샤르피(charpy) 충격치가 가장 높은 것은?
㉮ 산화철계   ㉯ 티탄계
㉰ 저수소계   ㉱ 셀룰로스계
[해설] 충격치는 염기성이 좋은 티탄계→고셀룰로스계→고산화철계→일미나이트계→저수소계의 순서로 높다.

3. 습기 제거를 위한 용접봉의 건조 시 건조 온도가 가장 높은 것은?
㉮ 일미나이트계   ㉯ 저수소계
㉰ 고산화티탄계   ㉱ 라임티탄계
[해설] 일반 용접봉은 70~100℃에서 30분~1시간 정도, 저수소계는 사용하기 전에 300~350℃에서 1~2시간 정도 건조시켜 사용한다.

4. 연화를 목적으로 적당한 온도까지 가열한 다음 그 온도에서 유지하고 나서 서랭하는 열처리법은?
㉮ 불림   ㉯ 뜨임
㉰ 풀림   ㉱ 담금질
[해설] 담금질 열처리는 경화를 목적으로, 뜨임과 불림은 인성을 목적으로, 풀림은 연화를 목적으로 한다.

정답 59. ㉯ 60. ㉰ 1. ㉯ 2. ㉰ 3. ㉯ 4. ㉰

5. Fe₃C에서 Fe의 원자비는?
㉮ 75 %　㉯ 50 %
㉰ 25 %　㉱ 10 %

[해설] 화학당론적인 해석으로 Fe는 3개, C는 1개이므로 100 %로 보았을 때 Fe는 75 %의 원자비를 갖고 있다.

6. 응력 제거 풀림 처리 시 발생하는 효과가 아닌 것은?
㉮ 잔류 응력을 제거한다.
㉯ 응력부식에 대한 저항력이 증가한다.
㉰ 충격 저항과 크리프 저항이 감소한다.
㉱ 온도가 높고 시간이 길수록 수소 함량은 낮아진다.

[해설] 응력 제거 풀림 처리는 잔류 응력이나 응력부식에 대한 저항력이 증가하나 크리프 저항이 감소하는 것은 아니다.

7. 용접금속에 수소가 침입하여 발생하는 것이 아닌 것은?
㉮ 은점　㉯ 언더컷
㉰ 헤어 크랙　㉱ 비드 밑 균열

[해설] 용접금속에서 수소의 영향은 비드 밑 균열, 은점, 수소 취성, 미세 균열, 선상조직 등이며 언더컷은 용접 전류가 높을 때, 용접 속도가 너무 빠를 때, 용접봉의 선택이 잘못되었을 때 생기는 결함이다.

8. 용접부의 노 내 응력 제거 방법에서 가열부를 노에 넣을 때 및 꺼낼 때의 노 내 온도는 몇 ℃ 이하로 하는가?
㉮ 300℃　㉯ 400℃
㉰ 500℃　㉱ 600℃

[해설] 노 내 풀림법에서 연강류 제품을 노 내에서 출입시키는 온도는 300℃를 넘어서는 안 된다.

9. 합금을 함으로써 얻어지는 성질이 아닌 것은?
㉮ 주조성이 양호하다.
㉯ 내열성이 증가한다.
㉰ 내식성, 내마모성이 증가한다.
㉱ 전연성이 증가되며 융점 또한 높아진다.

[해설] 합금을 함으로써 전연성이 감소되고 용융점이 감소된다.

강도, 경도	증가	내식성, 내마모성	증가
열전도율	감소	내열성	증가
주조성	양호	열처리	양호
융점	감소	연성, 전성	저하
광택	배합비율에 따라 다름	비중, 가단성	저하

10. 다음 중 실용 주철의 특성에 대한 설명으로 틀린 것은?
㉮ 비중은 C와 Si 등이 많을수록 작아진다.
㉯ 용융점은 C와 Si 등이 많을수록 낮아진다.
㉰ 흑연편이 클수록 자기 감응도가 나빠진다.
㉱ 내식성 주철은 염산, 질산 등의 산에는 강하나 알칼리에는 약하다.

[해설] 주철은 염산 30 % 이상의 알칼리 용액, 수분이 있는 흙 및 염수나 폐수 등에는 부식되며, 특히 산성에 약하다.

11. 제도에 대한 설명으로 가장 적합한 것은?
㉮ 투명한 재료로 만들어지는 대상물 또는 부분은 투상도에서는 그리지 않는다.
㉯ 투상도는 설계자가 생각하는 것을 투상하여 입체 형태로 그린 것이다.
㉰ 나사, 중심 구멍 등 특수한 부분의 표시는 별도로 정한 한국산업표준에 따른다.
㉱ 한국산업표준에서 규정한 기호를 사용할 경우 주기를 입력해야 하며, 기호 옆에 뜻을 명확히 주기한다.

12. 그림에 대한 설명으로 옳은 것은?

정답　5. ㉮　6. ㉰　7. ㉯　8. ㉮　9. ㉱　10. ㉱　11. ㉰　12. ㉯

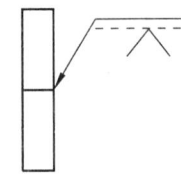

㉮ 화살표 쪽에 용접
㉯ 화살표 반대쪽에 용접
㉰ 원둘레 용접
㉱ 양면 용접

[해설] 그림은 V형 맞대기 용접으로 실선 위에 기호가 있으면 화살표 쪽 용접을, 파선 위에 기호가 있으면 화살표 반대쪽 용접을 뜻한다.

13. 하나의 그림으로 물체의 정면, 우(좌)측면, 평(저)면인 3면의 실제 모양과 크기를 나타낼 수 있어 기계의 조립, 분해를 설명하는 정비지침서나 제품의 디자인도 등을 그릴 때 사용되는 3축이 모두 120°가 되도록 한 입체도는?

㉮ 사투상도   ㉯ 분해 투상도
㉰ 등각 투상도   ㉱ 투시도

[해설] 투상도에는 정투상도, 등각 투상도, 사투상도가 있다.

14. 구의 반지름을 나타내는 기호는?

㉮ C   ㉯ R
㉰ t   ㉱ SR

[해설] C : 45° 모따기, R : 반지름, t : 판의 두께, SR : 구의 반지름

15. 도면 크기의 종류 중 호칭 방법과 치수(A×B)가 틀린 것은?(단, 단위는 mm이다.)

㉮ A0 = 841×1189   ㉯ A1 = 594×841
㉰ A3 = 297×420   ㉱ A4 = 220×297

[해설] 도면 크기의 호칭을 (A×B)라 했을 때 단계가 내려갈수록 A가 B로 변한다.
A0 : 841×1189, A1 : 594×841, A2 : 420×594, A3 : 297×420, A4 : 210×297

16. 종이의 가장자리가 찢어져서 도면의 내용을 훼손하지 않도록 하기 위해 긋는 선은?

㉮ 파선   ㉯ 2점 쇄선
㉰ 1점 쇄선   ㉱ 윤곽선

[해설] 도면의 양식 중 윤곽선은 도면으로 사용된 용지의 안쪽에 그려진 내용이 확실히 구분되도록 하고, 종이의 가장자리가 찢어져서 도면의 내용을 훼손하지 않도록 하기 위해서 긋는다. 0.5 mm 이상의 실선을 사용한다.

17. 기계 제도에서 선의 종류별 용도에 대한 설명으로 옳은 것은?

㉮ 가는 2점 쇄선은 특별한 요구사항을 적용할 수 있는 범위를 표시한다.
㉯ 가는 파선은 중심이 이동한 중심궤적을 표시한다.
㉰ 굵은 실선은 치수를 기입하기 위하여 쓰인다.
㉱ 가는 1점 쇄선은 위치 결정의 근거가 된다는 것을 명시할 때 쓰인다.

[해설] 가는 2점 쇄선은 가상선, 무게중심선에, 가는 파선은 숨은선에, 굵은 실선은 외형선에 주로 사용된다.

18. 용접부의 기호 표시 방법에 대한 설명 중 틀린 것은?

㉮ 기준선의 하나는 실선으로 하고 다른 하나는 파선으로 표시한다.
㉯ 용접부가 이음의 화살표 쪽에 있을 때에는 실선 쪽의 기준선에 표시한다.
㉰ 가로 단면의 주요 치수는 기본 기호의 우측에 기입한다.
㉱ 용접 방법의 표시가 필요한 경우에는 기준선의 끝 꼬리 사이에 숫자로 표시한다.

[해설] 용접부의 치수 표시 중 가로 단면에 대한 치수는 기호의 왼편(기호의 앞)에, 세로 단면의 치수는 오른편(기호의 뒤)에 표시한다.

정답 13. ㉰ 14. ㉱ 15. ㉱ 16. ㉱ 17. ㉱ 18. ㉰

19. 용접 기호에 대한 설명으로 옳은 것은?

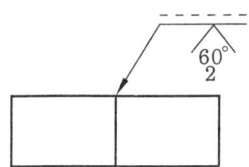

㉮ V형 용접, 화살표 쪽으로 루트 간격 2 mm, 홈 각 60°이다.
㉯ V형 용접, 화살표 반대쪽으로 루트 간격 2 mm, 홈 각 60°이다.
㉰ 필렛 용접, 화살표 쪽으로 루트 간격 2 mm, 홈 각 60°이다.
㉱ 필렛 용접, 화살표 반대쪽으로 루트 간격 2 mm, 홈 각 60°이다.

[해설] V형 맞대기 용접에서 실선 위에 용접기호가 있으므로 화살표 쪽이며, 루트 간격이 2 mm이고, 홈의 각도는 60°이다.

20. 치수 기입 원칙의 일반적인 주의사항으로 틀린 것은?
㉮ 치수는 중복 기입을 피한다.
㉯ 관련되는 치수는 되도록 분산하여 기입한다.
㉰ 치수는 되도록 계산해서 구할 필요가 없도록 기입한다.
㉱ 치수 중 참고 치수에 대하여는 치수 수치에 괄호를 붙인다.

[해설] 도면에서 관련되는 치수는 되도록 한 곳에 모아서 기입한다.

제 2 과목 용접구조설계

---

21. 용접부의 구조상 결함인 기공(blow hole)을 검사하는 가장 좋은 방법은?
㉮ 초음파검사   ㉯ 육안검사
㉰ 수압검사   ㉱ 침투검사

[해설] 용접부의 구조상 결함인 기공을 검사하는 방법은 초음파검사, 방사선 투과검사 등이며 육안검사, 침투검사 등은 외부 검사이고, 수압검사는 항복점이나 인장강도, 내부압력 등을 검사하는 방법이다.

22. 용접 자세 중 H-Fill이 의미하는 자세는?
㉮ 수직 자세   ㉯ 아래 보기 자세
㉰ 위 보기 자세 ㉱ 수평 필릿 자세

[해설] H는 수평, Fill은 필릿 용접을 가리키므로 H-Fill 수평 필릿 자세를 의미한다.

23. 냉각 속도가 가장 큰 금속은?
㉮ 연강   ㉯ 알루미늄
㉰ 구리   ㉱ 스테인리스강

[해설] 열전도율이 높은 것부터 냉각 속도가 빠르다.

24. 연강판의 두께를 9 mm, 용접 길이를 200 mm로 하고 양단에 최대 720 kN의 인장하중을 작용시키는 V형 맞대기 용접 이음에서 발생하는 인장응력 MPa은?
㉮ 200   ㉯ 400
㉰ 600   ㉱ 800

[해설] 인장응력 $= \dfrac{\text{인장하중}}{(\text{용접 길이} \times \text{두께})}$
$= \dfrac{720000}{(200 \times 9)} = 400$

25. 다층용접 시 한 부분의 몇 층을 용접하다가 이것을 다음 부분의 층으로 연속시켜 전체가 단계를 이루도록 용착시켜 나가는 방법은?
㉮ 후퇴법(backstep method)
㉯ 캐스케이드법(cascade method)
㉰ 블록법(block method)
㉱ 덧살올림법(build-up method)

[정답] 19. ㉮ 20. ㉯ 21. ㉮ 22. ㉱ 23. ㉰ 24. ㉯ 25. ㉯

[해설] 캐스케이드법은 다층용접 시 한 부분의 몇 층을 용접하다가 이것을 다음 부분의 층으로 연속시켜 전체가 계단 형태의 단계를 이루도록 용착시켜 나가는 방법이며 덧살올림법, 전진블록법 등이 있다.

26. 완전 맞대기 용접 이음이 단순 굽힘 모멘트 Mb = 9800 N·cm를 받고 있을 때 용접부에 발생하는 최대 굽힘응력은? (단, 용접선 길이는 200 mm, 판 두께는 25 mm이다.)
㉮ 196.0 N/cm²   ㉯ 470.4 N/cm²
㉰ 376.3 N/cm²   ㉱ 235.2 N/cm²

[해설] 굽힘응력 = $\frac{6 \times 9800}{(20 \times 6.25)}$ = 470.4

27. 용접 제품과 주조 제품을 비교하였을 때 용접 이음 방법의 장점으로 틀린 것은?
㉮ 이종재료의 접합이 가능하다.
㉯ 용접 변형을 교정할 때에는 시간과 비용이 필요치 않다.
㉰ 목형이나 주형이 불필요하고 설비의 소규모가 가능하여 생산비가 적게 된다.
㉱ 제품의 중량을 경감시킬 수 있다.

[해설] 용접 제품에서 일어난 용접 변형을 교정할 때에는 시간과 비용이 많이 든다.

28. 다음 중 용접 시공 관리의 4대(4M) 요소가 아닌 것은?
㉮ 사람(Man)   ㉯ 기계(Machine)
㉰ 재료(Material)   ㉱ 태도(Manner)

[해설] 용접 시공 관리의 4대 요소 : 사람, 기계, 재료, 작업 방법(Method)

29. 용접 준비 사항 중 용접 변형 방지를 위해 사용하는 것은?
㉮ 터닝 롤러(turing roller)
㉯ 머니퓰레이터(manipulator)
㉰ 스트롱 백(strong back)
㉱ 엔빌(anvil)

[해설] 용접 변형 방지를 위해 사용되는 것은 억제법, 역변형법, 특히 각 변형을 방지하기 위한 스트롱 백 같은 방법이 있다.

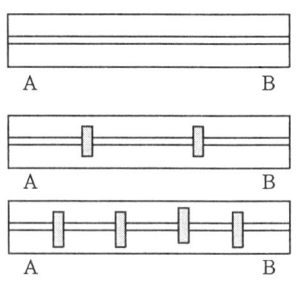

▭ 스트롱백

30. 용접 경비를 적게 하고자 할 때 유의할 사항으로 틀린 것은?
㉮ 용접봉의 적절한 선정과 그 경제적 사용 방법
㉯ 재료 절약을 위한 방법
㉰ 용접 지그의 사용에 의한 위보기 자세의 이용
㉱ 고정구 사용에 의한 능률 향상

[해설] 용접 지그를 사용하는 목적은 가능한 아래보기 자세로 용접하기 위함이다.

31. 똑같은 두께의 재료를 용접할 때 냉각속도가 가장 빠른 이음은?

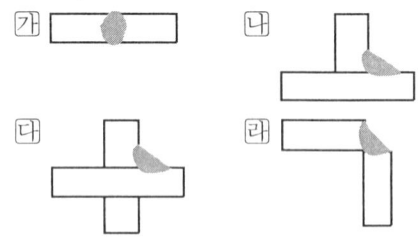

[해설] 열전도에 따라 냉각 속도가 틀려지는데 같은 금속일 때 냉각 속도가 가장 빠른 것은 4군데로 향해 열이 전도되는 ㉰항이다.

32. 용접부의 응력 집중을 피하는 방법이 아닌

[정답] 26. ㉯ 27. ㉯ 28. ㉱ 29. ㉰ 30. ㉰ 31. ㉰ 32. ㉯

것은?
㉮ 부채꼴 오목부를 설계한다.
㉯ 강도상 중요한 용접 이음 설계 시 맞대기 용접부는 가능한 피하고 필릿 용접부를 많이 하도록 한다.
㉰ 모서리의 응력 집중을 피하기 위해 평탄부에 용접부를 설치한다.
㉱ 판 두께가 다른 경우 라운딩(rounding)이나 경사를 주어 용접한다.

[해설] 설계할 때 필릿 용접을 가능한 피하고 맞대기 용접을 하도록 한다.

33. 구속 용접 시 발생하는 일반적인 응력은?
㉮ 잔류 응력　㉯ 연성력
㉰ 굽힘력　㉱ 스프링백

[해설] 구속 용접 시 용접 후에 발생되는 일반적인 응력은 잔류 응력이며 변형과 균열 등의 원인이 된다.

34. 설계 단계에서 용접부 변형을 방지하기 위한 방법이 아닌 것은?
㉮ 용접 길이가 감소될 수 있는 설계를 한다.
㉯ 변형이 적어질 수 있는 이음 부분을 배치한다.
㉰ 보강재 등 구속이 커지도록 구조 설계를 한다.
㉱ 용착금속을 증가시킬 수 있는 설계를 한다.

[해설] 용접 설계 단계에서 용접부 변형을 방지하기 위하여 용착금속을 가능한 적게 하고 완전한 이음이 되도록 맞대기 용접을 하도록 한다.

35. 용접 수축량에 미치는 용접 시공 조건의 영향을 설명한 것으로 틀린 것은?
㉮ 루트 간격이 클수록 수축이 크다.
㉯ V형 이음은 X형 이음보다 수축이 크다.
㉰ 같은 두께를 용접할 경우 용접봉 직경이 큰 쪽이 수축이 크다.
㉱ 위빙을 하는 쪽이 수축이 작다.

[해설] 같은 두께를 용접할 경우 용접봉 직경이 큰 쪽이 수축이 작다.

36. 용접 후처리에서 변형을 교정할 때 가열하지 않고 외력만으로 소성변형을 일으켜 교정하는 방법은?
㉮ 형재(刑裁)에 대한 직선 수축법
㉯ 가열한 후 해머로 두드리는 법
㉰ 변형 교정 롤러에 의한 방법
㉱ 박판에 대한 점 수축법

[해설] 변형 교정 방법은 얇은 판에 점 수축법, 형재에 대한 직선 수축법, 가열 후 해머질 하는 방법, 두꺼운 판에 대하여 가열 후 압력을 걸고 수냉하는 방법, 롤러에 거는 방법, 피닝법, 절단에 의하여 변형하고 재용접하는 방법 등이 있다. 가열하지 않고 외력으로만 소성변형을 일으켜 교정하는 방법은 롤러에 거는 방법이다.

37. 용접 순서에서 동일 평면 내에 이음이 많을 경우 수축은 가능한 자유단으로 보내는 이유로 옳은 것은?
㉮ 압축변형을 크게 해주는 효과와 구조물 전체를 가능한 균형 있게 인장응력을 증가시키는 효과 때문
㉯ 구속에 의한 압축 응력을 작게 해주는 효과와 구조물 전체를 가능한 균형 있게 굽힘 응력을 증가시키는 효과 때문
㉰ 압축 응력을 크게 해주는 효과와 구조물 전체를 가능한 균형 있게 인장응력을 경감시키는 효과 때문
㉱ 구속에 의한 잔류 응력을 작게 해주는 효과와 구조물 전체를 가능한 균형 있게 변형을 경감시키는 효과 때문

[해설] 용접 순서에서 같은 평면 안에 많은 이음이 있을 때 수축은 가능한 자유단으로 보내는 이유는 구속에 의한 잔류 응력을 작게 해주는

정답　33. ㉮　34. ㉱　35. ㉰　36. ㉰　37. ㉱

효과와 구조물 전체를 가능한 균형 있게 변형을 경감시키는 효과 때문이다. 용접물 중심에 대하여 항상 대칭으로 용접을 진행시키며 수축이 큰 이음을 먼저 용접하고 수축이 작은 이음을 뒤에 용접하며, 용접물의 중립축에 대하여 수축력 모멘트의 합이 제로(0 : zero)가 되도록 한다.

38. 용접부 취성을 측정하는데 가장 적당한 시험방법은?
㉮ 굽힘시험 ㉯ 충격시험
㉰ 인장시험 ㉱ 부식시험

[해설] 용접부 모재의 인성(또는 취성)을 알아보는 시험으로는 보통 충격시험이 이용된다.

39. 용접 변형을 경감하는 방법으로 용접 전 변형 방지책은?
㉮ 역변형법 ㉯ 빌드업법
㉰ 캐스케이드법 ㉱ 전진블록법

40. 필릿 용접 크기에 대한 설명으로 틀린 것은?
㉮ 필릿 이음에서 목 길이를 증가시켜 줄 필요가 있을 경우 양쪽 목 길이를 같게 증가시켜 주는 것이 효과적이다.
㉯ 판 두께가 같은 경우 목 길이가 다른 필릿 용접 시 수직 쪽의 목 길이를 짧게, 수평 쪽의 목 길이를 길게 하는 것이 좋다.
㉰ 필릿 용접 시 표면 비드는 오목형보다 볼록형이 인장에 의한 수축 균열 발생이 적다.
㉱ 다층 필릿 이음에서의 첫 패스는 항상 오목형이 되도록 하는 것이 좋다.

[해설] 일반적으로 필릿 용접의 다리 길이가 커지거나 필릿 각장이 크게 될수록 전단강도가 저하하는 경우가 있으며, 첫 패스는 다층 필릿 이음에서 항상 오목 비드가 되도록 하는 것이 없다.

제 3 과목 용접일반 및 안전관리

41. 가스 실드(shield)형으로 파이프 용접에 가장 적합한 용접봉은?
㉮ 라임티타니아계(E4303)
㉯ 특수계(E4340)
㉰ 저수소계(E4316)
㉱ 고셀룰로스계(E4311)

[해설] 고셀룰로스계는 가스 실드계의 대표적인 용접봉으로 피복이 얇고 슬래그가 적으므로 좁은 홈의 용접이나 수직 상진, 하진 및 위보기 용접에서 우수한 작업성을 나타내어 파이프 용접에 많이 사용된다.

42. 피복 아크 용접에서 용접부의 보호 방식이 아닌 것은?
㉮ 가스 발생식 ㉯ 슬래그 생성식
㉰ 아크 발생식 ㉱ 반가스 발생식

[해설] 피복 아크 용접에서 용접부의 보호 방식은 가스 발생식, 슬래그 생성식, 반가스(반슬래그) 생성식의 3종류가 사용되고 있다.

43. 황동을 가스 용접 시 주로 사용하는 불꽃의 종류는?
㉮ 탄화 불꽃 ㉯ 중성 불꽃
㉰ 산화 불꽃 ㉱ 질화 불꽃

[해설] 가스 용접에서 황동은 산화 불꽃을, 청동은 산화 불꽃을, 강판, 구리, 연강판, 동판, 아연도금 철판, 아연 등은 중성 불꽃을 사용한다.

44. 피복 아크 용접봉에서 피복제의 편심률은 몇 % 이내이어야 하는가?
㉮ 3% ㉯ 6%
㉰ 9% ㉱ 12%

[해설] 편심률(%) = $\dfrac{D'}{D \times 100}$ 이며 3% 이내여야 한다.

정답 38. ㉯ 39. ㉮ 40. ㉱ 41. ㉱ 42. ㉰ 43. ㉰ 44. ㉮

45. 압접의 종류가 아닌 것은?
- ㉮ 단접(forged welding)
- ㉯ 마찰 용접(friction welding)
- ㉰ 점 용접(spot welding)
- ㉱ 전자빔 용접(electron beam welding)

[해설] 전자빔 용접은 융접에서 특수 용접에 속한다.

46. 산소 아세틸렌 불꽃에서 아세틸렌이 이론적으로 완전연소하는데 필요한 산소 : 아세틸렌의 연소비로 가장 알맞은 것은?
- ㉮ 1.5 : 1
- ㉯ 1 : 1.5
- ㉰ 2.5 : 1
- ㉱ 1 : 2.5

[해설] 탄화수소에서 이론 산소량을 구하는 공식
$= n + \dfrac{m}{4} = C_2H_2 \rightarrow 2 + \dfrac{2}{4} = 2.5$ 배
∴ 산소와 아세틸렌의 비는 1.5 : 1이다.

47. 현장에서의 용접 작업 시 주의사항이 아닌 것은?
- ㉮ 폭발, 인화성 물질 부근에서는 용접 작업을 피할 것
- ㉯ 부득이 가연성 물체 가까이서 용접할 경우 화재 발생 방지 조치를 충분히 할 것
- ㉰ 탱크 내에서 용접 작업 시 통풍을 잘하고 때때로 외부로 나와서 휴식을 취할 것
- ㉱ 탱크 내 용접 작업 시 2명이 동시에 들어가 작업을 실시하고 빠른 시간에 작업을 완료하도록 할 것

[해설] 탱크 내 용접 작업 시 탱크 내부에 신선한 공기를 지속적으로 주입해주며 내부에서 일하는 작업자가 공기 흡입 불량 또는 다른 사항으로 졸도나 이상이 없는지 신호줄을 이용하여 밖에서 확인해야 된다.

48. 산소 용기의 취급상 주의사항이 아닌 것은?
- ㉮ 운반이나 취급에서 충격을 주지 않는다.
- ㉯ 가연성 가스와 함께 저장한다.
- ㉰ 기름이 묻은 손이나 장갑을 끼고 취급하지 않는다.
- ㉱ 운반 시 가능한 한 운반 기구를 이용한다.

[해설] 가연성 가스와 인화물질을 같이 저장하지 말고, 고압 밸브가 파손되지 않게 밸브 보호캡을 씌운 뒤 이동하며, 가스 누설 체크는 비눗물로 검사한다.

49. 용접의 분류 방법 중 아크 용접에 해당하는 것은?
- ㉮ 프로젝션 용접
- ㉯ 마찰 용접
- ㉰ 서브머지드 용접
- ㉱ 초음파 용접

[해설] 프로젝션 용접, 마찰 용접, 초음파 용접은 압접에 속하는 용접법이다.

50. 불활성가스 아크 용접의 특징으로 틀린 것은?
- ㉮ 아크가 안정되어 스패터가 적고 조작이 용이하다.
- ㉯ 높은 전압에서 용입이 깊고 용접 속도가 빠르며, 잔류 용제 처리가 필요하다.
- ㉰ 모든 자세 용접이 가능하고 열집중성이 좋아 용접 능률이 높다.
- ㉱ 청정작용이 있어 산화막이 강한 금속의 용접이 가능하다.

[해설] ㉯항은 서브머지드 아크 용접에서 용접 작업 시 일어나는 현상이다.

51. 스터드 용접의 용접장치가 아닌 것은?
- ㉮ 용접 건
- ㉯ 용접 헤드
- ㉰ 제어장치
- ㉱ 텅스텐 전극봉

[해설] 스터드 용접은 철강 재료 외에 동, 황동, 알루미늄, 스테인리스강에도 적용되며 조선, 교량, 건축 등에 널리 사용되고 스터드를 용접 건 및 페룰을 이용하여 구조물이나 빔 같은 곳에 접합시키는 방법이다. 텅스텐 전극봉은 불활성 텅스텐 아크 용접에 사용된다.

정답 45. ㉱ 46. ㉰ 47. ㉱ 48. ㉯ 49. ㉰ 50. ㉯ 51. ㉱

52. 용접 중 용융금속 중에 가스의 흡수로 인한 기공이 발생되는 화학 반응식을 나타낸 것은?
㉮ $FeO + Mn \rightarrow MnO + Fe$
㉯ $2FeO + Si \rightarrow SiO_2 + 2Fe$
㉰ $FeO + C \rightarrow CO + Fe$
㉱ $3FeO + 2Al \rightarrow Al_2O_3 + 3Fe$

53. TIG 용접기에서 직류 역극성을 사용하였을 경우 용접 비드의 형상으로 옳은 것은?
㉮ 비드 폭이 넓고 용입이 깊다.
㉯ 비드 폭이 넓고 용입이 얕다.
㉰ 비드 폭이 좁고 용입이 깊다.
㉱ 비드 폭이 좁고 용입이 얕다.

[해설] TIG 용접에서 직류 역극성을 사용하면 청정작용이 있으며 전극봉(+) : 70%이고 모재(-) : 30%일 때 비드 폭이 넓고 용입이 얕다.

54. 가장 두꺼운 판을 용접할 수 있는 용접법은?
㉮ 일렉트로 슬래그 용접
㉯ 전자 빔 용접
㉰ 서브머지드 아크 용접
㉱ 불활성가스 아크 용접

[해설] 일렉트로 슬래그 용접은 와이어가 하나이면 판 두께 120 mm, 2개이면 100~250 mm, 3개 이상이면 250 mm 두께 이상의 용접에도 적당하다. 전자빔 용접은 고진공으로 진공 상태인 내부에 넣고 용접을 하므로 용접물의 크기에 제한을 받으며, 서브머지드 아크 용접은 판 두께 75 mm 정도까지 한 번에 용접할 수 있는 최대 전류 4000 A 용접기로 가능하다. 불활성가스 아크 용접은 보통 MIG 용접이 판 두께 6 mm 이상을 용접한다.

55. 자동으로 용접을 하는 서브머지드 아크 용접에서 루트 간격과 루트 면의 필요한 조건은? (단, 받침쇠가 없는 경우이다.)
㉮ 루트 간격 0.8 mm 이상, 루트 면은 ±5 mm 허용
㉯ 루트 간격 0.8 mm 이하, 루트 면은 ±1 mm 허용
㉰ 루트 간격 3 mm 이상, 루트 면은 ±5 mm 허용
㉱ 루트 간격 10 mm 이상, 루트 면은 ±10 mm 허용

56. 다음 중 직류 아크 용접기는?
㉮ 가동코일형 용접기
㉯ 정류형 용접기
㉰ 가동철심형 용접기
㉱ 탭전환형 용접기

[해설] 직류 아크 용접기는 발전기형(전동 발전식, 엔진 구동식)과 정류기형이 있다.

57. 이론적으로 순수한 카바이드 5 kg에서 발생할 수 있는 아세틸렌 양은 약 몇 리터인가?
㉮ 3480   ㉯ 1740
㉰ 348   ㉱ 174

[해설] 이론적으로 카바이드 1 kg에서 아세틸렌이 348리터가 발생하므로 5×348 = 1740이다.

58. 정격 2차 전류 400 A, 정격사용률이 50%인 교류 아크 용접기로서 250 A로 용접할 때 이 용접기의 허용사용률(%)은?
㉮ 128   ㉯ 122
㉰ 112   ㉱ 95

[해설] 허용사용률 = $\dfrac{(정격2차전류)^2}{(실제\ 용접전류)^2}$
= $\dfrac{(400)^2}{(250)^2} \times 50 = 128\%$

59. 불활성가스 금속 아크 용접 시 사용되는 전원 특성은?
㉮ 수하 특성   ㉯ 동전류 특성
㉰ 정전압 특성 ㉱ 정극성 특성

[정답] 52.㉰ 53.㉯ 54.㉱ 55.㉮ 56.㉯ 57.㉯ 58.㉮ 59.㉮

[해설] 불활성가스 금속 아크 용접기는 정전압 특성 또는 상승 특성의 직류 용접기이며 수하 특성의 직류 용접기보다 유리하다.

60. 플래시 버트 용접의 일반적인 특징으로 틀린 것은?
㉮ 가열부의 열 영향부가 좁다.
㉯ 용접면을 아주 정확하게 가공할 필요가 없다.
㉰ 서로 다른 금속의 용접은 불가능하다.
㉱ 용접 시간이 짧고 업셋 용접보다 전력 소비가 적다.

□ 용접 산업기사 ▶ 2015. 8. 16 시행

제1과목 용접야금 및 용접설비제도

1. 용접하기 전 예열하는 목적이 아닌 것은?
㉮ 수축 변형을 감소한다.
㉯ 열 영향부의 경도를 증가시킨다.
㉰ 용접금속 및 열 영향부 균열을 방지한다.
㉱ 용접금속 및 열 영향부의 연성 또는 노치 인성을 개선한다.
[해설] 용접하기 전에 예열을 하면 용접부의 온도 분포나 최고 도달 온도가 변하고 냉각속도가 느려지지만 비교적 저온에서 큰 영향을 준다. 예열은 용접 열 영향부가 경화하여 비드 및 균열이 발생하기 쉬우므로 용접 전에 적당한 온도로 예열을 하면 용접부의 냉각속도를 느리게 하여 잔류 응력, 용접 변형, 균열을 방지할 수 있다.

2. 강의 표면 경화법이 아닌 것은?
㉮ 불림   ㉯ 침탄법
㉰ 질화법   ㉱ 고주파 열처리
[해설] 강의 표면 경화법은 침탄법(고체, 가스, 액체침탄법), 질화법(암모니아로 표면을 경화), 금속 침투법(크로마이징, 실리코나이징, 칼로라이징, 브로나이징, 세라다이징, 방전 경화법), 화염 경화, 고주파 경화법 등이 있다.

3. 용융금속 중에 첨가하는 탈산제가 아닌 것은?
㉮ 규소 철(Fe-Si)   ㉯ 티탄철(Fe-Ti)
㉰ 망간 철(Fe-Mn) ㉱ 석회석($CaCO_3$)
[해설] 용융금속 중 탈산제는 망간철, 규소철, 티탄철, 알루미늄 분말 등이 사용되고 석회석은 아크 안정제, 슬래그 등에 사용된다.

4. 이종의 원자가 결정 격자를 만드는 경우 모재 원자보다 작은 원자가 고용할 때 모재 원자의 틈새 또는 격자결함에 들어가는 경우의 고용체는?
㉮ 치환형 고용체   ㉯ 변태형 고용체
㉰ 침입형 고용체   ㉱ 금속간 고용체
[해설] 고용체(solid solution) : 2종 이상의 금속이 용융 상태에서 합금이 되었거나 고체 상태에서도 균일한 융합 상태로 되어 각 성분 금속을 기계적인 방법으로 구분할 수 없는 완전한 융합을 말한다. 용매 원자 속에 용질 원자가 배열된 상태에 따라 침입형 고용체, 치환형 고용체, 규칙격자형 고용체로 구분한다.

5. 고장력강 용접 시 일반적인 주의사항으로 틀린 것은?
㉮ 용접봉은 저수소계를 사용한다.
㉯ 아크 길이는 가능한 길게 유지한다.
㉰ 위빙 폭은 용접봉 지름의 3배 이하로 한다.
㉱ 용접 개시 전에 이음부 내부 또는 용접

정답 60. ㉰ 1. ㉯ 2. ㉮ 3. ㉱ 4. ㉰ 5. ㉯

할 부분을 청소한다.

[해설] 고장력강은 일반구조용 압연강재보다 높은 항복점 및 인장강도를 지니고 있어서 연강에 비해 규소, 망간의 함유량이 많고 이외에도 니켈, 크롬, 몰리브덴 등의 원소가 첨가되어 이들이 용접 열 영향부를 경화시키고 연성을 감소시키므로 모재 예열(80~150℃)이나 용접봉 아크 길이를 짧게 하여야 한다.

6. γ고용체와 α고용체의 조직은?
㉮ γ고용체 : 페라이트 조직, α고용체 : 오스테나이트 조직
㉯ γ고용체 : 페라이트 조직, α고용체 : 시멘타이트 조직
㉰ γ고용체 : 시멘타이트 조직, α고용체 : 페라이트 조직
㉱ γ고용체 : 오스테나이트 조직, α고용체 : 페라이트 조직

[해설] Fe-C 상태도에서 γ고용체는 오스테나이트계이며 α고용체는 페라이트로 탄소강의 표준 조직에서 페라이트 → 탄소함유량 0.85 % 공석강 → 펄라이트 → 펄라이트 + 시멘타이트 → 탄소함유량 4.3 %인 공정 반응(레데부라이트) → 주철의 순서로 이루어지고 탄소 최대 함유량 2.11 % 이후(탄소량 6.68 %)에는 주철이라고 불린다.

7. 비열이 가장 큰 금속은?
㉮ Al ㉯ Mg
㉰ Cr ㉱ Mn

[해설] 금속의 비열(cal/g℃)
Al : 0.223, Mg : 0.2475, Cr : 0.1178, Mn : 0.1211

8. 재가열 균열 시험법으로 사용되지 않는 것은?
㉮ 고온인장시험 ㉯ 변형이완시험
㉰ 자율 구속도시험 ㉱ 크리프 저항시험

[해설] 재가열 균열 시험법으로 재열 균열(reheat cracking), 즉 SR 균열이라고도 하는 것으로 고장력강 용접부의 후열처리 또는 고온 사용에 의하여 용접 열 영향부에 생기는 입계균열을 의미한다. 크리프 저항시험은 사용되지 않는다.

9. 용접 후 잔류 응력이 있는 제품에 하중을 주고 용접부에 소성변형을 일으키는 방법은?
㉮ 연화 풀림법
㉯ 국부 풀림법
㉰ 저온 응력 완화법
㉱ 기계적 응력 완화법

[해설] 용접 후 잔류 응력을 제거하는 방법은 노내풀림법, 국부 풀림법, 저온 응력 완화법, 기계적 응력 완화법, 피닝법 등이 있다. 잔류 응력이 있는 제품에 하중을 주고 용접부 약간의 소성변형을 일으킨 다음 하중을 제거하는 방법은 기계적 응력 완화법이다.

10. 철강 재료의 변태 중 순철에서는 나타나지 않는 변태는?
㉮ A_1 ㉯ A_2
㉰ A_3 ㉱ A_4

[해설] 철강 재료의 동소변태는 A_1에서 A_3 (910℃)까지는 α철로 체심입방격자, A_3에서 A_4 (1400℃)변태점까지는 면심입방격자, A_4에서 용융점까지는 체심입방격자이다. 순철에서 A_1은 변태가 나타나지 않는다.

11. 도면에 치수를 기입하는 경우 유의사항으로 틀린 것은?
㉮ 치수는 되도록 주 투상도에 집중한다.
㉯ 치수는 되도록 계산할 필요가 없도록 기입한다.
㉰ 치수는 되도록 공정마다 배열을 분리하여 기입한다.
㉱ 참고 치수에 대하여는 치수에 원을 넣는다.

[해설] 참고 치수는 ( )에 넣는다.

12. 용접부 보조 기호 중 제거 가능한 덮개판을

정답 6.㉱ 7.㉯ 8.㉱ 9.㉱ 10.㉮ 11.㉱ 12.㉱

사용하는 기호는?
㉮ ⌣ ㉯ ⌒
㉰ M ㉱ MR

[해설] ㉮는 표면육성, ㉯는 블록형, ㉰는 영구적인 이면 판재 사용, ㉱는 제거 가능한 이면 판재 사용이다.

13. 다음 용접 기호 중 이면 용접 기호는?
㉮ Y ㉯ V
㉰ ⌣ ㉱ ⌣⌣

[해설] ㉮는 넓은 루트면이 있는 한 면 개선형 맞대기 용접, ㉯는 개선각이 급격한 V형 맞대기 용접, ㉰는 이면 용접, ㉱는 보조 기호로서 토를 매끄럽게 한다.

14. 척도에 관계없이 적당한 크기로 부품을 그린 후 치수를 측정하여 기입하는 스케치 방법은?
㉮ 프린트법   ㉯ 프리핸드법
㉰ 본뜨기법   ㉱ 사진촬영법

[해설] 스케치 방법 중 프리핸드법이란 일반적인 방법으로 척도에 관계없이 적당한 크기로 부품을 그린 후 치수를 측정하여 기입하는 방법이다. 용지는 모눈종이를 사용하면 편리하다.

15. 가는 실선으로 규칙적으로 줄을 늘어놓은 것으로 도형의 한정된 특정 부분을 다른 부분과 구별하는데 사용하며 예를 들어 단면도의 절단된 부분을 나타내는 선의 명칭은?
㉮ 파단선   ㉯ 지시선
㉰ 중심선   ㉱ 해칭

16. 평면도법에서 인벌류트 곡선에 대한 설명으로 옳은 것은?
㉮ 원기둥에 감긴 실의 한끝을 늦추지 않고 풀어나갈 때 이 실의 끝이 그리는 곡선이다.
㉯ 1개의 원이 직선 또는 원주 위를 굴러갈 때 그 구르는 원의 원주 위의 1점이 움직이며 그려 나가는 자취를 말한다.
㉰ 전동원이 기선 위를 굴러갈 때 생기는 곡선을 말한다.
㉱ 원뿔을 여러 가지 각도로 절단하였을 때 생기는 곡선이다.

[해설] 판금 전개도의 종류 중 평면도법에서 원의 인벌류트(involute) 곡선이란 원기둥을 12등분하여 각 등분점에 접선을 긋는다 감긴 실의 한끝을 늦추지 않고 풀어나갈 때 이 실의 끝이 그리는 곡선을 말한다.

17. 3각법에서 물체의 위에서 내려다 본 모양을 도면에 표현한 투상도는?
㉮ 정면도   ㉯ 평면도
㉰ 우측면도 ㉱ 좌측면도

[해설] 3각법에서 물체를 정면에서 본 모양은 정면도, 위에서 내려다본 모양은 평면도, 우측에서 본 것은 우측면도이다.

18. 용접기호에 대한 명칭으로 틀린 것은?
㉮ : 필릿 용접
㉯ || : 한쪽면 수직 맞대기 용접
㉰ V : V형 맞대기 용접
㉱ X : 양면 V형 맞대기 용접

[해설] ㉯는 평행(I형) 맞대기 용접이다.

19. 한 도면에서 두 종류 이상의 선이 같은 장소에 겹치게 될 때 우선순위로 옳은 것은?
㉮ 숨은선 → 절단선 → 외형선 → 중심선 → 무게중심선
㉯ 외형선 → 중심선 → 절단선 → 무게중심선 → 숨은선
㉰ 숨은선 → 무게중심선 → 절단선 → 중심선 → 외형선
㉱ 외형선 → 숨은선 → 절단선 → 중심선 → 무게중심선

정답 13. ㉰ 14. ㉯ 15. ㉱ 16. ㉮ 17. ㉯ 18. ㉯ 19. ㉱

[해설] 한 도면에서 두 종류 이상의 선이 같은 장소에서 겹치게 될 경우에는 외형선→숨은선→절단선→중심선→무게중심선→치수 보조선의 순서에 따라 그린다.

20. 도면에서 척도를 기입하는 경우 도면을 정해진 척도값으로 그리지 못하거나 비례하지 않을 때 표시하는 방법은?
㉮ 현척 ㉯ 축척
㉰ 배척 ㉱ NS

[해설] 도면에 척도 기입 방법 중에서 비례척이 아님 또는 NS(none scale)로 표시한다.

제 2 과목 용접구조설계

21. 아크 용접 시 용접 이음의 용융부 밖에서 아크를 발생시킬 때 모재 표면에 결함이 생기는 것은?
㉮ 아크 스트라이크 ㉯ 언더 필
㉰ 스캐터링 ㉱ 은점

[해설] 아크 스트라이크는 용접 이음의 용융 부위 밖에서 아크를 발생시킬 때 아크열에 의하여 모재에 결함이 생기는 것으로 때로는 스패터보다 훨씬 더 심한 용접 결함이 되어 주위의 모재로 급격히 열을 빼앗겨 급랭하므로 단단하고 취약한 구조로 균열의 원인이 된다. 아크 스트라이크는 쉽게 관찰될 수 있는 것으로 모재 표면에 아크 스트라이크가 있어서는 안 된다.

22. 용접에 의한 용착효율을 구하는 식으로 옳은 것은?
㉮ $\dfrac{용접봉의\ 총사용량}{용착금속의\ 중량} \times 100\%$
㉯ $\dfrac{피복제의\ 중량}{용착금속의\ 중량} \times 100\%$
㉰ $\dfrac{용착금속의\ 중량}{용접봉의\ 사용\ 중량} \times 100\%$
㉱ $\dfrac{피복제의\ 중량}{용접봉의\ 사용\ 중량} \times 100\%$

[해설] 일반적으로 ① 용착금속의 중량 = 용착률/용접속도, ② 용착효율(용착률) = 용착속속 중량/사용 용접봉 총 중량, ③ 용접봉 소요량 = 단위 용접 길이당 용착금속 중량/용착효율로 구한다.

23. 용접부 검사법에서 파괴시험 방법 중 기계적 시험 방법이 아닌 것은?
㉮ 인장시험 ㉯ 부식시험
㉰ 굽힘시험 ㉱ 경도시험

[해설] 부식시험은 화학적 시험 방법으로 용접부가 바닷물, 유기산, 무기산, 알칼리 등에 접촉되어 부식되는 상태에 대하여 시험하는 습부식시험과 고온의 증기, 가스 등과 반응하여 부식되는 건부식(고온부식)시험, 어느 응력하의 부식 상태를 알 수 있는 응력부식시험 등이 있다.

24. 용접 작업 시 적절한 용접지그의 사용에 따른 효과로 틀린 것은?
㉮ 용접 작업을 용이하게 한다.
㉯ 다량생산의 경우 작업 능력이 향상된다.
㉰ 제품의 마무리 정밀도를 향상시킨다.
㉱ 용접 변형은 증가되나 잔류 응력을 감소시킨다.

[해설] 용접 작업 시 용접 지그 사용에 따른 효과
① 동일 제품을 다량생산할 수 있다.
② 제품의 정밀도와 용접부의 신뢰성을 높인다.
③ 작업을 용이하게 하고 용접 능률을 높인다.

25. 맞대기 용접 이음에서 각 변형이 가장 크게 나타날 수 있는 홈의 형상은?
㉮ H형 ㉯ V형
㉰ X형 ㉱ I형

[해설] 맞대기 용접 이음에서 V형 홈은 홈 가공이 비교적 쉬우나 판의 두께가 두꺼워지면 용착금속의 양이 증가하고 각 변형이 발생할 위

정답 20. ㉱ 21. ㉮ 22. ㉰ 23. ㉯ 24. ㉱ 25. ㉯

26. 용접 변형 방지 방법에서 역변형법에 대한 설명으로 옳은 것은?
   ㉮ 용접물을 고정시키거나 보강재를 이용하는 방법이다.
   ㉯ 용접에 의한 변형을 미리 예측하여 용접하기 전에 반대쪽으로 변형을 주는 방법이다.
   ㉰ 용접물을 구속시키고 용접하는 방법이다.
   ㉱ 스트롱 백을 이용하는 방법이다.

   [해설] 용접 변형 방지 방법 중 ㉮는 용접 전에 보강재를 이용하는 법, ㉯는 역변형법, ㉰는 억제법, ㉱는 스트롱 백 이용법 등이다.

27. 겹쳐진 두 부재의 한쪽에 둥근 구멍 대신 좁고 긴 홈을 만들어 놓고, 그 곳을 용접하는 용접법은?
   ㉮ 겹치기 용접   ㉯ 플랜지 용접
   ㉰ T형 용접   ㉱ 슬롯 용접

28. 아크 전류 200 A, 아크 전압 30 V, 용접 속도 20 cm/min일 때 용접 길이 1 cm당 발생하는 용접입열(J/cm)은?
   ㉮ 12000   ㉯ 15000
   ㉰ 18000   ㉱ 20000

   [해설] 용접입열(J/cm)
   $= \dfrac{60초 \times 아크\ 전압 \times 아크\ 전류}{용접\ 속도(분)}$
   $= \dfrac{60 \times 30 \times 200}{20} = 18000$

29. 전 용접 길이에 방사선 투과검사를 하여 결함이 1개도 발견되지 않았을 때 용접 이음의 효율은?
   ㉮ 70%   ㉯ 80%   ㉰ 90%   ㉱ 100%

   [해설] 방사선 투과시험에서 결함이 발견되지 않았을 때는 용접 이음의 효율은 100%이다.

30. 가접에 대한 설명으로 틀린 것은?
   ㉮ 본 용접 전에 용접물을 잠정적으로 고정하기 위한 짧은 용접이다.
   ㉯ 가접은 아주 쉬운 작업이므로 본 용접사보다 기량이 부족해도 된다.
   ㉰ 홈 안에 가접을 할 경우 본 용접을 하기 전에 갈아낸다.
   ㉱ 가접에는 본 용접보다는 지름이 약간 가는 용접봉을 사용한다.

   [해설] 용접 작업에서 가접
   ① 용접 결과의 좋고 나쁨에 직접 영향을 준다.
   ② 본 용접 전에 좌우의 홈 부분을 잠정적으로 고정하기 위한 짧은 용접이다.
   ③ 균열, 기공, 슬래그 잠입 등의 결함을 수반하기 쉬우므로 본 용접을 실시할 홈 안에 가접하는 것은 바람직하지 못하며, 만일 불가피하게 홈 안에 가접하였을 경우 본 용접 전에 갈아내는 것이 좋다.
   ④ 본 용접을 하는 용접사와 비등한 기량을 가진 용접사에 의해 가접을 실시한다.
   ⑤ 가접에는 본 용접보다 지름이 약간 가는 용접봉을 사용하는 것이 좋다.

31. 용접부의 이음 효율 공식으로 옳은 것은?
   ㉮ $\dfrac{모재의\ 인장강도}{용접시험편의\ 인장강도} \times 100\%$
   ㉯ $\dfrac{모재의\ 충격강도}{용접시험편의\ 충격강도} \times 100\%$
   ㉰ $\dfrac{용접시험편의\ 충격강도}{모재의\ 충격강도} \times 100\%$
   ㉱ $\dfrac{용접시험편의\ 인장강도}{모재의\ 인장강도} \times 100\%$

32. 맞대기 용접에서 제1층부에 결함이 생겨 밑면 따내기를 하고자 할 때 이용되지 않는 방법은?
   ㉮ 선삭
   ㉯ 핸드 그라인더에 의한 방법
   ㉰ 아크 에어 가우징

정답 26. ㉯ 27. ㉱ 28. ㉰ 29. ㉱ 30. ㉯ 31. ㉱ 32. ㉮

라 가스 가우징

[해설] 맞대기 용접에서 제1층 부위에 결함이 생겨 밑면 따내기를 하고자 할 때 사용되는 방법은 아크 에어 가우징, 가스 가우징, 핸드 그라인더 등이 사용되고 선삭은 개선 홈을 가공할 때 사용된다.

33. 맞대기 용접 이음의 피로강도값이 가장 크게 나타나는 경우는?

㉮ 용접부 이면 용접을 하고 표면 용접 그대로인 것
㉯ 용접부 이면 용접을 하지 않고 표면 용접 그대로인 것
㉰ 용접부 이면 및 표면을 기계 다듬질한 것
㉱ 용접부 표면의 덧살만 기계 다듬질한 것

[해설] 용접부에 균열, 언더컷, 슬래그 혼입 등과 같이 예리한 노치가 되는 용접 결함이 존재할 때는 항복점에 비하여 훨씬 낮은 응력이 작용하여도 피로 파괴가 일어나므로 피로강도를 높이려면 노치가 없는 용접부를 만들어야 한다.

34. 모세관 현상을 이용하여 표면 결함을 검사하는 방법은?

㉮ 육안 검사
㉯ 침투 검사
㉰ 자분 검사
㉱ 전자기적 검사

[해설] 모세관 현상을 이용하여 표면 결함을 검사하는 방법은 침투액을 표면에 뿌려 표면에 침투한 뒤에 형광을 이용한 침투액을 뿌려서 결함을 나타내는 침투 검사이다.

35. 용접 시 발생되는 용접 변형을 방지하기 위한 방법이 아닌 것은?

㉮ 용접에 의한 국부 가열을 피하기 위하여 전체 또는 국부적으로 가열하고 용접한다.
㉯ 스트롱 백을 사용한다.
㉰ 용접 후에 수랭 처리를 한다.
㉱ 역변형을 주고 용접한다.

[해설] 용접 시 발생되는 용접 변형은 교정이 어려워 용접 전에는 억제법, 역변형법을, 용접 시공 중에는 대칭법, 후퇴법, 스킵블럭법, 스킵법 (비석법) 등을 사용한다. 모재에 열전도를 억제하는 방법으로는 도열법, 용접금속부의 변형과 잔류 응력을 경감하는 피닝법을 사용한다.

36. 강판의 두께 15 mm, 폭 100 mm의 V형 홈을 맞대기 용접 이음할 때 이음효율을 80 %, 판의 허용 응력을 35 kgf/mm^{2}로 하면 인장하중(kgf)은 얼마까지 허용할 수 있는가?

㉮ 35000
㉯ 38000
㉰ 40000
㉱ 42000

[해설] 이음효율
$= \dfrac{\text{용접시험편의 인장강도}}{\text{모재의 인장강도}} \times 100\%$

응력 $= \dfrac{\text{인장하중}}{\text{단면적}}$, $35 = \dfrac{\text{인장하중}}{15 \times 100}$

인장하중 $= 35 \times 15 \times 100 = 52500$ 이고 이음효율은 80 %이다.
$\therefore 52500 \times 0.8 = 42000$

37. 양면 용접에 의하여 충분한 용입을 얻으려고 할 때 사용되며 두꺼운 판의 용접에 가장 적합한 맞대기 홈의 형태는?

㉮ J형
㉯ H형
㉰ V형
㉱ I형

[해설] I형 : 6 mm 이하, V : 6~20 mm, J : 6~20 mm, H : 20 mm 이상

38. 불활성 가스 텅스텐 아크 용접 이음부 설계에서 I형 맞대기 용접 이음의 설명으로 적합한 것은?

㉮ 판 두께 12 mm 이상의 두꺼운 판 용접에 이용된다.
㉯ 판 두께 6~20 mm 정도의 다층 비드 용접에 이용된다.
㉰ 판 두께 3 mm 정도의 박판 용접에 많이 이용된다.
㉱ 판 두께 20 mm 이상의 두꺼운 판 용접에 이용된다.

정답 33. ㉰ 34. ㉯ 35. ㉰ 36. ㉱ 37. ㉯ 38. ㉰

[해설] 불활성 가스 텅스텐 아크 용접은 주로 판 두께 3 mm 정도에 많이 이용되나 현재에는 용량이 큰 용접기들이 제작되어 후판에도 이용이 되며 책에서는 박판 용접이라고 서술되어 있다.

39. 용접 구조물에서의 비틀림 변형을 경감시켜 주는 시공상의 주의사항 중 틀린 것은?
㉮ 집중적으로 교차 용접을 한다.
㉯ 지그를 사용한다.
㉰ 가공 및 정밀도에 주의한다.
㉱ 이음부의 맞춤을 정확하게 해야 한다.

[해설] 용접 구조물에서의 비틀림 변형은 기둥이나 보와 같이 가늘고 긴 구조에서는 비틀림 변형이 생기기 쉬우므로 변형이 생기면 교정이 어렵다. 따라서 용접 전에 적당한 보강재로 보강을 하고 지그를 활용하거나 용접 전에는 억제법, 역변형법을, 용접 시공 중에는 대칭법, 후퇴법, 스킵블럭법, 스킵법(비석법) 등을 사용한다. 모재에 열전도를 억제하는 방법으로는 도열법을 용접금속부의 변형과 잔류 응력을 경감하는 방법으로는 피닝법을 사용한다.

40. 용접부의 시점과 끝나는 부분에 용입 불량이나 각종 결함을 방지하기 위해 주로 사용되는 것은?
㉮ 엔드 탭   ㉯ 포지셔너
㉰ 회전 지그   ㉱ 고정 지그

[해설] 용접부의 시점과 끝나는 부분에 용입 불량이나 결함을 방지하기 위해 150 mm 정도의 모재를 덧붙여서 사용하는 것을 엔드 탭이라 한다.

제 3 과목 용접일반 및 안전관리

41. 레이저 용접의 설명으로 틀린 것은?
㉮ 모재의 열변형이 거의 없다.
㉯ 이종금속의 용접이 가능하다.
㉰ 미세하고 정밀한 용접을 할 수 있다.
㉱ 접촉식 용접 방법이다.

[해설] 레이저 용접의 특징
① 모재의 열변형이 거의 없다.
② 이종금속의 용접이 가능하다.
③ 미세하고 정밀한 용접을 할 수 있다.
④ 비접촉식 용접 방식으로 모재에 손상을 주지 않는다.

42. 가스 용접에서 산소에 대한 설명으로 틀린 것은?
㉮ 산소는 산소용기에 35℃, 150 kgf/cm² 정도의 고압으로 충전되어 있다.
㉯ 산소병은 이음매 없이 제조되며 인장강도는 약 57 kgf/cm² 이상, 연신율은 18 % 이상의 강재가 사용된다.
㉰ 산소를 다량으로 사용하는 경우에는 매니폴드를 사용한다.
㉱ 산소의 내압 시험 압력은 충전 압력의 3배 이상으로 한다.

[해설] 가스 용접에서 산소의 내압시험 압력은 충전 압력의 5/3배(충전 압력×5/3)이며 가연성 가스는 충전 압력의 3배 이상으로 한다.

43. 산소-아세틸렌 가스 용접 시 사용하는 토치의 종류가 아닌 것은?
㉮ 저압식   ㉯ 절단식
㉰ 중압식   ㉱ 고압식

[해설] 산소-아세틸렌 가스 용접에 사용되는 토치는 발생기가 설치되어 있을 때에는 저압, 중압, 고압식이 있으며 현재에는 용해 아세틸렌 및 산소용기를 사용하므로 중압식이 거의 사용되고 있다.

44. 다음 중 아크 에어 가우징의 설명으로 가장 적합한 것은?
㉮ 압축 공기의 압력은 1~2 kgf/cm²가 적당

[정답] 39. ㉮ 40. ㉮ 41. ㉱ 42. ㉱ 43. ㉰ 44. ㉰

하다.
㉯ 비철금속에는 적용되지 않는다.
㉰ 용접 균열 부분이나 용접 결함부를 제거하는 데 사용한다.
㉱ 그라인딩이나 가스 가우징보다 작업 능률이 낮다.

[해설] 가우징(가스 가우징, 아크 에어 가우징 등)은 용접 균열 부분이나 용접 결함부를 제거하는 데 사용된다.

45. 용접법의 분류에서 용접에 속하는 것은?
㉮ 전자빔 용접 ㉯ 단접
㉰ 초음파 용접 ㉱ 마찰 용접

[해설] 용접법의 분류는 융접(아크 용접, 가스 용접, 전자빔 용접, 기타 특수 용접 등), 압접(저항 용접, 단접, 초음파 용접, 마찰 용접 등), 납땜(연납, 경납) 등이 있다.

46. 탄산가스 아크 용접의 특징에 대한 설명으로 틀린 것은?
㉮ 전류 밀도가 높아 용입이 깊고 용접 속도를 빠르게 할 수 있다.
㉯ 적용 재질이 철 계통으로 한정되어 있다.
㉰ 가시 아크이므로 시공이 편리하다.
㉱ 일반적인 바람의 영향을 받지 않으므로 방풍 장치가 필요없다.

[해설] 탄산가스 아크 용접에서는 바람의 영향을 크게 받으므로 풍속 2 m/s 이상이면 방풍 장치가 필요하다.

47. 교류 아크 용접 시 비안전형 홀더를 사용할 때 가장 발생하기 쉬운 재해는?
㉮ 낙상 재해 ㉯ 협착 재해
㉰ 전도 재해 ㉱ 전격 재해

[해설] 교류 아크 용접 시 비안전형 홀더를 사용할 때에는 홀더의 노출부에 전기가 통할 때 감전 상해를 입을 수 있어 이를 전격 재해라고 한다.

48. 가스절단에서 일정한 속도로 절단할 때 절단 홈의 밑으로 갈수록 슬래그의 방해, 산소의 오염 등에 의해 절단이 느려져 절단면을 보면 거의 일정한 간격으로 평행한 곡선이 나타난다. 이 곡선을 무엇이라 하는가?
㉮ 절단면의 아크 방향
㉯ 가스 궤적
㉰ 드래그 라인
㉱ 절단속도의 불일치에 따른 궤적

[해설] 가스절단의 드래그 라인을 설명한 것으로 드래그 라인의 시작점에서 끝점까지의 수평거리를 드래그 또는 드래그 길이라 하며 표준 드래그 길이는 보통 판 두께의 20 %(1/5) 정도이다.

49. 가스 용접에 사용하는 지연성 가스는?
㉮ 산소 ㉯ 수소
㉰ 프로판 ㉱ 아세틸렌

[해설] 가스 용접에서 지연성(조연성)가스는 산소, 공기이며 가연성 가스는 아세틸렌, 수소, LPG 등이고, 그 외에 메탄, 에탄, 천연가스 등이 있다.

50. 피복 아크 용접 작업에서 용접 조건에 관한 설명으로 틀린 것은?
㉮ 아크 길이가 길면 아크가 불안정하게 되어 용융금속의 산화나 질화가 일어나기 쉽다.
㉯ 좋은 용접 비드를 얻기 위해서 원칙적으로 긴 아크로 작업한다.
㉰ 용접 전류가 너무 낮으면 오버랩이 발생한다.
㉱ 용접 속도를 운봉 속도 또는 아크 속도라고도 한다.

[해설] 좋은 용접 비드를 얻기 위해서 아크 길이는 3 mm 정도(3 mm 이하로 유지)이어야 하며 양호한 용접을 하려면 짧은 아크를 사용하는 것이 유리하다. 아크 길이가 너무 길면 아크가 불안정하고 용융금속이 산화 및 질화되기 쉬우며 용입 불량 및 스패터도 심하게 된다.

정답 45. ㉮ 46. ㉱ 47. ㉱ 48. ㉰ 49. ㉮ 50. ㉯

51. 사람의 팔꿈치나 손목의 관절에 해당하는 움직임을 갖는 로봇으로 아크 용접용 다관절 로봇은?
㉮ 원통 좌표 로봇 ㉯ 직각 좌표 로봇
㉰ 극 좌표 로봇   ㉱ 관절 좌표 로봇

[해설] 아크 용접용 로봇은 동작 기구가 관절형 형식이며 사람의 팔꿈치나 손목의 관절에 해당하는 부분의 움직임을 갖는 로봇이다. 회전→선회→선회 운동을 하며 대표적인 것은 아크 용접용 다관절 로봇이다.

52. 스터드 용접에서 페룰의 역할로 틀린 것은?
㉮ 용융금속의 유출을 촉진시킨다.
㉯ 아크열을 집중시켜준다.
㉰ 용융금속의 산화를 방지한다.
㉱ 용착부의 오염을 방지한다.

[해설] 스터드 용접은 구조물에 스터드(볼트, 앵커 볼트 등)를 용접하는 방법이다. 스터드 용접 건에 스터드를 끼우고 페룰을 아크 부분에 씌운 뒤에 아크를 발생시켜 구조물을 용융시킨 후 압력을 가해 용접하는 방법이므로 용융금속이 유출되어서는 안 된다.

53. 납땜에서 용제가 갖추어야 할 조건으로 틀린 것은?
㉮ 청정한 금속면의 산화를 방지할 것
㉯ 모재와 땜납에 대한 부식 작용이 최소한 일 것
㉰ 전기 저항 납땜에 사용되는 것은 비전도체일 것
㉱ 납땜 후 슬래그 제거가 용이할 것

[해설] 납땜에서 용제가 갖추어야 할 조건 ㉮, ㉯, ㉱ 외에
① 모재에 산화피막과 같은 불순물을 제거하고 유동성이 좋을 것
② 땜납의 표면장력을 맞추어 모재와의 친화력을 높일 것
③ 용제의 유효 온도 범위와 납땜 온도가 일치할 것
④ 전기 저항 납땜에 사용되는 것은 전도체일 것
⑤ 침지땜에 사용되는 것은 수분을 함유하지 않을 것
⑥ 인체에 해가 없어야 할 것

54. TIG 용접 시 안전사항에 대한 설명으로 틀린 것은?
㉮ 용접기 덮개를 벗기는 경우 반드시 전원 스위치를 켜고 작업한다.
㉯ 제어장치 및 토치 등 전기 계통의 절연 상태를 항상 점검해야 한다.
㉰ 전원과 제어장치의 접지 단자는 반드시 지면과 접지되도록 한다.
㉱ 케이블 연결부와 단자의 연결 상태가 느슨해졌는지 확인하여 조치한다.

[해설] 용접기 덮개를 벗기는 경우 반드시 전원 스위치를 끄고 작업해야 감전을 예방할 수 있다.

55. 맞대기 저항 용접이 아닌 것은?
㉮ 스폿 용접   ㉯ 플래시 용접
㉰ 업셋 버트 용접 ㉱ 퍼커션 용접

[해설] 저항 용접 중 맞대기 용접은 업셋, 플래시, 버트심, 포일심, 퍼커션 용접 등이며 겹치기 용접은 점, 프로젝션, 심용접 등이다.

56. 프랑스식 가스 용접 토치의 200번 팁으로 연강판을 용접할 때 가장 적당한 판 두께는?
㉮ 판 두께와 무관 ㉯ 0.2 mm
㉰ 2 mm   ㉱ 20 mm

[해설] 가스 용접에서 프랑스식의 팁 번호와 산소 압력 판 두께는 책의 도표에서 200번일 때 산소 압력은 0.2 MPa이고 판 두께는 1.5~2 mm이다.

57. 점용접(spot welding)의 3대 요소에 해당되는 것은?
㉮ 가압력, 통전시간, 전류의 세기
㉯ 가압력, 통전시간, 전압의 세기

정답 51. ㉱ 52. ㉮ 53. ㉰ 54. ㉮ 55. ㉮ 56. ㉰ 57. ㉮

㉰ 가압력, 냉각수량, 전류의 세기
㉱ 가압력, 냉각수량, 전압의 세기

[해설] 점용접의 3대 요소는 가압력, 통전시간, 전류의 세기 등이다.

58. 가스 절단 작업에서 드래그는 판 두께의 몇 % 정도를 표준으로 하는가? (단, 판 두께는 25 mm 이하인 경우이다.)

㉮ 50 %   ㉯ 40 %
㉰ 30 %   ㉱ 20 %

[해설] 가스 절단의 표준 드래그는 보통 판 두께의 20 % 정도이다.

$$드래그 = \frac{드래그\ 길이}{판두께} \times 100\ \%$$

59. 교류 아크 용접기에 감전 사고를 방지하기 위해서 설치하는 것은?

㉮ 전격방지 장치   ㉯ 2차권선 장치
㉰ 원격제어 장치   ㉱ 핫 스타트 장치

[해설] 교류 아크 용접기는 2차 측 무부하 전압이 70~80 V가 되도록 만들어져 있어 안전전압이 24 V로 전격의 위험이 있으므로 아크 발생 시에만 무부하 전압이 되고 휴식 시간은 항상 안전전압이 되도록 하는 전격 방지 장치를 반드시 장착하도록 하고 있다.

60. 피복 아크 용접의 용접 입열에서 일반적으로 모재에 흡수되는 열량은 입열의 몇 % 정도인가?

㉮ 45~55 %   ㉯ 60~70 %
㉰ 75~85 %   ㉱ 90~100 %

[해설] 모재에 흡수된 열량은 입열의 75~85 % 정도가 보통이다.

$$용접\ 입열 = 60 \times \frac{아크\ 전압 \times 용접\ 전류}{용접\ 속도}$$

정답 58. ㉱ 59. ㉮ 60. ㉰

2016년도 출제 문제

▶ 2016년 3월 6일 시행

자격종목 및 등급(선택분야)	종목코드	시험시간	문제지형별
용접산업기사	2026	1시간 30분	A

제1과목 용접야금 및 용접설비제도

1. 동합금의 용접성에 대한 설명으로 틀린 것은?
㉮ 순동은 좋은 용입을 얻기 위해서 반드시 예열이 필요하다.
㉯ 알루미늄 청동은 열간에서 강도나 연성이 우수하다.
㉰ 인청동은 열간 취성의 경향이 없으며, 용융점이 낮아 편석에 의한 균열 발생이 없다.
㉱ 황동에는 아연이 다량 함유되어 있어 용접 시 증발에 의해 기포가 발생하기 쉽다.
[해설] 인청동의 아크 용접은 인청동봉이 가장 좋으며 용접은 빠른 속도로 용접한 뒤 열간 피닝 작업을 하여 결정 조직을 미세화시키고 인장강도와 연성을 증가시키는 것이 좋다.

2. 용접 비드의 끝에서 발생하는 고온 균열로서 냉각 속도가 지나치게 빠른 경우에 발생하는 균열은?
㉮ 종 균열   ㉯ 횡 균열
㉰ 호상 균열   ㉱ 크레이터 균열
[해설] 크레이터 균열은 용접 비드가 끝나는 부위에 나타나는 고온 균열로 고장력강이나 합금원소가 많은 강종에서 흔히 볼 수 있는 것이다. 용접 방법에 따라 약간씩 차이가 있지만 아크를 끊는 점을 중심으로 발생하는 것으로 용접금속의 수축력에 영향을 받는다. 이 균열은 별 모양, 가로 방향, 세로 방향의 형태로 나타나므로 아크를 끊을 때 반드시 아크 길이를 짧게 하고 비드의 높이와 충분히 같게 한다.

3. Fe-C계 평형상태도의 조직과 결정 구조에 대한 연결이 옳은 것은?
㉮ δ-페라이트 : 면심입방격자
㉯ 펄라이트 : δ+Fe_3C의 혼합물
㉰ γ-오스테나이트 : 체심입방격자
㉱ 레데부라이트 : γ+Fe_3C의 혼합물
[해설] ㉮는 체심입방격자, ㉯는 체심입방격자, ㉰는 면심입방격자이다.

4. 용착금속이 응고할 때 불순물은 주로 어디에 모이는가?
㉮ 결정입계   ㉯ 결정입내
㉰ 금속의 표면   ㉱ 금속의 모서리
[해설] 용착금속이 응고할 때에는 결정격자의 세포 분열에 의해 표면에서 중심으로 응고가 되어갈 때 결정입계에 불순물이 형성된다.

5. 아크 분위기는 대부분이 플럭스를 구성하고 있는 유기물 탄산염 등에서 발생한 가스로 구성되어 있다. 아크 분위기의 가스 성분에 해당되지 않는 것은?
㉮ He   ㉯ CO
㉰ H_2 ㉱ CO_2
[해설] 아크 분위기 가스 성분의 생성은 CO, CO_2, H_2, H_2O 등이며 헬륨은 불활성가스로 대기 중에 존재한다.

정답 1. ㉰ 2. ㉱ 3. ㉱ 4. ㉮ 5. ㉮

6. 다음 중 용접 시 용접부에 발생하는 결함이 아닌 것은?

㉮ 기공 ㉯ 텅스텐 혼입
㉰ 슬래그 혼입 ㉱ 래미네이션 균열

[해설] 래미네이션과 딜라미네이션 : 래미네이션 균열은 모재의 재질 결함으로 설퍼밴드와 같이 층상으로 편재되어 있고 내부에 노치를 형성하며 두께 방향에 강도를 감소시킨다. 딜라미네이션은 응력이 걸려 래미네이션이 갈라지는 것을 말하며 방지 방법으로는 킬드강이나 세미킬드강을 이용하여야 한다.

7. 주철의 용접에서 예열은 몇 ℃ 정도가 가장 적당한가?

㉮ 0~50℃ ㉯ 60~90℃
㉰ 100~140℃ ㉱ 150~300℃

[해설] 주철의 용접은 대부분 보수를 목적으로 하기 때문에 주로 가스 용접과 피복 아크 용접이 사용되고 있다. 가스 용접 시공 시에는 대체로 주철 용접봉을 쓰고 예열 및 후열은 대략 500~550℃가 적당하며 용제는 산화성 가스 불꽃이 약간 환원성인 것이 좋다. 주물의 아크 용접에는 모넬 메탈 용접봉(Ni⅔, Cu⅓), 니켈봉, 연강봉 등이 사용되며 예열하지 않아도 용접할 수 있다. 그러나 모넬 메탈 니켈봉을 쓰면 150~200℃ 정도의 예열이 적당하다.

8. 용접부 응력제거 풀림의 효과 중 틀린 것은?

㉮ 치수 오차 방지
㉯ 크리프강도 감소
㉰ 용접 잔류 응력 제거
㉱ 응력부식에 대한 저항력 증가

[해설] 응력 제거 풀림의 효과는
① 용접 잔류 응력의 제거
② 치수 틀림의 방지
③ 응력부식에 대한 저항력의 증대
④ 열 영향부의 템퍼링 연화
⑤ 용착금속 중의 수소 제거에 의한 연성의 증대
⑥ 충격저항의 증대
⑦ 크리이프(creep) 강도의 향상
⑧ 강도의 증대(석출 경화)

9. 경도가 가장 낮은 조직은?

㉮ 페라이트 ㉯ 펄라이트
㉰ 시멘타이트 ㉱ 마텐자이트

[해설] 경도를 높은 수준에서 낮은 수준으로 나열하면 마텐자이트 → 트루스타이트 → 소르바이트 → 펄라이트 → 페라이트의 순서이다.

10. 용융 슬래그의 염기도 식은?

㉮ $\dfrac{\sum 산성\ 성분(\%)}{\sum 염기성\ 성분(\%)}$

㉯ $\dfrac{\sum 염기성\ 성분(\%)}{\sum 산성\ 성분(\%)}$

㉰ $\dfrac{\sum 중성\ 성분(\%)}{\sum 염기성\ 성분(\%)}$

㉱ $\dfrac{\sum 염기성\ 성분(\%)}{\sum 중성\ 성분(\%)}$

11. KS 분류기호 중 KS B는 어느 부문에 속하는가?

㉮ 전기 ㉯ 금속
㉰ 조선 ㉱ 기계

[해설] KS 분류 기호 중 B는 기계, D는 금속, C는 전기, V는 조선이다.

12. KS 용접 기본 기호에서 현장 용접 보조 기호로 옳은 것은?

㉮ ○ ㉯ ⚑
㉰ ⌐ ㉱ ●

[해설] 현장 용접 보조 기호는 깃발이며 깃발 밑에 원이 있을 때에는 전주 현장 용접 기호이다.

13. 도면에 치수를 기입할 때의 유의 사항으로 틀린 것은?

㉮ 치수는 계산할 필요가 없도록 기입하여야

정답 6. ㉱ 7. ㉱ 8. ㉯ 9. ㉮ 10. ㉯ 11. ㉱ 12. ㉯ 13. ㉯

한다.

㉯ 치수는 중복 기입하여 도면을 이해하기 쉽게 한다.

㉰ 관련되는 치수는 가능한 한곳에 모아서 기입한다.

㉱ 치수는 될 수 있는 대로 주투상도에 기입해야 한다.

[해설] 치수를 기입할 때는 치수선은 외형선과 다른 치수선과의 중복을 피하고 될 수 있는 한 주 투상도에 기입을 하며 이해하기 쉽게 한다.

14. 필릿 용접에서 a5△4×300(50)의 설명으로 옳은 것은?

㉮ 목 두께 5 mm, 용접부 수 4, 용접 길이 300 mm, 인접한 용접부 간격 50 mm

㉯ 판 두께 5 mm, 용접 두께 4 mm, 용접 피치 300 mm, 인접한 용접부 간격 50 mm

㉰ 용입 깊이 5 mm, 경사 길이 4 mm, 용접 피치 300 mm, 용접부 수 50

㉱ 목 길이 5 mm, 용입 깊이 4 mm, 용접 길이 300 mm, 용접부 수 50

[해설] 용접 기호는 치수의 숫자 중 가로 단면의 주요 치수는 용접 기본 기호의 좌측(기호의 앞쪽 : S)에, 세로 단면 방향의 치수는 우측(기호의 뒤쪽 : l)에 기입하는 것이 원칙이다.

15. 굵은 실선으로 나타내는 선의 명칭은?

㉮ 외형선   ㉯ 지시선
㉰ 중심선   ㉱ 피치선

[해설] 굵은 실선은 외형선을 표시하며 대상물이 보이는 부분의 모양을 표시하는데 쓰인다.

16. 1개의 원이 직선 또는 원주 위를 굴러갈 때, 그 구르는 원의 원주 위 1점이 움직이며 그려 나가는 선은?

㉮ 타원(ellipse)
㉯ 포물선(parabola)

㉰ 쌍곡선(hyperbola)
㉱ 사이클로이드 곡선(cycloidal curve)

[해설] 전개도에서 원의 곡선을 연결하는 방법은 인벌류트(involute) 곡선과 사이클로이드 곡선법이 있다. 사이클로드법은 원주를 12등분하여 원주의 길이와 같게 직선을 그어 각 점을 원활한 곡선으로 연결하는 방법이다.

17. 45° 모따기의 기호는?

㉮ SR   ㉯ R
㉰ C   ㉱ t

[해설] SR : 구의 반지름, R : 반지름,
C : 45°의 모따기, t : 판의 두께

18. I형 맞대기 이음 용접에 해당되는 것은?

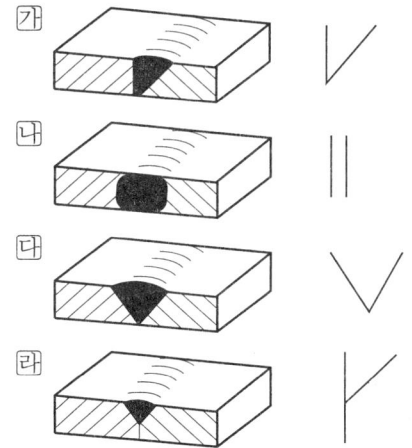

[해설] ㉮는 한쪽면 K형 맞대기 이음 용접, ㉯는 평면형 평행 맞대기 이음 용접, ㉰는 한쪽면 V형 맞대기 이음 용접, ㉱는 부분 용입 한쪽면 K형 맞대기 이음 용접의 용접기호이다.

19. 척도의 표시 방법에서 A : B로 나타낼 때 A가 의미하는 것은?

㉮ 윤곽선의 굵기   ㉯ 물체의 실제 크기
㉰ 도면에서의 크기 ㉱ 중심 마크의 크기

[해설] 척도는 A : B로 표시하며 A : 도면에서의 길이, B : 대상물의 실제 길이를 뜻한다. 현척의 경우에는 A와 B를 다같이 1로, 축척의 경

정답 14. ㉮ 15. ㉮ 16. ㉱ 17. ㉰ 18. ㉯ 19. ㉰

우에는 A를 1로, 배척의 경우에는 B를 1로 나타낸다.

20. 다음 용접기호의 명칭으로 옳은 것은?

㉮ 플러그 용접 ㉯ 뒷면 용접
㉰ 스폿 용접 ㉱ 심 용접

제 2 과목 용접구조설계

---

21. 용착금속의 최대 인장강도 σ = 300 MPa 이다. 안전율을 3으로 할 때 강판의 허용응력은 몇 MPa인가?

㉮ 50 ㉯ 100
㉰ 150 ㉱ 200

[해설] 허용응력 = $\dfrac{\text{인장강도}}{\text{안전율}} = \dfrac{300}{3} = 100$

22. 피복 아크 용접에서 발생한 용접 결함 중 구조상의 결함이 아닌 것은?

㉮ 기공 ㉯ 변형
㉰ 언더컷 ㉱ 오버랩

[해설] 변형은 치수상의 결함이다.
구조상의 결함
① 기공
② 비금속 또는 슬래그 섞임
③ 융합 불량, 용입 불량
④ 언더컷, 오버랩
⑤ 균열
⑥ 표면 결함

23. 용접 구조 설계상 주의사항으로 틀린 것은?

㉮ 용착금속량이 적은 이음을 선택할 것
㉯ 용접치수는 강도상 필요한 치수 이상으로 크게 하지 말 것
㉰ 용접성, 노치 인성이 우수한 재료를 선택하여 시공이 쉽게 설계할 것
㉱ 후판을 용접할 경우는 용입이 얕고 용착량이 적은 용접법을 이용하여 층수를 늘릴 것

[해설] 후판을 용접할 경우는 용입이 깊고 층수를 적게 하여 용접 열 영향을 적게 받도록 한다.

24. 작은 강구나 다이아몬드를 붙인 소형 추를 일정한 높이에서 시험편 표면에 낙하시켜 튀어오르는 반발 높이로 경도를 측정하는 시험은?

㉮ 쇼어 경도 시험 ㉯ 브리넬 경도 시험
㉰ 로크웰 경도 시험 ㉱ 비커스 경도 시험

[해설] 쇼어 경도 시험은 작은 다이아몬드(끝단이 둥글다)를 선단에 고정시킨 낙하 물체를 일정한 높이에서 시험편 표면에 낙하시켰을 때 튀어오른 높이로 쇼어 경도를 측정하는 시험이다.

25. 내마멸성을 가진 용접봉으로 보수 용접을 하고자 할 때 사용하는 용접봉에 적합하지 않은 것은?

㉮ 망간강 계통의 심선
㉯ 크롬강 계통의 심선
㉰ 규소강 계통의 심선
㉱ 크롬-코발트-텅스텐 계통의 심선

[해설] 규소는 경도·강도·탄성한계·주조성(유동성)을 증가시키고, 연신율·충격치·단접성을 감소시키며 냉간 가공성을 해친다.

26. 용접 구조물 조립 시 일반적인 고려사항이 아닌 것은?

㉮ 변형 제거가 쉽게 되도록 하여야 한다.
㉯ 구조물의 형상을 유지할 수 있어야 한다.
㉰ 경제적이고 고품질을 얻을 수 있는 조건을 설정한다.
㉱ 용접 변형 및 잔류 응력을 상승시킬 수

정답 20. ㉮ 21. ㉯ 22. ㉯ 23. ㉱ 24. ㉮ 25. ㉰ 26. ㉱

있어야 한다.

[해설] 용접 구조물 조립 시 일반적인 고려사항
① 구조물의 형상은 허용 오차 범위 내를 유지할 수 있어야 한다.
② 용접 변형 및 잔류 응력을 경감시킬 수 있어야 한다.
③ 큰 구속 용접을 피해야 하며 적용 용접법, 이음 형상을 고려해야 한다.
④ 변형 제거가 쉬워야 하며 작업 환경의 개선 및 용접 자세 등을 고려한다.
⑤ 장비의 취급과 지그의 활용을 고려하며 경제적이고 고품질을 얻을 수 있는 조건을 설정한다.

27. 용접성을 저하시키며 적열 취성을 일으키는 원소는?
㉮ 황 ㉯ 규소
㉰ 구리 ㉱ 망간

[해설] 적열취성(고온 취성)의 원인은 황(S)으로 방지하기 위해서는 망간을 첨가한다.

28. 용접 홈의 형상 중 V형 홈에 대한 설명으로 옳은 것은?
㉮ 판 두께가 대략 6 mm 이하인 경우 양면 용접에 사용한다.
㉯ 양면 용접에 의해 완전한 용입을 얻으려고 할 때 쓰인다.
㉰ 판 두께 3 mm 이하로 개선 가공 없이 한쪽에서 용접할 때 쓰인다.
㉱ 보통 판 두께 15 mm 이하에서 한쪽 용접으로 완전한 용입을 얻고자 할 때 쓰인다.

[해설] 용접 홈의 형상 중 V형 홈은 두께 20 mm 이하의 판을 한쪽 용접으로 완전히 용입을 얻고자 할 때 사용된다. 홈의 표준 각도는 54~70° 정도가 적당하며 판 두께가 두꺼워지면 용착 금속의 양이 증가하고 각 변형이 발생할 위험이 있으므로 판재의 두께에 따라 홈의 선택에 신중을 기해야 하며 ㉮는 I형 홈에 대한 설명이다.

29. 처음 길이가 340 mm인 용접 재료를 길이 방향으로 인장시험한 결과 390 mm가 되었다. 이 재료의 연신율은 약 몇 %인가?
㉮ 12.8 ㉯ 14.7 ㉰ 17.2 ㉱ 87.2

[해설] 연신율 = $\frac{390-340}{340} \times 100\%$
= $0.147 \times 100 = 14.7\%$

30. 용접 지그(Jig)에 해당되지 않는 것은?
㉮ 용접 고정구 ㉯ 용접 포지셔너
㉰ 용접 핸드 실드 ㉱ 용접 머니퓰레이터

[해설] 용접용 지그(jig)는 가접용 지그, 변형 방지용 지그, 포지셔너, 터닝롤러, 머니퓰레이터 등이 있다.

31. 용접 이음의 피로강도에 대한 설명으로 틀린 것은?
㉮ 피로강도란 정적인 강도를 평가하는 시험 방법이다.
㉯ 하중, 변위 또는 열응력이 반복되어 재료가 손상되는 현상을 피로라고 한다.
㉰ 피로강도에 영향을 주는 요소는 이음 형상, 하중 상태, 용접부 표면 상태, 부식 환경 등이 있다.
㉱ S-N 선도를 피로선도라 부르며, 응력 변동이 피로한도에 미치는 영향을 나타내는 선도를 말한다.

[해설] 피로강도는 용접부에 균열, 언더컷, 슬래그 혼입 등과 같이 예리한 노치가 되는 용접 결함이 존재하고 있을 때 항복점에 비하여 훨씬 낮은 응력이 작용하여도 피로파괴가 일어나는 것이다. 이러한 작은 하중으로는 잔류 응력이 별로 삭감되지 않아 결국 잔류 응력의 존재로 인하여 피로강도가 감소할 가능성이 생기게 된다.

32. 재료의 크리프 변형은 일정 온도의 응력 하에서 진행하는 현상이다. 크리프 곡선의 영역

에 속하지 않는 것은?
- ㉮ 강도 크리프
- ㉯ 천이 크리프
- ㉰ 정상 크리프
- ㉱ 가속 크리프

[해설] 제1크리프는 천이 크리프라고도 하며 크리프 속도가 시간에 따라 감소하는 구간이다. 속도가 감소하는 이유는 일정 하중에 의해 소성변형이 발생하고 그로 인해 전위가 형성되고 이동하면서 서로 엉키게 되어 가공 경화가 발생하게 되면서 크리프 속도가 감소하게 되는 것이다.

33. 용접 이음의 종류에 따라 분류한 것 중 틀린 것은?
- ㉮ 맞대기 용접
- ㉯ 모서리 용접
- ㉰ 겹치기 용접
- ㉱ 후진법 용접

[해설] 용접 이음의 종류는 맞대기 이음, 모서리 이음, 변두리 이음, 겹치기 이음, T 이음, 십자 이음, 전면 필릿 이음, 측면 필릿 이음, 양면 덮개판 이음 등이다.

34. 용접 작업에서 지그 사용 시 얻어지는 효과로 틀린 것은?
- ㉮ 용접 변형을 억제한다.
- ㉯ 제품의 정밀도가 낮아진다.
- ㉰ 대량생산의 경우 용접 조립 작업을 단순화시킨다.
- ㉱ 용접 작업이 용이하고 작업 능률이 향상된다.

[해설] 제품의 정밀도가 높고 품질이 향상된다.

35. 그림과 같은 V형 맞대기 용접에서 각부의 명칭 중 틀린 것은?

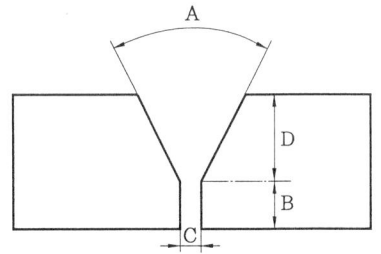

- ㉮ A : 홈 각도
- ㉯ B : 루트 면
- ㉰ C : 루트 간격
- ㉱ D : 비드 높이

[해설] D는 홈의 깊이를 말한다.

36. 용접부 시험에는 파괴시험과 비파괴시험이 있다. 파괴시험 중에서 야금학적 시험 방법이 아닌 것은?
- ㉮ 파면시험
- ㉯ 물성시험
- ㉰ 매크로시험
- ㉱ 현미경 조직시험

[해설] 파괴시험 중에 야금학적 시험법은 육안 조직시험, 현미경 조직시험, 파면시험, 설퍼 프린트시험 등이 있으며 물성시험은 물리적 시험이다.

37. 용접기에 사용되는 전선(cable) 중 용접기에서 모재까지 연결하는 케이블은?
- ㉮ 1차 케이블
- ㉯ 입력 케이블
- ㉰ 접지 케이블
- ㉱ 비닐코드 케이블

[해설] 용접기에서 모재로 연결되는 선은 접지 케이블이며 직류에서 정극성과 역극성을 연결할 때에만 (+), (−)로 바뀐다.

38. V형에 비해 홈의 폭이 좁아도 작업성과 용입이 좋으며 한쪽에서 용접하여 충분한 용입을 얻을 필요가 있을 때 사용하는 이음 형상은?
- ㉮ U형
- ㉯ I형
- ㉰ X형
- ㉱ K형

[해설] U형 홈은 두꺼운 판의 양면 용접을 할 수 없는 경우에 가공하는 방법으로 한쪽 용접에 의해 충분한 용입을 얻으려고 할 때 사용되며 V형에 비하여 홈의 폭이 좁아도 되고, 루트 간격을 0으로 해도 작업성과 용입이 좋으며, 용착금속의 양도 적고 홈 가공이 다소 어려운 것이 단점이다.

39. 길이가 긴 대형의 강관 원주부를 연속 자동 용접을 하고자 한다. 이때 사용하고자 하는 지그로 가장 적당한 것은?

정답 33. ㉱ 34. ㉯ 35. ㉱ 36. ㉯ 37. ㉰ 38. ㉮ 39. ㉯

㉮ 엔드 탭(end tap)
㉯ 터닝 롤러(turning roller)
㉰ 컨베이어(conveyor) 정반
㉱ 용접 포지셔너(welding positioner)

[해설] 엔드 탭은 아크 쏠림 방지와 모재에 시작점과 끝 부분의 결함을 방지하기 위해 길이 150 mm 정도로 모재의 양쪽에 덧붙이 하는 탭이다. 터닝 롤러는 아래보기 자세에 의한 능률과 품질의 향상을 위한 목적으로 파이프의 원주 속도와 용접 속도를 같게 조정하여 용접을 자동 용접으로 시공할 수 있다. 용접용 포지셔너는 회전 테이블로 전자세 용접을 할 수 있고 테이블에 고정, 구속시켜 변형을 적게 하는 방법도 있다.

40. 레이저 용접의 특징으로 틀린 것은?
㉮ 좁고 깊은 용접부를 얻을 수 있다.
㉯ 고속 용접과 용접 공정의 융통성을 부여할 수 있다.
㉰ 대입열 용접이 가능하고 열 영향부의 범위가 넓다.
㉱ 접합되어야 할 부품의 조건에 따라서 한 면 용접으로 접합이 가능하다.

[해설] 레이저 용접의 특징
① 광선이 열원으로 진공이 필요하지 않다.
② 접촉하기 힘든 모재의 용접이 가능하고 열 영향 범위가 좁다.
③ 부도체 용접이 가능하고 미세 정밀한 용접을 할 수 있다.

제 3 과목 용접일반 및 안전관리

---

41. 가스 용접의 특징으로 틀린 것은?
㉮ 아크 용접에 비해 불꽃온도가 높다.
㉯ 응용 범위가 넓고 운반이 편리하다.
㉰ 아크 용접에 비해 유해 광선 발생이 적다.
㉱ 전원 설비가 없는 곳에서도 용접이 가능하다.

[해설] 가스 용접의 특징

장점	단점
① 응용 범위가 넓고 전원 설비가 필요없다.	① 열집중성이 나빠서 효율적인 용접이 어렵다.
② 가열, 조정이 자유롭다.	② 불꽃의 온도와 열효율이 낮다.
③ 운반이 편리하고 설비비가 싸다.	③ 폭발의 위험성이 크며 용접금속 탄화 및 산화의 가능성이 많다.
④ 아크 용접에 비해 유해 광선의 발생이 적다.	④ 아크 용접에 비해 일반적으로 신뢰성이 적다.
⑤ 박판 용접에 적당하다.	

42. 저항 용접에 의한 압접에서 전류 20 A, 전기 저항 30 Ω, 통전시간 10 s일 때 발열량은 약 몇 cal인가?
㉮ 14400   ㉯ 24400
㉰ 28800   ㉱ 48800

[해설] $H = 0.238 I^2 R t$
 H : 열량(cal), I : 전류(A), R : 저항(Ω)
 t : 시간(s)
 $H = 0.238 \times 20^2 \times 30 \times 10 = 28560$
 $\fallingdotseq 0.24 \times 20^2 \times 30 \times 10 = 28800$

43. 카바이드 취급 시 주의사항으로 틀린 것은?
㉮ 운반 시 타격, 충격, 마찰 등을 주지 않는다.
㉯ 카바이드 통을 개봉할 때는 정으로 따낸다.
㉰ 저장소 가까이에 인화성 물질이나 화기를 가까이 하지 않는다.
㉱ 카바이드는 개봉 후 보관 시 습기가 침투하지 않도록 보관한다.

[해설] 카바이드 취급 시 주의사항 : 승인된 장소에 저장하고 아세틸렌 발생기 밖에서는 물이나 습기와 접촉시켜서는 안 되며, 저장장소 및 저장통 가까이에 빛이나 인화가 가능한 물건을 두지 않는다. 또 저장통에서 카바이드를 들어낼 때에는 모넬 메탈이나 목제 공구를 사용하여 마찰, 충격 및 불꽃을 방지한다.

정답 40. ㉰   41. ㉮   42. ㉰   43. ㉯

44. 용착금속 중의 수소 함유량이 다른 용접봉에 비해 약 1/10 정도로 현저하게 적어 용접성은 다른 용접봉에 비해 우수하나 흡습하기 쉽고, 비드 시작점과 끝점에서 아크 불안정으로 기공이 생기기 쉬운 용접봉은?

㉮ E4301　　㉯ E4316
㉰ E4324　　㉱ E4327

[해설] 저수소계(low hydrogen type : E4316)
① 아크 분위기 중의 수소량을 감소시킬 목적으로 피복제의 유기물을 적게 하고, 탄산칼슘 등의 염기성 탄산염에 형석(CaF_2), 불화칼슘), 페로 실리콘 등을 배합한 용접봉이다.
② 용착금속 중 용해되는 수소의 함유량은 다른 용접봉에 비해 적으며(약 1/10) 강력한 탈산작용으로 용착금속의 인성 등 기계적 성질도 좋다.
③ 피복제는 다른 계통에 비해 두꺼우며 300~350℃로 1~2시간 정도 건조한다.

45. 가스 용접 토치의 취급상 주의사항으로 틀린 것은?

㉮ 토치를 망치 등 다른 용도로 사용해서는 안 된다.
㉯ 팁 및 토치를 작업장 바닥이나 흙 속에 방치하지 않는다.
㉰ 팁을 바꿔 끼울 때에는 반드시 양쪽 밸브를 모두 열고 팁을 교체한다.
㉱ 작업 중 발생하기 쉬운 역류, 역화, 인화에 항상 주의하여야 한다.

[해설] 가스 용접 토치의 취급상 주의사항(㉮, ㉯, ㉱ 외)
① 점화되어 있는 토치를 아무 곳에나 방치하지 않는다.
② 팁 과열 시 아세틸렌 밸브를 닫고 산소 밸브만 약간 열어 물속에서 냉각시킨다.
③ 팁을 바꿔 끼울 때에는 반드시 양쪽 밸브를 모두 닫은 다음에 행한다.

46. 다음 중 탄산가스 아크 용접 장치에 해당되지 않는 것은?

㉮ 제어 케이블　　㉯ CO_2 용접 토치
㉰ 용접봉 건조로　㉱ 와이어 송급장치

[해설] 탄산가스 아크 용접 장치
① 용접장치는 자동, 반자동 장치의 2가지가 있고 용접용 전원은 직류 정전압 특성이 사용된다.
② 용접장치는 주행대차 위에 용접 토치와 와이어 등이 설치된 전자동식과 토치만 수동으로 조작하고 나머지는 기계적으로 조작하는 반자동식이 있다.
③ 와이어 송급장치는 푸시(push)식, 풀(pull)식, 푸시풀(push-pull)식 등이 있다.
④ 용접 제어장치로는 감속기 송급 롤러 등 전극 와이어의 송급 제어와 전자 밸브로 조정되는 보호가스, 냉각수 송급 제어의 두 계열이 있다.

47. 다음 중 서브머지드 아크 용접의 특징으로 틀린 것은?

㉮ 유해 광선 발생이 적다.
㉯ 용착 속도가 빠르며 용입이 깊다.
㉰ 전류 밀도가 낮아 박판 용접에 용이하다.
㉱ 개선각을 작게 하여 용접의 패스 수를 줄일 수 있다.

[해설] 서브머지드 아크 용접은 대전류(약 200~4,000 A)의 사용에 의한 용접의 비약적인 고능률화에 있고 전류 밀도가 높아 후판의 직선 용접에 용이하다.

48. AW300 용접기의 정격사용률이 40%일 때 200 A로 용접을 하면 10분 작업 중 몇 분까지 아크를 발생해도 용접기에 무리가 없는가?

㉮ 3분　　㉯ 5분
㉰ 7분　　㉱ 9분

[해설] 허용사용률
$= \dfrac{(정격2차전류)^2}{(실제\ 용접전류)^2} \times 정격사용률$
$= \dfrac{(300A)^2}{(200A)^2} \times 40 = 9$ 와 같이 계산되어 9분간 휴식이다.

정답 44. ㉯　45. ㉰　46. ㉰　47. ㉰　48. ㉱

49. 다음 중 일렉트로 슬래그 용접의 특징으로 틀린 것은?
㉮ 용접 입열이 낮다.
㉯ 후판 용접에 적당하다.
㉰ 용접 능률과 용접 품질이 우수하다.
㉱ 용접 진행 중 직접 아크를 눈으로 관찰할 수 없다.
[해설] 일렉트로 슬래그 용접의 특징: 두꺼운 판의 용접에 경제적이고 용접 입열이 높아 용접 속도가 빠르며 I형 용접으로 가공이 쉽다.

50. 산소-아세틸렌 가스로 절단이 가장 잘 되는 금속은?
㉮ 연강   ㉯ 구리
㉰ 알루미늄   ㉱ 스테인리스강
[해설] 주철, 10% 이상의 크롬(Cr)을 포함하는 스테인레스강이나 비철금속은 절단이 어렵다.

51. 다음 중 용사법의 종류가 아닌 것은?
㉮ 아크 용사법
㉯ 오토콘 용사법
㉰ 가스 불꽃 용사법
㉱ 플라스마 제트 용사법
[해설] 용사법에는 가스 불꽃 용사법, 아크 용사법, 플라스마 제트 용사법 등이 있다.

52. 가스 용접에서 산소 압력 조정기의 압력 조정 나사를 오른쪽으로 돌리면 밸브는 어떻게 되는가?
㉮ 닫힌다.   ㉯ 고정된다.
㉰ 열리게 된다.   ㉱ 중립상태로 된다.
[해설] 가스 용접에서 산소 압력 조정기는 오른쪽으로 돌리면 열리고 왼쪽으로 돌리면 잠기게 된다.

53. 산소용기 취급 시 주의사항으로 틀린 것은?
㉮ 산소병을 눕혀 두지 않는다.
㉯ 산소병을 화기로부터 멀리한다.
㉰ 사용 전에 비눗물로 가스 누설검사를 한다.
㉱ 밸브는 기름을 칠하여 항상 유연하게 한다.
[해설] 산소병은 항상 40℃ 이하로 유지하고 용기 내의 압력 17 MPa(170 kg/cm^2)가 너무 상승되지 않도록 하며, 밸브의 개폐는 조용히 하고 산소 누설검사는 비눗물을 사용한다.

54. 가스 용접에서 충전가스 용기의 도색을 표시한 것으로 틀린 것은?
㉮ 산소-녹색   ㉯ 수소-주황색
㉰ 프로판-회색   ㉱ 아세틸렌-청색
[해설] 아세틸렌은 황색, 탄산가스는 청색, 아르곤은 회색, 암모니아는 백색, 염소는 갈색이다.

55. 불활성가스 아크 용접에서 비용극식, 비소모식인 용접의 종류는?
㉮ TIG 용접   ㉯ MIG 용접
㉰ 퓨즈 아크법   ㉱ 아코스 아크법
[해설] MIG 용접, 퓨즈 아크법, 아코스 아크법은 용극식, 소모식이며 TIG 용접은 텅스텐(융점 3410°) 전극으로 비용극식, 비소모식이다.

56. 지름이 3.2 mm인 피복 아크 용접봉으로 연강판을 용접하고자 할 때 가장 적합한 아크의 길이는 몇 mm 정도인가?
㉮ 3.2   ㉯ 4.0
㉰ 4.8   ㉱ 5.0
[해설] 피복 아크 용접봉의 적합한 아크 길이는 용접봉 신선의 지름과 같거나 그 이하로 한다.

57. 가용접 시 주의사항으로 틀린 것은?
㉮ 강도상 중요한 부분에는 가용접을 피한다.
㉯ 본 용접보다 지름이 굵은 용접봉을 사용하는 것이 좋다.
㉰ 용접의 시점 및 종점이 되는 끝 부분은 가용접을 피한다.
㉱ 본 용접과 비슷한 기량을 가진 용접사에

의해 실시하는 것이 좋다.

[해설] 가용접 시 주의사항(㉠, ㉢, ㉣ 외)
① 용접결과의 좋고 나쁨에 직접 영향을 준다.
② 본 용접의 작업 전에 좌우의 홈 부분을 감정적으로 고정하기 위한 짧은 용접이다.
③ 균열, 기공, 슬래그 잠입 등의 결함을 수반하기 쉬우므로 본 용접을 실시할 홈 안에 가접하는 것은 바람직하지 못하다. 만일 불가피하게 홈 안에 가접하였을 경우 본 용접 전에 갈아내는 것이 좋다.
④ 가접에는 본용접보다 지름이 약간 가는 봉을 사용하는 것이 좋다.

58. 산소 및 아세틸렌 용기 취급에 대한 설명으로 옳은 것은?

㉠ 산소병은 60℃ 이하, 아세틸렌 병은 30℃ 이하의 온도에서 보관한다.
㉡ 아세틸렌 병은 눕혀서 운반하되 운반 도중 충격을 주어서는 안 된다.
㉢ 아세틸렌 충전구가 동결되었을 때는 50℃ 이상의 온수로 녹여야 한다.
㉣ 산소병 보관 장소에 가연성가스를 혼합하여 보관해서는 안 되며 누설시험 시에는 비눗물을 사용한다.

[해설] 가스병은 항상 40° 이하에서 보관하며 저장 장소에는 5 m 이하에서 화기를 금지한다. 전기 스위치, 전등은 방폭 구조이어야 하며 진동이나 충격을 가하지 말고 가스 누설 검사는 반드시 비눗물로 하며 반드시 세워서 저장을 한다.

59. 피복 아크 용접에서 용입에 영향을 미치는 원인이 아닌 것은?

㉠ 용접 속도   ㉡ 용접 홀더
㉢ 용접 전류   ㉣ 아크의 길이

[해설] 피복 아크 용접에서 용입에 영향을 미치는 것은 용접 전류, 아크 길이, 용접 속도 등이다.

60. 직류 아크 용접기에서 발전형과 비교한 정류기형의 특징으로 틀린 것은?

㉠ 소음이 적다.
㉡ 보수 점검이 간단하다.
㉢ 취급이 간편하고 가격이 저렴하다.
㉣ 교류를 정류하므로 완전한 직류를 얻는다.

[해설] 직류 아크 용접기의 특징

종류	특징
발전형 (모터형, 엔진형)	• 완전한 직류를 얻으나 가격이 고가 • 옥외나 전원이 없는 장소에 사용(엔진형) • 고장이 쉽고 소음 크며, 보수 점검이 어려움
정류기형, 축전지형	• 취급이 간단하고 가격이 싸다 • 완전한 직류를 얻지 못함(정류기형) • 정류기 파손 주의(셀렌 80℃, 실리콘 150℃) • 소음이 없고 보수점검이 간단함

[정답] 58. ㉣ 59. ㉡ 60. ㉣

□ 용접 산업기사 ▶ 2016. 5. 8 시행

제1과목 용접야금 및 용접설비제도

1. 용접 전후의 변형 및 잔류 응력을 경감시키는 방법이 아닌 것은?
㉮ 억제법   ㉯ 도열법
㉰ 역변형법   ㉱ 롤러에 거는법

[해설] 용접전후의 변형 및 잔류 응력을 제거하는 응력 제거법은 노 내 풀림법, 국부 풀림법, 저온 응력 완화법, 기계적 응력 완화법, 피닝법 등이다. 변형의 경감법은 ① 용접 전 변형방지 방법 : 억제법, 역변형법, ② 용접 시공에 의한 방법 : 대칭법, 후퇴법, 교호법, 비석법, ③ 모재의 입열을 막는 방법 : 도열법, ④ 용접부의 변형과 응력 제거 방법 : 피닝법 등

2. 주철과 강을 분류할 때 탄소의 함량은 약 몇 %를 기준으로 하는가?
㉮ 0.4%   ㉯ 0.8%
㉰ 2.0%   ㉱ 4.3%

[해설] Fe-C 상태도에서 E점인 2.0%(2.11%)보다 탄소함유량이 적은 것을 탄소강, 많은 것을 주철이라 한다.

3. 강의 연화 및 내부 응력 제거를 목적으로 하는 열처리는?
㉮ 불림   ㉯ 풀림
㉰ 침탄법   ㉱ 질화법

[해설] 풀림(annealing)은 강의 조직을 미세화시키고 기계 가공을 쉽게 하기 위하여 A_3-A_1변태점보다 약 30~50℃ 높은 온도에서 장시간 가열하고 냉각시키는 열처리로 재질을 연화시킨다.

4. 결정 입자에 대한 설명으로 틀린 것은?
㉮ 냉각 속도가 빠르면 입자는 미세화된다.
㉯ 냉각 속도가 빠르면 결정핵 수는 많아진다.
㉰ 과냉도가 증가하면 결정핵 수는 점차적으로 감소한다.
㉱ 결정핵 수는 용융점 또는 응고점 바로 밑에서는 비교적 적다.

[해설] 결정 입자
① 금속 종류와 불순물의 함량 및 냉각 속도에 따라 다름
② 냉각 속도가 빠르면 결정핵 수의 증가 및 결정입자의 미세화
③ 냉각 속도가 느리면 결정핵 수의 감소 및 결정입자의 조대화
④ 결정핵 성장 속도가 생성 속도보다 크면 입자가 작아짐
⑤ 입상 결정 입자가 생기는 조건 : G(결정 입자 성장 속도)<Vm(냉각 속도)

5. 수소 취성도를 나타내는 식으로 옳은 것은? (단, δ_H : 수소에 영향을 받은 시험편의 면적, δ_O : 수소에 영향을 받지 않은 시험편의 면적이다.)

㉮ $\dfrac{\delta_H - \delta_O}{\delta_H}$ ㉯ $\dfrac{\delta_O - \delta_H}{\delta_O}$

㉰ $\dfrac{\delta_O \times \delta_H}{\delta_O}$ ㉱ $\dfrac{\delta_O \times \delta_H}{\delta_H}$

[해설] 강은 수소를 포함하면 취성화되며 취성화의 정도는 수소량과 함께 증가한다.

6. 금속간 화합물에 대한 설명으로 틀린 것은?
㉮ 간단한 원자비로 구성되어 있다.
㉯ Fe_3C는 금속간 화합물이 아니다.
㉰ 경도가 매우 높고 취약하다.
㉱ 높은 용융점을 갖는다.

[해설] 금속간 화합물(intermetallic compound) : 2종

정답 1. ㉱ 2. ㉰ 3. ㉯ 4. ㉰ 5. ㉯ 6. ㉯

이상의 금속이 간단한 원자비로 화학적으로 결합하여 성분 금속과 다른 성질을 가지는 독립된 화합물을 만드는 것을 말한다. FeC도 금속간 화합물이다.

7. 용접금속의 응고 직후에 발생하는 균열로서 주로 결정입계에 생기며 300℃ 이상에서 발생하는 균열을 무슨 균열이라고 하는가?
- ㉮ 저온 균열
- ㉯ 고온 균열
- ㉰ 수소 균열
- ㉱ 비드 밑 균열

[해설] 고온 균열(hot cracking) : 철강의 고온 균열은 온도 550℃ 이상에서 발생하는 균열을 말한다. 황(S)이 원인으로, FeS은 융점(1193℃)이 낮고 고온에서 약하므로 900~950℃에서 파괴되어 균열을 발생시키며, 용접금속의 응고 직후에 결정입계에서 발생한다. 300℃ 이상에서 발생하는 균열도 고온 균열이라 한다.

8. 슬래그 생성 배합제로 사용되는 것은?
- ㉮ $CaCO_3$
- ㉯ Ni
- ㉰ Al
- ㉱ Mn

[해설] 슬래그 생성제 : 산화철, 이산화티탄, 일미나이트, 규사, 이산화망간, 석회석, 장석, 형석 등이다.

9. 철에서 체심입방격자인 α철이 A_3점에서 γ철인 면심입방격자로, A_4점에서 다시 δ철인 체심입방격자로 구조가 바뀌는 것은?
- ㉮ 편석
- ㉯ 고용체
- ㉰ 동소변태
- ㉱ 금속간 화합물

[해설] 동소변태(allotropic transformation) : 고체 내에서의 원자 배열의 변화, 즉 결정 격자의 형상이 변하기 때문에 생기게 되는 것이다. 예를 들면 순철(pure iron)에는 α, γ, δ의 3개의 동소체가 있는데 α철은 912℃(A_3변태) 이하에서 체심입방격자이고 γ철은 912℃로부터 약 1400℃(A_4변태) 사이에서 면심입방격자이며 δ철은 약 1400℃로부터 용융점 1538℃ 사이에는 체심입방격자이다.

10. E4301로 표시되는 용접봉은?
- ㉮ 일미나이트계
- ㉯ 고셀룰로스계
- ㉰ 고산화티탄계
- ㉱ 저수소계

[해설] 일미나이트계(E4301), 고셀룰로스계(E4311), 고산화티탄계(E4313), 저수소계(E4316)이다.

11. 겹쳐진 부재에 홀(hole) 대신 좁고 긴 홈을 만들어 용접하는 것은?
- ㉮ 필릿 용접
- ㉯ 슬롯 용접
- ㉰ 맞대기 용접
- ㉱ 플러그 용접

12. 투상도의 배열에 사용된 제1각법과 제3각법의 대표 기호로 옳은 것은?
- ㉮ 제1각법 : ▭⊕ 제3각법 : ⊕▭
- ㉯ 제1각법 : ⊕▭ 제3각법 : ⊕▭
- ㉰ 제1각법 : ▭⊕ 제3각법 : ⊕▭
- ㉱ 제1각법 : ⊕▭ 제3각법 : ▭⊕

[해설]
• 제1각법(firest angle projection)
① 물체를 제1각 안에 놓고 투상하며 투상면 앞쪽에 물체를 놓는다.
② 정면도를 중심으로 하여 아래쪽에 평면도, 왼쪽에 우측면도를 그린다.
③ 위에서 물체를 보고 물체의 아래에 투상된 것을 표시한다.

• 제3각법(third angle projection)
① 물체를 투상각의 제3각 공간에 놓고 투상하는 방식이며 투상면 뒤쪽에 물체를 놓는다.
② 정면도를 중심으로 위쪽에 평면도, 오른쪽에 우측면도를 그린다.
③ 위에서 물체를 보고 투상된 것은 물체의 상부에 도시한다.
④ 제3각법의 장점 : 물체에 대한 도면의 투상이 이해가 쉬워 합리적이다.

정답 7. ㉯ 8. ㉮ 9. ㉰ 10. ㉮ 11. ㉯ 12. ㉮

13. 핸들이나 바퀴 등의 암, 리브, 훅, 축, 구조물의 부재 등의 절단면을 표시하는 데 가장 적합한 단면도는?
㉮ 부분 단면도
㉯ 한쪽 단면도
㉰ 회전도시 단면도
㉱ 조합에 의한 단면도

14. 가는 1점 쇄선의 용도에 의한 명칭이 아닌 것은?
㉮ 중심선   ㉯ 기준선
㉰ 피치선   ㉱ 숨은선

15. 필릿 용접 끝단부를 매끄럽게 다듬질하라는 보조 기호는?

㉮   ㉯

㉰   ㉱ ▽

[해설] 보조 기호

용접부 표면 또는 용접부 형상	기호
(a) 평면(동일한 면으로 마감 처리)	─
(b) 블록형	⌒
(c) 오목형	⌣
(d) 토를 매끄럽게 함	⌣
(e) 영구적인 이면 판재(backing strip) 사용	M
(f) 제거 가능한 이면 판재 사용	MR

16. 도면의 치수 기입 방법 중 지름을 나타내는 기호는?
㉮ Sφ   ㉯ SR
㉰ ( )   ㉱ φ

[해설] 도면의 치수 기입 방법은 다음과 같다.

기호	구분	비고
φ	원지름의 기호	명확히 구분할 경우 생략할 수 있다.
□	정사각형 기호	생략할 수 있다.
R	원의 반지름 기호	반지름을 나타내는 치수선이 원호의 중심까지 그을 때는 생략한다.
구	구면 기호	φ, R의 기호 앞에 사용한다.
C	모따기의 기호	45° 모따기에만 사용한다.
P	피치 기호	치수 숫자 앞에 표시한다.
t	판의 두께 기호	치수 숫자 앞에 표시한다.
⌧	평면 기호	도면 안에 대각선으로 표시한다.

17. KS에서 일반 구조용 압연강재의 종류로 옳은 것은?
㉮ SS400   ㉯ SM45C
㉰ SM400A   ㉱ STKM

[해설] 도면에서 재료 기호는 처음 부분은 재질, 중간 부분은 규격명, 제품명, 끝 부분은 재료의 종류를 나타낸다. S는 steel, 두 번째 S는 일반 구조용강, 400은 최저 인장강도를 나타낸다.

18. 도면의 분류 중 내용에 따른 분류에 해당되지 않는 것은?
㉮ 기초도   ㉯ 스케치도
㉰ 계통도   ㉱ 장치도

[해설] 도면의 내용에 따른 분류는 부품도, 조립도, 기초도, 배치도, 배근도, 장치도, 스케치도 등이다.

19. [그림]과 같이 경사부가 있는 물체를 경사면의 실제 모양을 표시할 때 보이는 부분의 전체 또는 일부를 나타낸 투상도는?

정답 13. ㉰ 14. ㉱ 15. ㉰ 16. ㉱ 17. ㉮ 18. ㉰ 19. ㉯

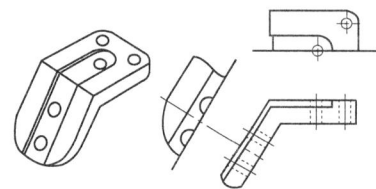

㉮ 주 투상도 ㉯ 보조 투상도
㉰ 부분 투상도 ㉱ 회전 투상도

[해설] 투상도의 표시 방법은 주 투상도, 보조 투상도, 부분 투상도, 국부 투상도, 회전 투상도, 부분 확대도 등이며 주어진 설명은 보조 투상도이다.

20. 도면에서 2종류 이상의 선이 같은 장소에서 중복될 경우 가장 우선이 되는 선은?
㉮ 외형선 ㉯ 숨은선
㉰ 절단선 ㉱ 중심선

[해설] 외형선은 굵은 실선을 사용하며 대상물의 보이는 부분의 모양을 표시하는데 쓰인다.

제 2 과목 용접구조설계

---

21. 용접 길이를 짧게 나누어 간격을 두면서 용접하는 방법으로 피용접물 전체에 변형이나 잔류 응력이 적게 발생하도록 하는 용착법은?
㉮ 스킵법 ㉯ 후진법
㉰ 전진블록법 ㉱ 캐스케이드법

[해설] 용접 비드 배치법으로 잔류 응력이나 변형이 적게 발생되도록 하는 용착법이다.

22. 용접 구조물의 강도 설계에 있어서 가장 주의해야 할 사항은?
㉮ 용접봉 ㉯ 용접기
㉰ 잔류 응력 ㉱ 모재의 치수

[해설] 용접 구조물의 강도 설계에 있어서 가장 주의해야 할 사항은 용접 후 잔류 응력으로 뒤틀림, 직각 방향의 수축과 각 변형 등이 발생되고, 후에 취성파괴, 피로파괴, 부식 등이 발생한다.

23. 맞대기 용접 이음에서 강판의 두께 6 mm, 인장하중 60 kN을 작용시키려 한다. 이때 필요한 용접 길이는? (단, 허용 인장응력은 500 MPa이다.)
㉮ 20 mm ㉯ 30 mm
㉰ 40 mm ㉱ 50 mm

[해설] 허용인장응력 $= \dfrac{\text{인장하중}}{\text{두께} \times \text{길이}}$
$= \dfrac{60000}{(500 \times 6)} = 20$

24. 연강 판의 양면 필릿(fillet) 용접 시 용접부의 목 길이는 판 두께의 얼마 정도로 하는 것이 가장 좋은가?
㉮ 25 % ㉯ 50 %
㉰ 75 % ㉱ 100 %

[해설] 필릿 용접에서 이론 목 두께는 (각장(다리 길이)×0.707)로 약 75 %이다.

25. 맞대기 용접 이음의 덧살은 용접 이음의 강도에 어떤 영향을 주는가?
㉮ 덧살은 응력 집중과 무관하다.
㉯ 덧살을 작게 하면 응력 집중이 커진다.
㉰ 덧살을 크게 하면 피로강도가 증가한다.
㉱ 덧살은 보강 덧붙임으로써 과대한 경우 피로강도를 감소시킨다.

[해설] 맞대기 용접 이음의 덧살은 피로강도를 감소시켜 형상적인 응력 집중에 큰 영향을 미치므로 균열, 불용착부, 슬래그 섞임 등을 피해야 된다.

26. 맞대기 용접 이음 홈의 종류가 아닌 것은?
㉮ I형 홈 ㉯ V형 홈
㉰ U형 홈 ㉱ T형 홈

[정답] 20. ㉮ 21. ㉮ 22. ㉰ 23. ㉮ 24. ㉰ 25. ㉱ 26. ㉱

27. 용접부 결함의 종류가 아닌 것은?
   ㉮ 기공   ㉯ 비드
   ㉰ 융합 불량   ㉱ 슬래그 섞임

   [해설] 용접부의 결함은 주로 각종 균열, 기공, 슬래그 섞임, 융합 불량, 언더컷, 오버랩 등이다.

28. 용접 결함 중 구조상의 결함이 아닌 것은?
   ㉮ 균열   ㉯ 언더 컷
   ㉰ 용입 불량   ㉱ 형상 불량

   [해설] 구조상의 결함은 기공, 비금속 또는 슬래그 섞임, 융합 불량, 용입 불량, 언더컷, 오버랩, 균열, 표면 결함 등이며 형상 불량은 치수상의 결함이다.

29. 용접 이음을 설계할 때 주의 사항으로 틀린 것은?
   ㉮ 위보기 자세 용접을 많이 하게 한다.
   ㉯ 강도상 중요한 이음에서는 완전 용입이 되게 한다.
   ㉰ 용접 이음을 한곳으로 집중되지 않게 설계한다.
   ㉱ 맞대기 용접에는 양면 용접을 할 수 있도록 하여 용입 부족이 없게 한다.

   [해설] 가능한 아래보기 자세로 용접을 많이 하게 한다.

30. 용융금속의 용적 이행 형식인 단락형에 관한 설명으로 옳은 것은?
   ㉮ 표면장력의 작용으로 이행하는 형식
   ㉯ 전류소자 간 흡인력에 이행하는 형식
   ㉰ 비교적 미세 용적이 단락되지 않고 이행하는 형식
   ㉱ 미세한 용적이 스프레이와 같이 날려 이행하는 형식

   [해설] 용융금속의 용적 이행 형식인 단락형, 스프레이형, 글로뷸로형 중 단락형은 용접이 용융지에 접촉하여 단락되고 표면장력의 작용으로 모재에 옮겨가서 용착된다.

31. 용접부의 피로강도 향상법으로 옳은 것은?
   ㉮ 덧붙이 용접의 크기를 가능한 최소화한다.
   ㉯ 기계적 방법으로 잔류 응력을 강화한다.
   ㉰ 응력 집중부에 용접 이음부를 설계한다.
   ㉱ 야금적 변태에 따라 기계적인 강도를 낮춘다.

32. 용접 후 구조물에서 잔류 응력이 미치는 영향으로 틀린 것은?
   ㉮ 용접 구조물에 응력 부식이 발생한다.
   ㉯ 박판 구조물에서는 국부 좌굴을 촉진한다.
   ㉰ 용접 구조물에서는 취성 파괴의 원인이 된다.
   ㉱ 기계 부품에서 사용 중에 변형이 발생되지 않는다.

   [해설] 용접 후 구조물에서 잔류 응력으로 뒤틀림, 직각 방향의 수축과 각 변형 등이 발생되고 후에 취성 파괴, 피로 파괴, 부식 등이 발생된다.

33. 비드 바로 밑에서 용접선과 평행이 되도록 모재 열 영향부에 생기는 균열은?
   ㉮ 층상 균열   ㉯ 비드 밑 균열
   ㉰ 크레이터 균열   ㉱ 라미네이션 균열

   [해설] 비드 밑 균열은 저합금의 고장력강에 생기기 쉬운 균열로 용접 비드 바로 밑에서 용접선에 아주 가까이, 거의 평행하게 모재 열 영향부에 생기는 균열이다.

34. 완전 용입된 평판 맞대기 이음에서 굽힘 응력을 계산하는 식은? (단, σ : 용접부의 굽힘 응력, M : 굽힘 모멘트, l : 용접 유효 길이, h : 모재의 두께로 한다.)
   ㉮ $\sigma = \dfrac{4M}{lh^2}$ ㉯ $\sigma = \dfrac{4M}{lh^3}$
   ㉰ $\sigma = \dfrac{6M}{lh^2}$ ㉱ $\sigma = \dfrac{6M}{lh^3}$

정답 27. ㉯   28. ㉱   29. ㉮   30. ㉮   31. ㉮   32. ㉱   33. ㉯   34. ㉰

[해설] 제이닝의 응력계산식

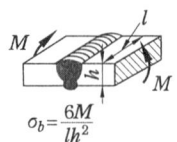

$\sigma_b = \dfrac{6M}{lh^2}$

35. 용접부의 결함을 육안검사로 검출하기 어려운 것은?
㉮ 피트 ㉯ 언더컷
㉰ 오버랩 ㉱ 슬래그 혼입

[해설] 피트, 언더컷, 오버랩은 표면 결함이므로 육안검사로 검출이 가능하며, 슬래그 혼입은 용접금속 내부의 결함이므로 X-방사선검사 및 파면검사로 해야 보인다.

36. 현장 용접으로 판 두께 15 mm를 위보기 자세로 20 m 맞대기 용접할 경우 환산 용접 길이는 몇 m인가? (단, 위보기 맞대기 용접 환산 계수는 4.8이다.)
㉮ 4.1 ㉯ 24.8
㉰ 96 ㉱ 152

[해설] 용접 길이×환산 계수 = 20×4.8 = 96

37. 다음 중 가장 얇은 관에 적용하는 용접 홈 형상은?
㉮ H형 ㉯ I형
㉰ K형 ㉱ V형

[해설] I형 : 6 mm 이하, V형 : 6~20 mm, X형 : 12 mm 이상, J형 : 6~20 mm, K양면 J형 : 12 mm 이하, U형 : 16~50 mm, H형 : 20 mm 이상

38. 고셀룰로스계(E4311) 용접봉의 특징으로 틀린 것은?
㉮ 슬래그 생성량이 적다.
㉯ 비드 표면이 양호하고 스패터의 발생이 적다.
㉰ 아크는 스프레이 형상으로 용입이 비교적 양호하다.
㉱ 가스 실드에 의한 아크분위기가 환원성이므로 용착금속의 기계적 성질이 양호하다.

[해설] 고셀룰로스계는 가스 실드형으로 용접이 행은 스프레이형이며 스패터의 발생이 많다.

39. 다음 중 용접 구조물의 수명과 가장 관련이 있는 것은?
㉮ 작업률 ㉯ 피로강도
㉰ 작업 태도 ㉱ 아크 타임률

[해설] 용접 구조물의 수명과 가장 관련이 있는 것은 결함이 없이 용접을 하였다고 가정했을 때 피로강도, 노치, 부식 등이다.

40. 비드가 끊어졌거나 용접봉이 짧아져서 용접이 중단될 때 비드 끝 부분이 오목하게 된 부분을 무엇이라고 하는가?
㉮ 언더컷 ㉯ 앤드탭
㉰ 크레이터 ㉱ 용착금속

[해설] 크레이터는 용접물이 부족하여 비드가 충분히 위로 올라오지 않고 매우 얇게 생긴 모양이다.

제 3 과목 용접일반 및 안전관리

41. 피복 아크 용접에 사용되는 피복 배합제의 성질을 작용면에서 분류한 것으로 틀린 것은?
㉮ 아크 안정제는 아크를 안정시킨다.
㉯ 가스 발생제는 용착금속의 냉각 속도를 빠르게 한다.
㉰ 고착제는 피복제를 단단하게 심선에 고착시킨다.
㉱ 합금제는 용강 중에 금속원소를 첨가하여 용착금속의 성질을 개선한다.

[해설] 가스 발생제는 환원성 가스로 용접부를 보호하고 냉각 속도를 천천히 하게 한다.

정답 35. ㉱ 36. ㉰ 37. ㉯ 38. ㉯ 39. ㉯ 40. ㉰ 41. ㉯

42. 피복 아크 용접에서 직류 정극성의 설명으로 틀린 것은?
㉮ 용접봉의 용융이 늦다.
㉯ 모재의 용입이 얕아진다.
㉰ 두꺼운 관의 용접에 적합하다.
㉱ 모재를 +극에, 용접봉을 -극에 연결한다.
[해설] 직류 정극성은 모재를 양(+)극(열량 70 %), 용접봉을 음(-)극(열량 30 %)에 연결시켜 모재의 용입이 깊고 비드폭이 좁다.

43. 전격 방지기가 설치된 용접기의 가장 적당한 무부하 전압은?
㉮ 25 V 이하   ㉯ 50 V 이하
㉰ 75 V 이하   ㉱ 상관 없다.
[해설] 전격 방지기는 아크를 발생할 때만 무부하 전압으로 승압시키고 평상시는 안전전압인 25 V 이하로 유지한다.

44. 납땜에서 경납용으로 쓰이는 용제는?
㉮ 붕사   ㉯ 인산
㉰ 염화아연 ㉱ 염화암모니아
[해설] 경납용 용제는 붕사, 붕산, 붕산염, 알카리 등이다.

45. 브레이징(brazing)은 용가재를 사용하여 모재를 녹이지 않고 용가재만 녹여 용접을 이행하는 방식이다. 몇 ℃ 이상에서 이행하는 방식인가?
㉮ 150℃   ㉯ 250℃
㉰ 350℃   ㉱ 450℃
[해설] 연납과 경납의 구분 온도는 450℃이며 브레이징은 연납으로 450℃ 이하에서 이행된다.

46. 피복 아크 용접봉 기호와 피복제 계통을 각각 연결한 것 중 틀린 것은?
㉮ E4324 - 라임 티탄계
㉯ E4301 - 일미나이트계
㉰ E4327 - 철분 산화철계
㉱ E4313 - 고산화 티탄계
[해설] E4324는 철분 산화티탄계이다.

47. 용접하고자 하는 부위에 분말 형태의 플럭스를 일정 두께로 살포하고, 그 속에 전극 와이어를 연속적으로 송급하여 와이어 선단과 모재 사이에 아크를 발생시키는 용접법은?
㉮ 전자빔 용접
㉯ 서브머지드 아크 용접
㉰ 불활성가스 금속 아크 용접
㉱ 불활성가스 텅스텐 아크 용접

48. 탄산가스 아크 용접에 대한 설명으로 틀린 것은?
㉮ 용착금속에 포함된 수소량은 피복 아크 용접봉의 경우보다 적다.
㉯ 박판 용접은 단락 이행 용접법에 의해 가능하고 전자세 용접도 가능하다.
㉰ 피복 아크 용접처럼 용접봉을 갈아 끼우는 시간이 필요 없으므로 용접 생산성이 높다.
㉱ 용융지의 상태를 보면서 용접할 수가 없으므로 용접 진행의 양·부 판단이 곤란하다.
[해설] 탄산가스 아크 용접은 솔리드 와이어와 플럭스 코드 와이어의 두 가지를 이용하여 용접 작업을 하는데 다른 용접법(TIG, MIG, MAG, 피복 아크 용접 등)과 마찬가지로 용융지의 상태가 잘 보이고 용융풀을 보면서 용접 진행을 한다.

49. 고장력강용 피복 아크 용접봉 중 피복제의 계통이 특수계에 해당되는 것은?
㉮ E5000   ㉯ E5001
㉰ E5003   ㉱ E5026
[해설] 고장력강용 피복 아크 용접봉은 5001(일미나이트계), 5003(라임티타니아계), 5016(저수소계), 5026(철분저수소계), 5000, 8000(특수계)이다.

50. TIG, MIG, 탄산가스 아크 용접 시 사용하는 차광렌즈 번호로 가장 적당한 것은?
- ㉮ 4~5
- ㉯ 6~7
- ㉰ 8~9
- ㉱ 12~13

[해설] 불활성가스 아크 용접은 아크 빛이 강하여 보통 11~13의 차광렌즈 번호를 이용한다.

51. 활성가스를 보호가스로 사용하는 용접법은?
- ㉮ SAW 용접
- ㉯ MIG 용접
- ㉰ MAG 용접
- ㉱ TIG 용접

[해설] MAG는 탄산가스와 다른 가스를 이용하여 용접성을 좋게 하기 위한 방법으로 환원성(활성)가스를 이용한다.

52. 피복 아크 용접 시 안전홀더를 사용하는 이유로 옳은 것은?
- ㉮ 고무장갑 대용
- ㉯ 유해가스 중독 방지
- ㉰ 용접 작업 중 전격 예방
- ㉱ 자외선과 적외선 차단

[해설] 피복 아크 용접 시 안전홀더를 사용하는 목적은 용접 작업 중이나 휴식 시간에도 전격(감전) 예방을 위해서 노출부가 절연되어 있는 안전홀더를 사용한다.

53. 피복 아크 용접 시 전격 방지에 대한 주의사항으로 틀린 것은?
- ㉮ 작업을 장시간 중지할 때는 스위치를 차단한다.
- ㉯ 무부하 전압이 필요 이상 높은 용접기를 사용하지 않는다.
- ㉰ 가죽장갑, 앞치마, 발 덮개 등 규정된 안전 보호구를 착용한다.
- ㉱ 땀이 많이 나는 좁은 장소에서는 신체를 노출시켜 용접해도 된다.

[해설] 피복 아크 용접 시 작업장이나 땀이 많이 나는 좁은 장소에서 전격의 예방을 위하여 신체를 일부분이라도 노출을 하여 작업하면 안 되고, 반드시 작업복과 안전 보호장비를 착용한다.

54. 용해 아세틸렌가스를 충전하였을 때의 용기 전체의 무게가 65 kgf이고 사용 후 빈병의 무게가 61 kgf였다면 사용한 아세틸렌가스는 몇 리터(L)인가?
- ㉮ 905
- ㉯ 1810
- ㉰ 2715
- ㉱ 3620

[해설] 가스의 양
= 충전된 용기의 무게 − 빈병의 무게
= 용해 아세틸렌의 양은 1 kg에 905 l이므로 65 − 61 = 4이고 4×905 = 3620이다.

55. 금속 원자 간에 인력이 작용하여 영구 결합이 일어나도록 하기 위해서 원자 사이의 거리는 어느 정도 접근해야 하는가?
- ㉮ 0.001 mm
- ㉯ 10^{-6} cm
- ㉰ 10^{-8} cm
- ㉱ 0.0001 mm

[해설] 뉴턴의 만유인력의 기호는 1 옹스트롬(Å)으로, 그 크기는 10^{-8} cm (10^{-10} m)이다.

56. 불활성가스 텅스텐 아크 용접의 특징으로 틀린 것은?
- ㉮ 보호 가스가 투명하여 가시 용접이 가능하다.
- ㉯ 가열 범위가 넓어 용접으로 인한 변형이 크다.
- ㉰ 용제가 불필요하고 깨끗한 비드 외관을 얻을 수 있다.
- ㉱ 피복 아크 용접에 비해 용접부의 연성 및 강도가 우수하다.

[해설] TIG의 장점으로 가열 범위가 적어 용접으로 인한 변형이 적고 열의 집중 효과가 양호하다.

57. 피복 아크 용접에서 용접부의 보호 방식이

아닌 것은?
- ㉮ 가스 발생식
- ㉯ 슬래그 생성식
- ㉰ 반가스 발생식
- ㉱ 스프레이 발생식

[해설] 피복 아크 용접에서 용접부의 보호 방식은 가스 발생식, 반가스 발생식, 슬래그 생성식 등이다.

58. 교류 아크 용접기의 용접 전류 조정 범위는 정격 2차 전류의 몇 % 정도인가?
- ㉮ 10~20 %
- ㉯ 20~110 %
- ㉰ 110~150 %
- ㉱ 160~200 %

[해설] 교류 아크 용접기의 전류 조정 범위는 20~110 %이다.

59. 불활성가스 텅스텐 아크 용접에서 일반 교류 전원에 비해 고주파 교류 전원이 갖는 장점이 아닌 것은?

- ㉮ 텅스텐 전극봉이 많은 열을 받는다.
- ㉯ 텅스텐 전극봉의 수명이 길어진다.
- ㉰ 전극을 모재에 접촉시키지 않아도 아크가 발생한다.
- ㉱ 아크가 안정되어 작업 중 아크가 약간 길어져도 끊어지지 않는다.

[해설] 텅스텐 전극이 오염되지 않고 많은 열을 받지 않아 수명이 길어지고 전극봉 지름에 비해 전류 사용 범위가 크므로 저전류 용접이 가능하고 전자세 용접이 가능하다.

60. 아크 용접에서 피복 배합제 중 탈산제에 해당되는 것은?
- ㉮ 산성 백토
- ㉯ 산화티탄
- ㉰ 페로망간
- ㉱ 규산나트륨

[해설] 탈산제 : 망간철, 규소철, 티탄철, 금속망간, Al분말로 철과 합해서 페로망간, 페로규소, 페로 알루미늄 등

정답 58. ㉯ 59. ㉮ 60. ㉰

□ 용접 산업기사 ▶ 2016. 8. 21 시행

제1과목 용접야금 및 용접설비제도

1. 예열 및 후열의 목적이 아닌 것은?
㉮ 균열의 방지
㉯ 기계적 성질 향상
㉰ 잔류 응력의 경감
㉱ 균열감수성의 증가

[해설] 용접부는 급격한 열사이클 및 급랭 응고 수축을 받기 때문에 모재부의 조직 변화, 열응력 변형 또는 균열을 일으킬 수 있어 용접 구조물에 따라 예열 및 후열을 반드시 해야 한다. 예열 및 후열의 목적은 균열의 방지, 기계적 성질 향상, 변형, 잔류 응력의 경감, 기공의 생성 방지 등이다.

2. 강의 오스테나이트 상태에서 냉각 속도가 가장 빠를 때 나타나는 조직은?
㉮ 펄라이트
㉯ 소르바이트
㉰ 마텐자이트
㉱ 트루스타이트

[해설] 열처리 과정에서 담금질 과정과 마찬가지로 냉각 속도가 가장 빠를 때에는 마텐자이트 조직이 나타나 인성을 주는 열처리가 필요하다.

3. 용착금속이 응고할 때 불순물이 한 곳으로 모이는 현상은?
㉮ 공석
㉯ 편석
㉰ 석출
㉱ 고용체

[해설] 용착금속이 응고할 때 제일 먼저 결정되는 부분과 뒤에 굳는 부분 사이에 화학조성이 다르기 때문에 어느 성분이 금속의 일부에 편중하여 분포하는 현상이며, 인화철로 인한 고스트라인과 비슷하다.

4. 6:4 황동에 1~2% Fe를 첨가한 것으로 강도가 크며 내식성이 좋아 광산기계, 선박용 기계, 화학기계 등에 이용되는 합금은?
㉮ 톰백
㉯ 라우탈
㉰ 델타메탈
㉱ 네이벌 황동

[해설] 6:4 황동에 아연이 첨가되면 문츠메탈, 주석이 함유되면 네이벌 황동, 철이 함유되면 델타메탈, 망간, 알루미늄, 철, 니켈, 주석이 함유되면 강력 황동이다.

5. 스테인리스강에서 용접성이 가장 좋은 계통은?
㉮ 페라이트계
㉯ 펄라이트계
㉰ 마텐자이트계
㉱ 오스테나이트계

[해설] 스테인리스강에서 오스테나이트계는 크롬-니켈계, 페라이트계와 마텐자이트계는 크롬계로, 용접성이 가장 좋은 제품은 오스테나이트계이다.

6. 용접 시 수소 원소에 의한 영향으로 옳은 것은?
㉮ 수소는 용해도가 매우 높아 용접 시 쉽게 흡수된다.
㉯ 용접 중에 흡수되는 대부분의 수소는 기체 수소로부터 공급된다.
㉰ 수소는 용접 시 냉각 중에 균열 또는 은점 형성의 원인이 된다.
㉱ 응력이 존재한 경우 격자 결함은 원자 수소의 인력으로 작용하여 응력계(stress-system)를 증가시켜 탄성 인자로 작용한다.

[해설] 용접 시에 수소는 확산성을 갖고 있어서 용접 금속에 기공, 비드 밑 균열, 은점, 취성, 선상조직 등에 결함을 유발하는 원인이 된다.

7. 적열 취성에 가장 큰 영향을 미치는 것은?

정답 1.㉱ 2.㉰ 3.㉯ 4.㉰ 5.㉱ 6.㉰ 7.㉮

㋎ S ㋑ P
㋓ H₂ ㋒ N₂

[해설] 적열 취성은 고온 취성이라고도 하며 유황이 원인으로 강 중에 0.02 % 정도만 있어도 인장강도, 연신율, 충격치 등이 감소한다.

8. 서브머지드 아크 용접 시 용융지에서 금속 정련 반응이 일어날 때 용접금속의 청정도 및 인성과 매우 깊은 관계가 있는 것은?
㋎ 플럭스(flux)의 입도
㋑ 플럭스(flux)의 염기도
㋓ 플럭스(flux)의 소결도
㋒ 플럭스(flux)의 용융도

[해설] 용제(flux)의 염기성이 높은 피복아크 용접에서는 저수소계를 사용해야 하며, 용제는 입자가 거친 것을 높은 전류에 사용하면 파형이 거칠어져 외관이 나쁘고, 입자가 미세한 용제를 낮은 전류에 사용하면 가스의 방출이 원활하지 못하여 비드가 불균일하고 기공이 발생된다.

9. 잔류 응력 제거법 중 잔류 응력이 있는 제품에 하중을 주어 용접 부위에 약간의 소성변형을 일으킨 다음 하중을 제거하는 방법은?
㋎ 피닝법
㋑ 노내 풀림법
㋓ 국부 풀림법
㋒ 기계적 응력 완화법

10. 알루미늄과 그 합금의 용접성이 나쁜 이유로 틀린 것은?
㋎ 비열과 열전도도가 대단히 커서 수축량이 크기 때문
㋑ 용융 응고 시 수소 가스를 흡수하여 기공이 발생하기 쉽기 때문
㋓ 강에 비해 용접 후의 변형이 커 균열이 발생하기 쉽기 때문
㋒ 산화알루미늄의 용융온도가 알루미늄의 용융온도보다 매우 낮기 때문

[해설] 산화알루미늄의 용융온도(2050℃)가 알루미늄(660℃)의 용융온도보다 매우 높기 때문에 용접성이 나쁘다.

11. KS 재료기호 중 SM 45C의 설명으로 옳은 것은?
㋎ 기계구조용 강 중에 45종이다.
㋑ 재질강도가 45 MPa인 기계구조용 강이다.
㋓ 탄소 함유량 4.5 %인 기계구조용 주물이다.
㋒ 탄소 함유량 0.45 %인 기계구조용 탄소 강재이다.

[해설] S는 강, SM은 기계구조용 강, 45 C는 탄소 함유량 0.45 %를 나타낸다.

12. 도면으로 사용된 용지의 안쪽에 그려진 내용이 확실히 구분되도록 그리는 윤곽선은 일반적으로 몇 mm 이상의 실선으로 그리는가?
㋎ 0.2 mm ㋑ 0.25 mm
㋓ 0.3 mm ㋒ 0.5 mm

[해설] 도면의 윤곽선은 종이의 가장자리가 찢어져서 도면의 내용을 훼손하지 않도록 하기 위해서 긋는데 0.5 mm (05년도 교과서), 0.7 mm (2014년도 교과서) 굵기의 실선으로 그린다.

13. 대상물의 보이지 않는 부분을 표시하는 데 쓰이는 선의 종류는?
㋎ 굵은 실선 ㋑ 가는 파선
㋓ 가는 실선 ㋒ 가는 이점쇄선

[해설] 숨은선으로 가는 파선 또는 굵은 파선을 사용한다.

14. 기계나 장치 등의 실체를 보고 프리핸드(free hand)로 그린 도면은?
㋎ 스케치도 ㋑ 부품도
㋓ 배치도 ㋒ 기초도

정답 8. ㋓ 9. ㋒ 10. ㋒ 11. ㋒ 12. ㋒ 13. ㋑ 14. ㋎

[해설] 스케치 방법은 프리핸드법, 프린트법, 본뜨기법, 사진촬영법 등이며, 그 중 프리핸드법은 일반적인 방법으로 척도에 관계없이 적당한 크기로 부품을 그린 후 치수를 측정하여 기입하는 방법이며, 용지는 모눈종이를 사용하면 편리하다.

15. 도면의 크기 중 A0 용지의 넓이는 약 얼마인가?
- ㉮ 0.25 m²
- ㉯ 0.5 m²
- ㉰ 0.8 m²
- ㉱ 1.0 m²

[해설] 도면에서 A0의 크기는 841×1189 mm로 넓이를 계산하면 999949 mm²으로 약 1.0 m²이다.

16. 실형의 물건에 광명단 등 도료를 발라 용지에 찍어 스케치하는 방법은?
- ㉮ 본뜨기법
- ㉯ 프린트법
- ㉰ 사진촬영법
- ㉱ 프리핸드법

[해설] 스케치 방법 중 프린트법으로 부품에 면이 평면으로 가공되어 있고 복잡한 윤곽을 갖는 부품인 경우에 그 면에 광명단 등을 발라 스케치 용지에 찍어 그 면의 실형을 얻는 직접법과 면에 용지를 대고 연필 등으로 문질러서 도형을 얻는 간접법이 있다.

17. 선을 긋는 방법에 대한 설명으로 틀린 것은?
- ㉮ 1점 쇄선은 긴 쪽 선으로 시작하고 끝나도록 긋는다.
- ㉯ 파선이 서로 평행할 때에는 서로 엇갈리게 그린다.
- ㉰ 실선과 파선이 서로 만나는 부분은 띄워지도록 그린다.
- ㉱ 평행선은 선 간격을 선 굵기의 3배 이상으로 하여 긋는다.

[해설] 선 긋기에서 실선과 파선, 파선과 파선이 서로 만나는 부분은 이어지도록 그린다.

18. 투상법에 대한 설명으로 틀린 것은?
- ㉮ 투상 : 대상물의 형태를 평면상에 투영하는 것을 말한다.
- ㉯ 시선 : 시점과 공간에 있는 점을 연결하는 선 및 그 연장선을 말한다.
- ㉰ 투상선 : 시점과 대상물의 각 점을 연결하고 대상물의 형태를 투상면에 찍어내기 위해서 사용하는 선이다.
- ㉱ 시점 : 공간에 있는 점을 시점과 다른 방향으로 무한정 멀리 했을 경우에 시점과 투상면과의 교점이다.

[해설] 투상법은 물체, 물체를 바라보는 사람의 눈(시점) 및 물체의 모습을 모사하는 투상면 3요소에 따라 그 분류가 결정된다. 인간이 공간 내에 존재하는 점을 유리를 가운데 두어 바라보고, 점이 보인대로 유리판 상에 모사했다고 한다. 그 때 원래의 점을 모사하는 유리판을 투상면, 투상면의 상에 기록된 점의 모습을 투상의 상 또는 투상도라 하고, 점과 인간의 눈을 연결하는 가상의 선을 시선 또는 투상선이라고 한다. 평행투상법은 눈과 물체 사이에 무한원거리가 있다고 가정할 때 시선이 서로 평행한 투상법이다.

19. 가는 실선으로 사용하는 선이 아닌 것은?
- ㉮ 지시선
- ㉯ 수준면선
- ㉰ 무게중심선
- ㉱ 치수보조선

[해설] 가는 실선은 치수선, 치수보조선, 지시선, 회전단면선, 중심선, 수준면선과 특수한 용도의 선 (외형선 및 숨은선의 연장을 표시할 때와 평면이란 것을 나타내는 데 사용하며 위치를 명시하는 데 사용한다.) 등이다.

20. 용접기호에 대한 명칭이 틀리게 짝지어진 것은?
- ㉮ ⊖ : 스폿 용접
- ㉯ ▯ : 플러그 용접
- ㉰ ⌣ : 뒷면 용접

정답 15. ㉱ 16. ㉯ 17. ㉰ 18. ㉱ 19. ㉰ 20. ㉮

라 ▶ : 현장 용접

[해설] 가는 심 용접이다.

제 2 과목 용접구조설계

21. 완전한 맞대기 용접이음의 굽힘모멘트 (M_b) = 12000 N·mm가 작용하고 있을 때 최대굽힘응력은 약 몇 N/mm²인가? (단, $l = 300$ mm, $t = 25$ mm)

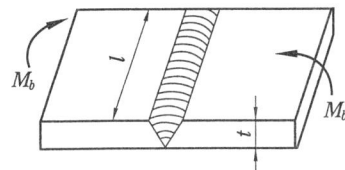

㉮ 0.324 ㉯ 0.344
㉰ 0.384 ㉱ 0.424

[해설] 굽힘응력 $= \dfrac{6M}{(1 \times h^2)}$
$= \dfrac{6 \times 12000}{(300 \times 625)}$
$= \dfrac{72000}{187500} = 0.384$

22. 용접의 내부결함이 아닌 것은?
㉮ 은점 ㉯ 피트
㉰ 선상조직 ㉱ 비금속 개재물

[해설] 용접 금속의 결함 중 내부결함은 기공, 슬래그 잠입, 비금속 개재물, 은점, 선상조직, 내부 균열 등이고, 피트는 비드 외관에 나타나는 결함이다.

23. 용접 지그에 대한 설명으로 틀린 것은?
㉮ 잔류 응력을 제거하기 위한 것이다.
㉯ 모재를 용접하기 쉬운 상태로 놓기 위한 것이다.
㉰ 작업을 용이하게 하고 용접능률을 높이기 위한 것이다.
㉱ 용접 제품의 치수를 정확하게 하기 위해 변형을 억제하는 것이다.

[해설] 용접 지그는 모재를 용접하기 쉬운 자세와 용접능률을 높이기 위하여 사용되는 것이며, 잔류 응력을 제거하기 위한 것은 풀림법, 기계응력 완화법 등이 있다.

24. 용접 이음의 내식성에 영향을 미치는 요인이 아닌 것은?
㉮ 슬래그 ㉯ 용접 자세
㉰ 잔류 응력 ㉱ 용접 이음 형상

25. 강판의 맞대기 용접이음에서 가장 두꺼운 판에 사용할 수 있으며 양면 용접에 의해 충분한 용입을 얻으려고 할 때 사용하는 홈의 형상은?
㉮ V형 ㉯ U형
㉰ I형 ㉱ H형

[해설] 두꺼운 판을 용접하는 U형, K형, H형 등은 작업성과 용입이 좋아 충분한 용입을 얻을 수 있으나 양면 용접에 의해 충분한 용입을 얻으려면 H형이 좋고, V형은 두께 20 mm 이하의 판을 한쪽 용접으로 완전히 용입을 얻고자 할 때 쓰이며, 30 mm인 강판을 용접하였을 때 각 변형이 많이 발생할 수 있다.

26. 불활성가스 텅스텐 아크 용접에서 직류 역극성(DCRP)으로 용접할 경우 비드 폭과 용입에 대한 설명으로 옳은 것은?
㉮ 용입이 깊고 비드 폭이 넓다.
㉯ 용입이 깊고 비드 폭이 좁다.
㉰ 용입이 얕고 비드 폭이 넓다.
㉱ 용입이 얕고 비드 폭이 좁다.

[해설] 직류 역극성은 모재가 음극(-)으로 열분배가 30 %, 전극봉이 양극(+)으로 70 %가 되어 모재 표면에 청정 작용이 있으며 용입이 얕고 비드 폭이 넓다.

27. 용접 후 실시하는 잔류 응력 완화법으로 틀린 것은?
㉮ 도열법
㉯ 저온 응력 완화법
㉰ 응력 제거 풀림법
㉱ 기계적 응력 완화법

[해설] 용접 후 잔류 응력 완화법으로는 응력 제거 노 내 풀림법, 국부 풀림법, 저온 응력 완화법, 기계적 응력 완화법, 피닝법 등이 있다.

28. 가용접 작업 시 주의사항으로 틀린 것은?
㉮ 가용접 작업도 본용접과 같은 온도로 예열을 한다.
㉯ 가용접 시 용접봉은 본용접보다 굵은 것을 사용하여 견고하게 접합시키는 것이 좋다.
㉰ 중요 부분은 용접 홈 내에 가접하는 것은 피한다. 부득이한 경우 본용접 전 깎아내도록 한다.
㉱ 가용접의 위치는 부품의 끝, 모서리, 각 등과 같이 단면이 급변하여 응력이 집중되는 곳은 피한다.

[해설] 가용접
① 용접 결과의 좋고 나쁨에 직접 영향을 준다.
② 본용접의 작업 전에 좌우의 홈 부분을 잠정적으로 고정하기 위한 짧은 용접이다.
③ 균열, 기공, 슬래그 잠입 등의 결함을 수반하기 쉬우므로 본용접을 실시할 홈 안에 가접하는 것은 바람직하지 못하며, 만일 불가피하게 홈 안에 가접하였을 경우 본용접 전에 갈아내는 것이 좋다.
④ 본용접을 하는 용접사와 비등한 기량을 가진 용접사에 의해 가접을 실시한다.
⑤ 가접에는 본용접보다 지름이 약간 가는 용접봉을 사용하는 것이 좋다.

29. 결함 에코 형태로 결함을 판정하는 방법으로 초음파 검사법의 종류 중에서 가장 많이 사용하는 방법은?
㉮ 투과법
㉯ 공진법
㉰ 타격법
㉱ 펄스 반사법

[해설] 초음파 탐상법의 종류는 투과법, 펄스 반사법, 공진법 등이며, 방법에는 직접 접촉법(수직 탐상법, 사각 탐상법)과 수침법이 있다. 에코 형태로 결함을 판정하는 방법은 펄스 반사법이다.

30. 자기비파괴검사에서 사용하는 자화 방법이 아닌 것은?
㉮ 형광법
㉯ 극간법
㉰ 관통법
㉱ 축통전법

[해설] 자분탐상검사에서 자화 방법은 축통전법, 관통법, 직각 통전법, 코일법, 극간법 등이 사용되고 있다.

31. 재료 절약을 위한 용접 설계 요령으로 틀린 것은?
㉮ 안전하고 외관상 모양이 좋아야 한다.
㉯ 용접 조립 시간을 줄이도록 설계를 한다.
㉰ 가능한 용접할 조각의 수를 늘려야 한다.
㉱ 가능한 표준 규격의 부품이나 재료를 이용한다.

[해설] 용접 설계에서 재료 절약을 하려면 용접 조립 시간을 줄이고, 가능한 표준 규격의 부품이나 재료를 사용하며, 용접할 조각의 수를 줄여야 한다.

32. 용착금속의 인장 또는 파면 시험을 했을 경우 파단면에 나타나는 고기 눈 모양의 취약한 은백색 파면의 결함은?
㉮ 기공
㉯ 은점
㉰ 오버랩
㉱ 크레이터

[해설] 은점은 용착금속을 인장 또는 굽힘 시험했을 경우 파단면에 나타나는 것으로 둥글거나 타원형의 은백색의 취약한 파면으로 물고기와 같이 반짝이므로 잘 식별되고 중심에는 보통 작은 기공 슬래그 섞임 등이 있다.

정답 27. ㉮ 28. ㉯ 29. ㉱ 30. ㉮ 31. ㉰ 32. ㉯

33. 서브머지드 아크 용접 이음부 설계를 설명한 것으로 틀린 것은?
㉮ 자동 용접으로 정확한 이음부 홈 가공이 요구된다.
㉯ 용접부 시작점과 끝점에는 엔드 탭을 부착하여 용접한다.
㉰ 가로 수축량이 크므로 스트롱 백을 이용하여 가로 수축량을 방지하여야 한다.
㉱ 루트 간격이 규정보다 넓으면 뒷댐판을 사용한다.

34. 방사선투과검사의 장점에 대한 설명으로 틀린 것은?
㉮ 모든 재질의 내부 결함 검사에 적용할 수 있다.
㉯ 검사 결과를 필름에 영구적으로 기록할 수 있다.
㉰ 미세한 표면 균열이나 라미네이션도 검출할 수 있다.
㉱ 주변 재질과 비교하여 1% 이상의 흡수차를 나타내는 경우도 검출할 수 있다.
[해설] 방사선투과검사의 단점
① 미세한 표면 균열은 검출되지 않는다.
② 방사선의 입사 방향에 따라 15° 이상 기울어져 있는 결함, 즉 면상 결함은 검출되지 않는다.
③ 라미네이션은 검출이 불가능하다.
④ 현상이나 필름을 판독해야 한다.
⑤ 마이크로 기공, 마이크로 터짐 등은 검출되지 않는 경우도 있다.

35. 용접 이음에서 피로 강도에 영향을 미치는 인자가 아닌 것은?
㉮ 이음 형상   ㉯ 용접 결함
㉰ 하중 상태   ㉱ 용접기 종류
[해설] 용접 이음에서 피로 강도에 영향을 주는 것은 이음 형상, 용접 결함, 하중 상태, 잔류 응력 등이며, 용접기 종류는 아니다.

36. 맞대기 용접 이음에서 모재의 인장강도가 $50\ N/mm^2$이고, 용접 시험편의 인장강도가 $25\ N/mm^2$으로 나타났을 때 이음 효율은?
㉮ 40 %   ㉯ 50 %
㉰ 60 %   ㉱ 70 %
[해설] 이음 효율
$= \dfrac{용접\ 시험편의\ 인장강도}{모재의\ 인장강도} \times 100$
$= \dfrac{25}{50} \times 100 = 50\%$

37. 석회석이나 형석을 주성분으로 사용한 것으로 용착 금속 중의 수소 함유량이 다른 용접봉에 비해 약 1/10 정도로 현저하게 적은 용접봉은?
㉮ 저수소계   ㉯ 고산화티탄계
㉰ 일미나이트계   ㉱ 철분산화티탄계

38. 접합하려는 두 모재를 겹쳐놓고 한 쪽의 모재에 드릴이나 밀링머신으로 둥근 구멍을 뚫고 그 곳을 용접하는 이음은?
㉮ 필릿 용접   ㉯ 플레어 용접
㉰ 플러그 용접   ㉱ 맞대기 홈 용접
[해설] 두 장의 판재에서 한 쪽 판에 드릴이나 밀링 머신으로 구멍이나 긴 홈을 가공하여 용접하는 것을 플러그 용접이라 하고, 긴 홈을 파낸 것은 슬롯 용접이라 한다.

39. 용착법 중 단층 용착법이 아닌 것은?
㉮ 스킵법   ㉯ 전진법
㉰ 대칭법   ㉱ 빌드업법
[해설] 빌드업법은 다층 용접 시에 사용한다. 그 외에도 덧살 올림법, 전진 블록법 등이 있다.

40. 필릿 용접의 이음 강도를 계산할 때 목 길이 10 mm라면 목 두께는?
㉮ 약 7 mm   ㉯ 약 10 mm
㉰ 약 12 mm   ㉱ 약 15 mm

[해설] 필릿 용접의 목 두께(다리길이)는 높이×cos45° = 0.707×높이 = 0.707×10 = 7

제 3 과목 용접일반 및 안전관리

41. 일반적으로 가스 용접에서 사용하는 가스의 종류와 용기의 색상이 옳게 짝지어진 것은?
㉮ 산소 – 황색
㉯ 수소 – 주황색
㉰ 탄산가스 – 녹색
㉱ 아세틸렌 가스 – 백색

[해설] 가스의 종류와 용기의 색상은 산소-녹색, 수소-주황색, 탄산가스-청색, 염소-갈색, 암모니아-백색, 아세틸렌가스-황색, 프로판가스-회색, 아르곤-회색 등이다.

42. AW 300의 교류 아크 용접기로 조정할 수 있는 2차 전류(A) 값의 범위는?
㉮ 30~220 A   ㉯ 40~330 A
㉰ 60~330 A   ㉱ 120~480 A

[해설] 피복 아크 용접기에서 교류 아크 용접기에 정격 2차 전류값에 따른 2차 전류 값의 범위는 20~110%로 60~330 A이다.

43. 가스 절단 작업에서 프로판 가스와 아세틸렌 가스를 사용하였을 경우를 비교한 사항으로 틀린 것은?
㉮ 포갬 절단 속도는 프로판 가스를 사용하였을 때가 빠르다.
㉯ 슬래그 제거가 쉬운 것은 프로판 가스를 사용하였을 경우이다.
㉰ 후판 절단 시 절단 속도는 프로판 가스를 사용하였을 때가 빠르다.
㉱ 점화가 쉽고 중성 불꽃을 만들기 쉬운 것은 프로판 가스를 사용하였을 경우이다.

[해설] 점화가 쉽고 중성 불꽃을 만들기 쉬운 것은 아세틸렌 가스이다.

44. 피복 아크 용접봉의 고착제에 해당되는 것은?
㉮ 석면   ㉯ 망간
㉰ 규소철   ㉱ 규산나트륨

[해설] 피복 아크 용접봉의 피복재 중 고착제는 규산나트륨, 규산칼륨, 소맥분, 해초, 아교, 카세인, 젤라틴, 아라비아 고무, 당밀 등이다.

45. 피복 아크 용접 작업의 기초적인 용접 조건으로 가장 거리가 먼 것은?
㉮ 오버랩   ㉯ 용접 속도
㉰ 아크 길이   ㉱ 용접 전류

[해설] 피복 아크 용접의 기초적인 용접 조건으로는 모재의 종류 및 크기, 용접기의 종류(직류 및 교류)와 용량, 아크 길이, 용접 속도, 용접 전류와 용접봉 등이다.

46. MIG 용접법의 특징에 대한 설명으로 틀린 것은?
㉮ 전자세 용접이 불가능하다.
㉯ 용접 속도가 빠르므로 모재의 변형이 적다.
㉰ 피복 아크 용접에 비해 빠른 속도로 용접할 수 있다.
㉱ 후판에 적합하고 각종 금속 용접에 다양하게 적용할 수 있다.

[해설] MIG 용접기의 특징은 정전압과 아크 자기 제어 특성이 있으며, 전자세 용접이 가능하다.

47. 아크 빛으로 인해 눈에 급성 염증 증상이 발생하였을 때 우선 조치해야 할 사항으로 옳은 것은?
㉮ 온수로 씻은 후 작업한다.
㉯ 소금물로 씻은 후 작업한다.
㉰ 냉습포를 눈 위에 얹고 안정을 취한다.
㉱ 심각한 사안이 아니므로 계속 작업한다.

정답 41. ㉯   42. ㉰   43. ㉱   44. ㉱   45. ㉮   46. ㉮   47. ㉰

[해설] 아크 빛으로 인한 급성 염증 증상(전광선 안염)이 발생 한 후에는 우선 냉습포를 눈 위에 얹고 안정을 취한 뒤 병원에 가서 치료를 한다.

48. 구리 및 구리합금의 가스 용접용 용제에 사용되는 물질은?
㉮ 붕사 ㉯ 염화칼슘
㉰ 황산칼륨 ㉱ 중탄산소다

[해설] 가스 용접에서 구리 및 구리합금을 용접할 때에 사용되는 용제는 붕사 75 %, 염화리튬 25 %를 사용한다.

49. 피복 아크 용접에서 자기 불림(magnetic blow)의 방지책으로 틀린 것은?
㉮ 교류 용접을 한다.
㉯ 접지점을 2개로 연결한다.
㉰ 접지점을 용접부에 가깝게 한다.
㉱ 용접부가 긴 경우는 후퇴 용접법으로 한다.

[해설] ㉮, ㉯, ㉱ 외에 접지점을 멀리하고 모재의 양쪽에 엔드 탭을 연결한다.

50. 텅스텐 전극봉을 사용하는 용접은?
㉮ TIG 용접
㉯ MIG 용접
㉰ 피복 아크 용접
㉱ 산소-아세틸렌 용접

51. 용접 자동화에 대한 설명으로 틀린 것은?
㉮ 생산성이 향상된다.
㉯ 용접봉의 손실이 많아진다.
㉰ 외관이 균일하고 양호하다.
㉱ 용접부의 기계적 성질이 향상된다.

[해설] 용접 자동화는 품질 개선과 많은 제품을 생산하는 목적으로 생산성의 향상, 외관이 균일하고 양호, 용접부의 기계적 성질이 향상, 용접봉의 절약이나 생산비의 절감 등이 있다.

52. 티그(TIG)용접 시 보호가스로 쓰이는 아르곤과 헬륨의 특징을 비교할 때 틀린 것은?
㉮ 헬륨은 용접 입열이 많으므로 후판 용접에 적합하다.
㉯ 헬륨은 열영향부(HAZ)가 아르곤보다 좁고 용입이 깊다.
㉰ 아르곤은 헬륨보다 가스 소모량이 적고 수동 용접에 많이 쓰인다.
㉱ 헬륨은 위보기 자세나 수직 자세 용접에서 아르곤보다 효율이 떨어진다.

[해설] 헬륨은 불연성, 불활성가스로 수소 다음 가벼운 기체이므로, 위보기 자세나 수직 자세에서 아르곤보다 효율이 높다.

53. 가스 절단을 할 때 사용되는 예열가스 중 최고 불꽃 온도가 가장 높은 것은?
㉮ CH_4 ㉯ C_2H_2
㉰ H_2 ㉱ C_3H_8

[해설] 예열용 가스의 불꽃 온도는 아세틸렌 : 3430 ℃, 수소 : 2900℃, 프로판 : 2820℃, 메탄 : 2700 ℃, 일산화탄소 : 2820℃이다.

54. 이음부의 루트 간격 치수에 특히 유의하여야 하며, 아크가 보이지 않는 상태에서 용접이 진행된다고 하여 잠호 용접이라고도 부르는 용접은?
㉮ 피복 아크 용접
㉯ 탄산가스 아크 용접
㉰ 서브머지드 아크 용접
㉱ 불활성가스 금속 아크 용접

[해설] 잠호 용접은 용제 아래에서 아크가 발생되어 아크가 보이지 않는다고 잠호 용접 혹은 서브머지드 아크 용접이라 한다.

55. 가스 용접에 쓰이는 가연성 가스의 조건으로 옳은 것은?
㉮ 발열량이 적어야 한다.

정답 48. ㉮ 49. ㉰ 50. ㉮ 51. ㉯ 52. ㉱ 53. ㉯ 54. ㉰ 55. ㉱

㉰ 연소속도가 느려야 한다.
㉱ 불꽃의 온도가 낮아야 한다.
㉲ 용융금속과 화학반응을 일으키지 않아야 한다.

[해설] 가스 용접에 사용되는 가연성 가스는 발열량이 크고 연소속도가 빨라야 한다. 불꽃의 온도가 모재 용융온도보다 높아야 하며, 용융금속과 화학반응을 일으키지 않아야 한다.

56. 탄소 전극과 모재와의 사이에 아크를 발생시켜 고압의 공기로 용융금속을 불어내어 홈을 파는 방법은?
  ㉮ 불꽃 가우징
  ㉯ 기계적 가우징
  ㉰ 아크 에어 가우징
  ㉱ 산소·수소 가우징

[해설] 아크 에어 가우징은 압축공기를 병용하여 전극 홀더의 구멍에서 탄소 전극봉에 나란히 분출하는 고속의 공기를 분출시켜 용융금속을 불어내어 홈을 파는 방법을 말한다.

57. 용접기의 전원 스위치를 넣기 전에 점검해야 할 사항으로 틀린 것은?
  ㉮ 냉각팬의 회전부에는 윤활유를 주입해서는 안 된다.
  ㉯ 용접기가 전원에 잘 접속되어 있는지 점검한다.
  ㉰ 용접기의 케이스에서 접지선이 이어져 있는지 점검한다.
  ㉱ 결선부의 나사가 풀어진 곳이나 케이블의 손상된 곳은 없는지 점검한다.

[해설] ㉯, ㉰, ㉱ 외에 전기적 안전복장을 착용하고 냉각팬의 회전부에 윤활유를 주입한다. 정기적인 정비나 소리에 이상이 있을 때에는 전원 스위치를 내려놓고 "수리 중"이란 표시를 하여야 한다.

58. 가스 용접에서 황동은 무슨 불꽃으로 용접하는 것이 가장 좋은가?
  ㉮ 탄화 불꽃   ㉯ 산화 불꽃
  ㉰ 중성 불꽃   ㉱ 약한 탄화 불꽃

59. 수소 가스 분위기에 있는 2개의 텅스텐 전극봉 사이에서 아크를 발생시키는 용접법은?
  ㉮ 스터드 용접
  ㉯ 레이저 용접
  ㉰ 전자 빔 용접
  ㉱ 원자 수소 아크 용접

[해설] 문제는 원자 수소 아크 용접이다.

60. AW-240 용접기로 180 A를 이용하여 용접한다면, 허용사용률은 약 몇 %인가? (단, 정격사용률은 40 %이다.)
  ㉮ 51   ㉯ 61
  ㉰ 71   ㉱ 81

[해설] 허용사용률
$= \dfrac{(정격\ 2차\ 전류)^2}{(실제\ 용접\ 전류)^2} \times 정격사용률$
$= \dfrac{(240)^2}{(180)^2} \times 40\% = 71.12\%$

정답 56. ㉰ 57. ㉮ 58. ㉯ 59. ㉱ 60. ㉰

용접 산업기사

2011년 7월 25일 1판 1쇄
2017년 1월 15일 1판 5쇄

저 자 : 용접기술시험연구회
펴낸이 : 이정일

펴낸곳 : 도서출판 일진사
www.iljinsa.com
(우) 04317 서울시 용산구 효창원로 64길 6
전화 : 704-1616 / 팩스 : 715-3536
등록 : 제1979-000009호 (1979.4.2)

값 30,000원

ISBN : 978-89-429-1243-8

● 불법복사는 지적재산을 훔치는 범죄행위입니다.
저작권법 제97조의 5 (권리의 침해죄)에 따라 위반자는 5년 이하의 징역 또는 5천만원 이하의 벌금에 처하거나 이를 병과할 수 있습니다.